사회과학 통계분석(개정판)

SPSS/PC⁺ Windows 23.0

나남
nanam

최 현 철

고려대 신문방송학과 졸업
미국 아이오와대 언론학 석사/박사
계명대 신문방송학과 교수 역임
현재 고려대 미디어학부 명예교수

주요 저서
《사회통계방법론: SPSS/PC⁺ Windows 12.0》
《미디어 연구방법》(공저)
《사회과학 데이터분석법》(공저)
《커뮤니케이션과 인간》(공저)
《광고와 대중소비문화》(역)
《뉴미디어 산업과 문화》(편역)
《정보화시대의 영화산업》(역)
《미디어 정책 개혁론》(공역) 등

나남신서 1854

사회과학 통계분석 (개정판)
SPSS/PC⁺ Windows 23.0

2013년 9월 10일 초판 발행
2013년 9월 10일 초판 1쇄
2016년 3월 10일 개정판 발행
2024년 3월 20일 개정판 4쇄

지은이   최현철
발행자   趙相浩
발행처   (주) 나남
주소   10881 경기도 파주시 회동길 193
전화   031) 955-4601 (代)
FAX   031) 955-4555
등록   제 1-71호(1979. 5. 12)
홈페이지   www.nanam.net
전자우편   post@nanam.net

ISBN   978-89-300-8854-1
ISBN   978-89-300-8001-9 (세트)

책값은 뒤표지에 있습니다.

나남신서 1854

사회과학 통계분석 (개정판)

SPSS/PC⁺ Windows 23.0

최 현 철 지음

나남
nanam

Statistical Analysis in Social Sciences
(2nd Ed.)
SPSS/PC$^+$ Windows 23.0

by

Hyeon Cheol Choi

nanam

사회과학도를 위해 "즐기면서 공부할 만한" 통계책을 만드는 것을 목표로 몇 년 전 《사회과학 통계분석》을 출판했지만 그 목표가 제대로 이루어졌는지 걱정이 컸다. 다행히도 상당수 독자의 격려와 건설적인 비판 덕분에 큰 보람을 느꼈고, 개정판에는 독자께 보답하기 위해 기존 책에서 못 다룬 유용한 통계방법을 충실히 담아야겠다는 다짐을 했다. 2년 6개월이 지난 지금 독자와의 작은 약속을 지키기 위해 개정판을 내게 되었다.

이번 《사회과학 통계분석》(개정판)에 추가된 내용을 간단히 살펴보자.

첫째, 기존 책에서 설명한 SPSS/PC⁺ 프로그램 버전은 20.0이었는데, 개정판은 분석력이 강화된 최신 버전인 23.0의 사용방법을 설명했다.

둘째, ANOVA 계통의 통계방법을 새로 추가했다. 기존 책 제 25장 반복측정 ANOVA (*Repeated Measures ANOVA*)는 독립변인이 한 개인 경우의 ANOVA만을 다뤘기 때문에 한계를 가졌다. 개정판에는 독립변인이 두 개 이상 여러 개인 경우의 반복측정 ANOVA를 실행하고 해석하는 방법을 보충해 연구자의 편의를 도모했다. 제 26장에는 독자의 연구 역량을 강화시키고자 ANCOVA(*Analysis of Covariance*)를 새로이 추가했다.

셋째, LISREL 프로그램 설명을 추가했다. 제 28장 LISREL에는 모델별 SIMPLIS 프로그램 설명을 보충했다. 또한 최근 LISREL 분석에 많이 사용되는 AMOS(*Analysis of Moment Structure*) 프로그램 실행방법을 설명해 달라는 독자의 요구를 반영하여 AMOS 프로그램 사용방법을 새롭게 추가했다.

넷째, 이미 의학과 공학 분야에서는 많이 사용되고 있지만 아직까지 사회과학에서는 잘 사용되지 않는 생존분석(*Survival Analysis*)을 새로이 추가했다. 제 32장에서는 생존분석의 기초가 되는 생명표(*Life Table*)를 사용한 생존분석을 설명했고, 제 33장에서는 생명표를 사용한 생존분석의 단점을 보완한 Kaplan-Meier 생존분석을 다뤘다. 제 34장에서는 종속변인인 생존확률과 이에 영향을 미치는 독립변인 간의 인과관계를 분석히는 Cox 회귀분석(*Cox Regression*)을 설명했다. 사회과학에서도 생존분석 연구가 많이 이루어져서 연구 영역이 확대되기를 기대한다.

마지막으로 개정판을 내면서 기존 책에 있던 오류들을 수정했다. 그동안 오류로 인해 독자께 불편을 드린 점 사과를 드린다.

《사회과학 통계분석》(개정판)이 나오기까지 도움을 준 분들께 감사의 말을 전한다. 개정판을 쓰도록 격려와 건설적인 비판을 해준 독자와 고려대 미디어학부 학부생, 대학원생에게 감사의 말을 드린다. AMOS 프로그램 실행방법의 매뉴얼을 만드는 데 도움을 준 고려대 일반대학원 언론학 박사과정을 수료한 신명환 씨에게도 감사의 말을 전한다. 또한 필자에게 개정판을 내도록 충고와 격려를 아끼지 않은 나남출판 조상호 대표님께 각별한 사의를 표하고, 원고가 늦어져도 재촉하지 않고 편안하게 대해주면서 편집을 책임져 준 방순영 이사님, 복잡하고 까다로운 통계책 편집을 불평 없이 웃으면서 마쳐준 강현호 대리에게도 감사의 말을 전한다.

2016년 봄
최 현 철

필자가 20년 넘게 통계를 가르치면서 줄곧 가진 꿈은 "재미있고, 쉬운" 통계책까지는 아니더라도 통계를 공부하고 싶은 사람이면 누구나 (물론 말처럼 쉽지는 않겠지만) "즐기면서 공부할 만한" 통계책을 쓰는 것이었다. 통계가 다른 공부에 비해 특별히 어렵지 않음에도 불구하고(필자는 이론 공부가 통계 공부보다 훨씬 더 힘들다고 생각한다) 왜 많은 사람이 '통계' 하면 어려움(때로는 공포심)을 느끼는 걸까? 여러 가지 이유가 있겠지만, 통계가 보편화된 시대가 되었음에도 불구하고 여전히 많은 책이 통계의 논리를 수학공식에 의존해 설명하다 보니 독자의 고통(또는 공포심)을 줄이는 데 실패했다고 필자는 생각한다.

필자는 공부는 즐겁게 해야지 고통스럽게 해서는 이익보다 손해가 많다고 믿는다. 《사회과학 통계분석》은 독자가 통계를 즐겁게 공부하기 바라면서(최소한 불필요한 고통에서 벗어나기를 바라면서) 쓴 책이다. 각 통계분석은 크게 '전제 검증'과 '유의도 검증'(모델의 유의도 검증과 개별 변인의 유의도 검증), '상관관계 값 해석' 세 부분으로 나누어 독자가 쉽게 이해하도록 썼다. 각 통계분석의 기본 논리를 설명할 때에는 가급적 수학공식을 피하고, 어쩔 수 없는 경우에 한해 최소한으로 제시했다(공식에 관심 없는 독자는 공식 설명 부분을 건너뛰어도 무방하다). 각 장의 마지막에는 독자가 논문(또는 보고서)을 쓸 때 필요한 절차와 내용을 설명한 논문작성법을 제시했다. 논문작성법은 각 통계분석을 이해하는 데 도움을 주기 때문에 각 통계분석을 공부하기 전에 읽기를 권한다. 또한 일반 통계분석의 경우, 독자가 결과를 쉽게 얻도록 SPSS/PC$^+$ 프로그램의 최신 버전인 20.0(한글판)의 데이터 입력부터 출력까지의 실행방법을 설명했다. SPSS/PC$^+$ 프로그램(20.0)에 없는 Q 방법론과 LISREL 프로그램의 경우에는 Q 프로그램인 CENSORT와 LISREL 프로그램인 SIMPLIS의 명령문과 가상 데이터, 실행방법을 설명했다.

《사회과학 통계분석》의 각 장을 간략하게 살펴보자.

제 1장과 제 2장에서는 과학적 연구방법이 무엇이며, 그 구성요건과 절차는 무엇인지 소개했다.

제 3장부터 제 6장까지는 사회조사방법을 살펴봤다. 제 3장에서는 개념과 변인, 측정 (concept, variable, measurement), 제 4장에서는 표집방법 (sampling method), 제 5장에서는 서베이 방법 (survey method), 제 6장에서는 설문지 작성법을 설명했다.

제 7장 SPSS/PC⁺ 프로그램에서는 최신 버전인 20.0 (한글판) 의 주요 명령문과 실행방법을 설명했다.

제 8장 기술통계 (descriptive statistics) 에서는 표본의 특성을 보여주는 값인 분포 (distribution) 와 중앙경향 (central tendency), 산포도 (dispersion), 표준오차 (standard error) 를 설명했다.

제 9장 추리통계의 기초에서는 표본의 결과를 모집단에 추리하는 데 필요한 개념인 정상분포곡선 (normal distribution curve), 표준점수 (z-score), 표준정상분포곡선 (standardized normal distribution curve), 가설 검증 (test of hypothesis), 유의도 수준 (significance level), 제 1종 오류와 제 2종 오류 (type I error & type II error) 를 설명했다.

제 10장부터 제 13장까지는 초급 통계분석을 살펴봤다. 제 10장에서는 문항 간 교차비교분석 (χ^2 analysis), 제 11장에서는 t-검증 (t-test), 제 12장에서는 일원변량분석 (one-way ANOVA), 제 13장에서는 다원변량분석 (n-way ANOVA) 을 설명했다.

제 14장부터 제 20장까지는 중급 통계분석을 살펴봤다. 제 14장에서는 상관관계분석 (correlation analysis), 제 15장에서는 단순 회귀분석 (bivariate regression analysis), 제 16장에서는 다변인 회귀분석 (multiple regression analysis), 제 17장부터 제 19장까지는 가변인 회귀분석 ① · ② · ③ (dummy variable regression analysis ① · ② · ③), 제 20장은 통로분석 (path analysis) 을 설명했다.

제 21장부터 제 30장까지는 고급 통계분석을 살펴봤다. 제 21장에서는 인자분석 (factor analysis), 제 22장에서는 Q 방법론 (Q methodology), 제 23장에서는 판별분석 (discriminant analysis), 제 24장에서는 로지스틱 회귀분석 (logistic regression analysis), 제 25장에서는 반복측정 ANOVA (repeated measures ANOVA), 제 26장에서는 MANOVA (multivariate analysis of variance), 제 27장에서는 LISREL (linear structural equation model), 제 28장에서는 군집분석 (cluster analysis), 제 29장에서는 다차원척도법 (multidimensional scaling), 제 30장에서는 신뢰도분석 (reliability analysis) 을 설명했다.

필자는 "즐기면서 공부할 만한"《사회과학 통계분석》을 만들기 위해 가능한 한 쉽고 체계적으로 쓰려고 노력했지만 이 책에서 다룬 내용이 그리 쉽지 않을 수 있다. 그러나 즐기면서 꾸준히 공부하다 보면 통계를 정복할 수 있으리라 믿는다. 필자가 이 책의 완성도를 높이기 위해 노력했지만 여전히 부족한 부분이 있을 거라고 생각한다. 앞으로 열심히 수정·보완하여 더 나은《사회과학 통계분석》을 만들 것을 약속한다. 독자의 아낌없는 성원과 기탄없는 비판을 바란다.

《사회과학 통계분석》이 나오기까지 도움을 준 분들께 감사의 말을 전한다. "즐기면서 공부할 만한" 통계책을 쓰도록 자극제가 된 독자와 고려대 미디어학부 학부생과 대학원생에게 감사의 마음을 전한다. 책을 낸다는 핑계 아닌 핑계로 지난 1년간 많은 시간을 같이 보내지 못한 가족에게도 미안하고 고마운 마음을 전한다. 필자가 이런저런 이유로 게으름을 피울 때 책을 내도록 충고와 격려를 아끼지 않은 나남출판 조상호 대표님께 각별한 사의를 표하고, 특히 더웠던 이번 여름에 원고가 늦어져도 묵묵히 지켜봐주고 편집까지 책임져 준 방순영 이사님, 일반 책보다 몇 배 더 까다로운 통계책 편집을 불평 한마디 없이 성공적으로 해준 강현호 대리에게도 감사의 말을 전한다.

2013년 여름
최 현 철

나남신서 1854

사회과학 통계분석(개정판)

SPSS/PC⁺ Windows 23.0

차 례

1
사회과학과 과학적 연구방법

2
사회과학 연구절차

3

개념, 변인 및 측정

4

표집방법

5

서베이 방법

6

설문지 작성법

7

SPSS/PC⁺(23.0) 프로그램

8

기술통계 descriptive statistics

9

추리통계의 기초

10

문항 간 교차비교분석 χ^2 analysis

11

t-검증 t-test

12

일원변량분석 one-way ANOVA

13

다원변량분석 n-way ANOVA

14

상관관계분석 correlation analysis

15

단순 회귀분석
bivariate regression analysis

16

다변인 회귀분석
multiple regression analysis

17

가변인 회귀분석
dummy variable regression analysises ①
명명척도 측정 독립변인이 한 개인 경우

18

가변인 회귀분석 ②
명명척도 측정 독립변인이
두 개 이상인 경우

27
MANOVA
multivariate analysis of variance

28
LISREL

29
군집분석 cluster analysis

30
다차원척도법
multidimensional scaling

31

신뢰도분석 reliability analysis

32

생존분석 survival analysis
생명표 방법

33

생존분석 survival analysis
Kaplan-Meier 방법

34

Cox 회귀분석

1

사회과학과 과학적 연구방법

1. 사회과학 방법과 연구대상

사회과학이란 사회현상을 과학적 방법을 통해 연구하는 학문 분야이다. 사회과학은 사회 내에서 일어나는 다양한 현상들을 객관적·체계적으로 기술(*describe*)·설명(*explain*)·예측(*predict*)하는 것을 목적으로 한다.

사회현상이란 사회 내의 인간, 또는 인간 간의 상호작용, 사회구조에서 일어나는 모든 현상을 의미한다. 관찰할 수 있는 실체를 현상이라 하는데, 현상을 수량화할 때 이를 변인(*variable*)이라고 부른다(변인의 종류 및 측정에 대해서는 제3장에서 자세히 살펴본다). 즉, 변인이란 특정 분류 틀이나 측정 틀에 의해 수치로 기록되어 여러 값을 가지는 대상이나 사건을 말한다. 사회과학 연구에서는 변인 그 자체의 속성을 연구하기도 하고, 한 변인과 다른 변인과의 관계에 초점을 맞추어 연구하기도 한다.

측정(*measurement*)이란 일정한 법칙에 따라 현상에 값을 부여하는 것을 말한다. 측정을 통해 현상에 대한 관찰을 좀더 쉽고 객관적으로 할 수 있다. 측정된 변인의 값은 연구를 위한 기초자료로서 데이터(*data*)라고 하는데, 통계방법을 통해 데이터를 체계적으로 분석한다.

2. 사회과학 연구방법 개관

사회과학 연구는 〈그림 1-1〉에서 보듯이 크게 데이터 수집과 데이터 분석 두 개의 과정으로 이루어진다. 데이터 수집 과정에서 연구자는 연구주제에 적합한 연구설계를 하고, 연구대상을 선정한 후 이들을 대상으로 데이터를 수집하여 컴퓨터에 입력한다. 데이터 분석 과정에서 연구자는 수집한 데이터를 통계 프로그램(예: SPSS/PC$^+$)을 이용하여 분석한다. 데이터를 수집하는 방법을 조사방법이라고 하고, 수집한 데이터를 분석하는 방법을 통계방법이라고 한다.

1) 모집단과 표본

연구자가 연구를 할 때 관심을 가지는 전체 대상을 모집단(*population*)이라고 부른다. 예를 들어 연구자가 대한민국 유권자의 투표 행위를 연구한다고 할 때 모집단은 대한민국에 거주하는 전체 유권자가 된다. 또는 연구자가 우리나라 청소년의 텔레비전시청시간을 연구한다고 하면, 이때 모집단은 대한민국에 사는 전체 청소년이다.

연구자가 전체 대상, 즉 모집단을 대상으로 조사하는 것을 전수조사라 한다. 연구자가 모집단을 정확하게 파악하여 이를 연구할 수 있다면 가장 바람직할 것이다. 그러나 대부분의 사회과학 연구는 모집단을 대상으로 이루어지지 않는다. 대부분의 사회과학 연구는 제한된 예산으로 제한된 시간 내에 제한된 인력으로 수행되기 때문에 연구자가 모집단을 대상으로 하는 연구는 극히 이례적이거나 거의 없다. 즉, 시간과 인력, 예산 때문에 모집단을 대상으로 연구하는 것은 불가능하다. 뿐만 아니라 시간과 인력, 예산이 충분하다 해도 모집단을 연구하는 것은 불필요한 경우가 대부분이다. 이미 통계학자들이 소수의 인원만을 대상으로 조사해도 과학적 연구가 이루어질 수 있도록 조사방법과 통계방법을 만들어 놓았기 때문에 대부분의 사회과학 연구는 모집단을 가장 잘 대표할 수 있는 표본(*sample*)을 대상으로 이루어진다.

2) 조사방법

조사방법은 데이터를 수집하는 과학적 방법을 말한다. 조사방법에서는 과학적 연구절차와 변인(*variable*)의 종류와 측정방법(*measurement*), 표본을 선정하는 표집방법(*sampling method*, 확률 표집방법과 비확률 표집방법), 연구설계(*research design*, 서베이와 실험실 연구 등), 데이터 수집 및 입력방법 등을 살펴본다. 이 책에서는 제3·4·5·6장에서 조사방법을 살펴본다.

그림 1-1 **사회과학 연구방법**

3) 통계방법

통계방법은 데이터를 분석하는 방법을 말한다. 〈그림 1-2〉에서 보듯이 통계방법은 기술통계방법(*descriptive statistics*)과 추리통계방법(*inferential statistics*) 두 가지이며, 추리통계방법에는 모수통계방법(*parametric statistics*)과 비모수통계방법(*nonparametric statistics*) 두 종류가 있다.

그림 1-2 **통계방법 종류**

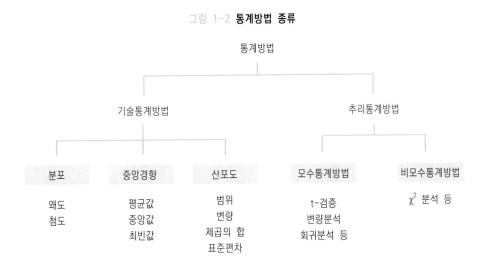

(1) 기술통계방법과 추리통계방법

대부분의 사회과학 연구는 연구자가 관심을 가지는 전체 대상, 즉 모집단을 대상으로 이루어지지 않는다. 모든 연구는 제한된 예산과 시간 속에서 수행되기 때문에 모집단을 대상으로 연구한다는 것은 불가능하다. 따라서 연구자는 모집단을 가장 잘 대표하는 표본을 선정하여 이를 대상으로 연구한다.

표본의 주요 특징을 기술하는 통계방법을 기술통계방법이라고 한다. 기술통계방법에서는 변인의 분포(distribution)와 중앙경향(central tendency), 산포도(dispersion)를 분석한다. 분포에서는 변인의 모양을 왜도(skewness)와 첨도(kurtosis) 두 가지 값을 통해 분석한다. 중앙경향에서는 분포의 특성을 평균값(mean)과 중앙값(median), 최빈값(mode)의 세 값을 통해 분석한다. 산포도에서는 범위(range)와 변량(variance), 제곱의 합(sum of square),[1] 표준편차(standard deviation) 등을 통해 각 점수들이 평균값으로부터 얼마나 퍼져 있는지를 분석한다.

추리통계방법이란 표본의 연구결과를 모집단에 일반화할 수 있는지를 판단하는 통계방법을 말한다. 연구자는 표본을 대상으로 연구하지만, 표본의 특성을 서술하는 데 목적이 있는 것이 아니라 이 표본의 연구결과를 통해 모집단의 결과를 유추하고자 하는 것이다. 예를 들어 대학생 300명을 표본으로 조사한 결과 하루 평균 텔레비전 시청량이 2시간이 나왔다고 가정하자. 연구자는 이 표본결과를 통해 우리나라 전체 대학생들의 하루 평균 텔레비전 시청량이 2시간이라고 주장할 수 없다. 왜냐하면 표본의 결과와 모집단의 결과는 차이가 날 수밖에 없기 때문이다. 추리통계방법은 표본의 결과가 모집단에서도 나타날 가능성을 확률적으로 판단해 준다. 추리통계방법은 모수통계방법과 비모수통계방법 두 가지로 구분된다.

(2) 모수통계방법과 비모수통계방법

추리통계방법은 측정수준(level of measurement)과 선형성(linearity), 변량의 동질성(homogeneity of variance) 등 몇 가지 전제 조건의 충족 여부에 따라 결정된다. 예를 들면, 상관관계분석 방법을 정확하게 사용하기 위해서는 모든 변인이 반드시 등간척도(또는 비율척도)로 측정되어야 한다. 이러한 전제 조건들이 충족되었을 때 사용할 수 있는 통계방법이 모수통계방법이다. 모수통계방법에는 t-검증과 변량분석(ANOVA), 회귀분석(regression analysis) 등 여러 종류가 있다.

그러나 때로는 이러한 전제 조건들을 충족하기 어려운 경우가 있는데, 이때 유용하게 사용할 수 있는 통계방법이 비모수통계방법이다. 비모수통계방법의 대표적인 것으로 χ^2(chi-square) 분석 등이 있다.

---

1 sum of square에서 square는 자승, 또는 제곱으로 번역되는데 이 책에서는 제곱으로 통일한다.

3. Windows용 SPSS/PC⁺ 프로그램

연구자가 통계방법을 사용해 데이터를 분석할 때에는 SPSS/PC⁺와 같은 통계 프로그램을 이용한다. 데이터를 분석하는 통계 프로그램은 여러 가지가 있다. SPSS/PC⁺를 비롯해서 SAS와 BMDP, MINITAB 같은 통계 프로그램이 있다. 이 책에서는 일반적으로 많이 이용하는 Windows용 SPSS/PC⁺의 데이터 분석방법을 제시하고, 결과를 해석하는 방법을 살펴본다.

Windows용 SPSS/PC⁺를 실행하는 방법에는 두 가지가 있다. 첫째는 SPSS/PC⁺ Syntax Editor를 사용하여 연구자가 프로그램을 만들어 실행하는 방법이고, 둘째는 메뉴판을 이용하는 방법이다. 두 방법에는 장단점이 있는데, SPSS/PC⁺ Syntax Editor를 사용할 경우, 직접 프로그램을 만드는 수고를 해야 하는 반면 조금 익숙해지면 쉽게 만들 수 있을 뿐 아니라 여러 가지 통계방법을 실행하여 한 번에 결과를 얻을 수 있는 장점이 있다. 반면 메뉴판을 이용할 경우, SPSS/PC⁺에 대한 지식이 많지 않아도 프로그램을 실행할 수 있는 장점이 있지만, 특정 프로그램을 실행하기 위해 거쳐야 하는 단계가 많고, 데이터를 변환할 때 약간 번거롭고, 한 번에 한 가지 프로그램밖에 실행할 수 없는 단점이 있다.

이 책에서는 SPSS/PC⁺에 익숙하지 않은 독자를 위해 SPSS/PC⁺(23.0) 메뉴판을 이용하여 데이터를 변환하고, 프로그램을 실행하여 결과를 얻는 방법을 설명한다.

참고문헌

오택섭 · 최현철 (2003),《사회과학 데이터 분석법 ①》, 나남.
최현철 · 김광수 (1999),《미디어 연구방법》, 한국방송통신대학교출판부.

Kerlinger, F. N. (1973), *Foundations of Behavioral Research* (2nd ed.), New York: Holt, Rinehart and Winston.

2
사회과학 연구절차

1. 사회과학 연구과정

사회과학의 연구과정은 〈표 2-1〉에 제시되어 있는데, 이를 개괄적으로 살펴보자.

첫 번째로 연구자는 연구하고 싶은 연구문제를 선정한다. 그러나 연구문제를 선정했다고 해서 바로 연구를 할 수 있는 것은 아니다. 왜냐하면 연구문제를 정했지만 다른 연구자들이 이미 그 문제를 연구했던 것일 수 있거나 연구할 만한 가치가 없다고 판단된 것일 수도 있기 때문이다.

두 번째로 연구자는 기존연구를 검토한다. 기존연구 검토는 과거에 이루어진 연구경향과 범위를 파악하여 연구문제를 좀더 명확하게 만들기 위해, 또한 과거의 연구들이 지닌 문제점이 무엇인지를 알아보기 위해 이루어진다. 연구자가 선정한 연구문제가 아무리 흥미로운 것이라 하더라도 이에 대한 과거의 연구들이 완벽하게 이루어졌다면 이를 다시 연구할 필요가 없다.

표 2-1 **사회과학 연구절차**

1. 연구문제 선정

↓

2. 기존연구 검토

↓

3. 이론 및 가설 제시

↓

4. 연구방법 제시

↓

5. 연구결과 제시 및 해석

↓

6. 결론 및 논의

세 번째로 연구자는 기존연구들의 문제점을 보완 또는 개선할 수 있는 이론을 찾거나 때로는 새로운 이론을 만들어서 이를 기존이론의 대안으로서 제시한다. 그리고 이 이론의 타당성을 구체적으로 검증할 수 있는 연구가설을 만들어 제시한다.

네 번째로 연구자는 가설을 검증할 수 있는 수단인 과학적 연구방법을 제시한다. 땅을 파는 도구로서 호미도 있고 삽도 있을 때 특정 상황에서 가장 적합한 도구가 무엇인지를 판단하여 선택하듯이 연구자는 여러 가지 연구방법 중에서 연구문제를 가장 잘 해결할 수 있는 방법을 선택한다.

다섯 번째로 연구방법을 이용하여 데이터를 분석한 후 연구결과를 제시한다. 연구결과에 따라 연구자는 자신이 내세운 연구가설의 수용 여부를 판단한다.

여섯 번째로 결론과 논의를 하면서 연구를 끝낸다. 연구자는 결론과 논의부분에서 연구결과를 요약하고, 가설검증을 통해 이론이 적절했는지를 판단하고, 연구가 지닌 의의를 다시 한 번 되새겨 본다. 또한 연구의 한계점과 미래의 연구방향을 제시한다.

이 여섯 가지 과학적 연구절차를 좀더 구체적으로 살펴보자.

2. 연구문제 선정

연구의 성공과 실패는 어떤 연구문제를 선정하느냐에 달려 있다 해도 과언이 아니다. 그만큼 연구문제 선정이 중요하다. 훌륭한 연구자는 참신한 연구문제를 제시하는 사람이다. 많은 사람은 연구문제를 선정하는 것이 뭐 그리 중요한가 생각할지 모르지만, 인류의 발전은 새로운 연구문제를 제기했던 사람에 의해 이룩되었다고 말할 수 있다. 새롭게 제기한 연구문제에 대한 해답을 당장 찾지 못할 수 있지만 언젠가는 누군가가 해답을 찾아낼 것이다.

다음 이야기는 좋은 연구문제를 제기하는 것이 얼마나 중요한지를 보여준다.

어떤 사람이 가로등 아래에서 무엇인가를 열심히 찾고 있었다. 지나가던 사람이 "무엇을 잃어버렸느냐"고 질문하자, 그 사람은 "열쇠를 잃어버려 찾고 있는 중"이라고 대답했다. 지나가던 사람이 잃어버린 열쇠를 찾는 일을 도와주겠다고 말했다. 둘이서 한참 찾아도 잃어버린 열쇠를 찾을 수가 없었다. 그러자 도와주던 사람이 열쇠를 잃어버린 사람에게 "당신이 열쇠를 잃어버린 곳이 바로 이곳입니까? 잘 생각해보십시오. 아무리 찾아도 잃어버린 열쇠를 찾을 수 없으니 말입니다." 그러자 열쇠를 잃어버린 사람이 담담하게 대답했다. "아니오. 내가 열쇠를 잃어버린 곳은 이 가로등 밑이 아니라 저쪽 캄캄한 곳입니다." 도와주던 사람이 다시 물었다. "아니, 열쇠를 잃어버린 곳이 저 캄캄한 곳이라면 그곳에서 열쇠를 찾아야지, 왜 이 가로등 아래에서 찾습니까?" 그러자 물건을 잃어버린 사람이 다시 대답했다. "여기가 밝으니까요."

이 이야기에서 보듯이 잃어버린 열쇠를 찾기 위해서는 아무리 캄캄한 곳이라 하더라도, 그곳에서 찾아야 한다. 밝은 빛이 있다고 해서 가로등 아래에서는 찾을 수 없다. 연구문제에 대한 해답을 얻기 위해서는 아무리 캄캄한 곳이라 해도 그곳에 가서 문제를 제기해야 된다는 말이다. 과학적 연구과정에서 좋은 연구문제를 제기하는 것보다 더 바람직한 것은 없다는 사실을 명심해야 한다.

연구자가 평소 관심 있는 연구문제를 선정한다 하더라도 좋은 연구문제를 제기한다는 것은 말처럼 그리 쉬운 일이 아니다. 뿐만 아니라 선정한 연구문제가 과연 연구할 만한 가치가 있는 것인지를 판단하는 것은 더욱 어렵다.

연구자는 어느 날 갑자기 운동을 하면서, 밥을 먹으면서, 또는 잠을 자다가 좋은 연구문제를 찾을 수 있다. 그러나 이러한 일은 잘 일어나지 않는다. 좋은 연구문제를 찾는 일반적 방법은 도서관을 찾아 연구자가 가진 문제의식과 관련된 문헌을 찾아보고, 다른 연구자들이 이루어 놓았던 연구성과들을 면밀히 검토하는 것이다.

좋은 연구문제가 무엇인지를 판단하는 객관적 기준이 있는 것은 아니지만, 연구문제를 선정할 때 크게 다섯 가지 정도를 염두에 둘 필요가 있다.

첫 번째로 너무 광범위한 연구문제를 잡아서는 안 된다. 연구자가 욕심을 부려 모든 것을 하려고 덤벼들면 제대로 연구를 할 수 없게 된다. 예를 들어, 연구자가 텔레비전의 폭력 프로그램이 청소년에게 미치는 영향을 연구문제로 잡는다고 할 때 이 연구문제는 주어진 시간과 예산 내에서 연구하는 것이 거의 불가능하다. 일반적으로 텔레비전 장르는 15가지 정도로 구분되는데 15가지 장르에 속하는 폭력성 프로그램 전체를 연구하겠다는 것인지, 무엇인지가 불분명하다. 청소년에게 미치는 영향을 연구한다고 하지만 연구하자는 것이 폭력에 대한 태도인지, 폭력성향인지, 폭력행동인지가 불분명하고 너무 광범위하다. 연구자는 가능한 작은 연구문제를 잡는 것이 바람직하다. 앞서 말한 연구문제는 "텔레비전 폭력 드라마가 청소년의 폭력성향에 미치는 영향"으로 바꾸는 것이 낫다.

두 번째로 연구문제가 현실적으로 조사 가능한가를 생각해야 한다. 아무리 좋은 연구문제라 해도 조사하는 것이 현실적으로 불가능하거나 어려운 경우에는 연구 자체가 이루어질 수 없기 때문이다. 예를 들어 연구자가 전 세계 청소년의 텔레비전 노출시간을 비교하려는 연구문제를 잡으면 이것이 아무리 가치 있는 연구라고 하더라도 이 연구를 혼자 수행하는 것은 거의 불가능에 가깝다. 어떻게 한 연구자가 전 세계 180여 국가의 청소년의 텔레비전 노출시간을 연구할 수 있겠는가? 따라서 앞서 말한 연구문제는 현실적으로 조사 가능한 서울에 거주하는 고등학생을 대상으로 하는 것이 바람직하다.

세 번째로 연구문제가 연구할 만한 가치가 있는 것인가를 생각해야 한다. 연구를 할 때 과연 이 연구가 특정 분야의 발전에 공헌할 수 있는가를 생각해보아야 한다. 연구문제를 제기함으로써 이론적·방법론적 발전에 기여할 수 있는지를 냉철하게 판단해야 한다. 거창한 연구를 하라는 것이 아니다. 작은 것이라도 창의적인 것이어야 한다.

네 번째로 연구문제를 연구할 비용과 시간은 얼마인지를 생각해보아야 한다. 연구는 주어진 시간과 예산 내에서 이루어진다. 따라서 아무리 좋은 연구문제라 하더라도 그 연구를 하기 위해서는 100년이 걸린다든지, 엄청난 예산이 필요하다면 연구 자체가 이루어질 수 없다.

다섯 번째로 연구문제가 윤리적으로 문제가 없는지를 생각해야 한다. 연구자는 진공 상태에서 살고 있는 존재가 아니다. 특정 사회의 구성원으로 살고 있는 사회적 존재이다. 따라서 연구문제를 정할 때 사회의 윤리적 문제로부터 자유로울 수 없다. 선정적인 영화가 어린이의 정서에 미치는 영향을 연구하기 위해 어린이들에게 포르노 영화를 보여주는 것은 아무리 의도가 좋다고 하더라도 여러 가지 윤리적 문제를 발생시킬 소지가 크기 때문에 조심하는 것이 바람직하다.

3. 기존연구 검토

기존연구 검토란 연구자가 제기한 연구문제와 직접적으로 관련된 연구들을 비판적으로 검토하는 것을 말한다. 따라서 기존연구 검토에서 연구문제와 직접 관련이 없는 문헌을 검토할 필요가 없다. 뿐만 아니라 관련이 있는 연구라 하더라도 기존연구들을 요약하여 나열해서는 안 된다.

기존연구의 검토를 통해서 지금까지 어떤 종류의 연구가 어느 정도 이루어졌는지를 알 수 있기 때문에 연구방향을 설정하는 데 도움을 받을 수 있다. 뿐만 아니라 기존연구들이 가진 문제점들을 파악함으로써 과거의 연구에 비해 좀더 나은 연구를 할 수 있다.

기존연구 검토는 지루하고 고통스러운 작업이다. 기존연구의 성과를 파악하기 위해서 도서관을 찾아 많은 시간과 노력을 들여야 하기 때문에 지루한 작업이다. 뿐만 아니라 기존연구의 문제점을 파악해야 하기 때문에 고통스러운 작업이다.

기존연구들의 성과와 문제점을 파악하는 일은 일반적으로 이론과 방법론 두 가지 측면에서 이루어진다.

첫 번째로 기존연구의 검토는 이론적 측면에서 이루어진다. 여기서 말하는 이론이란 개념들을 정의하고 이들 간의 관계를 설정하여 특정 현상을 설명하기 위한 틀이다. 건축할 때 필요한 청사진과 같다. 이론적 측면에서 기존연구의 성과와 문제점을 검토하기 위해서는 개념정의와 개념과 개념 간 논리적 관계를 중점적으로 검토해야 한다. 먼저 개념정의가 제대로 되어 있는지를 살펴보아야 한다. 개념정의가 제대로 되어 있다면 다음에 개념과 개념 간 관계가 논리적으로 명확하게 연결되어 있는지를 살펴보아야 한다. 언론학 이론 중의 하나인 이용과 충족이론(uses and gratifications)을 예로 들어보도록 하자. 이용과 충족이론에 따르면 수용자들의 미디어 이용동기에 따라 미디어 노출행위가 이루어진다고 한다. 이 연구가 제대로 이루어지기 위해서는 미디어 이용동기라는 개념과 미디어 노출행위라는 개념이 무엇을 의미하는지를 정확하게 정의해야 하고, 이 두 개념들 간의 관계를 명확하게 설정해야 한다. 만일 개념정의가 불명확하거나, 제대로 되지 못하고, 개념과 개념 간 연결이 논리적이지 못하다면 그 연구는 잘못된 것이다.

두 번째로 기존연구의 검토는 방법적 측면에서 이루어진다. 여기서 말하는 방법이란 이론의 타당성을 검토할 수 있는 도구를 의미한다. 방법적 측면에서 기존연구의 성과와 문제점을 검토하기 위해서는 개념측정의 적합성과 사용한 방법의 타당성을 중점적으로 검토해야 한다. 먼저 이론에서 제시한 개념이 제대로 측정되었는지를 살펴보아야 한다. 개념의 측정이 제대로 되어 있다면 다음에 개념 간의 관계를 분석하는 방법의 선택이 제대로 이루어졌는지를 살펴보아야 한다. 다시 이용과 충족이론의 예를 들어보도록 하자. 미디어 이용동기와 미디어 노출행위를 구체적으로 측정할 수 있는 문항을 만들어야 하고, 미디어 이용동기와 미디어 노출행위와의 관계를 분석할 수 있는 통계방법을 제대로 선정해야 한다. 만일 개념측정이 제대로 이루어지지 못하고, 개념 간의 관계를 분석할 수 있는 통계방법을 제대로 선택하지 못했다면 연구가치는 낮아질 수밖에 없다.

4. 이론 및 가설 제시

이론을 제시하는 부분에서는 기존연구 검토에서 제기한 문제점을 해결하기 위한 대안으로 기존이론을 부분적으로 보완하였거나 개선시킨 이론, 또는 전혀 새로운 이론을 제안하게 된다.

이론이란 특정 현상을 설명하기 위해 개념을 제시하고, 이들 개념 간의 상호관계를 체계적으로 기술해 놓은 진술문을 말한다. 이론은 건축에 필요한 청사진과 같은데, 건축할 때 청사진이 없다면 건물이 완성될 수 없거나 제대로 된 건물이 만들어질 수 없듯이 과학적 연구에서도 이론이 없다면 연구가 될 수 없거나 제대로 된 연구가 이루어질 수 없다.

이론에서는 개념들이 등장하고, 이들 개념 간의 상호관계가 제시된다. 좋은 이론이란 사용된 개념이 명확하게 정의되고 개념 간의 상호관계가 논리적으로 연결된 것으로 현상을 잘 설명할 수 있는 이론을 말한다. 반대로 나쁜 이론이란 사용된 개념이 정확하게 정의되어 있지 못하고 개념들 간의 관계가 체계적으로 연결되어 있지 못해서 현상을 잘 설명할 수 없는 이론을 말한다. 그러나 사회과학에서 말하는 좋은 이론이란 굳이 자연과학에서 나오는 이론처럼 공식으로 정리될 필요는 없다.

연구자는 이론을 제시한 다음 그 이론에 바탕을 둔 가설을 제시하게 된다. 물론 가설이 없는 연구도 있을 수 있다.

가설이란 변인 간 관계에 대해 검증 가능한 연구자의 주장을 말한다. 이론에서 제시하는 개념은 추상적이기 때문에 우리가 현실세계에서 눈으로 보거나, 귀로 듣거나, 코로 냄새를 맡거나, 입으로 맛보거나, 손으로 직접 느낄 수 없다. 예를 들면, 사랑이라는 것은 오감으로 느낄 수 없는 추상적 개념이다. 아마 사람마다 사랑에 대한 생각이 다를 것이다. 따라서 추상적 개념을 현실세계에서 구체적으로 검증할 수 있도록 조작적 정의(operational definition)를 통해 수량화시켜야 한다. 수량화된 개념을 변인이라고 하는데 이 변인 간 상호관계에 대한 연구자의 주장을 가설이라고 한다.

가설에는 연구가설과 연구가설의 반대명제인 영가설이 있는데, 이에 대해서는 제9장에서 자세히 살펴볼 것이다.

가설이란 변인 간 상호관계에 대해 검증 가능한 연구자의 주장이다. "어린이들이 폭력적인 영화에 많이 노출될수록 공격적 성향이 증가할 것이다"라든지, "방송대학교 학생들은 일반 대학생들보다 원격교육에 대해 긍정적 태도를 가질 것이다"와 같은 진술문이 가설의 예다.

좋은 가설이 무엇인지를 판단하는 객관적 기준이 있는 것은 아니지만, 가설을 만들 때에는 크게 네 가지 정도를 염두에 두어야 한다.

첫 번째로 가설은 이론과 모순되어서는 안 된다. 가설은 이론에서 도출된 것이기 때문에 이론에서 말하는 것과 다른 주장을 해서는 안 된다. 예를 들면, 이론에서는 폭력적인 영화가 어린이들의 공격적 성향을 증가시킬 것이라고 주장하는데, 가설에서는 반대로 주장한다면 가설로서의 가치가 없다.

두 번째로 가설은 변인 간의 논리적 일관성이 있어야 한다. 가설은 변인 간의 상호관계에 대한 주장으로서 변인 간의 상호관계가 논리적으로 서술되어야 한다.

세 번째로 가설은 간결하게 서술되어야 한다. 가설에서 변인 간의 상호관계가 복잡하게 서술되어 있으면 있을수록 변인 간의 관계를 검증하기가 어려워진다.

네 번째로 가설은 검증할 수 있어야 한다. 아무리 좋은 가설이라고 해도 현실적으로 조사와 분석이 불가능한 경우에는 가설 검증이 이루어질 수 없다.

5. 연구방법 제시

이론과 가설을 제시한 다음에는 이를 경험적으로 검증할 수 있는 연구방법을 제시하게 된다. 연구방법이란 가설을 검증할 수 있는 도구를 의미한다. 과학적 연구방법이 되기 위해서는 데이터 수집이 객관적으로 이루어져야 하고, 개념 정의 및 측정이 명확하게 이루어져야 하며, 가설을 검증할 때 사용하는 방법이 타당해야 한다.

연구방법을 제시하는 객관적 기준이 있는 것은 아니지만, 연구방법을 제시할 때에는 크게 세 가지 정도를 염두에 두어야 한다.

첫 번째로 객관적으로 데이터를 수집할 수 있는 방법을 선택해야 한다. 대부분의 사회과학 연구는 모집단을 가장 잘 대표하는 표본을 대상으로 이루어진다. 표본을 선정하는 방법은 제 4장에서 자세히 배우겠지만, 표본을 잘 선정해야만 연구의 정당성이 확보된다는 사실을 명심해야 한다. 가설을 검증하기 위해 어떤 사람을 어떻게 선정했는지를 가급적 상세히 기술한다.

두 번째로 가설에서 제시한 변인을 제대로 정의하고 측정해야 한다. 예를 들면, 미디어 노출행위의 정의는 여러 가지가 있을 뿐 아니라 측정도 여러 가지 방법으로 할 수 있다. 연구의 가치를 높이기 위해서는 변인의 정의를 명확하게 하고 가장 타당한 방법을 사용해 측정해야 한다.

세 번째로 변인 간의 상호관계를 분석하는 방법을 제대로 선택해야 한다. 예를 들면, 회귀분석을 사용해야 하는데 χ^2를 사용한다면 이는 잘못된 방법을 선택한 것으로 제대로 된 연구결과를 얻을 수 없다.

만일 데이터의 수집이 객관적으로 이루어지지 않고, 변인의 정의와 측정이 제대로 되지 못하고, 변인 간의 상호관계를 분석할 수 있는 통계방법이 제대로 선정되지 못한다면 연구가 잘못될 수밖에 없다.

6. 연구결과 제시 및 해석

연구결과 제시 및 해석 부분에서는 연구가설의 분석결과를 제시한다. 연구방법을 통해 분석결과를 해석하고 제시할 때는 신중을 기해야 한다. 분석결과는 외적 타당도와 내적 타당도의 기준을 가지고 해석해야 한다. 여기서 외적 타당도란 모집단과 장소와 시간에 구애됨이 없이 연구결과를 일반화시킬 수 있느냐의 문제이다. 따라서 외적 타당도가 결여된 연구는 다른 상황에 적용될 수 없는 한계를 가진다. 내적 타당도란 연구자가 의도했던 대로 측정과 조사가 이루어졌는가의 문제이다. 여러 가지 이유 때문에 처음에 의도

했던 것과는 다르게 측정과 조사가 이루어지는 연구가 상당수에 달한다. 내적 타당도를 높이기 위해서는 연구가 진행되는 동안 항상 긴장하며 오류를 줄이려 노력해야 한다.

분석결과를 제시할 때에는 가능하면 연구자 자신의 주관적 언급은 피하고 발견한 객관적 사실을 독자들이 쉽게 이해할 수 있도록 쉬운 문장으로 내용을 체계적으로 정리해서 제시해야 한다.

7. 결론 및 논의

결론 및 논의 부분은 크게 세 부분으로 구성된다. 첫 번째 부분은 결과 요약부분으로서 연구자가 왜 이러한 연구를 했고, 어떠한 연구과정을 거쳐 연구했으며, 연구결과는 무엇인지를 밝힌다. 두 번째 부분은 연구의 한계를 서술하는 부분으로서 연구를 수행하는 과정에서 나타난 이론적·방법론적 문제를 기술한다. 세 번째 부분은 미래의 연구방향을 제시하는 부분으로 다른 연구자를 위해 앞으로 어떠한 연구가 어떻게 이루어졌으면 좋겠다는 연구자의 바람을 서술한다.

3
개념, 변인 및 측정

1. 개념

과학적 연구방법의 목적은 가설검증을 통해 이론의 타당성을 밝히는 것이다. 이론이란 특정 현상을 설명하기 위해 개념(*concept*)을 제시하고, 이 개념 간의 상호관계를 논리적으로(또는 체계적으로) 서술한 일련의 진술문을 말한다. 따라서 과학적 연구를 하기 위해서 먼저 개념이 무엇인지를 알아야 한다.

개념이란 특정 현상을 설명하기 위해 만든 추상성이 강한 실체이다. 〈그림 3-1〉에서 보듯이 이용과 충족이론(*uses and gratifications*)은 동기에 따라 미디어 소비행태가 결정된다고 주장한다. 이때 동기와 미디어 소비행태가 개념이다. 그 밖에 사회과학 연구에서 자주 등장하는 '태도'라든지 '동기', '인지' 등도 개념이다.

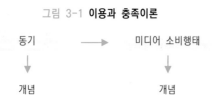

그림 3-1 **이용과 충족이론**

2. 변인의 종류

개념은 추상성이 강하기 때문에 이 추상적 개념을 가지고서는 경험적으로 연구할 수 없다. 따라서 연구자들은 개념을 변인(*variable*)으로 만든다(*variable*은 변수로 번역하기도 하는데 이 책에서는 변인으로 통일함). 〈그림 3-2〉에서 보듯이 과학적 연구에서 변인이란 측정을 통해 수량화한 개념을 말한다. 따라서 수량화하지 않은 개념은 변인이 아니다. 예를 들어 연구자가 텔레비전 프로그램에 대한 수용자의 만족도를 연구한다고 가정하자.

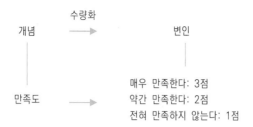

그림 3-2 **개념과 변인 간의 관계**

만족도라는 개념을 '매우 만족한다'에 3점, '약간 만족한다'에 2점, '전혀 만족하지 않는다'에 1점을 부여할 때(즉 수량화하면) 이를 변인이라고 부른다.

과학적 연구는 이론에서 제시한 추상적 개념 간의 인과관계(또는 상호관계)를 분석하는 것이 아니라, 개념을 수량화시킨 변인 간의 인과관계(또는 상호관계)를 연구한다.

일반적으로 연구자는 변인 간의 상호관계에 인과관계(즉, 원인과 결과로 구분하여)를 설정하여 연구한다. 변인은 크게 독립변인(*independent variable*)과 종속변인(*dependent variable*) 두 가지로 나뉘는데 독립변인이란 연구자가 원인으로 여기는 변인을 말하고, 종속변인이란 독립변인의 결과로 나타나는 변인을 말한다.

독립변인과 종속변인에 대한 구분은 연구목적에 따라 정해진다. 따라서 한 연구에서 독립변인이었던 변인이 다른 연구에서는 종속변인이 될 수 있다. 예를 들어 연구자가 폭력 드라마 시청이 청소년의 폭력성향에 미치는 영향을 연구한다고 가정하자. 이때 폭력 드라마 시청은 독립변인이고, 시청의 결과로 나타나는 폭력성향은 종속변인이다. 그러나 연구자가 성별이 폭력 드라마 시청에 미치는 영향을 연구하면 이때 성별은 독립변인이고, 폭력 드라마 시청은 종속변인이 된다.

3. 조작적 정의

개념을 현실세계에서 관찰이 가능하도록 수량화하기 위해서는 개념을 다시 정의하게 되는데, 이를 조작적 정의(*operational definition*)라고 한다. 조작적 정의란 연구를 하기 위해 개념을 재정의하는 것을 말한다. 언론학 이론 중의 하나인 의제설정 이론(*agenda-setting*)의 '미디어 의제'라는 개념을 예로 들어보면, 개념 차원에서 미디어 의제란 미디어가 중요하게 보도하는 기사로 정의할 수 있다. 그러나 이 정의를 가지고 구체적 연구를 할 수 없기 때문에 미디어 의제를 구체적으로 측정하기 위해 다시 정의한다. 예를 들어, 신문의 경우 미디어 의제란 특정 기사가 차지하는 지면의 크기라고 조작적으로 정의한다.

4. 변인의 측정

변인의 측정이란 일정한 규칙에 따라 변인에게 값을 부여하는 것을 말한다. 변인의 측정(measurement)은 명명척도(nominal scale), 서열척도(ordinal scale), 등간척도(interval scale), 그리고 비율척도(ratio scale)의 네 가지 방법으로 이루어진다.

1) 명명척도

명명척도란 연구자가 어떤 현상에 대해 임의로(또는 자의로) 값을 부여하는 것을 말한다. 성별의 예를 들어보자. 연구자가 여성에게 1을, 남성에게 2라는 값을 부여했을 경우 1과 2라는 값에는 아무런 의미가 없다. 연구자가 여성과 남성을 구분하기 위해 1과 2라는 값을 부여했을 뿐이다. 종교의 경우, 연구자가 불교에 1, 기독교에 2, 천주교에 3이라는 값을 부여했다면 이는 연구자가 임의로 값을 부여한 것에 불과하다.

　명명척도로 측정하는 데 주의해야 할 점은 현상을 분류할 때 분류 항목이 상호배타적(mutually exclusive)이어야 한다는 것이다. 상호배타적이란 어느 한 항목에 속한 사람이 다시 다른 어느 항목에 속해서는 안 된다는 것이다.

표 3-1 **명명척도의 예**

귀하의 성별은 무엇입니까? (　)　　① 여성　② 남성

2) 서열척도

서열척도란 연구자가 어떤 현상을 순위에 따라 등급을 매겨 수량화하는 것을 말한다. 서열척도의 대표적 예로 1등, 2등, 3등 같은 석차를 들 수 있다. 명명척도와는 달리 서열척도의 값은 수학적 의미를 가진다. 석차의 경우, 1등은 2등보다 성적이 높고, 2등은 3등보다 성적이 높다는 것을 의미한다. 그러나 서열척도에서는 이들 등급 사이의 차이가 얼마나 되는지를 알 수 없다. 1등과 2등의 성적 차이는 1점일 수 있는 반면에 2등과 3등의 성적 차이는 50점일 수도 있기 때문이다.

표 3-2 **서열척도의 예**

귀하의 학교 성적은 어느 정도입니까? (　)　　① 상　② 중　③ 하

3) 등간척도

등간척도란 연구자가 어떤 현상에 인접 점수 간의 간격을 같도록 만들어 수량화하는 것을 말한다. 등간척도의 대표적 예로 IQ를 들 수 있다. 등간척도에서는 인접 점수 간의 차이가 같기 때문에 IQ 120과 121의 차이 1과 121과 122의 차이 1은 같다. 그러나 등간척도는 절대영점이 없다는 한계가 있다. 지능지수의 예를 들어보면, IQ가 0인, 즉 지능이 전혀 없는 사람이란 없다. 절대영점이 없기 때문에 현상 간의 비례적 특성을 비교할 수 없다. 따라서 지능지수 200인 사람이 지능지수 100인 사람보다 2배만큼 머리가 좋다고 말할 수 없다.

표 3-3 **등간척도의 예**

귀하는 중국이 우리나라의 친구라고 생각하십니까? ( )

4) 비율척도

비율척도란 등간척도의 속성을 가진 동시에 절대영점을 가진 현상에 값을 부여하는 것을 말한다. 비율척도의 대표적 예로 몸무게와 키, 속도 등을 들 수 있다. 등간척도와는 달리 비율척도에는 절대영점이 있기 때문에 현상 간에 비례적 비교가 가능하다. 몸무게의 예를 들어보면, 50kg인 사람은 25kg인 사람보다 2배 더 무겁다고 할 수 있다. 그리고 100km로 달리는 자동차는 5km로 달리는 자동차보다 2배 빠르게 달리고 있다고 말할 수 있다.

변인을 측정할 때 주의해야 할 점이 있다. 변인의 측정방법에 따라 통계방법이 결정되기 때문에 변인을 수량화할 때에는 신중히 생각해서 결정해야 한다. 예를 들면, 독립변인과 종속변인을 명명척도로 측정하였다면 이 경우 사용할 수 있는 통계방법은 χ^2 방법밖에 없다. 독립변인과 종속변인을 등간척도(또는 비율척도)로 측정했을 때 변인 간의 인과관계를 분석하기 적합한 통계방법은 회귀분석 방법이다. 이처럼 변인의 측정방법에

표 3-4 **비율척도의 예**

귀하는 하루 평균 텔레비전을 어느 정도 봅니까? ( ) 시간

따라 사용하는 통계방법이 달라지기 때문에 연구자는 변인을 측정할 때 향후 사용할 통계방법을 고려해야 한다.

5. 측정의 타당도

변인의 측정이 제대로 되지 못한다면 그 연구는 가치 없는 연구로 전락하기 때문에 측정이 제대로 된 것인지를 판단해야 한다. 변인 측정이 제대로 되었는지를 판단하기 위해서는 타당도(validity)와 신뢰도(reliability) 두 가지 측면에서 살펴보아야 한다.

측정의 타당도란 연구자가 측정하고자 하는 것을 측정하였는가를 판단하는 것이다. 타당도는 개념의 정의와 조작적 정의가 일치하는가를 평가하는 것이다.

타당도에는 네 가지 유형이 있는데, 첫째는 외관적 타당도(face validity), 둘째는 예측 타당도(predictive validity), 셋째는 공인 타당도(concurrent validity), 넷째는 구성 타당도(construct validity)이다.

외관적 타당도란 측정방법이 언뜻 보기에 측정하고자 하는 것을 제대로 측정하는지의 여부를 검사하는 것이다. 예를 들면, 무게를 측정할 때 저울 대신에 자로 측정하였다면 이는 잘못된 것이다. 예측 타당도란 측정방법이 미래에 나타날 결과를 얼마나 정확하게 예측할 수 있는지를 검증해보는 것이다. 예를 들면, 선거에서 어느 후보가 승리할 것인가를 예측하기 위한 측정에서 얻은 수치는 실제 투표결과와 비교해서 검증할 수 있다. 특정 측정방법으로 실제 투표결과를 정확하게 예측하였다면 그 측정방법의 예측 타당도가 높다고 할 수 있다. 공인 타당도란 측정방법이 현존하는 기준과 비교하여 검증함으로써 알 수 있는 것이다. 예를 들면, 청소년의 폭력성향에 관한 측정방법을 통해 폭력적인 청소년과 비폭력적인 청소년을 구별할 수 있다면 이 측정방법은 공인 타당도가 높다고 할 수 있다. 구성 타당도란 측정방법이 전체 이론 속에서 다른 개념들과 논리적 · 경험적으로 제대로 연결되었는가를 검증함으로써 알 수 있는 것이다. 예를 들면, 연구자가 폭력 드라마 시청량이 청소년의 폭력성향에 영향을 미친다는 가설을 검증할 때 이 두 변인 간의 관계가 높게 나왔다면 측정방법의 구성 타당도가 높다고 할 수 있다.

표 3-5 **타당도의 유형**

주관적 판단에 근거	기준에 근거	이론에 근거
외관적 타당도	예측 타당도 공인 타당도	구성 타당도

6. 측정의 신뢰도

변인의 신뢰도(*reliability*)란 크게 두 가지를 의미한다. 첫째, 한 가지 측정방식을 가지고 시간차를 둔 상이한 시점에서 각각 사용해서 일관성 있는 측정결과를 얻을 수 있는지를 판단하는 것이다. 사람 간의 관계를 예로 들어보면, 특정 사람의 행동이 어제도 오늘도 같다면 그 사람은 신뢰할 만하다고 말하지만, 어제와 오늘의 행동이 일관성이 없어 예측할 수 없다면 그 사람은 신뢰할 만하지 못하다고 말한다. 측정방법의 경우에도 다른 시점에서 일관성 있는 결과를 얻었다면 그 측정방법은 신뢰할 만한 것이고, 그렇지 못할 때에는 믿을 수 없는 측정방법이다.

둘째, 신뢰도란 동일 대상에 대한 유사한 측정방법들 사이에 일관성 있는 측정결과를 얻을 수 있는지를 판단하는 것이다. 예를 들면, 금반지의 무게를 측정할 경우 한 금은방에서 쓰는 저울과 다른 금은방에서 쓰는 저울이 같은 결과를 냈다면 그 측정방법은 신뢰할 만한 것이다.

측정의 신뢰도를 분석하는 방법은 제 31장에서 자세히 살펴본다.

참고문헌

오택섭 · 최현철 (2003), 《사회과학 데이터 분석법 ①》, 나남.
최현철 · 김광수 (1999), 《미디어 연구방법》, 한국방송통신대학교출판부.

Kerlinger, F. N. (1973), *Foundations of Behavioral Research* (2nd ed.), New York: Holt, Rinehart and Winston.
Miller, D. C. (1977), *Handbook of Research Design and Social Measurement* (3rd ed.), New York: Longman Inc.
Nie, N. H. et al. (1975), *SPSS: Statistical Package for the Social Sciences* (2nd ed.), New York: McGraw-Hill Book Company.
Pedhazur, E. J., & Schmelkin, L. (1991), *Measurement, Design, and Analysis: An Integrated Approach* (Student ed.), Lawrence Erlbaum Associates.

4
표집방법

1. 모집단과 표본

제1장에서 살펴봤듯이 연구자가 연구를 할 때 관심을 가지는 전체 대상을 모집단이라고 부른다. 예를 들어, 연구자가 폭력 영화가 청소년의 폭력성향에 미치는 영향을 연구한다고 하면 이때 모집단은 우리나라 전체 청소년이다. 다른 예를 들어보면, 연구자가 대통령 후보자 간의 텔레비전 토론이 유권자의 투표행위에 미치는 영향을 연구한다고 하면, 이때 모집단은 우리나라 전체 유권자이다. 모집단을 대상으로 하는 조사를 전수조사라고 하는데, 연구자가 모집단을 대상으로 연구할 수만 있다면 그렇게 하는 것이 가장 바람직하다. 만일 연구자가 모집단을 대상으로 연구한다면 사회조사방법 및 통계방법의 상당 부분을 공부할 필요가 없게 될 것이다. 사회과학 연구방법에 대해 공포심을 가진 학생들에게 희소식이 아닐 수 없다.

그러나 사회과학에서 모집단을 대상으로 연구하는 경우는 극히 이례적이거나 거의 없다고 해도 과언이 아니다. 즉, 시간적·금전적 이유 때문에 모집단을 대상으로 연구할 수가 없을 뿐 아니라 모집단을 연구한다는 것은 불필요하다. 대부분의 사회과학 연구는 모집단을 가장 잘 대표할 수 있는 부분인 표본을 대상으로 이루어진다. 〈그림 4-1〉에서 보듯이 표본이란 모집단을 가장 잘 대표하도록 선정된 모집단의 부분집합이다.

그림 4-1 **모집단과 표본과의 관계**

그림 4-2 **표집방법의 종류**

어떻게 하는 것이 모집단을 가장 잘 대표할 수 있는 표본을 선정하는 것일까? 조사를 할 때 연구자가 잘 알고 있는 친구나 이웃만을 표본으로 선정한다든지, 특정 집단만을 표본으로 선정한다면 표본의 대표성이 없기 때문에 아무리 표본의 수가 많다고 하더라도 제대로 표본을 선정한 것이라고 할 수 없다. 그러나 표본이 적절한 방법에 따라 선정되어 모집단을 대표한다면 표본의 연구결과는 모집단의 연구결과로 유추할 수 있다.

〈그림 4-2〉와 같이 모집단에서 표본을 추출하는 방법을 표집방법(*sampling method*)이라고 한다. 표집방법은 크게 확률 표집방법(*probability sampling method*)과 비확률 표집방법(*non-probability sampling method*)으로 나누어진다.

확률 표집방법을 사용하여 표본을 선정할 것인가, 아니면 비확률 표집방법을 사용하여 표본을 선정할 것인가는 연구자가 연구목적을 비롯하여 비용과 시간적 제약 등을 고려하여 결정할 문제이지만 일반적으로 확률 표집방법을 사용하여 표본을 선정하는 것이 바람직하다.

확률 표집방법이 비확률 표집방법보다 왜 바람직한지 그 이유를 살펴보자. 연구자가 표본을 대상으로 연구를 하면 아무리 잘 연구했다 하더라도 여러 가지 이유로 인해 표본의 조사결과와 모집단의 조사결과는 차이가 날 수밖에 없다. 예를 들면, 표본을 대상으로 한 대통령 선거나 국회의원 선거결과와 실제 선거결과는 차이가 날 수밖에 없다. 모집단의 결과와 표본의 결과의 차이를 표집오차(*sampling error*)라고 하는데 확률 표집방법은 확률이론에 따라 표본을 선정하기 때문에 표집오차를 계산할 수 있고, 그 결과 표본의 결과로부터 상당히 정확하게 모집단의 결과를 유추할 수가 있다. 그러나 비확률 표집방법은 확률이론에 따라 표본을 선정하는 것이 아니라 연구자가 자의적으로 표본을 선정하기 때문에 표집오차를 계산할 수 없고, 표본의 결과로부터 모집단의 결과를 정확하게 유추할 수가 없다. 따라서 가능한 한 연구자는 확률 표집방법을 사용하여 표본을 선정하는 것이 바람직하다. 확률표집이 바람직한 것은 사실이지만 때로는 어쩔 수 없이 비확률 표집방법을 사용할 수밖에 없는 상황이 있다. 따라서 비확률 표집방법이라고 무조건 배척할 필요는 없다.

2. 확률 표집방법

〈그림 4-3〉에서 보듯이 확률 표집방법에는 첫째, 무작위 표집방법(*random sampling method*), 둘째, 체계적 표집방법(*systematic sampling*), 셋째, 유층별 표집방법(*stratified sampling method*), 넷째, 군집 표집방법(*cluster sampling method*)과 다섯째, 군집 표집방법을 약간 변형시킨 방법으로 다단계 표집방법(*multi-stage sampling method*)이 있다. 각 방법을 구체적으로 살펴보자.

그림 4-3 **확률 표집방법의 종류**

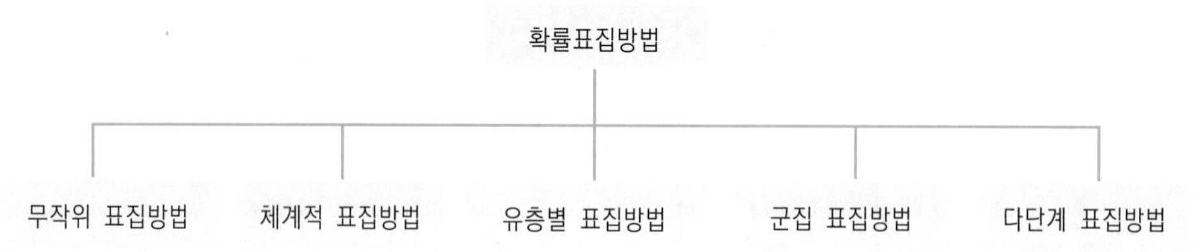

```
                        확률표집방법
          ┌───────────┬──────┼──────┬───────────┐
     무작위 표집방법  체계적 표집방법  유층별 표집방법  군집 표집방법  다단계 표집방법
```

1) 무작위 표집방법

무작위 표집방법은 확률 표집방법의 가장 기본이 되는 방법이다. 무작위 표집방법은 모집단을 구성하는 모든 사람이 표본으로 선정될 동등한 기회를 가질 수 있도록 표본을 선정하는 방법이다. 가장 일반적으로 사용하는 무작위 표집방법을 살펴보면, 연구자는 난수표(*a table of random numbers*)를 만들어서 한 사례를 선택하고, 이 사례를 제외한 나머지 사례들 중에서 다시 한 사례를 선정하는 것이다. 예를 들어 연구자가 20명으로 이루어진 모집단에서 5명을 표본으로 선정하여 연구를 하고 싶다면 〈그림 4-4〉와 같이 20명에게 00에서 19까지 수치를 부여하고, 이 숫자를 큰 종이에 아무렇게나 나열하여 난수표를 만든다. 만일 연구자가 13이라는 번호를 처음 선택했다면 나머지 네 개는 연구자 나름대로 규칙을 정하여 선정하면 된다.

그림 4-4 **난수표의 예**

19	16	00	03	11
09	15	04	⑬	05
07	08	10	06	18
01	12	14	02	17

무작위 표집방법의 장단점에 대해 살펴보도록 하자.

(1) 장점

무작위 표집방법의 장점은 확률 표집방법의 가장 기본이 되는 방법으로서 모집단에 대한 자세한 지식이 없어도 모집단을 가장 잘 대표하는 표본을 선정할 수 있다는 것이다. 뿐만 아니라 표본의 조사결과를 모집단에 유추할 때 오류를 줄일 수 있는 장점이 있다.

(2) 단점

무작위 표집방법의 단점은 모집단의 명단을 난수표로 만들어야 하기 때문에 모집단이 클 경우 난수표를 만들기가 어렵다는 것이다. 비용도 많이 든다. 이러한 단점으로 인해 실제로 무작위 표집방법은 잘 사용되지 않으며 다음에 소개하는 다른 확률 표집방법들이 많이 사용된다.

2) 체계적 표집방법

체계적 표집방법이란 모집단에서 k번째 사람을 표본으로 선정하는 방법을 말한다. 예를 들어 연구자가 100명의 모집단에서 20명의 표본을 선정한다면 연구자는 먼저 출발점과 표집 간격을 무작위로 선정하여 표본을 선택한다. 만일 출발점으로 5번을 선택하고, 표집 간격을 5번째 사람으로 정하였다면, 5, 10, 15, 20, 25번째 순으로 20명의 표본을 선정한다.

체계적 표집방법은 전화번호부와 같은 명부를 이용하여 전화조사를 할 때 유용하게 사용하는 방법이다. 이 경우 전화번호부에 나온 사람을 모집단으로 하여 출발점을 정하고 표집 간격을 k번째로 정하여 표본을 선정한다.

체계적 표집방법의 장단점에 대해 살펴보도록 하자.

(1) 장점

체계적 표집의 장점은 표본 선정이 쉽고 비용이 적게 든다는 것이다.

(2) 단점

체계적 표집방법의 단점은 모집단에 대한 완벽한 명부를 얻어야 표본 선정이 제대로 이루어질 수 있는데 완벽한 명부를 얻는다는 것이 어려울 때가 많다는 것이다. 뿐만 아니라 주기성의 문제가 발생해 특정 집단의 사람이 더 많이 표본으로 선정될 수 있다. 예를 들면, 전화번호부에 등재된 사람을 표본으로 선정할 경우, 김 씨가 한 씨보다 더 많아 때로는 김 씨가 불필요하게 더 많이 선정될 수 있다.

3) 유층별 표집방법

유층별 표집방법(층화 표집방법이라고 부르기도 한다)이란 연구자가 중요하다고 생각하는 특성이 모집단에서 차지하는 비율에 따라 표본을 그에 맞게 선정하는 방법을 말한다. 예를 들어, 연구자가 100명의 모집단에서 50명의 표본을 선정할 경우 모집단의 남녀 성비가 60% 대 40%라는 사실을 알고 있다면, 이 비율을 표본 선정에 반영하여 50명 중 60%인 30명을 남성으로, 50명의 40%인 20명을 여성으로 선정한다. 성별뿐 아니라 연령, 교육 등 다른 주요 특성의 비율에 따라 표본을 선정할 수 있다.

유층별 표집방법은 유사한 특징을 가진 모집단으로부터 표본을 선정할 때 사용하는 방법으로 표집오차를 줄일 수 있다.

(1) 장점
유층별 표집의 장점은 연구자가 선택한 특성의 비율이 고려되기 때문에 대표성이 잘 보장된다는 것이다. 그 결과로 표집오차를 줄일 수 있다.

(2) 단점
유층별 표집의 단점은 표본 선정을 위해서 연구자가 선정한 주요 특성에 따른 모집단에 대한 정보를 알아야 한다는 것이다. 그러나 연구자가 원하는 정보가 없는 경우가 상당히 있는데 이때는 유층별 표집방법을 사용할 수가 없다. 뿐만 아니라 여러 가지 특성의 비율에 따라 표본을 선정할 경우 표본의 수가 많아야 하기 때문에 비용이 많이 들 수 있다.

4) 군집 표집방법

연구자가 중요하다고 생각하는 특성에 대한 정보가 없을 경우 군집 표집방법(집락 표집방법이라고 부르기도 한다)을 사용하면 쉽게 표본을 선정할 수 있다. 군집 표집방법이란 특정 집단을 단위로 삼아 표본을 추출하는 방법이다. 예를 들어 연구자가 서울에 살고 있는 사람의 텔레비전 시청행태를 조사하고자 할 때 무작위 표집방법을 사용하여 표본을 추출하면 시간도 많이 필요하고 절차도 복잡하다. 이때 서울을 구로 분할하고 그중에서 하나, 또는 몇 개를 무작위로 선택하여 표본을 선정하면 된다. 그러나 선정한 특정 집단이 독특한 성격을 가질 경우 조사결과가 잘못될 수가 있기 때문에 가능한 한 집단을 적게 나누어 표본을 선정하는 것이 바람직하다. 군락 표집방법의 장단점을 살펴보도록 하자.

(1) 장점

군집 표집방법의 장점은 모집단의 부분집단만 표집하면 되기 때문에 시간과 비용을 줄일 수 있다는 것이다.

(2) 단점

군집 표집의 단점은 표본으로 선정한 집단이 모집단을 대표하지 못하는 경우가 발생할 수 있고, 그 결과 표집오차가 증가할 수 있다는 것이다.

5) 다단계 표집방법

다단계 표집방법은 군집 표집방법의 문제점을 보완하기 위해 나온 방법으로서 군집 표집방법을 수정한 것이다. 〈그림 4-5〉에서 보듯이 다단계 표집방법에서는 먼저 가장 큰 집단을 나누어 표본으로 선정한 후, 다음으로 각 집단을 다시 하위집단으로 나누어 표본으로 재선정한 후, 마지막으로 하위집단에 속한 개별 가정을 표본으로 선정하게 된다. 예를 들어, 연구자가 우리나라 유권자의 투표성향을 연구할 때 먼저 전국을 서울과 광역시·도로 구분하고, 구를 다시 시·군으로 나누고, 시는 통·반으로 세분화하고, 군은 읍·면으로 세분화하여, 최종적으로 반이나 면에 속한 사람을 표본으로 선정한다.

표집방법은 연구목적, 비용과 시간 등 여러 요인에 따라 선정되는데 반드시 한 가지 표집방법만 사용할 필요는 없다. 최근 들어 가장 많이 사용하는 방법은 유층별 표집방법과 다단계 표집방법을 합해 만든 다단계 유층별 표집방법이다. 다단계 유층별 표집방법이란 모집단의 주요 특성별 비율에 따라 표본의 수를 정하고, 이 수에 맞추어 다단계로 표본을 선정하는 것이다.

그림 4-5 **다단계 표집방법**

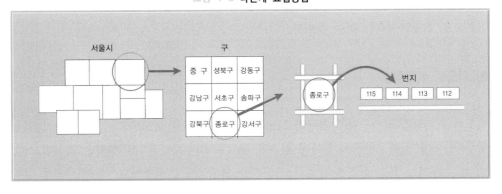

3. 비확률 표집방법

〈그림 4-6〉에서 보듯이 비확률 표집방법은 첫째, 할당 표집방법(*quota sampling method*), 둘째, 가용 표집방법(*available sampling method*), 셋째, 의도적 표집방법(*purposive sampling method*)으로 나누어 볼 수 있다.

그림 4-6 **비확률적 표집방법의 종류**

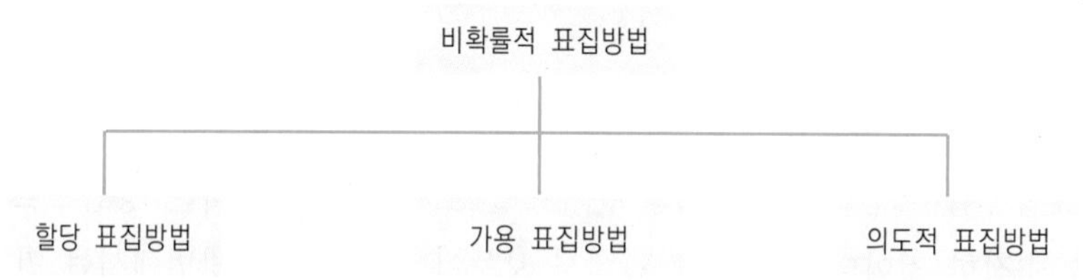

1) 할당 표집방법

할당 표집방법은 유층별 표집방법과 달리 모집단의 주요 특성의 비율에 따라 표본의 수를 선정하는 것이 아니라 연구자가 임의대로 표본의 수를 정하는 방법을 말한다. 예를 들어 연구자가 모집단 100명 중 표본 50명을 선정할 때 남녀의 수를 각각 25명씩 임의대로 선정하는 것이다.

2) 가용 표집방법

가용 표집방법은 자발적으로 조사에 응하는 사람이나 쉽게 구할 수 있는 사람을 표본으로 선정하는 방법을 말한다. 가용 표집방법의 대표적 예는 수업을 수강하는 학생들을 표본으로 선정하여 연구하는 것이다.

3) 의도적 표집방법

의도적 표집방법은 연구자가 연구하고 싶은 특정 대상만을 의도적으로 표집하는 방법을 말한다. 예를 들어, 연구자가 특정 상품을 구입한 소비자들의 소비성향을 조사하고 싶을 때 연구자는 특정 상품을 구입한 사람만을 의도적으로 선정하고, 특정 상품을 구입하지 않은 사람은 의도적으로 배제하는 것을 말한다.

4. 표집오차

대부분의 사회과학 연구는 모집단이 아니라 표본을 대상으로 이루어지기 때문에 표본의 결과와 모집단의 결과는 차이가 날 수밖에 없다. 모집단의 결과와 표본의 결과와의 차이를 표집오차(*sampling error*)라고 부른다. 우리는 신문이나 방송의 여론조사 보도에서 "특정 후보의 지지도는 30% ±3"이라는 내용을 쉽게 접했을 것이다. 이때 ±3이 바로 표집오차를 의미한다. 즉, 이 조사는 표본조사이기 때문에 이 결과를 모집단에 유추할 때에는 평균값의 앞뒤로 3% 정도 오차가 날 수 있다는 말이다. 표집오차를 사용하여 모집단의 값을 추리하는 방법은 제 8장 표준오차에서 자세히 살펴본다.

5. 표본의 크기

어느 정도의 크기를 가진 표본을 선정하는 것이 바람직한가? 이 문제는 매우 까다로운 문제로 정답은 없다. 표본의 크기는 연구문제와 시간, 비용에 따라 결정된다. 즉, 시간이 많고, 비용이 충분하면 할수록 많은 수의 표본을 선정해도 괜찮지만, 반대로 시간도 없고, 비용도 충분하지 못하다면 적은 수의 표본을 선정할 수밖에 없다.

　표본이 어느 정도 되어야 신뢰할 만한지에 대한 객관적 기준이 있는 것은 아니지만 일반적으로 표본이 크면 표집오차가 작아지는 경향이 있다. 그렇다고 불필요하게 큰 표본을 사용하는 것은 바람직하지 않다. 일반적으로 표본의 수가 300명에서 500명 정도면 표집오차가 1% 정도밖에 나타나지 않기 때문에 만족할 만한 크기라 할 수 있다.

참고문헌

최현철 · 김광수 (1999), 《미디어 연구방법》, 한국방송통신대학교출판부.

Carlsmith, J. M., Ellsworth, P. C., & Aronson, E. (1976), *Methods of Research in Social Psychology*, Addison-Wesley Publishing Co.
Kerlinger, F. N. (1973), *Foundations of Behavioral Research* (2nd ed.), New York: Holt, Rinehart and Winston.
Wimmer, R. D., & Dominick, J. R. (1994), *Mass Media Research: An Introduction* (4rd ed.), Wadsworth Publishing Co.

5
서베이 방법

1. 서베이 방법의 목적

서베이(survey)는 실시하는 목적에 따라 크게 기술적 서베이(descriptive survey)와 분석적 서베이(analytic survey) 두 가지로 나누어진다. 기술적 서베이란 특정 사건이나 이슈에 대해 사람이 어떻게 생각하는지를 알아보기 위한 조사를 말한다. 정부의 부동산 정책에 대한 국민의 지지도를 알아본다든지, 국민들의 미디어 이용행태를 알아보는 것과 같은 조사를 기술적 서베이라고 한다.

반면에 분석적 서베이는 연구자가 특정 연구문제나 가설을 실증적으로 검증하기 위해 실시하는 조사를 말한다. 대통령 후보의 텔레비전 토론이 대통령 후보에 대한 지지도 변화에 미치는 영향을 분석하기 위해 실시하는 조사를 분석적 서베이라 한다.

서베이 방법이 조사방법의 전부는 아니다. 또한 모든 사회과학 연구가 서베이 방법을 사용하여 이루어지는 것도 아니다. 어떤 서베이 방법을 사용할 것인가 하는 문제는 연구자의 연구목적, 연구문제와 가설, 연구자가 처한 상황에 따라 결정된다. 서베이 방법의 장단점을 살펴보면서 언제 사용하는 것이 좋은지 알아보자.

서베이 방법의 장점은 크게 두 가지를 들 수 있다.

첫째, 서베이 방법은 현실적 상황에서 특정 문제에 대한 사람의 반응을 자연스럽게 조사할 수 있다. 이런 점에서 연구자가 피험자를 실험실에 모아 놓고 특정 상황을 조작하여 조사하는 실험방법과 구별된다.

둘째, 다양한 사람으로부터 많은 양의 정보를 비교적 쉽고 적은 비용으로 수집할 수 있다. 서베이 방법을 사용하면 연구에 필요한 많은 변인에 대한 정보를 쉽게 얻을 수 있다.

그러나 서베이 방법은 여러 가지 단점을 가진다. 서베이 방법의 단점은 크게 두 가지를 들 수 있다.

첫째, 연구하고 싶은 변인을 연구자가 원하는 대로 조작할 수 없다. 서베이 방법은 현실적 상황에서 조사가 이루어지기 때문에 연구자가 원하는 변인 간의 인과관계를 정확하게 알 수 없다.

둘째, 서베이 방법은 주로 설문조사를 통해 이루어지는데 이때 질문의 표현방식이나 배열에 따라 응답자에 대한 정보가 왜곡될 수 있다.

이러한 장단점을 고려해볼 때, 서베이 방법은 현실적 상황 아래에서 사람의 생각과 행동을 폭넓게 조사할 경우에 유용하다.

2. 예비조사와 사전조사, 본조사

서베이 방법을 사용하여 본격적으로 응답자에 대한 조사를 하기 위해서는 사전에 예비 조사(pilot study)와 사전조사(pre-test)를 실시한다. 서베이 방법은 설문지를 통해 이루어지기 때문에 연구문제나 가설에 적합한 설문지를 제대로 만들기 위해서는 설문지 초안을 만들기 위한 예비조사와 설문지를 완성하기 위해 실시하는 사전조사를 실시한다.

1) 예비조사

예비조사란 연구자가 소수의 사람을 대상으로 설문지 초안을 만들기 위해 실시하는 조사이다. 설문지 작성의 전 단계에서 실시한다.

2) 사전조사

연구자는 예비조사를 통해 설문지 초안을 작성한다. 설문지 초안을 작성한 후 연구자는 소수의 사람을 대상으로 사전조사를 실시한다. 사전조사에서는 응답자들의 반응을 분석하여 설문문항의 타당성과 신뢰성이 있는지, 질문에 사용하는 말이 적합한지, 문항배열은 적절한지 등을 알아본다. 사전조사를 통해 본조사에서 사용할 설문지를 확정한다.

3) 본조사

예비조사를 통해 설문지를 작성하고, 설문지 초안을 가지고 사전조사를 한 후, 설문문항을 최종적으로 확정하여 본격적 조사, 즉 본조사를 실시한다. 본조사는 면접원이나 전화, 우편을 통해 이루어진다.

3. 서베이 방법의 종류

본조사에서는 설문지를 완성한 후 표집방법을 통해 선택한 표본을 대상으로 연구목적 및 여러 가지 요인을 고려하여 여러 가지 서베이 방법 중 한 가지를 택해 데이터를 수집하게 된다. 서베이 방법에는 첫 번째, 직접 면접방법, 두 번째, 우편 서베이 방법, 세 번째, 전화 서베이 방법이 있다. 각 방법의 특징을 살펴보자.

1) 직접 면접방법

직접 면접방법(*personal interview*)은 면접원이 응답자를 직접 방문하여 응답자와 1:1 면접을 통해 데이터를 수집하는 방법을 말한다. 직접 면접에서는 면접원이 설문지를 가지고 응답자를 직접 방문하여 조사가 이루어지기 때문에 면접원의 역할이 매우 중요하다. 면접원이 어떻게 하느냐에 따라 조사의 성공이 좌우되기 때문에 면접원을 신중하게 선정해야 한다.

직접 면접방법의 절차는 〈표 5-1〉과 같다. 이를 좀더 구체적으로 살펴보자.

첫 번째로 표본을 선정한다. 제4장에서 살펴본 표집방법을 통해 모집단을 가장 잘 대표하는 표본을 선정하면 된다. 두 번째로 설문지를 작성한다. 연구자는 연구문제 또는 가설을 검증하는 데 필요한 문항을 담은 설문지를 만든다. 앞에서 설명한 것처럼 설문지를 만들기 위해서 연구자는 예비조사와 사전조사를 실시해야 한다. 설문지 작성과 관련한 구체적 내용은 제6장에서 자세하게 살펴본다.

세 번째로 면접원을 훈련시킨다. 직접 면접방법의 성패는 면접원에 달려 있다 해도

표 5-1 **직접 면접방법의 절차**

1. 표본을 선정한다

↓

2. 설문지를 작성한다

↓

3. 면접원을 훈련시킨다

↓

4. 면접원을 통해 데이터를 수집한다

↓

5. 수집한 설문지를 검토하여 필요한 경우 추가 설문조사를 한다

↓

6. 데이터를 정리하여 코딩한 후 컴퓨터에 입력한다

과언이 아니기 때문에 면접원의 태도와 언행은 매우 중요하다. 일반적으로 응답자는 설문에 잘 대답하지 않는 경향이 있다. 이 점을 항상 염두에 두고 설문조사를 해야 한다. 따라서 면접원은 공손한 태도를 갖고서 상냥한 말투를 써야 한다. 면접원이 오만한 태도를 보인다든지 건방진 말투를 사용하면 그 조사는 실패한다는 사실을 면접원에게 교육시켜야 한다.

네 번째로 면접원을 통해 데이터를 수집한다. 면접원은 선정된 대상자를 방문하여 1:1 면접을 통해 설문조사를 하고 데이터를 수집한다.

다섯 번째로 수집한 설문지를 검토하여 필요한 경우 다시 면접을 한다. 연구자는 면접원이 수집한 설문지를 검토하여 불성실한 응답과 무응답률을 살펴본 후 문제가 있다고 판단하면 추가 설문조사를 실시해 데이터를 얻는다.

여섯 번째로 데이터를 정리하여 코딩한 후 컴퓨터에 입력한다. 수집한 데이터에 문제가 없다면 연구자는 이를 코딩하여(각 문항을 수치화하는 것을 코딩이라고 한다) 분석을 위해 컴퓨터에 입력한다.

직접 면접방법의 장단점을 살펴보자.

(1) 장점

직접 면접방법의 장점을 살펴보면,

첫째로 직접 면접방법은 직접 면접원이 방문하기 때문에 설문지 회수율을 높일 수 있다.

둘째로 직접 면접방법은 면접원이 응답자에게 도움말을 줄 수 있기 때문에 비교적 정확한 정보를 얻을 수 있다.

셋째로 직접 면접방법은 1:1 면접을 통해 조사가 이루어지기 때문에 무응답의 비율을 줄일 수 있다.

(2) 단점

그러나 직접 면접방법은 여러 가지 단점이 있는데 이를 살펴보면,

첫째로 직접 면접방법은 면접원을 이용하기 때문에 비용이 많이 든다. 특히 전국조사의 경우 면접원이 먼 지역까지 가야 하기 때문에 조사비용이 커진다.

둘째로 면접원의 성별과 나이 등에 따라 응답자들이 면접원에 대한 편견을 가질 가능성이 높고 이에 따라 응답내용이 달라질 수 있다.

셋째로 직접 면접방법은 주로 낮에 가정을 방문하여 이루어지는데 이때 주부들을 대상으로 조사할 가능성이 높기 때문에 연구자가 원하는 표본을 선정하지 못할 수 있다.

2) 전화 서베이 방법

전화 서베이(*telephone survey*)란 면접원이 전화를 이용하여 응답자들에게 질문하고 응답 내용을 기록하여 조사하는 방법을 말한다. 전화 서베이는 직접 면접방법과 우편 서베이의 중간 정도라고 생각하면 된다. 전화 서베이의 경우 우편 서베이보다 응답자 관리가 용이하여 응답률을 높일 수 있지만, 전화라는 한계 때문에 많은 질문을 할 수가 없다. 비용 면에서 볼 때, 전화 서베이는 우편 서베이보다는 돈이 더 들지만 직접 면접보다는 비용이 적게 든다.

전화 서베이 방법의 절차는 〈표 5-2〉와 같다. 전화 서베이 방법은 직접 면접방법과 상당히 유사한데 이를 좀더 구체적으로 살펴보자.

첫 번째로 표본을 선정한다. 전화 서베이 방법에서는 주로 전화번호부를 이용하기 때문에 표본 선정에서는 체계적 표집방법을 사용한다.

두 번째로 설문지를 작성한다. 전화 서베이 방법에서 설문지를 작성할 때 주의해야할 점은 시각적 내용을 담은 질문이나 많은 질문은 피해야 한다.

세 번째로 면접원을 훈련시킨다. 전화 서베이 방법에서도 직접 면접방법과 마찬가지로 면접원의 태도와 말투에 따라 조사의 성패가 결정된다. 따라서 면접원은 공손한 태도로 상냥한 말투를 써야 한다.

네 번째로 면접원이 전화를 이용하여 데이터를 수집한다. 이 과정도 면접원이 전화를 이용하는 것을 제외하고는 직접 면접방법과 같다.

다섯 번째로 수집한 데이터를 검토하여 필요한 경우 추가로 전화면접을 실시하여 데이터를 얻는다. 이 과정도 전화를 이용하는 것을 제외하고는 직접 면접방법과 같다.

여섯 번째로 데이터를 정리하여 코딩한 후 컴퓨터에 입력한다. 이 과정도 직접 면접

표 5-2 **전화 서베이 방법의 절차**

1. 표본을 선정한다

⬇

2. 설문지를 작성한다

⬇

3. 면접원을 훈련시킨다

⬇

4. 면접원이 전화를 이용하여 데이터를 수집한다

⬇

5. 필요한 경우 추가 전화면접을 한다

⬇

6. 데이터를 정리하여 코딩한 후 컴퓨터에 입력한다

방법과 같다.

전화 서베이의 장단점을 살펴보자.

전화 서베이의 장점을 살펴보면,

첫째로 전화 서베이는 소수의 면접원이 전화를 이용하여 데이터를 수집하기 때문에 비용이 적게 든다.

둘째로 전화 서베이는 면접원이 응답자로부터 직접 응답을 얻기 때문에 비교적 정확한 조사를 할 수 있다.

셋째로 전화 서베이는 빠른 시간 내에 데이터를 수집할 수 있다. 따라서 시간이 촉박한 조사에 사용하면 편리하다.

전화 서베이의 단점을 살펴보면,

첫째로 전화 서베이는 전화를 이용하기 때문에 전화가 없거나 등록하지 않은 사람은 자동적으로 배제되어 표본이 제대로 선정되지 않을 수 있다.

둘째로 전화 서베이는 응답자들이 귀찮다고 생각하면 전화를 끊기 때문에 연구자가 원하는 표본을 조사하지 못할 수 있다. 뿐만 아니라 응답자가 성실히 답변하지 않을 가능성이 높다.

셋째로, 전화 서베이는 전화를 이용하기 때문에 시각적으로 필요한 질문이나 많은 질문을 할 수 없다.

3) 우편 서베이 방법

우편 서베이(*mail survey*)는 표본으로 선정된 사람에게 설문지를 우편으로 보내고, 그 사람이 설문지에 응답한 후 이를 다시 우편으로 반송하도록 하여 조사하는 방법을 말한다. 우편 서베이는 최소한의 시간과 비용을 들여서 많은 데이터를 수집할 수 있지만 사람이 바빠서 또는 귀찮아서 응답하지 않을 경우 실패할 가능성이 높다. 따라서 설문지를 보내고 약 2주 후에 독촉하는 편지를 다시 보내 확인해야 한다. 특수한 상황을 제외하면, 우편 서베이의 경우 설문지 회수율이 약 50~60% 정도이다.

우편 서베이 방법의 절차는 〈표 5-3〉과 같다. 이를 자세히 살펴보자.

첫 번째로 표본을 선정한다. 이 과정은 다른 서베이 방법과 같다.

두 번째로 설문지를 작성한다. 이 과정은 직접 면접방법에서 하는 것과 같다.

표 5-3 우편 서베이 방법의 절차

1. 표본을 선정한다
⬇
2. 설문지를 작성한다
⬇
3. 인사 편지를 쓴다
⬇
4. 우편을 이용하여 설문지를 반송한다
⬇
5. 회수율을 검토하여 필요한 경우 독촉 편지를 보낸다
⬇
6. 데이터를 정리하여 코딩한 후 컴퓨터에 입력한다

세 번째로 인사 편지를 쓴다. 조사의 목적과 중요성을 간단하게 설명하고 협조를 부탁하는 당부의 말을 담은 편지를 쓴다. 연구자는 인사 편지를 형식적으로 쓰지 말고 최대한 정중히 도움을 요청하는 말을 써야 한다.

네 번째로 우편을 이용하여 설문지를 반송한다. 인사 편지와 설문지, 회송용 봉투와 우표를 동봉하여 응답자에게 발송한다.

다섯 번째로 회수율을 검토하여 필요한 경우 독촉 편지를 보낸다. 일반적으로 응답자는 설문지를 반송하지 않기 때문에 설문지를 발송하고 약 2주 후에 설문지를 반송하지 않은 응답자에게는 독촉 편지를 보낸다.

여섯 번째로 데이터를 정리하여 코딩한 후 컴퓨터에 입력한다. 이 과정은 직접 면접 방법과 같다.

그러면 우편 서베이 방법의 장단점을 살펴보자.

(1) 장점

우편 서베이의 장점을 살펴보면,

첫째로, 우편 서베이는 비교적 저렴한 비용으로 광범위한 지역에 살고 있는 사람을 조사할 수 있다. 특히 직접 방문하기 어려운 지역에 살고 있는 사람을 조사할 수 있는 유용한 방법이다. 뿐만 아니라 전문가를 대상으로 데이터를 수집하고자 할 때 효율적인 방법이다.

둘째로 우편 서베이는 면접원이 없는 상태에서 응답을 하기 때문에 여유를 가지고 응답을 할 수 있을 뿐 아니라 면접원에 의해 생길 수 있는 편견을 제거힐 수 있다.

셋째로 우편 서베이는 면접원을 이용하지 않기 때문에 인건비를 줄일 수 있으므로 비용이 적게 든다.

(2) 단점

우편 서베이의 단점을 살펴보면,

첫째로 우편 서베이는 면접원이 없기 때문에 무응답의 비율이 높아서 정확한 정보를 얻지 못할 가능성이 크다.

둘째로 우편 서베이의 응답자가 누구인지를 정확하게 알 수 없다. 기업의 경영인을 대상으로 한 조사의 경우를 예로 들어보면 경영인이 대답하는 대신 비서 등 다른 사람이 응답하는 경우가 종종 있다. 뿐만 아니라 우편 서베이에 적극적으로 응하는 사람만을 대상으로 할 수밖에 없기 때문에 표본의 문제가 있을 수 있다.

셋째로 우편을 이용한 서베이의 경우 데이터 수집이 늦어질 수밖에 없다. 연구자가 마감날짜를 정하기는 하지만 대부분의 응답자가 제 날짜에 맞추어 설문지를 반송하지 않는다.

참고문헌

최현철 · 김광수 (1999), 《미디어 연구방법》, 한국방송통신대학교출판부.

Carlsmith, J. M., Ellsworth, P. C., & Aronson, E. (1976), *Methods of Research in Social Psychology*, Addison-Wesley Publishing Co.
Wimmer, R. D., & Dominick, J. R. (1994), *Mass Media Research: An Introduction*, (4th ed.), Wadsworth Publishing Co.

6
설문지 작성법

1. 설문지 구성요소

설문지는 첫째 인사말, 둘째 지시나 명령문, 그리고 셋째 구체적인 질문 등 크게 세 가지 요소로 이루어진다.

1) 인사와 감사의 말

설문지에는 반드시 인사와 감사의 말을 써야 한다. 인사말은 설문지의 첫 장에 쓰는데, 인사말에는 조사의 주체, 조사의 목적과 중요성, 응답자와 응답내용의 비밀 보장, 성실한 답변을 부탁하는 말을 가능한 짧고 분명하게 쓴다. 감사의 말은 설문지 맨 뒷장에 쓰는데 "바쁘신데 응답해주셔서 감사합니다" 정도로 간단하게 쓰면 된다.

2) 지시나 설명문

설문지에는 반드시 질문을 하기 전에 질문에 답변하는 방법을 써야 한다. 질문에 대답하는 데 필요한 지시 또는 설명은 가능한 한 명확하고 눈에 잘 띄도록 써야 한다.

표 6-1 **지시 및 설명문의 예**

아래 문항은 텔레비전에 대한 귀하의 생각을 알아보기 위한 것입니다. 귀하가 동의하는 정도에 따라 1점에서 5점까지의 점수 중 하나에 ✔를 표시해주십시오.

- 텔레비전은 일상생활에 필요한 정보를 전달해준다

그렇다   그렇지 않다

①	②	③	④	⑤

〈표 6-1〉에서 보듯이 "아래 문항은 텔레비전에 대한 귀하의 생각을 알아보기 위한 것입니다. 귀하가 동의하는 정도에 따라 1점에서 5점까지의 점수 중 하나에 ✔를 표시해주십시오"라는 지시문이나 설명문을 쓴다.

3) 질 문

설문지는 연구목적, 또는 가설을 검증하기 위해 필요한 질문을 담는다. 질문은 크게 개방형 질문과 폐쇄형 질문 두 가지로 나누어진다.

(1) 개방형 질문
개방형 질문(open-ended question)이란 응답자가 자신의 의견을 자유롭게 대답할 수 있도록 만든 질문을 말한다.

〈표 6-2〉에서 보듯이 개방형 질문은 "귀하가 좋아하는 텔레비전 프로그램을 세 가지만 써 주십시오", 또는 "신문의 정치면을 읽는 이유를 구체적으로 써 주십시오" 등 응답자가 자유롭게 자신의 의사를 표시할 수 있도록 유도한다. 필요에 따라 본조사 설문지에 개방형 질문을 사용하는 경우도 있지만, 일반적으로 개방형 질문은 설문지를 만들기 위한 예비조사나 사전조사에 많이 사용된다.

표 6-2 **개방형 질문의 예**

귀하가 좋아하는 텔레비전 프로그램을 세 가지만 써 주십시오.

①
②
③

(2) 폐쇄형 질문
폐쇄형 질문(close-ended question)이란 연구자가 제시한 응답내용 중 하나 또는 몇 개를 응답자가 선택하도록 만든 질문을 말한다.

〈표 6-3〉에서 보듯이 "귀하가 좋아하는 텔레비전 프로그램은 무엇인지 두 가지만 골

표 6-3 **폐쇄형 질문의 예**

귀하가 좋아하는 텔레비전 프로그램은 무엇인지 두 가지만 골라 주십시오.

① 뉴스　　（　）② 쇼　　　（　）③ 드라마 （　）
④ 다큐멘터리（　）⑤ 코미디　（　）⑥ 만화　　（　）

라 주십시오"라는 질문에 응답자는 연구자가 제시한 "① 뉴스, ② 쇼, ③ 드라마, ④ 다큐멘터리, ⑤ 코미디, ⑥ 만화" 여섯 가지 중에서 두 가지를 선택하도록 한다.

2. 설문지 작성방법

설문지 작성에 객관적인 규칙은 없다. 설문지를 만들 때는 연구목적에 맞게끔 만드는 것이 가장 중요하다. 설문지의 구성과 질문방법에 대해 유의해야 할 사항을 알아보자.

1) 설문지 구성 시 유의할 사항

설문지를 작성할 때 연구자는 설문지의 배열과 설문지의 길이, 질문의 순서 등 세 가지에 유의하여 설문지를 구성해야 한다.

(1) 설문지의 배열
설문지를 작성할 때에는 설문지의 배열에 신경을 써야 한다. 설문지 한 장에 수십 개의 질문을 빽빽하게 인쇄한다고 했을 때 응답자로부터 좋은 대답을 기대할 수 없다. 따라서 설문지 한 장에 들어가는 질문의 수를 적절하게 배정하고, 각 질문은 적당한 간격을 두어 보기 좋게 배열해야 한다. 개방형 질문의 경우 응답자가 자유롭게 대답할 수 있도록 충분한 여백을 주어야 한다.

(2) 설문지의 길이
설문지를 만들 때에는 설문지의 길이에 신경을 써야 한다. 아무리 좋은 질문이라고 하더라도 응답하는 데 몇 시간이 걸린다면 응답자는 피로해져서 정확한 대답을 기대할 수 없다. 서베이 방법에 따라서 응답하는 총시간이 정해진다. 일반적으로 설문지 응답시간은 직접 면접방법의 경우는 20분에서 40분 사이가 적절하다. 전화 서베이 방법의 경우는 10분, 우편 서베이 방법의 경우는 15분을 넘지 않는 것이 좋다.

(3) 질문의 순서
설문지를 만들 때에는 질문의 순서에 신경을 써야 한다. 처음부터 어렵거나 대답하기 곤란한 질문을 하면 응답자는 설문에 흥미를 잃어 정확한 대답을 기대하기 어렵다. 따라서 처음에는 상대적으로 쉬운 질문을 하고 뒤로 가면 갈수록 복잡한 질문, 또는 대답하기 곤란한 질문을 하는 것이 바람직하다. 특히 수입이나 연령 등 인구사회학적 속성이나 개인적 질문은 설문지 맨 뒤에 배열하는 것이 좋다.

2) 질문 작성 시 유의할 사항

연구자가 질문을 할 때 유의해야 할 사항을 알아보자.

(1) 질문은 명확하게 작성한다

연구자가 질문을 할 때에는 응답자가 명확하게 이해할 수 있는 말로 정확한 대답을 얻을 수 있도록 해야 한다. 연구자는 전문가로서 자신이 생각하는 것을 강요해서도 안 되며, 전문적 용어나 어려운 말을 사용해서도 안 된다. 예비조사와 사전조사를 통해 응답자들이 생각하는 것과 응답자들이 일상생활에서 쓰는 말을 정확하게 파악하여 질문해야 한다. 예를 들면 "텔레비전을 시청하실 때 …"보다는 "텔레비전을 볼 때 …"가 더 적절하다.

(2) 질문은 짧게 작성한다

응답자가 오해를 불러일으키지 않도록 짧고 간결하게 질문해야 한다. 질문이 길거나 복잡할수록 응답자의 대답은 부정확해진다.

(3) 두 개의 답변을 요구하는 질문을 해서는 안 된다

연구자는 하나의 질문에 하나의 대답이 나올 수 있도록 질문을 해야 한다. 예를 들면, "귀하는 우리나라 텔레비전 드라마가 얼마나 재미있거나 유익하다고 생각하십니까?"라는 질문은 이중적 질문으로, 응답자가 드라마가 재미있지만 유익하지 않다고 생각할 수도 있고, 또는 유익하지만, 재미없다고 생각할 수도 있는데 이때는 질문에 대답하기가 곤란하다. 따라서 이 질문은 두 개로 나누어 하나의 질문에 하나의 응답이 나오도록 작성해야 한다.

(4) 편견이 개입된 단어를 피한다

편견이 개입될 소지가 있는 단어를 질문에 써서는 안 된다. 예를 들면, "귀하는 시간이 나면 그냥 텔레비전을 보십니까?"라는 질문에 "그냥"이라는 말은 별로 바람직하지 못하다는 뉘앙스를 담기 때문에 응답자가 사실대로 대답하지 않을 가능성이 크다.

(5) 유도질문을 해서는 안 된다

유도질문을 해서는 안 된다. 유도질문이란 특정한 응답을 시사하거나 또는 어떤 의도가 숨은 질문을 말한다. 예를 들면, "귀하는 대부분의 대학생처럼 매일 신문을 읽습니까?"라는 질문은 만일 응답자가 긍정적인 대답을 하지 않는다면 응답자는 마치 대부분의 대학생과는 다른 학생이라는 말이 되기 때문에 결국 자신의 실제 행위와 관계없이 특정 대답을 유도하는 결과를 낳는다.

(6) 꼭 필요한 경우가 아니면 응답자가 당황해 하는 질문을 해서는·안 된다

연구목적상 꼭 필요한 경우가 아니면 응답자가 꺼려하거나 당황해 할 수 있는 질문을 해서는 안 된다. 예를 들면, 수입을 묻는 경우 응답자가 대답하기를 꺼려할 수 있다. 뿐만 아니라 지나치게 개인적 질문에는 응답자가 대답을 기피할 수 있다.

3. 대표적 척도

사회과학 연구에서 많이 쓰이는 폐쇄형 질문의 대표적인 것으로 리커트 척도와 의미분별 척도를 살펴보자.

1) 리커트 척도

사회과학 연구에서 많이 사용되는 폐쇄형 질문은 리커트 척도(*Likert scale*)이다. 리커트 척도에서는 응답자가 하나의 주제와 관련된 진술문에 대해 "매우 찬성, 찬성, 중립, 반대, 매우반대" 5점 중에서 한 점수를 선택하게끔 한다.
　〈표 6-4〉에서 보듯이 연구자는 리커트 척도를 사용하여 우리나라에서 IPTV를 실시하는 것이 바람직하다는 진술문을 제시하고 응답자가 이 주장에 대해 매우 반대, 반대, 중립, 찬성, 매우 찬성 중 한 점수를 선택하게 한다.

표 6-4 **리커트 척도의 예**

우리나라에서 IPTV를 실시하는 것이 바람직하다,

매우 반대	반대	중립	찬성	매우 찬성
①	②	③	④	⑤

2) 의미분별 척도

사회과학 연구에서 흔히 사용하는 폐쇄형 질문 중 다른 하나는 의미분별 척도(*semantic differential scale*)이다. 이 척도는 1957년에 오스굿과 수시, 탄넨바움(Osgood, Suci & Tannenbaum)에 의해 개발된 것으로 어떤 항목에 대해 개인이 느끼는 의미를 측정하는 척도이다. 연구자는 측정대상의 개념을 제시하고 그에 대한 양극화된 태도를 7점으로

표 6-5 **의미분별 척도의 예**

〈동아일보〉

믿을 만하다	①	②	③	④	⑤	⑥	⑦	믿을 만하지 못하다
가치 있다	①	②	③	④	⑤	⑥	⑦	가치 없다
공정하다	①	②	③	④	⑤	⑥	⑦	불공정하다

측정한다.

〈표 6-5〉에서 보듯이 연구자는 의미분별 척도를 사용하여 응답자에게 동아일보에 대해 자신이 가진 생각을 여러 항목에 따라 각 항목당 7점 중 한 점수를 선택하게 한다.

4. 데이터의 코딩

연구자는 예비조사와 사전조사를 통해 본조사에 사용할 설문지를 작성하고, 직접 면접/전화 서베이/우편 서베이를 통해 데이터를 수집한다. 연구자는 수집한 데이터를 통계적으로 분석하기 위해 데이터를 코딩하는데, 코딩이란 응답자의 대답에 값을 부여하는 것을 말한다.

5. 데이터의 입력

연구자는 수집한 데이터를 통계분석하기 위해 컴퓨터에 입력한다. 데이터를 컴퓨터에 입력하는 방법으로 SPSS/PC$^+$ 프로그램을 사용하여 입력할 수도 있고, 흔글과 같은 워드 프로세서를 이용하여 데이터를 입력할 수도 있다. 어떤 방법을 사용해도 결과는 마찬가지이기 때문에 독자들이 익숙한 방법을 사용하면 된다. 데이터 입력방법은 제 7장 SPSS/PC$^+$(23.0) 프로그램에서 살펴본다.

참고문헌

최현철 · 김광수 (1999), 《미디어 연구방법》, 한국방송통신대학교출판부.

Miller, D. C. (1977), *Handbook of Research Design and Social Measurement* (3rd ed.), New York: Longman Inc.

Wimmer, R. D., & Dominick, J. R. (1994), *Mass Media Research: An Introduction* (4rd ed.), Wadsworth Publishing Co.

7

SPSS/PC$^+$(23.0) 프로그램

1. Windows용 SPSS/PC$^+$(23.0) 프로그램

연구자는 SPSS, SAS, SYSTAT, BMDP, MINITAB 등과 같은 통계 프로그램을 이용하여 방대한 데이터를 쉽게 분석할 수 있다. 이 책에서는 사회과학 분야뿐 아니라 일반적으로 많이 사용하는 한글판 SPSS/PC$^+$(23.0) 프로그램을 중심으로 사용방법을 설명한다.

　SPSS/PC$^+$(23.0)의 기본 메뉴판 사용 방법에 대해 살펴보자. 프로그램을 실행하면 〈그림 7-1〉과 같은 화면이 나타난다.

　초기화면의 작업선택 창에서 〔◉ 최신파일(R)〕을 선택하여 기존의 파일을 불러올 수도 있으며 〈그림 7-2〉와 같이 〔파일(F)〕을 클릭하여 〔열기(O)〕의 〔데이터(D)〕를 클릭한다.

　〔파일 열기〕 창이 나타나면, 파일을 저장해 놓은 위치에서 불러올 수 있다. 또는 〈그림 7-1〉의 화면에 직접 데이터를 입력할 수도 있다. 〈표 7-1〉에서 볼 수 있듯이, SPSS

그림 7-1 **IBM SPSS Statistics 23.0**

그림 7-2 **데이터 불러오기 1**

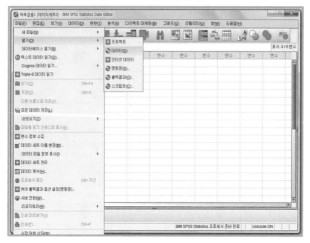

23.0 프로그램은 네 가지 기본 방법 — ① 데이터를 정의하는 방법, ② 데이터를 변환하는 방법, ③ 데이터를 선택하는 방법, ④ 통계방법을 정의하는 방법 — 으로 구성된다.

표 7-1 **Windows용 SPSS/PC+ 프로그램 체계**

① 데이터를 정의하는 방법	② 데이터를 변환하는 방법
③ 데이터를 선택하는 방법	④ 통계방법을 정의하는 방법

2. 데이터를 정의하는 방법

〈그림 7-1〉의 화면 아래의 〔변수보기〕를 클릭하면 〈그림 7-3〉처럼 데이터를 정의하기 위한 화면이 나타난다. 〔이름〕에는 연구자가 원하는 변인의 이름을 입력할 수 있다. 변인의 이름을 입력할 때 네 가지를 주의해야 한다. 첫째, 변인 이름에 한글, 영문, 숫자로 입력이 가능하지만 첫 글자는 반드시 숫자 이외의 문자로 입력해야 한다. 예를 들면, 성별7은 변인의 이름으로 사용 가능하지만, 7성별은 사용할 수 없다. 둘째, 변인의 이름이 중복되어서는 안 된다. 에를 들면, 특정 변인의 이름으로 〈성별〉을 사용했다면 다른 변인의 이름으로 〈성별〉을 사용할 수 없다. 셋째, 변인 이름 내에 빈 칸이 없어야 한다. 즉 변인 이름 내에서 띄어쓰기를 해서는 안 된다. 예를 들면, 변인 이름으로 〈신문구독시간〉은 이름 내에 빈 칸이 없어 사용 가능하지만, 〈신문 구독 시간〉은 띄어쓰기를 했기 때문에 사용할 수 없다. 넷째, 변인 이름의 글자 수에 제한은 없지만 가급적 연구

그림 7-3 **[변수보기] 화면**

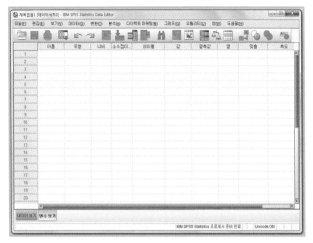

자가 이해하기 쉽게, 짧게 입력하는 것이 바람직하다. 예를 들면, 변인 이름으로 〈하루 평균텔레비전시청시간〉보다는 〈시청시간〉으로 쓰는 것이 바람직하다.

1) 변인 정의

변인의 이름을 입력하고 유형을 클릭하면 〈그림 7-4〉와 같은 〔변수유형〕 창이 나타난 다. 일반적으로 변인은 '숫자'(N)이지만, 주관식 문항을 입력하고자 할 때는 '문자'(R) 를 클릭한다. 변인의 너비(W)와 소수점 이하 자릿수(P)는 각각 8과 2로 기본 설정되어 있지만 연구자가 변경할 수 있다. 변경을 완료한 후 〔확인〕을 클릭한다.

그림 7-4 **변인 정의**

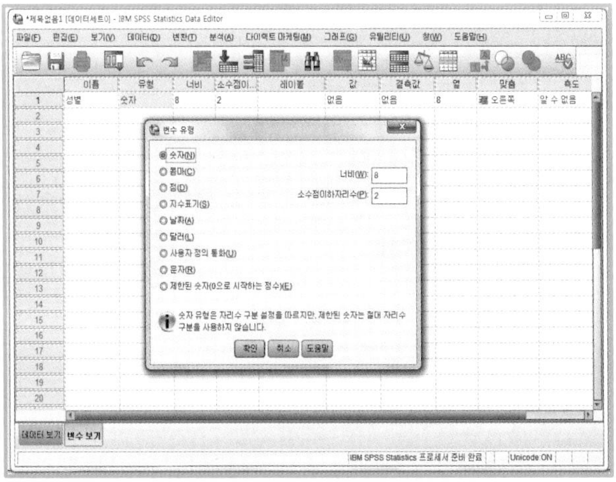

2) 레이블

변인 이름 이외에 변인에 대해 자세히 설명을 적어놓고 싶다면 〔레이블〕로 가서 직접 입력한다. 〈그림 7-5〉에서 보듯이 '성별'이라는 변인에 대해 '응답자의 성별'이라는 설명을 입력했다.

그림 7-5 **변인 설명**

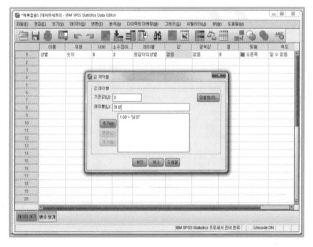

3) 변인 값 설명

〔레이블〕은 변인의 값을 상세하게 서술할 경우 사용한다. 변인의 값을 설명하기 위해서 〔값〕을 클릭하면 〔값 레이블〕 창이 〈그림 7-6〉과 같이 나타난다. 〔기준값(U)〕에는 값을

그림 7-6 **변인 값**

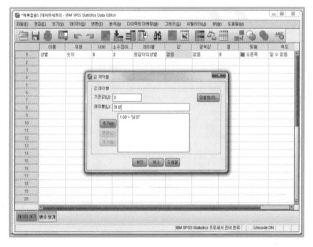

입력하고, 〔레이블(L)〕에는 값이 나타내는 의미를 입력한다. 입력 후 〔추가(A)〕를 클릭한다. 〈그림 7-6〉에서는 1은 남성, 2는 여성이라는 것을 의미한다.

4) 결측값

무응답이 있을 경우 이를 표시하는 값을 쓸 수 있다. 데이터를 수집하다 보면 응답자가 설문 문항에 대답하지 않는 경우가 빈번하게 발생한다. 이 경우에는 〔변수보기〕화면의 〔결측값〕을 클릭하면 〈그림 7-7〉과 같은 〔결측값〕창이 나타난다. 〔◉결측값 없음(N)〕이 기본으로 설정되어 있다. 결측값을 설정하기 위해서는 〔◉이상형 결측값(D)〕을 선택하고 네모 칸에 결측값으로 정한 숫자를 입력한다. 숫자는 기본적으로 세 개까지 입력할 수 있다. 결측값으로 입력하는 수는 변인의 값에 사용되지 않는 숫자를 사용해야 한다. 만일 변인 값이 0부터 8까지의 범위인 경우에는 9, 변인 값이 10부터 98까지인 경우에는 99를 쓴다.

그림 7-7 **결측값 설정**

5) 데이터 입력 및 저장

데이터 편집기 아래의 〔데이터보기〕를 클릭하고 〈그림 7-8〉과 같이 값을 입력한다.

그림 7-8 **데이터 입력**

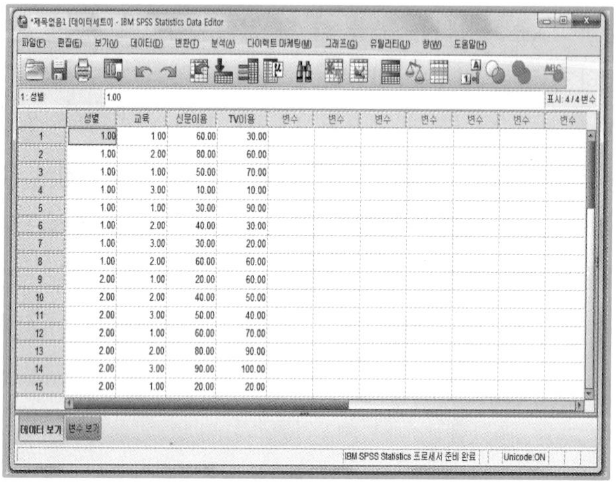

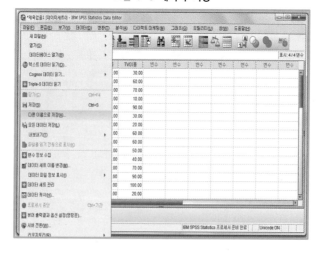

데이터를 저장하고자 할 때는 〈그림 7-9〉와 같이 〔파일(F)〕을 클릭하여 〔저장(S)〕 혹은 〔다른 이름으로 저장(A)〕을 선택하여 파일명을 입력한 후 저장한다. SPSS 프로그램에서 데이터 파일은 확장자명이 'sav'이다. 파일로 저장하면 데이터 편집기 위에 저장한 파일명이 변한다.

그림 7-9 **데이터 저장**

6) 데이터 분석 및 분석결과 저장

〔분석(A)〕으로 가서 분석하고자 하는 방법을 〈그림 7-10〉과 같이 선택하여 실행한다. 개별 통계방법의 실행방법은 해당 장에서 자세히 설명한다.

그림 7-10 **통계방법 실행**

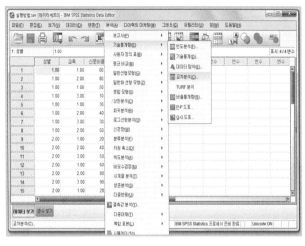

개별 통계방법을 실행하면 분석 결과가 새로운 창으로 〈그림 7-11〉과 같이 제시된다. 분석 결과를 저장하려면 〔파일(F)〕을 클릭하여 〔저장(S)〕 혹은 〔다른 이름으로 저장(A)〕을 선택하여 파일명을 입력한 후 저장한다.

그림 7-11 **분석 결과**

3. 데이터를 변환하는 방법

통계분석을 위해 기존 데이터를 변환할 경우가 자주 생긴다. 예를 들면, 연구자가 여러 변인을 합하여 하나의 변인을 만들고 싶을 때도 있고, 한 변인의 값을 다른 값으로 변환시키고 싶을 때도 있다. 이 장에서는 변인의 값을 수정하는 〈코딩변경(RECODE)〉 방법과 새로운 변인을 만드는 〈새 변인생성(COMPUTE)〉 방법을 설명한다.

1) 코딩변경

코딩변경은 기존 변인의 값을 다른 값으로 변환할 때 사용하는 방법이다. 예를 들어, 연구자가 남성을 '1'로 측정하고, 여성을 '2'로 측정했는데, 이 값을 바꾸고 싶을 때 코딩변경을 사용한다. 또한 중졸(1), 고졸(2), 대졸(3)의 세 집단으로 구분된 〈교육〉 변인을 중졸(1), 고졸과 대졸(2)의 두 집단으로 변환할 수 있다.

변인의 값을 바꾸는 〔코딩변경〕을 하기 위해서는 〈그림 7-12〉와 같이 메뉴판의 〔변환(T)〕을 클릭한다. 변인의 이름을 바꾸어 새로운 변인으로 만들고자 할 경우 〔다른 변수로 코딩변경(R)〕을 클릭한다. 변인의 이름을 바꾸지 않고 기존의 변인에서 변환하고자 할 때는 〔같은 변수로 코딩변경(S)〕을 클릭한다. 〔다른 변수로 코딩변경(R)〕이 더 유용하기 때문에 이를 살펴본다.

그림 7-12 **코딩변경 1**

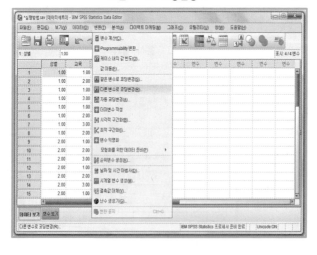

〈그림 7-13〉과 같이 '다른 변수로 코딩변경'이라는 새로운 창이 뜨면 변환하고자 하는 변인을 ➡를 이용하여 〔숫자변수〕로 이동시키고 〔출력변수〕의 이름(N)을 정하여 〔변경 (H)〕을 클릭한다. 〈그림 7-14〉와 같이 출력변인의 자리가 이동되었다. 〔기존값 및 새로운 값(O)〕을 클릭한다.

그림 7-13 **코딩변경 2**

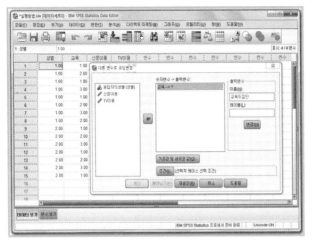

그림 7-14 **코딩변경 3**

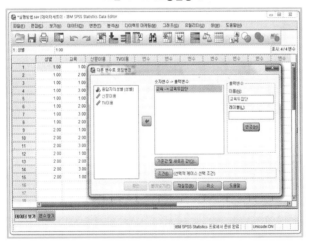

〈그림 7-15〉와 같이 〔다른 변수로 코딩변경: 기존값 및 새로운 값〕 창이 나타나면 〔기존 값〕의 〔●값(V)〕에 기존 변인의 값을 입력하고 〔새로운 값〕의 〔●기준값(A)〕에는 변경될 값을 입력한 후 〔추가(A)〕를 클릭한다. 〈그림 7-15〉와 같이 변인 내의 모든 값을 변환한 다음 〔계속〕을 클릭한다.

그림 7-15 **코딩변경 4**

〈그림 7-14〉와 같은 화면으로 돌아간 후 〔확인〕을 클릭한다. 〈그림 7-16〉과 같이 〈교
육두집단〉이라는 새로운 변인이 만들어졌다.

그림 7-16 **코딩변경 5**

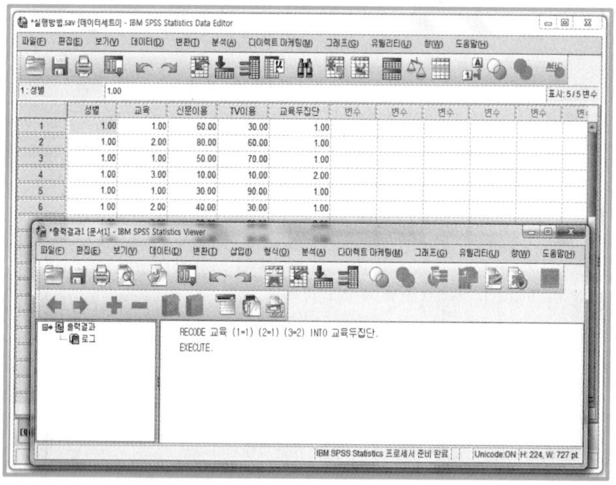

범위를 지정해서 변경하고자 할 때 역시 유사한 방식을 이용한다. 예를 들어 〈신문이
용〉은 응답자들의 신문이용시간(분)을 입력했다고 가정하자. 이를 신문이용시간에 따라
상(41분 이상), 중(21분부터 40분 이용), 하(0분부터 20분 이용)의 세 집단으로 변경하고
자 한다. 이를 위해 먼저 〈그림 7-12〉와 같이 메뉴판의 〔변환(T)〕을 클릭하고, 다시 〔새
로운 변수로 코딩변경(D)〕을 클릭한다. 〈그림 7-13〉, 〈그림 7-14〉와 같은 방법으로 숫자
변수와 출력변수를 설정하여 〈그림 7-17〉과 같이 변경한다. 〔기존값 및 새로운 값(D)〕을
클릭한다.

그림 7-17 **코딩변경 6**

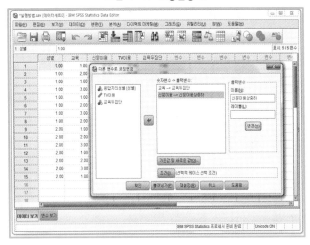

〈그림 7-18〉과 같이 〔다른 변수로 코딩변경: 기존값 및 새로운 값(O)〕 창이 나타나면 〔기존값〕의 〔●범위(N)〕에 기존 변인의 범위를 입력하고 〔새로운 값〕의 〔●기준값(L)〕에는 변환될 값을 입력한 후 〔추가(A)〕를 클릭한다. 0분부터 20분까지는 1, 21분부터 40분까지는 2로 변환한다. 〈그림 7-19〉와 같이 특정 값에서 최대값까지 범위를 지정할 수도 있다. 41분에서 최대값까지는 3으로 변경한다. 변인 내의 필요한 모든 값이 포함되게 변환한 다음 〔계속〕을 클릭한다.

그림 7-18 **코딩변경 7**

그림 7-19 **코딩변경 8**

〈그림 7-20〉에서 보듯이 〈신문이용〉이라는 변인이 〈신문이용상중하〉라는 변인으로 변경되어 나타난다. 〈신문이용〉은 응답자들이 신문을 실제로 구독한 시간(분)이며, 〈신문이용상중하〉는 신문구독시간에 따라 응답자들을 세 집단으로 분류한 것이다.

그림 7-20 **코딩변경 9**

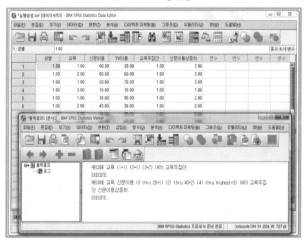

2) 변수계산

연구자가 기존의 변인을 더하기, 빼기, 곱하기, 나누기 등 수학적 처리를 통해서 새로운 변인을 만들고자 할 때 〔변수계산(ⓒ)〕을 이용한다. 연구자가 〈신문이용〉이라는 변인과 〈TV이용〉이라는 두 변인을 합하여 〈미디어이용〉이라는 변인을 만든다고 가정하자. 우선 〈그림 7-21〉과 같이 메뉴판의 〔변환(ⓣ)〕을 클릭하여 〔변수계산(ⓒ)〕을 선택한다.

그림 7-21 **변수계산 1**

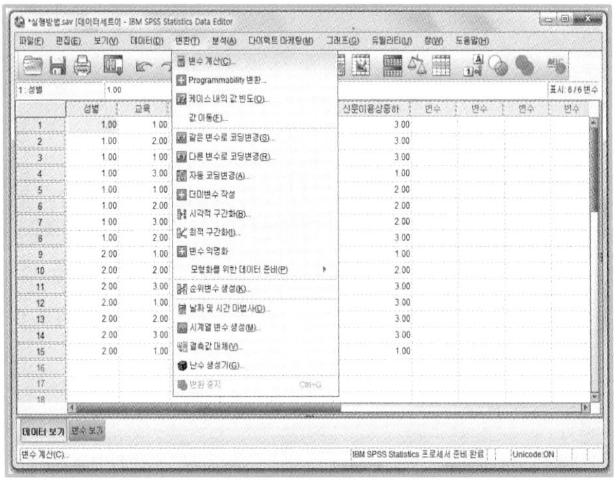

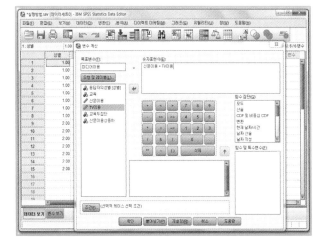

〈그림 7-22〉와 같이 〔변수계산〕 창이 새롭게 나타나면 〔목표변수(ⓣ)〕에는 새롭게 만드는 변인인 〈미디어이용〉을 입력한다. 왼쪽 아래의 변인 중에서 함수에 포함될 변인을

그림 7-22 **변수계산 2**

클릭하고 ➡를 이용하여 〔숫자표현식(E)〕 창으로 이동시킨다. 〈신문이용〉과 〈TV이용〉
사이의 '+'는 가운데 있는 계산기에서 클릭한다. 〔확인〕을 클릭한다.

〈그림 7-23〉과 같이 〈신문이용〉과 〈TV이용〉을 합한 〈미디어이용〉 변인이 새롭게 만
들어진다.

〈변수계산〉에 사용될 수 있는 기본적 기호와 수학적 처리는 〈그림 7-22〉에 나타나 있
으며, 이를 구체적으로 살펴보면 〈표 7-2〉와 같다.

그림 7-23 **변수계산 3**

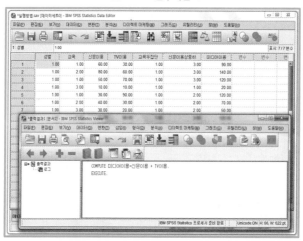

표 7-2 **변수 계산 명령문에서 사용될 수 있는 수학적 표기**

SPSS/PC⁺ 표기	내용	보기
+	더하기	변인1 = 변인2 + 변인3
−	빼기	변인1 = 변인2 − 변인3
*	곱하기	변인1 = 변인2 * 변인3
/	나누기	변인1 = 변인2 / 변인3
**	제곱	변인1 = 변인2 ** 2
ABS	절대값	변인1 = ABS(변인2)
SQRT	제곱근($\sqrt{\ }$)	변인1 = SQRT(변인2)
LN	로그	LN(변인1)
SIN	사인(*sine*)	변인1 = SIN(변인2)
COS	코사인(*cosine*)	변인1 = COS(변인2)

4. 데이터를 선택하는 방법

연구자는 조사대상 전체를 집단으로 구분하여 분석하거나 조사 대상 전체의 일부만을 선택하여 분석할 필요가 있을 수 있다. 이를 위해 〔파일분할〕, 〔케이스 선택〕의 방법을 사용할 수 있다.

1) 파일분할

연구자가 조사 대상 전체에 대한 분석 결과를 특정 집단에 따라 구분하여 분석할 때 사용하는 방법이다. 예를 들어 연구자가 남성과 여성에 따라 분석결과를 구분하여 비교하고자 한다. 이를 위해 〈그림 7-24〉와 같이 메뉴판의 〔데이터(D)〕를 클릭하고 아래 부분의 〔파일분할(F)〕을 선택한다.

그림 7-24 **파일분할 1**

　　〈그림 7-25〉와 같이 〔파일분할〕 창이 나타나면 〔● 모든 케이스 분석, 집단은 만들지 않음(A)〕이 기본으로 설정되어 있다. 결과를 동일한 표에 제시하고자 한다면 〔● 집단들 비교(C)〕를 선택하고, 성별에 따라 표를 따로 제시하고자 한다면 〔● 각 집단별로 출력결과를 나타냄(O)〕을 선택한다. 집단의 대상이 되는 변인(성별)을 왼쪽에서 클릭하고 ➡ 를 이용하여 〔분할집단변수(G)〕 창으로 이동시킨다. 〔확인〕을 클릭한다.

　　실제로 〈그림 7-24〉와 같은 데이터 편집기에는 아무 변화가 없지만, 분석할 경우 〈그림 7-26〉과 〈그림 7-27〉에서와 같이 집단에 따라 구분되어 나타난다.

그림 7-25 **파일분할 2**

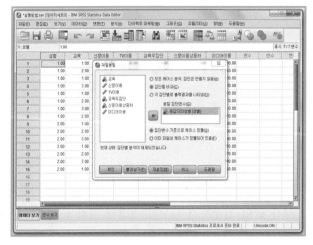

그림 7-26 **파일분할 3([◉ 집단들 비교] 선택)**

그림 7-27 **파일분할 4([◉ 각 집단별로 출력결과를 나타냄] 선택)**

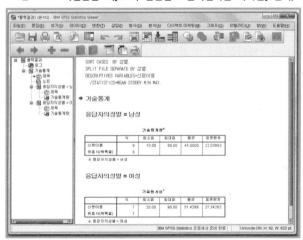

2) 케이스 선택

조사 대상 중에서 특정 대상만을 선택하여 분석하고자 할 때 사용하는 명령문이 〔케이스 선택(S)〕이다. 연구자가 조사 대상자 중 남성만을 선택하여 분석한다고 가정하자. 이를 위해 〈그림 7-28〉과 같이 메뉴판의 〔데이터(D)〕를 클릭하고 아래 부분의 〔케이스 선택 (S)〕을 선택한다.

그림 7-28 **케이스 선택 1**

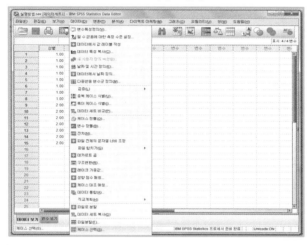

〈그림 7-29〉와 같이 〔케이스 선택〕 창이 나타나면 〔◉ 모든 케이스(A)〕가 기본으로 설정되어 있다. 특정 조건에 맞는 케이스만을 선택하고자 한다면 〔◉ 조건을 만족하는 케이스(C)〕를 선택하고 그 아래의 〔조건(I)〕을 클릭한다.

그림 7-29 **케이스 선택 2**

〈그림 7-30〉과 같이 〔케이스 선택: 조건〕 창이 나타나면 왼쪽의 변인(성별)을 클릭하고 ➡를 이용하여 오른쪽으로 이동시킨다. 1이 남성이므로 〈성별〉 변인 다음에 '=1'을 직접 입력하거나 가운데 있는 계산기에서 '='과 '1'을 클릭한다. 〔성별＝1〕이 조건이 된다. 〔계속〕을 클릭한다.

그림 7-30 **케이스 선택 3**

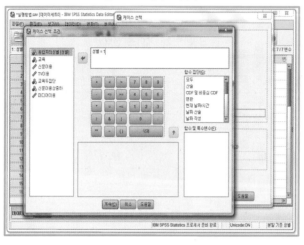

〈그림 7-31〉이 나타나는데 〈그림 7-29〉와는 달리 〔조건(Ⅰ)〕 옆에 '성별＝1'이 생겼다. 출력 결과는 기본적으로 〔◉ 선택하지 않은 케이스 필터(F)〕가 설정되어 있다. 〔◉ 선택하지 않은 케이스 삭제(L)〕를 선택하면 선택되지 않은 케이스는 모두 삭제된다. 〔◉ 새 데이터 세트에 선택한 케이스 복사(O)〕를 클릭하여 새로운 파일을 만들 수도 있다. 〔확인〕을 클릭한다.

그림 7-31 **케이스 선택 4**

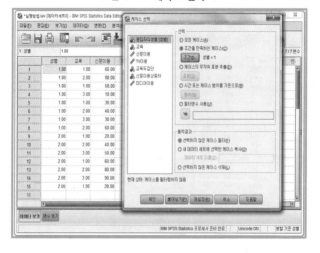

〈그림 7-32〉에서와 같이 남성(성별 = 1)은 남아 있지만 여성(성별 = 2)의 경우에는〔／〕
표시가 나타난다. 이는〈그림 7-32〉에서 선택되지 않은 케이스에 대해〔◉ 선택하지 않은
케이스 필터(F)〕를 설정했기 때문이다.〈filer_$〉라는 변인이 새로 생겼으며, 이 변인의
1은 선택된 케이스, 0은 배제된 케이스이다. 다음으로 어떤 분석을 하든지 선택된 남성
에 대한 결과만이 제시된다.

그림 7-32 **케이스 선택 5**

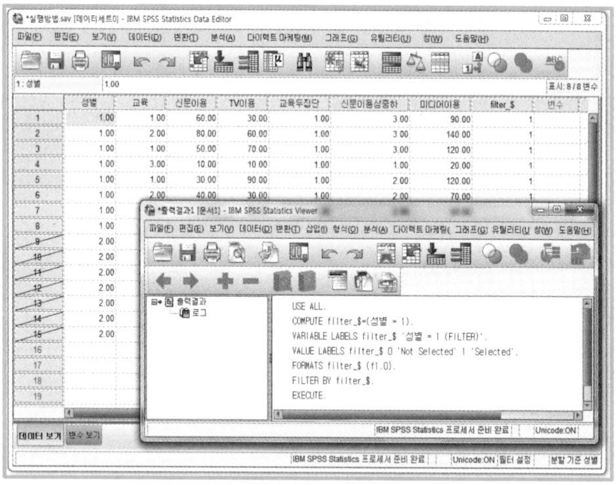

〈그림 7-28〉부터 〈그림 7-32〉까지는 조건이 하나인 경우인데, 때로 연구자는 두 가
지 조건을 만족하는 응답자만을 선택하여 분석하고자 할 때도 있다. 연구자는 남성(성
별 = 1) 중에서 중졸(교육 = 1)인 사람의 응답만을 분석하고자 한다. 이를 위해〈그림
7-28〉,〈그림 7-29〉와 같은 방식으로 하여〔케이스 선택: 조건〕창이 나타나게 한다. 다
음으로〈그림 7-30〉과 같이 '성별 = 1'이라는 방정식을 만들고 '&'(and)와 '교육 = 1'이라
는 방정식을 가운데 부분의 기호와 숫자를 이용하여 만든다.〔계속〕을 클릭한다.

그림 7-33 **케이스 선택 6**

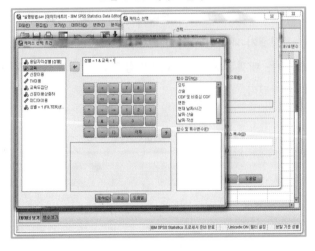

〈그림 7-31〉과 달리 〈그림 7-34〉의 〔조건(I)〕 옆에는 '성별=1 & 교육=1'이 생긴다. 〔확인〕을 클릭한다.

그림 7-34 **케이스 선택 7**

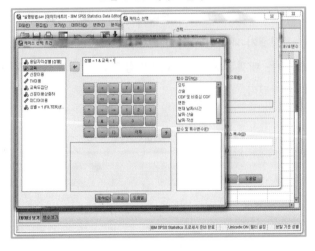

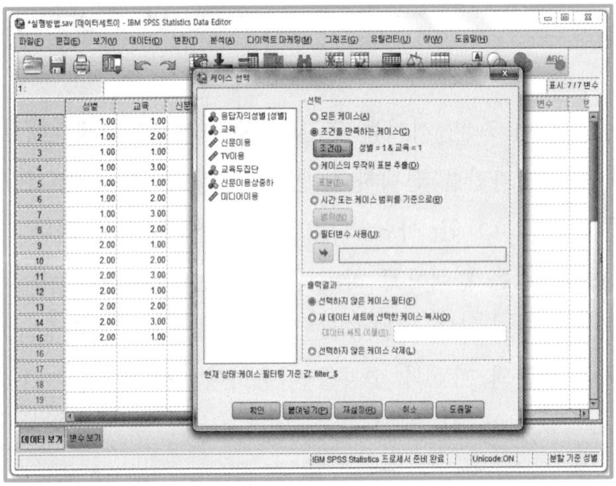

〈그림 7-35〉와 같이 남성 중에서 학력이 중졸인 사람만이 선택되고 나머지는 배제된다. 〈그림 7-32〉와 같이 〈filer_$〉 변인이 생겼다. 이 경우에는 세 사람만이 조건을 만족시키는 것으로 보인다. 다음으로 어떤 분석을 하든지 선택된 중졸학력의 남성에 대한 결과만이 제시된다.

그림 7-35 **케이스 선택 8**

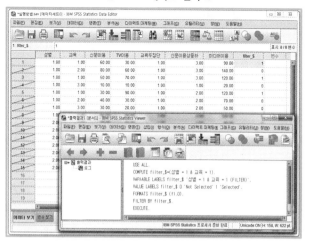

그림 7-35 **케이스 선택 8**

5. 통계방법을 정의하는 방법

통계방법을 정의하는 방법은 각 통계방법마다 다르기 때문에 일률적으로 설명할 수 없다. 통계방법을 정의하는 방법은 각 통계방법에서 자세히 설명한다. 〈그림 7-36〉의 메뉴판의 〔분석(A)〕을 클릭하면 개별 통계방법이 제시된다.

그림 7-36 **통계방법의 종류**

8
기술통계 descriptive statistics

이 장에서는 데이터 분석의 첫 단계인 기술통계(*descriptive statistics*)를 살펴본다. 표본 연구에서 연구자는 가장 먼저 변인의 특성을 기술하는 기술통계 값을 구한다. 기술통계 에서는 변인의 기본적 특성을 보여주는 분포(*distribution*)와 중앙경향(*central tendency*), 빈도(*frequency*)와 백분율(*percent*), 산포도(*dispersion*), 표준오차(*standard error*)를 살펴 본다. 기술통계에서 제시하는 값들은 Windows용 SPSS/PC$^+$ 프로그램이 계산을 해주기 때문에 독자는 계산 공식에 신경 쓸 필요가 없다. 값의 의미를 파악하는 데 온 주의를 기울이기 바란다.

1. SPSS/PC$^+$ 메뉴판 실행방법

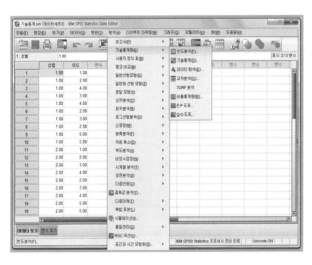

[실행방법 1] 분석방법 선택

메뉴판의 [분석(A)]을 선택하여
[기술통계량(E)]을 클릭하고
[빈도분석(F)]을 클릭한다.

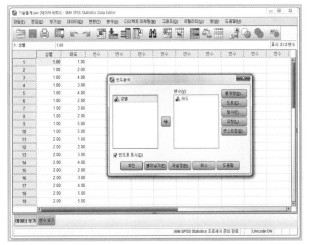

[빈도분석] 창이 나타나면 분석하고자 하는
변인을 왼쪽에서 오른쪽의 [변수(V)] 칸으로
옮긴다(➡). 변인은 (➡)를 이용하여
이동한다.
[☑ 빈도표 표시(D)]는
기본으로 설정되어 있다.
오른편의 [통계량(S)]을 클릭한다.

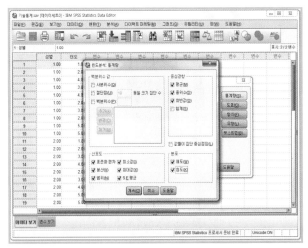

[실행방법 3] 통계량 선택

[빈도분석: 통계량] 창이 나타나면
[중심경향]의 [☑ 평균(M)], [☑ 중위수(D)],
[☑ 최빈값(O)]을 클릭한다. [산포도]의
[☑ 표준화 편차(T)], [☑ 분산(V)],
[☑ 범위(A)], [☑ 최소값(I)],
[☑ 최대값(X)], [☑ S.E. 평균(E)]을
클릭한다.
[분포]의 [☑ 왜도(W)], [☑ 첨도(K)]를
클릭한다. 아래쪽의 [계속]을 클릭하면
[실행방법 2]로 돌아간다.

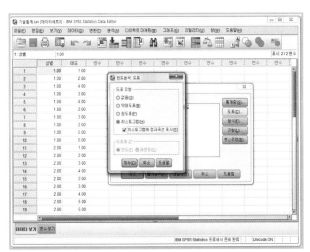

[실행방법 4] 도표 선택

[실행방법 2]의 빈도분석 창이 나타나면
왼쪽의 [도표(C)]를 클릭한다.
[빈도분석: 도표] 창이 나타나면
[⦿ 히스토그램(H): ☑ 히스토그램에
정규곡선 표시(S)]를 클릭한다. [계속]을
클릭한다.

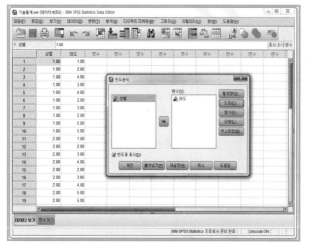

[실행방법 5] 실행

[실행방법 2]의 형태로 돌아가면
오른쪽 위의 [확인]을 클릭한다.

[분석결과 1] 통계량

분석 결과가 새로운 창
*출력결과 1[문서 1]로 나타난다.
〈태도〉 변인에 대한 통계량(평균, 평균의
표준오차, 중위수 등)이 제시된다.
[실행방법 4]에서 선택한 모든 통계량이
제시된다.

[분석결과 2] 빈도표

〈태도〉의 빈도표가 제시된다. 빈도표에는
빈도, 퍼센트, 유효 퍼센트, 누적 퍼센트가
제시된다.

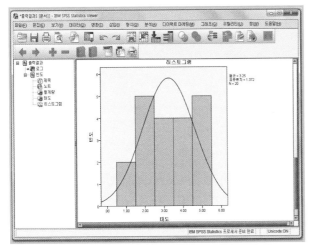

[분석결과 3] 도표

[실행방법 5]의 [빈도분석: 도표] 창에서
선택한 [히스토그램]과 [정규분포곡선]이
제시된다. 〈태도〉 변인에 대한
[히스토그램]과 [정규분포곡선]이 제시된다.

2. 분 포

분포(*distribution*)란 변인의 전체 모양을 살펴보는 것으로, 이를 보여주는 값으로는 왜
도(*skewness*)와 첨도(*kurtosis*)가 있다. 왜도와 첨도 값은 변인의 분포가 정상분포곡선
(*normal distribution curve*)으로부터 얼마나 벗어났는지를 보여준다(*normal distirbution
curve*는 정규분포곡선으로 번역하기도 하는데 이 책에서는 정상분포곡선으로 통일함). 정상
분포곡선의 특징은 제9장에서 자세히 살펴본다. 현 단계에서 정상분포곡선은 봉우리가
하나인 좌우대칭형의 종 모양으로 생긴 곡선이라고 생각하면 된다(〈그림 8-1〉 참고).

그림 8-1 **정상분포곡선**

1) 왜 도

왜도는 변인의 분포가 정상분포곡선으로부터 오른쪽 또는 왼쪽으로 치우친 정도를 보여
주는 값이다. 정상분포곡선일 때 왜도의 값은 '0'이다. 〈그림 8-2〉에서 보듯이 '+값'은
변인의 분포가 정상분포곡선보다 왼쪽으로 치우친 경우를 의미한다. 이 분포의 특징은
사례의 상당수가 평균값의 왼쪽에 몰려 있기 때문에 분포의 꼬리가 오른쪽으로 길게 늘
어져 있다. '-값'은 변인의 분포가 정상분포곡선보다 오른쪽으로 치우친 경우를 의미한

그림 8-2 **왜도 값과 분포의 모양**

① 왜도 값이 −일 때   ② 왜도 값이 +일 때

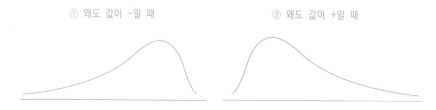

다. 이 분포의 특징은 사례의 상당수가 평균값의 오른쪽으로 몰려 있기 때문에 분포의
꼬리는 왼쪽으로 길게 늘어져 있다.

2) 첨 도

첨도는 변인의 분포가 정상분포곡선으로부터 위쪽 또는 아래쪽으로 치우친 정도를 보여
주는 값이다. 정상분포곡선일 때 첨도 값은 '0'이다. 〈그림 8-3〉에서 보듯이 '+값'은 변
인의 분포가 정상분포곡선보다 위쪽으로 치우친 경우를 의미한다. 이 분포의 특징은 사
례의 상당수가 평균값 근처에 몰려 있기 때문에 뾰족한 모양이다. '−값'은 변인의 분포
가 정상분포곡선보다 아래쪽으로 치우친 경우를 의미한다. 이 분포의 특징은 사례의 상
당수가 평균값을 중심으로 양쪽에 넓게 퍼져 있기 때문에 분포는 평평한 모양이다.
　변인의 왜도와 첨도의 값은 변인의 분포가 정상분포곡선과 얼마나 일치하느냐를 보여
주기 때문에 일치하면 모수통계방법을 사용하고, 불일치하면 비모수통계방법을 사용하
는 것이 바람직하다.
　변인의 분포가 정상분포곡선으로부터 (왼쪽이나 오른쪽 또는 위쪽이나 아래쪽으로) 심
하게 벗어나면 통계의 '정상성'(*normality*) 전제를 어기는 것이 된다. 정상분포의 전제를
어길 경우 통계 값을 신뢰하기 어렵고, 표본의 결과가 모집단의 결과인지를 추리하기
어렵기 때문에 모수통계방법을 사용하지 않는 것이 바람직하다. '심하게 벗어난다'는 것
은 왜도 값과 첨도 값이 절대값 1($|\pm 1|$)보다 클 때(예를 들면, +1.2, 또는 −1.3 등등)를

그림 8-3 **첨도의 값과 분포의 모양**

① 첨도 값이 +일 때   ② 첨도 값이 −일 때

표 8-1 Windows용 SPSS/PC⁺(23.0) 프로그램의 왜도와 첨도 결과

왜도	-0.007	왜도의 표준오차	.580
첨도	-1.021	첨도의 표준오차	1.121

의미한다. 이 경우에 만일 통계분석을 하고 싶다면 비모수통계방법을 사용해야 한다.

Windows용 SPSS/PC⁺(23.0)의 기술통계 프로그램을 실행하면 〈표 8-1〉과 같은 결과를 얻을 수 있다. 〈표 8-1〉의 결과를 살펴보면, 이 변인의 분포는 왼쪽으로 꼬리가 약간 길게 늘어지고(왜도 값이 -0.077이기 때문에), 아래로 치우친 편편한 모양(첨도 값이 -1.021이기 때문에)임을 알 수 있다. 〈표 8-1〉에서 제시된 '표준오차'(standard error)는 뒤에서 자세히 살펴본다.

3. 중앙경향

변인의 중앙경향을 보여주는 값은 평균값(mean)과 중앙값(median), 최빈값(mode) 세 가지이다. 이 값들은 변인의 특성을 간단하게 보여준다.

1) 평균값

평균값은 변인의 산술평균값으로서 각 사례의 점수의 합을 사례 수로 나눈 값을 말한다. 평균값을 구하기 위해서 변인은 등간척도, 또는 비율척도로 측정되어야 한다. 평균값은 일상생활에서 많이 쓰이고 있기 때문에 매우 익숙한 개념일 것이다.

Windows용 SPSS/PC⁺(23.0) 프로그램을 실행하면 〈표 8-2〉와 같은 결과를 얻을 수 있다. 〈표 8-2〉의 결과를 살펴보면 이 변인의 평균값은 3.133이다.

표 8-2 Windows용 SPSS/PC⁺(23.0) 프로그램의 중앙경향 결과

평균값	3.133	중앙값	3.000	최빈값	3.000

2) 중앙값

중앙값(프로그램 결과표에서는 중위수로 표시됨)은 표본의 수와 각 점수의 빈도에 따라 다르게 계산한다(median은 중위수로 번역하기도 하는데 이 책에서는 중앙값으로 통일함).

표본의 수가 짝수고 각 점수의 빈도가 '1'이라면 중앙값은 가운데 두 숫자의 합을 1/2한 값이다. 예를 들어 1점에 1명, 2점에 1명, 3점에 1명, 4점에 1명이라면 중앙값은 2점과 3점의 합 5점을 2로 나눈 값 2.5이다. 표본의 수가 홀수고 각 점수의 빈도가 '1'이라면 중앙값은 가운데 값이다. 예를 들어 1점에 1명, 2점에 1명, 3점에 1명이라면 중앙값은 2다. 반면 각 점수의 빈도가 '1'을 넘는다면 표본의 수가 짝수든 홀수든 관계없이 중앙값은 누적 퍼센트 50%에 있는 값이다. 중앙값을 구하기 위해서 변인은 등간척도 또는 비율척도로 측정되어야 한다. 〈표 8-2〉의 결과를 보면 이 변인의 중앙값(중위수)은 3.000이다.

3) 최빈값

최빈값은 변인의 분포에서 가장 많이 나타나는 값이다. 최빈값은 변인의 척도(명명척도, 서열척도, 등간척도, 비율척도)에 관계없이 구할 수 있다. 예를 들면, 한 변인의 값이 3, 5, 3, 7, 3일 때 이 변인의 최빈값은 3이다. 만일 둘 이상의 값이 같은 빈도일 때 Windows용 SPSS/PC⁺ 프로그램은 작은 값을 최빈값으로 제시한다. 〈표 8-2〉의 결과를 보면 이 변인의 최빈값은 3.000이다.

4. 빈도와 백분율

변인의 분포를 분석하면 각 값에 속한 사례 수와 전체 사례 중에서 이들이 차지하는 비율을 알 수 있다. 각 값에 속한 사례 수를 빈도라고 부르고, 전체 사례 중 이 사례 수가 차지하는 비율을 백분율이라고 부른다. 백분율에는 모든 사례 중 각 값의 사례 수가 차지하는 비율을 계산한 퍼센트, 무응답을 제외한 전체 사례 중 각 값의 사례 수가 차지하는 비율을 계산한 유효 퍼센트, 그리고 각 값의 백분율을 합하는 누적 퍼센트 등 세 가지가 있다.

〈표 8-3〉에 제시된 텔레비전 시청량의 결과를 예로 살펴보면, 텔레비전 시청량은 5점 척도(시간)로 측정하였음을 알 수 있다.

빈도는 각 값에 속한 사례 수를 보여주는데, 합계에서 보듯이 표본의 수는 16명이고, 이 중 15명은 응답한 반면 1명은 무응답자(결측)임을 알 수 있다. 16명 중 텔레비전을 1시간 시청하는 사람은 2명, 2시간 시청하는 사람은 3명, 3시간 시청하는 사람은 4명, 4시간 시청하는 사람은 3명, 5시간 시청하는 사람은 3명, 응답하지 않은 사람은 1명이었다.

표 8-3 빈도와 백분율

텔레비전 시청량(시간)	빈도	퍼센트	유효 퍼센트	누적 퍼센트
1	2	12.5	13.3	13.3
2	3	18.8	20.0	33.3
3	4	25.0	26.7	60.0
4	3	18.8	20.0	80.0
5	3	18.8	20.0	100.0
합계	15	93.8	100.0	
결측	1	6.3		
합계	16	100.0		

퍼센트는 무응답자를 포함한 모든 사례(16명)에서 각 값에 속한 사람의 백분율을 보여준다. 텔레비전을 1시간 시청하는 사람의 비율은 12.5%, 2시간 시청하는 사람의 비율은 18.8%, 3시간 시청하는 사람의 비율은 25.0%, 4시간 시청하는 사람의 비율은 18.8%, 5시간 시청하는 사람의 비율은 18.8%로 나타났다.

유효 퍼센트는 무응답자를 제외한 전체 사례(15명)에서 각 값에 속한 사람의 백분율을 보여준다. 텔레비전을 1시간 시청하는 사람의 비율은 13.3%, 2시간 시청하는 사람의 비율은 20.0%, 3시간 시청하는 사람의 비율은 26.7%, 4시간 시청하는 사람의 비율은 20.0%, 5시간 시청하는 사람의 비율은 20.0%로 나타났다.

〈표 8-3〉에서처럼 무응답자(1명)가 있을 경우에는 퍼센트와 유효 퍼센트가 다르게 나타나지만, 무응답자가 없을 경우에는 퍼센트와 유효 퍼센트의 값은 같아진다.

누적 퍼센트는 각 값의 유효 퍼센트를 차례로 더한 값이다. 텔레비전을 1시간 시청하는 사람의 누적 퍼센트는 13.3%, 2시간 시청하는 사람의 누적 퍼센트는 33.3%(13.3 + 20.0%), 3시간 시청하는 사람의 누적 퍼센트는 60.0%(33.3 + 26.7%), 4시간 시청하는 사람의 누적 퍼센트는 80.0%(60.0 + 20.0%), 5시간 시청하는 사람의 누적 퍼센트는 100.0%(80.0 + 20.0%)로 나타났다. 누적 퍼센트의 50%에 위치한 값을 중앙값(median)이라고 부르는데, 이 예에서 50%(50%는 60%에 속해 있다)에 속한 '3'이 중앙값이다.

5. 산포도

변인의 특성을 기술하는 값으로 평균값과 중앙값, 최빈값에 대해 알아보았다. 이 세 가지 값 중 특히 평균값은 변인의 특성을 한눈에 알아볼 수 있게끔 해주기 때문에 중요하다. 예를 들어 특정 국가가 얼마나 잘 사는지를 판단하기 위해 일반적으로 국민 1인당 평균 소득을 살펴본다. 이처럼 평균값을 통해 간단하게 현상을 기술하거나 비교할 수 있기 때문에 평균값은 과학적 연구에서뿐 아니라 일상생활에서 가장 많이 사용된다.

　평균값이 변인의 특성을 기술하거나 비교하는 데 매우 유용한 것이 사실이지만 평균값만 가지고서 변인을 기술하다 보면 판단을 잘못할 수가 있다. 왜냐하면 변인의 특성을 기술하거나 비교하기 위해서는 그 변인의 평균값뿐 아니라 그 변인이 얼마나 동질적인지, 이질적인지도 알아야 하기 때문이다. 예를 들어 국민 1인당 평균 소득을 가지고 A, B 두 국가의 생활수준을 비교한다고 가정하자. 조사 결과 A와 B 두 국가의 1인당 평균 국민소득은 10,000달러로 같았다. 평균값을 비교하여 두 나라의 국민소득이 같다는 결론을 내릴 수 있지만, 변인의 특성을 정확하게 기술했다고 말할 수 없다.

　변인의 특성을 좀더 정확하게 이해하기 위해서는 그 변인의 동질성의 정도를 알아야 한다. 극단적 예를 들어 A와 B 각 국가의 인구는 두 사람이고, A의 경우 한 사람은 소득이 1,000달러, 다른 사람은 소득이 19,000달러라고 가정하고, B의 경우 한 사람은 소득이 9,000달러, 다른 사람은 소득이 11,000달러라고 가정하자. A와 B 두 국가의 일인당 평균 소득은 다같이 10,000달러이다. 같은 10,000달러라 하더라도 두 국가의 생활수준이 같다고 말할 수 없다. 좀더 정확하게 말하려면 두 국가의 1인당 평균 국민소득은 10,000달러로 같지만, A 국가는 빈부의 격차가 심한 나라이고, B 국가는 국민들 사이에 부가 골고루 분배된 나라라고 해야 한다.

　이처럼 변인이 동질적인가 또는 이질적인가를 보여주는 통계 값이 바로 산포도(dispersion)이다. 산포도란 각 점수들이 평균값을 중심으로 얼마나 퍼져 있는가를 보여주는 값이다. 평균값과 아울러 산포도 값을 살펴봄으로써 비로소 변인의 특성을 보다 정확하게 기술할 수 있다.

　산포도를 보여주는 값은 범위(range)와 제곱의 합(Sum of Square), 변량(variance), 표준편차(standard deviation) 네 가지가 있다. 이 중 제곱의 합과 변량, 표준편차는 계산 방식에 차이가 있을 뿐 같은 개념이다.

1) 범위

산포도를 보여주는 값 중 가장 간단한 것이 범위이다. 범위를 통해 변인이 동질적인지, 이질적인지를 쉽게 판단할 수 있다. 범위란 최대값에서 최소값을 뺀 수치이다. 최소값이란 변인의 분포 중 가장 작은 값이고, 최대값이란 가장 큰 값을 말한다.

$$범위 = 최대값 - 최소값$$

표 8-4 Windows용 SPSS/PC⁺(23.0) 프로그램의 산포도 결과

범위	2.000	최소값	1.000	최대값	3.000
변량	0.638	표준편차	0.799		

Windows용 SPSS/PC⁺(23.0) 프로그램을 실행하면 범위와 최소값, 최대값이 제시된다. 〈표 8-4〉에서 보듯이 범위는 2인데, 이 값은 최대값 3에서 최소값 1을 뺀 수치이다.

2) 변 량

변량(*variance*는 분산으로도 번역하는데 이 책에서는 변량으로 통일함)은 통계에서 핵심적 위치를 차지하는 매우 중요한 개념이다. 변량은 개별 점수가 평균값으로부터 퍼져 있는 정도를 보여주는 값이다. 이 값도 범위와 마찬가지로 변인의 동질성을 측정하는 데 사용된다. 따라서 변량의 값이 작으면 작을수록 그 변인은 동질적이고, 변량의 값이 크면 클수록 그 변인은 이질적이라고 말할 수 있다. 변량과 밀접하게 연결된 개념으로 제곱의 합과 표준편차가 있다.

Windows용 SPSS/PC⁺ 프로그램을 실행하면 변량과 표준편차가 제시된다. 〈표 8-4〉에서 보듯이 변량은 0.638이고, 표준편차는 0.799이다.

변량과 제곱의 합, 표준편차 개념을 간단한 예를 들어 살펴보자.

연구자가 A, B, C 각 학급당 다섯 명을 표본으로 선정하여 5점 만점의 통계시험을 보았다고 가정하자. 〈표 8-5〉에서 보듯이 A반의 경우 각 학생이 받은 통계점수는 1점, 2점, 3점, 4점, 5점이고, B반의 경우 전원이 3점을 받았다. C반의 경우 각 학생이 받은 통계점수는 5점, 0점, 5점, 0점, 5점이었다. 각 학급의 평균값을 구해보면 A, B, C 학급의 합계는 15점이고, 사례가 5명이기 때문에 평균값은 전부 3점이다.

앞에서 말했듯이 세 학급의 평균값이 같다고 해서 세 학급이 같은 학업 성취도를 보인다는 결론을 내려서는 안 된다. 왜냐하면, 각 학급이 얼마나 동질적인지 이질적인지를 판단할 수 있는 산포도 값을 모르기 때문이다.

세 학급의 특성을 좀더 정확하게 기술하고 비교하기 위해서는 각 학급이 얼마나 동질적인지, 이질적인지를 알아야 한다. 이 경우 각 학급에서 선정한 표본의 사례 수가 다섯 명밖에 되지 않기 때문에 B 학급이 가장 동질적이고, C 학급이 가장 이질적이라는 것을 눈으로 쉽게 알 수 있다. 그러나 실제 연구에서는 사례 수가 많기 때문에 눈으로 확인하기란 불가능하다. 따라서 변량의 값으로 판단한다. 각 학급의 변량을 계산하는 방법을 알아보자.

변량이란 개별 점수가 평균값으로부터 퍼져 있는 정도를 말한다. 따라서 먼저 원점수

와 평균값과의 차이를 알아야 한다. 〈표 8-6〉의 '차이' 칸에서 보듯이 원점수에서 평균값을 빼고 그 차이점수를 구했다. A 학급의 경우 첫 번째 사람의 차이점수는 원점수 1에서 평균값 3을 뺀 -2점이고, 두 번째 사람의 차이점수는 원점수 2에서 평균값 3을 뺀 -1점이고, 세 번째 사람의 차이점수는 원점수 3에서 평균값 3을 뺀 0점이며, 네 번째 사람의 차이점수는 원점수 4에서 평균값 3을 뺀 +1점이고, 마지막 다섯 번째 사람의 차이점수는 원점수 5에서 평균값 3을 뺀 +2점이다. B와 C 학급 학생들의 차이점수도 원점수에서 각 학급의 평균값을 빼서 계산하면 된다.

이제 원점수와 평균값과의 차이점수를 구했기 때문에 이 점수를 합하여 우리는 변량을 계산하려고 한다. 그러나 이렇게 할 때 문제가 발생한다. 각 학급의 차이점수의 합은 '0'이 되기 때문이다. 어떤 경우에도 원점수에서 평균값을 뺀 차이점수를 합하면 '0'이 된다. 모든 학급이 '0'이기 때문에 이 점수를 가지고서는 어떤 학급이 동질적인지 또는 이질적인지를 판단할 수가 없다.

이 문제를 해결하기 위해 수학적 처리를 통해 차이점수를 계산해보자. '+'와 '-' 부호

표 8-5 **각 학급 통계 시험 성적표**

	A	B	C
1	1	3	5
2	2	3	0
3	3	3	5
4	4	3	0
5	5	3	5
합	15	15	15
평균값	3	3	3

표 8-6 **각 학급 통계 시험 성적의 산포도**

	A			B			C		
	점수	차이	제곱	점수	차이	제곱	점수	차이	제곱
1	1	(-3 = -2)	4	3	(-3 = 0)	0	5	(-3 = +2)	4
2	2	(-3 = -1)	1	3	(-3 = 0)	0	0	(-3 = -3)	9
3	3	(-3 = 0)	0	3	(-3 = 0)	0	5	(-3 = +2)	4
4	4	(-3 = +1)	1	3	(-3 = 0)	0	0	(-3 = -3)	9
5	5	(-3 = +2)	4	3	(-3 = 0)	0	5	(-3 = +2)	4
차이의 합	0			0			0		
제곱의 합	10			0			30		
변량	2			0			6		
표준편차	1.414			0			2.449		

에 영향을 받지 않고 변량을 계산하기 위해서는 세 가지 절차를 거친다. 첫 번째로 각각의 차이점수를 제곱하고, 제곱한 각 점수를 더한다. 제곱한 값을 더했기 때문에 제곱의 합이라고 부른다. A반의 경우, 10이고, B반은 0, C반은 30이 된다.

두 번째로 제곱의 합의 평균값을 구한다. 이 값은 제곱의 합을 사례 수로 나누어서 구한다. 제곱의 합의 평균값이 변량이다. 또는 제곱의 합을 평균한 값이기 때문에 평균 제곱의 합(mean square)이라고도 한다. 즉, 변량과 평균 제곱의 합은 같은 말이다. Windows용 SPSS/PC$^+$ 프로그램 결과를 보면 어떤 경우에는 변량이라고도 쓰고, 어떤 경우에는 평균 제곱의 합이라고도 쓰는데 같은 말이니 혼동하지 말기 바란다.

A 학급은 제곱의 합이 10이고 사례 수가 5명이기 때문에 변량은 2이고, B 학급은 제곱의 합이 0이기 때문에 변량도 0이고, C 학급은 제곱의 합이 30이고 사례 수가 5명이기 때문에 변량은 6이 된다. 변량을 구하는 데 주의해야 할 점이 있다. 제곱의 합의 평균값, 즉 변량을 구하기 위해 지금은 제곱의 합을 사례 수로 나누어 계산했지만, 원칙적으로는 제곱의 합을 자유도(degree of freedom)로 나누어야 한다. 자유도는 사례 수에서 1을 뺀(사례 수 - 1) 값인데, 아직 자유도라는 개념을 배우지 않았기 때문에 지금은 제곱의 합을 사례 수로 나누어 변량을 구한다고 생각하면 된다.

세 번째로 처음에 의도한 점수를 구하기 위해 변량을 제곱근($\sqrt{\ }$)한 값을 구한다. 변량은 차이점수를 제곱해서 계산한 값이기 때문에 변량을 제곱근하여 원래 구하고자 하는 점수로 환원해야 한다. 변량을 제곱근한 값을 표준편차라고 한다. 따라서 A 학급의 표준편차는 변량 2의 제곱근한 값인 1.414, B 학급은 변량 0의 제곱근한 값인 0, C 학급은 변량 6의 제곱근한 값인 2.449이다.

이제 이 값을 이용하여 집단의 동질성 여부를 알아보자. A 학급의 제곱의 합은 10, 변량은 2, 표준편차는 1.414이고, B 학급의 제곱의 합은 0, 변량도 0, 표준편차도 0이다. 그리고 C 학급의 제곱의 합은 30, 변량은 6, 표준편차는 2.449이다. 이 값으로 판단할 때 비록 각 학급의 평균값이 3으로 같지만 B 학급이 가장 동질적이고, 다음으로 A 학급, C 학급은 가장 이질적임을 알 수 있다. 이 학교의 통계 담당 선생님이라면 각 학급의 평균 성적이 같다고 해도 변량에 차이가 나기 때문에 학급별로 공부를 가르치는 전략을 달리해야 할 것이다. 이처럼 변량은 평균값과 함께 변인의 특성을 기술하는 데 없어서는 안 될 중요한 정보를 제공해 준다.

양적 논문은 표에 평균값과 더불어 표준편차 값을 제시하는데, 표준편차 값의 의미를 깊이 생각하지 않고 지나치는 경우가 많다. 표에 제시되는 표준편차 값은 중요한 의미를 가진다.

표준편차 값은 크게 두 가지 정보를 제공한다. 첫째, 산포도 값으로서 특정 변인이 얼마나 동질적인지를 판단할 수 있는 정보를 제공해 준다. 표준편차 값이 작을수록 동

표 8-7 정상분포에 가까운 데이터의 예		
점수	빈도	퍼센트
1	1	6.7
2	3	20.0
3	7	46.7
4	2	13.3
5	2	13.3
합계	15	100.0
평균	3.067	
왜도	0.224	
첨도	0.106	
표준편차	1.099	

표 8-8 정상분포가 아닌 데이터의 예		
점수	빈도	퍼센트
1	6	40.0
5	9	60.0
합계	15	100.0
평균	3.400	
왜도	-0.455	
첨도	-2.094	
표준편차	2.028	

질적이고, 클수록 이질적이다. 둘째, 데이터의 구조를 파악할 수 있는 정보를 제공해 준다. 연구자는 논문에서 왜도 값과 첨도 값을 제시하지 않기 때문에 독자는 데이터 구조에 대해 정확하게 알 수 없다. 그러나 왜도 값과 첨도 값 대신에 표준편차 값을 보면 데이터 구조, 즉 변인이 정상분포곡선에서 얼마나 벗어났는지 알 수 있다. 표준편차 값이 작으면 분석에 큰 문제가 없지만 지나치게 크면 문제가 발생할 가능성이 크다.

예를 들어 연구자가 리커트(Likert) 척도를 사용하여 변인을 측정했다고 가정하자. 표준편차가 변인의 측정단위(즉, '1')와 유사하면 변인이 정상분포에 가깝다는 것을 의미하기 때문에 큰 문제가 없는 반면 차이가 상당히 크면 문제가 발생할 가능성이 크다. 〈표 8-7〉에서 보듯이 표준편차는 '1.099'로서 측정단위 '1'과 비슷하기 때문에 데이터가 정상분포곡선에 가깝고, 문제가 없다고 판단하면 된다(왜도 값 '0.224', 첨도 값 '0.106' 참조). 그러나 〈표 8-8〉에서는 표준편차가 '2.028'로서 측정단위 '1'과 상당히 차이가 나기 때문에 데이터가 정상분포곡선에서 많이 벗어나 문제가 발생할 가능성이 크다고 판단하면 된다(왜도 값 '-0.455', 첨도 값 '-2.094' 참조).

기술통계에서 변량은 원점수들이 평균값으로부터 퍼져 있는 정도를 보여주는 값인데, 거의 모든 추리통계방법에서는 이 변량의 개념을 사용하여 변인 간의 인과관계를 분석하기 때문에 잘 기억하기 바란다. 추리통계에서 변량을 어떻게 이용하는지는 제 12장에서 자세히 설명한다.

6. 표준오차

표준오차 (*standard error*) 는 여러 표본 평균값의 표준편차이다. 표준오차를 구하기 위해서 변인은 반드시 등간척도 또는 비율척도로 측정해야 한다. Windows용 SPSS/PC⁺ (23.0) 프로그램을 실행하면 평균값의 표준오차와 왜도, 첨도의 표준오차가 제시된다. 〈표 8-9〉에서 보듯이 평균값의 표준오차는 0.206이고, 왜도의 표준오차는 0.580이고, 첨도의 표준오차는 1.121이다.

표 8-9 **Windows용 SPSS/PC⁺(23.0) 프로그램의 표준오차 결과**

평균의 표준오차	.206	첨도의 표준오차	1.121
왜도의 표준오차	.580		

표준오차 개념에 대해 알아보자. 연구자는 여러 가지 제약으로 인해 특정 표본을 대상으로 연구를 하지만 연구자의 목적은 단순히 표본의 특성을 기술하는 데 있지 않다. 연구자의 최종 목적은 표본의 결과를 토대로 모집단의 특성을 알아내는 데 있다. 그런데 실제 연구에서 연구자는 모집단으로부터 특정 표본을 선정하고, 이 표본을 대상으로 단 한 번의 조사를 한다. 연구자가 바라는 대로 모든 것이 잘 이루어진다면 큰 문제가 없겠지만, 연구를 하다보면 여러 가지 원인 때문에 오류가 발생하게 마련이다. 모집단을 대상으로 하지 않는 한 문제는 언제나 발생한다. 표본과 관련된 문제에 국한해서 볼 때에도, 비록 확률표집방법을 쓴다 해도 표집방법에 따라 결과가 달라지기 마련이다.

표본 연구에서 나오는 오류를 최소화하는 여러 가지 방법 중 하나는 모집단으로부터 표본을 여러 번 선정하여 개별 표본들을 조사하고, 개별 표본으로부터 나온 평균값들의 평균값을 다시 구하는 것이다. 예를 들어 우리나라 고등학생의 일일 평균 텔레비전 시청량을 연구한다고 가정해보자. 500명 표본을 선정하여 한 번 조사하는 것보다는 500명씩 100개의 표본을 선정하여 연구하고, 각 표본에서 나온 텔레비전 시청량의 평균값들의 평균값을 구할 수 있다면 더 정확한 결과를 얻을 수 있다. 문제는 이렇게 하는 것이 바람직하지만 비현실적이라는 것이다. 통계학자들은 실제로 표본을 여러 번 선정하지 않고서도 같은 효과를 낼 수 있는 개념을 만들었는데, 이것이 표준오차이다. 표본의 평균값과 표준오차를 알면 비교적 정확하게 모집단의 값을 유추할 수 있다는 말이다.

표준오차를 어떻게 계산하는지 알아보자. 만일 연구자가 모집단으로부터 같은 사례수를 가진 표본을 계속해서 뽑는다면 〈표 8-10〉의 왼쪽에서 보듯이 A, B, C 세 개의 표본에서 평균값과 표준편차를 계산할 수 있다. 또한 〈표 8-10〉의 오른쪽에서 보듯이 이 표본들의 개별 평균값의 평균값을 계산할 수 있고, 평균값들의 표준편차를 계산할

표 8-10 **표준오차 계산 방법**

각 표본의 원 점수/평균값/표준편차				표본들의 각 평균값/평균의 평균값/표준오차	
	A	B	C		
1	1	2	5	A	3
2	2	5	4	B	4
3	3	5	6	C	5
4	4	4	5		
5	5	4	5		
평균값	3	4	5	평균값	4
표준편차	1.414	1.095	0.632	표준편차(표준오차)	0.816

표 8-11 **표준오차 계산 공식**

1. 변인이 점수로 측정된 경우 표준오차 계산 공식

$$SE = \frac{SD}{\sqrt{n-1}}$$

2. 변인이 %로 측정된 경우 표준오차 계산 공식

$$SE = \sqrt{\frac{p(100-p)}{n-1}}$$

수 있다. 평균값들의 평균값은 4, 표준편차는 0.816이다. 여러 평균값들로부터 계산한 표준편차를 표준오차라고 부른다. 이 값을 표준편차라고 부르지 않고 표준오차라고 부르는 이유는 한 표본의 원점수들로부터 계산한 표준편차와 여러 표본들의 평균값들로부터 계산한 표준편차와의 용어상 혼란을 피하기 위해서이다.

그러나 대부분의 연구는 한 번의 표본조사를 통해 이루어지기 때문에 위와 같은 방법으로 표준오차를 계산하는 것은 불가능하다. 통계학자들은 〈표 8-11〉에서 보듯이 표준편차를 계산할 수 있는 공식을 만들었다. 변인이 점수로 측정되었을 때와 %로 측정되었을 때 공식을 통해 표준오차를 계산할 수 있다.

변인이 점수로 측정되었을 경우, 표준오차를 계산하는 공식에서 n은 사례 수이고, SD는 표본의 표준편차이다. 표준오차는 표본의 표준편차를 '사례 수 - 1'의 제곱근($\sqrt{}$) 한 값으로 나누어 계산한다. 변인이 %로 측정되었을 경우, 표준오차를 계산하는 공식에서 n은 사례 수이고, p는 표본에서 구한 % 결과이다. 표준오차는 100%에서 실제 조사한 %를 뺀 값에 실제 조사한 %를 곱한 값을 구하고, 그 값을 '사례 수 - 1'로 나눈 값을 제곱근($\sqrt{}$)하여 계산한다.

특정 표본에서 구한 변인의 값과 표준오차를 갖고 모집단 값을 추리하는 방법을 알아보지.

①모집단 값을 구하기 위해서는 〈표 8-12〉에서 보듯이 표본 값에 표본을 선정하는 과정(표집과정)에서 발생할 수밖에 없는 오차, 즉 표집오차 값을 더해주면 된다.

표 8-12 **모집단 값 계산 공식**

모집단 값 = 표본 값 + 표집오차

②표집오차 값을 구하기 위해서는 〈표 8-13〉에서 보듯이 모집단 값에서 표본 값을 빼면 된다.

표 8-13 **표집오차 값 구하는 공식**

표집오차 값 = 모집단 값 – 표본 값

③그러나 모집단을 연구할 수 없기(또는 연구하지 않기) 때문에 표집오차를 계산할 수 없다. 표집오차를 계산할 수 없기 때문에 모집단의 값을 계산할 수 없다는 결론에 도달한다.

④모집단의 값은 모집단을 연구하지 않는 한(모집단 전체를 조사하는 것을 전수조사라고 한다) 정확하게 계산할 수는 없지만 표집오차의 추정값인 표준오차를 사용하여 모집단의 값을 추정한다. 〈표 8-14〉의 모집단 평균값 일반 공식에서 보듯이 모집단의 평균값은 표본의 평균값에 연구자가 정한 신뢰구간(confidence interval, 95%/99%)을 2로 나눈 값의 표준점수(z-score)와 표준오차를 곱한 값을 더하고/뺀(±) 후 모집단 평균값의 범위를 추정하게 된다. 연구자는 신뢰구간을 95%(또는 99%)로 정할 수 있는데, 95%(또는 99%) 신뢰구간이란 연구자가 100번 연구를 할 때 95번(또는 99번)은 모집단의 값의 범위를 정확하게 예측할 수 있다는 의미이다.

모집단의 평균값을 추정할 때 신뢰구간을 95%로 할지 99%로 할지에 따라 계산 공식에 차이가 있다. 〈표 8-14〉에서 보듯이 만일 95%로 신뢰구간을 구하고자 하면 표준오차에 1.96을 곱하여 표본 값에 더하고/빼서 모집단 값의 범위를 추정한다. 1.96의 의미는 연구자가 정한 95%의 1/2인 면적(확률) 47.5%(0.475)의 표준점수이다. 만일 99% 신뢰구간을 구하고자 하면 표준오차에 2.58을 곱하여 표본 값에 더하고/빼서 모집단 값의 범위를 추정한다. 2.58은 연구자가 정한 99%의 1/2인 면적(확률) 49.5%(0.495)의 표준점수이다.

이 값은 책의 부록 A(정상분포곡선 아래에서의 면적 비율)에 제시된 값을 보면 알 수 있다. 부록 A의 첫 번째 열(Col. 1)은 정상분포곡선에서 평균값 '0'의 오른쪽 부분에서

표 8-14 모집단 평균값 계산 공식

- 모집단 평균값 일반 공식

    모집단 평균값 = 표본 평균값 ± (연구자가 정한 신뢰구간/2의 표준점수) × 표준오차

- 95% 신뢰구간일 때

    모집단 평균값 = 표본 평균값 ± (95%/2인 47.5%의 표준점수 1.96) × 표준오차

    즉, 표본 평균값 - (1.96) × 표준오차 ≤ 모집단 평균값 ≤ 표본 평균값 + (1.96) × 표준오차

- 99% 신뢰구간일 때

    모집단 평균값 = 표본 평균값 ± (99%/2인 49.51%의 표준점수 2.58) × 표준오차

    즉, 표본 평균값 - (2.58) × 표준오차 ≤ 모집단 평균값 ≤ 표본 평균값 + (2.58) × 표준오차

특정 표준점수(+Z1)를 의미한다. '0'부터 '4'까지 변한다. 두 번째 열(Col. 2)에 제시된 값은 평균값 '0'과 첫 번째 열(Col. 1)에 제시된 특정 표준점수 간의 면적(확률)을 의미한다. 따라서 연구자가 95% 신뢰구간을 정하면 공식에 따라 95%의 1/2인 두 번째 열 (Col. 2)의 '0.4750'에 해당하는 첫 번째 열(Col. 1)의 표준점수 '+1.96'을 찾아 이 값을 표준오차에 곱하면 된다. 연구자가 99% 신뢰구간을 정하면 공식에 따라 99%의 1/2인 두 번째 열(Col. 2)의 '0.4951'에 해당하는 첫 번째 열(Col. 1)의 표준점수 '+2.58'을 찾아 이 값을 표준오차에 곱하면 된다.

1) 모집단 평균값의 95% 신뢰구간(*confidence interval*) 추정

(1) 점수일 경우

예를 들어 연구자가 한국 성인(19세 이상)의 하루 평균 텔레비전 시청시간을 추정하고자 할 때 표본 연구에서 나온 결과 평균값이 3시간이고 표준오차가 1시간일 때, 한국 성인 모집단의 평균 텔레비전 시청시간은 다음과 같이 계산한다.

$$3 - (1.96 \times 1) \leq 모집단 \ 값 \leq 3 + (1.96 \times 1)$$
$$= 3 - 1.96 \leq 모집단 \ 값 \leq 3 + 1.96$$
$$= 1.04 \leq 모집단 \ 값 \leq 4.96$$

즉, 한국 성인의 하루 평균 텔레비전 시청시간은 1.04에서 4.96시간 사이에 있다.

(2) 퍼센트일 경우

예를 들어 한국 성인(19세 이상)의 대통령 지지도를 추정하고자 할 때 표본의 결과가 40%이고 표준오차가 3%일 때, 한국 성인 모집단의 대통령 지지도는 다음과 같이 계산한다.

$$40 - (1.96 \times 3) \leq \text{모집단 값} \leq 40 + (1.96 \times 3)$$
$$= 40 - 5.88 \leq \text{모집단 값} \leq 40 + 5.88$$
$$= 34.12 \leq \text{모집단 값} \leq 45.88$$

즉, 한국 성인의 대통령 지지도는 34.12에서 45.88% 사이에 있다.

2) 모집단 평균값의 99% 신뢰구간(*confidence interval*) 추정

(1) 점수일 경우

예를 들어 연구자가 한국 성인(19세 이상)의 하루 평균 텔레비전 시청시간을 추정하고자 할 때 표본의 평균값이 3시간이고 표준오차가 1시간일 때, 한국 성인 모집단의 평균 텔레비전 시청시간은 다음과 같이 계산한다.

$$3 - (2.58 \times 1) \leq \text{모집단 값} \leq 3 + (2.58 \times 1)$$
$$= 3 - 2.58 \leq \text{모집단 값} \leq 3 + 2.58$$
$$= 0.42 \leq \text{모집단 값} \leq 5.58$$

즉, 한국 성인의 하루 평균 텔레비전 시청시간은 0.42에서 5.58시간 사이에 있다.

(2) 퍼센트일 경우

예를 들어 한국 성인(19세 이상)의 대통령 지지도를 추정하고자 할 때 표본의 결과가 40%이고 표준오차가 3%일 때, 한국 성인 모집단의 대통령 지지도는 다음과 같이 계산한다.

$$40 - (2.58 \times 3) \leq \text{모집단 값} \leq 40 + (2.58 \times 3)$$
$$= 40 - 7.74 \leq \text{모집단 값} \leq 40 + 7.74$$
$$= 32.26 \leq \text{모집단 값} \leq 47.74$$

즉, 한국 성인의 대통령 지지도는 32.26에서 47.74% 사이에 있다.

오택섭 · 최현철 (2003), 《사회과학 데이터 분석법 ①》, 나남.

최현철 · 김광수 (1999), 《미디어 연구방법》, 한국방송통신대학교출판부.

Kerlinger, F. N. (1973), *Foundations of Behavioral Research* (2nd ed.), New York: Holt, Rinehart and Winston.

Miller, D. C. (1977), *Handbook of Research Design and Social Measurement* (3rd ed.), New York: Longman Inc.

Nie, N. H. et al. (1975), *SPSS: Statistical Package for the Social Sciences* (2nd ed.), New York: McGraw-Hill Book Company.

Norusis, M. J. (2000), *SPSS 10.0 Guide to Data Analysis* (Book and Disk ed.), Prentice Hall.

Pallant, J. (2001), *SPSS Survival Manual: A Step By Step Guide to Data Analysis Using SPSS for Windows*(*Version 10*) (1st ed.), Open Univ Pr.

Pedhazur, E. J., & Schmelkin, L. (1991), *Measurement, Design, and Analysis: An Integrated Approach* (Student ed.), Lawrence Erlbaum Associates.

9

추리통계의 기초

이 장에서는 추리통계방법의 기초가 되는 개념을 살펴본다. 먼저 정상분포곡선(*normal distribution curve*)의 특징과 표준점수(*z-score*), 표준정상분포곡선(*standardized distribution curve*)의 의미를 살펴본다. 또한 가설의 형태 및 검증방법과 유의도 수준(*significance level*)의 의미를 알아본 후 가설검증을 할 때 나타나는 오류인 제1종 오류(*Type I error*, 또는 *α error*)와 제2종 오류(*Type II error*, 또는 *β error*)를 살펴본다. 마지막으로 추리통계방법의 선정 기준을 알아본다.

1. 정상분포곡선

연구자가 표본의 결과로 모집단의 결과를 유추할 수 있는 근거는 변인의 분포가 정상분포곡선이기 때문이다.

〈그림 9-1〉에서 보듯이 정상분포곡선은 봉우리가 하나인 좌우대칭형의 종 모양이다. 정상분포곡선에서 X축은 변인의 점수이고, Y축은 그림에는 나타나지 않지만 빈도를 의미한다.

먼저 정상분포곡선의 특징을 막대그래프와 사선그래프를 통해 살펴보자.

몸무게를 예로 들면 〈표 9-1〉에서 보듯이 표본을 선정하여 몸무게를 측정한 결과, 40~49kg이 3명, 50~59kg이 5명, 60~69kg이 7명, 70~79kg이 5명, 80~89kg이 3명이었다. 몸무게 빈도를 막대그래프로 그려보면 〈그림 9-2〉와 같다.

몸무게 빈도를 사선그래프로 그려보면 〈그림 9-3〉과 같다. 이 사선그래프의 각 점을 연결한 선을 부드러운 곡선으로 그리면 정상분포곡선이 된다. 즉, 정상분포곡선은 각 점수의 빈도를 곡선으로 나타낸 것이다.

정상분포곡선은 몇 가지 중요한 특성을 지닌다. 첫째는 종 모양으로 봉우리가 하나이다. 둘째는 좌우대칭으로 좌우가 같은 모양이다. 셋째는 평균값과 중앙값, 최빈값이 동일하다. 넷째는 전체 면적의 크기는 1 또는 100%이다. 다섯째는 평균값을 중심으로 표준편차 ±1 사이에 전체 사례 수의 68%가 속해 있고, 표준편차 ±2 사이에 전체 사례 수의 95%가 속해 있으며, 표준편차 ±3 사이에 전체 사례 수의 99%가 속해 있다.

정상분포곡선의 넷째와 다섯째 특성을 그림으로 나타내면 〈그림 9-4〉와 같다. 이러한 특성으로 인해서 표본의 결과로부터 모집단의 결과를 비교적 정확하게 유추할 수 있다. 구체적인 예를 들어보면, 연구자가 우리나라 성인 남성 500명을 표본으로 선정하여 몸무게를 조사한 결과 몸무게의 평균값은 65kg이고, 표준편차는 3kg이 나왔다고 가정하자. 이 결과를 정상분포곡선으로 그리면 〈그림 9-5〉와 같이 된다. 〈그림 9-5〉에서 보듯이 우리나라 성인 남성의 68%는 몸무게 62kg에서 (65 - 3kg) 68kg (65 + 3kg) 사이에 속하고,

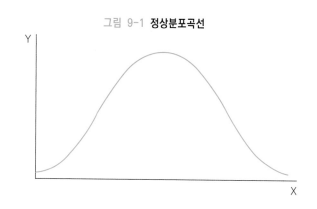

그림 9-1 **정상분포곡선**

표 9-1 **몸무게 빈도표**

몸무게(kg)	40~49	50~59	60~69	70~79	80~89
빈도	3	5	7	5	3

그림 9-2 **몸무게 빈도의 막대그래프**

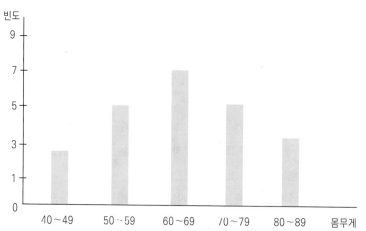

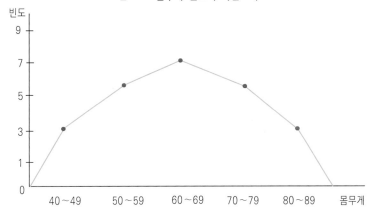

그림 9-3 **몸무게 빈도의 사선그래프**

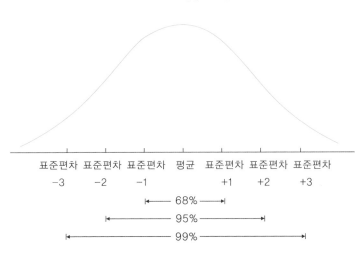

그림 9-4 **정상분포곡선**

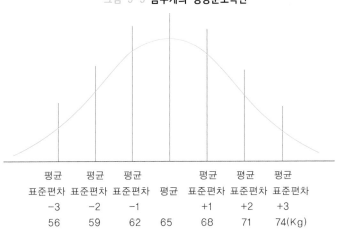

그림 9-5 **몸무게의 정상분포곡선**

성인의 95%는 몸무게 59kg(65 - 6kg)에서 71kg(65 + 6kg) 사이에 속하며, 성인의 99%는 56kg(65 - 9kg)에서 74kg(65 + 9kg) 사이에 속한다는 사실을 알 수 있다.

우리가 의사에게 자신의 몸무게가 정상인지 또는 비정상인지를 질문하면 의사는 정상 분포곡선을 사용하여 몸무게의 정상 여부를 판단한다. 일반적으로 평균값을 중심으로 표준편차 ±3까지는 정상이라고 본다. 따라서 한 사람의 몸무게가 58kg이고, 다른 사람의 몸무게가 72kg이라면 비록 14kg의 차이가 나지만 의사는 두 사람 모두 정상 몸무게를 가지고 있다고 판단한다. 그러나 만일 몸무게가 50kg이거나 85kg으로 표준편차 ±3 밖에 있다면 의사는 몸무게가 비정상적이라고 판단하여 치료를 하게 된다. 이 정상분포 곡선을 통해 우리는 자신이 모집단 내 어디에 속해 있는지를 판단할 수 있다.

2. 표준점수

연구자는 통계방법을 통해 변인의 특성을 기술하거나 변인 간의 관계를 분석한다. 그러나 변인 간의 관계를 비교 분석할 때 각 변인의 분포와 측정단위가 다르기 때문에 문제가 발생한다. 예를 들면, 무게는 kg으로, 길이는 cm로, 부피는 ℓ로 서로 다른 측정단위를 사용하고, 이 변인의 분포(평균값과 표준편차)도 다르다. 몸무게 60kg과 키 175cm와의 관계를 어떻게 비교할 수 있겠는가? 이처럼 분포와 측정단위가 다른 변인을 비교 분석하기 위해서는 원점수를 이용해서는 불가능하고, 각 점수의 제 3의 점수인 표준점수(z-score)로 바꿔야 한다.

예를 들어보자. 〈표 9-2〉에서 보듯이 한 학생의 국어 성적이 90점이고, 영어 성적이 75점이라고 가정하자. 이 학생의 국어와 영어 성적 중 어느 점수가 더 높을까? 원점수만을 비교해보면 국어 성적(90점)이 영어 성적(75점)보다 높은 것처럼 보인다. 그러나 원점수만을 갖고 어느 점수가 더 높은지를 판단하는 것은 불가능하다.

두 점수를 비교하기 위해서는 무엇보다 먼저 전체 학생의 국어 점수 분포 중 이 학생의 국어 점수가 차지하는 위치와 전체 학생의 영어 점수 중 이 학생의 영어 점수가 차지하는 위치를 알아야 한다. 각 점수의 위치를 보여주는 점수가 바로 표준점수이다.

〈표 9-3〉은 원점수를 표준점수로 바꾸는 계산 공식을 보여준다. 표준점수는 원점수에서 평균값을 뺀 점수를 표준편차로 나누어서 구한다. 예를 들면, 국어 점수의 표준점수는 90점에서 평균값 93점을 뺀 점수 -3을 표준편차 3으로 나눈 값 -1이 된다. 즉, 이 학생의 국어 점수는 평균값보다 표준편차 1이 낮은 점수라는 것을 알 수 있다. 반면 영어 점수의 표준점수는 75점에서 평균값 73점을 뺀 점수 +2를 표준편차 2로 나눈 값 +1이 된다. 즉, 이 학생의 영어 점수는 평균값보다 표준편차 1이 높은 점수라는 것을 알 수 있다.

원점수만을 가지고 판단하면 국어 점수가 영어 점수보다 높아 보이지만 표준점수로 바꾸면 영어 점수가 국어 점수보다 높다는 것을 알 수 있다. 이처럼 표준점수는 분포와 측정단위가 다른 점수들 간의 위치 점수를 보여줌으로써 점수들 간의 상호비교를 가능하게 한다.

표 9-2 **국어와 영어 성적의 분포**

	국어(점)	영어(점)
원점수	90	75
평균값	93	73
표준편차	3	2
표준점수	-1.0	+1.0

표 9-3 **표준점수 계산 공식**

$$표준점수 = \frac{x(원점수) - \bar{x}(평균값)}{SD(표준편차)}$$

3. 표준정상분포곡선

앞에서 살펴봤듯이 분포와 측정단위가 다른 변인 간의 관계를 분석하거나 비교하기 위해 원점수를 표준점수로 변환하여 사용한다. 이 표준점수를 이용하여 만들어진 것이 표준정상분포곡선이다. 〈그림 9-6〉에서 보듯이 통계학자들은 평균값이 '0'이고, 표준편차가 '1'인 표준정상분포곡선을 만들어 사용한다. 표준정상분포곡선은 정상분포곡선과 똑

그림 9-6 **표준정상분포곡선**

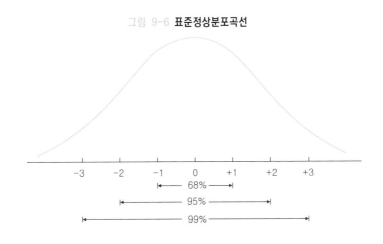

같은 특징을 가진다. 두 곡선간의 차이는 정상분포곡선은 원점수를 이용한 분포곡선이고, 표준정상분포곡선은 원점수를 표준점수로 바꾸어 만든 분포곡선이라는 것이다.

4. 가설검증

가설이란 변인 간의 관계를 검증하기 위한 연구자의 주장을 말한다. 예를 들면, '어린이가 폭력적인 영화에 노출을 많이 하면 할수록 공격적 성향이 증가할 것이다'라든지, '교육은 텔레비전 시청량에 영향을 미칠 것이다'와 같은 주장은 아직 검증되지 않은 가설이다.

1) 가설의 종류: 연구가설(H_1)과 영가설(H_0)

가설에는 H_1, H_2, H_3 등으로 표시하는 연구가설과 H_0으로 표시하는 영가설 두 가지가 있다(H는 영어 Hypothesis의 머리글자를 딴 약자이다). 연구가설이란 연구자가 검증하고 싶어 하는 주장이다. 영가설이란 연구가설의 반대명제를 말한다. 예를 들어 '광고를 많이 보는 사람과 광고를 적게 보는 사람 사이에는 소비 패턴에 차이가 있을 것이다'라는 연구가설이 있다고 가정할 때, 영가설은 '광고를 많이 보는 사람과 광고를 적게 보는 사람 사이에는 소비 패턴에 차이가 없을 것이다'이다.

　일반적으로 연구가설은 '무엇과 무엇과는 관계가 있다', '무엇이 무엇에게 영향을 미친다', '무엇을 하면 무엇이 나타날 것이다'라는 식으로 표현된다. 반대로 영가설은 '무엇과 무엇과는 관계가 없다', '무엇이 무엇에게 영향을 미치지 않는다', '무엇을 해도 무엇이 나타나지 않을 것이다'라는 식으로 표현된다.

2) 가설검증 방법

'까마귀는 까맣다'라는 가설을 검증해보자. 우리는 일반적으로 '까마귀는 까맣다'라는 가설을 증명하기 위해서는 먼저 까마귀를 잡고, 잡은 까마귀의 색깔을 조사한 후, 만일 까마귀의 색깔이 전부 까맣다면, '까마귀는 까맣다'라는 결론을 내릴 것이다.

　그러나 과학적 연구에서 가설은 이와 같은 방법으로 검증하지 않는다. 과학적 연구에서 연구자는 연구가설을 직접 검증하지 않고, 연구가설의 반대 명제인 영가설을 검증하고, 이를 통해 연구가설을 간접적으로 증명하는 약간 복잡한 절차를 거친다. 왜 연구가설을 간접적으로 검증하는 것일까?

　과학의 목적은 시산과 공간을 초월한 법칙을 발견하는 것이다. 따라서 '까마귀는 까맣다'라는 연구가설을 검증하기 위해서는 시간을 초월하여 과거에 살던 까마귀, 현재에 살고 있는 까마귀, 미래에 살 까마귀를 다 잡아야 한다. 뿐만 아니라 공간을 초월하여 한국에 살고 있는 까마귀, 일본에 살고 있는 까마귀, 미국에 살고 있는 까마귀 등 전 세계에 살고 있는 까마귀를 다 잡아야 한다. 이러한 일은 불가능하다. 이처럼 연구자는 연구가설을 직접적으로 증명할 수 있는 방법이 없기 때문에 어쩔 수 없이 연구가설의 반대 명제인 '까마귀는 까맣지 않다'라는 영가설을 내세우고 간접적으로 연구가설을 검증한다. 까마귀의 표본을 선정하고 이를 잡은 후 색깔을 검사하여 만일 모든 까마귀가 까맣다면, 연구자는 '현재까지 연구결과로 볼 때 까마귀는 까맣다는 연구가설을 부정할 만한 증거를 발견하지 못했다'라는 잠정적 결론을 내린다. 만일 다른 연구에서 까맣지 않은 까마귀를 발견했다면, '까마귀는 까맣다'라는 연구가설을 부정하게 된다. 이처럼 과학적 연구결과는 잠정적 진실로서 항상 진실의 여부를 검증받는다.

3) 유의도 수준

가설을 검증할 때 가설을 사실로서 받아들이거나 거부하는 기준이 필요하다. 예를 들어 연구자가 '우리나라 남성과 여성의 하루 평균 텔레비전 시청량에는 차이가 있을 것이다'라는 연구가설을 제시하고 표본을 대상으로 조사를 했다고 가정하자. 연구자는 이 연구가설을 검증하기 위해, '우리나라 남성과 여성의 하루 평균 텔레비전 시청량에는 차이가 없을 것이다'라는 영가설을 제시하고, 여성과 남성의 시청량을 비교한다. 조사 결과 남성의 일일 평균 텔레비전 시청량은 2시간, 여성은 3시간으로 나타났다. 이 결과를 가지고 연구가설의 진위 여부를 판단하기 위해서 어떤 기준이 필요한데, 이 기준을 유의도 수준이라고 한다. 즉, 연구자는 자신이 정한 유의도 수준에 따라 연구가설을 받아들일 수도 있고, 거부할 수도 있다. 유의도 수준에 대한 기준은 연구자마다 다를 수 있어 혼란이 발생할 수 있기 때문에 통계학자들은 최소한 과학적 연구가 되기 위해서는 유의도 수준 0.05, 또는 0.01을 충족시켜야 한다는 기준을 마련했다.

유의도 수준을 표시할 때는 영어 소문자 p를 사용한다(p는 probability의 머리글자를 딴 약자이다). 유의도 수준이 $p < 0.05$란 100개의 연구를 했는데 95개(95%)는 제대로 된 결론을 내리고, 5개(5%)는 연구자가 실수하여 잘못된 결론을 내리는 것을 말하며, 유의도 수준이 $p < 0.01$이란 0.05 수준보다 기준이 더 엄격하여 100개의 연구를 할 경우 99개(99%)는 제대로 된 결론을 내리고, 1개(1%)는 연구자가 잘못된 결론을 내리는 것을 말한다. 이 정도라면 매우 신뢰할 만한 과학적 연구결과라는 것이다.

〈그림 9-7〉에서 보듯이 연구자가 유의도 수준을 0.05로 정한 경우, 5%에 해당하는 빗금 친 부분에 통계 값이 속해 있으면 영가설을 거부하게 된다(달리 말하면 연구가설

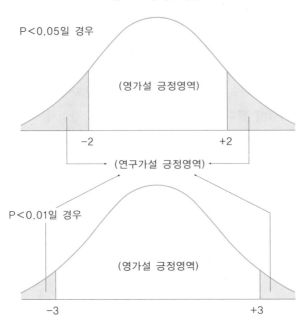

그림 9-7 **유의도 수준**

P<0.05일 경우

(영가설 긍정영역)

−2   +2

(연구가설 긍정영역)

P<0.01일 경우

(영가설 긍정영역)

−3   +3

을 받아들인다). 이 영역은 연구가설을 받아들이는 영역이기 때문에 '연구가설 긍정영역' 또는 '영가설 부정영역'이라고 부른다.

반대로 95%에 해당하는 빗금 치지 않은 부분에 통계 값이 속해 있으면 영가설을 긍정하게 된다(달리 말하면 연구가설을 거부한다). 이 영역은 연구가설을 받아들이지 않는 영역이기 때문에 '영가설 긍정영역' 또는 '연구가설 부정영역'이라고 부른다.

〈그림 9-7〉의 아래 그림처럼 연구자가 유의도 수준을 0.01로 정한 경우에도 해석은 앞에서 설명한 유의도 수준 0.05와 같다. 단지 유의도 수준 0.05에 비해 '연구가설 긍정영역' 또는 '영가설 부정영역'의 크기가 줄어들었고, '영가설 긍정영역' 또는 '연구가설 부정영역'의 크기가 커졌다.

유의도 수준 0.01은 0.05에 비해 연구가설을 받아들이는 데 더 엄격하다는 것을 알 수 있다. 그러나 유의도 수준 0.01이 0.05에 비해 기준이 더 엄격하다 하더라도 더 바람직한 것은 아니다. 그 이유를 제 1종 오류와 제 2종 오류를 통해 살펴보자.

5. 제 1종 오류와 제 2종 오류

연구자가 연구를 수행할 때 실수를 하지 않으면 가장 바람직하겠지만, 어쩔 수 없이 실수를 하게 되는 경우가 있다. 연구자가 범하는 실수는 두 가지로 제 1종 오류(*Type I*

표 9-4 **제1종 오류와 제2종 오류**

사실 세계 / 연구자 판단	H_0을 진실로 판단함	H_0을 허위로 판단함
H_0이 진실인 경우	제대로 된 연구	제1종 오류 (Type I 오류, 또는 α 오류)
H_0이 허위인 경우	제2종 오류 (Type II 오류, 또는 β 오류)	제대로 된 연구

error, 또는 α error)와 제2종 오류(Type II error, 또는 β error)가 있다.

제1종 오류와 제2종 오류란 무엇인지 살펴보자.

〈표 9-4〉에서 보듯이 사실 세계에서 영가설은 진실인 경우와 허위인 경우 두 가지로 나누어 볼 수 있다. 연구자는 사실 세계의 진실을 알 수 없고, 과학적 방법을 통해 판단한다. 연구자가 판단하는 경우 영가설을 진실이라고 판단하는 경우와 영가설이 허위라고 판단하는 경우 두 가지로 나누어 볼 수 있다.

제1종 오류란 영가설이 진실임에도 불구하고 영가설을 진실로 판단하지 않고 허위로 판단하는 경우를 말한다. 제2종 오류란 영가설이 허위임에도 불구하고 영가설을 허위로 판단하지 않고, 진실로 판단하는 경우를 말한다.

구체적인 예로 '까마귀는 까맣다'라는 연구가설을 통해 제1종 오류와 제2종 오류의 차이를 살펴보자. '까마귀는 까맣다'라는 연구가설이 허위인 경우, 연구자는 연구가설을 진실로 판단할 수도 있고, 허위로 판단할 수도 있다. 연구가설이 허위일 때 연구자가 연구가설을 허위로 판단하면 제대로 연구를 한 것으로 문제가 없다. 즉, '까마귀는 까맣지 않다'라는 결론은 진실을 제대로 밝힌 것이다. 그러나 연구가설이 허위임에도 불구하고(즉, 까마귀는 까맣지 않음에도 불구하고) 연구자가 연구가설을 진실이라고 잘못 판단하여 '까마귀는 까맣다'라는 결론을 내리면 연구자는 제1종 오류를 범하게 된다.

반면 연구가설이 진실인 경우, 연구자는 연구가설을 진실로 판단할 수도 있고, 허위로 판단할 수도 있다. 연구가설이 진실일 때 연구자가 연구가설을 진실로 판단하면 제대로 연구를 한 것이다. 즉, '까마귀는 까맣다'라는 결론을 내리면 제대로 연구를 한 것으로 문제가 없다. 그러나 연구가설이 진실임에도 불구하고 연구자가 연구가설을 허위라고 잘못 판단하여 '까마귀는 까맣지 않다'라는 결론을 내리면 연구자는 제2종 오류를 범하게 된다.

제1종 오류와 제2종 오류 중 어느 오류가 더 심각한가? 제1종 오류의 경우, 까마귀는 까맣지 않음에도 불구하고 연구자는 '까마귀는 까맣다'라는 결론을 내리게 된다. 연구자는 새로운 사실을 발견한 것으로 착각하여 결과를 발표하여 사람을 오도하거나 진

표 9-5 **유의도 수준의 의미**

p < 0.05: 100개의 연구 중 5개가 Type I 오류를 범할 수 있다
p < 0.01: 100개의 연구 중 1개가 Type I 오류를 범할 수 있다

실을 발견한 것이라 믿기 때문에 그 연구를 다시 하지 않을지 모른다. 제2종 오류의 경우, 까마귀는 까만데도 불구하고 연구자는 '까마귀는 까맣지 않다'라는 결론을 내리게 된다. 연구자는 새로운 사실을 발견하지 못했다고 착각했기 때문에 발표를 하지 않을 것이고, 진실을 발견하지 못했다고 믿기 때문에 그 연구를 다시 할 것이다. 따라서 제1종 오류가 제2종 오류보다 심각한 문제이다.

우리는 앞의 예를 통해 제1종 오류가 제2종 오류보다 훨씬 더 심각하다는 것을 알 수 있다. 통계학자는 가능하면 제1종 오류를 줄이기 위해 고심한다. 따라서 연구자가 임의대로 결론을 내리는 것을 막기 위해 최소한 'p < 0.05 수준' 또는 'p < 0.01 수준'으로 유의도 수준의 기준을 설정한 것이다.

〈표 9-5〉에서 보듯이 유의도 검증에서 p < 0.05란 100개의 연구 중 95개(95%)는 제대로 된 결론을 내리고 나머지 5개(5%)는 잘못된 결론을 내리는 것을 의미하는데, 즉 100개의 연구를 할 경우 그중 제1종 오류를 5개(5%) 미만으로 범하면 표본의 연구결과를 모집단의 연구결과로 받아들일 수 있다는 것이다. 좀더 정확하게 이야기하자면 5개(5%)의 잘못된 결론이란 제1종 오류, 허위를 진실로 판단하는 오류의 가능성이 5% 존재한다는 것을 의미한다. 이런 이유로 인해 p < 0.05 수준은 α < 0.05 수준과 같은 말이다. p < 0.01도 이와 마찬가지로 해석하면 되며, p < 0.01 수준도 α < 0.01 수준을 의미한다.

연구자는 제1종 오류가 위험하므로 가능하면 α 수준을 낮추면(예를 들면, p < 0.001) 심각한 오류를 줄일 수 있다고 생각할지 모른다. 물론 p < 0.001로 줄이면 제1종 오류를 줄일 수 있다. 극단적 예를 들어보면, p < 0.00000으로 줄이면 모든 연구가설은 진실로 받아들여지지 않으므로 제1종 오류를 범하지 않게 된다. 그러나 제1종 오류와 제2종 오류는 반비례 관계이기 때문에 문제의 해결이 쉽지 않다. 즉, 제1종 오류를 줄이면 줄일수록 제2종 오류가 증가하는 경향이 있고, 반대로 제1종 오류가 증가하면 할수록 제2종 오류는 감소하는 경향이 있다. 따라서 유의도 수준을 낮추면 제1종 오류를 줄일 수 있는 반면에 제2종 오류는 증가하게 된다.

연구의 오류는 제1종 오류든 제2종 오류든 가능하면 피해야 한다. 따라서 통계학자들은 제1종 오류와 제2종 오류 양자를 적정 수준에서 줄일 수 있는 기준으로 유의도 수준으로 0.05와 0.01을 권장한다.

6. 추리통계방법 선정기준

독자들이 통계방법을 공부할 때 가장 어려워하는 부분이 추리통계방법이다. 개별 추리통계방법을 이해하기 쉽지 않기 때문이다. 그러나 개별 추리통계방법을 선정하는 기준을 이해하면 어느 정도 혼란을 줄일 수 있다. 먼저 추리통계방법을 선정하는 기준으로 변인의 종류와 측정을 살펴본 후, 모수통계방법과 비모수통계방법을 결정하는 전제 조건을 알아보자. 개별 추리통계방법에 대한 설명은 해당 장에서 자세히 설명한다.

1) 변인의 종류와 측정

연구가설을 검증하기 위해 적합한 추리통계방법을 선정하는 것은 매우 중요하다. 추리통계방법을 선정하는 기준은 크게 세 가지이다. 첫째는 변인의 종류(독립변인과 종속변인)이고, 둘째는 측정(명명척도, 서열척도, 등간척도, 비율척도)이고, 셋째는 변인의 수(1개, 2개 이상)이다.

〈표 9-6〉은 변인의 종류와 측정, 수 세 가지 기준에 따라 그에 적합한 추리통계방법을 보여준다. 〈표 9-6〉에서 보듯이 변인은 그 역할에 따라 독립변인(원인)과 종속변인(결과)로 구분한다. 독립변인은 명명척도, 또는 등간척도와 비율척도로 측정한다. 종속변인도 명명척도, 또는 등간척도와 비율척도로 측정한다. 독립변인과 종속변인의 수는 1개, 또는 2개 이상 여러 개다. 이 세 가지 조건에 따라 개별 추리통계방법이 결정된다. 각 조건에 해당하는 통계방법이 무엇인지 살펴보자. 현 단계에서 독자는 세 가지 조건에 따라 통계방법이 달라진다는 사실만 이해하면 된다. 개별 추리통계방법의 구체적인 내용은 뒤에서 자세히 살펴볼 것이다.

① 독립변인은 명명척도로 측정되고 수는 1개, 종속변인은 명명척도로 측정되고 수가 1개인 경우, 연구자는 문항 간 교차비교분석(χ^2 *analysis*)을 사용하여 연구가설을 검증한다. 문항 간 교차비교분석은 제 10장에서 살펴본다. 또는 이 경우에 로지스틱 회귀분석(*Logistic Regression Analysis*)을 사용하여 연구가설을 검증한다. 로지스틱 회귀분석은 제 24장에서 살펴본다.

② 독립변인은 명명척도로 측정되고 수는 2개 이상 여러 개, 종속변인은 명명척도로 측정되고 수가 1개인 경우 연구자는 로지스틱 회귀분석(*Logistic Regression Analysis*)을 사용하여 연구가설을 검증한다.

③ 독립변인은 등간척도(또는 비율척도)로 측정되고 수는 1개, 종속변인은 명명척도로 측정되고 수는 1개인 경우, 연구자는 판별분석(*Discriminant Analysis*)을 사용하

표 9-6 추리통계방법 선정 기준

			독립변인			
			명명		등간/비율	
			1개	2개 이상	1개	2개 이상
종속변인	명명	1개	① χ^2/ Logistic Regression	② Logistic Regression	③ Discriminant/ Logistic Regression	④ Discriminant/ Logistic Regression
	등간/비율	1개	⑤ t-test/ one-way ANOVA/ Repeated Measures ANOVA/ ANCOVA	⑥ n-way ANOVA/ Repeated Measures ANOVA/ ANCOVA	⑦ Bivariate Regression	⑧ Multiple Regression/ Path/ LISREL
		2개 이상	⑨ MANOVA	⑩ MANOVA	⑪ LISREL	⑫ LISREL

을 사용하여 연구가설을 검증한다. 판별분석은 제 23장에서 살펴본다. 또는 이 경우에 로지스틱 회귀분석(*Logistic Regression Analysis*)을 사용하여 연구가설을 검증한다.

④ 독립변인은 등간척도(또는 비율척도)로 측정되고 수는 2개 이상 여러 개, 종속변인은 명명척도로 측정되고 수는 1개인 경우, 연구자는 판별분석(*Discriminant Analysis*)을 사용하여 연구가설을 검증한다. 또는 이 경우에 로지스틱 회귀분석(*Logistic Regression Analysis*)을 사용하여 연구가설을 검증한다.

⑤ 독립변인은 명명척도로 측정되고 수는 1개, 종속변인은 등간척도(또는 비율척도)로 측정되고 수는 1개인 경우, 연구자는 t-검증(*t-test*)을 사용하여 연구가설을 검증한다. t-검증은 제 11장에서 살펴본다. 또는 이 경우에 일원변량분석(*one-way ANOVA*), 반복측정 ANOVA(*Repeated Measures ANOVA*), ANCOVA (*Analysis of Covariance*)를 사용하여 연구가설을 검증한다. 일원변량분석(*one-way ANOVA*)은 제 12장에서 살펴본다. 반복측정 ANOVA(*Repeated Measures ANOVA*)는 제 25장, ANCOVA(*Analysis of Covariance*)는 제 26장에서 살펴본다.

⑥ 독립변인은 명명척도로 측정되고 수는 2개 이상 여러 개, 종속변인은 등간척도(또는 비율척도)로 측정되고 수는 1개인 경우, 연구자는 다원변량분석(*n-way ANOVA*)을 사용하여 연구가설을 검증한다. 다원변량분석(*n-way ANOVA*)은 제 13장에서 살펴본다. 또는 이 경우에 반복측정 ANOVA(*Repeated Measures ANOVA*), ANCOVA (*Analysis of Covariance*)를 사용하여 연구가설을 검증한다.

⑦ 독립변인은 등간척도(또는 비율척도)로 측정되고 수는 1개, 종속변인은 등간척도(또는 비율척도)로 측정되고 수는 1개인 경우, 연구자는 단순 회귀분석(*Bivariate*

Regression)을 사용하여 연구가설을 검증한다. 단순 회귀분석(*Bivariate Regression*)은 제 15장에서 살펴본다.

⑧ 독립변인은 등간척도(또는 비율척도)로 측정되고 수는 2개 이상 여러 개, 종속변인은 등간척도(또는 비율척도)로 측정되고 수는 1개인 경우, 연구자는 다변인 회귀분석(*Multiple Regression*)을 사용하여 연구가설을 검증한다. 다변인 회귀분석(*Multiple Regression*)은 제 16장에서 살펴본다. 또는 이 경우에 통로분석(*Path Analysis*), LISREL(*Linear Structural Equation Model*)을 사용하여 연구가설을 검증한다. 통로분석(*Path Analysis*)은 제 20장에서 살펴본다. LISREL(*Linear Structural Equation Model*)은 제 28장에서 살펴본다.

⑨ 독립변인은 명명척도로 측정되고 수는 1개, 종속변인은 등간척도(또는 비율척도)로 측정되고 수는 2개 이상 여러 개인 경우, 연구자는 MANOVA(*Multivariate Analysis of Variance*)를 사용하여 연구가설을 검증한다. MANOVA는 제 27장에서 살펴본다.

⑩ 독립변인은 명명척도로 측정되고 수는 2개 이상 여러 개, 종속변인은 등간척도(또는 비율척도)로 측정되고 수는 2개 이상 여러 개인 경우, 연구자는 MANOVA(*Multivariate Analysis of Variance*)를 사용하여 연구가설을 검증한다.

⑪ 독립변인은 등간척도(또는 비율척도)로 측정되고 수는 1개, 종속변인은 등간척도(또는 비율척도)로 측정되고 수는 2개 이상 여러 개인 경우, 연구자는 LISREL(*Linear Structural Equation Model*)을 사용하여 연구가설을 검증한다.

⑫ 독립변인은 등간척도(또는 비율척도)로 측정되고 수는 2개 이상 여러 개, 종속변인은 등간척도(또는 비율척도)로 측정되고 수는 2개 이상 여러 개인 경우, 연구자는 LISREL(*Linear Structural Equation Model*)을 사용하여 연구가설을 검증한다.

2) 모수통계방법과 비모수통계방법 선정기준

〈표 9-6〉에서 살펴봤듯이 연구자는 변인의 종류와 측정, 수에 따라 그에 적합한 추리통계방법을 선택하면 된다. 그러나 연구자가 모수통계방법을 선택했을 경우에도 데이터가 개별 추리통계의 전제조건을 충족하는지를 판단해야 한다. 데이터가 개별 추리통계의 전제조건을 충족할 경우 모수통계방법을 그대로 사용할 수 있지만, 조건을 충족하지 못할 경우에는 반드시 비모수통계방법을 사용해야 한다.

모수통계방법을 선택하는 기준은 크게 세 가지이다.

첫째 기준은 분포의 정상성(*normality*)으로 변인이 정상적으로 분포되어 있어야 한다는 것이다. 앞에서 살펴봤듯이 표준정상분포곡선일 경우 평균값을 중심으로 표준편차

±1 사이에 사례 수의 68%가 속해 있고, 표준편차 ±2 사이에 사례 수의 95%가 속해 있으며, 표준편차 ±3 사이에는 사례 수의 99%가 속해 있기 때문에 모집단의 점수를 예측할 수 있다. 따라서 변인이 정상적으로 분포되어 있을 경우에는 모수통계방법을 사용하고 그렇지 않은 경우에는 비모수통계방법을 사용해야 한다.

둘째 기준은 변량의 동질성(*homogeneity of variance*)으로 각 집단의 오차변량이 비슷해야 한다(자세한 내용은 제12장 일원변량분석에서 알아본다). 왜냐하면 변량은 집단의 동질성을 측정하는 값으로서 변량이 다르면 다른 집단이기 때문에 비교하는 것이 어렵기 때문이다. 따라서 집단의 오차변량이 비슷한 경우에는 모수통계방법을 사용하고 이 조건을 충족하지 못한 경우에는 비모수통계방법을 사용해야 한다.

셋째 기준은 변인의 측정방법으로 변인이 등간척도(또는 비율척도)로 측정되어야 한다. 등간척도(또는 비율척도)로 측정된 경우에는 변량을 계산할 수 있기 때문에 모수통계방법을 사용할 수 있지만, 변인이 명명척도로 측정이 되었을 경우에는 변량을 계산할 수 없기 때문에(좀더 정확하게 말하자면, 변인이 명명척도로 측정되었을 경우 변량을 계산해도 의미가 없기 때문에) 비모수통계방법을 사용해야 한다.

참고문헌

오택섭 · 최현철 (2003), 《사회과학 데이터 분석법 ①》, 나남.
최현철 · 김광수 (1999), 《미디어 연구방법》, 한국방송통신대학교 출판부.

Kerlinger, F. N. (1973), *Foundations of Behavioral Research* (2nd ed.), New York: Holt, Rinehart and Winston.
Nie, N. H. et al. (1975), *SPSS: Statistical Package for the Social Sciences* (2nd ed.), New York: McGraw-Hill Book Company.
Norusis, M. J. (2000), *SPSS 10.0 Guide to Data Analysis* (Book and Disk ed.), Prentice Hall.
Pallant, J. (2001), *SPSS Survival Manual: A Step By Step Guide to Data Analysis Using SPSS for Windows*(Version 10) (1st ed.), Open Univ Pr.
Pedhazur, E. J., & Schmelkin, L. (1991), *Measurement, Design, and Analysis: An Integrated Approach* (Student ed.), Lawrence Erlbaum Associates.

10

문항 간 교차비교분석 χ^2 analysis

이 장에서는 연구자가 명명척도로 측정한 변인 간의 인과관계(또는 상호관계)를 분석하는 대표적인 비모수통계방법(*non-parametric statistical method*)인 문항 간 교차비교분석(χ^2 *analysis*)을 살펴본다.

1. 정의

문항 간 교차비교분석은 χ^2(카이제곱) 분석이라고 부른다(이하 χ^2으로 통일함). 〈표 10-1〉에서 보듯이 χ^2 분석은 변인의 측정에 관계없이 사용할 수 있는 통계방법이지만, 일반적으로 명명척도로 측정한 변인 간의 인과관계(또는 상호관계)를 분석할 때 사용하는 방법이라고 생각하면 된다. χ^2 분석은 대표적인 비모수통계방법(*non-parametric statistical method*)이다. 비모수통계방법은 변인이 명명척도로 측정되어서 정상분포가 아니거나, 등간척도나 비율척도로 측정을 해도 정상분포에서 크게 벗어난 변인 간의 인과관계(또는 상호관계)를 분석할 때 사용하는 통계방법이다. χ^2 분석을 하기 위한 조건을 알아보자.

표 10-1 χ^2 **분석의 조건**

1. 인과관계를 분석할 때
    1) 독립변인
        (1) 측정: 명명척도(서열척도, 등간척도, 비율척도도 가능)
        (2) 수: 한 개

    2) 종속변인
        (1) 측정: 명명척도(서열척도, 등간척도, 비율척도도 가능)
        (2) 수: 한 개

2. 상호관계를 분석할 때
    1) 독립변인과 종속변인으로 구별하지 않는다
    2) 변인의 측정과 수의 조건은 인과관계를 분석할 때와 같다

1) 변인의 측정

일반적으로 χ^2 분석에서 사용하는 변인은 명명척도로 측정된다. 예를 들면 〈성별〉(① 남성, ② 여성)이나 〈종교〉(① 기독교, ② 천주교, ③ 불교), 〈지역〉(① 서울과 수도권, ② 경기, ③ 충청, ④ 영남, ⑤ 호남, ⑥ 강원, ⑦ 제주), 〈선호미디어〉(① 텔레비전, ② 신문, ③ 인터넷), 〈상품 구입처〉(① 백화점, ② 대형마트, ③ 재래시장) 등이 명명척도로 측정한 변인이다.

또는 명명척도는 아니지만 명명척도로 측정한 변인처럼 취급하는 변인도 있다. 예를 들면, 텔레비전의 〈드라마시청여부〉(① 예, ② 아니오)나 〈신문구독여부〉(① 예, ② 아니오), 〈스마트폰사용여부〉(① 예, ② 아니오) 등 서열척도나 등간척도, 비율척도로 측정할 수도 있지만 이처럼 두 개의 값(예, 아니오)으로 측정했을 경우 이 변인은 명명척도로 측정한 변인으로 간주한다.

χ^2 분석은 서열척도나 등간척도, 비율척도로 측정한 변인 간의 관계를 분석할 수 있다. 그러나 서열척도나 등간척도, 비율척도로 측정한 변인 간의 관계를 분석할 경우, χ^2 분석보다 더 적합한 통계방법(예를 들면, ANOVA나 회귀분석 등)이 있기 때문에 특수한 경우(예를 들면, 서열척도나 등간척도, 비율척도로 측정한 변인이 정상분포의 전제에서 심하게 벗어날 경우)를 제외하곤 거의 사용하지 않는다. 따라서 χ^2 분석에서 사용하는 변인은 명명척도로 측정한 변인이라고 생각해도 무방하다.

2) 변인의 수

χ^2 분석에서 사용하는 변인의 수는 (독립)변인 한 개, (종속)변인 한 개여야 한다. 즉, χ^2 분석에서 사용하는 변인의 수는 두 개다.

3) 변인 간의 관계(인과관계 또는 상호관계) 설정

χ^2 분석은 명명척도로 측정한 변인 간의 인과관계나 상호관계를 분석한다. 변인 간의 인과관계 분석이란 명명척도로 측정한 변인을 독립변인과 종속변인으로 구분하여 독립변인이 종속변인에게 미치는 영향을 분석하는 것을 말한다. 예를 들어 연구자가 〈성별〉(① 남성, ② 여성)과 〈선호미디어〉(① 텔레비전, ② 신문) 간의 관계를 분석한다면 〈성별〉을 독립변인으로, 〈선호미디어〉를 종속변인으로 설정하여 〈성별이 선호미디어에 영향을 준다〉(또는 〈성별에 따라 선호미디어에 차이가 난다〉)는 인과관계 연구가설을 검증하는 것이다.

변인 간의 상호관계 분석이란 명명척도로 측정된 변인을 독립변인과 종속변인으로 구분하지 않고, 두 변인 간의 관계를 분석하는 것을 의미한다. 예를 들어 연구자가 〈성별〉과 〈선호미디어〉 간의 관계를 분석한다면 〈성별과 선호미디어 간의 관계가 있다〉는 상호관계 연구가설을 검증하는 것이다.

같은 변인이라도 변인 간의 관계를 어떻게 설정하느냐에 인과관계 분석이 되기도 하고, 상호관계 분석이 되기도 한다. 예를 들어 연구자가 〈지역〉(① 수도권, ② 영남, ③ 호남)과 〈선호종교〉(① 기독교, ② 천주교, ③ 불교) 간의 관계를 분석한다고 가정하자. 연구자는 〈지역이 선호 종교에 영향을 준다〉는 인관관계 연구가설을 만들어 분석할 수 있고, 〈지역과 선호 종교 간에 관계가 있다〉는 상호관계 연구가설을 만들어 분석할 수 있다.

2. 연구절차

χ^2 분석의 연구절차는 〈표 10-2〉에서 제시된 것처럼 다섯 단계로 이루어진다.

첫째, χ^2 분석에 적합한 연구가설을 만든다. 변인의 측정과 수, 관계 설정(인과관계 또는 상호관계)에 유의하여 연구가설을 만든 후 유의도 수준($p < 0.05$ 또는 $p < 0.01$)을 정한다.

표 10-2 χ^2 **분석의 연구절차**

1. 연구가설 제시
   1) 명명척도로 측정한 두 변인 간의 관계(인과관계, 또는 상호관계)를 연구가설로
      제시한다
   2) 유의도 수준을 정한다($p < 0.05$ 또는 $p < 0.01$)

⬇

2. 데이터 입력과 프로그램 실행
   1) 데이터를 수집하여 입력한다
   2) χ^2 분석을 실행하여 분석에 필요한 결과를 얻는다

⬇

3. 결과 분석 1: 전제 검증
   1) 독립표본
   2) 기대빈도 값이 '5' 이상

⬇

4. 결과 분석 2: 유의도 검증

⬇

5. 결과 분석 3: 상관관계(영향력) 값(λ, *lambda*) 해석

둘째, 데이터를 수집하여 입력한 후 SPSS/PC⁺(23.0)의 χ^2 분석을 실행하여 결과를 얻는다.

셋째, 결과 분석의 첫 번째 단계로, 전제를 검증한다. 표본이 독립표본인지, 기대빈도 값이 '5' 미만인 경우가 20% 미만인지를 살펴본다.

넷째, 결과 분석의 두 번째 단계로, 유의도를 검증한다. χ^2 분석표와 χ^2 값, 자유도, 유의확률 값을 통해 연구가설의 수용 여부를 판단한다.

다섯째, 결과 분석의 세 번째 단계로, 상관관계(영향력) 값을 해석한다. 변인 간의 상관관계(영향력) 값인 람다(λ) 값으로 변인 간의 밀접성(영향력) 정도를 판단한다.

3. 연구가설과 가상 데이터

1) 연구가설

(1) 연구가설

χ^2 분석의 연구가설은 〈표 10-1〉에서 살펴본 변인의 측정과 수의 조건을 충족한다면 무엇이든 가능하다. 이 장에서는 독립변인 〈성별〉과 종속변인 〈선호미디어〉 간의 인과관계가 있는지를 검증한다고 가정한다. 연구가설은 〈성별이 선호미디어에 영향을 준다〉 (또는 〈성별에 따라 선호미디어에 차이가 나타난다〉)이다.

(2) 변인의 측정과 수

독립변인은 〈성별〉 한 개이고, ① 남성, ② 여성으로 측정한다. 종속변인은 〈선호미디어〉 한 개이고, ① 텔레비전, ② 신문으로 측정한다.

(3) 유의도 수준

연구를 시작하기 전에 먼저 유의도 수준을 결정한다(유의도 수준은 연구결과에 따라 결정되는 것이 아니다). 연구자는 유의도 수준을 $p < 0.05\,(\alpha < 0.05)$로 정한다(또는 $p < 0.01\,(\alpha < 0.01)$로 정해도 된다). 결과에 제시된 유의확률 값이 0.05보다 작게 나타나면 (예를 들면, 0.04, 0.03, 0.02, 0.01 … 등) 연구가설을 받아들이고, 0.05보다 크게 나타나면(예를 들면, 0.06, 0.07, 0.08, 0.09 … 등) 영가설을 받아들이다.

2) 가상 데이터

이 장에서 분석하는 〈표 10-3〉의 데이터는 필자가 임의적으로 만든 것으로 표본의 수 (20명)가 적고, 결과가 꽤 잘 나오게 만들었다(이 데이터를 사용하여 χ^2 분석 프로그램을 실행해보기 바란다). 그러나 실제 연구에서는 표본의 수가 훨씬 많고, 이 장에서 제시하는 결과만큼 깔끔하게 나오지 않을 수 있다.

표 10-3 **가상 데이터**

응답자	성별	선호미디어	응답자	성별	선호미디어
1	1	2	11	2	2
2	1	1	12	2	1
3	1	2	13	2	1
4	1	2	14	2	1
5	1	2	15	2	1
6	1	1	16	2	1
7	1	2	17	2	1
8	1	1	18	2	2
9	1	2	19	2	1
10	1	2	20	2	1

4. SPSS/PC$^+$ 실행방법

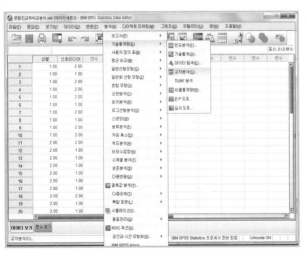

[실행방법 1] 분석방법 선택

메뉴판의 [분석(A)]을 선택하여 [기술통계량(E)]을 클릭하고 [교차분석(C)]을 클릭한다.

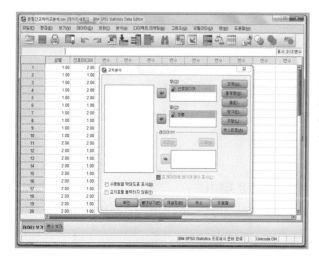

[교차분석] 창이 나타나면
왼쪽 상자에서 오른쪽 상자로 분석하고자
하는 변인을 클릭하여(➡) 옮긴다.
독립변인 〈성별〉을 [열(C)]로 옮기고,
종속변인인 〈선호미디어〉를 [행(O)]으로
옮긴다.

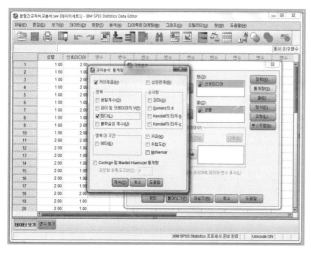

[실행방법 2]의 [교차분석] 창의 오른쪽에
있는 [통계량(S)]을 클릭한다.
[교차분석: 통계량]이라는 새로운 창이
나타난다. [☑ 카이제곱(H)]과
[☑ 람다(L)]를 선택한 후
[계속]을 클릭한다.

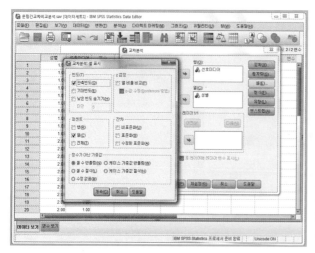

[실행방법 2]의 [교차분석] 창으로
다시 돌아가면 오른쪽의 [셀(E)]을
클릭한다.
[교차분석: 셀 표시]라는 새로운 창이
나타나면 [☑ 관측빈도(O)]는
기본으로 설정되어 있고,
[☑ 열(C)]을 선택한 후 [계속]을 클릭한다.
[정수가 아닌 가중값]의
[◉ 셀 수 반올림(N)]이 기본으로
설정되어 있다.
[계속]을 클릭하면 [실행방법 2]로
되돌아가고 [확인]을 클릭한다.

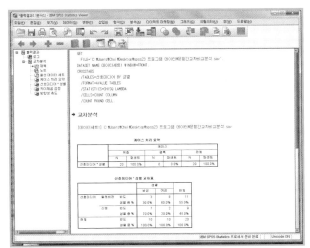

[분석결과 1] 케이스 처리 요약과
χ^2 분석표

분석 결과가 새로운 창
*출력결과 1[문서 1]로 나타난다.
분석에 사용된 사례 수를 보여주는
[케이스 처리 요약] 표가 제시된다.
다음으로 〈성별〉에 따른 〈선호미디어〉의
차이를 비교하는 교차표가 나타난다.
[실행방법 4]에서 선택한
[관측빈도], [퍼센트(행)]이 제시된다.

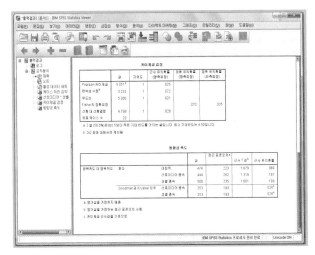

[분석결과 2] 유의도 검증과
상관관계(영향력) 값

[실행방법 3]에서 선택한
[카이제곱 검정]과 [람다]의 결과가
제시된다.

5. 결과 분석 1: 전제 검증

상당수의 연구자는 데이터를 분석할 때 통계방법의 전제를 검증하지 않는 경향이 있다. 전제를 검증하지 않고 데이터를 분석하면 잘못된 결과를 얻을 가능성이 매우 크기 때문에 반드시 전제를 검증해야 한다. 전제가 충족돼야만 비로소 결과를 신뢰할 수 있을 뿐 아니라 해석을 제대로 할 수 있다. 따라서 귀찮더라도 통계방법의 전제를 검증하는 습관을 들여야 한다. 개별 통계방법의 전제는 다르기 때문에 해당 장에서 살펴본다. χ^2 분석의 전제를 알아보자.

1) 독립표본

χ^2 분석의 표본은 독립표본(*independent sample*)이어야 한다. 독립표본이란 한 셀에 속한 사람이 다른 셀에 속하지 않도록 표본을 할당하는 것이다. 예를 들면, 남성 중 텔레비전을 선호한 사람은 〈남성-텔레비전〉 셀에만 속하고, 다른 셀(예를 들면 〈남성-신문〉 집단)에 속하지 않아야 한다. 독립표본이 아니라면 χ^2 분석을 할 수 없다.

2) 각 셀의 기대빈도 값은 '5' 이상

χ^2 분석의 유의도 검증이 제대로 이루어지기 위해서는 각 셀의 기대빈도(*expected frequency*)가 '5' 이상이어야 한다(기대빈도는 뒤에서 설명한다). 각 셀의 기대빈도가 '5' 미만인 경우에 유의도 검증이 제대로 이루어지지 않을 수 있다. 특히 기대빈도가 '5' 미만인 셀의 비율이 20% 이상인 경우에는 유의도 검증에 문제가 발생할 수 있기 때문에 주의해야 한다.

기대빈도가 '5' 미만인 셀이 나타나는 이유는 변인의 유목(셀)의 수가 많거나, 각 유목에 속한 표본의 수가 적기 때문이다. 이 문제를 해결하기 위해서는 표본을 충분히 확보하여 각 셀의 기대빈도 값이 '5' 이상 되게 만들어야 한다. 변인의 유목의 수가 많아서 일부 셀에 해당하는 사람이 없을 때에는 성격이 유사한 유목을 합쳐서 소수의 유목으로 만들어 분석하는 것이 바람직하다. 예를 들어 연구자가 〈직업〉과 〈선호종교〉 간의 인과관계를 분석하기 위해 〈직업〉을 10개의 유목(학생, 공장근로자, 사무근로자, 사업가, 자영업자, 교수, 일반 공무원, 군인, 경찰, 전업주부)으로 측정하고, 〈선호종교〉도 10개의 유목(기독교, 천주교, 불교, 원불교, 천도교, 증산교, 대종교, 통일교, 이슬람교, 힌두교)으로 측정한다고 가정하자. 전체 셀의 수는 100개나 되기 때문에 표본의 수가 웬만큼 크지 않는다면 특정 셀에 속한 사람이 없는 경우가 발생하고, 각 셀의 기대빈도가 '5' 미만으로 나타날 가능성이 크다. 이때에는 〈직업〉의 10개 유목을 통합하여 5개의 유목(근로자, 사업가, 공무원, 학생, 전업주부 등)으로 줄이고 〈선호종교〉의 10개 유목을 통합하여 4개의 유목(기독교, 천주교, 불교, 토속종교 등)으로 묶어서 분석하는 것이 바람직하다.

위 가상 데이터의 예를 들면 〈표 10-5〉에서 보듯이 '5'보다 작은 기대빈도의 비율이 50.0%나 되기 때문에 연구가설의 유의도 검증을 할 때에 주의를 기울여야 한다.

6. 결과 분석 2: 유의도 검증

1) χ^2 분석표

χ^2 분석을 통해 연구가설의 유의도 검증을 실시하기 위해서는 〈표 10-4〉에서 제시된 χ^2 분석표를 만들어야 한다〔SPSS/PC⁺(23.0) χ^2 분석을 실행하면 자동적으로 χ^2 분석표를 제시해주기 때문에 걱정할 필요 없다〕. χ^2 분석표는 각 변인의 해당 유목에 속한 사람이 몇 명인지, 비율은 얼마인지를 보여준다.

〈표 10-4〉의 χ^2 분석표를 살펴보면, 표본의 사례 수는 20명이고, 남성이 10명, 여성이 10명이다. 〈선호미디어〉를 조사한 결과, 남성 10명 중 3명(30%, 셀1)이 텔레비전을 선호한다고 대답했고, 나머지 7명(70%, 셀2)은 신문을 선호한다고 응답했다. 여성의 경우, 10명 중 8명(80%, 셀3)이 텔레비전을 선호한다고 대답했고, 나머지 2명(20%, 셀4)은 신문을 선호한다고 응답했다. 표본의 결과는 남성이 신문을 선호하는 반면 여성은 텔레비전을 선호한다는 것을 보여준다. 이 표본의 결과가 모집단에서도 나타나는지(또는 연구가설을 받아들일지)를 판단하기 위해 유의도 검증을 실시한다.

표 10-4 χ^2 분석표

		성별		전체
		남성	여성	
선호미디어	텔레비전	(셀1) 3명(30.0%)	(셀3) 8명(80.0%)	11명
	신문	(셀2) 7명(70.0%)	(셀4) 2명(20.0%)	9명
전체		10명(100%)	10명(100%)	20명

2) χ^2 분석표 작성 규칙

χ^2 분석표는 두 가지 규칙을 따라 만든다. 첫째, 독립변인과 종속변인의 구별이 있을 때에는 독립변인을 열(column, 가로축)에, 종속변인을 행(row, 세로축)에 제시한다. 독립변인 〈성별〉은 열에, 종속변인 〈선호미디어〉는 행에 제시하면 된다. 독립변인과 종속변인의 구별이 없을 때에는 연구자가 임의대로 제시한다.

둘째, 각 셀에는 열과 행의 조건에 해당하는 사람의 수(빈도)를 쓰고, 그 빈도의 비율을 제시한다. 비율은 열(독립변인)에서 행(종속변인) 방향으로, 즉, 위에서 아래로 계산한다. 〈표 10-4〉에서 보듯이 남성 중 텔레비전을 선호하는 사람은 셀1에 3명이고, 10명 중 3명이기 때문에 30%라고 쓰면 된다. 남성 중 신문을 선호하는 사람은 셀2에 7명이고, 10명 중 7명이기 때문에 70%이라고 쓴다. 셀3과 셀4도 같은 방식으로 쓰면 된다. 독립변인과 종속변인의 구분이 없을 경우에도 일반적으로 열(위)에서 행(아래) 방향으로 비율을 계산하여 제시한다.

3) 결과 해석

〈표 10-5〉에서 보듯이 χ^2 값(Pearson 카이제곱에 제시된 값)은 '5.051', 자유도는 '1'이고, 유의확률 값은 '0.025'이다. 유의확률 값 '0.025'는 연구자가 정한 p < 0.05보다 작기 때문에 〈성별이 선호미디어에 영향을 준다〉(또는 성별에 따라 선호미디어에 차이가 나타난다)는 연구가설을 받아들인다.

χ^2 분석을 하면 χ^2 값 이외에도 여러 개의 값(연속수정, 우도비, Fisher의 정확한 검증)을 제시하는데, 이 값들의 의미는 뒤에서 살펴본다.

표 10-5 χ^2 유의도 검증

	값	자유도	점근 유의확률 (양측검증)	정확한 유의확률 (양측검증)	정확한 유의확률 (단측검증)
Pearson 카이제곱	5.051*	1	0.025		
연속수정**	3.232	1	0.072		
우도비	5.300	1	0.021		
Fisher의 정확한 검증				0.070	0.035

* 2셀 (50.0%)은(는) 5보다 작은 기대 빈도를 가지는 셀이며 최소 기대빈도는 4.50
** 2 × 2 표에 대해서만 계산됨

7. 유의도 검증의 기본 논리

1) χ^2 값 계산 방법과 의미

SPSS/PC$^+$(23.0) χ^2 분석 프로그램을 실행하면 〈표 10-5〉의 결과가 제시되기 때문에 독자는 계산에 신경 쓰지 않아도 된다. 그러나 상당수 독자가 통계 공식에 대해 가진 불필요한 공포심을 줄이기 위해 χ^2 값을 직접 손으로 계산해보자. 이 책은 가급적 공식에 의존하지 않고 통계방법을 설명하는 것이 목표이기 때문에 이 장을 제외한 다른 장에서는 꼭 필요한 경우가 아니면 공식을 제시하지 않는다. 공식을 제시하는 것이 불가피한 경우에는 수학을 잘 모르는 사람도 쉽게 이해할 수 있는 범위 내에서 제시한다.

(1) 공식

χ^2 값은 관측빈도와 기대빈도 간의 차이를 계산하여 구한다. χ^2 값을 계산하는 공식은 〈표 10-6〉에 제시되어 있다.

표 10-6 χ^2 값 공식

$$\chi^2 = \Sigma \frac{(O - E)^2}{E}$$

이 공식에서 'O'는 관측빈도(Observed Frequency의 첫 글자를 따서 'O'로 표기함)를, 'E'는 기대빈도(expected frequency의 첫 글자를 따서 'E'로 표기함)를 의미한다. Σ(시그마)는 각 셀의 값을 더하라는 말이다(즉, 셀1 값 + 셀2 값 + 셀3 값 + 셀4 값).

공식에서 보듯이 χ^2 값은 각 셀의 관측빈도('O')와 기대빈도('E') 간의 차이를 제곱한 값을 각 셀의 기대빈도('E')로 나눈 값을 더하면 된다.

(2) 각 셀의 관측빈도

관측빈도 'O'는 표본의 사례 중 각 셀에 해당하는 사람의 수이기 때문에 쉽게 알 수 있다. 셀1의 관측빈도는 남성 10명 중 텔레비전을 선호한 사람 3명이고, 셀2의 관측빈도는 남성 10명 중 신문을 선호한 사람 7명이다. 셀3의 관측빈도는 여성 10명 중 텔레비전을 선호한 사람 8명이고, 셀4의 관측빈도는 여성 10명 중 신문을 선호한 사람 2명이다.

(3) 각 셀의 기대빈도

기대빈도는 두 변인 간의 관계가 없을 때 예상되는 사람 수를 의미한다. 각 셀의 기대빈도는 〈표 10-7〉의 공식을 이용하여 계산한다.

표 10-7 기대빈도 공식

$$E = \frac{(C \times R)}{N}$$

'C'(열을 뜻하는 Column의 첫 글자를 따서 'C'로 표기함)는 χ^2 분석표의 각 셀이 속한 열의 전체 사람의 수를 말한다. 'R'(행을 뜻하는 row의 첫 글자를 따서 'R'로 표기함)은 각 셀이 속한 행의 전체 사람의 수를 말한다. 'N'은 전체 사례 수를 의미한다.

공식에서 보듯이 각 셀의 기대빈도는 각 셀이 속한 열의 전체 사람의 수와 각 셀이 속한 행의 전체 사람의 수를 곱한 후 전체 사례 수로 나누어 계산한다. 예를 들면, 셀1의 기대빈도는 셀1이 속한 열(남성)의 전체 사람의 수 10명과 셀1이 속한 행(텔레비전)의 전

표 10-8 **각 셀의 기대빈도**

셀1: C(10명) × R(11명)/20 = 5.5명   셀2: C(10명) × R(9명)/20 = 4.5명
셀3: C(10명) × R(11명)/20 = 5.5명   셀4: C(10명) × R(9명)/20 = 4.5명

체 사람의 수 11명을 곱한 후 전체 사례 수 20명으로 나눈 값이다.

각 셀의 기대빈도를 계산하면 〈표 10-8〉과 같다. 셀1(남성-텔레비전)이 해당하는 열(남성)의 전체 사람 수는 10명이고, 행(텔레비전)의 전체 사람 수는 11명이다. 공식에 따라 10명 × 11명을 전체 사례 수 20명으로 나누면 5.5가 된다. 셀1의 기대빈도는 5.5이다. 셀2(남성-신문)가 해당하는 열(남성)의 전체 사람 수는 10명이고, 행(신문)의 전체 사람 수는 9명이다. 공식에 따라 10명 × 9명을 전체 사례 수 20명으로 나누면 4.5가 된다. 셀2의 기대빈도는 4.5이다. 셀3(여성-텔레비전)이 해당하는 열(여성)의 전체 사람 수는 10명이고, 행(텔레비전)의 전체 사람 수는 11명이다. 공식에 따라 10명 × 11명을 전체 사례 수 20명으로 나누면 5.5가 된다. 셀3의 기대빈도는 5.5이다. 셀4(여성-신문)가 해당하는 열(여성)의 전체 사람 수는 10명이고, 행(신문)의 전체 사람 수는 9명이다. 공식에 따라 10명 × 9명을 전체 사례 수 20명으로 나누면 4.5가 된다. 셀4의 기대빈도는 4.5이다.

(4) χ^2 값

각 셀의 관측빈도와 기대빈도를 계산했기 때문에 〈표 10-9〉에서 보듯이 χ^2 값을 계산할 수 있다. 셀1의 경우, 관측빈도 3명에서 기대빈도 5.5명을 뺀 후 제곱한 값을 기대빈도 5.5명으로 나누면 '1.136'이 된다〔$(3 - 5.5)^2 \div 5.5 = 1.136$〕. 셀2의 경우, 관측빈도 7명에서 기대빈도 4.5명을 뺀 후 제곱한 값을 기대빈도 4.5명으로 나누면 '1.389'가 된다 〔$(7 - 4.5)^2 \div 4.5 = 1.389$〕. 셀3의 경우, 관측빈도 8명에서 기대빈도 5.5명을 뺀 후 제곱한 값을 기대빈도 5.5명으로 나누면 '1.136'이 된다〔$(8 - 5.5)^2 \div 5.5 = 1.136$〕. 셀4의 경우, 관측빈도 2명에서 기대빈도 4.5명을 뺀 후 제곱한 값을 기대빈도 4.5명으로 나누면 '1.389'가 된다〔$(2 - 4.5)^2 \div 4.5 = 1.389$〕.

각 셀의 값을 합한(1.136 + 1.389 + 1.136 + 1.389) 값은 '5.05'가 된다. 이 값은 〈표 10-5〉의 Pearson 카이제곱에서 제시된 χ^2 값과 같다는 것을 알 수 있다(두 점수 간 차이 0.001은 반올림 때문에 생기는 오류이기 때문에 무시해도 된다).

표 10-9 **χ^2 값**

$$\chi^2 = [(3명 - 5.5명)^2/5.5명] + [(7명 - 4.5명)^2/4.5명] +$$
$$[(8명 - 5.5명)^2/5.5명] + [(2명 - 4.5명)^2/4.5명] = 5.05$$

χ^2 값은 관측빈도와 기대빈도 간의 차이가 클수록 커진다. χ^2 값이 클수록 유의확률이 0.05보다 적을 가능성이 커서 연구가설을 받아들일 가능성이 크다(즉, 표본의 연구결과가 모집단에서 나타날 가능성이 크다). 반면 관측빈도와 기대빈도 간의 차이가 작을수록 χ^2 값은 작아지는데, χ^2 값이 작을수록 유의확률이 0.05보다 클 가능성이 커서 영가설을 받아들일 가능성이 크다(즉, 표본의 결과는 모집단에서 나타날 가능성이 작다).

χ^2 값이 클수록 연구가설을 받아들일 가능성이 크지만, χ^2 값만 갖고 판단해서는 안 된다. χ^2 값은 반드시 자유도(degree of freedom)와 함께 해석해야 한다. 자유도 개념이 무엇인지 살펴보자.

2) 자유도

숫자 그 자체는 절대적 의미를 갖지 않기 때문에 χ^2 값을 갖고 그 값이 큰지, 작은지를 파악하는 것은 불가능하다. 즉, 〈표 10-5〉의 χ^2 값 '5.051'이 연구가설을 받아들일 정도로 충분히 큰 값인지, 아닌지를 판단할 수 없다. χ^2 값의 의미는 자유도(degree of freedom)에 따라 달라지기 때문에 χ^2 값은 반드시 자유도와 함께 살펴보아야 한다.

자유도 개념을 이해하기 위해 간단한 예를 들어보자. 여러분의 친구가 마라톤 대회에서 3등을 했다고 가정하자. 그 친구는 3등을 했으니까 잘 뛴 것일까, 아니면 잘 못 뛴 것일까? 숫자 3의 절대적 의미는 없기 때문에 이를 판단하기 위해서는 전체 사람 중에서 3등의 의미를 파악해야 한다. 만일 1,000명 중에서 3등을 했다면 그 친구는 잘 뛴 거지만, 3명 중에서 3등을 했다면 그 친구는 꼴찌로서 잘 못 뛴 것이다. 이처럼 특정 값의 의미를 판단하기 위해서는 비교되는 사람을 알아야 한다.

일반적으로 자유도는 표본의 전체 사례에서 독자적 정보를 가진 사례 수가 얼마인지를 보여주는 값이다. 예를 들어 표본의 수가 100명일 때 100명 전부가 독자적 정보를 가진 것이 아니라 이 중 한 명을 제외한 99명만이 독자적 정보를 가진다. 왜냐하면 99명에 대한 정보를 알면 나머지 한 사람에 대한 정보는 자연스럽게 결정되기 때문이다. 따라서 자유도는 사례 수에서 1을 뺀 값이다(자유도 = N - 1).

그러나 χ^2 분석의 분석 단위는 다른 통계방법과는 달리(예를 들면, t-검증, ANOVA, 회귀분석 등), 개인이 아니라 셀이기 때문에 자유도는 독자적 정보를 가진 사례 수가 아니라 독자적 정보를 가진 셀의 수가 된다. χ^2 분석에서 자유도는 〈표 10-10〉의 공식에서 보듯이 열(column)의 셀 수에서 1을 뺀 값과 행(row)의 셀 수에서 1을 뺀 값을 곱하여 계산한다.

연구가설 〈성별이 선호미디어에 영향을 준다〉에서 자유도를 계산해보면 〈성별〉의 셀

표 10-10 **자유도 공식**

자유도 = (열의 수 - 1) × (행의 수 - 1)

의 수가 2개이기 때문에 '1'(2개 - 1)이고, 〈선호미디어〉의 셀의 수가 2개이기 때문에 '1'(2개 - 1)이다. 자유도는 '1'이 된다〔자유도 = (2 - 1) × (2 - 1)〕.

〈표 10-5〉를 보면, χ^2 값이 '5.051'이고, 자유도는 '1'이라는 것을 알 수 있다. 이 값과 유의확률 값을 갖고 연구가설을 받아들일 것이지를 판단한다.

3) 유의확률

자유도 '1'에서 χ^2 값 '5.051'의 유의확률 값은 χ^2 분포에서의 위치(비율)를 보여준다. 〈표 10-5〉의 Pearson 카이제곱에 제시된 유의확률 값 '0.025'는 자유도 '1'의 χ^2 값 '5.051'이 χ^2 분포에서 0.025(2.5%)에 놓여 있다는 것을 의미한다.

〈표 10-5〉에서 유의확률 값이 연구자가 정한 $p < 0.05$보다 작은 '0.025'로 나왔기 때문에 연구자는 〈성별이 선호미디어에 영향을 준다〉는 연구가설을 받아들인다. 따라서 남성은 여성에 비해 신문을 선호하는 경향이 있고, 여성은 남성에 비해 텔레비전을 선호하는 경향이 있는 것으로 보인다는 결론을 내릴 수 있다.

SPSS/PC$^+$(23.0)의 χ^2 분석 프로그램은 χ^2 값과 자유도, 유의확률 값을 제시해주기 때문에 χ^2 분포표를 읽고 해석하는 방법이 필요 없지만, 이 표를 읽고 해석하는 방법을 알면 유의확률의 의미를 쉽게 이해할 수 있다. χ^2 분포표는 〈부록 B, χ^2 분포〉에 있다. χ^2 분포표의 제일 위쪽에는 유의도 수준(P = 0.30, 0.20, 0.10, 0.05, 0.02, 0.01, 0.001)이 나열되어 있고, 왼쪽에는 자유도(df)가 (1부터 30까지) 제시되어 있다. 연구자가 연구 전에 유의도 수준을 0.05(5%)로 정했고, 자유도는 1이기 때문에 유의도 수준 0.05와 자유도 '1'이 만나는 점수인 χ^2 값은 '3.841'이다. 이 값의 의미는 연구결과로부터 나온 χ^2 값이 '3.841'보다 크면 $p < 0.05$(95%) 유의도 수준에서 연구가설을 받아들이라는 것이고, '3.841'보다 작으면 영가설을 받아들이라는 의미이다. 위의 예에서 χ^2 값은 '5.051'로서 '3.841'보다 크기 때문에 연구가설을 받아들인다.

8. 다른 값의 의미

χ^2 분석에서는 Pearson 카이제곱에 제시된 χ^2 값과 자유도, 유의확률 값을 해석하면 되지만, 때로는 다른 값을 가지고 유의도 검증을 할 수도 있다. 〈표 10-5〉에서 제시된 다른 검증 값의 의미를 알아보자.

1) 연속수정

χ^2 분석표가 2 × 2로 이루어진 경우(각 변인의 유목이 두 개로 구성된 경우), χ^2 검증은 때로 잘못된 결론에 도달할 수 있다. 즉, 2 × 2의 경우, χ^2 검증의 유의확률 값이 0.05보다 작게 나오는 경향이 있어 연구가설을 받아들이지 말아야 하는 데도 연구가설을 수용할 때가 있다. 이 문제를 해결하기 위해 Yates는 χ^2 공식을 수정하여 Yates의 연속수정 (*Yates's continuity correction*) 공식을 만들었다. 그러나 일반적으로 χ^2 검증에 큰 문제가 없기 때문에 Yates의 연속수정 값에 크게 신경 쓸 필요는 없다.

2) 우도비

우도비(尤度比, *likelihood ratio*)는 ML(*maximum-likelihood*) 방법을 사용하여 변인 간의 관계를 검증하는 방법이다. 현 단계에서 독자는 이 방법이 관측 빈도와 예측 모델에서 예측한 빈도와의 차이를 통해 변인 간의 관계를 검증하는 방법이라고 생각하면 된다(제24장 로지스틱 회귀분석에서 우도비를 살펴본다). 표본이 충분히 클 때 우도비는 χ^2 값과 거의 같다. 그러나 표본이 작을 때에는 χ^2 값과는 다른 값을 갖는다. 이 경우 χ^2 값보다는 우도비로 검증하는 것이 바람직하다.

3) Fisher의 정확한 검증

표본의 수가 충분히 많을 때는 χ^2 값을 가지고 연구가설을 검증해도 문제가 없지만, 표본의 수가 적을 때(일반적으로 표본의 사례 수가 30 미만일 때)는 문제가 발생할 수 있다. 특히 표본의 수가 작을 때에는 각 셀의 기대빈도가 5 미만인 경우가 생길 가능성이 커서 χ^2 검증에 문제가 발생할 가능성이 크다. 표본의 수가 작을 때에는 Fisher의 정확한 검증(*Fisher's exact test*)을 이용해서 연구가설을 검증하는 것이 바람직하다.

〈표 10-5〉에서 보듯이 표본의 수가 적고(20명), 5 미만의 기대빈도의 백분율이 50%에 달하기 때문에 χ^2 검증보다는 Fisher의 정확한 검증을 하는 것이 낫다. 〈표 10-5〉에

서 Pearson χ^2의 유의확률 값은 '0.025'로 〈성별이 선호미디어에 영향을 준다〉는 연구가
설은 받아들여야 하지만, 5 미만인 기대빈도의 백분율이 50%이기 때문에 Fisher의 정
확한 검증의 유의확률(양쪽검증) '0.070'을 가지고 판단하는 것이 바람직하다. 이 경우
〈성별이 선호미디어에 영향을 준다〉는 연구가설을 받아들이지 않는다. 일반 연구에서
는 표본의 수가 충분히 많기 때문에 크게 걱정할 일은 없다. 단지 표본의 수가 적고 5
미만인 기대빈도의 비율이 20% 이상이면 Fisher의 정확한 검증을 하는 것이 낫다.

9. 결과 분석 3: 상관관계(영향력) 값 해석

1) 상관관계(영향력)의 의미

유의도 검증 결과 연구가설을 받아들일 경우에는 반드시 변인 간의 상관관계(영향력) 값
을 해석해야 한다. 상관관계(영향력) 값은 변인 간의 관계가 얼마나 밀접하게 연결되어
있는지를 보여주는 값이다. 한 변인의 값이 증가할 때마다 다른 변인의 값도 증가한다
면 정적(+) 상관관계가 있다고 말한다. 반면 한 변인의 값이 증가함에도 불구하고 다른
변인의 값이 감소한다면 부적(-) 상관관계가 있다고 말한다. 반면 한 변인의 값이 변화
하는데 다른 변인의 값이 제멋대로 변화한다면 상관관계가 없다고 말한다.
　　그러나 연구가설이 유의미하지 않을 경우에는 두 변인 간의 관계가 없다는 결론에 도
달하기 때문에 상관관계(영향력) 값을 해석하지 않는다.

2) 상관관계(영향력) 값: 람다(λ)

명명척도로 측정한 변인의 분포는 정상분포가 아니기 때문에 변인 간의 상관관계(영향
력) 값은 등간척도나 비율척도로 측정한 변인의 상관관계계수와는 다른 방식으로 계산
된다(등간척도나 비율척도로 측정된 변인 간의 상관관계계수에 대해 알고 싶은 독자는 제14
장 상관관계분석을 참조하기 바란다).
　　명명척도로 측정된 변인 간의 상관관계(영향력) 값은 Phi, Cramer's V, Contingency
Coefficient 등 여러 가지로 측정된다. 그러나 이 값은 해석하기 쉽지 않기 때문에 해석하
기 편한 PRE(*Proportional Reduction in Error*) 값을 갖고 상관관계(영향력)를 해석한다.
　　〈표 10-11〉에서 보듯이 PRE 값에는 명명척도로 측정된 변인 간의 상관관계(영향력)
정도를 보여주는 람다(λ, *Lambda*)와 서열척도로 측정된 변인 간의 상관관계(영향력) 정
도를 보여주는 감마(γ, *Gamma*) 등이 있는데, χ^2 분석에서 사용하는 변인은 일반저으로

표 10-11 **PRE 값**

Lambda(λ, 람다): 명명척도로 측정된 변인의 상관관계계수
Gamma(γ, 감마): 서열척도로 측정된 변인의 상관관계계수

표 10-12 **람다(λ)**

대칭적	선호미디어 종속	성별 종속
0.474	0.444	0.500

명명척도로 측정한 변인이기 때문에 람다(λ)를 해석한다.

람다(λ)는 설명변량을 보여주는 값으로서 0에서 1 사이의 값을 갖는다. 변량 개념에 익숙하지 않은 독자는 현 단계에서 람다를 명명척도로 측정한 변인 간의 관계의 정도를 보여주는 값이라고 생각하면 된다(변량 개념은 제12장 일원변량분석에서 살펴본다). 람다 0은 한 변인과 다른 변인 간의 관계가 없다는 것이다. 변인 간의 관계가 없다는 말은 한 변인의 값을 알아도 다른 변인의 값을 전혀 예측할 수 없다는 의미이다. 1은 한 변인과 다른 변인 간의 관계가 완벽하게 일치한다는 것이다. 변인 간의 관계가 완벽하게 일치한다는 말은 한 변인의 값을 알면 다른 변인의 값을 100% 정확하게 예측할 수 있다는 의미이다.

람다를 해석하는 객관적 기준이 있는 것은 아니지만 일반적으로 다음과 같이 해석하면 된다. 람다가 0에서 0.1 미만이면 변인 간의 상관관계(영향력)가 거의 없다고 해석하면 된다. 0.1 이상에서 0.3 미만이면 상관관계(영향력)가 어느 정도 있다고 보면 된다. 0.3 이상에서 0.5 미만이면 상관관계(영향력)가 상당히 크다고 말할 수 있다. 0.5 이상에서 0.8 미만이면 상관관계(영향력)가 매우 크다고 해석한다. 0.8 이상에서 1.0이면 상관관계(영향력)가 거의 완벽에 가깝다고 볼 수 있다.

〈표 10-12〉는 세 개의 람다를 보여준다. 변인 간의 관계가 상호관계인지, 인과관계인 경우 종속변인이 어느 변인이냐에 따라 해석하는 람다가 달라진다.

(1) 상호관계 연구가설

변인 간의 상호관계가 설정된 연구가설의 경우, 세 값 중 〈대칭적〉에 제시된 람다 값을 해석하면 된다. 예를 들어 연구가설이 〈성별과 선호미디어 간에는 관계가 있다〉라면 〈대칭적〉에 제시된 람다 '0.474'를 해석한다. 〈성별〉과 〈선호미디어〉 간의 관계는 상당히 크다고 말할 수 있다.

(2) 인과관계 연구가설

변인 간의 인과관계가 설정된 연구가설의 경우, 종속변인이 무엇이냐에 따라 〈선호미디어 종속〉이나 〈성별 종속〉에 제시된 람다를 선택하여 해석하면 된다. 예를 들어 연구가설이 〈성별이 선호미디어에 영향을 준다〉라면 〈선호미디어〉가 종속변인이기 때문에 〈선호미디어 종속〉에 제시된 람다 '0.444'를 해석한다. 〈성별〉이 〈선호미디어〉에 미치는 영향력은 상당히 크다고 말할 수 있다. 만일 연구가설이 〈선호미디어가 성별에 영향을 준다〉라면 〈성별〉이 종속변인이기 때문에 〈성별 종속〉에 제시된 람다 '0.500'을 해석하면 된다. 〈성별〉이 〈선호미디어〉에 미치는 영향력은 매우 크다고 할 수 있다. 이 장에서 분석하는 연구가설은 〈성별이 선호미디어에 영향을 준다〉이기 때문에 〈선호미디어 종속〉에 제시된 람다 '0.444'를 해석한다.

10. 문항 간 교차비교분석 논문작성법

1) 연구절차

(1) χ^2 분석에 적합한 연구가설을 만든다

연구가설	독립변인		종속변인	
	변인	측정	변인	측정
성별에 따라 선호하는 장르에 차이가 나타난다	성별	(1) 남성 (2) 여성	선호장르	(1) 뉴스 (2) 드라마

(2) 유의도 수준을 정한다: $p < 0.05$(95%) 또는 $p < 0.01$(99%) 중 하나를 결정한다

(3) 표본을 선정하여 데이터를 수집한 후 입력한다

(4) SPSS/PC$^+$ 프로그램 중 χ^2 분석을 실행한다

2) 연구결과 제시 및 해석방법

(1) χ^2 분석표를 제시한다
〈표 10-13〉과 같은 χ^2 분석표를 만든 후 표 아래에는 χ^2 값, 자유도(df), 유의확률(p), 람다 값을 제시한다.

표 10-13 **성별과 선호장르 간의 관계**

	남성	여성
뉴스	13명(65.0%)	5명(25.0%)
드라마	7명(35.0%)	15명(75.0%)
계	20명(100%)	20명(100%)

$\chi^2 = 6.465$, df = 1, p < 0.011, $\lambda = 0.333$

(2) χ^2 분석표를 해석한다

① 유의도 검증 결과 쓰는 방법

〈표 10-13〉에서 보듯이 성별과 선호하는 장르 간에는 통계적으로 유의미한 차이가 있는 것으로 나타났다($\chi^2 = 6.465$, df = 1, p < 0.05). 즉, 남성의 상당수(65.0%)는 뉴스를 선호한 반면, 여성의 상당수(75.0%)는 드라마를 선호하는 것으로 보인다.

② 영향력 값 쓰는 방법

성별과 선호하는 장르 간의 영향력을 분석한 결과 〈성별〉이 〈선호장르〉에 미치는 영향력은 상당히 큰 것으로 나타났다($\lambda = 0.333$). 즉, 이 결과는 성별이 선호하는 장르에 영향을 주는 주요 요인이라는 것을 보여준다.

참고문헌

오택섭 · 최현철 (2003), 《사회과학 데이터 분석법 ①》, 나남.

최현철 · 김광수 (1999), 《미디어 연구방법》, 한국방송통신대학교 출판부.

Field, A. (2013), *Discovering Statistics Using IBM SPSS Statistics* (4th ed.), Los Angeles: Sage.

Greenwood, P. E., & Nikulin, M. S. (1996), *A Guide to Chi-Squared Testing*, Wiley-Interscience.

Kerlinger, F. N. (1973), *Foundations of Behavioral Research* (2nd ed.), New York: Holt, Rinehart and Winston.

Lomax, R. G., & Hahs-Vaughn, D. L. (2012) *An Introduction to Statistical Concepts* (3rd ed.), New York, NY: Routledge.

Nie, N. H. et al., (1975), *SPSS: Statistical Package for the Social Sciences* (2nd ed.), New York: McGraw-Hill Book Company.

Norusis, M. J. (2000), *SPSS 10.0 Guide to Data Analysis* (Book and Disk ed.), Prentice Hall.

Pallant, J. (2001), *SPSS Survival Manual: A Step By Step Guide to Data Analysis Using SPSS for Windows*(*Version 10*) (1st ed.), Open Univ Pr.

Reinard, J. C. (2006), *Communication Research Statistics*, Thousand Oaks, CA: Sage.

11
t-검증 t-test

이 장에서는 연구자가 명명척도(반드시 유목의 수는 2개)로 측정한 한 개의 독립변인과 등간척도(또는 비율척도)로 측정한 한 개의 종속변인 간의 인과관계를 분석하는 t-검증을 살펴본다. t-검증은 표본의 할당방법에 따라 독립표본 t-검증(*independent sample t-test*)과 대응표본 t-검증(*paired sample t-test*), 일표본 t-검증(*one sample t-test*)으로 나누어진다.

1. t-검증의 종류

t-검증(*t-test*)은 명명척도로 측정한 한 개의 독립변인과 등간척도(또는 비율척도)로 측정한 한 개의 종속변인 간의 인과관계를 분석하는 통계방법이다. t-검증에서 유의할 점은 명명척도로 측정한 독립변인은 반드시 두 유목(또는 집단)으로 측정되어야 한다. t-검증은 독립변인을 구성하는 두 유목의 평균값에 차이가 있는지를 분석하는 방법이기 때문에 〈두 집단 간 평균값의 차이를 검증하는 방법〉이라고도 부른다.

t-검증은 〈표 11-1〉에서 보듯이 표본 할당방법에 따라서 독립표본 t-검증(*Independent sample t-test*)과 대응표본 t-검증(*paired sample t-test*), 일표본 t-검증(*one sample t-test*) 세 가지로 구분된다. 표본 할당방법의 차이에 따른 개별 t-검증의 특성을 살펴보자.

표 11-1 **t-검증의 종류**

t-검증은 표본 할당방법에 따라 세 가지로 구분된다
① 독립표본 t-검증 ② 대응표본 t-검증 ③ 일표본 t-검증

1) 연구가설

연구자가 〈군대홍보프로그램 시청에 따라 군대에 대한 태도에 차이가 난다〉는 연구가설을 만들고, 〈군대홍보프로그램시청〉은 ① 시청하지 않음, ② 시청함으로 측정하고, 〈군대에 대한 태도〉는 5점 척도(1점: 매우 싫어함부터 5점: 매우 좋아함까지)로 측정한 후 두 경우(군대홍보프로그램을 시청하지 않은 경우와 군대홍보프로그램을 시청한 경우)에 군대에 대한 태도의 평균값에 차이가 나타나는지를 검증한다고 가정하자. 연구자가 표본을 어떻게 할당하느냐에 따라 t-검증은 달라진다.

2) 표본 할당방법에 따른 t-검증

① 독립표본 t-검증

〈표 11-2〉에서 보듯이 독립표본 t-검증(*independent sample t-test*)에서는 한 집단에 속한 사람이 다른 집단에는 속하지 않게 표본을 할당한다. 한 집단에 속한 사람이 다른 집단에 속하지 않도록 표본을 할당하기 때문에 독립표본(*independent sample*)이라고 부른다. 예를 들어, 연구자가 200명의 표본을 선정하여 100명은 군대홍보프로그램을 시청하지 않은 집단(A 집단)에 할당한 후 군대에 대한 태도를 측정하고, 나머지 100명은 군대홍보프로그램을 시청한 집단(B 집단)에 할당하여 군대에 대한 태도를 측정한다고 가정하자. 군대홍보프로그램을 시청하지 않은 집단에 할당된 100명은 군대홍보프로그램을 시청한 집단에 할당된 100명과 겹칠 수 없는 사람이다. 독립표본 t-검증은 두 집단(A와 B 집단)에 속한 사람의 군대에 대한 태도를 조사하여 평균값을 구한 후 A집단의 평균값1과 B집단의 평균값2를 비교하여 t 연구가설의 유의도를 검증한다.

표 11-2 **독립표본 t-검증**

	독립변인(군대홍보프로그램 시청)	
	A 집단(표본: 100명) (군대홍보프로그램 시청하지 않은 집단)	B 집단(표본: 100명) (군대홍보프로그램 시청한 집단)
종속변인 (군대태도)	평균값1	평균값2

② 대응표본 t-검증

〈표 11-3〉에서 보듯이 대응표본 t-검증(*paired sample t-test*)은 동일한 사람이 두 시점에 각각 다른 실험처치(또는 응답)를 받도록 표본을 할당한다. 동일한 사람이 시점1과 시점2에 참여하기 때문에 짝을 이룬다고 하여 대응표본이라고 부른다. 예를 들어 시점1

표 11-3 **대응표본 t-검증**

	독립변인(군대홍보프로그램 시청)	
	시점1	시점2
	A 집단(표본: 200명) (군대홍보프로그램 시청하지 않음)	A 집단(표본: 200명) (군대홍보프로그램 시청함)
종속변인 (군대태도)	평균값1	평균값2

에 200명이 군대홍보프로그램을 보지 않은 상태에서 군대에 대한 태도를 측정하고, 시
점2에 동일한 200명에게 군대홍보프로그램을 보여준 후 군대에 대한 태도를 측정한다고
가정하자. 동일한 사람이 두 번의 실험에 참여하기 때문에 전체 표본의 수는 200명(400
명이 아니다)이 된다. 대응표본 t-검증은 두 시점에 실험에 참여한 사람의 군대에 대한
태도의 개별 값을 조사하여 평균값을 구한 후 평균값1(시점1)과 평균값2(시점2)를 비교
하여 연구가설의 유의도를 검증한다.

③ 일표본 t-검증
〈표 11-4〉에서 보듯이 일표본 t-검증(one sample t-test)은 연구자가 분석하는 두 집단
중 한 집단의 연구결과가 있을 때 다른 집단만을 대상으로 조사하는 것이다. 두 집단 중
한 집단의 종속변인 평균값은 기존 연구결과를 그대로 사용하고, 비교하는 집단은 연구
자가 직접 조사하기 때문에 일표본(한 표본만 조사한다)이라고 부른다. 예를 들어 연구
자가 군대홍보프로그램을 시청하지 않는 집단과 군대홍보프로그램을 시청한 집단 간 군
대에 대한 태도를 조사한 기존 연구결과가 있다면 굳이 조사를 다시 하지 않아도 된다.
연구자는 군대홍보프로그램을 시청한 사람을 표본으로 선정하여 군대에 대한 태도를 실
제 조사한 연구결과(평균값2)와 군대홍보프로그램을 시청하지 않은 사람의 군대에 대한
태도를 측정한 기존 연구결과(평균값1)를 비교 분석한다. 연구자는 실제 군대홍보프로
그램을 시청한 집단만 조사하지만(일표본), 이 결과를 기존 연구결과와 비교 분석한다
는 점에서 t-검증이라고 볼 수 있다. 일표본 t-검증은 한계를 지니지만 연구비와 시간을
절약할 수 있는 장점이 있기 때문에 편리하게 사용할 수 있다.

표 11-4 **일표본 t-검증**

	독립변인(군대홍보프로그램 시청)	
	A 집단 (군대홍보프로그램 시청하지 않은 집단)	B 집단(표본: 100명) (군대홍보프로그램 시청한 집단)
종속변인 (군대에 대한 태도)	평균값1 (기존 연구결과)	평균값2 (연구자가 직접 조사한 결과)

지금까지 표본을 할당하는 방법에 따른 세 종류의 t-검증(독립표본 t-검증, 대응표본 t-검증, 일표본 t-검증)의 특징을 살펴봤는데, 세 종류의 t-검증을 자세히 알아보자.

2. 독립표본 t-검증

1) 정의

독립표본 t-검증(*independent sample t-test*)은 〈표 11-5〉에서 보듯이 명명척도로 측정한 한 개의 독립변인과 등간척도(또는 비율척도)로 측정한 한 개의 종속변인 간의 인과관계를 분석하는 통계방법이다. 독립변인을 구성하는 유목(집단)의 수는 반드시 두 개여야 한다.

독립표본 t-검증의 표본은 〈표 11-2〉에서 봤듯이 한 집단에 속한 사람이 다른 집단에 속할 수 없게 할당하는 독립표본이어야 한다. 독립표본 t-검증의 예를 들어보자. 〈음주에 따라 교통사고량에 차이가 난다〉는 연구가설에서 독립변인 〈음주〉는 명명척도로 측정된 변인으로서 ① 음주하지 않은 집단과 ② 음주한 집단으로 나누어 한 집단에 속한 사람은 다른 집단에 속하지 않도록 할당한다. 두 집단에 속한 사람의 교통사고량을 조사하여 평균값을 구한 후 집단 간 평균값의 차이가 있는지를 비교하여 유의도 검증을 한다.

독립표본 t-검증을 사용하기 위한 조건을 알아보자.

표 11-5 **독립표본 t-검증의 조건**

1. 독립변인
  1) 측정: 명명척도(반드시 2개의 유목으로 측정한다)
  2) 수: 한 개

2. 종속변인
  1) 측정: 등간척도(또는 비율척도)
  2) 수: 한 개

3. 표본: 독립표본

(1) 변인의 측정

독립표본 t-검증에서 독립변인은 명명척도로 측정하는데 반드시 두 개의 유목(집단)으로 이루어져야 한다. 예를 들면 〈성별〉(① 남성, ② 여성)이나 〈종교〉(① 기독교, ② 불교), 〈지역〉(① 영남, ② 호남)은 명명척도로 측정한 변인이면서 두 개의 유목으로 이루

어졌기 때문에 독립표본 t-검증에서 독립변인으로 사용할 수 있다. 그러나 〈종교〉를 ①
기독교, ②천주교, ③불교, ④원불교 네 개의 유목으로 측정한다면, 비록 명명척도로
측정한다 하더라도 유목의 수가 네 개이기 때문에 독립변인으로 사용할 수 없다. 연구
자가 네 개의 유목으로 측정한 〈종교〉를 독립변인으로 사용하고 싶으면 〈종교〉를 두 개
의 유목으로 변환해야 한다. 예를 들어 〈종교〉를 기독교와 천주교를 한 개의 유목으로
묶고, 불교와 원불교를 다른 한 개의 유목으로 묶어서 ①기독교계 종교, ②불교계 종
교 두 개의 유목으로 바꾸면 된다.

　본래 명명척도로 측정하는 변인은 아니지만 두 개의 유목으로 이루어졌다면 명명척도
로 측정한 독립변인처럼 취급할 수 있다. 예를 들어 〈텔레비전뉴스시청〉(①예, ②아니
오)나 〈트위터사용〉(①예, ②아니오) 등 두 유목으로 측정되었다면 독립변인으로 사용
할 수 있다.

　서열척도나 등간척도, 비율척도로 측정한 변인을 사용하려면 점수들을 두 개의 유목
으로 묶어야 한다. 예를 들면, 비율척도로 측정한 〈음주량〉의 경우 (①음주하지 않음,
②음주함) 또는 (①반 병 미만, ②반 병 이상) 등 두 개의 유목으로 만들면 된다.

　종속변인은 등간척도(또는 비율척도)로 측정되어야 한다.

　독립변인의 유목의 수가 세 개 이상 여러 개인 경우에는 독립표본 t-검증을 사용할 수
없고 일원변량분석(one-way ANOVA)을 사용해야 한다(일원변량분석을 알고 싶은 독자는
제12장 일원변량분석을 참조하기 바란다). 예를 들어 연구자가 독립변인 〈지역〉을 ①서
울과 수도권, ②충청, ③강원, ④영남, ⑤호남, ⑥제주 등 여섯 개의 유목으로 측정
하고, 종속변인 〈대통령지지도〉를 5점 등간척도로 측정한 경우, 두 변인 간의 인과관계
는 독립표본 t-검증으로는 분석할 수 없고, 일원변량분석을 사용해야 분석할 수 있다.

(2) 변인의 수

독립표본 t-검증에서 사용하는 변인의 수는 독립변인 한 개, 종속변인도 한 개여야 한
다. 즉, 독립표본 t-검증에서 사용하는 변인의 수는 두 개가 된다.

　연구자가 두 개 이상의 독립변인과 한 개의 종속변인 간의 관계를 분석하고 싶을 때에
는 독립표본 t-검증이나 일원변량분석을 해서는 안 되며 다원변량분석(n-way ANOVA)
을 사용해야 한다(다원변량분석을 알고 싶은 독자는 제13장 다원변량분석을 참조하기 바란
다). 예를 들어 연구자가 명명척도로 측정한 독립변인 〈성별〉(①남성, ②여성), 〈지
역〉(①도시, ②농촌)과 비율척도로 측정한 종속변인 〈통신비〉간의 인과관계를 분석하
려면 다원변량분석을 사용해야 한다.

2) 연구절차

독립표본 t-검증의 연구절차는 〈표 11-6〉에 제시된 것처럼 네 단계로 이루어진다.

첫째, 독립표본 t-검증에 적합한 연구가설을 만든다. 변인의 측정과 수, 표본 할당에 유의하여 연구가설을 만든 후 유의도 수준($p < 0.05$ 또는 $p < 0.01$)을 정한다.

둘째, 데이터를 수집하여 입력한 후 SPSS/PC$^+$(23.0)의 독립표본 t-검증을 실행하여 분석에 필요한 결과를 얻는다.

셋째, 결과 분석의 첫 번째 단계로, 전제를 검증한다. 표본이 독립표본인지, 집단이 동질적인지를 검증한다. 집단의 동질성 검증 결과에 따라 해석하는 t 값이 달라진다.

넷째, 결과 분석의 두 번째 단계로, 연구가설의 유의도 검증을 한다. 평균값과 t 값, 자유도, 유의확률 값을 통해 연구가설의 수용 여부를 판단한다.

표 11-6 **독립표본 t-검증의 연구절차**

1. 연구가설 제시
   1) 독립변인의 수는 한 개이고, 명명척도로 측정한다(반드시 유목이 두 개).
      종속변인의 수는 한 개이고, 등간척도(또는 비율척도)로 측정한다. 변인 간의
      인과관계를 연구가설로 제시한다
   2) 유의도 수준을 정한다($p < 0.05$ 또는 $p < 0.01$)

⬇

2. 데이터 입력과 프로그램 실행
   1) 데이터를 수집하여 입력한다
   2) 독립표본 t-검증을 실행하여 분석에 필요한 결과를 얻는다

⬇

3. 결과 분석 1: 전제 검증
   1) 독립표본
   2) 집단의 동질성 검증

⬇

4. 결과 분석 2: 유의도 검증

3) 연구가설과 가상 데이터

(1) 연구가설

① 연구가설
독립표본 t-검증의 연구가설은 〈표 11-5〉에서 살펴본 변인의 측정과 수, 독립표본 할당

의 조건을 충족한다면 무엇이든 가능하다. 이 장에서는 독립변인 〈군대홍보프로그램시청〉과 종속변인 〈군대태도〉 간의 인과관계를 검증한다고 가정한다. 연구가설은 〈군대홍보프로그램 시청이 군대에 대한 태도에 영향을 준다〉(또는 〈군대홍보프로그램 시청에 따라 군대에 대한 태도에 차이가 난다〉) 이다.

② 변인의 측정과 수
독립변인은 〈군대홍보프로그램시청〉 한 개이고 ① 시청하지 않음, ② 시청함으로 측정한다. 종속변인은 〈군대태도〉 한 개이고, 5점 척도(1점: 매우 싫어함부터 5점: 매우 좋아함까지)로 측정한다.

③ 유의도 수준
유의도 수준을 $p < 0.05$(또는 $\alpha < 0.05$)로 정한다. 유의확률이 0.05보다 작으면 연구가설을 받아들이고, 0.05보다 크면 영가설을 받아들인다.

(2) 가상 데이터
이 장에서 분석하는 〈표 11-7〉의 데이터는 필자가 임의적으로 만든 것이어서 표본의 수(20명)가 적고, 결과가 꽤 잘 나오게 만들었다(이 데이터를 사용하여 독립표본 t-검증 프로그램을 실행해보기 바란다). 그러나 독자가 실제 연구하는 데이터는 표본의 수도 훨씬 많고, 결과는 이 장에서 제시하는 것만큼 깔끔하게 나오지 않을 수 있다.

표 11-7 **독립표본 t-검증의 가상 데이터**

응답자	시청여부	군대태도	응답자	시청여부	군대태도
1	1	2	11	2	5
2	1	1	12	2	4
3	1	1	13	2	3
4	1	3	14	2	5
5	1	1	15	2	4
6	1	1	16	2	4
7	1	2	17	2	5
8	1	1	18	2	3
9	1	1	19	2	4
10	1	2	20	2	4

4) SPSS/PC⁺ 실행방법

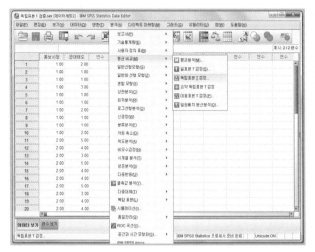

[실행방법 1] 분석방법 선택

메뉴판의 [분석(A)]을 선택하여
[평균비교(M)]를 클릭하고
[독립표본 T 검정(T)]을 클릭한다.

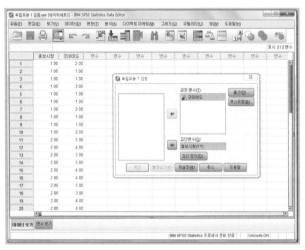

[실행방법 2] 분석변인 선택

[독립표본 T 검정] 창이 나타나면,
분석하고자 하는 종속변인(〈군대태도〉)을
선택하여 [검정변수(T)]로 옮긴다(➡).
독립변인(〈홍보시청〉)은 [집단변수(G)]로
이동시킨다(➡).
[집단정의(D)]를 클릭한다.

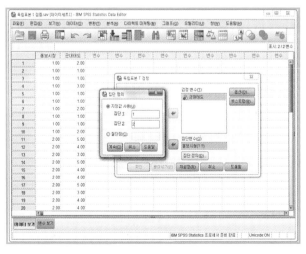

[실행방법 3] 집단정의

[집단정의] 창이 나타나면
[⦿지정값 사용(U)]의 '집단 1'에는
비시청의 값인 1,
'집단 2'는 시청의 값인 2를 입력한다.
[계속]을 클릭한다.

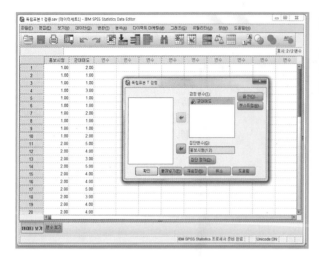

[실행방법 4] 실행

[집단정의(D)] 설정에 의해 [집단변수(G)]
아래는 시청 여부(1 2)로 바뀌었다.
[확인]을 클릭한다.

[분석결과 1] 전제 검증과 T-검증

분석 결과가 새로운 창
*출력결과 1[문서 1]로 나타난다.
[집단통계량] 표에는 '시청여부'에 따른
사례 수(N), 평균값, 표준편차, 평균의
표준오차가 제시된다.
다음으로 [독립표본 검정] 표에는
Levene의 등분산 검증 결과와
T-검증 결과가 제시된다.

5) 결과 분석 1: 전제 검증

(1) 독립표본

독립표본 t-검증을 사용하기 위해서는 〈표 11-2〉에서 봤듯이 한 집단에 속한 사람이 다른 집단에 속하지 않도록 표본을 할당해야 한다. 예를 들어보자. 〈음주가 교통사고량에 영향을 준다〉는 연구가설의 유의도 검증을 할 때 독립변인 〈음주〉는 명명척도로 측정된 변인으로서 ① 음주하지 않음과 ② 음주함 두 유목으로 이루어졌고, 음주하지 않은 집단에 속한 사람은 음주한 집단에 속하지 않도록 표본을 할당해야 한다. 한 집단에 속한 사람이 다른 집단에도 속하게 표본을 할당하면 독립표본의 전제가 충족되지 않기 때문에 독립표본 t-검증을 사용해서는 안 된다.

(2) 집단의 동질성 검증

독립표본 t-검증에서는 연구가설을 검증하기 전에 집단의 동질성 전제를 검증해야 한다. 집단의 동질성의 전제가 무엇인지, 왜 필요한지 알아보자.

독립표본 t-검증에서는 표본의 연구결과(두 집단의 평균값과 차이)를 t 공식에 대입하여 t 값을 계산한 후 이 결과가 모집단에서도 나타나는지를 분석한다. 문제는 연구자가 두 집단에 속한 사람이 같은 모집단으로부터 추출되었는지를 알 수 없다는 것이다. 〈그림 11-1〉의 (a)처럼 각 집단(집단1과 집단2)에 속한 사람은 같은 모집단으로부터 추출되었을 수도 있고, (b)처럼 다른 모집단(모집단1, 모집단2)들로부터 추출되었을 수도 있다. (a)처럼 두 집단에 속한 사람이 같은 모집단으로부터 추출되었다면(즉, 두 집단이 동질적이라면) 표본의 연구결과가 모집단에서도 나오는지 추리하는 데 문제가 없지만, (b)처럼 두 집단에 속한 사람이 다른 모집단들로부터 추출되었다면(즉, 두 집단이 동질적이 아니라면) 추리과정에 문제가 발생한다. 독립표본 t-검증에서 유의도 검증을 제대로 하려면 두 집단의 동질성 전제가 충족되어야 한다.

두 집단이 같은 모집단에서 추출되었는지의 여부(즉, 집단의 동질성 검증)은 두 집단의 오차변량(error variance)을 비교하여 이루어진다. 오차변량은 집단 내 각 점수가 평균값으로부터 벗어난 정도를 보여주는 값으로서 집단이 동질적인지, 또는 이질적인지를 보여준다. 따라서 집단의 동질성 검증은 오차변량의 동질성(homogeneity of error variance) 검증이라고 부른다.

오차변량의 동질성 검증을 통해 집단의 동질성을 검증한다. 〈표 11-8〉에서 보듯이 두 집단의 동질성 검증을 위한 연구가설은 두 집단의 오차변량이 다르다는 것이고, 영가설은 두 집단의 오차변량이 같다는 것이다. 유의도 수준은 $p < 0.05$로 한다. 한 집단의 오차변량과 다른 집단의 오차변량이 같거나 비슷하다면 영가설을 받아들여 두 집단은 같은 모집단에서 추출되었다고 판단한다. 집단의 동질성 전제가 충족된다면 연구가설을 검증하는 데 문제가 없다. 그러나 한 집단의 오차변량과 다른 집단의 오차변량의 차이가 많이 나면 연구가설을 받아들여 두 집단은 다른 모집단으로부터 나왔다고 판단한다. 집단의 동질성 전제가 충족되지 않는다면 연구가설을 검증하는 데 필요한 값들을 정확하게 알 수 없고, 추정값만 계산할 수 있다(변량을 알고 싶은 독자는 제 8장 기술통계와 제 12장 일원변량분석에서 설명한 변량 개념을 참조하기 바란다).

오차변량의 동질성을 검증하기 위해서는 〈표 11-9〉의 Levene의 등분산(equal variance를 번역한 말로 '오차변량이 같다'는 의미) 검증 결과를 보고 판단한다. Levene의 오차변량의 동질성 검증은 F 값과 유의확률 값을 갖고 이루어진다. F 값의 의미는 제 12장 일원변량분석에서 알아본다. 현 단계에서 독자는 F 값이란 두 집단의 오차변량을 비교하여 구한 값이라고 생각하면 된다. 유의확률 값이 연구자가 정한 유의도 수준 0.05보

그림 11-1 **두 집단과 모집단과의 관계**

(a)		(b)	
모집단		모집단 1	모집단 2
집단 1	집단 2	집단 1	집단 2

표 11-8 **두 집단 간 오차변량의 동질성 검증 가설**

연구가설: 두 집단의 오차변량이 다르다(즉, 두 집단이 추출된 모집단이 다르다)
영가설: 두 집단의 오차변량이 같다(즉, 두 집단이 추출된 모집단이 같다)
유의도 수준: p < 0.05

1) 오차변량이 동질적일 경우(영가설을 받아들여 두 집단이 같은 모집단으로부터 추출되었다고 판단함)에는 연구가설의 유의도 검증에 필요한 값을 정확하게 계산할 수 있다

2) 오차변량이 동질적이지 않은 경우(연구가설을 받아들여 두 집단 다른 모집단으로부터 추출되었다고 판단함)에는 연구가설의 유의도 검증에 필요한 값을 정확하게 계산할 수 없고, 추정값만 구하게 된다

표 11-9 **집단의 동질성 검증과 t-검증 결과**

	Levene의 오차변량의 동질성 검증		t	자유도	유의확률 (양쪽)
	F	유의확률			
군대태도 등분산이 가정됨	0.112	0.741	-8.045	18	0.000
군대태도 등분산이 가정되지 않음			-8.045	17.967	0.000

다 작다면(예를 들어 0.04, 0.03, 0.02 … 등) 연구가설을 받아들여 두 집단이 추출된 모집단이 다르다는 결론을 내린다. 그러나 유의확률이 연구자가 정한 유의도 수준 0.05보다 크다면(예를 들어 0.07, 0.08, 0.09 … 등) 영가설을 받아들여 두 집단이 추출된 모집단이 같다는 결론을 내린다.

Levene 오차변량의 동질성 검증 결과는 t 연구가설을 검증하는 데 중요하다. 독립표본 t-검증을 실행하면, 〈등분산이 가정됨〉(*equal variance assumed*의 번역으로 '오차변량이 같다고 전제함'의 의미)과 〈등분산이 가정되지 않음〉(*equal variance not assumed*의 번역으로 '오차변량이 다르다고 전제함'의 의미) 두 값이 제시된다. Levene 검증 결과에 따라 모집단이 같은 경우에는 〈등분산이 가정됨〉에 제시된 t 값과 자유도, 유의확률 값을 해석하고, 모집단이 다를 경우에는 〈등분산이 가정되지 않음〉에 제시된 t 값과 자유도, 유의확률 값을 해석한다.

〈표 11-9〉의 Levene의 오차변량의 동질성 검증 결과를 살펴보면 F 값은 '0.112', 유의확률 값은 '0.741'로 '0.05'보다 크기 때문에 영가설을 받아들인다. 즉, 두 집단이 추출된 모집단이 같다는 결론을 내린다. 두 집단이 추출된 모집단이 같기 때문에 평균값과 함께 〈등분산이 가정됨〉에 제시된 t 값과 자유도, 유의확률 값을 해석한다.

6) 결과 분석 2: 유의도 검증

〈표 11-9〉에서 보듯이 Levene 오차변량의 동질성 검증 결과 두 집단이 같은 모집단에서 추출되었기 때문에 〈군대홍보프로그램의 시청에 따라 군대에 대한 태도에 차이가 난다〉는 t 연구가설을 검증하기 위해 평균값과 〈등분산이 가정됨〉에 제시된 t 값과 자유도, 유의확률 값을 해석한다.

(1) 평균값

〈표 11-10〉에 제시된 두 집단의 평균값을 살펴보자. 군대홍보프로그램을 시청하지 않은 사람의 수는 10명이고, 군대에 대한 태도의 평균값은 '1.5'이고, 군대홍보프로그램을 시청한 사람의 수는 10명이고, 군대에 대한 태도의 평균값은 '4.1'로 나타났다.

평균값만 갖고 판단할 때, 군대홍보프로그램을 시청한 사람이 시청하지 않은 사람에 비해 군대에 대해 긍정적 태도를 가지는 것처럼 보인다. 이 표본의 결과가 모집단에도 그대로 나타나는지를 판단하기 위해서 유의도 검증을 한다.

표 11-10 **평균값**

시청 여부		사례 수	평균	표준편차
군대태도	시청 안함	10	1.5000	0.70711
	시청함	10	4.1000	0.73786

(2) 결과 해석

〈표 11-9〉의 Levene의 오차변량의 동질성 검증 결과로 판단할 때, 두 집단이 동질적이기 때문에 〈등분산이 가정됨〉에 제시된 값을 제시하고 해석한다. 두 집단 간 평균값의 차이는 '-2.6'이고, t 값 '-8.045', 자유도 '18', 유의확률(양쪽) '0.000'이다. 이 결과를 〈표 11-10〉의 평균값과 함께 해석하여 다음과 같은 결론을 내린다.

〈군대홍보프로그램 시청에 따라 군대에 대한 태도에 차이가 난다〉는 연구가설을 검증한 결과 t 값은 '-8.045', 자유도는 '18', 유의확률 값은 '0.05'보다 작기 때문에 군대홍보프로그램 시청에 따라 군대에 대한 태도에 차이가 난다. 군대홍보프로그램을 시청하지 않은 사람의 군대에 대한 태도는 '1.5'로 낮게 나타났고, 군대홍보프로그램을 시청한 사람의 군대에 대한 태도는 '4.1'로 높게 나타났기 때문에 군대홍보프로그램 시청은 군대에 대한 긍정적 태도 형성에 영향을 주는 것으로 보인다.

7) 유의도 검증의 기본 논리

(1) t 값의 의미

t 값은 명명척도로 측정한 독립변인과 등간척도(또는 비율척도)로 측정한 종속변인으로 이루어진 연구가설의 유의도를 검증하기 위해 필요한 값으로서 두 집단 간 평균값의 차이를 집단의 표준편차로 나누어 계산한다. 일반적으로 두 집단 간 평균값의 차이가 크면 t 값이 크고, 차이가 작으면 t 값이 작아진다.

〈표 11-9〉에서 보듯이 군대홍보프로그램을 시청하지 않은 사람의 군대에 대한 태도의 평균값 '1.5'와 시청한 사람의 군대에 대한 태도의 평균값 '4.1'의 차이는 '-2.6'인데, 이 차이를 t 공식에 따라 계산하면 t 값이 '-8.045'로 나온다(SPSS/PC⁺(23.0) 프로그램이 계산해주기 때문에 공식은 신경 쓰지 않아도 된다). t 값이 '-8.045'로 '-'가 된 이유는 시청하지 않은 집단에 속한 사람의 평균값('1.5')에서 시청한 집단에 속한 사람의 평균값('4.1')을 빼 두 집단 간 평균값의 차이가 '-'로 나왔기 때문이다. 두 집단의 순서를 바꿔서(집단의 순서는 중요하지 않다) 시청한 집단에 속한 사람의 평균값에서 시청하지 않는 집단에 속한 사람의 평균값을 뺀 차이를 계산하면 '+'가 되기 때문에 t 값은 '+8.045'가 된다. 즉, t 값을 해석할 때는 부호를 신경 쓸 필요가 없다.

두 집단 간 평균값의 차이가 클수록 t 값이 커져서 연구가설을 받아들일 가능성이 크다. 반면 두 집단 간 평균값의 차이가 작을수록 t 값은 작아지기 때문에 영가설을 받아들일 가능성이 크다. 그러나 다른 추리통계방법과 마찬가지로 t 값만 가지고 판단해서는 안 되며 반드시 자유도와 함께 해석해야 한다.

(2) 자유도

자유도(*degree of freedom*)는 t 값의 의미를 판단하기 위해 비교되는 사람의 수를 의미하는데, 표본의 전체 사례에서 독자적 정보를 가진 사례의 수가 얼마인지를 보여준다(제10장 문항 간 교차비교분석의 자유도 설명을 참조하기 바란다). 군대홍보프로그램을 시청하지 않은 집단에 속한 사람의 수는 10명이기 때문에 이 집단(집단1)의 자유도는 사례수(10)에서 '1'을 뺀 값 '9'가 되고, 군대홍보프로그램을 시청한 집단에 속한 사람의 수도 10명이기 때문에 이 집단(집단2)의 자유도는 사례 수(10)에서 '1'을 뺀 값 '9'가 된다. 〈표 11-9〉에서 보듯이 전체 자유도는 집단1의 자유도 '9'와 집단2의 자유도 '9'를 합한 값 '18'이 된다.

(3) 유의확률

연구가설의 수용 여부는 유의확률 값을 가지고 판단한다. 자유도 '18'에서 t 값 '-8.045'의 유의확률 값이 '0.000'인데, 이는 t 분포에서 '0.000'(0.001%)에 놓여 있다는 것을 의미한다.

SPSS/PC+(23.0) 프로그램이 t 값과 자유도, 유의확률을 계산하여 제시해주기 때문에 t 분포표를 읽는 방법이 필요는 없지만, t 분포표를 해석하는 방법을 알면 유의확률의 의미를 쉽게 이해할 수 있다. t 분포표는 〈부록 C, t 분포〉에 제시되어 있다. t 분포표의 제일 위쪽에는 유의도 수준이 나열되어 (일방적 검증과 양방적 검증 아래 0.10, 0.05, 0.01) 있고, 표의 왼쪽에는 자유도(df)가 (1부터 ∞까지) 제시되어 있다. 위의 예에서 연구자가 유의도 수준을 0.05로 정했고(일단 〈양방적 검증에서의 유의수준〉 0.05를 본다), 자유도는 '18'이기 때문에 유의도 수준 '0.05'와 자유도 '18'이 만나는 점수인 t 값은 '2.101'이다. 연구결과로부터 계산한 t 값이 '2.101'보다 크면 $p < 0.05$(95%) 유의도 수준에서 연구가설을 받아들이는 것이고, '2.101'보다 작으면 영가설을 받아들이라는 의미이다. 위의 예에서 t 값은 '-8.045'로서 '2.101'보다 크고(부호는 무시한다), 유의확률 값이 $p < 0.05$보다 작은 '0.000'으로 나왔기 때문에 연구가설을 받아들인다.

그러나 〈표 11-11〉의 Levene의 오차변량의 동질성 검증 결과 집단이 동질적이 아니라면 〈등분산이 가정되지 않음〉에 제시된 값을 해석하면 된다. 결과 해석은 〈등분산이 가정됨〉에서 설명한 내용과 같기 때문에 생략하고, 차이가 나는 자유도만 살펴본다. 두 집단이 동질적이지 않을 때에는 t 값을 정확하게 계산할 수 없고 추정값만을 구할 수 있다. 따라서 〈등분산이 가정되지 않음〉에 제시된 자유도는 〈등분산이 가정됨〉에서처럼 자연수가 나오는 것이 아니라 소수점이 있는 값이 제시된다. 자유도는 독자적 정보를 가지는 사례 수이기 때문에 소수점이 나올 수 없지만, 두 집단이 동질적이 아닌 경우 자유도는 추정값만 계산할 수 있기 때문에 소수점이 있는 값을 갖게 된다.

8) 결과 분석 3: 영향력 값

SPSS/PC+(23.0)의 독립표본 t-검증 프로그램에서는 독립변인이 종속변인에게 미치는 영향력 값을 제시하지 않는다. 독립변인이 종속변인에게 미치는 영향력 값을 구하려면 SPSS/PC+(23.0) 프로그램의 〈일반선형모형〉 중 〈일변량〉 프로그램을 실행해야 한다.

제 12장 일원변량분석에서 살펴보겠지만, 독립표본 t-검증과 일원변량분석은 명명척도로 측정된 독립변인과 등간척도(비율척도)로 측정된 종속변인 간의 인과관계를 분석한다는 점에서 동일하지만, 다음과 같이 두 가지 차이가 있기 때문에 일원변량분석을 실행하는 것이 바람직하다.

첫째, 독립표본 t-검증에서 사용하는 독립변인은 반드시 두 개의 유목으로 측정되어야 하지만, 일원변량분석에서는 독립변인의 유목 수에 제약이 없기 때문에 몇 개의 유목으로 측정을 해도 분석이 가능하다. 일원변량분석은 독립표본 t-검증을 발전시킨 방법이라고 말할 수 있다.

둘째, 독립표본 t-검증은 두 집단의 평균값의 차이를 통해 변인 간의 인과관계를 분석하지만, 일원변량분석은 평균값 대신 변량이라는 개념을 사용하여 변인 간의 인과관계를 분석한다. 일원변량분석을 실행하면 독립표본 t-검증에서 얻은 결과와 동일한 결과를 얻을 수 있을 뿐 아니라 변인 간의 영향력 값도 구할 수 있기 때문에 편리하다.

3. 대응표본 t-검증

1) 정 의

대응표본 t-검증(paired sample t-test)은 〈표 11-11〉에서 보듯이 명명척도로 측정한 한 개의 독립변인과 등간척도(또는 비율척도)로 측정한 한 개의 종속변인 간의 인과관계를 분석하는 방법이다. 독립변인을 구성하는 유목의 수는 반드시 두 개여야 한다. 이 조건은 독립표본 t-검증과 같다. 대응표본 t-검증은 독립표본 t-검증과는 달리 〈표 11-3〉에서 봤듯이 반드시 동일한 사람이 두 번의 실험처치(또는 응답)에 참여해야 한다. 대응표본 t-검증의 예를 들어보자. 〈음주에 따라 교통사고량에 차이가 난다〉는 연구가설에서 독립변인 〈음주〉는 명명척도로 측정된 변인으로서 ① 음주하지 않음과 ② 음주함 두 유목으로 측정하여 표본에 속한 전체 사람이 시점1에는 술을 마시지 않고, 시점2에는 술을 마신다. 연구가설의 유의도 검증은 시점1: 술 마시지 않은 상태에서의 교통사고량과

표 11-11 **대응표본 t-검증의 조건**

1. 독립변인
   1) 측정: 명명척도(반드시 2개의 유목으로 측정)
   2) 수: 한 개

2. 종속변인
   1) 측정: 등간척도(또는 비율척도)
   2) 수: 한 개

3. 표본: 대응표본

시점2: 술 마신 후 교통사고량을 조사하여 평균값을 구한 후 두 시점 간의 평균값에 차이가 있는지를 비교 분석하여 이루어진다.

대응표본 t-검증은 동일한 사람이 시점만 달리하여 실험에 참여(또는 응답)하기 때문에 독립표본 t-검증과 같이 집단의 동질성 검증(두 집단이 같은 모집단에서 추출되었는지 여부)을 할 필요가 없지만, 대신 대응표본과 유목 간 상관관계계수 전제를 검증한다.

독립표본 t-검증을 사용하기 위한 조건을 알아보자.

(1) 변인의 측정

대응표본 t-검증에서 독립변인은 명명척도로 측정해야 하고, 반드시 두 개의 유목으로 구성돼야 한다. 예를 들면, 〈군대홍보프로그램시청〉은 시점1의 ① 시청하지 않은 상태와 시점2의 ② 시청한 상태로 측정해야 한다. 또는 〈음주〉의 예를 들면 시점1의 ① 음주하지 않은 상태와 시점2의 ② 음주한 상태로 측정해야 한다.

종속변인은 등간척도(또는 비율척도)로 측정되어야 한다.

유목의 수가 세 개 이상인 독립변인을 사용해 종속변인 간의 인과관계를 분석하고 싶을 때는 대응표본 t-검증을 사용할 수 없고 반복측정 ANOVA(repeated measures ANOVA)를 사용해야 한다(제25장 반복측정 ANOVA를 참조하기 바란다). 예를 들어 독립변인 〈군대홍보프로그램시청〉을 시점1의 ① 시청한 적이 없음, 시점2의 ② 1~2번 시청한 적이 있음, 시점3의 ③ 3번 이상 시청한 적이 있음으로 세 개의 유목으로 측정한다면 대응표본 t-검증으로 분석할 수 없다. 또는 〈음주〉를 시점1의 ① 음주하지 않은 상태와 시점2의 ② 소주 반 병 마신 상태, 시점3의 ③ 소주 1병 이상 마신 상태로 측정한다면 대응표본 t-검증을 사용할 수 없다.

(2) 변인의 수

대응표본 t-검증에서 사용하는 변인의 수는 독립변인 한 개, 종속변인 한 개여야 한다. 즉, 대응표본 t-검증에서 사용하는 변인의 수는 두 개이다.

(3) 대응표본 t-검증과 독립표본 t-검증의 공통점과 차이점

대응표본 t-검증과 독립표본 t-검증 간의 공통점과 차이점을 알아보자.

① 공통점

대응표본 t-검증과 독립표본 t-검증의 목적은 명명척도로 측정한 한 개의 독립변인(유목의 수는 두 개)과 등간척도(또는 비율척도)로 측정한 한 개의 종속변인 간의 인과관계를 분석하기 위한 것으로 동일하다. 예를 들어, 〈음주에 따라 교통사고량에 차이가 난다〉

는 연구가설은 독립표본 t-검증으로도 검증할 수 있고, 대응표본 t-검증으로도 검증할 수 있다.

② 차이점

대응표본 t-검증과 독립표본 t-검증 간에는 표본을 할당하는 방법에 큰 차이가 있다. 예를 들어 연구자가 특정 혈압약의 복용 여부가 혈압에 미치는 효과를 t-검증을 사용하여 검증한다고 가정하자. 이 연구가설은 표본을 어떻게 할당하느냐에 따라 t-검증이 달라진다. 〈표 11-12〉의 ⓐ에서 보듯이 독립표본 t-검증에서는 A 집단에 속한 사람은 특정 혈압약을 복용하지 않은 상태에서 혈압을 측정하고, B 집단에 속한 사람은 특정 혈압약을 복용한 후 혈압을 측정해 두 집단 간 혈압의 차이를 분석하여 혈압약의 효과를 검증한다. 반면 대응표본 t-검증을 사용하면, 〈표 11-12〉의 ⓑ에서 보듯이 동일한 사람이 시점 1에 특정 혈압약을 복용하지 않은 상태에서 혈압을 측정하고, 시점2에 특정 혈압약을 복용한 후 혈압을 측정해 두 조건에 따른 혈압의 차이를 분석하여 혈압약의 효과를 검증한다.

표 11-12 **독립표본 t-검증과 대응표본 t-검증의 표본의 차이**

(a) 독립표본 t-검증

혈압약을 복용한 집단	혈압약을 복용하지 않은 집단
응답자 1의 혈압 값	응답자 4의 혈압 값
응답자 2의 혈압 값	응답자 5의 혈압 값
응답자 3의 혈압 값	응답자 6의 혈압 값

(b) 대응표본 t-검증

시점 1	시점 2
혈압약 미복용	혈압약 복용
응답자 1의 혈압 값	응답자 1의 혈압 값
응답자 2의 혈압 값	응답자 2의 혈압 값
응답자 3의 혈압 값	응답자 3의 혈압 값

2) 연구절차

대응표본 t-검증의 연구절차는 〈표 11-13〉에 제시된 것처럼 네 단계로 이루어진다.

첫째, 대응표본 t-검증에 적합한 연구가설을 만든다. 변인의 측정과 수, 표본 할당에 유의하여 연구가설을 만든 후 유의도 수준($p < 0.05$ 또는 $p < 0.01$)을 정한다.

둘째, 데이터를 수집하여 입력한 후 SPSS/PC$^+$(23.0)의 대응표본 t-검증을 실행하여 분석에 필요한 결과를 얻는다.

셋째, 결과 분석의 첫 번째 단계로, 대응표본과 유목 간 상관관계 전제를 검증한다.

넷째, 결과 분석의 두 번째 단계로, 연구가설의 유의도 검증을 한다. 평균값과 t 값, 자유도, 유의확률 값을 살펴보면서 연구가설의 수용 여부를 판단한다.

표 11-13 **대응표본 t-검증의 연구절차**

1. 연구가설 제시
   1) 독립변인의 수는 한 개이고, 명명척도로 측정한다(반드시 유목이 두 개).
      종속변인의 수는 한 개이고, 등간척도나 비율척도로 측정한다. 변인 간의
      인과관계를 연구가설로 제시한다
   2) 유의도 수준을 정한다(p < 0.05 또는 p < 0,01)

⬇

2. 데이터 입력과 프로그램 실행
   1) 데이터를 수집하여 입력한다
   2) 대응표본 t-검증을 실행하여 분석에 필요한 결과를 얻는다

⬇

3. 결과 분석 1: 전제 검증
   1) 대응표본
   2) 유목 간 상관관계

⬇

4. 결과 분석 2: 유의도 검증

3) 연구가설과 가상 데이터

(1) 연구가설

① 연구가설

〈표 11-11〉에서 제시한 변인의 측정과 수, 대응표본의 조건만 충족하는 연구가설이라면 대응표본 t-검증을 사용하여 분석할 수 있다. 이 장에서는 앞에서 제시한 독립변인 〈군대홍보프로그램시청〉과 종속변인 〈군대태도〉 간의 인과관계를 검증한다. 연구가설은 〈군대홍보프로그램 시청에 따라 군대에 대한 태도에 차이가 난다〉이다.

② 변인의 측정

독립변인은 〈군대홍보프로그램 시청 여부〉 한 개이고 ① 시청하지 않음, ② 시청함으로 측정한다. 종속변인은 〈군대태도〉 한 개이고, 5점 척도(1점: 매우 싫어함부터 5점: 매우 좋아함까지)로 측정한다.

③ 유의도 수준

유의도 수준을 $p < 0.05$(또는 $\alpha < 0.05$)로 정한다. 유의확률이 0.05보다 작으면 연구가
설을 받아들이고, 0.05보다 크면 영가설을 받아들인다.

(2) 가상 데이터

이 장에서 분석하는 〈표 11-14〉의 데이터는 필자가 임의적으로 만든 것이어서 표본의
수(10명)가 적고, 결과가 꽤 잘 나오게 만들었다(이 데이터를 사용하여 대응표본 t-검증
프로그램을 실행해보기 바란다). 그러나 독자들이 실제 연구하는 데이터는 표본의 수도
훨씬 많고, 결과는 이 장에서 제시하는 것만큼 깔끔하게 잘 나오지 않을 수 있다.

표 11-14 **대응표본 t-검증의 가상 데이터**

응답자	시청 전 군대태도	시청 후 군대태도
1	2	5
2	1	4
3	1	3
4	3	5
5	1	4
6	1	4
7	2	5
8	1	3
9	1	4
10	2	4

4) SPSS/PC⁺ 실행방법

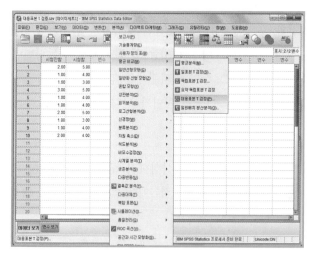

[실행방법 1] 분석방법 선택

메뉴판의 [분석(A)]을 선택하여
[평균비교(M)]를 클릭하고
[대응표본 T 검정(P)]을 클릭한다.

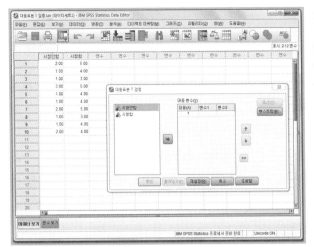

[실행방법 2] 분석변인 선택 1

[대응표본 T 검정] 창이 나타난다.
분석하고자 하는 변인을 각각 클릭하여
오른쪽의 [대응변수(V)]의 [변수 1]과
[변수 2]로 이동시킨다(➡).

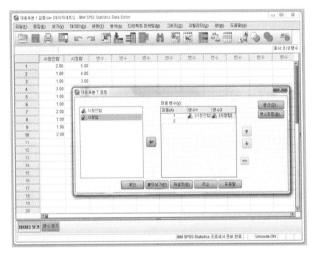

[실행방법 3] 분석변인 선택 2

[대응(A)]의 [변수 1]에는 〈시청 전 태도〉,
[변수 2]에는 〈시청 후 태도〉가 위치하게
된다. [확인]을 클릭한다.

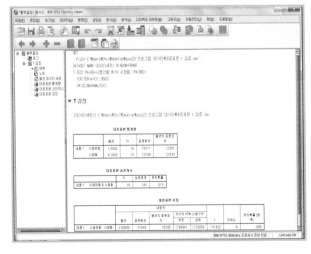

[분석결과 1] T-검증

분석 결과가 새로운 창
*출력결과 1[문서 1]로 나타난다.
[대응표본통계량] 표에는 '시청 전 태도'와
'시청 후 태도' 집단의 사례 수(N), 평균값,
표준편차, 평균의 표준오차가 제시된다.
[대응표본 상관계수] 표에는 전체 사례 수와
상관관계 계수가 제시되며, 유의확률이
.05보다 작으면 유의미하다.
[대응표본검정] 표에는 시청 이전과 이후의
평균차와 표준편차, T 값 등이 제시된다.

5) 결과 분석 1: 전제 검증

(1) 대응표본

대응표본 t-검증을 사용하기 위해서는 〈표 11-3〉에서 봤듯이 시점1과 시점2의 실험처치에 참여하는 사람이 동일한 대응표본(*paired sample*)이어야 한다. 대응표본 t-검증의 예를 들어보자. 〈음주에 따라 교통사고량에 차이가 난다〉는 연구가설을 검증할 때 독립변인 〈음주〉는 ① 음주하지 않음과 ② 음주함 두 유목으로 이루어졌고, 시점1에서 음주하지 않은 상태에서 교통사고량을 측정하고, 시점2에서 음주한 상태에서 교통사고량을 측정한다. 한 시점의 사람과 다른 시점의 사람이 다를 경우 대응표본의 전제가 충족되지 않기 때문에 대응표본 t-검증을 사용할 수 없다.

(2) 유목 간 상관관계

대응표본 t-검증에서 유목 간 점수의 상관관계계수가 중요한 이유는 변량을 분석할 때 전체 변량 중 개인차(*individual difference*) 때문에 나타나는 설명변량(행간변량, *between-rows variance*)이 얼마인지를 알 수 있고, 이를 유의도 검증에 반영할 수 있기 때문이다. 그러나 이 문제는 상당히 복잡해서 이 장에서 설명하기는 적절치 않고, 제 25장 반복측정 ANOVA에서 알아보기로 한다.

현 단계에서 독자는 유목 간(여기서는 두 시점 간) 점수 간의 상관관계계수는 표본 방법으로 대응표본이 적절했는지를 검증하는 데 필요하다고 이해하면 된다. 연구가설은 대응표본이 적절하다는 것이고, 영가설은 대응표본이 적절하지 않다는 것이다. 상관관계계수의 유의확률 값이 0.05보다 작다면 연구가설을 받아들여 대응표본이 적절하다고 판단하면 된다. 반면 유의확률 값이 0.05보다 크다면 대응표본이 적절하지 않다고 판단한다. 이 경우 독립표본이 더 적절할 수 있기 때문에 추후 연구에서는 독립표본으로 데이터를 수집하는 것을 생각해야 한다. 두 시점 간 점수의 상관관계계수는 〈표 11-15〉에 제시되어 있는데, 상관관계계수가 '0.745'이고, 유의확률 값이 $p < 0.05$보다 작게 나타나 연구가설을 받아들인다. 즉, 대응표본이 적절했다는 결론을 내린다.

표 11-15 **유목 간 상관관계계수**

	N(사례 수)	상관계수	유의확률
대응1 시청 전 군대태도	10	0.745	0.013
시청 후 군대태도			

6) 결과 분석 2: 유의도 검증

(1) 평균값

t 연구가설을 검증하기 위해서는 먼저 〈표 11-16〉에 제시된 두 집단의 평균값을 살펴본다. 대응표본이기 때문에 시점1의 응답자와 시점2의 응답자는 동일한 사람이다. 시점1에서 군대홍보프로그램을 시청하지 않은 사람의 수는 10명이고, 군대에 대한 태도의 평균값은 '1.5'이다. 시점2에서 군대홍보프로그램을 시청한 사람의 수도 10명이고, 이때 군대에 대한 태도의 평균값은 '4.1'이다. 평균값만 갖고 판단하면 군대홍보프로그램을 시청하지 않을 때에 비해 시청할 때 군대에 대해 긍정적 태도를 가지는 것으로 나타났다. 이 표본의 결과가 모집단에도 그대로 나타나는지를 판단하기 위해서 유의도 검증을 실시한다.

표 11-16 **평균값**

시청 여부	N(사례 수)	평균	표준편차
대응 1 시청 전 군대태도	10	1.5000	0.70711
시청 후 군대태도	10	4.1000	0.73786

(2) 결과 해석

〈군대홍보프로그램 시청에 따라 군대에 대한 태도에 차이가 난다〉는 연구가설을 검증한 결과, 〈표 11-17〉에서 보듯이 두 시점 간 평균값의 차이는 '-2.6'이고, t 값은 '-15.922', 자유도 '9', 유의확률 값은 $p < 0.05$보다 작기 때문에 연구자는 군대홍보프로그램 시청 여부에 따라 군대에 대한 태도에 차이가 난다는 결론을 내린다. 즉, 군대홍보프로그램을 시청하지 않았을 경우에 군대에 대한 태도는 '1.5'로 낮게 나타났고, 군대홍보프로그램을 시청한 후에 군대에 대한 태도는 '4.1'로 높게 나타난 결과로 판단할 때 군대홍보프로그램 시청은 군대에 대한 긍정적 태도에 영향을 주는 것으로 보인다.

표 11-17 **t-검증 결과**

	대응차		t	자유도	유의확률 (양쪽)
	평균	표준편차			
대응1 시청 전 군대태도 시청 후 군대태도	-2.60000	0.51640	-15.922	9	0.000

7) 유의도 검증의 기본 논리

(1) t 값의 의미

대응표본에서 t 값은 두 시점 간(또는 응답 간)의 평균값의 차이점수로부터 계산한다. 두 시점 간 평균값의 차이가 클수록 t 값이 커지고, 차이가 작을수록 t 값이 작아진다.

동일한 사람이 군대홍보프로그램을 시청하지 않았을 경우에 군대에 대한 태도의 평균값 '1.5'와 시청한 후에 군대에 대한 태도의 평균값 '4.1'의 차이는 '-2.6'인데, 이 차이를 가지고 t 공식에 따라 계산한 t 값이 '-15.922'이다. t 값이 '-15.922'로 '-'가 된 이유는 시점1의 시청하지 않은 때의 평균값보다 시점2의 시청한 때의 평균값이 크기 때문에 두 시점 간의 평균값 차이가 '-'로 나오기 때문이다. 두 시점의 순서를 바꿔서(시점의 순서는 중요하지 않다) 시청한 시점에 속한 사람의 평균값에서 시청하지 않는 시점에 속한 사람의 평균값을 뺀 차이점수를 계산하면 '+'가 되기 때문에 자연히 t 값은 '+15.922'가 된다. 독립표본 t-검증과 마찬가지로 t 값을 해석할 때 부호는 신경 쓰지 않아도 된다.

여기서 독립표본 t-검증 t 값과 대응표본 t-검증의 t 값을 비교해보자. 독립표본의 집단 간 점수들과 대응표본의 시점 간 점수들은 동일함에도 불구하고(데이터를 비교해보시오), 독립표본 t-검증에서 t 값은 '-8.045'로 나왔고, 대응표본 t-검증에서 t 값은 '-15.922'로 다르게 나왔다. 두 t 값을 비교해 봤을 때(부호는 무시한다) 대응표본 t 값이 독립표본 t 값에 비해 상당히 크다는 것을 알 수 있다. 동일한 데이터를 분석했음에도 불구하고 분석방법에 따라 왜 이런 차이가 나오는지 그 이유는 제25장 반복측정 ANOVA에서 알아본다.

(2) 자유도

독립표본 t-검증과 마찬가지로 대응표본 t-검증에서도 t 값을 자유도(*degree of freedom*)와 함께 해석한다. 자유도는 독자적 정보를 가진 사례 수가 얼마인지를 보여주는 값이다. 대응표본에서는 군대홍보프로그램을 시청하지 않은 사람과 시청한 사람은 시점(시점1과 시점2)만 다를 뿐 동일한 사람으로 10명이다. 따라서 사례 수('10')에서 1을 뺀 '9'가 자유도가 된다.

(3) 유의확률

연구가설의 수용 여부는 유의확률 값을 갖고 최종적으로 판단한다. 자유도 '9', t 값 '-15.99'의 유의확률 값이 $p < 0.05$보다 작은 '0.000'으로 나왔기 때문에 연구자는 연구가설을 받아들인다. t 분포표를 해석하는 방법은 이미 독립표본 t-검증에서 알아봤기 때문에 여기서는 설명을 생략한다.

8) 결과 분석 3: 영향력 값

SPSS/PC⁺(23.0) 프로그램의 대응표본 t-검증에서는 독립변인이 종속변인에게 미치는 영향력 값을 제시하지 않는다. 독립변인이 종속변인에게 미치는 영향력 값을 구하려면 SPSS/PC⁺(23.0) 프로그램의 〈일반선형모형〉 중 〈반복측도〉 프로그램을 실행하면 된다.

대응표본 t-검증과 반복측정 ANOVA는 명명척도로 측정된 독립변인과 등간척도(비율척도)로 측정된 종속변인 간의 관계를 분석한다는 점에서 동일하지만, 크게 두 가지 차이가 있다.

첫째, 대응표본 t-검증에서 사용하는 독립변인은 반드시 두 개의 유목으로 측정돼야 하지만, 반복측정 ANOVA에서는 독립변인의 유목 수에 제약이 없기 때문에 세 개 이상 여러 개의 유목으로 측정이 돼도 분석이 가능하다. 즉, 대응표본 t-검증에서는 두 시점 간(시점1과 시점2)의 평균값의 차이를 검증하지만, 반복측정 ANOVA에서는 여러 시점 간(시점1, 시점2, 시점3, … 시점n)의 평균값의 차이를 검증할 수 있다. 반복측정 ANOVA는 대응표본 t-검증을 발전시킨 방법이라고 말할 수 있다.

둘째, 대응표본 t-검증은 두 집단의 평균값의 차이를 통해 인과관계를 분석하지만, 반복측정 ANOVA는 변량 개념을 사용하여 분석한다. 반복측정 ANOVA를 실행하면 대응표본 t-검증에서 얻은 결과와 동일한 결과를 얻을 수 있을 뿐 아니라 독립변인이 종속변인에게 미치는 영향력 값도 구할 수 있기 때문에 대응표본 t-검증보다 반복측정 ANOVA를 사용하는 것이 바람직하다.

4. 일표본 t-검증

1) 정 의

일표본 t-검증(*one sample t-test*)은 〈표 11-18〉에서 보듯이 명명척도로 측정한 한 개의 독립변인과 등간척도(또는 비율척도)로 측정한 한 개의 종속변인 간의 인과관계를 분석하는 방법으로서 독립변인의 유목 수는 두 개여야 한다. 이 조건은 독립표본 t-검증, 대응표본 t-검증과 같다.

일표본 t-검증은 두 검증과는 달리, 〈표 11-4〉에서 봤듯이 연구자가 분석하고 싶은 두 집단 중 한 집단에 대한 기존 연구결과가 있을 때 연구자가 실제 조사한 변인의 평균값을 비교하여 분석하는 방법을 말한다. 일표본 t-검증의 예를 들어보자. 〈지역에 따라 영어성적에 차이가 난다〉는 연구가설에서 독립변인 〈지역〉은 명명척도로 측정된 변인으

표 11-18 **일표본 t-검증의 조건**

1. 독립변인
   1) 측정: 명명척도(반드시 2개의 유목으로 측정)
   2) 수: 한 개

2. 종속변인
   1) 측정: 등간척도(또는 비율척도)
   2) 수: 한 개

3. 표본: 일표본

로서 ① 강남과 ② 강북 두 유목으로 측정하고, 종속변인 〈영어성적〉은 등간척도나 비율척도로 측정한다고 가정하자. 만일 강남 학생의 영어성적에 대한 기존 연구결과가 있다면 굳이 강남 학생의 영어성적을 다시 조사할 필요가 없고, 강북 학생만 표본으로 선정하여 영어성적을 조사한 후 두 평균값에 차이가 있는지를 비교 분석하면 된다.

일표본 t-검증에서 한 집단의 평균값은 기존 연구결과를 이용하기 때문에 이 집단에 속한 사람에 대한 정확한 정보도 부족할 뿐 아니라 실제 연구하는 집단의 사례 수와는 다르기 때문에 집단의 동질성을 검증할 수 없다. 연구자는 t 연구가설만 검증하면 된다. 일표본 t-검증은 특수한 경우에만 사용하는 방법이라고 생각하면 된다.

(1) 변인의 측정

일표본 t-검증에서 독립변인은 명명척도로 측정해야 하고, 반드시 두 개의 유목으로 구성돼야 한다. 〈군대홍보프로그램시청〉과 〈군대태도〉의 예를 들면 ① 시청하지 않음과 ② 시청함으로 측정하는데 시청하지 않은 상태에서의 군대에 대한 태도는 기존 연구결과를 그대로 사용한다. 연구자는 시청한 후에 군대에 대한 태도만을 조사한다. 또는 〈음주〉와 〈교통사고량〉의 예를 들면 ① 음주하지 않음과 ② 음주함으로 측정하는데 음주하지 않은 상태에서의 교통사고량은 기존 연구결과를 그대로 사용한다. 연구자는 음주한 후에 교통사고량만을 조사한다.

종속변인은 등간척도(또는 비율척도)로 측정되어야 한다.

(2) 변인의 수

일표본 t-검증에서 사용하는 변인의 수는 독립변인 한 개, 종속변인 한 개여야 한다. 즉, 일표본 t-검증에서 사용하는 변인의 수는 두 개이다.

2) 연구절차

일표본 t-검증의 연구절차는 〈표 11-19〉에서 제시된 것처럼 세 단계로 이루어진다.

첫째, 일표본 t-검증에 적합한 연구가설을 만든다. 변인의 측정과 수, 표본에 유의하여 연구가설을 만든 후 유의도 수준(p < 0.05 또는 p < 0.01)을 정한다.

둘째, 데이터를 수집하여 입력한 후 SPSS/PC⁺(23.0)의 대응표본 t-검증을 실행하여 일표본 t-검증에 필요한 결과를 얻는다.

셋째, 결과 분석의 첫 번째 단계로, 연구가설의 유의도를 검증한다. 평균값과 t 값, 자유도, 유의확률 값을 살펴보면서 연구가설의 수용 여부를 판단한다.

표 11-19 **일표본 t-검증의 연구절차**

1. 연구가설 제시
   1) 독립변인의 수는 한 개이고, 명명척도로 측정한다(반드시 유목을 두 개). 종속변인의 수는 한 개이고, 등간척도나 비율척도로 측정한다. 변인 간의 인과관계를 연구가설로 제시한다
   2) 유의도 수준을 정한다(p < 0.05 또는 p < 0.01)

⬇

2. 데이터 입력과 프로그램 실행
   1) 데이터를 수집하여 입력한다
   2) 대응표본 t-검증을 실행하여 일표본 t-검증에 필요한 결과를 얻는다

⬇

3. 결과 분석 1: 유의도 검증

3) 연구가설과 가상 데이터

(1) 연구가설

① 연구가설
앞에서 제시한 연구가설 〈군대홍보프로그램 시청에 따라 군대에 대한 태도에 차이가 난다〉를 그대로 사용한다.

② 변인의 측정
독립변인은 〈군대홍보프로그램시청〉 한 개이고 ① 시청하지 않음, ② 시청함으로 측정한다. 시청하지 않은 집단의 군대에 대한 태도 평균값은 기존 연구결과를 사용하고, 시청한 집단의 군대에 대한 태도 평균값은 실제 표본을 선정하여 조사를 실시한다. 종속

변인은 〈군대태도〉 한 개이고, 5점 척도(1점은 매우 싫어함부터 5점은 매우 좋아함까지)로 측정한다.

③ 유의도 수준

유의도 수준을 $p < 0.05$(또는 $\alpha < 0.05$)로 정한다. 유의확률이 0.05보다 작으면 연구가설을 받아들이고, 0.05보다 크면 영가설을 받아들인다.

(2) 가상 데이터

이 장에서 분석하는 〈표 11-20〉의 데이터는 필자가 임의적으로 만든 것이어서 표본의 수(10명)가 적고, 결과가 꽤 잘 나오게 만들었다(이 데이터를 사용하여 대응표본 t-검증 프로그램을 실행해보기 바란다). 그러나 독자들이 실제 연구하는 데이터는 표본의 수도 훨씬 많고, 결과는 이 장에서 제시하는 것만큼 깔끔하게 잘 나오지 않을 수 있다.

표 11-20 **일표본의 가상 데이터**

응답자	시청 전 군대태도(기존 연구결과)	시청 후 군대태도(실제 연구)
1		5
2		4
3		3
4		5
5	1.5	4
6		4
7		5
8		3
9		4
10		4

4) SPSS/PC⁺ 실행방법

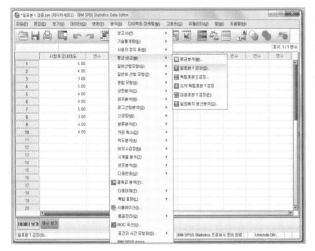

[실행방법 1] 분석방법 선택

메뉴판의 [분석(A)]을 선택하여
[평균비교(M)]를 클릭하고
[일표본 T 검정(S)]을 클릭한다.

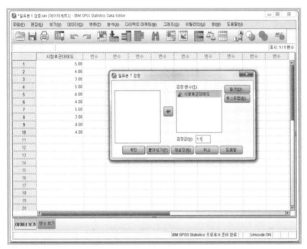

[실행방법 2] 분석변인 선택

[일표본 T 검정] 창이 나타난다.
분석하고자 하는 변인을 클릭하여
오른쪽의 [검정변수(T)]로 이동시킨다(➡).
아래의 [검정값(V)]에 검정변인과
비교하고자 하는 평균값
(기존 연구 평균값 1.50)을 입력한다.
[확인]을 클릭한다.

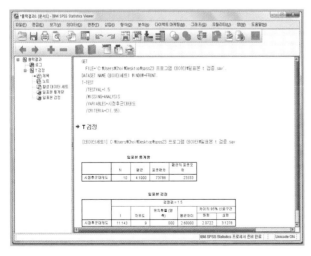

[분석결과 1] T-검증

분석 결과가 새로운 창
*출력결과 1[문서 1]로 나타난다.
[일표본 통계량] 표에는
'시청 후 태도_실제연구'의 사례 수(N),
평균값, 표준편차, 평균의 표준오차가
제시된다.
다음으로 [일표본 검정] 표에는
기존 연구와 실제 연구의 시청 후 태도
평균값을 비교한 t-검증 결과가 제시된다.

5) 결과 분석 1: 유의도 검증

(1) 평균값

t 연구가설을 검증하기 위해서는 먼저 〈표 11-21〉에 제시된 두 집단의 평균값을 살펴본다. 군대홍보프로그램을 시청하지 않은 사람의 군대에 대한 태도의 평균값(기존 연구결과)은 '1.5'이다. 반면 군대홍보프로그램을 시청한 사람의 수는 10명이고, 이들의 군대에 대한 태도의 평균값(실제 연구결과)은 '4.1'이다. 기존 연구결과에서 표본의 수는 실제 연구한 10명과 맞추기 위해 10명으로 제시되며, 표준편차는 계산할 수 없기 때문에 빈 칸으로 제시된다.

평균값만 갖고 결과를 판단할 때 군대홍보프로그램을 시청한 사람이 시청하지 않은 사람에 비해 군대에 대해 긍정적인 태도를 가지는 것으로 나타났다. 여기서 나타난 두 집단의 평균값 '1.5'와 '4.1'이 모집단에서도 그대로 나타나는지 판단하기 위해서 유의도를 검증한다.

표 11-21 **평균값**

시청 여부	N(사례 수)	평균	표준편차
대응 1 시청 전 군대태도	10	1.5000	0.73786
시청 후 군대태도	10	4.1000	

(2) 결과 해석

〈군대홍보프로그램 시청에 따라 군대에 대한 태도에 차이가 난다〉는 연구가설을 검증한 결과, 〈표 11-22〉의 값들을 살펴보면 두 평균값의 차이는 '2.6'이고, t 값은 '11.143', 자유도는 '9', 유의확률(양쪽) 값은 0.05보다 작기 때문에 연구자는 군대홍보프로그램 시청이 군대에 대한 태도에 영향을 미친다는 결론을 내린다. 군대홍보프로그램을 시청하지 않은 사람의 군대에 대한 태도(기존 연구결과)는 '1.5'로 낮게 나타났고, 군대홍보프로그램을 시청한 사람의 군대에 대한 태도(실제 연구결과)는 '4.1'로 높게 나타난 결과로 판단할 때 군대홍보프로그램 시청은 군대에 대한 긍정적인 태도에 영향을 주는 것으로 보인다.

표 11-22 **일표본 검증 결과**

	검증값 = 1.5			
	t	자유도	유의확률(양쪽)	평균차
대응1 시청 전 군대태도	11.143	9	0.000	2.60000
시청 후 군대태도				

6) 유의도 검증의 논리

일표본에서 t 값의 유의도 검증 논리는 앞에서 살펴본(전제 검증은 할 수 없고, 결과를 얻기 위해 대응표본 t-검증 프로그램을 실행하지만) 독립표본 t-검증 논리와 같기 때문에 여기서는 설명을 생략한다.

5. 양방향과 일방향 검증 비교

연구자가 연구가설을 만들 때 방향을 어떻게 부여하느냐에 따라 양방향(또는 양측, *two tail*) 검증, 또는 일방향(또는 단측, *one tail*) 검증이 결정된다. 양방향 검증이냐, 일방향 검증이냐에 따라 연구가설 형태와 가설 검증 방법이 달라진다. 〈성별〉과 〈텔레비전시청시간〉 간의 인과관계를 분석한다고 가정하고 양방향 검증과 일방향 검증의 차이를 알아보자.

　양방향 검증의 연구가설은 크게, 또는 작게(많게, 또는 적게)와 같이 방향이 설정되어 있지 않고, 단순히 차이가 난다고 서술한다. 〈성별〉과 〈텔레비전시청시간〉 간의 인과관계를 양방향 연구가설로 만들면 〈성별에 따라 텔레비전시청시간에 차이가 난다〉가 된다. 이 연구가설에는 〈성별〉 두 집단(① 남성과 ② 여성) 간에 남성이 여성보다, 또는 여성이 남성보다 더 많게, 또는 더 적게 텔레비전을 시청한다는 방향이 설정되어 있지 않다. 남성과 여성 간 텔레비전시청시간에 차이가 난다(많든지, 적든지에 상관없이)라고만 했기 때문에 한 집단이 다른 집단과 차이만 나면(많아도, 또는 적어도) 연구가설이 검증된다.

　양방향 검증을 그림으로 설명하면 〈그림 11-2〉와 같다. 남성과 여성 간 텔레비전시청시간에 차이가 난다고 했기 때문에 두 집단 간 평균값의 차이로부터 구한 t 값이 t 분포 곡선의 빗금 친 왼쪽(작은 쪽)이나 오른쪽(큰 쪽) 중 어느 쪽에 위치해도 연구가설을 받아들인다.

　그러나 일방향 검증의 연구가설은 크게, 또는 작게(많게, 또는 적게)와 같이 방향이 설정되어 있다. 〈성별〉과 〈텔레비전시청시간〉 간의 인과관계를 일방향 연구가설로 만들면 〈남성이 여성보다 텔레비전을 더 많이 시청한다〉, 또는 〈여성이 남성보다 텔레비전을 더 시청한다〉가 된다. 이 연구가설에는 〈성별〉 두 집단 간에 방향이 설정되어 있기 때문에 결과가 한 방향대로 나와야(많거나 적거나) 연구가설이 검증된다.

　일방향 검증을 그림으로 설명하면 〈그림 11-3〉과 같다. 〈남성이 여성에 비해 텔레비전을 더 많이 시청한다〉는 일방향 연구가설을 정했다면 t 값이 t 분포 곡선의 오른쪽 빗금 친 영역에 속해야 연구가설이 검증된다. t 값이 왼쪽 빗금 친 영역에 속한다면(차이

그림 11-2 **양방향 검증**

그림 11-3 **일방향 검증**

는 존재하지만) 연구가설이 부정된다. 반면 〈여성이 남성에 비해 텔레비전을 더 시청한다〉는 일방향 연구가설을 정했다면 t 값이 t 분포 곡선의 왼쪽 빗금 친 부분에 속해야 연구가설이 검증된다. t 값이 오른쪽 빗금 친 영역에 속한다면 연구가설이 부정된다.

  t-검증에서 연구가설 검증은 양방향과 일방향 검증이 가능한데 양방향 검증이 기본이다. t-검증 결과에서 제시된 양방향 유의확률을 일방향 유의확률로 바꾸는 방법은 간단하다. 양방향 유의확률을 일방향 유의확률로 바꾸고 싶다면 양방향 유의확률을 '2'로 나누면 된다. 예를 들어 양방향 유의확률이 '0.06'이라면 일방향 유의확률은 '0.03'(0.06/2)이 된다. 부록에 있는 t 분포표에서 〈양방적 검증에서의 유의수준〉이라는 말은 연구가설을 양방향으로 검증이라는 의미고, 〈일방적 검증에서의 유의수준〉라는 말은 일방향 검증이라는 의미다.

6. t-검증 논문작성법

1) 독립표본 t-검증

(1) 연구절차

① 독립표본 t 분석에 적합한 연구가설을 만든다

연구가설	독립변인		종속변인	
	변인	측정	변인	측정
성별에 따라 텔레비전시청시간에 차이가 나타난다	성별	(1) 여성 (2) 남성	텔레비전 시청시간	실제 시청시간(분)

② 유의도 수준을 정한다: $p < 0.05$(95%) 또는 $p < 0.01$(99%) 중 하나를 결정한다

③ 표본을 선정하여 데이터를 수집한 후 컴퓨터에 입력한다

④ SPSS/PC[+] 프로그램 중 독립표본 t 분석을 실행한다

(2) 연구결과 제시 및 해석방법

① 집단의 동질성 검증: Levene 검증(논문에서 제시하지 않는다)

연구가설: P1 ≠ P2

영 가 설: P1 = P2

① Levene 검증을 통해 결과가 유의미하게 나와 연구가설을 받아들이면 즉, 두 모집단이 다르면, 결과에서 〈등분산이 가정되지 않음〉에 제시된 t 값을 해석한다.
② Levene 검증을 통해 결과가 유의미하지 않게 나와 영가설을 받아들이면 즉, 두 모집단이 같으면, 결과에서 〈등분산이 가정됨〉에 제시된 t 값을 해석한다.

② t 연구결과를 표로 제시한다

프로그램을 실행하여 얻은 결과를 〈표 11-23〉과 같이 만든다.

표 11-23 **성별과 텔레비전시청시간의 차이**

집단	사례 수	평균	표준편차	t	df	유의확률
여성	120	51.5	13.8	1.542	248	0.04
남성	130	42.5	14.9			

③ t 표를 해석한다

가. 유의도 검증결과 쓰는 방법

〈표 11-23〉에서 보듯이 성별과 텔레비전시청시간 간에는 통계적으로 유의미한 차이가 있는 것으로 나타났다($t = 1.542$, $df = 248$, $p < 0.05$). 즉, 남성은 하루 평균 약 43분 정도, 여성은 약 52분 정도 텔레비전을 시청하는 것으로 나타나 여성이 남성보다 텔레비전을 더 많이 시청하는 경향이 있다.

나. 영향력 값 쓰는 방법(t 분석에서는 구할 수 없음)

t 분석 결과표에서는 독립변인이 종속변인에게 미치는 영향력 값을 제시하지 않기 때문에 논문에서 이를 제시하고 해석할 수 없다. 독립변인이 종속변인에게 미치는 영향력 값을 구하려면 ANOVA 분석을 하여 에타제곱(eta^2)을 구해야 한다. ANOVA 분석을 하기 위해서는 SPSS/PC$^+$ 프로그램 중 〈일반선형모형 → 일변량〉을 실행하면 된다. 따라서 t를 실행하는 것보다는 ANOVA를 실행하는 것이 바람직하다.

2) 대응표본 t-검증

(1) 연구절차

① 대응표본 t 분석에 적합한 연구가설을 만든다

연구가설	독립변인		종속변인	
	변인	측정	변인	측정
한국 드라마 시청에 따라 한국에 대한 이미지에 차이가 나타난다	한국 드라마 시청 여부	(1) 시청 전 (2) 시청 후	한국에 대한 이미지	부정에서부터 긍정까지 100점으로 측정

② 유의도 수준을 정한다: p < 0.05(95%) 또는 p < 0.01(99%) 중 하나를 결정한다

③ 표본을 선정하여 데이터를 수집한 후 컴퓨터에 입력한다

④ SPSS/PC⁺ 프로그램 중 대응표본 t 분석을 실행한다

(2) 연구결과 제시 및 해석방법

① t 연구결과를 표로 제시한다
프로그램을 실행하여 얻은 결과를 〈표 11-24〉와 같이 만든다.

표 11-24 **한국 드라마시청 전후 한국 이미지 차이**

시점	사례 수	평균	표준편차	t 값	df	유의확률
시청 전	120	67.2	23.8	-3.310	119	0.007
시청 후	120	92.0	23.7			

② t 표를 해석한다
〈표 11-24〉에서 보듯이 한국 드라마 시청과 한국에 대한 이미지 간에는 통계적으로 유의미한 차이가 있는 것으로 나타났다($t = -3.310$, $df = 119$, $p < 0.05$). 즉, 한국 드라마를 시청하기 전에 한국에 대한 이미지는 67.2점으로 나타났고, 한국 드라마를 시청한 후에 한국에 대한 이미지는 92점으로 나타났다. 이 결과로 판단할 때, 한국 드라마 시청이 한국에 대한 긍정적 이미지 형성에 상당한 영향력을 주는 것으로 보인다. 독립변인이 종속변인에게 미치는 영향력 값을 구하고 싶으면 반복측정 ANOVA를 실행해야 한다.

3) 일표본 t-검증

(1) 연구절차

① 일표본 t 분석에 적합한 연구가설을 만든다

연구가설 예	독립변인		종속변인	
	변 인	측 정	변 인	측 정
국가와 신문구독시간 간에는 관계가 있다	국가	(1) 한국 (2) 미국	신문구독시간	실제 구독시간(분)

② 유의도 수준을 정한다: $p < 0.05$(95%) 또는 $p < 0.01$(99%) 중 하나를 결정한다

③ 표본을 선정하여 데이터를 수집한 후 컴퓨터에 입력한다

④ SPSS/PC[+] 프로그램 중 일표본 t 분석을 실행한다

(2) 연구결과 제시 및 해석방법

① t 연구결과를 표로 제시한다
프로그램을 실행하여 얻은 결과를 〈표 11-25〉와 같이 만든다.

표 11-25 **국가 간 신문구독시간의 차이**

집단	사례 수	평균	표준편차	t 값	df	유의확률
한국	120	88.2	23.8	-2.330	119	0.007
미국	120	95.0				

② t 표를 해석한다
〈표 11-25〉에서 보듯이 국가와 신문구독시간 간에는 통계적으로 유의미한 차이가 있는 것으로 나타났다($t = -2.330$, $df = 119$, $p < 0.05$). 즉, 한국 사람의 평균 신문구독시간은 88.2분으로 나타났고, 미국 사람의 평균 신문구독시간은 95분으로 나타났다. 이 결과를 볼 때, 미국 사람은 한국 사람보다 신문을 더 많이 읽는 것으로 보인다.

참고문헌

오택섭 · 최현철 (2003), 《사회과학 데이터 분석법 ①》, 나남.

최현철 · 김광수 (1999), 《미디어 연구방법》, 한국방송통신대학교 출판부.

Hastie, T. et al. (1975), *The Elements of Statistical Learning*. Springer Verlag.

Kerlinger, F. N. (1973), *Foundations of Behavioral Research* (2nd ed.), New York: Holt, Rinehart and Winston.

Lomax, R. G., & Hahs-Vaughn, D. L. (2012), *An Introduction to Statistical Concepts* (3rd ed.), New York, NY: Routledge.

Nie, N. H. et al. (1975), *SPSS: Statistical Package for the Social Sciences* (2nd ed.), New York: McGraw-Hill Book Company.

Norusis, M. J. (2000), *SPSS 10.0 Guide to Data Analysis* (Book and Disk ed.), Prentice Hall.

Pallant, J. (2001), *SPSS Survival Manual: A Step By Step Guide to Data Analysis Using SPSS for Windows*(*Version 10*) (1st ed.), Open Univ Pr.

Reinard, J. C. (2006), *Communication Research Statistics*, Thousand Oaks, CA: Sage.

12
일원변량분석 one-way ANOVA

이 장에서는 명명척도로 측정한 한 개의 독립변인(유목의 수에 제한이 없음)과 등간척도 (또는 비율척도)로 측정한 한 개의 종속변인 간의 인과관계를 분석하는 일원변량분석 (*one-way ANOVA*)을 살펴본다.

1. 정 의

일원변량분석(*one-way ANOVA*)은 〈표 12-1〉에서 보듯이 명명척도로 측정한 한 개의 독립변인과 등간척도(또는 비율척도)로 측정한 한 개의 종속변인 간의 인과관계를 분석하는 통계방법이다. 독립변인을 구성하는 유목(집단)의 수에는 제한이 없다. 제 11장에서 살펴본 독립표본 t-검증은 독립변인을 구성하는 유목의 수가 반드시 두 개여야 분석이 가능하기 때문에 유목의 수가 두 개보다 많은 경우에 사용할 수 없어 불편했는데, 일원변량분석은 이 문제를 해결한 것이다. 예를 들면, 일원변량분석에서는 독립변인으로 〈성별〉처럼 ① 남성과 ② 여성 두 유목으로 구성된 변인을 사용할 수 있고, 〈지역〉처럼 ① 동부, ② 서부, ③ 남부, ④ 북부 네 유목으로 구성돼도 사용할 수 있다. 일원변량분석에서는 명명척도로 측정한 독립변인을 요인(*factor*)이라고 부른다.

일원변량분석을 사용하기 위한 조건을 알아보자.

표 12-1 **일원변량분석의 조건**

1. 독립변인
    1) 측정: 명명척도(유목 수에 대한 제한이 없다)
    2) 수: 한 개
    3) 명칭: 요인이라고 부른다

2. 종속변인
    1) 측정: 등간척도(또는 비율척도)
    2) 수: 한 개

1) 변인의 측정

일원변량분석에서 독립변인은 명명척도로 측정해야 하고, 유목(집단)의 수는 두 개 이상으로 그 수에 제한이 없다. 예를 들면, 일원변량분석에서 독립변인은 〈성별〉과 같이 ① 남성과 ② 여성 두 개의 유목으로 측정해도 사용할 수 있고, 〈종교〉처럼 ① 기독교와 ② 천주교, ③ 불교, ④ 원불교 네 개의 유목으로 측정해도 사용할 수 있다.

본래 명명척도는 아니지만 명명척도로 측정한 변인처럼 취급하는 변인도 독립변인으로 사용할 수 있다. 예를 들어 〈교육〉(① 중학교 졸업, ② 고등학교 졸업, ③ 대학교 졸업)은 독립변인으로 사용할 수 있다.

종속변인은 등간척도(또는 비율척도)로 측정되어야 한다.

2) 변인의 수

일원변량분석에서 사용하는 변인의 수는 독립변인 한 개, 종속변인 한 개여야 한다. 즉, 일원변량분석에서 사용되는 변인의 수는 두 개다.

연구자가 두 개 이상의 독립변인과 한 개의 종속변인 간의 인과관계를 분석하고 싶을 때에는 일원변량분석으로는 불가능하며 다원변량분석(*n-way ANOVA*)을 사용해야 한다 (제13장 다원변량분석을 참조하기 바란다). 예를 들어 독립변인 〈성별〉, 〈교육〉과 종속변인 〈텔레비전시청시간〉 간의 인과관계를 분석하기 위해서는 다원변량분석을 사용해야 한다.

3) 일원변량분석과 독립표본 t-검증(*independent sample t-test*)

제11장 t-검증에서 독립표본 t-검증(*independent sample t-test*)을 알아보았다. 앞에서 살펴보았듯이 독립표본 t-검증은 한 집단에 속한 사람이 다른 집단에 속하지 않게 표본을 할당하여 각각 다른 실험처치를 받도록 하고, 두 집단 간 평균값을 비교하여 연구가설을 검증하는 방법이다. 독립표본 t-검증은 크게 두 가지 한계를 가진다. 첫째, 두 집단 간의 평균값의 차이만을 분석할 수 있기 때문에 여러 집단 간의 평균값의 차이를 비교하는 연구가설을 검증할 수 없다. 둘째, 독립변인이 종속변인에게 미치는 영향력의 크기를 알 수 없다.

그러나 일원변량분석은 두 집단 이상 여러 집단 간의 평균값의 차이를 비교하여 연구가설을 검증하고, 독립변인이 종속변인에게 미치는 영향력의 크기를 알 수 있기 때문에 독립표본 t-검증보다 적용범위가 넓은 방법이다.

2. 연구절차

일원변량분석의 연구절차는 〈표 12-2〉에 제시된 것처럼 여섯 단계로 이루어진다.

첫째, 일원변량분석에 적합한 연구가설을 만든다. 변인의 측정과 수, 표본 할당에 유의하여 연구가설을 만든 후 유의도 수준(p < 0.05 또는 p < 0.01)을 정한다.

둘째, 데이터를 수집하여 입력한 후 SPSS/PC⁺(23.0)의 일원변량분석을 실행하여 분석에 필요한 결과를 얻는다.

셋째, 결과 분석의 첫 번째 단계로, 독립표본과 집단의 동질성을 검증한다. 집단의 동질성 검증 결과에 따라 일원변량분석의 사용 여부가 결정되기 때문에 연구가설을 검증하기 전에 반드시 이 전제를 검증해야 한다.

넷째, 결과 분석의 두 번째 단계로, 연구가설의 유의도 검증을 한다. 평균값과 집단 내 변량, 집단 간 변량, F 값, 자유도, 유의확률 값을 살펴보면서 연구가설의 수용 여부를 판단한다.

다섯째, 결과 분석의 세 번째 단계로, 집단 간 차이를 사후검증한다. 연구가설이 유의미할 경우, 집단 간의 차이를 사후 분석하여 어느 집단과 어느 집단이 차이가 나는지를

표 12-2 **일원변량분석의 연구절차**

1. 연구가설 제시
   1) 독립변인의 수는 한 개이고, 명명척도로 측정한다(유목의 수에 제한이 없음).
      종속변인의 수는 한 개이고, 등간척도나 비율척도로 측정한다. 변인 간의 인과
      관계를 연구가설로 제시한다
   2) 유의도 수준을 정한다(p < 0.05 또는 p < 0.01)

2. 데이터 입력과 프로그램 실행
   1) 데이터를 수집하여 입력한다
   2) 일원변량분석을 실행하여 분석에 필요한 결과를 얻는다

3. 결과 분석 1: 전제 검증
   1) 독립표본
   2) 집단의 동질성 검증

4. 결과 분석 2: 유의도 검증

5. 결과 분석 3: 집단 간 차이 사후검증

6. 결과 분석 4: 영향력 값(에타제곱) 해석

검증한다. 연구가설이 유의미하지 않을 경우에는 집단 간 차이를 사후검증하지 않는다.

여섯째, 결과 분석 네 번째 단계로, 영향력 값을 해석한다. 연구가설이 유의미할 경우, 독립변인이 종속변인에게 미치는 영향력 값인 에타제곱을 해석한다. 그러나 연구가설이 유의미하지 않을 경우에는 영향력 값을 해석하지 않는다.

3. 연구가설과 가상 데이터

1) 연구가설

(1) 연구가설
일원변량분석의 연구가설은 〈표 12-1〉에서 제시한 변인의 측정과 수의 조건만 충족한다면 무엇이든 가능하다. 이 장에서는 독립변인 〈거주지역〉과 종속변인 〈문화비지출〉 간의 인과관계가 있는지를 검증한다고 가정하자. 연구가설은 〈거주지역이 문화비지출에 영향을 미친다〉이다.

(2) 변인의 측정
독립변인은 〈거주지역〉한 개이고 ① 대도시, ② 중소도시, ③ 농촌 세 유목으로 측정한다. 종속변인은 〈문화비지출〉한 개이고, 실제 지출비용을 만 원 단위로 측정한다.

(3) 유의도 수준
유의도 수준을 $p < 0.05$(또는 $\alpha < 0.05$)로 정한다. 유의확률이 0.05보다 작으면 연구가설을 받아들이고, 0.05보다 크면 영가설을 받아들인다.

2) 가상 데이터

이 장에서 분석하는 〈표 12-3〉의 데이터는 필자가 임의적으로 만든 것이어서 표본의 수(30명)가 적고, 결과가 꽤 잘 나오게 만들었다(이 데이터를 사용하여 일원변량분석 프로그램을 실행해보기 바란다). 그러나 독자가 실제 연구하는 데이터는 표본의 수도 훨씬 많고, 결과는 이 장에서 제시하는 것만큼 깔끔하게 나오지 않을 수 있다.

표 12-3 **일원변량분석의 가상 데이터**

응답자	대도시	문화비지출	응답자	중소도시	문화비지출	응답자	농 촌	문화비지출
1	1	30	11	2	10	21	3	5
2	1	20	12	2	15	22	3	5
3	1	15	13	2	15	23	3	5
4	1	20	14	2	10	24	3	10
5	1	20	15	2	10	25	3	5
6	1	20	16	2	15	26	3	5
7	1	30	17	2	10	27	3	5
8	1	15	18	2	10	28	3	5
9	1	30	19	2	20	29	3	10
10	1	10	20	2	15	30	3	5

4. SPSS/PC$^+$ 실행방법

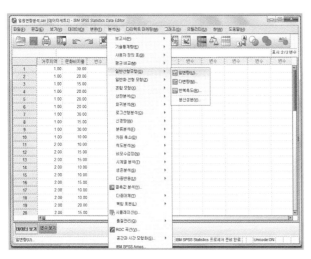

[실행방법 1] 분석방법 선택

메뉴판의 [분석(A)]을 선택하여
[일반선형모형(G)]을 클릭하고
[일변량(U)]을 클릭한다.

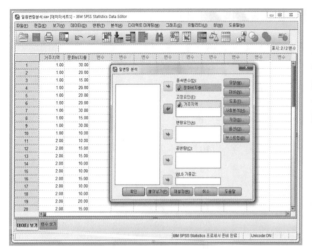

[실행방법 2] 분석변인 선택

[일변량 분석] 창이 나타난다.
종속변인인 〈문화비지출〉을 클릭하여
[종속변수(D)]로 이동시킨다(➡).
독립변인인 〈거주지역〉은
[고정요인(F)]으로 이동시킨다(➡).

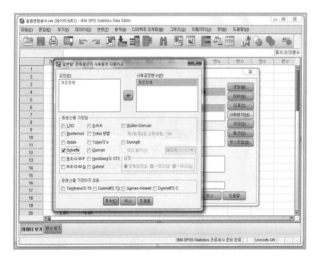

[실행방법 3] 집단 간 차이
사후검증 선택

집단이 세 집단 이상일 경우
[사후분석(H)]을 클릭한다.
[일변량: 관측평균의 사후분석 다중비교]
창이 나타나면 [요인(F)]의 거주지역을
[사후검정변수(P)]로 이동시킨다(➡).
[등분산을 가정함]에서 [☑ Scheffe(C)]를
선택한다. [계속]을 클릭한다.

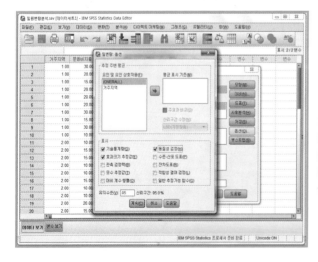

[실행방법 4] 통계량 선택과 실행

[실행방법 2]의 [일변량] 창으로 돌아가면
[옵션(O)]을 클릭한다.
[일변량: 옵션] 창이 나타나면
[표시]의 [☑ 기술통계량(D)],
[☑ 효과크기 추정값(E)],
[☑ 동질성 검정(H)]을 선택한다.
[계속]을 클릭한다.
[실행방법 2]의 [일변량] 창으로 다시
돌아가면 [확인]을 클릭한다.

[분석결과 1] 기술통계량

분석 결과가 새로운 창
*출력결과 1[문서 1]로 나타난다.
[개체-간 요인] 표에는 독립변인의 변수값
설명과 사례 수가 제시된다.
[기술통계량] 표에는 독립변인의 집단에
따른 종속변인의 평균값, 표준편차,
사례수가 각각 제시된다.

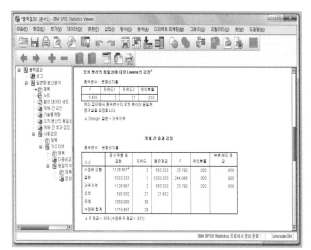

[분석결과 2] 전제 검증과 유의도 검증

[오차분산의 동질성에 대한 Levene의
검정]에는 집단의 동질성에 대한 결과가
제시된다.
[개체_간 효과 검정] 표에는
독립변인과 종속변인의 일원변량 분석
결과가 제시된다.
〈수정 모형〉의 F값, 자유도, 유의확률,
부분 에타제곱의 수치를 살펴보면 된다.

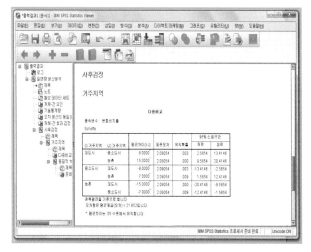

[분석결과 3] 집단 간 차이
사후검증 결과 1

[실행방법 3]에서 설정한 사후검증 결과가
[다중비교] 표에 제시된다.
[다중비교] 표의 〈평균차(I - J)〉의 *표는 두
집단 간 차이가 유의함을 나타낸다.

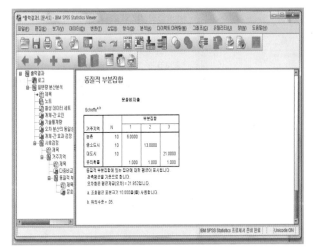

[분석결과 4] 집단 간 차이
사후검증 결과 2

사후검정(*Scheffe*)의 결과
[동질적 부분집합] 표가 제시되며,
다중비교의 결과를 다른 방식으로 제시한다.

5. 결과 분석 1: 전제 검증

1) 독립표본

독립표본은 독립표본 t-검증 방법에서 살펴봤기 때문에 여기서는 간략하게 설명한다. 일원변량분석도 독립표본 t-검증 방법과 마찬가지로 표본을 할당할 때 한 집단에 속한 사람이 다른 집단에 속하지 않게 해야 한다. 예를 들어 〈종교〉가 ①기독교, ②천주교, ③불교 세 유목으로 구성될 경우 기독교 집단에 속한 사람은 천주교 집단에 속할 수 없고, 기독교와 천주교 집단에 속한 사람은 불교 집단에 속할 수 없게 표본을 할당한다.

2) 집단의 동질성 검증

일원변량분석에서는 독립표본 t-검증과 마찬가지로 각 집단을 독립적으로 추출하는데, 〈그림 12-1〉에서 보듯이 (a)처럼 개별 집단이 같은 모집단으로부터 추출되었는지, 또는 (b)처럼 개별 집단이 다른 모집단들로부터 추출되었는지를 알 수 없기 때문에 연구가설을 검증하기 전에 집단의 동질성을 검증해야 한다. 개별 집단이 같은 모집단에서 추출되었는지의 여부는 개별 집단에서 구한 오차변량(*error variance*)을 비교하여 이루어지기 때문에 오차변량의 동질성(*homogeneity of error variance*) 검증이라고 부른다.

SPSS/PC⁺(23.0) 프로그램이 개별 집단 간의 오차변량을 비교한 값(Levene 검증의 F값과 자유도, 유의확률)을 계산해주기 때문에 변량 개념과 변량들의 비교가 무엇인지를 잘 이해하지 못해도 걱정할 필요가 없다. 변량 개념은 뒤에서 살펴본다. 개별 집단이 같은 모집단으로부터 추출되었는지를 판단하기 위해 Levene의 오차변량의 동질성 검증을 실시한다.

〈표 12-4〉에서 보듯이 개별 집단이 같은 모집단에서 나왔는지를 검증하기 위한 연구 가설은 개별 집단의 오차변량이 다르다는 것이고, 영가설은 개별 집단의 오차변량이 같다는 것이다. Levene의 검증 결과 오차변량이 동질적이라면(즉, 영가설을 받아들여 개별 집단이 같은 모집단으로부터 추출되었다고 판단한다), 일원변량분석을 사용하여 연구가설을 검증한다. 그러나 오차변량이 동질적이지 않을 때에는(즉, 연구가설을 받아들여 개별 집단이 다른 모집단으로부터 추출되었다고 판단한다), 개별 집단의 사례 수가 동일한지에 따라 달라진다. 만일 개별 집단의 사례 수가 같다면 오차변량이 동질적이지 않더라도 일원변량분석을 사용할 수 있다. 오차변량의 동질성 여부와 관계없이 일원변량분석을 사용하고 싶다면 반드시 각 집단의 사례 수를 같게 해야 한다. 그러나 오차변량이 동질

그림 12-1 **세 집단과 모집단과의 관계**

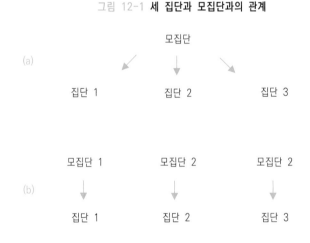

표 12-4 **오차변량의 동질성 검증**

연구가설: 개별 집단의 오차변량이 다르다(즉, 개별 집단이 추출된 모집단이 다르다)
영가설: 개별 집단의 오차변량이 같다(즉, 개별 집단이 추출된 모집단이 같다)
유의도 수준: $p < 0.05$

1. 오차변량이 동질적일 경우(영가설을 받아들여 여러 집단이 같은 모집단으로부터 추출되었다고 판단함)에는 일원변량분석을 사용하여 연구가설을 검증한다

2. 오차변량이 동질적이지 않은 경우(연구가설을 받아들여 여러 집단이 다른 모집단으로부터 추출되었다고 판단함)
   1) 각 집단의 사례 수가 같으면 일원변량분석을 사용할 수 있다
   2) 각 집단의 사례 수가 다르면 일원변량분석을 사용할 수 없다. 이때에는 비모수통계방법
      (예를 들면, χ^2 등)을 사용해야 한다

표 12-5 **Levene 오차변량의 동질성 검증**

F	df1	df2	유의확률
5.455	2	27	0.010

적이지도 않고, 각 집단의 사례 수도 다르다면 일원변량분석을 사용해서는 안 된다. 이 경우에는 χ^2과 같은 비모수통계방법을 사용해야 한다.

오차변량의 동질성을 검증하기 위해서는 〈표 12-5〉에서 제시된 〈오차변량의 동질성에 대한 Levene의 검증〉에 제시된 결과를 보고 판단한다. Levene의 오차변량의 동질성 검증은 F 값과 자유도, 유의확률 값으로 판단한다(F 값의 의미는 뒤에서 설명한다). F 값은 오차변량의 동질성 검증을 위해 여러 집단의 오차변량을 비교하여 계산한 값이라고 알아 두면 된다. 유의확률 값은 F 값이 유의미한지를 보여준다. 즉, 유의확률에 따라 연구가설을 받아들일지, 영가설을 받아들일지를 결정한다. 유의확률 값이 0.05보다 작다면(예를 들어, 0.04, 0.03, 0.02 … 등) 연구가설을 받아들여 개별 집단이 추출된 모집단이 다르다는 결론을 내린다. 그러나 유의확률 값이 0.05보다 크다면(예를 들어, 0.07, 0.07, 0.08 … 등) 영가설을 받아들여 개별 집단이 추출된 모집단이 같다는 결론을 내린다.

〈표 12-5〉를 보면 F 값은 '5.455', 자유도는 '2'와 '27'이고(자유도는 두 개가 제시되는데 뒤에서 설명한다), 유의확률은 0.05보다 작기 때문에 연구가설을 받아들인다. 즉, 개별 집단의 오차변량에 차이가 있기 때문에 개별 집단들이 추출된 모집단이 다르다는 결론을 내린다. 개별 집단이 추출된 모집단이 다르다는 검증 결과가 나왔기 때문에 원칙적으로는 일원변량분석을 사용해서는 안 된다. 그러나 각 집단의 사례 수가 같기 때문에(각 집단의 사례 수는 10명) 일원변량분석을 사용할 수 있다.

6. 결과 분석 2: 유의도 검증

연구가설의 유의도를 검증은 변량분석(*analysis of variance*)을 사용하여 이루어진다. 이 장에서는 유의도 검증 결과를 해석하는 방법을 살펴본 후 변량분석의 기본 논리를 설명한다.

1) 평균값

일원변량분석을 사용하여 연구가설을 검증하기 위해서 〈표 12-6〉에 제시된 세 집단의 평균값을 살펴본다. 대도시에 거주하는 10명의 문화비지출은 21만 원, 중소도시에 거주

표 12-6 **세 집단의 기술통계 값**

거주지역	N(사례 수)	평균	표준편차
대도시	10	21.00	6.99
중소도시	10	13.00	3.50
농촌	10	6.00	2.11
합계	30	13.33	7.69

하는 10명의 문화비지출은 13만 원, 농촌에 거주하는 10명의 문화비지출은 6만 원으로 나타났다.

평균값만 갖고 판단할 때, 대도시에 거주하는 사람이 중소도시나 농촌에 거주하는 사람에 비해 문화비지출을 많이 하는 것으로 보인다. 또한 중소도시에 거주하는 사람은 농촌에 거주하는 사람에 비해 문화비를 더 많이 지출하는 것 같다. 이 표본의 결과가 모집단에서도 그대로 나타나는지 판단하기 위해서 유의도 검증을 한다.

2) 결과 해석

〈거주지역이 문화비지출에 영향을 미친다〉는 연구가설은 변량분석을 사용하여 검증한다(변량분석의 기본 논리는 뒤에서 살펴본다). 〈표 12-7〉에서 보듯이 〈집단 간 변량〉(between-groups variance, 설명변량으로 거주지역의 평균 제곱에 제시되어 있음) '566.333'은 거주지역의 〈제곱합〉 '1126.667'을 자유도 1인 '2'로 나눈 값이다. 반면 〈집단 내 변량〉(within-groups variance, 오차변량으로 오차의 평균 제곱에 제시되어 있음) '21.852'는 오차의 〈제곱합〉 '590.000'을 자유도2인 '27'로 나눈 값이다. F 값 '25.780'은 〈집단 간 변량〉 '563.333'을 〈집단 내 변량〉 '21.852'로 나눈 값이다. 자유도1 '2'와 자유도2 '27'에서 F 값 '25.780'를 분석한 결과 유의확률 값은 0.05보다 작기 때문에 〈거주지역이 문화비지출에 영향을 미친다〉는 연구가설을 받아들인다.

표 12-7 **변량분석 결과**

소스	제곱합	자유도	평균 제곱	F	유의확률	부분 에타제곱
수정모형	1126.667	2	563.333	25.780	0.000	0.656
절편	5333.333	1	5333.333	244.068	0.000	0.900
거주지역	1126.667	2	563.333	25.780	0.000	0.656
오차	590.000	27	21.852			
합계	7050.000	30				

7. 유의도 검증의 기본 논리

일원변량분석의 유의도 검증은 변량분석(*analysis of variance*)을 통해 이루어진다. 변량분석이 무엇인지 자세히 알아보자.

1) 변량의 구성요소

〈표 12-8〉에서 보듯이 전체 제곱합(*total sum of square*)은 집단 간 제곱합(*between-groups sum of square*)과 집단 내 제곱합(*within-groups sum of square*) 두 가지 요소로 이루어진다. 집단 간 제곱합은 전체 제곱합 중에서 독립변인으로 설명할 수 있는 부분을 말한다. 집단 내 제곱합은 전체 제곱합 중에서 독립변인으로 설명할 수 없는 부분을 의미한다.

전체 변량(*total variance*)은 집단 간 변량(*between-groups variance*)과 집단 내 변량(*within-groups variance*) 두 가지 요소로 이루어진다. 집단 간 변량은 집단 간 제곱합을 자유도(자유도1)로 나눈 값이고, 집단 내 변량은 집단 내 제곱합을 자유도(자유도2)로 나눈 값이다. 집단 간 변량은 전체 변량 중에서 독립변인이 설명할 수 있는 변량을 의미하기 때문에 설명변량(*explained variance*)이라고 부른다. 반면 집단 내 변량은 전체 변량 중에서 독립변인으로 설명할 수 없는 변량을 의미하기 때문에 설명할 수 없는 변량(*unexplained variance*), 오차변량(*error variance*) 또는 잔차변량(*residual variance*)이라고

표 12-8 **제곱합과 변량의 구성요소**

전체 제곱합 = 집단 간 제곱의 합 + 집단 내 제곱의 합
전체 변량 = 집단 간 변량(설명변량) + 집단 내 변량(설명할 수 없는 변량/오차변량/잔차변량)

그림 12-2 **변량의 구성요소**

집단 내 변량
(40%)

집단 간 변량
(60%)

부른다.

　제곱합과 변량은 계산 방식만 다를 뿐 동일한 개념이기 때문에 변인 간의 관계를 분석할 때 두 개념 중 어느 것을 사용해도 무방하다. 이 책에서는 특별한 경우를 제외하면 변인 간의 관계를 설명할 때 변량 개념을 사용한다.

　전체 변량과 집단 간 변량, 집단 내 변량 간의 관계를 원그림으로 그려보면 〈그림 12-2〉와 같다. 전체 변량을 100%(또는 1)로 생각할 때, 전체 변량은 짙은 부분인 집단 간 변량과 회색 부분인 집단 내 변량으로 이루어진다. 변량을 원그림으로 그릴 때에는 전체 변량의 값을 원점수 그대로 사용하지 않고 100%(또는 1)로 변환한다. 그 이유는 변량의 원점수는 변인의 측정단위에 따라 크기가 달라져서 사용하기 불편하기 때문이다. 예를 들어 키를 m로 측정했을 경우와 cm로 측정했을 경우의 변량의 크기를 생각해보자. 같은 키라도 cm로 측정했을 때의 변량은 m로 측정했을 때의 변량보다 무려 10,000배나 커진다(왜 그런지 계산해보기 바란다). 또는 kg으로 측정한 몸무게의 변량이 100이고, cm로 측정한 키의 변량을 200이라고 가정할 때 측정단위가 다르기 때문에 각 변량의 크기를 비교하는 것은 불가능하다.

　전체 변량은 집단 간 변량과 집단 내 변량을 합한 값이기 때문에 전체 변량에서 집단 간 변량을 빼면 집단 내 변량이 되고, 반대로 전체 변량에서 집단 내 변량을 빼면 집단 간 변량이 된다. 예를 들어 집단 간 변량이 0.6(또는 60%)이라면 집단 내 변량은 0.4(1.0 - 0.6) 또는 40%(100 - 60%)가 된다. 이처럼 집단 간 변량과 집단 내 변량 중 한 값을 알면 다른 값을 자동적으로 알 수 있다.

2) 변량분석의 논리

(1) 전체 변량

전체 변량과 집단 간 변량, 집단 내 변량이 무엇이고, 추리통계방법에서 어떻게 사용되는지 예를 통해 살펴보자. 연구자가 10명의 학생을 대상으로 10점 만점의 통계시험을 실시했고, 〈표 12-9〉와 같은 점수가 나왔다고 가정하자. 전체 변량을 구해보자.

　10명 학생의 통계시험 점수 평균값은 '4.5', 제곱합 '42.5', 변량은 '4.25'라는 값을 구했다. 변량 '4.25'는 10명의 학생들이 평균값으로부터 퍼져 있는 정도를 보여주는 값으로서 동질성의 정도가 '4.25'라는 것이다. 만일 같은 단위로 측정된 여러 집단이 있으면 변량을 계산하여 집단 간의 동질성의 정도를 비교할 수 있다. 그러나 추리통계방법에서는 특정 변인(또는 집단)의 동질성의 정도를 보여주는 변량의 값을 구하는 것에 만족하는 것이 아니라, 사람의 통계시험 점수가 왜 다른지를 집단 간 변량과 집단 내 변량을 분석하여 설명하려고 한다. 상식적으로 생각해볼 때, 같은 선생님에게서 같은 교재를

표 12-9 **평균값과 전체 변량**

통계점수(N = 10)	
1	5
2	6
3	4
4	8
5	7
6	5
7	3
8	2
9	1
10	4
평균	4.5
제곱합	42.5
사례	10
변량	4.25

가지고 같은 강의실에서 같은 시간에 수업을 들은 학생은 시험에서 같은 점수를 받아야 정상일 것이다. 즉, 모든 조건이 같다면 같은 점수를 받아야 하겠지만, 현실은 그렇지 않다. 〈표 12-9〉에서 보듯이 학생의 점수는 다르다. 학생의 점수에 차이가 나타나는 원인은 무엇인가? 현 단계에서는 학생의 점수가 차이난다는 것과 각 점수가 평균값으로부터 변화하는 총량, 즉, 전체 변량이 '4.25'라는 것만 알 수 있는 반면 이 변량을 야기한 원인에 대해서는 전혀 알 수 없다.

(2) 집단 간 변량과 집단 내 변량

앞에서 봤듯이 전체 변량은 집단 간 변량과 집단 내 변량의 합이다. 이 간단한 공식을 이용하여 분석 첫 번째 단계에서 전체 변량을 구성요소로 나누어 분석해보자.

〈표 12-10〉에서 보듯이 분석 첫 번째 단계에서 전체 변량은 '4.25'('1', 또는 100%)이고, 이 중 집단 간 변량은 '0'이고, 집단 내 변량은 전체 변량과 같은 '4.25'이다. 전체 변량이 집단 내 변량이 되는 이유는 분석 첫 단계에서는 한 집단밖에 없기 때문에 집단 내 변량이 바로 전체 변량이 되기 때문이다. 이 단계에서는 왜 학생의 통계점수에 차이

표 12-10 **전체 변량과 집단 간 변량, 집단 내 변량 간의 관계**

전체 변량	=	집단 간 변량	+	집단 내 변량
4.25(1 또는 100%)	=	0	+	4.25(1 또는 100%)

가 나는지 원인을 밝힐 수 없다.

　연구자는 전체 변량 '4.25'의 원인을 찾고자 한다. 연구자는 통계수업의 복습 여부에 따라 학생의 통계시험 점수에 차이가 나지 않을까 생각하여 〈통계수업을 수강한 후 복습한 학생은 복습하지 않은 학생보다 통계점수가 높을 것이다〉라는 연구가설을 만들었다고 가정하자. 이 연구가설에서 독립변인은 〈통계수업복습여부〉이고, 종속변인은 〈통계점수〉이다.

　연구자는 독립변인과 종속변인 간의 인과관계를 분석하기 위해 통계수업을 복습한 학생과 복습하지 않은 학생 두 집단으로 나눈 후 집단별로 전체 학생의 점수를 재배열하여 각 집단의 평균값과 변량을 계산한다. 점수를 재배열한 결과, 〈표 12-11〉에서 보듯이 복습한 집단의 점수는 6점, 5점, 7점, 8점, 4점이었고, 복습하지 않은 집단의 점수는 3점, 5점, 1점, 4점, 2점이었다. 각 집단의 평균값과 변량을 계산한 결과 복습한 집단의 평균값은 6점, 변량은 '2'였고, 복습하지 않은 집단의 평균값은 3점, 변량은 '2'였다.

　집단 내 변량을 구해보자. 복습한 집단의 변량 '2'와 복습하지 않은 집단의 변량 '2'는 각 집단 내에서 구한 변량이기 때문에 개별 집단 내 변량이라고 부른다. 집단 내 변량이 설명할 수 없는 변량인 이유는 독립변인 〈통계수업복습여부〉로 나누어진 각 집단은은 조건이 같음에도 불구하고 집단 내에 여전히 점수 차이가 나는데 그 이유를 알 수 없기 때문이다. 즉, 복습한 집단 내에서 조건이 같음에도 불구하고 6점, 5점, 7점, 8점, 4점으로 점수 차이가 난다. 복습을 하지 않은 집단 내에서도 차이가 나타난다. 왜 이러

표 12-11 **복습 여부와 통계점수 간의 관계**

	복습한 집단	복습하지 않은 집단	
	6	3	
	5	5	집단 평균값
	7	1	
	8	4	6
	4	2	3
평균	6	3	4.5
제곱합	10	10	4.5
사례	5	5	2
변량	2	2	2.25

집단 내 변량
(독립변인에 의해
설명할 수 없는 변량)

집단 간 변량
(독립변인에 의해
설명할 수 있는 변량)

한 차이가 나는지 그 원인을 알 수 없기 때문에 이때 구한 변량은 설명할 수 없는 변량, 즉, 집단 내 변량으로 부른다. 집단 내 변량은 개별 집단의 집단 내 변량을 합한 값의 평균값이다. 즉, 집단 내 변량은 복습한 집단 내 변량 '2'와 복습하지 않은 집단 내 변량 '2'를 더한 후 집단의 수, 이 경우는 두 집단이기 때문에 '2'로 나눈 값 '2'가 된다. 이제 전체 변량이 '4. 25'이고, 집단 내 변량이 '2'이라는 사실을 알았기 때문에 집단 간 변량은 계산하지 않아도 '2. 25'라는 것을 쉽게 알 수 있다. 과연 집단 간 변량이 '2. 25'가 되는지를 계산해보자.

집단 간 변량을 구해보자. 집단의 평균값은 6점과 3점으로서 이 점수 차이 3점은 복습 여부에 따라서 나타난 차이라고 볼 수 있다. 두 평균값들로부터 구한 변량 '2. 25'는 집단 간 복습 여부에 따라 나온 변량이기 때문에 집단 간 변량이라고 부른다. 이 변량은 복습 여부 때문에 나타난 것으로 설명할 수 있기 때문에 설명변량이라고도 부른다.

〈표 12-12〉에서 보듯이 전체 변량 '4. 25'('1' 또는 100%)에서 설명할 수 있는 변량인 〈집단 간 변량〉은 '2. 25'('2. 25'가 '4. 25'에서 차지하는 비율 0. 529, 또는 52. 9%)이고, 설명할 수 없는 변량, 즉, 집단 내 변량은 '2'('2'가 '4. 25'에서 차지하는 비율 0. 471, 또는 47. 1%)라는 것을 알 수 있다.

이제 연구자는 학생의 통계점수에서 차이가 왜 나타나는지를 설명할 수 있게 되었다. 독립변인에 의해 설명할 수 있는 변량이 52. 9% 또는 '0. 529'라는 결과를 가지고 볼 때, 학생의 통계점수 차이는 독립변인 복습 여부에 따라 크게 달라진다는 것을 알 수 있다. 변량분석은 이렇게 전체 변량을 집단 간 변량과 집단 내 변량으로 구분하여 변인 간의 인과관계를 분석한다.

전체 변량과 집단 간 변량, 집단 내 변량 간의 관계를, 〈표 12-13〉에서 보듯이 분석

표 12-12 **전체 변량과 집단 간 변량, 집단 내 변량**

전체 변량　　　=　　　집단 간 변량　　+　　집단 내 변량
4.25(100% 또는 1) = 2.25(52.9% 또는 0.529) + 2(47.1% 또는 0.471)

표 12-13 **단계별 변량분석**

1단계	전체 변량(4.25) = 집단 간 변량(0.0) + 집단 내 변량(4.25)
2단계	전체 변량(4.25) = 집단 간 변량(2.25) + 집단 내 변량(2)
3단계	전체 변량(4.25) = 집단 간 변량(2.25) + 집단 간 변량(…) + 집단 내 변량(…)

단계별로 구분하여 다시 한 번 살펴보자.

제 1단계에서 집단 간 변량은 '0'이었는데, 제 2단계에서는 '2. 25'가 되었다. 이를 달리 말하면, 제 1단계에서는 전체 변량의 원인을 알 수 없었기 때문에 집단 간 변량은 '0'이었던 반면 집단 내 변량은 전체 변량 '4. 25' 그 자체였다. 제 1단계에서 학생의 점수 차이를 원인이 무엇인지 설명할 수 없다.

제 2단계에서는 전체 변량의 원인(독립변인)으로 복습 여부를 들었고, 복습 여부로 설명할 수 있는 변량, 즉, 집단 간 변량은 '2. 25'로 나타났다. 집단 간 변량이 '0'에서 '2. 25'로 크게 증가했음을 알 수 있다. 비로소 왜 통계 점수 차이가 나오는지를 설명하게 된 것이다. 반면에 설명할 수 없는 변량인 집단 내 변량은 '4. 25'에서 '2'로 줄었다. 연구자가 다른 원인, 즉, 다른 독립변인을 추가하면 제 2단계의 집단 내 변량을 제 3단계에서 다시 집단 간 변량과 집단 내 변량으로 나누어 설명할 수 있는 부분을 증가시키고, 설명할 수 없는 부분을 감소시킬 수 있다. 이처럼 연구자는 독립변인을 추가함으로써 남아 있는 집단 내 변량을 집단 간 변량과 집단 내 변량으로 나누어 전체 변량을 야기한 원인을 찾는다.

변량분석을 이용한 추리통계방법에서는 종속변인의 전체 변량을 독립변인으로 설명할 수 있는 변량(집단 간 변량)과 설명할 수 없는 변량(집단 내 변량)으로 나누어 설명하는 방식을 택한다. 일반적으로 독립변인이 추가될수록 종속변인의 전체 변량 중 집단 간 변량은 증가하고, 집단 내 변량은 감소하는 경향이 있다. 그러나 만일 독립변인을 추가해도 집단 간 변량이 증가하지 않는다면 그 독립변인은 설명력이 없는 것이다

3) 실제 변량 계산방법

변량분석을 사용한 유의도 검증의 논리를 설명하기 위해 집단 간 변량과 집단 내 변량을 계산해 봤는데, 집단 간 변량과 집단 내 변량의 실제 값은 다른 방법으로 계산된다. 변량의 계산방법에 관심이 있는 독자는 이 부분을 공부하기 바란다. 그러나 계산방법에 관심이 없는 독자는 이 부분을 건너뛰어도 괜찮다. 〈표 12-3〉의 가상 데이터를 사용하여 집단 간 변량과 집단 내 변량의 실제 값을 계산하는 방법을 살펴보자.

(1) 집단 내 변량

집단 내 변량(*between-groups variance*)은 독립변인이 설명할 수 없는 변량을 의미한다. 집단 내 변량은 개별 집단에서 구한 개별 집단 내 변량을 합한 후 집단 수로 나눈 평균 값이다. 집단 내 변량은 세 단계를 거쳐서 계산된다.

① 제1단계: 각 값의 재배열

〈표 12-14〉에서 보듯이 연구자는 〈거주지역〉 세 집단별(대도시, 중소도시, 농촌)로 나누고 각 집단에 속한 10명의 문화비를 재배열한다.

② 제2단계: 개별 집단의 집단 내 변량 계산

집단 내 변량을 계산하기 위해서는 각 집단의 집단 내 변량을 구한다. 각 집단의 집단 내 변량은 기술통계에서 변량을 계산하는 방법을 그대로 사용하면 된다. 〈표 12-14〉에서 보듯이 각 집단(대도시, 중소도시, 농촌)의 개별 값으로부터 각 집단의 평균값을 빼서 차이를 구하고, 각 차이를 제곱한 후 이를 더하면 제곱합이 되고, 이를 자유도(자유도2)로 나누면 된다. 대도시의 집단 내 제곱합은 각 값으로부터 평균값('21')을 뺀 후 이 차이를 제곱하여 더하면 '440'이 나온다. 이 '440'을 자유도 '9'로 나누면 대도시의 집단 내 변량은 '48.888'이 나온다. 중소도시와 농촌도 같은 방식으로 계산하면 된다. 중소도시의 집단 내 제곱합은 '110'이고, 집단 내 변량은 '12.222'이다. 농촌의 집단 내 제곱합은 '40'이고, 집단 내 변량은 '4.444'이다. 각 집단의 집단 내 제곱합인 '440'과 '110', '40'을 더하면 전체 집단 내 제곱합 '590'이 된다. 〈표 12-7〉의 집단 내 제곱합(오차 제곱합에 제시되어 있음)의 값과 이 값을 비교하면 같다는 것을 알 수 있다.

표 12-14 **집단 내 변량**

	대도시		중소도시		농촌	
	차이점수 (점수 – 평균값)	제곱	차이점수 (점수 – 평균값)	제곱	차이점수 (점수 – 평균값)	제곱
	30 – 21 = +9	81	10 – 13 = -3	9	5 – 6 = -1	1
	20 – 21 = -1	1	15 – 13 = +2	4	5 – 6 = -1	1
	15 – 21 = -6	36	15 – 13 = +2	4	5 – 6 = -1	1
	20 – 21 = -1	1	10 – 13 = -3	9	10 – 6 = +4	16
	20 – 21 = -1	1	10 – 13 = -3	9	5 – 6 = -1	1
	20 – 21 = -1	1	15 – 13 = +2	4	5 – 6 = -1	1
	30 – 21 = +9	81	10 – 13 = -3	9	5 – 6 = -1	1
	15 – 21 = -6	36	10 – 13 = -3	9	5 – 6 = -1	1
	30 – 21 = +9	81	20 – 13 = +7	49	10 – 6 = +4	16
	10 – 21 = -11	121	15 – 13 = +2	4	5 – 6 = -1	1
각 집단의 사례 수	10		10		10	
각 집단의 평균값	21		13		6	
각 집단 내 제곱합	440		110		40	
자유도	9		9		9	
각 집단 내 변량	48.888		12.222		4.444	
집단 내 변량	21.851[(48.888 + 12.222 + 4.444) ÷ 3]					

③ 제3단계: 집단 내 변량 계산

집단 내 변량은 개별 집단의 집단 내 변량을 더한 후 집단 수로 나누어 계산한다. 즉, 집단 내 변량은 개별 집단의 집단 내 변량의 평균값이다. 〈표 12-14〉에서 보듯이 대도시의 집단 내 변량 '48.888', 중소도시의 집단 내 변량 '12.222'. 농촌의 집단 내 변량 '4.444'를 더한 값 '65.554'를 집단 수 '3'으로 나눈 값 '21.851'이 집단 내 변량이다. 이 값을 〈표 12-7〉의 집단 내 변량 값과 비교하면 같다는 것을 알 수 있다(두 값의 차이 '0.001'은 반올림 때문에 나온 오차로 무시해도 된다).

집단 내 변량은 독립변인 〈거주지역〉으로 문화비지출의 차이를 설명할 수 없는 변량이기 때문에 동일 거주지역(대도시와 중소도시, 농촌) 내에 사는 사람의 문화비지출에 왜 차이가 나타나는지 그 이유를 밝혀낼 수 없다.

(2) 집단 간 변량

집단 간 변량(between-groups variance)은 독립변인의 영향 때문에 나타나는 변량으로서 설명변량을 의미한다. 집단 간 변량을 계산하는 방법을 알아보자. 집단 간 변량은 다음과 같이 세 단계를 거쳐서 계산된다.

① 제1단계: 개별 집단의 평균값 계산

집단 간 변량을 계산하기 위해서는 〈표 12-14〉에서처럼 독립변인을 구성하는 집단에 따라 점수를 재배열하여 개별 집단의 평균값을 계산한다. 개별 집단의 문화비지출의 평균값은 대도시 21만 원, 중소도시 13만 원, 농촌 6만 원으로 나타났는데, 이 평균값의 차이는 〈거주지역〉의 차이 때문에 나타난 것이라고 볼 수 있다.

② 제2단계: 집단 간 제곱합 계산

〈표 12-15〉의 공식에서 보듯이 집단 간 변량은 집단 간 제곱합을 계산한 후 이를 자유도로 나누어 구한다.

집단 간 변량을 구하기 위해 개별 집단의 평균값으로부터 집단 간 제곱합을 계산한다. 〈표 12-16〉에서 보듯이 개별 집단의 평균값으로부터 전체 평균값('13.33')을 빼서 차이를 구하고, 각 차이를 제곱하여 개별 집단의 사례 수를 곱한 후 이 값들을 더하면 집단 간 제곱합이 된다. 대도시의 집단 간 제곱합은 집단의 평균값('21')에서 전체 평균

표 12-15 **집단 간 변량 계산 공식**

1. 집단 간 변량 = 집단 간 제곱의 합 ÷ 자유도(자유도: 집단의 수 - 1)
2. 집단 간 제곱합 = Σ 사례 수(각 집단 평균 - 전체 집단 평균)^2

표 12-16 **집단 간 제곱합 계산**

$$집단\ 간\ 제곱합 = 10(21 - 13.33)^2 + 10(13 - 13.33)^2 + 10(6 - 13.33)^2$$
$$= 588.29 + 1.09 + 537.29$$
$$= 1126.67$$

값('13.33')을 빼고 이를 제곱한 후 집단의 사례 수(10명)를 곱한 값으로 '588.29'가 된다. 중소도시와 농촌의 집단 간 제곱합도 같은 방식으로 계산하면 된다(관심 있는 독자는 계산해보기 바란다). 중소도시의 경우 '1.09'이고, 농촌의 경우 '537.29'이다. 이 세 값들을 더한 값이 집단 간 제곱합이다. 〈표 12-7〉의 집단 간 제곱의 합과 비교하면 같다는 것을 알 수 있다(두 값의 차이는 반올림 때문에 나온 오차로 무시해도 괜찮다).

③ 제3단계: 집단 간 변량 계산
〈표 12-17〉에서 보듯이 집단 간 변량은 집단 간 제곱합을 자유도(자유도1)로 나누어 계산한다. 자유도(자유도1)는 독립변인을 구성하는 집단의 수에서 '1'을 뺀 값이다. 독립변인 〈거주지역〉이 세 집단이기 때문에 자유도(자유도1)는 '2'(3 - 1)가 된다. 집단 간 제곱합 '1126.67'을 자유도(자유도1) '2'로 나누면 '563.34'가 된다. 〈표 12-7〉의 집단 간 변량(거주지역 평균 제곱에 제시됨)과 비교하면 같다는 것을 알 수 있다(두 값의 차이는 반올림 때문에 나온 오차로 무시해도 괜찮다).

　　연구자는 개별 〈거주지역〉의 평균값의 차이로부터 집단 간 변량을 구하고, 집단 간 변량은 집단 차이 때문에 나온 값이라고 추정한다. 독립변인 〈거주지역〉 차이를 통해 〈문화비지출〉의 차이를 설명할 수 있기 때문에 설명변량이라고 부른다.

표 12-17 **집단 간 변량 계산**

$$집단\ 간\ 변량 = 1126.67 \div 2 = 563.34$$

4) F 값과 자유도, 유의확률

(1) F 값
변량분석을 사용하여 유의도를 검증하기 위해서는 〈표 12-18〉의 공식을 이용하여 F 값을 구해야 한다. F 값은 집단 간 제곱합과 집단 내 제곱합을 구한 후 자유도로 나누어 계산한 집단 간 변량을 집단 내 변량으로 나눈 값으로서 연구가설이 유의미한지를 판단하는 값이다. 〈표 12-7〉에서 보듯이 집단 간 변량은 집단 간 제곱합 '1126.667"을 자유도1 '2'로 나눈 값 '563.333'(거주지역 평균 제곱에 제시됨)이고, 집단 내 변량은 집단 내

표 12-18 **F 값 계산 공식**

$$F = \frac{\text{집단 간 제곱합/자유도1(독립변인 유목의 수 - 1)}}{\text{집단 내 제곱합/자유도2(Σ 개별 집단의 사례 수 - 1)}}$$

$$= \frac{\text{집단 간 변량}}{\text{집단 내 변량}}$$

제곱합 '590.000'을 자유도2 '27'로 나눈 값 '21.852'(오차 평균 제곱에 제시됨)로서 F 값은 집단 간 변량을 집단 내 변량으로 나눈 값 '25.780'이다. 이 값을 자유도와 함께 해석한다.

(2) 자유도

일원변량분석에서 자유도(*degree of freedom*)는 F 값의 의미를 판단하기 위해 두 개의 값(자유도1과 자유도2)을 갖는데, 표본의 전체 집단과 사례에서 독자적 정보를 가진 집단과 사례의 수가 얼마인지를 보여준다(제 10장 문항 간 교차비교분석의 자유도와 제 11장 t-검증의 자유도 설명을 참조한다). 자유도1은 독립변인을 구성하는 집단의 수에서 '1'을 뺀 값으로 독자적 정보를 가진 집단의 수이다. 독립변인 〈거주지역〉은 세 집단으로 구성되어 있기 때문에 자유도1은 '2'(3집단 - 1)가 된다. 자유도2는 개별 집단의 사례 수에서 '1'을 뺀 값들을 합한 값으로 독자적 정보를 가진 사례의 수이다. 대도시는 '9'(10명-1), 중소도시 '9'(10명 - 1), 농촌 '9'(10명 - 1)이기 때문에 자유도2는 이를 더한 값 '27'이 된다.

일원변량분석의 자유도와 t-검증의 자유도를 비교해보자. t-검증의 자유도도 일원변량분석과 같이 두 개(자유도1과 자유도2)가 제시되어야 하지만, t-검증은 독자적 정보를 가진 사례 수 하나만 제시한다. 그 이유는 t-검증에서 독립변인을 구성하는 집단 수는 반드시 두 개이기 때문에 자유도1은 언제나 '1'(2 집단-1)이 된다. 따라서 t-검증에서는 항상 '1'인 자유도1을 생략하고, 자유도2인 독자적 정보를 가진 사례 수 하나만 제시한다.

(3) 유의확률

유의확률은 자유도1과 자유도2가 만나는 지점의 F 값이 F 분포에서 차지하는 위치(비율)을 보여준다. 위의 예에서 자유도1인 '2'와 자유도2인 '27'에서의 F 값 '25.780'이 $p < 0.05$보다 작은 '0.000'으로 나왔기 때문에 연구자는 연구가설을 받아들인다. 즉, 〈거주지역이 문화비지출에 영향을 미친다〉는 연구가설을 받아들인다.

SPSS/PC⁺(23.0) 일원변량분석 프로그램이 F 값과 자유도1, 자유도2, 유의확률을 계산하여 제시해주기 때문에 F 분포표를 읽는 방법이 필요는 없지만, F 분포표를 해석하는 방법을 알면 유의확률의 의미를 쉽게 이해할 수 있다. F 분포표는 〈부록 D, F 분포〉에 제시되어 있다. 두 개의 표 중 첫 번째 표는 0.05 수준에서의 F 분포표이고, 두 번째 표는 0.01 수준에서의 F 분포표이다. 연구자가 정한 유의도 수준에 따라 두 표 중 하나를 선택하여 해석하면 된다. 각 표의 제일 위쪽에는 자유도1(n_1)이 제시되어 있고, 오른쪽에는 자유도2(n_2)가 제시되어 있다. 연구자가 유의도 수준을 0.05로 정하면 자유도1은 독립변인을 구성하는 집단의 수에서 '1'을 뺀 값으로, 위의 예에서 독립변인 〈거주지역〉은 세 집단이기 때문에 자유도1은 '2'(3집단 - 1)가 된다. 자유도2는 개별 집단의 사례 수에서 '1'을 뺀 값을 합한 값으로, 대도시 '9'(10명 - 1), 중소도시 '9'(10명 - 1), 농촌 '9'(10명 - 1)이기 때문에 자유도2는 '27'이 된다. 자유도1의 '2'와 자유도2의 '27'이 만나는 F 값은 '3.35'이다. F 값이 '3.35'보다 크면 $p < 0.05$(95%) 유의도 수준에서 연구가설을 받아들이는 것이고, 작으면 $p < 0.05$(95%) 유의도 수준에서 영가설을 받아들이라는 의미이다. F 값은 '25.780'으로서 '3.35'보다 크기 때문에 연구가설을 받아들이면 된다. 연구자가 유의도 수준을 0.01로 정하면 자유도1의 '2'와 자유도2의 '27'이 만나는 F 값은 '5.49'로서 해석하는 방법은 동일하다.

5) 오차변량의 동질성 검증의 의미

독립표본 t-검증 방법과 일원변량분석에서 Levene의 오차변량의 동질성 검증은 개별 집단이 같은 모집단에서 추출되었는지를 판단하는 데 중요하다는 것을 알았다. Levene의 오차변량의 동질성 검증의 의미를 살펴보자.

　Levene의 오차변량 동질성 검증은 독립변인을 구성하는 개별 집단의 집단 내 변량의 크기를 상호 비교하는 방법으로서 집단 내 변량은 오차변량이기 때문에 오차변량의 동질성 검증은 개별 집단의 집단 내 변량을 검증하는 것과 같다. Levene의 오차변량의 동질성 검증은 개별 집단의 집단 내 변량의 크기를 비교하여 값들이 비슷하면 같은 모집단으로부터 추출되었다고 판단한다. 〈표 12-14〉에서 보듯이 대도시의 집단 내 변량은 '48.888'이고, 중소도시 집단의 집단 내 변량은 '12.222', 농촌 집단의 집단 내 변량은 '4.444'이다. 얼핏 보아도 세 집단의 집단 내 변량 값의 차이가 크다는 것을 알 수 있다.

8. 결과 분석 3: 집단 간 차이 사후검증

변량분석을 통한 유의도 검증은 독립변인과 종속변인 간의 인과관계의 존재 여부만을 보여주며, 독립변인을 구성하는 집단 간의 차이는 알려주지 않는다. 즉, 〈표 12-7〉의 변량분석 결과는 〈거주지역〉과 〈문화비지출〉 간에 인과관계가 있다는 것만 알려주기 때

표 12-19 **Scheffe의 집단 간 사후검증**

(I)거주지역	(J)거주지역	평균차(I - J)	유의확률
대도시	중소도시	8.0000*	0.003
	농촌	15.0000*	0.000
중소도시	대도시	-8.0000*	0.003
	농촌	7.0000*	0.009
농촌	대도시	-15.0000*	0.000
	중소도시	-7.0000*	0.009

문에 세 집단 중 구체적으로 어느 집단과 어느 집단 간에 차이가 있는지를 알 수 없다. 연구결과가 유의미하게 나왔다면, 여러 집단 간의 구체적 차이를 알아보기 위해 반드시 사후검증을 실시해야 한다. 그러나 연구결과가 유의미하지 않을 경우에는 집단 간에 차이가 없는 것이기 때문에 사후검증을 할 필요가 없다.

독립변인을 구성하는 집단의 수가 두 개밖에 없을 때(독립표본 t-검증 방법의 연구가설을 생각하면 된다) 변량분석 결과 연구가설이 유의미하다면 변량분석 결과 자체가 바로 두 집단의 크기를 비교하는 결과가 된다. 예를 들면, 두 개의 유목으로 구성된 〈거주지역〉(① 도시, ② 농촌)이 〈문화비지출〉에 영향을 준다는 연구가설이 유의미하다면, 변량분석 결과 자체가 〈거주지역〉을 구성하는 도시와 농촌 간의 차이를 보여주는 것이다. 따라서 독립변인의 유목의 수가 두 개일 경우에는 사후검증을 실시하지 않는다.

집단 간 평균값의 차이를 사후검증하는 방법으로는 〈Duncan 검증방법〉, 〈Tuckey 검증방법〉, 〈Scheffe 검증방법〉 등 여러 가지가 있는데 가장 일반적으로 사용하는 검증방법은 〈Scheffe 검증방법〉이다. 여기서는 집단 간 차이를 사후검증하는 데 〈Scheffe 검증방법〉을 사용한다.

〈Scheffe의 검증방법〉을 사용하면, 〈표 12-19〉에서 보듯, 한 집단과 다른 집단 간의 평균값 차이와 유의도 검증결과를 알 수 있다. 첫 번째 칸은 (I) 거주지역, (J) 거주지역이라고 되어 있는데, 이는 비교하는 두 집단을 보여준다. 예를 들면, 대도시 중소도시는 대도시와 중소도시를 비교한다는 것이고, 대도시 농촌은 대도시와 농촌을 비교한다는 것이다. 두 번째 칸은 평균차(I - J)라고 되어 있는데 이는 비교하는 두 집단 간의 문화비지출의 차이를 보여준다. 예를 들면, 대도시와 중소도시의 문화비지출의 차이는 8만원임을 알 수 있다. 점수 뒤의 '*' 표시는 두 집단 간의 평균값의 차이를 검증한 결과 유의미하다는 것이다. 만일 '*' 표시가 없다면 두 집단 간의 평균값의 차이가 유의미하지 않다는 것이다. 세 번째 칸의 유의확률은 평균값의 차이를 통계적으로 검증한 결과 유의미한지, 유의미하지 않은 지를 보여준다. 유의도 수준을 '0.05'로 잡았을 때 '0.05'보다 작으면 유의미한 것이고, '0.05'보다 크면 유의미하지 않은 것이다.

표 12-20 **동일집단군 Scheffe**

거주지역	N(사례 수)	집단군		
		1	2	3
농촌	10	6.0000		
중소도시	10		13.0000	
대도시	10			21.0000

〈표 12-20〉은 〈표 12-19〉의 집단 간 사후검증 결과를 다른 방식으로 보여주는데 의미는 같다. 〈표 12-20〉의 '집단군'을 살펴보면, 농촌과 중소도시, 대도시의 평균값이 제시되어 있고, 각 집단이 1, 2, 3 개별 집단에 속해 있기 때문에 세 집단 간에 차이가 난다는 것을 알 수 있다.

〈표 12-19〉와 〈표 12-20〉을 해석하면, 거주지역 간의 문화비지출 평균값 차이를 검증한 결과 전부 유의미하게 나왔기 때문에 대도시 거주자는 중소도시와 농촌 거주자에 비해 문화비를 더 많이 지출하고, 중소도시 거주자는 농촌 거주자에 비해 문화비지출이 더 높다는 것을 알 수 있다.

9. 결과 분석 4: 영향력 값(에타제곱)

SPSS/PC⁺(23.0) 프로그램에서는 일원변량분석을 두 가지 방법으로 실행할 수 있다. 하나는 〈평균비교〉에 있는 〈일원배치분산분석〉 프로그램이고, 다른 하나는 〈일반선형모형〉의 〈일변량〉 프로그램이다. 두 프로그램의 변량분석 결과는 일치하는데 〈일원배치분산분석〉으로 실행한 결과는 독립변인이 종속변인에게 미치는 영향력 값을 제시하지 않는 반면 〈일변량〉은 영향력 값을 제시한다. 따라서 특별한 이유가 없는 한 일원변량분석은 유의도 검증과 영향력 값을 동시에 제시하는 〈일반선형모형〉의 〈일변량〉을 실행하는 것이 바람직하다.

명명척도로 측정한 독립변인과 등간척도(또는 비율척도)로 측정한 종속변인 간의 영향력 값은 에타제곱으로 나타내는데, 〈표 12-7〉의 제일 오른쪽에 부분 에타제곱에 제시되어 있다. 에타제곱은 설명변량을 의미하는데, 설명변량 '0.656'은 독립변인이 종속변인에게 미치는 영향력이 매우 크다는 것을 보여준다. 영가설을 받아들일 경우 두 변인 간의 인과관계가 없기 때문에 영향력 값인 에타제곱을 해석하지 않는다.

에타제곱은 설명변량으로 '0'에서 '1' 사이의 값을 갖는다. 에타제곱을 해석하는 기준이 따로 있는 것은 아니지만 일반적으로 다음과 같이 해석하면 된다. 에타제곱이 '0에서 0.1 미만'이면 독립변인이 종속변인에게 미치는 영향력이 거의 없다고 해석하면 된다. '0.1

이상에서 0.3 미만'이면 영향력이 어느 정도 있다고 보면 된다. '0.3 이상에서 0.5 미만' 이면 영향력이 상당히 크다고 말할 수 있다. '0.5 이상에서 0.8 미만'이면 영향력이 매우 크다고 말할 수 있다. '0.8 이상에서 1.0'이면 영향력이 거의 완벽하다고 볼 수 있다.

10. 일원변량분석 논문작성법

1) 연구절차

(1) 일원변량분석 방법에 적합한 연구가설을 만든다

연구가설	독립변인(명명척도)		종속변인(비명명척도)	
	변인	측정	변인	측정
교육에 따라 텔레비전시청시간에 차이가 나타난다	교육	(1) 중졸 (2) 고졸 (3) 대졸 (4) 대학원졸	텔레비전 시청시간	실제 시청시간(분)

(2) 유의도 수준을 정한다: $p < 0.05$(95%) 또는 $p < 0.01$(99%) 중 하나를 결정한다

(3) 표본을 선정하여 데이터를 수집한 후 컴퓨터에 입력한다

(4) SPSS/PC⁺ 프로그램 중 일원변량분석을 실행한다

2) 연구결과 제시 및 해석방법

(1) 집단의 동질성 검증: Levene 검증(논문에서 제시하지 않는다)

(2) 일원변량분석 연구결과를 표로 제시한다
프로그램을 실행하여 얻은 결과를 〈표 12-21〉과 같이 만든다.

표 12-21 **교육과 텔레비전시청시간의 관계**

집단	사례 수	평균	표준편차	F	df	유의확률	에타제곱	차이 집단
중졸	100	51.5	13.8					
고졸	100	42.5	14.9	6.79	3,396	0.009	0.55	중졸/고졸 집단과 대졸/대학원 집단
대졸	100	30.2	7.8					
대학원졸	100	25.3	3.3					

(3) 변량분석표를 해석한다

① 유의도 검증 결과와 집단 간 차이 사후 검증 결과 쓰는 방법

〈표 12-21〉에서 보듯이 교육과 텔레비전시청시간 간에는 통계적으로 유의미한 차이가 있는 것으로 나타났다($F = 6.79$, $df = 3,396$, $p < 0.05$). 각 집단 간 텔레비전시청시간의 차이를 사후검증한 결과, 중학교를 졸업한 사람(평균 = 51.5분)과 고등학교를 졸업한 사람(평균 = 42.5분) 간에는 텔레비전시청시간에 차이가 없었다. 또한 대학교를 졸업한 사람(평균 = 30.2분)과 대학원을 졸업한 사람(평균 = 25.3분) 간에도 텔레비전시청시간에 차이가 없었다. 반면 중학교와 고등학교를 졸업한 사람과 대학교와 대학원을 졸업한 사람 간에는 텔레비전시청시간에 차이가 있는 것으로 나타났다. 즉, 중학교와 고등학교를 졸업한 사람은 대학교와 대학원을 졸업한 사람에 비해 텔레비전을 더 많이 시청하는 경향이 있다.

② 영향력 값 쓰는 방법

교육이 텔레비전시청시간에 미치는 영향력을 분석한 결과 교육이 텔레비전시청시간에 미치는 영향력은 매우 큰 것으로 나타났다(에타제곱 = 0.55). 이 결과는 교육이 텔레비전시청시간에 영향을 주는 중요한 요인이라는 사실을 보여준다.

참고문헌

오택섭 · 최현철 (2003), 《사회과학 데이터 분석법 ①》, 나남.
최현철 · 김광수 (1999), 《미디어 연구방법》, 한국방송통신대학교 출판부.

Hastie, T. et al. (2002), *The Elements of Statistical Learning*. Springer Verlag.
Hox, J. J. (2002), *Multilevel Analysis: Techniques and Applications*, Quantitative Methodology Series, Lawrence Erlbaum Associates.
Kerlinger, F. N. (1973), *Foundations of Behavioral Research* (2nd ed.), New York: Holt, Rinehart and Winston.
Lomax, R. G., & Hahs-Vaughn, D. L. (2012), *An Introduction to Statistical Concepts* (3rd ed.), New York, NY: Routledge.
Miller, R. J. et al. (1997), *Beyond ANOVA: Basics of Applied Statistics* (Reissue ed.), CRC Press.
Nie, N. H. et al. (1975), *SPSS: Statistical Package for the Social Sciences* (2nd ed.), New York: McGraw-Hill Book Company.

Norusis, M. J. (2000), *SPSS 10.0 Guide to Data Analysis* (Book and Disk ed.), Prentice Hall.

Pallant, J. (2001), *SPSS Survival Manual: A Step By Step Guide to Data Analysis Using SPSS for Windows*(*Version 10*) (1st ed.), Open Univ Pr.

Reinard, J. C. (2006), *Communication Research Statistics*. Thousand Oaks, CA: Sage.

Turner J. R., & Thayer, J. (2001), *Introduction to Analysis of Variance: Design, Analysis & Interpretation*, Sage Publications.

13
다원변량분석 n-way ANOVA

이 장에서는 명명척도로 측정한 두 개 이상 여러 개의 독립변인과 등간척도(또는 비율척도)로 측정된 한 개의 종속변인 간의 인관관계를 분석하는 다원변량분석(*n-way ANOVA*)을 살펴본다.

1. 정의

다원변량분석이란, 〈표 13-1〉에서 보듯이 명명척도로 측정된 두 개 이상 여러 개의 독립변인과 등간척도(또는 비율척도)로 측정된 한 개의 종속변인 간의 인과관계를 분석하는 통계방법이다. 제 12장에서 살펴본 일원변량분석은 독립변인의 수가 한 개이기 때문에 독립변인의 수가 두 개 이상 여러 개인 경우에 사용할 수 없어 불편했는데, 다원변량분석은 이 문제를 해결한 것이다. 예를 들면, 독립변인 〈성별〉, 〈종교〉 두 개와 종속변인 〈폭력영화태도〉 간의 인과관계를 분석하기 위해서는 일원변량분석으로는 분석할 수 없고, 다원변량분석을 사용해야 한다. 다원변량분석은 일원변량분석을 확장한 방법이기 때문에 일원변량분석의 기본 논리가 그대로 적용된다(독자는 일원변량분석을 공부한 후 다원변량분석을 읽어야 한다). 다원변량분석도 명명척도로 측정한 독립변인을 요인(*factor*)이라고 부른다. 다원변량분석은 여러 독립변인 간의 상호작용 효과(*interaction effect*) 뿐 아니라 개별 독립변인의 주 효과(*main effect*)를 분석한다.

1) 변인의 측정

다원변량분석에서 독립변인은 명명척도로 측정해야 하고, 유목(집단)의 수는 두 개 이상으로 그 수에 제한이 없다. 종속변인은 등간척도(또는 비율척도)로 측정해야 한다.

2) 독립변인의 유목에 대한 전제

다원변량분석에서는 독립변인의 유목을 어떻게 보느냐에 따라 명칭이 달라진다. 연구자가 독립변인의 유목이 유목의 전부, 즉 조사에 사용한 유목 이외의 다른 유목은 존재하지 않는다라고 전제하면, 이를 고정요인(*fixed factor*)이라고 부른다. 반면 연구자가 독립변인의 유목이 수없이 많이 존재하는 유목의 일부, 즉 조사에 사용한 유목 이외의 다른 유목이 존재한다고 전제하면 이를 무작위요인(*random factor*)이라고 부른다(SPSS/PC⁺ 다원변량분석에서는 변량요인이라고 번역한다). 예를 들어 독립변인 〈종교〉를 ① 기독교, ② 천주교, ③ 불교 세 유목으로 측정했다고 가정하자. 연구자가 세 유목이 〈종교〉를 구성하는 유목의 전부라고 전제하면 〈종교〉를 고정요인이라 부른다. 그러나 연구자가 세 유목이 〈종교〉를 구성하는 수없이 많은 유목 중 일부라고 전제하면 〈종교〉를 무작위요인으로 부른다. 연구자가 특별히 지정하지 않는 한 다원변량분석에서는 독립변인을 고정요인으로 전제한다.

3) 변인의 수

다원변량분석에서 사용하는 변인의 수는 독립변인은 두 개 이상 여러 개, 종속변인은 한 개여야 한다.

표 13-1 **다원변량분석의 조건**

1. 독립변인
    1) 수: 두 개 이상 여러 개
    2) 측정: 명명척도
    3) 명칭: 요인이라고 부른다

2. 종속변인
    1) 수: 한 개
    2) 측정: 등간척도(또는 비율척도)

2. 연구절차

다원변량분석의 연구절차는 〈표 13-3〉처럼 크게 여섯 단계로 이루어진다.

첫째, 다원변량분석에 적합한 연구가설을 만든다. 변인의 측정과 수, 표본 할당에 유의하여 연구가설을 만든 후 유의도 수준($p < 0.05$ 또는 $p < 0.01$)을 정한다.

둘째, 데이터를 수집하여 입력한 후 SPSS/PC$^+$(23.0)의 다원변량분석을 실행하여 분석에 필요한 결과를 얻는다.

셋째, 결과 분석의 첫 번째 단계로, 독립표본과 집단의 동질성을 검증한다.

넷째, 결과 분석의 두 번째 단계로, 연구가설의 유의도 검증을 한다. 상호작용 효과와 주 효과의 유의도 검증을 실시하여 연구가설의 수용 여부를 판단한다.

다섯째, 결과 분석의 세 번째 단계로, 상호작용 효과와 주 효과가 있을 경우, 집단 간 차이를 사후검증한다.

여섯째, 결과 분석의 네 번째 단계로, 영향력 값인 에타제곱을 해석한다.

표 13-2 **다원변량분석의 절차**

1. 연구가설 제시
   1) 독립변인의 수는 두 개 이상 여러 개이고, 명명척도로 측정한다(유목의 수에 제한이 없음). 종속변인의 수는 한 개이고, 등간척도나 비율척도로 측정한다. 변인 간의 인과관계를 연구가설로 제시한다
   2) 유의도 수준을 정한다($p < 0.05$ 또는 $p < 0.01$)

⬇

2. 데이터 입력과 프로그램 실행
   1) 데이터를 수집하여 입력한다
   2) 다원변량분석을 실행하여 분석에 필요한 결과를 얻는다

⬇

3. 결과 분석 1: 전제 검증
   1) 독립표본
   2) 집단의 동질성 검증

⬇

4. 결과 분석 2: 상호작용 효과와 주 효과의 유의도 검증

⬇

5. 결과 분석 3: 집단 간 차이 사후검증(상호작용 효과와 주 효과)

⬇

6. 결과 분석 4: 영향력 값(에타제곱) 해석

3. 연구가설과 가상 데이터

1) 연구가설

(1) 연구가설

다원변량분석의 연구가설은 〈표 13-1〉에서 제시한 변인의 측정과 수의 조건만 충족한다면 무엇이든 가능하다. 이 장에서는 독립변인 〈성별〉, 〈거주지역〉 두 개와 종속변인 〈문화비지출〉 간의 인과관계가 있는지를 검증한다고 가정하자. 연구가설은 〈성별과 거주지역이 문화비지출에 영향을 미친다〉이다.

(2) 변인의 측정과 수

독립변인은 〈성별〉과 〈거주지역〉 두 개이고, 〈성별〉은 ① 남성, ② 여성으로, 〈거주지역〉은 ① 대도시, ② 중소도시, ③ 농촌으로 측정한다. 종속변인은 〈문화비지출〉 한 개이고, 한 달 평균 지출비용을 만 원 단위로 측정한다.

2) 가상 데이터

이 장에서 분석하는 〈표 13-3〉의 데이터는 필자가 임의적으로 만든 것이어서 표본의 수 (24명)가 적고, 결과가 꽤 잘 나오게 만들었다(이 데이터를 사용하여 다원변량분석 프로그램을 실행해보기 바란다). 그러나 독자가 실제 연구하는 데이터는 표본의 수도 훨씬 많고, 결과는 이 장에서 제시하는 것만큼 깔끔하게 나오지 않을 수 있다.

표 13-3 **다원변량분석의 가상 데이터**

응답자	성별	거주지역	문화비지출	응답자	성별	거주지역	문화비지출
1	1	1	20	13	2	1	30
2	1	1	15	14	2	1	40
3	1	1	30	15	2	1	20
4	1	1	15	16	2	1	30
5	1	2	10	17	2	2	10
6	1	2	20	18	2	2	8
7	1	2	15	19	2	2	15
8	1	2	15	20	2	2	10
9	1	3	8	21	2	3	5
10	1	3	10	22	2	3	7
11	1	3	15	23	2	3	5
12	1	3	7	24	2	3	6

4. SPSS/PC⁺ 실행방법

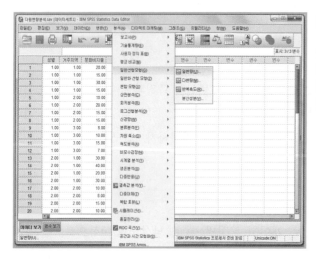

[실행방법 1] 분석방법 선택

일원변량분석과 마찬가지로
메뉴판의 [분석(A)]에서
[일반선형모형(G)]을 클릭하고
[일변량(U)]을 클릭한다.

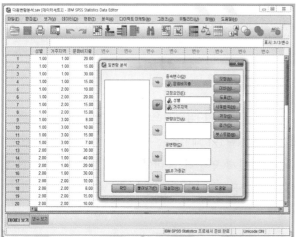

[실행방법 2] 분석변인 선택

[일변량 분석] 창이 나타나면, 종속변인인
〈문화비지출〉을 클릭하여 [종속변수(D)]로
옮긴다(➡). 독립변인인 〈성별〉과
〈거주지역〉은 [고정요인(F)]으로
이동시킨다(➡).
집단이 세 집단 이상일 경우,
[사후분석(H)]을 클릭한다.

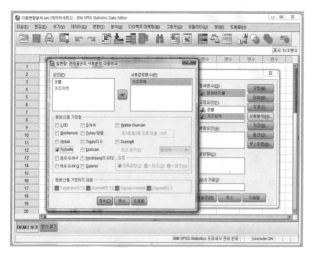

[실행방법 3] 집단 간 차이 사후검증

[일변량: 관측평균의 사후분석 다중비교]
창이 나타나면 [요인(F)]의 〈거주지역〉을
클릭하여 [사후검정변수(P)]로 옮긴다.
[등분산을 가정함]에서 [☑ Scheffe(C)]를
선택한다.
〈성별〉은 두 집단이기 때문에 사후검증을
하지 않는다.
아래의 [계속]을 클릭한다.

200

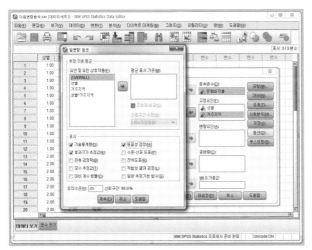

[실행방법 4] 통계량 선택과 실행

[실행방법 2]의 [일변량분석] 창으로
돌아가면 [옵션(O)]을 클릭한다.
[일변량: 옵션] 창이 나타나면 [표시]의
[☑ 기술통계량(D)],
[☑효과크기 추정값(E)],
[☑ 동질성 검정(H)]을 선택한다.
아래의 [계속]을 클릭한다.
[실행방법 2]의 [일변량분석] 창으로
다시 돌아가 아래의 [확인]을 클릭한다.

[분석결과 1] 사례 수

분석 결과가 새로운 창
*출력결과 1[문서 1]로 나타난다.
[개체-간 요인] 표에는 각 독립변인의
변수값 설명과 사례 수가 제시된다.

[분석결과 2] 기술통계량과 전제 검증

[기술통계량] 표에는 각 독립변인의
집단에 따른 종속변인의 평균, 표준편차,
사례 수가 각각 제시된다.
[오차 분산의 동일성에 대한 Levene의
검정]에는 집단의 동질성에 대한 결과가
제시된다.

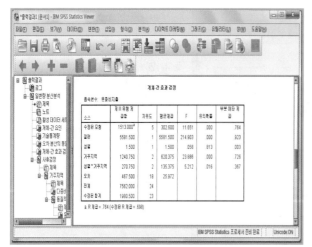

[분석결과 3] 유의도 검증

[개체-간 효과 검정] 표에는 독립변인과
종속변인의 일원변량 분석 결과가 제시된다.
〈수정모형〉, 〈성별〉, 〈거주지역〉,
〈성별 * 거주지역〉의 F 값, 자유도, 유의확률,
부분 에타제곱의 수치를 살펴보면 된다.

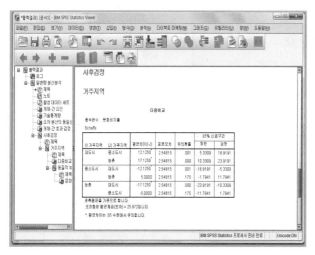

[분석결과 4] 집단 간 차이
사후검증 결과 1

[실행방법 3]에서 설정한 사후검정 결과가
[다중비교] 표에 제시된다.
[다중비교] 표의 〈평균차(I - J)〉의 *표는
두 집단 간 차이가 유의함을 나타낸다.

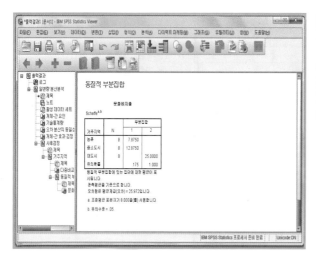

[분석결과 5] 집단 간 차이
사후검증 결과 2

사후검정(Scheffe)의 결과
[동질적 부분집합] 표가 제시된다.
[분석결과 3]의 결과를 다른 방식으로
제시한다.

5. 종류

다원변량분석은 무작위할당(*random assignment*, 연구자가 각 집단에 속한 사례 수를 무작위로 같게 할당하는 방법)[1]이 일반적으로 이루어지는 실험실 연구로부터 얻은 데이터를 분석하는 데 적합한 통계방법이다. 반면 서베이 방법(*survey*)을 통해 얻은 데이터의 경우 실험실 연구 데이터와는 달리 연구자의 통제가 거의 불가능하기 때문에 각 집단의 사례 수가 동일하지 않는 경우가 보편적이다. 이 두 가지 경우에는 각 요인의 변량 계산방식이 약간 다르기 때문에 방법상의 차이를 이해할 필요가 있다. 그러나 Windows용 SPSS/PC⁺(23.0) 다원변량분석에서는 〈그림 13-1〉에서 보듯이 이 두 가지 경우를 모두 고려하여 변량을 계산하고 분석해주기 때문에(모델 명령문 변량항목 중 '제 Ⅲ 유형'을 선택하면 두 가지 경우를 고려해 변량분석을 한다) 계산을 걱정할 필요가 없다.

그림 13-1 **제 Ⅲ 유형 선택**

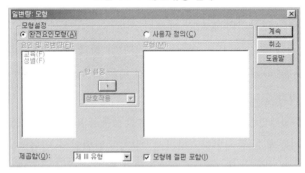

1) 각 집단의 사례 수가 같을 때

다원변량분석에서 무작위할당을 통해 각 집단의 사례 수를 같게 만들었을 때 이를 독립요인 설계(*orthogonal factorial design*)라고 부른다. 독립(*orthogonal*)이라는 말은 독립변인 간의 상관관계가 없다는 것을 의미한다. 그 결과 독립요인 설계에서는 독립변인의 집단 간 변량(설명변량)인 주 효과 간의 상관관계가 없을 뿐 아니라 주 효과와 상호작용 효과와의 상관관계도 존재하지 않는다고 전제한다. 그 결과 독립요인 설계에서는 변량계산이 간단하다. 예를 들어 독립요인 설계에서 독립변인 〈성별〉과 〈거주지역〉이 종속변인 〈문화비지출〉에 미치는 영향력을 분석할 때, 〈표 13-4〉에서 보듯이 전체 집단 간 변량은 〈성별〉과 〈거주지역〉의 집단 간 변량과 상호작용 〈성별 × 거주지역〉 결과로 생기는

---

1 무작위할당과 무작위표본추출(*random sampling*)을 혼동하지 말아야 한다.

표 13-4 **집단 간 변량의 요소**

전체 집단 간 변량
= 집단 간 변량〈성별〉+ 집단 간 변량〈거주지역〉 + 집단 간 변량〈성별 × 거주지역〉

표 13-5 **전체 변량의 요소**

전체 변량 = 전체 집단 간 변량 + 집단 내 변량

집단 간 변량을 합한 값이고, 〈표 13-5〉에서 보듯이 전체 변량은 집단 간 변량과 집단 내 변량의 합이 된다.

2) 각 집단의 사례 수가 다를 때

실험실 연구와는 달리 연구자의 통제가 배제된 서베이 연구에서 각 집단의 사례 수를 같게 맞춘다는 것은 거의 불가능하다. 이처럼 각 집단의 사례 수가 다른 경우를 비독립요인 설계(*nonorthogonal factorial design*)라고 부른다. 비독립(*nonorthogonal*)이라는 말은 독립변인 간의 상관관계가 있다라는 것을 의미한다. 그 결과 비독립요인 설계에서는 독립변인의 집단 간 변량(설명변량)인 주 효과 간의 상관관계가 있을 뿐 아니라 주 효과와 상호작용 효과와의 상관관계도 존재한다. 따라서 개별 독립변인의 집단 간 변량과 상호작용의 결과인 집단 간 변량을 합하여 전체 설명변량을 계산해서는 안 된다. 예를 들어 비독립요인 설계에서 독립변인 〈성별〉과 〈거주지역〉이 종속변인 〈문화비지출〉에 미치는 영향을 분석할 때 〈표 13-7〉에서 보듯이 전체 변량은 전체 집단 간 변량과 집단 내 변량을 합하면 안 된다.

이러한 문제를 해결하기 위해서 비독립요인 설계에서는 크게 세 가지 방법인 ① 고전 실험접근방법(*classic experimental approach*), ② 단계별 접근방법(*hierarchical approach*),

표 13-6 **전체 집단 간 변량의 요소**

전체 집단 간 변량
≠ 집단 간 변량〈성별〉 + 집단 간 변량〈거주지역〉 + 집단 간 변량〈성별 × 거주지역〉

표 13-7 **전체 변량의 요소**

총변량 ≠ 전체 집단 간 변량 + 집단 내 변량

표 13-8 **2-way요인 설계에 따른 변량계산방법의 차이점과 공통점**

	독립 요인 설계	비독립 요인 설계		
		고전실험접근방법	단계별접근방법	회귀접근방법
독립변인 A의 주 효과	V_A	$V_{A,B} - V_B$	V_A	$V_{A,B,AB} - V_{B,AB}$
독립변인 B의 주 효과	V_B	$V_{B,A} - V_A$	$V_{A,B} - V_A$	$V_{A,B,AB} - V_{A,AB}$
독립변인 A와 B의 상호작용효과	$V_{A \times B}$	$V_{A,B,AB} - V_{A,B}$	$V_{A,B,AB} - V_{A,B}$	$V_{A,B,AB} - V_{A,B}$

③ 회귀접근방법(*regression approach*)을 통해 변량을 계산한다. 이미 앞에서 언급하였듯이 SPSS/PC$^+$(23.0) 다원변량분석 프로그램에서는 독립요인 설계와 비독립요인 설계의 경우를 모두 고려하여 변량을 계산하고, 분석해주기 때문에 계산방법에 대해 걱정하지 않아도 된다. 그러나 독립요인 설계와 비독립요인 설계의 차이점과 비독립요인 설계의 세 가지 방법 간의 공통점과 차이점에 대해서는 이해하고 넘어가도록 하자.

〈표 13-8〉에서 보듯이 독립요인 설계에서는 독립변인 간의 상관관계가 없기 때문에 개별 독립변인의 설명변량을 계산하면 된다. 그러나 비독립요인 설계에서는 독립변인 간의 상관관계가 있기 때문에 특정 변인의 영향력은 반드시 다른 변인을 통제(*control*)한 후 계산해야 제대로 측정할 수 있다. 변인을 통제한다는 말은 특정 변인의 영향력은 이 변인에 영향을 주는 다른 변인의 영향력을 고려한 후 계산한다는 것이다. 이를 변량의 개념을 이용하여 설명해보자. 변인 A와 B가 상관관계가 있을 때 A와 B의 상호 겹친 부분(공통변량)이 있게 된다. 따라서 변인 A의 순수한 영향력(집단 간 변량)은 A의 집단 간 변량에서 A와 B의 겹친 부분을 제외해서 계산해야 한다.

비독립요인 설계의 세 가지 방법의 공통점은 세 가지 방법 모두 독립변인 간의 상호작용의 집단 간 변량을 같은 방식으로 계산한다는 것이다. 〈표 13-8〉에서 보듯이 두 변인 간의 상호작용 효과는 각 독립변인의 집단 간 변량($V_{A,B}$)을 통제한 상태에서 계산한다($V_{A,B,AB} - V_{A,B}$). 반면 비독립요인 설계의 차이점은 세 가지 방법이 각 독립변인의 집단 간 변량인 주 효과를 다른 방식으로 계산한다는 것이다. 첫째, 고전 실험접근방법의 경우, 독립변인 A의 주 효과는 독립변인 B를 통제한 상태에서 계산하고($V_{A,B} - V_B$), 독립변인 B의 주 효과는 독립변인 A를 통제한 상태에서 계산한다($V_{B,A} - V_A$). 둘째, 단계별 접근방법의 경우, 독립변인 A의 주 효과는 다른 독립변인 B를 통제하지 않은 상태에서 계산하고(V_A), 독립변인 B의 주 효과는 독립변인 A를 통제한 상태에서 계산한다($V_{A,B} - V_A$). 셋째, 회귀접근방법의 경우, 독립변인 A의 주 효과는 다른 독립변인 B의 주 효과와 상호작용 효과를 통제한 후 계산하고($V_{A,B,AB} - V_{B,AB}$), 독립변인 B의 집단 간 변량은 다른 독립변인 A의 주 효과와 상호작용 효과를 통제한 후 계산한다($V_{A,B,AB} - V_{A,AB}$).

6. 결과 분석 1: 전제 검증

1) 독립표본

다원변량분석도 일원변량분석과 마찬가지로 독립표본이다. 독립표본 전제는 제12장 일원변량분석에서 살펴봤기 때문에 여기서는 설명을 생략한다.

2) 집단의 동질성 검증

다원변량분석도 일원변량분석과 마찬가지로 집단의 동질성 검증을 한다. 집단의 동질성 검증은 제12장 일원변량분석에서 살펴봤기 때문에 여기서는 설명을 생략한다.

7. 결과 분석 2: 유의도 검증

1) 평균값

변인 간의 평균값을 2×3 교차비교분석표를 만들어 비교해 본다. 〈표 13-9〉에서 보듯이 대도시 거주 남성의 월 평균 문화비지출은 20만 원, 여성은 30만 원으로 나타났고, 중소도시 거주 남성의 월 평균 문화비지출은 15만 원, 여성은 10만 7,500원으로 나타났

표 13-9 **성별과 거주지역 간 문화비지출 평균값**

성별	거주지역	평균	표준편차	사례 수
남성	대도시	20.000	7.071	4
	중소도시	15.000	4.083	4
	농촌	10.000	3.559	4
	합계	15.000	6.310	12
여성	대도시	30.000	8.165	4
	중소도시	10.750	2.986	4
	농촌	5.750	0.957	4
	합계	15.500	11.836	12
합계	대도시	25.000	8.864	8
	중소도시	12.875	4.016	8
	농촌	7.875	3.314	8
	합계	15.250	9.279	24

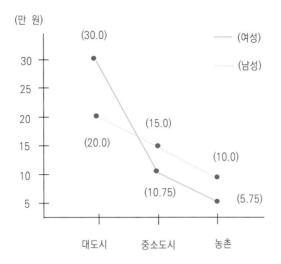

그림 13-2 **집단 간 평균값 그래프**

(만 원)

— (여성)
······ (남성)

으며, 농촌 거주 남성의 월 평균 문화비지출은 10만 원, 여성은 5만 7,500원으로 나타났다. 전체적으로 볼 때, 농촌 거주 여성의 월 평균 문화비지출이 가장 적은 것으로 보인다. 반면 대도시 거주 여성의 월 평균 문화비지출은 다른 집단에 비해 높아 보인다. 이 값들을 그래프로 그리면 〈그림 13-2〉와 같다. 그러나 좀더 정확한 결론을 내리기 위해서는 변량분석을 통해 집단 간 평균값들 간에 통계적으로 유의한 차이가 있는지를 검증해야 한다.

2) 결과 해석

〈성별과 거주지역이 문화비지출에 영향을 미친다〉는 연구가설은 변량분석을 사용하여 검증한다(변량분석의 논리는 뒤에서 살펴본다). 독립변인의 수가 두 개 이상 여러 개일 경우, 유의도 검증 절차는 먼저 독립변인 간의 상호작용 효과를 검증한다. 상호작용 효과가 있을 경우에는 상호작용 효과만 해석하고 주 효과는 분석하지 않는다. 상호작용 효과 분석이 주 효과 분석을 포함하기 때문에 군이 주 효과를 분석하지 않아도 된다. 그러나 상호작용 효과가 없다면 개별 독립변인이 종속변인에게 미치는 주 효과를 검증한다. 개별 독립변인의 주 효과 검증은 일원변량분석 검증과 동일하다.

〈표 13-10〉에서 보듯이 상호작용 효과의 설명변량(성별 × 거주지역의 평균 제곱에 제시되어 있음) '135.375'는 제곱합 '270.750'을 자유도 '2'로 나눈 값이다. 반면 오차변량(오차의 평균 제곱에 제시되어 있음) '25.972'는 제곱합 '467.500'을 자유도 '18'로 나눈 값이다. F 값 '5.212'는 설명변량 '135.375'를 오차변량 '25.972'로 나눈 값으로 유의확률은

표 13-10 **변량분석 결과**

	제 Ⅲ유형 제곱합	자유도	평균제곱	F	유의확률	부분 에타제곱
모형	1513.000	5	302.600	11.651	0.000	0.764
절편	5581.500	1	5581.500	214.903	.000	.923
성별(주 효과)	1.500	1	1.500	0.058	.813	.003
거주지역(주 효과)	1240.750	2	620.375	23.886	.000	.726
성별×거주지역 (상호작용효과)	270.750	2	135.375	5.212	.016	.367
오차	467.500	18	25.972			
합계	7562.000	24				

0.05보다 작은 '0.016'이기 때문에 독립변인 〈성별〉과 〈거주지역〉의 상호작용 효과는 있다는 결론을 내린다. 즉, 거주지역별 문화비지출이 성별에 따라 다르다. 구체적으로 살펴보면, 대도시에서는 여성의 문화비지출이 남성에 비해 크지만, 중소도시와 농촌에서는 남성의 문화비지출이 여성에 비해 크다. 상호작용 효과가 있기 때문에 주 효과를 분석하지 않는다.

8. 유의도 검증의 기본 논리

1) 변량의 구성요소

일원변량분석에서는 독립변인의 수가 한 개이고, 다원변량분석에서는 독립변인의 수가 두 개 이상 여러 개이기 때문에 다원변량분석이 일원변량분석에 비해 변량계산이 복잡하다는 것 이외에 기본 논리는 같다. 변량은 제12장에서 자세히 살펴봤기 때문에 여기서는 차이나는 것만 설명한다. 변량의 개념을 이해하지 못하는 독자는 제12장의 변량을 공부하기 바란다.

2) 상호작용 효과의 유의도 검증

상호작용 효과가 있다는 말은 한 독립변인이 종속변인에게 미치는 영향력(효과)이 다른 독립변인의 유목(집단)에 따라 차이가 난다는 것을 의미한다. 예를 들어 〈성별〉과 〈거주지역〉이 〈문화비지출〉에 상호작용 효과가 있다는 것은 성별(남성과 여성) 문화비지출이 거주지역(대도시, 중소도시, 농촌)에 따라 다르게 나타난다는 것이다. 달리 표현하

표 13-11 **상호작용 효과 F 값 계산 공식**

$$F = \frac{SS_{성별} \times SS_{거주지역}/DF1}{SS_{오차}/DF2} = \frac{상호작용의\ 설명변량_{성별\ \times\ 거주지역}}{오차변량}$$

표 13-12 **자유도 계산 공식**

$$DF1 = (C_{성별} - 1) \times (C_{거주지역} - 1)$$
$$DF2 = N - (C_{성별} \times C_{거주지역})$$

면, 거주지역별(대도시, 중소도시, 농촌) 문화비지출이 성별(남성과 여성)에 따라 다르게 나타난다는 것이다. 즉, 대도시에서 여성은 남성에 비해 문화비를 많이 지출하는 반면 중소도시와 농촌에서 여성은 남성에 비해 문화비를 적게 지출한다. 반면 상호작용 효과가 없다는 말은 한 독립변인이 종속변인에게 미치는 영향력(효과)이 다른 독립변인의 유목(집단)에 관계없이 차이가 없이 일정하다(크거나 작다)는 것을 의미한다. 예를 들면, 거주지역(대도시, 중소도시, 농촌)에 관계없이 여성(또는 남성)은 남성(또는 여성)에 비해 문화비를 많이(또는 적게) 지출한다.

위 연구가설의 상호작용 효과의 유의도 검증을 위한 F 값 계산은 〈표 13-11〉과 같다. F 값은 〈성별〉과 〈거주지역〉의 상호작용 효과의 제곱합($SS_{성별} \times SS_{거주지역}$)을 자유도1(DF1로 표시)로 나눈 상호작용 효과의 설명변량을 오차 제곱합($SS_{오차}$)을 자유도2(DF2로 표시)로 나눈 오차변량으로 나눈 값이다.

〈표 13-12〉에서 보듯이 설명변량의 자유도1(DF1)은 ($C_{성별} - 1$) × ($C_{거주지역} - 1$)로 계산된다. $C_{성별}$은 〈성별〉의 유목 수이고, $C_{거주지역}$은 〈거주지역〉의 유목 수이다. 상호작용 효과의 설명변량의 자유도1은 '2'〔(2 - 1) × (3 - 1)〕이다.

오차변량의 자유도2(DF2)는 N-($C_{성별} \times C_{거주지역}$)로 계산된다. N은 전체 사례 수이고, $C_{성별}$은 〈성별〉의 유목 수, $C_{거주지역}$은 〈거주지역〉의 유목 수이다. 상호작용 효과의 오차변량의 자유도2는 '18'이다〔24 - (2 × 3)〕.

〈표 13-10〉에서 보듯이 상호작용 효과의 설명변량 '135.375'는 제곱합 '270.750'을 자유도 '2'로 나눈 값이다. 반면 오차변량 '25.972'는 제곱합 '467.500'을 자유도 '18'로 나눈 값이다. F 값 '5.212'는 설명변량 '135.375'를 오차변량 '25.972'로 나눈 값으로 유의확률 값은 0.05보다 작은 '0.016'이기 때문에 독립변인 〈성별〉과 〈거주지역〉의 상호작용 효과는 있다는 결론을 내린다.

〈그림 13-3〉에서 보듯이 독립변인 간의 상호작용 효과가 있다면 두 선이 교차하고,

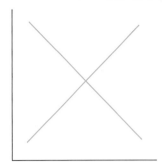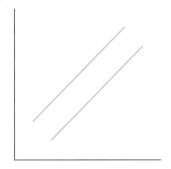

그림 13-3 **상호작용효과의 그래프**

상호작용 효과가 있을 때
선이 교차

상호작용 효과가 없을 때
선이 평행

독립변인 간의 상호작용이 없다면 두 선은 교차하지 않고 평행한다. 〈그림 13-2〉는 〈거주지역〉과 〈성별〉 두 선이 교차하여 상호작용 효과가 있음을 보여준다. 즉, 거주지역별 여성과 남성의 월 평균 문화비지출의 유형이 다르다는 것을 알 수 있다. 상호작용 효과가 유의미할 경우, 개별 독립변인의 주 효과는 분석하지 않는다.

3) 주 효과의 유의도 검증

독립변인 간의 상호작용 효과가 없을 때에는 개별 독립변인의 주 효과를 분석한다. 위 예의 경우, 독립변인 간의 상호작용 효과가 나타났기 때문에 독립변인의 주 효과를 분석하지 않는다. 그러나 여기서는 독립변인 간의 상호작용 효과가 나타나지 않았다고 가정하고 독립변인의 주 효과를 살펴본다.

독립변인 〈성별〉의 주 효과에 대한 유의도 검증을 위한 F 값은 〈표 13-13〉과 같이 계산한다. F 값은 〈성별〉의 제곱합($SS_{성별}$)을 자유도1(DF1로 표시)로 나눈 〈성별〉의 설명변량을 오차 제곱합($SS_{오차}$)을 자유도2(DF2로 표시)로 나눈 오차변량으로 나눈 값이다.

〈표 13-14〉에서 보듯이 〈성별〉의 자유도1(DF1)은 ($C_{성별}$ - 1)로 계산된다. $C_{성별}$은 〈성별〉의 유목 수이다. 〈성별〉 주 효과의 자유도1은 '1'이다(2 - 1). 〈성별〉의 자유도2(DF2)의 계산 공식은 〈표 13-12〉와 같기 때문에 여기서는 설명을 생략한다.

〈표 13-10〉에서 보듯이 〈성별〉 주 효과의 F 값은 성별의 설명변량인 '1.500'을 오차변량인 '25.972'로 나눈 '0.058'이고, 유의도 수준은 0.05보다 큰 '0.813'이기 때문에 유의미하지 않는 것으로 나타났다. 즉, 성별(남성과 여성)에 따라 문화비지출에 차이가 없다.

독립변인 〈거주지역〉의 주 효과에 대한 유의도 검증을 위한 F 값은 〈표 13-15〉와 같이 계산한다. F 값은 〈거주지역〉의 제곱합($SS_{거주지역}$)을 자유도1(DF1로 표시)로 나눈 거주지역 설명변량을 오차 제곱합($SS_{오차}$)을 자유도($DF2$로 표시)로 나눈 오차변량으로 나눈 값이다.

〈표 13-16〉에서 보듯이 〈거주지역〉의 자유도1($DF1$)은 ($C_{거주지역} - 1$)로 계산된다. C거주지역은 〈거주지역〉의 유목 수이다. 〈거주지역〉 주 효과의 자유도는 '2'(3 - 1)다. 〈거주지역〉의 자유도2($DF2$)의 계산 공식은 〈표 13-12〉와 같기 때문에 여기서는 설명을 생략한다.

〈표 13-10〉에서 보듯이 〈거주지역〉의 주 효과에 대한 F 값은 거주지역의 설명변량인 '620.375'를 오차변량인 '25.972'로 나눈 '23.886'이고 유의확률 값은 0.05보다 작은 '0.000'이기 때문에 유의미한 것으로 나타났다. 즉, 거주지역에 따라 문화비지출에 차이가 있다. 그러나 이 단계에서 세 유목으로 측정한 〈거주지역〉은 구체적으로 어느 집단이 어느 집단과 차이가 나는지를 알 수 없다. 집단 간 차이를 분석하기 위해서는 집단 간 차이 사후검증이 필요하다.

표 13-13 **성별 주 효과 F 값 계산 공식**

$$성별의\ F\ =\ \frac{SS_{성별}/DF1}{SS_{오차}/DF2}\ =\ \frac{주\ 효과\ 설명변량_{성별}}{오차변량}$$

표 13-14 **자유도 계산 공식**

$$DF1 = (C_{성별} - 1)$$

표 13-15 **거주지역 주 효과 F 값 계산 공식**

$$거주지역의\ F\ =\ \frac{SS_{거주지역}/DF1}{SS_{오차}/DF2}\ =\ \frac{주\ 효과\ 설명변량_{거주지역}}{오차변량}$$

표 13-16 **자유도 계산 공식**

$$DF1 = (C_{거주지역} - 1)$$

9. 결과 분석 3: 집단 간 차이 사후검증

1) 상호작용 효과가 있을 경우

유의도 검증 결과 ① 상호작용 효과가 있을 때, 또는 ② 상호작용 효과는 없는 반면 주효과가 있을 때에는 집단 간 차이 사후검증을 실시한다. 위의 변량분석 결과에서 보듯이, 독립변인 〈성별〉과 〈거주지역〉이 종속변인 〈문화비지출〉에 영향을 준다는 연구가설의 유의도 검증 결과 상호작용 효과가 나타났다. 즉, 성별(남성과 여성) 문화비지출이 거주지역(대도시, 중소도시, 농촌)에 따라 다르게 나타난다는 것이다. 그러나 6개 집단 간 차이 사후검증을 하지 않고는 구체적으로 어느 집단과 어느 집단이 차이가 나는지를 판단할 수 없다. 따라서 상호작용 효과가 있을 때에는 다음과 같이 사후검증을 실시한다. 다원변량분석에서의 사후검증은 일원변량분석의 사후검증과 달리 조금 복잡하다.

(1) 남성의 거주지역별 평균값 사후검증
남성의 문화비지출의 경우 대도시 20, 중소도시 15, 농촌 10이다. 이 평균값 간의 차이가 있는지를 사후검증을 다음과 같이 실시한다.

① 남성만 선택한다
    Ⓐ 메뉴판 〈데이터〉의 〈케이스 선택〉으로 간다.
    Ⓑ 새 창에서 〈조건을 만족하는 케이스〉를 선택한 후 아래 〈조건〉을 클릭한다.
    Ⓒ 왼쪽에 있는 〈성별〉을 화살표를 사용하여 오른쪽 빈 페이지로 옮긴다.
    Ⓓ 마우스를 이용하여 아래 계산기에 있는 "="을 선택하고, "1"(남성)을 선택한 후 아래 〈계속〉을 클릭한다.
    Ⓔ 새 창 아래 있는 〈확인〉을 클릭하면 남성만 선택된다.

② 집단 간 차이 사후검증
    Ⓐ 일원변량분석(oneway ANOVA)의 Scheffe의 사후검증을 실행한다(독립변인: 거주지역/종속변인: 문화비지출).
    Ⓑ 사후검증 결과를 해석한다.

〈표 13-17〉에서 보듯이 남성의 경우 거주지역별 문화비지출에 차이가 없는 것으로 나타났다. 즉, 대도시(20)와 중소도시(15), 농촌(10)에 거주하는 남성 간에는 문화비 지출에 차이가 나타나지 않았다.

표 13-17 **남성의 거주지역별 차이 사후검증**

종속변인: 문화비지출		평균차(I-J)	유의확률
(I)거주지역	(J)거주지역		
대도시	중소도시	5.0000	0.424
	농촌	10.0000	0.064
중소도시	대도시	-5.0000	0.424
	농촌	5.0000	0.424
농촌	대도시	-10.0000	0.064
	중소도시	-5.0000	0.424

(2) 여성의 거주지역별 평균값 사후검증

① 여성만 선택한다

Ⓐ 메뉴판 〈데이터〉의 〈케이스 선택〉으로 간다.

Ⓑ 새 창에서 〈조건을 만족하는 케이스〉를 선택한 후 아래 〈조건〉을 클릭한다.

Ⓒ 왼쪽에 있는 〈성별〉을 화살표를 사용하여 오른쪽 빈 페이지로 옮긴다.

Ⓓ 마우스를 이용하여 아래 계산기에 있는 "="을 선택하고, "2"(여성)을 선택한 후 아래 〈계속〉을 클릭한다.

Ⓔ 새 창 아래 있는 〈확인〉을 클릭하면 여성만 선택된다.

② 집단 간 차이 사후검증

Ⓐ 일원변량분석(*oneway ANOVA*)의 Scheffe의 사후검증을 실행한다(독립변인: 거주지역/종속변인: 문화비지출).

Ⓑ 사후검증 결과를 해석한다.

〈표 13-18〉에서 보듯이 여성의 경우 거주지역별 문화비지출에 차이가 나타났다. 즉, 중소도시(10.75)와 농촌(5.75)에 거주하는 여성 간에는 문화비 지출에 차이가 나타나지

표 13-18 **여성의 거주지역별 차이 사후검증**

종속변인: 문화비지출		평균차(I-J)	유의확률
(I)거주지역	(J)거주지역		
대도시	중소도시	19.2500	0.002
	농촌	24.2500	0.000
중소도시	대도시	-19.2500	0.002
	농촌	5.0000	0.412
농촌	대도시	-24.2500	0.000
	중소도시	-5.0000	0.412

않았다. 반면 대도시(30)에 거주하는 여성은 중소도시와 농촌에 거주하는 여성에 비해 문화비 지출을 많이 한다.

(3) 대도시의 성별 평균값 사후검증

① 대도시만 선택한다
    Ⓐ 메뉴판 〈데이터〉의 〈케이스 선택〉으로 간다.
    Ⓑ 새 창에서 〈조건을 만족하는 케이스〉를 선택한 후 아래 〈조건〉을 클릭한다.
    Ⓒ 왼쪽에 있는 〈거주지역〉을 화살표를 사용하여 오른쪽 빈 페이지로 옮긴다.
    Ⓓ 마우스를 이용하여 아래 계산기에 있는 "="을 선택하고, "1"(대도시)을 선택한 후 아래 〈계속〉을 클릭한다.
    Ⓔ 새 창 아래 있는 〈확인〉을 클릭하면 대도시만 선택된다.

② 집단 간 차이 사후검증
    Ⓐ 일원변량분석(oneway ANOVA)에서 변량분석을 실행한다(독립변인: 성별/종속변인: 문화비지출). 성별은 두 집단(남성과 여성)이기 때문에 사후검증을 할 필요가 없다. 두 집단이기 때문에 변량분석 결과를 해석하면 어느 집단이 어느 집단보다 큰지, 또는 작은지를 알 수 있다.
    Ⓑ 변량분석 결과를 해석한다.

〈표 13-19〉에서 보듯이 대도시의 경우 성별 문화비지출에 차이가 나타나지 않았다. 즉, 대도시에 거주하는 남성(20)과 여성(30) 간에는 문화비 지출에 차이가 나타나지 않았다.

표 13-19 **대도시의 성별 차이 사후검증**

	제 Ⅲ유형 제곱합	자유도	평균제곱	F	유의확률	부분 에타제곱
성별	200.000	1	200.000	3.429	0.114	0.364
오차	350.000	6	58.333			

(4) 중소도시의 성별 평균값 사후검증

① 중소도시만 선택한다
    Ⓐ 메뉴판 〈데이터〉의 〈케이스 선택〉으로 간다.
    Ⓑ 새 창에서 〈조건을 만족하는 케이스〉를 선택한 후 아래 〈조건〉을 클릭한다.

ⓒ 왼쪽에 있는 〈거주지역〉을 화살표를 사용하여 오른쪽 빈 페이지로 옮긴다.

ⓓ 마우스를 이용하여 아래 계산기에 있는 "="을 선택하고, "2"(중소도시)을 선택한 후 아래 〈계속〉을 클릭한다.

ⓔ 새 창 아래 있는 〈확인〉을 클릭하면 중소도시만 선택된다.

② 집단 간 차이 사후검증

ⓐ 일원변량분석(*oneway ANOVA*)에서 변량분석을 실행한다(독립변인: 성별/종속변인: 문화비지출).

ⓑ 변량분석 결과를 해석한다.

〈표 13-20〉에서 보듯이 중소도시의 경우 성별 문화비지출에 차이가 나타나지 않았다. 즉, 중소도시에 거주하는 남성(15)과 여성(10.75) 간에는 문화비지출에 차이가 나타나지 않았다.

표 13-20 **중소도시의 성별 차이 사후검증**

	제 Ⅲ유형 제곱합	자유도	평균제곱	F	유의확률	부분 에타제곱
성별	36.125	1	36.125	2.824	0.144	0.320
오차	76.750	6	12.792			

(5) 농촌의 성별 평균값 사후검증

① 농촌만 선택한다

ⓐ 메뉴판 〈데이터〉의 〈케이스 선택〉으로 간다.

ⓑ 새 창에서 〈조건을 만족하는 케이스〉를 선택한 후 아래 〈조건〉을 클릭한다.

ⓒ 왼쪽에 있는 〈거주지역〉을 화살표를 사용하여 오른쪽 빈 페이지로 옮긴다.

ⓓ 마우스를 이용하여 아래 계산기에 있는 "="을 선택하고, "3"(농촌)을 선택한 후 아래 〈계속〉을 클릭한다.

ⓔ 새 창 아래 있는 〈확인〉을 클릭하면 농촌만 선택된다.

② 집단 간 차이 사후검증

ⓐ 일원변량분석(*oneway ANOVA*)에서 변량분석을 실행한다(독립변인: 성별/종속변인: 문화비지출).

ⓑ 변량분석 결과를 해석한다.

표 13-21 **농촌의 성별 차이 사후검증**

	제 Ⅲ유형 제곱합	자유도	평균제곱	F	유의확률	부분 에타제곱
성별	36.125	1	36.125	5.319	0.061	0.470
오차	40.750	6	6.792			

〈표 13-21〉에서 보듯이 농촌의 경우 성별 문화비지출에 차이가 나타나지 않았다. 즉, 농촌에 거주하는 남성(10)과 여성(7.875) 간에는 문화비지출에 차이가 나타나지 않았다.

2) 주 효과만 있을 경우

다원변량분석에서 주 효과가 나타났을 경우에는 일원변량분석과 마찬가지로 집단들 간의 차이를 구체적으로 알기 위해 개별 집단의 평균값을 비교하는 사후검증을 실시한다. 일반적으로 Scheffe 검증방법을 택한다. 집단 간 차이 사후검증은 제12장에서 자세히 살펴봤기 때문에 여기서는 결과를 제시하고 해석한다.

〈표 13-22〉에서 보듯이 대도시 거주자(평균값=25.000)는 중소도시 거주자(평균값= 12.875)이나 농촌 거주자(평균값=7.875)에 비해 문화비를 더 많이 지출하는 것으로 나타났다. 그러나 중소도시 거주자와 농촌 거주자 사이에는 문화비지출의 차이가 없는 것으로 나타났다. 집단 간의 차이를 사후 검증한 결과 집단 간 통계적으로 유의미한 차이가 있을 경우에는 별표(*)가 표시된다.

표 13-22 **집단 평균값과 차이 사후검증**

거주지역	사례 수	평균	표준편차
대도시	8	25.0000	8.86405
중소도시	8	12.8750	4.01559
농촌	8	7.8750	3.31393

종속변인: 문화비지출		평균차 (I - J)	유의확률
(I) 거주지역	(J) 거주지역		
대도시	중소도시	12.1250*	.001
	농촌	17.1250*	.000
중소도시	대도시	-12.1250*	.001
	농촌	5.0000	.175
농촌	대도시	-17.1250*	.000
	중소도시	-5.0000	.175

* .05 수준에서 평균차는 유의함

10. 결과 분석 4: 영향력 값(에타제곱)

제 12장에서 에타제곱을 설명했기 때문에 여기서는 결과만 제시하고 해석한다.

⟨표 13-10⟩에서 보듯이 상호작용 효과의 에타제곱은 설명변량을 의미하는데, 설명변량 '0.367'은 ⟨성별⟩과 ⟨거주지역⟩이 ⟨문화비지출⟩에 미치는 영향력이 상당히 크다는 것을 보여준다. 영가설을 받아들일 경우, 영향력 값인 에타제곱을 해석하지 않는다.

독립변인 간의 상호작용이 나타나지 않을 경우에 한하여 개별 독립변인의 에타제곱을 해석한다. ⟨성별⟩은 유의미하지 않을 것으로 나타났기 때문에 에타제곱을 해석하지 않는다. ⟨거주지역⟩은 유의미하게 나타났기 때문에 에타제곱 '0.726'을 해석한다. ⟨거주지역⟩이 ⟨문화비지출⟩에 미치는 영향력이 매우 크다는 것을 보여준다.

11. 다원변량분석 논문작성법

1) 연구절차

(1) 다원변량분석에 적합한 연구가설을 만든다

연구가설	독립변인		종속변인	
	변인	측정	변인	측정
교육과 성별은 텔레비전 시청시간에 영향을 준다	교육	(1) 중졸 (2) 고졸 (3) 대졸	텔레비전 시청시간	실제 시청시간(분)
	성별	(1) 여성 (2) 남성		

(2) 유의도 수준을 정한다: $p < 0.05$(95%) 또는 $p < 0.01$(99%) 중 하나를 결정한다

(3) 표본을 선정하여 데이터를 수집한 후 컴퓨터에 입력한다

(4) SPSS/PC[+] 프로그램 중 다원변량분석을 실행한다

2) 연구결과 제시 및 해석방법

(1) 다원변량분석 결과표 해석 순서

① 독립변인의 상호작용 효과(*interaction effect*)가 있는지를 살펴본다. 상호작용 효과가 유의미하다면, 상호작용 효과를 분석하는 것으로 해석을 마친다.

② 독립변인의 상호작용 효과가 없다면, 독립변인의 주 효과(main effect)를 살펴본다. 독립변인의 주 효과는 독립변인 한 개와 종속변인 한 개의 인과관계를 분석하는 일원변량분석(one-way ANOVA)와 같다.

(2) 다원변량분석 연구결과를 표로 제시한다

프로그램을 실행하여 얻은 결과를 〈표 13-23〉, 〈표 13-24〉와 같이 만들고 〈그림 13-4〉와 같은 그래프를 그린다.

표 13-23 **교육과 성별, 텔레비전시청시간 평균값**

집단		사례 수	평균	표준편차
중졸	여	100	51.5	9.8
	남	100	35.3	8.3
고졸	여	100	42.5	7.9
	남	100	50.0	9.9
대졸	여	100	30.2	7.8
	남	100	60.0	6.3

표 13-24 **변량분석 결과**

	자유도	F	유의확률	부분 에타제곱
교육	2	4.2	0.027	0.259
성별	1	16.7	0.000	0.411
교육×성별	2	4.3	0.025	0.263
오차	594			

그림 13-4 **집단 간 평균값 그래프**

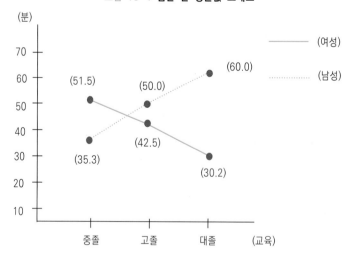

(3) 다원변량분석표를 해석한다

① 상호작용 유의도 검증 결과와 집단 간 차이 사후 검증 결과 쓰는 방법

〈표 13-24〉에서 보듯이 〈성별〉과 〈교육〉 간에는 상호작용 효과가 있는 것으로 나타났다($F = 4.3$, $df = 2$, 594, $p < 0.05$). 이 관계를 그림으로 나타내면 〈그림 13-3〉과 같다. 〈그림 13-3〉에서 보듯이 교육 정도에 따라 여성과 남성 간의 텔레비전시청시간은 차이가 있는 것으로 나타났다. 좀더 자세히 살펴보면, 중학교를 졸업한 사람의 경우, 여성 (평균 = 51.5분)은 남성 (평균 = 35.3분)에 비해 텔레비전을 더 많이 시청하는 경향이 있다. 그러나 고등학교를 졸업한 사람의 경우, 남성 (평균 = 50.0분)이 여성 (평균 = 42.5분)에 비해 텔레비전을 더 많이 시청하는 것으로 보인다. 또한 대학교를 졸업한 사람의 경우에도 남성 (평균 = 60.0분)이 여성 (평균 = 30.2분)에 비해 텔레비전을 더 많이 시청하는 것을 알 수 있다.

② 상호작용 효과와 영향력 값 쓰는 방법

〈성별〉과 〈교육〉의 〈텔레비전시청시간〉에 미치는 상호작용 효과를 분석한 결과, 독립변인이 종속변인에게 미치는 영향력은 어느 정도 있는 것으로 나타났다(에타제곱: 0.263). 이 결과는 〈텔레비전시청시간〉을 분석할 때 〈성별〉과 〈교육〉을 같이 고려할 필요가 있다는 사실을 보여준다. 독립변인 〈성별〉과 〈교육〉이 종속변인 〈텔레비전시청시간〉에 영향을 준다는 연구가설의 유의도 검증 결과 상호작용 효과가 나타났다. 즉, 성별(남성과 여성) 텔레비전시청시간이 교육(중졸, 고졸, 대졸)에 따라 다르게 나타난다는 것이다. 그러나 6개 집단 간 차이 사후검증을 하지 않고는 구체적으로 어느 집단과 어느 집단이 차이가 나는지를 판단할 수 없다. 따라서 상호작용 효과가 있을 때에는 다음과 같이 사후검증을 실시한다. 이미 앞에서 사후검증 방법을 자세히 설명했기 때문에 여기서는 사후검증을 해야 하는 내용만 간단하게 제시한다.

가. 남성의 교육별 평균값 사후검증

남성의 텔레비전시청시간의 경우 중졸 35.3, 고졸 50.5, 대졸 60이다. 이 평균값 간의 차이가 있는지를 사후검증을 다음과 같이 실시한다.

Ⓐ 남성만 선택

Ⓑ 일원변량분석에서 집단 간 차이 사후검증 실행

Ⓒ 결과 해석

나. 여성의 교육별 평균값 사후검증

여성의 텔레비전시청시간의 경우 중졸 51.5, 고졸 42.5, 대졸 30.2이다. 이 평균값 간의 차이가 있는지를 사후검증을 다음과 같이 실시한다.

    Ⓐ 여성만 선택

    Ⓑ 일원변량분석에서 집단 간 차이 사후검증 실행

    Ⓒ 결과 해석

다. 중졸의 성별 평균값 사후검증

중졸의 텔레비전시청시간의 경우 남성 35.3, 여성 51.5이다. 이 평균값 간의 차이가 있는지를 사후검증을 다음과 같이 실시한다.

    Ⓐ 중졸만 선택

    Ⓑ 일원변량분석에서 변량분석 실행(두 집단이기 때문에 집단 간 차이 사후검증을 하지 않는다)

    Ⓒ 결과 해석

라. 고졸의 성별 평균값 사후검증

고졸의 텔레비전시청시간의 경우 남성 50.0, 여성 42.5이다. 이 평균값 간의 차이가 있는지를 사후검증을 다음과 같이 실시한다.

    Ⓐ 고졸만 선택

    Ⓑ 일원변량분석에서 변량분석 실행(두 집단이기 때문에 집단 간 차이 사후검증을 하지 않는다)

    Ⓒ 결과 해석

마. 대졸의 성별 평균값 사후검증

대졸의 텔레비전시청시간의 경우 남성 60.0, 여성 30.2이다. 이 평균값 간의 차이가 있는지를 사후검증을 다음과 같이 실시한다.

    Ⓐ 대졸만 선택

    Ⓑ 일원변량분석에서 변량분석 실행(두 집단이기 때문에 집단 간 차이 사후검증을 하지 않는다)

    Ⓒ 결과 해석

③ 주 효과 유의도 검증 결과와 집단 간 차이 사후 검증 결과 쓰는 방법(상호작용 효과가 없을 때에 한해 주 효과를 해석한다. 상호작용 효과가 있다면 주 효과는 해석하지 않는다)

〈표 13-24〉는 상호작용 효과가 있음을 보여주기 때문에 주 효과를 분석하지 않는다.

그러나 여기서는 상호작용효과가 없다고 가정하고 주 효과를 설명한다. 〈성별〉과 〈교육〉 간에는 상호작용 효과가 없는 것으로 나타났다(예를 들면 $F = 2.3$, $df = 2$, 594, n. s.). 독립변인 간의 상호작용 효과가 없기 때문에 각 독립변인의 주 효과를 분석한다. 〈표 13-24〉에서 보듯이 〈성별〉은 〈텔레비전시청시간〉에 영향을 주는 것으로 나타났다($F = 16.7$, $df = 1$, 594, $p < 0.05$). 즉, 남성은 여성에 비해 텔레비전을 더 많이 시청하는 경향이 있다. 〈교육〉도 〈텔레비전시청시간〉에 영향을 미치는 것으로 나타났다 ($F = 4.2$, $df = 2$, 594, $p < 0.05$). 교육 정도에 따른 집단 간 차이를 살펴보기 위해 사후검증한 결과, 고등학교와 대학교를 졸업한 사람은 중학교를 졸업한 사람에 비해 텔레비전을 더 많이 시청하는 것으로 보인다.

④ 주 효과 영향력 값 쓰는 방법

〈성별〉이 〈텔레비전시청시간〉에 미치는 영향력을 분석한 결과, 〈성별〉이 〈텔레비전시청시간〉에 미치는 영향력은 상당히 높은 것으로 나타났다(에타제곱: 0.411). 〈교육〉이 〈텔레비전 시청시간〉에 미치는 영향력을 분석한 결과, 〈교육〉이 〈텔레비전시청시간〉에 미치는 영향력은 어느 정도 있는 것으로 나타났다(에타제곱: 0.259). 〈성별〉과 〈교육〉이 〈텔레비전시청시간〉에 미치는 영향력을 비교해보면, 〈성별〉이 〈교육〉보다 〈텔레비전시청시간〉에 영향을 더 미치는 것을 알 수 있다.

참고문헌

오택섭 · 최현철 (2003), 《사회과학 데이터 분석법 ①》, 나남.

Hox, J. J. (2002), *Multilevel Analysis: Techniques and Applications*, Quantitative Methodology Series. Lawrence Erlbaum Associates.

Kerlinger, F. N. (1973), *Foundations of Behavioral Research* (2nd ed.), New York: Holt, Rinehart and Winston.

Lomax, R. G., & Hahs-Vaughn, D. L. (2012), *An Introduction To Statistical Concepts* (3rd ed.), New York, NY: Routledge.

Miller, R. J. et al. (eds.)(1997), *Beyond ANOVA: Basics of Applied Statistics* (Reissue edition), CRC Press.

Nie, N. H. et al. (1975), *SPSS: Statistical Package for the Social Sciences* (2nd ed.), New York: McGraw-Hill Book Company.

Norusis, M. J. (2000), *SPSS 10.0 Guide to Data Analysis* (Book and Disk ed.), Prentice Hall.

Pallant, J. (2001), *SPSS Survival Manual: A Step By Step Guide to Data Analysis Using SPSS for Windows(Version 10)* (1st ed.), Open Univ Pr.

Reinard, J. C. (2006), *Communication Research Statistics*, Thousand Oaks, CA: Sage.

Stevens, J. P. (2002). *Applied Multivariate Statistics for the Social Science* (4th ed.), Mahwah, NJ: Lawrence Earlbaum Associates.

Turner, J. R., & Thayer, J. (2001), *Introduction to Analysis of Variance: Design, Analysis & Interpretation*, Sage Publications.

14
상관관계분석 correlation analysis

이 장에서는 등간척도(또는 비율척도)로 측정한 두 개 이상 여러 개 변인 간의 상관관계를 분석하는 상관관계분석(*correlation analysis*)을 살펴본다.

1. 정의

상관관계분석(*correlation analysis*)은 〈표 14-1〉에서 보듯이 등간척도(또는 비율척도)로 측정한 두 개 이상 여러 개 변인 간의 상관관계계수를 분석하는 통계방법이다. 상관관계계수는 'r'(영어 알파벳 R의 소문자)로 표기한다. 상관관계계수는 영어의 'Pearson correlation coefficient', 'Pearson product-moment correlation coefficient', 또는 'Zero-order correlation coefficient'를 번역한 용어다. 상관관계분석은 변인 간의 인과관계를 분석하지 않고 상호관계만을 분석하기 때문에 변인을 독립변인과 종속변인으로 구분하지 않는다.

상관관계분석을 사용하기 위한 조건을 알아보자.

표 14-1 **상관관계분석의 조건**

1. 측정: 등간척도(또는 비율척도)
2. 수: 두개 이상 여러 개

1) 변인의 측정

상관관계분석에서 변인은 등간척도(또는 비율척도)로 측정돼야 한다.

2) 변인의 수

상관관계분석에서 분석하는 변인의 수는 두 개 이상 여러 개다. 분석하는 변인의 수는 여러 개지만 이들 간의 상관관계를 동시에 분석하는 것이 아니라 두 변인 간의 상관관계계수만 분석한다. 예를 들어 〈연령〉과 〈수입〉, 〈교육〉 세 변인 간의 상관관계를 분석한다고 가정하자. 상관관계분석에서는 두 변인 간(① 〈연령〉과 〈수입〉, ② 〈연령〉과 〈교육〉, ③ 〈수입〉과 〈교육〉)의 상관관계계수를 제시하고 유의도를 검증한다.

2. 연구절차

상관관계분석의 연구절차는 〈표 14-2〉에 제시된 것처럼 네 단계로 이루어진다.

첫째, 연구가설을 만든다. 변인의 측정과 수에 유의하여 연구가설을 만들 후 유의도 수준($p < 0.05$ 또는 $p < 0.01$)을 정한다.

둘째, 데이터를 수집하여 입력한 후 SPSS/PC$^+$(23.0)의 상관관계분석을 실행하여 분석에 필요한 결과를 얻는다.

셋째, 결과 분석의 첫 번째 단계로, 전제를 검증한다. 상관관계분석의 사용 여부를 판단하기 위해 연구가설을 검증하기에 앞서 분포의 정상성(*normality*) 전제를 검증한다.

넷째, 결과 분석의 두 번째 단계로, 연구가설의 유의도를 검증한다. 변인 간의 상관관계계수를 분석하고 유의도 검증을 통해 연구가설의 수용 여부를 결정한다.

표 14-2 **상관관계분석의 연구절차**

1. 연구가설 제시
   1) 변인의 수는 두 개 이상 여러 개이고, 등간척도(또는 비율척도)로 측정한다. 변인 간의 상호관계를 연구가설로 제시한다
   2) 유의도 수준을 정한다($p < 0.05$ 또는 $p < 0.01$)

   ⬇

2. 데이터 입력과 프로그램 실행
   1) 데이터를 수집하여 입력한다
   2) 상관관계분석을 실행하여 분석에 필요한 결과를 얻는다

   ⬇

3. 결과 분석 1: 분포의 정상성 전제 검증

   ⬇

4. 결과 분석 2: 유의도 검증

3. 연구가설과 가상 데이터

1) 연구가설

(1) 연구가설
상관관계분석의 연구가설은 〈표 14-1〉에서 제시한 변인의 측정과 수의 조건만 충족된다면 무엇이든 가능하다. 이 장에서는 〈연령〉과 〈수입〉, 〈영화관람비〉, 〈책구입비〉 네 변인 간의 상관관계가 있는지를 검증한다고 가정하자. 연구가설은 〈연령과 수입, 영화관람비, 책구입비 간에 상호관계가 있다〉이다. 변인을 독립변인과 종속변인으로 구분하지 않는다는 점에 유의한다.

(2) 변인의 측정과 수
전체 변인의 수는 네 개이고, 〈연령〉은 응답자의 나이로 5점 척도(1 = 10대, 2 = 20대, 3 = 30대, 4 = 40대, 5 = 50대 이상)로 측정한다. 〈수입〉은 응답자의 월 평균소득(단위: 만 원)으로, 〈영화관람비〉와 〈책구입비〉는 각각 응답자의 월평균 영화관람비(단위: 만 원)와 월평균 책구입비(단위: 만 원)로 측정한다.

(3) 유의도 수준
유의도 수준을 $p < 0.05$(또는 $\alpha < 0.05$)로 정한다. 유의확률이 0.05보다 작으면 연구가설을 받아들이고, 0.05보다 크면 영가설을 받아들인다.

2) 가상 데이터

이 장에서 분석하는 〈표 14-3〉의 데이터는 필자가 임의적으로 만든 것이어서 표본의 수 (25명)가 적고, 결과가 꽤 잘 나오게 만들었다(이 데이터를 사용하여 상관관계분석을 실행해보기 바란다). 그러나 독자가 실제 연구하는 데이터는 표본의 수도 훨씬 많고, 이 장에서 제시하는 것만큼 깔끔하게 잘 나오지 않을 수 있다.

표 14-3 **상관관계분석의 가상 데이터**

응답자	연령	수입	영화 관람비	책 구입비	응답자	연령	수입	영화 관람비	책 구입비
1	1	200	5	2	14	3	300	3	3
2	1	100	3	2	15	3	400	5	2
3	1	200	4	1	16	4	400	3	4
4	1	300	2	4	17	4	300	3	3
5	1	200	3	3	18	4	300	4	3
6	2	100	2	2	19	4	500	3	4
7	2	200	3	1	20	4	400	2	5
8	2	300	3	2	21	5	400	1	3
9	2	300	3	4	22	5	300	2	4
10	2	400	4	3	23	5	300	3	5
11	3	300	2	4	24	5	400	2	3
12	3	400	2	3	25	5	500	1	4
13	3	400	3	3					

4. SPSS/PC⁺ 실행방법

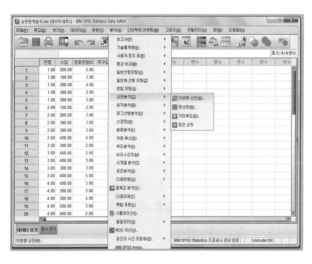

[실행방법 1] 분석방법 선택

메뉴판의 [분석(A)]을 선택하여
[이변량 상관(B)]을 클릭한다.

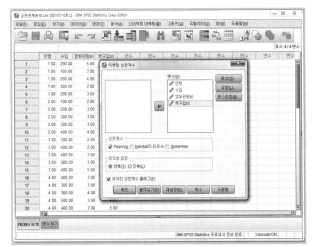

[실행방법 2] 분석변인 선택

[이변량 상관계수] 창이 나타나면,
왼쪽 칸에서 오른쪽 [변수(V)] 칸으로
분석하고자 하는 변인을 클릭하여
이동시킨다(➡).
[상관계수]의 [☑ Pearson],
[유의 검정]의 [◉ 양쪽(T)],
[☑ 유의한 상관계수 별표시(F)]는
기본으로 설정되어 있다.
오른쪽의 [옵션]을 클릭한다.

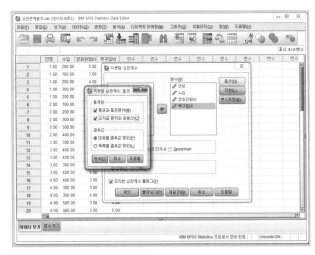

[실행방법 3] 통계량 선택과 실행

[이변량 상관계수: 옵션] 창이 나타나면
[통계량]의 [☑ 평균과 표준편차(M)],
[☑ 교차곱 편차와 공분산(C)]을 클릭한다.
[결측값]의 [◉ 대응별 결측값 제외(P)]는
기본으로 설정되어 있다.
아래의 [계속]을 클릭한다.
[실행방법 2]의 [이변량 상관계수] 창으로
다시 돌아가면 [확인]을 클릭한다.

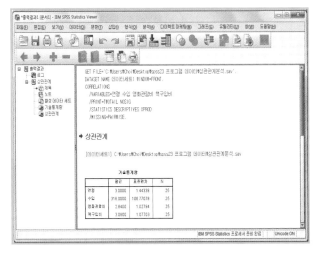

[분석결과 1] 기술통계량

분석 결과가 새로운 창
*출력결과 1[문서 1]로 나타난다.
[기술통계량] 표에는 분석에 사용된
〈연령〉, 〈수입〉, 〈영화관람비〉,
〈책구입비〉의 평균값, 표준편차,
사례 수가 각각 제시된다.

[분석결과 2] 상관관계계수와
유의도 검증

[상관계수] 표에는 〈연령〉, 〈수입〉,
〈영화관람비〉, 〈책구입비〉 네 변인의
Pearson 상관계수, 유의확률(양쪽),
사례 수 등이 나타난다.

5. 결과 분석 1: 전제 검증(분포의 정상성 검증)

분포의 정상성(*normality*)의 의미는 이미 제9장 추리통계의 기초의 정상분포곡선(*normal distribution curve*)에서 살펴봤기 때문에 여기서는 간략하게 설명한다. 상관관계분석을 제대로 사용하기 위해서는 등간척도(또는 비율척도)로 측정한 변인의 분포가 정상분포여야 한다. 정상분포가 아니라면 변인 간의 상관관계계수를 정확하게 계산할 수 없고, 그 의미도 파악할 수 없다.

분포의 정상성은 제8장 기술통계에서 살펴본 왜도(*skewness*) 값과 첨도(*kurtosis*) 값으로 검증하는데 두 값 중 하나라도 |±1|(±1의 절대 값)보다 크면 정상분포가 아니기 때문에 상관관계분석을 사용해서는 안 된다. 그러나 표본의 크기가 상당히 크면 표본의 분포를 정상분포로 간주한다는 중앙집중한계정리(*central limit theorem*) 때문에 표본의 크기가 클 때(객관적 기준이 있지는 않지만 약 150~200명 이상)에는 분포의 정상성 검증 결과에 관계없이 상관관계분석을 사용할 수 있다.

6. 결과 분석 2: 유의도 검증

1) 상관관계계수와 유의도 검증 결과 해석

상관관계분석은 상관관계계수(*correlation coefficient*)를 분석하여 연구가설을 검증한다. 〈표 14-4〉 상관관계계수 행렬(*correlation coefficient matrix*)은 〈연령〉과 〈수입〉, 〈영화

표 14-4 변인 간의 상관관계계수 행렬

구분	연령	수입	영화관람비	책구입비
연령	1.00	0.649 p = 0.000	−0.449* p = 0.024	0.563* p = 0.003
수입	0.649* p = 0.000	1.00	−0.241 p = 0.245	0.532* p = 0.006
영화관람비	−0.449* p = 0.024	−0.241 p = 0.245	1.00	−0.440* p = 0.028
책구입비	0.563* p = 0.003	0.532* p = 0.006	−0.440* p = 0.028	1.00

* $p < 0.05$

관람비〉, 〈책구입비〉 네 변인 간의 상관관계계수와 유의도 검증 결과를 보여준다. 〈표 14-4〉의 열(*column*)과 행(*row*)에는 변인의 이름이 제시되고, 대각선에는 같은 변인 간의 상관관계계수인 '1.0'(같은 변인이기 때문에 완벽하게 일치한다는 의미이다)이 제시된다. 대각선에 제시된 '1.0'의 위쪽과 아래쪽에는 변인 간의 상관관계계수가 제시되는데, 위쪽과 아래쪽에 제시된 값은 같다. 일반적으로 상관관계계수 행렬은 대각선에 있는 '1.0'과 아래쪽에 제시된 상관관계계수를 제시한다. 위쪽에 제시된 상관관계계수는 아래쪽과 동일하기 때문에 제외한다. 상관관계계수 밑에는 유의확률과 사례 수가 제시되는데, 유의확률 값이 0.05보다 크면 변인 간의 관계가 없다는 영가설을 받아들이고, 0.05보다 작으면 변인 간의 관계가 있다는 연구가설을 받아들인다.

〈연령〉과 〈수입〉(또는 〈수입〉과 〈연령〉) 간의 상관관계계수는 '0.649'이고, 유의확률 값은 0.05보다 작은 '0.000'이기 때문에 연구가설을 받아들인다. 〈연령〉과 〈수입〉(또는 〈수입〉과 〈연령〉) 간의 관계는 상당히 깊은 정적(-) 관계이기 때문에 〈연령〉이 높아지면 〈수입〉도 늘어난다는 결론을 내린다.

〈연령〉과 〈영화관람비〉(또는 〈영화관람비〉와 〈연령〉) 간의 상관관계계수는 '-0.449'이고, 유의확률 값은 0.05보다 작은 '0.024'이기 때문에 연구가설을 받아들인다. 〈연령〉과 〈영화관람비〉(또는 〈연령〉과 〈영화관람비〉) 간의 관계는 어느 정도 부적(-) 관계이기 때문에 〈연령〉이 높아지면 〈영화관람비〉는 감소한다는 결론을 내린다.

〈연령〉과 〈책구입비〉(또는 〈책구입비〉와 〈연령〉) 간의 상관관계계수는 '0.563'이고, 유의확률 값은 0.05보다 작은 '0.003'이기 때문에 연구가설을 받아들인다. 〈연령〉과 〈책구입비〉(또는 〈책구입비〉와 〈연령〉) 간의 관계는 상당히 깊은 정적(+) 관계이기 때문에 〈연령〉이 높아지면 〈책구입비〉도 늘어난다는 결론을 내린다.

〈수입〉과 〈영화관람비〉(또는 〈영화관람비〉와 〈수입〉) 간의 상관관계계수는 '-0.241'이고, 유의확률 값은 0.05보다 큰 '0.245'이기 때문에 두 변인 간의 관계는 없다는 영가설을 받아들인다.

　〈수입〉과 〈책구입비〉(또는 〈책구입비〉와 〈수입〉) 간의 상관관계계수가 '0.532'이며 유의확률 값도 0.05보다 작은 '0.006'이기 때문에 연구가설을 받아들인다. 〈수입〉과 〈책구입비〉(또는 〈책구입비〉와 〈수입〉) 간의 관계는 상당히 깊은 정적(+) 관계이기 때문에 〈수입〉이 많아지면 〈책구입비〉도 늘어난다는 결론을 내린다.

　〈영화관람비〉와 〈책구입비〉(또는 〈책구입비〉와 〈영화관람비〉) 간의 상관관계계수는 '-0.440'이며 유의확률 값은 0.05보다 작은 '0.028'이기 때문에 연구가설을 받아들인다. 〈영화관람비〉와 〈책구입비〉(또는 〈책구입비〉와 〈영화관람비〉)는 어느 정도 부적(-) 관계이기 때문에 〈영화관람비〉가 증가하면 〈책구입비〉가 줄어들거나, 〈책구입비〉가 증가하면 〈영화관람비〉가 감소한다는 결론을 내린다.

7. 상관관계계수와 변량의 의미

1) 상관관계계수: 1차방정식

상관관계분석은 변인 간의 밀접성 정도를 보여주는 상관관계계수를 통해 두 변인 간의 관계를 검증한다. 변인 간의 상관관계계수는 '-1'에서 '0'을 거쳐 '+1'까지 변화한다(즉, $-1 \leq r \leq +1$). 상관관계계수가 '0'이란 한 변인과 다른 변인 간의 관계가 없다는 것으로 한 변인의 값을 알아도 다른 변인의 값을 전혀 예측할 수 없다는 의미이다. 상관관계계수가 '±1'이란 한 변인과 다른 변인 간의 관계가 완벽하게 일치한다는 것으로 한 변인의 값을 알면 다른 변인의 값을 정확하게 예측할 수 있다는 의미다. '+'와 '-' 부호는 관계의 방향만 보여준다. 즉, 두 변인의 값이 같은 방향 또는 반대 방향으로 변화하는가만 보여주고 밀접성의 정도는 같다. 예를 들어, 두 변인 간의 상관관계계수가 +0.8이나 -0.8이라면 밀접성의 정도에서 볼 때 두 값은 같다. 그러나 관계의 방향은 정반대이기 때문에 +0.8은 한 변인의 값이 증가하면 다른 변인의 값도 증가하지만, -0.8은 한 변인의 값이 증가하면 다른 변인의 값은 감소한다.

　〈그림 14-1〉에서 보듯이 변인 간의 상관관계가 완벽한 정비례 관계라면 ①과 같은 1차방정식 그래프가 된다. ②처럼 한 변인의 값이 증가할 때마다 다른 변인의 값도 일정하게 증가한다면 정적(+) 상관관계가 있다고 말한다. 1차방정식의 용어로 표현하면 변인은 정비례 관계에 있다. ③처럼 한 변인의 값이 일정하게 변화(증가, 또는 감소)하는데 다른 변인의 값이 불규칙하게 변화한다면 상관관계가 없다고 말한다. ④처럼 한 변인의 값이 증가할 때마다 다른 변인의 값이 감소한다면 부적(-) 상관관계가 있다고 말

그림 14-1 **변인 간의 상관관계**

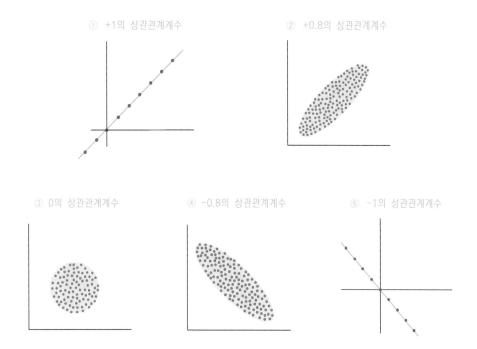

한다. 1차방정식의 용어로 표현하면 변인은 반비례 관계에 있다. 변인 간의 상관관계가 완벽한 반비례 관계라면 ⑤와 같은 1차방정식 그래프가 된다.

상관관계계수를 해석하는 객관적 기준이 있는 것은 아니지만, 일반적으로 상관관계계수가 '0에서 0.2 미만'이면 변인 간의 관계가 거의 없기 때문에 한 변인의 값을 알아도 다른 변인의 값을 거의 예측할 수 없다. '0.2 이상에서 0.4 미만'이면 변인 간의 관계가 약간 있기 때문에 한 변인의 값을 알면 다른 변인의 값을 어느 정도 예측할 수 있다. '0.4 이상에서 0.7 미만'이면 변인 간의 관계가 상당히 깊기 때문에 한 변인의 값을 알면 다른 변인의 값을 비교적 정확하게 예측할 수 있다. '0.7 이상에서 0.9 미만'이면 변인 간의 관계가 매우 깊기 때문에 한 변인의 값을 알면 다른 변인의 값을 상당히 정확하게 예측할 수 있다. '0.9 이상에서 1.0'이면 변인 간의 관계가 거의 일치하기 때문에 한 변인의 값을 알면 다른 변인의 값을 매우 정확하게 예측할 수 있다.

2) 결정계수의 의미: 설명변량

상관관계계수를 제곱한 값(r^2)을 결정계수(*coefficient of determination*)라고 부르는데, 이 값은 두 변인이 겹친 부분으로서 설명변량(*explained variance*)을 의미한다. 예를 들어 〈연령〉과 〈수입〉 간의 상관관계계수가 '0.649'라면 결정계수(r^2)는 '0.421'로서 전체 변

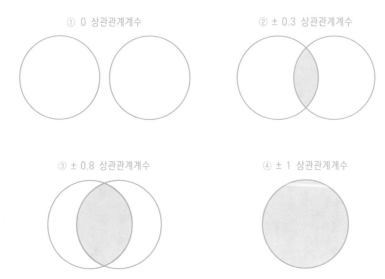

그림 14-2 **상관관계계수의 변량**

① 0 상관관계계수   ② ± 0.3 상관관계계수

③ ± 0.8 상관관계계수   ④ ± 1 상관관계계수

량 '1'(또는 100%) 중에서 〈연령〉과 〈수입〉의 겹친 부분(즉, 설명변량)이 '0. 421'(또는 42. 1%)라는 의미이다. 결정계수(또는 설명변량)를 제곱근($\sqrt{}$)하면 상관관계계수가 된다. 예를 들면, 결정계수 '0. 421'을 제곱근하면 상관관계계수는 '0. 649'가 된다. 결정계수가 크다(즉, 설명변량이 크다)는 것은 두 변인 간의 밀접성의 정도, 즉, 상관관계계수는 크다는 의미이다. 결정계수는 통계분석에서 중요한 의미를 갖는데, 그 의미는 제 15장 단순 회귀분석과 제 16장 다변인 회귀분석에서 살펴본다.

결정계수의 의미를 변량을 나타내는 두 개의 원으로 설명하면 〈그림 14-2〉와 같다. 〈그림 14-2〉의 ①처럼 상관관계계수가 '0'일 때(결정계수: '0') 두 원은 서로 겹치는 부분이 전혀 없고(〈그림 14-1〉의 ③의 경우), 상관관계계수가 ± 1일 때(결정계수: '1') ④처럼 두 원은 완벽하게 겹친다(〈그림 14-1〉의 ①과 ⑤의 경우). 상관관계계수가 ± 0. 8 정도일 때(결정계수: 0.64) ③처럼 두 원의 겹치는 부분은 상당히 크지만, 상관관계계수가 ± 0. 3 정도일 때(결정계수: 0.09) ②처럼 두 원의 서로 겹치는 부분은 작다(〈그림 14-1〉의 ②와 ④의 경우).

3) 상관관계계수와 공변량의 비교

등간척도(또는 비율척도)로 측정한 변인 간의 상관관계의 정도를 보여주는 값은 공변량 (*covariance*)과 상관관계계수(*correlation coefficient*)이다. 두 값은 변인 간의 밀접성의 정도를 보여준다는 점에서 같지만 계산 방법과 의미 해석에 차이가 있다. 공변량은 변인의 원점수를 이용하여 변인 간의 밀접성의 정도를 계산하기 때문에 변인의 측정단위가

표 14-5 **공변량과 상관관계계수**

$$COVxy = \frac{\Sigma\,(X - X평균)(Y - Y평균)}{N-1}$$

$$r(상관관계계수)= \frac{COVxy}{SxSy}$$

다를 때에는 다른 공변량과의 크기를 비교할 수 없다. 예를 들면 길이 170㎝, 무게 2,000g과 길이 1.7m와 무게 2kg은 같은 현상임에도 불구하고 측정단위가 다르기 때문에 공변량을 계산하면 길이 170㎝와 2,000g이 큰 값을 갖는다. 반면 상관관계계수는 원점수를 표준화해서 변인 간의 밀접성 정도를 계산하기 때문에 다른 상관관계계수와의 크기를 비교할 수 있다. 예를 들어 〈수입〉과 〈교육〉 간의 상관관계계수가 '0.7'이고 〈수입〉과 〈연령〉 간의 상관관계계수가 '0.4'라면 〈수입〉과 〈교육〉 간의 상관관계가 〈수입〉과 〈연령〉 간의 상관관계보다 크다고 말한다.

〈표 14-5〉는 공변량과 상관관계계수 공식을 보여준다. 공변량(COVxy)은 두 변인의 원점수에서 평균값을 뺀 값을 곱한 후 이를 더한 값을 사례 수에서 1을 뺀 값으로 나누어 계산한다. 반면 상관관계계수(r)는 공변량(COVxy)을 두 변인의 표준편차를 곱한 값으로 나누어 계산한다.

〈표 14-6〉에 제시된 가상 데이터(5명의 〈교육〉과 〈텔레비전시청시간〉의 원점수)를 사용

표 14-6 **〈교육〉과 〈텔레비전시청시간〉의 가상 데이터**

응답자	교육		텔레비전시청시간	
	원점수	차이점수	원점수	차이점수
1	2	2 - 3.2 = -1.2	3	3 - 3.4 = -0.4
2	2	2 - 3.2 = -1.2	2	2 - 3.4 = -1.4
3	3	3 - 3.2 = -0.2	4	4 - 3.4 = +0.6
4	4	4 - 3.2 = +0.8	3	3 - 3.4 = -0.4
5	5	5 - 3.2 = +1.8	5	5 - 3.4 = +1.6
평균	3.2		3.4	
표준편차	1.30		1.14	

$$공변량 = \frac{(-1.2)(-0.4) + (-1.2)(-1.4) + (-0.2)(0.6) + (0.8)(-0.4) + (1.8)(1.6)}{4}$$

$$= \frac{(0.48) + (1.68) + (-0.12) + (0.32) + (2.88)}{4}$$

$$= 1.15$$

$$상관관계계수 = \frac{1.15}{1.30 \times 1.14}$$

$$= 0.775$$

하여 공변량과 상관관계계수를 계산해보자.

〈교육〉과 〈텔레비전시청시간〉의 공변량을 계산해보자. 공변량은 각 변인의 개별 점수에서 평균값을 뺀 차이점수를 곱한 후 사례 수 빼기 '1'의 값으로 나눈 값으로 '1. 15'이다. 이 값은 〈교육〉과 〈텔레비전시청시간〉 간의 밀접성의 정도를 보여주는데 원점수를 사용했기 때문에 다른 공변량과 크기를 비교할 수 없다.

상관관계계수를 계산해보자. 〈교육〉과 〈텔레비전시청시간〉의 상관관계계수는 공변량 '1. 15'를 두 변인의 표준편차를 곱한 값으로 나눈 값으로 '0. 775'이다. 이 값은 〈교육〉과 〈텔레비전시청시간〉 간의 밀접성의 정도를 보여주는데 표준화했기 때문에 다른 상관관계계수와 크기를 비교할 수 있다.

8. 상관관계분석 논문작성법

1) 연구절차

(1) 상관관계분석에 적합한 연구가설을 만든다

연구가설	변인	측정
연령과 수입, TV시청시간, 신문구독시간 간에는 관계가 있다	연령	응답자의 실제 나이를 측정
	수입	응답자의 실제 월수입을 측정
	TV시청시간	응답자의 하루 평균 TV 시청시간을 측정
	신문구독시간	응답자의 하루 평균 신문구독시간을 측정

(2) 유의도 수준을 정한다: $p < 0.05$(95%) 또는 $p < 0.01$(99%) 중 하나를 결정한다

(3) 표본을 선정하여 데이터를 수집한 후 컴퓨터에 입력한다

(4) SPSS/PC[+] 프로그램 중 상관관계분석을 실행한다

2) 연구결과 제시 및 해석방법

(1) 상관관계계수 행렬을 제시한다
상관관계분석을 하기 위해서는 〈표 14-4〉처럼 변인 간의 상관관계계수와 유의도를 제시한다.

표 14-7 **연령과 수입, TV시청시간, 신문구독시간 간의 상관관계 행렬**

	연령	수입	TV시청시간	신문구독시간
연령	1.0			
수입	0.678*	1.0		
TV시청시간	-0.449*	-0.326	1.0	
신문구독시간	0.563*	0.570*	-0.440*	1.0

* 0.05 수준에서 유의미함.

(2) 상관관계계수 행렬을 해석한다
〈표 14-7〉에서 보듯이 〈연령〉과 〈수입〉 간의 상관관계계수는 '0.678'이고, 통계적으로 유의미한 것으로 나타났다. 즉, 〈연령〉과 〈수입〉 간의 관계는 상당히 밀접하여 연령이 높아지면 높아질수록 수입도 많아지는 경향을 보인다. 〈연령〉과 〈TV시청시간〉 간의 상관관계계수는 '-0.449'이고, 통계적으로 유의미한 것으로 나타났다. 즉, 〈연령〉과 〈TV시청시간〉 간의 관계는 상당히 밀접하여 연령이 높아지면 높아질수록 TV시청시간은 줄어드는 경향을 보인다. 〈연령〉과 〈신문구독시간〉 간의 상관관계계수는 '0.563'으로서 통계적으로 유의미한 것으로 나타났다. 즉, 〈연령〉과 〈신문구독시간〉 간의 관계는 상당히 밀접하여 연령이 높아질수록 신문구독시간도 증가하는 경향을 보인다.

〈수입〉과 〈TV시청시간〉 간의 상관관계계수는 '-0.326'이고, 통계적으로 의미가 없는 것으로 나타났다. 즉, 〈수입〉과 〈TV시청시간〉 간의 관계는 없는 것으로 보인다. 반면 〈수입〉과 〈신문구독시간〉 간의 상관관계계수는 '0.570'으로서 통계적으로 유의미한 것으로 나타났다. 즉, 〈수입〉과 〈신문구독시간〉 간의 관계는 상당히 밀접하여 수입이 많아질수록 책구입비도 증가하는 경향을 보인다.

〈TV시청시간〉과 〈신문구독시간〉 간의 상관관계계수는 '-0.440'이고, 통계적으로 유의미한 것으로 나타났다. 즉, 〈TV시청시간〉과 〈신문구독시간〉 간의 관계는 상당히 밀접하여 TV시청시간이 많아질수록 신문구독시간은 줄어드는 경향을 보인다.

오택섭 · 최현철 (2003), 《사회과학 데이터 분석법 ②》, 나남.

Cohen, J. et al. (2002), *Applied Multiple Regression: Correlation Analysis for the Behavioral Science* (P. Cohen, ed.), Lawrence Erlbaum Associates.

Cohen, J., Cohen, P, West, S. G., & Aiken, L. S. (2003), *Applied Multiple Regression/Correlation Analysis For Behavioral Science* (3rd ed.), Mahwah, NJ: Lawrence Earlbaum Associates.

Hastie, T. et al. (2001), *The Elements of Statistical Learning*, Springer Verlag.

Lomax, R. G., & Hahs-Vaughn, D. L. (2012), *An Introduction To Statistical Concepts* (3rd ed.), New York, NY: Routledge.

Miles, J., & Shevlin, M. (2001), *Applying Regression and Correlation: A Guide for Students and Researchers*, Sage Publications.

Nie, N. H. et al. (1975), *SPSS: Statistical Package for the Social Sciences* (2nd ed.), New York: McGraw-Hill Book Company.

Norusis, M. J. (2000), *SPSS 10.0 Guide to Data Analysis* (Book and Disk ed.), Prentice Hall.

Pallant, J. (2001), *SPSS Survival Manual: A Step By Step Guide to Data Analysis Using SPSS for Windows(Version 10)* (1st ed.), Open Univ Pr.

Pedhazur, E. J. (1997), *Multiple Regression in Behavioral Research* (3rd ed.), Wadsworth Publishing.

Pedhazur, E. J., & Schmelkin, L. (1991), *Measurement, Design, and Analysis: An Integrated Approach* (Student ed.), Lawrence Erlbaum Associates.

15

단순 회귀분석 bivariate regression analysis

이 장에서는 등간척도(또는 비율척도)로 측정한 한 개의 독립변인과 등간척도(또는 비율척도)로 측정한 한 개의 종속변인 간의 인과관계를 분석하는 단순 회귀분석(*bivariate regression analysis*, 또는 *simple regression analysis*)을 살펴본다.

1. 정의

단순 회귀분석은 〈표 15-1〉에서 보듯이 등간척도(또는 비율척도)로 측정한 한 개의 독립변인과 등간척도(또는 비율척도)로 측정한 한 개의 종속변인 간의 인과관계를 분석하는 통계방법이다.

단순 회귀분석을 사용하기 위한 조건을 알아보자.

표 15-1 **단순 회귀분석의 조건**

1. 독립변인
   1) 측정: 등간척도(또는 비율척도) (명명척도일 때에는
      가변인으로 변환하여 가변인 회귀분석 실행)
   2) 수: 한 개

2. 종속변인
   1) 측정: 등간척도(또는 비율척도)
   2) 수: 한 개

1) 변인의 측정

단순 회귀분석에서 독립변인과 종속변인은 등간척도(또는 비율척도)로 측정해야 한다. 등간척도(또는 비율척도)는 명명척도와는 달리 측정단위가 연속적으로(1점에서 5점까지,

또는 1점에서 7점까지 등) 이루어지는 특징을 가진다. 예를 들면, 〈키〉, 〈몸무게〉, 〈연령〉, 〈교육〉, 〈수입〉, 〈텔레비전시청시간〉, 〈신문구독시간〉, 〈인터넷이용시간〉, 〈문화비지출〉, 특정 대상에 대한 〈인식〉과 〈태도〉 등은 일반적으로 등간척도(또는 비율척도)로 측정되기 때문에 단순 회귀분석에서 독립변인과 종속변인으로 사용할 수 있다.

독립변인이 명명척도로 측정된 경우 이 변인을 가변인(dummy variable)으로 변환한 후 가변인 회귀분석을 실행하여 독립변인과 종속변인 간의 인과관계를 분석할 수 있다. 명명척도로 측정한 한 개의 독립변인과 등간척도(또는 비율척도)로 측정한 종속변인 간의 가변인 회귀분석을 알고 싶은 독자는 제 17장의 가변인 회귀분석 ①을 참조하기 바란다.

2) 변인의 수

단순 회귀분석에서 독립변인의 수는 한 개, 종속변인 수도 한 개여야 한다. 즉, 단순 회귀분석에서 사용되는 변인의 수는 두 개다.

연구자가 두 개 이상의 독립변인과 한 개의 종속변인 간의 인과관계를 분석하고 싶을 때에는 단순 회귀분석을 사용해서는 안 되며 다변인 회귀분석(multiple regression analysis)을 사용해야 한다(제 16장 다변인 회귀분석을 참조하기 바란다). 예를 들어, 독립변인 〈연령〉과 〈교육〉이 종속변인 〈텔레비전시청시간〉에 미치는 영향력을 검증하기 위해서는 독립변인의 수가 두 개이기 때문에 다변인 회귀분석을 사용해야 한다.

3) 단순 회귀분석과 일원변량분석 비교

단순 회귀분석과 일원변량분석(one-way ANOVA)의 독립변인과 종속변인의 수는 각각 한 개이고, 유의도 검증에 변량분석을 사용하기 때문에 두 방법은 기본적으로 같은 방법이라고 생각해도 된다. 그러나 단순 회귀분석과 일원변량분석의 독립변인의 측정이 다르기 때문에(단순 회귀분석에서는 등간척도, 또는 비율척도, 일원변량분석에서는 명명척도) 변량을 계산하는 방법에 차이가 난다. 제 17장 가변인 회귀분석 ①에서 보듯이 명명척도로 측정한 독립변인을 가변인으로 변환하여 가변인 회귀분석을 실행하면 가변인 회귀분석의 결과와 일원변량분석의 결과는 동일하다.

2. 연구절차

단순 회귀분석의 연구절차는 〈표 15-2〉에 제시된 것처럼 다섯 단계로 이루어진다.

첫째, 연구가설을 만든다. 변인의 측정과 수에 유의하여 연구가설을 만든 후 유의도 수준(p < 0.05 또는 p < 0.01)을 정한다.

둘째, 데이터를 수집하여 입력한 후 SPSS/PC⁺(23.0)의 회귀분석을 실행하여 분석에 필요한 결과를 얻는다.

셋째, 결과 분석의 첫 번째 단계로, 선형성(*linearity*)과 오차변량의 동질성(*homo-scedasticity*)의 전제를 검증한다. 이 결과에 따라 단순 회귀분석의 사용 여부가 결정되기 때문에 연구가설을 검증하기 전에 반드시 이 전제들을 검증한다. 또한 전제는 아니지만 회귀분석의 결과에 큰 영향을 주기 때문에 편차가 큰 사례(*outlier*)를 검사한다.

넷째, 결과 분석의 두 번째 단계로, 연구가설의 유의도를 검증한다. 설명변량(R^2)과 변량분석을 통한 유의도 검증을 통해 연구가설의 수용 여부를 판단한다.

다섯째, 결과 분석의 세 번째 단계로, 개별 회귀계수의 유의도 검증을 한다.

표 15-2 **단순 회귀분석의 연구절차**

1. 연구가설 제시
   1) 독립변인의 수는 한 개이고, 등간척도(또는 비율척도)로 측정한다. 종속변인의 수는 한 개이고, 등간척도(또는 비율척도)로 측정한다. 변인 간의 인과관계를 연구가설로 제시한다
   2) 유의도 수준을 정한다(p < 0.05 또는 p < 0.01)

⬇

2. 데이터 입력과 프로그램 실행
   1) 데이터를 수집하여 입력한다
   2) 회귀분석을 실행하여 분석에 필요한 결과를 얻는다

⬇

3. 결과 분석 1: 전제 검증
   1) 선형성과 오차변량의 동질성 검증
   2) 편차가 큰 사례 검사

⬇

4. 결과 분석 2: 회귀모델 유의도 검증
   1) 설명변량(R^2) 검증
   2) 변량분석 검증

⬇

5. 결과 분석 3: 회귀계수 유의도 검증

3. 연구가설과 가상 데이터

1) 연구가설

(1) 연구가설
단순 회귀분석의 연구가설은 〈표 15-1〉에서 제시한 변인의 측정과 수의 조건만 충족한다면 무엇이든 가능하다. 이 장에서는 독립변인 〈사회불안감〉과 종속변인 〈핸드폰사용시간〉간의 인과관계가 있는지를 검증한다고 가정하자. 연구가설은 〈사회불안감이 핸드폰 사용시간에 영향을 미친다〉이다.

(2) 변인의 측정과 수
독립변인은 〈사회불안감〉 한 개이고 5점 척도(1 = 전혀 불안하지 않다, 2 = 별로 불안하지 않다, 3 = 보통이다, 4 = 약간 불안하다, 5 = 매우 불안하다)로 측정한다. 종속변인은 〈핸드폰사용시간〉 한 개이고, 실제 하루 핸드폰 사용시간으로 측정한다.

(3) 유의도 수준
유의도 수준을 $p < 0.05$(또는 $\alpha < 0.05$)로 정한다. 유의확률이 0.05보다 작으면 연구가설을 받아들이고, 0.05보다 크면 영가설을 받아들인다.

2) 가상 데이터

이 장에서 분석하는 〈표 15-3〉의 데이터는 필자가 임의적으로 만든 것이어서 표본의 수가 적고(30명) 결과가 꽤 잘 나오게 만들었다(이 데이터를 사용하여 단순 회귀분석 프로그램을 실행해보기 바란다). 그러나 실제 연구에서는 표본의 수도 훨씬 많고, 이 장에서 제시하는 것만큼 결과가 잘 나오지 않을 수 있다.

표 15-3 **단순 회귀분석의 가상 데이터**

응답자	사회 불안감	핸드폰 사용시간	응답자	사회 불안감	핸드폰 사용시간	응답자	사회 불안감	핸드폰 사용시간
1	1	2	11	2	2	21	4	2
2	1	3	12	2	1	22	4	2
3	1	1	13	3	2	23	4	2
4	1	1	14	3	2	24	4	4
5	1	1	15	3	3	25	5	4
6	1	3	16	3	2	26	5	3
7	2	2	17	3	3	27	5	3
8	2	3	18	3	2	28	5	3
9	2	1	19	4	3	29	5	4
10	2	3	20	4	4	30	5	4

4. SPSS/PC⁺ 실행방법

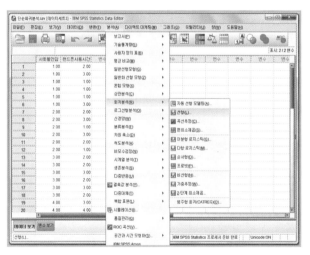

[실행방법 1] 분석방법 선택

메뉴판의 [분석(A)]을 선택하여
[회귀분석(R)]을 클릭하고 [선형(L)]을
클릭한다.

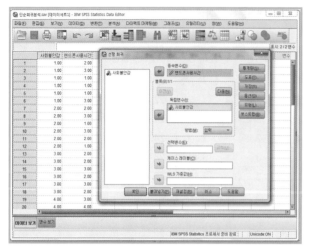

[실행방법 2] 분석변인 선택

[선형회귀] 창이 나타나면 왼쪽 변수들
중에서 종속변수인 〈핸드폰사용시간〉을
[종속변수(D)]로 옮긴다(➡).
독립변수인 〈사회불안감〉도
[독립변수(I)]로 이동시킨다(➡).
[방법(M)]에는 [입력]이
기본으로 설정되어 있다.

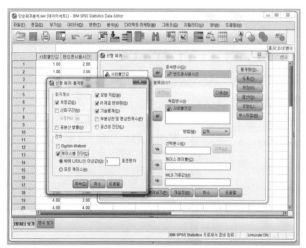

[실행방법 3] 통계량 선택

왼쪽의 [통계량(S)]을 클릭하면
[선형회귀분석: 통계량] 창이 나타난다.
[회귀계수]의 [☑ 추정값(E)]을 선택하고,
오른쪽의 [☑ 모형적합(M)]은
기본으로 설정되어 있다.
[☑ R제곱 변화량(S)],
[☑ 기술통계(D)]를 선택한다.
[잔차]의 [☑ 케이스별 진단(C)]을 클릭하면
아래 부분이 반전되고
[◉ 밖에 나타나는 이상값(O): 3
표준편차]가 기본으로 설정된다.
아래의 [계속]을 클릭한다.

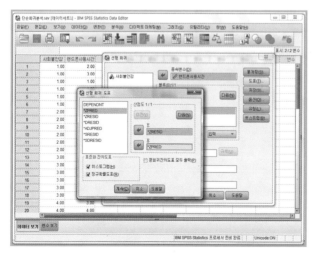

[실행방법 4] 전제 검증 선택과 실행

왼쪽의 [도표(T)]를 클릭하면
[선형회귀분석: 도표] 창이 나타난다.
[산점도1/1]로 왼편의 변인을 클릭하여
이동시킨다(➡). [Y:]에는 〈*ZRESID〉,
[X:]에는 〈*ZPRED〉를 이동시킨다.
[표준화 잔차도표]의 [☑ 히스토그램(H)]과
[☑ 정규확률분포(R)]를 선택한다.
[실행방법 2]의 [선형회귀] 창으로
돌아가면 아래의 [확인]을 클릭한다.

[분석결과 1] 기술통계량

분석 결과가 새로운 창
*출력결과 1[문서 1]로 나타난다.
[기술통계량] 표에는
독립변인과 종속변인의 평균값, 표준편차,
사례 수가 각각 제시된다.

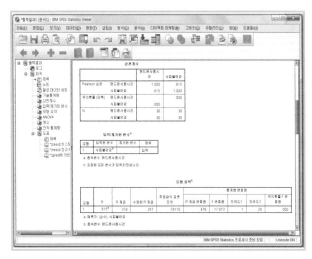

[분석결과 2] 상관계수, 입력/제거된 변수, 모형 요약

[상관계수] 표에는 독립변인과 종속변인의
Pearson 상관계수, 유의확률, 사례수가
제시된다.
[진입/제거된 변수] 표에는 분석에 사용된
독립변인과 제거된 독립변인이 제시된다.
단순 회귀분석의 경우에는
독립변인이 하나이기 때문에
진입된 변수만 표시된다.
[모형요약] 표에는 R. R제곱,
수정된 R 제곱 등이 제시된다.

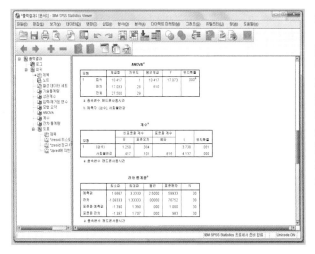

[분석결과 3] 유의도 검증

[분산분석] 표에는 회귀분석모형에 대한
검증 결과인 F 값과 유의확률 등이
제시된다.
[계수] 표에는 독립변인의 종속변인에
대한 비표준화계수, 표준화계수(베타),
t 값, 유의확률 등이 제시된다.
[잔차 통계량] 표에는 예측값, 잔차,
표준 오차 예측값, 표준화 잔차의 값이
제시된다.

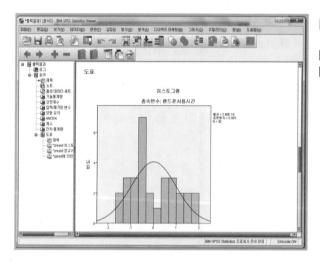

[분석결과 4] 히스토그램(전제 검증)

[실행방법 4]에서 선택한
[히스토그램]이 제시된다.

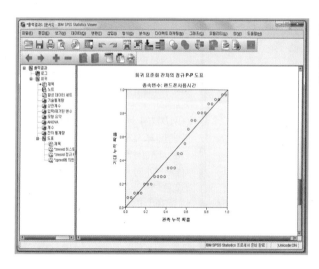

[분석결과 5] 정규확률분포(전제 검증)

[실행방법 4]에서 선택한
[정규확률분포]가 도표로 제시된다.

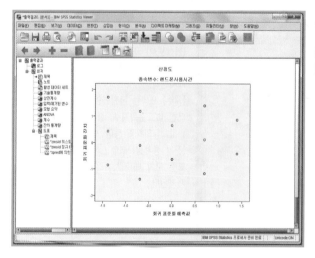

[분석결과 6] 산점도(전제 검증)

[실행방법 4]에서 선택한
[산점도]가 도표로 제시된다.

5. 회귀계수와 회귀방정식

회귀분석의 기초가 되는 1차방정식과 회귀계수(*regression coefficient*), 회귀방정식(*regression equation*)의 종류와 의미를 살펴보자.

1) 1차방정식

회귀분석에서 독립변인과 종속변인 간의 인과관계는 선형성(*linearity*), 즉 1차방정식을 전제로 한다. 〈표 15-4〉의 Y = A + BX + E는 1차방정식인데, 여기서 사용되는 기호의 의미를 알아보자. X는 독립변인(〈사회불안감〉)을 나타내고, Y는 종속변인(〈핸드폰사용시간〉)을 나타낸다. A는 상수(*constant*)(또는 절편: *intercept*)이고, B는 회귀계수, E는 오차(*error*)이다.

1차방정식은 회귀방정식(A + BX)과 오차(E) 두 가지 요소로 구성된다. 회귀방정식(A + BX)은 독립변인(X)의 값을 알 때 종속변인(Y)의 값을 예측할 수 있는 부분이다. 오차(E)는 회귀방정식으로 예측하고 남는 부분(또는 예측할 수 없는 부분)인데, 원점수와 회귀방정식을 통해 예측한 점수(즉, 원점수 - 예측점수)의 차이를 의미한다.

1차방정식과 회귀방정식, 오차 간의 관계를 두 변인 간의 상관관계계수가 '1'인 경우와 '1'이 아닌 경우로 나눠서 알아보자. 변인 간의 상관관계계수가 커질수록 회귀방정식으로 예측할 수 있는 부분이 커지고, 예측할 수 없는 부분(오차)은 작아진다는 것을 알 수 있다.

표 15-4 **독립변인과 종속변인 간의 1차방정식**

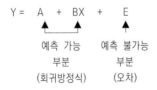

Y: 종속변인의 원점수(〈핸드폰사용시간〉)
X: 독립변인의 원점수(〈사회불안감〉)
A: 상수(또는 절편)
B: 회귀계수
E: 오차

(1) 상관관계계수가 '1'인 경우

독립변인 〈사회불안감〉의 값이 〈1, 2, 3, 4, 5〉이고, 종속변인 〈핸드폰사용시간〉의 값이 〈5, 8, 11, 14, 17〉이라고 가정하면 두 변인 간의 상관관계계수는 '1'이 된다. 원점수들을 이용하여 1차방정식을 구하면 상수(절편)는 '2'이고, 기울기(회귀계수)는 '3'인 Y = 2 + 3X가 된다. 이 1차방정식에 독립변인의 값을 넣어 종속변인의 값을 예측해보자. 〈표 15-5〉에서 보듯이 독립변인 〈사회불안감〉의 값이 '1'이라면 종속변인 〈핸드폰사용시간〉은 '5'〔2 + (3 × 1)〕가 된다. 독립변인 〈사회불안감〉의 값이 '2'라면 종속변인 〈핸드폰사용시간〉은 '8'〔2 + (3 × 2)〕이 된다. 이처럼 독립변인에 특정 값을 대입하면 종속변인의 원점수를 예측할 수 있다.

독립변인과 종속변인 간의 상관관계계수가 '1'인 경우에 구한 1차방정식(Y = 2 + 3X)은 독립변인의 값을 알면 종속변인의 값을 100% 정확하게 예측할 수 있는(즉, 오차가 없는) 회귀방정식이 된다.

이 1차방정식을 그래프로 그리면 〈그림 15-1〉과 같다. 〈그림 15-1〉에서 보듯이 상수

표 15-5 **상관관계계수가 '1'일 때 1차방정식**

독립변인 값	종속변인 값		
	원점수	예측점수	오차(원점수 - 예측점수)
1	5	5	0
2	8	8	0
3	11	11	0
4	14	14	0
5	17	17	0

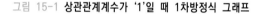

1차방정식: Y = 2 + 3X

그림 15-1 **상관관계계수가 '1'일 때 1차방정식 그래프**

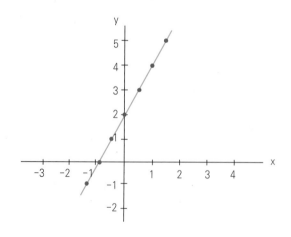

(X 값이 '0'일 때 Y의 값)는 '2'이고 기울기(X가 '1' 변화할 때 Y가 변하는 값)는 '3'이 된다. 원점수와 예측점수가 동일하기 때문에(즉, 오차는 항상 '0') 원점수와 예측점수는 직선 위의 같은 점에 놓인다.

(2) 상관관계계수가 '1'이 아닌 경우

독립변인과 종속변인 간의 상관관계계수가 '1'이라면 두 변인 간의 관계를 정확하게 예측할 수 있지만, 이러한 완벽한 관계는 존재하지 않는다. 현실 세계에서는 독립변인과 종속변인 간의 상관관계계수는 '±1'이 아닌 값을 갖는데, 상관관계계수가 클 경우와 작을 경우의 1차방정식과 회귀방정식, 오차를 알아보자.

① 상관관계계수가 클 때

독립변인 〈사회불안감〉의 값이 〈1, 2, 3, 4, 5〉이고, 종속변인 〈핸드폰사용시간〉의 값이 〈2, 4, 3, 5, 6〉이라고 가정하면 두 변인 간의 상관관계계수는 '0.9'로서 매우 높지만, 완벽하게 일치하지 않는다. 원점수들로부터 1차방정식을 구하면 〈Y = 1.3 + 0.9X + E〉가 된다. 1차방정식에 독립변인의 값을 넣어 종속변인의 값을 예측해보자. 〈표 15-6〉에서 보듯이 독립변인 〈사회불안감〉의 값이 '1'이라면 종속변인 〈핸드폰사용시간〉의 예측점수는 '2.2'[1.3 + (0.9 × 1)]가 된다. 독립변인의 값이 '1'일 때 종속변인의 원점수는 '2'이고 예측점수는 '2.2'이기 때문에 오차는 '-0.2'(2 - 2.2)가 된다. 독립변인 〈사회불안감〉의 값이 '2'라면 종속변인 〈핸드폰사용시간〉의 예측점수는 '3.1'[1.3 + (0.9 × 2)]이 된다. 독립변인의 값이 '2'일 때 종속변인의 원점수는 '4'이고, 예측점수는 '3.1'이기 때문에 오차는 '0.9'(4 - 3.1)가 된다.

독립변인과 종속변인 간의 상관관계계수가 높은 경우에 구한 1차방정식은 회귀방정식(Y = 1.3 + 0.9X)과 오차(E)로 이루어지는데 오차의 크기가 크지 않다.

이 1차방정식을 그래프로 그리면 〈그림 15-2〉와 같다. 〈그림 15-2〉에서 보듯이 상수

표 15-6 **상관관계계수가 '1'이 아닐 때 1차방정식**

독립변인 값	종속변인 값		
	원점수	예측점수	오차(원점수 - 예측점수)
1	2	2.2	-0.2
2	4	3.1	+0.9
3	3	4.0	-1.0
4	5	4.9	+0.1
5	6	5.8	+0.2

1차방정식: Y = 1.3 + 0.9X

그림 15-2 **독립변인과 종속변인 간의 상관관계계수가 '0.9'일 때 그래프**

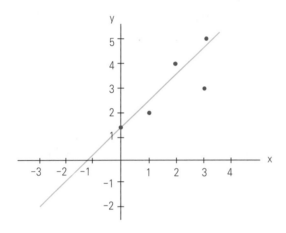

는 '1.3'이고, 기울기는 '0.9'가 된다. 원점수와 예측점수 간의 차이로 인해 오차가 존재하기 때문에 원점수는 예측점수가 놓인 직선에서 약간 벗어나 있다.

② 상관관계계수가 작을 때

독립변인과 종속변인 간의 상관관계계수가 작을 때(예를 들면, '0.3') 1차방정식에서 회귀방정식으로 예측할 수 있는 부분은 작아지고, 오차는 커질 수밖에 없다. 〈그림 15-3〉에서 보듯이 오차가 커지기 때문에 원점수는 예측점수가 놓인 직선에서 많이 벗어나 있다.

그림 15-3 **독립변인과 종속변인 간의 상관관계계수가 '0.3'일 때 그래프**

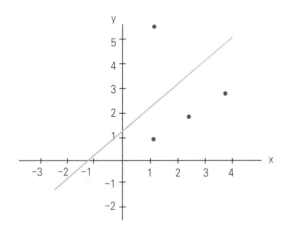

2) 회귀계수의 종류와 의미

(1) 종류

회귀계수(*regression coefficient*)에는 비표준 회귀계수(*unstandardized regression coefficient*)와 표준 회귀계수(*standardized regression coefficient*) 두 종류가 있다. 〈표 15-7〉에서 보듯이 독립변인과 종속변인의 원점수를 사용해서 구한 회귀계수를 비표준 회귀계수라고 부른다. 반면 독립변인과 종속변인의 원점수의 표준점수(*z-score*)를 사용해서 구한 회귀계수를 표준 회귀계수라고 부른다. 표준 회귀계수는 흔히 베타(β, *beta*)라고 부른다.

(2) 의미

① 비표준 회귀계수

비표준 회귀계수(*unstandardized regression coefficient*)는 독립변인과 종속변인의 원점수를 사용해서 구한 회귀계수이기 때문에, 〈표 15-5〉와 〈표 15-6〉에서 보듯이 독립변인의 원점수를 알면 종속변인의 원점수를 예측할 수 있다. 연구목적이 독립변인의 원점수를 통해 종속변인의 원점수를 예측하는 것이라면 비표준 회귀계수를 사용해야 한다. 예를 들면, 독립변인 〈습도〉의 원점수를 사용하여 〈온도〉의 원점수를 예측할 때 비표준 회귀계수를 사용한다. 그러나 비표준 회귀계수는 분포도 다르고, 측정단위도 다른 원점수로부터 구하기 때문에 독립변인이 종속변인에게 미치는 영향력의 크기를 보여주지 않는다.

② 표준 회귀계수

표준 회귀계수(*standardized regression coefficient*)는 독립변인과 종속변인의 원점수를 표준점수(*z-score*)로 변환한 값으로부터 구한 회귀계수이기 때문에 독립변인이 종속변인에게 미치는 영향력의 크기를 보여준다. 연구목적이 개별 독립변인이 종속변인에게 미치는 영향력의 크기를 살펴보거나, 독립변인 간의 영향력의 크기를 상호 비교하는 것이라면 표준 회귀계수를 사용해야 한다. 예를 들면, 독립변인 〈연령〉이 〈텔레비전시청시간〉에 미치는 영향력의 크기를 알고 싶을 때 표준 회귀계수를 사용한다.

③ 선택 기준

연구자는 연구목적에 따라 두 회귀계수 중 하나를 선택해서 사용하면 된다. 연구목적이 독립변인의 원점수를 통해 종속변인의 원점수를 예측하는 것이라면 비표준 회귀계수를 사용해야 한다. 반면 연구목적이 독립변인이 종속변인에게 미치는 영향력의 크기를 알아보거나, 독립변인의 수가 두 개 이상 여러 개일 때 독립변인 간의 영향력의 크기를 비

표 15-7 **회귀계수의 종류와 의미**

1. 비표준 회귀계수
   비표준 회귀계수는 독립변인과 종속변인의 원점수를 이용하여 계산한 값으로서 연구목적이 독립
   변인의 원점수로 종속변인의 원점수를 예측할 때 사용한다

2. 표준 회귀계수
   표준 회귀계수는 독립변인과 종속변인의 원점수를 표준점수로 바꾼 후 계산한 값으로서 독립변인
   이 종속변인에게 미치는 영향력의 크기를 분석할 때 사용한다. 독립변인의 수가 두 개 이상일 때
   에는 개별 독립변인이 종속변인에 미치는 영향력의 크기를 비교할 수 있다

교하는 것이라면 표준 회귀계수를 사용해야 한다. 일반적으로 연구(논문)의 목적은 원
점수를 예측하기보다 독립변인이 종속변인에게 미치는 영향력의 크기를 측정하거나, 크
기를 비교하기 때문에 표준 회귀계수를 사용한다.

3) 회귀방정식의 종류와 의미

회귀계수(비표준 회귀계수와 표준 회귀계수)를 사용하여 독립변인과 종속변인의 관계를
회귀방정식(*regression equation*)으로 나타낸다. 회귀방정식의 종류와 의미를 알아보자.

(1) 종류
독립변인과 종속변인의 원점수를 사용하여 구한 1차방정식 중 예측할 수 있는 부분(A+
BX)을 회귀방정식이라고 부르는데, 이때 회귀방정식이 계산하는 값은 원점수가 아니라
예측점수이기 때문에 Y 대신 Y'로 표기한다.

 〈표 15-8〉에서 보듯이 회귀방정식에는 비표준 회귀계수로 이루어진 비표준 회귀방정
식과 표준 회귀계수로 이루어진 표준 회귀방정식 두 가지가 있다. 단순 회귀분석에서
독립변인의 수는 한 개이기 때문에 회귀방정식에서 X와 B(회귀계수)는 한 개다. 비표준
회귀계수로 이루어진 비표준 회귀방정식(Y' = A + BX)은 종속변인 Y와 독립변인 X의 원
점수를 사용하여 구한 1차방정식이다. 반면 표준 회귀계수로 이루어진 표준 회귀방정식
(Y' = BX)은 종속변인 Y 값과 독립변인 X의 원점수를 표준점수로 변환한 후 구한 1차방
정식이다. 원점수를 표준점수로 바꾸어 계산하기 때문에 비표준 회귀방정식과는 달리
상수 A가 존재하지 않는다.

표 15-8 **단순 회귀분석의 회귀방정식**

회귀방정식에는 독립변인과 종속변인의 원점수로 구한 1차방정식인 비표준 회귀방정식과
표준점수로 구한 1차방정식인 표준 회귀방정식 두 가지가 있다

1. 비표준 회귀방정식: Y' = A + BX

  Y': 종속변인의 예측점수(〈핸드폰사용시간〉)
  X: 독립변인의 원점수(〈사회불안감〉)
  B: 비표준 회귀계수
  A: 상수(또는 절편)

2. 표준 회귀방정식: Y' = BX

  Y': 독립변인의 '1' 단위 변화할 때 종속변인에 나타나는 변화량
  X: 독립변인의 '1' 단위
  B: 표준 회귀계수

(2) 의미

① 비표준 회귀방정식

비표준 회귀방정식은 Y와 X의 원점수를 사용하여 계산한 비표준 회귀계수로 이루어진 1
차방정식으로서 독립변인의 원점수를 알면 종속변인의 원점수를 예측할 수 있다. 독립변
인 〈사회불안감〉과 종속변인 〈핸드폰사용시간〉의 원점수를 사용하여 계산한 결과 상수
A가 '2', 비표준 회귀계수 B가 '7'이 나왔다고 가정하자. 비표준 회귀방정식은 Y'= 2 + 7X
가 된다. Y'는 종속변인 〈핸드폰사용시간〉의 예측점수를 말하며, X는 독립변인 〈사회불
안감〉의 원점수, '7'은 비표준 회귀계수, '2'는 상수이다. 독립변인 〈사회불안감〉의 점수
가 '3'이라면 종속변인 〈핸드폰사용시간〉의 값은 '23'이 된다. 즉, 연구자는 〈사회불안
감〉이 '3'인 사람의 〈핸드폰사용시간〉을 '23'으로 예측한다.

② 표준 회귀방정식

표준 회귀방정식은 Y 값과 X의 원점수를 표준점수로 바꾼 후 구한 1차방정식이다. 표준
회귀계수는 독립변인이 종속변인에 미치는 영향력의 크기를 보여준다. 표준 회귀계수는
상관관계계수와 마찬가지로 -1에서 +1까지 변화한다(그러나 간혹 표준 회귀계수의 값이
'-1'보다 작게 나오거나 '+1'보다 크게 나오는 경우가 있는데 그 값은 신뢰할 수 없다. 제 20장
통로분석에서 이러한 현상이 나타나는 이유를 살펴본다).

독립변인 〈사회불안감〉과 종속변인 〈핸드폰사용시간〉의 표준점수를 사용하여 계산한
결과 표준 회귀계수 '0. 4'가 나왔다고 가정하자. 표준 회귀방정식은 〈Y'= 0. 4X〉가 된
다. '0. 4'는 독립변인 〈사회불안감〉이 종속변인 〈핸드폰사용시간〉에게 미치는 영향력의

크기를 나타낸다. 즉, 연구자는 〈사회불안감〉이 〈핸드폰사용시간〉에 '0.4'만큼 영향을 준다고 예측한다. 이를 달리 표현하면, '0.4'는 독립변인 〈사회불안감〉이 '1' 단위 변화할 때 종속변인 〈핸드폰사용시간〉에 나타나는 값이다. 독립변인 〈사회불안감〉이 '1' 단위 변화할 때 종속변인 〈핸드폰사용시간〉에 나타나는 변화의 크기는 '0.4'이다.

4) 그림

회귀분석의 연구가설은 회귀방정식으로 나타낼 뿐 아니라 그림으로도 제시한다. 위의 연구가설을 그림으로 제시하면 〈그림 15-4〉와 같다. 그림의 왼쪽에는 독립변인 〈사회불안감〉을 놓고, 오른쪽에는 종속변인 〈핸드폰사용시간〉을 놓는다. 독립변인에서 종속변인 방향으로 직선 화살표(→)를 그리는데, 직선 화살표는 영향력이 가는 방향(독립변인에서 종속변인으로)을 보여준다.

그림 15-4 **단순 회귀모델의 그림**

사회불안   →   핸드폰사용시간

6. 결과 분석 1: 전제 검증

회귀분석을 제대로 사용하기 위해서는 몇 가지 전제가 충족돼야 한다. 만일 전제가 충족되지 못한다면 회귀분석의 결과를 신뢰하기 어렵기 때문에 사용해서는 안 된다. 회귀분석의 전제로는 분포의 정상성(*normality*)과 선형성(*linearity*), 오차변량의 동질성(*homoscedasticity*), 다중공선성(*multicollinearity*)이 있다. 이 전제들 중 분포의 정상성의 경우, 제 14장 상관관계분석에서 살펴봤듯이 표본의 크기(약 150~200명 이상)가 크면 정상성 전제는 어느 정도 위배돼도 큰 문제가 되지 않는다. 그러나 선형성과 오차변량의 동질성 전제가 충족되지 않는다면 심각한 문제를 초래할 수 있기 때문에 반드시 검증해야 한다. 또한 전제는 아니지만, 편차가 큰 사례(*outlier*)가 야기하는 문제는 심각하기 때문에 검사하는 것이 중요하다. 다중공선성은 독립변인의 수가 여러 개인 다변인 회귀분석에만 적용되는 전제이기 때문에 제 16장 다변인 회귀분석에서 알아본다.

1) 선형성과 오차변량의 동질성 검증

회귀분석에서는 독립변인과 종속변인 간의 인과관계를 1차방정식을 전제로 분석하는데 이를 선형성(linearity)이라고 한다. 즉, 선형성이란 독립변인의 값이 변화할 때 종속변인의 값이 직선 형태로 변화하는(증가하거나 감소하는) 관계를 의미한다. 선형성 전제가 충족될 때 회귀분석을 실행할 수 있다. 그러나 만일 선형성 전제가 충족되지 않고, 변인 간의 관계가 2차방정식, 3차방정식 관계라면 회귀분석을 해서는 안 된다.

또한 회귀분석에서 오차변량은 동질적이어야 한다. 이 전제는 일원변량분석(one-way ANOVA)의 오차변량의 동질성(homogeneity of error variance) 전제와 유사하다고 생각하면 된다. 회귀분석에서는 집단이 존재하지 않기 때문에 오차변량이 동질적이라는 말은 독립변인의 점수 내의 오차변량이 같아야 한다는 것이다. 오차변량이 동질적일 때 이를 등변량(homoscedasticity)이라고 부른다. 만일 독립변인의 개별 점수 내 오차변량이 다르게 나타난다면 이변량(heteroscedasticity)이라고 말한다. 오차변량의 동질성 전제가 충족될 때 회귀분석을 실행할 수 있다. 그러나 만일 오차변량의 동질성 전제가 충족되지 않는다면 회귀분석을 해서는 안 된다.

선형성과 오차변량의 동질성 검증은 산점도(scatterplot)를 통해 이루어진다. 반면 오차변량의 동질성 검증은 산점도 외에도 막대그래프(histogram)와 정상 확률도표(normal probability plot)를 통해서도 이루어진다.

(1) 산점도

선형성과 오차변량의 동질성 검증은 산점도(scatterplot)를 통해 검증한다. 산점도는 앞의 SPSS/PC⁺(23.0) 〔실행방법 4〕에서 보듯이 왼쪽의 DEPENDENT 상자의 *ZRESID를 산점도 상자의 Y에 옮기고, *ZPRED를 X에 옮긴 후 프로그램을 실행하면 얻을 수 있다.

〈그림 15-5〉는 산점도 결과를 보여준다. 산점도의 X축은 표준 예측 값(standardized predicted value)이고, Y축은 표준 잔차(오차) 값(standardized residual)이다. 선형성은 산점도의 점들이 직선 모양으로 골고루 분포되어 있느냐, 곡선 모양으로 분포되어 있느냐를 보고 판단한다. 오차변량의 동질성은 산점도의 점들이 직선 모양으로 골고루 분포되어 있느냐, 한쪽에 편중되어 있느냐를 보고 판단한다. 이를 좀더 자세히 살펴보자.

네 개의 산점도 중 ⒜는 표준 잔차 값 '0'을 중심으로 점들이 직사각형 모양으로 분포되어 있다. 즉, 개별 예측 값 내 잔차가 어느 한쪽에 치중되지 않고 골고루 분포되어 있다. 산점도가 직사각형 모양일 때 독립변인과 종속변인 간의 관계는 선형적이고, 오차변량이 동질적이라고 판단한다.

⒝는 잔차 값 '0'을 중심으로 점들이 활 모양으로 분포되어 있다. 즉, 잔차가 골고루

분포되어 있지 않고 휘어 있다. 산점도가 활 모양일 때 독립변인과 종속변인 간의 관계는 선형적이 아니라고 판단한다. 이 경우, 원칙적으로 회귀분석을 사용해서는 안 된다.

(c)는 잔차 값 '0'을 중심으로 점들이 부채 모양으로 분포되어 있다. 즉, 잔차가 골고루 분포되어 있지 않고 한쪽에 편중되어 있다. 산점도가 부채 모양일 때 오차변량이 동질적이 아니라고 판단한다. 이 경우, 원칙적으로 회귀분석을 사용해서는 안 된다.

그림 15-5 **선형성과 오차변량의 산점도**

(a)

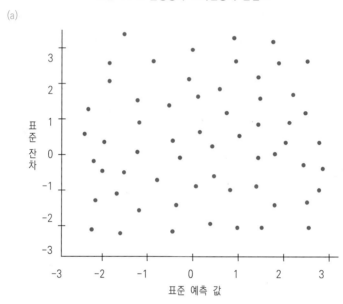

(b)

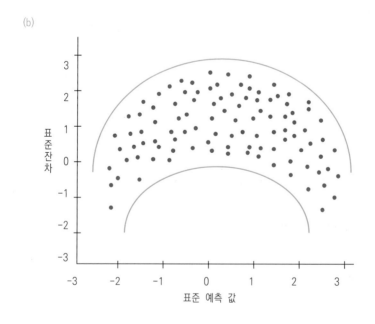

(d)는 (b)와 (c)를 합한 모양으로 활과 부채의 모양이 동시에 보인다. 즉, 잔차가 휘어져 있을 뿐 아니라 한쪽에 편중되어 있다. 산점도가 활과 부채 모양을 동시에 보일 때 독립변인과 종속변인 간의 관계는 선형적이 아니고, 오차변량도 동질적이 아니라고 판단한다. 이 경우, 원칙적으로 회귀분석을 사용해서는 안 된다.

그림 15-5 **계속**

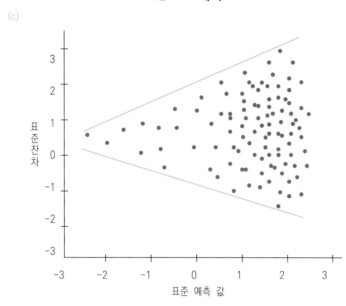

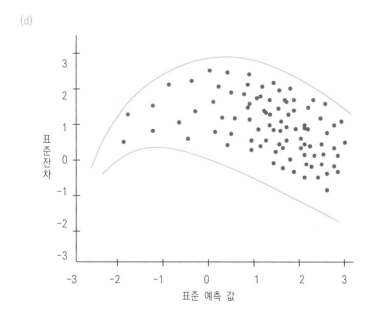

(2) 막대그래프 검증

오차변량의 동질성 검증은 막대그래프(*histogram*)로도 판단할 수 있다. SPSS/PC⁺(20. 0)의 〔실행방법 5〕에서 보듯이 왼쪽 아래에 있는 표준화 잔차도표(*Standardized Residual Plots*) 상자에서 막대그래프를 클릭한 후 프로그램을 실행하여 얻는 막대그래프를 보면서 판단한다. 〈그림 15-6〉은 오차변량의 동질성을 보여준다. X축은 표준 잔차(*standardized residual*)이고, Y축은 빈도(*frequency*)이다.

두 개의 막대그래프 중 (a)는 표준 잔차 값 '0'을 중심으로 막대그래프가 정상분포 곡선의 모양을 보인다. 이는 오차변량이 동질적이라는 것을 보여준다. (b)는 잔차 값 '0'을 중심으로 막대그래프가 정상분포 곡선의 모양을 보이지 않는다. 이는 오차변량이 동질적이 아니라는 것을 보여준다.

그림 15-6 **막대그래프와 오차변량의 동질성**

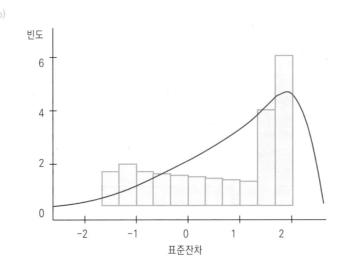

(3) 정상 확률도표 검증

오차변량의 동질성 검증은 정상 확률도표(*normal probability plot*)를 통해서도 이루어진다. SPSS/PC⁺(23.0)의 〔실행방법 4〕에서 보듯이 왼쪽 아래에 있는 표준화 잔차도표(*Standardized Residual Plots*) 상자에서 정상 확률도표를 클릭한 후 프로그램을 실행하여 얻는 막대그래프와 정상 확률도표를 보면서 판단한다.

〈그림 15-7〉은 오차변량의 동질성을 보여준다. X축의 관측 누적확률(*observed cumu*

그림 15-7 **정상 확률도표와 오차변량의 동질성**

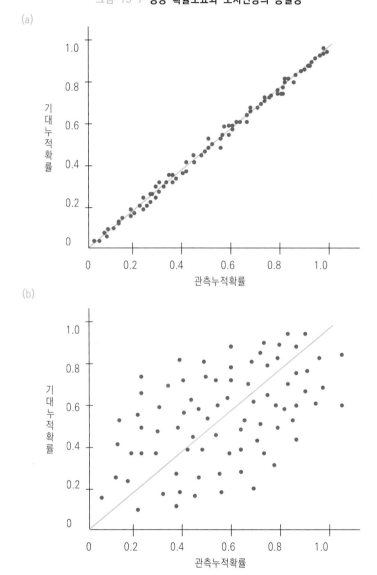

lative probability)이고, Y축은 기대 누적확률(*expected cumulative probability*)이다. 직선은 잔차가 정상분포곡선이라는 것을 의미하며, 점들은 실제 관찰된 잔차를 의미한다. 따라서 점(잔차)이 직선(정상분포곡선)과 일치하면 잔차가 정상적으로 분포되어 있다는 의미이기 때문에 오차변량이 동질적이라고 판단한다. 그러나 점(잔차)이 직선(정상분포곡선)으로부터 멀어지면 잔차가 정상적으로 분포되어 있지 않다는 의미이기 때문에 오차변량이 동질적이 아니라고 판단한다.

두 개의 정상 확률도표 중 ⓐ는 점이 직선과 거의 일치하여 분포되어 있다. 이는 오차변량이 동질적이라는 것을 보여준다. ⓑ는 점이 직선으로부터 많이 벗어나 있다. 이는 오차변량이 동질적이 아니라는 것을 보여준다.

2) 편차가 큰 사례 검사

편차가 큰 사례(*outlier*) 검사는 회귀분석의 전제 검증은 아니다. 그러나 편차가 큰 사례는 최적의 회귀선(*regression line* 또는 회귀방정식)을 찾는 데 문제를 야기하기 때문에 전제처럼 검사하는 것이 바람직하다. 편차가 큰 사례 검사의 필요성을 이해하기 위해서는 회귀선이 무엇인지 알 필요가 있기 때문에 뒤에 있는 ⟨8. 결과 분석 3: 회귀선 구하는 방법⟩을 공부한 후에 읽기 바란다.

회귀분석은 최적의 회귀선을 찾기 위해 최소제곱방법(*least square method*)을 사용한다. 이 방법은 여러 개의 회귀선 중 실제 점수와 예측점수 간의 차이를 제곱한 값을 합한 오차 제곱합을 구하여 비교한 후 최소값을 가진 회귀선을 최적의 회귀선으로 결정한다. 개별 점수가 회귀선을 중심으로 모여 있다면 최적의 회귀선을 찾는 데 문제가 없지만, ⟨그림 15-8⟩처럼 몇몇 사례가 대부분의 사례가 모여 있는 곳으로부터 떨어져 분포

그림 15-8 **편차가 큰 사례를 포함했을 때 회귀선**   그림 15-9 **편차가 큰 사례를 제외했을 때 회귀선**

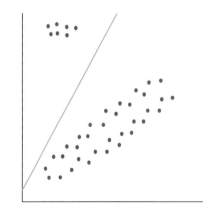

표 15-9 **케이스별 진단**

	최소값	최대값	평균	표준편차	N
예측값	1.6667	3.3333	2.5000	.59933	30
잔차	-1.08333	1.33333	.00000	.76752	30
표준 오차 예측값	-1.390	1.390	.000	1.000	30
표준화 잔차	-1.387	1.707	.000	.983	30

되어 있다면 문제가 발생한다. 편차가 큰 몇몇 사례 때문에 최소제곱방법을 통해 구한 회귀선은 대부분의 점수를 예측할 수 없는 선이 될 가능성이 크다. 이때 편차가 큰 몇몇 사례를 분석에서 제외한다면, 〈그림 15-9〉에서 보듯이 대부분의 점수를 예측할 수 있는, 즉 설명력이 큰 회귀선을 찾을 수 있다.

이처럼 편차가 큰 사례는 문제를 발생시키기 때문에 편차가 큰 사례를 찾아서 분석에서 제외하는 것이 바람직하다. 편차가 큰 사례를 찾기 위해서는 SPSS/PC⁺(23.0) 〔실행 방법 3〕처럼 왼쪽 아래에 있는 잔차 상자 안의 케이스별 진단에서 밖에 나타나는 이상 값, 또는 전체 케이스 중 하나를 클릭하면 된다. 밖에 나타나는 이상값을 클릭하면 표준편차 ±3 이상이 되는 케이스만을 제시한다. 전체 케이스를 선택하면 전체 사례의 표준편차 값을 보여준다. 편차가 큰 사례를 찾기 위해서 표준잔차(*standardized residual*)를 해석한다. 학자에 따라 기준이 약간 다르지만, 일반적으로 표준잔차의 표준편차 ±3 이상이면 편차가 큰 사례라고 판단한다. 편차가 큰 사례를 발견하면 분석에서 이 사례를 제외하면 된다. 〈표 15-9〉에서 보듯이 이 연구에서는 표준잔차의 크기가 ±3 이상의 사례가 없기 때문에 전체 사례를 대상으로 회귀분석을 사용하면 최적의 회귀선을 찾을 수 있다. 그러나 편차가 큰 사례를 제외할 때 염두에 두어야 할 점은, 일반적으로 연구에서는 제외되지만, 편차가 큰 사례들을 따로 모아 분석하면 의외의 의미 있는 결과를 발견할 수 있다.

7. 결과 분석 2: 회귀모델의 유의도 검증

1) 설명변량(R²)을 사용한 유의도 검증

(1) 상관관계계수

단순 회귀분석의 연구가설을 검증하기 위해서 〈표 15-10〉에 제시된 독립변인과 종속변인 간의 상관관계계수를 살펴본다. 〈사회불안감〉과 〈핸드폰사용시간〉 간의 상관관계계수는 '0.615'이다. 상관관계계수만 갖고 판단할 때, 사회불안감이 크면 클수록 핸드폰

표 15-10 **변인 간 상관관계계수**

	사회불안감	핸드폰사용시간
사회불안감	1.00	
핸드폰사용시간	0.615	1.00

사용시간이 많아진다는 것을 알 수 있다. 연구자는 이 결과가 모집단에서도 그대로 나타나는지 알기 위해서 유의도 검증을 한다.

(2) 결과 해석

독립변인 〈사회불안감〉과 종속변인 〈핸드폰사용시간〉 간의 상관관계계수는 '0.615'이다. 회귀분석에서 독립변인과 종속변인 간의 상관관계계수의 절대 값을 R(Multiple R)로서 표기한다. 예를 들면, 상관관계계수가 '-0.615'의 R 값이나 '0.615'의 R 값은 '0.615'이다. 두 변인 간의 상관관계계수(R)는 '0.615'이고, 이를 제곱한 값(R^2)은 설명변량(결정계수)으로 '0.379'이다. R^2을 사용한 유의도 검증은 〈표 15-11〉의 통계량 변화량에 제시된 값을 갖고서 판단한다. 독립변인의 수가 한 개이기 때문에 R제곱 변화량은 R^2과 같은 '0.379'이고, 자유도는 자유도1(df1)인 '1'과 자유도2(df2)인 '28'에서 F 값은 '17.073'이고, F 값의 유의확률 값은 0.05보다 작기 때문에 연구자는 독립변인 〈사회불안감〉이 종속변인 〈핸드폰사용시간〉에 영향을 미친다는 연구가설을 받아들인다.

표 15-11 **R^2을 사용한 유의도 검증 결과**

모형	R	R^2	수정된 R^2	추정값의 표준오차	통계량 변화량				
					R^2 변화량	F 변화량	df1	df2	유의확률 F 변화량
1	0.615	0.379	0.357	7.81101	0.379	17.073	1	28	0.000

(3) 설명변량(R^2)을 사용한 유의도 검증의 기본 논리

① R^2의 의미

회귀분석에서 R과 R^2의 관계를 살펴보자. R은 등간척도(또는 비율척도)로 측정한 변인 간의 상관관계계수이고, 상관관계계수를 제곱한 값 R^2은 전체 변량 중 독립변인이 설명할 수 있는 변량, 즉 설명변량의 크기를 보여준다. 단순 회귀분석에서 독립변인의 수는 하나이기 때문에 R^2은 독립변인과 종속변인 간의 상관관계계수를 제곱한 값이 된다. R^2은 결정계수(coefficient of determination)라고도 부르는데, R^2을 제곱근($\sqrt{\ }$)하면 두 변인 간의 상관관계계수가 된다. 전체 변량 '1'에서 설명변량을 빼면 설명할 수 없는 변량(잔

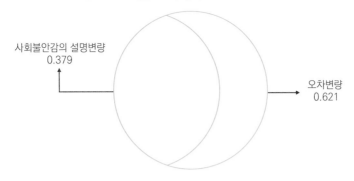

그림 15-10 **독립변인과 종속변인 간의 변량 관계**

사회불안감의 설명변량
0.379

오차변량
0.621

차변량, 또는 오차변량)이 된다.

〈사회불안감이 핸드폰 사용시간에 영향을 미친다〉는 연구가설을 검증한 결과, 〈표 15-11〉에서 보듯이 독립변인과 종속변인 간의 상관관계계수 R은 '0.615'로 나왔는데 이 값을 제곱한 R^2은 '0.379'로서 설명변량이다. 이 값을 제곱근($\sqrt{}$) 하면 R '0.615'가 된다. R^2 '0.379'는 전체 변량 '1' 중 '0.379'(또는 전체 변량 100% 중 37.9%)가 독립변인에 의해 설명되는 부분이라는 의미이다. 전체 변량 '1'에서 설명변량인 '0.379'를 빼면(1 - R^2) 잔차변량(또는 오차변량)은 '0.621'이 된다. 이를 그림으로 나타내면 〈그림 15-10〉과 같다.

독립변인의 수가 여러 개인 다변인 회귀분석에서 개별 독립변인과 종속변인 간의 상관관계계수를 제곱해서 더해도 전체 R^2이 되지 않는다. 예를 들어 A 독립변인과 C 종속변인 간의 상관관계계수가 '0.4'이고, B 독립변인과 C 종속변인 간의 상관관계계수가 '0.6'이라고 가정하자. 개별 독립변인의 설명변량은 각각 '0.16'(0.4 × 0.4)과 '0.36'(0.6 × 0.6)으로 전체 설명변량은 두 설명변량을 합한 값이 아니다. 그 이유는 독립변인이 여러 개일 경우, 독립변인 간에 존재하는 상관관계를 제외해야 하기 때문이다. 이 문제는 제 16장 다변인 회귀분석에서 자세히 살펴볼 것이다. 여기서는 독립변인과 종속변인의 수가 각각 한 개인 단순 회귀분석에서는 상관관계계수를 제곱하면 설명변량이 된다는 점을 기억하자.

② 수정된 R^2

표본 연구에서 구한 설명변량 값은 R^2으로 표기하고, 모집단 연구에서 구한 설명변량 값은 수정된 R^2(*adjusted R*)으로 표기한다. 수정된 R^2은 회귀모델을 얼마나 잘 일반화시킬 수 있는지를 보여준다고 생각하면 된다. 〈표 15-11〉에서 보듯이 R^2 값은 '0.379'이고, 수정된 R^2 값은 '0.357'로 나왔다. 이 두 설명변량 값의 차이를 구하면 '0.022'(0.379~0.357)가 되는데, 약 2% 정도로 차이가 크지 않다. 이 값은 이 회귀모델이 표본이 아니라 모집단에서 연구됐다면 설명변량 값이 약 2% 정도 적게 나올 것이라는 의미이다. 일반적으로 회귀분석에서는 R^2을 해석하고, 수정된 R^2은 보조적 정보로 활용한다.

③ F 값과 유의확률

R^2을 사용하여 유의도를 검증하려면 〈표 15-12〉의 공식을 이용하여 F 값을 구한다. 〈표 15-12〉에서 보듯이 R^2을 자유도1로 나눈 값을 1 - R^2(오차변량)을 자유도2로 나눈 값으로 나누면 F 값이 나온다. 이 F 값과 자유도, 유의확률을 갖고서 유의도 검증을 한다. 자유도1은 독립변인의 수이고, 자유도2는 전체 사례 수에서 독립변인의 수와 '1'을 뺀 값이다.

〈표 15-11〉에서 R^2은 '0.379'가 나왔기 때문에 전체 변량 '1'에서 '0.379'를 뺀 잔차변량(또는 오차변량, 1 - R^2)은 '0.621'이 된다. 자유도1은 독립변인의 수가 한 개이기 때문에 '1'이 된다. 자유도2는 전체 사례 수 30명에서 독립변인의 수 '1'을 뺀 '29'에서 다시 '1'을 뺀 값 '28'이 된다.

〈표 15-12〉의 공식에 따라 F 값을 계산하면 '17.072'가 된다(이 값은 〈표 15-11〉에서 제시한 F 값과 같다. 0.001의 차이는 반올림 때문에 생기는 오차로 무시하면 된다).

〈표 15-11〉에서 유의확률 값은 $p < 0.05$보다 작은 '0.000'으로 나왔기 때문에 연구가설을 받아들인다. 즉, 〈사회불안감〉이 〈핸드폰사용시간〉에 영향을 미친다는 결론을 내릴 수 있다.

단순 회귀분석에서의 F 분포표를 보는 방법은 일원변량분석에서 이미 살펴봤기 때문에 여기서는 간단히 설명한다(제 12장 일원변량분석의 F 분포표 보는 방법을 참조한다).

자유도1은 '1'이고, 자유도2는 '28'이 나왔다. $p < 0.05$(95%) 유의도 수준에서 자유도1의 '1'과 자유도2의 '28'이 만나는 값은 '4.20'이다. F 값이 4.20보다 크면 $p < 0.05$ 유의도 수준에서 연구가설을 받아들이는 것이고, 4.20보다 작으면 영가설을 받아들이라는 의미이다. F 값이 '17.073'으로서 '4.20'보다 크기 때문에 연구가설을 받아들인다.

표 15-12 R^2을 사용한 유의도 검증 공식

$$F = \frac{R^2/자유도1(독립변인\ 수)}{(1 - R^2)/자유도2(사례\ 수 - 독립변인\ 수-1)}$$

$$F = \frac{0.379/1}{(1-0.379)/28} = 17.072$$

2) 변량분석을 사용한 유의도 검증

(1) 상관관계계수

변량분석을 사용한 유의도 검증에서도 먼저 변인 간의 상관관계계수를 살펴보아야 한다. 〈표 15-10〉의 결과는 이미 설명했기 때문에 여기서는 생략한다.

(2) 결과 해석

〈표 15-13〉에서 보듯이 회귀변량(설명변량으로 회귀모형의 평균 제곱에 제시되어 있음) '10.417'은 회귀모형의 제곱합 '10.417'을 자유도 '1'로 나눈 값이다. 반면 잔차변량(설명할 수 없는 변량, 또는 오차변량으로 잔차의 평균 제곱에 제시되어 있음) '0.610'은 잔차의 제곱합 '17.083'을 자유도 '28'로 나눈 값이다. F 값 '17.073'은 회귀변량 '10.417'을 잔차변량 '0.610'으로 나눈 값이다. 이 F 값은 〈표 15-11〉의 F 값과 동일하다는 것을 알 수 있다. 자유도1 '1'과 자유도2 '28'에서 F 값 '17.073'을 분석한 결과 유의확률 값은 0.05보다 작기 때문에 〈사회불안감이 핸드폰 사용시간에 영향을 미친다〉는 연구가설을 받아들인다.

표 15-13 **변량분석을 사용한 유의도 검증 결과**

모형	제곱합	자유도	평균 제곱	F	유의확률
회귀모형	10.417	1	10.417	17.073	0.000
잔차	17.083	28	0.610		
합계	27.500	29			

(3) 변량분석을 사용한 유의도 검증의 기본 논리

단순 회귀분석에서 사용하는 변량분석은 일원변량분석과 기본 논리는 동일하지만, 변인의 측정이 다르기 때문에 변량을 계산하는 방법에 차이가 난다.

① 변량의 구성요소

제 12장 일원변량분석에서 변량(*variance*)의 구성요소를 자세히 살펴봤기 때문에 여기서는 간단히 설명한다. 일원변량분석에서 독립변인은 명명척도(집단)로 측정되기 때문에 전체 변량(*total variance*)은 집단 간 변량(*between-groups variance*)과 집단 내 변량(*within-groups variance*) 두 가지 요소로 이루어진다. 반면 회귀분석에서 독립변인은 등간척도(또는 비율척도)로 측정되어 집단이 존재하지 않기 때문에 집단이라는 용어를 사용할 수 없다. 〈표 15-14〉에서 보듯이 회귀분석에서 전체 제곱합은 회귀 제곱합(*regression sum of square*)과 잔차 제곱합(*residual sum of square*)으로 구성된다. 전체 변량은 회귀변량

표 15-14 **제곱합과 변량의 구성 요소**

1. 제곱합
   전체 제곱합 = 회귀 제곱합 + 잔차 제곱합

2. 변량
   전체 변량 = 회귀변량(또는 설명변량) + 잔차변량(또는 오차변량)

(*regression variance* 또는 설명변량)과 잔차변량(*residual variance* 또는 오차변량)으로 구성된다. 회귀변량은 회귀 제곱합을 자유도1로 나눈 값이고, 잔차변량은 잔차 제곱합을 자유도2로 나눈 값이다. 단순 회귀분석에서의 회귀변량은 일원변량분석에서 집단 간 변량과 같고, 잔차변량은 집단 내 변량과 같다고 생각하면 된다.

② F 값과 유의확률

단순 회귀분석에서 변량분석을 사용하여 연구가설을 검증하기 위해서는 〈표 15-15〉에서 보듯이 전체 제곱합을 구성요소인 회귀 제곱합과 잔차 제곱합을 구한 후, 자유도로 나누어 계산한 회귀변량을 잔차변량으로 나눈 F 값을 통해 이루어진다.

〈표 15-13〉에서 보듯이 전체 제곱합은 '27.5'로 나왔고, 이 중 회귀 제곱합은 '10. 417', 잔차 제곱합은 '17.083'이다. 회귀 제곱합을 자유도1 '1'로 나눈 값인 회귀변량은 '10. 417', 잔차 제곱합을 자유도2 '28'로 나눈 값인 잔차변량은 '0. 610'이다. 〈표 15-15〉의 공식에 따라 F 값을 계산하면 '17. 077'이 된다(이 값은 〈표 15-13〉에서 제시한 F 값과 같다. 차이는 반올림 때문에 생기는 오차로 무시해도 된다).

〈표 15-13〉에서 보듯이 자유도 '1'과 '28', F 값 '17. 073'의 유의확률 값은 p < 0. 05보다 작은 '0. 000'으로 나왔기 때문에 연구가설을 받아들인다. 즉, 〈사회불안감〉이 〈핸드폰사용시간〉에 영향을 미친다는 결론을 내린다.

표 15-15 **F 값 계산 공식**

$$F = \frac{\text{회귀 제곱합/자유도1(독립변인 수)}}{\text{잔차 제곱합/자유도2(사례 수 - 독립변인 수 - 1)}} = \frac{\text{회귀변량}}{\text{잔차변량}}$$

$$F = \frac{10.417}{0.610} = 17.077$$

8. 결과 분석 3: 회귀계수의 유의도 검증

1) 회귀선과 회귀계수 구하는 방법

단순 회귀분석에서 비표준 회귀계수는 원점수(Y)와 회귀방정식을 통한 예측점수(Y') 간의 차이(Y-Y')인 오차(E)를 최소화하는 회귀선을 찾아서 구한다. 회귀선과 비표준 회귀계수를 찾는 방법을 단계별로 살펴보자.

첫 번째 단계는 〈그림 15-11〉처럼 그래프에 독립변인의 값에 해당하는 종속변인의 값을 표시한다. 원점수는 점으로 표시하고, 직선은 회귀선이다.

두 번째 단계는 그래프에 표시한 개별 값을 설명할 수 있는 회귀선을 여러 개 긋는다. 〈그림 15-8〉에서는 편의상 한 개의 회귀선만을 보여준다.

세 번째 단계는 최소제곱방법(*least square method*)을 사용하여 어느 회귀선이 가장 적합한 회귀선인지를 결정한다. 최소제곱방법이란 〈그림 15-11〉에서 보듯이 점으로 표시한 개별 실제 점수(Y)에서 회귀선으로 예측한 점수(Y')에 직선을 긋는다. 이 직선의 길이가 두 점수 간의 차이(Y - Y')인 오차(E)이다. 개별 오차를 제곱한 후 이 값을 전부 더하여〔$\Sigma E^2 = \Sigma (Y - Y')^2$〕오차 제곱합을 구한다. 여러 개 회귀선들의 오차 제곱합을 비교하여 최소값을 가진 회귀선을 최적의 회귀방정식으로 결정한다.

네 번째 단계는 최적의 회귀방정식을 통해 비표준 회귀계수와 상수를 구한다. 회귀방정식의 상수(A)는 독립변인 X의 값이 '0'일 때 종속변인 예측 값 Y'이다. 기울기(B)는 비표준 회귀계수이다. 상수와 비표준 회귀계수로 만든 회귀방정식(Y = A+BX)으로 독립변인 X가 특정 값을 가질 때 종속변인 Y'의 값을 예측한다.

그림 15-11 **회귀선과 회귀계수를 구하는 방식**

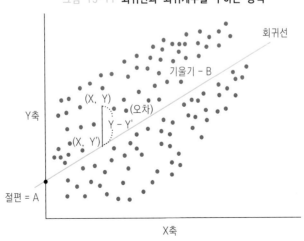

표 15-16 표준 회귀계수를 구하는 공식

$$표준\ 회귀계수 = 비표준\ 회귀계수 \times \frac{Sx}{Sy}$$

Sx: 독립변인의 표준편차   Sy: 종속변인의 표준편차

다섯 번째 단계는 표준 회귀계수를 구한다. 표준 회귀계수는 독립변인과 종속변인의 원점수를 표준점수로 변환하여 구하는데, 〈표 15-16〉의 공식을 이용하면 비표준 회귀계수로부터 쉽게 표준 회귀계수를 계산할 수 있다. 표준 회귀계수는 독립변인의 표준편차를 종속변인의 표준편차로 나눈 값과 비표준 회귀계수를 곱하면 된다.

2) 유의도 검증

R^2과 변량분석을 사용한 유의도 검증은 독립변인 전체와 종속변인 간의 인과관계의 존재 여부를 알려주지만, 개별 독립변인과 종속변인 간의 인과관계가 유의미한지를 보여주지는 않는다. 회귀모델이 유의미하게 나왔다면 반드시 개별 회귀계수의 유의도를 검증해야 한다. 개별 회귀계수의 유의도 검증은 한 독립변인이 다른 독립변인과 겹친 부분을 통제한(control, 즉, 제외한) 후 그 변인이 종속변인에게 미치는 순수한 영향력의 유의도 검증을 말한다. 단순 회귀분석의 경우 독립변인이 하나이기 때문에 회귀모델의 유의도 검증 결과와 회귀계수의 유의도 검증 결과는 동일하다. 그러나 독립변인이 여러 개인 다변인 회귀분석의 경우 회귀모델의 유의도 검증 결과와 개별 회귀계수의 유의도 검증 결과가 다른데, 그 이유는 제16장 다변인 회귀분석에서 살펴본다.

〈표 15-17〉은 최소제곱방법을 통해 구한 회귀계수의 유의도 검증 결과를 보여준다. 비표준 회귀계수는 독립변인의 원점수를 갖고 종속변인의 값을 예측할 때 사용한다. 비표준 회귀계수를 보면, 상수는 '1.250', 〈사회불안감〉은 '0.417'이기 때문에 비표준 회귀방정식은 Y' = 1.250 + 0.417X 가 된다. 이 비표준 회귀방정식을 이용하여 독립변인에 〈사회불안감〉의 원점수를 넣으면 종속변인 〈핸드폰 사용시간〉의 예측점수를 구할 수 있다. 예를 들어 응답자의 〈사회불안감〉이 '3'이라면 이 응답자의 〈핸드폰사용시간〉은 '2.501'시간(1.250 + 0.417 × 3)이라고 예측할 수 있다.

표준 회귀계수는 독립변인이 종속변인에게 미치는 영향력의 크기를 보여주는데, '-1에서 +1' 사이의 값을 갖는다. 〈표 15-17〉의 표준계수를 보면, 〈사회불안감〉의 표준 회귀계수는 '0.615'이기 때문에 표준 회귀방정식은 Y' = 0.615X가 된다(표준 회귀방정식에서는 원점수를 표준 점수로 바꿔서 사용하기 때문에 상수는 '0'이다). 표준 회귀계수 '0.615'

표 15-17 **회귀계수 유의도 검증**

모형	비표준계수		표준계수	t	유의확률
	B	표준오차	베타		
(상수)	1.250	0.334		3.738	0.001
사회불안감	0.417	0.101	0.615	4.132	0.000

는 독립변인 〈사회불안감〉이 '1' 단위 변화할 때 종속변인 〈핸드폰사용시간〉에 '0.615'만큼의 변화가 나타난다(또는 영향을 미친다)는 의미이다. 이 결과에 따라 연구자는 사회불안감이 높은 사람은 낮은 사람에 비해 핸드폰을 더 많이 사용한다고 해석하면 된다.

〈표 15-10〉의 변인 간의 상관관계계수와 〈표 15-17〉의 표준 회귀계수(베타)를 비교해 보면 두 계수가 동일하다는 것을 알 수 있다. 단순 회귀분석처럼 독립변인이 하나일 때 독립변인과 종속변인 간의 상관관계계수는 바로 표준 회귀계수가 된다.

일반적으로 논문에서는 특별한 경우를 제외하면(예를 들면, 가변인 회귀분석 등), 비표준 회귀계수를 제시하지 않고, 표준 회귀계수(베타)를 제시하고 해석한다. 〈사회불안감〉의 표준 회귀계수는 '0.615', t 값은 '4.132', 유의확률 값은 '0.000'으로 나타났다. 개별 독립변인의 유의도 검증은 F 값 대신 t를 사용하는데, t 값 대신 F 값을 구하고 싶다면 $F = t^2$이기 때문에 $(4.132)^2$을 하면 '17.073'이 된다. 독립변인이 하나이기 때문에 이 값은 〈표 15-13〉의 F 값과 동일하다는 것을 알 수 있다. 유의확률 값이 0.05보다 작기 때문에 사회불안감이 높은 사람은 낮은 사람에 비해 핸드폰을 더 많이 사용하는데 영향력의 크기는 '0.615'라고 해석한다.

9. 단순 회귀분석 논문작성법

1) 연구절차

(1) 단순 회귀분석에 적합한 연구가설을 만든다

연구가설 예	독립변인		종속변인	
	변인	측정	변인	측정
연령은 텔레비전시청시간에 영향을 미친다	연령	응답자의 실제 나이를 측정	텔레비전 시청시간	실제 시청시간(분)

(2) 유의도 수준을 정한다: p < 0.05(95%) 또는 p < 0.01(99%) 중 하나를 결정한다

(3) 표본을 선정하여 데이터를 수집한 후 컴퓨터에 입력한다

(4) SPSS/PC$^+$ 프로그램 중 단순 회귀분석을 실행한다

2) 연구결과 제시 및 해석방법

(1) 단순 회귀분석 연구결과를 표로 제시한다

회귀분석에서 〈표 15-18〉의 변인 간의 상관관계계수는 이를 통해 설명변량을 계산하기 때문에 중요하지만, 논문 본문에서 제시하기보다는 각주나 논문 뒤에 제시한다. 여기서는 변량분석을 사용한 유의도 검증 결과를 중심으로 설명한다.

　프로그램을 실행하여 얻은 결과 〈표 15-19〉와 〈표 15-20〉을 합하여 〈표 15-21〉로 만든다. 논문에는 〈표 15-21〉만 제시한다.

표 15-18 **연령과 텔레비전시청시간 간의 상관관계 행렬표**

	연령	시청시간
연령	1.0	
시청시간	0.566	1.0

표 15-19 **연령과 텔레비전시청시간 간의 변량분석 결과**

	변량	자유도	F	유의확률	R^2
회귀모형	867.7	1, 198	9.803	0.03	0.320
잔차	109.7				

표 15-20 **연령과 텔레비전시청시간 간의 회귀계수 분석 결과**

	시청시간(베타)	t	유의확률
연령	0.566	3.131	0.03

표 15-21 **연령과 텔레비전시청시간 간의 회귀분석 결과**

	시청시간(베타)	자유도	t	유의확률	R^2
연령	0.566	1, 198	3.131	0.03	0.320

(2) 단순 회귀분석표를 해석한다

① 유의도 검증 결과와 영향력 값 쓰는 방법

〈표 15-21〉에서 보듯이 연령이 텔레비전시청시간에 미치는 영향을 분석한 결과, 연령은 텔레비전시청시간에 상당한 영향을 주는 것으로 나타났다(베타＝0. 566). 즉, 나이가 많은 사람은 나이가 적은 사람보다 텔레비전을 더 많이 시청하는 경향이 있다.

참고문헌

오택섭 · 최현철 (2003), 《사회과학 데이터 분석법 ②》, 나남.

Aiken, L. S., & West. S. G. (1996), *Multiple Regression: Testing and Interpreting Interactions*, Sage Publications.

Cohen, J. et al. (1997), *Applied Multiple Regression: Correlation Analysis for the Behavioral Science* (P. Cohen, ed.) (3rd ed.), Lawrence Erlbaum Associates.

Cohen, J., Cohen, P, West, S. G., & Aiken, L. S. (2003), *Applied Multiple Regression/Correlation Analysis for Behavioral Science* (3rd ed.), Mahwah, NJ: Lawrence Earlbaum Associates.

Fox, J. (1997), *Applied Regression Analysis, Linear Models, and Related Methods*, Sage Publications.

Harrell, F. E. (2001), *Regression Modeling Strategies*. Springer Verlag.

Hastie, T. et al. (2001), *The Elements of Statistical Learning*, Springer Verlag.

Kerlinger, F. N. (1973), *Foundations of Behavioral Research* (2nd ed.), New York: Holt, Rinehart and Winston.

Lewis-Beck, M. S. (1980), *Applied Regression: An Introduction* (J. L. Sullivan, ed.), Series: Quantitative Applications in the Social Sciences, Beverly Hills: Sage Publication inc.

Lomax, R. G., & Hahs-Vaughn, D. L. (2012), *An Introduction to Statistical Concepts* (3rd ed.), New York, NY: Routledge.

Miles, J., & Shevlin, M. (2001), *Applying Regression and Correlation: A Guide for Students and Researchers*, Sage Publications.

Montgomery, D. C. et al. (2001), *Introduction to Linear Regression Analysis* (3rd ed.), John Wiley & Sons.

Nie, N. H. et al. (1975), *SPSS: Statistical Package for the Social Sciences* (2nd ed.), New York: McGraw-Hill Book Company.

Norusis, M. J. (2000), *SPSS 10.0 Guide to Data Analysis* (Book and Disk ed.), Prentice Hall.

Pallant, J. (2001), *SPSS Survival Manual: A Step By Step Guide to Data Analysis Using SPSS for Windows(Version 10)* (1st ed.), Open Univ Pr.

Pedhazur, E. J. (1997), *Multiple Regression in Behavioral Research* (3rd ed.), Belmont, CA: Wadsworth.

Pedhazur, E. J., & Schmelkin, L. (1991), *Measurement, Design, and Analysis: An Integrated Approach* (Student ed.), Lawrence Erlbaum Associates.

Stevens, J. P. (2002), *Applied Multivariate Statistics for the Social Science* (4th ed.), Mahwah, NJ: Lawrence Earlbaum Associates.

16

다변인 회귀분석 multiple regression analysis

이 장에서는 등간척도(또는 비율척도)로 측정한 두 개 이상 여러 개의 독립변인과 등간 척도(또는 비율척도)로 측정한 한 개의 종속변인 간의 인과관계를 분석하는 다변인 회귀 분석(*multiple regression analysis*)을 살펴본다.

1. 정의

다변인 회귀분석은 〈표 16-1〉에서 보듯이 등간척도(또는 비율척도)로 측정한 두 개 이상 여러 개의 독립변인과 등간척도(또는 비율척도)로 측정한 한 개의 종속변인 간의 인과관 계를 분석하는 통계방법이다.

다변인 회귀분석을 사용하기 위한 조건을 알아보자.

표 16-1 **다변인 회귀분석의 조건**

1. 독립변인
   1) 측정: 등간척도(또는 비율척도)
   2) 수: 두 개 이상 여러 개
      (명명척도일 때에는 가변인으로 변환하여 가변인 회귀분석 실행)

2. 종속변인
   1) 측정: 등간척도(또는 비율척도)
   2) 수: 한 개

1) 변인의 측정

다변인 회귀분석에서 독립변인과 종속변인은 등간척도(또는 비율척도)로 측정해야 한 다. 등간척도(또는 비율척도)의 측정은 단순 회귀분석에서 살펴봤기 때문에 여기서는 설명을 생략한다.

　독립변인이 명명척도로 측정된 경우에는 이 변인을 가변인(dummy variable)으로 변환한 후 가변인 회귀분석을 실행하여 독립변인과 종속변인 간의 인과관계를 분석할 수 있다. 명명척도로 측정한 두 개 이상 여러 개의 독립변인과 등간척도(또는 비율척도)로 측정한 한 개의 종속변인 간의 가변인 회귀분석을 알고 싶은 독자는 제18장 가변인 회귀분석 ②를 참조하기 바란다.

2) 변인의 수

다변인 회귀분석에서 독립변인의 수는 두 개 이상 여러 개이고, 종속변인의 수는 한 개이다.

3) 다변인 회귀분석과 단순 회귀분석, 다원변량분석 비교

(1) 다변인 회귀분석과 단순 회귀분석

다변인 회귀분석에서 독립변인의 수는 두 개 이상 여러 개인 반면 단순 회귀분석에서 독립변인의 수는 한 개다. 독립변인의 수가 다르기 때문에 설명변량을 계산하는 방법에 차이가 있지만, 단순 회귀분석의 전제와 변량분석(또는, R^2)을 통한 회귀모델의 유의도 검증, 회귀선 찾는 방법, 개별 회귀계수의 검증 방법은 다변인 회귀분석에도 그대로 적용된다. 다변인 회귀분석을 제대로 이해하기 위해서는 단순 회귀분석을 정확하게 알아야 한다. 독자는 반드시 제15장 단순 회귀분석을 공부한 후에 이 장을 읽기 바란다.

(2) 다변인 회귀분석과 다원변량분석 비교

다변인 회귀분석과 다원변량분석(n-way ANOVA)의 독립변인의 수는 두 개 이상 여러 개이고, 종속변인의 수는 한 개이고, 유의도 검증에 변량분석을 사용한다는 점에서 기본적으로 같은 방법이라고 생각해도 무방하다. 그러나 다변인 회귀분석과 다원변량분석의 독립변인 측정이 다르기 때문에(다변인 회귀분석에서는 등간척도, 또는 비율척도, 다원변량분석에서는 명명척도) 변량을 계산하는 방법에 차이가 난다. 그러나 제18장 가변인 회귀분석 ②에서 보듯이 명명척도로 측정한 독립변인을 가변인으로 변환하여 가변인 회귀분석을 실행하면 가변인 회귀분석 결과와 다원변량분석의 결과는 동일하다.

2. 연구절차

다변인 회귀분석의 연구절차는 〈표 16-2〉에 제시된 것처럼 다섯 단계로 이루어진다.

첫째, 연구가설을 만든다. 변인의 측정과 수에 유의하여 연구가설을 만든 후 유의도 수준($p < 0.05$ 또는 $p < 0.01$)을 정한다.

둘째, 데이터를 수집하여 입력한 후 SPSS/PC$^+$(23.0)의 회귀분석을 실행하여 분석에 필요한 결과를 얻는다.

셋째, 결과 분석의 첫 번째 단계로, 선형성(*linearity*), 오차변량의 동질성(*homoscedasticity*), 다중공선성(*multicollinearity*)의 전제를 검증하고, 편차가 큰 사례(*outlier*)도 검사한다.

넷째, 결과 분석의 두 번째 단계로, 회귀모델의 유의도를 검증한다. 설명변량(R^2)과 변량분석을 통한 유의도 검증방법을 살펴본다.

다섯째, 결과 분석의 세 번째 단계로, 개별 회귀계수의 유의도를 검증한다.

표 16-2 **다변인 회귀분석의 연구절차**

1. 연구가설 제시
   1) 독립변인의 수는 여러 개이고, 등간척도(또는 비율척도)로 측정한다. 종속변인의 수는 한 개이고, 등간척도(또는 비율척도)로 측정한다. 변인 간의 인과관계를 연구가설로 제시한다
   2) 유의도 수준을 정한다($p < 0.05$ 또는 $p < 0.01$)

⬇

2. 데이터 입력과 프로그램 실행
   1) 데이터를 수집하여 입력한다
   2) 회귀분석을 실행하여 분석에 필요한 결과를 얻는다

⬇

3. 결과 분석 1: 전제 검증
   1) 선형성과 오차변량의 동질성 검증
   2) 편차가 큰 사례 검사
   3) 다중공선성 검증

⬇

4. 결과 분석 2: 회귀모델 유의도 검증
   1) 설명변량(R^2) 검증
   2) 변량분석 검증

⬇

5. 결과 분석 3: 회귀계수 유의도 검증

3. 연구가설과 가상 데이터

1) 연구가설

(1) 연구가설
다변인 회귀분석의 연구가설은 〈표 16-1〉에서 제시한 변인의 측정과 수의 조건만 충족한다면 무엇이든 가능하다. 이 장에서는 독립변인 〈수입〉, 〈연령〉, 〈내외향성향〉과 종속변인 〈사회불안감〉 간에 인과관계가 있는지를 검증한다고 가정하자. 연구가설은 〈수입과 연령, 내외향성향이 사회불안감에 영향을 미친다〉이다.

(2) 변인의 측정과 수
독립변인은 〈수입〉과 〈연령〉, 〈내외향성향〉 세 개다. 〈수입〉은 5점 척도(1 = 월수입 200만 원 미만, 2 = 월수입 200만 원 이상 300만 원 미만, 3 = 월수입 300만 원 이상 400만 원 미만, 4 = 월수입 400만 원 이상 500만 원 미만, 5 = 월수입 500만 원 이상)로 측정한다. 연령은 5점 척도(1 = 10대, 2 = 20대, 3 = 30대, 4 = 40대, 5 = 50대 이상)로 측정한다. 〈내외향성향〉은 5점 척도(1점: 매우 내성적이다부터 5점: 매우 외향적이다)까지로 측정한다. 종속변인은 〈사회불안감〉한 개로 사회불안감을 5점 척도(1점: 거의 불안하지 않다부터 5점: 매우 불안하다)까지로 측정한다.

(3) 유의도 수준
유의도 수준을 $p < 0.05$(또는 $\alpha < 0.05$)로 정한다. 유의확률이 0.05보다 작으면 연구가설을 받아들이고, 0.05보다 크면 영가설을 받아들인다.

2) 가상 데이터

이 장에서 분석하는 〈표 16-3〉의 데이터는 필자가 임의적으로 만든 것이어서 표본의 수가 적고(25명) 결과가 꽤 잘 나오게 만들었다(이 데이터를 사용하여 다변인 회귀분석 프로그램을 실행해보기 바란다). 그러나 실제 연구에서는 표본의 수도 훨씬 많고, 이 장에서 제시하는 것만큼 결과가 잘 나오지 않을 수 있다.

표 16-3 **다변인 회귀분석의 가상 데이터**

응답자	사회 불안감	수입	연령	내외향 성향	응답자	사회 불안감	수입	연령	내외향 성향
1	1	2	2	4	14	3	3	4	3
2	1	3	3	3	15	3	2	4	3
3	1	2	2	4	16	4	3	5	2
4	1	4	2	4	17	4	4	3	3
5	1	3	1	3	18	4	4	2	3
6	2	3	1	2	19	4	3	5	2
7	2	1	2	3	20	4	3	4	3
8	2	4	3	3	21	5	5	2	2
9	2	3	2	2	22	5	4	3	2
10	2	3	2	1	23	5	3	5	1
11	3	4	1	2	24	5	4	4	3
12	3	3	3	2	25	5	4	2	2
13	3	2	4	1					

4. SPSS/PC⁺ 실행방법

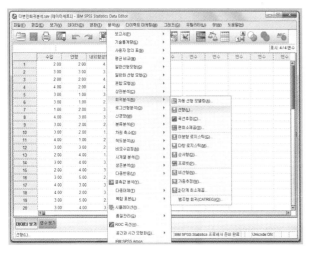

[실행방법 1] 분석방법 선택

메뉴판의 [분석(A)]을 선택하여
[회귀분석(R)]을 클릭하고
[선형(L)]을 클릭한다.

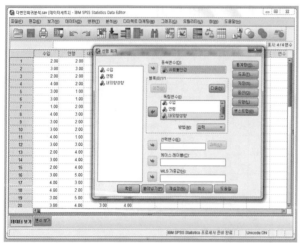

[실행방법 2] 분석변인 선택

[선형회귀] 창이 나타나면
왼쪽의 변수들 중에서 종속변수인
〈사회불안감〉을 [종속변수(D)]로 옮긴다(➡).
독립변수인 〈성별〉, 〈연령〉, 〈내외향성향〉도
[독립변수(I)]로 이동시킨다(➡).
[방법(M)]에는 [입력]이 기본으로
설정되어 있다.
오른쪽의 [통계량]을 클릭한다.

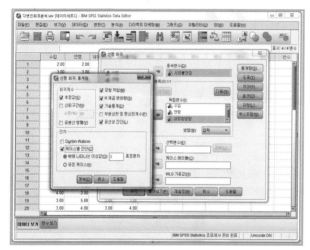

[실행방법 3] 통계량 선택

[선형회귀분석: 통계량] 창이 나타나면
[회귀계수]의 [☑ 추정값(E)]과
[☑ 모형적합(M)]은
기본으로 설정되어 있다.
[☑ R제곱 변화량(S)],
[☑ 기술통계(D)], [☑ 공선성 진단(L)]을
선택한다.
[잔차]의 [☑ 케이스별 진단(C)]을 클릭하면
아래 부분이 반전되고,
[●밖에 나타나는 이상값(O): 3 표준편차]가
기본으로 설정된다. 아래의 [계속]을
클릭한다.

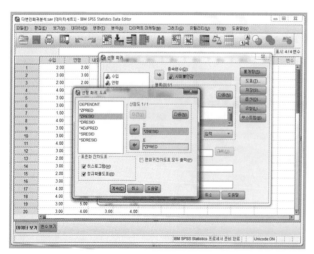

[실행방법 4] 전제 검증 선택과 실행

왼쪽의 [도표(T)]를 클릭하면
[선형회귀분석: 도표] 창이 나타난다.
[산점도 1 대상 1]로 왼편의 변인을
클릭하여 이동시킨다(➡).
[Y:]에는 〈*ZRESID〉,
[X:]에는 〈*ZPRED〉를 이동시킨다.
[표준화 잔차도표]의 [☑히스토그램(H)]과
[☑ 정규확률분포(R)]를 선택한다.
[실행방법 2]의 [선형회귀] 창으로 돌아가면
아래의 [확인]을 클릭한다.

[분석결과 1] 기술통계량

분석 결과가 새로운 창
*출력결과 1[문서 1]로 나타난다.
[기술통계량] 표에는 세 독립변인과
종속변인의 평균값, 표준편차, 사례수가
각각 제시된다.

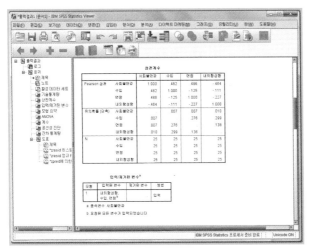

[분석결과 2] 상관계수와
입력/제거된 변수

[상관계수] 표에는 독립변인과 종속변인의
Pearson 상관계수, 유의확률, 사례수가
제시된다.
[입력/제거된 변수] 표에는 분석에 사용된
독립변인과 제거된 독립변인이 제시된다.

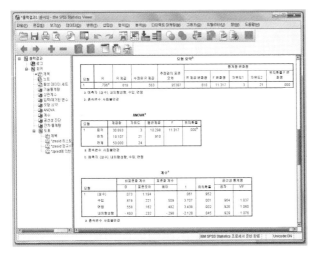

[분석결과 3] 유의도 검증

[모형요약] 표에는 R, R제곱,
수정된 R제곱 등이 제시된다.
[ANOVA] 표에는 회귀분석모형에 대한
검증결과인 F값과 유의확률 등이 제시된다.
[계수] 표에는 각 독립변인의 종속변인에
대한 비표준화계수, 표준화계수(베타),
t 값, 유의확률 등이 제시된다.

[분석결과 4] 공선성 진단과
잔차통계량(전제 검증)

[공선성 진단] 표도 제시된다.
[실행방법 3]에서 설정한 [케이스별 진단]에
의해 [잔차 통계량] 표가 제시된다.

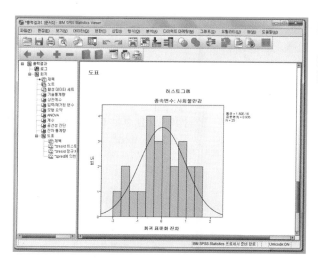

[분석결과 5] 히스토그램(전제 검증)

[실행방법 4]에서 선택한
[히스토그램]이 제시된다.

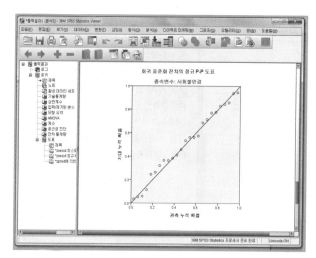

[분석결과 6] 정규확률분포(전제 검증)

[실행방법 4]에서 선택한
[정규확률분포]가 도표로 제시된다.

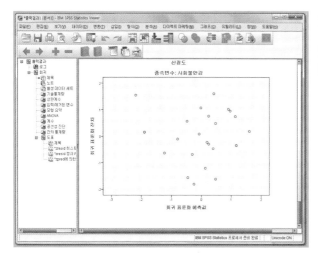

[분석결과 7] 산점도(전제 검증)

[실행방법 4]에서 선택한
[산점도]가 제시된다.

5. 회귀방정식의 종류와 의미

다변인 회귀분석에서 독립변인과 종속변인 간의 인과관계는 단순 회귀분석과 마찬가지로 회귀방정식(*regression equation*)과 그림 두 가지로 나타낸다. 그러나 다변인 회귀분석에서 독립변인의 수가 여러 개이기 때문에 단순 회귀분석보다 복잡하다. 변인 회귀방정식의 표기방법과 더불어 그 의미를 알아보자.

1) 1차방정식

다변인 회귀분석에서 독립변인과 종속변인 간의 인과관계는 단순 회귀분석과 마찬가지로 선형성(*linearity*), 즉 1차방정식을 전제로 한다. 〈표 16-4〉의 다변인 회귀분석의 1차방정식은 단순 회귀분석과 동일하나 독립변인의 수가 여러 개이기 때문에 독립변인은 X_1, $X_2 \cdots X_n$ 등으로 표기된다. 위의 연구가설을 예로 들면, 독립변인은 세 개로 X_1은 〈수입〉, X_2는 〈연령〉, X_3은 〈내외향성향〉이다. 종속변인은 한 개로 Y는 〈사회불안감〉이다. B_1은 〈수입〉의 회귀계수이고, B_2는 〈연령〉의 회귀계수, B_3은 〈내외향성향〉의 회귀계수이다. A는 상수(*constant*)(또는 절편: *intercept*)이고, E는 오차(*error*)이다.

다변인 회귀방정식은 복잡해보이지만, 기본적으로 단순 회귀방정식과 마찬가지로 회귀방정식($A + B_1X_1 + B_2X_2 + B_3X_3$)과 오차(E) 두 가지 요소로 구성된다. 회귀방정식은 독립변인의 값을 알 때 종속변인의 값을 예측할 수 있는 부분이고, 오차는 회귀방정식으로 예측할 수 없는 부분이다.

표 16-4 **독립변인과 종속변인 간의 1차방정식**

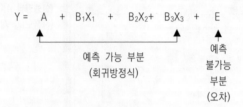

$$Y = A + B_1X_1 + B_2X_2 + B_3X_3 + E$$

예측 가능 부분
(회귀방정식)

예측
불가능
부분
(오차)

Y: 종속변인의 원점수(〈사회불안감〉)
X_1: 독립변인의 원점수(〈수입〉)
X_2: 독립변인의 원점수(〈연령〉)
X_3: 독립변인의 원점수(〈내외향성향〉)
A: 상수(또는 절편)
B_1, B_2, B_3: 회귀계수
E: 오차

2) 회귀방정식의 종류와 의미

다변인 회귀분석에도 단순 회귀분석과 마찬가지로 비표준 회귀계수로 이루어진 비표준 회귀방정식과 표준 회귀계수로 이루어진 표준 회귀방정식 두 가지가 있다. 다변인 회귀분석은 단순 회귀분석과는 달리 독립변인의 수가 여러 개이기 때문에 비표준 회귀방정식은 $Y' = A + B_1X_1 + B_2X_2 + \cdots + B_nX_n$로 독립변인의 수만큼 X_1, $X_2 \cdots X_n$을 추가하면 된다. 표준 회귀방정식은 $Y' = B_1X_1 + B_2X_2 + \cdots + B_nX_n$로 독립변인의 수만큼 X_1, $X_2 \cdots X_n$을 추가하면 되고, 상수는 없다. 회귀방정식의 종류와 의미는 단순 회귀분석에서 살펴봤기 때문에 여기서는 설명을 생략한다.

3) 그 림

위의 연구가설을 그림으로 나타내면 〈그림 16-1〉과 같다. 그림의 왼쪽에 독립변인 〈수입〉과 〈연령〉, 〈내외향성향〉을 놓고, 오른쪽에 종속변인 〈사회불안감〉을 놓는다. 독립변인에서 종속변인 방향으로 직선 화살표(→)를 그린다. 직선 화살표는 영향력이 가는 방향(독립변인에서 종속변인으로)을 보여준다. 다변인 회귀분석에서 독립변인의 수가 여러 개이기 때문에 독립변인 간의 상관관계는 양쪽 화살표가 있는 포물선(↤↦)으로 표시한다. 양쪽 화살표가 있는 포물선은 상관관계는 있지만, 이 모델에서는 분석할 수 없다는 의미이다.

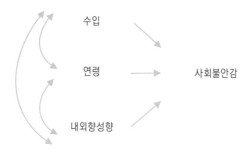

그림 16-1 **다변인 회귀모델의 그림**

수입

연령 → 사회불안감

내외향성향

6. 결과 분석 1: 전제 검증

1) 선형성과 오차변량의 동질성

다변인 회귀분석도 단순 회귀분석과 마찬가지로 연구가설을 검증하기 전에 전제를 검증해야 한다. 단순 회귀분석에서 선형성(*linearity*), 오차변량의 동질성(*homoscedasticity*) 검증을 살펴봤기 때문에 여기서는 설명을 생략하며 제 15장 단순 회귀분석을 참조하기 바란다.

2) 편차가 큰 사례 검사

편차가 큰 사례(*outlier*) 검사는 전제 검증은 아니지만 다변인 회귀분석에서도 최적의 회귀선을 찾기 위해서 하는 것이 바람직하다. 단순 회귀분석에서 편차가 큰 사례 검사를 살펴봤기 때문에 여기서는 설명을 생략한다. 제 15장 단순 회귀분석을 참조하기 바란다.

3) 다중공선성 검증

다중공선성(*multicollinearity*)은 독립변인의 수가 여러 개인 다변인 회귀분석에만 적용되는 전제이다. 다중공선성의 의미와 이를 검증하는 방법을 살펴보자.

　다변인 회귀분석은 여러 개의 독립변인 간의 상관관계는 거의 없거나, 매우 낮다고 가정한다. 그러나 실제 연구에서 독립변인 간의 상관관계는 항상 존재하며, 특히 상관관계계수가 클 때 문제가 발생하는데 이를 다중공선성 문제라고 한다. 다중공선성 문제는 다변인 회귀분석처럼 여러 개의 독립변인을 사용하여 종속변인과의 인과관계를 분석할 때 자주 직면하는 문제로서 해결하기 쉽지 않은 골치 아픈 문제 중의 하나이다.

　다변인 회귀분석에서 독립변인 간의 상관관계가 존재하면 크게 두 가지 문제가 발생한다.

첫째, 독립변인의 우선순위를 결정하는 문제로서 여러 개의 독립변인 중 어느 독립변인을 먼저 선택하여 종속변인과의 인과관계를 분석해야 맞는지 알 수 없다는 것이다. 예를 들면, 독립변인 〈수입〉, 〈교육〉과 종속변인 〈텔레비전시청시간〉과의 인과관계를 분석할 때 〈수입〉과 〈교육〉간의 상관관계가 존재한다면 어느 독립변인을 먼저 선택하여 분석하느냐에 따라 결과는 달라진다. 〈수입〉과 〈텔레비전시청시간〉과의 인과관계를 분석한 후에 〈교육〉을 분석하면 〈수입〉은 〈교육〉보다 〈텔레비전시청시간〉에 큰 영향을 준다는 결과가 나온다. 반대로 〈교육〉과 〈텔레비전시청시간〉과의 인과관계를 분석한 후 〈수입〉을 분석하면 〈교육〉은 〈수입〉보다 〈텔레비전시청시간〉에 큰 영향을 미친다는 결과가 나온다. 이처럼 독립변인 간의 상관관계가 존재할 때 어느 변인을 먼저 선택하여 분석하느냐에 따라 결과가 달라지고, 어느 것이 맞는 결과인지 판단할 수 없다.

이 경우, 바람직한 해결방법은 연구자가 이론적으로 독립변인의 우선순위를 결정하는 것이다. 그러나 이론적 근거가 없어 독립변인 간의 우선순위를 정하기 어려울 경우, SPSS/PC⁺ 프로그램은 독립변인과 종속변인 간의 상관관계계수의 크기를 비교하여 상관관계계수가 큰 변인부터 분석한다. 예를 들면, 독립변인 〈수입〉과 종속변인 〈텔레비전시청시간〉 간의 상관관계계수가 '0.5'이고, 독립변인 〈교육〉과 종속변인 〈텔레비전시청시간〉 간의 상관관계계수가 '0.3'이라면 〈수입〉과 〈텔레비전시청시간〉 간의 인과관계를 분석한 후에 〈교육〉을 분석한다. 이 방법을 단계선택 회귀분석(*stepwise regression analysis*)이라고 부른다.

둘째, 독립변인 간의 상관관계가 크면 회귀모델의 유의도 검증이나 개별 회귀계수의 유의도 검증 결과를 신뢰할 수 없다는 것이다. 독립변인 간의 상관관계가 커서 다중공선성 문제가 존재할 경우, 한 독립변인이 통계적으로 유의미하게 나오면 이 변인과 상관관계가 큰 다른 변인은 통계적으로 유의미하지 않을 가능성이 매우 크다. 예를 들면, 독립변인 〈수입〉과 〈교육〉 간의 상관관계계수가 높을 때, 먼저 〈수입〉을 분석하면 통계적으로 유의미하게 나오지만, 〈교육〉은 유의미하지 않게 나온다. 반대로 먼저 〈교육〉을 분석하면 통계적으로 유의미하게 나오지만, 〈수입〉은 유의미하지 않게 나온다. 이처럼 다중공선성 문제가 존재하면 결과를 신뢰할 수 없다.

연구자는 여러 개(가급적 많이)의 독립변인을 사용하여 종속변인을 잘 설명(또는 예측)하고 싶어 한다. 그러나 독립변인의 수가 많아질수록 설명력이 커지기보다는 다중공선성 문제가 발생하여 연구 자체의 신뢰성이 위협받을 수 있기 때문에 독립변인을 선정할 때 조심해야 한다.

다중공선성을 검증하는 방법 두 가지를 살펴보자.

첫째, 다중공선성을 검증하는 가장 손쉬운 방법은 독립변인 간의 상관관계계수를 보고, 독립변인 간의 상관관계계수가 높으면 문제가 있다고 판단하는 것이다. 그러나 독

표 16-5 **VIF와 공차 공식**

$$VIF = \frac{1}{1 - R^2}$$

$$공차 = 1 - R^2 = \frac{1}{VIF}$$

립변인 간의 상관관계가 얼마나 커야 다중공선성 문제가 발생하는지를 판단하는 객관적 기준은 존재하지 않는다. 독립변인 간의 상관관계계수가 '0.2~0.3' 정도만 되도 다중공선성 문제가 있다고 생각하는 학자가 있는 반면 독립변인 간의 상관관계계수가 '0.7 ~ 0.8' 정도라도 문제가 없다고 주장하는 학자도 있다. 일반적으로 독립변인 간의 상관관계계수가 '0.5' 이상이면 다중공선성 문제가 있다고 본다. 〈표 16-6〉에서 보듯이 독립변인(〈수입〉, 〈연령〉, 〈내외향성향〉) 간의 상관관계계수가 '0.5'를 넘지 않기 때문에 다중공선성 문제를 걱정할 필요가 없다.

둘째, 다중공선성을 검증하는 다른 방법은 VIF(*variance inflation factor*)나 공차(公差, *tolerance*)로 판단하는 것이다. 상관관계계수를 갖고 다중공선성을 판단하는 방법은 독립변인의 수가 두 개일 때에는 문제가 없다. 그러나 독립변인의 수가 세 개 이상일 때 두 변인 간의 관계만을 보여주는 상관관계계수로 다중공선성을 검증하는 것은 문제가 있을 수 있다. 한 개의 독립변인과 나머지 다른 독립변인 간의 상관관계의 정도를 보여주는 VIF나 공차를 갖고 판단하는 것이 안전하다. 예를 들면, 독립변인(〈교육〉, 〈연령〉, 〈수입〉)이 세 개 있을 때, 개별 상관관계계수는 ① 〈교육〉과 〈연령〉, ② 〈교육〉과 〈수입〉, ③ 〈연령〉과 〈수입〉) 두 변인 간의 밀접성의 정도를 보여준다. 반면 VIF는 ① 독립변인 한 개(〈교육〉)와 나머지 독립변인 두 개(〈연령〉과 〈수입〉) 간의 상관관계, ② 독립변인 한 개(〈연령〉)과 나머지 독립변인 두 개(〈교육〉과 〈수입〉) 간의 상관관계, ③ 독립변인 한 개(〈수입〉)와 나머지 독립변인 두 개(〈교육〉과 〈연령〉) 간의 상관관계에 대한 정보를 제공해주기 때문에 다중공선성을 검증하는 데 충분한 정보를 제공해 준다. 독립변인 간의 상관관계계수가 작아 다중공선성 문제가 없어 보이는 경우에도 한 개의 독립변인과 나머지 다른 독립변인 간의 관계를 보여주는 VIF는 높게 나타날 수 있기 때문에 VIF가 다중공선성 문제에 대해 더 정확한 정보를 제공해 준다.

〈표 16-5〉의 VIF 계산 공식을 살펴보면, 분자의 전체 변량 '1'을 분모 '1'에서 한 독립변인과 나머지 다른 독립변인 간의 상관관계계수를 제곱한 값(R^2, 한 변인과 나머지 다른 독립변인 간의 겹친 부분)을 뺀 값(이 값은 한 변인과 나머지 다른 독립변인 간의 겹치지 않은 부분이다)으로 나눈 값이다. 공차는 VIF의 분모에 해당하는 부분(한 변인과 나머지 다른 독립변인 간의 겹치지 않은 부분)인 '$1 - R^2$', 또는 '1'을 VIF로 나눈 값이다. VIF와 공

차는 반비례 관계에 있다. 예를 들면, 한 개의 독립변인과 나머지 다른 독립변인 간의 상관관계계수(R)가 '0'이면 R^2이 '0'이고, '$1 - R^2$'은 '1'이 된다. VIF는 '1'(1/1), 공차도 '1'($1 - R^2 = 1$)이 된다. 한 변인과 나머지 다른 변인 간의 상관관계계수(R)가 '0.5'면 R^2은 '0.25'이고, VIF는 '1.333', 공차는 '0.750'이 된다. 한 변인과 나머지 다른 변인 간의 상관관계계수(R)가 '0.9'면 설명변량이 '0.81'이 되고, VIF는 '5.263', 공차는 '0.190'이 된다. 즉, VIF는 한 독립변인과 나머지 독립변인 간의 겹친 부분의 크기로서 값이 커지면 커질수록 다중공선성 문제가 심각해지는 것이고, 반대로 값이 작아져서 '1'에 가까이 가면 갈수록 다중공선성 문제가 줄어드는 것이다. '1'이 되면 다중공선성 문제가 없다고 보면 된다. 반면 공차는 한 독립변인과 나머지 다른 독립변인 간의 겹치지 않는 부분의 크기를 보여주기 때문에 값이 작아져서 '0'으로 갈수록 다중공선성 문제가 심각해지는 것이고, 값이 커져서 '1'에 가까이 가면 갈수록 다중공선성 문제가 줄어드는 것이다. '1'이 되면 다중공선성 문제가 없다고 판단하면 된다.

VIF와 공차가 '1'이면 한 독립변인과 나머지 다른 독립변인 간의 상관관계계수가 '0'이기 때문에 다중공선성 문제가 전혀 없다. 단순 회귀분석의 예를 들면, 독립변인의 수가 한 개이기 때문에 다중공선성 문제가 발생할 수 없는데(다중공선성 문제는 독립변인의 수가 두 개 이상 여러 개일 때 나타나는 문제임), 이때 VIF는 '1'이고, 공차도 '1'이다.

VIF와 공차의 크기가 얼마일 때 다중공선성 문제가 있는지 판단할 수 있는 객관적 기준은 존재하지 않는다. 일반적으로 독립변인의 수가 세 개 이상 여러 개일 때 개별 변인의 VIF가 1.0 이상이고 2 이하일 경우(즉 $1.0 \leq VIF \leq 2.0$), 또는 개별 변인의 공차가 0.5 이상이고 1.0 이하일 경우(즉 $0.5 \leq$ 공차 ≤ 1.0) 다중공선성 문제가 없다고 보면 된다. 반면 개별 변인의 VIF가 '2.0'보다 크거나(즉 $VIF > 2.0$), 개별 변인의 공차가 '0.5'보다 작으면(즉 공차 < 0.5) 다중공선성 문제가 있다고 생각하면 된다.

위 연구가설을 예로 들면, 〈표 16-11〉에서 보듯이 VIF는 각각 '1.037', '1.080', '1.076'이고, 공차는 각각 '0.964', '0.926', '0.929'로 나타났다. 개별 VIF가 '2.0' 미만이면서 '1'에 가깝고, 개별 공차도 '0.5' 이상이면서 '1'에 가깝기 때문에 다중공선성 문제는 없다고 판단한다.

다변인 회귀분석에서 다중공선성 문제가 발생했을 때 해결방법을 찾기는 쉽지 않지만, 일반적으로 크게 세 가지 방법을 사용하여 다중공선성 문제를 완화한다. 첫째, 상관관계가 높은 독립변인 중 회귀모델에 더 적합하다고 판단되는 변인을 선택하여(다른 변인은 제외) 분석한다. 둘째, 상관관계가 높은 독립변인의 성격이 유사한 경우, 이 변인을 합해 한 변인으로 만든 후 분석한다. 셋째, 상관관계가 높은 독립변인 간의 인과관계를 설정할 수 있는 이론이 있다면, 회귀모델을 통로모델로 수정하여 분석한다(통로모델은 제 20장 통로분석에서 살펴본다).

7. 결과 분석 2: 회귀모델의 유의도 검증

1) 설명변량(R^2)을 사용한 유의도 검증

(1) 상관관계계수

다변인 회귀분석을 사용하여 연구가설을 검증하기 위해서 〈표 16-6〉에 제시된 독립변인과 종속변인 간의 상관관계계수를 살펴본다. 독립변인 〈수입〉, 〈연령〉, 〈내외향성향〉과 종속변인 〈사회불안감〉 간의 상관관계계수를 살펴보면, 〈수입〉과 〈사회불안감〉은 '0.482', 〈연령〉과 〈사회불안감〉은 '0.486', 〈내외향성향〉과 〈사회불안감〉은 '-0.464'이다. 독립변인 〈수입〉과 〈연령〉 간의 상관관계계수는 '-0.125'이고, 〈수입〉과 〈내외향성향〉 간의 상관관계계수는 '-0.111', 〈연령〉과 〈내외향성향〉 간의 상관관계계수는 '-0.227'이다.

상관관계계수만 갖고 판단할 때, 수입이 많아질수록, 연령이 높아질수록 사회불안감이 커지며, 성격이 외향적일수록 사회불안감이 낮아진다는 것을 알 수 있다. 이 표본의 결과가 모집단에서도 그대로 나타나는지를 판단하기 위해서 유의도 검증을 한다.

표 16-6 **변인 간 상관관계계수**

	수입	연령	내외향성향	사회불안감
수입	1.00			
연령	-0.125	1.00		
내외향성향	-0.111	-0.227	1.00	
사회불안감	0.482	0.486	-0.464	1.00

(2) 결과 해석

〈표 16-7〉에서 보듯이 〈수입〉과 〈연령〉, 〈내외향성향〉 세 개의 독립변인과 종속변인 〈사회불안감〉 간의 상관관계계수(R)는 '0.786'으로 나왔고, 설명변량(R^2)은 '0.618'로 나왔다. R^2을 사용한 유의도 검증은 〈표 16-7〉의 통계량 변화량에 제시된 값을 갖고 판단한다. R제곱 변화량은 '0.618'이고, 자유도는 자유도1(df1)인 '3'과 자유도2(df2)인 '21'에서 F 값은 '11.317'로 나왔고, F 값의 유의확률 값이 0.05보다 작기 때문에 연구자

표 16-7 **R^2을 사용한 유의도 검증 결과**

모형	R	R^2	수정된 R^2	추정값의 표준오차	R^2 변화량	F 변화량	df1	df2	유의확률 F 변화량
					통계량 변화량				
1	0.786	0.618	0.563	0.95387	0.618	11.317	3	21	0.000

는 독립변인 〈수입〉과 〈연령〉, 〈내외향성향〉이 종속변인 〈사회불안감〉에 영향을 미친다는 연구가설을 받아들인다.

(3) 설명변량(R^2)을 사용한 유의도 검증의 기본 논리

① R^2의 의미

단순 회귀분석에서 R^2 계산은 간단하다. 한 개의 독립변인과 한 개의 종속변인 간의 상관관계계수를 제곱하기만 하면 R^2을 구할 수 있다. 그러나 독립변인의 수가 여러 개인 다변인 회귀분석에서는 독립변인 간의 상관관계계수를 제곱해도 R^2을 정확히 구할 수 없다. 독립변인의 수가 여러 개일 때 독립변인 간의 상관관계가 있게 마련이고, R^2을 계산할 때에는 반드시 독립변인 간의 상관관계를 고려해야 한다. 다변인 회귀분석에서 R^2 계산 방법을 독립변인 간의 상관관계계수가 존재하지 않을 때와 상관관계계수가 존재할 때로 나누어서 알아보자. 위의 연구가설에서 독립변인의 수는 세 개이지만, 여기서는 R^2 계산 방법 설명을 단순화하기 위해 독립변인의 수는 두 개(〈수입〉과 〈연령〉), 종속변인의 수는 한 개(〈사회불안감〉)를 가정하여 설명한다. 독립변인의 수가 세 개 이상 여러 개인 경우 계산이 조금 복잡하지만 여기서 설명하는 기본 논리를 그대로 적용하면 된다(SPSS/PC$^+$ 프로그램이 분석에 필요한 모든 값을 계산해주기 때문에 독자는 걱정할 필요가 없다).

가. 독립변인 간의 상관관계가 존재하지 않을 때 설명변량(R^2) 계산

다변인 회귀분석에서 독립변인 간의 상관관계가 존재하지 않을 경우(즉, 상관관계계수가 '0')에는 다중공선성 문제는 발생하지 않는다. 이때 R^2은 〈표 16-8〉의 공식에서 보듯이 개별 독립변인(〈수입〉, 〈연령〉)과 종속변인(〈사회불안감〉) 간의 상관관계계수를 각각 제곱한 후 더하면 된다. 〈표 16-6〉의 상관관계계수의 예를 들면 독립변인 〈수입〉과 종속변인 〈사회불안감〉 간의 상관관계계수('0.482')를 제곱한 값('0.232')과 독립변인 〈연령〉과 종속변인 〈사회불안감〉과의 상관관계계수('0.486')를 제곱한 값('0.236')을 더하면 설명변량 '0.468'이 된다.

이 관계를 변량 그림으로 그리면 〈그림 16-2〉와 같다. 독립변인 〈수입〉과 〈연령〉 간의 상관관계계수가 '0'이라면 독립변인 간의 겹치는 부분이 없기 때문에 개별 독립변인

표 16-8 독립변인 간의 상관관계가 존재하기 않을 때 설명변량(R^2)

$$R^2 = r^2 \text{〈수입〉, 〈사회불안감〉} + r^2 \text{〈연령〉, 〈사회불안감〉}$$

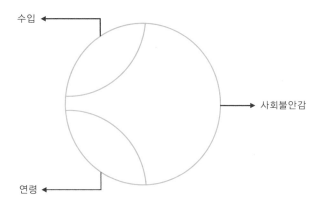

그림 16-2 **독립변인 간의 상관관계가 존재하지 않을 때 독립변인과 종속변인 간의 변량 관계**

과 종속변인 간의 겹친 부분을 합하면 전체 R^2이 된다. 그러나 실제 연구에서 독립변인 간의 상관관계계수가 '0'인 경우는 전무하기 때문에 이 같은 경우는 존재하지 않는다.

나. 독립변인 간의 상관관계가 존재할 때 설명변량(R^2) 계산

실제 연구에서는 여러 개 독립변인 간의 상관관계가 존재하는데, 이때 R^2 계산이 복잡해진다. 개별 독립변인과 종속변인 간의 상관관계계수를 각각 제곱한 후 전부 더해도 R^2이 되지 않는다. 독립변인 간의 상관관계로 인해 독립변인끼리 겹친 부분이 존재하기 때문에, ⟨표 16-9⟩의 ①에서 보듯이 개별 독립변인과 종속변인 간의 각각의 R^2을 더하면 실제 R^2보다 큰 값이 된다. 그 이유는 개별 R^2을 더한 값은 독립변인 간의 겹친 부분을 한 번 더 더하기 때문이다. 이 관계를 그림으로 그리면 ⟨그림 16-3⟩과 같다. 다변인 회귀분석에서 R^2은, ②에서 보듯이 개별 독립변인과 종속변인 간의 상관관계계수를 제곱한 값, 즉 개별 R^2을 더한 후에 독립변인 간의 겹친 부분을 빼줘야 한다. 이를 그림으로 나타내면 ⟨그림 16-4⟩와 같다.

⟨수입과 연령, 내외향성향이 사회불안감에 영향을 미친다⟩는 연구가설을 검증한 결과, ⟨표 16-7⟩에서 보듯이 R '0.786'은 세 개의 독립변인(⟨수입⟩, ⟨연령⟩, ⟨내외향성향⟩)을 하나로 간주한 독립변인과 종속변인 간의 상관관계계수이고, R^2은 '0.618'이다. 이 값을 제곱근($\sqrt{\ }$)하면 R '0.786'이 된다. R^2 '0.618'은 전체 변량 '1' 중 '0.618'(또는

표 16-9 **독립변인 간의 상관관계가 존재할 때 설명변량(R^2)**

① $R^2 < r^2$ ⟨수입⟩, ⟨사회불안감⟩ + r^2 ⟨연령⟩, ⟨사회불안감⟩
② $R^2 = r^2$ ⟨수입⟩, ⟨사회불안감⟩ + r^2 ⟨연령⟩, ⟨사회불안감⟩ − r^2 ⟨수입⟩, ⟨연령⟩

전체 변량 100% 중 61.8%)이 독립변인에 의해 설명되는 부분이라는 의미이다. 전체 변량 '1'에서 R^2 '0.618'을 뺀 값$(1 - R^2)$ '0.382'(또는 전체 변량 100% 38.2%)는 잔차변량(또는 오차변량)이다. 이를 그림으로 나타내면 〈그림 16-5〉와 같다.

그림 16-3 **독립변인 간의 상관관계가 존재할 때 독립변인과 종속변인 간의 변량 관계**

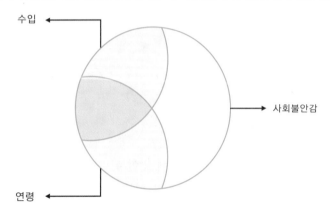

그림 16-4 **전체 설명변량**

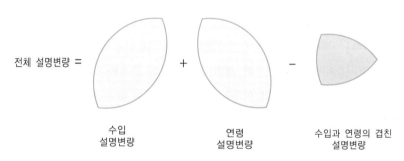

그림 16-5 **독립변인과 종속변인 간의 변량 관계**

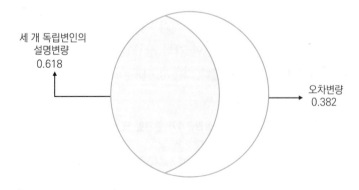

② 수정된 R^2

수정된 R^2 (*adjusted* R^2)의 의미도 이미 단순 회귀분석에서 설명했기 때문에서 생략하고 결과만 설명한다. 〈표 16-7〉에서 보듯이 R^2 값은 '0.618'이고, 수정된 R^2 값은 '0.563'이다. 이 두 값의 차이는 '0.055'로 약 5%의 차이가 난다. 이 값은 만일 이 회귀모델을 표본이 아니라 모집단을 대상으로 연구했다면 값이 약 5% 적게 나올 수 있다는 것을 의미한다. 단순 회귀분석에서도 말했듯이 수정된 R^2은 보조적 정보로만 활용한다.

③ F 값과 유의확률

R^2을 사용한 유의도 검증 방법은 단순 회귀분석에서 알아봤기 때문에 여기서는 설명을 생략하고, 유의도 결과만 살펴본다.

R^2은 '0.618'이 나왔기 때문에 전체 변량 '1'에서 '0.618'를 뺀 잔차변량(또는 오차변량)은 '0.382'가 된다. 단순 회귀분석의 〈표 15-13〉의 공식을 사용하면, R^2(설명변량) '0.618'을 자유도1로 나눈 값(독립변인이 세 개이기 때문에 자유도1은 '3'이 된다)을 잔차변량(또는 오차변량) '0.382'를 자유도2(전체 사례 수 25에서 독립변인의 수 '3'을 빼고, 다시 '1'을 뺀 '21'이다)로 나눈 값은 다음과 같다. 이 F 값은 〈표 16-7〉에서 제시한 F 값과 동일하다(두 값의 차이는 반올림 오차로 무시해도 된다).

〈표 16-7〉에서 유의확률 값은 $p < 0.05$보다 작은 '0.000'으로 나왔기 때문에 연구가설을 받아들이는 것이다. 즉, 〈수입〉과 〈연령〉, 〈내외향성향〉이 〈사회불안감〉에 영향을 미친다는 결론을 내린다.

$$F = \frac{0.618/3}{(1-0.618)/21} = 11.3187$$

F 분포표 보는 방법은 일원변량분석과 단순 회귀분석에서 살펴봤기 때문에 여기서는 설명을 생략한다.

2) 변량분석을 사용한 유의도 검증

(1) 상관관계계수

변량분석을 사용한 유의도 검증에서도 변인 간의 상관관계계수를 살펴봐야 한다. 〈표 16-6〉의 결과는 이미 설명했기 때문에 여기서는 생략한다.

(2) 결과 해석

〈표 16-10〉에서 보듯이 〈회귀변량〉(설명변량으로 회귀모형의 평균 제곱에 제시되어 있음) '10.298'은 회귀모형의 〈제곱합〉 '30.893'을 자유도인 '3'으로 나눈 값이다. 반면 〈잔차변량〉(또는 오차변량, 잔차의 평균 제곱에 제시되어 있음) '0.910'은 잔차의 제곱합 '19.107'을 자유도2인 '21'로 나눈 값이다. F 값 '11.317'은 회귀변량 '10.298'을 잔차변량 '0.910'으로 나눈 값이다. 이 F 값은 〈표 16-7〉의 F 값과 동일하다. 자유도1 '3'과 자유도2 '21'에서 F 값 '11.317'을 분석한 결과 유의확률 값은 0.05보다 작기 때문에 〈수입과 연령, 내외향성향이 사회불안감에 영향을 미친다〉는 연구가설을 받아들인다.

표 16-10 **변량분석을 사용한 유의도 검증 결과**

모형	제곱합	자유도	평균 제곱	F	유의확률
회귀모형	30.893	3	10.298	11.317	0.000
잔차	19.107	21	0.910		
합계	50.000	24			

(3) 변량분석을 사용한 유의도 검증의 기본 논리

제15장 단순 회귀분석에서 변량의 구성요소와 F 값을 계산하는 방법을 살펴봤기 때문에 여기서는 설명을 생략한다. 변량의 구성요소와 F 값 계산 방식을 알고 싶은 독자는 제15장 단순 회귀분석을 참조하기 바란다. 여기서는 유의도 검증 결과만 살펴본다.

〈표 16-10〉에서 보듯이 F 값은 회귀변량을 잔차변량으로 나눈 값으로 연구가설이 유의미한지를 판단하는 데 사용한다(F 값 계산 공식을 알고 싶은 독자는 제15장 단순 회귀분석의 〈표 15-15〉를 참조한다).

F 값은 연구가설을 검증하기 위해 변량분석의 공식에 따라 계산한 값으로서 자유도와 함께 연구가설의 유의미 여부를 판단한다. 자유도 값은 자유도1과 자유도2 두 개다. 자유도1은 독립변인의 수를 의미하는데 독립변인의 수가 세 개이기 때문에 '3'이 된다. 자유도2는 전체 사례 수에서 독립변인의 수를 뺀 후 다시 '1'을 뺀 값으로 전체 사례 수 25명에서 독립변인의 수 '3'을 뺀 '22'에서 다시 '1'을 뺀 값 '21'이다. 자유도1의 '3'과 자유도2의 '21'에서 F 값의 유의확률 값이 0.05보다 작다면 연구가설을 받아들이고, 0.05보다 크다면 영가설을 받아들인다.

〈표 16-10〉에서 보듯이 회귀변량은 '10.298'이고, 잔차변량은 '0.910'이기 때문에 F 값은 회귀변량을 잔차변량으로 나눈 값 '11.317'이 된다. 자유도1 '3'과 자유도2 '21'에서 F 값 '11.317'의 유의확률 값은 0.05보다 작은 '0.000'이기 때문에 연구가설을 받아들인다. 즉, 〈수입〉과 〈연령〉, 〈내외향성향〉이 〈사회불안감〉에 영향을 미친다는 결론을 내린다.

8. 결과 분석 3: 회귀계수의 유의도 검증

1) 회귀선과 회귀계수 구하는 방법

다변인 회귀분석에서 독립변인의 수가 여러 개이기 때문에 복잡하지만 단순 회귀분석과 마찬가지로 최적의 회귀선과 회귀계수를 찾는 방법으로 최소제곱방법(*least square method*)을 사용한다. 단순 회귀분석에서 회귀선과 회귀계수를 찾는 방법을 살펴봤기 때문에 여기서는 설명을 생략한다.

2) 유의도 검증

회귀모델의 유의도 검증은 독립변인과 종속변인 간의 인과관계가 있는지의 여부만을 판단해주기 때문에 개별 독립변인이 종속변인에게 미치는 영향력의 크기를 알 수 없다. 개별 독립변인이 종속변인에게 미치는 영향력의 크기를 알기 위해서는 〈표 16-11〉처럼 개별 회귀계수의 유의도 검증을 한다. 개별 회귀계수의 유의도 검증은 한 독립변인이 다른 변인과 겹친 부분을 통제한(*control*, 즉 제외한) 후 한 변인이 종속변인에게 미치는 순수한 영향력의 유의도 검증을 말한다. 다변인 회귀분석은 단순 회귀분석과는 달리 독립변인의 수가 여러 개이기 때문에 회귀모델의 유의도 검증 결과와 개별 회귀계수의 유의도 검증 결과는 다르다. 예를 들어 독립변인 〈수입〉과 〈연령〉이 종속변인 〈사회불안감〉에 영향을 미친다는 연구가설을 검증한다고 가정하자. 변량분석(또는 R^2)을 통한 회귀모델의 유의도 검증은 독립변인 전체(〈수입〉과 〈연령〉)와 종속변인 〈사회불안감〉과의 인과관계의 존재 여부만 알려주기 때문에 독립변인 〈수입〉과 종속변인 〈사회불안감〉 간의 인과관계, 독립변인 〈연령〉과 종속변인 〈사회불안감〉 간 인과관계의 유의도 검증을 실시해야 어느 독립변인이 종속변인에게 영향을 미치는지를 판단할 수 있다. 회귀모델의 유의도 검증 결과 독립변인 전체와 종속변인 간의 인과관계가 유의미하게 나왔다고 하더라도, 개별 독립변인의 유의도 검증을 하면 개별 독립변인 전부가 유의미할 수 있지만, 그중 일부만 유의미하게 나올 수도 있다.

　비표준 회귀계수를 보면 상수 '0.073', 〈수입〉은 '0.819', 〈연령〉은 '0.558', 〈내외향성향〉은 '-0.493'이기 때문에 비표준 회귀방정식은 Y' = 0.073 + 0.8191 X_1 + 0.558 X_2 + (-0.493) X_3이 된다. 이 비표준 회귀방정식을 이용하여 독립변인 X_1에 〈수입〉, X_2에 〈연령〉, X_3에 〈내외향성향〉의 원점수를 넣으면 종속변인 Y'(〈사회불안감〉)의 예측점수를 구할 수 있다. 예를 들면, 응답자의 〈수입〉이 '3', 〈연령〉이 '2'이고, 〈내외향성향〉이 '4'라면 이 응답자의 〈사회불안감〉은 '1.674'[0.073 + 0.819 × 3 + 0.558 × 2 + (-0.493) × 4]라

표 16-11 **회귀계수 유의도 검증**

모형	비표준계수		표준계수	t	유의확률	공선성 통계량	
	B	표준오차	베타			공차	VIF
(상수)	0.073	1.194		0.061	0.952		
수입	0.819	0.221	0.509	3.707	0.001	0.964	1.037
연령	0.558	0.162	0.482	3.438	0.002	0.926	1.080
내외향성향	-0.493	0.232	-0.298	-2.128	0.045	0.929	1.076

고 예측할 수 있다.

표준 회귀계수(베타)를 살펴보면, 〈수입〉은 '0.509', 〈연령〉은 '0.482', 〈내외향성향〉은 '-0.298'이기 때문에 표준 회귀방정식은 $Y = 0.509 X_1 + 0.482 X_2 + (-0.298) X_3$임을 알 수 있다(표준 회귀방정식에 상수는 없다). 〈수입〉과 〈연령〉, 〈내외향성향〉의 유의확률 값은 각각 유의미한('0.001', '0.002', '0.045') 것으로 나타났기 때문에 세 독립변인이 종속변인에 미치는 영향력의 크기를 해석한다. 독립변인 〈수입〉 '1' 단위를 변화시킬 때 종속변인 〈사회불안감〉에 '0.509'의 변화(영향)를 가져온다. 또한 〈연령〉 '1' 단위를 변화시키면 종속변인 〈사회불안감〉 '0.482'의 영향을 주며, 〈내외향성향〉 '1' 단위를 변화시키면 종속변인 〈사회불안감〉 '-0.298'의 영향을 준다. 수입이 많을수록, 연령이 높을수록, 내성적일수록 사회불안감을 더 느낀다고 해석하면 된다. 뿐만 아니라 표준 회귀계수를 통해 개별 독립변인이 종속변인에 미치는 영향력의 크기를 비교할 수 있다. 〈수입〉의 영향력이 제일 크고, 다음이 〈연령〉, 〈내외향성향〉이 제일 작은 것으로 나타났다.

9. 다변인 회귀분석 논문작성법

1) 연구절차

(1) 다변인 회귀분석에 적합한 연구가설을 만든다

연구가설	독립변인		종속변인	
	변인	측정	변인	측정
연령과 교육에 따라 텔레비전시청시간에 차이가 나타난다	연령과 교육	(1) 연령: 응답자의 실제 나이를 측정 (2) 교육: 응답자의 교육을 중학교, 고등학교, 대학교로 측정	텔레비전 시청시간	실제 시청시간(분)

(2) 유의도 수준을 정한다: p < 0.05(95%) 또는 p < 0.01(99%) 중 하나를 결정한다

(3) 표본을 선정하여 데이터를 수집한 후 컴퓨터에 입력한다

(4) SPSS/PC[+] 프로그램 중 다변인 회귀분석을 실행한다

2) 연구결과 제시 및 해석방법

(1) 다변인 회귀분석 연구결과를 표로 제시한다

회귀분석에서 〈표 16-12〉의 변인 간 상관관계계수는 이를 통해 설명변량을 계산하기 때문에 매우 중요하지만, 논문 본문에서 제시하기보다는 각주나 논문 뒤에 제시한다. 여기서는 변량분석을 사용한 유의도 검증 결과를 중심으로 설명한다.

프로그램을 실행하여 얻은 결과 〈표 16-13〉과 〈표 16-14〉를 합하여 〈표 16-15〉로 만든다. 논문에는 〈표 16-15〉만 제시한다.

표 16-12 **연령과 교육, 텔레비전시청시간 간의 상관관계계수 행렬표**

	연령	교육	시청시간
연령	1.0		
교육	0.234	1.0	
시청시간	0.566	−0.423	1.0

표 16-13 **연령과 교육, 텔레비전시청시간 간의 변량분석 결과**

	변량	자유도	F	유의확률	R^2
선형회귀분석	1418.8	2, 197	12.91	0.03	0.540
잔차	109.7				

표 16-14 **연령과 교육, 텔레비전시청시간 간의 회귀계수 분석 결과**

	시청시간(베타)	t	유의확률
연령	0.566	4.131	0.02
교육	−0.298	−2.024	0.03

표 16-15 **연령과 교육, 텔레비전시청시간 간의 회귀분석 결과**

	시청시간(베타)	t	유의확률
연령	0.566	4.131	0.02
교육	−0.298	−2.024	0.03
자유도	2, 197		
R^2	0.540		

(2) 다변인 회귀분석 표를 해석한다

① 유의도 검증 결과와 영향력 값 쓰는 방법

〈표 16-15〉에서 보듯이 연령이 텔레비전시청시간에 미치는 영향을 분석한 결과, 〈연령〉은 〈텔레비전시청시간〉에 상당한 영향을 주는 것으로 나타났다(베타 = 0.566). 즉, 나이가 많은 사람은 나이가 적은 사람보다 텔레비전을 더 많이 시청하는 경향이 있다. 〈교육〉이 〈텔레비전시청시간〉에 미치는 영향을 분석한 결과, 〈교육〉도 〈텔레비전시청시간〉에 어느 정도 영향을 주는 것으로 나타났다(베타 = -0.298). 즉, 교육 정도가 낮은 사람은 교육 정도가 높은 사람에 비해 텔레비전을 더 많이 시청하는 것으로 보인다. 〈연령〉과 〈교육〉이 〈텔레비전시청시간〉에 미치는 영향력의 크기를 비교해보면, 〈연령〉이 〈교육〉에 비해 〈텔레비전시청시간〉에 더 큰 영향을 미치는 것을 알 수 있다.

참고문헌

오택섭 · 최현철 (2003), 《사회과학 데이터 분석법 ②》, 나남.

Anderson, R. E. et al. (1998), *Multivariate Data Analysis* (J. F. Hair, ed.), Prentice Hall.

Cohen, J. et al. (2002), *Applied Multiple Regression: Correlation Analysis for the Behavioral Science* (P. Cohen, ed.) (3rd ed.), Lawrence Erlbaum Associates.

Cohen, J., Cohen, P, West, S. G., & Aiken, L. S. (2003), *Applied Multiple Regression/Correlation Analysis for Behavioral Science* (3rd ed.), Mahwah, NJ: Lawrence Earlbaum Associates.

Fox, J. (1997), *Applied Regression Analysis, Linear Models, and Related Methods*, Sage Publications.

Harrell, F. E. (2001), *Regression Modeling Strategies*. Springer Verlag.

Hastie, T. et al. (2001), *The Elements of Statistical Learning*, Springer Verlag.

Kachigan, S. K. (1991), *Multivariate Statistical Analysis: A Conceptual Introduction* (2nd ed.), Radius Press.

Kerlinger, F. N. (1973), *Foundations of Behavioral Research* (2nd ed.), New York: Holt, Rinehart and Winston.

Lewis-Beck, M. S. (1980), *Applied Regression: An Introduction* (J. L. Sullivan, ed.), Series: Quantitative Applications in the Social Sciences, Beverly Hills: Sage Publication inc.

Lomax, R. G., & Hahs-Vaughn, D. L. (2012), *An Introduction to Statistical Concepts* (3rd ed.), New York, NY: Routledge.

Miles, J., & Shevlin, M. (2001), *Applying Regression and Correlation: A Guide for Students and Researchers*, Sage Publications.

Nie, N. H. et al. (1975), *SPSS: Statistical Package for the Social Sciences* (2nd ed.), New York:

McGraw-Hill Book Company.

Norusis, M. J. (2000), *SPSS 10.0 Guide to Data Analysis* (Book and Disk ed.), Prentice Hall.

Pallant, J. (2001), *SPSS Survival Manual: A Step By Step Guide to Data Analysis Using SPSS for Windows(Version 10)* (1st ed.), Open Univ Pr.

Pedhazur, E. J. (1997), *Multiple Regression in Behavioral Research* (3rd ed.), Belmont, CA: Wadsworth.

Pedhazur, E. J., & Schmelkin, L. (1991), *Measurement, Design, and Analysis: An Integrated Approach* (Student ed.), Lawrence Erlbaum Associates.

Stevens, J. P. (2002), *Applied Multivariate Statistics for the Social Science* (4th ed.), Mahwah, NJ: Lawrence Earlbaum Associates.

17

가변인 회귀분석 dummy variable regression analysis ①

명명척도 측정 독립변인이 한 개인 경우

이 장에서는 명명척도로 측정한 한 개의 독립변인(유목의 수에 제한이 없음)과 등간척도 (또는 비율척도)로 측정한 한 개의 종속변인 간의 인과관계를 분석하는 통계방법으로 일 원변량분석(*one-way ANOVA*) 대신 독립변인을 가변인으로 바꾸어 분석하는 가변인 회 귀분석을 살펴본다.

1. 정의

〈표 17-1〉에서 보듯이 명명척도로 측정한 한 개의 독립변인과 등간척도(또는 비율척도) 로 측정한 한 개의 종속변인 간의 관계를 회귀분석으로 분석하는 통계방법이 가변인 회 귀분석이다. 회귀분석은 원칙적으로 등간척도(또는 비율척도)로 측정된 변인 간 관계를 분석하기 위한 통계방법이지만 명명척도로 측정한 독립변인을 가변인(*dummy variable*) 으로 바꾸면 등간척도로 간주하여 회귀분석을 사용할 수 있다. 명명척도로 측정한 변인 이 하나일 때 가변인 회귀분석의 결과는 제 12장 일원변량분석의 결과와 동일하다(제 12 장 일원변량분석 참조).

표 17-1 **가변인 회귀분석의 조건**

1. 독립변인
   1) 수: 한 개
   2) 측정: 명명척도를 가변인으로 변환

2. 종속변인
   1) 수: 한 개
   2) 측정: 등간척도(또는 비율척도)

1) 변인의 측정

일원변량분석을 가변인 회귀분석으로 실행할 경우, 독립변인은 명명척도로 측정해야 하고, 유목(집단)의 수는 두 개 이상으로 그 수에 제한이 없다. 명명척도로 측정한 독립변인을 가변인으로 바꾸어 사용한다.

종속변인은 등간척도(또는 비율척도)로 측정되어야 한다.

2) 변인의 수

일원변량분석을 가변인 회귀분석으로 실행할 경우, 변인의 수는 독립변인 한 개, 종속변인 한 개여야 한다.

연구자가 두 개 이상의 독립변인과 한 개의 종속변인 간의 인과관계를 분석하는 다원변량분석(*n-way ANOVA*)을 가변인 회귀분석으로 분석하고 싶을 때에는 제 18장 가변인 회귀분석 ②를 참조하기 바란다.

2. 연구절차

가변인 회귀분석의 연구절차는 〈표 17-2〉에 제시된 것처럼 다섯 단계로 이루어진다.

첫째, 가변인 회귀분석에 적합한 연구가설을 만든다. 변인의 측정과 수에 유의하여 연구가설을 만든 후 유의도 수준($p < 0.05$ 또는 $p < 0.01$)을 정한다.

둘째, 데이터를 수집하여 입력한 후 SPSS/PC$^+$(23.0)의 회귀분석을 실행하여 분석에 필요한 결과를 얻는다.

셋째, 결과 분석의 첫 번째 단계로, 연구가설의 유의도를 검증한다. 변량분석을 통해 연구가설의 수용 여부를 판단한다.

넷째, 결과 분석의 두 번째 단계로, 개별 회귀계수의 유의도 검증을 실시한다. 비표준 회귀계수를 사용한 가변인 회귀방정식을 통해 집단의 평균값을 계산하고, 집단 간 차이의 유의도 검증도 한다.

다섯째, 결과 분석의 세 번째 단계로, 영향력 값을 해석한다. 연구가설이 유의미할 경우 독립변인이 종속변인에게 미치는 영향력 값인 R^2을 해석한다. 그러나 연구가설이 유의미하지 않을 경우에는 영향력 값을 해석하지 않는다.

표 17-2 **가변인 회귀분석의 절차**

1. 연구가설 제시
   1) 독립변인의 수는 두 개 이상 여러 개이고, 명명척도로 측정한다(유목의 수에 제한이 없음). 종속변인의 수는 한 개이고, 등간척도나 비율척도로 측정한다. 변인 간의 인과관계를 연구가설로 제시한다.
   2) 유의도 수준을 정한다($p < 0.05$ 또는 $p < 0.01$)

⬇

2. 데이터 입력과 프로그램 실행
   1) 데이터를 수집하여 입력한다
   2) 회귀분석을 실행하여 분석에 필요한 결과를 얻는다

⬇

3. 결과 분석 1: 유의도 검증

⬇

4. 결과 분석 2: 비표준 회귀계수를 이용한 집단 간 차이 유의도 검증

⬇

5. 결과 분석 3: 영향력 값 해석

3. 연구가설과 가상 데이터

1) 연구가설

(1) 연구가설

가변인 회귀분석의 연구가설은 〈표 17-1〉에서 제시한 변인의 측정과 수의 조건만 충족하면 무엇이든 가능하다. 이 장에서는 일원변량분석과 가변인 회귀분석이 동일한 방법이라는 것을 보여주기 위해서 제 12장 일원변량분석에서 검증한 연구가설을 그대로 사용한다. 이 장의 연구가설은 제 12장의 연구가설 〈거주지역이 문화비지출에 영향을 미친다〉이다.

(2) 변인의 측정

독립변인은 〈거주지역〉 한 개이고 ① 대도시, ② 중소도시, ③ 농촌, 총 세 유목으로 측정한다. 종속변인은 〈문화비지출〉 한 개이고 한 달 평균 지출비용을 만 원 단위로 측정한다.

유의도 수준을 p < 0.05(또는 α < 0.05)로 정한다. 유의확률이 0.05보다 작으면 연구가설을 받아들이고, 0.05보다 크면 영가설을 받아들인다.

2) 가상 데이터

이 장에서 분석하는 가상 데이터는 제12장 일원변량분석에서 사용한 가상 데이터와 동일하기 때문에 따로 제시하지 않는다(제12장 〈표 12-3〉을 참조한다).

4. 가변인 코딩 방법과 수

위 연구가설을 검증하는 일반적 통계방법은 일원변량분석이지만, 이 장에서는 명명변인으로 측정된 독립변인을 가변인으로 만들어 회귀분석을 사용하여 분석한다. 가변인을 만드는 방법을 알아보자.

1) 가변인의 코딩방법과 수

(1) 명명척도의 세 가지 코딩방법

명명척도로 측정한 독립변인을 가변인 회귀분석에서 사용하기 위해서는 명명척도를 등간척도처럼 코딩해야 한다. 이 코딩방법은 명명척도로 측정한 독립변인의 각 유목에 특정 응답자가 속해 있는지 여부에 따라 새로운 값을 부여한다. 명명척도로 측정된 독립변인을 코딩하는 방법은 세 가지이다. 첫째는 이 장에서 사용하는 가변인 코딩(dummy coding) 방법이고, 둘째는 효과코딩(effect coding) 방법이며, 셋째는 독립코딩(orthogonal coding) 방법이다. 〈표 17-3〉은 세 가지 코딩방법에서 세 개의 유목(대도시와 중소도시, 농촌)으로 측정한 독립변인 〈거주지역〉을 코딩하는 방법을 보여준다. 여기서 유의할 점은 세 개의 유목으로 이루어진 〈거주지역〉의 가변인의 수가 두 개라는 것이다. 유목의 수는 세 개인데, 가변인의 수는 왜 두 개인지에 대해서는 뒤에서 살펴본다.

가변인 코딩은 응답자가 특정 유목에 속해 있느냐의 여부에 따라 특정 유목에 속하면 '1'을, 속하지 않으면 '0'을 부여하는 방법이다. 〈표 17-3〉에서 보듯이 응답자 1과 2는 대도시 거주자이기 때문에 가변인 〈D1〉에서 '1'을 부여하고, 대도시 거주자가 아닌 다른 응답자에게는 '0'을 부여한다. 응답자 3과 4는 중소도시 거주자이기 때문에 가변인 〈D2〉에서 '1'을 부여하고, 중소도시 거주자가 아닌 다른 응답자에게는 '0'을 부여한다.

표 17-3 **명명척도로 측정한 독립변인의 세 가지 가변인 코딩 방법**

구분	가변인코딩		효과코딩		독립코딩	
	대도시	중소도시	대도시	중소도시	대도시	중소도시
	D1	D2	E1	E2	O1	O2
응답자 1(대도시)	1	0	1	0	-1	1
응답자 2(대도시)	1	0	1	0	-1	1
응답자 3(중소도시)	0	1	0	1	1	1
응답자 4(중소도시)	0	1	0	1	1	1
응답자 5(농촌)	0	0	-1	-1	0	-2
응답자 6(농촌)	0	0	-1	-1	0	-2

응답자 5와 6은 농촌 거주자이기 때문에 두 개의 가변인 〈D1〉과 〈D2〉에서 '0'이 된다.

효과코딩은 응답자가 특정 유목에 속해 있느냐의 여부에 따라 E에 (0, 1, -1) 세 값을 부여하는 방법이다. 효과코딩은 가변인 코딩과 유사한 방식으로 값을 부여하는데, 차이점은 마지막 집단인 농촌 거주자에게는 '0' 대신에 '-1'을 부여한다.

독립코딩은 〈O1〉에서는 대도시와 중소도시 집단의 평균값을 비교하는 방식으로, 〈O2〉에서는 대도시 집단과 대도시와 중소도시 두 집단의 평균값과 농촌 집단의 평균값을 비교하는 방식으로 (0, 1, -1, -2) 네 값을 부여하는 방법이다.

명명척도로 측정한 독립변인을 어떠한 방식으로 코딩하는 것이 가장 적절한지를 판단하는 것은 그리 쉽지 않다(세 가지 코딩방법의 특징과 장단점 비교는 이 책의 목적이 아니기 때문에 이에 대한 설명은 생략한다. 세 가지 코딩방법에 대해 자세히 알고 싶은 독자는 참고문헌에 제시된 전문서적, 특히 Pedhazur의 책을 참조하기 바란다). 세 가지 코딩방법은 나름대로 장단점을 가지고 있는데, 이 중 가장 간단한 방법은 가변인 코딩이다. 세 가지 코딩방법에 따라 계산한 상수(또는 절편)와 비표준 회귀계수(B) 값에는 차이가 있지만, 세 가지 방법에 관계없이 설명변량(R^2)과 제곱의 합(*sum of square*), F 값, 추정값의 표준오차, 예측점수 결과는 동일하다. 따라서 이 장에서는 가장 간단한 코딩방법인 가변인 코딩 방법을 중심으로 가변인 회귀분석을 살펴본다.

(2) 가변인 코딩 방법

명명척도로 측정된 독립변인을 가변인 회귀분석에서 사용하기 위해서는 무엇보다 먼저 가변인을 만들어야 한다. 앞에서 언급했듯이 가변인이란 특정 응답자가 특정 집단에 속해 있느냐에 따라 속하지 않았을 경우에는 '0'의 값을, 속했을 경우에는 '1'의 값을 부여하여 만든 변인을 말한다.

① 대도시, ② 중소도시, ③ 농촌 세 개의 유목으로 측정한 독립변인 〈거주지역〉의 가

표 17-4 **거주지역의 가변인(대도시와 중소도시) 코딩과 수**

	유목	D1(대도시)	D2(중소도시)	
		가변인		
응답자 1	대도시	1	0	
응답자 2	중소도시	0	1	
응답자 3	농촌	0	0	→ 준거집단

표 17-5 **거주지역의 가변인(중소도시와 농촌) 코딩과 수**

	유목	D1(중소도시)	D2(농촌)	
		가변인		
응답자 1	대도시	0	0	→ 준거집단
응답자 2	중소도시	1	0	
응답자 3	농촌	0	1	

변인을 만들어 보자. 〈표 17-4〉에서 보듯이 가변인 〈D1〉(대도시)에서 응답자 1의 거주지역이 대도시라면, 대도시에 '1'을 부여하고, 중소도시 거주자(응답자 2)와 농촌 거주자(응답자 3)에게는 '0'을 부여한다. 가변인 〈D2〉(중소도시)에서 응답자 2의 거주지역이 중소도시라면, 중소도시에 '1'을 부여하고, 대도시 거주자(응답자 1)와 농촌 거주자(응답자 3)에게 '0'을 부여한다. 농촌 거주자인 응답자 3에게는 가변인 〈D1〉(대도시)과 〈D2〉(중소도시)에서 '0'을 부여한다.

〈표 17-5〉에서 보듯이 연구자는 다른 방식으로 가변인을 만들 수도 있다. 가변인 〈D1〉(중소도시)에서 응답자 2의 거주지역이 중소도시라면, 중소도시에 '1'을 부여하고, 대도시 거주자(응답자 1)와 농촌 거주자(응답자 3)에게는 '0'을 부여한다. 가변인 〈D2〉(농촌)에서 응답자 3의 거주지역이 농촌이라면, 농촌에 '1'을 부여하고, 대도시 거주자(응답자 1)와 중소도시 거주자(응답자 2)에게 '0'을 부여한다. 대도시 거주자인 응답자 1에게는 가변인 〈D1〉(중소도시)과 〈D2〉(농촌)에서 '0'을 부여한다.

이처럼 세 개의 유목으로 측정한 〈거주지역〉은 두 개의 가변인으로 만들 수 있는데, 가변인에서 제외된 농촌(〈표 17-4〉의 경우) 또는 대도시(〈표 17-5〉의 경우)는 가변인의 영향력을 판단하거나 해석하는 데 기준이 되는 중요한 역할을 한다. 농촌(또는 가변인에서 제외된 유목)은 준거집단(reference group)이라고 부른다.

(3) 가변인의 수

가변인을 만들 때 가변인의 수에 유의해야 한다. 〈표 17-4〉와 〈표 17-5〉에서 보듯이 가변인의 수는 유목의 수만큼 만드는 것이 아니라 유목에서 '1'을 뺀 수만큼 만든다. 〈표

17-4〉의 예를 들어보자. 〈거주지역〉의 가변인 수는 세 개가 아니라 세 개에서 하나를 뺀 두 개가 된다. 가변인을 만들 때 이처럼 전체 유목 수에서 '1'을 빼는 이유는 준거집단(농촌)에 대한 정보는 앞의 두 개의 유목(대도시와 중소도시)에 대한 정보를 알면 자동적으로 결정되기 때문이다. 즉, 두 개의 가변인 〈D1〉(대도시)과 〈D2〉(중소도시)에서 '0'이라면 그 응답자는 농촌 거주자임을 쉽게 알 수 있다. 이처럼 농촌 가변인을 만들지 않아도 응답자의 소속에 대한 정보는 충분하다(농촌 가변인 〈D3〉을 만들면 정보가 중복되어 문제가 발생한다). 〈성별〉처럼 유목의 수가 두 개인 경우, 가변인의 수는 한 개(유목수 빼기 '1')가 된다. 즉, 한 개의 가변인 〈D1〉(남성이 준거집단이라면)에서 '1'은 여성이 되고, '0'은 남성이 된다.

2) 가변인 회귀방정식

농촌을 준거집단으로 정하고, 다른 집단을 가변인으로 만든 후의 가변인 회귀방정식은 다음과 같다(제 15장과 제 16장 회귀분석을 참조). 일원변량분석은 한 개의 독립변인이 종속변인에게 미치는 주 효과만 분석하기 때문에 이를 가변인 회귀방정식에 반영하면 된다. 가변인 회귀방정식에서 주 효과는 〈B_1D1〉(대도시 가변인), 〈B_2D2〉(중소도시 가변인) 두 개다.

이 회귀방정식을 이용하여 각 집단별 평균값을 구하면 〈표 17-7〉과 같다. 농촌이 준거집단으로서 가변인 회귀방정식의 모든 요소들(D1, D2)이 '0'이기 때문에 평균값은 상수가 된다. 대도시의 경우, 가변인 회귀방정식 내 D1(대도시이기 때문에 '1'이 됨)을 제

표 17-6 가변인 회귀방정식

$$Y' = A + B_1D1 + B_2D2$$

> Y': 종속변인 점수(문화비지출)
> D1: 가변인1(대도시)
> D2: 가변인2(중소도시)
> B_1, B_2: 비표준 회귀계수
> A: 상수(절편)

표 17-7 집단별 평균값

① 농촌 평균값: Y' = A (준거집단이기 때문에 D1이 0이고, D2도 0이다)
② 대도시 평균값: Y' = A + B_1(D1이 1이고, D2가 0이기 때문에)
③ 중소도시 평균값: Y' = A + B_2(D2가 1이고, D1이 0이기 때문에)

외한 다른 요소(D2)가 '0'이기 때문에 평균값은 상수와 B_1이 된다. 중소도시의 경우, 가변인 회귀방정식 내 D2(중소도시이기 때문에 '1'이 됨)를 제외한 다른 요소(D1)가 '0'이기 때문에 평균값은 상수와 B_2가 된다.

이 평균값에서 보듯이 B_1은 대도시와 농촌의 평균값의 차이임을 알 수 있다. B_2는 중소도시와 농촌의 평균값의 차이이다. B_1과 B_2를 검증하는 것은 집단 간 평균값 차이를 검증하는 것과 동일하다. 따라서 가변인의 준거집단인 농촌은 다른 집단과의 차이를 분석하는 데 필수적이라는 것을 알 수 있다.

5. SPSS/PC$^+$ 실행방법

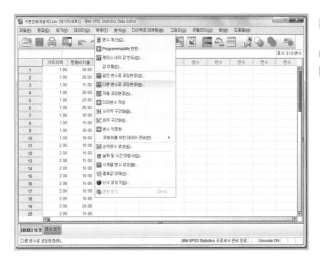

[실행방법 1] 가변인 만드는 방법 1

메뉴판의 [변환(T)]을 선택하여
[다른 변수로 코딩변경(R)]을 클릭한다.

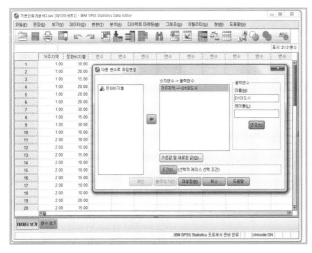

[실행방법 2] 가변인 만드는 방법 2

[다른 변수로 코딩변경] 창이 나타나면,
왼쪽의 변인 중에서 〈거주지역〉을
클릭하여 가운데의 [숫자변수(V)]로
옮긴다(➡).
오른쪽의 [출력변수] 아래의 [이름(N):]에
〈거주지역〉이 변인이 변환될
새로운 변인의 이름 〈D1대도시〉를
입력한다. [바꾸기(H)]를 클릭하면
가운데의 [출력변수:] 칸으로 이동한다.
[기존값 및 새로운 값(O)]을 클릭한다.

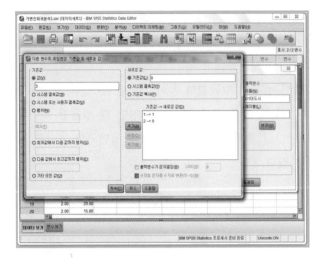

[다른 변수로 코딩변경: 기존값 및
새로운 값] 창이 나타나면 [기존값]의
[◉ 값(V)]에는 기존 변인 값
(〈거주지역〉 값 1(대도시)을 입력하고,
이 값을 변경시키고자 하는 값 1은
[새로운 값]의 [◉ 기준값(L)에 입력한다.
[추가]를 클릭한다.
같은 방식으로 2(중소도시)는 0으로,
3(농촌)도 0으로 변환시킨다.
아래의 [계속]을 클릭한다.

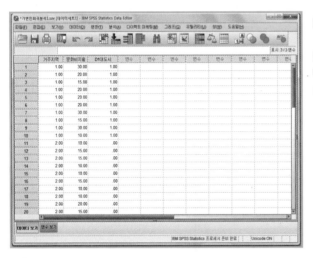

[실행방법 2]의 [다른 변수로 코딩변경] 창이
나타나면 아래의 [확인]을 클릭한다.
〈D1대도시〉라는 새로운 변인이 생겨났다.

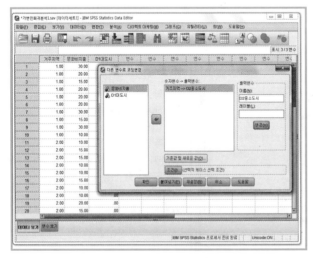

[실행방법 1]에서와 같이 메뉴판의
[변환(T)]을 선택하여
[다른 변수로 코딩변경(R)]을 클릭한다.
[실행방법 2]와 같이 [다른 변수로
코딩변경] 창이 나타나면 아래의
[재설정]을 클릭한 다음 왼쪽 변인 중에서
〈거주지역〉을 클릭, 가운데의
[숫자변수(V)]로 옮긴다(➡).
오른쪽 [출력변수] 아래의 [이름(N):]에
〈거주지역〉이 변인이 변환될
새로운 변인의 이름 〈D2중소도시〉를
입력한다. [바꾸기(H)]를 클릭하면
가운데의 [출력변수:] 칸으로 이동한다.
[기존값 및 새로운 값(O)]을 클릭한다.

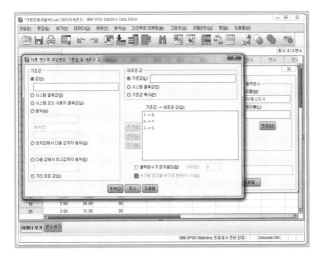

[다른 변수로 코딩변경:
기존값 및 새로운 값] 창이 나타나면
[기존값]의 [◉ 값(V)]에는
기존 변인 값(〈거주지역〉 값) 1(대도시)을
입력하고, 이 값을 변경시키고자 하는
값 0은 [새로운 값]의 [◉ 기준값(L)]에
입력한다. [추가]를 클릭한다.
같은 방식으로 2(중소도시)는 1로,
3(농촌)도 0으로 변환시킨다.
아래의 [계속]을 클릭한다.

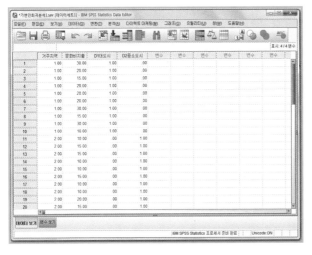

[실행방법 2]의 [새로운 변수로 코딩변경]
창이 나타나면 아래의 [확인]을 클릭한다.
〈D2중소도시〉라는 새로운 변인이 생겨났다.

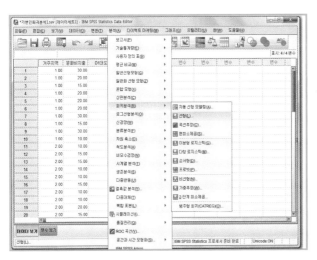

메뉴판의 [분석(A)]을 선택하여
[회귀분석(R)]을 클릭하고 [선형(L)]을
클릭한다.

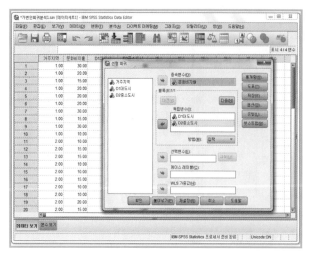

[실행방법 9] 분석변인 선택

[선형회귀] 창이 나타나면 왼쪽의 변수들
중에서 종속변수인 〈문화비지출〉을
[종속변수(D)]로 옮긴다(➡). 독립변수이자
가변인인 〈D1대도시〉, 〈D2중소도시〉도
[독립변수(I)]로 이동시킨다(➡).
[방법(M)]에는 [입력]이
기본으로 설정되어 있다.
오른쪽의 [통계량]을 클릭한다.

[실행방법 10] 통계량 선택과 실행

[선형회귀: 통계량] 창이 나타나면
[회귀계수]의 [☑ 추정값(E)],
[☑ 모형적합(M)]은
기본으로 설정되어 있다.
[☑ R제곱 변화량(S)],
[☑ 기술통계(D)]를 선택한다.
[계속]을 클릭한다.
[실행방법 9]의 선형회귀분석] 창으로
돌아가면 아래의 [확인]을 클릭한다.

[분석결과 1] 기술통계량

분석 결과가 새로운 창
*출력결과 1[문서 1]로 나타난다.
[기술통계량] 표에는 세 독립변인과
종속변인의 평균값, 표준편차, 사례 수가
각각 제시된다.

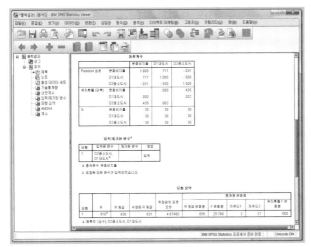

[분석결과 2] 상관관계,
입력/제거된 변수, 모형 요약

[상관계수] 표에는 독립변인과 종속변인의
Pearson 상관계수, 유의확률, 사례수가
제시된다.
[입력/제거된 변수] 표에는 분석에 사용된
독립변인과 제거된 독립변인이 제시된다.
[모형요약] 표에는 R, R제곱,
수정된 R제곱 등이 제시된다.

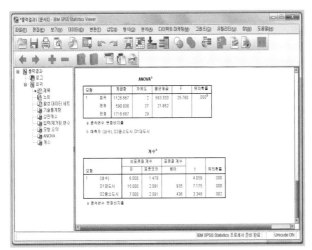

[분석결과 3] 유의도 검증

[ANOVA] 표에는 회귀분석 모형에 대한
검증 결과인 F 값과 유의확률 등이
제시된다.
[계수] 표에는 각 독립변인의 종속변인에
대한 비표준화계수, 표준화계수(베타),
t 값, 유의확률 등이 제시된다.

6. 결과 분석 1: 회귀모델의 유의도 검증

〈표 17-8〉에서 보듯이 회귀변량(설명변량으로 회귀모형의 평균 제곱에 제시되어 있음)
'563.333'은 회귀모형의 제곱합 '1126.667'을 자유도 '2'로 나눈 값이다. 반면 잔차변량(오
차변량으로 잔차의 평균 제곱에 제시되어 있음) '21.852'는 잔차의 제곱합 '590.000'을 자유
도 '27'로 나눈 값이다. F 값 '25.780'은 회귀변량 '563.333'을 잔차변량 '21.852'로 나눈
값이다. 이 F 값은 〈표 17-9〉의 일원변량분석 결과와도 정확히 일치한다는 것을 알 수
있다. 자유도1 '2'와 자유도2 '27'에서 F 값 '25.780'을 분석한 결과 유의확률 값은 0.05보
다 작기 때문에 〈거주지역이 문화비지출에 영향을 미친다〉는 연구가설을 받아들인다.

표 17-8 **가변인 회귀모델의 유의도 검증 결과**

모형		제곱합	자유도	평균 제곱	F	유의확률
1	회귀모형	1126.667	2	563.333	25.780	0.000
	잔차	590.000	27	21.852		

표 17-9 **일원변량분석 결과**

소스	제곱합	자유도	평균 제곱	F	유의확률	부분 에타제곱
거주지역	1126.667	2	563.333	25.780	0.000	0.656
오차	590.000	27	21.852			

7. 결과 분석 2: 회귀계수의 유의도 검증

가변인 회귀분석에서 개별 회귀계수의 유의도 검증은 비표준 회귀계수를 통해 평균값을 구하여 이 값들을 비교하여 이루어진다.

〈표 17-10〉의 비표준 회귀계수 B에 제시된 값을 이용하여 〈표 17-11〉처럼 가변인 회귀방정식을 만들면 각 집단의 평균값을 얻을 수 있다. 대도시 평균값은 '21.0'이고, 중소도시 평균값은 '13.0', 농촌 평균값은 '6.0'으로 나왔다.

B에 제시된 값들과 유의확률의 의미를 알아보자. 상수에 제시된 값은 준거집단인 농촌의 평균값(대도시에서 '0'이고, 중소도시에서 '0'이기 때문에 상수만 남는다)이고, 다른 집단(D1대도시와 D2중소도시)에 제시된 값은 준거집단(농촌) 평균값과의 차이라고 보면

표 17-10 **회귀계수의 유의도 검증 결과**

모형		비표준계수		표준계수	t	유의확률
		B	표준오차	베타		
1	상수	6.00	1.478		4.059	0.000
	D1대도시	15.00	2.091	0.935	7.175	0.000
	D2중소도시	7.00	2.091	0.436	3.348	0.002

표 17-11 **가변인 회귀방정식과 평균값**

Y = 6.0 + 15.0(D1대도시) + 7.0(D2중소도시)

대도시: Y = 6.0 + 15.0 + 0 = 21.0
중소도시: Y = 6.0 + 0 + 7.0 = 13.0
농 촌: Y = 6.0 + 0 + 0 = 6.0

된다. 즉, 대도시의 평균값은 농촌의 평균값 '6.0'에 '15.0'을 더한 값인 '21.00'이고, 중소도시의 평균값은 농촌 '6.0'에 '7.0'을 더한 값인 '13.0'로서 〈표 17-11〉의 결과와 같다는 것을 알 수 있다.

이처럼 개별 회귀계수(B)는 집단 간 차이이기 때문에 이 값의 유의도 검증 결과는 집단 간 평균값 차이의 사후검증과 같다(일원변량분석의 Scheffe의 집단 간 차이 사후검증과 비슷하다고 생각하면 된다). 따라서 D1대도시의 유의확률 '0.000'은 대도시 거주자와 농촌 거주자 간의 〈문화비지출〉에 유의미한 차이가 있음을 보여준다. D2중소도시의 유의확률 '0.001'은 중소도시 거주자와 농촌 거주자 간에 〈문화비지출〉에 유의미한 차이가 있음을 보여준다.

8. 결과 분석 3: 영향력 값 해석

명명척도로 측정한 독립변인이 등간척도(또는 비율척도)로 측정한 종속변인에게 미치는 영향력 값은 에타제곱(〈표 17-9〉의 제일 오른쪽에 에타제곱에 제시되어 있다)으로 나타내는데, 가변인 회귀분석에서는 에타제곱을 R^2으로 표기한다. 즉, 회귀분석의 R^2과 일원변량분석의 에타제곱의 의미는 같다. 〈표 17-12〉에서 보듯이 설명변량인 R^2 '0.656'은 독립변인이 종속변인에게 미치는 영향력이 매우 크다는 것을 보여준다. 그러나 영가설을 받아들일 경우, 두 변인 간의 인과관계가 없기 때문에 R^2을 해석하지 않는다.

표 17-12 **설명변량**

모형	R	R^2	수정된 R제곱	추정값의 표준오차	통계량 변화량				
					R제곱 변화량	F변화량	자유도1	자유도2	유의확률 F변화량
1	0.810	0.656	0.631	4.675	0.656	25.780	2	27	0.000

오택섭 · 최현철 (2003), 《사회과학 데이터 분석법 ②》, 나남.

Cohen, J. et al. (2002), *Applied Multiple Regression: Correlation Analysis for the Behavioral Science* (P. Cohen, ed.) (3rd ed.), Lawrence Erlbaum Associates.

Hastie, T. et al. (2001), *The Elements of Statistical Learning*, Springer Verlag.

Lewis-Beck, M. S. (1980), *Applied Regression: An Introduction* (J. L. Sullivan, ed.), Series: Quantitative Applications in the Social Sciences. Beverly Hills: Sage Publication inc.

Miles, J., & Shevlin, M. (2001. 4), *Applying Regression and Correlation: A Guide for Students and Researchers*, Sage Publications.

Nie, N. H. et al. (1975), *SPSS: Statistical Package for the Social Sciences* (2nd ed.), New York: McGraw-Hill Book Company.

Norusis, M. J. (2000), *SPSS 10.0 Guide to Data Analysis* (Book and Disk ed.), Prentice Hall.

Pallant, J. (2001), *SPSS Survival Manual: A Step By Step Guide to Data Analysis Using SPSS for Windows*(*Version 10*) (1st ed.), Open Univ Pr.

Pedhazur, E. J. (1997), *Multiple Regression in Behavioral Research* (3rd ed.), Belmont, CA: Wadsworth.

18

가변인 회귀분석 ②
명명척도 측정 독립변인이 두 개 이상인 경우

이 장에서는 명명척도로 측정한 두 개 이상 여러 개의 독립변인과 등간척도(또는 비율척도)로 측정한 한 개의 종속변인과의 인과관계를 분석하는 통계방법으로 다원변량분석(*n-way ANOVA*) 대신 독립변인을 가변인으로 바꾸어 분석하는 가변인 회귀분석을 살펴본다.

1. 정의

⟨표 18-1⟩에서 보듯이 명명척도로 측정한 두 개 이상 여러 개의 독립변인과 등간척도(또는 비율척도)로 측정한 한 개의 종속변인 간의 인과관계를 회귀분석으로 분석하는 통계방법이 가변인 회귀분석이다. 명명척도로 측정한 변인이 두 개 이상 여러 개일 때 가변인 회귀분석의 결과는 다원변량분석의 결과와 동일하다(제13장 다원변량분석 참조).

표 18-1 **가변인 회귀분석의 조건**

1. 독립변인
   1) 수: 두 개 이상 여러 개
   2) 측정: 명명척도를 가변인으로 변환

2. 종속변인
   1) 수: 한 개
   2) 측정: 등간척도(또는 비율척도)

1) 변인의 측정

다원변량분석을 가변인 회귀분석으로 실행할 경우, 독립변인은 명명척도로 측정해야 하고, 유목(집단)의 수는 두 개 이상으로 그 수에 제한이 없다. 명명척도로 측정한 독립변인을 가변인으로 바꾸어 사용한다.

　종속변인은 등간척도(또는 비율척도)로 측정되어야 한다.

2) 변인의 수

다원변량분석을 가변인 회귀분석으로 실행할 경우, 변인의 수는 독립변인 두 개 이상 여러 개, 종속변인 한 개여야 한다.

2. 연구절차

가변인 회귀분석의 연구절차는 〈표 18-2〉에 제시된 것처럼 다섯 단계로 이루어진다.

　첫째, 가변인 회귀분석에 적합한 연구가설을 만든다. 변인의 측정과 수에 유의하여 연구가설을 만든 후 유의도 수준($p < 0.05$ 또는 $p < 0.01$)을 정한다.

　둘째, 데이터를 수집하여 입력한 후 SPSS/PC$^+$(23.0)의 회귀분석을 실행하여 분석에 필요한 결과를 얻는다.

　셋째, 결과 분석의 첫 번째 단계로, 연구가설의 유의도 검증을 실시한다. 변량분석과 설명변량(R^2)을 통한 상호작용 효과와 주 효과의 유의도 검증방법을 살펴본다.

표 18-2 **가변인 회귀분석의 절차**

1. 연구가설 제시
   1) 독립변인의 수는 두 개 이상 여러 개이고, 명명척도로 측정한다(유목의 수에 제한이 없음). 종속변인의 수는 한 개이고, 등간척도나 비율척도로 측정한다. 변인 간의 인과관계를 연구가설로 제시한다
   2) 유의도 수준을 정한다($p < 0.05$ 또는 $p < 0.01$)

⬇

2. 데이터 입력과 프로그램 실행
   1) 데이터를 수집하여 입력한다
   2) 회귀분석을 실행하여 분석에 필요한 결과를 얻는다

⬇

3. 결과 분석 1: 회귀모델의 유의도 검증

⬇

4. 결과 분석 2: 비표준 회귀계수를 이용한 집단 간 차이 유의도 검증

⬇

5. 결과 분석 3: 영향력 값 해석

넷째, 결과 분석의 두 번째 단계로, 개별 회귀계수의 유의도 검증을 실시한다. 비표준회귀계수를 사용한 회귀방정식을 통해 집단의 평균값을 계산하고, 집단 간 차이의 유의도 검증도 한다.

다섯째, 결과 분석의 세 번째 단계로, 영향력 값을 해석한다. 연구가설이 유의미할 경우, 독립변인이 종속변인에게 미치는 영향력 값인 R^2을 해석한다. 그러나 연구가설이 유의미하지 않을 경우에는 영향력 값을 해석하지 않는다.

3. 연구가설과 가상 데이터

1) 연구가설

(1) 연구가설

가변인 회귀분석의 연구가설은 〈표 18-1〉에서 제시한 변인의 측정과 수의 조건만 충족하면 무엇이든 가능하다. 이 장에서는 다원변량분석과 가변인 회귀분석이 동일한 방법이라는 것을 보여주기 위해서 제 13장 다원변량분석에서 검증한 연구가설을 그대로 사용한다. 이 장의 연구가설은 제 13장의 연구가설 〈성별과 거주지역이 문화비지출에 영향을 미친다〉이다.

(2) 변인의 측정과 수

독립변인은 〈성별〉과 〈거주지역〉 두 개이고, 〈성별〉은 ① 남성, ② 여성으로, 〈거주지역〉은 ① 대도시, ② 중소도시, ③ 농촌으로 측정한다. 종속변인은 〈문화비지출〉 한 개이고, 한 달 평균 지출비용을 만 원 단위로 측정한다.

(3) 유의도 수준

유의도 수준을 $p < 0.05$(또는 $\alpha < 0.05$)로 정한다. 유의확률이 0.05보다 작으면 연구가설을 받아들이고, 0.05보다 크면 영가설을 받아들인다.

2) 가상 데이터

이 장에서 분석하는 가상 데이터는 제 13장 다원변량분석에서 사용한 가상 데이터와 동일하기 때문에 따로 제시하지 않는다(제 13장 〈표 13-4〉를 참조한다)

4. 가변인 코딩방법과 수

1) 가변인의 코딩방법과 수

명명척도로 측정된 두 개 이상 여러 개의 독립변인을 가변인으로 만드는 방법은 기본적으로 제 17장에서 설명한 가변인 회귀분석과 동일하기 때문에 여기서는 간단히 살펴본다(제 17징 가변인 회귀분석 ① 가변인 코딩방법과 수 참조).

연구자가 〈성별〉과 〈거주지역〉이 〈문화비지출〉에 미치는 영향력을 분석한다고 할 때, 〈거주지역〉은 ① 대도시, ② 중소도시, ③ 농촌 등 세 개 유목으로 측정하기 때문에, 〈표 18-3〉에서 보듯이 농촌을 준거집단으로 정하고, 두 개의 가변인을 만든다.

〈성별〉은 ① 남성, ② 여성 등 두 개의 유목으로 측정하기 때문에, 〈표 18-4〉에서 보듯이 한 개의 가변인을 만든다. 여성을 준거집단으로 하고, 남성 가변인 〈D3〉(남성)을 만든다. 가변인(남성)에서 응답자 1의 성별이 남성이기 때문에 '1'을 부여하고, 응답자 2인 여성에게는 '0'을 부여한다. 연구자가 남성 가변인 대신 여성 가변인을 만들고 싶다면, 남성을 준거집단으로 하고, 여성 가변인 〈D3〉(여성)을 만든 후 남성인 응답자 1에게는 '0'을 부여하고, 여성인 응답자 2에게는 '1'을 부여하면 된다.

표 18-3 **거주지역의 가변인(대도시와 중소도시) 코딩과 수**

	가변인			
	유목	D1(대도시)	D2(중소도시)	
응답자 1	대도시	1	0	
응답자 2	중소도시	0	1	
응답자 3	농촌	0	0	→ 준거집단

표 18-4 **성별의 가변인(남성) 코딩과 수**

	가변인		
	유목	D3(남성)	
응답자 1	남성	1	
응답자 2	여성	0	→ 준거집단

2) 가변인 회귀방정식

〈거주지역〉에서는 농촌을, 〈성별〉에서는 여성을 준거집단으로 정한 후의 가변인 회귀방정식은 〈표 18-5〉와 같다. 다원변량분석은 두 개 이상 여러 개의 독립변인이 종속변인에게 미치는 영향력을 상호작용 효과와 주 효과로 나누어 분석하기 때문에 이를 가변인 회귀방정식에도 반영해야 한다. 따라서 다원변량분석의 가변인 회귀방정식을 만들 때에는 방정식 안에 상호작용 효과와 주 효과를 포함해야 한다(일원변량분석의 가변인 회귀방정식은 주 효과만 포함한다. 제 12장 가변인 회귀방정식 참조). 가변인 회귀방정식에서 주 효과는 ⟨B_1D1⟩(대도시 가변인), ⟨B_2D2⟩(중소도시 가변인), ⟨B_3D3⟩(남성 가변인) 세 개고, 상호작용 효과는 ⟨$B_4(D1 \times D3)$⟩(대도시와 남성 가변인)와 ⟨$B_5(D2 \times D3)$⟩(중소도시와 남성 가변인) 두 개다.

독립변인의 수가 세 개라면(각 변인의 유목의 수가 두 개라고 가정해도) 가변인 회귀방정식은 상당히 복잡해진다. 주 효과가 ⟨B_1D1⟩(첫째 독립변인 주 효과), ⟨B_2D2⟩(둘째 독립변인 주 효과), ⟨B_3D3⟩(셋째 독립변인 주 효과) 세 개고, 상호작용 효과는 ⟨$B_4(D1 \times D2)$⟩(첫째와 둘째 독립변인 가변인), ⟨$B_5(D1 \times D3)$⟩(첫째와 셋째 독립변인 가변인), ⟨$B_6(D2 \times D3)$⟩(둘째와 셋째 독립변인 가변인), ⟨$B_7(D1 \times D2 \times D3)$⟩(첫째와 둘째, 셋째 독

표 18-5 **가변인 회귀방정식**

$$Y' = A + B_1D1 + B_2D2 + B_3D3 + B_4(D1 \times D3) + B_5(D2 \times D3)$$

> Y': 종속변인 점수(문화비지출)
> D1: 가변인1(대도시)
> D2: 가변인2(중소도시)
> D3: 가변인3(남성)
> D1 × D3: 가변인4(대도시와 남성의 상호작용 효과)
> D2 × D3: 가변인5(중소도시와 남성의 상호작용 효과)
> B_1, B_2, B_3: 비표준 회귀계수(주 효과)
> B_4, B_5: 비표준 회귀계수(상호작용 효과)
> A: 상수

표 18-6 **집단별 평균값**

	남 성	여 성
대도시	$Y' = A + B_1 + B_3 + B_4$ • 주 효과: D1: 1/D2: 0/D3: 1 • 상호작용효과: D1×D3: 1/D2×D3: 0	$Y' = A + B_1$ • 주 효과: D1: 1/D2: 0/D3: 0 • 상호작용효과: D1×D3: 0/D2×D3: 0
중소도시	$Y' = A + B_2 + B_3 + B_5$ • 주 효과: D1: 0/D2: 1/D3: 1 • 상호작용효과: D1×D3: 0/D2×D3: 1	$Y' = A + B_2$ • 주 효과: D1: 0/D2: 1/D3: 0 • 상호작용효과: D1×D3: 0/D2×D3: 0
농촌	$Y' = A + B_3$ • 주 효과: D1: 0/D2: 0/D3: 1 • 상호작용효과: D1×D3: 0/D2×D3: 0	$Y' = A$ • 주 효과: D1: 0/D2: 0/D3: 0 • 상호작용효과: D1×D3: 0/D2×D3: 0

립변인 가변인) 네 개가 된다. 독립변인의 수와 각 독립변인의 유목의 수가 많아질수록 가변인 회귀방정식 내 상호작용 효과와 주 효과의 수는 기하급수적으로 증가한다.

〈표 18-5〉의 가변인 회귀방정식을 이용하여 각 집단별 평균값을 구하면 〈표 18-6〉과 같다. 농촌 여성의 경우, 두 집단이 준거집단으로서 가변인 회귀방정식의 모든 요소들 (D1, D2, D3, D1 × D3, D2 × D3)이 '0'이기 때문에 평균값은 상수가 된다. 농촌 남성의 경우, 농촌만 준거집단이기 때문에 가변인 회귀방정식 내 D3(남성이기 때문에 '1'이 됨)를 제외한 모든 요소들(D1, D2, D1 × D3, D2 × D3)이 '0'이기 때문에 평균값은 상수와 B_3가 된다. B_3을 검증하는 것은 농촌 남성과 농촌 여성의 평균값의 차이를 검증하는 것과 동일하다.

농촌 여성의 경우, 앞에서 봤듯이 평균값은 상수가 된다. 중소도시 여성의 경우, 여성만 준거집단이기 때문에 가변인 회귀방정식 내 D2(중소도시이기 때문에 '1'이 됨)를 제외한 모든 요소들(D1, D3, D1 × D3, D2 × D3)이 '0'이기 때문에 평균값은 상수와 B_2가 된다. B_2를 검증하는 것은 농촌 여성과 중소도시 여성의 평균값의 차이를 검증하는 것과 동일하다. 다른 집단의 평균값과 비표준 회귀계수도 같은 방식으로 해석하면 된다.

5. SPSS/PC⁺ 실행방법

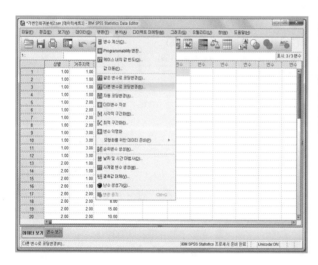

[실행방법 1] 가변인 만드는 방법 1

17장의 〈가변인 회귀분석 1〉의 실행방법으로 〈D1대도시〉와 〈D2중소도시〉변인을 만든다. 메뉴판의 [변환(T)]을 선택하여 [다른 변수로 코딩변경(R)]을 클릭한다.

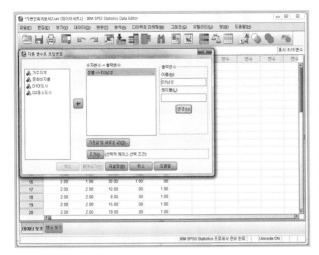

[실행방법 2] 가변인 만드는 방법 2

[다른 변수로 코딩변경] 창이 나타나면,
왼쪽의 변인 중에서 〈성별〉을 클릭하여
가운데 [숫자변수(V)]로 옮긴다(➡).
오른쪽 [출력변수] 아래의 [이름(N):]에
〈성별〉이 변인이 변환될 새로운 변인의
이름 〈D3남성〉을 입력한다. [바꾸기(H)]를
클릭하면 가운데의 [출력변수:] 칸으로
이동한다. [기존값 및 새로운 값(O)]을
클릭한다.

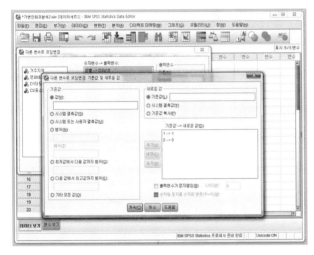

[실행방법 3] 가변인 만드는 방법 3

[다른 변수로 코딩변경: 기존값 및 새로운
값] 창이 나타나면 [기존값]의
[◉값(V)]에는 기존 변인 값인 〈거주지역〉
값 1(남성)을 입력하고,
이 값을 변경시키고자 하는 값 1은
[새로운 값]의 [◉ 기준값(A)]에 입력한다.
[추가]를 클릭한다.
같은 방식으로 2(여성)는 0으로 변환한다.
아래의 [계속]을 클릭한다.

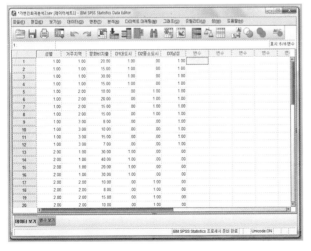

[실행방법 4] 가변인 만드는 방법 4

[실행방법 2]의 [다른 변수로 코딩변경]
창이 나타나면, 아래의 [확인]을 클릭한다.
〈D3남성〉이라는 새로운 변인이 생겨났다.

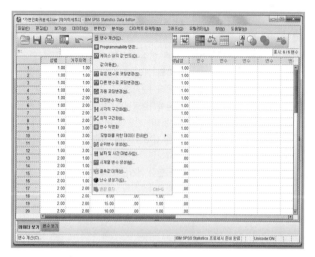

메뉴판의 [변환(T)]을 선택하여
[변수계산(C)]을 클릭한다.

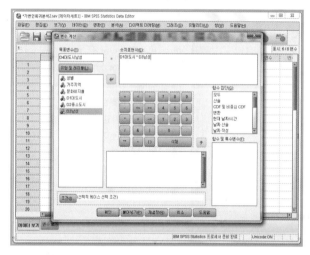

[[변수계산] 창이 나타나면 [목표변수(T)]에는
계산에 의해 새롭게 만들어질 변인의
이름(D4대도시남성)을 입력한다.
[숫자식표현(E)]에는 왼쪽의 변인 중에서
계산될 변수(D1대도시)를 클릭하여
옮긴다(➡).
〈D1대도시〉 다음에 〈*〉을 클릭하여
이동시킨다.
왼쪽의 변인 중에서 계산될 변수(D3남성)를
클릭하여 옮긴다(➡).
[확인]을 클릭한다.

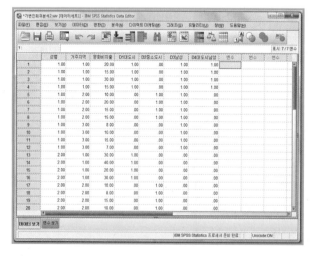

〈D4대도시남성〉이라는 새로운 변인이
생겨났다.

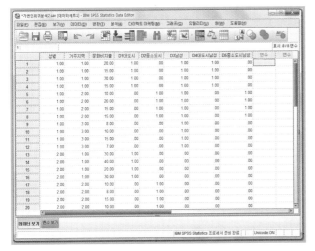

[실행방법 6]과 같은 방법으로
〈D5중소도시남성〉을 만든다.
(D2중소도시 * D3남성)

메뉴판의 [분석(A)]을 선택하여
[회귀분석(R)]을 클릭하고 [선형(L)]을
클릭한다.

[선형회귀] 창이 나타나면 왼쪽의 변수들
중에서 종속변수인 〈문화비지출〉을
[종속변수(D)]로 옮긴다(➡).
독립변수이자 가변인인 〈D3남성〉도
클릭하여 오른쪽 [독립변수(I)]로
이동시킨다(➡).
[방법(M)]에는 [입력]이
기본으로 설정되어 있다.
[블록(B) 1 대상 1]의 [다음(N)]을 클릭한다.

[블록(B) 2 대상 2]의 창이 나타나면
〈D1대도시〉, 〈D2중소도시〉를 클릭하여
[독립변수(I)]로 옮긴다(➡).
[방법(M)]에는 [입력]이 기본으로
설정되어 있다. [블록(B) 2 대상 2]의
[다음(N)]을 클릭한다.

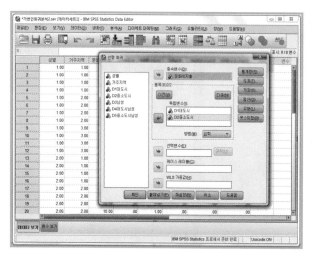

[블록(B) 3 대상 3]의 창이 나타나면
〈D4대도시남성〉, 〈D5중소도시남성〉을
클릭하여 [독립변수(I)]로 옮긴다(➡).
[방법(M)]에는 [입력]이
기본으로 설정되어 있다.
오른쪽의 [통계량]을 클릭한다.

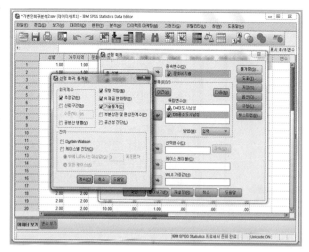

[선형회귀분석: 통계량] 창이 나타나면
[회귀계수]의 [☑ 추정값(E)]과
[☑ 모형적합(M)]은
기본으로 설정되어 있다.
[☑ R제곱 변화량(S)], [☑ 기술통계(D)]를
선택한다. [계속]을 클릭한다.
[실행방법 12]의 [선형회귀] 창으로 돌아가면
아래의 [확인]을 클릭한다.

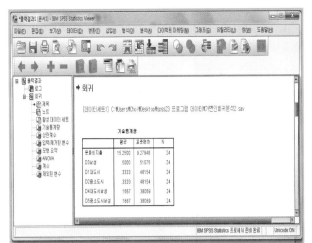

[분석결과 1] 기술통계량

분석 결과가 새로운 창에
*출력결과 1[문서 1]로 나타난다.
[기술통계량] 표에는 세 독립변인과
종속변인의 평균값, 표준편차, 사례 수가
각각 제시된다.

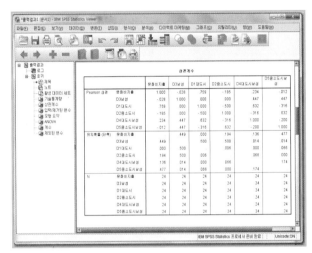

[분석결과 2] 상관관계계수

[상관계수] 표에는 독립변인과 종속변인의
Pearson 상관계수, 유의확률, 사례 수가
제시된다.

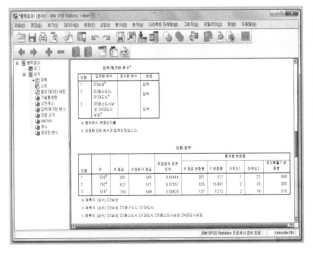

[분석결과 3] 입력/제거된 변수,
모형 요약

[입력/제거된 변수] 표에는 분석에 사용된
독립변인과 제거된 독립변인이 제시된다.
[모형요약] 표에는 R, R제곱,
수정된 R제곱 등이 제시된다.

[분석결과 4] 회귀모델 유의도 검증

[ANOVA] 표에는 회귀분석 모형에 대한
검증 결과인 F값과 유의확률 등이
제시된다.
세 모델에서 이용된 독립변인은
표 아래에 제시되어 있다.

[분석결과 5] 회귀계수 유의도 검증

[계수] 표에는 각 독립변인의 종속변인에
대한 비표준화 계수, 표준화 계수(베타),
t 값, 유의확률 등이 제시된다. [제외된
변수] 표에는 각 모형에서 제외된 변인이
제시된다.

6. 결과 분석 1: 회귀모델의 유의도 검증

가변인 회귀분석을 사용하면 〈표 18-7〉, 〈표 18-8〉과 같은 결과를 얻을 수 있다. 〈표 18-7〉과 〈표 18-8〉에 제시된 가변인 회귀분석 결과는 용어만 다를 뿐 〈표 18-8〉의 다원변량분석에서 얻은 결과와 동일하다.

가변인 회귀분석 실행방법에서 살펴봤듯이 변인을 순차적으로 세 번에 걸쳐 입력하고, 프로그램을 실행하여 분석에 필요한 결과를 얻는다.

〈표 18-7〉의 모형1은 성별 변인(남성 가변인)을 입력한 결과로 순수한 성별의 설명변량(R제곱 변화량에 제시됨)을 보여준다. 모형2는 성별 변인(남성 가변인)과 거주지역 변

인(대도시 가변인과 중소도시 가변인)을 입력한 결과로 성별의 설명변량을 제외한 순수한 거주지역의 설명변량(R제곱 변화량에 제시됨)을 보여준다. 모형3은 성별 변인(남성 가변인)과 거주지역 변인(대도시 가변인과 중소도시 가변인), 상호작용 변인(대도시남성 가변인과 중소도시남성 가변인)을 입력한 결과로 성별과 거주지역의 설명변량을 제외한 순수한 상호작용 변인의 설명변량(R제곱 변화량에 제시됨)을 보여준다.

〈표 18-8〉은 변량분석 결과를 보여주는데, 모형1은 성별 변인(남성 가변인)을 입력한 결과로 성별의 F 값과 유의확률을 보여준다. 모형2는 성별 변인(남성 가변인)과 거주지역 변인(대도시 가변인과 중소도시 가변인)을 입력한 결과로 성별과 거주지역의 F 값과 유의확률을 보여준다. 모형3은 성별 변인(남성 가변인)과 거주지역 변인(대도시 가변인과 중소도시 가변인), 상호작용 변인(대도시남성 가변인과 중소도시남성 가변인)을 입력한 결과로 성별과 거주지역, 상호작용 변인의 F 값과 유의확률을 보여준다.

1) 회귀모델의 유의도 검증

회귀모델의 유의도 검증은 〈표 18-8〉의 모형3에 제시된 결과를 갖고 이루어진다. 회귀변량은 설명변량으로 회귀모형의 평균 제곱에 제시되어 있고, 잔차변량은 오차변량으로 잔차의 평균 제곱에 제시되어 있다. 회귀변량 '302. 600'은 회귀모형의 제곱합 '1513. 000'을 자유도 '5'로 나눈 값이다. 반면 잔차변량 '25. 972'는 잔차의 제곱합 '467. 500'을 자유도 '18'로 나눈 값이다. F 값 '11. 651'은 회귀변량 '302. 600'을 잔차변량 '25. 972'로 나눈 값이다. 이 F 값은 〈표 18-8〉의 다원변량분석 결과의 모형에 제시된 값과 정확히 일치한다. 자유도1 '5'와 자유도2 '18'에서 F 값 '11. 651'의 유의확률 값은 0.05보다 작기 때문에 독립변인과 종속변인 간의 인과관계가 유의미하다는 결론을 내린다. 즉, 〈성별〉과 〈거주지역〉의 주 효과는 물론 상호작용 효과도 있다는 사실을 알 수 있다. 그러나 회귀모델의 유의도 검증 결과는 구체적으로 상호작용 효과가 있는지, 주 효과만 있는지 알 수 없다.

2) 상호작용 효과의 유의도 검증

상호작용 효과의 유의도 검증 결과는 〈표 18-7〉에 제시되어 있다. 모형3은 성별 변인(남성 가변인)과 거주지역 변인(대도시 가변인과 중소도시 가변인), 상호작용 변인(대도시남성 가변인과 중소도시남성 가변인)의 설명변량 중 성별과 거주지역의 설명변량을 제외한 순수한 상호작용 변인의 설명변량을 보여준다. 설명변량 '0. 137'(R제곱 변화량에 제시됨), F 값 '5. 212'(F 변화량에 제시됨), 자유도 '2'와 '18', 유의확률 값은 0.05보다 작기 때문에 상호작용 효과가 있다는 결론을 내린다. 이 값은 〈표 18-9〉의 상호작용 효과(성별 × 거주지역) 제시된 값과 동일하다. 상호작용 효과의 의미는 제13장 다원변량분석에서 설명했기 때문에 여기서는 생략한다.

3) 주 효과의 유의도 검증

상호작용 효과가 있을 경우에는 주 효과의 유의도 검증을 하지 않는다. 여기선 상호작용 효과가 없다는 가정 아래 주 효과의 유의도 검증 방법을 살펴본다.

주 효과의 유의도 검증 결과는 〈표 18-7〉에 제시되어 있다.

모형1은 성별 변인(남성 가변인) 주 효과의 설명변량을 보여준다. 설명변량 '0.001'(R제곱 변화량에 제시됨), F 값 '0.017'(F 변화량에 제시됨), 자유도 '1'과 '22', 유의확률 값은 0.05보다 크기 때문에 주 효과가 없다는 결론을 내린다. 주 효과의 의미는 제13장

표 18-7 **설명변량과 유의도 검증 결과**

모형	R	R제곱	수정된 R제곱	추정값의 표준오차	통계량 변화량				
					R제곱 변화량	F 변화량	자유도1	자유도2	유의확률 F 변화량
1	.028*	.001	-.045	9.4844	.001	0.017	1	22	0.898
2	.792**	.627	.571	6.0756	.626	16.807	2	20	0.000
3	.874***	.764	.698	5.0923	.137	5.212	2	18	0.016

* 예측값: (상수), D3 남성
** 예측값: (상수), D1 대도시, D2 중소도시, D3 남성
*** 예측값: (상수), D1 대도시, D2 중소도시, D3 남성, D4 대도시 남성, D5 중소도시 남성

표 18-8 **가변인 회귀모델의 유의도 검증 결과**

모형		제곱합	자유도	평균 제곱	F	유의확률
1	회귀모형	1.500	1	1.500	.017	.898*
	잔차	1979.000	22	89.955		
	합계	1980.000	23			
2	회귀모형	1242.250	3	414.083	11.218	.000**
	잔차	738.250	20	36.913		
	합계	1980.500	23			
3	회귀모형	1513.500	5	302.600	11.651	.000***
	잔차	467.500	18	25.972		
	합계	1980.000	23			

* 예측값: (상수), D3 남성
** 예측값: (상수), D1 대도시, D2 중소도시, D3 남성
*** 예측값: (상수), D1 대도시, D2 중소도시, D3 남성, D4 대도시 남성, D5 중소도시 남성

표 18-9 **다원변량분석 결과**

	제 Ⅲ유형 제곱합	자유도	평균 제곱	F	유의확률	부분 에타제곱
모형	1513.000	5	302.600	11.651	.000	.764
절편	5581.500	1	5581.500	214.903	.000	.923
성 별(주 효과)	1.500	1	1.500	0.058	.813	.003
거주지역(주 효과)	1240.750	2	620.375	23.886	.000	.726
성별 × 거주지역 (상호작용효과)	270.750	2	135.375	5.212	.016	.367
오차	467.500	18	25.972			
합계	7562.000	24				

주) 에타제곱 = 0.764

다원변량분석에서 설명했기 때문에 여기서는 생략한다.

모형2는 거주지역 변인(대도시 가변인과 중소도시 가변인) 주 효과의 설명변량을 보여준다. 설명변량 '0.626'(R제곱 변화량에 제시됨), F 값 '16.807'(F 변화량에 제시됨), 자유도 '2'와 '20', 유의확률 값은 0.05보다 작기 때문에 주 효과가 있다는 결론을 내린다.

7. 결과 분석 2: 회귀계수의 유의도 검증

〈표 18-10〉의 모형3의 비표준 회귀계수를 사용하여 가변인 회귀방정식을 만들면 〈표 18-11〉과 같다.

이 가변인 회귀방정식을 이용하여 각 집단별 평균값을 구하면 〈표 18-12〉와 같다. 농촌 여성과 농촌 남성의 예를 들어 집단 별 평균값 계산 방법과 검증방법을 살펴보자. 농촌 여성의 경우, 두 집단이 준거집단으로서 가변인 회귀방정식의 모든 요소들(D1, D2, D3, D1 × D3, D2 × D3)이 '0'이기 때문에 평균값은 상수 '5.750'이 된다. 농촌 남성의 경우, 농촌만 준거집단이기 때문에 가변인 회귀방정식 내 D3(남성이기 때문에 '1'이 됨)를 제외한 모든 요소들(D1, D2, D1 × D3, D2 × D3)이 '0'이기 때문에 평균값은 '10'이 된다. 여기서 두 집단의 차이인 B_3('4.250')를 검증하는 것은 농촌 남성과 농촌 여성의 평균값의 차이를 검증하는 것이다. B_3의 t 값이 '1.179'이고, 유의확률 값이 0.05보다 크기 때문에 농촌 남성과 농촌 여성 간 문화비지출의 차이는 없다는 결론을 내린다. 다른 집단의 평균값과 비표준 회귀계수도 같은 방식으로 계산하여 해석하면 된다.

표 18-10 **회귀계수의 유의도 검증 결과**

모형		비표준계수		표준계수	t	유의확률
		B	표준오차	베타		
1	(상수)	15.500	2.738		5.661	.000
	D3 남성	-.500	3.872	-.028	-.129	.898
2	(상수)	8.125	2.480		3.276	.004
	D3 남성	-.500	2.480	-.028	-.202	.842
	D1 대도시	17.125	3.038	.888	5.637	.000
	D2 중소도시	5.000	3.038	.259	1.646	.115
3	(상수)	5.750	2.548		2.257	.037
	D3 남성	4.250	3.604	.234	1.179	.254
	D1 대도시	24.250	3.604	1.258	6.729	.000
	D2 중소도시	5.000	3.604	.259	1.387	.182
	D4 대도시 남성	-14.250	5.096	-.585	-2.796	.012
	D5 중소도시 남성	-3.7E-15	5.096	.000	.000	1.000

표 18-11 **가변인 회귀방정식**

$$Y' = 5.750 + 24.250(대도시) + 5.000(중소도시) + 4.250(남성) +$$
$$(-14.250)(대도시\ 남성) + 2.313E\text{-}014(중소도시\ 남성)$$

표 18-12 **집단별 평균값**

	남성	여성
대도시	$Y' = A + B_1 + B_3 + B_4$ $= 5.750 + 24.250 + 4.250 + (-14.250) = 20$	$Y' = A + B_1$ $= 5.750 + 24.250 = 30$
중소도시	$Y' = A + B_2 + B_3 + B_5$ $= 5.750 + 5.000 + 4.250 + 0 = 15$	$Y' = A + B_2$ $= 5.750 + 5.000 = 10.75$
농촌	$Y' = A + B_3$ $= 5.750 + 4.250 = 10$	$Y' = A$ $= 5.750 + 0 = 5.750$

8. 결과 분석 3: 영향력 값 해석

〈표 18-7〉에서 보듯이 R은 ANOVA에서 얻은 eta와 같은 값으로서 여러 개의 독립변인을 하나의 독립변인으로 취급하여 여러 개의 독립변인들이 종속변인에게 미치는 영향력의 크기를 구한 값이다. R은 '0.874'로 나타났다. R^2은 ANOVA의 에타제곱과 똑같은 값으로 R^2은 '0.764'로서 〈표 18-9〉의 다원변량분석 결과에 제시된 에타제곱 '0.764'와

동일하다. R^2 (또는 에타제곱) '0.764'는 여러 개의 독립변인들이 종속변인에게 미치는 영향력이 매우 크다는 것을 보여준다.

상호작용 효과가 유의미하게 나왔기 때문에 상호작용 효과의 에타제곱을 해석한다. 상호작용 효과의 에타제곱 '0.367'은 독립변인 간의 상호작용이 종속변인에게 미치는 영향력이 상당히 크다는 것을 보여준다.

상호작용 효과가 나타나지 않을 경우에 한해서 개별 독립변인의 에타제곱을 해석한다. 〈거주지역〉은 유의미하게 나타났기 때문에 에타제곱 '0.726'을 해석한다. 〈거주지역〉은 〈문화비지출〉에 매우 큰 영향을 준다는 것을 보여준다. 그러나 〈성별〉은 유의미하지 않을 것으로 나타났기 때문에 에타제곱을 해석하지 않는다.

참고문헌

오택섭 · 최현철 (2003), 《사회과학 데이터 분석법 ②》, 나남.

Cohen, J. et al. (2002), *Applied Multiple Regression: Correlation Analysis for the Behavioral Science* (P. Cohen, ed.) (3rd ed.), Lawrence Erlbaum Associates.

Hastie, T. et al. (2001), *The Elements of Statistical Learning*, Springer Verlag.

Lewis-Beck, M. S. (1980), *Applied Regression: An Introduction* (J. L. Sullivan, ed.), Series: Quantitative Applications in the Social Sciences. Beverly Hills: Sage Publication inc.

Miles, J., & Shevlin, M. (2001), *Applying Regression and Correlation: A Guide for Students and Researchers*, Sage Publications.

Nie, N. H. et al. (1975), *SPSS: Statistical Package for the Social Sciences* (2nd ed.), New York: McGraw-Hill Book Company.

Norusis, M. J. (2000), *SPSS 10.0 Guide to Data Analysis* (Book and Disk ed.), Prentice Hall.

Pallant, J. (2001), *SPSS Survival Manual: A Step By Step Guide to Data Analysis Using SPSS for Windows(Version 10)* (1st ed.), Open Univ Pr.

Pedhazur, E. J. (1997), *Multiple Regression in Behavioral Research* (3rd ed.), Belmont, CA: Wadsworth.

19

가변인 회귀분석 ③

명명척도와 등간척도(비율척도)로 측정한 독립변인이 동시에 있는 경우

이 장에서는 명명척도와 등간척도(또는 비율척도)로 측정한 두 개 이상 여러 개의 독립변인과 등간척도(또는 비율척도)로 측정한 한 개의 종속변인과의 인과관계를 분석하는 통계방법인 가변인 회귀분석을 살펴본다.

1. 정 의

〈표 19-1〉에서 보듯이 명명척도와 등간척도(또는 비율척도)로 측정한 두 개 이상 여러 개의 독립변인과 등간척도(또는 비율척도)로 측정한 한 개의 종속변인 간의 인과관계를 분석하는 통계방법이 가변인 회귀분석이다. 제 17장에서 살펴본 바와 같이, 명명척도로 측정한 독립변인이 한 개일 때에는 일원변량분석이나 가변인 회귀분석으로 변인 간의 인과관계 분석이 가능하다. 제 18장에서 봤듯이 명명척도로 측정한 독립변인이 두 개 이상 여러 개일 때에는 다원변량분석이나 가변인 회귀분석으로 변인 간의 인과관계 분석이 가능하다. 그러나 명명척도로 측정한 독립변인과 등간척도(또는 비율척도)로 측정한 독립변인이 동시에 있는 경우에는 ANOVA로는 분석이 불가능하다. 이 경우에는 반드시

표 19-1 **가변인 회귀분석의 조건**

1. 독립변인
   1) 수: 두 개 이상 여러 개
   2) 측정: 명명척도, 등간척도(또는 비율척도)
   3) 명칭: 명명척도로 측정된 변인을 요인이라고 부른다
          등간척도(또는 비율척도)로 측정된 변인을 공변인이라고 부른다

2. 종속변인
   1) 수: 한 개
   2) 측정: 등간척도(또는 비율척도)

가변인 회귀분석을 사용해야 분석이 가능하다.

1) 변인의 측정

독립변인은 명명척도와 등간척도(또는 비율척도)로 측정해야 하고, 명명척도로 측정한 변인의 경우 유목(집단)의 수는 두 개 이상으로 그 수에 제한이 없다. 명명척도로 측정한 독립변인을 요인(*factor*)이라고 부르며, 등간척도(또는 비율척도)로 측정한 변인을 공변인(*covariate*)이라고 부른다. 제17장과 제18장에서 살펴봤듯이 명명척도로 측정한 독립변인은 가변인으로 바꾸어 사용한다.

　종속변인은 등간척도(또는 비율척도)로 측정돼야 한다.

2) 변인의 수

변인의 수는 독립변인 두 개 이상 여러 개, 종속변인 한 개여야 한다.

2. 연구가설과 가상 데이터

1) 연구가설

(1) 연구가설
가변인 회귀분석의 연구가설은 〈표 19-1〉에서 제시한 변인의 측정과 수의 조건만 충족하면 무엇이든 가능하다. 이 장의 연구가설은 〈성별과 연령이 음주태도에 영향을 미친다〉이다.

(2) 변인의 측정과 수
독립변인은 〈성별〉과 〈연령〉 두 개이고, 〈성별〉은 ① 남성, ② 여성으로, 〈연령〉은 실제 나이로 측정한다. 종속변인은 〈음주태도〉 한 개이고 5점 척도(1점: 부정적 태도에서부터 5점: 긍정적 태도까지)로 측정한다.

(3) 유의도 수준
유의도 수준을 $p < 0.05$(또는 $\alpha < 0.05$)로 정한다. 유의확률이 0.05보다 작으면 연구가설을 받아들이고, 0.05보다 크면 영가설을 받아들인다.

2) 가상 데이터

이 장에서 분석하는 〈표 19-2〉의 데이터는 필자가 임의적으로 만든 것이어서 표본의 수 (24명)가 적고, 결과가 꽤 잘 나오게 만들었다(이 데이터를 사용하여 가변인 회귀분석을 실행해보기 바란다). 그러나 독자가 실제 연구하는 데이터는 표본의 수도 훨씬 많고, 결과는 이 장에서 제시하는 것만큼 깔끔하게 나오지 않을 수 있다.

표 19-2 **가변인 회귀분석의 가상 데이터**

응답자	성별	연령	음주태도	응답자	성별	연령	음주태도
1	1	10	5	13	2	40	3
2	1	20	5	14	2	30	2
3	1	30	5	15	2	40	2
4	1	40	2	16	2	10	1
5	1	40	3	17	2	20	2
6	1	50	1	18	2	40	3
7	1	50	2	19	2	50	2
8	1	40	3	20	2	10	2
9	1	20	5	21	2	20	2
10	1	30	4	22	2	50	3
11	1	20	5	23	2	30	3
12	1	30	4	24	2	50	4

3. SPSS/PC⁺ 실행방법

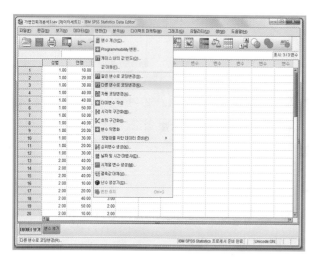

[실행방법 1] 가변인 만드는 방법 1

18장의 〈가변인 회귀분석 2〉의 실행방법으로 〈D1남성〉을 만든다. 메뉴판의 [변환(T)]을 선택하여 [변수계산(C)]을 클릭한다.

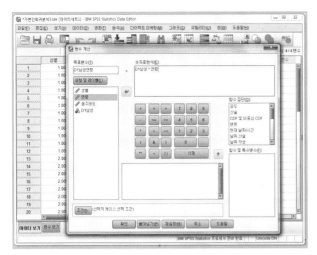

[실행방법 2] 가변인 만드는 방법 2

[[변수계산] 창이 나타나면 [목표변수(T)]에는
계산에 의해 새롭게 만들어질 변인의
이름(D1남성연령)을 입력한다.
[숫자식표현(E)]에는 왼쪽의 변인 중에서
계산될 변수(D1남성)를 클릭하여
옮긴다(➡).
〈D1남성〉 다음에 〈*〉을 클릭하여
이동시킨다.
왼쪽의 변인 중에서 계산될 변수(연령)을
클릭하여 옮긴다(➡). [확인]을 클릭한다.

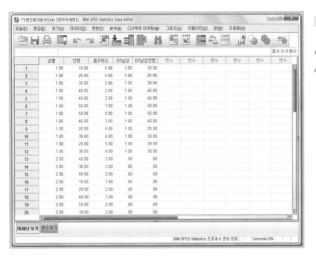

[실행방법 3] 가변인 만드는 방법 3

〈D1남성연령〉이라는
새로운 변인이 생겼다.

[실행방법 4] 분석방법 선택

다른 분석에서와 같이 메뉴판의
[분석(A)]을 선택하여 [회귀분석(R)]을
클릭하고 [선형(L)]을 클릭한다.

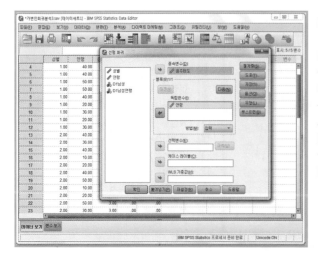

[실행방법 5] 분석변인 선택 1

[선형회귀] 창이 나타나면 왼쪽의 변수들
중에서 종속변수인 〈음주태도〉를
[종속변수(D)]로 옮긴다(➡).
독립변수인 〈연령〉도 클릭하여
오른쪽 [독립변수(I)]로 이동시킨다(➡).
[방법(M)]에는 [입력]이 기본으로
설정되어 있다.
[블록(B) 1 대상 1]의 [다음(N)]을 클릭한다.

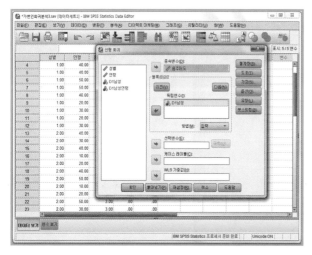

[실행방법 6] 분석변인 선택 2

[블록(B) 2 대상 2]의 창이 나타나면,
〈D1남성〉을 클릭하여 [독립변수(I)]로
옮긴다(➡).
[방법(M)]에는 [입력]이 기본으로
설정되어 있다.
[블록(B) 2 대상 2]의 [다음(N)]을 클릭한다.

[실행방법 7] 분석변인 선택 3

[블록(B) 3 대상 3]의 창이 나타나면,
〈D1남성연령〉을 클릭하여 [독립변수(I)]로
옮긴다(➡).
[방법(M)]에는 [입력]이 기본으로
설정되어 있다.
오른쪽의 [통계량]을 클릭한다.

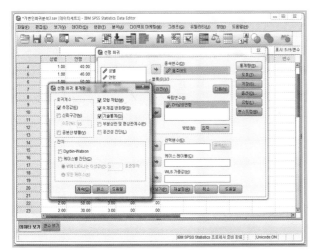

[실행방법 8] 통계량 선택

[선형회귀분석: 통계량] 창이 나타나면
[회귀계수]의 [☑ 추정값(E)]과
[☑ 모형적합(M)]은
기본으로 설정되어 있다.
[☑ R제곱 변화량(S)],
[☑ 기술통계(D)]를 선택한다.
[계속]을 클릭한다.
[실행방법 7]의 선형회귀분석 창으로
돌아가면 아래의 [확인]을 클릭한다.

[분석결과 1] 기술통계량과 상관계수

분석 결과가 새로운 창
*출력결과 1[문서 1]로 나타난다.
[기술통계량] 표에는 세 독립변인과
종속변인의 평균값, 표준편차,
사례 수가 각각 제시된다.
[상관계수] 표에는 독립변인과
종속변인의 Pearson 상관계수,
유의확률, 사례 수가 제시된다.

[분석결과 2] 입력/제거된 변수와
모형 요약

[입력/제거된 변수] 표에는 분석에 사용된
독립변인과 제거된 독립변인이 제시된다.
[모형요약] 표에는 R, R제곱, 수정된 R제곱
등이 제시된다.

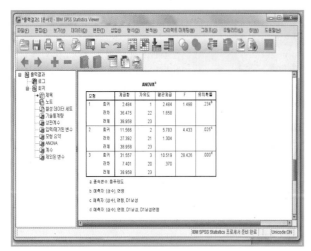

[분석결과 3] 모델의 유의도 검증

[ANOVA] 표에는 회귀분석 모형에 대한
검증결과인 F 값과 유의확률 등이
제시된다.
세 모델에서 이용된 독립변인은
표 아래에 제시되어 있다.

[분석결과 4] 회귀계수의 유의도 검증

[계수] 표에는 각 독립변인의 종속변인에
대한 비표준화 계수, 표준화 계수(베타),
t 값, 유의확률 등이 제시된다.
[제외된 변수] 표에는 각 모형에서 제외된
변인이 제시되어 있다.

4. 종 류

1) 독립변인의 주 효과만이 존재한다고 가정한 회귀모델

명명척도와 등간척도(또는 비율척도)로 측정한 독립변인이 등간척도(또는 비율척도)로
측정된 종속변인에게 미치는 개별적 영향력만 존재한다고 전제할 경우에는 상호작용 효
과는 분석하지 않고, 독립변인의 주 효과만을 검증한다.

독립변인이 종속변인에게 미치는 개별적 영향력만이 존재한다고 전제하는 회귀모델
의 경우, 위 연구가설의 가변인 회귀방정식은 〈표 19-3〉과 같다.

〈표 19-3〉의 가변인 회귀방정식을 이용하여 각 집단의 가변인 회귀방정식을 구하면 〈표 19-4〉와 같다.

〈표 19-4〉의 가변인 회귀방정식에서 X1(〈연령〉)의 회귀계수 B_1은 기울기를 나타내며, 상수 A는 절편으로서 〈성별〉의 준거집단인 여성의 점수이고, 가변인의 회귀계수 B_2는 남성과 준거집단인 여성 간 차이를 보여준다. B_2 회귀계수 검증은 〈남성〉과 〈여성〉의 차이의 검증이다. 〈연령〉의 회귀계수 B_1은 〈성별〉을 통제한 후에 〈연령〉이 〈음주태도〉에 미치는 순수한 영향력을 의미한다.

각 집단의 가변인 회귀방정식은 〈그림 19-1〉에서 보듯이 각 집단의 기울기(B_1)는 같고, 절편(여성: A, 남성: $A + B_2$)은 서로 다른 평행인 두 회귀선으로 그릴 수 있다.

표 19-3 **주 효과만 가정한 가변인 회귀방정식**

$$Y' = A + B_1X_1 + B_2D1 (\text{비표준 회귀계수일 때})$$
$$Y' = B_1X_1 + B_2D1 (\text{표준 회귀계수일 때})$$

Y': 종속변인 점수(음주태도)
X1: 공변인1(연령)
D1: 가변인1(남성)
B_1, B_2: 회귀계수(주 효과)
A: 상수

표 19-4 **집단별 가변인 회귀방정식**

1. 여성 집단 회귀방정식: $Y' = A + B_1X_1$(D1이 0이기 때문에)
2. 남성 집단 회귀방정식: $Y' = (A + B_2) + B_1X_1$(D1이 1이기 때문에)

그림 19-1 **주 효과만 가정한 회귀선**

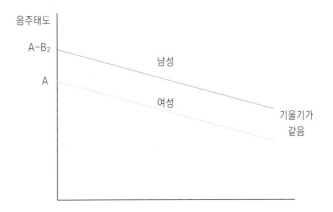

2) 독립변인의 주 효과와 상호작용 효과가 존재한다고 가정한 회귀모델

명명척도와 등간척도(또는 비율척도)로 측정한 독립변인이 등간척도(또는 비율척도)로 측정된 종속변인에게 미치는 개별적 영향력뿐 아니라, 상호작용 효과도 존재한다고 전제할 경우에는 먼저 상호작용 효과를 분석한다. 상호작용 효과가 있다면 분석을 마치지만, 상호작용 효과가 없을 때에는 주 효과를 분석한다.

독립변인이 종속변인에게 미치는 개별적 영향력뿐 아니라 상호작용 효과가 존재한다고 가정한 회귀모델의 경우 〈표 19-5〉와 같은 가변인 회귀방정식을 만든다.

〈표 19-5〉의 가변인 회귀방정식을 이용하여 각 집단의 가변인 회귀방정식을 구하면 〈표 19-6〉과 같다.

〈표 19-6〉의 가변인 회귀방정식에서 X1(〈연령〉)의 회귀계수 B_1은 여성집단의 기울기를 나타내며, X1(〈연령〉)의 회귀계수($B_1 + B_3$)는 남성집단의 기울기를 나타낸다.

독립변인의 주 효과만을 가정한 가변인 회귀방정식과는 달리 상호작용 효과를 가정하면 각 집단의 기울기가 달라진다. 상수 A는 절편으로서 〈성별〉의 준거집단인 여성의 점수이고, 회귀계수 B_2는 남성과 준거집단인 여성의 차이를 보여준다. B_2의 검증은 〈남성〉과 〈여성〉의 차이의 검증이다. 〈연령〉의 회귀계수는 〈성별〉을 통제한 후에 〈연령〉이 〈음주태도〉에 미치는 순수한 영향력을 의미한다. 상호작용 효과 B_3은 〈성별〉과 〈연령〉을 통제한 후에 두 독립변인 간의 상호작용이 〈음주태도〉에 미치는 순수한 영향력을

표 19-5 **상호작용 효과와 주 효과를 가정한 가변인 회귀방정식**

$$Y' = A + B_1X_1 + B_2D1 + B_3(D1 \times X_1) \text{(비표준 회귀계수일 때)}$$
$$Y' = B_1X_1 + B_2D1 + B_3(D1 \times X_1) \text{(표준 회귀계수일 때)}$$

Y': 종속변인 점수(음주태도)
X_1: 공변인1(연령)
D1: 가변인1(남성)
$D1 \times X_1$: 남성과 연령의 상호작용 변인
B_1, B_2: 회귀계수(주 효과)
B_3: 회귀계수(남성과 연령의 상호작용 효과)
A: 상수

표 19-6 **집단별 가변인 회귀방정식**

1. 여성 집단 회귀방정식: $Y' = A + B_1X_1$(D1이 0이기 때문에)
2. 남성 집단 회귀방정식: $Y' = (A + B_2) + (B_1 + B_3)X_1$(D1이 1이기 때문에)

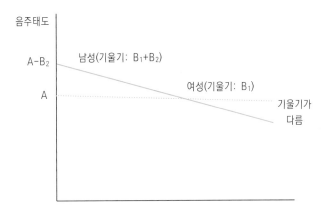

그림 19-2 **상호작용 효과와 주 효과를 가정한 회귀선**

보여준다.

각 집단의 회귀방정식을 그림으로 나타내면 〈그림 19-2〉와 같다. 〈그림 19-2〉에서 보듯이 기울기의 경우, 여성집단의 기울기는 B_1이고, 남성집단의 기울기는 $(B_1 + B_3)$로 서로 다르다. 절편의 경우, 여성집단의 절편은 A, 남성집단의 절편은 $(A + B_2)$로 서로 다르다. 즉, 두 회귀선은 절편의 기울기가 다르기 때문에 평행선이 아니다. 상호작용 효과가 있으면 두 회귀선은 교차하지만, 상호작용 효과가 없으면 두 회귀선은 교차하지 않는다.

5. 상호작용 효과와 주 효과를 가정한 가변인 회귀모델의 유의도 검증

연구절차는 가변인 회귀모델을 어떻게 가정하느냐에 따라 결정된다. 먼저 상호작용 효과와 주 효과를 전제한 가변인 회귀모델의 연구절차를 설명한 후, 주 효과만을 전제로 한 가변인 회귀모델의 연구절차를 살펴본다.

1) 연구절차

상호작용 효과와 주 효과를 가정한 가변인 회귀모델의 연구절차는 〈그림 19-3〉과 같이 진행된다. 연구절차의 순서를 살펴보면 ① 상호작용 효과를 검증한다. 유의미하면 ⑤ 상호작용 효과를 해석하고 분석을 마친다. 그러나 상호작용 효과가 없다면 주 효과를 검증한다. ② 공변인의 주 효과를 검증한 후 유의미하면 ③ 요인의 주 효과를 검증한다.

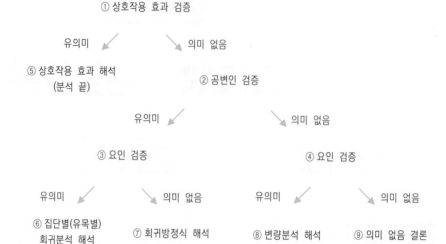

그림 19-3 **상호작용 효과와 주 효과를 가정한 가변인 회귀모델의 연구절차**

① 상호작용 효과 검증

유의미   의미 없음

⑤ 상호작용 효과 해석   ② 공변인 검증
(분석 끝)

유의미   의미 없음

③ 요인 검증   ④ 요인 검증

유의미   의미 없음   유의미   의미 없음

⑥ 집단별(유목별)   ⑦ 회귀방정식 해석   ⑧ 변량분석 해석   ⑨ 의미 없음 결론
회귀분석 해석

만일 요인의 주 효과가 있다면, ⑥ 요인의 집단별(유목별) 회귀방정식을 만들어 해석하고 분석을 마친다. 그러나 만일 요인의 주 효과가 없다면 ⑦ 공변인으로만 구성된 회귀방정식을 만들어 해석하고 분석을 마친다.

②공변인의 주 효과가 없어도, ④요인의 주 효과를 검증한다. 만일 요인의 주 효과가 있다면 ⑧ANOVA 결과를 해석하고 분석을 마친다. 그러나 만일 요인의 주 효과가 없다면, ⑨주 효과가 없다는 결론을 내리고 분석을 마친다.

2) 회귀모델의 유의도 검증

상호작용 효과와 주 효과를 가정한 가변인 회귀모델의 검증과정을 구체적으로 알아보자. 각 가변인 회귀모델의 유의도 검증에 필요한 값은 〈표 19-7〉에 제시되어 있다. 모형3은 상호작용 효과와 주 효과 전부를 포함한 가변인 회귀모델의 검증 결과이다. 모형2는 주 효과 전부(〈연령〉과 〈성별〉)를 포함한 가변인 회귀모델의 검증 결과이다. 모형1은 주 효과 중 공변인(〈연령〉)만을 포함한 가변인 회귀모델의 검증 결과이다. 회귀모델의 검증 결과를 해석하는 방법은 제 18장 가변인 회귀분석 ②에서 살펴봤기 때문에 여기서는 설명을 생략하고 결과만 제시한다.

모형3에서 보듯이 자유도 '3, 20'에서 F 값은 '28.426'의 유의확률 값은 0.05보다 작기 때문에 전체 모델은 유의미한 것으로 나타났다. 상호작용 효과와 주 효과 중 어느 것이 유의미한지를 판단하기 위해 〈표 19-8〉 모형3의 유의도 검증 결과를 해석한다.

모형2에서 보듯이 자유도 '2, 21'에서 F 값은 '4.433'의 유의확률 값은 0.05보다 작기

표 19-7 **가변인 회귀모델의 유의도 검증 결과**

모 형		제곱합	자유도	평균 제곱	F	유의확률
1	회귀모형	2.484	1	2.484	1.498	0.234*
	잔차	36.475	22	1.658		
	합계	38.958	23			
2	회귀모형	11.566	2	5.783	4.433	0.025**
	잔차	27.392	21	1.304		
	합계	38.958	23			
3	회귀모형	31.577	3	10.519	28.426	0.000***
	잔차	7.401	20	0.370		
	합계	38.958	23			

* 예측값: (상수), 연령
** 예측값: (상수), 연령, D1 남성
*** 예측값: (상수), 연령, D1 남성, D1 남성연령

때문에 주 효과 모델은 유의미한 것으로 나타났다. 주 효과 중 어느 주 효과(〈성별〉과 〈연령〉)가 유의미한지를 판단하기 위해 〈표 19-8〉 모형2의 유의도 검증 결과를 해석한다.

모형1에서 보듯이 자유도 '1, 22'에서 F 값은 '1.498'의 유의확률 값은 0.05보다 크기 때문에 〈연령〉의 주 효과 모델은 유의미하지 않은 것으로 나타났다. 즉, 연령의 주 효과는 없다는 결론을 내린다. 이 결과는 〈표 19-8〉 모형1의 유의도 검증 결과와 동일하다.

3) 상호작용 효과와 주 효과의 유의도 검증

상호작용 효과와 주 효과의 유의도 검증에 필요한 값은 〈표 19-8〉에 제시되어 있다. 모형3은 상호작용 효과의 검증 결과이다. 모형2는 주 효과 중 한 변인(여기서는 〈성별〉)의 주 효과 검증 결과이다. 모형1은 주 효과 중 다른 변인(여기서는 〈연령〉)의 주 효과 검

표 19-8 **상호작용 효과와 주 효과의 유의도 검증 결과**

모형	R	R제곱	수정된 R제곱	추정값의 표준오차	통계량 변화량				
					R제곱 변화량	F 변화량	자유도1	자유도2	유의확률 F 변화량
1	0.252*	0.064	0.021	1.288	0.064	1.498	1	22	0.234
2	0.545**	0.297	0.230	1.142	0.233	6.963	1	21	0.015
3	0.900***	0.810	0.782	0.608	0.513	54.024	1	20	0.000

* 예측값: (상수), 연령
** 예측값: (상수), 연령, D1 남성
*** 예측값: (상수), 연령, D1 남성, D1 남성연령

증 결과이다. 상호작용 효과와 주 효과 검증 결과를 해석하는 방법은 제 18장 가변인 회귀분석 ②에서 살펴봤기 때문에 여기서는 설명을 생략하고 결과만 제시한다.

모형3에서 보듯이 자유도 '1, 20'에서 F 값은 '54.024'(F 변화량에 제시됨)의 유의확률 값은 0.05보다 작기 때문에 〈성별〉과 〈연령〉의 상호작용 효과는 유의미한 것으로 나타났다. 모형2에서 보듯이 자유도 '1, 21'에서 F 값은 '6.963'의 유의확률 값은 0.05보다 작기 때문에 〈성별〉의 주 효과는 있는 것으로 나타났다. 모형1에서 보듯이 자유도 '1, 22'에서 F 값은 '1.498'의 유의확률 값은 0.05보다 크기 때문에 〈연령〉의 주 효과는 없는 것으로 나타났다. 이 결과는 〈표 19-7〉 모형1의 유의도 검증 결과와 동일하다.

4) 유의도 검증 결과와 가변인 회귀방정식 해석

〈그림 19-3〉의 연구절차 순서에 따라 상호작용 효과와 주 효과의 유의도 검증 결과를 제시하고, 〈표 19-9〉의 회귀계수를 사용하여 회귀방정식을 만들어 해석하는 방법을 알아본다.

표 19-9 **회귀모델의 회귀계수**

모형		비표준계수		표준계수	t	유의확률
		B	표준오차	베타		
1	상수	3.822	0.690		5.541	0.000
	연령	-0.024	0.020	-0.252	-1.224	0.234
2	상수	3.160	0.661		4.788	0.000
	연령	-0.023	0.018	-0.237	-1.296	0.209
	D1남성	1.231	0.466	0.483	2.639	0.015
3	상수	1.244	0.438		2.839	0.010
	연령	0.036	0.012	0.374	2.921	0.008
	D1남성	5.709	0.658	2.240	8.677	0.000
	D1남성연령	-0.140	0.019	-1.977	-7.350	0.000

(1) 상호작용 효과가 있다

독립변인이 종속변인에 미치는 상호작용 효과가 있다면, 〈그림 19-3〉의 ⑤ 상호작용 효과를 해석하고 분석을 마친다.

앞에서 살펴봤듯이, 〈표 19-8〉의 모형3은 상호작용 효과의 유의도 검증 결과를 보여준다. 상호작용 효과의 순수한 설명변량은(R제곱 변화량에 제시됨) '0.513'이고, F 값 '54.024'(F 변화량에 제시됨), 자유도 '1, 20', 유의확률 값(유의확률 F 변화량에 제시됨)은 0.05보다 작기 때문에 상호작용 효과가 있다는 결론을 내린다.

① 전체 가변인 회귀방정식

상호작용 효과가 있다면, 〈표 19-5〉의 상호작용 효과와 주 효과를 가정한 가변인 회귀
방정식 공식에 〈표 19-9〉 모형3의 비표준 회귀계수를 넣는다. 전체 가변인 회귀방정식
은 〈표 19-10〉과 같다.

표 19-10 **전체 가변인 회귀방정식**

$$Y' = 1.244 + (0.36)X_{(연령)} + (5.709)D1남성 + (-0.140)D1남성연령$$

② 성별 가변인 회귀방정식

〈표 19-10〉 전체 가변인 회귀방정식에 성별 각 집단의 점수(남성: '1', 여성: '0')를 넣
어, 〈표 19-11〉의 집단별 가변인 회귀방정식을 만든다.

표 19-11 **성별 가변인 회귀방정식**

남성의 가변인 회귀방정식

$$Y' = 1.244 + (0.036)X + (5.709)(1) + (-0.140)(1)X$$
$$Y' = (1.244 + 5.709) + (0.036 - 0.140)X$$
$$Y' = 6.953 - 0.104X$$

여성의 가변인 회귀방정식

$$Y' = 1.244 + (0.036)X + (5.709)(0) + (-0.140)(0)X$$
$$Y' = 1.244 + 0.036X$$

③ 두 회귀선을 그린 후 교차점을 구한다

〈표 19-12〉의 공식을 이용하여 두 회귀선이 X축에서 만나는 교차점을 계산하면 '40.8'
이 된다(-5.709/-0.14). 즉, 40.8세에서 두 선이 만난다.

표 19-12 **가변인 회귀선의 교차점 공식**

$$\text{X 축에서 두 선이 만나는 점} = \frac{\text{여성의 절편}(1.244) - \text{남성의 절편}(6.953)}{\text{남성의 기울기}(-0.104) - \text{여성의 기울기}(0.036)}$$
$$= 40.8$$

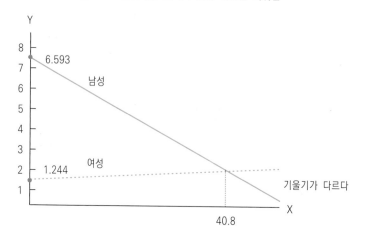
그림 19-4 **상호작용 효과가 있는 가변인 회귀선**

〈그림 19-4〉에서 X축은 〈연령〉을, Y축은 〈음주태도〉를 보여주고, 두 개의 회귀선은 〈남성〉과 〈여성〉을 나타낸다. 두 회귀선이 만나는 교차점은 '40.8'이다.

④ 해석

이 결과는 두 회귀선이 만나는 교차점인 나이 40.8세를 기준으로 나이가 적은 여성은 나이가 적은 남성보다 음주에 대한 태도가 부정적인 것으로 나타난 반면 나이가 많은 여성은 나이가 많은 남성에 비해 음주에 대한 태도가 긍정적이라는 것을 보여준다.

그러나 상호작용 효과가 없을 경우에는 ②번으로 등간척도(비율척도)로 측정한 공변인의 주 효과를 검증한다.

(2) 상호작용 효과가 없고, 공변인의 주 효과가 있다

공변인 〈연령〉의 주 효과가 있다면 〈그림 19-3〉의 ③요인인 〈성별〉의 주 효과를 검증한다.

① 요인의 주 효과가 있다

요인 〈성별〉의 주 효과가 있다면 〈그림 19-3〉의 ⑥집단별 회귀방정식을 만들어 해석하고 분석을 마친다.

뒤에서 살펴보겠지만, 〈표 19-8〉의 모형1은 공변인 〈연령〉의 주 효과의 검증 결과, 〈연령〉의 주 효과는 없다는 것을 보여준. 공변인 〈연령〉의 주 효과가 없기 때문에 여기서 설명하는 분석방법은 적용되지 않는다. 그러나 공변인 〈연령〉의 주 효과가 있고, 요인 〈성별〉의 주 효과가 있는 경우의 분석방법을 알아보기 위해 공변인 〈연령〉의 주 효과가 있다고 가정하고 설명한다.

〈표 19-8〉의 모형2는 요인 〈성별〉주 효과의 검증 결과를 보여준다. 〈성별〉의 순수한 설명변량은(R제곱 변화량에 제시됨) '0.233'이고, F 값 '6.963'(F 변화량에 제시됨), 자유도 '1, 21', 유의확률 값(유의확률 F 변화량에 제시됨)은 0.05보다 작기 때문에 〈성별〉의 주 효과가 있다는 결론을 내린다.

공변인 〈연령〉과 요인 〈성별〉의 주 효과가 있기 때문에 다음과 같이 분석한다(실제 공변인 〈연령〉의 주 효과가 없기 때문에 다음과 같은 분석을 할 수 없다는 사실을 염두에 두기 바란다). 이 결과를 비표준 회귀방정식으로 나타내면 다음과 같다.

가. 전체 가변인 회귀방정식

공변인 〈연령〉과 요인 〈성별〉의 주 효과가 있다면, 〈표 19-3〉의 주 효과를 가정한 가변인 회귀방정식 공식에 〈표 19-9〉 모형2의 비표준 회귀계수를 넣는다. 전체 가변인 회귀방정식은 〈표 19-13〉과 같다.

표 19-13 **전체 가변인 회귀방정식**

$$Y' = 3.160 + (-0.023)X_{(연령)} + (1.231)D1남성$$

나. 성별 가변인 회귀방정식

〈표 19-13〉 전체 가변인 회귀방정식에 성별 각 집단의 점수(남성: '1', 여성: '0')를 넣어, 〈표 19-14〉의 집단별 가변인 회귀방정식을 만든다.

표 19-14 **성별 가변인 회귀방정식**

여성의 가변인 회귀방정식

$$Y' = 3.160 + (-0.023)X + (1.231)(0)$$
$$Y' = 3.160 + (-0.023)X$$

남성의 가변인 회귀방정식

$$Y' = 3.160 + (-0.023)X + (1.231)(1)$$
$$Y' = 4.391 + (-0.023)X$$

〈그림 19-5〉에서 X축은 〈연령〉을, Y축은 〈음주태도〉를 보여주고, 두 개의 회귀선은 〈남성〉과 〈여성〉을 나타낸다. 두 회귀선의 기울기는 같기 때문에 평행선이다.

그림 19-5 **주 효과만 있는 회귀선**

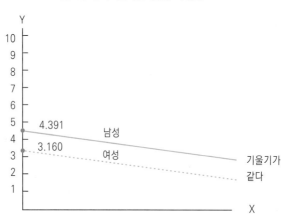

이 결과는 연령에 관계없이 남성은 여성보다 음주에 대해 긍정적 태도를 가지고 있다는 것을 보여준다.

② 요인의 주 효과가 없다

공변인 〈연령〉의 주 효과는 유의미하고, 요인 〈성별〉의 주 효과는 유의미하지 않을 경우, 〈그림 19-3〉의 ⑦ 회귀분석 결과를 해석하고 분석을 마친다.

앞에서 언급했듯이 공변인 〈연령〉의 주 효과는 없다. 그러나 공변인 〈연령〉의 주 효과가 있고, 요인 〈성별〉의 주 효과가 없는 경우의 분석방법을 설명하기 위해 공변인 〈연령〉의 주 효과가 있다고 가정한다.

〈표 19-8〉 모형1의 공변인 〈연령〉의 순수한 설명변량(R제곱 변화량에 나타남)은 '0.064'이고, F 값(F 변화량에 나타남)은 '1.498'이고, 유의확률 값(유의확률 F 변화량에 제시됨)은 0.05보다 작은 것으로 나타나 〈연령〉은 〈음주태도〉에 부정적인 영향을 주는 것으로 나타났다(베타 = -0.252). 즉, 나이가 적으면 적을수록 음주에 대한 태도가 긍정적이다(실제 결과는 공변인 〈연령〉의 주 효과가 없기 때문에 이렇게 해석할 수 없다는 점에 유의한다).

〈표 19-8〉 모형1은 공변인 〈연령〉의 주 효과의 유의도 검증 결과를 보여준다. 〈연령〉의 순수한 설명변량은(R제곱 변화량에 제시됨) '0.064'이고, F 값 '1.498'(F 변화량에 제시됨), 자유도 '1, 22', 유의확률 값(유의확률 F 변화량에 제시됨)은 0.05보다 크기 때문에 〈연령〉의 주 효과가 없다는 결론을 내린다. 즉, 〈연령〉은 〈음주태도〉에 영향을 주지 않는다.

공변인 〈연령〉의 주 효과가 없기 때문에 〈그림 19-3〉의 ④ 요인 〈성별〉의 주 효과를 검증한다.

① 요인의 주 효과가 있다
〈표 19-8〉 모형2는 요인 〈성별〉의 주 효과의 유의도 검증 결과를 보여준다. 〈성별〉의 순수한 설명변량은(R제곱 변화량에 제시됨) '0.233'이고, F 값 '6.963'(F 변화량에 제시됨), 자유도 '1, 21', 유의확률 값(유의확률 F 변화량에 제시됨)은 0.05보다 작기 때문에 〈성별〉의 주 효과가 있다는 결론을 내린다. 즉, 〈성별〉에 따라 〈음주태도〉에 차이가 나타났다. 〈성별〉의 주 효과가 나타났기 때문에 〈그림 19-3〉의 ⑧로 가서 ANOVA 결과를 해석한다. 〈표 19-10〉의 모형2에서 보듯이 D1남성의 t 값이 '2.639'이고, 유의확률 값은 0.05보다 작기 때문에 남성이 여성에 비해 음주에 긍정적인 태도를 갖고 있다는 사실을 알 수 있다.

② 요인의 주 효과가 없다
공변인 〈연령〉의 주 효과가 유의미하지 않고, 요인 〈성별〉의 주 효과도 유의미하지 않을 경우에는 〈그림 19-3〉의 ⑨ 독립변인이 종속변인에 미치는 효과가 없다는 결론을 내리면 된다. 즉, 〈성별〉과 〈연령〉은 〈음주태도〉에 영향을 미치지 않는다.

6. 주 효과만 가정한 가변인 회귀모델의 유의도 검증

1) 연구절차

주 효과만 가정한 가변인 회귀모델의 연구절차는 〈그림 19-6〉과 같이 진행된다. 연구절차의 순서를 살펴보면 ① 공변인의 주 효과를 검증한 후 유의미하면, ② 요인의 주 효과를 검증한다. 만일 요인의 주 효과가 있다면, ④ 요인의 집단별(유목별) 회귀방정식을 만들어 해석하고 분석을 마친다. 그러나 만일 요인의 주 효과가 없다면, ⑤ 공변인으로

그림 19-6 **주 효과만 가정한 가변인 회귀모델의 연구절차**

① 공변인 검증

유의미 ↙ ↘ 의미 없음

② 요인 검증   ③ 요인 검증

유의미 ↙   ↘ 의미 없음   유의미 ↙   ↘ 의미 없음

④ 집단별(유목별)   ⑤ 회귀방정식 해석   ⑥ 변량분석 해석   ⑦ 의미 없음 결론

만 구성된 회귀방정식을 만들어 해석하고 분석을 마친다.

①공변인의 주 효과가 없어도 ③요인의 주 효과를 검증한다. 만일 요인의 주 효과가 있다면, ⑥ANOVA 결과를 해석하고 분석을 마친다. 그러나 만일 요인의 주 효과가 없다면, ⑦주 효과가 없다는 결론을 내리고 분석을 마친다. 독립변인이 종속변인에 미치는 주 효과만 가정한 가변인 회귀모델의 분석방법은 앞의 상호작용 효과와 주 효과 분석방법에서 살펴봤기 때문에 여기서는 설명을 생략한다.

2) 회귀모델의 유의도 검증

주 효과의 가변인 회귀모델의 유의도 검증과정은 앞의 상호작용과 주 효과를 가정한 가변인 회귀모델의 유의도 검증에서 살펴봤기 때문에 여기서는 설명을 생략한다.

3) 주 효과의 유의도 검증

주 효과의 유의도 검증과정은 앞의 상호작용과 주 효과의 유의도 검증에서 살펴봤기 때문에 여기서는 설명을 생략한다.

7. 결과 분석: 영향력 값 해석

상호작용 효과와 주 효과의 영향력 값은 〈표 19-8〉의 R제곱 변화량에 제시되어 있다. 상호작용 효과의 영향력 값 R^2은 '0.513'으로 종속변인에게 미치는 영향력이 매우 크다는 것을 보여준다. 상호작용 효과가 있다면 여기서 분석을 마친다.

그러나 상호작용 효과가 없다면 통계적으로 유의미한 개별 주 효과의 영향력 값만 해석한다. 〈성별〉의 주 효과는 있고, 〈성별〉이 〈음주태도〉에 미치는 영향력 값 R^2은 '0.

233'으로 영향력이 어느 정도 있다는 것으로 나타났다. 그러나 〈연령〉의 주 효과는 없기 때문에 〈연령〉이 〈음주태도〉에 미치는 영향력 값을 해석하지 않는다.

8. 가변인 회귀분석 논문작성법

1) 연구절차

(1) 가변인 회귀분석에 적합한 연구가설을 만든다

연구가설	독립변인		종속변인	
	변인	측정	변인	측정
성별과 연령에 따라 텔레비전시 청시간에 차이가 나타난다	성별과 연령	(1) 성별: 여성과 남성으로 측정 (2) 연령: 응답자의 실제 나이를 측정	텔레비전 시청시간	실제 시청시간(분)

(2) 유의도 수준을 정한다: $p < 0.05$(95%) 또는 $p < 0.01$(99%) 중 하나를 결정한다

(3) 표본을 선정하여 데이터를 수집한 후 컴퓨터에 입력한다

(4) SPSS/PC[+] 프로그램 중 가변인 회귀분석을 실행한다

2) 연구결과 제시 및 해석방법

(1) 가변인 회귀분석표를 만든다

〈표 19-15〉 모형3에서 보듯이 자유도 '3, 20'에서 F 값은 '31.823'의 유의확률 값은 0.05보다 작기 때문에 전체 모델은 유의미한 것으로 나타났다. 상호작용 효과와 주 효과 중 어느 것이 유의미한 지를 판단하기 위해 〈표 19-16〉의 상호작용 효과의 유의도 검증 결과를 분석한다.

〈표 19-16〉 모형3에서 보듯이 〈성별〉과 〈연령〉이 〈텔레비전시청시간〉에 미치는 상호 작용 효과가 없음을 알 수 있다[R제곱: 0.04, $F(1, 20)$: 0.452, 유의확률: 0.509].

〈표 19-15〉 모형2에서 보듯이 자유도 '2, 21'에서 F 값은 '48.783'의 유의확률 값은 0.05보다 작기 때문에 주 효과 모델은 유의미한 것으로 나타났다. 주 효과 중 어느 것이 유의미한 지를 판단하기 위해 〈표 19-16〉의 주 효과의 유의도 검증 결과를 분석한다.

표 19-15 **회귀모델의 유의도 검증 결과**

모형		제곱합	자유도	평균 제곱	F	유의확률
1	회귀모형	42.008	1	42.008	7.076	0.014*
	잔차	130.617	22	5.937		
	합계	172.625	23			
2	회귀모형	142.050	2	71.025	48.783	0.000**
	잔차	30.575	21	1.456		
	합계	172.625	23			
3	회귀모형	142.725	3	47.575	31.823	0.000***
	잔차	29.900	20	1.495		
	합계	172.625	23			

* 예측값: (상수), 연령
** 예측값: (상수), 연령, D1 여성
*** 예측값: (상수), 연령, D1 여성, D1 여성연령

표 19-16 **설명변량과 유의도 검증 결과**

모형	R	R제곱	수정된 R제곱	추정값의 표준오차	통계량 변화량				
					R제곱 변화량	F변화량	자유도1	자유도2	유의확률 F 변화량
1	.493*	.243	.209	2.43662	.243	7.076	1	22	.014
2	.907**	.823	.806	1.20663	.580	68.712	1	21	.000
3	.909***	.827	.801	1.22270	.004	.452	1	20	.509

* 예측값: (상수), 연령
** 예측값: (상수), 연령, D1 여성
*** 예측값: (상수), 연령, D1 여성, D1 여성연령

표 19-17 **가변인 회귀모델의 회귀계수**

모형		비표준화 계수		표준화 계수	t	유의확률
		B	표준오차	베타		
1	(상수)	4.917	1.218		4.036	.001
	연령	.237	.089	.493	2.660	.014
2	(상수)	6.958	.652		10.678	.000
	연령	.237	.044	.493	5.371	.000
	D1	-4.083	.493	-.761	-8.289	.000
3	(상수)	7.333	.865		8.482	.000
	연령	.207	.063	.431	3.273	.004
	D1	-4.833	1.223	-.901	-3.953	.001
	연령성별	.060	.089	.165	.672	.509

〈표 19-16〉 모형2는 〈성별〉의 주 효과가 있음을 보여준다[R제곱: 0.580, F(1, 21): 68.712, 유의확률: 0.000]. 즉, 〈성별〉은 〈텔레비전시청시간〉에 영향을 미치는 것으로 나타났다. 또한 모형1은 〈연령〉의 주 효과도 있음을 보여준다[R제곱: 0.243, F(1, 22): 7.076, 유의확률: 0.014]. 즉, 〈연령〉은 〈텔레비전시청시간〉에 영향을 미치는 것으로 나타났다. 두 독립변인의 주 효과가 나타났기 때문에 〈표 19-17〉 모형2의 비표준 회귀계수를 사용하여 각 집단의 가변인 회귀방정식을 만들어 분석한다.

① 전체 가변인 회귀방정식

〈표 19-17〉 모형2의 비표준 회귀계수를 넣어 전체 가변인 회귀방정식을 다음과 같이 만든다.

$$Y' = 6.958 + (0.237)X_{(연령)} + (-4.083)D1여성$$

② 성별 회귀방정식

전체 가변인 회귀방정식에 성별 각 집단의 점수(여성: '1', 남성: '0')를 넣어, 성별 각 집단의 비표준 회귀방정식을 만든다.

여성의 가변인 회귀방정식

$$Y' = 6.958 + (0.237)X + (-4.083)(1)$$
$$Y' = (6.958 - 4.083) + 0.237X$$
$$Y' = 2.875 + 0.237X$$

남성의 가변인 회귀방정식

$$Y' = 6.958 + (0.237)X + (-4.083)(0)$$
$$Y' = 6.958 + 0.237X$$

③ 그래프

〈그림 19-7〉에서 X축은 〈연령〉을, Y축은 〈텔레비전시청시간〉을 보여주고, 두 개의 회귀선은 〈남성〉과 〈여성〉을 나타낸다. 두 회귀선의 기울기는 같기 때문에 평행선이다.

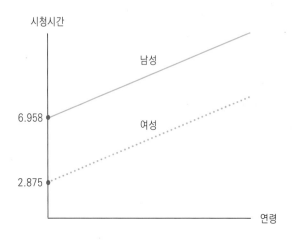

그림 19-7 **성별과 연령이 텔레비전시청시간에 미치는 주 효과**

④ 해 석

〈성별〉과 〈연령〉은 〈텔레비전시청시간〉에 영향을 주는 것으로 나타났다. 구체적으로 살펴보면 연령에 관계없이 남성은 여성에 비해 텔레비전을 더 많이 시청하는 것으로 나타났다.

⑤ 영향력 값 해석

〈성별〉이 〈텔레비전시청시간〉에 미치는 영향력 값 R^2은 '0. 580'으로 영향력이 어느 정도 있다는 것을 알 수 있다. 〈연령〉이 〈텔레비전시청시간〉에 미치는 영향력 값 R^2은 '0. 243'으로 영향력이 어느 정도 있다는 것을 알 수 있다. 이 결과는 〈성별〉이 〈연령〉에 비해 〈텔레비전시청시간〉에 미치는 영향력이 크다는 것을 보여준다.

참고문헌

오택섭 · 최현철 (2003), 《사회과학 데이터 분석법 ②》, 나남.

Cohen, J. et al. (2002), *Applied Multiple Regression: Correlation Analysis for the Behavioral Science* (P. Cohen, ed.) (3rd ed.), Lawrence Erlbaum Associates.

Hastie, T. et al., (2001) *The Elements of Statistical Learning*, Springer Verlag.

Lewis-Beck, M. S. (1980), *Applied Regression: An Introduction* (J. L. Sullivan, ed.), Series: Quantitative Applications in the Social Sciences. Beverly Hills: Sage Publication inc.

Miles, J., & Shevlin, M. (2001), *Applying Regression and Correlation: A Guide for Students and Researchers*, Sage Publications.

Nie, N. H. et al. (1975), *SPSS: Statistical Package for the Social Sciences* (2nd ed.), New York: McGraw-Hill Book Company.

Norusis, M. J. (2000), *SPSS 10.0 Guide to Data Analysis* (Book and Disk ed.), Prentice Hall.

Pallant, J. (2001), *SPSS Survival Manual: A Step By Step Guide to Data Analysis Using SPSS for Windows(Version 10)* (1st ed.), Open Univ Pr.

Pedhazur, E. J. (1997), *Multiple Regression in Behavioral Research* (3rd ed.), Belmont, CA: Wadsworth.

20

통로분석 path analysis

이 장에서는 등간척도(또는 비율척도)로 측정한 한 개 이상 여러 개의 외부변인(*exogenous variable*)과 등간척도(또는 비율척도)로 측정한 두 개 이상 여러 개의 내부변인 (*endogenous variable*) 간의 인과관계를 분석하는 통로분석(*path analysis*)을 살펴본다.

1. 정 의

통로분석(*path analysis*)은 〈표 20-1〉에서 보듯이 등간척도(또는 비율척도)로 측정한 한 개 이상 여러 개의 외부변인(*exogenous variable*)과 등간척도(또는 비율척도)로 측정한 내 부변인(*endogenous variable*)과의 인과관계뿐 아니라 내부변인과 내부변인과의 인과관계 를 검증함으로써 변인 간의 직접 영향력과 간접 영향력, 이를 합한 전체 영향력을 분석 하는 통계방법이다.

　통로분석은 회귀분석을 발전시킨 방법으로서 SPSS/PC⁺(23.0) 프로그램에 별도의 통 로분석 프로그램은 없다. 뒤에서 자세히 살펴보겠지만, 연구모델(통로분석에서는 통로모 델이라고 부른다)에 있는 내부변인의 수만큼 여러 차례 회귀분석을 실행하여 필요한 결 과를 얻는다. 예를 들어 연구모델에서 내부변인의 수가 두 개라면 회귀분석을 두 번 실

표 20-1 **통로분석의 조건**

1. 외부변인
   1) 측정: 등간척도(또는 비율척도)
   2) 수: 한 개 이상 여러 개

2. 내부변인
   1) 측정: 등간척도(또는 비율척도)
   2) 수: 분석 단계별 한 개

행하면 되고, 내부변인의 수가 세 개라면 회귀분석을 세 번 실행하면 된다.

통로분석을 사용하기 위한 조건을 알아보자.

1) 변인의 용어

통로분석에서는 독립변인이나 종속변인 대신 외부변인(또는 외생변인)이나 내부변인(또는 내생변인)이라는 용어를 사용한다. 변인의 이름이 다른 이유는 통로분석의 특성 때문이다. 회귀분석에서 변인의 역할은 원인이나 결과 두 가지 중 하나이기 때문에 독립변인과 종속변인 용어로 충분하다. 그러나 통로분석에서는 여러 변인 간의 인과관계를 여러 단계로 나누어 분석하는 통로모델의 특성상 특정 변인이 독립변인이 되기도 하고, 때로는 종속변인이 되기도 하기 때문에 독립변인과 종속변인 용어를 사용해서는 혼란을 피할 수 없다.

〈그림 20-1〉의 통로모델의 예를 들어 변인의 이름을 알아보자. 네 개의 변인(〈연령〉, 〈교육〉, 〈정치적 성향〉, 〈투표행위〉) 간의 인과관계가 세 단계로 이루어졌다고 가정하자. 첫 번째 인과관계(즉, 첫 번째 회귀분석)에서 〈연령〉은 독립변인이고, 〈교육〉은 종속변인이다. 두 번째 인과관계(즉, 두 번째 회귀분석)에서 첫 번째에서 종속변인인 〈교육〉은 독립변인 〈연령〉과 함께 종속변인 〈정치적 성향〉에게 영향을 미치는 독립변인이 된다. 세 번째 인과관계(즉, 세 번째 회귀분석)에서 첫 번째 단계에서 종속변인인 〈교육〉과 두 번째 단계에서 종속변인인 〈정치적 성향〉은 독립변인 〈연령〉과 함께 종속변인 〈투표행위〉에게 영향을 미치는 독립변인이 된다. 이처럼 단계마다 같은 변인이라도 역할이 달라지기 때문에 독립변인과 종속변인 용어로 변인을 구분하는 것은 불가능하다.

통로모델에서 〈연령〉은 첫 번째와 두 번째, 세 번째 인과관계에서 항상 독립변인의 역할을 수행한다. 이처럼 통로모델에서 〈연령〉처럼 독립변인으로만 존재하는 변인을 외부변인이라고 부른다. 반면 〈교육〉은 첫 번째 인과관계에서는 종속변인이지만, 두 번째와 세 번째 인과관계에서는 독립변인이 된다. 〈정치적 성향〉은 두 번째 인과관계에서는 종속변인이지만, 세 번째 인과관계에서는 독립변인이 된다. 〈투표행위〉는 세 번째 인과관계에서 종속변인의 역할만 수행한다. 〈교육〉과 〈정치적 성향〉처럼 독립변인이 되기도 하고, 종속변인이 되기도 하는 변인과 〈투표행위〉처럼 종속변인으로만 존재하는 변인을 내부변인이라고 부른다. 즉, 통로모델에서 독립변인으로만 존재하는 변인은 외부변인이고, 각 단계에서 종속변인이 되는 변인은 내부변인이다. 〈그림 20-1〉은 한 개의 외부변인(〈연령〉)과 세 개의 내부변인(〈교육〉, 〈정치적 성향〉, 〈투표행위〉) 간의 인과관계를 세 단계로 설정한 통로모델이다.

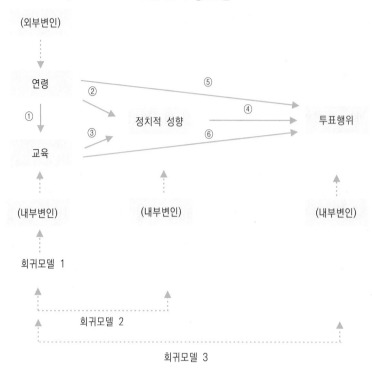

그림 20-1 **통로모델**

2) 변인의 측정

통로분석에서 외부변인과 내부변인은 등간척도(또는 비율척도)로 측정되어야 한다. 그러나 외부변인을 명명척도로 측정한 경우에는 가변인으로 바꾸어 사용한다〔가변인을 사용한 회귀분석에 대해 알고 싶은 독자는 제 17장 가변인 회귀분석 ①과 제 18장 가변인 회귀분석 ②, 제 19장 가변인 회귀분석 ③을 참조하기 바란다〕. 그러나 명명척도로 측정한 변인은 내부변인으로 사용할 수 없다.

3) 변인의 수

통로분석에서 사용하는 외부변인의 수는 한 개 이상 여러 개다. 내부변인의 수는 두 개 이상 여러 개인데, 각 분석 단계에서 내부변인의 수는 반드시 한 개여야 한다.

4) 통로모델 제시방법

일반적으로 통로분석에서는 연구가설을 문장으로 제시하지 않고 그림으로 제시한다. 또한 분석결과도 표로 제시하는 대신에 그림으로 제시한다. 통로분석은 외부변인이 내부변인에게, 내부변인이 다른 내부변인에게 미치는 직접적인 영향력과 간접적인 영향력, 둘을 합한 전체 영향력을 동시에 분석하는 방법이기 때문에 변인 간의 직-간접적인 인과관계를 문장으로 제시하는 것은 쉽지 않다. 그러나 그림을 사용하면 변인 간의 직-간접적인 인과관계를 쉽게 보여줄 수 있다.

통로분석은 연구가설과 분석결과를 그림을 통해 제시하기 때문에 그림을 그릴 때 자주 사용하는 기호를 이해할 필요가 있다.

① 실선 화살표(→)는 한 변인이 다른 변인에게 영향을 준다는 의미이다. 예를 들어 A→B는 외부변인(또는 내부변인) A가 내부변인 B에게 영향을 준다는 것이다.

② 점선 화살표(⋯▶)는 한 변인이 다른 변인에게 영향을 주지 않는다는 의미이다. 예를 들어 A⋯▶B는 외부변인(또는 내부변인) A가 내부변인 B에게 영향을 주지 않는다는 것이다. 통로모델에서 두 변인 간의 인과관계가 없을 때 두 변인을 점선 화살표(⋯▶)로 연결한다.

③ 양방향 화살표가 있는 포물선(⤙⤚)은 변인 간의 상관관계는 존재하지만 인과관계가 불분명해서 연구하는 통로모델에서는 분석할 수 없다는 의미이다. 예를 들어 A⤙⤚B는 외부변인 A와 외부변인 B 간에 상관관계는 존재하지만 A와 B 간의 인과관계는 분석할 수 없다는 것이다. 이 기호는 주로 외부변인과 외부변인 간의 상관관계를 표시할 때 사용한다.

④ 양방향 화살표가 없는 포물선(⌒)은 변인 간의 상관관계가 통로모델에서 포함하지 않은 변인 때문에 생긴 의사상관관계(*spurious correlation*)이거나 인과관계 때문에 생긴 것이 아니기 때문에 분석할 필요가 없다는 의미이다. 예를 들어 A⌒B는 내부변인 A와 내부변인 B의 상관관계는 분석할 필요가 없다. 이 기호는 주로 내부변인과 내부변인 간의 인과관계가 없을 때 사용한다.

5) 통로분석과 회귀분석 비교

통로분석의 특성을 이해하기 위해 통로모델과 회귀모델을 비교해보자. 연구자는 〈교육〉과 〈수입〉, 〈연령〉, 〈텔레비전시청시간〉 네 개의 변인 간의 인과관계를 분석한다고 가정하자.

2. 연구절차

통로분석의 연구절차는 〈표 20-2〉에 제시된 것처럼 여섯 단계로 이루어진다.

첫째, 통로분석에 적합한 통로모델을 만든다. 변인의 측정과 수에 유의하여 통로모델을 만든 후 유의도 수준(p < 0.05 또는 p < 0.01)을 정한다.

둘째, 데이터를 수집하여 입력한 후 SPSS/PC⁺(23.0)의 회귀분석을 내부변인의 수만큼 실행하여 분석에 필요한 결과를 얻는다.

표 20-2 **통로분석의 연구절차**

1. 연구가설 제시
   1) 외부변인의 수는 한 개 이상 여러 개이고 내부변인의 수는 두 개 이상
      여러 개로 등간척도(또는 비율척도)로 측정한다. 변인 간의 인과관계를 보여
      주는 통로모델을 그림으로 제시한다
   2) 유의도 수준을 정한다(p < 0.05 또는 p < 0.01)

2. 데이터 입력과 프로그램 실행
   1) 데이터를 수집하여 입력한다
   2) 회귀분석을 여러 번 실행하여 분석에 필요한 결과를 얻는다

3. 통로모델의 조건
   1) 이론에 기초
   2) 영향력의 방향은 한쪽 방향
   3) 변인 간의 모든 인과관계 설정
   4) 분석단계별 내부변인의 수는 1개

4. 통로모델 내 하위모델 검증
   1) 결과 분석 1: 전제 검증
      (1) 정상성
      (2) 선형성과 오차변량의 동질성 검증
      (3) 편차가 큰 사례 검사
      (4) 다중공선성 검증
      (5) 오차변량 간의 상관관계 '0' 검증
   2) 결과 분석 2: 통로모델의 유의도 검증
      (1) 설명변량(R^2) 검증
      (2) 변량분석 검증
   3) 결과 분석 3: 개별 통로계수 유의도 검증
   4) 결과 분석 4: 오차 상관관계계수 제시

5. 통로모델 내 다른 하위모델 검증: 4의 검증 방법과 동일함

6. 결과 분석 5: 효과계수 해석

셋째, 통로모델을 제대로 만들기 위한 네 가지 조건(이론에 기초, 영향력의 방향은 한쪽 방향, 변인 간의 인과관계 설정, 단계별 내부변인의 수는 1개)에 유의하여 통로모델을 만든다.

넷째, 통로모델 내 하위모델의 유의도 검증을 한다.

① 결과 분석의 첫 번째 단계로, 전제를 검증한다. 회귀분석에서 살펴본 전제(선형성, 오차변량의 동질성, 다중공선성, 편차가 큰 사례)를 검증하고, 통로분석에만 적용되는 오차변량의 상관관계계수 '0'의 전제를 살펴본다.

② 결과 분석의 두 번째 단계로, 통로모델의 유의도 검증을 한다. 설명변량(R^2)과 변량분석을 통한 유의도 검증방법을 실시한다.

③ 결과 분석의 세 번째 단계로, 외부변인이 내부변인, 내부변인이 다른 내부변인에게 미치는 영향력의 크기인 통로계수(표준 회귀계수)의 유의도 검증을 한다.

④ 결과 분석의 네 번째 단계로, 오차 상관관계계수를 제시한다.

다섯째, 통로모델 내 다른 하위모델의 유의도 검증을 한다. 넷째에서 제시한 네 분석 단계를 거친다.

여섯째, 결과 분석의 다섯 번째 단계로, 효과계수를 해석한다. 변인 간의 직접 영향력과 간접 영향력을 살펴보고, 이를 합한 전체 영향력(효과계수)을 계산하여 변인의 영향력의 크기를 비교한다.

3. 통로모델과 가상 데이터

1) 통로모델

(1) 통로모델

통로분석은 〈표 20-1〉에서 제시한 변인의 측정과 수의 조건만 충족한다면 무엇이든 가능하다. 통로모델은 외부변인과 내부변인 간의 직접, 간접 인과관계를 분석하기 때문에 연구가설을 문장으로 제시하기 보다는 그림으로 제시하는 것이 편리하다. 연구자는 〈수입〉과 〈내외향성향〉, 〈사회불안감〉, 〈핸드폰이용횟수〉 네 개의 변인 간의 인과관계를 분석하기 위한 통로모델을 만들었다고 가정하자. 이 통로모델의 그림과 방정식으로 나타내면 다음과 같다.

① 그림

〈그림 20-4〉은 〈수입〉과 〈내외향성향〉을 외부변인으로, 〈사회불안감〉과 〈핸드폰이용

횟수〉을 내부변인으로 정한 통로모델을 보여준다. 통로모델을 그림으로 그리는 방식은 회귀분석과 동일하다. 그림의 왼쪽에 영향을 주는 변인을 놓고, 오른쪽에 영향을 받는 변인을 놓는다. 통로모델의 왼쪽에 영향을 주는 외부변인인 〈수입〉과 〈내외향성향〉을 놓고, 중간에 영향을 받는 내부변인 〈사회불안감〉을 놓은 후, 오른쪽에 최종적으로 영향을 받는 내부변인 〈핸드폰이용횟수〉를 놓는다. 외부변인 간의 상관관계는 양방향 화살표가 있는 포물선(⌣)으로 연결되어 있는데, 이 기호는 외부변인 간의 상관관계는 존재하지만 분석할 수 없다는 의미이다. 외부변인이 내부변인에게 미치는 영향력, 내부변인이 다른 내부변인에게 미치는 영향력은 왼쪽에서 오른쪽 방향으로 가는 직선 화살표(→)로 연결된다.

그림 20-4 **통로모델**

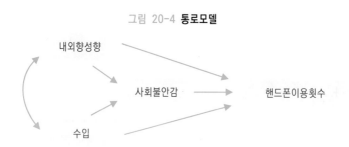

② 방정식

〈그림 20-4〉의 통로모델은 두 개의 회귀모델로 이루어졌다고 생각하면 된다. 첫 번째는 외부변인 〈수입〉과 〈내외향성향〉이 내부변인 〈사회불안감〉에 영향을 주는 회귀모델이다. 두 번째는 외부변인 〈수입〉과 〈내외향성향〉, 내부변인 〈사회불안감〉이 내부변인 〈핸드폰이용횟수〉에 영향을 주는 회귀모델이다. 내부변인의 수가 두 개(〈사회불안감〉과 〈핸드폰이용횟수〉)이기 때문에 두 번의 회귀분석을 실행하면 분석에 필요한 결과를 얻을 수 있다.

통로분석은 표준 회귀계수(베타)를 통해 변인 간의 인과관계를 분석하기 때문에 표준 회귀방정식만을 사용한다. 통로분석에서 표준 회귀계수는 통로계수(*path coefficient*)라고 부르며 'P'로 표시한다.

첫 번째 회귀모델의 표준 회귀방정식은 〈표 20-3〉에서 보듯이 두 개의 외부변인 〈수입〉과 〈내외향성향〉이 한 개의 내부변인 〈사회불안감〉에 미치는 영향력을 분석하는 1차방정식이다. 두 번째 회귀모델의 표준 회귀방정식은 〈표 20-4〉에서 보듯이 두 개의 외부변인 〈수입〉과 〈내외향성향〉과 한 개의 내부변인 〈사회불안감〉이 다른 내부변인 〈핸드폰이용횟수〉에 미치는 영향력을 분석하는 1차방정식이다.

표 20-3 **첫 번째 표준 회귀방정식**

$$Y_1' = P_1 \times X_1 + P_2 \times X_2$$

Y_1': 내부변인 표준점수(〈사회불안감〉)
X_1: 외부변인 표준점수(〈수입〉)
X_2: 외부변인 표준점수(〈내외향성향〉)
P_1, P_2: 통로계수(표준 회귀계수)

표 20-4 **두 번째 표준 회귀방정식**

$$Y_2' = P_1 \times X_1 + P_2 \times X_2 + P_3 \times Y_1$$

Y_2': 내부변인 표준점수(〈핸드폰이용횟수〉)
X_1: 외부변인 표준점수(〈수입〉)
X_2: 외부변인 표준점수(〈내외향성향〉)
Y_1: 내부변인 표준점수(〈사회불안감〉)
P_1, P_2, P_3: 통로계수(표준 회귀계수)

(2) 변인의 측정

외부변인 〈수입〉은 응답자의 월 평균 수입으로 5점 척도(① 200만 원 미만, ② 200만 원 이상 300만 원 미만, ③ 300만 원 이상 400만 원 미만, ④ 400만 원 이상 500만 원 미만, ⑤ 500만 원 이상)로 측정한다. 외부변인 〈내외향성향〉은 응답자의 성향을 5점 척도(1점: 매우 내성적부터 5점: 매우 외향적까지)로 측정한다. 내부변인 〈사회불안감〉은 응답자의 사회 불안 인식 정도를 5점 척도(1점: 거의 불안하지 않다부터 5점: 매우 불안하다까지)로 측정한다. 내부변인 〈핸드폰이용횟수〉는 응답자의 실제 하루 핸드폰이용횟수로 측정한다.

(3) 유의도 수준

유의도 수준을 $p < 0.05$(또는 $\alpha < 0.05$)로 정한다. 유의확률이 0.05보다 작으면 연구가설을 받아들이고, 크면 영가설을 받아들인다.

2) 가상 데이터

이 장에서 분석하는 〈표 20-5〉의 데이터는 필자가 임의적으로 만든 것이어서 표본의 수가 적고(25명) 결과가 꽤 잘 나오게 만들었다(이 데이터를 사용하여 다변인 회귀분석 프로그램을 실행해보기 바란다). 그러나 실제 연구에서는 표본의 수도 훨씬 많고, 이 장에서 제시하는 것만큼 결과가 잘 나오지 않을 수 있다.

표 20-5 **통로분석의 가상 데이터**

응답자	수입	내외향 성향	사회 불안감	핸드폰 이용횟수	응답자	수입	내외향 성향	사회 불안감	핸드폰 이용횟수
1	2	4	1	10	14	3	3	3	40
2	3	3	1	30	15	2	3	3	30
3	2	4	1	20	16	3	2	4	30
4	4	4	1	40	20	4	3	4	40
5	3	3	1	20	18	4	3	4	40
6	3	2	2	10	19	3	2	4	50
7	1	3	2	10	20	3	3	4	40
8	4	3	2	20	21	5	2	5	50
9	3	2	2	20	22	4	2	5	40
10	3	1	2	10	23	3	1	5	20
11	4	2	3	30	24	4	3	5	40
12	3	2	3	30	25	4	2	5	50
13	2	1	3	20					

4. SPSS/PC⁺ 실행방법

1) 1단계: 수입, 내외향성향 → 사회불안감

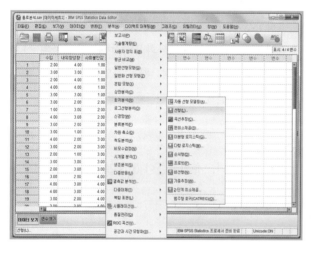

[실행방법 1] 분석방법 선택

메뉴판의 [분석(A)]을 선택하여
[회귀분석(R)]을 클릭하고 [선형(L)]을
클릭한다.

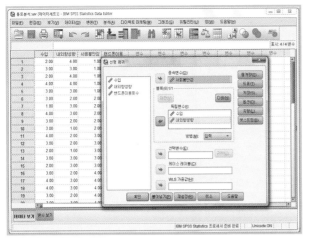

[실행방법 2] 분석변인 선택

[선형회귀] 창이 나타나면 왼쪽의 변수들
중에서 종속변인 〈사회불안감〉을
[종속변수(D)]로 옮긴다(➡).
독립변수인 〈수입〉과 〈내외향성향〉도
[독립변수(I)]로 이동시킨다(➡).
[방법(M)]에는 [입력]이 기본으로
설정되어 있다.

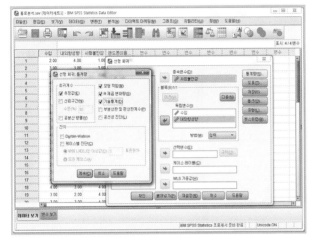

[실행방법 3] 통계량 선택

왼쪽의 [통계량(S)]을 클릭하면
[선형회귀: 통계량] 창이 나타난다.
[회귀계수]의 [☑추정값(E)]을 선택하고
오른쪽의 [☑ 모형적합(M)]은
기본으로 설정되어 있다.
[☑ R제곱 변화량(S)],
[☑ 기술통계(D)]를 선택한다.
[계속]을 클릭한다.
[실행방법 2]의
[선형회귀분석] 창으로 돌아가면
아래의 [확인]을 클릭한다.

[분석결과 1] 기술통계량

분석 결과가 새로운 창에
*출력결과 1[문서 1]로 나타난다.
[기술통계량] 표에는 독립변인(내외향성향,
수입)과 종속변인(사회불안감)의 평균값,
표준편차, 사례 수가 각각 제시된다.

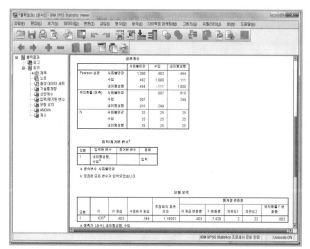

[분석결과 2] 상관계수,
입력/제거된 변수, 모형 요약

[상관계수] 표에는 독립변인과 종속변인의
Pearson 상관계수, 유의확률, 사례수가
제시된다.
[입력/제거된 변수] 표에는 분석에 사용된
독립변인과 제거된 독립변인이 제시된다.
[모형요약] 표에는 R. R제곱,
수정된 R 제곱 등이 제시된다.

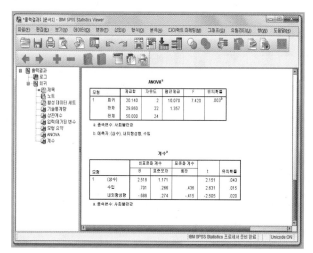

[분석결과 3] 유의도 검증

[ANOVA] 표에는 회귀분석 모형에 대한
검증 결과인 F 값과 유의확률 등이
제시된다.
[계수] 표에는 독립변인(내외향성향, 수입)의
종속변인(사회불안감)에 대한
비표준화 계수, 표준화 계수(베타),
t 값, 유의확률 등이 제시된다.

2) 2단계: 수입, 내외향성향, 사회불안감 → 핸드폰사용시간

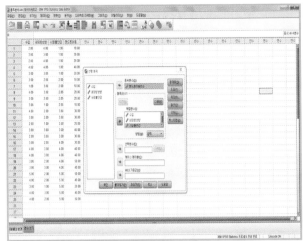

[실행방법 1] 분석방법과 분석변인 선택

1단계의 [실행방법 1]과 같이 메뉴판의
[분석(A)]을 선택하여 [회귀분석(R)]을
클릭하고 [선형(L)]을 클릭한다.
[선형회귀] 창이 나타나면 왼쪽의 변수들
중에서 〈핸드폰사용시간〉을
[종속변수(D)]로 옮긴다(➡).
독립변수인 〈수입〉, 〈내외향성향〉,
〈사회불안감〉도
[독립변수(I)]로 이동시킨다(➡).
[방법(M)]에는 [입력]이 기본으로
설정되어 있다.

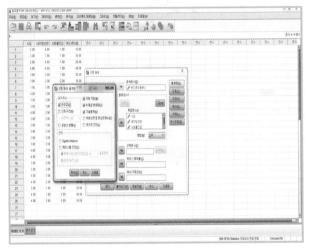

[실행방법 2] 통계량 선택

왼쪽의 [통계량(S)]을 클릭해
[선형회귀: 통계량] 창이 나타나면
[회귀계수]의 [☑ 추정값(E)]을 선택하고
오른쪽의 [☑ 모형적합(M)]은
기본으로 설정되어 있다.
[☑ R제곱 변화량(S)],
[☑ 기술통계(D)]를 선택한다.
[계속]을 클릭한다.
[실행방법 1]의 [선형회귀] 창으로
돌아가면 아래의 [확인]을 클릭한다.

[분석결과 1] 기술통계량

분석 결과가 새로운 창
*출력결과 1[문서 1]로 나타난다.
[기술통계량] 표 안에는 독립변인
(내외향성향, 수입, 사회불안감)과
종속변인(핸드폰사용시간)의
평균값, 표준편차, 사례 수가
각각 제시된다.

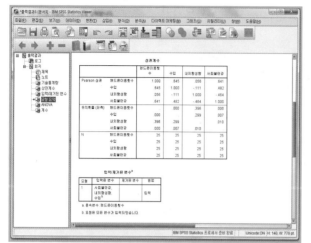

[분석결과 2] 상관계수, 입력/제거된 변수

[상관계수] 표에는 독립변인과 종속변인의 Pearson 상관계수, 유의확률, 사례수가 제시된다.
[입력/제거된 변수] 표에는 분석에 사용된 독립변인과 제거된 독립변인이 제시된다.

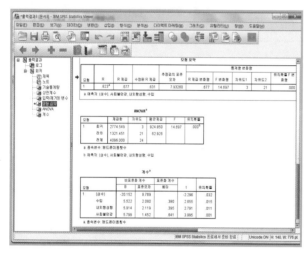

[분석결과 3] 유의도 검증

[모형요약] 표에는 R. R제곱, 수정된 R 제곱 등이 제시된다.
[ANOVA] 표에는 회귀분석모형에 대한 검증결과인 F 값과 유의확률 등이 제시된다.
[계수] 표에는 독립변인 (내외향성향, 수입, 사회불안감)의 종속변인(핸드폰사용시간)에 대한 비표준화 계수, 표준화 계수(베타), t 값, 유의확률 등이 제시된다.

5. 통로모델의 조건

통로분석에 적합한 통로모델을 만들기 위해서는 네 가지 조건을 고려해야 한다. 첫째는 통로모델에서 설정한 변인 간의 인과관계는 이론이나 기존 연구에 기초해야 한다. 둘째, 통로모델에서 변인 간의 인과관계는 한쪽 방향으로 설정돼야 한다. 셋째, 통로모델에서 변인 간의 인과관계는 전부 설정돼야 한다. 넷째, 분석 단계별 내부변인의 수는 한 개여야 한다. 외견상으로는 통로모델처럼 보여도 이 네 가지 조건이 충족되지 않는다면 적합한 통로모델이 아니다. 따라서 네 가지 조건을 충족하는 통로모델을 만들도록 신경 써야 한다. 이 중 첫째 조건은 연구자 이론이나 기존 연구에 바탕을 두지 않고 변인을 선정하거나, 인과관계를 설정해서는 안 된다는 것이다. 연구가설을 만들 때 이론이 중요하다는 것을 새삼 강조할 필요가 없기 때문에 여기서는 둘째와 셋째, 넷째 조건을 중심으로 살펴본다.

1) 영향력의 방향은 한쪽 방향으로 설정

적합한 통로모델이 되기 위해서는 한 변인에서 다른 변인으로 가는 영향력이 반드시 한쪽 방향(recursive)으로 가도록 설정돼야 한다. 즉, 영향력의 방향이 외부변인에서 내부변인으로, 내부변인에서 다른 내부변인으로 가야 한다. 그림에서 영향력의 방향이 왼쪽에서 오른쪽으로 가야 한다.

〈그림 20-5〉의 통로모델은 변인 간의 영향력이 한쪽 방향으로 가기 때문에 적합한 모델이다. 외부변인 〈교육〉과 〈연령〉에서 내부변인 〈수입〉으로, 외부변인 〈교육〉, 〈연령〉과 내부변인 〈수입〉에서 다른 내부변인 〈텔레비전시청시간〉으로 영향력의 방향이 왼쪽에서 오른쪽으로 간다.

〈그림 20-6〉의 모델은 외견상으로는 적합한 통로모델처럼 보이지만, 외부변인 〈교육〉과 〈연령〉에서 내부변인 〈수입〉으로 영향력의 방향이 왼쪽에서 오른쪽으로 가지만, 내부변인 〈수입〉에서 다른 내부변인 〈텔레비전시청시간〉으로 영향력의 방향이 오른쪽에서 왼쪽으로 가기 때문에 적합한 통로모델이 아니다. 〈그림 20-7〉의 모델도 외부변인 〈교육〉과 〈연령〉에서 내부변인 〈수입〉으로 영향력의 방향이 왼쪽에서 오른쪽으로 가지만, 내부변인 〈수입〉에서 다른 내부변인 〈텔레비전시청시간〉으로 가는 영향력과 〈텔레

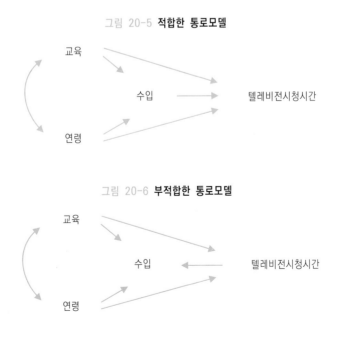

그림 20-5 **적합한 통로모델**

그림 20-6 **부적합한 통로모델**

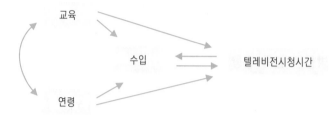

그림 20-7 **부적합한 통로모델**

비전시청시간〉에서 〈수입〉으로 가는 영향력은 양방향(상호인과관계)이기 때문에 적합한 통로모델이 아니다. 〈그림 20-5〉는 통로분석을 사용하여 변인 간의 인과관계를 분석할 수 있지만, 〈그림 20-6〉과 〈그림 20-7〉은 통로분석을 사용해서는 분석할 수 없고, LISREL로 분석해야 한다(제 28장 LISREL을 참조하기 바란다).

2) 변인 간의 인과관계가 전부 설정되어야 한다

적합한 통로모델이 되기 위해서는 통로모델에서 사용되는 변인 간의 인과관계가 전부 설정되어야 한다. 즉, 변인 간의 통로가 전부 연결돼야 한다는 것이다. 이 조건이 충족되어야만 외부변인이 내부변인에게, 내부변인이 다른 내부변인에게 미치는 영향력의 크기인 통로계수를 회귀분석을 통해 정확하게 계산할 수 있다. 통로모델에서 외부변인과 내부변인, 내부변인과 다른 내부변인과의 인과관계 중 일부가 설정되지 않거나, 인과관계가 양방향인 경우에는 통로분석을 사용할 수 없고, LISREL을 사용해야 한다. 변인 간의 인과관계를 어떻게 설정하느냐에 따라 통로계수를 구하는 방법이 결정되기 때문에 주의를 기울여야 한다. 이 문제는 LISREL에서 살펴본다.

〈그림 20-5〉는 외부변인과 내부변인, 내부변인과 다른 내부변인과의 인과관계가 전부 설정되어 있어서 회귀분석을 통해 통로계수를 정확하게 계산할 수 있기 때문에 적합한 통로모델이다. 이 통로모델을 적정정보 모델(*just-identified model*)이라고 부른다. 그러나 〈그림 20-8〉은 외부변인 〈연령〉에서 내부변인 〈수입〉으로 가는 인과관계와 외부변인 〈교육〉에서 다른 내부변인 〈텔레비전시청시간〉으로 가는 인과관계가 설정되지 않기 때문에 통로분석으로 통로계수를 계산할 수 없는 부적합한 통로모델이다. 이 통로모델을 정보과잉 모델(*over-identified model*)이라고 부르는데 LISREL을 사용해야 통로계수를 계산할 수 있다. 〈그림 20-9〉는 내부변인 〈수입〉과 〈텔레비전시청시간〉과의 인과관계가 양방향으로 설정되어 있기 때문에 통로분석으로 통로계수를 계산할 수 없는 부적합한 통로모델이다. 이를 정보부족 모델(*under-identified model*)이라고 부르는데 LISREL을 사용해야 통로계수를 계산할 수 있다.

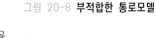

그림 20-8 **부적합한 통로모델**

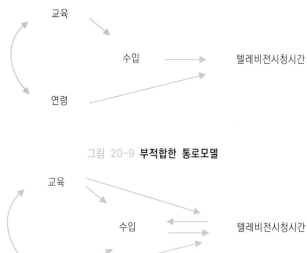

그림 20-9 **부적합한 통로모델**

3) 분석 단계별 내부변인의 수는 한 개여야 한다

통로모델은 여러 개의 회귀모델로 이루어진 모델이기 때문에 각 분석 단계(각 회귀모델)에서 내부변인의 수는 한 개여야 통로계수를 계산할 수 있다. 각 분석 단계에서 내부변인의 수가 두 개 이상 여러 개일 때에는 LISREL을 사용해야 통로계수를 계산할 수 있다.

〈그림 20-5〉의 첫 번째 분석 단계에서 내부변인의 수는 〈수입〉 한 개이고, 두 번째 분석 단계에서 내부변인의 수는 〈텔레비전시청시간〉 한 개이기 때문에 적합한 통로모델이다. 그러나 〈그림 20-10〉에서 보듯이 첫 번째 분석 단계에서 내부변인의 수는 〈수입〉 한 개여서 적합하지만, 두 번째 분석 단계에서 내부변인의 수가 〈텔레비전시청시간〉과 〈신문구독시간〉 두 개이기 때문에 부적합한 통로모델이다.

그림 20-10 **부적합한 통로모델**

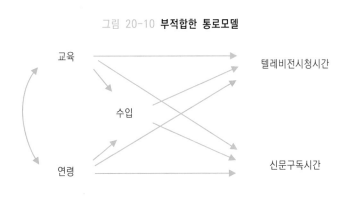

6. 통로모델의 유의도 검증: 첫 번째 모델

1) 결과 분석 1: 전제 검증

통로분석은 회귀분석을 통해 이루어지기 때문에 회귀분석의 전제가 그대로 적용된다. 회귀분석의 전제들은 제15장 단순 회귀분석과 제16장 다변인 회귀분석에서 자세히 살펴봤기 때문에 여기서는 설명을 생략한다.

(1) 선형성과 오차변량의 동질성 검증
통로분석도 회귀분석과 마찬가지로 선형성(*linearity*), 오차변량의 동질성(*homoscedasticity*)을 검증한다.

(2) 편차가 큰 사례 검사
통로분석도 회귀분석과 마찬가지로 편차가 큰 사례(*outlier*)를 검사하여 최적의 회귀선을 찾는다.

(3) 다중공선성 검증
통로분석도 회귀분석과 마찬가지로 다중공선성(*multicollinearity*)을 검증한다.

(4) 오차변량 간 상관관계는 존재하지 않는다
통로분석은 내부변인의 오차변량들 간의 상관관계는 존재하지 않는다는 전제한다. 즉, 오차변량 간의 상관관계계수를 '0'으로 전제한다. 〈그림 20-11〉의 통로모델을 예로 들면, 첫 번째 모델에서 두 개의 외부변인 〈교육〉과 〈연령〉이 내부변인 〈수입〉에게 영향을 주고, 두 번째 모델에서 외부변인 〈교육〉, 〈연령〉과 내부변인 〈수입〉이 다른 내부변인 〈텔레비전시청시간〉에 영향을 준다. 첫 번째 모델은 내부변인 〈수입〉에 영향을 주는 요인으로 외부변인 〈교육〉과 〈연령〉 두 개만 포함한다. 〈교육〉과 〈연령〉 이외에도 상당히 많은 변인(예를 들어, 통로모델 아래쪽 박스에 있는 〈성별〉과 〈근무연한〉, 〈업무능력〉)이 〈수입〉에 영향을 주겠지만, 모델에서 이 변인은 제외됐다. 이 모델에서 제외된 변인과 〈수입〉 간의 변량은 오차변량이 된다.

두 번째 모델은 〈텔레비전시청시간〉에 영향을 주는 요인으로 두 개의 외부변인 〈교육〉, 〈연령〉과 내부변인 〈수입〉 세 개만 포함한다. 첫 번째 모델에서 내부변인 〈수입〉에게 영향을 주지만 제외된 변인 〈성별〉과 〈근무연한〉, 〈업무능력〉은 두 번째 모델에서도 제외됐지만 내부변인 〈텔레비전시청시간〉에도 영향을 준다. 이 모델에서 제외된 변

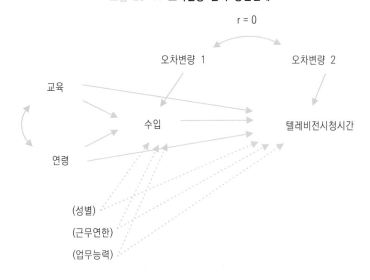

그림 20-11 **오차변량 간의 상관관계**

인과 〈텔레비전시청시간〉 간의 변량도 오차변량이 된다.

통로모델에서 제외된 〈성별〉과 〈근무연한〉, 〈업무능력〉과 〈수입〉과 〈텔레비전시청시간〉 간의 관계는 첫 번째 모델의 오차변량과 두 번째 모델의 오차변량에 포함되기 때문에 두 오차변량 간에는 상관관계가 존재할 수밖에 없다. 오차변량 간에는 상관관계가 있다고 전제하는 것이 현실적이겠지만(LISREL에서는 오차변량들 간의 상관관계가 있다고 전제함), 통로분석에서는 오차변량 간의 상관관계가 존재하지 않는다(즉, 상관관계계수는 '0')고 전제하여 통로계수를 계산한다.

2) 결과 분석 2: 통로모델의 유의도 검증

통로모델의 유의도 검증은 회귀분석의 유의도 검증과 동일하기 때문에 여기서는 통로분석의 결과만을 제시한다. 회귀분석의 유의도 검증방법을 알고 싶은 독자는 제 15장 단순회귀분석과 제 16장 다변인 회귀분석을 참조하기 바란다.

(1) 상관관계계수

첫 번째 모델을 검증하기 위해 〈표 20-6〉에 제시된 변인 간의 상관관계계수를 살펴본다. 외부변인 〈수입〉, 〈내외향성향〉과 내부변인 〈사회불안감〉 간의 상관관계계수를 살펴보면, 〈수입〉과 〈사회불안감〉은 '0.482'이고, 〈내외향성향〉과 〈사회불안감〉은 '-0.464'이다. 외부변인 〈수입〉과 〈내외향성향〉 간의 상관관계계수는 '-0.111'이다.

상관관계계수만 갖고 판단할 때, 수입이 많을수록 사회불안감이 커지며, 성격이 내성

표 20-6 **변인 간 상관관계계수**

	수입	내외향성향	사회불안감
수입	1.00		
내외향성향	-0.111	1.00	
사회불안감	0.482	-0.464	1.00

적일수록 사회불안감이 커진다는 것을 알 수 있다. 이 표본의 결과가 모집단에서도 그대로 나타나는지를 판단하기 위해서 유의도 검증을 실시한다.

(2) 결과 분석 2-1: 설명변량(R^2)을 사용한 유의도 검증

설명변량(R^2)을 사용한 유의도 검증 결과는 〈표 20-7〉에 제시되어 있다. 외부변인 〈수입〉, 〈내외향성향〉과 내부변인 〈사회불안감〉 간의 상관관계계수(R)는 '0.635', R^2 값은 '0.403'이다. 자유도1 '2'와 자유도2 '22'에서 F 값은 '7.420'이고, 유의확률 값은 '0.003'이다. 다변인 회귀분석에서 설명했듯이 자유도1은 독립변인의 수를 의미하는데 외부변인의 수가 두 개이기 때문에 '2'가 된다. 자유도2는 전체 사례 수에서 독립변인의 수를 뺀 후 다시 '1'을 뺀 값으로 전체 사례 수 25명에서 독립변인의 수 '2'를 뺀 '23'에서 다시 '1'을 뺀 값 '22'가 된다. F 값 '7.420'을 구하는 방법을 알고 싶은 독자는 제15장 단순회귀분석의 〈표 15-12〉 공식을 참조하기 바란다. 유의확률 값이 0.05보다 작은 '0.003'이기 때문에 연구자는 외부변인 〈수입〉과 〈내외향성향〉이 내부변인 〈사회불안감〉에 영향을 미친다는 연구가설을 받아들인다.

표 20-7 **설명변량(R^2)을 사용한 유의도 검증**

모형	R	R제곱	수정된 R제곱	추정값의 표준오차	통계량 변화량				
					R제곱 변화량	F 변화량	df1	df2	유의확률 F 변화량
1	0.635	0.403	0.349	1.16501	0.403	7.420	2	22	0.003

(3) 결과 분석 2-2: 변량분석을 사용한 유의도 검증

변량분석을 사용한 유의도 검증 결과는 〈표 20-8〉에 제시되어 있다. 회귀변량(설명변량으로 회귀모형의 평균 제곱에 제시되어 있음) '10.070'은 회귀모형의 제곱합 '20.140'을 자유도1인 '2'로 나눈 값이다. 반면 잔차변량(오차변량으로 잔차의 평균 제곱에 제시되어 있음) '1.357'은 잔차의 제곱합 '29.860'을 자유도2인 '22'로 나눈 값이다. F 값 '7.420'은 회귀변량 '10.070'을 잔차 '1.357'로 나눈 값이다. 자유도1 '2'와 자유도2 '22'에서 F 값은 '7.420'이고 유의확률 값은 '0.003'으로 0.05보다 작기 때문에 연구자는 외부변인 〈수

표 20-8 **변량분석을 사용한 유의도 검증**

모형	제곱합	자유도	평균 제곱	F	유의확률
회귀모형	20.140	2	10.070	7.420	0.003
잔차	29.860	22	1.357		
합계	50.000	24			

입〉과 〈내외향성향〉이 내부변인 〈사회불안감〉에 영향을 미친다는 연구가설을 받아들인다. 〈표 20-8〉의 결과는 〈표 20-7〉의 결과와 동일하기 때문에 어느 방법을 사용해도 되지만, 일반적으로 〈표 20-8〉의 변량분석 방법을 사용한다.

3) 결과 분석 3: 개별 통로계수의 유의도 검증

〈표 20-7〉과 〈표 20-8〉에서 살펴본 유의도 검증은 외부변인 〈수입〉, 〈내외향성향〉과 내부변인 〈사회불안감〉 간 인과관계의 존재 여부만을 판단해주기 때문에 개별 외부변인이 내부변인에게 미치는 영향력의 크기를 알기 위해서는 〈표 20-9〉에서 보듯이 개별 통로계수(표준 회귀계수)의 유의도를 검증해야 한다.

외부변인 〈수입〉이 내부변인 〈사회불안감〉에 미치는 통로계수는 '0.436'이고, 유의확률 값은 0.05보다 작은 '0.015'이기 때문에 외부변인 〈수입〉이 내부변인 〈사회불안감〉에 영향을 준다고 판단한다. 즉, 수입이 많을수록 사회불안감이 높은 것으로 나타났다.

두 변인 간의 상관관계계수를 살펴보면(〈표 20-6〉 참조), '0.482'로 통로계수는 상관관계 계수보다 약간 낮게 나왔다.

외부변인 〈내외향성향〉이 내부변인 〈사회불안감〉에 미치는 통로계수는 '-0.415'이고, 유의확률 값은 0.05보다 작은 '0.020'이기 때문에 외부변인 〈내외향성향〉이 내부변인 〈사회불안감〉에 영향을 준다고 판단한다. 즉, 내성적일수록 사회불안감이 높은 것으로 나타났다. 두 변인 간의 상관관계계수를 살펴보면(〈표 20-6〉 참조), '-0.464'로 통로계수는 상관관계계수보다 약간 낮게 나왔다.

외부변인 〈수입〉, 〈내외향성향〉과 내부변인 〈사회불안감〉 간의 표준 회귀방정식은 $Y' = 0.436 \times 1 + (-0.415) \times 2$ 이다.

표 20-9 **첫 번째 통로모델의 통로계수**

모형	표준계수	t	유의확률	공선성 통계량	
	베타			공차	VIF
수입	0.436	2.631	0.015	0.988	1.012
내외향성향	-0.415	-2.505	0.020	0.988	1.012

4) 결과 분석 4: 오차 상관관계계수

연구모델의 적합성은 설명변량(R^2)의 크기, 또는 오차변량($1-R^2$)의 크기 두 가지 중 하나를 사용하여 판단한다. 즉, 연구모델의 설명변량이 크기 때문에 적합하다고 판단할 수도 있고, 연구모델의 오차변량이 작기 때문에 적합하다고 판단할 수도 있다. 연구모델의 적합성을 보여주기 위해 설명변량이나 오차변량 중 어떤 것을 선택해도 상관없지만, 일반적으로 회귀분석에서는 설명변량이 클수록 적합하다고 판단하는 반면 통로분석에서는 오차변량을 제곱근한 값인 오차 상관관계계수(*error correlation coefficient*)가 작을수록 적합하다고 판단한다. 통로분석에서는 내부변인 위에 굵은 직선 화살표를 그리고 오차 상관관계계수를 제시한다.

오차 상관관계계수란 오차변량($1-R^2$)을 제곱근한 값으로 통로모델에 포함되지 않는 변인 전체와 개별 내부변인과의 상관관계계수를 말한다. 첫 번째 모델의 예를 들면, 내부변인 〈사회불안감〉에 영향을 미치는 많은 변인 중에서 단지 두 개의 변인 〈수입〉과 〈내외향성향〉이 외부변인으로 선정됐다. 외부변인 〈수입〉, 〈내외향성향〉과 내부변인 〈사회불안감〉 간의 관계는 설명변량이 되지만, 통로모델에서 제외된 변인(예를 들면, 〈성별〉이나 〈연령〉, 〈교육〉 등)과 내부변인 〈사회불안감〉 간의 관계는 오차변량이 된다. 이 오차변량을 제곱근한 값이 오차 상관관계계수이다. 오차 상관관계계수가 크면 통로모델에서 중요한 변인이 제외됐을 가능성이 크다는 것을 말하고, 오차 상관관계계수가 작으면 통로모델에 포함된 변인이 적절했다는 것을 의미한다.

오차 상관관계계수는 SPSS/PC⁺(23.0) 회귀분석 프로그램에서 계산해주지 않기 때문에 연구자가 직접 계산해야 하는데 오차 상관관계계수는 〈표 20-10〉에 제시된 공식을 이용하면 간단히 구할 수 있다. 오차 상관관계계수는 전체 변량 '1'에서 설명변량(R^2)을

표 20-10 **오차 상관관계계수 공식**

$$\text{오차 상관관계계수} = \sqrt{(1-R^2)}$$

그림 20-12 **첫 번째 통로모델 그림**

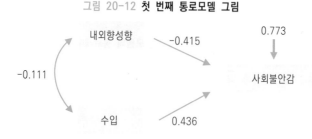

뺀 오차변량을 제곱근(√) 하면 된다.

첫 번째 모델의 설명변량은 '0.403'이기 때문에 오차변량은 '0.597'(1 - 0.403)이 된다. 오차 상관관계계수는 오차변량 '0.597'을 제곱근한 값 '0.773'이다. 〈그림 20-12〉에서 보듯이 내부변인 〈사회불안감〉 위에 굵은 직선 화살표를 그리고 오차 상관관계계수를 제시한다.

7. 통로모델의 유의도 검증: 두 번째 모델

1) 결과 분석 1: 전제 검증

두 번째 모델의 전제는 첫 번째 모델의 전제와 동일하다.

2) 결과 분석 2: 통로모델의 유의도 검증

(1) 상관관계계수

두 번째 통로모델을 검증하기 위해 〈표 20-11〉에 제시된 변인 간의 상관관계계수를 살펴본다. 외부변인 〈수입〉, 〈내외향성향〉과 내부변인 〈사회불안감〉, 〈핸드폰이용횟수〉 간의 상관관계계수를 살펴보면, 〈수입〉과 〈핸드폰이용횟수〉는 '0.645', 〈내외향성향〉과 〈핸드폰이용횟수〉는 '0.056'이고, 〈사회불안감〉과 〈핸드폰이용횟수〉는 '0.641'이다. 앞에서 〈수입〉과 〈사회불안감〉, 〈내외향성향〉과 〈사회불안감〉, 외부변인 〈수입〉과 〈내외향성향〉 간의 상관관계계수는 살펴봤기 때문에 생략한다.

상관관계계수만 갖고 판단할 때, 수입이 많을수록 핸드폰 이용횟수가 많아지며, 사회불안감이 클수록 핸드폰 이용횟수가 많아진다는 것을 알 수 있다. 내외향 성격과 핸드폰 이용횟수 간의 관계는 거의 없는 것으로 보인다. 이 표본의 결과가 모집단에서도 그대로 나타나는지를 판단하기 위해서 유의도 검증을 실시한다.

표 20-11 **변인 간 상관관계계수**

	수입	내외향성향	사회불안감	핸드폰이용횟수
수입	1.00			
내외향성향	-0.111	1.00		
사회불안감	0.482	-0.464	1.00	
핸드폰이용횟수	0.645	0.056	0.641	1.00

(2) 결과 분석 2-1: 설명변량(R^2)을 사용한 유의도 검증

설명변량(R^2)을 사용한 유의도 검증 결과는 〈표 20-12〉에 제시되어 있다. 외부변인(〈수입〉, 〈내외향성향〉)과 내부변인(〈사회불안감〉) 세 개의 변인과 다른 내부변인(〈핸드폰이용횟수〉) 간의 상관관계계수(R)는 '0.823', R^2은 '0.677'이다. 자유도 1 '3'과 자유도 2 '21'에서 F 값은 '14.697'이고, 유의확률 값은 '0.000'이다. 자유도 1은 독립변인의 수로서 외부변인(〈수입〉, 〈내외향성향〉) 두 개와 내부변인(〈사회불안감〉) 한 개를 합해 세 개이기 때문에 '3'이 된다. 자유도 2는 전체 사례 수 25명에서 독립변인의 수 '3'를 뺀 '22'에서 다시 '1'을 뺀 값 '21'이다. F 값 '14.697'을 구하는 공식을 알고 싶은 독자는 제 15장 단순 회귀분석의 〈표 15-12〉 공식을 참조하기 바란다. 유의확률 값이 0.05보다 작은 '0.000'이기 때문에 연구자는 외부변인 〈수입〉, 〈내외향성향〉과 내부변인 〈사회불안감〉이 다른 내부변인 〈핸드폰이용횟수〉에 영향을 미친다는 연구가설을 받아들인다.

표 20-12 **통로모델 유의도 검증(R^2)**

모형	R	R제곱	수정된 R제곱	추정값의 표준오차	통계량 변화량				
					R제곱 변화량	F 변화량	df1	df2	유의확률 F 변화량
1	0.823	0.677	0.631	7.93260	0.677	14.697	3	21	0.000

(3) 결과 분석 2-2: 변량분석을 사용한 유의도 검증

변량분석을 사용한 유의도 검증 결과는 〈표 20-13〉에 제시되어 있다. 회귀변량(설명변량으로 회귀모형의 평균 제곱에 제시되어 있음) '924.850'은 회귀모형의 제곱합 '2774.549'를 자유도 1인 '3'으로 나눈 값이다. 반면 잔차변량(오차변량으로 잔차의 평균 제곱에 제시되어 있음) '62.926'은 잔차의 제곱합 '1321.451'을 자유도 2인 '21'로 나눈 값이다. F 값 '14.697'은 회귀변량 '924.850'을 잔차변량 '62.926'으로 나눈 값이다. 자유도 1 '3'과 자유도2 '21'에서 F 값은 '14.697'이고 유의확률 값은 '0.000'이다. 유의확률 값이 0.05보다 작은 '0.000'이기 때문에 연구자는 외부변인 〈수입〉, 〈내외향성향〉과 내부변인 〈사회불안감〉이 다른 내부변인 〈핸드폰이용횟수〉에 영향을 미친다는 연구가설을 받아들인다.

표 20-13 **통로모델의 유의도 검증(변량분석)**

모형	제곱합	자유도	평균 제곱	F	유의확률
회귀모형	2774.549	3	924.850	14.697	0.000
잔차	1321.451	21	62.926		
합계	4096.000	24			

3) 결과 분석 3: 개별 통로계수의 유의도 검증

외부변인과 내부변인이 다른 내부변인에게 미치는 영향력의 크기를 알기 위해서는 〈표 20-14〉처럼 개별 통로계수의 유의도 검증을 실시한다.

외부변인 〈수입〉이 내부변인 〈핸드폰이용횟수〉에 미치는 통로계수는 '0.380'이고, 유의확률 값은 0.05보다 작은 '0.015'이기 때문에 외부변인 〈수입〉이 내부변인 〈핸드폰이용횟수〉에 영향을 준다고 판단한다. 즉, 수입이 많을수록 핸드폰이용횟수가 많은 것으로 나타났다. 두 변인 간의 상관관계계수를 살펴보면(〈표 20-11〉 참조) '0.645'로 나타났고, 통로계수는 상관관계계수보다 상당히 낮게 나왔다.

외부변인 〈내외향성향〉이 내부변인 〈핸드폰이용횟수〉에 미치는 통로계수는 '0.395'이고, 유의확률 값은 0.05보다 작은 '0.011'이기 때문에 외부변인 〈내외향성향〉이 내부변인 〈핸드폰이용횟수〉에 영향을 준다고 판단한다. 즉, 외향적일수록 핸드폰이용횟수가 많은 것으로 나타났다. 이 결과는 〈표 20-11〉의 상관관계계수와 다르다. 외부변인 〈내외향성향〉과 내부변인 〈핸드폰이용횟수〉 간의 상관관계계수는 '0.057'로서 매우 낮게 나타나 두 변인 간의 관계는 거의 없는 것으로 나타났는데 통로계수는 '0.395'로 상당히 관계가 있는 것으로 나타났다.

마지막으로 내부변인 〈사회불안감〉이 다른 내부변인 〈핸드폰이용횟수〉에 미치는 통로계수는 '0.641'이고, 유의확률 값은 0.05보다 작은 '0.001'이기 때문에 내부변인 〈사회불안감〉이 다른 내부변인 〈핸드폰이용횟수〉에 영향을 준다고 판단한다. 즉, 사회불안감이 높을수록 핸드폰이용횟수가 많은 것으로 나타났다. 두 변인 간의 상관관계계수를 살펴보면(〈표 20-11〉 참조) '0.641'로 나타났고, 통로계수는 상관관계계수와 같은 '0.641'이다.

외부변인 〈수입〉, 〈내외향성향〉, 내부변인 〈사회불안감〉과 다른 내부변인 〈핸드폰이용횟수〉 간의 표준 회귀방정식은 $Y' = 0.380 \times 1 + 0.395 \times 2 + 0.641 \times 3$이다.

변인 간의 상관관계계수와 통로계수를 살펴봤는데, 내부변인 〈사회불안감〉과 다른 내부변인 〈핸드폰이용횟수〉의 경우 상관관계계수와 통로계수는 동일하게 나타났지만,

표 20-14 **두 번째 통로모델의 통로계수**

모형	표준계수	t	유의확률	공선성 통계량	
	베타			공차	VIF
수입	0.380	2.655	0.015	0.751	1.331
내외향성향	0.395	2.791	0.011	0.769	1.301
사회불안감	0.641	3.995	0.001	0.597	1.675

외부변인 〈수입〉과 내부변인 〈핸드폰이용횟수〉의 경우 두 계수 간의 차이는 상당히 있고, 외부변인 〈내외향성향〉과 내부변인 〈핸드폰이용횟수〉의 경우 두 계수 간의 차이는 이해가 되지 않을 정도로 크다. 변인 간의 상관관계계수와 통로계수 간의 차이는 왜 나타나는지, 차이가 클 경우에는 어떤 결과를 신뢰해야 하는지에 대한 의문이 생긴다. 효과계수의 의미를 살펴보면서 이 문제를 다루기로 한다.

4) 결과 분석 4: 오차 상관관계계수

두 번째 모델의 설명변량은 '0.677'이기 때문에 오차변량은 '0.323'(1 - 0.677)이 된다. 오차 상관관계계수는 오차변량 '0.323'을 제곱근한 값 '0.568'이다. 〈그림 20-19〉에서 보듯이 내부변인 〈핸드폰이용횟수〉 위에 굵은 직선 화살표를 그리고 오차 상관관계계수를 제시한다.

그림 20-13 **두 번째 통로모델**

8. 통로모델 결과 제시

첫 번째 모델의 결과인 〈그림 20-12〉와 두 번째 모델의 결과인 〈그림 20-13〉을 합한 〈그림 20-14〉를 논문이나 보고서에 제시하면 된다.

그림 20-14 **전체 통로모델**

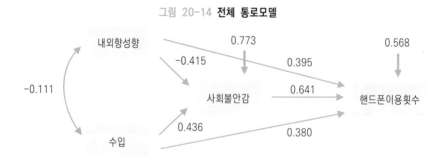

9. 효과계수

통로분석은 여러 번의 회귀분석을 실행하여 변인 간의 인과관계를 검증하기 때문에 두 방법 간에 전제와 유의도 검증방법, 해석방법에 큰 차이가 없다. 두 방법 간에 큰 차이가 없다면 왜 굳이 통로분석을 해야 하는지 의문을 가질 수 있다. 한마디로 말해, 통로분석을 하는 가장 중요한 이유는 변인 간의 인과관계를 정확하게 분석할 수 있기 때문이다. 회귀분석은 변인 간의 직접 영향력만 계산할 수밖에 없어 변인 간의 인과관계를 제대로 분석하지 못한다. 회귀분석 결과를 살펴보면, 상관관계계수보다 크거나 작은 표준 회귀계수가 나올 때도 많고, 때로는 상식적으로 이해가 되지 않는 결과(+1보다 큰, 또는 -1보다 작은 표준 회귀계수)가 나오기도 한다. 반면 통로분석은 변인 간의 직접 영향력과 간접 영향력, 두 영향력을 합한 전체 영향력을 분석하기 때문에 변인 간의 인과관계를 정확하게 분석한다. 따라서 통로분석 결과와 회귀분석의 결과가 상충된다면 통로분석 결과를 믿어야 한다. 또한 가능하면 회귀모델보다는 통로모델을 만들어 분석하는 것이 바람직하다.

통로분석은 〈표 20-15〉에서 보듯이 변인 간의 인과관계를 ① 직접 효과계수(*direct effect coefficient*), ② 간접 효과계수(*indirect effect coefficient*), ③ 두 계수를 합한 효과계수(*effect coefficient*) 분석을 통해 살펴본다. 직접 효과계수는 한 외부변인(또는 내부변인)이 한 내부변인에게 직접적으로 미치는 영향력의 크기를 말하며, 간접 효과계수는 한 외부변인이 한 내부변인을 통해 다른 내부변인에게 간접적으로 미치는 영향력의 크기를 말한다. 효과계수는 직접 효과계수와 간접 효과계수를 합한 값으로서 한 변인이 다른 변인에게 미치는 전체 영향력의 크기를 보여준다.

표 20-15 **효과계수 공식**

효과계수 = 직접 효과계수 + 간접 효과계수

1) 직접 효과계수

직접 효과계수(*direct effect coefficient*)는 외부변인이 내부변인에게, 내부변인이 다른 내부변인에게 직접적으로 미치는 영향력의 크기이다. 회귀분석에서 구한 표준 회귀계수(베타)는 독립변인이 종속변인에게 직접적으로 미치는 영향력의 크기를 보여주는데, 이 값이 직접 효과계수이다. 〈그림 20-14〉의 통로모델에서 제시된 변인 간의 통로계수가 직접 효과계수이다.

(1) 첫 번째 모델

〈표 20-16〉에서 보듯이 첫 번째 모델에서 외부변인 〈수입〉이 내부변인 〈사회불안감〉에 미치는 직접 효과계수는 통로계수인 '0.436'이고, 외부변인 〈내외향성향〉이 내부변인 〈사회불안감〉에 미치는 직접 효과계수는 통로계수인 '-0.415'이다.

(2) 두 번째 모델

〈표 20-16〉에서 보듯이 두 번째 모델에서 외부변인 〈수입〉이 내부변인 〈핸드폰이용횟수〉에 미치는 직접 효과계수는 통로계수인 '0.380'이고, 외부변인 〈내외향성향〉이 내부변인 〈핸드폰이용횟수〉에 미치는 직접 효과계수는 통로계수인 '0.395'이다. 내부변인 〈사회불안감〉이 다른 내부변인 〈핸드폰이용횟수〉에 미치는 직접 효과계수는 통로계수인 '0.641'이다.

표 20-16 **직접 효과계수**

	수입	내외향성향	사회불안감
사회불안감	0.436	-0.415	
핸드폰이용횟수	0.380	0.395	0.641

2) 간접 효과계수

간접 효과계수(*indirect effect coefficient*)는 한 외부변인이 한 내부변인을 거쳐 다른 내부변인에게 간접적으로 미치는 영향력의 크기, 또는 내부변인이 다른 내부변인을 거쳐 또 다른 내부변인에게 간접적으로 미치는 영향력의 크기이다. 간접 효과계수는 SPSS/PC$^+$(23.0)에서 계산해주지 않기 때문에 귀찮더라도 연구자가 계산해야 한다(LISREL에서는 계산해 준다).

간접 효과계수는 통계적으로 유의미한 통로계수를 곱하여 계산한다. 예를 들어 A 변인이 B 변인에게 미치는 통로계수가 유의미한 '0.3'이고, B 변인이 C 변인에게 미치는 통로계수가 유의미한 '0.4'라면 A 변인이 B 변인을 거쳐 C 변인에게 미치는 간접 효과계수는 '0.12'(0.3 × 0.4)가 된다. 만일 한 변인이 다른 변인에게 미치는 간접 효과의 수가 여러 개라면 각 간접 효과계수를 합하면 된다. 〈그림 20-14〉의 통로모델에서 간접 효과계수를 어떻게 계산하는지 알아보자. 간접 효과계수는 〈표 20-17〉에 제시되어 있다.

(1) 첫 번째 모델

첫 번째 모델에서 외부변인 〈수입〉과 〈내외향성향〉이 내부변인 〈사회불안감〉에 미치는 간접 효과계수를 알아보자.

① 〈수입〉 → 〈사회불안감〉

외부변인 〈수입〉이 내부변인 〈사회불안감〉에 미치는 간접 효과의 수는 한 개인데, 〈수입〉에서 〈내외향성향〉을 거쳐 〈사회불안감〉(〈수입〉 ↔ 〈내외향성향〉 → 〈사회불안감〉)으로 가는 통로이다. 〈수입〉과 〈내외향성향〉 간의 관계는 양방향 화살표가 있는 포물선으로 연결되어 있기 때문에 〈수입〉이 〈내외향성향〉을 거쳐 〈사회불안감〉에 미치는 간접 효과계수를 분석할 수 없다.

② 〈내외향성향〉 → 〈사회불안감〉

외부변인 〈내외향성향〉이 내부변인 〈사회불안감〉에 미치는 간접 효과의 수는 한 개인데, 〈내외향성향〉에서 〈수입〉을 거쳐 〈사회불안감〉(〈내외향성향〉 ↔ 〈수입〉 → 〈사회불안감〉)으로 가는 통로이다. 〈내외향성향〉과 〈수입〉 간의 관계는 양방향 화살표가 있는 포물선으로 연결되어 있기 때문에 〈내외향성향〉이 〈수입〉을 거쳐 〈사회불안감〉에 미치는 간접 효과계수를 분석할 수 없다.

(2) 두 번째 모델

두 번째 모델에서 외부변인 〈수입〉, 〈내외향성향〉과 내부변인 〈사회불안감〉이 다른 내부변인 〈핸드폰이용횟수〉에 미치는 간접 효과계수를 알아보자.

① 〈수입〉 → 〈핸드폰이용횟수〉

외부변인 〈수입〉이 내부변인 〈핸드폰이용횟수〉에 미치는 간접 효과의 수는 세 개이다.

첫째는 〈수입〉에서 〈사회불안감〉을 거쳐 〈핸드폰이용횟수〉(〈수입〉 → 〈사회불안감〉 → 〈핸드폰이용횟수〉)로 가는 통로이다. 모든 통로가 통계적으로 유의미하기 때문에 간접 효과계수를 계산할 수 있다. 간접 효과계수는 〈수입〉에서 〈사회불안감〉(〈수입〉 → 〈사회불안감〉)으로 가는 통로계수 '0.436'과 〈사회불안감〉에서 〈핸드폰이용횟수〉(〈사회불안감〉 → 〈핸드폰이용횟수〉)로 가는 통로계수 '0.641'을 곱한 값 '0.279'가 된다.

둘째는 〈수입〉에서 〈내외향성향〉과 〈사회불안감〉을 거쳐 〈핸드폰이용횟수〉(〈수입〉 ↔ 〈내외향성향〉 → 〈사회불안감〉 → 〈핸드폰이용횟수〉)로 가는 통로이다. 〈내외향성향〉에서 〈사회불안감〉(〈내외향성향〉 → 〈사회불안감〉)으로 가는 통로계수 '-0.415'과 〈사회불안감〉에서 〈핸드폰이용횟수〉(〈사회불안감〉 → 〈핸드폰이용횟수〉)로 가는 통로계수 '0.641'은 통계적으로 유의미하지만 〈수입〉과 〈내외향성향〉(〈수입〉 ↔ 〈내외향성향〉) 간의 관계는 양방향 화살표가 있는 포물선으로 연결되어 있기 때문에 이 통로의 간접 효과계수는 분석하지 못한다.

셋째는 〈수입〉에서 〈내외향성향〉을 거쳐 〈핸드폰이용횟수〉(〈수입〉 ↔ 〈내외향성향〉 →

〈핸드폰이용횟수〉)로 가는 통로다. 〈내외향성향〉에서 〈핸드폰이용횟수〉(〈내외향성향〉 →
〈핸드폰이용횟수〉)로 가는 통로계수는 '0.395'로 통계적으로 유의미하지만 〈수입〉과 〈내
외향성향〉(〈수입〉 ↔ 〈내외향성향〉) 간의 관계는 양방향 화살표가 있는 포물선으로 연결되
어 있기 때문에 이 통로의 간접 효과계수는 분석하지 못한다.

　　〈수입〉에서 〈핸드폰이용횟수〉로 가는 세 개의 간접 효과 중 한 개만 계산할 수 있기
때문에 첫째 통로의 간접 효과계수 '0.279'가 전체 간접 효과계수가 된다.

② 〈내외향성향〉 → 〈핸드폰이용횟수〉
외부변인 〈내외향성향〉이 내부변인 〈핸드폰이용횟수〉에 미치는 간접 효과의 수는 세 개
이다.

　　첫째는 〈내외향성향〉에서 〈사회불안감〉을 거쳐서 〈핸드폰이용횟수〉(〈내외향성향〉 →
〈사회불안감〉 → 〈핸드폰이용횟수〉)로 가는 통로이다. 모든 통로가 통계적으로 유의미
하기 때문에 간접 효과계수를 계산할 수 있다. 간접 효과계수는 〈내외향성〉에서 〈사회
불안감〉(〈내외향성향〉 → 〈사회불안감〉)으로 가는 통로계수 '-0.415'와 〈사회불안감〉에
서 〈핸드폰이용횟수〉(〈사회불안감〉 → 〈핸드폰이용횟수〉)로 가는 통로계수 '0.641'을 곱
한 값 '-0.266'이 된다.

　　둘째는 〈내외향성향〉에서 〈수입〉과 〈사회불안감〉을 거쳐서 〈핸드폰이용횟수〉(〈내외
향성향〉 ↔ 〈수입〉 → 〈사회불안감〉 → 〈핸드폰이용횟수〉)로 가는 통로이다. 〈수입〉에서
〈사회불안감〉(〈수입〉 → 〈사회불안감〉)으로 가는 통로계수 '0.436'과, 〈사회불안감〉에
서 〈핸드폰이용횟수〉(〈사회불안감〉 → 〈핸드폰이용횟수〉)로 가는 통로계수 '0.641'은 통
계적으로 유의미하지만, 〈내외향성향〉과 〈수입〉(〈내외향성향〉 ↔ 〈수입〉) 간의 관계는
양방향 화살표가 있는 포물선으로 연결되어 있기 때문에 이 통로의 간접 효과계수는 분
석하지 못한다.

　　셋째는 〈내외향성향〉에서 〈수입〉을 거쳐 〈핸드폰이용횟수〉(〈내외향성향〉 ↔ 〈수입〉 →
〈핸드폰이용횟수〉)로 가는 통로이다. 〈수입〉에서 〈핸드폰이용횟수〉(〈수입〉 → 〈핸드폰
이용횟수〉)로 가는 통로계수는 '0.380'으로 통계적으로 유의미하지만 〈내외향성향〉과
〈수입〉(〈내외향성향〉 ↔ 〈수입〉) 간의 관계는 양방향 화살표가 있는 포물선으로 연결되
어 있기 때문에 이 통로의 간접 효과계수는 분석하지 못한다.

표 20-17 **간접 효과계수**

	수입	내외향성향	사회불안감
사회불안감			
핸드폰이용횟수	0.279	-0.266	0.0

〈내외향성향〉에서 〈핸드폰이용횟수〉로 가는 세 개의 간접 효과 중 한 개만 계산할 수 있기 때문에 첫째 통로의 간접 효과계수 '-0.266'이 전체 간접 효과계수가 된다.

③ 〈사회불안감〉 → 〈핸드폰이용횟수〉

내부변인 〈사회불안감〉이 다른 내부변인 〈핸드폰이용횟수〉에게 미치는 간접 효과는 없다. 〈사회불안감〉에서 〈수입〉이나 〈내외향성향〉(〈사회불안감〉 → 〈수입〉, 〈사회불안감〉 → 〈내외향성향〉) 방향으로 갈 수 없기 때문에 간접 효과계수는 '0'이다.

3) 효과계수

효과계수(effect coefficient)는 직접 효과계수와 간접 효과계수를 합한 값으로서 한 변인이 다른 변인에게 미치는 전체 영향력의 크기를 보여준다. 효과계수는 〈표 20-16〉의 직접 효과계수와 〈표 20-17〉의 간접 효과계수를 합한 값으로 〈표 20-18〉에 제시되어 있다.

표 20-18 **효과계수**

	수입	내외향성향	사회불안감
사회불안감	0.436	-0.415	
핸드폰이용횟수	0.659	0.129	0.641

(1) 〈수입〉 → 〈사회불안감〉

〈수입〉이 〈사회불안감〉에 미치는 효과계수는 간접 효과계수는 분석할 수 없고, 직접 효과계수만 계산할 수 있기 때문에 직접 효과계수 '0.436'이 효과계수가 된다.

(2) 〈내외향성향〉 → 〈사회불안감〉

〈내외향성향〉이 〈사회불안감〉에 미치는 효과계수는 간접 효과계수를 분석할 수 없고, 직접 효과계수만 계산할 수 있기 때문에 직접 효과계수 '-0.415'가 효과계수가 된다.

(3) 〈수입〉 → 〈핸드폰이용횟수〉

〈수입〉이 〈핸드폰이용횟수〉에 미치는 효과계수는 직접 효과계수 '0.380'과 간접 효과계수 '0.279'를 합한 값 '0.659'가 된다.

(4) 〈내외향성향〉 → 〈핸드폰이용횟수〉

〈내외향성향〉이 〈핸드폰이용횟수〉에 미치는 효과계수는 직접 효과계수 '0.395'와 간접 효과계수 '-0.266'을 합한 값 '0.129'가 된다.

(5) ⟨사회불안감⟩ → ⟨핸드폰이용횟수⟩

⟨사회불안감⟩이 ⟨핸드폰이용횟수⟩에 미치는 효과계수는 직접 효과계수 '0.641'이 효과
계수가 된다.

10. 통로모델과 회귀모델의 비교

통로모델의 효과계수를 계산하는 방법을 살펴봤는데, 통로모델 효과계수의 의미를 알기
위해 앞에서 사용한 네 개의 변인(⟨수입⟩과 ⟨내외향성향⟩, ⟨사회불안감⟩, ⟨핸드폰이용횟
수⟩)으로 이루어진 회귀모델과 통로모델1, 통로모델2 세 개의 모델을 비교하면서 통로
분석의 장점을 알아보자.

1) 회귀모델

⟨그림 20-15⟩는 독립변인 ⟨수입⟩, ⟨내외향성향⟩, ⟨사회불안감⟩ 세 개와 종속변인 ⟨핸
드폰이용횟수⟩와의 인과관계를 설정한 회귀모델이다. 회귀모델의 효과계수는 ⟨표 20-
19⟩의 ⟨회귀⟩에 제시되어 있는데 이를 계산해보자.

그림 20-15 **회귀모델**

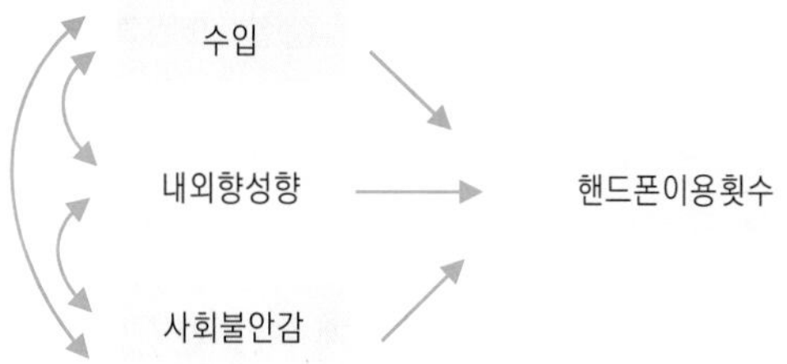

(1) ⟨수입⟩ → ⟨핸드폰이용횟수⟩

① 직접 효과계수
⟨수입⟩이 ⟨핸드폰이용횟수⟩에 미치는 직접 효과계수는 '0.380'이다.

② 간접 효과계수
⟨수입⟩이 ⟨핸드폰이용횟수⟩에 미치는 간접 효과의 수는 두 개지만 분석할 수 없다.
  첫째는 ⟨수입⟩ ↔ ⟨내외향성향⟩ → ⟨핸드폰이용횟수⟩로 가는 통로인데, ⟨수입⟩ ↔

〈내외향성향〉 간의 관계가 양방향 화살표가 있는 포물선으로 연결되어 있기 때문에 간접 효과를 분석할 수 없다.

둘째는 〈수입〉 ↔ 〈사회불안감〉 → 〈핸드폰이용횟수〉로 가는 통로인데, 〈수입〉 ↔ 〈사회불안감〉 간의 관계가 양방향 화살표가 있는 포물선으로 연결되어 있기 때문에 간접 효과를 분석할 수 없다.

③ 효과계수
〈수입〉이 〈핸드폰이용횟수〉에 미치는 효과계수는 직접 효과계수 '0.380'이 된다.

(2) 〈내외향성향〉 → 〈핸드폰이용횟수〉

① 직접 효과계수
〈내외향성향〉이 〈핸드폰이용횟수〉에 미치는 직접 효과계수는 '0.395'이다.

② 간접 효과계수
〈내외향성향〉이 〈핸드폰이용횟수〉에 미치는 간접 효과의 수는 두 개지만 분석할 수 없다.

첫째는 〈내외향성향〉 ↔ 〈수입〉 → 〈핸드폰이용횟수〉로 가는 통로인데, 〈내외향성향〉 ↔ 〈수입〉 간의 관계가 양방향 화살표가 있는 포물선으로 연결되어 있기 때문에 간접 효과를 분석할 수 없다.

둘째는 〈내외향성향〉 ↔ 〈사회불안감〉 → 〈핸드폰이용횟수〉로 가는 통로인데, 〈내외향성향〉 ↔ 〈사회불안감〉 간의 관계가 양방향 화살표가 있는 포물선으로 연결되어 있기 때문에 간접 효과를 분석할 수 없다.

③ 효과계수
〈내외향성향〉이 〈핸드폰이용횟수〉에 미치는 효과계수는 직접 효과계수 '0.395'가 된다.

(3) 〈사회불안감〉 → 〈핸드폰이용횟수〉

① 직접 효과계수
〈사회불안감〉이 〈핸드폰이용횟수〉에 미치는 직접 효과계수는 '0.641'이다.

② 간접 효과계수
〈사회불안감〉이 〈핸드폰이용횟수〉에 미치는 간접 효과의 수는 두 개이지만 분석할 수 없다.

첫째는 〈사회불안감〉 ↔ 〈수입〉 → 〈핸드폰이용횟수〉로 가는 통로인데, 〈사회불안감〉 ↔ 〈수입〉 간의 관계가 양방향 화살표가 있는 포물선으로 연결되어 있기 때문에 간접 효과를 분석할 수 없다.

둘째는 〈사회불안감〉 ↔ 〈내외향성향〉 → 〈핸드폰이용횟수〉로 가는 통로인데, 〈사회불안감〉 ↔ 〈내외향성향〉 간의 관계가 양방향 화살표가 있는 포물선으로 연결되어 있기 때문에 간접 효과를 분석할 수 없다.

③ 효과계수

〈사회불안감〉이 〈핸드폰이용횟수〉에 미치는 효과계수는 직접 효과계수 '0.641'이 된다.

2) 통로모델 1

통로모델 1은 〈그림 20-14〉의 통로모델을 그대로 사용한다. 이 통로모델의 직접 효과계수와 간접 효과계수, 효과계수는 앞에서 자세히 살펴봤기 때문에 생략한다. 통로모델 1의 효과계수는 〈표 20-19〉의 〈통로 1〉에 제시되어 있다.

3) 통로모델 2

〈그림 20-16〉의 통로모델 2는 통로모델 1을 약간 변형한 것이다. 통로모델1에서는 〈수입〉과 〈내외향성향〉 간의 관계가 양방향 화살표가 있는 포물선으로 연결되어 있기 때문에 분석할 수 없지만, 통로모델 2에서는 〈수입〉과 〈내외향성향〉 간의 인과관계를 설정하여 분석한다(〈수입〉과 〈내외향성향〉 간의 인과관계는 임의적으로 설정한 것으로 이론적 의미는 없다). 직접 효과계수와 간접 효과계수, 효과계수를 계산하는 방법은 앞에서 자세히 설명했기 때문에 여기서는 계수만 제시한다. 통로모델 2의 효과계수는 〈표 20-19〉의 〈통로 2〉에 제시되어 있다.

(1) 〈수입〉 → 〈내외향성향〉

① 직접 효과계수

〈수입〉이 〈내외향성향〉에 미치는 직접 효과계수는 '-0.111'이다.

② 간접 효과계수

〈수입〉이 〈내외향성향〉에 미치는 간접 효과는 없다.

③ 효과계수

〈수입〉이 〈내외향성향〉에 미치는 효과계수는 직접 효과계수 '-0.111'이다.

(2) 〈수입〉 → 〈사회불안감〉

① 직접 효과계수

〈수입〉이 〈사회불안감〉에 미치는 직접 효과계수는 '0.436'이다.

② 간접 효과계수

〈수입〉이 〈사회불안감〉에 미치는 간접 효과의 수는 한 개이고 '0.046'이다.

③ 효과계수

〈수입〉이 〈사회불안감〉에 미치는 효과계수는 '0.482'이다.

(3) 〈내외향성향〉 → 〈사회불안감〉

① 직접 효과계수

〈내외향성향〉이 〈사회불안감〉에 미치는 직접 효과계수는 '-0.415'이다.

② 간접 효과계수

〈내외향성향〉이 〈사회불안감〉에 미치는 간접 효과는 없다.

③ 효과계수

〈내외향성향〉이 〈사회불안감〉에 미치는 효과계수는 ' 0.415'이다.

(4) 〈수입〉 → 〈핸드폰이용횟수〉

① 직접 효과계수

〈수입〉이 〈핸드폰이용횟수〉에 미치는 직접 효과계수는 '0.380'이다.

② 간접 효과

〈수입〉이 〈핸드폰이용횟수〉에 미치는 간접 효과의 수는 세 개이고 '0.265'이다.

③ 효과계수

〈수입〉이 〈핸드폰이용횟수〉에 미치는 효과계수는 '0.645'이다.

(5) 〈내외향성향〉 → 〈핸드폰이용횟수〉

① 직접 효과계수
〈내외향성향〉이 〈핸드폰이용횟수〉에 미치는 직접 효과계수는 '0.395'이다.

② 간접 효과계수
〈내외향성향〉이 〈핸드폰이용횟수〉에 미치는 간접 효과의 수는 한 개이고 '-0.266'이다.

③ 효과계수
〈내외향성향〉이 〈핸드폰이용횟수〉에 미치는 효과계수는 '0.129'이다.

(6) 〈사회불안감〉 → 〈핸드폰이용횟수〉

① 직접 효과계수
〈사회불안감〉이 〈핸드폰이용횟수〉에 미치는 직접 효과계수는 '0.641'이다.

② 간접 효과
〈사회불안감〉이 〈핸드폰이용횟수〉에 미치는 간접 효과는 없다.

③ 효과계수
〈사회불안감〉이 〈핸드폰이용횟수〉에 미치는 효과계수는 '0.641'이다.

그림 20-16 **통로모델2**

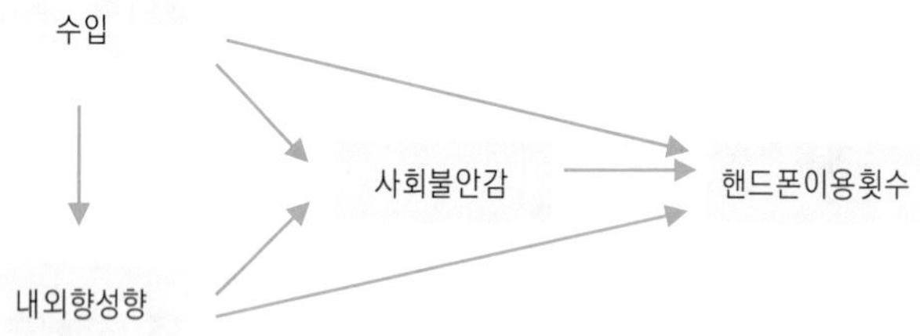

표 20-19 **세 모델의 효과계수**

	수입			내외향성향			사회불안감		
	회귀	통로1	통로2	회귀	통로1	통로2	회귀	통로1	통로2
내외향성향			-0.111						
사회불안감		0.436	0.482		-0.415	-0.415			
핸드폰이용횟수	0.380	0.659	0.645	0.395	0.129	0.129	0.641	0.641	0.641

〈표 20-19〉에 제시된 회귀모델과 통로모델 1, 통로모델 2의 효과계수를 비교해보면 몇 가지 결론을 내릴 수 있다.

첫째, 연구모델이 정교해질수록(회귀모델 → 통로모델 1 → 통로모델 2의 순으로 변인 간의 인과관계가 많이 설정되어 있다) 직접 효과계수를 더 많이 계산할 수 있기 때문에 다양한 분석이 가능하다. 각 모델에서 사용하는 변인의 수는 네 개(〈수입〉, 〈내외향성향〉, 〈사회불안감〉, 〈핸드폰이용횟수〉)로 같지만 회귀모델에서는 세 개의 직접 효과계수만을 계산할 수 있는 반면 통로모델 1에서는 다섯 개, 통로모델 2에서는 여섯 개의 직접 효과계수를 구할 수 있다. 통로모델 2는 통로모델 1이나 회귀모델보다, 통로모델 1은 회귀모델보다 더 많은 분석이 가능하다.

둘째, 연구모델이 정교해질수록(회귀모델 → 통로모델 1 → 통로모델 2의 순으로 변인 간의 인과관계가 많이 설정되어 있다) 간접 효과계수를 계산할 수 있기 때문에 심층적 분석이 가능하다. 회귀모델에서는 간접 효과계수를 구할 수 없는 반면 통로모델 1에서는 두 개, 통로모델 2에서는 네 개의 간접 효과계수를 구할 수 있어 변인 간의 복잡한 인과관계를 살펴볼 수 있다. 통로모델 2는 통로모델 1이나 회귀모델보다, 통로모델 1은 회귀모델보다 심층적 분석을 할 수 있다.

셋째, 연구모델이 정교해질수록(회귀모델 → 통로모델 1 → 통로모델 2의 순으로 변인 간 인과관계가 많이 설정되어 있다) 간접 효과계수를 계산할 수 있어 전체 영향력의 크기(효과계수)를 정확하게 알 수 있다. 통로모델 2가 통로모델 1과 회귀모델보다, 통로모델 1이 회귀모델보다 효과계수를 정확하게 계산할 수 있기 때문에 회귀모델의 결과보다는 통로모델 1의 결과가 정확하고, 통로모델 1의 결과보다는 통로모델 2의 결과가 정확하다.

넷째, 이론적으로 타당한 연구모델이 여러 개 있을 때 정교한 연구모델(회귀모델보다는 통로모델)의 결과를 신뢰한다. 회귀분석은 직접 효과계수만을 분석하고 간접 효과계수를 분석할 수 없기 때문에 직접 효과계수 자체도 신뢰할 수 없는 경우가 발생한다. 표준 회귀계수는 한 변인이 다른 변인에게 미치는 순수한 영향력의 크기를 보여주는 값으로서 일반적으로 상관관계계수보다 작거나 같다. 단순 회귀분석처럼 독립변인의 수가 한 개인 특수한 경우 독립변인과 종속변인 간의 상관관계계수와 표준 회귀계수는 같다. 그러나 다변인 회귀분석에서 독립변인 간의 상관관계계수가 크다면 개별 독립변인과 종속변인 간의 상관관계계수와 표준 회귀계수 간의 차이는 커지는 문제가 발생한다. 심지어 표준 회귀계수가 '-1'보다 작거나 '+1'보다 큰 값을 갖는 경우도 발생한다. 이러한 문제가 발생하는 이유는 독립변인이 양방향 화살표가 있는 포물선으로 연결되어 있기 때문에 간접 효과계수를 분석할 수 없기 때문이다. 표준 회귀계수와 상관관계계수 간의 차이가 크다면, 이 차이를 줄일 수 있는 간접 효과계수(비록 분석할 수는 없지만)가 존재한다고 생각하면 된다. 예를 들면, 〈내외향성향〉과 〈핸드폰이용횟수〉 간의 상관관계계수는

'0.056'에 불과한데 회귀분석에서 구한 표준 회귀계수는 상관관계계수보다 상당히 큰 '0.395'로 나왔다. 이처럼 표준 회귀계수의 값이 상관관계보다 커진 이유는 '-'값을 갖는 간접 효과계수가 존재함에도 불구하고 분석하지 못하기 때문이다. 변인 간의 간접 효과를 설정한 통로모델 1과 통로모델 2에서 〈내외향성향〉과 〈핸드폰이용횟수〉의 효과계수는 '0.129'가 되는데, 회귀분석의 결과에 비해 값이 작아진 이유는 직접 효과계수 '0.395'에 간접 효과계수 '-0.266'을 고려했기 때문이다. 〈내외향성향〉이 〈핸드폰이용횟수〉에 미치는 표준 회귀계수가 '0.395'라는 회귀분석의 결과를 그대로 믿어서는 안 된다.

뿐만 아니라 회귀분석은 직접 효과계수만을 계산하고, 간접 효과계수는 분석할 수 없기 때문에 효과계수도 신뢰할 수 없다. 회귀분석에서 직접 효과계수는 바로 효과계수가 되지만, 통로분석에서는 직접 효과계수와 간접 효과계수를 합한 값이 효과계수가 되기 때문에 통로분석의 결과를 신뢰할 수 있다. 회귀분석의 결과만 해석해서는 잘못된 결론에 도달할 수 있다. 〈표 20-19〉에서 보듯이 회귀모델에서 〈핸드폰이용횟수〉에 미치는 변인의 영향력의 크기(효과계수)를 비교해보면 〈사회불안감〉('0.641'), 〈내외향성향〉('0.395'), 〈수입〉('0.380') 순으로 나타났다. 그러나 통로모델 1의 결과를 살펴보면, 〈수입〉('0.659'), 〈사회불안감〉('0.641'), 〈내외향성향〉('0.129') 순으로 나타나 회귀모델의 결과와는 다르다. 통로모델 2의 결과를 살펴보면, 〈수입〉('0.645'), 〈사회불안감〉('0.641'), 〈내외향성향〉('0.129') 순으로 나타나 통로모델 1의 결과와 유사하지만 〈수입〉의 효과계수는 다르다. 회귀분석에서 〈수입〉의 영향력이 제일 작게 나온 것은 간접 효과계수를 분석하지 못했기 때문이다. 통로모델 1과 통로모델 2처럼 간접 효과계수를 고려하면 〈수입〉의 영향력이 제일 크게 나온다. 통로모델 2는 통로모델 1보다 〈수입〉의 간접 효과계수를 더 계산할 수 있기 때문에 더 정확한 효과계수를 계산할 수 있다. 이처럼 연구모델의 결과가 다를 때에는 회귀모델보다는 통로모델 1의 결과를 믿어야 하고, 통로모델 1보다는 통로모델 2의 결과를 신뢰해야 한다. 연구모델이 정교해질수록 효과계수는 변인 간의 상관관계계수에 근접하고, 때로는 상관관계계수와 같아진다. 예를 들면, 〈수입〉과 〈핸드폰이용횟수〉 간의 상관관계계수는 '0.645'인데, 회귀모델에서 효과계수는 '0.380'으로 차이가 크고, 통로모델 1에서는 '0.659'로 차이가 약간 나지만, 통로모델 2에서는 '0.645'로서 같다.

11. 통로분석 논문작성법

1) 연구절차

(1) 통로분석에 적합한 연구가설을 만든다
일반적으로 통로분석에서는 연구가설을 〈그림 20-17〉과 같이 제시하고 설명을 붙인다.

그림 20-17 **통로모델**

(2) 유의도 수준을 정한다: $p < 0.05$(95%) 또는 $p < 0.01$(99%) 중 하나를 결정한다

(3) 표본을 선정하여 데이터를 수집한 후 컴퓨터에 입력한다

(4) SPSS/PC$^+$ 프로그램 중 다변인 회귀분석을 여러 번 실행한다

2) 연구결과 제시 및 해석방법

(1) 연구결과를 그림으로 제시하고, 효과계수는 표로 제시한다
- 첫 번째 회귀분석 결과: 논문에서 제시하지 않는다.
- 두 번째 회귀분석 결과: 논문에서 제시하지 않는다.

① 첫 번째 회귀분석 결과와 두 번째 회귀분석 결과를 가지고 〈그림 20-18〉과 같이 통로분석 결과
  를 제시한다

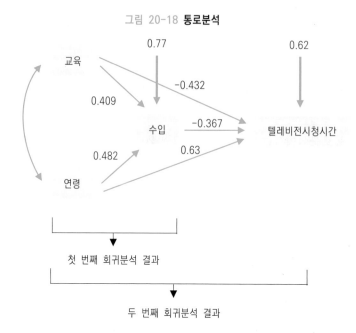

그림 20-18 **통로분석**

② 〈그림 20-18〉에 제시된 결과를 가지고 〈표 20-20〉과 같이 효과계수를 제시한다

표 20-20 **효과계수**

	교육	연령	수입
수입	0.409	0.482	
시청시간	-0.582	0.450	-0.367

(3) 통로분석 그림과 효과계수 표를 해석한다

① 통로모델 결과 쓰는 방법
〈그림 20-18〉에서 보듯이 〈교육〉과 〈연령〉은 〈수입〉에 영향을 미치는 것으로 나타났다. 〈교육〉의 경우, 교육 수준이 높은 사람은 교육 수준이 낮은 사람보다 수입이 더 많은 것으로 보인다(베타 = 0.409). 〈연령〉의 경우, 연령이 높으면 높을수록 수입이 증가하는 경향이 있다(베타 = 0.482). 〈교육〉과 〈연령〉이 〈수입〉에 미치는 영향력의 크기를 비교해보면 교육과 연령 두 변인 모두 수입에 상당한 영향을 주고 있는데, 연령이 교육보다 수입에 좀더 큰 영향을 미치는 것으로 나타났다.

　〈교육〉과 〈연령〉, 〈수입〉은 〈텔레비전시청시간〉에 영향을 미치는 것으로 나타났다. 교육의 경우, 교육 정도가 낮은 사람은 교육 정도가 높은 사람보다 텔레비전을 더 많이 시청하는 것으로 보인다(베타 = -0.432). 또한 교육은 수입을 통해 텔레비전시청시간에 간접적 영향을 주는 것으로 나타났다. 즉, 교육 정도가 높은 사람은 수입이 더 많고, 수입이 많을수록 텔레비전시청시간이 적었다.

　연령의 경우, 나이가 많으면 많을수록 텔레비전시청시간이 늘어나는 경향이 있다(베타 = 0.630). 또한 연령은 수입을 통해 텔레비전시청시간에 간접적 영향을 주는 것으로 나타났다. 즉, 나이가 많은 사람은 수입이 더 많고, 수입이 많을수록 텔레비전시청시간이 적었다. 〈수입〉의 경우, 수입이 많으면 많을수록 텔레비전시청시간이 적어지는 경향이 있다(베타 = -0.367).

　〈표 20-20〉에서 보듯이 〈교육〉과 〈연령〉, 〈수입〉이 〈텔레비전시청시간〉에 미치는 영향력의 크기를 비교해보면, 교육이 텔레비전시청시간에 가장 큰 영향을 주고 있고(효과계수 = -0.582), 다음으로 연령이 영향을 주고 있다(효과계수 = 0.45). 수입의 영향력은 세 변인 중 가장 적은 것으로 나타났다(효과계수 = -0.367).

참고문헌

오택섭 · 최현철 (2003), 《사회과학 데이터 분석법 ②》, 나남.

Asher, H. B. (1981), *Causal Modeling*, Series: Quantitative Applications in the Social Sciences. Beverly Hills: Sage Publication inc.

Cohen, J. et al. (2002), *Applied Multiple Regression: Correlation Analysis for the Behavioral Science* (P. Cohen, ed.) (3rd ed.), Lawrence Erlbaum Associates.

Kelloway, E. K. (1998), *Using LISREL for Structural Equation Modeling: A Researcher's Guide*, Sage Publications.

Miles, J., & Shevlin, M. (2001), *Applying Regression and Correlation: A Guide for Students and Researchers*, Sage Publications.

Mueller, R. O. (1996), "Basic Principles of Structural Equation Modeling: An Introduction to Lisrel and Eqs", In S. Fienberg & I. Olkin (eds.), *Springer Texts in Statistics*, Springer Verlag.

Norusis, M. J. (2000), *SPSS 10.0 Guide to Data Analysis* (Book and Disk ed.), Prentice Hall.

Pallant, J. (2001), *SPSS Survival Manual: A Step By Step Guide to Data Analysis Using SPSS for Windows(Version 10)* (1st ed.), Open Univ Pr.

Pedhazur, E. J. (1997), *Multiple Regression in Behavioral Research* (3rd ed.), Wadsworth Publishing.

Shipley, B. (2002), *Cause and Correlation in Biology: A User's Guide to Path Analysis*, Structural Equations and Causal Inference, Cambridge Univ Pr.

21
인자분석 factor analysis

이 장에서는 등간척도(또는 비율척도)로 측정한 두 개 이상 여러 개 변인의 밑바탕에 깔려 있는 공통인자를 찾아내는 인자분석(*factor analysis*)을 살펴본다.

1. 정의

인자분석이란 상관관계가 깊은 여러 변인 간의 밑바탕에 깔려 있는 공통인자(*common factor*)를 발견하는 데 사용하는 통계방법이다(학자에 따라 요인분석이라고도 번역하는데, 이 장에서는 인자분석으로 통일한다). 인자분석은 변인 간의 인과관계를 분석하는 것이 아니라 공통인자를 찾아내는 방법이기 때문에 독립변인과 종속변인의 구분이 없다.

　인자분석은 특정 대상(사람이나 조직, 사물 등)에 대해 사람이 가지는 다양한 생각이나 태도, 가치관 등을 몇 개의 공통인자로 축약하는 방법으로서 여러 분야에서 유용하게 사용할 수 있다. 정치학의 예를 들어보자. 유권자가 국회의원 후보자를 판단할 때 어떤 차원에서 평가하는지를 연구한다고 가정하자. 유권자는 국회의원 후보자를 다양한 측면에서 평가할 것이다. 예를 들면, 일처리 능력과 창의성, 계획성, 근면함, 겸손함, 성실함, 이타심, 도덕성 등 여러 측면에서 국회의원 후보자를 평가할 것이다. 그러나 이렇게 많은 사항을 일일이 고려하여 국회의원 후보자를 평가하는 것은 비현실적이다. 뿐만 아니라 이들 평가 항목 간에는 상호 유사한 것들이 있기 때문에 모든 항목을 일일이 고려하여 국회의원 후보자를 평가하는 것은 불필요하다. 유권자가 국회의원 후보자를 평가하는 많은 항목 중 상호 비슷한 항목을 찾아내어 몇 개의 공통인자(예를 들면, 능력 차원과 도덕성 차원 등)로 묶을 수 있다면 국회의원 후보자를 평가하는 데 유용하게 사용할 수 있을 것이다.

　언론학의 예를 들어보자. 시청자가 텔레비전을 왜 시청하는지, 즉 시청동기가 무엇인지를 연구한다고 가정하자. 시청자는 생활에 필요한 정보를 얻기 위해서, 일상에서 벗어나기 위해, 재미있어서, 다른 사람의 생각을 알기 위해, 다른 사람과의 대화 주제를 얻기 위해 등 여러 가지 이유 때문에 텔레비전을 시청할 것이다. 시청자가 텔레비전을 시청하는 다양한 이유들 중 상호 유사한 항목을 묶어 몇 개의 공통인자(예를 들면, 정보동기, 오락동기 등)로 축약할 수 있다.

이처럼 인자분석은 대상들에 대해 사람이 가지는 다양한 생각이나 태도, 가치관 등을 유사한 항목으로 묶어서 몇 개의 차원을 찾아내는 방법이다. 인자분석은 방대한 데이터를 축약하는 데 유용하게 사용할 수 있다. 인자분석을 정확하게 이해하기 위해서는 회귀분석을 알아야 한다. 따라서 회귀분석을 이해하지 못하는 독자는 제 15장과 제 16장을 공부한 후 이 장을 읽기 바란다.

인자분석을 사용하기 위한 조건을 알아보자.

1) 변인의 측정

〈표 21-1〉에서 보듯이 인자분석에서 사용하는 변인은 등간척도(또는 비율척도)로 측정해야 한다.

표 21-1 **인자분석의 조건**

1. 수: 2개 이상 여러 개
2. 측정: 등간척도 또는 비율척도

2) 변인의 수

〈표 21-1〉에서 보듯이 인자분석에서 분석하는 변인의 수는 두 개 이상 여러 개다.

2. 종류

인자분석은 연구목적에 따라 크게 탐사적 인자분석(*exploratory factor analysis*)과 가설검증 인자분석(*confirmatory factor analysis*) 두 가지로 나누어진다.

1) 탐사적 인자분석

탐사적 인자분석은 상관관계가 깊은 변인의 밑바탕에 깔려 있는 공통인자를 찾아내는 방법을 말한다. 이 방법은 설문지를 통해 실제 측정한 여러 변인 중 상관관계가 높은 변인을 유사한 것으로 간주하여 공통인자를 찾아내는 방법이다. 예를 들면, 연구자가 사람이 다른 사람을 몇 개의 차원으로 평가하는지를 알아보고자 할 때 사용하는 방법이 탐사적 인자분석이다. 우리가 일반적으로 인자분석이라고 말하는 것은 탐사적 인자분석이다.

2) 가설검증 인자분석

가설검증 인자분석은 탐사적 인자분석과는 달리 연구자가 이론에 따라 여러 변인의 밑바탕에 깔려 있는 공통인자의 수가 몇 개인지에 대한 가설을 제시한 후, 인자분석을 통해 그 가설이 맞는지를 검증하는 방법을 말한다. 예를 들면, 연구자가 일반적으로 사람은 다른 사람을 능력 차원과 성격 차원의 두 가지로 평가한다는 가설을 정하고 인자분석을 통해 과연 두 인자가 추출되는지를 검증하는 방법이 가설검증 인자분석이다.

연구자는 연구목적에 따라 두 가지 인자분석 중 한 가지를 선택하여 사용한다. 그러나 일반적으로 인자분석은 탐사적 인자분석을 말하기 때문에 이 장에서는 탐사적 인자분석을 중심으로 설명한다. 가설검증 인자분석은 제 28장 LISREL 측정 모델 부분에서 살펴본다.

3. 연구절차

인자분석의 연구절차는 〈표 21-2〉에 제시된 것처럼 다섯 단계로 이루어진다.

첫째, 연구문제를 만든다. 변인의 측정과 수에 유의하여 연구문제를 만든다.

둘째, 데이터를 수집하여 입력한 SPSS/PC⁺(23.0)의 인자분석을 실행하여 분석에 필요한 결과를 얻는다.

셋째, 결과 분석의 첫 번째 단계로, 공통인자를 찾아 분석한다.

넷째, 결과 분석의 두 번째 단계로, 인자적재 값(*factor loading*)을 분석한다.

다섯째, 결과 분석의 세 번째 단계로, 인자점수(*factor score coefficient*)를 살펴본다.

표 21-2 **인자분석의 절차**

1. 연구문제 제시
    1) 변인의 수는 두 개 이상 여러 개이고, 등간척도(또는 비율척도)로 측정한다
    2) 유의도 수준을 정한다($p < 0.05$ 또는 $p < 0.01$)

⬇

2. 데이터 입력과 프로그램 실행
    1) 데이터를 수집하여 입력한다
    2) 인자분석을 실행하여 분석에 필요한 결과를 얻는다

⬇

3. 결과 분석 1: 공통인자 분석

⬇

4. 결과 분석 2: 인자적재 값 분석

⬇

5. 결과 분석 3: 인자점수를 살핀다(필요한 경우에만)

4. 연구문제와 가상 데이터

1) 연구문제

(1) 연구문제

인자분석의 연구문제는 〈표 21-1〉에서 제시한 변인의 측정과 수의 조건만 충족하면 무엇이든 가능하다. 이 장에서는 유권자가 국회의원 후보자를 몇 가지 차원에서 평가하는지를 알고 싶어한다고 가정하자. 연구문제는 〈유권자는 국회의원 후보자를 몇 가지 차원으로 평가하는가〉이다.

(2) 변인의 측정과 수

유권자가 국회의원 후보자를 평가하는 항목으로 ① 업무처리능력, ② 청렴성, ③ 전문성, ④ 성실성, ⑤ 도덕성, ⑥ 리더십 등 여섯 개를 선정한다. 각 항목은 5점 척도(1점: 중요하지 않다부터 5점: 매우 중요하다까지)로 측정한다.

2) 가상 데이터

이 장에서 분석하는 〈표 21-3〉의 데이터는 필자가 임의적으로 만든 것이어서 표본의 수가 적고(25명) 결과가 꽤 잘 나오게 만들었다(이 데이터를 사용하여 인자분석 프로그램을

표 21-3 **인자분석의 가상 데이터**

응답자	업무 처리 능력	전문성	리더십	청렴성	성실성	도덕성	응답자	업무 처리 능력	전문성	리더십	청렴성	성실성	도덕성
1	3	2	3	2	3	4	14	2	4	3	3	4	4
2	4	4	3	2	3	4	15	3	1	3	3	2	2
3	2	3	2	1	1	2	16	2	2	2	2	1	2
4	1	2	3	5	4	5	17	3	3	2	2	1	1
5	3	1	3	3	2	1	18	5	4	4	5	3	3
6	4	3	4	2	3	3	19	3	4	4	5	4	3
7	5	5	4	1	2	3	20	4	3	3	1	1	2
8	4	3	3	4	3	2	21	2	2	1	2	2	3
9	3	2	1	3	3	2	22	3	3	3	2	3	2
10	2	1	1	2	2	4	23	4	4	4	3	3	3
11	3	3	4	5	5	5	24	1	2	2	2	4	4
12	1	1	2	4	4	4	25	2	1	2	5	5	4
13	1	1	2	3	3	3							

실행해보기 바란다). 그러나 실제 연구에서는 표본의 수도 훨씬 많고, 이 장에서 제시하는 것만큼 결과가 잘 나오지 않을 수 있다.

5. SPSS/PC⁺ 실행방법

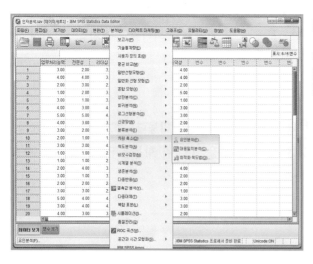

[실행방법 1] 분석방법 선택

메뉴판의 [분석(A)]을 선택하여
[차원 감소(D)]를 클릭하고
[요인분석(F)]을 클릭한다.

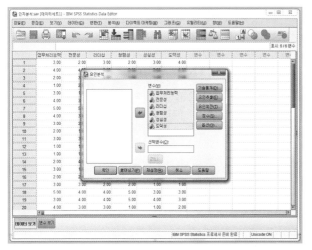

[요인분석] 창이 나타나면
분석에 이용될 변인을 클릭하여
왼쪽에서 오른쪽 [변수(V)]로 옮긴다(➡).
오른쪽의 [기술통계]를 클릭한다.

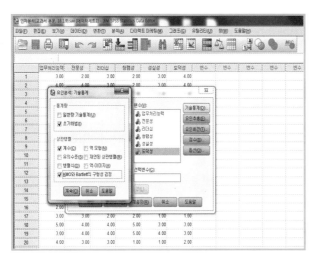

[요인분석: 기술통계] 창이 나타나면
[통계량]의 [☑ 초기해법(I)]은
기본으로 설정되어 있다.
[상관행렬]에서는 [☑ 계수(C)]를 클릭한 후
[☑ KMO와 Bartlett 구형성 검정]을
클릭한다.
아래의 [계속]을 클릭한다.

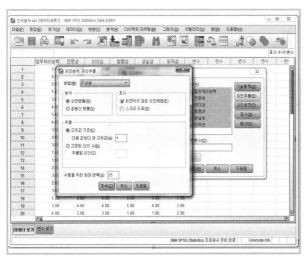

[실행방법 2]로 돌아가면
오른쪽의 [요인추출(E)]을 클릭한다.
[요인분석: 요인추출] 창이 나타나면
[방법(M)]이 [주성분]으로 설정되었는지
확인한다. [분석]의 [◉ 상관행렬(R)],
[표시]의 [☑ 회전하지 않은 요인해법(F)],
[추출]의 [◉ 고유값 기준: 다른 값보다 큰
고유값(A): 1]로 설정되어 있는지 확인한다.
아래의 [계속]을 클릭한다.

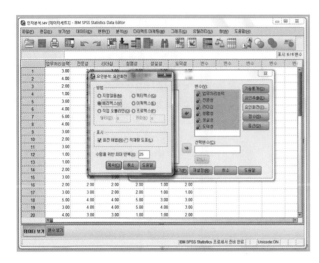

[실행방법 5] 인자회전 선택

[실행방법 2]로 돌아가면
오른쪽의 [요인회전(T)]을 클릭한다.
[요인분석: 요인회전] 창이 나타나면
[방법]의 [⦿베리멕스(V)]를 클릭한다.
[베리멕스(V)]가 선택되면
[표시]의 [☑ 회전 해법(R)] 부분이
반전된다.
아래의 [계속]을 클릭한다.

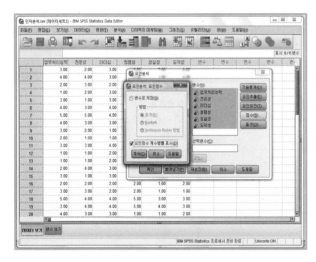

[실행방법 6] 인자점수 선택

[실행방법 2]로 돌아가면
오른쪽의 [요인점수(T)]를 클릭한다.
[요인분석: 요인점수] 창이 나타나면
[☑ 요인점수 계수행렬 표시(D)]를
클릭한다. 아래의 [계속]을 클릭한다.
[실행방법2]로 다시 돌아가면 아래의
[확인]을 클릭한다.

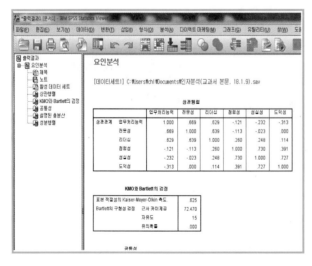

[분석결과 1] 상관관계계수, KMO,
Bartlett 검증

분석 결과가 새로운 창에
*출력결과 1[문서 1]로 나타난다.
[상관행렬] 표에는
변인들의 상관관계계수와 KMO,
Bartlett 검증 결과가 제시된다.

[분석결과 2] 공통성과 아이겐 값

[공통성] 표에는 변인의 초기 공통성 값과
추출된 공통성 값이 제시된다.
[설명된 총분산] 표에는 초기 고유값
합계(아이겐 값), 설명된 변량(% 분산),
누적변량(% 누적)이 제시된다.

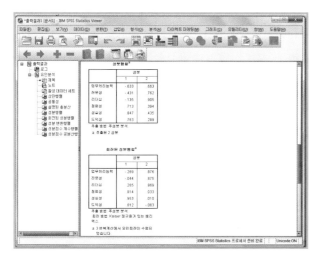

[분석결과 3] 회전되지 않은 인자적재 값과
회전된 인자적재 값

[성분행렬] 표에는
회전되지 않은 인자 적재치가 제시된다.
[회전된 성분행렬] 표에는 회전된
인자 적재치가 제시된다.

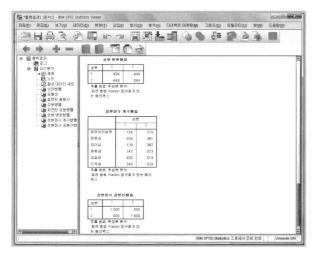

[분석결과 4] 인자점수

[성분 변환행렬] 표에는 추출된
두 인 자간의 관계가 표시된다.
[실행방법 7]에서 선택한
☑ 요인점수 계수행렬 출력(D)]의 결과가
[성분점수 계수행렬]과
[성분점수 공분산행렬] 표에 제시된다.

6. 전제

인자분석의 결과를 해석하는 것은 그리 어렵지 않다. 그러나 인자분석 방법을 정확하게 사용하기 위해서는 인자분석의 밑바탕에 깔려 있는 세 가지 전제를 이해해야 한다. 첫째는 변인 간의 상관관계는 공통인자 때문에 나온 것이라는 전제(*postulate of factorial causation*)이고, 둘째는 공통인자의 수를 결정하는 최소의 원칙(*postulate of parsimony*)이며, 셋째는 인자적재 값을 구하기 위한 회전의 문제(*problem of rotation*)이다. 이 세 가지 전제를 좀더 자세히 살펴보자.

1) 변인 간의 상관관계는 공통인자 때문에 나온 것이다

인자분석은 측정한 변인 간의 상관관계계수를 분석하여 상관관계가 높은 변인의 밑바탕에 깔려 있는 공통인자를 찾아내는 방법이다. 따라서 인자분석 방법을 제대로 사용하려면 먼저 변인 간의 상관관계계수는 변인 간의 인과관계 때문에 나온 것이 아니라 공통인자의 영향 때문에 생겼다는 것을 전제해야 한다.

인자분석은 여러 변인 간의 상관관계계수를 분석하여 공통인자를 찾아내기 때문에 무엇보다 먼저 변인 간의 상관관계계수를 구해야 한다. 그런데 문제는 분석하려는 변인 간의 상관관계계수의 원인이 무엇인지를 정확하게 알 수 없다는 점이다. 변인 간의 상관관계계수의 원인은 두 가지 중 하나이다. 첫째, 변인 간의 상관관계는 변인 간의 인과관계 때문에 생긴 것일 수 있다. 즉, 변인 간의 상관관계계수는 독립변인 A와 종속변인 B와의 인과관계 때문에 생긴 것이다. 둘째, 변인 간의 상관관계는 공통인자의 영향 때문에 생긴 것일 수 있다. 즉, 변인 A와 B, C 간의 상관관계계수는 이 변인의 밑바탕에 깔려 있는 보이지 않는 공통인자의 영향 때문에 생긴 것이다. 따라서 변인 간의 상관관계계수가 있을 때, 연구자는 이 상관관계계수가 인과관계 때문에 나온 것인지 혹은 공통인자 때문에 나온 것인지를 알 수 없다. 즉, 연구자는 변인 간의 상관관계를 변인 간의 인과관계로 생각할 수 있고, 공통인자에 의해 나온 것이라고도 생각할 수 있다.

이 문제를 예를 들어 살펴보자. 연구자는 〈표 21-4〉의 상관관계계수 행렬로부터, 〈그림 21-1〉의 (a)에서 보듯이 변인 간의 인과관계를 분석하는 통로분석 모델을 만들 수도 있고, 〈그림 21-1〉의 (b)에서 보듯이 인자분석 모델을 만들 수도 있다. 즉, 연구자는 〈표 21-2〉의 상관관계계수로부터 서로 다른 모델을 제시할 수 있다. 이를 달리 표현하면, 연구자가 변인 간의 관계를 인과관계로 간주하든 공통인자 때문에 나온 것이라고 간주하든지 간에 〈표 21-4〉의 상관관계계수를 똑같이 만들어낼 수 있다. 연구자는 어느 분석이 더 옳은 분석인지 결정할 수 없기 때문에 이 상관관계계수의 원인을 다음

둘 중 하나를 전제할 수밖에 없다. 첫째, 만일 연구자가 측정된 변인 간의 상관관계계수가 인과관계 때문에 나온 것이라고 전제한다면, 인과관계를 분석하는 통계방법인 회귀분석이나 통로분석을 사용하여 상관관계계수를 분석하면 된다. 둘째, 만일 연구자가 측정한 변인 간의 상관관계계수가 변인의 밑바탕에 깔린 공통인자 때문에 나온 것이라면, 인자분석을 사용하여 공통인자를 찾으면 된다.

표 21-4 **변인 간의 상관관계계수 행렬**

	X1	X2	X3
X1	1.00		
X2	0.64	1.00	
X3	0.48	0.48	1.00

그림 21-1 **인과모델과 인자모델**

(a) 인과모델(통로분석 모델)

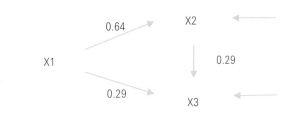

(b) 인자모델(인자분석 모델)

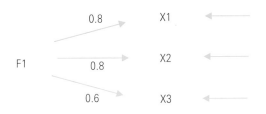

출처: Jae-On Kim & Mueller, C. H. (1978), *Introduction to Factor Analysis: What It is and How to do It*, Beverly Hills, CA.: Sage, p. 42.

2) 최소의 원칙: 공통인자의 수 결정

변인 간의 상관관계계수는 공통인자 때문에 나온 것이라는 첫 번째 전제가 충족되었다면, 다음으로 두 번째 전제인 최소의 원칙을 고려해야 한다. 최소의 원칙은 변인 간의 상관관계계수로부터 공통인자의 수를 결정하기 위한 전제이다. 즉, 몇 개의 공통인자가 가장 적절한가를 결정하는 것이다. 최소의 원칙에 따르면, 변인 간의 상관관계계수로부터 추출한 공통인자의 수가 다를 경우에는 가장 적은 수의 공통인자를 택한다는 것이다.

연구자는 변인 간의 상관관계계수로부터 공통인자를 추출한다. 이론적으로 볼 때, 공통인자의 수는 최소 1개로부터 최대 분석하는 변인의 수만큼 나올 수 있다. 예를 들면, 10개의 변인으로부터 추출한 공통인자의 수는 이론적으로 최소 1개 최대 10개의 공통인자를 얻을 수 있다. 공통인자의 수가 1개란 것은 모든 변인이 한 개의 공통인자로 묶인다는 말이고, 공통인자의 수가 10개란 것은 개별 변인이 각각 공통인자가 된다는 것이다. 이 경우 연구자는 추출한 공통인자의 수가 몇 개인지 정확하게 알 수 없다. 예를 들면, 10개의 변인을 인자분석한 경우 연구자는 2개의 공통인자를 얻을 수도 있고, 또는 3개의 공통인자를 구할 수도 있다. 문제는 2개의 공통인자 모델이나 3개의 공통인자 모델이 적합한 연구결과라는 것이다.

이 문제를 예를 들어 살펴보자. 앞의 〈표 21-4〉의 상관관계계수 행렬로부터 연구자는 〈그림 21-2〉의 (a)에서 보듯이 공통인자의 수가 한 개인 모델을 만들 수도 있고, 〈그림 21-2〉의 (b)에서 보듯이 공통인자의 수가 두 개인 모델을 만들 수도 있다. 즉, 같은

그림 21-2 **같은 상관관계계수로부터 추출한 인자의 수가 다를 경우**

(a) 1개 인자

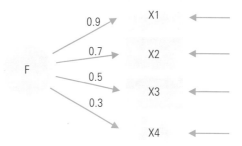

(b) 2개 인자

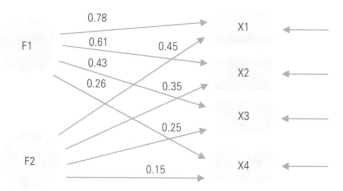

출처: Kim, J., & Mueller, C. H. (1978). *Introduction to Factor Analysis: What It is and How to do It*, Beverly Hills, CA: Sage, p. 41.

상관관계계수 행렬로부터 공통인자의 수가 다른 모델을 구할 수 있는데 연구자는 어느 모델이 더 현상을 잘 반영하고 있는지 알 수가 없다. 최소의 원칙이란 이러한 불확실성을 해결하기 위하여 같은 상관관계계수 행렬로부터 상이한 여러 개의 인자모델이 존재할 때에는 가장 적은 수의 공통인자로 이루어진 인자모델을 선택한다는 것이다. 인자분석은 이 문제를 해결하기 위해 일반적으로 아이겐 값(*eigenvalue*)이 '1.0' 이상인 인자를 공통인자로 찾는다.

3) 회전의 문제: 인자적재 값 결정

인자분석의 마지막 전제는 각 변인과 각 공통인자 간의 밀접성이 어느 정도인지, 또 각 변인이 어느 공통인자에 속해 있는지를 보여주는 인자적재 값을 찾는 회전과 관련된 문제이다. 앞에서 언급한 첫째와 둘째 전제가 충족되어 인자분석을 실행하여 공통인자의 수가 결정되었다 해도 공통인자의 회전방식에 따라 각 변인과 각 공통인자 간의 밀접성의 정도를 보여주는 인자적재 값이 다르게 나온다. 즉, 변인의 상관관계계수 행렬로부터 같은 수의 공통인자를 추출하였다고 하더라도, 회전방식에 따라 다른 인자적재 값을 계산할 수 있다. 회전 방식은 공통인자들 간의 상관관계를 전제하느냐에 따라 달라진다.

이 문제를 예를 들어 살펴보자. 〈표 21-2〉의 상관관계계수 행렬로부터 〈그림 21-3〉의 (a)와 (b)에서 보듯이 추출한 두 개 공통인자들 간의 상관관계를 다르게 가정하면 다른 인자 적재 값을 계산할 수 있다.

〈그림 21-3〉의 (a)처럼 연구자가 추출한 공통인자 간의 상관관계가 있다('0'이 아니다)라고 전제할 때에는 공통인자를 특정 각도로 회전하는 사각회전(*oblique*)을 한다. 그러나 〈그림 21-3〉의 (b)처럼 연구자가 추출한 공통인자 간의 상관관계가 없다('0')라고 전제할 때에는 공통인자를 90°로 회전하는 직각회전(*varimax*)을 한다. 공통인자 간의 상관관계에 따라 결정되는 회전의 문제는 뒤에서 살펴본다.

지금까지 인자분석을 정확하게 사용하기 위한 세 가지 전제들을 살펴봤다. 인자분석을 제대로 사용하기 위해서는 첫째, 변인 간의 상관관계는 공통인자 때문에 나온 것이라는 전제를 해야 한다. 둘째, 공통인자의 수는 최소의 것을 정답으로 간주한다. 셋째, 공통인자 간의 상관관계에 따라 회전방법이 달라지고, 이에 따라 다른 인자적재 값을 구할 수 있다. 인자분석을 사용하여 얻은 공통인자의 수와 인자적재 값은 연구자가 정한 기준에 따라 다르게 나타날 수밖에 없다. 따라서 인자분석이 대상에 대해 사람이 인지하는 차원을 발견하는 유용한 방법임에는 틀림없지만, 연구자가 어떤 기준을 가지고 접근하느냐에 따라 다른 결과를 얻을 수 있기 때문에 인자분석을 실행하거나 결과를 해석할 때 신중해야 한다.

그림 21-3 같은 수의 공통인자와 다른 인자적재 값

(a) 공통인자들 간의 상관관계가 존재할 때

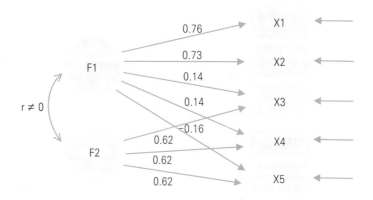

(b) 공통인자들 간의 상관관계가 존재하지 않을 때

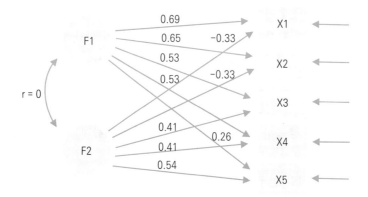

출처: Kim, J., & Mueller, C. H. (1978). *Introduction to Factor Analysis: What It is and How to do It*, Beverly Hills, CA: Sage, p. 40.

7. 결과 분석 1과 분석 2: 공통인자와 인자적재 값

1) 상관관계계수

〈표 21-5〉에서 보듯이 인자분석을 실행하면 변인 간의 상관관계계수 행렬이 제시된다. 인자분석의 첫 번째 전제에서 언급했듯이 이 상관관계계수는 공통인자 때문에 나온 것이다. 인자분석에서는 이 상관관계계수를 이용하여 공통인자를 찾는다.

표 21-5 **상관관계계수 행렬**

	업무처리능력	전문성	리더십	청렴성	성실성	도덕성
업무처리능력	1.000					
전문성	0.669	1.000				
리더십	0.629	0.639	1.000			
청렴성	-0.121	-0.113	0.260	1.000		
성실성	-0.232	-0.023	0.248	0.730	1.000	
도덕성	-0.313	0.000	0.114	0.391	0.727	1.000

2) 공통인자 수

〈표 21-6〉에서 보듯이 유권자가 국회의원 후보자를 평가하는 차원으로 두 개의 공통인자가 추출되었다. 첫 번째 공통인자의 아이겐 값은 2.413이고, 두 번째 아이겐 값은 2.268로 나타났다. 또한 공통인자들의 공통성(h^2)도 상당히 높게 나타나 발견한 공통인자 두 개가 적합하다는 것을 알 수 있다.

표 21-6 **인자행렬**

변인	F1	F2	h^2
업무처리능력	-0.269	0.876	0.840
전문성	-0.044	0.875	0.767
리더십	0.285	0.869	0.837
청렴성	0.814	0.033	0.663
성실성	0.953	0.010	0.908
도덕성	0.812	-0.083	0.666
아이겐 값	2.413	2.268	

3) 인자적재 값

〈표 21-6〉에서 보듯이 공통인자는 두 개로 나타났다. 첫 번째 공통인자에는 '청렴성'(0.814)와 '성실성'(0.953), '도덕성'(0.812) 세 개의 변인이 속해 있고, 두 번째 공통인자에는 '업무처리능력'(0.876)와 '전문성'(0.875), '리더십'(0.869) 세 개의 변인이 속해 있는 것으로 나타났다.

이 결과로 판단할 때, 유권자가 국회의원 후보자를 평가하는 첫 번째 차원은 '품성'이라 고 볼 수 있고, 두 번째 차원은 '능력'이라고 볼 수 있다. 즉, 일반적으로 유권자는 국회의원 후보자를 '품성'과 '능력' 두 가지 차원으로 평가하는 경향이 있다.

8. 공통인자와 인자적재 값 발견의 기본 논리

1) 공통인자의 발견의 논리

인자분석에서 공통인자를 추출하기 위해 일반적으로 사용하는 방법은 주성분 분석 (*principal component analysis*)이다. 주성분 분석은 〈그림 21-4〉에서 보듯이 각 원점수로 부터 "인자선"(*factor line*)에 수직(90°)으로 선을 긋는데, 이 선은 각 원점수와 인자선과 의 차이로 즉, 오차이다.

 각 오차를 제곱해서 더한 값이 최소한이 되는 선을 인자선으로 찾는데, 이 선이 바로 공통인자가 된다. 이 방법은 〈그림 21-5〉에서 보듯이 회귀분석에서 회귀선을 찾기 위해 각 원점수에서 회귀선에 일직선을 긋고, 차이인 오차를 구한 후, 각 오차를 제곱하여 더한 다음 최소한이 되는 선을 회귀선으로 찾는 최소제곱방법(*least square method*)과 유 사하다고 생각하면 된다. 두 그림에서 보듯이 두 방법들의 기본적 차이는 회귀분석에서 는 개별 원점수에서 회귀선에 일직선이 되게 긋는 반면 인자분석에서는 개별 원점수에 서 인자선에 수직되게 긋는다.

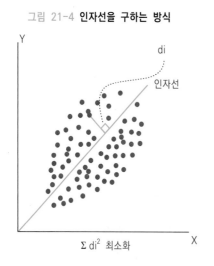

그림 21-4 **인자선을 구하는 방식**

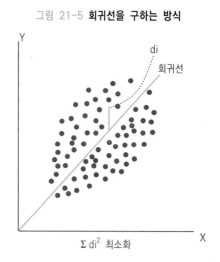

그림 21-5 **회귀선을 구하는 방식**

(1) 아이겐 값

주성분 분석을 통해 추출한 공통인자가 분석할(또는 설명할) 가치가 있는 공통인자인지 의 여부는 공통인자의 아이겐 값으로 판단한다. 〈표 21-7〉은 공통인자의 아이겐 값 (*eigenvalue*)을 보여준다(아이겐 값은 '초기 고유값'의 '합계'에 제시됨). 아이겐 값이란 인자 분석에서 추출한 각 공통인자의 설명력을 보여주는 값이다. 일반적으로 공통인자의 아

표 21-7 **공통인자의 아이겐 값**

성분	초기 고유값		
	합계	% 분산	% 누적
1	2.413	40.218	40.218
2	2.268	37.800	78.018
3	0.682	11.365	89.383
4	0.264	4.407	93.790
5	0.227	3.789	97.579
6	0.145	2.421	100.000

표 21-8 **회전되지 않은 인자행렬**

	F1		F2	
	인자적재 값	인자적재 값을 제곱한 값	인자적재 값	인자적재 값을 제곱한 값
업무처리능력	-0.633	0.400689	0.663	0.439569
전문성	-0.431	0.185761	0.762	0.580644
리더십	-0.135	0.018225	0.905	0.819025
청렴성	0.713	0.508369	0.394	0.155236
성실성	0.847	0.717409	0.435	0.189225
도덕성	0.763	0.582169	0.289	0.083521
아이겐 값	2.413		2.268	

이겐 값은 '1' 이상 되는 것을 분석할 만한 공통인자로 간주하여 해석한다. 〈표 21-7〉의 인자분석 결과에서 보듯이 아이겐 값이 '1' 이상인 두 개의 공통인자가 추출되었다. 아이겐 값이 크면 클수록 추출한 공통인자의 설명력이 높다.

아이겐 값은 단순 회귀분석의 설명변량(R^2)이라고 생각할 수 있다. 즉, 아이겐 값은 측정한 각 변인을 종속변인으로 각 공통인자를 독립변인으로 놓고 분석하는 단순 회귀분석에서 독립변인의 설명력을 보여주는 값인 설명변량이라고 생각하면 된다(단순 회귀분석에 대해 자세히 알고 싶은 독자는 제15장 단순 회귀분석을 참조하기 바란다).

〈표 21-8〉은 회전되지 않은 인자행렬을 보여준다. 아이겐 값은 회전되지 않은 인자행렬 (SPSS/PC+ 프로그램에서는 '성분행렬'이라고 표시한다)에서 각 공통인자와 각 변인 간의 상관관계계수인 인자적재 값(인자적재 값의 의미는 뒤에서 살펴본다)을 각각 제곱해서 더한 값이다.

각 공통인자의 아이겐 값을 계산하는 방법을 살펴보자. 첫 번째 공통인자의 아이겐 값 '2.413'은 〈업무처리능력〉과 공통인자와의 상관관계계수인 인자적재 값 '-0.633'을 제곱한 값('0.400689')과 〈전문성〉'-0.431'을 제곱한 값('0.185761'), 〈리더십〉'-0.135'를 제곱한 값('0.018225'), 〈청렴성〉'0.713'을 제곱한 값('0.508369'), 〈성실성〉'0.847'

을 제곱한 값('0.717409'), 〈도덕성〉 '0.763'을 제곱한 값('0.582169')을 전부 합한 값이다. 두 번째 공통인자의 아이겐 값 '2.268'도 같은 방법으로 계산하면 된다. 그러나 SPSS/PC$^+$ 인자분석 프로그램은 아이겐 값을 계산해주기 때문에 독자는 계산에 신경 쓰지 않아도 된다.

일반적으로 연구자는 아이겐 값이 '1' 이상인 공통인자를 찾는다. 그러나 공통인자를 찾는 기준으로 아이겐 값을 사용하는 대신에 연구자가 공통인자의 수를 정하여 원하는 수만큼의 공통인자를 찾을 수도 있다(SPSS/PC$^+$ 프로그램 〔실행방법 4〕에서 인자 수를 정하면 된다). 연구자가 공통인자의 수를 정하여 공통인자들을 찾는 방법은 특히 연구자가 아이겐 값 '1' 이상인 공통인자를 찾았다고 하더라도 각 공통인자의 특성을 잘 파악할 수 없을 때 유용하게 사용할 수 있다. 연구자는 아이겐 값 '1'을 기준으로 추출한 공통인자의 수보다 적게 정하여 공통인자를 찾고, 새롭게 추출한 공통인자의 특성을 분석할 수 있다. 예를 들어 연구자가 아이겐 값을 '1'이 넘는 4개의 공통인자를 찾았다고 가정하자. 연구자가 추출한 공통인자들의 특성을 쉽게 파악할 수 있다면 그 결과를 사용할 수 있지만, 공통인자의 특성을 파악하는 것이 어렵다면 공통인자의 수를 3개, 2개로 정하여 공통인자를 추출하고 그 결과를 해석한다. 만일 새로운 공통인자를 해석하는 것이 쉽거나 타당하다면 이를 적합한 결과로 제시할 수 있다.

(2) 공통성 값

공통성 값(communality: h^2)은 커뮤넬리티 값이라고도 부르며, h^2으로 표시한다(SPSS/PC$^+$ 프로그램에서는 '공통성' 표의 '추출'에 제시된다). 공통성 값은 아이겐 값과 더불어 추출한 공통인자의 설명력을 보여주는 값이다. 공통성 값은 공통인자가 각 변인을 얼마나 잘 설명할 수 있는가를 보여주는 값이다. 공통성 값이 클수록 추출한 공통인자의 설명력이 높다. 공통성 값은 다변인 회귀분석의 설명변량(R^2)이라고 생각할 수 있다. 즉, 공통성 값은 측정한 각 변인을 종속변인으로, 추출한 여러 개의 공통인자를 독립변인으로 놓고 분석하는 다변인 회귀분석의 설명변량이라고 생각하면 된다(다변인 회귀분석에 대해 자세히 알고 싶은 독자는 제16장 다변인 회귀분석을 참조하기 바란다).

공통성 값은 회전된 인자행렬(SPSS/PC$^+$ 프로그램에서는 '회전된 성분행렬'이라고 표시한다)에서 변인별 각 공통인자의 개별 인자적재 값을 제곱한 후 가로로 더한 값이다.

각 변인의 공통성 값을 계산하는 방법을 살펴보자. 〈표 21-9〉에서 보듯이 첫째 변인 〈업무처리능력〉의 공통성의 값 '0.840'은 첫 번째 공통인자의 인자적재 값 '-0.269'를 제곱한 값('0.072361')과 두 번째 공통인자의 인자적재 값 '0.876'을 제곱한 값('0.767376')을 합한 값이다. 둘째 변인 〈전문성〉의 공통성의 값 '0.767'은 첫 번째 공통인자의 인자적재 값 '-0.044'를 제곱한 값('0.001936')과 두 번째 공통인자의 인자적재 값

'0. 875'를 제곱한 값('0. 765625')을 합한 값이다. 〈리더십〉과 〈청렴성〉, 〈성실성〉, 〈도덕성〉의 공통성 값도 같은 방식으로 계산하면 된다. SPSS/PC⁺ 인자분석 프로그램이 공통성 값을 계산해주기 때문에 독자는 계산에 신경 쓰지 않아도 된다.

공통인자의 아이겐 값과 공통성 값을 같이 분석하여 공통인자가 의미가 있는지를 판단해야 한다. 각 공통인자의 아이겐 값은 '1' 이상이 되지만, 공통성 값은 작은 경우가 적지 않기 때문에 아이겐 값만을 기준으로 공통인자가 의미 있는지를 판단하면 때로는 오류를 범할 수 있다. 아이겐 값은 '1' 이상이 되지만 공통성 값이 작은 경우, 연구자는 공통인자가 과연 적절한 것인지를 다시 생각해보아야 한다. 공통성 값을 보조정보로 이용해야 하는 이유를 알아보기 위해, 〈표 21-10〉에 제시된 극단적 예를 들어보자. 이 경우 두 인자의 아이겐 값은 '1'을 넘기 때문에 각 인자는 중요한 것으로 판단하여 각 인자를 해석한다. 그러나 비록 아이겐 값은 '1'이 넘었지만, 각 변인의 공통성의 값이 적기 때문에 그리 좋은 공통인자를 발견한 것이 아니다. 따라서 해석할 때 신중해야 한다.

표 21-9 **회전된 인자행렬**

변인	F1		F2		h^2
	인자적재 값	인자적재 값을 제곱한 값	인자적재 값	인자적재 값을 제곱한 값	
업무처리능력	-0.269	0.072361	0.876	0.767376	0.840
전문성	-0.044	0.001936	0.875	0.765625	0.767
리더십	0.285	0.081225	0.869	0.755161	0.837
청렴성	0.814	0.662596	0.033	0.001089	0.663
성실성	0.953	0.908209	0.010	0.000100	0.908
도덕성	0.812	0.659344	-0.083	0.006889	0.666
아이겐 값	2.413		2.268		

표 21-10 **인자행렬과 공통성 값(h^2)**

변인	F1	F2	h^2
업무추진능력	0.6	0.0	0.36
전문성	0.6	0.0	0.36
리더십	0.6	0.0	0.36
청렴성	0.0	0.6	0.36
성실성	0.0	0.6	0.36
도덕성	0.0	0.6	0.36
아이겐 값	1.08	1.08	

(3) KMO와 Bartlett 구형성 검증

KMO(Kaiser-Meyer-Olkin of sampling adequacy)와 Bartlett의 구형성 검증은 인자분석 결과를 신뢰할 수 있는지 여부를 보여준다. 두 가지 방법의 의미를 알아보자.

첫째, KMO 값이다. 인자분석은 변인들 간의 상관관계계수를 기초로 공통인자를 발견하는데 상관관계계수를 신뢰할 수 없다면 인자분석 결과를 신뢰할 수 없다. KMO 값은 변인 간의 편 상관관계계수(partial correlation coefficient)의 비중을 보여줌으로써 인자분석이 신뢰할 만한지를 보여준다. 편 상관관계계수는 변인 간의 겹친 부분을 제외한 순수한 상관관계계수이다. KMO 값은 '0'에서 '1' 사이의 값을 갖는데 '0'은 순수한 상관관계계수가 작기 때문에 인자분석은 부적합하고, 신뢰할 수 없다는 의미이다. 반면 '1'은 순수한 상관관계계수가 크기 때문에 인자분석 결과를 신뢰할 만하다는 의미이다.

〈표 21-11〉은 개별 KMO 값의 의미를 보여준다.

〈표 21-12〉에서 보듯 프로그램 실행 결과 KMO 값이 '0.625'로 나왔는데, 이는 인자분석을 어느 정도 신뢰할 만하다는 것이다.

둘째, Bartlett의 구형성 검증이다. 인자분석은 변인 간의 상관관계계수에 기초하여

표 21-11 **개별 KMO 값의 의미**

KMO 값	인자분석 신뢰도
0.9 이상	완전 신뢰
0.8 이상 ~ 0.9 미만	매우 신뢰
0.7 이상 ~ 0.8 미만	상당히 신뢰
0.5 이상 ~ 0.7 미만	어느 정도 신뢰
0.5 미만	신뢰할 수 없다(표본 수 증가하거나 분석 변인의 적절성 판단한다)

표 21-12 **KMO와 Bartlett의 검정**

표본 적절성의 Kaiser-Meyer-Olkin 측도		.625
Bartlett의 구형성 검정	근사 카이제곱	72.470
	자유도	15
	유의확률	.000

표 21-13 **Bartlett의 구형성 검증의 연구가설과 영가설**

연구가설: 변인 간의 상관관계계수 행렬은 단위행렬(identity matrix)이 아니다.
　　　　 (단위행렬이 아니라는 것은 상관관계가 존재한다는 의미이다.)
영가설: 변인 간의 상관관계계수 행렬은 단위행렬이다.
　　　　 (단위행렬이라는 것은 상관관계가 존재하지 않는다는 의미이다.)

공통인자를 발견하는데 변인 간의 상관관계계수가 너무 작을 때에는 결과를 신뢰할 수 없다. Bartlett의 구형성 검증은 변인들 간의 상관관계계수가 인자분석에 적절할 만큼 큰지를 판단하는 것이다. Bartlett의 구형성 검증의 연구가설과 영가설은 〈표 21-13〉과 같다.

단위행렬은 대각선 위에 있는 값이 전부 '1'이고 대각선 밖의 값들이 '0'인 경우인데, 이 통해 변인 간의 상관관계가 있는지를 판단한다. 변인 간의 관계가 단위행렬이라면 변인 간의 상관관계가 존재하지 않는다는 의미이다.

위 Bartlett의 구형성 검증 결과 카이제곱은 '72.470'이고 유의확률은 '0.000'으로 나왔기 때문에 연구가설을 수용한다. 즉 단위행렬이 아니기 때문에 인자분석 결과를 신뢰할 수 있다는 것이다.

2) 인자적재 값 발견의 논리

인자분석은 공통인자를 회전하여 회전된 인자적재 값(SPSS/PC$^+$ 프로그램에서 회전된 인자적재 값은 '회전된 성분행렬'표에 제시된다)을 구하여 해석하는데, 그 이유는 〈표 21-8〉의 회전되지 않은 인자적재 값은 해석하기 어렵기 때문이다. 〈그림 21-6〉에서 공통인자를 회전시키지 않았을 경우(실선으로 표시)에는 어느 변인이 어느 공통인자에 속해 있는지를 쉽게 판단할 수 없다. 즉, 회전되지 않은 인자적재 값을 가지고서는 각 변인이 어느 공통인자에 속하는지를 결정하기 어렵다. 그러나 〈그림 21-6〉에서 공통인자를 회

그림 21-6 **회전 여부에 따른 각 공통인자와 각 변인 간의 관계**

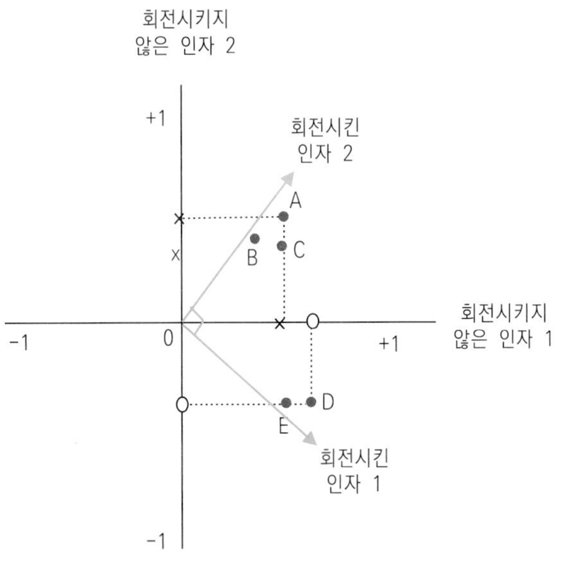

전시켰을 경우(점선으로 표시, 이 경우는 직각회전방법을 사용함)에는 어느 변인이 어느 공통인자에 속해 있는지를 쉽게 판단할 수 있다. 즉, 회전된 인자적재 값을 갖고서 각 변인이 어느 공통인자에 속하는지를 쉽게 알 수 있다.

연구자는 회전된 인자적재 값의 크기를 통해 각 변인이 어느 공통인자에 속하는지를 판단한다. 인자적재 값이 클수록 각 공통인자와 각 변인 간의 관계가 깊은데 어느 정도가 돼야 각 변인이 특정 공통인자에 속하는지를 결정하는 객관적 기준은 없다. 일반적으로 '0.5' 이상이면 특정 변인이 특정 공통인자에 속해 있다고 판단한다. 그러나 특정 변인의 인자적재 값이 여러 공통인자들에 비슷하게 나타나면 어느 공통인자에도 속하지 않는 것으로 판단한다.

회전된 인자적재 값을 구하기 위해서는 공통인자를 회전해야 하는데, 연구자가 공통인자 간의 상관관계를 전제하느냐, 전제하지 않느냐에 따라 회전하는 방법은 크게 두 가지로 나누어진다. 공통인자 간의 상관관계가 없다고 가정할 때에는 직각회전을 하여 인자적재 값을 구한다. 반면 공통인자들 간의 상관관계가 있다고 가정하면 사각회전을 하여 인자적재 값을 구한다.

(1) 공통인자 간의 상관관계가 없다고 가정할 때: 직각회전

공통인자 간의 상관관계가 없다고 가정할 때 공통인자를 회전하는 데 가장 많이 쓰는 방법은 직각회전이다. 직각회전 방법은 각 공통인자 간의 각도를 직각(90°)으로 유지한 채 회전시킨다. 직각회전 방법으로 회전한 경우, SPSS/PC⁺ 프로그램은 〈표 21-9〉와 같은 회전된 인자행렬 한 가지만을 제시한다. 직각회전하여 구한 인자적재 값은 상관관계계수인 동시에 표준 회귀계수인 베타이다. 인자적재 값의 크기를 통해 각 변인과 각 공통인자간의 관계가 얼마나 깊은지를 알 수 있다.

뿐만 아니라 인자적재 값을 통해 아이겐 값과 공통성 값을 구하여 추출한 공통인자가 얼마나 의미가 있는지를 판단할 수 있다. 인자적재 값과 아이겐 값의 관계를 다시 한 번 살펴보면, 각 공통인자를 한 개의 독립변인으로 놓고, 각 변인을 한 개의 종속변인으로 놓으면 이는 단순 회귀분석이라고 생각할 수 있다. 따라서 각 변인과 각 공통인자 간의 인자적재 값을 제곱한 값은 독립변인인 각 공통인자의 설명력을 보여주는 설명변량이라고 볼 수 있다. 각 공통인자와 각 변인의 인자적재 값을 제곱한 후 더한 값이 바로 각 공통인자의 설명력을 보여주는 아이겐 값이다.

인자적재 값과 공통성 값의 관계를 살펴보자. 여러 개의 공통인자를 여러 개의 독립변인으로, 각 변인을 한 개의 종속변인으로 놓으면 다변인 회귀분석과 같다고 볼 수 있다. 각 변인과 여러 개 공통인자 간의 개별 인자적재 값을 제곱하여 더한 값은 독립변인인 여러 개의 공통인자의 설명력을 보여주는 공통성 값이다.

공통인자 간의 상관관계가 있다고 가정할 때 공통인자를 회전하는 데 쓰는 방법은 사각회전이다. 사각회전 방법은 각 공통인자 간의 각도를 직각(90°)이 아닌 일정 각도를 유지한 채 회전시킨다. 사각회전 방법은 공통인자 간의 상관관계가 있다고 전제하기 때문에 공통인자 간의 상관관계가 없다고 가정하는 직각회전 방법에 비해 현실적인 가정이지만, 공통인자 간의 상관관계가 얼마나 되는지를 결정하는 것은 결코 쉬운 문제가 아니다. 공통인자 간의 상관관계의 크기를 결정하기 위해서는 반드시 기존 연구나 이론에 바탕을 두어야 한다. 사각회전 방법을 택하면 공통인자 간의 상관관계를 나타내는 델타(δ) 값을 설정해야 하는데〔SPSS/PC⁺ 프로그램 〔실행방법 5〕에서 〔직접 오블리민〕(*Direct Oblimin*)을 선택한다〕, 〈표 21-14〉는 델타 값의 크기와 그 의미를 보여준다.

사각회전 방법으로 회전한 경우, SPSS/PC⁺ 프로그램은 〈표 21-15〉와 같은 패턴행렬표(*pattern matrix*)와 〈표 21-16〉과 같은 구조행렬표(*structure matrix*) 두 가지를 제시한다. 패턴행렬표와 구조행렬표는 그 쓰임새가 다른데, 그 차이점을 살펴보자.

〈표 21-15〉 패턴행렬표의 인자적재 값은 표준화된 회귀계수인 베타로 각 공통인자가 특정 변인에 미치는 직접적인 영향력을 보여주기 때문에 특정 변인이 어느 공통인자에 속해 있는지를 판단하는 데 사용된다. 즉, 각 변인이 어느 공통인자에 속해 있는지를 알기 위해서는 패턴행렬표의 인자적재 값의 크기로 판단한다. 각 공통인자가 각 변인에

표 21-14 **사각회전에 필요한 델타 값**

델타 값	의미
0 < δ ≤ 1.0	공통인자들 간의 상관관계가 매우 크다
δ = 0	공통인자들 간의 상관관계가 어느 정도 있다. SPSS/PC⁺ 프로그램의 기본 설정 값
−5.0 ≤ δ ≤ −0.5	공통인자들 간의 상관관계가 적다
δ < −5.0	공통인자들 간의 상관관계가 거의 없다. 직각회전의 전제와 거의 같다

표 21-15 **패턴행렬표**

변인	F1	F2
업무처리능력	−0.259	0.873
청렴성	−0.034	0.875
전문성	0.295	0.873
성실성	0.814	0.043
도덕성	0.953	0.021
리더십	0.811	−0.074

표 21-16 **구조행렬표**

변인	F1	F2
업무처리능력	−0.280	0.879
청렴성	−0.054	0.875
전문성	0.274	0.866
성실성	0.813	0.024
도덕성	0.952	−0.001
리더십	0.812	−0.092

게 미치는 영향력의 크기는 직접적인 영향력과 상관관계가 있는 다른 공통인자를 통한 간접적인 영향력을 합한 값인데, 직접적인 영향력은 알 수 있지만 간접적인 영향력은 계산할 수 없기 때문에 이 인자적재 값으로는 아이겐 값이나 공통성 값을 정확하게 계산할 수 없다.

〈표 21-16〉 구조행렬표의 인자적재 값은 각 공통인자와 각 변인 간의 상관관계계수를 보여준다. 따라서 구조행렬표의 인자적재 값을 이용하여 아이겐 값과 공통성 값을 구할 수 있다. 즉, 구조행렬표의 각 열의 각 인자적재 값을 제곱한 값을 더하면 아이겐 값이 되고, 각 행에 있는 각 인자적재 값을 제곱한 값을 더하면 공통성 값이 된다.

9. 결과 분석 3: 인자점수

연구자는 때때로(특히, 다중공선성 문제가 있을 때) 여러 변인을 합하여 하나의 변인으로 만든다. 그러나 변인을 합할 때 변인의 원점수를 무조건 더하면 안 된다. 왜냐하면 각 변인의 분포가 다를 뿐 아니라 가중치도 다르기 때문이다. 여러 변인을 합할 때 가장 좋은 방법은 〈표 21-17〉의 인자점수(*factor score coefficient*: SPSS/PC⁺ 결과표에서는 '성분점수'라고 표시한다)를 이용하는 것이다.

표 21-17 **인자점수 행렬**

변인	F1	F2
업무추진능력	−0.104	0.379
전문성	−0.009	0.381
리더십	0.129	0.382
청렴성	0.342	0.023
성실성	0.400	0.014
도덕성	0.340	−0.028

표 21-18 **상관관계가 높은 변인을 합하는 방법**

1. 각 변인의 원점수를 표준점수로 변환한다

⬇

2. 인자분석 방법을 실행하여 각 변인의 인자점수를 구한다

⬇

3. 각 변인의 표준점수와 인자점수를 곱한 후 각 변인을 더한다

상관관계가 높은 두 변인을 한 변인으로 합하는 과정은 〈표 21-18〉에 제시되어 있다. 〈표 21-18〉에서 보듯이 첫째, 각 변인의 원 점수를 표준점수(z-$score$)로 변환한다. 변인의 원 점수를 표준점수로 변환하기 위해서는 SPSS/PC⁺ 프로그램의 〈분석〉에서 〈기술통계량〉으로 가서 〈기술통계〉를 클릭한다. 새 창의 왼쪽에 있는 변인을 화살표를 이용하여 오른쪽을 옮긴다. 왼쪽 아래에 있는 〈표준화 값을 변수로 저장〉을 선택한 후 〈확인〉을 클릭한다. 데이터 화면에 표준점수로 바뀐 변인이 나타난다(예를 들면, Z청렴성, Z성실성, Z도덕성 등).

둘째, 인자분석 방법을 통해 추출한 공통인자에 속한 변인(예를 들면, 청렴성, 성실성, 도덕성)의 가중치인 인자점수를 구한다. 예를 들면, 〈표 21-17〉에서 보듯이 F1 인자에 속한 청렴성의 가중치는 '0.342', 성실성은 '0.400', 도덕성은 '0.340'이다.

셋째, 표준점수로 변환한 각 변인에 인자점수를 곱한 후 이를 더하여 새로운 변인을 만든다. 새로운 변인을 만들기 위해서는 SPSS/PC⁺ 프로그램의 〈변환〉에 있는 〈변수계산〉 명령문을 사용하여 이미 표준점수로 바뀐 각 변인(Z청렴성, Z성실성, Z도덕성)과 각 변인에 해당하는 인자점수를 곱한 후에 이들을 더해 새로운 변인을 만든다.

새로운 변인 = (0.342 * Z청렴성) + (0.400 * Z성실성) + (0.340 * Z도덕성)

10. 인자분석 논문작성법

1) 연구절차

(1) 인자분석에 적합한 연구문제를 만든다

연구문제	변인(텔레비전 시청 이유)	측정
시청자들이 텔레비전을 시청하는 동기에는 몇 가지가 있는지 알아보자.	(1) 재미있어서 (2) 정보를 얻기 위해서 (3) 시간보내기 위해서 (4) 타인 생각을 알기 위해서 (5) 대화 소재를 얻기 위해서 (6) 무료함을 달래기 위해서 (7) 기분을 전환하기 위해서 (8) 낙오하지 않기 위해서	각 변인은 1점 (전혀 그렇지 않다)에서 5점(매우 그렇다)으로 측정

(2) 표본을 선정하여, 데이터를 수집한 후, 컴퓨터에 입력한다

(3) SPSS/PC⁺ 프로그램 중 인자분석을 실행한다

2) 연구결과 제시 및 해석방법

(1) 변인 간의 상관관계계수 행렬을 살펴본다

표 21-19 **시청요인 간 상관관계 행렬(논문에서 제시하지 않는다)**

	재미	정보	시간보냄	타인생각	대화소재	무료함 달램	기분전환	낙오방지
재미	1.0							
정보	0.234	1.0						
시간보냄	0.566	−0.423	1.0					
타인생각	0.379	0.589	0.115	1.0				
대화소재	0.105	0.387	0.255	0.622	1.0			
무료함 달램	0.473	0.102	0.201	0.222	0.210	1.0		
기분전환	0.358	0.102	0.301	0.112	0.205	0.432	1.0	
낙오방지	0.121	0.453	0.101	0.359	0.345	0.105	0.210	1.0

(2) 인자행렬을 만든다

〈표 21-20〉은 회전된 인자행렬과 아이겐 값, 공통성 값을 보여준다.

표 21-20 **인자행렬**

변인	오락동기	정보동기	h^2
재미있어서	0.845	0.132	0.831
시간보내기 위해서	0.765	0.142	0.605
기분 전환하기 위해서	0.675	0.201	0.496
무료함을 달래기 위해서	0.655	0.108	0.441
정보를 얻기 위해서	0.221	0.754	0.618
타인생각을 알기 위해서	0.321	0.660	0.539
낙오하지 않기 위해서	0.105	0.654	0.439
대화 소재를 얻기 위해서	0.112	0.545	0.310
아이겐 값	2.322	1.819	

(3) 인자행렬을 해석한다

① 공통인자의 수

〈표 21-20〉에서 보듯이 텔레비전을 시청하는 동기를 인자분석한 결과 두 개의 공통인자가 추출되었다. 첫 번째 공통인자의 아이겐 값은 '2.322'이고, 두 번째 아이겐 값은 '1.819'로 나타났다. 또한 개별 변인의 공통인자의 공통성 값도 상당히 높게 나타나 여덟 개의 텔레비전 시청요인은 두 개의 공통인자들로 나누어 볼 수 있다.

② 인자적재 값과 공통인자의 이름

〈표 21-20〉에서 보듯이 공통인자는 두 개로 나타났다. 첫 번째 공통인자에는 〈재미있어서〉('0.845')와 〈시간보내기 위해서〉('0.765'), 〈기분 전환하기 위해서〉('0. 675'), 〈무료함을 달래기 위해서〉('0.655') 네 개의 변인이 속해 있고, 두 번째 공통인자에는 〈정보를 얻기 위해서〉('0.754')와 〈타인 생각을 알기 위해서〉('0.660'), 〈낙오하지 않기 위해서〉('0.654'), 〈대화 소재를 얻기 위해서〉('0.545') 네 개의 변인이 속해 있는 것으로 나타났다. 이 결과로 볼 때, 시청자가 텔레비전을 시청하는 첫 번째 동기는 '오락동기'라 볼 수 있다. 즉, 시청자는 일반적으로 〈재미있어서〉와 〈시간보내기 위해서〉, 〈무료함을 달래기 위해서〉, 〈기분 전환하기 위해서〉 등 오락적 욕구를 충족시키기 위해 텔레비전을 시청하는 경향이 있다. 두 번째 동기는 '정보동기'라 볼 수 있다. 즉, 시청자는 〈정보를 얻기 위해서〉와 〈타인 생각을 알기 위해서〉, 〈낙오하지 않기 위해서〉, 〈대화 소재를 얻기 위해서〉 등 정보적 욕구를 충족시키기 위해 텔레비전을 시청하는 것으로 보인다.

오택섭 · 최현철 (2004), 《사회과학 데이터 분석법 ③》, 나남.

Gorsuch, R. L. (1983), *Factor Analysis* (2nd ed.), Hillsdale, NJ: Lawrence Erlbaum Associates.

Harmann, H. H. (1976), *Modern Factor Analysis* (3rd ed.), Chicago, IL: University of Chicago Press.

Kachigan, S. K. (1991), *Multivariate Statistical Analysis: A Conceptual Introduction* (2nd ed.), New York: Radius Press.

Kerlinger, F. N. (1986), *Foundations of Behavioral Research* (3rd ed.), New York: Holt, Rinehart and Winston.

Kim, J., & Mueller, C. H. (1978a), *Factor Analysis: Statistical Methods and Practical Issues*, Beverly Hills, CA: Sage.

_____ (1978b), *Introduction to Factor Analysis: What It Is and How to Do It*, Beverly Hills, CA: Sage.

Long, J. S. (1983), *Confirmatory Factor Analysis*, Beverly Hills, CA: Sage.

Stevens, J. P. (2002), *Applied Multivariate Statistics for the Social Science* (4th ed.), Mahwah, NJ: Lawrence Earlbaum Associates.

22

Q 방법론 Q methodology

이 장에서는 특정 대상이나 현상에 대해 사람이 가지고 있는 생각이나 태도, 가치관 의 유사성에 따라 사람을 집단으로 분류하는 Q 방법론(*Q methodology*)을 살펴본다.

1. 정의

Q 방법론(*Q methodology*)은 국가나 정치, 조직, 상품, 문화, 지역 등 특정 대상이나 현 상에 대해 사람이 가지고 있는 생각이나 태도, 가치관의 유사성에 따라 사람을 몇 개의 집단으로 분류하는 방법이다. 우리나라 속담에 '끼리끼리 모인다'라는 말처럼 사람은 자 신과 생각이 비슷한 사람과는 가깝게 지내지만, 생각이 다른 사람과는 멀리 지내는 경 향이 있다. 즉, 사람은 일상생활에서 자신과 다른 사람의 생각이나 태도, 가치관을 비 교하면서 자신과 비슷한 사람이나 다른 사람을 구분하고, 그들과 관계를 맺고 살아간 다. 이런 의미에서 모든 사람은 Q 방법론자라고 말할 수 있다.

Q 방법론은 특정 대상이나 현상에 대한 생각이나 태도, 가치관을 서술한 진술문인 Q 문항(Q 문항에 대해서는 뒤에서 살펴본다) 응답을 기초로 유사성을 살펴보고 비슷한 사람 의 집단을 발견하는 방법이다. 방법적 측면에서 보면 Q 방법론은 제21장의 인자분석과 마찬가지로 공통인자를 찾는 방법이라는 점에서 유사하다. 그러나 인자분석이 변인 간 의 상관관계를 분석하여 공통인자를 찾는 반면 Q 방법론은 사람 간의 상관관계를 분석 하여 공통인자를 찾는다는 점에서 큰 차이가 있다.

사람 간의 상관관계를 분석한다는 것을 이해하기 위해 Q 방법론과 인자분석의 데이 터 구조를 살펴보자. 〈표 22-1〉의 오른쪽에 있는 인자분석의 데이터 구조는 열에 변인 (변인1, 변인2, 변인3 … 변인n)을, 행에 사람(응답자1, 응답자2, 응답자3 …응답자n)을 놓 는다. 안에 있는 숫자는 각 변인의 값을 나타낸다(SPSS/PC$^+$에 익숙한 사람에게 친숙한 데이터 구조다). 인자분석은 열에 있는 변인 간의 상관관계를 분석하여 공통인자를 발

표 22-1 **Q 방법론과 인자분석의 데이터 구조**

	Q 방법론의 데이터 구조						인자분석의 데이터 구조				
	응답자1	응답자2	응답자3	⋯	응답자n		변인1	변인2	변인3	⋯	변인n
Q 문항1	1	4	5	⋯	2	응답자1	3	4	2	⋯	1
Q 문항2	6	3	7	⋯	7	응답자2	4	1	5	⋯	2
Q 문항3	5	9	4	⋯	4	응답자3	2	5	3	⋯	1
⋮	⋮	⋮	⋮	⋯	⋮	⋮	⋮	⋮	⋮	⋯	⋮
Q 문항n	10	1	8	⋯	6	응답자n	5	3	2	⋯	4

견하는 방법이다.

반면 〈표 22-1〉의 왼쪽에 있는 방법론의 데이터 구조는 열에 사람(응답자1, 응답자2, 응답자3 ⋯ 응답자n)을, 행에 Q 문항(Q 문항1, Q 문항2, Q 문항3 ⋯ Q 문항n)을 놓는다. 안에 있는 숫자는 각 Q 문항의 값을 나타낸다. 방법론은 열에 있는 사람 간의 상관관계를 분석하여 공통인자를 발견하는 방법이다.

사람의 생각이나 태도, 가치관의 유사성에 따라 집단을 분류하는 Q 방법론이 사회과학에 도입된 것은 상당히 오래 전 일이다. 1953년 윌리엄 스티븐슨(William Stephenson)은 인간의 주관을 연구하는 새로운 방법론으로서 Q 방법론을 제창했다. 초기부터 Q 방법론을 둘러싸고 상당한 논란이 있었지만, 그 후 다양한 연구를 통해 Q 방법론의 유용성이 밝혀졌다. 지난 60여 년에 걸쳐 외국(특히 미국)에서는 Q 방법론을 이용한 연구가 언론학뿐 아니라 심리학, 정치학 등 여러 학문 분야에서 많이 이루어졌다. 우리나라의 경우, 언론학 분야에 Q 방법론이 소개된 후 지난 40여 년간 Q학회(주관성학회)의 활동으로 Q 방법론에 대한 이해가 높아진 것은 사실이지만, 아직까지 Q 방법론이 정착되었다고 보기 어렵다.

Q 방법론은 언론학을 비롯한 다른 인문·사회과학 분야의 연구에 많은 도움을 줄 수 있다. Q 방법론이 유용한 연구주제를 몇 가지 살펴보자. Q 방법론은 사람의 동기와 가치, 태도, 인지구조를 파악하는 데 유용하게 사용할 수 있다. 지금까지 많은 연구는 특정 대상에 대해 사람이 일반적으로 가지고 있는 동기, 가치, 태도나 인지의 속성을 찾기 위해 인자분석을 사용했다. 이러한 연구가 인간을 이해하는 데 큰 도움을 준 것은 사실이지만, 연구의 목적이 사람의 일반적 특성을 찾는 것이 아니라 특정 집단의 사람이 가지고 있는 동기와 가치, 태도나 인지구조를 파악하는 경우에 인자분석은 큰 도움이 되지 못한다. Q 방법론은 특정 집단의 사람이 가지고 있는 동기와 가치, 태도 또는 인지구조는 무엇이며, 다른 집단과는 어떠한 유사점과 차이점이 있는가를 연구하는 데 유용하다. 인자분석을 사용하면 특정 대상에 대해 일반적으로 사람이 평가하는 차원을 발견할 수 있다. 반면 Q 방법론을 사용하면 특정 대상에 대해 특정 사람이 어떻게 생각하

는지를 발견할 수 있다.

뿐만 아니라 Q 방법론은 대중매체의 효과 연구에도 응용될 수 있다. 지금까지 많은 대중매체 효과 연구는 대중매체의 효과를 측정하기 위해 χ^2, t-검증, 변량분석, 상관관계분석, 회귀분석, 통로분석, LISREL 등 여러 통계방법을 사용한다. 이 방법이 가지는 장점이 있지만, 대중매체 이용 후 기존의 가치나 태도, 인지구조에 어떠한 변화가 야기되었는지를 구체적으로 분석하기 쉽지 않다. 사람의 가치나 태도, 인지구조는 매우 복잡하게 형성되어 있기 때문에 대중매체 이용 후 평균값과 변량의 변화를 가지고 효과를 추정한다는 것은 충분하지 못할 뿐 아니라 때로는 잘못된 결과를 낳을 수 있다. 즉, 집단의 평균값이나 변량의 변화는 나타났지만 가치나 태도, 인지구조에 그리 큰 변화가 없었을 수도 있고, 단지 한 측면만 변화되었을 수도 있다. Q 방법론을 이용하면 대중매체 이용 전과 이용 후에 나타나는 가치나 태도, 인지구조의 차이를 구체적으로 분석할 수 있다.

Q 방법론은 여러 측면에서 일반 통계방법(특히 인자분석)과는 다른 전제를 하고 있을 뿐 아니라 논리실증주의(*logical positivism*)와는 다른 과학철학과 이론을 밑바탕에 깔고 있기 때문에 Q 방법론을 일반 통계방법 중의 하나라고 말하기 어렵다. Q 방법론을 제대로 사용하기 위해서는 Q 방법론의 철학과 이론에 대한 이해가 필수적이다. 그러나 이 장에서 Q 방법론의 철학과 이론을 다루는 것은 불가능하기 때문에 이에 대한 논의는 제외하고(Q 방법론의 철학과 이론에 관심을 가진 독자는 참고문헌에 제시된 Q 방법론의 창시자인 스티븐슨의 저서나 전문서적을 참조하기 바란다), Q 방법론의 통계학적 전제와 연구절차, 결과의 해석방법, Q 방법론 프로그램인 CENSORT를 작성하고 실행하는 방법을 살펴본다.

Q 방법론을 사용하기 위한 조건을 알아보자.

1) 변인의 수

〈표 22-2〉에서 보듯이 Q 방법론은 사람의 상관관계를 분석하기 때문에 사람을 변인이라고 부른다. Q 방법론의 목적은 일반화(*generalization*)가 아니기 때문에 다른 통계방법과는 달리 사람의 수가 적다. 사람은 한 명 이상 최대 80명(CENSORT 프로그램이 분석할 수 있는 최대 인원은 80명이다)까지 가능하다.

2) Q 문항 측정

<표 22-2>에서 보듯이 Q 문항은 일반적으로 11점(간혹 9점)으로 이루어진 등간척도로 측정한다.

표 22-2 **Q 방법론의 조건**

1. 변인: 한 명 이상 여러 명의 사람(최대 80명)
2. Q 문항 측정: 11점(간혹 9점)인 등간척도

2. 연구절차

Q 방법론의 연구절차는 <표 22-3>에서 보듯이 Q 방법론은 여덟 단계로 이루어진다.

첫째, 연구문제를 만든다. Q 방법론 조건에 유의하여 연구문제를 만든다.

둘째, 연구대상(P-sample)을 선정한다.

셋째, Q 문항(Q-statement)을 만든다.

넷째, Q 문항의 분류방법(Q-sorting)을 결정한다. 강제 분류방법과 비강제 분류방법 중 하나를 선택한다.

표 22-3 **Q 방법론의 연구절차**

1. 연구문제를 제시한다

⬇

2. 연구대상을 선정한다

⬇

3. Q 문항을 작성한다

⬇

4. Q 분류방법을 결정한다.
   강제 분류방법과 비강제 분류방법 중 하나를 선택한다

⬇

5. Q 프로그램 CENSORT를 만들어 실행한다

⬇

6. 결과 분석 1: Q 유형을 발견한다

⬇

7. 결과 분석 2: 인자적재 값을 제시한다

⬇

8. 결과 분석 3: Q 유형 특성과 차이점, 공통점을 분석한다

다섯째, 데이터를 수집하여 입력한 후 Q 프로그램을 실행하여 분석에 필요한 결과를 얻는다.

여섯째, 결과 분석의 첫 번째 단계로, Q 유형을 찾는다.

일곱째, 결과 분석의 두 번째 단계로, 인자적재 값(*factor loading*)을 제시한다.

여덟째, 결과 분석의 세 번째 단계로, Q 유형의 특성과 집단 간 차이점, 공통점을 분석한다.

3. 연구문제와 가상 데이터

1) 연구문제

(1) 연구문제
Q 방법론은 일반 통계방법과는 달리 연구가설을 제시하고 이를 검증하지 않는다. Q 방법론은 대상이나 현상에 대해 비슷한 생각이나 태도, 가치관을 가지는 집단을 찾아내는 방법이기 때문에 연구문제는 집단을 발견하는 것이다. 이 장의 연구문제는 〈제 3세계 국가의 문제에 대해 한국 사람의 인식이 몇 가지 유형으로 나누어지는지 알아보자〉이다.

(2) 변인의 수
조사대상 사람(변인)은 12명이다. 제 3세계 국가의 문제에 대해 12명이 몇 개의 집단으로 나누어지는지를 알아본다.

(3) Q 문항 측정
제 3세계 국가의 문제에 대한 Q 문항은 50개이고, 11점 척도로 측정한다.

2) 가상 데이터

가상 데이터는 뒤의 〈표 22-8〉을 참조한다.

4. 전제

Q 방법론을 정확하게 사용하기 위해서는 세 가지 전제를 이해해야 한다. 이 전제는 제 21장 인자분석의 세 가지 전제와 유사하기 때문에 여기서는 간략하게 설명한다. 독자는 제 21장 인자분석의 전제를 참조하기 바란다.

1) 사람 간의 상관관계는 공통인자 때문에 나온 것이다

Q 방법론은 사람 간의 상관관계를 분석하여 상관관계계수가 높은 사람을 같은 집단으로 분류한다. Q 방법론을 사용하기 위해서는 먼저 사람 간의 상관관계계수는 인과관계 때문에 생긴 것이 아니라, 공통인자 때문에 나온 것이라는 전제를 해야 한다. 이 전제는 변인 간의 상관관계를 분석하여 변인의 밑바탕에 깔려 있는 공통인자를 찾는 인자분석의 첫 번째 전제와 동일하다. 차이점은 인자분석에서는 변인 간의 상관관계를 분석하는 반면 Q 방법론에서는 사람 간의 상관관계를 분석한다.

2) 최소의 원칙: 공통인자의 수 결정

인자분석과 마찬가지로, Q 방법론도 사람 간의 공통인자의 수를 결정하기 위해서 최소의 원칙을 전제한다. 인자분석에서 살펴봤듯이 최소의 원칙이란 변인 간의 상관관계계수로부터 추출된 공통인자의 수가 여러 개 나왔을 때 가장 적은 수의 인자를 택하는 것을 말하는데, Q 방법론에서도 이 원칙이 그대로 적용된다.

3) 회전의 문제: 인자적재 값 결정

인자분석과 마찬가지로 Q 방법론도 공통인자의 수를 결정한 후, 각 공통인자와 개별 사람 간의 밀접성의 정도를 보여주는 인자적재 값을 계산한다. 인자분석에서 살펴봤듯이 회전의 문제란 공통인자의 회전방식에 따라 인자적재 값이 다르게 나온다. 일반적으로 Q 방법론에서는 공통인자 간의 상관관계는 없다('0')고 가정하여 직각으로 회전한 후 인자적재 값을 구한다.

5. 데이터 수집 방법

1) P 표본 선정

Q 방법론에서는 응답자를 P 표본(P sample)이라고 부른다. P 표본 선정과 관련하여 유념해야 할 점이 있다. 일반 통계방법과는 달리 Q 방법론의 목적은 연구결과의 일반화(generalization)가 아니라 현상에 대한 이해(understanding)이기 때문에 표본의 수가 크지 않을 뿐 아니라 표본을 선정하는 방법이 따로 없다. 표본을 선정할 때, 일반 통계방법에서는 확률 표집방법이나 비확률 표집방법을 사용하지만, Q 방법론에서는 P 표본을 선정하는 방법이 따로 없다.

Q 방법론에서 적정한 표본의 수라는 것은 무의미하다. 일반 통계방법에서는 표본 연구를 일반화하기 위해 상당히 많은 응답자를 필요로 한다. 그러나 Q 방법론에서는 P 표본의 수는 중요하지 않다. 극단적 예지만, Q 방법론에서는 표본의 수가 한 명인 연구도 있다.

Q 방법론에서는 P 표본이 누구인지 정확하게 밝히면 된다. 예를 들어 연구자가 언론 개혁에 대한 신문기자의 인식 유형을 연구한다고 가정하자. 연구자는 P 표본인 신문기자가 누구인지를 정확하게 밝히면 된다. 표본의 결과를 갖고 모집단에 유추하는 일반 통계방법에 익숙한 사람에게 Q 방법론은 다소 낯선 방법일 수 있다.

Q 방법론에서 P 표본은 변인이다. Q 방법론 프로그램인 CENSORT 프로그램에서 최대 P 표본의 수는 80명이기 때문에 연구자는 P 표본의 수를 80명 이내로 선정한다.

2) Q 문항 작성

Q 방법론 연구의 성패는 Q 문항을 얼마나 잘 만드느냐에 달려있다고 해도 과언이 아닐 정도로 Q 문항을 만드는 작업은 매우 중요하다. Q 문항은 특정 대상이나 현상에 대한 진술문이다. 정치인에 대한 Q 문항의 예를 들어보면, '우리나라 정치구조는 정치인을 부패하게 만든다' 또는 '우리나라 정치인들의 대부분은 무능력하다' 등과 같은 진술문이다.

Q 문항을 만들기 위해서는 연구하는 현상에 대한 기존 문헌(논문이나 기사 등)을 참고하거나, 사람의 의견을 조사하여 검토한다. Q 문항을 만드는 방법은 일반 통계방법의 설문지를 만드는 방법과 유사하다. 연구자는 연구하는 현상에 대한 기존 문헌을 검토하여 기본적인 Q 문항을 거나 소수를 대상으로 심층면접을 실시하여 Q 문항을 선정한다. 선정한 Q 문항을 진술문으로 만든 후, 소수를 대상으로 사전조사를 실시한다. 사전조사 결과를 검토하여 문제점을 보완한 후, 최종적인 Q 문항을 만든다.

Q 문항은 그 문항의 진술문에 동의하는 정도(매우 동의함에서부터 전혀 동의하지 않음까지)에 따라 일반적으로 11점(간혹 9점) 척도로 측정한다. Q 문항은 카드(*card*)나 설문지 형태로 만든다. 카드 형태는 개별 Q 문항을 개별 종이에 써서 만든다. 예를 들어 Q 문항이 50개면, 50장의 카드가 만들어진다. 설문지 형태는 일반 설문지와 같이 전체 Q 문항을 나열한다.

Q 문항의 수는 일반적으로 60개에서 90개 정도가 되는데, Q 방법론 프로그램인 CENSORT 프로그램에서는 Q 문항의 최대 수를 80개로 하기 때문에 연구자는 Q 문항의 수를 80개 이내로 만든다.

3) Q 문항 분류방법

Q 데이터를 수집하기 위해서는 Q 문항의 분류방법과 제시방법 두 가지를 결정해야 한다. 첫째, Q 문항의 분류방법이란 Q 문항을 어떻게 분류하게 할 것인가의 문제이다. Q 방법론에서는 응답자가 Q 문항을 읽고, 동의하는 정도에 따라 점수별로 각 Q 문항을 분류한다. 각 Q 문항을 분류하는 방법에는 강제 분류방법(*forced sorting*)과 비강제 분류방법(*unforced sorting*) 두 가지가 있다. 강제 분류방법과 비강제 분류방법 두 방법의 상대적인 장단점에 대한 논의는 복잡하다. 어떤 학자는 강제 분류방법이 비강제 분류방법보다 더 좋다고 주장하는 반면 어떤 다른 학자는 강제 분류방법이 부자연스럽다는 이유로 비강제 분류방법을 더 선호한다. 두 방법의 결과는 크게 다르지 않기 때문에 두 가지 방법 중 한 가지를 선택하면 된다.

둘째, Q 문항 제시방법이란 Q 문항을 카드 형태로 제시할 것인가, 또는 일반 설문지 형태로 제시할 것인가의 문제이다. Q 방법론에서 흔히 사용하는 방법은 카드 형태로 고유 번호가 매겨진 개별 카드에 각 Q 문항을 쓴다. 만일 60개의 Q 문항이 있다면, 60장의 카드가 필요하다. 만일 P 표본이 50명이라면, 60장으로 이루어진 카드 50벌이 필요하다. 그러나 P 표본이 많거나, 비강제 분류방법을 사용하는 경우, 카드 방법을 사용하는 것은 불편하기 때문에 설문지 방법을 사용하는 것이 편리하다.

표 22-4 **강제 분류방법과 비강제 분류방법**

	강제 분류방법	비강제 분류방법
분류 방법	정상분포, 의사정상분포, 직사각형분포에 따라 점수별 할당된 카드 수를 정한다	점수별 카드 수를 정하는 특정 분포를 전제하지 않는다
제시 방법	일반적으로 카드 방법을 사용한다. 설문지 방법을 사용하는 것이 불가능한 것은 아니지만, 불편하다	일반적으로 설문지 방법을 사용한다. 카드 방법을 사용할 수도 있지만, 설문지를 사용하는 것이 더 편리하다

〈표 22-4〉는 강제 분류방법과 비강제 분류방법을 비교한 내용이다. 좀더 자세히 살펴보자.

(1) 강제 분류방법

Q 문항을 분류하는 방법으로 강제 분류방법(*forced sorting*)을 선택하는 경우, 정상분포 곡선(*normal distribution curve*)이나 의사정상분포곡선(*quasi-normal distribution curve*), 직사각형 분포(*rectangular distribution*)에 따라 각 점수에 할당할 카드의 수를 미리 정해야 한다. 정상분포곡선, 또는 의사정상분포곡선에 따라 점수별 카드의 수를 결정할 때 유의해야 할 점은 Q 문항을 11점으로 측정할 때에 중간 점수 6점(9점으로 측정할 때에는 중간 점수 5점)을 기준으로 좌우가 같은 모양이 되도록 카드의 수를 정해야 한다는 것이다. 예를 들어 연구자가 중간 점수 6점을 기준으로 5점에 7장의 카드를 할당했다면, 7점에도 반드시 7장의 카드를 할당해야 한다. 4점에 5장의 카드를 할당했다면, 8점에도 반드시 5장의 카드를 할당해야 한다. 3점에 3장의 카드를 할당했다면, 9점에도 반드시 3장의 카드를 할당해야 한다. 2점에 2장의 카드를 할당했다면, 10점에도 반드시 2장의 카드를 할당해야 한다. 1점에 1장의 카드를 할당했다면, 11점에도 반드시 1장의 카드를 할당해야 한다.

직사각형 분포를 택할 경우에 각 점수에 같은 수의 카드를 할당해야 한다. 예를 들어 연구자가 1점에 5장의 카드를 할당했다면, 2점부터 11점까지 각 점수에 5장의 카드를 할당해야 한다.

〈그림 22-1〉은 의사정상분포곡선의 예로서 전체 Q 문항의 수는 49개이고, 중간 점수 6점을 기준으로 좌우가 같은 모양이다. 연구자가 정한 분포에 따라 응답자는 11점에 2장, 10점에 3장, 9점에 5장, 8점에 5장, 7점에 6장, 6점에 7장, 5점에 6장, 4점에 5장, 3점에 5장, 2점에 3장, 1점에 2장의 카드를 선택한다. 응답자는 〈그림 22-2〉와 같은 응

그림 22-1 **강제 분류방법 시 카드 수의 분포**

매우 동의함											전혀 동의하지 않음
점수	11	10	9	8	7	6	5	4	3	2	1
카드수	2	3	5	5	6	7	6	5	5	3	2

전체 Q 항목의 수: 49

답표에 각 점수에 해당하는 카드의 고유 번호를 기입한다.

점수별 Q 문항의 수를 결정하는 규칙은 없다. 연구자는 Q 문항 수에 따라 각 점수에 할당할 Q 문항을 다르게 결정하면 된다. 커린저(Kerlinger, 1973)는 점수별 카드 수를 〈표 22-5〉와 같이 할당할 것을 제안한다. 이를 참조하여 점수별 Q 문항 수를 조정하면 된다.

Q 방법론에서 사용하는 카드 수는 상당히 많기 때문에 응답자가 점수별 카드를 분류하는 데 어려움이 있을 수 있다. 카드를 분류하는 편리한 방법은 응답자가 카드를 "동의

그림 22-2 **강제 분류방법 시 카드 번호 입력표**

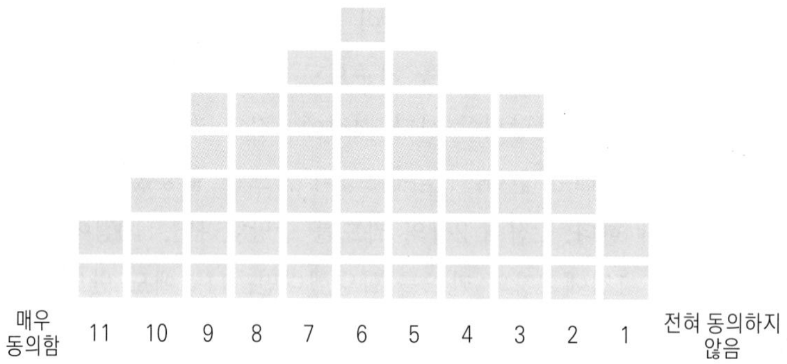

| 매우
동의함 | 11 | 10 | 9 | 8 | 7 | 6 | 5 | 4 | 3 | 2 | 1 | 전혀 동의하지
않음 |

표 22-5 **Q 문항의 수와 각 점수당 할당된 카드의 수**

1. Q 문항이 60일 때

카드수	2	3	4	7	9	10	9	7	4	3	2
점수	11	10	9	8	7	6	5	4	3	2	1
카드수		2	3	6	11	16	11	6	3	2	
점수		9	8	7	6	5	4	3	2	1	

2. Q 문항이 70일 때

카드수	2	3	5	8	11	12	11	8	5	3	2
점수	11	10	9	8	7	6	5	4	3	2	1
카드수	2	3	4	8	11	14	11	8	4	3	2
점수	11	10	9	8	7	6	5	4	3	2	1

3. Q 문항이 80일 때

카드수	2	4	6	9	12	14	12	9	6	4	8
점수	11	10	9	8	7	6	5	4	3	2	1
카드수		4	6	9	13	16	13	9	6	4	
점수		9	8	7	6	5	4	3	2	1	
카드수		4	6	10	12	16	12	10	6	4	
점수		9	8	7	6	5	4	3	2	1	

출처: Kerlinger, Г. N. (1973). *Foundations of Behavioral Research*(2nd ed.), New York: Holt, Rinehart, and Winston, p. 584.

하는 것", "중립적인 것", "동의하지 않는 것"으로 크게 세 부분으로 나눈 후, 각 부분에 속한 카드를 동의하는 정도에 따라 다시 세 부분으로 나누고, 이를 더 세분화하면서 분류한다. 예를 들어 카드 60장을 세 부분으로 나눈 후 만일 "동의하는 부분"에 속한 카드가 20장이라면 이 20장을 동의하는 정도에 따라 다시 세 부분으로 나누고, 점수별로 세분화한다.

(2) 비강제 분류방법

비강제 분류방법(*unforced sorting*)은 강제 분류방법과는 달리 응답자가 각 Q 문항에 주고 싶은 점수를 마음대로 주는 것이다. 예를 들어 응답자는 자신이 원하는 대로 문항 5번과 7번, 12번에 11점을 줄 수 있고, 23번과 24번에 1점을 줄 수 있다. 따라서 측정점수(11점, 또는 9점)에 관계없이 중간점수 6점(9점으로 측정할 때에는 중간점수 5점)을 기준으로 좌우의 모양이 같지 않다.

비강제 분류방법을 선택할 경우에는 카드를 사용하거나 설문지를 이용할 수 있다. 비강제 분류방법에서 카드를 사용할 경우, 응답자가 원하는 대로 각 점수의 카드 수를 결정하는 것 외에는 강제 분류방법의 과정과 동일하다.

그러나 P 표본의 수가 많을 때에는 카트 분류방법이 불편하다. 비강제 분류방법을 선택하고, P 표본의 수가 많은 경우에는 카드 분류방법이 불가능한 것은 아니지만 설문지를 통한 분류방법이 더 편리하다. 〈표 22-6〉은 Q 문항의 설문지의 예를 보여준다. Q 문항의 설문지는 일반 설문지와 유사하다.

강제(또는 비강제) 분류방법을 사용하여 수집하여 프로그램에 입력한 데이터는 〈표 22-7〉과 같다. Q 방법론에 익숙하지 않은 독자는 〈표 22-7〉의 데이터 구조와 〈표 22-2〉에서 설명한 Q 방법론 데이터의 구조가 왜 다른지 궁금해 할 것이다. 그 이유는 많은 사람이 SPSS/PC⁺의 데이터 입력방식(행에 사람, 열에 변인)에 친숙하기 때문에 Q 방법

표 22-6 **Q 문항 설문지의 예**

다음 장에는 60개의 문항이 있습니다. 자세히 읽으시고, 가능한 한 각 문항에 동의의 정도에 따라 "✔" 표시를 해주시기 바랍니다. 예를 들어, 만일 귀하께서 어떤 문항에 매우 강하게 동의하신다면, 아래와 같이 "11" 위에 "✔" 표시를 하시면 됩니다. 반대로 만일 귀하께서 어떤 문항에 매우 강하게 동의하지 않는다면, "1" 위에 "✔" 표시를 하시면 됩니다.

〈예〉제 3세계의 정치가 불안한 이유는 능력 있는 정치지도자가 부족하기 때문이다

표 22-7 **Q 방법론 데이터의 예**

	Q1	Q2	Q3	Q4	Q5	Q6	Q7	⋯	Qn
변인 1(1번째 응답자)	11	9	4	2	5	1	5	⋯	2
변인 2(2번째 응답자)	3	7	6	3	10	11	9	⋯	1
변인 3(3번째 응답자)	3	1	1	2	5	3	5	⋯	2
변인 4(4번째 응답자)	1	1	8	9	10	5	4	⋯	6
변인 5(5번째 응답자)	11	8	3	1	9	4	3	⋯	10
변인 6(6번째 응답자)	7	5	1	3	9	2	6	⋯	5
⋮	⋮	⋮	⋮	⋮	⋮	⋮	⋮	⋮	⋮
변인 n(n번째 응답자)	6	9	11	7	2	1	8	⋯	9

론 데이터도 〈표 22-7〉과 같이 입력한다. 데이터는 SPSS/PC⁺와 같은 방식으로 입력하지만 CENSORT 프로그램을 실행하면 〈표 22-7〉의 데이터는 자동적으로 〈표 22-2〉의 Q 방법론 데이터 구조로 변환된다.

6. CENSORT 프로그램과 가상 데이터

Q 방법론 프로그램은 QUANAL과 CENSORT 두 종류가 있다. QUANAL 프로그램은 강제 분류방법을 통해 수집한 데이터만을 분석하도록 만들어진 반면, CENSORT 프로그램은 강제 분류방법과 비강제 분류방법을 통해 수집한 데이터를 분석할 수 있다. QUANAL과 CENSORT 두 프로그램 간의 가장 큰 통계적 차이점은 Q 유형을 찾기 위해서 QUANAL 프로그램은 변량을 극대화시키는 방법을 사용하는 반면 CENSORT 프로그램은 Centroid 방법을 사용하여 상관관계계수를 극대화시키는 방법을 사용한다.

QUANAL과 CENSORT는 프로그램을 만들고 실행하는 방법에 차이는 존재하지만, 분석결과는 차이가 없다. Q 문항 분류방법(강제, 또는 비강제 분류방법)에 따라 사용하기 편리한 프로그램을 선택하여 사용하면 된다. 이 장에서는 CENSORT 프로그램을 살펴본다.

1) CENSORT 프로그램의 가상 데이터

〈표 22-8〉은 CENSORT 프로그램의 명령과 가상 데이터를 보여준다. 프로그램의 앞부분은 명령이고, 프로그램의 뒷부분은 가상 데이터이다. 가상 데이터의 P 표본의 수 12명, Q 문항의 수는 50개이다.

2) 프로그램 작성법

프로그램은 CENSORT 프로그램에 직접 입력하는 것이 불편하고, 실행하기 쉽지 않기 때문에 〈메모장〉에서 따로 작성한 후 CENSORT 프로그램에서 불러내어 실행하는 것이 쉽다. 〈표 22-9〉는 CENSORT 프로그램의 명령문과 그 의미를 보여준다.

표 22-8 **CENSORT 프로그램의 명령과 가상 데이터**

	1	16
	TITLE1	TEST RUN 12 VARS, 50 ITEMS, 0 FACTORS, 11 PILES
명령	TITLE2	CHOI
	PARAMETERS	12 50 0 11 2 3 4 5 7 8 7 5 4 3 2
	OPTIONS	YYYNNYNNNNNNNYNNN
	FORMAT	(40F2.0)

가상 데이터

1 4 7 5 7 4 3 3 7 9 6 9 7 3 8 9 5 8 7 6 2 6 6 8 6 4 3 1 7 2 5 91110 41011 8 8 5 4 5 610 6 5 6 7 2 5

6 5 8 7 9 7 5 410 2 71011 3 8 211 810 5 5 8 6 4 7 4 5 6 9 6 6 3 4 1 6 3 1 3 9 7 7 5 6 9 4 5 7 2 6 8

8 6 3 4 8 211 6 5 5 4 9 7 4 7 611 1 2 5 4 3 810 4 6 5 6 2 7 7 6 6 510 7 7 6 310 9 3 5 9 5 1 8 7 9 8

3 8 9 5 710 2 4 7 4 7 6 6 7 4 610 6 5 5 5 6 9 6 8 6 8 5 7 8 6 1 1 311 3 3 4 2 9 5 7 4 8 511 710 2 9

5 7 7 4 8 5 2 3 6 8 5 9 7 2 5 9 1 9 5 4 7 8 6 9 3 6 5 2 8 4 4101011 11011 4 8 7 3 5 6 7 6 3 6 7 6 6

4 7 7 4 9 3 2 4 5 8 6 6 5 2 710 1 9 5 6 7 5 5 9 7 6 6 3 8 4 6 81010 11111 7 8 7 3 6 6 8 4 2 3 9 5 5

8 5 9 4 9 611 7 4 4 7 6 5 2 3 311 7 510 8 8 7 5 6 6 8 4 9 7 5 3 2 1 5 2 1 4 3 8 10 6 6 6 5 6 910 7 7

3 7 7 8 7 4 7 2 4 8 6 8 6 4 4 9 1 8 7 9 3 7 5 8 5 6 6 2 5 2 6 91111 4101010 9 6 3 6 5 6 5 3 5 7 1 5

2 5 6 8 9 3 7 3 5 7 6 8 7 1 4 9 1 8 4 7 7 6 5 8 4 6 6 3 9 3 7 91010 21111 710 6 4 6 6 5 5 2 5 8 4 5

2 6 7 6 8 3 3 4 5 5 6 9 6 1 510 7 9 4 8 7 5 5 9 7 6 6 2 8 2 3 91011 71110 7 8 5 6 4 4 7 6 1 4 8 3 5

8 5 8 8 810 6 3 6 210 9 4 2 4 5 8 9 611 6 7 7 9 7 3 4 3 6 5 3 1 7 5 1 710 5 211 4 5 6 6 7 4 6 9 5 7

7 7 5 4 3 3 3 7 7 9 2 5 6 6 7 9 2 4 6 5 5 5 1 9 4 6 8 8 5 3 610 910 81111 710 2 7 6 6 5 6 8 8 4 4 1

프로그램을 만들 때 유념해야 할 사항은 명령문이 차지하는 칸을 반드시 지켜야 한다는 것이다. 프로그램 명령의 경우, 명령의 제목(TITLE1, TITLE2, PARAMETERS, OPTIONS, FORMAT)은 1째 칸부터 입력한다. 명령의 내용은 반드시 16째 칸부터 입력해야 한다(1 과 16은 프로그램의 명령이 아니고, 1째 칸과 16째 칸을 설명하기 위해 써 놓은 것이다). 또한 모든 명령의 내용은 정해진 칸에 입력해야 한다. 예를 들면, OPTIONS 명령문의 3째 칸에는 분류방법 명령을 입력해야 하는데, 강제 분류방법이면 Y, 비강제 분류방법이면 N을 입력해야 한다. 만일 이 명령을 4째 칸에 입력하면 프로그램이 실행되지 않거나, 잘못된 결과를 얻게 된다. 따라서 연구자는 〈표 22-8〉과 같은 Q 프로그램을 별도의 파일로 저장하고, 데이터에 맞게 명령을 수정하고, 데이터를 입력한 후 프로그램을 실행해야 실수를 줄일 수 있다.

〈TITLE1〉에는 연구자가 원하는 내용을 쓰면 된다. 일반적으로 데이터의 특징을 보여주는 P 표본의 수와 Q 표본의 수, 측정 점수(11점, 또는 9점) 등을 쓴다. 〈TITLE2〉에는 연구자가 원하는 내용을 쓰면 된다. 일반적으로 파일명을 쓴다.

표 22-9 CENSORT 프로그램 명령문과 의미

명령문		의미
TITLE1		원하는 내용을 쓴다. 일반적으로 P 표본의 수와 Q 표본의 수, 측정 점수 (11점, 또는 9점) 등을 쓴다
TITLE2		원하는 내용을 쓴다. 일반적으로 파일명(예: CHOI 등)을 쓴다
PARAMETERS (12 50 0 11 2 3 4 5 7 8 7 5 4 3 2)	12	P 표본(변인)의 수
	50	Q 문항의 수
	0	인자 찾는 방법을 의미한다 • '0'은 아이겐 값 '1'이 넘는 공통인자를 찾으라는 명령이다 • '2'(또는 '3', '4')를 쓰면, 아이겐 값에 관계없이 공통인자를 두 개(또는 세 개, 네 개) 찾으라는 명령이다
	11	• 측정 점수가 11점이라는 의미이다 • 9점이라면 '9'를 쓴다
	2 3 4 5 7 8 7 5 4 3 2	• 강제 분류방법의 경우, 점수별 배정된 카드의 수를 쓴다 '2'는 1점에 2장, '3'은 2점에 3장, '4'는 3점에 4장, '5'는 4점에 5장, '7'은 5점에 7장, '8'은 6점에 8장이다. 다른 점수도 같은 방식으로 해석한다 • 비강제 분류방법의 경우, 점수별 할당된 카드의 수를 쓰지 않고 공란으로 놔둔다
OPTIONS (YYYNNNNN NNNNNYNNN)	셋째 칸 Y 또는 N	셋째 칸에는 분류방법을 정의한다 • Y라면 강제 분류방법이다 • N이라면 비강제 분류방법이다
	나머지 칸	그대로 쓴다
FORMAT		(40F2.0)
		데이터 각 줄의 Q 문항의 수가 40개(40)이고, 값은 숫자(F)이고, 2칸을 차지한다는 의미이다. 그대로 쓴다

〈PARAMETERS〉에는 표본의 수, Q 문항의 수, 인자 수, 측정 점수, 점수별 배정된 카드의 수를 입력한다. '12'가 차지하는 칸에는 P 표본(변인)의 수를 입력한다. P 표본의 수는 12명이라는 의미이다. '50'이 차지하는 칸에는 Q 문항의 수를 입력한다. Q 문항의 수는 50개라는 의미이다. '0'이 차지하는 칸에는 인자를 찾는 명령을 입력한다. '0'을 입력하면 아이겐 값 '1'이 넘는 공통인자를 찾으라는 명령이다. '2'(또는 '3', '4')를 입력하면, 아이겐 값에 관계없이 공통인자를 무조건 두 개(또는 세 개, 네 개) 찾으라는 명령이다. '11'이 차지하는 칸에는 측정 점수를 입력한다. 측정 점수가 11점이라는 의미이다. 측정 점수가 9점이라면 '9'를 쓴다. '2 3 4 5 7 8 7 5 4 3 2'이 차지하는 칸에는 강제 분류방법의 점수별 할당된 카드의 수를 입력한다. '2'는 1점에 2장, '3'은 2점에 3장, '4'는 3점에 4장, '5'는 4점에 5장, '7'은 5점에 7장, '8'은 6점에 8장, '7'은 7점에 7장, '5'는 8점에 5장, '4'는 9점에 4장, '3'은 10점에 3장, '2'는 11점에 2장이 할당됐다는 의미이다. 그러나 비강제 분류방법의 경우, 점수별 할당된 카드의 수가 없기 때문에 공란으로 놔둔다.

〈OPTIONS〉에는 데이터 수집 방법, 데이터를 분석하는 방법, 인쇄할 결과 등을 Y(예), N(아니오)로 입력한다. 17개의 명령 중 가장 중요한 것이 3째 칸의 명령이다. 셋째 칸에는 분류방법을 정의하는 명령을 입력한다. 데이터를 강제 분류방법을 통해 수집했다면 Y라고 입력한다. Y라고 입력하면 〈PARAMETERS〉의 점수별 배정된 카드의 수를 입력해야 한다. 비강제 분류방법을 통해 수집했다면 N이라고 입력한다. N이라고 입력하면 점수별 배정된 카드의 수를 입력하지 않고 공란으로 놔둔다. 나머지 16개 명령은 〈표 22-8〉에 있는 그대로 쓴다.

〈FORMAT〉에는 분석할 데이터 구조를 알려주는 명령을 입력한다. (40F2.0)은 각 응답자의 첫째 줄에는 Q 문항이 40개(40)가 들어가고, 문항의 값은 숫자(F)이고, 이 숫자는 2칸(1부터 11까지)을 차지한다는 의미이다. Q 문항이 50개이기 때문에 각 응답자의 둘째 줄에는 남은 Q 문항 10개의 값이 들어간다. 이 명령은 그대로 쓰면 된다.

3) CENSORT 프로그램 만드는 방법

(1) CENSORT 프로그램 파일 만들기와 저장하기

① CENSORT 프로그램 파일 만들기
컴퓨터 화면 왼쪽 아래 Windows 아이콘을 클릭한 후 메모장을 실행한다. 메모장 화면 위에 있는 메뉴판에서 왼쪽에 있는 〈파일〉을 클릭하고, 〈새로 만들기〉를 클릭한 후 〈표 22-8〉에 있는 CENSORT 프로그램을 작성한다.

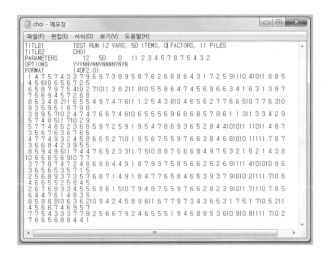

② 저장하기

Ⓐ 프로그램을 작성한 후 메모장 화면 위에 있는 메뉴판에서 왼쪽에 있는 〈파일〉을 클릭한 후 〈다른 이름으로 저장〉을 클릭하면 새 창이 뜬다. 새 창의 아래쪽에 있는 〈파일 이름(N)〉에 원하는 파일명을 쓴다. 파일명을 쓸 때 주의할 사항은 파일명 뒤에 반드시 확장자 '.cen'을 붙여야 한다는 점이다. 예를 들어 'choi.cen'이란, 파일명 'choi'에 확장자 '.cen'을 붙인 것이다.

Ⓑ 〈파일 형식(T)〉 오른쪽에 있는 화살표(▼)를 클릭한 후 〈모든 파일〉을 선택한 다음 〈저장(S)〉을 클릭하면 파일이 저장된다.

(2) 기존 파일 불러오기 · 수정하기 · 저장하기

① 불러오기

 Ⓐ 이미 저장된 기존 CENSORT 프로그램을 불러오고 싶다면 메모장 화면 위에 있는 메뉴판에서 왼쪽에 있는 〈파일〉을 클릭한 후 〈열기〉를 클릭하면 새 창이 뜬다.

 Ⓑ 새 창의 아래 오른쪽에 있는 〈텍스트문서(*.txt)〉의 화살표(▼)를 클릭하면 〈모든 파일〉이라는 명령문이 나오는데 이를 클릭한다. 새 창에 저장된 파일명들이 나타나면 원하는 파일을 선택한 후 〈열기(O)〉를 클릭한다.

② 수정하기와 저장하기

 Ⓐ 파일을 불러낸 후 원하는 내용을 수정한다.

 Ⓑ 위에서〔(1)-②〕설명한 저장하기 방법을 따라서 저장한다.

4) 프로그램 실행

Q 방법론을 실행하는 프로그램 중의 하나가 CENSORT이다. 이 프로그램은 과거 DOS 환경에서 실행하도록 제작된 것이다. 따라서 현재 Windows 환경에서 CENSORT 프로그램을 실행하려면 먼저 몇 가지 설정을 해야 한다.

 CENSORT 프로그램이 Windows 환경에서 정상적으로 작동하지 않는 이유는 크게 두 가지이다. 첫째, CENSORT는 영어로 제작된 프로그램이기 때문에 한글 환경에서 문자 인식을 제대로 못한다. 둘째, CENSORT는 파일을 B: 드라이브에 저장하도록 만들어졌다. 그러나 현재 대부분의 컴퓨터에는 B: 드라이브가 없기 때문에 CENSORT 프로그램을 실행하여 파일을 저장하면 에러가 발생한다. 이러한 문제를 해결하기 위해서는 귀찮지만 다음과 같이 몇 가지를 미리 설정해 주어야 한다.

(1) CENSORT 프로그램을 C: 드라이브에 저장한다

(2) DOS 프로그램 불러오기 명령

① 컴퓨터 화면 아래쪽에 있는 〈프로그램 및 파일 검색〉으로 가서 〈cmd〉를 입력한다. 이 명령은 DOS를 새 창에 띄우라는 명령이다.

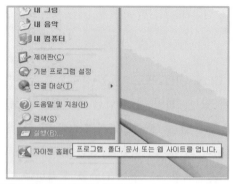

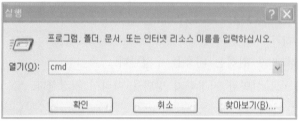

② 〈cmd〉 입력 후 클릭하면 화면 위에 아래와 같이 흑백화면의 새 창이 뜬다. 이 흑백
  화면이 DOS 화면이다.

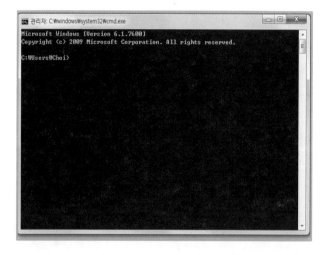

③ DOS 상태에서는 Windows처럼 마우스를 사용할 수 없다. 불편하지만 명령문을 입
  력한 후 실행하려면 ENTER키(Enter)를 쳐야 하고, 프로그램 내에서 커서를 움직이
  려면 키보드에 있는 방향키(←, →, ↑, ↓)를 사용해야 한다.

흑백화면의 새 창에 아래와 같이 〈chcp 437〉을 입력 후 ENTER키를 친다. 'chcp'는 컴
퓨터가 인식하는 문자를 바꾸라는 명령문이고 '437'은 영어에 해당하는 코드이다. 참고
로 〈chcp 949〉는 영어에서 한글로 바꾸라는 명령이다.

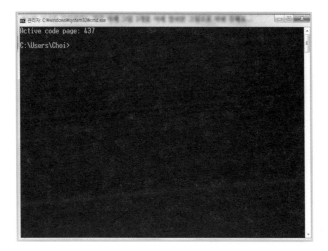

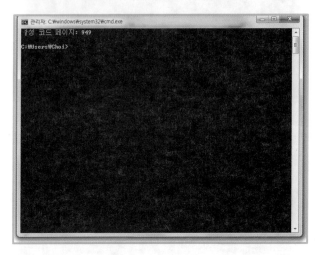

(4) 드라이브 문제 해결

사용하는 언어를 영어로 바꾼 후에 드라이브 문제를 해결한다.

① 〈subst b: c:\censort〉를 입력한다. '\'(역슬래시)는 "₩"키(일반적으로 키보드 오른쪽 위에 있음)를 치면 된다.

② CENSORT 2.0은 오래전(1988년)에 만들어진 DOS용 프로그램으로 당시에는 B: 드라이브에 데이터를 저장해 사용했다. 그러나 현재 대부분의 컴퓨터는 B: 드라이브를 사용하지 않기 때문에 〈subst b: c:\censort〉 명령을 사용하여 현재 사용하지 않는 B: 드라이브를 "C\censort"로 대체(*substitute*, 약자로는 *subst*)한다. 이 명령문으로 인해 컴퓨터는 〈C:\censort〉라는 폴더를 가상의 B: 드라이브로 인식한다.

(5) CENSORT 프로그램으로 가기

⟨cd\censort⟩ 입력 후 ENTER키를 친다. 이 명령문은 CENSORT 프로그램으로 가라는 것이다.

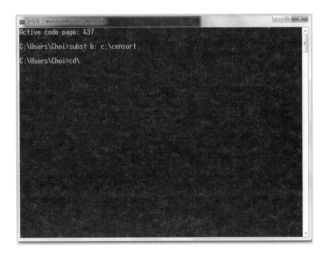

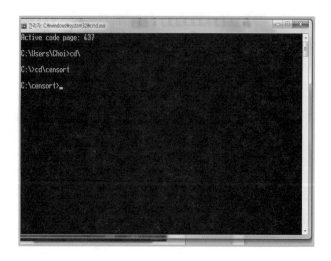

⟨cd\censort⟩ 상태에서 ⟨censort⟩를 입력 후 ENTER키를 친다. 이는 CENSORT 프로그램을 시작하라는 것으로, CENSORT 프로그램의 초기 화면이 나타난다.

초기 화면 상태에서 ENTER키를 치면 CENSORT 프로그램 화면이 나타난다.

5) 파일 불러오기, 실행하기, 결과 보기

① 메뉴판 왼쪽 끝에 있는 ⟨File⟩의 ⟨Load Data File⟩(보라색으로 음영 처리) 상태에서 ENTER키를 친다.

442

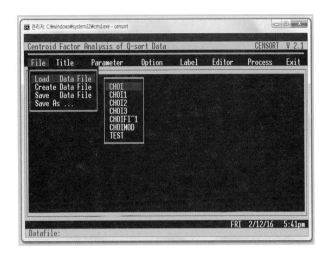

② 옆에 작은 새 창이 뜨면서 저장된 파일명을 보여준다. 방향키(↑, ↓)를 이용하여 커서를 원하는 파일명으로 이동한 후 ENTER키를 쳐서 파일(메모장에 저장하면 자동적으로 CENSORT 프로그램에 저장됨)을 불러온다.

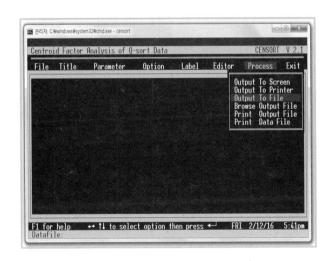

③ 파일을 불러온 후 CENSORT 프로그램 내에서 파일 내용을 확인하고 싶다면 방향키(→)를 이용하여 커서를 오른쪽 옆으로 이동하여 〈Title〉(제목)과 〈Parameter〉(데이터 특징, 분류방법 등), 〈Option〉(분석방법, 필요한 결과물), 〈Editor〉(데이터)에서 저장된 내용을 볼 수 있다. 그러나 메모장에서 파일을 수정하여 저장하면 되기(편리하기) 때문에 CENSORT 프로그램 내에서 파일을 보거나 수정하는 것은 불필요하다(권장하지 않는다). 프로그램 내용을 확인하려면 화면 위쪽의 〈Title〉, 〈Parameter〉, 〈Option〉, 〈Editor〉에 커서를 움직여 ENTER키를 친 후 내용을 살펴본다.

Ⓐ Title: 파일명과 설명을 볼 수 있다.

Ⓑ Patameter: P 표본의 수가 몇 명이고(# of Sorts), Q 문항이 몇 개이고(# of Items), 인자 수가 몇 개이고(# of Factors), 측정이 몇 점으로 이루어졌는지(Scale for Sort)와 동시에 각 점수에 몇 장의 카드가 있는지를 알 수 있다(강제 분류방법을 사용할 경우에만 제시됨).

Ⓒ Option: 데이터 구조와 분류방법(강제와 비강제), 원하는 출력 결과를 보여준다.

Ⓓ Editor: 입력한 데이터를 보여준다.

(2) 파일 실행하기

파일을 불러온 후 방향키(→)를 이용하여 커서를 메뉴판의 〈Process〉로 이동한 후에 방향키(↓)를 이용해 커서를 〈Output to file〉로 이동하여 ENTER키를 치면 프로그램이 실행된다.

(3) 결과 보기, 프린트

① 저장된 CENSORT 결과를 보고 싶으면 메모장에서 보는 것이 편리하다. 메모장의 메뉴판 왼쪽 위의 〈파일〉을 클릭한 후 〈열기〉를 클릭하면 새 창이 뜬다.

② 새 창의 아래 오른쪽에 있는 〈텍스트문서(*.txt)〉의 화살표(▼)를 클릭하면 〈모든 파일〉이라는 명령문이 나오는데 이를 클릭한다. 새 창에 저장된 파일명들이 나타나는데 이 중에 〈censort.out〉을 선택하면 된다.

③ 〈censort.out〉에 저장된 결과 파일을 보거나 프린트해서 결과를 해석한다.

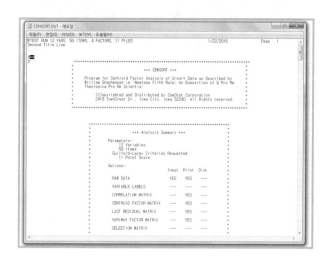

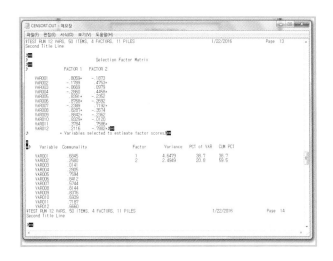

7. 결과 분석 1과 분석 2: 공통인자와 인자적재 값

1) Q 유형 추출

〈표 22-10〉에서 추출한 각 Q 유형의 변량(아이겐 값)을 살펴보고, 〈표 22-11〉에서 각 Q 유형에 속한 사람을 찾는다. 만일 필요하면 각 Q 유형에 속한 사람의 인구사회학적 속성을 기술한다. 각 Q 유형의 특성을 분석한 후, 가능하면 각 Q 유형에 적합한 이름을 부여한다.

표 22-10 **추출된 Q 유형의 설명변량**

유형	변량(아이겐 값)	변량의 백분율
1	5.3136	44.3
2	1.8291	15.2

표 22-11 **Q 유형에 속한 사람**

P 표본	유형1	유형2	커뮤넬리티(h^2)
1	0.8059*	-0.1873	0.6845
2	-0.1789	0.4753*	0.2580
3	-0.0669	0.0979	0.0141
4	-0.2860	0.4458*	0.2805
5	0.8391*	-0.2352	0.7594
6	0.8768*	-0.2692	0.8412
7	-0.2389	0.7192*	0.5744
8	0.8287*	-0.3574	0.8144
9	0.8842*	-0.2362	0.8376
10	0.8329*	-0.0120	0.6939
11	0.3784	0.7586*	0.7187
12	0.2116	-0.7882*	0.6660

* 각 Q 인자에 속한 사람을 표시

8. 결과 분석 3: Q 유형 특성과 차이점, 공통점

1) Q 유형 특성

Q 유형별로 표준점수(z-$score$)의 크기에 따라 Q 항목을 나열한 후에 각 Q 유형에 속한 사람의 특징을 설명한다. 표준 점수 '+1' 이상과 '-1' 이하, 그리고 '0'에 가까운 Q 문항을 중점적으로 설명한다. 실제 연구에서는 50개 문항의 진술문과 문항별 표준점수를 제시하지만, 여기서는 50개 문항 중 몇 개만 선택하여 살펴본다.

(1) 첫째 Q 유형의 특징
〈표 22-12〉에서 보듯이 첫째 Q 유형에 속한 사람은 제3세계의 정치와 경제의 불안은 '부의 편중', '제1세계의 정치-군사적 개입'과 같은 외적 요인에 의해 야기된 것으로 생각한다. 반면 제3세계의 문제는 '낮은 도덕성'과 '국민의 게으름', '열등한 문화' 때문에 발생한 것이라고 생각하지 않는다. '공직자의 부정부패'와 '인구과잉'은 제3세계의 문제와는 큰 관련이 없는 깃으로 생각하는 경향이 있다.

표 22-12 **유형1의 Q 문항별 표준점수**

Q 문항	표준점수
37. 제 3세계는 정치ㆍ경제적 안정을 위해서 문맹률을 낮추기 위한 교육을 실시하여야 한다	2.0526
36. 제 3세계는 젊은이들에게 새로운 기술교육을 시켜야 한다	1.9952
34. 제 3세계의 정치가 불안한 이유는 부의 편중 때문이다	1.9390
33. 제 3세계의 정치가 불안한 이유는 제 1세계의 정치-군사적 개입 때문이다	1.8616
......	......
......	......
13. 제 3세계의 정치가 불안한 이유는 공직자의 부정부패 때문이다	0.1283
26. 제 3세계의 경제가 불안한 이유는 많은 인구 때문이다	−0.1093
......	......
......	......
17. 제 3세계의 많은 문제는 낮은 도덕성에 기인한다	−1.5737
28. 제 3세계의 경제가 불안한 이유는 국민이 게으르기 때문이다	−1.6123
14. 제 3세계의 문화는 제 1세계의 문화보다 열등하다	−1.7247

(2) 둘째 Q 유형의 특징

〈표 22-13〉에서 보듯이 둘째 Q 유형에 속한 사람은 제 3세계의 정치와 경제의 불안은 '낮은 도덕성', '군사쿠데타', '인구과잉' 등 내적 요인에 의해 생겨난 것으로 생각한다. 반면 제 3세계의 문제는 '미국과 러시아의 긴장', '제 1세계의 원조부족' 때문에 야기된 것이라고 생각하지 않는다. '정부의 통제'와 '천연자원의 부족'은 제 3세계의 문제와 큰 관련이 없는 것으로 생각하는 경향이 있다.

표 22-13 **유형2의 Q 문항별 표준점수**

Q 문항	표준점수
17. 제 3세계의 많은 문제는 낮은 도덕성에 기인한다	1.9511
36. 제 3세계는 젊은이들에게 새로운 기술교육을 시켜야 한다	1.7831
11. 제 3세계는 가족계획을 통해 인구를 줄여야 한다	1.4356
5. 제 3세계의 정치가 불안한 이유는 자주 일어나는 군사 쿠데타 때문이다	1.3210
......	......
......	......
41. 제 3세계의 정치가 불안한 이유는 정부의 지나친 경제 통제 때문이다	0.0287
43. 제 3세계의 경제가 불안한 이유는 천연자원이 부족하기 때문이다	−0.0881
......	......
......	......
39. 제 3세계의 정치가 불안한 이유는 미국과 러시아의 긴장관계 때문이다	−1.6092
34. 제 3세계의 정치가 불안한 이유는 부의 편중 때문이다	−1.7655
32. 제 3세계의 경제가 불안한 이유는 제 1세계로부터 원조가 부족하기 때문이다	−2.0864

2) Q 유형 간 차이

두 Q 유형 간의 차이는 Q 문항 간 표준점수 차이를 비교하여 표준점수 차이의 크기에 따라 나열한 후, 두 유형 간의 차이점을 설명한다. 특히 표준점수 차이가 '+1' 이상과 '-1' 이하인 Q 문항을 중심으로 설명한다. 실제 연구에서는 50개 문항의 진술문과 문항별 차이점수를 제시하지만, 여기서는 50개 문항 중 몇 개만 선택하여 살펴본다.

〈표 22-14〉에서 보듯이 '부의 편중'과 '낮은 도덕성' 차원에서 두 Q 유형 간 큰 차이를 보인다. 첫째 유형에 속한 사람은 제3세계의 문제를 '부의 편중' 때문이라고 생각하는 반면 둘째 유형에 속한 사람은 그렇지 않다고 생각한다. 또한 첫째 유형에 속한 사람은 제3세계의 문제를 '낮은 도덕성' 때문이라고 생각하지 않는 반면 둘째 유형에 속한 사람은 그렇다고 생각한다.

표 22-14 **유형1과 2의 Q 문항별 차이**

Q 문항	표준점수		표준점수
	유형1	유형2	차이
34. 제3세계의 정치가 불안한 이유는 부의 편중 때문이다	1.9390	-1.7655	3.7045
17. 제3세계의 많은 문제는 낮은 도덕성에 기인한다	-1.5737	1.9511	-3.5248

3) Q 유형 간 공통점

두 Q 유형 간의 공통점은 〈표 22-14〉에 제시된 Q 문항 간 표준점수 차이가 '+1' 이상과 '-1' 이하인 Q 항목을 골라 이들 점수 간의 평균점수〔(유형1 점수 + 유형2 점수)/2〕를 계산하여 평균 표준점수 차이의 크기에 따라 나열한 후, 두 유형 간의 유사점 또는 공통점을 설명한다. 특히 '+1' 이상과 '-1' 이하인 Q 문항을 중심으로 설명한다.

〈표 22-15〉에서 보듯이 두 유형의 사람은 제3세계의 문제를 해결하기 위해 '기술교육 실시'를 중요하게 생각한다.

표 22-15 **일치하는 Q 문항과 평균 표준점수**

Q 문항	평균표준점수
36. 제3세계는 젊은이들에게 새로운 기술교육을 시켜야 한다	1.8892

9. Q 방법론 논문작성법

1) 연구절차

(1) Q 분석에 적합한 연구문제를 만든다

연구문제
남북통일에 대한 한국 사람의 의식이나 가치관이 몇 가지 유형으로 나누어지는지 알아보자

(2) P 표본을 선정한다

(3) Q 문항을 선정한 후, Q 문항 분류방법(강제 또는 비강제 분류방법 중 하나를 선택)을 선택하여 데이터를 수집한다

(4) CENSORT 프로그램을 만들고 실행한다

2) 연구결과 제시 및 해석방법

(1) Q 인자행렬 표를 만든다

CENSORT 프로그램은 ① 아이겐 값(*eigenvalue*), ② 인자적재 값, ③ 공통성 값을 제시해 준다. 이 결과를 표로 제시하면 〈표 22-16〉과 같다.

표 22-16 **Q 인자행렬**

P 표본	Q 유형1 (점진적 통일론자)	Q 유형2 (급진적 통일론자)	h^2
1	0.785*	0.228	0.668
2	0.741*	0.112	0.562
3	0.165	0.522*	0.299
4	0.350	0.518*	0.391
5	0.112	0.745*	0.668
6	0.755*	0.108	0.582
7	0.675*	0.201	0.496
8	0.105	0.621*	0.497
아이겐 값	16.90	13.27	

*각 Q 인자에 속한 사람을 표시

(2) 각 Q 유형의 특성을 표로 제시하고 해석한다

〈표 22-17〉은 첫 번째 유형에 속한 사람의 남북통일 문제를 보는 시각을 보여준다. 첫 번째 유형의 사람은 "남북통일 문제는 시간을 갖고 천천히 진행되어야 하고"(문항50), "한국 정부의 일방적 지원은 바람직하지 않고"(문항1), "북한의 인권 문제를 정식으로 제시해야 한다"(문항15)고 생각한다. 그러나 이 유형의 사람은 "남북통일 문제가 조건 없이 빠른 시간 내에 이루어지는 것"(문항21)과 "남북통일 문제를 해결하기 위한 미군 철수"(문항3)는 반대한다. 반면 일본과의 국제적 문제는 남북한 공통으로 대처하는 것이 낫다(문항33)고 생각하는 경향이 있다.

〈표 22-18〉은 두 번째 유형에 속한 사람의 남북통일 문제를 보는 시각을 보여준다. 두 번째 유형의 사람은 "남북통일 문제가 조건 없이 빠른 시간 내에 이루어지는 것"(문항21)과 "남북통일 문제를 해결하기 위한 미군 철수"(문항3)가 바람직하다고 생각한다. 그러나 이 유형의 사람은 "남북통일 문제는 시간을 갖고 천천히 진행되어야 하고"(문항50), "한국 정부의 일방적 지원은 바람직하지 않다"(문항1)는 시각을 갖고 있다. 반면

표 22-17 **유형1의 Q 문항별 표준점수**

Q 문항	표준점수
50. 남북통일은 여러 문제를 야기할 수 있기 때문에 서두르지 말고, 천천히 진행해야 한다	2.725
1. 한국 정부가 북한에 일방적 퍼주기 식 지원을 하는 것은 바람직하지 않다	2.332
15. 한국 정부는 북한의 인권 문제를 공식적으로 제시해야 한다	1.687
……	……
33. 한국과 북한은 일본의 문제에 공동으로 대처해야 한다	0.882
43. 한국 정부는 북한에 관한 정보를 공개해야 한다	0.321
……	……
3. 남북통일 문제를 해결하기 위해서는 미군의 철수가 우선해야 한다	−1.125
21. 남북통일은 조건 없이 가까운 시일 내에 이루어져야 한다	−1.977

표 22-18 **유형2의 Q 문항별 표준점수**

Q 문항	표준점수
21. 남북통일은 조건 없이 가까운 시일 내에 이루어져야 한다	2.031
3. 남북통일 문제를 해결하기 위해서는 미군의 철수가 우선해야 한다	1.355
……	……
33. 한국과 북한은 일본의 문제에 공동으로 대처해야 한다	0.782
15. 한국 정부는 북한의 인권 문제를 공식적으로 제시해야 한다	0.755
43. 한국 정부는 북한에 관한 정보를 공개해야 한다	0.021
……	……
1. 한국 정부가 북한에 일방적 퍼주기 식 지원을 하는 것은 바람직하지 않다	−1.453
50. 남북롱일은 여러 문제를 야기할 수 있기 때문에 서두르지 말고, 천천히 진행해야 한다	−1.725

"일본과의 국제적 문제는 남북한 공통으로 대처하는 것이 낫다"(문항33), "북한의 인권 문제는 제기해야 한다"(문항15)고 생각한다.

〈표 22-19〉는 첫 번째 유형에 속한 사람과 두 번째 유형에 속한 사람의 남북통일 문제에 대한 인식의 차이를 보여준다. 두 유형의 사람은 남북통일의 시기 문제에 대해 매우 큰 차이를 보이고 있다. 첫 번째 유형의 사람은 남북통일을 시간을 갖고 천천히 진행되어야 한다고 생각한 반면 두 번째 유형의 사람은 조건 없이 빠른 시간 내에 이루어져야 한다고 생각하는 것으로 나타났다. 한국의 북한 지원문제에 대해서는 상당히 큰 인식의 차이를 보여준다. 첫 번째 유형의 사람은 한국 정부의 북한 돕기가 현재와 같이 일방적이어서는 안 된다고 생각하는 반면 두 번째 유형의 사람은 지금과 같은 도움 방식은 문제가 없다고 생각하는 경향이 있다. 미군 철수 문제에 대해서도 두 유형의 사람은 다르게 생각하는 것으로 나타났다. 첫 번째 유형의 사람은 미국 철수와 남북통일 문제는 별개라고 인식한 반면 두 번째 유형의 사람은 미군 철수를 남북통일의 필요조건으로 생각하는 것 같다.

표 22-19 **유형1과 유형2의 Q 문항별 차이점수**

Q 문항	표준점수		표준점수 차이
	유형1	유형2	(유형1-유형2)
50. 남북통일은 여러 문제를 야기할 수 있기 때문에 서두르지 말고, 천천히 진행해야 한다	2.725	-1.725	4.450
1. 한국 정부가 북한에 일방적 퍼주기 식 지원을 하는 것은 바람직하지 않다	2.332	-1.453	3.785
15. 한국 정부는 북한의 인권 문제를 공식적으로 제시해야 한다	1.687	0.755	0.932
......	......	......	......
43. 한국 정부는 북한에 관한 정보를 공개해야 한다	0.321	0.021	0.300
33. 한국과 북한은 일본의 문제에 공동으로 대처해야 한다	0.882	0.782	0.100
......	......	......	......
3. 남북통일 문제를 해결하기 위해서는 미군의 철수가 우선해야 한다	-1.125	1.355	-2.480
21. 남북통일은 조건 없이 가까운 시일 내에 이루어져야 한다	-1.977	2.031	-4.008

표 22-20 **유형1과 유형2의 일치하는 Q 문항별 평균 표준점수**

Q 문항 평균	표준점수 (유형1 + 유형2)/2
15. 한국 정부는 북한의 인권 문제를 공식적으로 제시해야 한다	1.221
......	......
33. 한국과 북한은 일본의 문제에 공동으로 대처해야 한다	0.832
43. 한국 정부는 북한에 관한 정보를 공개해야 한다	0.171
......	......

〈표 22-20〉은 첫 번째 유형에 속한 사람과 두 번째 유형에 속한 사람의 남북통일 문제를 보는 공통적 시각을 보여준다. 두 유형의 사람은 한국 정부가 북한의 인권 문제에 관심을 가지고 문제를 제기해야 하고, 국제적 문제에 대해서는 남북한 공동으로 대처해야 한다고 생각하는 것으로 나타났다.

참고문헌

오택섭 · 최현철 (2004), 《사회과학 데이터 분석법 ③》, 나남.

Brown, S. R. (1994~1995), "Q methodology as the foundation for a science of subjectivity", *Operant Subjectivity*, 18, 1~16.
Kerlinger, F. N. (1973), *Foundations of Behavioral Research* (2nd ed.), New York, Holt, Rinehart and Winston.
_____ (1986), *Foundations of Behavioral Research* (3rd ed.), New York: Holt, Rinehart and Winston.
Stephenson, W. (1935.4.17~24), "Correlating persons instead of tests", *Character and Personality*.
_____ (1953), *The Study of Behavior: Q-Technique and Its Methodology*, Chicago, IL: Chicago University Press.
_____ (1967), *The Play Theory of Mass Communication*, Chicago, IL: Chicago University Press.
_____ (1975) "Newton's Fifth Rule", Unpublished manuscript.
_____ (1994), *Quantum Theory of Advertising*, Columbia, MO: School of Journalism, University of Missouri.

23

판별분석 discriminant analysis

이 장에서는 등간척도(또는 비율척도)로 측정한 한 개 이상 여러 개의 판별변인(*dis-criminating variable*)과 명명척도로 측정한 한 개의 종속변인과 간의 관계를 분석하는 판별분석(*discriminant analysis*)을 살펴본다.

1. 정의

판별분석은 〈표 23-1〉에서 보듯이 등간척도(또는 비율척도)로 측정한 한 개 이상 여러 개의 판별변인(*discriminating variable*)과 명명척도로 측정한 한 개의 종속변인 간의 관계를 분석하는 통계방법이다. 종속변인이 두 개 이상 여러 개의 유목(또는 집단, 이하 집단)으로 측정되기 때문에 판별분석은 종속변인을 구성하는 집단 간의 차이를 잘 구별하는 판별변인을 찾아내는 통계방법이라고 말할 수 있다.

판별분석의 목적은 크게 분석(*analysis*)과 분류(*classification*) 두 가지로 나눈다. 분석이란 종속변인을 구성하는 집단 간 차이를 가장 잘 구분하는 판별변인을 찾아낸 후, 이 판별변인으로 이루어진 판별함수(*discriminant function*)를 알아내는 것을 말한다. 분류란 분석에서 알아낸 판별함수를 이용하여 새로운 사례가 나타났을 때 그 사례가 종속변인

표 23-1 **판별분석의 조건**

1. 판별변인
    1) 수: 한 개 이상 여러 개
    2) 측정: 등간척도(또는 비율척도)

2. 종속변인
    1) 수: 한 개
    2) 측정: 명명척도(두 개 이상 여러 개 집단)

의 어느 집단에 속할 것인지를 분류하는 것을 말한다.

판별분석은 여러 분야에 유용하게 사용된다. 예를 들면, 정치학자는 판별분석을 사용하여 대통령 선거에서 특정 대통령 후보자를 지지하는 유권자의 특성을 발견하고, 새로운 유권자(또는 부동층의 유권자)가 어느 대통령 후보를 지지하는지를 찾아낼 수 있다. 실제로 많은 여론 조사기관은 판별분석을 사용하여 특정 대통령 후보의 지지자를 가려내어 득표수를 조사하기도 한다. 방송학자는 특정 방송 프로그램을 선호하는 시청자의 특성을 발견하여 새로운 시청자가 어떤 프로그램을 선호할 것인지를 찾아낼 수 있다. 마케팅 전문가는 특정 제품을 구입하는 소비자의 특성을 찾아내고, 새로운 소비자가 어느 제품을 구입할 것인지를 알아낼 수 있다. 또한 특수한 경우이기는 하지만 판별분석은 테러 전문가에게도 큰 도움을 줄 수 있다. 테러범이 비행기를 납치하여 정부가 특정 조건을 들어주지 않으면 인질을 살해하겠다고 위협하는 경우를 가정해보자. 만일 정부가 과거에 있었던 비행기 납치 사건에 대한 데이터를 판별분석을 사용하여 분석한 결과 테러범의 수와 남녀 비율, 무기의 종류, 협박 수준, 인질의 수가 비행기 납치의 결과(인질 살해나 인질 석방, 테러범 투항)에 영향을 미친다는 사실을 알았다면 현재 발생한 비행기 납치 테러에 대한 정보를 수집하여 그 결과를 어느 정도 예측할 수 있고, 사태 해결을 위한 협상에 큰 도움을 받을 수 있다.

판별분석의 성패는 판별변인을 얼마나 잘 선정했느냐에 따라 결정된다고 해도 과언이 아니다. 예를 들어 특정 장르(코미디와 드라마, 뉴스)를 선호하는 시청자의 특성을 찾아낸다고 가정할 때, 〈수입〉과 〈교육〉은 시청자 집단의 특성을 분석하는 데 중요한 판별변인이기 때문에 〈수입〉과 〈교육〉은 적절한 판별변인이라 할 수 있다. 그러나 〈키〉와 〈몸무게〉를 이용하여 시청자 집단의 특성을 알아본다고 할 때, 이 변인은 적절한 판별변인이라 할 수 없다.

1) 변인의 측정

판별분석에서 독립변인은 판별변인이라고 부른다. 판별변인은 등간척도(또는 비율척도)로 측정한다. 종속변인은 반드시 명명척도로 측정해야 한다. 집단의 수는 두 개 이상 여러 개다.

2) 변인의 수

판별분석에서 판별변인의 수는 한 개 이상 여러 개이고, 종속변인의 수는 한 개여야 한다.

3) 판별분석과 회귀분석, 로지스틱 회귀분석 비교

(1) 판별분석과 회귀분석

판별분석은 여러 개의 판별변인(독립변인)과 한 개의 종속변인 간의 관계를 분석한다는 점에서 기본 논리는 다변인 회귀분석과 동일하다(다변인 회귀분석을 알고 싶은 독자는 제16장 다변인 회귀분석을 참조하기 바란다).

두 방법의 차이는 회귀분석에서는 종속변인이 등간척도(또는 비율척도)로 측정되기 때문에 독립변인의 값을 통해 종속변인의 값을 예측하지만, 판별분석에서는 종속변인이 명명척도로 측정되기 때문에 판별변인(독립변인)의 값을 통해 종속변인을 구성하는 집단을 예측한다는 것이다. 판별분석에서는 종속변인에게 영향을 미치는 변인을 독립변인이라는 용어 대신 집단을 구분한다는 의미에서 판별변인이라고 부른다.

(2) 판별분석과 로지스틱 회귀분석

판별분석과 제24장의 로지스틱 회귀분석(*logistic regression*)의 목적은 독립변인의 값을 통해 종속변인의 집단을 예측한다는 점에서 동일이다.

두 방법의 차이는 판별분석에서는 판별변인(독립변인)이 등간척도(또는 비율척도)로 측정해야 하고, 분포의 정상성(*normality*) 전제가 충족돼야 한다. 반면 로지스틱 회귀분석에서는 독립변인이 명명척도와(나) 등간척도(또는 비율척도)로 측정해도 되고, 분포의 정상성 전제를 하지 않는다.

2. 연구절차

판별분석의 연구절차는 〈표 23-2〉에서 보듯이 여섯 단계로 이루어진다.

첫째, 연구가설을 만든다. 변인의 측정과 수에 유의하여 연구가설을 만든 후 유의도 수준($p < 0.05$ 또는 $p < 0.01$)을 정한다.

둘째, 데이터를 수집하여 입력한 후 SPSS/PC$^+$(23.0)의 판별분석을 실행하여 분석에 필요한 결과를 얻는다.

셋째, 결과 분석의 첫 번째 단계로, 전제를 검증한다. 정상성(*normality*)과 다중공선성(*multicollinearity*) 전제를 검증한다.

넷째, 결과 분석의 두 번째 단계로, 판별함수의 유의도를 검증한다.

다섯째, 결과 분석의 세 번째 단계로, 개별 판별변인의 유의도를 검증한다.

여섯째, 결과 분석의 네 번째 단계로, 분류표를 해석한다.

표 23-2 **판별분석의 연구절차**

1. 연구가설 제시
   1) 판별변인의 수는 여러 개이고, 등간척도(또는 비율척도)로 측정한다. 종속변
      인의 수는 한 개이고, 명명척도(두 개 집단, 또는 세 개 이상 집단)로 측정한
      다. 변인 간의 인과관계를 연구가설로 제시한다
   2) 유의도 수준을 정한다($p < 0.05$ 또는 $p < 0.01$)

⬇

2. 데이터 입력과 프로그램 실행
   1) 데이터를 수집하여 입력한다
   2) 판별분석을 실행하여 분석에 필요한 결과를 얻는다

⬇

3. 결과 분석 1: 전제 검증
   1) 정상성
   2) 다중공선성

⬇

4. 결과 분석 2: 판별함수의 유의도 검증

⬇

5. 결과 분석 3: 개별 판별변인의 유의도 검증

⬇

6. 결과 분석 4: 분류표 해석

3. 연구가설과 가상 데이터

판별분석의 연구가설은 〈표 23-1〉에서 제시한 변인의 측정과 수의 조건만 충족하면 무엇이든 가능하다. 이 장에서는 종속변인이 두 집단인 연구가설과 세 집단인 연구가설을 제시한다.

1) 연구가설

(1) 종속변인이 두 집단인 경우
대통령 선거에서 〈교육〉과 〈연령〉, 〈수입〉, 〈정치성향〉 네 개의 판별변인과 종속변인 〈지지정당〉 간의 인과관계를 검증한다고 가정하자. 연구가설은 〈교육과 연령, 수입, 정치성향이 지지정당에 영향을 미친다〉이다.

(2) 종속변인이 세 집단인 경우

대통령 선거에서 〈교육〉과 〈연령〉, 〈수입〉, 〈정치성향〉 네 개의 판별변인과 〈지지후보〉 간의 인과관계를 검증한다고 가정하자. 연구가설은 〈교육과 연령, 수입, 정치성향이 지지후보에 영향을 미친다〉이다.

2) 변인의 측정과 수

(1) 종속변인이 두 집단인 경우

판별변인은 〈교육〉과 〈연령〉, 〈수입〉, 〈정치성향〉 네 개다. 〈교육〉은 ①중졸, ②고졸, ③대졸로 측정하고, 〈연령〉은 ①10대, ②20대, ③30대, ④40대, ⑤50대 이상으로 측정한다. 〈수입〉은 ①100만 원~200만 원 미만, ②200만 원 이상 300만 원 미만, ③300만 원 이상 400만 원 미만, ④400만 원 이상 500만 원 미만, ⑤500만 원 이상으로 측정하고, 〈정치성향〉은 ①매우 진보적, ②진보적, ③보통, ④보수적, ⑤매우 보수적으로 측정한다.

종속변인은 〈지지정당〉 한 개이고, 두 집단(①A당, ②B당)으로 측정한다.

(2) 종속변인이 세 집단인 경우

판별변인은 〈교육〉과 〈연령〉, 〈수입〉, 〈정치성향〉 네 개를 선정하고, 두 집단의 경우와 동일하게 측정한다.

종속변인은 〈지지후보〉 한 개이고, 세 집단(①A후보, ②B후보, ③C후보)으로 측정한다.

3) 가상 데이터

이 장에서 분석하는 〈표 23-3〉의 데이터는 필자가 임의적으로 만든 것이어서 표본의 수가 적고(25명) 결과가 꽤 잘 나오게 만들었다(이 데이터를 사용하여 판별분석 프로그램을 실행해보기 바란다). 그러나 실제 연구에서는 표본의 수도 훨씬 많고, 이 장에서 제시하는 것만큼 결과가 잘 나오지 않을 수 있다.

표 23-3 **판별분석의 가상 데이터**

응답자	교육	연령	수입	정치성향	지지정당	지지후보
1	3	5	5	5	1	1
2	3	4	5	5	1	1
3	2	5	4	5	1	1
4	3	5	5	5	1	1
5	3	5	5	4	1	1
6	3	4	5	4	1	1
7	3	5	5	5	1	1
8	2	5	5	5	1	1
9	2	3	2	3	1	2
10	3	2	2	2	1	2
11	2	3	2	3	1	2
12	3	3	2	3	1	2
13	2	2	2	2	1	2
14	2	2	3	3	2	2
15	2	2	2	3	2	2
16	3	3	3	3	2	2
17	2	2	3	3	2	2
18	2	2	1	2	2	3
19	1	3	1	1	2	3
20	2	2	1	1	2	3
21	1	2	2	2	2	3
22	1	1	1	1	2	3
23	1	3	1	1	2	3
24	2	3	1	1	2	3
25	1	2	1	1	2	3

4. SPSS/PC⁺ 실행방법

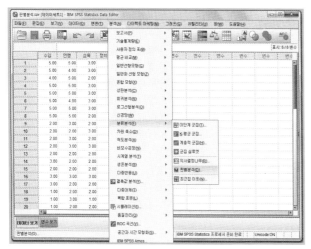

[실행방법 1] 분석방법 선택

메뉴판의 [분석(A)]에서 [분류분석(F)]을
클릭한 후 [판별분석(D)]을 클릭한다.

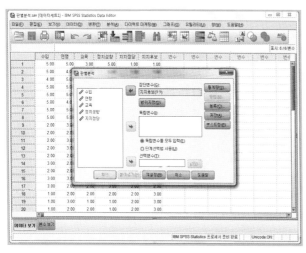

[실행방법 2] 분석변인 선택 1

[판별분석] 창이 나타나면
종속변인인 〈지지후보〉를 클릭하여
[집단변수(G)]로 옮긴다(➡).
[범위지정(D)]을 클릭한다.

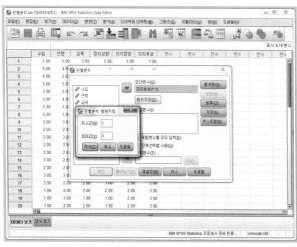

[실행방법 3] 범위 지정

[판별분석: 범위지정] 창이 나타나면
[최소값(N)]과 [최대값(X)]을 입력한다.
이 경우에는 종속변인인 〈지지후보〉가
3명이므로 최소값은 1, 최대값은 3이 된다.
(종속변인이 〈지지정당〉이라면,
최소값은 1, 최대값은 2이다).
[계속]을 클릭한다.

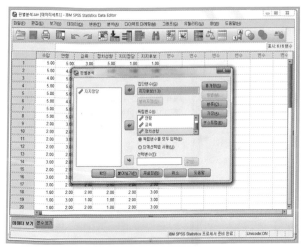

[실행방법 2]로 돌아가면
왼쪽의 독립변인 중에서 판별변인을
[독립변수(I)]로 옮긴다(➡).
이 경우에는 〈수입〉, 〈연령〉, 〈교육〉,
〈정치성향〉의 변인들을 판별변인으로
선정하여 이동시켰다.
판별변인들을 동시에 고려하고자 할 때는
기본으로 설정되어 있는
[◉ 독립변수를 모두 진입(E)]을
그대로 둔다.

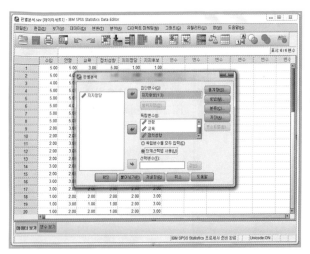

판별변인을 단계로 고려하고자 할 때는
[◉ 단계선택법 사용(U)]을 클릭한다.
오른쪽 상단의 [방법(M)]이 반전되면
클릭한다.

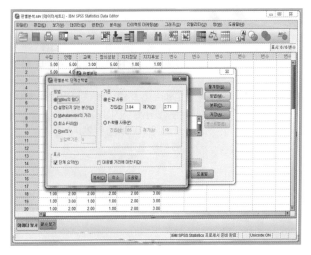

[판별분석: 단계선택법] 창이 나타나면
[방법]의 [◉ Wilks의 람다(W)]가
설정되어 있는지 확인한다.
[기준]의 [◉ F-값 사용]의
[진입(E): 3.84], [제거(O): 2.71]이
설정되어 있는지 확인한다.
[표시]의 [☑ 단계 요약(Y)]이
설정되어 있는지를 확인하고
아래쪽의 [계속]을 클릭한다.

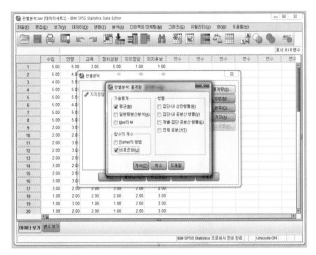

[실행방법 7] 통계량 선택

[실행방법 5]의 그림으로 돌아가면
오른쪽 위의 [통계량(S)]을 클릭한다.
[판별분석: 통계량]이 나타나면
[기술통계]의 [☑ 평균(M)]을 클릭한다.
[함수의 계수]의 [☑ 비표준화(U)]를
클릭한다.
아래의 [계속]을 클릭한다.

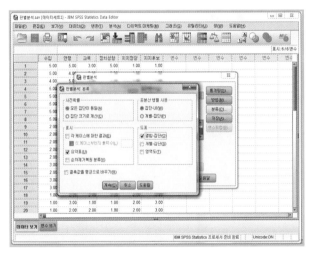

[실행방법 8] 분류 선택과 실행

[실행방법 5]의 그림으로 돌아가면
오른쪽 위의 [분류(C)]를 클릭한다.
[사전확률]의 [◉ 모든 집단이 동일(A)],
[공분산 행렬 사용]의 [◉ 집단-내(W)]가
기본으로 설정되어 있는지를 확인한다.
[표시]의 [☑ 요약표(U)],
[도표]의 [☑ 결합-집단(O)]을 클릭한다.
아래의 [계속]을 클릭한다.
[실행방법 5]로 돌아가면
아래의 [확인]을 클릭한다.

[분석결과 1] 사례 수

분석 결과가 새로운 창에
*출력결과 1[문서 1]로 나타난다.
[분석 케이스 처리 요약] 표에는
분석사례에 대한 처리 결과가 제시된다.

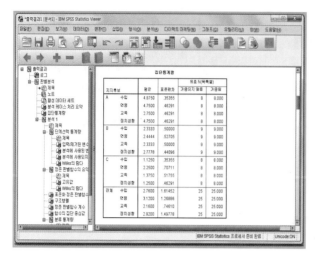

[집단통계량] 표에는 종속변인인
〈지지후보〉의 각 변인 값(A, B, C)에 대한
독립변인의 평균, 표준편차, 유효 수 등이
제시된다.

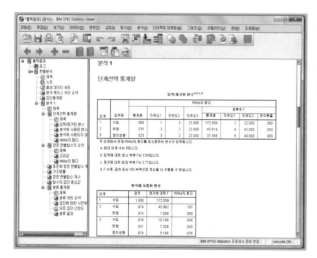

[입력/제거된 변수] 표에는 각 단계별로
진입/제거된 변수를 보여준다.
[분석에 사용된 변수] 표가 제시된다.

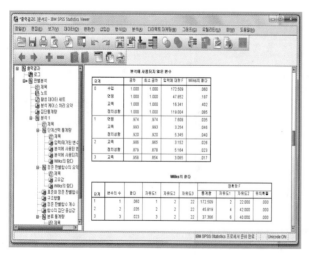

[분석에 사용되지 않은 변수] 표에는
각 단계별로
분석하지 않은 변인들을 제시한다.
[Wilks의 람다] 표에는 각 단계별 변인의
수와 람다 값 등이 제시된다.

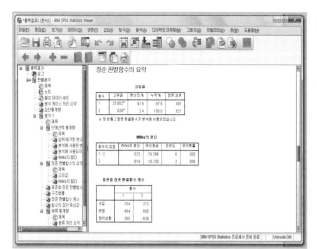

[분석결과 5] 정준 판별함수

[정준 판별함수의 요약]에는
[고유값] 표, [Wilks 람다] 표,
[표준 정준 판별함수 계수]가 제시된다.

[분석결과 6] 구조행렬과
정준 판별함수 계수 1

[구조행렬] 표와
[정준 판별함수 계수] 표가 제시된다.

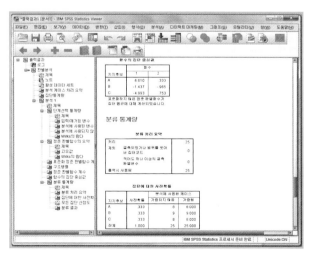

[분석결과 7] 구조행렬과
정준 판별함수 계수 2

[함수의 집단중심표]가 제시된다.
분류 통계량의 [분류처리 요약] 표와
[집단에 대한 사전확률] 표가 제시된다.

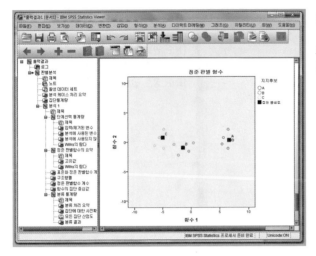

[분석결과 8] 산점도

모든 집단에 대한 산점도가
[정준 판별함수] 그림에 제시된다.

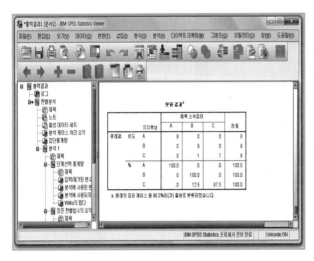

[분석결과 9] 분류표

[분류결과] 표가 제시된다.

5. 결과 분석 1: 전제 검증

1) 분포의 정상성

분포의 정상성(*normality*)은 제 9장 추리통계의 기초의 정상분포곡선과 제 14장 상관관
계분석에서 살펴봤기 때문에 여기서는 설명을 생략한다.

2) 다중공선성

판별분석에서도 회귀분석처럼 등간척도(또는 비율척도)로 측정한 독립변인 간의 상관관계가 높을 때에는 다중공선성(*multicollinearity*) 문제가 발생한다. 판별분석에는 다중공선성 전제를 검증하는 명령문이 없기 때문에 불편하지만 회귀분석을 실행해서 분석해야 한다. 회귀분석에서 종속변인과 독립변인을 입력하고, 통계량에서 공선성 진단을 선택한 후 프로그램을 실행하면 VIF와 공차(*tolerance*)를 구할 수 있다. 다중공선성 문제와 VIF와 공차의 해석방법은 제16장 다변인 회귀분석에서 살펴봤기 때문에 여기서는 설명을 생략한다.

6. 결과 분석 2: 판별함수의 유의도 검증

1) 판별함수의 수

판별함수는 〈표 23-4〉에서 보듯이 개별 판별변인과 판별함수 계수(*discriminant function coefficient*, 비표준 회귀계수, 또는 표준 회귀계수)를 곱하여 더한 값으로 이루어진 방정식으로서 다변인 회귀분석의 회귀방정식이라고 보면 된다. 판별함수는 〈표 23-4〉의 (1)처럼 비표준 판별함수 계수(이하 비표준 판별계수)로 이루어진 판별함수와 (2)처럼 표준 판별함수 계수(이하 표준 판별계수)로 이루어진 판별함수 두 가지이다. 비표준 판별계수는 비표준 회귀계수와 같고, 표준 판별계수는 표준 회귀계수와 같다. 두 값의 의미는 제15장 단순 회귀분석에서 살펴봤기 때문에 여기서는 설명을 생략한다. 비표준 판별계

표 23-4 **판별함수**

1. 비표준 판별함수 계수로 이루어진 판별함수
$$D = A + d_1 Z_1 + d_2 Z_2 + d_3 Z_3 + \cdots + d_n Z_n$$

   또는

2. 표준 판별함수 계수로 이루어진 판별함수
$$D = d_1 Z_1 + d_2 Z_2 + d_3 Z_3 + \cdots + d_n Z_n$$

   D: 판별함수
   A: 상수
   d_1, d_2, d_n: 비표준, 또는 표준 판별함수 계수
   Z_1, Z_2, Z_n: 판별변인

표 23-5 **판별함수의 수 공식**

판별함수의 수 = (종속변인 집단의 수 - 1)과 판별변인의 수 중에서 작은 수

수는 각 집단의 평균값과 개별 사례의 판별점수(*discriminant score*)를 구하고, 응답자의 소속 집단을 예측하기 위해 사용하며, 표준 판별계수는 판별변인이 종속변인에 미치는 영향력의 크기를 살펴보거나 그 크기를 상호 비교하기 위해 사용한다.

판별함수의 최대 수는 〈표 23-5〉에서 보듯이 판별변인의 수와 종속변인을 구성하는 집단의 수에서 하나를 뺀 값 중에서 작은 값이 된다. 개별 판별함수의 유의도 검증을 하면 판별함수의 수는 최대 수보다 적어질 수 있다.

종속변인이 두 집단인 연구가설을 예로 들면, 〈지지정당〉 집단의 수는 두 개(A당, B당)이고, 판별변인의 수가 네 개(〈교육〉, 〈연령〉, 〈수입〉, 〈정치성향〉)이기 때문에 판별함수의 최대 수는 〈지지정당〉 집단의 수 두 개에서 '1'을 뺀 '1'과 판별변인의 수 '4'를 비교하면 작은 값인 '1'이 된다.

종속변인이 세 집단인 연구가설의 예를 들면, 〈지지후보〉 집단의 수는 세 개(A후보, B후보, C후보)이고, 판별변인의 수가 네 개(〈교육〉, 〈연령〉, 〈수입〉, 〈정치성향〉)이기 때문에 판별함수의 최대 수는 〈지지후보〉 집단의 수 세 개에서 '1'을 뺀 '2'와 판별변인의 수 '4'를 비교하면 작은 값인 '2'가 된다.

특수한 경우가 되겠지만, 판별변인의 수가 종속변인을 구성하는 집단의 수보다 작을 때에는 판별변인의 수가 판별함수의 최대 수가 된다.

2) 판별함수의 유의도 검증

개별 판별함수의 윌크스 람다(Wilks' 람다), 이를 변환한 카이제곱(*chi-square*)과 유의확률 값을 보고 유의도 검증을 한다.

윌크스 람다는 '0'에서 '1' 사이의 값을 갖는데 이 값은 개별 판별함수가 설명할 수 없는 부분이 얼마인지를 보여준다. 윌크스 람다가 '0'에 가까우면 판별함수의 설명력이 크다는 의미이다. 즉, 이 판별함수를 통해 종속변인 집단의 차이를 잘 예측할 수 있다. 반면 윌크스 람다가 '1'에 가까우면 판별함수의 설명력이 작다는 의미이다. 즉, 이 판별함수를 통해 종속변인 집단 간의 차이를 거의 예측할 수 없다. 윌크스 람다는 판별함수의 설명력을 보여주는 값이지만 유의도 검증을 하기에는 적절치 않기 때문에 윌크스 람다를 카이제곱으로 변환하여 유의도 검증을 실시한다.

(1) 종속변인이 두 집단인 경우

종속변인이 두 집단인 경우의 연구가설은 〈교육과 연령, 수입, 정치성향이 지지정당에 영향을 미친다〉이다.

종속변인이 두 집단이고, 판별변인의 수가 네 개이기 때문에 판별함수의 수는 '1'(두 집단 - 1)이 된다. 〈표 23-6〉은 판별함수의 유의도 검증 결과를 보여준다.

판별함수의 월크스 람다는 '0.294', 이를 변환한 카이제곱은 자유도 '2'에서 '26.898'이고, 유의확률은 0.05보다 작기 때문에 유의미하다는 결론을 내린다. 즉, 이 판별함수는 종속변인의 집단을 구분하는 데 유용하다.

표 23-6 **판별함수의 유의도 검증 결과**

판별함수	월크스 람다	카이제곱	자유도	유의확률
1	0.294	26.898	2	0.000

(2) 종속변인이 세 집단인 경우

종속변인이 세 집단인 경우의 연구가설은 〈교육과 연령, 수입, 정치성향이 지지후보에 영향을 미친다〉이다.

종속변인이 세 집단이고, 판별변인의 수가 네 개이기 때문에 판별함수의 수는 '2'(세 집단-1)가 된다. 〈표 23-7〉은 판별함수의 유의도 검증 결과를 보여준다.

첫 번째 판별함수의 월크스 람다는 '0.023', 카이제곱은 자유도 '6'에서 '79.288'이고, 유의확률은 0.05보다 작기 때문에 유의미하다는 결론을 내린다. 두 번째 판별함수의 월크스 람다는 '0.614', 카이제곱은 자유도 '2'에서 '10.230'이고, 유의확률은 0.05보다 작기 때문에 유의미하다는 결론을 내린다. 즉, 두 개의 판별함수는 종속변인의 집단을 구분하는 데 유용하다.

표 23-7 **판별함수의 유의도 검증 결과**

판별함수	월크스 람다	카이제곱	자유도(DF)	유의확률
1	0.023	79.288	6	0.000
2	0.614	10.230	2	0.006

3) 설명력

판별함수의 설명력은 아이겐 값(*eigenvalue*: SPSS/PC[+] 프로그램에서는 고유값에 제시됨)과 정준상관관계계수(*canonical correlation analysis*)를 제곱한 값으로 판단한다.

아이겐 값은 개별 판별힘수의 상대적인 중요성을 보여준다. 특히 아이겐 값의 백분율

(%)을 살펴보면, 개별 판별함수의 상대적 크기를 알 수 있다.

정준상관관계계수는 종속변인과 개별 판별함수 간의 상관관계를 보여준다. 정준상관 관계계수가 '1'에 가까울수록 상관관계가 크고, '0'에 가까울수록 상관관계가 작다는 것을 의미한다. 정준상관관계계수는 ANOVA에서 독립변인과 종속변인 간의 상관관계의 정도를 보여주는 에타(eta)와 같은 값이라고 보면 된다.

(1) 종속변인이 두 집단인 경우

〈표 23-8〉에서 보듯이 판별함수의 아이겐 값은 '2.396'이고, 한 개이기 때문에 백분율은 100%이다. 정준상관관계계수는 '0.840'이고, 제곱 값은 '0.706'으로서 판별함수의 설명력이 매우 크다는 것을 알 수 있다.

표 23-8 **아이겐 값과 정준상관관계계수**

판별함수	아이겐 값	변량의 %	누적 %	정준상관관계계수
1	2.396	100.0	100.0	0.840

(2) 종속변인이 세 집단인 경우

〈표 23-9〉는 두 판별함수의 아이겐 값과 정준상관관계계수를 보여준다. 첫 번째 판별함수의 아이겐 값은 '25.802'이고, 백분율(변량의 %에 표시됨)은 97.6%이다. 두 번째 판별함수의 아이겐 값은 '0.628'이고, 백분율은 2.4%로 나타났다. 첫 번째 판별함수가 두 번째 판별함수보다 설명력이 크다는 것을 알 수 있다.

또한 〈표 23-9〉에서 보듯이 첫 번째 판별함수의 정준상관관계계수는 '0.981', 제곱 값은 '0.962'이고, 두 번째 정준상관관계계수는 '0.621', 제곱 값은 '0.386'으로 나타났다. 첫 번째 판별함수의 설명력이 두 번째 판별함수보다 훨씬 크다는 것을 알 수 있다.

표 23-9 **아이겐 값과 정준상관관계계수**

판별함수	아이겐 값	분산의 %	누적 %	정준상관관계계수
1	25.802	97.6	97.6	0.981
2	0.628	2.4	100.0	0.621

7. 결과 분석 3: 개별 판별변인의 유의도 검증

판별함수의 유의도 검증을 마친 후 유의미한 판별함수가 있다면 개별 판별변인의 유의도 검증을 실시한다. 그러나 유의미한 판별함수가 없다면 개별 판별변인의 유의도 검증을 할 필요가 없고 분석을 마친다.

개별 판별변인의 유의도 검증을 하기 위해 판별변인을 입력하는 방법은 두 가지가 있다. 첫째는 개별 판별변인의 설명력이 큰 순서대로 입력하여 유의도 검증하는 단계별 입력방법이다. 단계별 입력방법은 연구자가 통계적으로 유의미한 판별변인을 찾고자 할 때 일반적으로 사용하는 방법이다. 연구자가 이 방법을 선택할 경우 SPSS/PC[+] 프로그램은 자동적으로 설명력이 큰 순서대로 판별변인을 입력하여 유의도를 검증한다. 다변인 회귀분석에서 변인을 입력하는 방법인 '단계선택'(stepwise)과 같은 방법이라고 생각하면 된다. 둘째 모든 판별변인을 동시에 입력하는 방법이 있다. 연구자가 모든 판별변인을 동시에 입력할 이론적 근거가 있다면 이 방법을 사용한다. 다변인 회귀분석에서 변인을 입력하는 방법인 '입력'(enter)과 같은 방법이라고 생각하면 된다.

개별 판별변인의 판별계수는 비표준 판별계수와 표준 판별계수 두 가지가 있다. 비표준 판별계수는 회귀분석의 비표준 회귀계수이고, 표준 판별계수는 표준 회귀계수이다. 비표준 판별계수는 원점수를 사용하여 계산했기 때문에 종속변인을 구성하는 각 집단의 평균값(group centroid)을 계산하는 데 이용하고, 새로운 사례의 소속집단을 예측하는 데 사용한다. 반면 표준 판별계수는 개별 판별변인의 영향력의 크기를 살펴보거나 영향력의 크기를 상호 비교할 때 사용한다.

1) 종속변인이 두 집단인 경우

〈표 23-10〉에서 보듯이 네 개의 판별변인(〈교육〉과 〈연령〉, 〈수입〉, 〈정치성향〉)의 유의도 검증 결과 두 판별변인(〈정치성향〉과 〈수입〉)이 유의미하게 나타난 반면 다른 두 변인(〈교육〉과 〈연령〉)은 유의미하지 않았다.

유의미한 두 변인(〈정치성향〉과 〈수입〉)의 비표준 판별계수와 표준 판별계수는 각각 〈표 23-11〉과 〈표 23-12〉에 제시되어 있다. 유의미한 판별변인의 비표준(또는 표준) 판별계수를 사용하여 비표준(또는 표준) 판별함수를 만든다.

표 23-10 **판별변인의 유의도 검증 결과**

단계	변인	정확한 F			
		통계량	자유도1	자유도2	유의확률
1	정치성향	41.810	1	23.000	0.000
2	수입	26.357	2	22.000	0.000

(1) 비표준 판별계수와 비표준 판별함수

〈표 23-11〉에 제시된 비표준 판별계수를 사용해 비표준 판별함수를 만들면 다음과 같다.

비표준 판별함수의 일반 형태는 $A+d_1Z_1+d_1Z_1$이기 때문에

비표준 판별함수 = −5.002 + 0.564(수입) + 1.075(정치성향)가 된다

이 비표준 판별함수를 사용하여 개별 응답자의 판별점수와 각 집단의 평균값을 계산할 수 있는데 개별 응답자의 판별점수의 예는 〈표 23-12〉에, 각 집단의 평균값은 〈표 23-13〉에 제시되어 있다.

〈표 23-12〉에서 보듯이 첫 번째 응답자의 수입은 '2'(200만 원)이고, 정치성향은 '1'(매우 진보적)일 때 판별점수는 '−2.799'가 된다. 두 번째 응답자의 수입은 '4'(400만 원)이고, 정치성향은 '5'(매우 보수적)일 때 판별점수는 '2.629'가 된다. 다른 응답자의 판별점수도 수입과 정치성향의 점수를 판별함수에 대입하면 구할 수 있다.

〈표 23-13〉은 집단의 평균값을 보여준다. B당의 평균값은 '1.426'이고, A당의 평균값은 '−1.545'이다.

개별 응답자의 판별점수와 평균값은 그래프에 표시할 수 있는데, 이 값들을 막대그래프로 표시하면 〈그림 23-1〉과 〈그림 23-2〉와 같다. 그래프의 X축은 판별점수를 나타낸다. X의 값에 있는 '0'은 분석한 응답자의 전체 평균값을 나타내며 두 집단을 구분하는 기준점이 된다. Y축의 수는 빈도(사례 수)를 보여준다. 이 막대그래프를 통해 각 집단

표 23-11 **비표준 판별계수**

	판별함수
	1
수입	0.564
정치성향	1.075
(상수)	−5.002

표 23-12 **개별 응답자의 판별점수의 예**

응답자	변인 값		판별함수 D = −5.002 + 0.564(수입) + 1.075(정치성향)
			판별점수
1	수입	2	D = −5.002 + 0.564(2) + 1.075(1) = −2.799
	정치성향	1	
2	수입	4	D = −5.002 + 0.564(4) + 1.075(5) = 2.629
	정치성향	5	

표 23-13 **각 집단의 평균값**

지지정당	판별함수
	1
B당	1.43
A당	-1.55

의 평균값의 위치와 개별 사례의 분포를 쉽게 파악할 수 있다. 〈그림 23-1〉과 〈그림 23-2〉에서 보듯이 '0'을 중심으로 두 집단이 잘 구분되어 있기 때문에 결과에서 찾은 판별함수가 두 집단을 잘 구분한다는 것을 알 수 있다.

〈그림 23-1〉에서 보듯이 B당의 평균값은 '1.43'이고, 응답자 수는 13명이다. 13명 중 '0'을 기점으로 '+' 쪽에 있는 응답자 수는 12명으로 '0'에서 '+1' 사이에 있는 응답자 수는 3명, '+1'에서 '+2' 사이에 있는 응답자 수는 5명, '+2'에서 '+3' 사이에 있는 응답자 수는 3명, '+3'에서 '+4' 사이에 있는 응답자 수는 1명임을 알 수 있다. '0'을 기점으로 '-' 쪽에 있는 응답자가 1명 있는데, '-' 쪽에 있는 1명은 실제로는 B당을 지지했지만, 판별함수를 가지고 예측할 때 B당이 아닌 A당으로 잘못 예측한 사람이다.

〈그림 23-2〉에서 보듯이 A당의 평균값은 '-1.55'이고, 응답자 수는 12명이다. 12명 중 '0'을 기점으로 '-' 쪽에 있는 응답자 수는 12명으로 '0'에서 '-1' 사이에 있는 응답자 수는 4명, '-1'에서 '-2' 사이에 있는 응답자 수는 5명, '-2'에서 '-3' 사이에 있는 응답자 수는 1명, '-3'에서 '-4' 사이에 있는 응답자 수는 2명임을 알 수 있다. '0'을 기점으로 '+' 쪽에 있는 응답자 수는 한 명도 없는데 이는 판별함수를 가지고 예측할 때 실제로 A당을 지지했던 사람을 A당으로 정확하게 예측했다는 것을 의미한다.

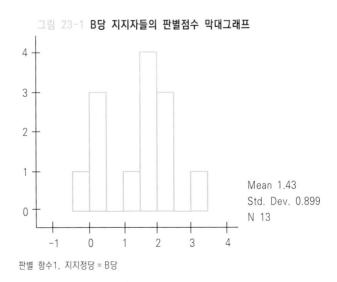

그림 23-1 **B당 지지자들의 판별점수 막대그래프**

Mean 1.43
Std. Dev. 0.899
N 13

판별 함수1, 지지정당 = B당

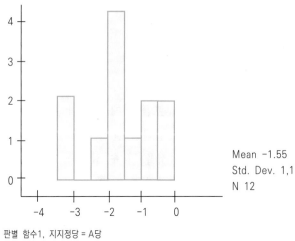

그림 23-2 **A당 지지자들의 판별점수 막대그래프**

Mean −1.55
Std. Dev. 1,1
N 12

판별 함수1, 지지정당 = A당

(2) 표준 판별계수와 표준 판별함수

〈표 23-14〉에 제시된 표준 판별계수를 사용하여 표준 판별함수를 만들면 다음과 같다.

표준 판별함수의 일반형태는 $d_1Z_1 + d_1Z_1$이기 때문에
표준 판별함수 = 0.511(수입) + 0.729(정치성향)가 된다.

표준 판별계수는 회귀분석의 표준 회귀계수(베타)와 같은 의미를 갖는데, 이 값을 통해 개별 판별변인이 종속변인에 미치는 영향력의 크기를 알 수 있을 뿐 아니라 영향력의 상대적 크기를 비교할 수 있다.

〈수입〉이 〈지지정당〉에 미치는 영향력은 '0.511'이고, 〈정치성향〉이 〈지지정당〉에 미치는 영향력은 '0.729'로서 두 변인이 〈지지정당〉을 결정하는 데 상당한 영향력을 준다는 사실을 알 수 있다. 두 변인의 영향력의 크기를 상호 비교하면 〈정치성향〉이 〈수입〉에 비해 〈지지정당〉에 미치는 효과가 더 크다는 것을 알 수 있다. 반면 〈연령〉과 〈교육〉은 〈지지정당〉에 영향을 미치지 않는다.

표 23-14 **표준 판별계수**

	판별함수
	1
수입	0.511
정치성향	0.729

2) 종속변인이 세 집단인 경우

⟨표 23-15⟩에서 보듯이 네 개의 판별변인(⟨교육⟩과 ⟨연령⟩, ⟨수입⟩, ⟨정치성향⟩)의 유의도 검증 결과, 세 판별변인(⟨수입⟩과 ⟨연령⟩, ⟨정치성향⟩)은 유의미하게 나타난 반면 다른 한 변인(⟨교육⟩)은 유의미하지 않았다.

유의미하게 나타난 세 변인(⟨수입⟩과 ⟨연령⟩, ⟨정치성향⟩)의 비표준 판별계수와 표준 판별계수는 각각 ⟨표 23-16⟩과 ⟨표 23-19⟩에 제시되어 있다. 유의미한 판별변인의 비표준(또는 표준) 판별계수를 사용하여 비표준(또는 표준) 판별함수를 만든다.

표 23-15 **판별변인의 유의도 검증**

단계	변인	정확한 F			
		통계량	자유도1	자유도2	유의확률
1	수입	172.509	2	22.000	0.000
2	연령	45.819	4	42.000	0.000
3	정치성향	37.366	6	40.000	0.000

(1) 비표준 판별계수와 비표준 판별함수

⟨표 23-16⟩에 제시된 비표준 판별계수를 사용해 판별함수를 만들면 다음과 같다.

비표준 판별함수의 일반형태는 $A + d_1 Z_1 + d_2 Z_2 + d_3 Z_3$이기 때문에

비표준 판별함수1 = $-9.846 + 1.825$(수입) $+ 0.810$(연령) $+ 0.781$(정치성향)

비표준 판별함수2 = $-0.850 + 0.660$(수입) $+ 1.396$(연령) $- 1.824$(정치성향)가 된다.

이 비표준 판별함수를 사용하여 개별 응답자의 판별점수와 각 집단의 평균값을 계산할 수 있는데 개별 응답자의 판별점수의 예는 ⟨표 23-17⟩에, 각 집단의 평균값은 ⟨표 23-18⟩에 제시되어 있다.

⟨표 23-17⟩에서 보듯이 첫 번째 응답자의 수입은 '2'(200만 원), 연령은 '3'(30대), 정

표 23-16 **비표준 판별계수**

	판별함수	
	1	2
수입	1.825	0.660
연령	0.810	1.396
정치성향	0.781	-1.824
(상 수)	-9.846	-0.850

치성향은 '2'(진보적)일 때 판별함수1의 판별점수는 '-0.643', 판별함수2의 판별점수는 '0.929'이다. 두 번째 응답자의 수입은 '4'(400만 원), 연령은 '5'(50대), 정치성향은 '5'(매우 보수적)일 때 판별함수1의 판별점수는 '5.409', 판별함수2의 판별점수는 '-0.35'가 된다. 다른 응답자의 판별함수1과 판별함수2의 판별점수도 수입과 연령, 정치성향의 점수를 판별함수1과 판별함수2에 대입하면 구할 수 있다.

〈표 23-18〉은 집단의 평균값을 보여준다. A후보의 평균값은 판별함수1에서 '6.610'이고, 판별함수2에서 '0.333'이다. B후보의 평균값은 판별함수1에서 '-1.437'이고, 판별함수2에서 '-0.965'이다. C후보의 평균값은 판별함수1에서 '-4.993'이고, 판별함수2에서 '0.753'이다.

개별 응답자의 판별함수1과 판별함수2의 판별점수와 평균값은 그래프에 표시할 수 있는데, 이 값을 그래프에 표시하면 〈그림 23-3〉과 같다.

그래프상의 X축은 판별함수1의 판별점수를, Y축은 판별함수2의 판별점수를 나타낸다. X축과 Y축에 있는 '0'은 분석한 모든 응답자의 전체 평균값을 보여준다. 그래프상의 동그라미는 개별 응답자의 판별점수를 보여주고, 정사각형은 각 집단의 평균값을 보여준다.

〈그림 23-3〉에서 보듯이 판별함수1(X축)에서 A후보 지지자들은 '+5.0'에서 '+7.5' 사이에 놓여 있고, B후보 지지자들은 '-2.5'에서 '+1' 사이에 있고, C후보 지지자들은

표 23-17 **개별 응답자의 판별점수의 예**

응답자	변인 값		판별함수1 D = -9.846 + 1.825(수입) + 0.810(연령) + 0.781(정치성향)	판별함수2 D = -0.850 + 0.660(수입) + 1.396(연령) - 1.824(정치성향)
			판별점수	판별점수
1	수입	2	D = -9.846 + 1.825(2) + 0.810(3) 　+0.781(2) 　= -0.643	D = -0.850 + 0.660(2) + 1.396(3) 　-1.824(2) 　= 0.929
	연령	3		
	정치성향	2		
2	수입	4	D = -9.846 + 1.825(4) + 0.810(5) 　+0.781(5) 　= 5.409	D = -0.850 + 0.660(4) + 1.396(5) 　-1.824(5) 　= -0.35
	연령	5		
	정치성향	5		

표 23-18 **각 집단의 평균값**

지지후보	판별함수	
	1	2
A후보	6.610	0.333
B후보	-1.437	-0.965
C후보	-4.993	0.753

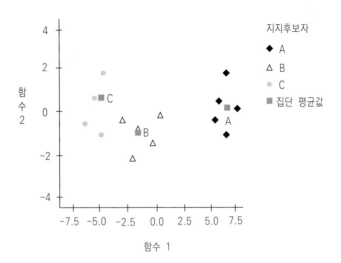

그림 23-3 **지지후보의 판별점수 그래프**

정준 판별함수

'-2.5'에서 '-7.5' 사이에 있음을 알 수 있다. 판별함수1은 세 후보 지지자 집단을 잘 구분하고 있다.

판별함수2(Y축)에서 A후보 지지자들은 '-1.0'에서 '+2.2' 사이에 놓여 있고, B후보 지지자들은 '0'에서 '-2.3' 사이에 있고, C후보 지지자들은 '-1.0'에서 '+2.2' 사이에 있음을 알 수 있다. A후보와 C후보의 평균값도 비슷하다(〈표 23-18〉에서 보듯이 각각 '0.333'과 '0.753'). 판별함수2는 (A후보/C후보) 지지자 집단과 B후보 지지자 집단을 잘 구분하고 있다.

(2) 표준 판별계수와 표준 판별함수

〈표 23-19〉에 제시된 표준 판별계수를 사용하여 표준 판별함수를 만들면 다음과 같다.

표준 판별함수의 일반형태는 $d_1Z_1 + d_2Z_2 + d_3Z_3$이기 때문에
표준 판별함수1 = 0.754(수입) + 0.464(연령) + 0.355(정치성향)
표준 판별함수2 = 0.272(수입) + 0.800(연령) − 0.830(정치성향)이 된다.

판별함수1에서 〈수입〉이 〈지지후보〉에 미치는 영향력은 '0.754'이고, 〈연령〉은 '0.464', 〈정치성향〉은 '0.355'로서 세 변인이 〈지지후보〉를 결정하는 데 상당한 영향력을 준다는 사실을 알 수 있다. 세 변인의 영향력의 크기를 상호 비교하면 〈수입〉이 〈지지후보자〉에 미치는 영향력이 제일 크고, 〈연령〉과 〈정치성향〉이 다음 순으로 나타났다.

판별함수2에서 〈정치성향〉이 〈지지후보〉에 미치는 영향력은 '-0.830'이고, 〈연령〉은

표 23-19 **표준 판별계수**

	판별함수	
	1	2
수입	0.754	0.272
연령	0.464	0.800
정치성향	0.355	-0.830

'0.800', 〈수입〉은 '0.272'로서 세 변인이 〈지지후보〉를 결정하는 데 상당한 영향력을 준다는 사실을 알 수 있다. 세 변인의 영향력의 크기를 상호 비교하면 〈정치성향〉이 〈지지후보〉에 미치는 영향력이 제일 크고, 〈연령〉과 〈수입〉이 다음 순으로 나타났다. 반면 〈교육〉은 〈지지후보〉에 영향을 미치지 않는다는 것을 알 수 있다.

8. 결과 분석 4: 분류표 해석

판별분석은 응답자가 실제 속한 집단과 판별함수로 예측한 소속 집단을 비교하는 분류표를 통해 판별함수가 얼마나 정확하게 분류하는지를 판단한다.

1) 종속변인이 두 집단인 경우

〈표 23-20〉에서 보듯이 실제 B당을 지지한 응답자 13명 중 판별함수로 소속 집단을 예측한 결과 12명(92.3%)은 B당 지지자로 정확하게 예측했지만, 1명(7.7%)은 A당 지지자로 잘못 예측했다. 또한 실제 A당을 지지한 응답자 12명 중 판별함수로 소속 집단을 예측한 결과 12명(100%)이 A당 지지자로 정확하게 예측했다. 판별함수로 응답자의 소속집단을 예측한 결과 분류의 정확도가 평균 96%였다. 판별함수로 소속 집단을 예측한 결과가 얼마나 되어야 신뢰할 만한가 하는 객관적 기준은 없지만, 일반적으로 85%가 넘으면 분류 정확도가 높다고 할 수 있다. 분류 정확도 96%는 판별함수의 신뢰성이 높다는 것을 보여준다.

표 23-20 **분류표**

지지정당	사례 수(명)	예측 소속집단	
		B당	A당
B당	13	12(92.3%)	1(7.7%)
A당	12	0(0.0%)	12(100.0%)

주) 원래의 집단 케이스 중 96.0%가 올바로 분류됨

2) 종속변인이 세 집단인 경우

〈표 23-21〉에서 보듯이 실제 A후보를 지지한 응답자 8명 중 판별함수로 소속 집단을 예측한 결과 8명(100%)을 A후보 지지자로 정확하게 예측했다. 실제 B후보를 지지한 9명의 소속 집단을 예측한 결과 9명(100%)을 정확하게 예측했다. 그러나 C후보를 지지한 응답자 8명의 소속 집단을 예측한 결과 7명(87.5%)은 정확하게 예측했지만, 1명(12.5%)은 B후보 지지자로 잘못 예측했다. 판별함수로 응답자의 소속 집단을 예측한 결과 분류 정확도가 평균 96%로 나타났기 때문에 판별함수의 신뢰성이 높다고 판단한다.

표 23-21 **분류표**

지지정당	사례 수(명)	예측 소속집단		
		A후보	B후보	C후보
A후보	8	8(100.0%)	0(0.0%)	0(0.0%)
B후보	9	0(0.0%)	9(100.0%)	0(0.0%)
C후보	8	0(0.0%)	1(12.5%)	7(87.5%)

주) 원래의 집단 케이스 중 96.0%가 올바로 분류됨

9. 판별분석 논문작성법

1) 연구절차

(1) 판별분석에 적합한 연구가설을 만든다

연구가설	판별변인		종속변인(명명척도)	
	변인	측정	변인	측정
연령과 수입, 교육이 선호하는 매체에 영향을 준다	연령과 수입, 교육	(1) 연령: 응답자의 나이를 측정 (2) 수입: 응답자의 수입을 측정 (3) 교육: 응답자의 교육을 중졸, 고졸, 대졸 3점으로 측정	선호 미디어	(1) 텔레비전 (2) 라디오 (3) 신문

(2) 유의도 수준을 정한다: p < 0.05(95%) 또는 p < 0.01(99%) 중 하나를 결정한다

(3) 표본을 선정하여, 데이터를 수집한 후, 컴퓨터에 입력한다

(4) SPSS/PC⁺ 프로그램 중 판별분석을 실행한다

2) 연구결과 제시 및 해석방법

(1) 판별함수의 유의도 검증과 설명력

〈표 23-22〉에서 보듯이 첫 번째 판별함수의 윌크스 람다는 '0.035', 카이제곱은 자유도 '4'에서 '72.225'이고, 유의확률은 0.05보다 작기 때문에 유의미하다. 두 번째 판별함수의 윌크스 람다는 '0.834', 카이제곱은 자유도 '1'에서 '3.911'이고, 유의확률은 0.05보다 작기 때문에 유의미하다.

〈표 23-23〉은 두 판별함수의 아이겐 값과 정준상관관계계수를 보여준다. 첫 번째 판별함수의 아이겐 값은 '25.802'이고, 정준상관관계계수는 '0.981', 제곱 값은 '0.962'로 나타났다. 두 번째 판별함수의 아이겐 값은 '0.628'이고, 정준상관관계계수는 '0.621', 제곱 값은 '0.386'으로 나타났다. 두 판별함수의 설명력을 비교해볼 때, 첫 번째 판별함수가 두 번째 판별함수보다 설명력이 크다.

표 23-22 **판별함수의 유의도 검증 결과**

판별함수	윌크스 람다	카이제곱	자유도(DF)	유의확률
1	0.035	72.225	4	0.001
2	0.834	3.911	1	0.048

표 23-23 **아이겐 값과 정준상관관계계수**

판별함수	아이겐 값	분산의 %	누적 %	정준상관관계계수
1	25.802	97.6	97.6	0.981
2	0.628	2.4	100.0	0.621

(2) 개별 판별변인의 유의도 검증

〈표 23-24〉는 개별 판별변인의 유의도 검증 결과를 보여준다. 〈수입〉과 〈연령〉은 유의미하게 나온 반면 〈교육〉은 의미가 없는 것으로 나타났다.

표 23-24 **판별변인의 유의도 검증 결과**

단계	변인	정확한 F			
		통계량	자유도1	자유도2	유의확률
1	수입	172.509	2	22.000	0.000
2	연령	45.819	4	42.000	0.000

① 비표준 판별함수와 비표준 판별계수

〈표 23-25〉는 비표준 판별계수를 보여준다.

표 23-25 **비표준 판별계수**

	판별함수	
	1	2
수입	2.219	-1.047
연령	1.001	1.458
(상수)	-9.248	-1.657

비표준 판별함수1 = -9.248 + 2.219(수입) + 1.001(연령)
비표준 판별함수2 = -1.657 - 1.047(수입) + 1.458(연령)

〈표 23-26〉은 각 집단의 평균값을 보여준다. 텔레비전의 평균값은 판별함수1에서 '6.325'이고, 판별함수2에서 '0.161'이다. 라디오의 평균값은 판별함수1에서 '-1.623'이고, 판별함수2에서 '-0.538'이다. 신문의 평균값은 판별함수1에서 '-4.499'이고, 판별함수2에서 '0.444'이다.

판별함수1과 판별함수2의 판별점수와 평균값들은 그래프에 표시할 수 있는데, 이 값들을 그래프에 표시하면 〈그림 23-4〉와 같다.

〈그림 23-4〉에서 보듯이 판별함수1(X축)에서 텔레비전을 선호하는 사람은 '+5.0'에서 '+7.5' 사이에 있고, 라디오를 선호하는 사람은 '-2.5'에서 '+1' 사이에 있고, 신문을 선호하는 사람은 '-4'에서 '-6' 사이에 있다. 이 결과를 볼 때, 판별함수1은 세 미디어를 선호하는 사람을 잘 구분하고 있음을 알 수 있다.

판별함수2(Y축)에서 텔레비전을 선호하는 사람은 '-1.0'에서 '+1.5' 사이에 있고, 라디오를 선호하는 사람은 '0.5'에서 '-2.0' 사이에 있고, 신문을 선호하는 사람은 '-1.2'에서 '+1.8' 사이에 있음을 알 수 있다. 신문과 텔레비전의 평균값도 비슷하다(〈표 23-26〉에서 보듯이 각각 '0.161'과 '0.444'). 이 결과를 볼 때, 판별함수2는 (신문/텔레비전) 집단과 라디오 집단을 어느 정도 구분하고 있다.

표 23-26 **각 집단의 평균값**

지지후보자	판별함수	
	1	2
텔레비전	6.325	0.161
라디오	-1.623	-0.538
신문	-4.499	0.444

그림 23-4 **선호매체의 판별점수 그래프**

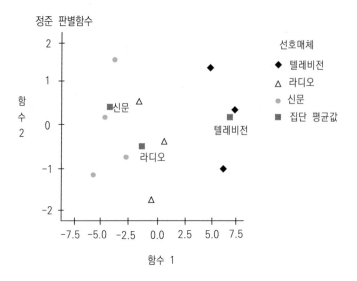

② 표준 판별함수와 표준 판별계수

〈표 23-27〉은 표준 판별계수를 보여준다.

　판별함수1에서 〈수입〉이 〈선호미디어〉에 미치는 영향력은 '0.916'이고, 〈연령〉은 '0. 574'로 두 변인이 〈선호미디어〉를 결정하는 데 상당한 영향력을 준다는 사실을 알 수 있다. 두 변인의 영향력의 크기를 상호 비교해볼 때, 〈수입〉은 〈연령〉에 비해 영향력이 더 큰 것으로 나타났다. 판별함수2에서 〈수입〉이 〈선호미디어〉에 미치는 영향력은 '-0.432', 〈연령〉은 '0.835'로 두 변인이 〈선호미디어〉를 결정하는 데 상당한 영향력을 준다는 사실을 알 수 있다. 두 변인의 영향력의 크기를 상호 비교해볼 때 〈연령〉이 〈수입〉보다 더 큰 것을 알 수 있다.

표 23-27 **표준 판별계수**

	판별함수	
	1	2
수입	0.916	-0.432
연령	0.574	0.835

표준 판별함수1 =　0.916(수입) + 0.574(연령)
표준 판별함수2 = -0.432(수입) + 0.835(연령)

〈표 23-28〉에서 보듯이 실제 텔레비전을 선호한다고 대답한 응답자 8명 중 판별함수로 소속 집단을 예측한 결과 8명(100%)을 텔레비전을 선호하는 사람으로 정확하게 예측했다. 또한 실제 라디오를 선호한다고 응답한 사람 9명의 소속 집단을 예측한 결과 9명(100%)을 정확하게 예측했다. 그러나 신문을 선호한다고 대답한 응답자 8명의 소속 집단을 예측한 결과 7명(87.5%)은 정확하게 예측했지만, 1명(12.5%)은 라디오를 선호하는 사람으로 잘못 예측했다. 두 판별함수로 응답자의 소속 집단을 예측한 결과 분류 정확도가 평균 96%이기 때문에 판별함수의 신뢰성은 높다.

표 23-28 **분류표**

선호미디어	사례 수 (명)	예측 소속집단		
		텔레비전	라디오	신문
텔레비전	8	8(100.0%)	0(0.0%)	0(0.0%)
라디오	9	0(0.0%)	9(100.0%)	0(0.0%)
신문	8	0(0.0%)	1(12.5%)	7(87.5%)

주) 원래의 집단 케이스 중 96.0%가 올바로 분류됨

참고문헌

오택섭 · 최현철 (2004), 《사회과학 데이터 분석법 ③》, 나남.

Dunteman, G. H. (1984), *Introduction to Multivariate Analysis*, Thousand Oaks, CA: Sage.
Huberty, C. J. (1994), *Applied Discriminant Analysis*, New York: John Wiley & Sons.
Kachigan, S. K. (1991), *Multivariate Statistical Analysis: A Conceptual Introduction* (2nd ed.), New York: Radius Press.
Klecka, W. R. (1980), *Discriminant Analysis*, Beverly Hills, CA: Sage.
Lachenbruch, P. A. (1975), *Discriminant Analysis*, New York: Hafner.
Pedhazur, E. J. (1997), *Multiple Regression in Behavioral Research* (3rd ed.), Belmont, CA: Wadsworth.
Silva, A. P. D., & Stam, A. (2000). "Discriminant analysis", In Grimm. L. G., & Yarnold, P. R. (eds.), *Reading And Understanding Multivariate Statistics* (pp. 277~318), Washington, D.C.: American Psychological Association.

24
로지스틱 회귀분석 logistic regression analysis

이 장에서는 명명척도와(나) 등간척도(또는 비율척도)로 측정한 한 개 이상 여러 개의 독립변인과 명명척도로 측정한 한 개의 종속변인 간의 인과관계를 분석하는 로지스틱 회귀분석(*logistic regression analysis*)을 살펴본다.

1. 정의

로지스틱 회귀분석(*logistic regression analysis*)은 〈표 24-1〉에서 보듯이 명명척도와(나) 등간척도(또는 비율척도)로 측정한 한 개 이상 여러 개의 독립변인과 명명척도로 측정한 한 개의 종속변인 간의 인과관계를 분석하는 통계방법이다. 로지스틱 회귀분석에서 종속변인은 명명척도로 측정되기 때문에 한 개 이상 여러 개의 독립변인을 통해 종속변인의 특정 사건이 발생할 확률(즉, 특정 집단에 속할 확률)을 예측하는 통계방법이라고 봐도 된다. 특정 사건이 발생할 확률을 승산비(*odds ratio*)라고 하는데 그 의미는 뒤에서 자세히 살펴본다.

로지스틱 회귀분석은 다양한 분야에 적용할 수 있다. 예를 들어, 의학 분야에서, 독립변인 〈흡연〉(명명척도, 흡연과 비흡연)과 〈고혈압〉(등간척도, 또는 비율척도), 〈연령〉

표 24-1 **로지스틱 회귀분석의 조건**

1. 독립변인
   1) 측정: 명명척도, 등간척도(또는 비율척도)
   2) 수: 한 개 이상 여러 개

2. 종속변인
   1) 측정: 명명척도(집단이 두 개 이상 여러 개)
   2) 수: 한 개

(등간척도, 또는 비율척도)과 종속변인 〈폐암발병〉(명명척도/폐암 발병함과 폐암 발병하지 않음) 간의 인과관계 분석을 통해 개별 독립변인과 폐암의 발생 확률(즉, 폐암 집단에 속할 가능성)을 연구할 수 있다. 언론학 분야에서는 독립변인 〈성별〉(명명척도)과 〈연령〉(등간척도, 또는 비율척도), 〈교육〉(등간척도, 또는 비율척도)과 종속변인 〈텔레비전선호장르〉(명명척도/뉴스, 드라마, 다큐멘터리) 간의 인과관계를 분석할 수 있다. 정치학 분야에서는 독립변인 〈성별〉(명명척도), 〈지역〉(명명척도), 〈교육〉(등간척도, 또는 비율척도), 〈정치성향〉(등간척도)이 종속변인 〈지지정당〉(명명척도/A당, B당, C당)에 미치는 영향을 분석할 수 있다.

로지스틱 회귀분석의 종류와 사용하기 위한 조건을 알아보자.

1) 변인의 측정과 종류

로지스틱 회귀분석에서 독립변인은 명명척도와(나) 등간척도(또는 비율척도)로 측정한다. 종속변인은 반드시 명명척도로 측정해야 한다. 종속변인을 구성하는 유목(집단, 이하 집단)의 수는 두 개 이상 여러 개인데, 유목의 수에 따라 이분형 로지스틱 회귀분석 (binary logistic regression)과 다항 로지스틱 회귀분석(multinomial logistic regression)으로 나누어진다.

(1) 이분형 로지스틱 회귀분석

명명척도로 측정한 종속변인 집단의 수가 두 개일 때 사용하는 로지스틱 회귀분석을 이분형 로지스틱 회귀분석(binary logistic regression analysis)이라고 부른다. 두 집단으로 구성된 종속변인의 예를 들면 〈투표〉(① 투표함, ② 투표하지 않음)나 〈지지정당〉(① A당, ② B당), 〈종교〉(① 종교 있음, ② 종교 없음), 〈스마트폰소유〉(① 소유함, ② 소유하지 않음), 〈결혼〉(① 결혼, ② 미혼), 〈시청〉(① 시청함, ② 시청하지 않음), 〈선호미디어〉(① 신문, ② 텔레비전), 〈폐암〉(① 걸림, ② 걸리지 않음) 등이 있다.

(2) 다항 로지스틱 회귀분석

명명척도로 측정한 종속변인의 집단의 수가 세 개 이상 여러 개일 때 사용하는 로지스틱 회귀분석을 다항 로지스틱 회귀분석(multinomial logistic regression analysis, 또는 polychotomous logistic regression analysis)이라고 부른다. 세 집단 이상 여러 개로 구성된 종속변인의 예를 들면 〈종교〉(① 기독교, ② 불교, ③ 천주교)나 〈지지후보〉(① A후보, ② B후보, ③ C후보), 〈선호장르〉(① 뉴스, ② 드라마, ③ 코미디, ④ 다큐멘터리), 〈결혼〉(① 결혼, ② 이혼, ③ 미혼) 등이 있다.

2) 변인의 수

로지스틱 회귀분석에서 독립변인의 수는 한 개 이상 여러 개이고, 종속변인의 수는 한 개여야 한다.

3) 로지스틱 회귀분석과 회귀분석, 판별분석 비교

(1) 로지스틱 회귀분석과 회귀분석

로지스틱 회귀분석과 회귀분석은 독립변인과 종속변인 간의 인과관계를 회귀방정식을 통해 분석한다는 점에서 유사한 방법이기 때문에 회귀분석의 기본 논리가 로지스틱 회귀분석에도 적용된다.

두 방법의 차이는 회귀분석에서는 종속변인이 등간척도(또는 비율척도)로 측정되기 때문에 독립변인의 값을 통해 종속변인의 값을 예측하지만, 로지스틱 회귀분석에서는 종속변인이 명명척도로 측정되기 때문에 독립변인의 값을 통해 종속변인의 특정 사건이 발생할 확률(즉, 특정 집단에 속할 확률)을 예측한다는 것이다.

로지스틱 회귀분석에서는 종속변인이 명명척도로 측정되기 때문에 회귀분석처럼 선형성(linearity) 전제를 충족할 수 없다. 로지스틱 회귀분석에서는 데이터를 로그로 변환하여 변인 간의 비선형적 관계를 선형적인 관계로 바꿔서 선형성 전제를 충족한다.

로지스틱 회귀분석에서도 회귀분석과 마찬가지로 개별 독립변인의 회귀계수를 구한다. 회귀분석에서는 최소제곱방법(least-square method)을 사용하지만, 로지스틱 회귀분석에서는 최대우도방법(Maximum-Likelihood Estimation, 이하 ML)을 사용한다. ML의 기본 논리는 뒤에서 살펴본다.

(2) 로지스틱 회귀분석과 판별분석

로지스틱 회귀분석과 판별분석의 목적은 독립변인의 값을 통해 종속변인의 특정 사건이 발생할 확률(즉, 특정 집단에 속할 확률)을 예측한다는 점에서 동일하다. 그러나 판별분석에서는 독립변인이 등간척도(또는 비율척도)로 측정돼야 하고, 정상성(normality) 전제가 충족돼야 한다. 반면 로지스틱 회귀분석에서는 독립변인을 명명척도와(나) 등간척도(또는 비율척도)로 측정하고, 정상성 전제를 충족하지 않아도 된다. 이 측면에서 볼 때, 로지스틱 회귀분석은 판별분석보다 적용 범위가 넓은 방법이라고 볼 수 있다.

2. 연구절차

로지스틱 회귀분석의 연구절차는 〈표 24-2〉에 제시된 것처럼 여덟 단계로 이루어진다.

첫째, 연구가설을 만든다. 변인의 측정과 수에 유의하여 연구가설을 만든 후 유의도 수준($p < 0.05$ 또는 $p < 0.01$)을 정한다.

둘째, 데이터를 수집하여 입력한 후 SPSS/PC$^+$(23.0)의 (이분형과 다항) 로지스틱 회귀분석을 실행하여 분석에 필요한 결과를 얻는다.

셋째, 결과 분석의 첫 번째 단계로, 전제를 검증한다. 선형성(linearity)과 다중공선성(multicollinearity) 전제를 검증한다.

넷째, 결과 분석의 두 번째 단계로, (이분형, 다항)모델의 유의도 검증을 한다.

다섯째, 결과 분석의 세 번째 단계로, (이분형, 다항)모델의 설명변량을 해석한다.

여섯째, 결과 분석의 네 번째 단계로, (이분형, 다항) 개별 회귀계수의 유의도 검

표 24-2 **로지스틱 회귀분석의 연구절차**

1. 연구가설 제시
   1) 독립변인의 수는 여러 개이고, 명명척도와(나) 등간척도(또는 비율척도)로 측정한다. 종속변인의 수는 한 개이고, 명명척도(두 개 집단, 또는 세 개 이상 집단)로 측정한다. 변인 간의 인과관계를 연구가설로 제시한다
   2) 유의도 수준을 정한다($p < 0.05$ 또는 $p < 0.01$)

⬇

2. 데이터 입력과 프로그램 실행
   1) 데이터를 수집하여 입력한다
   2) 로지스틱 회귀분석을 실행하여 분석에 필요한 결과를 얻는다

⬇

3. 결과 분석 1: 전제 검증
   1) 선형성
   2) 다중공선성

⬇

4. 결과 분석 2: (이분형, 다항)모델의 유의도 검증

⬇

5. 결과 분석 3: (이분형, 다항) 모델의 설명변량 해석

⬇

6. 결과 분석 4: (이분형, 다항) 회귀계수 유의도 검증

⬇

7. 결과 분석 5: (이분형, 다항) 독립변인의 Exp(B) 해석

⬇

8. 결과 분석 6: (이분형일 경우) 집단 분류표 해석

증을 한다.

일곱째, 결과 분석의 다섯 번째 단계로, (이분형, 다항) 개별 독립변인의 승산비 〔Exp(B)〕를 해석한다.

여덟째, 결과 분석의 여섯 번째 단계로, 이분형 로지스틱의 경우, 집단 분류표를 해석하고 정확도를 살펴본다.

3. 연구가설과 가상 데이터

1) 연구가설

로지스틱 회귀분석의 연구가설은 〈표 24-1〉에서 제시한 변인의 측정과 수의 조건만 충족한다면 무엇이든 가능하다. 이 장에서는 종속변인이 두 개의 집단으로 구성된 경우(이분형 로지스틱 회귀분석)와 세 개의 집단으로 구성된 경우(다항 로지스틱 회귀분석)로 나누어 살펴본다.

(1) 연구가설

① 이분형 로지스틱 회귀분석
독립변인 〈성별〉, 〈정치관심〉과 종속변인 〈투표행위〉 간의 인과관계를 검증한다고 가정하자. 연구가설은 〈성별과 정치관심이 투표행위에 영향을 미친다〉이다.

② 다항 로지스틱 회귀분석
독립변인 〈성별〉, 〈연령〉과 종속변인 〈선호미디어〉 간의 인과관계를 검증한다고 가정하자. 연구가설은 〈성별과 연령이 선호미디어에 영향을 미친다〉이다.

(2) 변인의 측정과 수

① 이분형 로지스틱 회귀분석
독립변인은 〈성별〉과 〈정치관심〉 두 개인데, 〈성별〉은 명명척도(① 남성, ② 여성)로 측정하고, 〈정치관심〉은 5점의 등간척도로 측정한다(1점: 관심 없다부터 5점: 관심이 많다까지). 종속변인은 〈투표행위〉 한 개이고, 두 개의 집단(① 투표함, ⓪ 투표 안함)으로 측정한다.

② 다항 로지스틱 회귀분석

독립변인은 〈성별〉과 〈연령〉 두 개인데, 〈성별〉은 명명척도(① 남성, ② 여성)로 측정하고, 〈연령〉은 5점의 등간척도로 측정한다(① 10대, ② 20대, ③ 30대, ④ 40대, ⑤ 50대 이상). 종속변인은 〈선호미디어〉 한 개이고, 세 개의 집단(① 신문, ② 텔레비전, ③ 라디오)으로 측정한다.

(3) 유의도 수준

연구가설의 유의도 수준을 $p < 0.05$(또는 $\alpha < 0.05$)로 정한다. 유의확률이 0.05보다 작으면 연구가설을 받아들이고, 0.05보다 크면 영가설을 받아들인다.

2) 가상 데이터

〈표 24-3〉은 이분형 로지스틱 회귀분석을 실행하기 위한 데이터로서 필자가 임의적으로 만든 것이어서 표본의 수가 적고(24명), 결과가 꽤 잘 나오게 만들었다. 그러나 실제 연구에서는 표본의 수가 훨씬 많고, 이 장에서 제시하는 결과만큼 깔끔하게 잘 나오지 않을 수 있다.

〈표 24-4〉는 다항 로지스틱 회귀분석을 실행하기 위한 데이터로서 필자가 임의적으로 만든 것이어서 표본의 수가 적고(24명), 결과가 꽤 잘 나오게 만들었다. 그러나 실제 연구에서는 표본의 수가 훨씬 많고, 이 장에서 제시하는 결과만큼 깔끔하게 잘 나오지 않을 수 있다.

표 24-3 **이분형 로지스틱 회귀분석의 가상 데이터**

응답자	성별	정치관심	투표행위	응답자	성별	정치관심	투표행위
1	1	4	1	13	2	2	0
2	1	5	1	14	2	3	0
3	1	3	1	15	2	4	1
4	1	4	0	16	2	3	0
5	1	5	1	17	2	2	0
6	1	2	0	18	2	1	0
7	1	4	1	19	2	1	0
8	1	5	1	20	2	5	1
9	1	4	1	21	2	3	0
10	1	5	1	22	2	4	0
11	1	5	1	23	2	4	1
12	1	1	1	24	2	3	0

표 24-4 **다항 로지스틱 회귀분석의 가상 데이터**

응답자	성별	연령	선호미디어	응답자	성별	연령	선호미디어
1	1	4	1	13	2	4	2
2	1	5	1	14	2	4	2
3	1	3	1	15	2	2	2
4	1	3	1	16	2	3	2
5	1	4	1	17	2	5	2
6	1	5	1	18	2	5	1
7	1	5	1	19	2	5	2
8	1	1	2	20	2	1	3
9	1	5	1	21	2	3	3
10	1	1	3	22	2	4	1
11	1	2	2	23	2	5	1
12	1	2	1	24	2	2	2

4. SPSS/PC⁺ 실행방법

1) 이분형 로지스틱 회귀분석

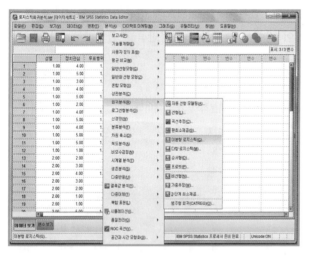

[실행방법 1] 분석방법 선택

메뉴판의 [분석(A)]에서 [회귀분석(R)]을
클릭하고 [이분형 로지스틱(G)]을 클릭한다.

[실행방법 2] 분석변인 선택

[이분형 로지스틱] 창이 나타나면
종속변인인 〈투표행위〉를 클릭하여
[종속변수(D)]로 옮긴다(➡).
독립변인인 〈성별〉, 〈정치관심〉은
[공변량(C)]으로 옮긴다.
오른쪽 위의 [범주형(C)]을 클릭한다.

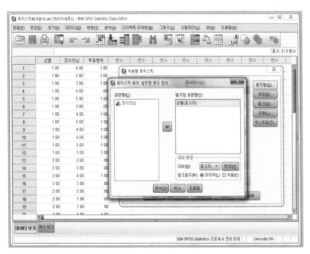

[실행방법 3] 범주형 변인 정의

[로지스틱 회귀: 범주형 변수 정의] 창이
나타나면 명명척도로 측정한 독립변인인
〈성별〉을 [공변량(C)]으로부터
[범주형 공변량(T)]으로 옮긴다(➡).
[대비 바꾸기]가 반전되면
[대비(N)]는 [표시자]로 기본설정이 된다.
[계속]을 클릭한다.

[실행방법 4] 통계량 선택과 실행

[실행방법 2]로 돌아가면 오른쪽의
[옵션(O)]을 클릭한다.
[로지스틱 회귀: 옵션] 창이 나타나면
[통계량 및 도표]의 [☑ 분류도표(C)]와
[☑ 반복계산과정(I)]을 클릭한다.
다른 옵션들은 기본설정을 그대로 둔다.
[계속]을 클릭한다.
[실행방법 2]로 돌아가면
아래쪽의 [확인]을 클릭한다.

[분석결과 1] 사례 수

분석 결과가 새로운 창
*출력결과 1[문서 1]로 나타난다.
[케이스 처리 요약] 표에는
분석 사례에 대한 처리 결과가 제시된다.

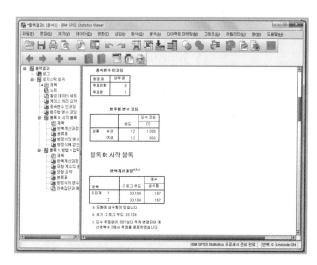

[분석결과 2] 종속변인 코딩,
범주형 변인 코딩, 블록 0: 시작블록

[종속변수 코딩],
[범주형 변수 코딩] 표가 제시된다.
[블록 0: 시작블록]에는
[반복계산과정] 표가 제시된다.

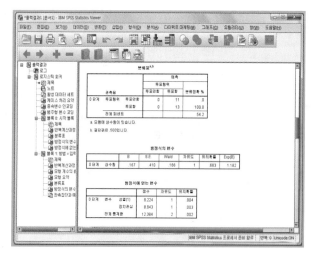

[분석결과 3] 블록 0: 시작블록

[블록 0: 시작블록]의
[분류표], [방정식의 변수],
[방정식에 없는 변수] 표가 제시된다.

490

[분석결과 4] 블록 1: 진입

[블록 1: 진입]에는
[반복계산과정],
[모형 계수의 총괄 검정]이 제시된다.

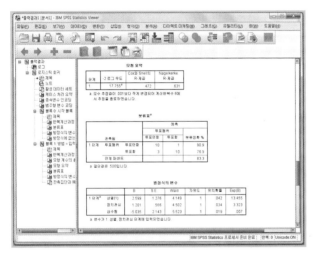

[분석결과 5] 유의도 검증

[블록 1: 진입]에는
[모형요약], [분류표],
[방정식의 변수]가 제시된다.

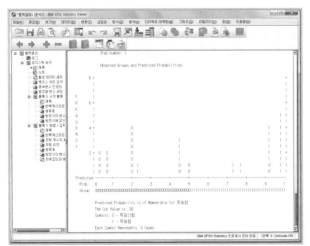

[분석결과 6] 도표

[관측집단과 예측확률도표]가 제시된다.

2) 다항 로지스틱 회귀분석

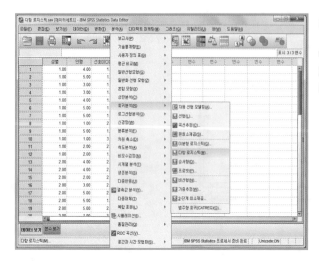

[실행방법 1] 분석방법 선택

메뉴판의 [분석(A)]에서
[회귀분석(R)]을 클릭하고
[다항 로지스틱(M)]을 클릭한다.

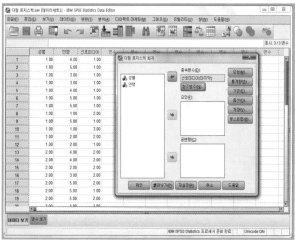

[실행방법 2] 분석변인 선택 1

[다항 로지스틱 회귀] 창이 나타나면
종속변인인 〈선호미디어〉를 클릭하여
[종속변수(D)]로 옮긴다(➡).
[참조범주(N)]를 클릭한다.

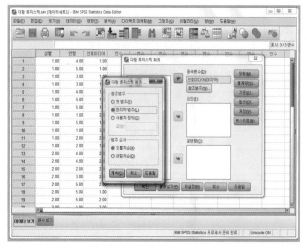

[실행방법 3] 분석변인 선택 2

[참조범주(N)]를 클릭하면 준거집단
('0'이 되는 집단)을 선택할 수 있다.
[◉ 마지막 범주(L)]이 기본으로 되어 있고,
준거집단을 변경할 경우
[◉ 첫 범주(L)]를 선택한다.
[범주순서]는
[◉ 오름차순(A)]이 기본으로 되어 있다.
[계속]을 클릭한다.

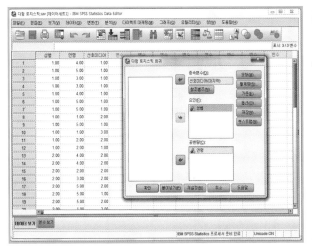

[요인(F)]에는 명명척도로 측정한
독립변인인 〈성별〉을 옮긴다(➡).
[공변량(C)]에는 등간(비율)척도로 측정한
〈연령〉을 옮긴다(➡).

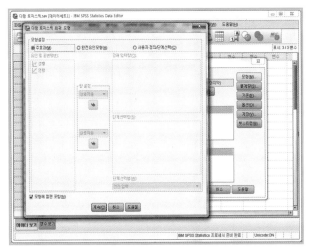

[실행방법 5] 모델 선택

오른쪽의 [모형(M)]을 클릭한다.
[모형 설정]의 [◉ 주효과(M)]가
기본으로 설정되어 있다.
상호작용 효과를 분석하고자 한다면
[◉ 사용자 정의/단계선택(C)]을 클릭하여
상호작용 효과를 입력한다.
[계속]을 클릭한다.

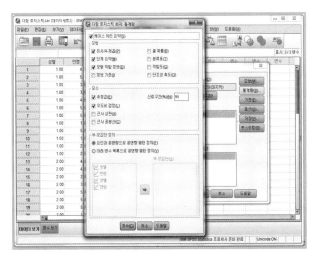

[실행방법 6] 통계량 선택과 실행

[실행방법 4]로 돌아가면
오른쪽의 [통계량(S)]을 클릭한다.
[다항 로지스틱 회귀: 통계량] 창이
나타나면 [모형]에서 적합도를 클릭한다.
모든 옵션들의 기본 설정을 그대로 둔다.
[계속]을 클릭한다.
[실행방법 4]로 돌아가면
아래쪽의 [확인]을 클릭한다.

[분석결과 1] 사례 수

분석 결과가 새로운 창
*출력결과 1[문서 1]로 나타난다.
[케이스 처리 요약] 표에는
분석 사례에 대한 처리 결과가 제시된다.

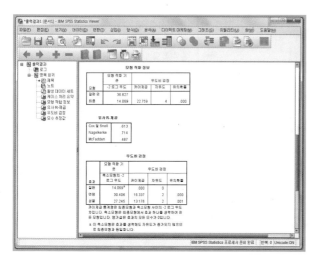

[분석결과 2] 유의도 검증

[모형적합정보], [유사 R제곱],
[도비 검정] 표가 제시된다.

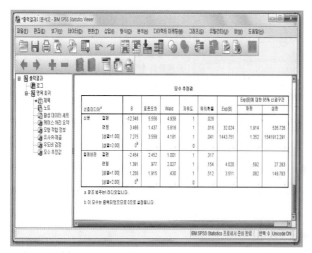

[분석결과 3] 모수추정값

[모수추정값]이 제시된다.

5. 결과 분석 1: 전제 검증

1) 선형성

로지스틱 회귀분석에서 독립변인이 명명척도로 측정되었을 경우에는 선형성(linearity)의 전제를 검증하지 않는다. 독립변인이 등간척도(또는 비율척도)로 측정되었을 경우에는 독립변인과 명명척도로 측정한 종속변인을 로그로 변환한 종속변인[logit(P)] 간에 선형성의 전제가 충족되는지를 검증해야 한다. 등간척도(또는 비율척도)로 측정한 독립변인과 그 변인을 로그로 변환한 변인 간의 상호작용한 값이 유의미하지 않게 나오면 선형성의 전제가 충족된다고 판단한다.

독립변인인 〈연령〉(등간척도)과 〈교육〉(등간척도)이 종속변인 〈선호미디어〉[명명척도, ①신문, ②텔레비전]에 영향을 미친다는 연구에서 등간척도(또는 비율척도)로 측정한 독립변인과 로그로 변환한 종속변인 〈선호미디어〉 간의 선형성 전제 검증방법은 다음과 같다.

먼저 독립변인 〈연령〉과 〈연령〉을 로그 변환한 값 〈LN연령〉을 곱하여 상호작용 값 〈연령LN연령〉(〈연령〉 × 〈LN연령〉)을 계산한다. 이 과정을 살펴보자. SPSS/PC+ 프로그램의 변수 계산 명령문을 사용하여 〈LN연령〉 변인을 만든다. 〈LN연령〉 변인을 만들기 위해서는 ①대상 변수에 새로운 이름(〈LN연령〉)을 입력하고, 함수 집단에서 산술을 선택한 후, 함수 및 특수변수에서 〈LN〉(자연 로그)을 선택하여 화살표를 이용해서 숫자 표현식으로 옮긴다. LN(괄호) 안에 변인 이름 중 〈연령〉을 화살표로 옮긴 후 확인을 클릭한다. ②대상 변수에 새로운 이름(〈연령LN연령〉)을 입력하고, 숫자 표현식에 〈연령〉과 〈LN연령〉을 화살표로 옮긴 후 두 변인을 곱한 다음 확인을 클릭한다.

독립변인 〈교육〉과 〈교육〉을 로그 변환한 값 〈LN교육〉을 곱하여 상호작용 값 〈연령 LN연령〉(〈교육〉 × 〈LN교육〉)을 계산한다. 이 과정을 살펴보자. SPSS/PC+ 프로그램의 변수 계산 명령문을 사용하여 〈LN교육〉 변인을 만든다. 〈LN교육〉 변인을 만들기 위해서는 ①대상 변수에 새로운 이름(〈LN교육〉)을 입력하고, 함수 집단에서 산술을 선택한 후, 함수 및 특수변수에서 〈LN〉(자연 로그)을 선택하여 화살표를 이용해서 숫자 표현식으로 옮긴다. LN(괄호) 안에 변인 이름 중 〈교육〉을 화살표로 옮긴 후 확인을 클릭한다. ② 대상 변수에 새로운 이름(〈교육LN교육〉)을 입력하고, 숫자 표현식에 〈교육〉과 〈LN교육〉을 화살표로 옮긴 후 두 변인을 곱한 다음 확인을 클릭한다.

독립변인 〈연령〉과 〈교육〉, 〈연령LN연령〉, 〈교육LN교육〉과 종속변인 〈선호미디어〉 간의 관계를 분석하기 위해서 앞의 프로그램 실행방법에서 설명한대로 이분형 로지스틱 회귀분석을 실행한다.

상호작용 〈연령LN연령〉과 〈교육LN교육〉의 유의도 검증을 실시한다. 유의미하지 않으면(즉, 상호작용 효과가 없으면) 독립변인과 종속변인 간의 선형성 전제가 충족된다는 결론을 내린다. 반면 유의미하면(즉, 상호작용 효과가 있으면) 독립변인과 종속변인 간의 선형성 전제가 충족되지 않는다는 결론을 내린다. 선형성 전체가 충족되지 않다면 로지스틱 회귀분석을 사용해서는 안 된다.

2) 다중공선성 검증

로지스틱 회귀분석에서도 회귀분석처럼 등간척도(또는 비율척도)로 측정한 독립변인 간의 상관관계가 높을 때에는 다중공선성(multicollinearity) 문제가 발생한다. 다중공선성 문제를 알고 싶은 독자는 제 16장 다변인 회귀분석의 다중공선성을 참조하기 바란다.

　로지스틱 회귀분석에서는 다중공선성 전제를 검증하는 명령문이 없다. 다중공선성 문제는 독립변인 간의 상관관계의 정도를 알아보는 것이 목적이기 때문에, 조금 불편하지만, 회귀분석을 실행하여 독립변인 간의 다중공선성 전제를 검증할 수밖에 없다. 회귀분석에서 종속변인과 독립변인을 입력하고, 통계량에서 공선성 진단을 선택한 후 프로그램을 실행하면 VIF와 공차(tolerance)를 구할 수 있다. 이 값의 해석 방법은 제 16장 다변인 회귀분석에서 알아봤기 때문에 여기서는 설명을 생략한다.

6. 결과 분석 2: 로지스틱 회귀모델의 유의도 검증

1) 이분형 로지스틱 회귀분석

(1) 코딩 정보

SPSS/PC+ 이분형 로지스틱 회귀분석 프로그램에서는 모델의 유의도 검증에 앞서 독립변인과 종속변인의 코딩 현황을 보여준다. 독립변인과 종속변인이 명명척도이기 때문에 코딩은 가변인 코딩(dummy coding) 방법을 사용하여 코딩한다(가변인 코딩에 대해 알고 싶은 독자는 제 17장 가변인 회귀분석 ①에서 가변인 코딩방법을 참조한다). 〈표 24-5〉는 종속변인의 투표안함이 '0'이고, 투표함이 '1'로 코딩되었다는 것을 보여준다. 여성이 '0'으로 코딩되었기 때문에 여성을 준거집단(reference category, SPSS/PC+ 프로그램에서는 '참조범주'로 번역되었다)이라고 한다. 〈표 24-6〉은 명명척도로 측정한 독립변인(범주형 변인, categorical variable)의 남성이 '1'로, 여성이 '0'(준거집단)으로 코딩되었다는 것을 보여준다. 연구자는 연구목적에 따라서 독립변인의 코딩을 바꿀 수 있다.

표 24-5 **종속변인 코딩**	
원래 값	내부 값
투표 안함	0
투표함	1

표 24-6 **명명척도로 측정한 독립변인 코딩**		
		파라미터 코딩
성별	남성	1
	여성	0

(2) -2로그 우도와 유의도 검증

로지스틱 회귀모델의 유의도 검증은 -2로그 우도(尤度, -2log-likelihood. 이하 -2LL)를 통해 이루어지기 때문에 우도비 검증(likelihood ratio test)이라고 부른다. 로지스틱 회귀분석에서는 상수만 포함된 모델의 -2LL과 상수와 독립변인이 함께 포함된 모델의 -2LL을 계산하여 그 차이를 비교함으로써 모델의 유의도를 검증하는데 그 과정을 알아보자.

① -2LL의 의미

가. 우도(Likelihood)

우도란 특정 사건의 전체 발생 가능성을 의미한다. 우도는 각 사건의 발생 확률을 곱하여 계산한다. 예를 들어 동전을 두 번 던질 때 두 번 다 앞면이 나올 우도는 0.25이다. 즉, 첫 번째 동전을 던질 때 앞면이 나올 확률은 0.5이고, 두 번째 동전을 던질 때 앞면이 나올 확률이 0.5이기 때문에 두 번 던져서 두 번 다 앞면이 나올 확률은 0.25(0.5 × 0.5)가 된다.

나. 우도를 자연 로그(natural log)하는 이유

우도를 로그하는 이유를 알기 위해 예를 들어보자. 전체 20명 중에서 10명이 투표를 했고, 10명이 투표하지 않았다고 가정하자. 이 정보만 갖고 전체 발생 가능성을 계산하면 0.5의 20제곱이 되는데 이 값을 우도라고 부른다. 이 경우 우도(0.000000954)는 그 크기가 매우 작기 때문에 표기하기 불편하고 해석하기도 쉽지 않다. 따라서 우도 대신 이 값을 자연 로그(natural log)로 변환한 값 '-13.862'를 사용하면 표기 및 해석이 쉽다.

다. -2를 곱하는 이유

우도를 자연 로그한 값은 '-'(마이너스) 값을 갖기 때문에 '+'(플러스) 값으로 바꿔주기 위해 '-'(마이너스)를 곱한다. 또한 2를 곱하는 이유는 2를 곱한 -2LL은 카이제곱 분포를 갖기 때문에 모델의 유의도 검증을 쉽게 할 수 있기 때문이다. 예를 들어 LL '-13.862'에 '-2'를 곱한 값 -2LL '27.724'를 갖고 유의도 검증이 이루어진다.

〈표 24-7〉에서 보듯이, 우도가 낮으면 낮을수록 이 값을 자연 로그한 값에 -2를 곱한 값(-2LL)은 커진다. -2LL 값이 커진다는 것은 우도가 작아진다는 것으로 발생 가능성이 낮아진다는 것을 의미한다. 즉, 모델의 설명력이 떨어진다고 해석한다.

로지스틱 회귀분석에서 -2LL은 개별 사람에 대한 예측 결과(예측 소속 집단 예측)와 실제 결과(실제 소속 집단)를 비교한 값을 합하여 계산한다. 만일 연구자가 제시한 모델이 완벽하게 데이터와 일치한다면(likelihood = 1) -2LL은 '0'이 된다(LN1 = 0). 그러나 예측 결과와 실제 결과의 차이가 커질수록 -2LL이 커지는데, 이는 모델의 설명력(적합도)이 떨어진다는 의미이다. -2LL은 회귀분석의 오차변량과 같다고 생각하면 되기 때문에 -2LL은 모델의 오차변량이 얼마나 큰지를 보여준다고 생각해도 된다.

표 24-7 **우도와 로그 값, -2LL 값 비교**

우도(발생 가능성)	자연 로그(ln) 우도	-2LL
0.0001	-9.210	18.420
0.001	-6.908	13.816
0.01	-4.605	9.210
0.1	-2.303	4.606
0.2	-1.609	3.218
0.3	-1.204	2.408
0.5	-0.693	1.386
0.8	-0.223	0.446
0.9	-0.105	0.210
1.0	0	0

② 상수만 포함된 모델의 -2LL

상수만 포함된 모델의 -2LL을 계산한다. 이분형 로지스틱 회귀분석에서 종속변인은 두 값 중 하나(사건 미발생 '0'과 사건 발생 '1')의 값을 갖는다. 〈표 24-8〉의 반복계산정보(*iteration history*)에서 보듯이 상수만 있는 모델의 -2LL은 '33.104'이다(마지막 2번째를 읽는다).

표 24-8 **반복계산정보**

반복계산		-2LL
0단계	1	33.104
	2	33.104

(a) 모형에 상수항이 있음
(b) 초기 -2LL: 33.104
(c) 모수 추정값이 0.001보다 작게 변경되어 계속 반복수 2에서 추정을 종료함

표 밑에 있는 ⓐ는 상수만 포함됐다는 것이고, ⓑ는 -2LL은 '33.104'이고, ⓒ는 이분형 로지스틱 회귀분석에서 -2LL을 구하기 위한 회전은 20회가 기준인데, 계수 추정 변화가 0.001보다 적기 때문에 두 번 회전으로 끝났다는 것이다.

③ 상수와 독립변인이 포함된 모델의 -2LL
상수와 독립변인이 포함된 모델의 -2LL을 계산한다. 〈표 24-9〉의 반복계산정보에서 보듯이 상수에 독립변인 〈성별〉과 〈정치관심〉 두 개가 추가된 모델의 -2LL은 '17.755'(마지막 6번째를 읽는다)이다. 상수만 있는 모델의 -2LL '33.104'보다 상당히 줄어든 것을 알 수 있다.

표 밑에 있는 ⓐ는 독립변인을 동시에 고려하는 입력(enter) 명령문을 사용해서 프로그램을 실행하다는 것이고, ⓑ는 모형에 상수도 포함되어 있다는 것이고, ⓒ는 상수만 있는 모델의 -2LL은 '33.104'라는 것이고, ⓓ는 20번 회전 중 계수 추정 변화가 0.001보다 적기 때문에 6번 회전으로 끝났다는 것이다.

표 24-9 **반복계산정보**

반복계산	-2LL
1단계 1	19.325
2	17.899
3	17.757
4	17.755
5	17.755
6	17.755

ⓐ 방법: 입력
ⓑ 모형에 상수항이 있음
ⓒ 초기 -2LL: 33.104
ⓓ 모수 추정값이 0.001보다 작게 변경되어 계속반복수 6에서 추정을 종료함

④ 유의도 검증
〈표 24-10〉의 모델 유의도 검증(우도비 검증) 공식에서 보듯이 상수만 포함한 모델의 -2LL에서 독립변인이 추가된 모델의 -2LL을 뺀 χ^2을 갖고 유의도 검증을 한다. 상수만 있는 모델의 -2LL에 비해 상수와 독립변인이 추가된 모델의 -2LL이 작을수록 χ^2이 커진다는 것을 알 수 있다. χ^2는 클수록 상수와 독립변인이 추가된 모델의 적합도가 좋다는 의미이다. 자유도는 상수와 독립변인이 추가된 모델에서 구하는 계수의 수(상수 '1'+독립변인의 수)에서 상수만 있는 모델에서 구하는 계수의 수(상수만 구하기 때문에 항상 '1'이 된다)를 빼면 된다.

독립변인 〈성별〉, 〈정치관심〉과 종속변인 〈투표행위〉(집단의 수가 두 개)의 유의도 검

표 24-10 **유의도 검증: 우도비 검증**

$$\chi^2 = -2LL(\text{상수만}) - [\ -2LL(\text{독립변인} + \text{상수})]$$
$$[\text{자유도} = (k\text{상수} + \text{독립변인 수}) - k\text{상수만}]$$

표 24-11 **모형 계수 전체 테스트**

단계	카이제곱	자유도	유의확률
1	15.350	2	0.000

증 결과는 〈표 24-11〉과 같다. 두 모델 간 -2LL의 차이를 보여주는 χ^2 '15.350'은 상수만 있는 모델의 -2LL '33.104'에서 상수와 독립변인이 포함된 모델의 -2LL '17.755'를 뺀 값이다. 자유도는 '2'이고(상수와 독립변인이 추가된 모델의 '3'에서 상수만 있는 모델의 '1'을 뺀 값), 유의확률은 0.05보다 작은 것으로 나타났다. 이 결과는, 전체적으로 볼 때, 독립변인 〈성별〉과 〈정치관심〉이 종속변인 〈투표행위〉에 미치는 영향력이 유의미하다는 것을 보여준다. 이 단계에서는 독립변인 전체와 종속변인 간에 인과관계가 있다는 것을 알 수 있지만, 개별 독립변인이 유의미한지는 알 수 없다. 개별 독립변인의 유의도 검증은 뒤에서 살펴본다.

2) 다항 로지스틱 회귀분석

(1) -2LL과 유의도 검증

독립변인 〈성별〉, 〈연령〉이 종속변인 〈선호미디어〉(집단의 수가 세 개)의 유의도 검증 결과는 〈표 23-12〉와 같다. 두 모델 간 -2LL의 차이를 보여주는 χ^2 '22.759'는 상수만 있는 모델의 -2LL '36.827'에서 상수와 독립변인이 포함된 모델의 -2LL '14.069'를 뺀 값이다. 자유도는 '4'이고(상수와 독립변인이 추가된 모델의 '3'에서 상수만 있는 모델의 '1'을 뺀 값 2에서 집단 간 비교가 '신문-라디오', '텔레비전-라디오' 두 번 이루어지기 때문에 자유도는 2의 2배인 4가 된다), 유의확률은 0.05보다 작은 것으로 나타났다. 이 결과는 전체적으로 볼 때, 독립변인 〈성별〉과 〈연령〉이 종속변인 〈선호미디어〉에 미치는 영향력

표 24-12 **모형 적합 정보**

모형	모델 맞춤 기준	유도비 검증		
	-2 로그 우도	카이제곱	자유도	유의확률
절편만	36.827	22.759	4	0.000
최종모형	14.069			

이 유의미하다는 것을 보여준다. 이 단계에서는 독립변인 전체와 종속변인 간에 인과관계가 있다는 것을 알 수 있지만, 개별 독립변인이 유의미한지는 알 수 없다. 개별 독립변인의 유의도 검증은 뒤에서 살펴본다.

(2) 적합도

다항 로지스틱 회귀분석에서는 유의도 검증과 더불어 모델의 적합도(*goodness-of-fit*)를 보여준다. 모델의 유의도 검증 결과는 상수만 있는 모델과 상수와 독립변인이 추가된 모델 중 어느 것이 더 좋은 지를 보여주지만, 검증 결과 선택한 모델이 데이터에 적합한지(또는 일치하는지)는 보여주지 않는다. 따라서 다항 로지스틱 회귀분석에서는 모델로부터 예측한 값들이 실제 관찰 값들과 같은 지(즉, 적합도)를 Pearson과 편차(*deviance*) 두 값을 통해 검증한다. 모델 적합도의 연구가설은 〈예측 값들과 실제 관찰 값들은 다르다〉(H1: 예측 값 ≠ 실제 관측 값)고, 영가설은 〈예측 값들과 실제 관찰 값들은 같다〉(H0: 예측 값 = 실제 관측 값)이다. 연구가설이 유의미하다면 예측 값들과 실제 관측 값들과 다르다는 것을 의미한다. 반면 유의미하지 않다면 예측 값들은 관찰 값들과 다르지 않다는 것을 보여준다. 영가설을 받아들인다는 것은 모델이 적합하다는 것을 의미한다.

〈표 24-13〉은 모델의 적합도 검증 결과를 보여주는데, Pearson 값은 '5.372'이고, 자유도 '14'에 유의확률은 0.05보다 큰 '0.980'이기 때문에 예측 값들과 실제 관찰 값들은 같다는 결론을 내린다. 편차(*deviance*) 값은 '6.326'이고, 자유도 '14'에 유의확률은 0.05보다 큰 '0.958'이기 때문에 예측 값들과 실제 관찰 값들은 같다는 결론을 내린다. 두 값들은 연구모델이 데이터와 일치한다는 사실을 보여준다.

표 24-13 **모델의 적합도 검증**

	카이제곱	자유도	유의확률
Pearson	5.372	14	0.980
편차	6.326	14	0.958

7. 결과 분석 3: 설명변량

로지스틱 회귀분석에서 Cox & Snell의 R^2과 Nagelkerke의 R^2 두 값은 독립변인의 설명변량을 보여준다. 두 값의 계산 공식은 다르지만, 회귀분석의 R^2과 같은 의미로서 모델의 설명변량을 보여준다.

1) 설명변량

(1) Cox & Snell의 R^2

Cox & Snell의 R^2은 독립변인의 설명변량을 의미한다. 〈표 24-14〉의 공식에서 보듯이 Cox & Snell의 R^2은 상수와 독립변인이 추가된 모델의 LL과 상수만 있는 모델의 LL, 사례 수에 기초하여 계산된다. 이 값은 이론적으로는 최대 '1'에 미치지 않는 단점을 가진다.

표 24-14 **Cox & Snell의 R^2 공식**

$$R^2 = 1 - e^{\left[-\frac{2}{n}(LL(상수와\ 독립변인) - (LL\ 상수만))\right]}$$

(2) Nagelkerke의 R^2

Cox & Snell의 R^2의 단점을 보완하기 위해 공식을 수정하여 Nagelkerke의 R^2이 만들어졌다. 〈표 24-15〉는 Nagelkerke의 R^2의 계산 공식을 보여준다.

표 24-15 **Nagelkerke의 R^2 공식**

$$Nagelkerke의\ R^2 = \frac{Cox\ \&\ Snell의\ R^2}{1 - e^{\left[-\frac{2(LL(상수만))}{n}\right]}}$$

2) 이분형 로지스틱 회귀분석

〈표 24-16〉은 이분형 로지스틱 회귀분석 결과로서 독립변인의 설명변량이 '0.472'(Cox & Snell의 R^2), '0.631'(Nagelkerke의 R^2)로 나타났다. 이 결과는 독립변인 〈성별〉과 〈정치관심〉이 종속변인 〈투표행위〉에 미치는 영향력이 상당히 크다는 사실을 보여준다.

표 24-16 **설명변량**

단계	-2LL	Cox & Snell의 R^2	Nagelkerke의 R^2
1	17.755	0.472	0.631

3) 다항 로지스틱 회귀분석

〈표 24-17〉은 다항 로지스틱 회귀분석의 결과로서 독립변인의 설명변량이 '0.613'(Cox & Snell의 R^2), '0.714'(Nagelkerke의 R^2)로 나타났다. 이 결과는 독립변인 〈성별〉과 〈연령〉이 종속변인인 〈선호미디어〉에 미치는 영향력이 매우 크다는 사실을 보여준다.

표 24-17 **설명변량**

Cox & Snell의 R^2	Nagelkerke의 R^2
0.613	0.714

8. 결과 분석 4: 개별 회귀계수의 유의도 검증

로지스틱 회귀분석에서는 회귀방정식 $\mathrm{logit}(P) = A + B_1X_1 + B_2X_2 + \cdots + B_nX_n$을 분석하여 상수 A와 회귀계수 B_1, B_2, $\cdots$, B_n를 구한다. 여기서 구한 상수와 회귀계수는 로지스틱 회귀분석의 최종 목적인 OR을 계산하는 데 사용된다.

1) 회귀계수 계산 방법: ML

회귀분석에서는 회귀계수를 구하기 위해 오차(원점수와 예측점수 간의 차이)를 최소화하는 최소제곱방법(*least-square method*)을 사용한다. 그러나 로지스틱 회귀분석에서는 종속변인을 명명척도로 측정하기 때문에 최소제곱방법을 사용할 수 없고, 대신 최대우도방법(*maximum likelihood method*, 이하 ML)을 사용한다.

ML의 기본에 대해 Mulaik(1972)는 다음과 같이 설명한다.

> ML 방법의 기본 아이디어는 다음과 같다. 우리는 표본이 나온 모집단 분포의 모양을 알고 있다고 가정한다. 예를 들면, 모집단 분포가 정상분포라고 가정한다. 그러나 모집단의 정상분포 곡선의 구체적인 값은 모른다. 예를 들면, 모집단에서 특정 변인의 평균값과 변량, 공변량 값을 알 수 없다. 모집단의 값들을 알 수 있다면 표본의 구체적인 값을 유추할 수 있다. 그러나 모집단의 값들에 대한 정보가 없기 때문에 연구자는 임의로 특정 값들을 모집단의 값들로 가정하고, 표본에서 그 값들이 나올 가능성이 얼마인가를 살펴본다. 여러 번의 관찰을 통해 표본 값이 나올 가능성이 가장 높은 모집단의 값을 결정하는데 바로 이 값이 최대 우도를 통한 추정값(*Maximum Likelihood Estimator*)이다(162쪽).

즉, ML은 특정 표본의 결과를 갖고 이 표본의 값이 추출될 가능성이 가장 높은(즉,

우도가 가장 높은) 모집단을 역추적하는 방법이라고 보면 된다.

2) Wald와 유의도 검증

로지스틱 회귀분석에서는 카이제곱 분포를 갖는 Wald를 통해 개별 회귀계수의 유의도를 검증한다. Wald는 〈표 24-18〉에서 보듯이 회귀계수(b)를 S. E. (*standard error*)로 나눈 값인데, SPSS/PC⁺ 프로그램에서는 Wald를 제곱한 값($Wald^2$)을 제시한다.

Wald를 해석할 때는 조심할 필요가 있다. 회귀계수(b)가 크면 클수록 S. E. 는 부풀려지는 경향이 있기 때문에 Wald는 과소평가되어 유의도 검증 결과를 신뢰하기 어렵다. 즉, 유의도 검증 결과 베타 오류(이종 오류, 즉 연구가설을 받아들여야 하는데 영가설을 받아들일 때 발생하는 오류)를 범하게 될 가능성이 커진다. 즉, 유의도 검증 결과 연구가설을 받아들일 때에는 문제가 없지만, 연구가설을 거부할 때(즉, 0.05보다 커서 영가설을 받아들이게 될 때)에는 해석에 신중해야 한다는 것이다.

표 24-18 **Wald 계산 공식**

$$Wald = \frac{b}{SEb}$$

3) 이분형 로지스틱 회귀분석

〈표 24-19〉는 개별 독립변인의 유의도 검증 결과를 보여준다. 〈성별〉(남성)의 Wald는 '4. 149'이고, 자유도는 '1', 유의확률은 0.05보다 작은 '0.042'로서 독립변인 〈성별〉에 따라 〈투표행위〉에 차이가 있다는 것을 알 수 있다. Wald '4. 149'는 B '2.599'를 S. E. '1. 276'으로 나눈 값 '2.037'을 제곱한 값이다.

〈정치관심〉의 Wald는 '4. 502'이고, 자유도는 '1', 유의확률은 0.05보다 작은 '0.034'로서 독립변인 〈정치관심〉에 따라 〈투표행위〉에 차이가 있다는 것을 알 수 있다. Wald '4. 502'는 B '1. 201'를 S. E. '0. 566'으로 나눈 값 '2.122'을 제곱한 값이다.

표 24-19 **로지스틱 회귀방정식**

	B	S.E.	Wald	자유도	유의확률	Exp(B)
1단계 성별(남성)	2.599	1.276	4.149	1	0.042	13.455
정치관심	1.201	0.566	4.502	1	0.034	3.323
상수	-5.035	2.143	5.523	1	0.019	0.007

독립변인 〈성별〉과 〈정치관심〉이 유의미하게 나왔기 때문에 로지스틱 회귀방정식은 $\text{logit}(P) = -5.035 + 2.599(성별) + 1.201(정치관심)$이 된다. 뒤의 승산비(*odds ratio*)에서 자세히 살펴보겠지만 이 로지스틱 회귀방정식을 사용하여 [Exp(B)](승산비를 의미함) '13.455'와 '3.323'을 계산한다. 또는 〈성별〉의 B '2.599'를 $e^{2.599}$로 계산하면 '13.455'가 되고, 〈정치관심〉의 B '1.201'을 $e^{1.201}$로 계산하면 '3.323'이 된다.

4) 다항 로지스틱 회귀분석

〈표 24-20〉은 개별 독립변인의 유의도 검증 결과를 보여주는데 두 개의 표가 제시된다. 다항 로지스틱 회귀분석의 SPSS/PC⁺ 프로그램 실행방법에서 살펴봤듯이 종속변인의 집단의 수가 세 개(신문, 텔레비전, 라디오)이고, 비교의 기준이 되는 준거집단을 마지막 집단인 라디오로 잡았다. 따라서 SPSS/PC⁺ 프로그램은 신문과 라디오, 텔레비전과 라디오 두 개의 집단을 묶어서 결과를 제시한다. 두 집단을 비교한 결과는 이분형 로지스틱 회귀분석의 결과와 같은 방식으로 해석한다.

신문과 라디오의 비교 결과, 〈성별〉의 Wald는 '4.181'이고, 자유도는 '1', 유의확률은 0.05보다 작은 '0.041'로서 독립변인 〈성별〉에 따라 〈선호미디어〉(신문과 라디오)에 차이가 있다는 것을 알 수 있다. 즉, 남성이 여성에 비해 신문을 더 선호한다는 것을 알 수 있다. Wald '4.181'은 B '7.275'를 S.E. '3.558'로 나눈 값 '2.045'을 제곱한 값이다(오차는 반올림 오차 때문에 생긴 값으로 무시해도 된다).

〈연령〉의 Wald는 '5.816'이고, 자유도는 '1', 유의확률은 0.05보다 작은 '0.016'으로서 독립변인 〈연령〉에 따라 〈선호미디어〉(신문과 라디오)에 차이가 있다는 것을 알 수 있다. 즉, 연령이 높아짐에 따라 신문을 더 선호한다는 것을 알 수 있다. Wald '5.816'은 B '3.466'을 S.E. '1.437'로 나눈 값 '2.412'을 제곱한 값이다(오차는 반올림 오차 때문에 생긴 값으로 무시해도 된다).

독립변인 〈성별〉과 〈연령〉이 유의미하게 나왔기 때문에 로지스틱 회귀방정식은 logit

표 24-20 **로지스틱 회귀방정식과 OR**

		B	S.E.	Wald	자유도	유의확률	Exp(B)
신문	절편(상수)	-12.346	5.556	4.938	1	0.026	
	연령	3.466	1.437	5.816	1	0.016	32.024
	성별(남성)	7.275	3.558	4.181	1	0.041	1443.751
텔레비전	절편(상수)	-2.454	2.452	1.001	1	0.317	
	연령	1.391	0.977	2.027	1	0.154	4.020
	성별(남성)	1.256	1.915	0.430	1	0.512	3.511

(P) = -12.346 + 7.275(성별) + 3.466(연령)이 된다. 뒤의 승산비(*odds ratio*)에서 자세히 살펴보겠지만 이 로지스틱 회귀방정식을 사용하여 [Exp(B)](승산비를 의미함) '1443.751'과 '32.024'를 계산한다. 또는 〈성별〉의 B '7.275'를 $e^{7.275}$로 계산하면 '1443.751'이 되고, 〈연령〉의 B '3.466'을 $e^{3.466}$으로 계산하면 '32.024'이 된다(오차는 반올림 오차 때문에 생긴 값으로 무시해도 된다).

텔레비전과 라디오의 비교 결과, 〈성별〉의 Wald는 '0.430'이고, 자유도는 '1', 유의확률은 0.05보다 큰 '0.512'로서 독립변인 〈성별〉에 따라 〈선호미디어〉(텔레비전과 라디오)에 차이가 없는 것을 알 수 있다. 즉, 남성과 여성 간에는 텔레비전과 라디오 선호도에 차이가 없었다. Wald '0.430'은 B '1.256'을 S.E. '1.915'로 나눈 값 '0.656'을 제곱한 값이다.

〈연령〉의 Wald는 '2.027'이고, 자유도는 '1', 유의확률은 0.05보다 큰 '0.154'로서 독립변인 〈연령〉에 따라 〈선호미디어〉(텔레비전과 라디오)에 차이가 없는 것을 알 수 있다. 즉, 연령이 높은 사람과 연령이 낮은 사람 간에 텔레비전과 라디오 선호도에는 차이가 없었다. Wald '2.027'은 B '1.391'을 S.E. '0.977'로 나눈 값 '1.424'를 제곱한 값이다.

독립변인 〈성별〉과 〈연령〉이 유의미하지 않게 나왔기 때문에 로지스틱 회귀방정식을 만들 필요가 없다. 물론 승산비(*odds ratio*)를 계산할 필요도 없고 해석도 하지 않는다.

이 결과는 라디오 선호 집단을 준거집단(즉 다항 로지스틱 회귀분석의 [실행방법 3]에서 준거집단을 마지막 범주로 하였다)으로 하였기 때문에 위의 연구결과는 (1) 신문 선호 집단과 라디오 선호 집단 간의 비교 결과, (2) 텔레비전 선호 집단과 라디오 선호 집단 간의 비교 결과를 보여준다. 반면 신문 선호 집단과 텔레비전 선호 집단 간의 비교 결과를 보여주지 않는다. 연구자가 신문 선호 집단과 텔레비전 선호 집단 간의 비교 결과를 보여주기 위해서는 다항 로지스틱 회귀분석의 [실행방법 3]에서 준거집단을 첫 범주(즉 신문 선호 집단, 또는 [사용자 정의])로 변경하여 프로그램을 한 번 더 실행해야 한다. 프로그램을 실행하면 (1) 텔레비전 선호 집단과 신문 선호 집단 간의 결과 비교, (2) 라디오 선호 집단과 신문 선호 집단 간의 비교 결과를 보여주기 때문에 세 집단 간의 비교 결과를 알 수 있다. 해석은 위와 같은 방식으로 하면 된다.

9. 결과 분석 5: OR[Exp(B)]

로지스틱 회귀분석에서 가장 핵심 개념은 승산비(*odds ratio*, 이하 OR)로서 〈표 24-19〉와 〈표 24-20〉의 오른쪽 끝에 제시되어 있다. OR은 독립변인의 한 단위 변화가 승산에서 야기하는 변화를 의미한다.

1) 이분형 로지스틱 회귀분석

(1) e와 회귀계수를 사용한 OR

〈표 24-19〉에 제시된 B를 e에 제곱하면 쉽게 OR을 구할 수 있다. 〈성별〉의 B '2.599'를 $e^{2.599}$로 계산하면 '13.455'가 되고, 〈정치관심〉의 B '1.201'을 $e^{1.201}$로 계산하면 '3.323'이 된다. 반대로 〈성별〉의 OR '13.455'를 자연 로그로 변환하면 B '2.599'가 되고, 〈정치관심〉의 OR '3.323'을 자연 로그로 변환하면 B '2.201'이 된다.

(2) 해석

〈표 24-19〉의 오른쪽 끝에 각 독립변인의 OR이 Exp(B)에 제시되어 있다. 독립변인이 명명척도로 측정되었을 때와 등간척도(또는 비율척도)로 측정되었을 때 OR의 해석은 다르다.

〈표 24-19〉에서 보듯이 명명척도로 측정한 〈성별〉(남성)의 OR은 '13.455'로 나타났다. 이 값의 의미는 남성이 여성에 비해 13.455배만큼 투표할 가능성이 크다는 것이다.

등간척도(또는 비율척도)로 측정한 〈정치관심〉의 OR은 '3.323'으로 나타났다. 독립변인이 등간척도(또는 비율척도)로 측정되었을 경우 OR은 명명척도와 다르게 해석하기 때문에 주의를 기울여야 한다. OR '3.323'의 의미는 정치관심에서 특정 점수를 가진 사람이 한 점(1점) 차이가 나는 사람에 비해 3.323배만큼 투표하는 경향이 크다는 것이다. 예를 들면, 〈정치관심〉이 5점인 사람은 4점인 사람에 비해 3.323배만큼 투표하는 경향이 있다는 것이고, 4점인 사람은 3점인 사람에 비해 3.323배만큼 투표하는 경향이 있다는 것이다. 5점인 사람은 3점인 사람에 비해 11.04배(3.323 × 3.323) 만큼 투표하고, 5점인 사람은 2점인 사람에 비해 36.69배(3.323 × 3.323 × 3.323) 만큼 투표하는 경향이 있다는 것이다.

2) 다항 로지스틱 회귀분석 결과

(1) e와 회귀계수를 사용한 OR

〈표 24-20〉에 제시된 B를 e에 제곱하면 쉽게 OR을 구할 수 있다.

첫 번째 신문과 라디오의 경우, 독립변인 〈성별〉과 〈연령〉이 〈선호미디어〉(신문과 라디오)에 유의미한 영향을 주는 것으로 나타났기 때문에 OR을 구하여 해석한다. 〈성별〉의 B '7.275'를 $e^{7.275}$로 계산하면 '1443.751'이 되고, 〈연령〉의 B '3.466'을 $e^{3.466}$로 계산하면 '32.024'가 된다.

두 번째 텔레비전과 라디오의 경우, 독립변인 〈성별〉과 〈연령〉이 〈선호미디어〉(텔레비전과 라디오)에 유의미한 영향을 주지 않는 것으로 나타났기 때문에 OR을 구할 필요가 없고, 해석도 하지 않는다.

(2) 해석

〈표 24-20〉의 오른쪽 끝에 각 독립변인의 OR이 Exp(B)에 제시되어 있다. 이분형 로지스틱 회귀분석과 마찬가지로 독립변인이 명명척도 측정되었을 때와 등간척도(또는 비율척도)로 측정되었을 때 OR의 해석을 다르게 한다.

〈표 24-20〉에서 보듯이 신문과 라디오를 비교한 결과, 명명척도로 측정한 〈성별〉의 OR은 '1443.751'로 나타났다. 이 값의 의미는 남성이 여성에 비해 1443.751배만큼 라디오에 비해 신문을 선호할 가능성이 크다는 것이다.

등간척도(또는 비율척도)로 측정한 〈연령〉의 OR은 '32.024'로 나타났다. OR '32.024'의 의미는 연령에서 특정 점수를 가진 사람이 한 점(1점) 차이가 나는 사람에 비해 32.024배만큼 신문을 선호하는 경향이 크다는 것이다. 예를 들면, 〈연령〉이 5점인 사람(50대 이상)은 4점인 사람(40대)에 비해 라디오보다 신문을 32.024배만큼 선호하는 경향이 있다는 것이다. 5점인 사람(50대 이상)은 3점인 사람(30대)에 비해 신문을 라디오보다 1025.54배(32.024 × 32.024)만큼 선호하는 경향이 있다는 것이다.

그러나 텔레비전과 라디오를 비교한 결과, 〈성별〉과 〈연령〉은 두 미디어의 선호도에 영향을 미치지 않는 것으로 나타났다. 즉, 남성과 여성 간에 텔레비전과 라디오 선호도에 차이가 없었다. 또한 연령이 높은 사람과 낮은 사람 간에 텔레비전과 라디오 선호도에 차이가 없었다.

10. 로지스틱 회귀분석의 기본 논리: 이분형 로지스틱 회귀분석

로지스틱 회귀분석의 유의도 검증방법을 이해하기 위해 이분형 로지스틱 회귀분석을 중심으로 목적과 기본 논리를 알아보자. 다항 로지스틱 회귀분석은 이분형 로지스틱 회귀분석의 기본 논리를 확장한 방법이기 때문에 두 방법의 목적은 동일하고, 이분형 로지스틱 회귀분석을 이해하면 쉽게 응용할 수 있다.

1) 목적: 승산비 계산

로지스틱 회귀분석에서 종속변인은 명명척도로 측정하기 때문에 로지스틱 회귀분석은 여러 개의 독립변인을 통해 종속변인의 특정 사건이 발생할 확률(즉, 특정 집단에 속할 확

표 24-21 χ^2 **분석표**

변인 이름과 집단 코딩		성별	
		남성	여성
		1	0
선호미디어	신문 1	7명(70%)(a)	2명(20%)(b)
	텔레비전 0	3명(30%)(c)	8명(80%)(d)
전체		10명	10명

률)을 예측하는 방법이라고 생각하면 된다. 특정 사건이 발생할 확률을 승산비(*odds ratio*)라고 하는데 로지스틱 회귀분석의 목적은 독립변인과 종속변인 간의 인과관계를 승산비를 통해 분석하는 것이다. 예를 들어 독립변인인 흡연(담배 피움/담배 피우지 않음)이 종속변인인 폐암 발생(발생함/발생하지 않음)에 미치는 영향력을 알아본다는 것은 흡연 여부에 따라 폐암이 발생할 확률(즉, 폐암 발생 집단에 속할 확률)을 예측한다는 말이다.

로지스틱 회귀분석에서 OR 계산의 기본 논리를 이해하기 위해 명명척도로 측정한 한 개의 독립변인과 명명척도로 측정한 한 개의 종속변인의 예를 들어보자. 제 10장에서 명명척도로 측정한 두 변인 간의 관계를 분석하는 방법으로 χ^2 분석을 알아봤는데 로지스틱 회귀분석을 사용하여 동일한 데이터를 분석한다(χ^2 분석에 대해 알고 싶은 독자는 제 10장 문항 간 교차비교분석을 참조한다).

〈표 24-21〉에서 보듯이 남성 10명 중 7명(70%)이 신문을 선호하고, 3명(30%)이 텔레비전을 선호한다. 여성 10명 중 2명(20%)이 신문을 선호하고, 8명(80%)이 텔레비전을 선호하는 것으로 나타났다.

χ^2 분석의 연구가설은 〈성별에 따라 선호미디어에 차이가 있다〉이다. 로지스틱 회귀분석에서는 이 연구가설을 성별에 따라 특정 사건이 발생할 가능성(즉, 신문이나 텔레비전 집단에 속할 가능성)에 차이가 나타난다로 표현한다. 로지스틱 회귀분석을 사용하여 두 변인 간의 인과관계를 분석하면, 특정 성별(남성, 또는 여성)이 다른 성별(여성, 또는 남성)에 비해 신문을 선호할 가능성이 ××배 높다(또는 낮다)라는 결론을 내린다.

독립변인과 종속변인이 명명척도이기 때문에 코딩은 가변인 코딩(*dummy coding*) 방법을 사용하여 코딩한다. 남성은 '1', 여성은 '0'으로 코딩한다. 여성이 '0'으로 코딩되었기 때문에 여성을 준거집단(*reference category*, SPSS/PC$^+$ 프로그램에서는 참조범주로 번역한다)이라고 한다. 신문은 '1', 텔레비전은 '0'으로 코딩한다.

종속변인의 집단 수가 두 개이기 때문에 이분형 로지스틱 회귀분석을 사용하여 계산한 OR을 통해 두 변인 간의 인과관계를 분석한다. OR은 세 가지 방법을 통해 계산할 수 있다. 첫째, 빈도를 사용해서 OR을 계산할 수 있다. 둘째, 확률을 사용해서 OR을 계산할 수 있다. 셋째, 로지스틱 회귀방정식을 사용하여 OR을 계산할 수 있다.

OR이 '1'이라면 독립변인과 종속변인 간의 관계가 없다는 것이다. OR이 '1'이 넘는다면 독립변인의 값이 증가할수록 종속변인 발생 가능성이 커진다는 의미이고, OR이 '1'보다 작다면 독립변인의 값이 증가할 때 종속변인 발생 가능성이 감소한다는 의미이다. 예를 들어 OR이 '1.5'라면 남성이 여성에 비해(남성이 '1'이고, 여성이 '0'이기 때문에) 신문을 선호할 가능성(신문이 '1'이고, 텔레비전이 '0'이기 때문에)이 '1.5'배만큼 크다는 것이다. 만일 OR이 '0.6'이라면 남성이 여성에 비해 신문을 선호할 가능성이 0.6배로 작다는 것이다.

OR의 기본 원리를 살펴보기 위해서 세 가지 방법을 사용하여 OR을 계산해보자.

2) OR 계산방법 1: 빈도를 사용한 계산 방법

남성이 여성에 비해 신문을 선호할 가능성인 OR를 구하기 위해서는 〈표 24-22〉에 제시된 공식에서 보듯이 성별 승산(*odds*)을 각각 계산해야 한다. 승산은 특정 사건의 발생 확률을 그 사건의 발생하지 않을 확률로 나눈 값으로서 특정 사건의 발생 확률이 발생하지 않을 확률의 몇 배인지를 보여준다.

남성의 신문 선호 승산은 남성 중 신문을 선호하는 사람(a) 대 신문을 선호하지 않는 사람(c, 즉, 텔레비전을 선호한 사람)의 비율로서 신문을 선호하는 빈도(a: 7명)를 신문을 선호하지 않는 빈도(c: 3명)로 나눈 값 '2.3333'이다. 즉, '2.3333'이 남성 신문 선호 승산으로서 남성이 신문을 선호할 가능성은 텔레비전에 비해 약 2.33배 크다는 것을 의미한다.

여성의 신문 선호 승산은 여성 중 신문을 선호하는 사람(b)과 신문을 선호하지 않는 사람(d, 즉, 텔레비전을 선호하는 사람)의 비율로서 신문을 선호하는 빈도(b: 2명)를 신문을 선호하지 않는 빈도(d: 8명)로 나눈 값 '0.25'이다. 즉, '0.25'는 여성 신문 선호 승산으로서 여성이 신문을 선호할 가능성은 텔레비전에 비해 약 1/4(.025)이라는 의미이다.

표 24-22 **남성과 여성의 승산 계산 공식**

$$남성\ 승산 = \frac{a(\text{남성 중 특정 사건에 속한 빈도})}{c(\text{남성 중 특정 사건에 속하지 않은 빈도})}$$

$$여성\ 승산 = \frac{b(\text{여성 중 특정 사건에 속한 빈도})}{d(\text{여성 중 특정 사건에 속하지 않은 빈도})}$$

표 24-23 **빈도를 사용한 OR 계산 공식**

$$OR = \frac{a/c}{b/d} = \frac{a \times d}{b \times c}$$

빈도를 사용하여 계산한 OR은 〈표 24-23〉에서 보듯이 남성의 신문 선호 빈도(7명)와 여성의 신문 비선호 빈도(즉, 텔레비전 선호 빈도, 8명)를 곱한 값 '56'을 남성의 신문 비선호 빈도(즉, 텔레비전 선호 빈도, 3명)와 여성의 신문 선호 빈도(2명)을 곱한 값 '6'으로 나눈 값 '9.333'이 된다. 즉, 남성이 여성에 비해 신문을 선호할 가능성이 약 9.333배 크다는 의미다.

3) OR 계산방법 2: 확률을 사용한 계산 방법

승산은 흔히 확률로 나타낸다. 승산을 확률로 나타내면 〈표 24-24〉의 공식과 같다. OR은 개별 확률을 계산한 후 한 확률을 다른 확률로 나누어 구한다.

남성 중 신문을 선호할 확률은 7명/10명으로 0.7이고, 남성 중 신문을 선호하지 않을 확률(즉, 텔레비전을 선호할 확률)은 3명/10명으로 0.3이 된다. 따라서 남성의 신문 선호 승산은 '2.333'(0.7/0.3)이 된다.

여성이라면 여성 중 신문을 선호할 확률은 2명/10명으로 0.2이고, 여성 중 신문을 선호하지 않을 확률(즉, 텔레비전을 선호할 확률)은 8명/10명으로 0.8이 된다. 따라서 여성의 신문 선호 승산은 '0.25'(0.2/0.8)가 된다.

확률을 사용하여 계산한 OR은 〈표 24-25〉에서 보듯이 남성의 신문 승산을 여성의 신문 승산으로 나눈 비율로서 남성 신문 승산('2.3333')을 여성 신문 승산('0.25')으로 나눈 값 '9.333'이다. 즉, 남성이 여성에 비해 신문을 선호할 가능성이 약 9.333배 크다는 의미이다.

표 24-24 **승산의 확률 공식**

$$Odds(\text{남 또는 여}) = \frac{P}{1 - P}$$

P: 특정 집단에 속할 확률을 의미한다
1-P: 특정 집단에 속하지 않을 확률을 의미한다

표 24-25 **확률을 사용한 OR 계산 공식**

$$OR = \frac{\text{남성 odds}}{\text{여성 odds}}$$

4) OR 계산방법 3: 로지스틱 회귀방정식을 사용한 계산 방법

로지스틱 회귀분석에서는 데이터를 로그 변환한 후 OR을 구한다.

(1) 데이터를 자연 로그로 변환하는 이유

로지스틱 회귀분석에서 데이터를 로그로 변환하는 이유는 크게 두 가지이다.

첫째, 로지스틱 회귀분석에서는 종속변인이 명명척도로 측정되기 때문에 회귀분석과는 달리 선형성(linearity) 전제가 충족될 수 없다. 로지스틱 회귀분석에서는 데이터를 로그로 변환하여 독립변인과 종속변인 간의 비선형적 관계를 선형적인 관계로 바꿔서 분석에 필요한 상수와 비표준 회귀계수, OR을 계산한다.

둘째, 데이터를 로그로 변환하면 승산을 쉽게 해석할 수 있다. 승산은 '0'부터 '∞'까지 변화하는데 승산이 '1'이라면 집단 간의 특정 사건 발생 확률은 50대 50으로서 차이가 없다는 것을 의미한다. 승산은 쉽게 계산할 수 있지만 해석에 불편이 따른다. 위의 예를 들면, 남자가 신문을 선호할 승산은 '2.333'이고, 남자가 신문을 선호하지 않을(즉, 텔레비전을 선호할) 승산은 '0.429'이다. 특정 사건의 발생할 승산 '2.333'(즉, 7명/3명)은 발생하지 않을 승산 '0.429'(즉, 3명/7명)와 같은 뜻이지만, 어떻게 보느냐(발생 승산으로 보느냐, 발생하지 않을 승산으로 보느냐)에 따라 값이 다르기 때문에('2.333'과 '0.429') 해석하기가 쉽지 않다.

그러나 승산을 자연 로그(natural logarithm)로 변환하면 쉽게 해석할 수 있다. 승산의 자연 로그 값은 '0'을 중심으로 '-∞'에서 '+∞'까지 변화하는데[즉, $-\infty \leq \ln(\text{승산}) \leq +\infty$], '0'(ln1 = 0이기 때문에)은 차이가 없다는 것을 의미한다. '2.333'을 자연 로그로 변환하면 '0.847'(ln2.333 = .847)이고, '0.429'를 자연 로그로 변환하면 '-0.848'(ln0.428 = -0.848)이 된다(0.001 차이는 반올림 때문에 생기는 차이로 무시해도 됨). 이처럼 승산을 자연 로그로 변환하면 값은 같고, 방향만 다르기(+ 또는 -) 때문에 쉽게 해석할 수 있다.

(2) 로지스틱 회귀방정식 공식

일반적으로 특정 사건이 발생할 승산은 발생할 확률 P와 발생하지 않을 확률 1-P로 표시한다. 종속변인 승산을 로그로 변환한 값을 로지트(logit)라고 부른다.

승산을 로그로 변환한 후 독립변인과 종속변인 간 회귀방정식은 〈표 24-26〉과 같다.

logit(P)를 Y로 생각한다면 독립변인 X와의 관계는 회귀방정식과 동일한 선형적인 것임을 알 수 있다. 회귀분석처럼 b는 회귀계수로서 독립변인 X에 1 단위 변화함에 따라 logit(P) 만큼 변화를 준다는 것을 의미한다. 즉, b가 '+' 값을 갖는다면 X의 값이 증가할 때 logit(P)의 값도 증가하는 반면 b가 '-' 값을 갖는다면 X의 값이 증가할수록 logit(P)의 값은 감소한다. 그러나 대부분의 사람은 자연 로그로 변환된 방정식보다 승산으로 보는 것을 선호하기 때문에 위 공식을 로지스틱 회귀방정식으로 바꾸면 〈표 24-27〉과 같다.

로지스틱 회귀방정식 중 괄호 안에 있는 방정식은 1의 경우 단순 회귀방정식과, 2의 경우 다변인 회귀방정식과 동일하다는 것을 알 수 있다. 로지스틱 회귀방정식을 구한

표 24-26 **로그 변환 후의 회귀방정식**

$$\text{Odds} = \frac{\text{P(특정 사건 발생확률)}}{1 - \text{P(특정 사건 발생하지 않을 확률)}}$$

$$\log(\text{odds}) = \quad \text{logit(P)} = \quad \ln\left(\frac{P}{1-P}\right)$$

$$\text{logit(P)} = \quad \ln\left(\frac{P}{1-P}\right) = a + bX$$

*logit: 승산을 로그로 변환한 값
*ln: 자연로그

표 24-27 **로지스틱 회귀방정식**

1. 독립변인이 한 개일 경우

$$P = \frac{1}{1 + e^{-(a + b1 \times 1)}}$$

2, 독립변인이 여러 개 일 경우

$$P = \frac{1}{1 + e^{-(a + b1 \times 1 + b2 \times 2 + b3 \times 3 + \cdots + bnXn)}}$$

a는 상수, b는 회귀계수, X는 독립변인, P(Y)는 특정사건 발생확률을 의미한다. e는 자연 로그(*natural logarithm*, 2.718)이다

표 24-28 **로그 공식이 로지스틱 회귀방정식으로 변환되는 과정**

$$\ln\left(\frac{P}{1-P}\right) = a + bX \text{ 이고,} \quad \frac{P}{1-P} = e^{a+bX} = e^{a}(e^{b})^{x}$$

$$P = \frac{e^{a+bx}}{1 + e^{a+bx}} = \frac{e^{a+bx}}{1 + e^{-(a+bx)}}$$

a는 상수, b는 회귀계수이고, x는 독립변인이고,
e는 자연로그(*natural logarithm*, 2.718)이다

후 위 공식을 사용하면 OR을 계산할 수 있다(다른 통계방법과 마찬가지로 프로그램이 계산을 해주기 때문에 걱정할 필요는 없다).

로그 공식이 로지스틱 회귀방정식으로 변환되는 과정을 알고 싶은 독자는 〈표 24-28〉을 참조한다(공식에 관심 없는 독자는 건너뛰어도 된다).

(3) 로지스틱 회귀방정식 결과 해석

〈표 24-4〉의 데이터를 로지스틱 회귀분석으로 분석하면 〈표 24-29〉와 같은 결과를 얻는다(〈표 24-29〉에 제시된 값에 대한 설명은 뒤에서 하기 때문에 지금 이해 못해도 크게 걱정할 필요 없다).

〈표 24-29〉의 오른쪽 끝에 있는 Exp(B)에 제시된 값 '9.333'이 OR로서 남성(1)이 여성(준거집단이어서 '0')에 비해 신문을 선호할 가능성 9.333배 크다는 것을 의미한다.

표 24-29 **로지스틱 회귀방정식**

	B	S.E.	Wald	자유도	유의확률	Exp(B)
1단계 성별(남성)	2.234	1.049	4.530	1	0.033	9.333
상수항	-1.386	0.791	3.075	1	0.080	0.250

(4) OR 계산 방법

로지스틱 회귀방정식에서 OR〔Exp(B)〕은 두 가지 방식으로 계산된다.

첫째, 성별의 비표준 회귀계수인 B '2.234'를 $e^{2.234}$로 계산하면 OR '9.333'이 나온다. 반대로 OR '9.333'을 자연 로그로 변환하면 B '2.234'가 된다.

둘째, 〈표 24-28〉에서 제시된 상수와 B를 〈표 24-26〉의 독립변인이 하나인 로지스틱 회귀방정식 공식에 대입하면 다음과 같다.

① 첫 번째 승산(독립변인 코딩이 1과 종속변인 코딩이 1일 때와 독립변인 코딩이 1과 종속변인 코딩이 0일 때)
- 독립변인 〈성별〉에서 남성('1')이면서 종속변인 〈선호미디어〉에서 신문('1')인 사람의 승산(*odds*)을 계산한다.

$$\text{남성, 신문: } P = \frac{1}{1 + e^{-(-1.386 + 2.234 \times 1)}} = \frac{1}{1 + e^{-(0.848)}} = \frac{1}{1 + 0.428} = 0.700$$

- 독립변인 〈성별〉에서 남성('1')이면서 종속변인 〈선호미디어〉에서 신문이 아닌(즉, 텔레비전인 '0')일 때의 승산을 계산한다. 또는 간단히 '1'에서 위의 승산 '0.7000'을 빼도 된다.

$$\text{남성, tv: } P = 1 - 0.700 = 0.300$$

- 첫 번째 값을 두 번째 값으로 나누어 승산을 계산한다.

$$\text{odds} = \frac{0.700(\text{남성이 신문을 선택할 확률})}{0.300(\text{남성이 신문을 선택하지 않을 확률})}$$
$$\text{(또는 남성이 tv를 선택할 확률)}$$
$$= 2.333(\text{남성이 신문을 선택할 확률이 tv를 선택할 확률의 2.333배})$$

② 두 번째 승산(독립변인 코딩이 0과 종속변인 코딩이 1일 때와 독립변인 코딩이 0과 종속변인 코딩이 0일 때)

- 독립변인 성별에서 '0'(여성)이면서 종속변인 미디어선택에서 '1'(신문)인 사람의 승산을 계산한다.

$$\text{여성, 신문: } P = \frac{1}{1 + e^{-(-1.386 + 2.234 \times 0)}} = \frac{1}{1 + e^{-(-1.386)}}$$
$$= \frac{1}{1 + 3.999} = 0.200$$

- 독립변인 성별에서 '0'(여성)이면서 종속변인 미디어선택에서 '0'(텔레비전)인 사람의 승산을 계산한다. 또는 '1'에서 위의 승산 0.2000을 뺀다.

$$\text{여성, tv: } P = 1 - 0.2000 = 0.8000$$

- 첫 번째 값을 두 번째 값으로 나누어 승산을 계산한다.

$$\text{odds} = \frac{0.200(\text{여성이 신문을 선택할 확률})}{0.800(\text{여성이 신문을 선택하지 않을 확률})}$$
$$\text{(또는 여성이 tv를 선택할 확률)}$$
$$= 0.25$$

③ OR 계산

- ①에서 계산한 승산을 ②에서 계산한 승산으로 나누면 OR이 된다.

$$OR = \frac{2.333}{0.25} = 9.333$$

이 값은 〈표 24-29〉의 Exp(B)의 값과 동일하다는 것을 알 수 있다. 즉, 남성(1)이 여성(0)에 비해 신문(1)을 선택할 가능성이 9.333배 크다는 것이다.

만일 연구자가 독립변인 〈성별〉과 종속변인 〈선호미디어〉의 코딩을 바꾸어 OR을 계산하면, 다음과 같은 결론을 내릴 수 있다. 독립변인과 종속변인의 집단을 어떻게 코딩을 하느냐 하는 것은 전적으로 연구자에 달려 있기 때문에 연구자가 강조하고 싶은 것에 초점을 맞추어 코딩을 하면 된다.

여성(1)과 남성(0)의 코딩을 바꾸어 OR을 계산하면, 여성(1)이 남성(0)에 비해 신문을 선호할 가능성은 0.107배가 된다. 즉, 여성이 남성에 비해 신문을 선택할 가능성은 0.107배로 작다는 것이다.

남성(1) 여성(0)의 코딩은 그대로 두고, 텔레비전을 (1)로 신문을 (0)으로 바꾸어 OR을 계산하면, 남성(1)이 여성(0)에 비해 텔레비전을 선택할 승산비가 0.107배가 된다. 즉, 남성이 여성에 비해 텔레비전을 선택할 가능성은 0.107배 작다는 것이다.

여성(1)과 남성(0)의 코딩을 바꾸고, 텔레비전을 (1)로 신문을 (0)으로 바꾸어 OR을 계산하면, 여성(1)이 남성(0)에 비해 텔레비전(1)을 선택할 가능성이 9.333배가 된다. 즉, 여성이 남성에 비해 텔레비전을 선택할 가능성은 9.333배 크다는 것이다.

11. 결과 분석 6: 분류표 해석

1) 이분형 로지스틱 회귀분석

(1) 초기 분류표

모델이 집단 소속을 얼마나 정확하게 예측할 수 있는가를 보여주는 것이 분류표이다. 독립변인에 대한 정보가 전혀 없을 때 종속변인의 값을 예측하는 현명한 방법은 가장 많은 사례가 속한 값으로 예측하는 것이다. 예를 들어 전체 24명 중 13명이 투표를 했고, 11명이 투표하지 않았다는 정보만 알고, 다른 정보가 전혀 없는 상황에서 연구자는 〈표 24-30〉에서 보듯이 투표한 사람 13명이 투표하지 않은 사람 11명보다 많기 때문에 전체 24명을 투표했다고 예측하는 것이다. 투표하지 않은 사람의 경우, 투표하지 않은 사람

표 24-30 **초기 분류표**[*]

실제			예측		
			투표행위		분류정확 %
			투표 안함	투표함	
0단계	투표행위	투표 안함	0	11	0.0
		투표함	0	13	100.0
	전체 퍼센트				54.2

[*] 모형에 상수항이 있음

도 투표했다고 예측했기 때문에 분류 정확도는 0.0%이다. 투표한 사람의 경우, 투표한 사람을 갖고 예측했기 때문에 분류 정확도는 100.0%이다. 전체 퍼센트는 두 값을 평균한 값으로서 54.2%이다.

(2) 최종 분류표

〈표 24-31〉에서 보듯이 상수와 독립변인이 추가된 모델은 전체 83.3%의 정확도를 보이고 있다. 이 모델은 투표 안한 사람 11명 중 10명은 정확하게 투표하지 안한 사람으로 분류했지만, 1명은 투표한 사람으로 잘못 분류했다. 그 결과 분류 정확은 90.97%(10명/11명)였다. 반면 이 모델은 투표한 사람 13명 중 10명을 정확하게 투표한 사람으로 분류한 반면 3명은 투표하지 않은 사람으로 잘못 분류했다. 그 결과 분류 정확도는 76.9%(10명/13명)였다. 상수만 있을 때에는 분류 정확도는 54.2%였지만, 독립변인 〈성별〉과 〈정치관심〉을 추가할 때 분류 정확도는 83.3%로 증가함을 알 수 있다.

표 24-31 **최종 분류표**

실제			예측		
			투표행위		분류정확 %
			투표 안함	투표함	
1단계	투표행위	투표 안함	10	1	90.9
		투표함	3	10	76.9
	전체 퍼센트				83.3

2) 다항 로지스틱 회귀분석

다항 로지스틱 회귀분석에서도 이분형 로지스틱 회귀분석에서처럼 분류표를 만드는 것이 불가능하지는 않지만 분류표를 만들지 않는다. 일반적으로 다항 로지스틱 회귀분석에서는 독립변인이 수가 적지 않고, 명명척도로 측정된 독립변인의 집단의 수가 많아서 분류표를 만드는 것이 현실적으로 어렵기 때문이다.

12. 로지스틱 회귀분석 논문작성법

1) 이분형 로지스틱 회귀분석 연구절차

(1) 이분형 로지스틱 회귀분석에 적합한 연구가설을 만든다

연구가설	독립변인		종속변인	
	변인	측정	변인	측정
성별과 학교성적이 대학원 합격 여부에 영향을 미친다	성별과 학부성적	(1) 성별: ① 남성, ② 여성 (2) 성적: 응답자의 학부 성적	대학원 합격	(1) 합격 (2) 불합격

(2) 유의도 수준을 정한다: $p < 0.05$(95%) 또는 $p < 0.01$(99%) 중 하나를 결정한다

(3) 표본을 선정하여 데이터를 수집한 후 컴퓨터에 입력한다

(4) SPSS/PC[+] 프로그램 중 이분형 로지스틱 회귀분석을 실행한다

(5) 이분형 로지스틱 회귀분석 연구결과 제시 및 해석방법

① 연구결과 제시 및 해석방법
프로그램을 실행하여 얻은 결과 〈표 24-32〉와 〈표 24-33〉, 〈표 24-34〉을 제시한다.

표 24-32 **유의도 검증과 설명변량**

단계	χ^2	자유도	유의확률	Cox & Snell의 R^2	Nagelkerke의 R^2
1	9.16	2	0.010	0.37	0.49

표 24-33 **개별 회귀계수의 유의도 검증**

	B	S.E.	Wald	자유도	유의확률	Exp(B)
성별(남성)	0.27	0.10	6.98	1	0.010	1.31
학부성적	0.908	0.47	3.63	1	0.045	2.46
상수항	-4.03	1.84	4.80	1	0.028	0.02

표 24-34 **분류표**

실제			예측		
			합격 여부		분류정확 %
			불합격	합격	
1단계	합격 여부	불합격	9	1	90.0
		합격	2	8	80.0
	전체 퍼센트				85.3

② 로지스틱 회귀분석 표를 해석한다

가. 유의도 검증 결과와 OR 쓰는 방법

〈표 24-32〉에서 보듯이 전체적으로 볼 때, 〈성별〉과 〈학부성적〉은 〈대학원합격〉에 영향을 주는 것으로 나타났다(χ^2 = 9.16, 자유도 = 2, p < 0.05). 개별 변인의 유의도 검증 결과, 〈표 24-33〉에서 보듯이 성별과 학부성적은 합격 여부에 영향을 주는 것으로 나타났다. 성별(남성)의 승산비(OR)는 '1.31'로 나타나 남성이 여성에 비해 1.31배만큼 합격률이 높다. 학부성적의 OR은 '2.46'으로 나타나 학부성적이 바로 아래 한 점(1점) 차이나는 사람에 비해 2.46배만큼 합격률이 높은 것으로 보인다. 예를 들면, 5점인 사람은 4점인 사람에 비해 2.46배만큼 합격되는 경향이 있고, 5점인 사람은 3점인 사람에 비해 6.05배('2.46'의 제곱)만큼 합격되는 경향이 있다.

나. 분류표 결과 쓰는 방법

이 모델의 분류 정확도는 전체 85.3%를 보인다. 〈표 23-33〉에서 보듯이 모델을 통해 실제 불합격한 사람 10명을 재분류한 결과 불합격으로 제대로 분류한 사람이 9명이고, 합격으로 잘못 분류한 사람이 1명으로 정확도는 90%로 나타났다. 모델을 통해 실제 합격한 사람 10명을 재분류한 결과 합격으로 제대로 분류한 사람이 8명이고, 불합격으로 잘못 분류한 사람이 2명으로 정확도는 80%로 나타났다.

다. 영향력 값 쓰는 방법

〈표 24-32〉에서 보듯이 독립변인 〈성별〉, 〈학부성적〉이 종속변인 〈대학원합격〉에 미치는 영향력 값은 Cox & Snell의 R^2은 '0.368', Nagelkerke의 R^2은 '0.490'으로 나타나 〈성별〉과 〈학부성적〉이 〈대학원합격〉에 주요 요인이라는 것을 알 수 있다.

2) 다항 로지스틱 회귀분석 연구절차

(1) 다항 로지스틱 회귀분석에 적합한 연구가설을 만든다

연구가설	독립변인		종속변인	
	변인	측정	변인	측정
성별과 흡연량이 폐암 발생에 영향을 미친다	성별과 흡연량	(1) 성별: ① 남성, ② 여성 (2) 흡연량: 응답자의 하루 평균 피우는 담배 개수	폐암발생	(1) 폐암 말기 (2) 폐암 초기 (3) 걸리지 않음

(2) 유의도 수준을 정한다: $p < 0.05$(95%) 또는 $p < 0.01$(99%) 중 하나를 결정한다

(3) 표본을 선정하여 데이터를 수집한 후 컴퓨터에 입력한다

(4) SPSS/PC+ 프로그램 중 다항 로지스틱 회귀분석을 실행한다

(5) 다항 로지스틱 회귀분석 연구결과 제시 및 해석방법

① 연구결과 해석 전 검토할 사항
- 선형성(논문에서 제시하지 않는다)
- 다중공선성(논문에서 제시하지 않는다)

② 연구결과 제시 및 해석방법
프로그램을 실행하여 얻은 결과 〈표 24-35〉와 〈표 24-36〉, 〈표 24-37〉을 제시한다.

표 24-35 **유의도 검증과 설명변량**

단계	χ^2	자유도	유의확률	Cox & Snell의 R^2	Nagelkerke의 R^2
1	16.64	4	0.002	0.50	0.58

표 24-36 **적합도**

	카이제곱	자유도	유의확률
Pearson	5.00	14	0.99
편차	5.85	14	0.97

표 24-37 **개별 회귀계수의 유의도 검증**

	B	S.E.	Wald	자유도	유의확률	Exp(B)
말기 성별(남성)	6.61	3.11	4.53	1	0.033	745.49
흡연량	2.58	1.19	4.67	1	0.031	13.21
절편(상수)	-8.53	4.19	4.16	1	0.041	
초기 성별(남성)	1.38	1.94	0.50	1	0.478	3.97
흡연량	1.30	0.95	1.89	1	0.169	3.67
절편(상수)	-2.27	2.41	0.89	1	0.345	

③ 로지스틱 회귀분석 표를 해석한다

〈표 24-35〉에서 보듯이 전체적으로 볼 때, 〈성별〉과 〈흡연량〉은 〈폐암발생〉에 영향을 주는 것으로 나타났다($\chi^2 = 16.64$, 자유도 = 4, p < 0.05). 〈표 24-36〉는 모델의 적합도 검증 결과를 보여주는데 Pearson이 '5.00', 편차(*deviance*)는 '5.85', 자유도 '14' 유의확률은 0.05보다 크기 때문에 예측 값들과 실제 관찰 값들은 같다는 것을 알 수 있다. 즉, 연구모델이 데이터와 일치한다는 결론을 내린다.

〈표 24-37〉은 개별 독립변인의 유의도 검증 결과를 보여준다.

폐암에 걸리지 않은 집단(준거집단임)과 폐암 말기 집단 간의 차이를 검증한 결과, 〈성별〉(남성)의 Wald는 '4.53'이고, 자유도는 '1', 유의확률은 0.05보다 작은 '0.033'으로 독립변인 〈성별〉에 따라 〈폐암발생〉에 차이가 있다는 것을 알 수 있다. 즉, 폐암 말기 환자 중 남성이 여성에 비해 많다. 성별의 OR은 '745.49'로 나타나 남성이 여성과는 비교할 수 없을 정도인 745배만큼 높다.

〈흡연량〉의 Wald는 '4.67'이고, 자유도는 '1', 유의확률은 0.05보다 작은 '0.031'로 독립변인 〈흡연량〉에 따라 〈폐암발생〉에 차이가 있다는 것을 알 수 있다. 즉, 폐암 말기 환자 중 담배를 많이 피운 사람이 적게 피운 사람에 비해 많다. 〈흡연량〉의 OR은 '13.21'로 나타나 흡연량이 바로 아래 한 점(1점) 차이 나는 사람에 비해 '13.21'배만큼 높다.

폐암에 걸리지 않은 집단과 폐암 초기 집단 간의 차이를 검증한 결과, 〈성별〉(남성)의 Wald는 '0.50'이고, 자유도는 '1', 유의확률은 0.05보다 큰 것으로 나타나 독립변인 〈성별〉에 따라 〈폐암발생〉에 차이가 없다는 것을 알 수 있다. 즉, 폐암 초기 환자 중 남성과 여성의 차이가 없다. 〈흡연량〉의 Wald는 '1.89'이고, 자유도는 '1', 유의확률은 0.05보다 큰 '0.169'로 독립변인 〈흡연량〉에 따라 〈폐암발생〉에 차이가 없다는 것을 알 수 있다. 즉, 폐암 초기 환자 중 담배를 많이 피운 사람과 적게 피운 사람 간의 차이가 없다.

이 결과는 폐암에 걸리지 않은 사람을 준거집단(즉 다항 로지스틱 회귀분석의 〔실행방법 3〕에서 준거집단을 마지막 범주로 하였다)으로 하였기 때문에 위의 연구결과는 (1) 폐암 말기 집단과 폐암 걸리지 않은 집단 간의 비교 결과, (2) 폐암 초기 집단과 폐암 걸리지 않은 집단 간의 비교 결과를 보여준다. 반면 폐암 초기 집단과 폐암 말기 집단 간의 비교 결과를 보여주지 않는다. 연구자가 폐암 초기 집단과 폐암 말기 집단 간의 비교 결과를 보여주기 위해서는 다항 로지스틱 회귀분석의 〔실행방법 3〕에서 준거집단을 첫 범주(즉 폐암 말기 집단, 또는 〔사용자 정의〕)로 변경하여 프로그램을 한 번 더 실행해야 한다. 프로그램을 실행하면 (1) 폐암 초기 집단과 폐암 말기 집단 간의 결과 비교, (2) 폐암 걸리지 않은 집단과 폐암 말기 집단 간의 비교 결과를 보여주기 때문에 세 집단 간의 비교 결과를 알 수 있다. 설명은 위와 같은 방식으로 하면 된다.

　이 결과로 볼 때 남성이 여성에 비해 폐암에 걸릴 확률이 엄청 높게 나타나 남성들이 폐암의 정기적인 검진을 받고, 건강관리에도 특별히 신경 써야 한다. 흡연이 단기적으로 폐암을 발생시키지는 않지만, 장기적으로 계속될 경우 폐암 발생에 큰 영향을 주기 때문에 담배에 중독되기 전에 담배를 끊게 하는 금연정책을 실시해야 한다.

나. 분류표 결과 쓰는 방법

다항 로지스틱 회귀분석에서는 분류표 결과를 제시하지 않는다.

다. 영향력 값 쓰는 방법

〈표 24-35〉에서 보듯이 독립변인 〈성별〉, 〈흡연량〉이 종속변인 〈폐암발생〉에 미치는 영향력은 Cox & Snell의 R^2은 '0.50', Nagelkerke의 R^2은 '0.58'로 나타나 〈폐암발생〉에 〈성별〉과 〈흡연량〉이 주요 요인이라는 것을 알 수 있다.

참고문헌

Cohen, J., Cohen, P, West, S. G., & Aiken, L. S. (2003), *Applied Multiple Regression/Correlation Analysis for Behavioral Science* (3rd ed.), Mahwah, NJ: Lawrence Earlbaum Associates.

Hutcjeson, C., & Sofroniou, N. (1999), *The Multivariate Social Scientist*, London: Sage.

Lomax, R. G., & Hahs-Vaughn, D. L. (2012), *An Introduction to Statistical Concepts* (3rd ed.), New York, NY: Routledge.

Manard, S. (1995), *Applied Logistic Regression Analysis*, Thousand Oaks, CA: Sage.

Mulaik, S. A. (1972), *The Foundation of Factor Analysis*, New York: McGraw-Hill.

Pampel, F. C. (2000), *Logistic Regression: A Primer*, London: Sage.

Pedhazur, E. J. (1997), *Multiple Regression in Behavioral Research* (3rd ed.), Belmont, CA: Wadsworth.

Wright, R. E. (2000), "Logistic Regression", In Grimm. L. G., & Yarnold, P. R. (eds.), *Reading And Understanding Multivariate Statistics* (pp. 277~318). Washington, D.C.: American Psychological Association.

25

반복측정 ANOVA repeated measures ANOVA

이 장에서는 명명척도로 측정한 한 개 이상 여러 개의 독립변인과 등간척도(또는 비율척도)로 측정한 한 개의 종속변인 간의 인과관계를 분석하는 통계방법으로 동일한 사람이 반복적으로 실험(또는 응답)에 참여하여 얻은 데이터를 분석하는 반복측정 변량분석(repeated measures ANOVA, 이하 반복측정 ANOVA)을 살펴본다.

1. 정의

반복측정 ANOVA는 〈표 25-1〉에서 보듯이 명명척도로 측정한 한 개 이상 여러 개의 독립변인과 등간척도(또는 비율척도)로 측정한 한 개의 종속변인 간의 인과관계를 분석하는 방법이다. 독립변인을 구성하는 유목의 수(또는 집단, 이하 집단)는 두 개 이상 여러 개다. 독립변인은 시차를 두고 반복적으로 측정한 변인이기 때문에 집단 내 변인(*within variable*)이라고도 부른다. 반복측정 ANOVA를 사용하기 위해서는 여러 번 반복되는 실험처치(또는 응답)에 동일한 사람이 참여해야 한다.

세 시점에서 이루어지는 반복측정 ANOVA의 예를 들어보자. 〈음주에 따라 교통사고량에 차이가 난다〉는 연구가설에서 독립변인 〈음주〉는 명명척도로 측정한 변인으로서

표 25-1 **반복측정 ANOVA의 조건**

1. 독립변인
   1) 측정: 명명척도(유목의 수는 두 개 이상 여러 개)
   2) 수: 한 개 이상 여러 개
   3) 명칭: 집단 내 변인

2. 종속변인
   1) 측정: 등간척도(또는 비율척도)
   2) 수: 한 개

① 음주하지 않음, ② 소주 반 병, ③ 소주 한 병 등 세 집단으로 측정하여 표본에 속한 모든 사람이 시점1에서는 술을 마시지 않고, 시점2에서는 소주를 반 병(1/2병) 마신다. 시점3에서는 소주를 한 병 마신다. 세 시점에서 종속변인 〈교통사고량〉을 측정한 후 반복측정 ANOVA를 사용하여 인과관계를 검증한다.

반복측정 ANOVA를 사용하기 위한 조건을 알아보자.

1) 변인의 측정과 종류

반복측정 ANOVA에서 독립변인은 명명척도로 측정하고, 집단(반복측정)의 수는 두 개 이상 여러 개다. 종속변인은 등간척도나 비율척도로 측정해야 한다.

2) 변인의 수

독립변인의 수는 한 개 이상 여러 개이고, 종속변인의 수는 한 개여야 한다.

3) 반복측정 ANOVA와 대응표본 t-검증 비교

제 11장에서 살펴본 대응표본 t-검증(paired sample t-test)은 동일한 사람이 두 시점에 각각 다른 실험처치(또는 응답)를 받은 후 두 시점의 평균값을 비교하여 연구가설을 검증하는 방법이다. 대응표본 t-검증은 동일한 사람이 시점만 달리하여 실험에 참여하기 때문에 개인차(individual difference)를 고려한다는 점에서 장점을 갖지만 크게 두 가지 한계를 갖는다. 첫째, 두 시점의 평균값 차이만을 분석하기 때문에 세 시점 이상 여러 시점의 평균값 차이를 비교할 수 없다. 둘째, 독립변인이 종속변인에게 미치는 영향력의 크기를 알 수 없다.

반복측정 ANOVA는 개인차를 고려하면서도 두 시점 이상 여러 시점의 평균값 차이를 비교하여 연구가설을 검증하고, 독립변인이 종속변인에게 미치는 영향력의 크기를 알 수 있기 때문에 대응표본 t-검증보다 적용범위가 넓다.

4) 반복측정 ANOVA와 ANOVA 비교

반복측정 ANOVA와 (one-way, n-way) ANOVA는 변량분석을 사용하여 독립변인과 종속변인 간의 인과관계를 분석한다는 점에서 기본 논리는 유사하지만 크게 두 가지 측면에서 차이가 난다.

첫째, 반복측정 ANOVA와 (one-way, n-way) ANOVA는 표본 할당과 데이터 수집방법에서 차이가 난다. ANOVA는 한 집단에 속한 사람이 다른 집단에 속하지 않도록 표본을 할당하는 독립표본(*independent sample*)이다. 반면 반복측정 ANOVA는 표본에 속한 모든 사람이 시점만 달리한 여러 차례의 실험(또는 응답)에 반복적으로 참여한다. 반복측정 ANOVA는 동일한 사람이 반복적으로 참여하기 때문에 ANOVA에 비해 작은 표본으로 연구를 할 수 있다.

둘째, 반복측정 ANOVA와 ANOVA는 변인 간 인과관계를 분석하기 위해 변량분석을 사용하는데 변량 개념과 계산방법에서 차이가 난다. ANOVA에서는 설명변량인 집단 간 변량을 오차변량인 집단 내 변량으로 나눈 값 F를 갖고 유의도 검증을 실시한다. 반면 반복측정 ANOVA에서는 오차변량(*within-participants variance*라고도 부른다)을 다르게 계산한다. ANOVA에서 계산한 오차변량에서 개인차 때문에 생긴 변량인 행간변량(*between-rows variance* 또는 *between-participants variance*라고도 부른다)을 뺀 값이 반복측정 ANOVA의 오차변량이 된다. ANOVA에서는 개인차 때문에 생긴 행간변량은 오차변량에 포함되어 있지만 반복측정 ANOVA에서는 행간변량이 개인차 때문에 나온 것이라는 것을 알기 때문에 설명변량이 된다. 반복측정 ANOVA에서는 설명변량인 열간변량(*between-columns variance*, ANOVA의 집단 간 변량과 동일하다고 생각하면 됨)을 새롭게 계산한 오차변량으로 나눈 값 F를 갖고 유의도 검증을 실시한다. 개인차를 고려한 반복측정 ANOVA는 개인차를 고려하지 않은 ANOVA에 비해 오차변량을 줄일 수 있기 때문에 정확한 결론에 도달할 수 있다(반복측정 ANOVA 변량분석의 기본 논리는 뒤에서 살펴본다).

반복측정 ANOVA는 ANOVA에 비해 장점을 가지지만, 반복적으로 측정하다보면 예기치 못한 부작용이 나타날 수 있기 때문에 주의해야 한다.

첫째, 전이효과(*carry over effect*)를 조심해야 한다. 전이효과란 전에 실시한 실험의 효과가 새로운 실험에 영향을 주는 경우를 말한다. 전이효과를 예방하려면 실험 간의 시차를 충분히 두어야 한다.

둘째, 잠재효과(*latent effect*)를 조심해야 한다. 잠재효과란 전에 실시한 실험의 효과가 잠재되어 있다가 새로운 실험에 영향을 주는 경우를 말한다. 잠재효과는 특히 약 실험 연구에서 많이 나타나는데, 잠재효과가 염려되면 반복측정 ANOVA를 하지 않는 것이 좋다.

셋째, 학습효과(*learning effect*)를 조심해야 한다. 학습효과란 여러 번 실험을 하면서 자연스럽게 학습이 되는 효과를 말한다. 학습효과를 예방하려면 아무 실험처치도 하지 않는 통제집단을 포함시키는 것이 바람직하다.

2. 연구절차

반복측정 ANOVA의 연구절차는 〈표 25-2〉에 제시된 것처럼 여섯 단계로 이루어진다.

첫째, 반복측정 ANOVA에 적합한 연구가설을 만든다. 변인의 측정과 수, 반복측정에 유의하여 연구가설을 만든 후 유의도 수준($p < 0.05$ 또는 $p < 0.01$)을 정한다.

둘째, 데이터를 수집하여 입력한 후 SPSS/PC⁺(23.0)의 반복측정 ANOVA를 실행하여 분석에 필요한 결과를 얻는다.

셋째, 결과 분석의 첫 번째 단계로, 구형성(*sphericity*) 전제를 검증한다. 구형성 전제의 검증 결과에 따라 유의도 검증방법과 해석하는 값이 달라지기 때문에 연구가설을 검증하기 전에 반드시 이 전제를 검증해야 한다.

넷째, 결과 분석의 두 번째 단계로, 상호작용 효과와 주 효과의 유의도 검증을 실시한다. 평균값과 열간변량(설명변량), 오차변량, F 값, 자유도, 유의확률 값을 살펴보면서 연구가설의 수용 여부를 판단한다.

다섯째, 결과 분석의 세 번째 단계로, 반복측정 집단 간 차이를 사후검증한다. 연구가설이 유의미할 경우, 반복측정 집단 간의 차이를 사후 분석하여 어느 집단과 어느 집단이 차이가 있는지를 분석한다. 그러나 연구가설이 유의미하지 않을 경우에는 사후검증을 실시하지 않는다.

표 25-2 **반복측정 ANOVA의 연구절차**

1. 연구가설 제시
   1) 독립변인의 수는 한 개 이상 여러 개이고, 명명척도로 측정한다 (유목의 수에 제한이 없음). 종속변인의 수는 한 개이고, 등간척도나 비율척도로 측정한다. 변인 간의 인과관계를 연구가설로 제시한다
   2) 유의도 수준을 정한다 ($p < 0.05$ 또는 $p < 0.01$)

⬇

2. 데이터 입력과 프로그램 실행
   1) 데이터를 수집하여 입력한다
   2) 반복측정 ANOVA를 실행하여 분석에 필요한 결과를 얻는다

⬇

3. 결과 분석 1: 구형성 전제 검증

⬇

4. 결과 분석 2: 상호작용효과와 주효과의 유의도 검증

⬇

5. 결과 분석 3: 집단 간 차이 사후검증

⬇

6. 결과 분석 4: 영향력 값(에타제곱) 해석

여섯째, 결과 분석의 네 번째 단계로, 영향력 값을 해석한다. 연구가설이 유의미할 경우, 독립변인이 종속변인에 주는 영향력 값(에타제곱)을 해석한다. 그러나 연구가설이 유의미하지 않을 경우에는 해석하지 않는다.

3. 연구가설과 가상 데이터

1) 연구가설

(1) 연구가설

반복측정 ANOVA의 연구가설은 〈표 25-1〉에서 제시한 변인의 측정과 수의 조건만 충족한다면 무엇이든 가능하다. 독립변인이 한 개인 경우와 독립변인이 두 개 이상 여러 개인 경우로 나누어 제시한다.

① 독립변인이 한 개인 경우
독립변인 〈혈압약〉과 종속변인 〈혈압〉 간의 인과관계가 있는지를 검증한다고 가정하자. 연구가설은 〈혈압약이 혈압에 영향을 미친다〉이다.

② 독립변인이 두 개 이상 여러 개인 경우
독립변인 〈음주〉, 〈혈압약〉과 종속변인 〈혈압〉 간의 인과관계가 있는지를 검증한다고 가정하자. 연구가설은 〈음주와 혈압약이 혈압에 영향을 미친다〉이다.

(2) 변인의 측정

① 독립변인이 한 개인 경우
독립변인의 수는 〈혈압약〉 한 개이고 ① 혈압약A, ② 혈압약B, ③ 혈압약C로 측정한다. 종속변인은 〈혈압〉 한 개이고, 실제 혈압을 측정한다.

② 독립변인이 두 개 이상 여러 개인 경우
독립변인 〈음주〉는 ① 술 마시지 않음, ② 술 마심으로 측정한다. 독립변인 〈혈압약〉은 ① 혈압약A, ② 혈압약B, ③ 혈압약C로 측정한다. 종속변인은 〈혈압〉 한 개이고, 실제 혈압을 측정한다.

(3) 유의도 수준

유의도 수준을 $p < 0.05$ (또는 $\alpha < 0.05$)로 정한다. 유의확률이 0.05보다 작으면 연구가설을 받아들이고, 0.05보다 크면 영가설을 받아들인다.

2) 가상 데이터

이 장에서 분석하는 〈표 25-3〉의 데이터는 필자가 임의적으로 만든 것이어서 표본의 수가 적고, 결과가 꽤 잘 나오게 만들었다. 그러나 독자가 연구하는 실제 데이터는 표본의 수도 훨씬 많고, 결과는 이 장에서 제시하는 것만큼 깔끔하게 잘 나오지 않을 수 있다.

표 25-3 **반복측정 ANOVA의 가상 데이터**

① 독립변인 한 개인 경우

응답자	혈압약A	혈압약B	혈압약C
1	110	130	140
2	120	130	130
3	100	120	120
4	120	140	130
5	120	140	150

② 독립변인 두 개인 경우

응답자	술 마시지 않음			술 마심		
	혈압약A	혈압약B	혈압약C	혈압약A	혈압약B	혈압약C
1	120	110	110	130	110	105
2	115	108	110	140	120	107
3	130	115	115	120	115	105
4	115	110	120	130	115	110

4. SPSS/PC⁺ 실행방법

1) 독립변인이 하나인 경우

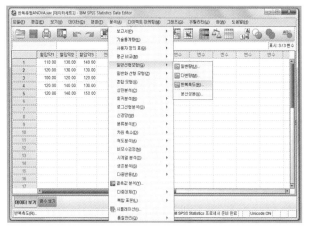

[실행방법 1] 분석방법 선택

메뉴판의 [분석(A)]에서
[일반선형모형(G)]을 클릭하고
[반복측도(R)]를 클릭한다.

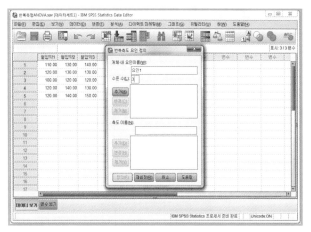

[실행방법 2] 분석변인 정의 1

[반복측도 요인 정의] 창이 나타나면
[개체-내 요인이름(W):]에는 기본적으로
〈요인1〉이 설정되어 있다.
원하는 이름으로 변경도 가능하다.
[수준의 수(L):]은 차원
(몇 번 반복측정 했는지)을 입력한다.
이 경우는 3을 입력한다.
[추가(A)]를 클릭한다.

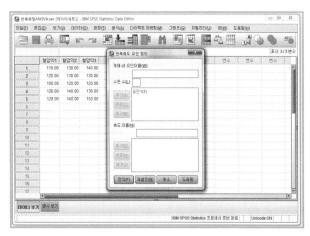

[실행방법 3] 분석변인 정의 2

〈요인1(3)〉이 상자 속으로 들어간다.
아래 부분의 [정의]를 클릭한다.

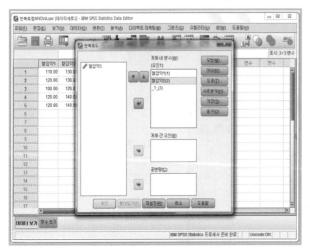

[실행방법 4] 분석변인 선택

[반복측도] 창이 나타나면
화면 왼쪽에 있는 변인(〈혈압약1〉)을
[개체-내 변수(W):] (요인1)로 옮긴다(➡).
〈혈압약2〉, 〈혈압약3〉도
동일한 방식으로 이동시킨다.
순서에 주의한다.

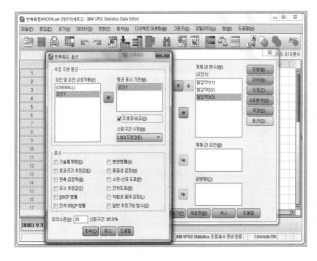

[실행방법 5] 통계량,
집단 간 차이 사후검증

[옵션(O)]을 클릭하면
[반복측도: 옵션] 창이 나타난다.
[추정 주변평균]의 [요인 및 요인
상호작용(F):] 아래에 있는 〈요인1〉을
[평균 표시 기준(M)]칸으로
이동시킨다(➡). [☑ 주효과 비교(O)]를
클릭하면 [신뢰구간 조정(N)]이
반전되는데, [LSD(지정 않음)]이
기본으로 설정되어 있다.
구형성이 가정되지 않을 경우 ▼를
이용하여 [Bonferroni]를 선택한다.
[계속]을 클릭하여 [실행방법 4]로
돌아가면 아래의 [확인]을 클릭한다.

[분석결과 1] 변인 설명

분석 결과가 새로운 창
*출력결과 1[문서 1]로 나타난다.
[개체-내 요인] 표에는 〈요인1〉의
종속변수 값 설명이 제시된다.

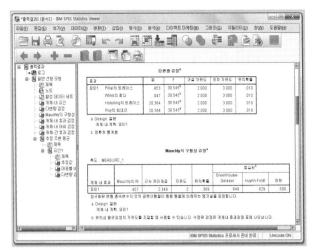

[분석결과 2] 다변량(MANOVA) 검증과
Mauchly의 구형성 검증

[다변량 검정] 표에는 〈요인1〉의
다변량 검정 결과가 제시된다.
[Mauchly의 구형성 검정]에는 구형성
검정 결과가 제시된다.

[분석결과 3] 유의도 검증

[개체-내 효과 검정],
[개체-내 대비 검정],
[개체-간 효과 검정]이 제시된다.

[분석결과 4] 집단 간 차이 사후검증

[추정값]에는 〈요인1〉에 해당하는
변인의 측정의 평균, 표준오차가 제시된다.
[대응별 비교]에는 〈요인1〉에 해당하는
변인들 간의 평균의 차이(I - J)의 결과가
제시된다.

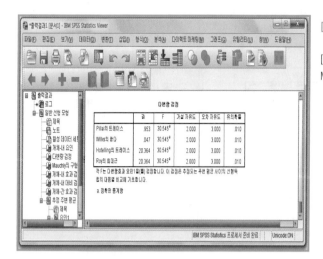

[분석결과 5] 다변량(*MANOVA*) 검증

[다변량 검정] 표에는
MANOVA 유의도 검증 결과가 제시된다.

2) 독립변인이 두 개인 경우

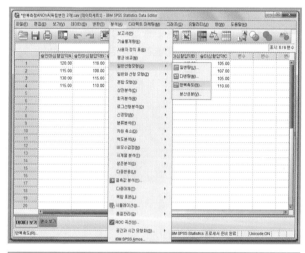

[실행방법 1] 분석방법 선택

메뉴판의 [분석(A)]에서
[일반선형모형(G)]을 클릭하고
[반복측도(R)]를 클릭한다.

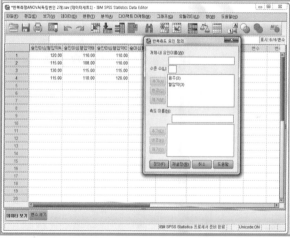

[실행방법 2] 분석변인 정의 1

[반복측도 요인 정의] 창이 나타나면,
[개체-내 요인이름(W):]에는 기본적으로
〈요인1〉이 설정되어 있다.
원하는 이름으로 변경한다.
[수준의 수(L):]는 차원(몇 번 반복측정
했는지)을 입력한다. 여기서는 [개체-내
요인이름(W):]에 음주, [수준의 수(L):]에
2를 입력하고 [추가(A)]를 클릭한다.
다음으로 [개체-내 요인이름(W):]에
혈압약, [수준의 수(L):]에 3을 입력하고
[추가(A)]를 클릭한다.
[정의(F)]를 클릭한다.

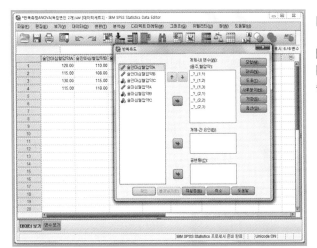

[반복측도] 창이 나타난다.
[실행방법 2]에서 정의한 변인들이
순서대로 나타난다.

[실행방법 4] 분석변인 선택 2

화면 왼쪽에 있는 변인
(〈술 안마심 혈압약A〉)를
[개체-내 변수(W):](요인1)로 옮긴다(➡).
다른 변인들도 동일한 방식으로
이동시킨다.
순서에 주의한다.

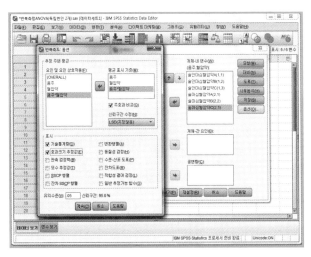

[실행방법 5] 통계량, 집단 간 사후 차이
사후검증 1 선택

[옵션(O)]을 클릭하면 [반복측도: 옵션]
창이 나타난다. [추정 주변평균]의
[요인 및 요인 상호작용(F): 아래에 있는
〈음주〉, 〈혈압약〉, 〈음주 * 혈압약〉을
[평균 표시 기준(M)] 칸으로
이동시킨다(➡). [☑ 주효과 비교(O)]를
클릭하면 [신뢰구간 조정(N)]이 반전되는데
[LSD(지정 않음)]이 기본으로 설정되어
있다. 구형성이 가정되지 않을 경우
▼를 이용하여 [Bonferroni]를 선택한다.
[표시]의 [☑ 기술통계량(D)],
[☑ 효과크기 추정값(E)]을 클릭한다.
[계속]을 클릭하여 [실행방법 4]로
돌아가면 아래의 [확인]을 클릭한다.

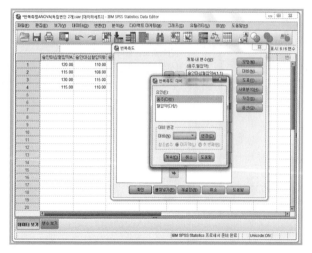

[실행방법 6] 집단 간 차이
사후검증 2 선택

[반복측도]로 돌아가면
[대비(N)]를 클릭한다.
[반복측도: 대비] 창이 열린다.
[요인(F)] 아래에
⟨음주(다항)⟩, ⟨혈압약(다항)⟩이 있다.
[대비 변경]의 [대비(N)]는 비어 있다.

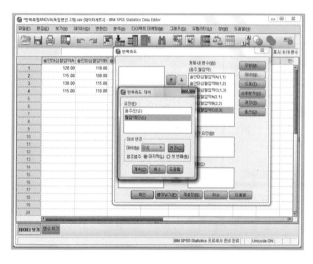

[실행방법 7] 집단 간 차이
사후검증 3 선택

⟨음주(다항)⟩을 선택하고
[대비(N)]는 ▼를 클릭하여 [단순]으로
바꾸고 반드시 [변경(H)]을 클릭한다.
⟨음주(단순)⟩으로 변경된다.
동일한 방법으로 ⟨혈압약(다항)⟩을
⟨혈압약(단순)⟩으로 바꾼다.
[계속]을 클릭한다.

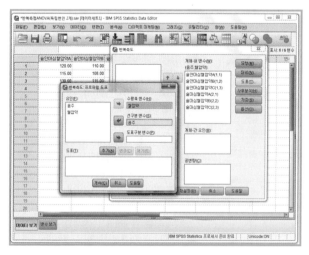

[실행방법 6] 도표 선택 1

[반복측도]로 돌아가면
[도표(T)]를 클릭한다.
[반복측도: 프로파일 도표] 창이 열리면,
[요인(F)]의 ⟨혈압약⟩은 [수평 측 변수(H)],
⟨음주⟩는 [선구분 변수(S)]로
이동시킨다((➡).

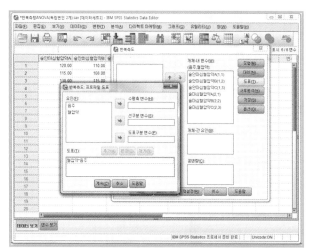

[실행방법 7] 도표선택 2와 실행

[추가(A)]를 클릭하면
[도표(T)] 아래에
'혈압약 * 음주'가 들어간다.
[계속]을 클릭한다.
[반복측도] 창으로 돌아가면
[확인]을 클릭한다.

[분석결과 1] 개체-내 요인

분석 결과가 새로운 창
*출력결과 1[문서 1]로 나타난다.
[개체-내 요인] 표에는
〈음주〉와 〈혈압〉의 종속변수 값
설명이 제시된다.

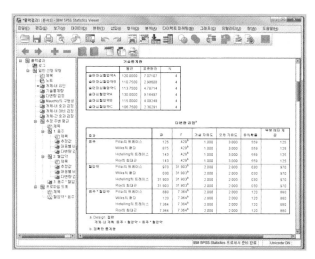

[분석결과 2] 기술통계량과
다변량(MANOVA) 검정

[기술통계] 표가 제시된다.
[다변량 검정] 표에는
〈음주〉, 〈혈압약〉, 〈음주 * 혈압약〉의
다변량 검정 결과가 제시된다.

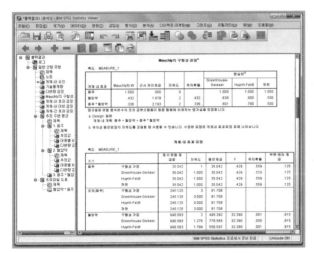

[분석결과 3] Mauchly의
구형성 검증과 유의도 검증

[Mauchly의 구형성 검정]에는
구형성 검정 결과가 제시된다.
[개체-내 효과 검정] 표가 제시된다.

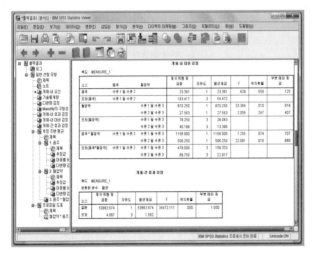

[분석결과 4] 유의도 검증

[개체-내 대비 검정] 표와
[개체-간 효과 검정] 표가 제시된다.

[분석결과 4] 집단 간 차이 사후검증

[추정값]에는 〈음주〉에 해당하는 변인의
측정의 평균, 표준오차가 제시된다.
[대응별 비교]에는 〈음주〉에 해당하는
변인들 간의 평균의 차이(I - J) 결과가
제시된다.
[다변량 검정] 표에는
MANOVA 유의도 검증 결과가
제시된다.

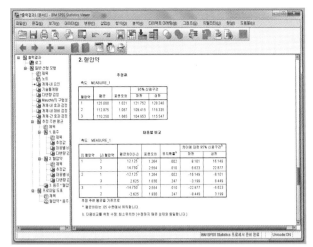

[분석결과 5] 집단 간 차이 사후검증

[추정값]에는 〈혈압약〉에 해당하는
변인의 측정의 평균, 표준오차가 제시된다.
[대응별 비교]에는 〈혈압약〉에 해당하는
변인들 간의 평균의 차이(I – J)의 결과가
제시된다.

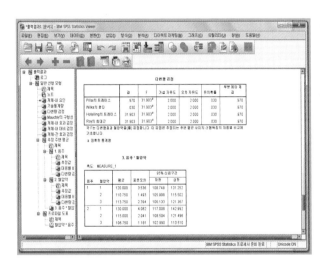

[분석결과 6] 다변량($MANOVA$) 검증

[다변량 검정] 표에는
MANOVA 유의도 검증 결과가
제시된다.
[음주 * 혈압약] 표에는 두 변인의
교차평균값이 제시된다.

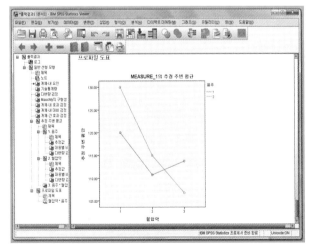

[분석결과 7] 도표

변인들 간의
추정평균 도표가 제시된다.

5. 결과 분석 1: 구형성(*sphericity*) 전제 검증

반복측정 ANOVA에서는 구형성 전제의 검증 결과에 따라 유의도 검증 방법과 해석하는 값이 달라지기 때문에 연구가설을 검증하기 전에 반드시 이 전제를 검증해야 한다. 반복측정 ANOVA의 구형성 전제는 반복되는 실험처치 간(또는 응답 간) 차이의 변량이 동질적이어야 한다는 것이다. 구형성 전제는 실험처치 간의 차이를 구한 후 변량을 계산하여 검증한다. 구형성 전제를 검증하려면 최소한 반복측정이 세 번 이상 이루어져야 한다. 제11장 대응표본 t-검증처럼 반복측정이 두 번 이루어지는 경우에는 차이가 하나만 나오기 때문에 구형성 검증을 하지 못한다.

표 25-4 **구형성 전제 검증 가설**

연구가설: 변량A – B ≠ 변량A – C ≠ 변량B – C
영가설: 변량A – B = 변량A – C = 변량B – C

구형성 전제의 연구가설과 영가설은 〈표 25-4〉와 같다. A 실험 후 점수와 B 실험 후 점수 간 차이로부터 계산한 변량(변량A - B)과 A 실험 후 점수와 C 실험 후 점수 간 차이들로부터 구한 변량(변량A - C), B 실험 후 점수와 C 실험 후 점수 간 차이들로부터 구한 변량(변량B - C)을 비교한다. 구형성 전제의 연구가설의 경우 실험처치 간 차이점수의 변량이 다르다(변량A - B ≠ 변량A - C ≠ 변량B - C)이고, 영가설은 실험처치 간 차이점수의 세 변량이 같다(변량A - B = 변량A - C = 변량B - C)이다.

유의도 검증에서 자세히 살펴보겠지만, 구형성 전제의 충족 여부에 따라 유의도 검증 방법과 해석하는 값이 달라진다. 구형성 전제가 충족되는 경우에는 해석이 쉽지만 전제가 충족되지 않는다면 문제가 복잡해진다.

〈표 25-5〉는 독립변인이 한 개인 경우 가상 데이터의 Mauchly의 구형성 전제 검증 결과를 보여준다. Mauchly의 W는 '0.457', 이를 카이제곱으로 전환한 값은 '2.349'이고 자유도 '2', 유의확률은 0.05보다 크기 때문에 영가설을 받아들인다. 즉, 구형성 전제가 충족되었다는 결론을 내린다.

〈표 25-6〉은 독립변인이 두 개인 경우 가상 데이터의 Mauchly의 구형성 전제 검증 결과를 보여준다. 독립변인이 두 개이기 때문에 상호작용 효과와 주효과의 구형성 전제 검증이 이루어진다. 음주와 혈압약의 상호작용 효과의 Mauchly의 W는 '0.336', 이를 카이제곱으로 전환한 값은 '2.183'이고 자유도 '2', 유의확률은 0.05보다 크기 때문에 영가설을 받아들인다. 즉, 구형성 전제가 충족되었다는 결론을 내린다. 혈압약 주 효과의 Mauchly의 W는 '0.432', 이를 카이제곱으로 전환한 값은 '1.678'이고 자유도 '2', 유의

표 25-5 **독립변인이 한 개인 경우 Mauchly의 구형성 검증**

개체 내 효과	Mauchly의 W	근사 카이제곱	자유도	유의 확률	입실론		
					Greenhouse-Geisser	Huynh-Feldt	하한
혈압약	0.457	2.349	2	0.309	0.648	0.829	0.500

표 25-6 **독립변인이 두 개인 경우 Mauchly의 구형성 검증**

개체 내 효과	Mauchly의 W	근사 카이제곱	자유도	유의 확률	입실론		
					Greenhouse-Geisser	Huynh-Feldt	하한
음주	1.000	0.000	0		1.000	1.000	1.000
혈압약	0.432	1.678	2	0.432	0.638	0.900	0.500
음주 * 혈압약	0.336	2.183	2	0.336	0.601	0.780	0.500

확률은 0.05보다 크기 때문에 영가설을 받아들인다. 즉, 구형성 전제가 충족되었다는 결론을 내린다.

6. 결과 분석 2: 유의도 검증

〈그림 25-1〉은 반복측정 ANOVA에서 구형성 전제 검증에 따라 어떤 값을 해석해야 하는 지를 보여준다. 구형성 전제가 충족될 경우에는 〈표 25-9〉의 변량분석 결과에서 구형성 가정에 제시된 값을 해석한다. 반면 구형성 전제가 충족되지 않았을 경우에는 〈표 25-5〉(독립변인이 한 개인 경우)이나 〈표 25-6〉(독립변인이 두 개 이상인 경우)에 제시된 Greenhouse-Geisser 수정 값을 살펴본 후 이 값에 따라 세 가지 값 중의 하나를 선택해서 해석한다. ⑴ 값이 0.7보다 작으면 〈표 25-11〉(독립변인이 한 개인 경우)과 〈표 25-12〉(독립변인이 두 개인 경우) MANOVA에 제시된 값을 해석한다. ⑵ 값이 0.7 이상이고 0.75 이하면 〈표 25-9〉(독립변인이 한 개인 경우)나 〈표 25-10〉(독립변인이 두 개인 경우)에서 Greenhouse-Geisser에 제시된 값을 해석한다. ⑶ 값이 0.75보다 크면 〈표 25-9〉(독립변인이 한 개인 경우)나 〈표 25-10〉(독립변인이 두 개인 경우)에서 Hyunh-Feldt에 제시된 값을 해석한다.

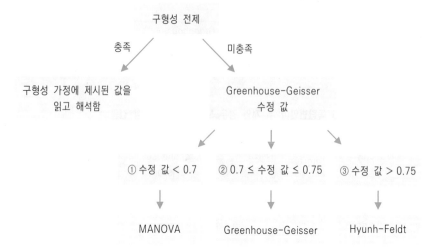

그림 25-1 **구형성 전제 검증 결과에 따른 유의도 검증 방법**

구형성 전제

충족   미충족

구형성 가정에 제시된 값을   Greenhouse-Geisser
읽고 해석함   수정 값

① 수정 값 < 0.7   ② 0.7 ≤ 수정 값 ≤ 0.75   ③ 수정 값 > 0.75

MANOVA   Greenhouse-Geisser   Hyunh-Feldt

1) 구형성 전제가 충족될 때

(1) 평균값

① 독립변인이 한 개인 경우

〈표 25-7〉은 혈압약을 투여한 후 혈압의 평균값을 보여준다. 혈압약A 집단의 평균 혈압은 '114', 혈압약B 집단의 평균 혈압은 '132', 혈압약C 집단의 평균 혈압은 '134'로 나타났다. 표본의 평균값만 갖고 판단할 때 혈압약A는 혈압약B와 혈압약C에 비해 혈압을 낮추는 효과가 있어 보인다. 반면 혈압약B와 혈압약C는 혈압약A에 비해 혈압을 낮추는 효과가 크지 않은 것 같다. 이 표본의 결과가 모집단에서도 그대로 나타나는지 판단하기 위해 유의도 검증을 한다.

표 25-7 **평균값**

	평균	표준편차	사례 수
혈압약A	114.00	8.94	5
혈압약B	132.00	8.37	5
혈압약C	134.00	11.40	5

② 독립변인이 두 개인 경우

〈표 25-8〉은 음주와 혈압약 투여 후 혈압의 평균값을 보여준다. 술을 마시지 않고 혈압약A를 먹은 집단의 평균 혈압은 '120', 술을 마시지 않고 혈압약B를 먹은 집단의 평균 혈압은 '110.750', 술을 마시지 않고 혈압약C를 먹은 집단의 평균 혈압은 '133.750'으로

표 25-8 **평균값**

	평균	표준편차	사례 수
술 마시지 않고 혈압약A	120.000	3.536	4
술 마시지 않고 혈압약B	110.750	1.493	4
술 마시지 않고 혈압약C	113.750	2.394	4
술 마시고 혈압약A	130.000	4.082	4
술 마시고 혈압약B	115.000	2.041	4
술 마시고 혈압약C	106.750	1.181	4

나타났다. 술을 마시고 혈압약A를 먹은 집단의 평균 혈압은 '130', 술을 마시고 혈압약 B를 먹은 집단의 평균 혈압은 '115', 술을 마시고 혈압약C를 먹은 집단의 평균 혈압은 '106.750'으로 나타났다. 표본의 평균값만 갖고 판단할 때 음주와 혈압약은 혈압에 영향 을 주는 것처럼 보인다. 이 표본의 결과가 모집단에서도 그대로 나타나는지 판단하기 위해 유의도 검증을 한다.

(2) 결과 해석

① 독립변인이 한 개인 경우

세 종류의 혈압약 투여 후 혈압에 차이가 있는지를 검증하기 위해 반복측정 ANOVA를 실행한다. 〈표 25-5〉에서 보듯이 상호작용 효과와 주 효과(혈압약)의 구형성 전제가 충 족되었기 때문에 〈표 25-9〉에서 구형성 가정에 제시된 반복측정 ANOVA의 유의도 검 증 결과를 해석한다.

〈표 25-9〉에서 구형성 가정에 제시된 값을 보면, 혈압약의 설명변량(열간변량으로서 평균 제곱에 제시됨)은 '606.67'(제곱합 '1213.33'을 자유도 '2'로 나누어 구한다)이고 오차 변량(평균 제곱에 제시됨)은 '31.67'(제곱합 '253.33'을 자유도 '8'로 나누어 구한다)이다.

표 25-9 **반복측정 ANOVA의 변량분석 결과**

소스		제 Ⅲ유형 제곱합	자유도	평균 제곱	F	유의확률	부분 에타제곱
혈압약	구형성 가정	1213.33	2	606.67	19.16	0.001	0.827
	Greenhouse-Geisser	1213.33	1.296	936.05	19.16	0.005	0.827
	Huynh-Feldt	1213.33	1.657	732.08	19.16	0.002	0.827
	하한	1213.33	1.000	1213.33	19.16	0.012	0.827
오차 (혈압약)	구형성 가정	253.33	8	31.67			
	Greenhouse-Geisser	253.33	5.185	48.86			
	Huynh-Feldt	253.33	6.629	38.21			
	하한	253.33	4.000	63.33			

설명변량을 오차변량으로 나눈 값 F는 '19.16'이고 유의확률은 0.05보다 작기 때문에 연구가설을 받아들인다. 즉, 혈압약에 따라 혈압에 차이가 난다는 결론을 내린다. 이 유의도 검증 결과는 독립변인과 종속변인 간의 인과관계만을 보여줄 뿐 집단 간(혈압약 A·B·C)의 차이를 알려주지 않기 때문에 어느 집단과 어느 집단이 차이가 나는지를 정확하게 알 수 없다. 따라서 반복측정 집단 간의 차이를 알아보기 위해서는 반드시 사후검증을 실시해야 한다(사후검증은 뒤에서 살펴본다).

② 독립변인이 두 개인 경우

음주와 혈압약 투여 후 혈압에 차이가 있는지를 검증하기 위해 반복측정 ANOVA를 실행한다. 〈표 25-6〉에서 보듯이 구형성 전제가 충족되었기 때문에 〈표 25-10〉의 구형성 가정에 제시된 반복측정 ANOVA의 유의도 검증 결과를 해석한다.

표 25-10 **반복측정 ANOVA의 변량분석 결과**

소스		제 Ⅲ유형 제곱합	자유도	평균 제곱	F	유의확률	부분 에타제곱
음주	구형성 가정	35.042	1	35.042	0.429	0.559	0.125
	Greenhouse-Geisser	35.042	1.000	35.042	0.429	0.559	0.125
	Huynh-Feldt	35.042	1.000	35.042	0.429	0.559	0.125
	하한	35.042	1.000	35.042	0.429	0.559	0.125
오차 (음주)	구형성 가정	245.125	3	81.708			
	Greenhouse-Geisser	245.125	3.000	81.708			
	Huynh-Feldt	245.125	3.000	81.708			
	하한	245.125	3.000	81.708			
혈압약	구형성 가정	990.583	2	495.292	32.390	0.001	0.915
	Greenhouse-Geisser	990.583	1.276	776.565	32.390	0.001	0.915
	Huynh-Feldt	990.583	1.799	550.597	32.390	0.001	0.915
	하한	990.583	1.000	990.583	32.390	0.001	0.915
오차 (혈압약)	구형성 가정	91.750	6	15.292			
	Greenhouse-Geisser	91.750	3.827	23.976			
	Huynh-Feldt	91.750	5.397	16.999			
	하한	91.750	3.000	30.583			
음주 * 혈압약	구형성 가정	299.083	2	149.542	6.093	0.036	0.670
	Greenhouse-Geisser	299.083	1.202	248.880	6.093	0.074	0.670
	Huynh-Feldt	299.083	1.561	191.614	6.093	0.053	0.670
	하한	299.083	1.000	299.083	6.093	0.090	0.670
오차 (음주 * 혈압약)	구형성 가정	147.250	6	24.542			
	Greenhouse-Geisser	147.250	3.605	40.844			
	Huynh-Feldt	147.250	4.683	31.446			
	하한	147.250	3.000	49.083			

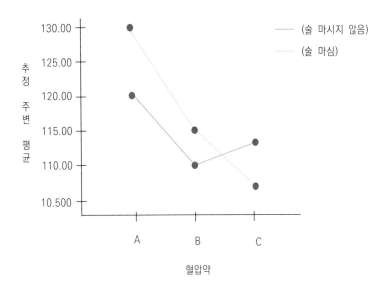

그림 25-2 **집단 간 평균값 그래프**

독립변인이 두 개 이상 여러 개인 반복측정 ANOVA의 유의도 검증 절차는 n-way ANOVA와 유사하다. 먼저 상호작용 효과를 검증한다. 상호작용 효과가 있는 경우에는 상호작용 효과만 분석하고 주 효과는 분석하지 않는다. 상호작용 효과 분석이 주 효과 분석을 포함하기 때문에 주 효과를 분석하지 않아도 된다. 그러나 상호작용 효과가 없다면 개별 독립변인이 종속변인에게 미치는 주 효과를 검증한다. 개별 독립변인의 주 효과 검증방법과 해석은 독립변인이 한 개인 반복측정 ANOVA와 동일하다.

〈표 25-10〉에서 보듯이 상호작용 효과(음주 * 혈압약)가 있는 것으로 나타났다. 구형성 가정에 제시된 값을 보면 음주와 혈압약의 설명변량(열간변량으로서 평균 제곱에 제시됨)은 '149.542'(제곱합 '299.083'을 자유도 '2'로 나누어 구한다)이고 오차변량(평균 제곱에 제시됨)은 '24.542'(제곱합 '147.250'을 자유도 '6'으로 나누어 설명변량을 오차변량으로 나눈 값), F는 '6.093'이고 유의확률은 0.05보다 작기 때문에 상호작용 효과 연구가설을 받아들인다. 상호작용 효과가 있다는 것은 한 독립변인(혈압약)이 종속변인(혈압)에 미치는 효과가 다른 독립변인(음주)의 조건에서 차이가 난다는 것을 의미한다. 즉, 혈압약이 혈압에 미치는 효과는 음주여부에 따라 다르게 나타난다는 것이다. 이 결과를 그림으로 나타내면 〈그림 25-2〉와 같다. 혈압약A나 B을 먹고 술을 마시지 않은 사람은 술을 마신 사람에 비해 혈압이 낮게 나타났다. 반면 혈압약C를 먹고 술을 마시지 않은 사람은 술을 마신 사람에 비해 혈압이 높게 나타났다. 이를 달리 표현하면 술을 마시고 혈압약 A나 B를 복용한 사람은 술을 마시지 않고 혈압약A나 B를 복용한 사람보다 혈압이 높게 나타난 반면 술을 마시지 않고 혈압약C를 복용한 사람은 술을 마시고 혈압약C를 복용

한 사람보다 혈압이 높게 나타났다.

상호작용 효과가 나타나면 독립변인의 주 효과를 해석할 필요가 없지만, 여기서는 상호작용 효과가 나타나지 않았다고 가정하고 독립변인의 주 효과를 해석한다.

〈표 25-6〉에서 보듯이 혈압약의 구형성 전제가 충족되었기 때문에 〈표 25-10〉의 구형성 가정에 제시된 반복측정 ANOVA의 유의도 검증 결과를 해석한다. 〈표 25-10〉에서 보듯이, 음주의 주 효과는 나타나지 않은 반면 혈압약의 주 효과는 나타났다. 구형성 가정에 제시된 값을 보면 혈압약의 설명변량(열간변량으로서 평균 제곱에 제시됨)은 '495.292'(제곱합 '990.583'을 자유도 '2'로 나누어 구한다)이고 오차변량(평균 제곱에 제시됨)은 '15.292'(제곱합 '91.750'을 자유도 '6'으로 나누어 구한다)이다. 설명변량을 오차변량으로 나눈 값 F는 '32.390'이고 유의확률은 0.05보다 작기 때문에 연구가설을 받아들인다. 즉, 혈압약에 따라 혈압에 차이가 난다는 결론을 내린다.

상호작용 효과의 유의도 검증 결과는 독립변인과 종속변인 간의 전체적인 인과관계만을 보여줄 뿐 집단 간 구체적인 차이를 알려주지 않기 때문에 어느 집단과 어느 집단이 차이가 나는지를 정확하게 알 수 없다. 집단 간 차이를 알아보기 위해서는 반드시 사후검증을 실시해야 한다(사후검증은 뒤에서 살펴본다).

2) 구형성 전제가 충족되지 않을 때

(1) 독립변인이 한 개인 경우

① 평균값
평균값 해석은 앞과 같기 때문에 생략한다.

② 결과 해석
구형성 전제가 충족되지 않는다면(즉, 반복측정 집단들 간 차이들의 변량이 다르다면) 〈그림 25-1〉에서 보듯이 〈표 25-5〉의 구형성 검증 결과에 제시된 Greenhouse-Geisser의 수정 값에 따라 〈표 25-9〉에 제시된 Greenhouse-Geisser와 Huynh-Feldtd 값이나 〈표 25-11〉의 MANOVA에 제시된 값 중 한 가지를 선택하여 해석한다.

〈표 25-9〉을 살펴보면 구형성 전제의 수용 여부에 관계없이 F 값은 '19.16'으로 동일한 반면 자유도는 다르다는 것을 알 수 있다. 각 값의 자유도가 다르기 때문에 유의도 검증 결과가 달라질 수밖에 없다.

가. Greenhouse-Geisser 수정 값

Greenhouse-Geisser의 수정 값은 하한 값 '1/(k - 1)'(k는 반복측정의 횟수)에서 '1' 사이의 값을 갖는다. '1'에 가까울수록 변량이 동질적이라는 의미로서 구형성 전제가 충족된다는 것이다. 〈표 25-5〉에서 보듯이 Greenhouse-Geisser 수정 값은 '0.648'이고 하한 값은 '0.5'이다. 하한 값 '0.5'는 가상 데이터에서 반복측정이 세 번 이루어졌기 때문에 1/(3번 반복측정 - 1) 공식을 이용하여 구한다. 자유도는 구형성 전제가 충족된 경우의 자유도 '2'를 Greenhouse-Geisser 수정 값에 곱하여 구한다. Greenhouse-Geisser 수정 값이 '0.648'이기 때문에 자유도는 '1.296'(2 × 0.648)이 된다.

나. Huynh-Feldt 수정 값

Huynh-Feldt는 Greenhouse-Geisser 수정 값이 0.75보다 커도 구형성 전제를 받아들여서는 안 되는 경우가 있다는 사실을 발견해 수정 값을 제시했다. Greenhouse-Geisser 수정 값이 0.75보다 크면 Huynh-Feldt 수정 값을 해석하는 것이 바람직하다. 자유도는 구형성 전제가 충족된 경우의 자유도 '2'를 Huynh-Feldt 수정 값에 곱하여 구한다. Huynh-Feldt 수정 값이 '0.829'이기 때문에 자유도는 '1.657'(2 × 0.829)이 된다.

다. MANOVA 분석

MANOVA는 구형성 전제를 하지 않기 때문에 구형성 전제가 충족되지 않는다면 MANOVA를 통해 유의도 검증을 할 수 있다. 일반적으로 Greenhouse-Geisser 수정 값이 '0.7'보다 작아서 구형성 전제가 충족되지 않을 때에는 MANOVA를 실행하는 것이 좋다(MANOVA를 알고 싶은 독자는 제 27장을 참조하기 바란다). SPSS/PC⁺의 반복측정 ANOVA 프로그램은 MANOVA 결과를 자동적으로 제시하기 때문에 별도의 MANOVA 프로그램을 실행할 필요가 없다.

〈표 25-5〉에서 보듯이 Greenhouse-Geisser 수정 값은 '0.648'로 '0.7'보다 작기 때문에 MANOVA 결과를 해석한다. 〈표 25-11〉의 결과를 볼 때, Pillai의 트레이스 '0.95'(또는 Wilks의 람다 '0.05'), F 값 '30.55', 자유도 '2'와 '3', 유의확률 값은 0.05보다 작기 때문에 혈압약에 따라 혈압에 차이가 나타난다는 연구가설을 받아들인다. 집단 간

표 25-11 **MANOVA 유의도 검증 결과**

	효과	값	F	가설 자유도	오차 자유도	유의확률
	Pillai의 트레이스	0.95	30.55	2	3	0.01
	Wilks의 람다	0.05	30.55	2	3	0.01
혈압약	Hotelling의 트레이스	20.36	30.55	2	3	0.01
	Roy의 최대근	20.36	30.55	2	3	0.01

차이를 알아보기 위해서는 반드시 사후검증을 실시해야 한다.

(2) 독립변인이 두 개인 경우
독립변인이 두 개 이상 여러 개인 경우에는 〈표 25-6〉의 구형성 검증 결과에 제시된
Greenhouse-Geisser 수정 값에 따라 〈표 25-10〉의 Greenhouse-Geisser와 Huynh-
Feldtd 값이나 〈표 25-12〉의 MANOVA 결과 중 한 가지를 선택하여 해석한다. 구형성
전제가 충족되지 않을 때 독립변인과 종속변인 간의 인과관계를 해석하는 방법은 구형
성 전제가 충족되었을 때 해석하는 방법과 같기 때문에 여기서는 설명을 생략한다.

표 25-12 **MANOVA 유의도 검증 결과**

효과		값	F	가설 자유도	오차 자유도	유의확률
음주	Pillai의 트레이스	0.125	0.429	1.000	3.000	0.559
	Wilks의 람다	0.875	0.429	1.000	3.000	0.559
	Hotelling의 트레이스	0.143	0.429	1.000	3.000	0.559
	Roy의 최대근	0.143	0.429	1.000	3.000	0.559
혈압약	Pillai의 트레이스	0.979	31.903	2.000	2.000	0.030
	Wilks의 람다	0.030	31.903	2.000	2.000	0.030
	Hotelling의 트레이스	31.903	31.903	2.000	2.000	0.030
	Roy의 최대근	31.903	31.903	2.000	2.000	0.030
음주 * 혈압약	Pillai의 트레이스	0.880	7.364	2.000	2.000	0.120
	Wilks의 람다	0.120	7.364	2.000	2.000	0.120
	Hotelling의 트레이스	7.364	7.364	2.000	2.000	0.120
	Roy의 최대근	7.364	7.364	2.000	2.000	0.120

7. 유의도 검증의 기본 논리

1) ANOVA와 반복측정 ANOVA의 결과 비교

ANOVA에서는 한 집단에 속한 사람이 다른 집단에 속하지 않도록 표본을 할당하는 독
립표본의 전제가 충족되어야 한다(독립표본에 대해 알고 싶은 독자는 제 11장 t-검증, 제
12장 일원변량분석을 참조하기 바란다). 독립표본이기 때문에 개인차는 무시되고 집단 간
의 상관관계는 존재하지 않는다고 가정한다. 반면 반복측정 ANOVA에서는 동일한 사람
이 여러 실험에 참가하기 때문에(또는 여러 질문에 응답하기 때문에) 개인차가 존재할 수
밖에 없고 반복측징 집단들 간에 상관관계가 존재한다. 만일 개인차 때문에 나오는 변
량을 찾아내어 이를 오차변량에서 뺄 수 있다면 연구의 정확도가 높아질 것이다.

표 25-13 **평균값**

혈압약	평균	표준편차	사례 수
A	114.00	8.94	5
B	132.00	8.37	5
C	134.00	11.40	5

표 25-14 **ANOVA의 변량분석**

소스	제곱합	자유도	평균 제곱	F	유의확률	부분 에타제곱
혈압약	1213.33	2	606.67	6.50	0.012	0.520
오차	1120.00	12	93.33			

반복측정 ANOVA와 ANOVA의 결과와 비교하면서 반복측정 ANOVA의 특징을 살펴보자. ANOVA는 반복측정 ANOVA의 가상 데이터를 사용한다. 단, 반복측정 ANOVA의 집단 간 점수를 ANOVA에서는 집단 간 점수로 간주한다.

반복측정 ANOVA의 집단 간 평균값(〈표 25-7〉 참조)과 ANOVA의 집단 간 평균값(〈표 25-13〉 참조)을 비교하면 두 값이 같다는 사실을 알 수 있다. ANOVA의 사례 수는 집단별 5명씩 전체 15명이고, 반복측정 ANOVA는 5명이 반복측정에 참여하기 때문에 사례 수는 5명이다. 반복측정 ANOVA는 ANOVA에 비해 표본의 수가 작을 때에도 사용할 수 있는 장점을 가진다.

반복측정 ANOVA의 변량분석 결과인 〈표 25-9〉와 ANOVA의 변량분석 결과인 〈표 25-14〉를 비교해 보자. 반복측정 ANOVA의 구형성 가정에 제시된 설명변량은 '606.67'이고, ANOVA의 설명변량인 집단 간 변량은 '606.67'로 같다. 그러나 반복측정 ANOVA의 오차변량은 '31.67'이고, ANOVA의 오차변량인 집단 내 변량은 '93.33'으로 차이가 크게 나왔다. 당연한 결과이지만 반복측정 ANOVA의 F 값은 '19.16'이고, ANOVA의 F 값은 '6.50'으로 상당한 차이가 있다.

반복측정 ANOVA와 ANOVA의 설명변량의 크기는 같은 반면 오차변량에 큰 차이가 나타났는데 그 이유는 반복측정 ANOVA에서는 오차변량을 계산할 때 개인차를 반영했고, ANOVA에서는 이를 반영하지 않았기 때문이다.

개인차를 반영한다는 말이 무슨 의미인지 알아보자. 〈표 25-15〉는 〈표 25-3〉의 가상 데이터에 혈압 순위와 열과 행의 평균값을 추가한 것이다. 〈표 25-15〉에서 보듯이 각 집단 내 혈압의 차이는 있지만 집단 간 순위는 유사하다. 즉, 집단에 관계없이 다섯 번째 사람의 순위는 항상 1위, 세 번째 사람의 순위는 항상 5위다. 이를 집단 간 상관관계 계수를 통해 확인해 보자.

〈표 25-16〉은 집단 간 상관관계 계수를 보여주는데, 혈압약A와 B의 상관관계 계수는

표 25-15 **열과 행 순위와 평균값**

응답자	혈압약A(순위)	혈압약B(순위)	혈압약C(순위)	행 평균	순위
1	110(4)	130(2)	140(2)	126.67	3
2	120(1)	130(2)	130(3)	126.67	3
3	100(5)	120(5)	120(5)	113.33	5
4	120(1)	140(1)	130(3)	130.00	2
5	120(1)	140(1)	150(1)	136.67	1
열 평균	114	132	134		

표 25-16 **반복측정 간 상관관계 계수**

	혈압약A	혈압약B	사례 수
혈압약A	1.00		
혈압약B	0.87	1.00	
혈압약C	0.54	0.68	1.00

'0.87', 혈압약A와 C의 상관관계 계수는 '0.54', 혈압약B와 상관관계 계수는 '0.87', 혈압약A와 C의 상관관계 계수는 '0.54', 혈압약B와 C의 상관관계 계수는 '0.68'로 나타나 각 집단의 혈압 유형은 혈압약 종류에 관계없이 비슷하다는 것을 알 수 있다. 이 집단 간 상관관계의 원인은 개인차 때문이라는 결론을 내릴 수 있다. 이처럼 집단 간 상관관계가 높을 때에는 개인차를 고려할 수 있기 때문에 ANOVA보다는 반복측정 ANOVA를 사용하는 것이 연구의 정확도를 높일 수 있다. 반면 집단 간 상관관계가 크지 않을 때에는 반복측정 ANOVA보다는 ANOVA를 사용하는 것이 낫다. 가상 데이터에서 ANOVA의 오차변량 '93.33'과 반복측정 ANOVA의 오차변량 '31.67'의 차이 '61.66'은 개인차 때문에 나온 변량이다. 이 변량은 개인차 때문에 나왔다는 사실을 알기 때문에 설명변량이다.

2) 변량의 구성

(1) 구성 요소

제 12장 일원변량분석에서 살펴봤듯이, ANOVA에서 변량은 집단 간 변량과 집단 내 변량 두 가지 요소로 구성되어 있고, 두 변량을 합하면 전체 변량이 된다. 그러나 동일한 사람을 대상으로 연구하는 반복측정 ANOVA에서 변량은 〈표 25-13〉에서 보듯이 열간 변량과 행간변량, 오차변량으로 구성되어 있고, 세 변량을 합하면 전체 변량이 된다.

반복측정 ANOVA의 변량분석 방법을 ANOVA와 비교하면 〈그림 25-3〉과 같다. ANOVA의 집단 간 변량은 반복측정 ANOVA의 열간 변량과 동일하다. 그러나 ANOVA

표 25-17 **반복측정 ANOVA에서 변량의 구성 요소**

전체 변량 = 행간변량 + 열간변량 + 오차변량

그림 25-3 **반복측정 ANOVA의 변량분석**

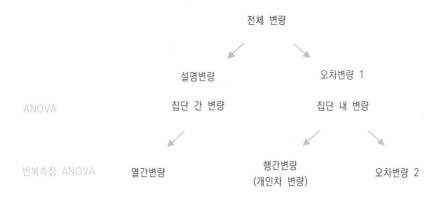

의 오차변량 1(집단 내 변량)은 반복측정 ANOVA에서는 개인차 때문에 나오는 다른 설명변량인 행간 변량과 오차변량 2로 나누어진다. 반복측정 ANOVA의 오차변량 2는 ANOVA의 오차변량 1에 비해 크기가 작기 때문에 F 값이 커질 수밖에 없다.

(2) 열간변량

열 평균은 혈압약A의 경우 '114', 혈압약B의 경우 '132', 혈압약C의 경우 '134'이다. 반복측정 ANOVA는 혈압약을 복용한 후 평균 혈압 간에 차이가 있는지를 변량을 분석하는 것이다. 열간변량(*between-column variance*)은 설명변량으로서 제 12장 ANOVA의 집단 간 변량이라고 생각하면 되고 계산 역시 같은 방식으로 하면 된다. 〈표 25-9〉와 〈표 25-14〉를 비교해보면, 반복측정 ANOVA의 열간 변량 '606.67'은 ANOVA의 집단 간 평균값으로부터 구한 집단 간 변량 '606.67'과 같다는 것을 알 수 있다.

(3) 행간변량

행간변량(*between-rows variance*)은 개인차 때문에 나오는 설명변량이다. 사람 1의 평균값과 사람 2의 평균값, 사람 3의 평균값으로부터(즉, 행으로부터) 행간변량을 계산한다. ANOVA에서 행간변량은 오차변량에 포함되어 있다. 그러나 반복측정 ANOVA에서 행간변량을 찾아내는 이유는 오차변량의 크기를 줄이기 위해서이다. 따라서 행간변량은 따로 검증하지 않는다.

(4) 오차변량

오차변량은 전체 변량에서 열간변량과 행간변량을 뺀 나머지로서 독립변인으로 설명할 수 없는 변량이다. 반복측정 ANOVA에서는 오차변량에서 행간 변량을 빼기 때문에 ANOVA의 오차변량에 비해 그 크기가 작다.

(5) F 값과 유의확률

F 값과 자유도, 유의확률은 제 12장 일원변량분석에서 자세히 살펴봤기 때문에 여기서는 결과만 살펴본다. 반복측정 ANOVA에서 F 값은 열간변량을 오차변량으로 나눈 값이다. 〈표 25-9〉에서 보듯이 F 값 '19.16'은 열간변량 '606.67'을 오차변량 '31.67'로 나누어 구한다. 자유도 '2'와 '8'에서 F 값 '19.16'의 유의확률은 0.05보다 작기 때문에 연구가설을 받아들인다. 즉, 혈압약에 따라 혈압에 차이가 나타난다는 결론을 내린다.

8. 결과 분석 3: 집단 간 차이 사후검증

반복측정 ANOVA의 유의도 검증은 독립변인과 종속변인 간의 인과관계의 존재 여부만을 보여주며 집단 간의 차이는 분석하지 않는다. 반복측정 ANOVA도 ANOVA처럼 집단 간의 차이를 검증하기 위해 반드시 사후검증을 실시해야 한다. 제 12장 일원변량분석에서 사후검증의 의미를 살펴봤기 때문에 여기서는 설명을 생략하고 결과만 설명한다.

1) 독립변인이 한 개인 경우

(1) 사후검증 방법

반복측정 ANOVA에는 ANOVA와 같은 방식의 사후검증이 없다. 반복측정 ANOVA에서 독립변인이 한 개인 경우에 사후검증을 하려면 〈옵션〉에서 집단 간 평균값 차이를 사후검증한다. 사후검증하는 절차를 알아보자.

① 〈옵션〉을 선택한 후
② 〈주변평균 추정〉 명령문 박스의 왼쪽에 있는 〈요인 및 요인 상호작용〉에 있는 변인들을 화살표를 사용해 오른쪽 〈평균 출력 기준〉으로 옮긴다.
③ 〈주효과 비교〉를 클릭한 후 구형성 전제가 충족될 때에는 〈LSD〉를 선택하여 검증을 실시한다. 그러나 구형성 전제가 충족되지 않을 때에는 〈Bonferroni〉를 선택하여 검증을 실시한다.

(2) 해석

〈표 25-18〉은 한 집단과 다른 집단 간의 평균값 차이와 유의도 검증결과를 보여준다. 집단 간 평균 혈압 차이를 검증한 결과, 혈압약A를 복용한 사람은 혈압약B와 C를 복용한 사람보다 혈압이 낮은 것을 알 수 있다. 반면 혈압약B를 복용한 사람과 C를 복용한 사람 간에는 차이가 나타나지 않았다. 혈압약A가 B, C에 비해 혈압을 낮추는 효과가 더 큰 것을 알 수 있다.

표 25-18 **집단 간 차이 사후검증**

(I)혈압약	(J)혈압약	평균차 (I-J)	표준오차	유의확률
A	B	-18.0*	2.00	0.001
	C	-20.0*	4.47	0.011
B	A	18.0*	2.00	0.001
	C	-2.0	3.74	0.621
C	A	20.0*	4.47	0.011
	B	2.0	3.74	0.621

2) 독립변인이 두 개인 경우

(1) 사후검증 방법

반복측정 ANOVA에서 독립변인이 두 개 이상 여러 개인 경우에 사후검증을 하려면 상호작용 효과의 경우 〈대비〉에서 사후검증을 실시하고, 주 효과의 경우 독립변인이 한 개인 경우와 같이 〈옵션〉에서 사후검증을 실시한다. 상호작용 효과의 사후검증하는 절차를 알아보자.

① 〈대비〉를 선택한다.
② 새 창에서 요인(또는 변인 이름)을 선택한 후 아래 〈대비 변경〉으로 가서 〈대비〉를 클릭하여 〈단순〉을 선택한다.
③ 준거집단(reference group)을 잡는다(SPSS/PC+ 프로그램에서는 준거집단을 참조범주로 번역한다). 〈참조범주〉에서 〈마지막〉을 선택하고, 바로 위에 있는 〈변경〉을 클릭한 후 아래 있는 〈계속〉을 클릭한 후 실행한다.

준거집단이란 다른 집단과 비교하기 위해 기준이 되는 집단을 의미한다(준거집단에 대해 자세히 알고 싶은 독자는 제 17장 가변인 회귀분석 ①을 참조한다). 예를 들어 혈압약C(마지막)를 준거집단으로 선정하면 C와 다른 집단(즉, ① 혈압약A와 C, ② 혈압약B와 C) 간의 비교가 이루어진다.

준거집단을 혈압약A(처음)로 잡을 경우 SPSS/PC⁺ 프로그램은 ① 혈압약B와 A, ② 혈압약C와 A) 간의 비교 결과는 보여주지만 혈압약B와 C 간의 차이를 비교하지 않는다. 만일 연구자가 혈압약B와 C 간의 차이를 비교하고 싶다면 불편하지만 준거집단을 혈압약A로 바꾸어 반복측정 ANOVA를 다시 실행해야 한다. 준거집단을 혈압약A로 바꾸려면 〈참조범주〉에서 〈첫 번째〉를 선택하고, 바로 위에 있는 〈변경〉을 클릭하고, 아래 있는 〈계속〉을 클릭하면 된다.

(2) 상호작용 효과 해석

〈표 25-19〉는 각 집단의 혈압 평균값을 보여주고, 〈표 25-20〉은 집단 간 사후검증 결과를 보여준다.

〈표 25-20〉을 해석하면 다음과 같다. 첫째 열의 음주 아래 있는 〈수준1〉은 술 마시지 않음, 〈수준2〉는 술 마심을 의미한다. 혈압약 아래 있는 〈수준1〉은 혈압약A, 〈수준2〉는 혈압약B, 〈수준3〉은 혈압약C를 의미한다.

음주 수준1 및 수준2일 때 혈압약 수준1 및 수준3의 검증 결과 F값 '7.255', 자유도 = 1, 3, 유의확률은 0.05보다 크기 때문에 유의미하지 않은 것으로 나타났다. 이 결과가 의미하는 것은, 〈그림 25-4〉에서 보듯이, 혈압약A를 복용한 사람은 음주 여부에 관계없이 혈압약C를 복용한 사람에 비해 혈압이 높게 나타나 상호작용 효과가 없다는 것이다.

표 25-19 **음주 * 혈압약 평균값**

1차 통제		평균	표준오차
술 마시지 않음	혈압약A	120.000	3.536
	혈압약B	110.750	1.493
	혈압약C	113.750	2.394
술 마시지 않음	혈압약A	130.000	4.082
	혈압약B	115.000	2.041
	혈압약C	106.7503	1.181

표 25-20 **집단 간 차이 사후검증**

소스	음주	혈압약	제 Ⅲ 유형 제곱합	자유도	평균 제곱	F	유의 확률	부분 에타제곱
(음주 * 혈압약)	수준1 및 수준2	수준1 및 수준3	1156.00	1	7.255	7.225	0.074	0.707
		수준2 및 수준3	506.250	1	22.091	22.091	0.018	0.880
오차	수준1 및 수준2	수준1 및 수준3	470.000	3				
(음주 * 혈압약)		수준2 및 수준3	68.750	3				

음주 수준1 및 수준2일 때 혈압약 수준2 및 수준3의 검증 결과 F값 '22.091', 자유도 = 1, 3, 유의확률은 0.05보다 작기 때문에 유의미한 것으로 나타났다. 이 결과가 의미하는 것은, 〈그림 25-5〉에서 보듯이, 술을 마시지 않고 혈압약B를 복용한 사람은 술을 마시지 않고 혈압약C를 복용한 사람에 비해 혈압이 낮은 반면 술을 마시고 혈압약B를 복용한 사람은 술을 마시고 혈압약C를 복용한 사람에 비해 혈압이 높게 나타나 상호작용 효과가 있다는 것이다.

그림 25-4 **음주와 혈압약(A와 C)의 상호작용**

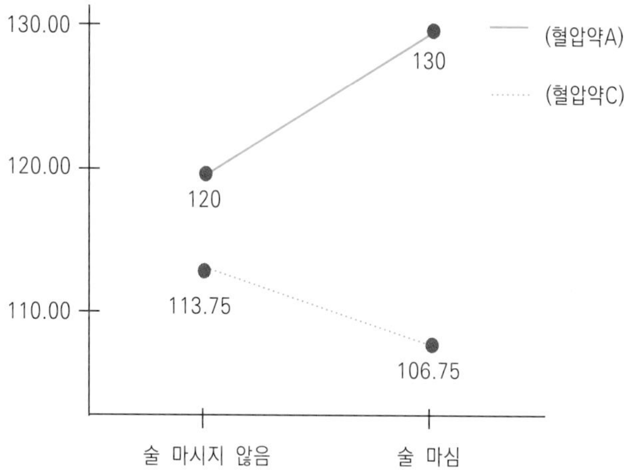

그림 25-5 **음주와 혈압약(B와 C)의 상호작용**

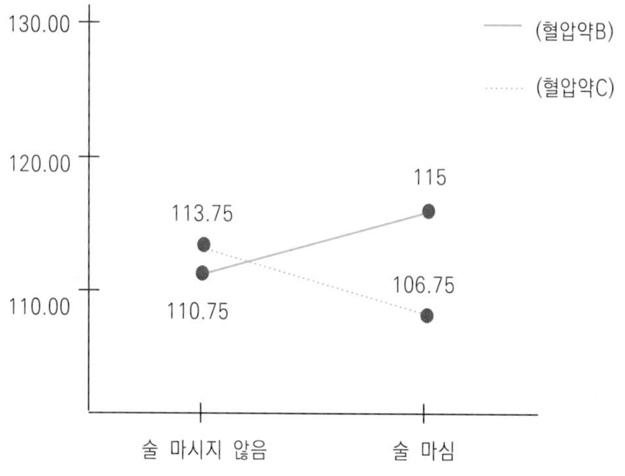

(3) 주 효과 해석: 음주

음주 주 효과의 사후검증 해석 방법은 앞에서 살펴본 독립변인 한 개인 사후검증 해석
방법과 동일하기 때문에 설명을 생략하고 결과만 해석한다. 〈표 25-22〉에서 보듯이, 음
주에 따른 혈압 평균값(〈표 25-21〉 참조)의 차이를 사후검증한 결과, 술을 마신 상태에
서 혈압(평균 = 117.250)과 술을 마시지 않은 상태에서 혈압(평균 = 114.833)은 큰 차이
가 없는 것으로 나타났다.

표 25-21 **음주 추정 평균값**

음주	평균	표준오차
술 마시지 않음	114.833	1.908
술 마심	117.250	1.988

표 25-22 **음주 집단 간 사후검증**

(I) 음주	(J) 음주	평균 차이(I - J)	표준오차	유의확률
술 마시지 않음	술 마심	-2.417	3.690	0.559
술 마심	술 마시지 않음	2.417	3.690	0.559

(4) 주 효과 해석: 혈압약

혈압약 주 효과의 사후검증 해석 방법은 앞에서 살펴본 독립변인 한 개인 사후검증 해석
방법과 동일하기 때문에 설명을 생략하고 결과만 해석한다. 〈표 25-23〉에서 보듯이, 혈
압약에 따른 혈압 평균값(〈표 25-22〉 참조)의 차이를 사후검증한 결과, 혈압약A를 복용

표 25-22 **혈압약 추정 평균값**

혈압약	평균	표준오차
혈압약A	125.000	1.021
혈압약B	112.875	1.087
혈압약C	110.250	1.665

표 25-23 **혈압약 집단 간 사후검증**

(I) 혈압약	(J) 혈압약	평균 차이(I - J)	표준오차	유의확률
혈압약A	혈압약B	12.125	1.264	0.002
	혈압약C	14.750	2.554	0.010
혈압약B	혈압약A	-12.125	1.264	0.002
	혈압약C	2.625	1.830	0.247
혈압약C	혈압약A	-14.750	2.554	0.010
	혈압약B	-2.625	1.830	0.247

한 사람은 혈압약B와 C를 복용한 사람보다 혈압이 낮은 것을 알 수 있다. 반면 혈압약 B를 복용한 사람과 혈압약C를 복용한 사람 간에는 차이가 나타나지 않았다.

9. 결과 분석 4: 영향력 값(에타제곱)

명명척도로 측정한 독립변인이 등간척도나 비율척도로 측정한 종속변인에 미치는 영향 력 값은 에타제곱으로 나타낸다. ANOVA에서 에타제곱의 의미를 살펴봤기 때문에 여기 서는 설명을 생략하고 결과만 해석한다.

1) 독립변인이 한 개인 경우

〈표 25-9〉에서 보듯이, 에타제곱은 '0.827'로 나와 〈혈압약〉이 〈혈압〉에 미치는 영향 력이 매우 크다는 것을 알 수 있다. 반복측정 ANOVA에서는 오차변량이 줄었기 때문에 에타제곱이 ANOVA의 에타제곱 '0.520'(〈표 25-14〉 참조)에 비해 크다.

2) 독립변인이 두 개인 경우

〈표 25-10〉에서 보듯이 상호작용 효과의 에타제곱은 '0.670'으로 〈음주〉와 〈혈압약〉의 상호작용이 〈혈압〉에 미치는 영향력은 상당히 큰 것으로 나타났다.

10. 반복측정 ANOVA 논문작성법: 독립변인이 한 개인 경우

1) 연구절차

(1) 반복측정 ANOVA에 적합한 연구가설을 만든다

연구가설	독립변인		종속변인	
	변인	측정	변인	측정
교수법에 따라 학생들의 성적에 차이가 나타난다	교수법	(1) 교수법A, (2) 교수법B, (3) 교수법C	통계시험 성적	10점

(2) 유의도 수준을 정한다: p < 0.05(95%) 또는 p < 0.01(99%) 중 하나를 결정한다

(3) 표본을 선정하여 데이터를 수집한 후 컴퓨터에 입력한다

(4) SPSS/PC$^+$ 프로그램 중 반복측정 ANOVA를 실행한다

2) 연구결과 제시 및 해석방법

(1) 연구결과 해석 전 검토할 사항

① 구형성 전제
구형성 검증 결과에 따라 해석하는 값이 달라지기 때문에 구형성 전제 검증 결과를 제시한다. 구형성 검증 결과 Mauchly의 W는 '0.945', 이를 카이제곱으로 전환한 값은 '0.38'이고 자유도 '2', 유의확률은 0.05보다 크기 때문에 영가설을 받아들인다. 즉, 구형성 전제가 충족되었다는 결론을 내린다.

표 25-24 **Mauchly의 구형성 검증**

개체 내 효과	Mauchly의 W	근사 카이제곱	자유도	유의 확률	입실론		
					Greenhouse-Geisser	Huynh-Feldt	하한 값
교수법	0.945	0.338	2	0.845	0.948	1.000	0.500

(2) 연구결과 제시 및 해석방법

표 25-25 **평균값**

	평균	표준편차	사례 수
교수법A	8.13	1.12	8
교수법B	4.25	2.31	8
교수법C	4.63	2.45	8

표 25-26 **반복측정 ANOVA의 변량분석 결과**

소스		제 III유형 제곱합	자유도	평균 제곱	F	유의확률	부분 에타제곱
교수법	구형성 가정	73.08	2	36.54	20.00	0.000	0.74
	Greenhouse-Geisser	73.08	1.896	38.54	20.00	0.0000	0.74
	Huynh-Feldt	73.08	2.000	36.54	20.00	000	0.74
	하한 값	73.08	1.000	73.08	20.00	0.003	0.74
오차 (교수법)	구형성 가정	25.58	14	1.83			
	Greenhouse-Geisser	25.58	13.273	1.93			
	Huynh-Feldt	25.58	14.000	1.83			
	하한 값	25.58	7.000	3.66			

표 25-27 **집단 간 차이 사후검증**

(I) 교수법	(J) 교수법	평균차 (I - J)	표준오차	유의확률
A	B	3.875*	0.693	0.001
	C	3.500*	0.732	0.002
B	A	-3.875*	0.693	0.001
	C	-0.375	0.596	0.549
C	A	-3.500*	0.732	0.002
	B	0.375	0.596	0.549

표 25-28 **유의도 검증 결과**

	변량	자유도	F	유의확률	부분 에타제곱	차이 검증
교수법	36.54	2	20.00	0.000	0.741	교수법A/ (교수법B, 교수법C)
오차	1.83	14				

(3) 반복측정 ANOVA 표를 해석한다

① 유의도 검증 결과와 집단 간 차이 사후 검증 결과 쓰는 방법

〈표 25-25〉는 교수법 차이에 따른 통계시험 성적의 평균값을 보여준다. 교수법A 집단의 평균 성적은 '8.13', 교수법B 집단의 평균 성적은 '4.25', 교수법C 집단의 평균 성적은 '4.63'으로 나타났다. 평균값만 갖고 판단할 때 교수법A는 교수법B와 C에 비해 통계시험 성적을 높이는 효과가 있어 보인다. 반면 교수법B와 C는 통계시험 성적을 높이는 데 효과가 크지 않아 보인다. 이 표본의 결과가 모집단에서도 그대로 나타나는지 판단하기 위해 유의도 검증을 실시한다.

구형성 전제 검증 결과, 구형성 전제가 충족되었기 때문에 〈표 25-26〉의 구형성 가정에 제시된 결과와 〈표 25-27〉의 사후검증 결과를 합한 〈표 25-28〉을 만들어 유의도 검증 결과를 해석한다(만일 구형성 전제가 충족되지 않았을 경우에는 앞에서 설명한 방법대로 해석한다). 〈표 25-28〉에서 보듯이 교수법의 설명변량(평균 제곱에 제시됨)은 '36.54' (〈표 25-26〉의 제곱합 '73.08'을 자유도 '2'로 나누어 구한다)이고 오차변량(〈표 25-26〉의 평균 제곱에 제시됨)은 '1.83'(제곱합 '25.58'을 자유도 '14' 나누어 구한다)이다. 설명변량을 오차변량으로 나눈 값 F는 '20.00'이고 유의확률은 0.05보다 작기 때문에 연구가설을 받아들인다. 즉, 교수법에 따라 성적에 차이가 난다는 결론을 내린다.

반복측정 집단 간(교수법A · B · C)의 구체적 차이를 알기보기 위해 사후검증을 실시한다(구형성 전제가 충족되었기 때문에 LSD를 실행한다). 〈표 25-28〉에서 보듯이 교수법A는 교수법B와 C와 차이가 있는 것으로 나타난 반면 교수법B와 C에는 차이가 없는 것으로 나타났다. 이 결과로 판단할 때 교수법A는 교수법B와 C에 비해 통계시험 성적을 높이는 데 효과가 큰 것으로 보인다.

② 영향력 값 쓰는 방법
교수법이 통계시험 성적에 미치는 영향력을 분석한 결과, 독립변인은 종속변인에게 매우 높은 영향을 주는 것으로 나타났다(에타제곱: 0.741). 이 결과는 학생들의 통계시험 성적에 교수법이 큰 영향을 주는 요인이라는 사실을 보여준다.

11. 반복측정 ANOVA 논문작성법:
독립변인이 두 개 이상 여러 개인 경우

1) 연구절차

(1) 반복측정 ANOVA에 적합한 연구가설을 만든다

연구가설	독립변인			종속변인	
	변인	측정		변인	측정
의류 광고모델과 광고 미디어에 따라 구매비용에 차이가 나타난다	광고모델	(1) 비인기 광고모델, (2) 인기 광고모델		소비자 구매비용	실제 지출액 (만 원)
	미디어	(1) 텔레비전 광고, (2) 신문 광고, (3) 인터넷 광고			

(2) 유의도 수준을 정한다: $p < 0.05$(95%) 또는 $p < 0.01$(99%) 중 하나를 결정한다

(3) 표본을 선정하여 데이터를 수집한 후 컴퓨터에 입력한다

(4) SPSS/PC⁺ 프로그램 중 반복측정 ANOVA를 실행한다

2) 연구결과 제시 및 해석방법

(1) 연구결과 해석 전 검토할 사항

① 구형성 전제
구형성 검증 결과에 따라 해석하는 값이 달라지기 때문에 구형성 전제 검증 결과를 제시한다. 구형성 검증 결과 〈표 25-29〉에시 보듯이 모델과 미디어의 상호작용 효과의 Mauchly의 W는 '0.403', 이를 카이제곱으로 전환한 값은 '2.727'이고 자유도 '2', 유의

표 25-29 **독립변인이 두 개인 경우 Mauchly의 구형성 검증**

개체 내 효과	Mauchly의 W	근사 카이제곱	자유도	유의 확률	입실론		
					Greenhouse-Geisser	Huynh-Feldt	하한
모델	1.000	0.000	0		1.000	1.000	1.000
미디어	0.800	0.671	2	0.715	0.833	1.000	0.500
모델 * 미디어	0.403	2.727	2	0.256	0.626	0.775	0.500

확률은 0.05보다 크기 때문에 영가설을 받아들인다. 즉, 구형성 전제가 충족되었다는 결론을 내린다. 미디어 주 효과의 Mauchly의 W는 '0.800', 이를 카이제곱으로 전환한 값은 '0.671'이고 자유도 '2', 유의확률은 0.05보다 크기 때문에 영가설을 받아들인다. 즉, 구형성 전제가 충족되었다는 결론을 내린다.

(2) 연구결과 제시 및 해석방법

표 25-30 **평균값**

	평균	표준편차	사례 수
비인기 모델/텔레비전 광고	118.000	3.391	5
비인기 모델/신문 광고	110.600	1.166	5
비인기 모델/인터넷 광고	113.000	2.000	5
인기 모델/텔레비전 광고	128.000	3.742	5
인기 모델/신문 광고	116.000	1.871	5
인기 모델/인터넷 광고	106.400	0.980	5

표 25-31 반복측정 ANOVA의 변량분석 결과

소스		제 Ⅲ유형 제곱합	자유도	평균 제곱	F	유의확률	부분 에타제곱
모델	구형성 가정	64.533	1	64.533	1.020	0.370	0.203
	Greenhouse-Geisser	64.533	1.000	64.533	1.020	0.370	0.203
	Huynh-Feldt	64.533	1.000	64.533	1.020	0.370	0.203
	하한	64.533	1.000	64.533	1.020	0.370	0.203
오차 (모델)	구형성 가정	253.133	4	63.283			
	Greenhouse-Geisser	253.133	4.000	63.283			
	Huynh-Feldt	253.133	4.000	63.283			
	하한	253.133	4.000	63.283			
미디어	구형성 가정	946.467	2	473.233	17.954	0.001	0.818
	Greenhouse-Geisser	946.467	1.666	568.094	17.954	0.003	0.818
	Huynh-Feldt	946.467	2.000	473.233	17.954	0.001	0.818
	하한	946.467	1.000	946.467	17.954	0.013	0.818
오차 (미디어)	구형성 가정	210.867	8	26.358			
	Greenhouse-Geisser	210.867	6.664	31.642			
	Huynh-Feldt	210.867	8.000	26.358			
	하한	210.867	4.000	52.717			
모델 * 미디어	구형성 가정	367.267	2	183.633	9.535	0.008	0.704
	Greenhouse-Geisser	367.267	1.252	293.269	9.535	0.024	0.704
	Huynh-Feldt	367.267	1.551	233.796	9.535	0.015	0.704
	하한	367.267	1.000	367.267	9.535	0.037	0.704
오차 (모델 * 미디어)	구형성 가정	154.067	8	19.258			
	Greenhouse-Geisser	154.067	5.009	30.756			
	Huynh-Feldt	154.067	6.204	24.834			
	하한	154.067	4.000	38.517			

표 25-32 **집단 간 차이 사후검증(준거집단: 수준3 인터넷 광고)**

소스	모델	미디어	제 Ⅲ 유형 제곱합	자유도	평균 제곱	F	유의 확률	부분 에타제곱
(모델 * 미디어)	수준1 및 수준2	수준1 및 수준1	1377.800	1	1377.800	11.453	0.028	0.741
		수준2 및 수준3	720.000	1	720.000	36.000	0.004	0.900
오차	수준1 및 수준2	수준1 및 수준3	481.200	4	120.300			
(모델 * 미디어)		수준2 및 수준3	80.000	4	20.000			

표 25-33 **집단 간 차이 사후검증(준거집단: 수준1 텔레비전 광고)**

소스	모델	미디어	제 III 유형 제곱합	자유도	평균 제곱	F	유의 확률
(모델 * 미디어)	수준2 및 수준1	수준2 및 수준1	105.80011	1	105.800	1.165	0.341
		수준3 및 수준1	377.800	1	1377.800	11.453	0.028
오차	수준2 및 수준1	수준2 및 수준1	363.200	4	90.800		
(모델 * 미디어)		수준3 및 수준1	481.200	4	120.300		

표 25-34 **유의도 검증 결과**

	변량	자유도	F	유의확률	부분 에타제곱	차이 검증
모델 * 미디어	183.633	2	9.535	0.008	0.704	인기모델의 경우, 텔레비전과 신문 광고가 인터넷 광고보다 구매비용을 증대시킨다. 비인기모델일 경우 인터넷 광고가 텔레비전과 신문 광고보다 구매비용을 증대시킨다. 텔레비전과 신문 광고의 경우 모델에 관계없이 구매비용에는 차이가 없다.
오차	19.258	8				

(3) 반복측정 ANOVA 표를 해석한다

① 유의도 검증 결과와 집단 간 차이 사후 검증 결과 쓰는 방법

〈표 25-30〉은 모델과 미디어 차이에 따른 지출비의 평균값을 보여준다. 비인기 모델의 텔레비전 광고의 평균 지출비는 '118만 원', 비인기 모델의 신문 광고의 평균 지출비는 '110.6만 원', 비인기 모델의 인터넷 광고비는 '113만 원'으로 나타났다. 인기 모델의 텔레비전 광고의 평균 지출비는 '128만 원', 인기 모델의 신문 광고의 평균 지출비는 '116만 원', 인기 모델의 인터넷 광고의 평균 지출비는 '106.4만 원'으로 나타났다. 표본의 평균값만 갖고 판단할 때 모델과 미디어는 지출비에 영향을 주는 것처럼 보인다. 이 표본의 결과가 모집단에서도 그대로 나타나는지 판단하기 위해 유의도 검증을 한다.

〈표 25-29〉의 구형성 전제 검증 결과 구형성 전제가 충족되었기 때문에 〈표 25-31〉의 구형성 가정에 제시된 결과와 〈표 25-32〉와 〈표 25-33〉의 사후검증 결과를 합한 〈표 25-34〉을 만들어 유의도 검증 결과를 해석한다(만일 구형성 전제가 충족되지 않았을 경우에는 앞에서 설명한 방법대로 해석한다).

〈표 25-34〉에서 보듯이, 모델과 미디어의 상호작용 효과가 있는 것으로 나타났다. 구형성 가정에 제시된 값을 보면 모델과 미디어의 설명변량은 '183.633'이고 오차변량은 '19.258', F 값은 '9.535'이고 유의확률은 0.05보다 작기 때문에 상호작용 효과 연구가

설을 받아들인다. 모델이 소비자의 구매비용에 미치는 효과는 어느 미디어에 광고를 하느냐에 따라 다르게 나타난다는 것이다. 즉, 인기 모델이 텔레비전 광고나 신문 광고를 할 때 비인기 모델이 텔레비전 광고나 신문 광고를 할 때보다 소비자의 구매비용이 증가하는 것으로 나타난 반면 비인기 모델이 인터넷 광고를 할 때 인기 모델이 인터넷 광고를 할 때보다 소비자의 구매비용이 높게 나타났다.

집단 간 차이의 사후검증 결과를 살펴보자. 〈표 25-32〉와 〈표 25-33〉에서 보듯이, 모델 수준1 및 수준2일 때 미디어 수준1 및 수준3의 검증 결과 F 값 '11.453', 자유도 = 1, 3, 유의확률은 0.05보다 작기 때문에 유의미한 것으로 나타났다. 즉, 비인기 모델이 인터넷 광고를 할 때 비인기 모델이 텔레비전 광고를 할 때에 비해 소비자의 구매비용이 많은 반면 인기 모델이 텔레비전 광고를 할 때에는 인기 모델이 인터넷 광고를 할 때보다 구매비용이 증가한다.

모델 수준1 및 수준2일 때 미디어 수준2 및 수준3의 검증 결과 F 값 '36.000', 자유도 = 1, 3, 유의확률은 0.05보다 작기 때문에 유의미한 것으로 나타났다. 즉, 비인기 모델이 인터넷 광고를 할 때 비인기 모델이 신문 광고를 할 때에 비해 구매비용이 많은 반면 인기 모델이 신문 광고를 할 때에는 인기 모델이 인터넷 광고를 할 때보다 구매비용이 증가한다. 모델 수준1 및 수준2일 때 미디어 수준1 및 수준2의 검증 결과 F 값 '1.165', 자유도 = 1, 3, 유의확률은 0.05보다 크기 때문에 유의미하지 않은 것으로 나타났다. 즉, 텔레비전 광고나 신문 광고의 경우 모델에 관계없이 소비자의 구매비용에 차이가 없다.

② 영향력 값 쓰는 방법
모델과 미디어의 상호작용은 구매비용에 큰 영향을 미치는 것으로 나타났다(에타제곱: 0.704).

참고문헌

Field, A. (2013), *Discovering Statistics Using IBM SPSS Statistics* (4th ed.), London: Sage.
Howell, D. G. (2012), *Statistical Methods For Psychology* (8th ed.), Belmont, CA: Wadsworth.
Stevens, J. P. (2002), *Applied Multivariate Statistics for the Social Science* (4th ed.), Mahwah, NJ: Lawrence Earlbaum Associates.

26

ANCOVA Analysis of Covariance

이 장에서는 종속변인에게 영향을 미칠 수 있다고 여겨지는 등간척도(또는 비율척도)로 측정한 변인(covariate, 공변인)을 사전에 통제한 후 명명척도로 측정한 여러 개의 독립변인과 등간척도(또는 비율척도)로 측정한 한 개의 종속변인 간의 인과관계를 분석하는 ANCOVA(Analysis of Covariance)를 살펴본다.

1. 정 의

ANCOVA(Analysis of Covariance)는 〈표 26-1〉에서 보듯이 종속변인에게 영향을 미칠 수 있다고 여겨지는 등간척도(또는 비율척도)로 측정한 변인(covariate, 이하 공변인)을 사전에 통제한 후 명명척도로 측정한 독립변인과 등간척도(또는 비율척도)로 측정한 종속변인 간의 인과관계를 분석하는 통계방법이다. 예를 들면 성별이 텔레비전 시청시간에 영향을 미친다는 연구가설을 검증할 때 연구자는 텔레비전 시청시간에 영향을 줄 수

표 26-1 **ANCOVA의 조건**

1. 독립변인
   1) 측정: 명명척도(유목 수에 제한이 없음)
   2) 수: 한 개 이상 여러 개
   3) 명칭: 요인이라고 부른다

2. 종속변인
   1) 측정: 등간척도(또는 비율척도)
   2) 수: 한 개

3. 공변인(통제변인)
   1) 측정: 등간척도(또는 비율척도)
   2) 수: 한 개 이상 여러 개

있는 변인(교육 등)을 사전에 통제한 후(즉, 교육과 텔레비전 시청시간 간의 관계를 미리 살펴본 후) 성별과 텔레비전 시청시간 간의 인과관계를 분석한다. 다른 예를 들면 학습 방법(A, B, C)이 수학 성적에 영향을 준다는 연구가설을 검증할 때 연구자는 수학 성적에 영향을 줄 수 있는 변인(수학 관심도 등)을 사전에 통제한 후(수학 관심도와 수학 성적 간의 관계를 미리 살펴본 후) 학습방법과 수학성적 간의 인과관계를 분석한다.

1) 변인의 측정

ANCOVA에서 독립변인은 명명척도로 측정해야 하고, ANOVA와 마찬가지로 유목(집단)의 수는 두 개 이상 여러 개로 그 수에 제한이 없다. 종속변인은 등간척도(또는 비율척도)로 측정되어야 한다. 공변인은 등간척도(또는 비율척도)로 측정되어야 한다.

2) 변인의 수

ANCOVA에서 사용하는 변인의 수는 독립변인 한 개 이상 여러 개, 종속변인 한 개여야 한다. 공변인의 수는 한 개 이상 여러 개다.

3) ANCOVA와 ANOVA 비교

ANCOVA와 ANOVA는 독립변인과 종속변인 간의 인과관계를 분석하기 위해 변량분석을 사용한다는 점에서 유사한 방법이다. 그러나 ANCOVA는 ANOVA와는 달리 연구자가 종속변인에게 영향을 준다고 여겨지는 변인(공변인)을 미리 통제한 후 독립변인과 종속변인 간의 인과관계를 분석한다. 뒤에서 자세히 살펴보겠지만 ANCOVA에서 공변인을 사전에 통제하는 이유는 오차 제곱합(또는 변량)을 줄여 독립변인이 종속변인에게 미치는 영향력을 정확하게 파악할 수 있기 때문이다.

2. 연구절차

ANCOVA의 연구절차는 〈표 26-2〉에 제시된 것처럼 여섯 단계로 이루어진다.

첫째, ANCOVA에 적합한 연구가설을 만든다. 변인의 측정과 수, 표본 할당에 유의하여 연구가설을 만든 후 유의도 수준($p < 0.05$ 또는 $p < 0.01$)을 정한다.

둘째, 데이터를 수집하여 입력한 후 SPSS/PC$^+$(23.0)의 ANCOVA를 실행하여 분석에 필요한 결과를 얻는다.

셋째, 결과 분석의 첫 단계로 전제(독립표본과 집단의 동질성, 독립변인과 공변인 간의 관계)를 검증한다. 집단의 동질성 검증, 독립변인과 공변인 간의 관계 검증 결과에 따라 ANCOVA 사용 여부가 결정되기 때문에 연구가설을 검증하기 전에 반드시 이 전제를 검증해야 한다.

넷째, 결과 분석의 두 번째 단계로. 연구가설의 유의도 검증을 한다. 평균값과 집단 내 변량, 집단 간 변량, F 값, 자유도, 유의확률 값을 살펴보면서 연구가설의 수용 여부를 판단한다.

다섯째, 결과 분석의 세 번째 단계로, 집단 간 차이를 사후검증한다. 연구가설이 유의미할 경우 집단 간의 차이를 사후 분석하여 어느 집단과 어느 집단이 차이가 나는지를 검증한다. ANCOVA의 사후검증은 ANOVA와 같은 방식으로 사후검증을 할 수 없고, 대신 대비(contrast)를 실시하여 집단 간 차이를 사후검증한다.

여섯째, 결과 분석의 네 번째 단계로, 영향력 값을 해석한다. 연구가설이 유의미할

표 26-2 **ANCOVA의 연구절차**

1. 연구가설 제시
   1) 독립변인의 수는 한 개 이상 여러 개이고, 명명척도로 측정한다(유목의 수에 제한이 없음). 종속변인의 수는 한 개이고, 등간척도나 비율척도로 측정한다. 공변인의 수는 한 개 이상 여러 개이고, 등간척도나 비율척도로 측정한다. 변인 간의 인과관계를 연구가설로 제시한다
   2) 유의도 수준을 정한다(p < 0.05 또는 p < 0.01)

⬇

2. 데이터 입력과 프로그램 실행
   1) 데이터를 수집하여 입력한다
   2) ANCOVA를 실행하여 분석에 필요한 결과를 얻는다

⬇

3. 결과 분석 1: 전제 검증
   1) 독립표본
   2) 집단의 동질성 검증
   3) 독립변인과 공변인 간의 관계 검증

⬇

4. 결과 분석 2: 유의도 검증

⬇

5. 결과 분석 3: 집단 간 차이 사후검증

⬇

6. 결과 분석 4: 영향력 값(에타제곱) 해석

경우 독립변인이 종속변인에게 미치는 영향력 값인 에타제곱(eta^2)을 해석한다. 그러나 연구가설이 유의미하지 않을 경우에는 에타제곱을 해석하지 않는다.

3. 연구가설과 가상 데이터

1) 연구가설

ANCOVA의 연구가설은 〈표 26-1〉에서 제시한 변인의 측정과 수의 조건만 충족하면 무엇이든 가능하다. 이 장에서는 〈연령〉을 사전에 통제한 후 독립변인 〈거주지역〉과 종속변인 〈스마트폰사용시간〉 간의 인과관계가 있는지를 검증한다고 가정하자. 연구가설은 연령을 통제한 후 〈거주지역이 스마트폰사용시간에 영향을 준다〉이다.

(1) 변인의 측정
독립변인은 〈거주지역〉한 개이고 ① 대도시, ② 중소도시, ③ 농촌 세 유목으로 측정한다. 종속변인은 〈스마트폰사용시간〉한 개이고, 실제 하루 평균 스마트폰 사용시간을 시간 단위로 측정한다. 공변인은 〈연령〉한 개이고, 실제 연령을 측정한다.

(2) 유의도 수준
유의도 수준을 $p < 0.05$(또는 $\alpha < 0.05$)로 정한다. 유의확률이 0.05보다 작으면 연구가설을 받아들이고, 0.05보다 크면 영가설을 받아들인다.

2) 가상 데이터

이 장에서 분석하는 〈표 26-3〉의 데이터는 필자가 임의적으로 만든 것이어서 표본의 수(30명)가 적고, 결과가 꽤 잘 나오게 만들었다(이 데이터를 사용하여 ANCOVA 프로그램을 실행해 보기 바란다). 그러나 독자가 실제 연구하는 데이터는 표본의 수도 훨씬 많고, 이 장에서 제시하는 결과만큼 깔끔하게 나오지 않을 수 있다.

표 26-3 ANCOVA의 가상 데이터

응답자	대도시	연령	스마트폰 사용시간	응답자	중소도시	연령	스마트폰 사용시간	응답자	농촌	연령	스마트폰 사용시간
1	1	4	5	11	2	3	4	21	3	4	3
2	1	1	3	12	2	1	2	22	3	4	4
3	1	5	5	13	2	2	3	23	3	3	3
4	1	1	3	14	2	2	3	24	3	2	2
5	1	2	2	15	2	5	5	25	3	5	5
6	1	3	4	16	2	4	4	26	3	1	1
7	1	5	5	17	2	2	2	27	3	3	4
8	1	4	4	18	2	1	2	28	3	2	2
9	1	5	5	19	2	3	4	29	3	1	1
10	1	5	5	20	2	5	5	30	3	5	4

4. SPSS/PC$^+$ 실행방법

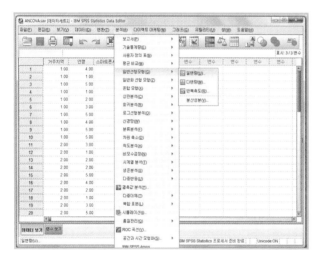

[실행방법 1] 분석방법 선택

메뉴판의 [분석(A)]에서
[일반선형모형(G)]을 클릭하고
[일변량(U)]을 클릭한다.

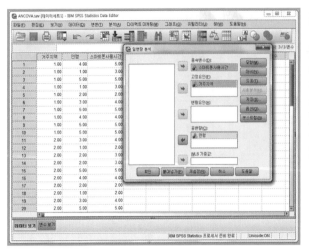

[일변량 분석] 창이 나타나면
종속변인인 〈스마트폰사용시간〉을
클릭하여 [종속변수(D)]로 옮긴다(➡).
독립변인인 〈거주지역〉을
[고정요인(F)]으로 옮긴다(➡).
통제변인인 공변인 〈연령〉은
[공변량(C)]으로 옮긴다.

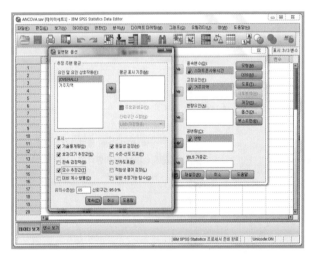

[옵션(O)]을 클릭한다.
[일변량: 옵션] 창이 나타나면
[추정 주변 평균]의 왼쪽의 [요인 및 요인
상호작용(F)]의 독립변인인 〈거주지역〉을
오른쪽의 [평균 표시 기준(M)]으로
옮긴다(➡).
[표시]의 [☑ 기술통계량(D)],
[☑ 효과크기 추정값(E)],
[☑ 동질성 검정(H)],
[☑ 모수 추정값(T)]을 선택한다.
[계속]을 클릭한다.

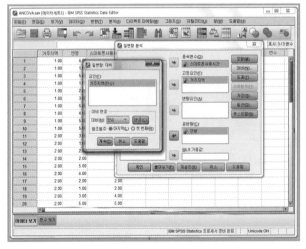

[실행방법 2]로 돌아가면 [대비(N)]를
클릭한다. [일변량: 대비] 창이 나타나면
명명척도로 측정한 변인인 〈거주지역〉이
[요인(F)]에 입력되어 있다.
[대비 변경]의 [대비(N)]는 [ ]로
기본설정이 된다. ▼를 클릭해
[단순]으로 바꾸고 [변경(H)]을 클릭한다.
준거집단(참조범주)은 마지막으로 기본
설정되어 있다.
[계속]을 클릭한다.
[일변량] 창으로 다시 돌아가면
[확인]을 클릭한다.

[분석결과 1] 사례 수

분석 결과가 새로운 창
*출력결과 1[문서 1]로 나타난다.
[개체-간 요인] 표에는
독립변인의 변인값 설명과
사례수가 제시된다.

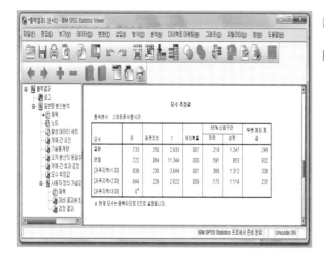

[분석결과 2] 모수 추정값

[모수 추정값] 표가 제시된다.

[분석결과 3] 유의도 검증

[기술통계량] 표에는 독립변인의 집단에
따른 종속변인의 평균값, 표준편차,
사례수가 각각 제시된다.
[오차분산의 동질성에 대한
Levene의 검정]에는
집단의 동질성에 대한 결과가 제시된다.
[개체_간 효과 검정]표에는
독립변인과 종속변인의
일원변량 분석 결과가 제시된다.

[분석결과 4] 집단 간 차이 사후검증

[실행방법 4]에서 설정한
사후검증 결과가
[대비결과] 표에 제시된다.
[검정결과] 표가 제시된다.

5. 결과 분석 1: 전제 검증

1) 독립표본

ANCOVA도 ANOVA와 마찬가지로 독립표본 전제가 충족되어야 한다. 즉, 한 집단에 속한 사람이 다른 집단에 속하지 않게 표본을 할당해야 한다. 독립표본 전제는 제 11장 독립표본 t-검증방법과 제 12장 일원변량분석에서 살펴봤기 때문에 여기서는 설명을 생략한다.

2) 집단의 동질성 검증

ANCOVA도 ANOVA와 마찬가지로 집단의 동질성 검증을 한다. 집단의 동질성 검증은 제 12장 일원변량분석에서 살펴봤기 때문에 여기서는 설명을 생략한다.

3) 독립변인과 공변인 간의 관계 검증

ANCOVA는 독립변인과 공변인 간의 관계가 없다고 전제한다. 따라서 ANCOVA 분석에 앞서 독립변인과 공변인 간에 관계가 있는지를 검증해야 한다. 독립변인과 공변인 간의 관계가 있는지를 검증한다는 것이 무슨 의미인지 살펴보자.
   연구자가 〈거주지역〉이 〈스마트폰사용시간〉에 영향을 준다는 연구가설을 검증한다고 가정하자. 연구자는 〈스마트폰사용시간〉에 영향을 주는 다른 변인(공변인 〈연령〉 등)이 있다고 생각하여 먼저 공변인(〈연령〉)을 통제한 후 〈거주지역〉이 〈핸드폰이용시간〉에 미치는 영향력을 분석하려고 한다.

연구자는 분석에 앞서 독립변인 〈거주지역〉과 공변인 〈연령〉 간의 관계가 있는지를 검증해야 한다. 독립변인과 공변인 간의 관계가 없다면 ANCOVA의 전제를 충족하기 때문에 ANCOVA 분석을 하면 된다. 그러나 만일 독립변인과 공변인 간의 관계가 존재한다면, 예를 들어 거주지역에 따라 연령에 차이가 나타난다면 문제가 발생한다. 즉, 농촌에 거주하는 사람이 중소도시나 대도시에 거주하는 사람에 비해 연령이 높은(또는 낮은) 현상이 나타날 것이다. 두 변인 간의 관계가 존재한다면 〈그림 26-1〉에서 보듯이 두 변인의 변량이 겹치기 때문에 설명변량에는 독립변인 때문에 나타나는 설명변량과 통제변인 때문에 나타나는 설명변량이 뒤섞이게 된다. 그 결과 독립변인(〈거주지역〉)이 종속변인(〈스마트폰사용시간〉)에게 미치는 순수한 영향력을 알 수 없게 된다. 독립변인과 공변인 간의 관계가 존재한다면 ANCOVA를 사용해서는 안 된다(유의도 검증 논리에서 자세히 살펴볼 것이다).

표본의 사례들이 제대로 무작위 할당(*random assignment*)이 되지 않았을 경우 독립변

그림 26-1 **ANCOVA 분석이 부적절한 경우의 변량분석**

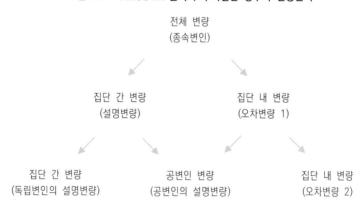

표 26-4 **독립변인과 공변인 간의 전제 검증**

연구가설: 독립변인과 공변인 간의 관계가 존재한다.
영가설: 독립변인과 공변인 간의 관계가 존재하지 않는다
유의도 수준: $p < 0.05$

1. 관계가 없을 경우(영가설을 받아들여 독립변인과 공변인 간의 관계가
   존재하지 않을 경우)에는 ANCOVA를 사용한다.

2. 관계가 있을 경우(연구가설을 받아들여 독립변인과 공변인 간의 관계가
   존재할 경우)에는 ANCOVA를 사용해서는 안 된다.

표 26-5 **독립변인(〈거주지역〉)과 공변인(〈연령〉) 간의 ANOVA 분석 결과**

소스	제 Ⅲ 유형 제곱합	자유도	평균 제곱	F	유의확률
거주지역(집단 간 변량)	2.600	2	1.300	0.548	0.585
오차(집단 내 변량)	64.100	27	2.374		

인과 공변인 간의 관계가 나타난다. 무작위 할당을 제대로 하면 독립변인과 공변인 간의 상관관계가 존재하지 않는다. 즉, 무작위 할당을 하면 집단 간 공변인의 정도는 같다고 보면 된다.

연구자는 ANCOVA를 실행하기 전에 반드시 독립변인과 공변인 간의 관계가 없다는 전제를 검증해야 한다(〈표 26-4〉 참조). 이 전제를 검증하기 위해서 〈거주지역〉을 독립변인으로, 〈연령〉을 종속변인으로 하여 ANOVA를 실행하여 결과를 분석한다.

〈표 26-5〉는 독립변인(〈거주지역〉)과 공변인(〈연령〉) 간의 ANOVA 결과를 보여준다. ANOVA 분석 결과 두 변인 간의 관계가 유의미하지 않다면(즉, 거주지역 간 연령 차이가 없다면) ANCOVA를 사용할 수 있다. 그러나 두 변인 간의 관계가 유의미하다면 (즉, 거주지역 간 연령 차이가 있다면) 독립변인(〈거주지역〉)과 공변인(〈연령〉) 간에 관계가 존재하기 때문에 ANCOVA를 사용해서는 안 된다. 〈표 26-5〉의 결과를 살펴보면 독립변인 〈거주지역〉과 공변인 〈연령〉 간의 관계가 유의미하지 않다는 것을 알 수 있다 ($F = 0.548$, $df = 2$, 27, n. s.). 독립변인과 공변인 간의 관계가 없기 때문에(즉, 거주지역 간 연령 차이가 없기 때문에) ANCOVA를 사용할 수 있다.

6. 결과 분석 2: 유의도 검증

유의도 검증 결과를 해석하는 방법을 살펴본 후 ANCOVA 분석의 기본 논리를 알아보자.

1) 추정 평균값

독립변인 각 집단의 평균값을 살펴본다. ANCOVA에서는 각 집단의 평균값 대신 공변인을 통제한 후의 각 집단의 평균값인 추정 평균값(mean estimate)을 계산한다.

〈표 26-6〉은 독립변인 각 집단(대도시, 중소도시, 농촌)의 추정 평균값을 보여준다. 추정 평균값이란 공변인 〈연령〉을 통제한 후 조정된 각 집단의 평균값이다. 〈연령〉을 통제한 후 대도시에 거주하는 사람의 하루 평균 스마트폰 사용시간은 3.811시간이고, 중소도시에 거주하는 사람의 경우는 3.617시간이고, 농촌에 거주하는 사람의 경우는 2.972시간으로 나타났다. 대도시에 거주하는 사람이 중소도시와 농촌에 거주하는 사람

표 26-6 **추정 평균값**

거주지역	평균	표준오차
1.00(대도시)	3.811	0.163
2.00(중소도시)	3.617	0.162
3.00(농촌)	2.972	0.161

에 비해 하루 평균 스마트폰을 더 많이 사용하는 것으로 보인다. 그러나 정확한 결론을 내리기 위해 〈연령〉을 통제한 후 각 집단의 평균값 차이를 변량분석을 통해 분석한다. 만일 두 변인 간의 인과관계가 유의미하게 나타난다면 구체적으로 어느 집단과 어느 집단 간의 차이가 있는지를 사후검증한다. 사후검증 방법은 뒤에서 살펴볼 것이다.

2) 결과 해석

연령을 통제한 후 〈거주지역이 스마트폰 사용시간에 영향을 준다〉는 연구가설을 검증하기 위해 ANCOVA를 실행한다.

(1) 독립변인과 종속변인 간의 유의도 검증

〈표 26-7〉에서 보듯이 〈연령〉을 통제한 후의 〈집단 간 변량〉(거주지역의 평균 제곱에 제시되어 있음) '1.913'은 제곱합 '3.826'을 자유도 '2'로 나눈 값이다. 반면 〈집단 내 변량〉(오차의 평균 제곱에 제시되어 있음) '0.260'은 제곱합 '6.757'을 자유도 '26'으로 나눈 값이다. F 값 '7.360'은 〈집단 간 변량〉 '1.913'을 〈집단 내 변량〉 '0.260'으로 나눈 값이다. 자유도1의 '2'와 자유도2의 '26'에서 F 값 '7.360'을 분석한 결과 유의확률 값은 0.003으로 0.05보다 작기 때문에 〈연령〉을 통제한 후에 〈거주지역이 스마트폰 사용시간〉에 영향을 준다는 연구가설을 받아들인다. 즉, 거주지역 간(대도시, 중소도시, 농촌)에 스마트폰 사용시간에 차이가 있다는 것을 알 수 있다.

표 26-7 **변량분석 결과**

소스	제 Ⅲ 유형 제곱합	자유도	평균 제곱	F	유의확률	부분 에타제곱
수정 모형	40.710	3	13.570	52.214	0.000	0.858
절편	8.222	1	8.222	31.638	0.000	0.549
연령	33.443	1	33.443	128.682	0.000	0.832
거주지역	3.826	2	1.913	7.360	0.003	0.361
오차	6.757	26	0.260			
합계	408.000	30				
수정 합계	47.467	29				

(2) 공변인과 종속변인 간의 유의도 검증

〈옵션〉에서 〈모수 추정값〉을 선택하면, 〈표 26-8〉에서 보듯이, 공변인과 종속변인 간의 인과관계를 보여준다. 공변인의 값의 의미를 살펴보자. 공변인 〈연령〉의 B값이 '+'면 공변인 〈연령〉의 값이 증가할수록 종속변인의 값이 증가한다는 것이고, '-'면 공변인 〈연령〉의 값이 증가할수록 종속변인의 값이 감소한다는 것이다. 공변인 〈연령〉의 B값 '0.722'는 '+' 값이기 때문에 〈연령〉이 증가하면 증가할수록 〈스마트폰사용시간〉도 증가한다는 것을 보여준다.

표 26-8 **모수 추정값**

모수	B	표준오차	t	유의확률
절편	0.733	0.250	2.933	0.007
연령	0.722	0.064	11.344	0.000
[대도시 = 1.00]	0.839	0.230	3.644	0.001
[중소도시 = 2.00]	0.644	0.228	2.822	0.009
[농촌 = 3.00]	0			

7. 유의도 검증의 기본 논리

ANCOVA는 독립변인과 종속변인 간의 인과관계를 분석하기 전에 공변인을 사전에 통제하기 때문에 ANOVA에 비해 ① 오차 제곱합(또는 변량)을 줄일 수 있고, ② 그 결과 독립변인이 종속변인에게 미치는 영향력을 정확하게 파악할 수 있는 장점을 가진다. ANCOVA의 장점을 알아보기 위해 ANCOVA와 ANOVA의 변량분석 방법을 비교해 보자.

1) ANOVA의 변량분석

제 12장 일원변량분석(*one-way ANOVA*)에서 살펴보았듯이, ANOVA의 변량분석은 〈그림 26-2〉에서 보듯이, 종속변인의 전체 변량을 집단 간 변량(설명변량)과 집단 내 변량(오차변량)으로 나누어 구한 후 집단 간 변량을 집단 내 변량으로 나누어 F 값을 계산한다.

〈표 26-3〉의 가상 데이터를 〈연령〉을 통제하지 않은 상태에서 독립변인 〈거주지역〉과 종속변인 〈스마트폰사용시간〉 간의 인과관계를 ANOVA를 통해 분석해 보자.

〈표 26-9〉에서 보듯이 독립변인(〈거주지역〉)은 종속변인(〈스마트폰사용시간〉)에 영향을 미치지 않는 것으로 나타났다(F = 2.440, df = 2, 27, n. s.). 즉, 거주지역 간에는 스마트폰사용시간에 차이가 없다는 것을 알 수 있다. 이 결과와 ANCOVA 결과를 비교해 보자.

그림 26-2 ANOVA의 변량분석

전체 변량
(종속변인)

집단 간 변량
(설명변량)

집단 내 변량
(오차변량)

$$F = \frac{\text{집단 간 변량(설명변량)}}{\text{집단 내 변량(오차변량)}}$$

표 26-9 ANOVA 변량분석 결과

소스	제 Ⅲ 유형 제곱합	자유도	평균 제곱	F	유의확률	부분 에타제곱
수정 모형	7.267	2	3.633	2.440	0.106	0.153
절편	360.533	1	360.533	242.149	0.000	0.900
거주지역	7.267	2	3.633	2.440	0.106	0.153
오차	40.200	27	1.489			
합계	408.000	30				
수정 합계	47.467	29				

2) ANCOVA의 변량분석

ANCOVA의 변량분석은 〈그림 26-3〉에서 보듯이, 종속변인의 전체 변량을 집단 간 변량과 공변인 변량, 집단 내 변량으로 나누어 계산한다. 독립변인과 공변인 간의 관계에 대한 전제가 충족된다면(즉, 관계가 존재하지 않는다면) 독립변인의 집단 간 변량과 공변인 변량은 겹치지 않는다. 반면 집단 내 변량인 오차변량 1을 설명변량인 공변인 변량과 집단 내 변량인 오차변량 2로 나누기 때문에 오차변량 1을 줄일 수 있다. 그 결과 집단 간 변량을 집단 내 변량인 오차변량 2로 나누어 계산한 F 값은 커지게 된다.

그러나 독립변인과 공변인 간의 관계가 존재한다면 독립변인 때문에 나타나는 설명변량과 공변인 때문에 나타나는 공변인 변량이 뒤섞이게 된다. 그 결과 독립변인이 종속변인에게 미치는 순수한 영향력을 알 수 없게 되는 문제가 발생한다.

〈표 26-3〉의 가상 데이터를 〈연령〉을 통제한 상태에서 독립변인 〈거주지역〉과 종속변인 〈스마트폰사용시간〉 간의 인과관계를 ANCOVA를 통해 분석해 보자.

〈표 26-7〉에 나타난 ANCOVA 결과를 분석해 보면, 공변인 〈연령〉을 통제한 후 독립변인(〈거주지역〉)이 종속변인(〈스마트폰사용시간〉)에 영향을 미친다는 것을 알 수 있다

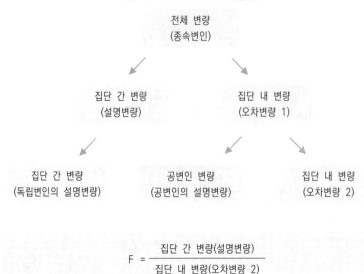

그림 26-3 **ANCOVA의 변량분석**

전체 변량
(종속변인)

집단 간 변량
(설명변량)

집단 내 변량
(오차변량 1)

집단 간 변량
(독립변인의 설명변량)

공변인 변량
(공변인의 설명변량)

집단 내 변량
(오차변량 2)

$$F = \frac{\text{집단 간 변량(설명변량)}}{\text{집단 내 변량(오차변량 2)}}$$

($F = 7.360$, $df = 2$, 26, $p < 0.05$). 즉, 거주지역 간에는 스마트폰 사용시간에 차이가 있다는 것을 알 수 있다. 이 결과는 앞의 ANOVA 결과와 상반된 결론을 보여준다. 즉, ANOVA 분석에서는 거주지역이 스마트폰 사용시간에 영향을 주지 않는 것으로 나타난 반면 ANCOVA 분석에서는 연령을 통제한 후 거주지역이 스마트폰 사용시간에 영향을 주는 것으로 나타났다.

3) ANCOVA 결과와 ANOVA 결과 비교

ANCOVA 분석 결과와 ANOVA 분석 결과를 비교해 보면 ANCOVA의 장점을 쉽게 알 수 있다. 공변인 〈연령〉을 통제한 후 〈표 26-7〉의 ANCOVA의 결과와 공변인 〈연령〉을 통제하지 않은 상태의 〈표 26-9〉의 ANOVA 결과를 비교해 보면 몇 가지 차이점이 있는 것을 알 수 있다.

① ANCOVA와 ANOVA의 전체 제곱합은 '408.000'으로 같다. 즉, ANCOVA나 ANOVA든 방법에 관계없이 전체 제곱합은 동일하다.
② ANCOVA에서 공변인 〈연령〉을 통제했을 때 오차 제곱합은 '6.757'이고, ANOVA에서 공변인 〈연령〉을 통제하지 않았을 때 오차 제곱합은 '40.200'이다. 즉, 공변인 〈연령〉을 통제하면 오차 제곱합이 '33.443'(40.200 - 6.757) 만큼 크게 감소한다.

ANCOVA와 ANOVA의 전체 제곱합은 같은 반면, 공변인(〈연령〉)을 통제했을 때 오차 제곱합(또는 변량)은 감소하기 때문에 ANOVA에서는 유의미하지 않게 나타나는 결과가 ANCOVA에서는 유의미하게 나타난다. 만일 종속변인에게 영향을 미칠 수 있는 공변인을 찾을 수 있다면 연구자는 가급적 연구가설을 검증하기 전에 공변인을 통제하는 것이 바람직하다.

8. 결과 분석 3: 집단 간 차이 사후검증

변량분석을 통한 유의도 검증은 독립변인과 종속변인 간의 인과관계의 존재 여부만을 보여준다. 즉, 〈거주지역〉이 〈스마트폰사용시간〉에 영향을 준다는 것을 알 수 있다. 그러나 변량분석 결과는 구체적으로 독립변인의 어느 집단과 어느 집단에 차이가 나는지를 알려주지 않기 때문에 만일 연구결과가 유의미하게 나면 사후검증을 반드시 실시해야 한다. 연구결과가 유의미하지 않으면 사후검증을 실시할 필요가 없다. ANCOVA에서는 ANOVA에서 실시하는 형식의 사후검증은 없다. 대신에 대비(*contrast*)를 실시하여 〈표 26-6〉에 제시된 집단 간 추정 평균값 차이를 사후검증한다.

집단 간 차이를 대비(사후검증)하기 위해서는 먼저 준거집단(*reference group*)을 잡아야 한다(SPSS/PC⁺ 프로그램에서는 준거집단을 참조범주로 번역한다). 준거집단이란 다른 집단과 비교하기 위해 기준이 되는 집단을 의미한다(준거집단에 대해 자세히 알고 싶으면 제 17장 가변인 회귀분석 ①을 참조하길 바란다). 예를 들어 대도시를 준거집단으로 선정하면 대도시와 다른 집단(즉, ① 대도시와 중소도시, ② 대도시와 농촌) 간의 비교가 이루어진다. 만일 농촌을 준거집단으로 선정하면 농촌과 다른 집단(즉, ① 농촌과 대도시, ② 농촌과 중소도시) 간의 비교가 이루어진다. 준거집단을 대도시(1)로 잡을 경우 SPSS/PC⁺ 프로그램은 ① 대도시와 중소도시, ② 대도시와 농촌 간의 비교 결과는 보여주지만 중소도시와 농촌 간의 차이의 비교 결과는 제시하지 않는다. 만일 연구자가 중소도시와 농촌 간 차이를 비교하고 싶다면 불편하지만 준거집단을 농촌(3)으로 바꾸어 ANCOVA를 다시 실행해야 한다. 준거집단을 바꾸려면 SPSS/PC⁺ 프로그램의 〈대비〉를 선택한 후 새 창의 아래 있는 〈참조범주〉에서 첫 번째를 선택하고, 바로 위에 있는 〈변경〉을 클릭하고, 아래 있는 〈계속〉을 클릭한 후 실행하면 된다.

〈표 26-10〉에서 보듯이 공변인 〈연령〉을 통제한 후 "대도시"(1)를 준거집단으로 한 집단 간 차이의 결과를 살펴보면, "중소도시"(2)와 "대도시"(1) 간 차이($-0.194 = 3.617 - 3.811$)는 유의미하지 않는 것(유의확률 = 0.410)으로 나타났고, "농촌"(3)과 "대도시"(1) 간의 차이($-0.839 = 2.972 - 3.811$)는 유의미한 것(유의확률 = 0.001)으로 나타났다. 즉,

표 26-10 **대비 결과[준거집단: "대도시"(1)인 경우]**

수업방법 단순 대비	종속변수
	응답자리비도
수준 2 및 수준 1 대비 추정값	−0.194*
가설값	0
차분(추정값 − 가설값)	−0.194
표준오차	0.232
유의확률	0.410
차이에 대한 95% 신뢰구간 하한	−0.672
상한	0.283
수준 3 및 수준 1 대비 추정값	−0.839**
가설값	0
차분(추정값 − 가설값)	0.839
표준오차	0.230
유의확률	0.001
차이에 대한 95% 신뢰구간 하한	−1.312
상한	−0.366

* −0.194(차이) = 3.617(중소도시 평균) − 3.811(대도시 평균)
** −0.839(차이) = 2.972(농촌 평균) − 3.811(대도시 평균)

표 26-11 **대비 결과[준거집단: "농촌"(3)인 경우]**

수업방법 단순 대비	종속변수
	응답자리비도
수준 1 및 수준 3 대비 추정값	0.839*
가설값	0
차분(추정값 − 가설값)	0.839
표준오차	0.230
유의확률	0.001
차이에 대한 95% 신뢰구간 하한	0.366
상한	1.312
수준 2 및 수준 3 대비 추정값	0.644**
가설값	0
차분(추정값 − 가설값)	0.644
표준오차	0.228
유의확률	0.009
차이에 대한 95% 신뢰구간 하한	0.175
상한	1.114

* 0.839(차이) = 3.811(대도시 평균) − 2.972(농촌 평균)
** 0.644(차이) = 3.617(중소도시 평균) − 2.972(농촌 평균)

대도시에 거주하는 사람은 농촌에 거주하는 사람에 비해 하루 평균 스마트폰을 더 많이 사용하지만, 중소도시에 거주하는 사람과는 차이가 없는 것으로 나타났다.

〈표 26-10〉은 대도시"(1)을 준거집단으로 잡았기 때문에 "중소도시"(2)와 "농촌"(3) 간의 차이 결과를 보여주지 않는다. 준거집단을 "농촌"(3)으로 하여 다시 실행한 결과는 〈표 26-11〉과 같다. 〈연령〉을 통제한 후 "농촌"(3)을 준거집단으로 하여 집단 간 차이 결과를 살펴보면, "대도시"(1)와 "농촌"(3) 간의 차이(0.839=3.811-2.972)는 유의미한 것(유의확률=0.001)으로 나타났고(〈표 26-9〉의 결과와 같음), "중소도시"(2)와 "농촌" (3) 간의 차이(0.644 = 3.617 - 2.972)는 유의미한 것(유의확률=0.009)으로 나타났다. 즉, 농촌에 거주하는 사람은 대도시와 중소도시에 거주하는 사람에 비해 하루 평균 스마트폰을 덜 사용하는 것으로 나타났다.

9. 결과 분석 4: 영향력 값(에타제곱)

에타제곱의 의미는 제12장 일원변량분석에서 설명했기 때문에 여기서는 〈표 26-5〉 ANCOVA의 변량분석 결과표에 제시된 값을 해석한다. 〈표 26-5〉에서 보듯이 〈거주지역〉의 에타제곱은 '0.361'로 독립변인 〈거주지역〉이 종속변인 〈스마트폰사용시간〉에 상당히 큰 영향력을 준다는 것을 보여준다. 영가설을 받아들일 경우에는 에타제곱을 해석하지 않는다.

10. ANCOVA 논문작성법

1) 연구절차

(1) ANCOVA에 적합한 연구가설을 만든다

연구가설	공변인 (등간/비율척도)		독립변인 (명명척도)		종속변인 (등간/비율척도)	
	변인		변인	측정	변인	측정
(연령을 통제한 후) 교육이 불안감에 영향을 준다	연령	실제 (만) 나이 측정	교육	(1)중졸 (2)고졸 (3)대졸	불안감	5점 척도로 측정 (1점: 불안하지 않다부터 5점: 불안하다까지)

(2) 유의도 수준을 정한다: p < 0.05(95%) 또는 p < 0.01(99%) 중 하나를 결정한다

(3) 표본을 선정하여 데이터를 수집한 후 컴퓨터에 입력한다

(4) SPSS/PC$^+$ 프로그램 중 ANCOVA를 실행한다

2) 연구결과 제시 및 해석방법

(1) 전제 검증
① 독립표본(논문에서 제시하지 않는다)
② 집단의 동질성 검증(논문에서 제시하지 않는다)
③ 독립변인 〈교육〉과 공변인 〈연령〉 간의 ANOVA 검증(논문에서 제시하지 않는다)

(2) ANCOVA 연구결과를 표로 제시한다
프로그램을 실행하여 얻은 결과를 〈표 26-12〉와 같이 만든다.

표 26-12 **연령 통제 후 교육과 불안감 간의 변량분석 결과**

		사례 수	평균	표준편차	F	자유도	유의확률	에타제곱	차이 집단
연령		24	0.726*		86.152	1, 20	0.000		
교육	중졸	8	3.758**	0.192	4.652	2, 20	0.022	0.318	대졸 집단과 (고졸/중졸 집단)
	고졸	8	3.428**	0.193					
	대졸	8	2.939**	0.191					

* B값(비표준 회귀계수)
** 연령을 통제한 후 각 집단의 평균값

연령을 통제하지 않는 상태에서 교육과 불안감 간의 인과관계에 대한 변량분석 결과는 〈표 26-13〉에 제시되어 있다. 이 결과는 〈표 26-12〉의 ANCOVA 결과와 달리 교육과 불안감 간의 관계가 없는 것으로 나타났다(〈표 26-13〉은 ANCOVA의 유용성을 보여주기 위한 참고자료로 제시한 것으로서 논문에서는 제시하지 않는다).

표 26-13 **연령을 통제하지 않는 상태에서 교육과 불안감 간의 변량분석 결과**

	제 Ⅲ 유형 제곱합	자유도	평균 제곱	F	유의확률	부분 에타제곱
교육	4.750	2	2.375	1.615	0.223	0.133
오차	30.875	21	1.470			

(3) 변량분석표를 해석한다

① 유의도 검증 결과와 집단 간 차이 사후 검증 결과 쓰는 방법

〈표 26-12〉에서 보듯이 공변인 연령과 불안감 간에는 통계적으로 유의미한 차이가 있는 것으로 나타났다($F = 86.152$, $df = 1$, 20, $p < 0.05$). 즉, 연령이 증가하면 증가할수록 불안감을 더 느끼는 것으로 보인다(B값 = 0.726). 연령을 통제한 후 교육과 불안감 간에는 통계적으로 유의미한 차이가 있는 것으로 나타났다($F = 4.652$, $df = 2$, 20, $p < 0.05$). 각 집단 간 불안감의 차이를 사후검증한 결과, 중학교를 졸업한 사람(평균 = 3.758)과 고등학교를 졸업한 사람(평균 = 3.428) 간에는 불안감에 차이가 없었다. 반면 대학교를 졸업한 사람(평균 = 2.939)과 중학교와 고등학교를 졸업한 사람 간에는 불안감에 차이가 있는 것으로 나타났다. 즉, 중학교와 고등학교를 졸업한 사람은 대학교를 졸업한 사람에 비해 불안감을 더 느끼는 경향이 있다.

② 영향력 결과 쓰는 방법

연령을 통제한 후 교육이 불안감에 미치는 영향력을 분석한 결과, 교육이 불안감에 미치는 영향력은 상당히 큰 것으로 나타났다(에타제곱 = 0.318). 이 결과는 교육이 불안감에 영향을 주는 주 요인이라는 사실을 보여준다.

참고문헌

Field, A. (2013), *Discovering Statistics Using IBM SPSS Statistics* (4th ed.), London: Sage.
Howell, D. G. (2012), *Statistical Methods For Psychology* (8th ed.), Belmont, CA: Wadsworth.
Pedhazur, E. J. (1997), *Multiple Regression in Behavioral Research* (3rd ed.), Belmont, CA: Wadsworth.
Stevens, J. P. (2002), *Applied Multivariate Statistics for the Social Science* (4th ed.), Mahwah, NJ: Lawrence Earlbaum Associates.

27

MANOVA multivariate analysis of variance

이 장에서는 명명척도로 측정한 한 개 이상 여러 개의 독립변인과 등간척도(또는 비율척도)로 측정한 두 개 이상 여러 개의 종속변인 간의 인과관계를 분석하는 다변량분석 (*multivariate analysis of variance*, 이하 MANOVA)을 살펴본다.

1. 정의

다변량분석은 〈표 27-1〉에서 보듯이 명명척도로 측정한 한 개 이상 여러 개의 독립변인과 등간척도(또는 비율척도)로 측정한 두 개 이상 여러 개의 종속변인 간의 인과관계를 분석하는 통계방법이다. MANOVA 연구가설의 예를 들어보자. 언론학의 경우, 명명척도로 측정한 두 개의 독립변인 〈성별〉과 〈직업〉이 등간척도(또는 비율척도)로 측정한 세 개의 종속변인 〈텔레비전시청시간〉과 〈신문구독시간〉, 〈스마트폰이용시간〉에 영향을 준다는 연구가설을 검증할 수 있다. 정치학의 경우, 두 개의 독립변인 〈성별〉과 〈거주지역〉이 두 개의 종속변인 〈대통령정책지지도〉와 〈대통령속한정당지지도〉에 영향을 준다는 연구가설을 분석할 수 있다. 교육학의 경우 한 개의 독립변인 〈교수법〉이 두 개의 종속변인 〈학습동기〉와 〈학습태도〉에 미치는 영향을 분석할 수 있다. 이처럼 MANOVA를 적용하는 분야는 다양하다.

표 27-1 **MANOVA의 조건**

1. 독립변인
   1) 측정: 명명척도
   2) 수: 한 개 이상 여러 개
   3) 명칭: 요인이라고 부른다

2. 종속변인
   1) 측정: 등간척도(또는 비율척도)
   2) 수: 두 개 이상 여러 개

MANOVA는 ANOVA의 기본 논리를 확장한 방법이기 때문에 MANOVA를 제대로 이해하기 위해서는 ANOVA(제 12장 *one-way ANOVA*와 제 13장 *n-way ANOVA*)를 알아야 한다. 또한 MANOVA의 유의도 검증뿐 아니라 추가 분석에서 판별분석(*discriminant analysis*)을 사용하기 때문에 MANOVA를 이해하기 위해서는 제 23장의 판별분석도 알아야 한다. 이 장은 독자가 ANOVA와 판별분석을 알고 있다는 전제 아래 MANOVA를 설명하기 때문에 이 장을 읽기 전 반드시 ANOVA와 판별분석을 공부해야 한다. MANOVA는 그 자체도 상당히 복잡한 통계방법이기도 하고, ANOVA와 판별분석을 통해 추가 분석을 해야 하기 때문에 이해하기 쉽지 않다. 독자는 인내심을 갖고 공부하기 바란다.

1) 변인의 측정

MANOVA에서 독립변인은 명명척도로 측정해야 하고, 유목의 수는 두 개 이상으로 그 수에 제한이 없다. MANOVA에서 독립변인은 ANOVA와 마찬가지로 요인(*factor*)이라고 부른다. 종속변인은 등간척도나 비율척도로 측정해야 한다.

2) 변인의 수

MANOVA에서 사용하는 독립변인의 수는 한 개 이상 여러 개이고, 종속변인의 수는 두 개 이상 여러 개다.

3) MANOVA와 ANOVA, 판별분석 비교

(1) MANOVA와 ANOVA

MANOVA와 ANOVA는 명명척도로 측정한 독립변인과 등간척도(또는 비율척도)로 측정한 종속변인 간의 인과관계를 분석하기 위해 변량분석을 사용한다는 점에서 기본 논리는 유사하다. 그러나 ANOVA에서 종속변인의 수는 한 개여야 하지만, MANOVA에서 종속

그림 27-1 **적합한 분석: 독립변인 한 개와 종속변인 두 개의 MANOVA**

그림 27-2 **부적합한 분석: 독립변인 한 개와 종속변인 한 개의 ANOVA**

1. 성별   ⟶   텔레비전시청시간

2. 성별   ⟶   신문구독시간

변인의 수는 두 개 이상 여러 개도 가능하다. 뒤에서 살펴보겠지만 MANOVA에서는 종속변인의 수가 여러 개이기 때문에 고려해야 할 사항이 많아 상당히 복잡하다.

일부 독자는 복잡한 MANOVA를 사용하는 대신 종속변인별로 ANOVA를 여러 번 실행해도 무방하지 않겠냐는 생각을 할 수 있다. 예를 들어 독립변인 〈성별〉이 종속변인 〈신문구독시간〉과 〈텔레비전시청시간〉에 영향을 준다는 연구가설이 있다고 가정하자. 〈그림 27-1〉처럼 독립변인 〈성별〉과 종속변인 〈신문구독시간〉, 〈텔레비전시청시간〉을 동시에 분석하는 MANOVA를 사용하는 대신, 〈그림 27-2〉처럼 종속변인별로 두 개의 ANOVA(즉, 독립변인 〈성별〉과 종속변인 〈신문구독시간〉을 분석하는 첫 번째 ANOVA, 독립변인 〈성별〉과 종속변인 〈텔레비전시청시간〉을 분석하는 두 번째 ANOVA)를 사용하면 쉽고, 편리하게 분석할 수 있다고 생각할 것이다. 그러나 이는 틀린 생각이다. MANOVA처럼 종속변인의 수가 여러 개인 경우, 종속변인 간의 상관관계가 존재하기 때문에 독립변인과 종속변인 간의 관계를 분석할 때 종속변인 간의 상관관계를 고려하는 MANOVA를 사용하는 것이 적절하다. 다변인 회귀분석과 단순 회귀분석을 비교해보자. 여러 개의 독립변인이 한 개의 종속변인에 미치는 영향력을 분석하기 위해서는 독립변인 간의 상관관계를 고려한 다변인 회귀분석을 사용해야지, 한 개의 독립변인과 한 개의 종속변인 간의 관계를 살펴보는 단순 회귀분석을 여러 번해서는 안 되는 것과 같다고 생각하면 된다.

(2) MANOVA와 판별분석

MANOVA는 독립변인과 종속변인 간의 유의도 검증뿐 아니라 추가 분석으로 판별분석을 실행한다. MANOVA는 명명척도로 측정한 독립변인과 등간척도(또는 비율척도)로 측정한 종속변인 간의 인과관계를 분석하는 통계방법인 반면 판별분석은 등간척도(또는 비율척도)로 측정한 독립변인과 명명척도로 측정한 종속변인 간의 인과관계를 분석하는 통계방법이다. 두 방법은 외견상 다른 통계방법처럼 보이지만, 같은 통계방법이라고 봐도 무방하다. 그 이유는 MANOVA와 판별분석은(변인을 독립변인과 종속변인으로 구별하지 않는다면) 명명척도로 측정한 변인과 등간척도(또는 비율척도)로 측정한 변인 간의 관계를 분석하는 방법이기 때문이다. 즉, MANOVA의 명명척도로 측정한 독립변인을 판별분석에서는 종속변인으로 간주하고, MANOVA의 등간척도(또는 비율척도)로 측정한 종속변인을 판별분석에서는 독립변인으로 간주한다면 두 방법 간 차이는 없다. 뒤에서 살펴보겠지만, 판별분석을 사용하면 MANOVA에서 분석하지 못하는 문제를 쉽게 해결할 수 있다.

2. 연구절차

MANOVA의 연구절차는 〈표 27-2〉에 제시된 것처럼 일곱 단계로 이루어진다.

첫째, MANOVA에 적합한 연구가설을 만든다. 변인의 측정과 수에 유의하여 연구가설을 만든 후 유의도 수준($p < 0.05$ 또는 $p < 0.01$)을 정한다.

둘째, 데이터를 수집하여 입력한 후 SPSS/PC$^+$(23.0)의 다변량분석과 ANOVA, 판별분석을 실행하여 분석에 필요한 결과를 얻는다.

셋째, 결과 분석의 첫 번째 단계로, 독립표본과 오차변량의 동질성, 공변량의 동질성 전제를 검증한다.

넷째, 결과 분석의 두 번째 단계로, MANOVA 모델의 유의도를 검증한다.

표 27-2 **MANOVA 연구절차**

1. 연구가설 제시
   독립변인의 수는 한 개 이상 여러 개이고, 명명척도로 측정한다. 종속변인의 수는 두 개 이상 여러 개이고, 등간척도(또는 서열척도)로 측정한다. 변인 간의 안과관계를 연구가설로 제시한다

⬇

2. 데이터 입력과 프로그램 실행
   1) 데이터를 수집하여 입력한다
   2) MANOVA와 ANOVA, 판별분석을 실행하여 분석에 필요한 결과를 얻는다

⬇

3. 결과 분석 1: 전제 검증
   1) 독립 표본
   2) 오차변량 동질성
   3) 공변량 동질성

⬇

4. 결과 분석 2: MANOVA 모델 유의도 검증

⬇

5. 결과 분석 3: 추가분석으로 ANOVA 유의도 검증

⬇

6. 결과 분석 4: 추가분석으로 판별함수 유의도 검증

⬇

7. 결과 분석 5: 종합적 해석

다섯째, 결과 분석의 세 번째 단계로, 추가분석으로 ANOVA 모델의 유의도를 검증한다. 여섯째, 결과 분석의 네 번째 단계로, 추가분석으로 판별함수의 유의도를 검증한다. 일곱째, 결과 분석의 다섯 번째 단계로, 결과를 종합하여 해석한다.

3. 연구가설과 가상 데이터

1) 연구가설

(1) 연구가설
MANOVA의 연구가설은 〈표 27-1〉에서 제시한 변인의 측정과 수의 조건만 충족한다면 무엇이든 가능하다. 이 장에서는 독립변인 〈거주지역〉과 종속변인 〈신문구독시간〉, 〈텔레비전시청시간〉 간의 인과관계가 있는지를 검증한다고 가정하자. 연구가설은 〈거주지역이 신문구독시간과 텔레비전 노출시간에 영향을 미친다〉이다.

(2) 변인의 측정과 수
독립변인은 〈거주지역〉 한 개이고 ① 대도시, ② 중소도시, ③ 농촌으로 측정한다. 종속변인은 〈신문구독시간〉과 〈텔레비전시청시간〉 두 개이고, 5점 척도(1점: 거의 안 본다에서 5점: 자주 본다까지)로 측정한다.

(3) 유의도 수준
유의도 수준은 $p < 0.05$(또는 $\alpha < 0.05$)로 정한다. 유의확률이 0.05보다 작으면 연구가설을 받아들이고, 0.05보다 크면 영가설을 받아들인다.

2) 가상 데이터

이 장에서 분석하는 〈표 27-3〉의 데이터는 필자가 임의적으로 만든 것이어서 표본의 수가 적고(12명), 결과가 꽤 잘 나오게 만들었다(이 데이터를 사용하여 MANOVA, ANOVA, 판별분석을 실행해보기 바란다). 그러나 독자가 실제 연구하는 데이터는 표본의 수도 훨씬 많고, 결과는 이 장에서 제시하는 것만큼 깔끔하게 잘 나오지 않을 수도 있다.

표 27-3 **MANOVA의 가상 데이터**

응답자	거주지역	신문구독시간	텔레비전시청시간
1	1	1	5
2	1	1	4
3	1	1	5
4	1	2	4
5	2	3	2
6	2	2	3
7	2	3	1
8	2	1	4
9	3	5	2
10	3	5	2
11	3	5	1
12	3	4	1

4. SPSS/PC⁺ 실행방법

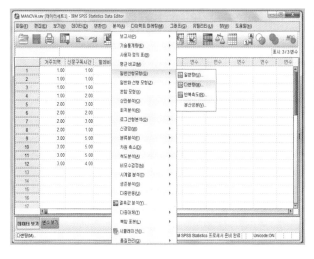

[실행방법 1] 분석방법 선택

메뉴판의 [분석(A)]에서
[일반선형모형(G)]을 클릭하고
[다변량(M)]을 클릭한다.

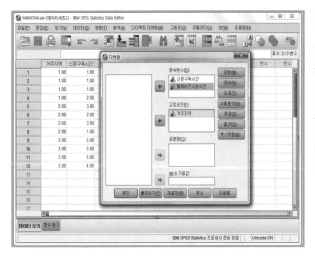

[실행방법 2] 분석변인 선택

[다변량] 창이 나타나면
종속변인인 〈신문구독시간〉과
〈텔레비전시청시간〉을 클릭하여
[종속변수(D)]로 옮긴다(➡).
독립변인인 〈거주지역〉은
[고정요인(F)]으로 이동시킨다(➡).
집단이 세 집단 이상일 경우
[사후분석(H)]을 클릭한다.

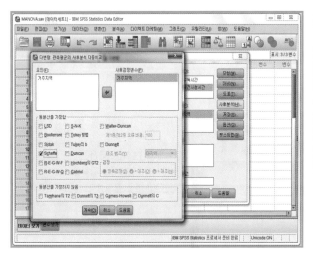

[실행방법 3] 집단 간 차이 사후검증 선택

[사후분석]을 클릭하면
[다변량: 관측평균의 사후분석 다중비교]
창이 나타난다. 사후분석을 하고자 하는
〈거주지역〉 변인을 [요인(F)]에서
[사후검정변수(P)]로 이동시킨다(➡).
[등분산을 가정함]의
☑ Scheffe(C)]를 선택하고
[계속]을 클릭한다.

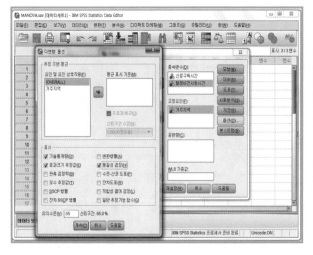

[실행방법 4] 통계량 선택과 실행

[다변량분석] 창으로 돌아가면
[옵션(O)]을 클릭한다.
[다변량: 옵션] 창이 나타나면,
[표시]의 [☑ 기술통계량(D)],
[☑ 효과크기 추정값(E)],
[☑ 동질성 검정(H)]을 선택한다.
아래의 [계속]을 클릭한다.
[실행방법 2]의 [다변량] 창으로
다시 돌아가면 아래의 [확인]을 클릭한다.

[분석결과 1] 사례 수

분석 결과가 새로운 창
*출력결과 1[문서 1]로 나타난다.
[개체-간 요인] 표에는 각 독립변인의
변수값 설명과 사례수가 제시된다.

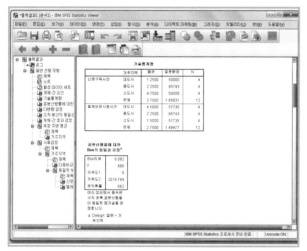

[분석결과 2] 기술통계량, 공분산행렬에
대한 Box의 동일성 검증 결과

[기술통계량] 표에는
각 독립변인의 집단에 따른
종속변인의 평균, 표준편차,
사례수가 각각 제시된다.
[공분산행렬에 대한
Box의 동일성 검정 결과]가 제시된다.

[분석결과 3] 전제 검증과 유의도 검증

[다변량 검정] 표에는
다변량 검정 결과가 제시된다.
[오차 분산의 동일성에 대한
Levene의 검정]에는
집단의 동질성에 대한 결과가 제시된다.

[개체-간 효과 검정] 표에는 독립변인과
종속변인의 변량 분석 결과가 제시된다.
〈수정모형〉, 〈거주지역〉의 F 값, 자유도,
유의확률, 부분 에타제곱의 수치를
살펴보면 된다.
[추정 주변 평균]이 제시된다.

[실행방법 3]에서 설정한
사후검정 결과가
[다중비교] 표에 제시된다.
[다중비교] 표의 〈평균차(I - J)〉의 *표는
두 집단 간의 차이가 유의함을 나타낸다.

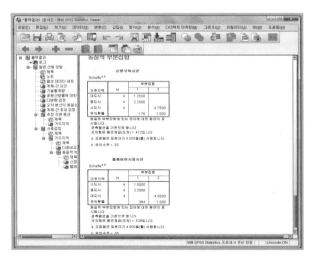

사후검정(Scheffe)의 결과
[동질적 부분집합] 표가 제시된다.
[분석결과 3]의 결과를
다른 방식으로 제시한다.

5. 결과 분석 1: 전제 검증

1) 독립표본

독립표본의 전제는 독립표본 t-검증(*independent sample t-test*)과 일원변량분석(*one-way ANOVA*)에서 설명했기 때문에 여기서는 간단히 살펴본다. MANOVA도 ANOVA처럼 표본을 할당할 때 한 집단에 속한 사람이 다른 집단에 속하지 않게 해야 한다. 예를 들어 〈거주지역〉이 ① 대도시, ② 중도시, ③ 소도시 세 유목으로 구성될 경우 대도시 집단에 속한 사람은 중도시와 소도시 집단에 속할 수 없고, 중도시 집단에 속한 사람은 대도시와 소도시 집단에 속할 수 없게 표본을 할당한다.

2) 오차변량의 동질성 검증

오차변량의 동질성 검증 역시 독립표본 t-검증과 일원변량분석에서 설명했기 때문에 여기서는 간단히 살펴본다. MANOVA의 표본은 독립표본이기 때문에 개별 집단이 같은 모집단으로부터 추출되었는지, 다른 모집단으로부터 추출되었는지를 알아보기 위해 오차변량의 동질성을 검증한다. 〈표 27-4〉는 MANOVA의 오차변량의 동질성 검증 결과를 보여준다. 종속변인별 오차변량의 동질성 검증 결과, 유의확률이 0.05보다 크게 나왔기 때문에 이 표본은 같은 모집단에서 추출되었다고 본다.

표 27-4 **Levene의 오차변량의 동질성 검증 결과**

	F	df1	df2	유의확률
신문구독시간	1.929	2	9	0.201
텔레비전시청시간	1.500	2	9	0.274

3) 공변량의 동질성 검증

MANOVA는 공변량의 동질성(*homogeneity of covariance matrix*) 전제를 검증해야 한다. 이 전제는 모든 집단에서 종속변인 간의 상관관계가 비슷해야 한다는 것이다. Box의 공변량의 동질성 검증(*Box's test of equality of covariance matrix*)을 사용하여 공변량 행렬을 검증한다. 이때 연구가설은 '모든 집단의 공변량이 다르다'이고, 영가설은 '모든 집단의 공변량이 같다'는 것이다. 만일 집단의 표본의 수가 같으면 Box의 동질성 검증을 할 필요가 없다. 집단의 표본의 수가 다르면 반드시 Box의 동질성 검증을 해서 영가설을 받

표 27-5 **Box의 공변량 동질성 검증 결과**

Box의 M	F	df1	df2	유의확률
6.082	0.685	6	2018.769	0.662

아들이면(즉, 공변량이 같다) 문제가 없다. 그러나 연구가설(즉, 공변량이 다르다)을 받아들이면 MANOVA를 사용할 수 없다.

〈표 27-5〉는 가상 데이터를 분석한 MANOVA의 공변량의 동질성 검증 결과를 보여준다. 종속변인의 공변량 동질성 검증 결과, Box의 M이 '6.082', F는 '0.685'이고, 유의확률이 0.05보다 크게 나왔기 때문에 전체 집단에서 종속변인 간의 상관관계는 유사하다는 것을 알 수 있다. 가상 데이터에서는 집단 내 표본의 수가 같기 때문에 Box의 동질성 검증을 할 필요 없이 MANOVA를 사용할 수 있다. 그러나 만일 표본의 수가 달라도, Box의 동질성 검증 결과 모든 집단의 공변량이 같기 때문에 MANOVA를 사용할 수 있다.

6. 결과 분석 2: MANOVA 모델의 유의도 검증

1) 평균값

MANOVA를 사용하여 연구가설을 검증하기 위해서는 〈표 27-6〉에서 보듯이 세 거주지역(대도시와 중도시, 소도시)의 신문구독시간과 텔레비전시청시간의 평균값을 제시하고 살펴본다.

평균값만 갖고 판단할 때, 신문구독시간의 경우, 소도시에 거주하는 사람이 대도시나 중도시에 거주하는 사람에 비해 신문을 많이 읽는 것으로 보인다. 텔레비전시청시간의

표 27-6 **거주지역별 신문구독시간과 텔레비전시청시간의 평균값**

	거주지역	평균	표준편차	사례 수
신문 구독시간	대도시	1.25	0.50	4
	중도시	2.25	0.96	4
	소도시	4.75	0.50	4
	합계	2.75	1.66	12
텔레비전 시청시간	대도시	4.50	0.58	4
	중도시	2.25	0.96	4
	소도시	1.50	0.58	4
	합계	2.75	1.48	12

경우, 대도시에 거주하는 사람이 소도시나 중도시에 거주하는 사람에 비해 텔레비전을 많이 시청하는 것으로 보인다. 이 표본의 결과가 모집단에서도 그대로 나타나는지 판단하기 위해서 유의도 검증을 실시한다.

2) 결과 해석

세 집단으로 구성된 독립변인 〈거주지역〉과 두 개의 종속변인 〈신문구독시간〉과 〈텔레비전시청시간〉 간의 인과관계에 대한 전체 유의도 검증을 하기 위해서는 〈표 27-7〉에 제시된 다변량 검증 값과 유의확률을 살펴본다. ANOVA에서는 종속변인의 수가 한 개이기 때문에 집단 간 변량을 집단 내 변량으로 나눈 F 값 한 개를 갖고 유의도를 검증하기 때문에 간단하다. 그러나 종속변인의 수가 여러 개인 MANOVA의 유의도 검증은 집단 간 변량 행렬(*between-groups variance matrix*)을 집단 내 변량 행렬(*within-groups variance matrix*)로 나눈 여러 개의 값을 구한 후 이 값으로부터 계산한 Pillai 트레이스(*trace*)나 Wilks 람다(*lambda*), Hotelling 트레이스(*trace*), Roy 최대근(*largest root*) 네 개의 값을 갖고 유의도 검증을 한다(검증방법은 뒤에서 살펴본다).

　네 개의 값은 나름대로 장단점을 갖고 있는데 이 중 Pillai 트레이스와 Wilks 람다가 가장 많이 사용된다. Pillai 트레이스는 가장 일반적인 방법이고, Wilks 람다는 오랫동안 사용되어 왔던 방법이다. 독립변인이 두 개의 집단으로 측정된 특수한 경우에는(예를 들면, 성별) 위의 네 개 값은 같고, F와 유의확률도 동일하다.

MANOVA 유의도 검증 결과, 〈거주지역〉이 〈신문구독시간〉과 〈텔레비전시청시간〉에 영향을 주는 것으로 나타났다(Pillai 트레이스 = 1.429, $F_{(4, 18)}$ = 11.248, $p < 0.05$/ Wilks 람다 = 0.058, $F_{(4, 16)}$ = 12.600, $p < 0.05$). 자유도1(가설 자유도)은 독립변인의

표 27-7 **다변량 검증**[*]

효과		값	F	가설 자유도	오차 자유도	유의확률
절편	Pillai 트레이스	0.988	324.000[**]	2.000	8.000	0.000
	Wilks 람다	0.012	324.000[**]	2.000	8.000	0.000
	Hotelling 트레이스	81.000	324.000[**]	2.000	8.000	0.000
	Roy 최대근	81.000	324.000[**]	2.000	8.000	0.000
거주지역	Pillai 트레이스	1.429	11.248	4.000	18.000	0.000
	Wilks 람다	0.058	12.600[**]	4.000	16.000	0.000
	Hotelling 트레이스	7.843	13.725	4.000	14.000	0.000
	Roy 최대근	6.567	29.551[***]	4.000	9.000	0.000

[*] design: 절편 + 거주지역
[**] 정확한 통계량
[***] 해당 유의수준에서 하한값을 발생하는 통계량은 F에서 상한값

집단 수가 세 개이기 때문에 '2'가 되는데, 종속변인의 수가 두 개이기 때문에 '4'(2×2)가 된다. 자유도2(오차 자유도)는 개별 집단 내 표본의 수가 4명이기 때문에 '9'$(3명 \times 3$집단)가 되는데, 종속변인의 수가 두 개이기 때문에 '18'(9×2)이 된다. 다른 값(Hotelling 트레이스와 Roy 최대근)도 같은 방식으로 해석하면 된다. 연구결과를 제시할 때 Pillai 트레이스와 Wilks 람다만 제시해도 충분하다.

MANOVA의 전체 유의도 검증 결과를 갖고 판단할 때 주의해야 할 점이 있다. 유의도 검증 결과, 연구자는 〈거주지역〉이 〈신문구독시간〉과 〈텔레비전시청시간〉에 영향을 준다는 결론만 내릴 수 있다. 연구자는 이 검증 결과를 갖고 두 가지를 판단할 수 없다. 첫째, 독립변인의 어느 집단과 어느 집단에 차이가 있는지 알 수 없다. 즉, 대도시와 중도시, 소도시 간 〈신문구독시간〉, 〈텔레비전시청시간〉에 차이가 있는지(또는 없는지)를 판단할 수 없다. 집단 간 차이를 알기 위해서는 추가분석으로 ANOVA를 실행해야 한다.

둘째, 독립변인이 종속변인 한 개에만 영향을 주는지, 아니면 종속변인 두 개에 영향을 주는지 알 수 없다. 즉, 〈거주지역〉이 〈신문구독시간〉에만 영향을 주는지, 아니면 〈텔레비전시청시간〉에만 영향을 주는지, 또는 〈신문구독시간〉과 〈텔레비전시청시간〉 전부에 영향을 주는지 판단할 수 없다. 독립변인이 개별 종속변인에게 미치는 영향력의 알기 위해서는 추가분석으로 판별분석을 실행해야 한다.

7. 유의도 검증의 기본 논리

앞의 연구가설을 예로 들어 MANOVA의 유의도 검증의 기본 논리를 ANOVA와 비교하면서 살펴보자.

ANOVA는 각 집단의 평균값의 차이가 나타나는지를 검증하기 위해 변량분석을 사용한다. 변량분석은 독립변인의 영향으로 나타나는 집단 간 변량을 독립변인으로 설명하지 못하는 집단 내 변량으로 나눈 F 값을 구하여 유의도 검증을 한다. F 값과 자유도, 유의확률을 보고, 연구자가 유의도 수준을 $p < 0.05$로 정했을 경우, 유의확률이 $p < 0.05$보다 작으면 연구가설을 받아들이고, $p < 0.05$보다 크면 영가설을 받아들인다.

MANOVA는 ANOVA를 확장한 방법이기 때문에 ANOVA의 유의도 검증의 기본 논리를 그대로 사용한다. 단지 MANOVA는 ANOVA와 달리 종속변인의 수가 두 개 이상 여러 개이기 때문에 ANOVA처럼 한 개의 집단 간 변량과 한 개의 집단 내 변량을 비교하는 대신 집단 간 변량 행렬과 집단 내 변량 행렬을 비교하는 동시에 종속변인 간의 상관관계도 고려하고, 유의도 검증도 한 개의 F 값이 아닌 여러 개의 값을 갖고 하기 때문에 복잡하다.

회귀분석이나 ANOVA, LISREL이나 MANOVA와 같이 변량분석을 사용하는 통계방법을 이해하기 위해서는 행렬을 알아야 한다. 그러나 이 책에서 행렬을 설명한다는 것은 불가능하기 때문에 관심 있는 독자는 따로 행렬을 공부하기 바란다. 여기서는 MANOVA의 유의도 검증방법을 이해하는 데 필요한 최소한의 기본 개념과 용어를 살펴본다.

1) 행 렬

(1) 명 칭

① 행 렬
행렬(*matrix*)은 여러 개의 행(가로)과 여러 개의 열(세로)에 있는 숫자들의 집합체를 의미한다. 일반적으로 행렬은 행의 수와 열의 수로 표시한다. 예를 들면, 〈표 27-8〉에서 보듯이 왼쪽의 A행렬에는 2개의 행과 3개의 열에 숫자가 있는데 이를 2×3 행렬이라고 부른다. 오른쪽의 B행렬에는 5개의 행과 3개의 열에 숫자가 있는데 이를 5×3 행렬이라고 부른다.

표 27-8 **행 렬**

$$A = \begin{bmatrix} 1 & 5 & 3 \\ 3 & 4 & 6 \end{bmatrix} \qquad B = \begin{bmatrix} 3 & 6 & 2 \\ 2 & 4 & 6 \\ 5 & 1 & 7 \\ 1 & 6 & 3 \\ 4 & 4 & 7 \end{bmatrix}$$

② 벡 터
행렬 중 특별하게 한 행만 있거나 한 열만 있는 것을 벡터(*vector*)라고 한다. 〈표 27-9〉에서 보듯이 A처럼 한 행만 있다면 행 벡터(*row vector*)라고 부르고 1×3으로 표기한다. B처럼 한 열만 있다면 열 벡터(*column vector*)라고 부르고 5×1로 표기한다. A 벡터는 한 사람이 세 개의 변인에 응답한 것이라고 생각하면 되고, B 벡터는 다섯 명이 한 변인에 응답한 것이라고 생각하면 된다.

표 27-9 **벡 터**

$$A = \begin{bmatrix} 1 & 5 & 3 \end{bmatrix} \qquad B = \begin{bmatrix} 3 \\ 2 \\ 5 \\ 1 \\ 4 \end{bmatrix}$$

③ 정방 행렬

정방 행렬(*square matrix*)은 행의 수와 열의 수가 같은 행렬을 말한다. 이 행렬에서는 대각선에 있는 요소(왼쪽 위에서 오른쪽 아래 방향으로의 대각선에 놓인 값)와 대각선 밖에 있는 요소(대각선 밖의 위쪽과 아래쪽에 놓인 값)를 구분하는 것이 유용하다. 〈표 27-10〉의 A행렬은 4 × 4 정방 행렬을 보여주는데 값 (1, 5, 2, 3)이 대각선에 놓인 값들이다.

표 27-10 **정방 행렬**

$$A = \begin{bmatrix} 1 & 4 & 5 & 4 \\ 4 & 5 & 1 & 3 \\ 5 & 1 & 2 & 5 \\ 4 & 3 & 5 & 3 \end{bmatrix}$$

④ 대각 행렬

〈표 27-11〉에서 보듯이 3 × 3 정방 행렬 중 대각선 위에 특정 값들(1, 5, 2)이 있고, 대각선 밖의 값들은 '0'인 경우를 대각 행렬(*diagonal matrix*)이라고 부른다.

표 27-11 **대각 행렬**

$$A = \begin{bmatrix} 1 & 0 & 0 \\ 0 & 5 & 0 \\ 0 & 0 & 2 \end{bmatrix}$$

⑤ 단위 행렬

〈표 27-12〉에서 보듯이 3 × 3 정방 행렬 중 대각선 위에 있는 값들이 전부 '1'이고, 대각선 밖의 값들이 '0'인 경우를 단위 행렬(*identity matrix*)이라고 부른다.

표 27-12 **단위 행렬**

$$A = \begin{bmatrix} 1 & 0 & 0 \\ 0 & 1 & 0 \\ 0 & 0 & 1 \end{bmatrix}$$

(2) 계산

① 더하기
행렬에서 더하기는 각 행렬의 행과 열의 수가 같아야 한다. A행렬(3×2 행렬)과 B행렬 (3×2)은 행과 열의 수가 같아서 더할 수 있다. 〈표 27-13〉에서 보듯이 행렬의 더하기는 각 행렬의 같은 행과 열에 속한 값을 더하여 계산한다.

표 27-13 **행렬에서 더하기**

$$\begin{bmatrix} 2 & 1 \\ 4 & 3 \\ 5 & 4 \end{bmatrix} + \begin{bmatrix} 5 & 4 \\ 3 & 2 \\ 1 & 3 \end{bmatrix} = \begin{bmatrix} 7 & 5 \\ 7 & 5 \\ 6 & 7 \end{bmatrix}$$

A   B   C

② 빼기
행렬에서 빼기는 더하기와 마찬가지로 각 행렬의 행과 열의 수가 같아야 한다. A행렬(3 ×2 행렬)과 B행렬(3×2)은 행과 열의 수가 같아서 더할 수 있다. 〈표 27-14〉에서 보듯이 행렬의 빼기는 각 행렬의 같은 행과 열에 속한 값을 빼서 계산한다.

표 27-14 **행렬에서 빼기**

$$\begin{bmatrix} 2 & 1 \\ 4 & 3 \\ 5 & 4 \end{bmatrix} - \begin{bmatrix} 5 & 4 \\ 3 & 2 \\ 1 & 3 \end{bmatrix} = \begin{bmatrix} -3 & -3 \\ 1 & 1 \\ 4 & 1 \end{bmatrix}$$

A   B   C

③ 곱하기
행 벡터와 열 벡터를 곱한 값을 스칼라(*scalar*)라고 부른다. 〈표 27-15〉에서 보듯이 각 벡터의 행과 열에 속한 값을 곱하여 더하면 스칼라 '13'이 된다.

표 27-15 **벡터 곱하기**

$$\begin{bmatrix} 1 & 2 & 5 \end{bmatrix} \times \begin{bmatrix} 2 \\ 3 \\ 1 \end{bmatrix} = (1 \times 2) + (2 \times 3) + (5 \times 1) = 13$$

〈표 27-16〉의 A행렬(3×2)과 B행렬(2×3)을 곱하는 방법은 화살표 방향으로 차례대로 곱하여 더하면 새로운 C행렬(3×3)이 만들어진다. 즉, A행렬의 첫 번째 행(2, 4)과 B행렬의 세 개의 열(2, 3/1, 5/3, 4)을 순서대로 곱하여 새로운 행렬(C)의 첫 번째 행과 열을 만든다. A행렬의 두 번째 행(1, 2)과 B행렬의 세 개의 열(2, 3/1, 5/ 3, 4)을 순서대로 곱하여 새로운 행렬(C)의 두 번째 행과 열을 만든다. A행렬의 세 번째 행(3, 5)과 B행렬의 세 개의 열(2, 3/1, 5/3, 4)을 순서대로 곱하여 새로운 행렬(C)의 세 번째 행과 열을 만든다. 이를 계산하면 다음과 같다.

$$(2) \times (2) + (4) \times (3) = 16 \quad (2) \times (1) + (4) \times (5) = 22 \quad (2) \times (3) + (4) \times (4) = 22$$

$$(1) \times (2) + (2) \times (3) = 8 \quad (1) \times (1) + (2) \times (5) = 11 \quad (1) \times (3) + (2) \times (4) = 11$$

$$(3) \times (2) + (5) \times (3) = 21 \quad (3) \times (1) + (5) \times (5) = 28 \quad (3) \times (3) + (5) \times (4) = 29$$

표 27-16 **행렬 곱하기**

$$\begin{bmatrix} 2 & 4 \\ 1 & 2 \\ 3 & 5 \end{bmatrix} - \begin{bmatrix} 2 & 1 & 3 \\ 3 & 5 & 4 \end{bmatrix} = \begin{bmatrix} 16 & 22 & 22 \\ 8 & 11 & 11 \\ 21 & 28 & 29 \end{bmatrix}$$

A   B   C

④ 나누기

행렬끼리는 서로 나눌 수 없기 때문에 다른 방법을 사용하여 계산해야 한다. 즉, A행렬을 B행렬로 나누고 싶다면 A÷B를 할 수 없기 때문에 대신 A×(1/B)를 하여 계산한다. 예를 들면, 12÷4=3인데, 이 값은 12에 (1/4)을 곱해도 구할 수 있다. 1/B행렬을 B행렬의 역행렬(*inverse matrix*)라고 부르고 B^{-1}이라고 표기한다. 뒤에서 살펴보겠지만, 역행렬은 MANOVA의 유의도 검증에서 반드시 필요한 행렬이지만, 역행렬을 구하는 것은 복잡해서 손으로 계산하기 쉽지 않기 때문에 여기서는 예를 제시하지 않는다. 역행렬을 구하기 위해서는 컴퓨터의 도움을 받는 것이 필수적이다.

2) 유의도 검증 과정

(1) 전체 제곱합

MANOVA에서도 ANOVA와 마찬가지로 전체 제곱합(*total sum of square*, SST)을 구하는데 전체 제곱합은 집단 내 제곱합(*within-groups sum of square*)와 집단 간 제곱합(*between-groups sum of square*)을 합한 값이다.

ANOVA에서는 종속변인의 수가 한 개이기 때문에 전체 제곱합은 한 개 값을 갖는다. 그러나 MANOVA에서는 종속변인의 수가 여러 개이기 때문에 여러 개의 값을 갖는 행렬이 된다. 행렬 내 요소의 수는 종속변인 수의 제곱(종속변인 수^2)이 된다. 예를 들어 ANOVA처럼 종속변인의 수가 한 개라면 한 개의 값이 나오고, 종속변인의 수가 두 개라면, 〈표 27-17〉에서 보듯이 네 개의 값이 나온다. 종속변인의 수가 세 개라면, 〈표 27-18〉에서 보듯이 아홉 개의 값이 나온다. 독자는 〈표 27-17〉을 볼 때 머릿속에 첫 번째 행은 종속변인1, 두 번째 행은 종속변인2이고, 첫 번째 열은 종속변인1, 두 번째 열은 종속변인2라고 생각하면 편하다.

〈표 27-17〉에서 보듯이 전체 제곱합의 행렬은 2×2 정방 행렬(*square matrix*)로서 'T', 또는 '전체 SSCP 행렬'(*total sum of square and cross-products matrix*)이라고 부른다. T 행렬 내 대각선에 있는 값들은 개별 종속변인의 전체 제곱합(*total sum of square*, SST1, SST2로 표기함)이고, 대각선 밖에 있는 값은 두 종속변인 간의 관계를 나타내는 전체 교차 곱(*total cross-products*, CPT)으로서 대각선 밖의 위와 아래 값이 동일하다.

개별 종속변인의 전체 제곱합은 개별 점수로부터 전체 평균값을 뺀 차이점수를 제곱

표 27-17 **종속변인이 두 개일 때 전체 SSCP 행렬**

		(종속변인1)	(종속변인2)
T=	(종속변인1)	SST1	CPT
	(종속변인2)	CPT	SST2

SST1: 첫 번째 종속변인의 전체 제곱합
SST2: 두 번째 종속변인의 전체 제곱합
CP1 : 종속변인 간의 전체 교차 곱

표 27-18 **종속변인의 수가 세 개일 때 전체 SSCP 행렬**

	SST1	CPT1	CPT2
T=	CPT1	SST2	CPT3
	CPT2	CPT3	SST3

표 27-19 **종속변인 간의 전체 교차 곱 공식**

CPT = Σ(X종속변인1 - M종속변인1 전체) × (X종속변인2 - M종속변인2 전체)

X종속변인1: 종속변인1의 개별 원점수
X종속변인2: 종속변인2의 개별 원점수
M종속변인1: 종속변인1의 전체 평균값
M종속변인2: 종속변인2의 전체 평균값

한 후 더한 값이다.

　종속변인 간의 전체 교차 곱은 〈표 27-19〉에서 보듯이 종속변인의 수가 두 개라면, 종속변인1의 개별 원점수로부터 종속변인1의 평균값을 뺀 차이점수를 구하고, 종속변인2의 개별 원점수로부터 종속변인2의 평균값을 뺀 차이점수를 구하여 두 차이점수를 곱한 후(cross-product) 이를 더한 값이다. 교차 곱을 더한 값이기 때문에 교차 곱의 합(sum of cross-product)이라고 불러야 하지만 일반적으로 교차 곱이라고 부른다. 제 14장 상관관계분석에서 공변량(covariance)을 설명할 때 살펴봤듯이 교차 곱을 사례 수에서 '1'을 뺀 값으로 나눈 값을 공변량이라고 부르는데 두 변인 간의 밀접성의 정도를 보여준다. 교차 곱도 두 종속변인 간의 밀접성을 보여준다고 생각하면 된다.

(2) 집단 내 제곱합

전체 제곱합 중 독립변인이 설명하지 못하는 부분이 집단 내 제곱합(within-groups sum of square)으로 오차 제곱합(error sum of square)라고도 부른다. ANOVA에서는 종속변인의 수가 한 개이기 때문에 집단 내 제곱합은 한 개 값을 갖지만, MANOVA에서는 종속변인의 수가 여러 개이기 때문에 여러 개의 값을 갖는 행렬이 된다.

　〈표 27-20〉에서 보듯이 집단 내 제곱합의 행렬은 'E', 또는 '오차 SSCP 행렬'(error sum of square and cross-products matrix)이라고 부른다. E 행렬 내 대각선에 있는 값들은 개별 종속변인의 집단 내 제곱합(error sum of square, SSW1, SSW2로 표기함)이고, 대각선 밖에 있는 값들은 개인차(오차, 또는 잔차)에 의해 영향을 받는 두 종속변인 간의 관계를 나타내는 오차 교차 곱(error cross-products, CPE)으로서 대각선 밖의 위와 아래 값이 동일하다.

　개별 종속변인의 집단 내 제곱합은 각 집단 내 개별 원점수로부터 각 집단 평균값을 뺀 차이점수를 제곱한 후 더하여 각 집단 내 제곱합을 구한 다음 이들을 더한 값이다.

　종속변인 간의 오차 교차 곱은 〈표 27-21〉에서 보듯이 종속변인의 수가 두 개라면, 종속변인1의 각 집단 내 개별 원점수로부터 각 집단 평균값을 뺀 차이점수를 구하고,

표 27-20 **종속변인이 두 개일 때 오차 SSCP 행렬**

E=	SSW1	CPE
	CPE	SSW2

SSW1: 첫 번째 종속변인의 집단 내 제곱합
SSW2: 두 번째 종속변인의 집단 내 제곱의 합
CPE: 종속변인 간의 오차 교차 곱

표 27-21 **종속변인 간의 오차 교차 곱 공식**

CPE = Σ(X종속변인1 – M종속변인1 집단) × (X종속변인2 – M종속변인2 집단)

X종속변인1: 종속변인1의 집단 내 개별 원점수
X종속변인2: 종속변인2의 집단 내 개별 원점수
M종속변인1집단: 종속변인1의 각 집단 평균값
M종속변인2집단: 종속변인2의 각 집단 평균값

종속변인2의 각 집단 내 개별 원점수로부터 각 집단 평균값을 뺀 차이점수를 구하여 두 차이점수를 곱한 후(*cross-product*) 각 집단 내 합을 구한 다음 이들을 더한 값이다.

(3) 집단 간 제곱합

전체 제곱합 중 독립변인이 설명할 수 있는 부분이 집단 간 제곱합(*between-groups sum of square*)으로 가설 제곱합(*hypothesis sum of square*)이라고도 부른다. ANOVA에서는 종속변인의 수가 한 개이기 때문에 집단 간 제곱합은 한 개 값을 갖지만, MANOVA에서는 종속변인의 수가 여러 개이기 때문에 여러 개의 값을 갖는 행렬이 된다.

〈표 27-22〉에서 보듯이 집단 간 제곱합의 행렬은 'H' 또는 '가설 SSCP 행렬'(*hypothesis sum of square and cross-products matrix*)이라고 부른다. H 행렬 내 대각선에 있는 값들은 개별 종속변인의 집단 간 제곱합(*hypothesis sum of square*)이고, 대각선 밖에 있

표 27-22 **종속변인이 두 개일 때 가설 SSCP 행렬**

H=	SSB1	CPH
	CPH	SSB2

SSB1: 첫 번째 종속변인의 집단 간 제곱합
SSB2: 두 번째 종속변인의 집단 간 제곱합
CP3 : 종속변인 간의 교차 곱

는 값들은 두 종속변인 간의 관계를 나타내는 가설 교차 곱(*hypothesis cross-products*, CPH)으로서 대각선 밖의 위와 아래 값이 동일하다.

집단 간 제곱합(H 행렬)은 전체 제곱합(T 행렬)에서 집단 내 제곱합(E 행렬)를 빼면 쉽게 계산할 수 있다. 즉, H = T - E이다.

종속변인 간의 가설 교차 곱은 〈표 27-23〉에서 보듯이 종속변인의 수가 두 개라면, 종속변인1의 각 집단 평균값에서 전체 평균값을 뺀 차이점수를 구하고, 종속변인2의 각 집단 평균값에서 전체 평균값을 뺀 차이점수를 구하여 두 차이점수를 곱한(*cross-product*) 값에 각 집단 내 사례 수를 곱한 다음 이들을 더한 값이다.

표 27-23 **종속변인 간의 전체 교차 곱 공식**

CPT= Σn[(M1종속변인1 집단 - M1종속변인1 전체)
× (M2종속변인2 집단 - M2종속변인2 전체)]

n: 사례 수
M1종속변인1 집단: 종속변인1의 집단 평균값
M1종속변인1 전체: 종속변인2의 집단 평균값
M2종속변인2 집단: 종속변인1의 전체 평균값
M2종속변인2 전체: 종속변인2의 전체 평균값

(4) MANOVA의 유의도 검증

ANOVA처럼 종속변인의 수가 한 개일 때에는 집단 간 제곱합(SSB)을 집단 간 제곱합(SSW)으로 나눈 한 개의 F 값을 계산하여 유의도를 검증하지만, MANOVA처럼 종속변인의 수가 여러 개라면 여러 개의 검증 값이 계산되어 유의도 검증이 복잡해진다.

〈표 27-24〉에서 보듯이 MANOVA의 유의도 검증 값은 가설 SSCP 행렬(H)을 오차 SSCP 행렬(E)로 나눠서 구한 행렬이다. 그러나 앞에서 살펴봤듯이 행렬은 다른 행렬로 나눌 수 없기 때문에 가설 SSCP 행렬(H)에 오차 SSCP 행렬(E)의 역행렬(E^{-1})을 곱하여 검증 값 HE^{-1} 행렬을 계산한다. 이론적으로 HE^{-1} 행렬은 ANOVA에서처럼 집단 간 제곱합을 집단 내 제곱합으로 나눈 F 값으로 생각하면 된다.

종속변인의 수가 두 개일 때, 〈표 27-25〉에서 보듯이 유의도 검증은 네 개의 값을 가진 행렬(HE^{-1})을 갖고 이루어진다. 문제는 HE^{-1} 행렬에 나타난 네 개의 값을 갖고 유의도 검증을 하기가 어렵고, 그 의미를 해석하기도 쉽지 않다는 것이다. 종속변인의 수가 증가하면 증가할수록 HE^{-1} 행렬 내 요소들의 수는 증가하기 때문에(종속변인의 수가 세 개라면 9개의 값이, 네 개라면 16개의 값이 나온다) 이 값을 검증한다는 것은 거의 불가능에 가깝다.

표 27-24 **유의도 검증 값 행렬 계산 공식**

$$H \div E = H \times \frac{1}{E} = HE^{-1}$$

$\dfrac{1}{E}$ 은 E^{-1} 이라고 표기하고, E의 역행렬이라고 부른다

표 27-25 **종속변인이 두 개일 때 HE^{-1} 행렬**

$$HE^{-1} = \begin{matrix} 값 1 & 값 2 \\ 값 3 & 값 4 \end{matrix}$$

(5) 판별분석을 사용한 MANOVA의 유의도 검증

MANOVA의 HE^{-1} 행렬 내 여러 개 값들을 갖고 유의도 검증을 하는 문제는 복잡하고, 종속변인의 수가 많을 경우에는 불가능할 수도 있다. 그러나 판별분석을 사용하면 MANOVA의 유의도 검증을 쉽게 할 수 있다(판별분석을 알고 싶은 독자는 제 23장 판별분석을 참조하기 바란다).

① MANOVA의 변인 관계를 판별함수로 전환

MANOVA는 명명척도로 측정한 독립변인과 등간척도(또는 비율척도)로 측정한 종속변인 간의 인과관계를 분석하는 통계방법인 반면 판별분석은 등간척도(또는 비율척도)로 측정한 독립변인과 명명척도로 측정한 종속변인 간의 인과관계를 분석하는 통계방법이다. 두 방법은 목적이 다른 통계방법이지만 변인을 독립변인과 종속변인으로 구분하지 않는다면 MANOVA와 판별분석은 명명척도로 측정한 변인과 등간척도(또는 비율척도)로 측정한 변인 간의 관계를 분석하는 방법으로서 같은 방법이라고 봐도 무방하다.

판별분석은 등간척도(또는 비율척도)로 측정한 독립변인의 합으로 구성된 판별함수 (*discriminant function*)를 구한 후 이를 통해 명명척도로 측정한 종속변인의 집단을 구분하는 방법이다. 예를 들어 세 개의 독립변인이 한 개의 종속변인에게 미치는 영향을 분석하는 판별분석에서 변인 간의 관계를 그림으로 나타내면 〈그림 27-3〉과 같다. 판별분석에서는 독립변인의 합으로 이루어진 판별함수1과 판별함수2를 구하고, 이들을 통해 종속변인의 집단을 구분한다.

일부 독자에게는 혼란스러울 수도 있겠지만, MANOVA에서는 이러한 판별분석의 기본 논리를 사용하되 종속변인과 독립변인을 바꾸어서 적용한다. MANOVA에서 명명척도로 측정한 독립변인을 판별분석에서는 종속변인으로 취급하고, MANOVA에서 등간척도(또는 비율척도)로 측정한 종속변인을 판별분석에서는 독립변인으로 취급하여 변인 간의

관계를 그림으로 나타내면 〈그림 27-4〉와 같다. 판별분석의 논리를 사용하면 MANOVA 의 연구문제는 종속변인의 합으로 이루어진 판별함수1과 판별함수2를 통해 독립변인의 집단을 구분하는 것이 된다.

가상 데이터의 판별함수는 〈표 27-36〉의 비표준 정준 판별함수 계수(*unstandardized canonical discriminant function coefficient*, 이하 비표준 판별계수)를 방정식에 대입하면 다음과 같다. 비표준 정준 판별계수는 회귀분석의 비표준 회귀계수로 이해하면 된다. 두 개의 판별함수를 사용하여 원점수를 대입하여 계산하면 각 사람의 위치 점수를 구하여 어느 집단에 속하는지를 알 수 있다. 예를 들면, 〈신문구독시간〉이 '2'이고, 〈텔레비전 시청시간〉이 '3'인 사람의 위치 점수는 D_1에서 '-0.974'(-1.879 + 2.294 - 1.389)이고, D_2 에서 '-0.543'(-7.564 + 2.458 + 4.563)이 되는데 이 위치 점수를 갖고 어느 집단에 속하는지를 판단한다.

그림 27-3 **판별분석의 변인 간의 관계**

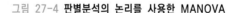

D_1(판별함수1) = a + b_1(독립변인1) + b_2(독립변인2) + b_3(독립변인3)
D_2(판별함수2) = a + b_1(독립변인1) + b_2(독립변인2) + b_3(독립변인3)

그림 27-4 **판별분석의 논리를 사용한 MANOVA**

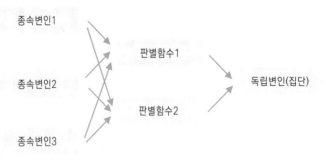

D_1(판별함수1) = a + b_1(종속변인1) + b_2(종속변인2) + b_3(종속변인3)
D_2(판별함수2) = a + b_2(종속변인1) + b_2(종속변인2) + b_3(종속변인3)

표 27-26 **판별함수**

D_1(판별함수1) = $-1.879 + 1.147$(신문구독시간) $+ (-0.463)$(텔레비전시청시간)

D_2(판별함수2) = $-7.564 + 1.229$(신문구독시간) $+ (1.521)$(텔레비전시청시간)

② 판별함수를 사용한 HE^{-1} 행렬 계산

앞에서 살펴봤듯이 MANOVA의 T(전체 SSCP 행렬), H(가설 SSCP 행렬), E(오차 SSCP 행렬), HE^{-1} 행렬은 종속변인으로부터 구하기 때문에 HE^{-1} 행렬 내 요소들의 수가 종속변인 수의 제곱만큼 많고, 그 많은 값의 의미를 해석하는 것이 쉽지 않다(때로는 불가능하다). 따라서 판별함수를 통해 각 사람의 값을 다시 구한 후 이로부터 T(전체 SSCP 행렬), H(가설 SSCP 행렬), E(오차 SSCP 행렬), HE^{-1} 행렬을 구한다. 이때 구한 HE^{-1} 행렬은 대각 행렬이 된다(이를 증명해 보이는 것은 이 책의 범위를 벗어나기 때문에 증명하지 않는다). 즉, 대각선 밖의 모든 값은 '0'이고, 대각선에만 값이 존재한다. 대각선 밖의 값 교차 곱은 판별함수 간의 관계를 보여주는데 '0'이기 때문에 판별함수 간의 관계는 없다는 결론을 내린다. 대각선의 값은 개별 판별함수의 설명변량을 오차변량으로 나눈 값으로 아이겐 값(*eigenvalue*)이라고 부르는데 이 값을 이용해 MANOVA의 유의도 검증을 한다. 종속변인의 수가 두 개라면 두 개 값(4개가 아니다), 종속변인의 수가 세 개라면 세 개 값(9개가 아니다), 종속변인의 수가 네 개라면 네 개 값(16개가 아니다)이 나오기 때문에 단순화할 수 있어 유의도 검증을 쉽게 할 수 있다.

③ 판별함수의 아이겐 값을 사용한 유의도 검증

〈표 27-35〉는 개별 판별함수의 아이겐 값(*eigen value*)을 보여준다. MANOVA에서 전체 유의도를 검증하는 방법은 개별 판별함수의 아이겐 값을 사용해 Pillai 트레이스(*trace*), Wilks 람다(*lambda*), Hotelling 트레이스(*trace*), Roy 최대근(*greatest root*)을 구한 후 유의도 검증을 함으로써 MANOVA의 복잡한 유의도 검증을 쉽게 한다. 네 개 중 가장 일반적으로 사용하는 것이 Pillai 트레이스이고, 가장 오랫동안 사용한 것이 Wilks 람다이기 때문에 두 값의 의미를 중심으로 살펴본다.

Pillai 트레이스(*trace* 또는 *Pillai-Bartlett trace*)는 판별함수들의 설명변량의 비율을 합한 값으로 공식은 〈표 27-27〉과 같다. Σ는 개별 값을 더하라는 뜻이다. Pillai 트레이스는 판별함수들의 전체 변량 중 설명 변량의 비율을 보여주는 값으로 회귀분석의 R^2과 같은 의미로서 클수록 설명변량이 크다는 것이다.

앞의 가상 데이터를 판별분석으로 분석한 결과, 〈표 27-35〉에서 보듯이 첫 번째 판별함수의 아이겐 값은 '6.567'이고, 두 번째 판별함수의 아이겐 값은 '1.276'으로 나타났다. 이 값을 공식에 대입한 결과는 다음과 같다. 이 값 '1.429'는 〈표 27-6〉의 Pillai 트레이스 값과 같다.

Wilks 람다(*lambda*)는 판별함수의 오차변량을 곱한 값으로 공식은 〈표 27-28〉과 같다. π는 개별 값을 곱하라는 의미이다. Wilks 람다는 각 판별함수의 전체 변량 중 오차변량의 비율을 보여주는 값으로 클수록 설명하지 못하는 부분이 크다는 것이다.

앞의 가상 데이터를 판별분석으로 분석한 결과, 〈표 27-35〉에서 보듯이 첫 번째 판별함수의 아이겐 값은 '6.567'이고, 두 번째 판별함수의 아이겐 값은 '1.276'으로 나타났다. 이 값을 공식에 대입한 결과는 다음과 같다. 이 값 '0.068'은 〈표 27-6〉의 Wilks 람다 값과 같다.

표 27-27 **Pillai 트레이스 공식**

$$\text{Pillai 트레이스} = \Sigma \frac{\text{아이겐 값}}{1 + \text{아이겐 값}}$$

$$
\begin{aligned}
\text{Pillai 트레이스} &= \frac{6.567}{1 + 6.567} + \frac{1.276}{1 + 1.276} \\
&= 1 + 1.276 \\
&= 1.429
\end{aligned}
$$

표 27-28 **Wilks 람다 공식**

$$\text{Wilks 람다} = \pi \frac{1}{1 + \text{아이겐 값}}$$

$$
\begin{aligned}
\text{Wilks 람다} &= \frac{1}{1 + 6.567} + \frac{1}{1 + 1.276} \\
&= 0.132 \times 0.439 \\
&= 0.058
\end{aligned}
$$

8. 결과 분석 3: ANOVA 추가 분석

MANOVA 유의도 검증 결과 변인 간의 인과관계가 유의미하다면 추가 분석으로 종속변인별 ANOVA를 실행하는 것이 좋다(MANOVA를 실행하면 자동적으로 개별 ANOVA 결과를 제시해주기 때문에 따로 종속변인별 ANOVA를 실행할 필요가 없다). 그러나 유의도 검증 결과 유의미하지 않게 나왔다면 추가 분석이 필요 없다.

앞에서 ANOVA는 종속변인의 수가 한 개인 연구문제만 해결할 수 있는 반면에 MANOVA는 종속변인의 수가 여러 개인 연구문제를 해결할 수 있기 때문에 MANOVA를 실행해야 한다고 강조했다. 근데 MANOVA를 실행한 이후에 다시 (할 필요가 없어 보이는) 종속변인별 ANOVA를 하는 이유는 무엇인가 알아보자. 그 이유는 MANOVA의 유의도 검증 결과 유의미한 결과가 나왔다면, 이후에 실행하는 ANOVA 결과는 α 오류(제1종 오류)를 범할 가능성이 거의 없기 때문에 신뢰할 수 있다는 것이다(α 오류에 대해 알고 싶은 독자는 제9장 추리통계의 기초를 참조한다). 즉, MANOVA의 검증 결과가 유의미하게 나왔다면 추가 분석으로 이루어진 종속변인별 ANOVA의 결과는 유의미할 수도 있고 유의미하지 않을 수도 있다. 그러나 MANOVA의 결과가 유의미하지 않게 나왔다면 종속변인별 ANOVA의 결과는, α 오류를 범할 가능성이 차단되기 때문에, 유의미하지 않게 나올 수밖에 없기 때문에 추가 분석을 할 필요가 없다. 만일 MANOVA의 유의도 검증 결과와 ANOVA의 유의도 검증 결과에 차이가 있다면 종속변인 간의 관계를 고려한 MANOVA의 유의도 검증 결과를 신뢰한다.

ANOVA(이 경우 *one-way ANOVA*) 결과와 해석은 제11장에서 설명했기 때문에 여기서는 결과를 간략하게 설명한다.

1) Levene의 오차변량의 동질성 검증

ANOVA의 전제인 오차변량의 동질성 검증을 한다. 〈표 27-29〉에서 보듯이 두 종속변인 〈신문구독시간〉과 〈텔레비전시청시간〉의 유의확률이 0.05보다 크기 때문에 오차변량이 동질적이라는 영가설을 받아들인다. 즉, 표본 집단이 같은 모집단에 나왔다는 것을 의미한다.

표 27-29 **Levene의 오차변량의 동질성 검증**

	F	df1	df2	유의확률
신문구독시간	1.929	2	9	0.201
텔레비전시청시간	1.500	2	9	0.274

2) 유의도 검증 결과 해석

〈표 27-30〉은 종속변인별 개별 ANOVA 유의도 검증 결과를 보여준다(SPSS/PC⁺ 프로

표 27-30 **ANOVA 유의도 검증 결과**

소스	종속변인	제 III유형 제곱합	자유도	평균제곱	F	유의확률
절편	신문구독시간	90.750	1	90.750	192.176	0.000
	텔레비전시청시간	90.750	1	90.750	171.947	0.000
거주 지역	신문구독시간	26.000	2	13.000	27.529	0.000
	텔레비전시청시간	19.950	2	9.750	18.474	0.001
오차	신문구독시간	4.250	9	0.472		
	텔레비전시청시간	4.750	9	0.528		
합계	신문구독시간	121.000	12			
	텔레비전시청시간	115.000	12			

그램에서는 개체 간 효과 검증(Tests of Between-Subjects Effects)에 제시된다].

종속변인 〈신문구독시간〉[F(2, 9) = 27.529]과 〈텔레비전시청시간〉[F(2, 9) = 18.474]의 F 값의 유의확률이 0.05보다 작기 때문에 연구가설을 받아들이다. 즉, 〈거주지역〉이 〈신문구독시간〉에 영향을 미치는 것으로 나타났다. 또한 〈거주지역〉이 〈텔레비전시청시간〉에 영향을 주는 것으로 나타났다.

3) 집단 간 차이 사후검증

〈표 27-31〉은 〈신문구독시간〉의 집단 간 차이 사후검증(Scheffe 검증) 결과를 보여준다. 대도시와 중도시에 거주하는 사람은 신문 읽는 시간에 차이가 없는 반면 소도시에 살고 있는 사람은 대도시와 중도시에 거주하는 사람에 비해 신문을 더 많이 읽는 것으로 나타났다.

〈표 27-32〉는 〈텔레비전시청시간〉의 집단 간 차이 사후검증(Scheffe 검증) 결과를 보여준다. 중도시와 소도시에 거주하는 사람은 텔레비전시청시간에 차이가 없는 반면 대도시에 살고 있는 사람은 중도시와 소도시에 거주하는 사람에 비해 텔레비전을 더 많이 시청하는 것으로 나타났다.

표 27-31 **신문구독시간의 집단 간 차이 사후검증**

거주지역	사례	집단군	
		1	2
대도시	4	1.250	
중도시	4	2.250	
소도시	4		4.750

표 27-32 **텔레비전시청시간의 집단 간 차이 사후검증**

거주지역	사례	집단군	
		1	2
소도시	4	1.500	
중도시	4	2.250	
대도시	4		4.500

9. 결과 분석 4: 판별분석 추가 분석

앞에서 살펴봤듯이 MANOVA에서 변인 간의 전체적인 유의도 검증을 하기 위해서는 판별분석이 전제되어야 한다. 이에 더하여 MANOVA의 유의도 검증 결과가 유의미하다면 독립변인이 개별 종속변인에게 미치는 영향력을 알기 위해 판별분석을 추가로 실시해야 한다. 판별분석 결과를 얻기 위해서는 따로 판별분석을 실행해야 한다. 그러나 MANOVA의 유의도 검증 결과 유의미하지 않다면 추가로 판별분석을 할 필요가 없다.

MANOVA의 추가 분석으로서 판별분석을 실행할 때에는 변인을 입력할 때 유의해야 한다. 판별분석의 독립변인 칸(SPSS/PC⁺ 프로그램에서는 독립변수로 표시됨)에 MANOVA의 종속변인(〈신문구독시간〉과 〈텔레비전시청시간〉)을 입력해야 하고, 종속변인 칸(SPSS/PC⁺ 프로그램에서는 집단변수로 표시됨)에 MANOVA의 독립변인(〈거주지역〉)을 입력해야 한다.

판별분석 결과의 해석은 제23장에서 설명했기 때문에 여기서는 분석 결과를 간략하게 설명한다.

1) 집단별 종속변인 간의 상관관계

집단별(즉, 거주지역별) 공변량 행렬(*covariance matrix*)은 종속변인 간의 관계를 보여주기 때문에 살펴보는 것이 좋다.

〈표 27-33〉은 공변량 행렬을 보여주는데, 공변량 행렬에서 대각선에 있는 값은 집단별 종속변인의 변량(*variance*)이고, 대각선 밖에 있는 값은 공변량이다. 〈표 27-34〉는 집단별 종속변인 간의 상관관계계수를 보여준다. 집단별 상관관계계수를 보면 두 변인 간의 관계를 좀더 명확하게 알 수 있다. 집단별 상관관계계수 결과를 얻고 싶으면 상관관계분석을 따로 실행하여 얻어야 한다.

대도시의 공변량 값은 '-0.167'(상관관계계수는 -0.577)인데, 대도시에서는 〈신문구독시간〉과 〈텔레비전시청시간〉 간의 관계는 상당히 깊은 부적인 관계('-')를 보이기 때문

표 27-33 **공변량 행렬**

거주지역		신문구독시간	텔레비전시청시간
대도시	신문구독시간	0.250	-0.167
	텔레비전시청시간	-0.167	0.333
중도시	신문구독시간	0.917	-0.750
	텔레비전시청시간	-0.750	0.917
소도시	신문구독시간	0.250	0.167
	텔레비전시청시간	0.167	0.333

표 27-34 **상관관계계수**

거주지역		신문구독시간	텔레비전시청시간
대도시	신문구독시간	1.000	-0.577
	텔레비전시청시간	-0.577	1.000
중도시	신문구독시간	1.000	-0.818
	텔레비전시청시간	-0.818	1.000
소도시	신문구독시간	1.000	0.577
	텔레비전시청시간	0.577	1.000

에 신문구독시간이 많을수록 텔레비전시청시간이 줄어든다는 것을 알 수 있다. 또는 텔레비전시청시간이 많을수록 신문구독시간이 줄어든다는 것이다. 중도시의 공변량 값은 '-0.750'(상관관계계수는 -0.818)으로 중도시에서는 〈신문구독시간〉과 〈텔레비전시청시간〉 간의 관계는 매우 깊은 부적인 관계('-')를 보이기 때문에 신문구독시간이 많을수록 텔레비전시청시간이 줄어든다는 것을 알 수 있다. 또는 텔레비전시청시간이 많을수록 신문구독시간이 줄어든다는 것이다. 소도시의 공변량 값은 '0.167'(상관관계계수는 0.577)으로 소도시에서는 〈신문구독시간〉과 〈텔레비전시청시간〉 간의 관계가 상당히 깊은 정적인 관계('+')이기 때문에 신문구독시간이 많을수록 텔레비전시청시간도 많아진다는 것을 알 수 있다. 반대로 텔레비전시청시간이 많을수록 신문구독시간이 많아진다는 것이다. 공변량은 표준화되지 않은 값이기 때문에 상호 비교가 불가능하다(따라서 별도로 상관관계계수를 제시했다). 대도시와 중도시의 〈신문구독시간〉과 〈텔레비전시청시간〉의 이용행태는 부적인 관계로 유사한 반면 소도시는 정적인 관계로 대도시와 중도시와 다른 이용행태를 보인다.

2) 판별함수의 설명력

〈표 27 35〉는 개별 판별함수의 설명력을 보여준다. 판별함수1의 아이겐 값(고유값에 제시됨)은 '6.567'이고, 전체 설명변량 중 차지하는 비율은 83.7%, 정준상관관계계수

표 27-35 **아이겐 값과 정준상관관계계수**

함수	아이겐 값	변량(%)	누적(%)	정준상관관계계수
1	6.567	83.7	83.7	0.932
2	1.276	16.3	100.0	0.749

(*canonical correlation coefficient*)는 '0.932'로 나타났다. 판별함수2의 아이겐 값은 '1.276' 이고, 설명변량의 비율은 16.3%, 정준상관관계수는 '0.749'로 나타났다.

앞의 '판별분석을 사용한 MANOVA의 유의도 검증'에서 살펴봤듯이 판별함수의 아이겐 값은 Pillai 트레이스 값과 Wilks 람다 값을 계산하는 데 사용된다.

판별함수의 아이겐 값은 설명력의 상대적인 크기를 보여주는데 판별함수1은 판별함수 2에 비해 약 5배 정도 크다는 것을 알 수 있다. 개별 아이겐 값을 합하여 전체 설명력을 구한 후 전체 판별력 중 개별 아이겐 값이 차지하는 비율이 얼마나 되는지를 보여주는 값이 변량 %이다.

정준상관관계수는 판별함수와 종속변인(MANOVA에서는 독립변인) 간의 밀접성의 정도를 보여준다. 정준상관관계수는 '0'에서 '1' 사이의 값을 갖는데 '0'에 가까울수록 판별함수와 종속변인 간의 관계가 없다는 의미이고, '1'에 가까울수록 관계가 깊다는 의미이다. 이를 제곱한 값은 판별함수의 설명력을 보여주는데 회귀분석에서의 R^2과 같다고 생각하면 된다. 판별함수1의 설명변량은 '0.87'('0.932'의 제곱)이고, 판별함수2의 설명변량은 '0.56'('0.749'의 제곱)이다. 두 판별함수의 설명변량은 매우 높게 나와 통계적으로 유의미할 가능성이 크다는 것을 알 수 있다.

3) 판별함수의 유의도 검증

Wilks 람다 값은 '0'에서 '1' 사이의 값을 갖는데, 개별 판별함수가 설명할 수 없는 부분이 얼마인지를 보여준다. 판별함수의 유의도 검증은 Wilks 람다를 카이제곱 값으로 변환하여 이루어진다.

판별함수의 유의도 검증은 판별함수의 수에 따라 여러 단계를 거쳐 이루어진다. 예를 들어 한 개의 판별함수가 발견되었다면 '1'에 제시된 값은 첫 번째 판별함수의 유의도 검증이다. 두 개의 판별함수가 발견되었다면 '1에서 2'(1 through 2)에 제시된 값은 첫 번째 판별함수의 유의도 검증이고, '2'는 두 번째 판별함수의 유의도 검증이라고 생각하면 된다. 세 개의 판별함수의 경우, '1에서 3'(1 through 3)에 제시된 값은 첫 번째 판별함수의 유의도 검증, '2에서 3'은 두 번째 판별함수 유의도 검증, '3'은 세 번째 판별함수의 유의도 검증이라고 생각하면 된다.

표 27-36 **판별함수의 유의도 검증**

함수의 검증	Wilks 람다	카이제곱	자유도	유의확률
1에서 2	0.058	24.193	4	0.000
2	0.439	6.991	1	0.008

〈표 27-36〉에서 보듯이 '1에서 2'에 제시된 람다 값은 '0.058'이고, 카이제곱의 값은 '24.193', 자유도 '4', 유의확률은 '0.05'보다 작기 때문에 첫 번째 판별함수는 유의미하다. '2'에 제시된 람다 값은 '0.439'이고, 카이제곱은 '6.991'이고, 자유도 '1', 유의확률은 '0.05'보다 작기 때문에 두 번째 판별함수도 유의미하다. 이 결과는 독립변인 〈거주지역〉이 종속변인 〈신문구독시간〉과 〈텔레비전시청시간〉에게 영향을 준다는 사실을 보여준다.

4) 비표준 판별계수와 함수

두 개의 판별함수가 유의미한 것으로 나타났기 때문에 〈표 27-37〉의 비표준 정준 판별함수 계수(*unstandardized canonical discriminant function coefficient*)를 이용하여 앞에서 살펴봤듯이, 〈표 27-26〉과 같이 비표준 정준 판별함수(*unstandardized canonical discriminant function*, 이하 비표준 판별함수)를 만든다. 비표준 판별함수를 이용하여 표본의 집단 값을 예측할 수 있다. 예를 들어, 첫 번째 사람의 〈신문구독시간〉 점수가 '2'이고, 〈텔레비전시청시간〉 점수가 '3'이라면, 첫 번째 사람의 집단 예측점수는 판별함수1에서 '-0.974'이고, 판별함수2에서 '-0.543'이 된다(관심 있는 독자는 계산해보기 바란다).

표 27-37 **비표준 판별계수**

	함수	
	1	2
신문구독시간	1.147	1.229
텔레비전시청시간	-0.463	1.521
(상수)	-1.879	-7.564

5) 표준 판별계수와 함수

〈표 27-38〉의 표준 정준 판별함수 계수(*standardized canonical discriminant function coefficient*, 이하 표준 판별계수)는 회귀분석에서 표준 회귀계수(베타)라고 생각하면 된다. 이 값을 이용하여 〈표 27-39〉와 같이 표준 정준 판별함수(*standardized canonical discrim-*

표 27-38 **표준 판별계수**

	함수	
	1	2
신문구독시간	0.788	0.845
텔레비전시청시간	-0.337	1.105

표 27-39 **표준 판별함수**

판별함수1 = 0.788(⟨신문구독시간⟩) + (-0.337)(⟨텔레비전시청시간⟩)
판별함수2 = 0.845(⟨신문구독시간⟩) + (1.105)(⟨텔레비전시청시간⟩)

inant function, 이하 표준 판별함수)를 만든다. 이 값은 ⟨신문구독시간⟩과 ⟨텔레비전시청시간⟩이 판별함수에 미치는 영향력의 크기를 보여줄 뿐 아니라 그 크기를 상호 비교할 수 있다. ⟨신문구독시간⟩('0.788')이 ⟨텔레비전시청시간⟩('-0.337')에 비해 판별함수1에 미치는 영향력의 크기가 크다. 반면 판별함수2에서는 ⟨신문구독시간⟩('0.845')이 ⟨텔레비전시청시간⟩('1.105')에 비해 영향력의 크기가 작다(표준 판별계수는 표준 회귀계수이기 때문에 '1'을 넘어서는 안 되는데 '1.105'가 나왔다. 그 이유를 알기 위해서는 제20장 통로분석을 참조하기 바란다).

6) 분류표

⟨표 27-40⟩은 비표준 판별함수들로 계산한 예측점수들로부터 실제 점수를 비교한 결과를 보여주는데 100%의 정확도를 보이고 있다. 즉, ⟨신문구독시간⟩과 ⟨텔레비전시청시간⟩으로 집단을 예측한 결과 실제 대도시 4명, 중도시 4명과 소도시 4명을 정확하게 분류했다.

표 27-40 **분류결과**

		예측 소속집단		
		대도시	중도시	소도시
	신문구독시간	4	0	0
원래값 빈도	텔레비전시청시간	0	4	0
		0	0	4

주) 원래의 집단 케이스 중 100.0%가 올바로 분류됨

10. 종합 해석(MANOVA와 ANOVA, 판별분석)

지금까지 MANOVA의 유의도 검증 결과와 추가 분석으로서의 ANOVA, 판별분석 결과를 분리하여 살펴봤다. 여기서는 이 결과를 종합적으로 해석하는 방법을 알아본다.

MANOVA 유의도 검증 결과 독립변인 〈거주지역〉이 〈신문구독시간〉과 〈텔레비전시청시간〉에 영향을 준다는 것을 알았다. 그러나 앞에서 살펴봤듯이 MANOVA의 유의도 검증 결과는 독립변인이 어느 종속변인에게 영향을 미치는지에 대한 정보를 제공하지 않기 때문에 추가로 판별분석을 통해 알아봐야 한다. 또한 독립변인의 어느 집단과 어느 집단 간에 차이가 있는지에 대해 알려주지 않기 때문에 ANOVA를 추가로 분석하여 알아봐야 한다.

판별분석을 통해 추가 분석한 결과 (1) 〈신문구독시간〉과 〈텔레비전시청시간〉 두 변인으로 구성된 판별함수의 수는 두 개였고, (2) 두 판별함수의 유의도 검증 결과 두 개 전부 유의미했다. 즉, 〈신문구독시간〉과 〈텔레비전시청시간〉으로 이루어진 판별함수들은 〈거주지역〉에 영향을 주는 것으로 나타났고, 〈거주지역〉을 잘 분류할 수 있었다. 이 결과를 MANOVA 연구에 적용하면, 연구자는 독립변인 〈거주지역〉은 두 개의 종속변인 〈신문구독시간〉과 〈텔레비전시청시간〉에게 영향을 주는 것으로 보인다는 결론을 내릴 수 있다.

개별 ANOVA를 통해 추가 분석하여 종속변인별 거주지역 간의 평균값을 비교한다. 이는 ANOVA의 집단 간 차이의 사후검증(Scheffee 검증)을 하면 알 수 있다. 또한 판별분석의 추가 분석(집단별 종속변인 간의 공변량 분석)으로 거주지역별 종속변인 간의 관계를 알 수 있다.

거주지역 간 〈신문구독시간〉 평균값을 비교해보자.

〈표 27-29〉에서 보듯이 〈거주지역〉과 〈신문구독시간〉의 평균값 차이를 비교한 결과, 소도시 거주자의 신문구독시간(평균: 4.75)은 대도시(평균: 1.25)와 중도시(평균: 2.25)에 비해 높은 것으로 나타났다. 반면 대도시와 중도시 거주자 간에 신문구독시간에는 차이가 나타나지 않았다.

거주지역 간 〈텔레비전시청시간〉 평균값을 비교해보자.

〈거주지역〉과 〈텔레비전시청시간〉의 평균값 차이를 비교한 결과, 대도시 거주자의 텔레비전시청시간(평균: 4.5)은 중도시(평균: 2.25)와 소도시(평균: 1.5)에 비해 높은 것으로 나타났다. 반면 중도시와 소도시 거주자 간에 텔레비전시청시간에는 차이가 나타나지 않았다.

거주지역별 〈신문구독시간〉과 〈텔레비전시청시간〉 간의 관계를 살펴보자.

〈표 27-32〉에서 보듯이 대도시 거주자의 〈신문구독시간〉과 〈텔레비전시청시간〉 간의

상관관계계수는 '-0.577'이다. 즉, 대도시에서 신문을 많이 읽는 사람은 텔레비전을 덜 시청하는 것으로 나타났다. 반대로 텔레비전을 많이 시청하는 사람은 신문을 덜 읽는 것으로 나타났다.

중도시 거주자의 〈신문구독시간〉과 〈텔레비전시청시간〉 간의 상관관계계수는 '-0.818'이다. 즉, 중도시에서 신문을 많이 읽는 사람은 텔레비전을 덜 시청하는 것으로 나타났다. 반대로 텔레비전을 많이 시청하는 사람은 신문을 덜 읽는 것으로 나타났다.

소도시 거주자의 〈신문구독시간〉과 〈텔레비전시청시간〉 간의 상관관계계수는 '0. 577'이다. 즉, 소도시에서 신문을 많이 읽는 사람은 텔레비전을 많이 시청하는 것으로 나타났다. 반대로 텔레비전을 많이 시청하는 사람은 신문을 많이 읽는 것으로 나타났다.

이를 요약하면, 대도시와 소도시 거주자 간에는 미디어 이용행태에서 차이가 큰 것처럼 보인다. 소도시 거주자는 다른 지역 거주자에 비해 신문을 많이 읽는 경향이 있고, 신문을 많이 읽는 사람이 텔레비전도 많이 시청하는 것으로 보인다. 반면 대도시 거주자는 다른 지역 거주자에 비해 텔레비전을 많이 시청하는 경향이 있는데, 텔레비전을 많이 시청하는 사람은 신문을 덜 읽는 것 같다. 중도시 거주자의 미디어 이용행태는 한마디로 규정하기 어렵지만 대도시 거주자와 유사한 것처럼 보인다.

11. MANOVA 논문작성법

1) 연구절차

(1) MANOVA에 적합한 연구가설을 만든다

연구가설	독립변인		종속변인	
	변인	측정	변인	측정
거주지역에 따라 외식비지출과 문화비지출에 차이가 나타난다	거주지역	(1) 대도시 (2) 중도시 (3) 소도시	외식비지출과 문화비지출	월 평균 지출 금액(만 원)

(2) 유의도 수준을 정한다: p < 0.05(95%) 또는 p < 0.01(99%) 중 하나를 결정한다

(3) 표본을 선정하여 데이터를 수집한 후 컴퓨터에 입력한다

(4) SPSS/PC+ 프로그램 중 MANOVA(다변량)를 실행한다

2) 연구결과 제시 및 해석방법

〈표 27-41〉과 〈표 27-42〉, 〈표 27-43〉은 MANOVA 검증 결과표이고, 〈표 27-44〉와 〈표 27-45〉, 〈표 27-46〉은 ANOVA 추가분석 결과표이고, 〈표 27-47〉부터 〈표 27-49〉까지는 판별분석 추가분석 결과표이다.

(1) 연구결과 해석 전 검토할 사항

① Box 공변량 동질성 전제
〈표 27-41〉은 MANOVA의 공변량의 동질성 검증 결과를 보여준다. 종속변인의 공변량 동질성 검증 결과, Box의 M이 '2.917', F는 '0.419'이고, 유의확률이 0.05보다 크게 나왔기 때문에 전체 집단에서 종속변인 간의 상관관계는 유사하다는 것을 알 수 있다. 이 예에서는 집단 내 표본의 수가 같기 때문에 Box의 동질성 검증을 할 필요 없이 MANOVA를 사용할 수 있다. 그러나 만일 표본의 수가 달라도, Box의 동질성 검증 결과 모든 집단의 공변량이 같기 때문에 MANOVA를 사용할 수 있다.

표 27-41 **Box의 공변량 동질성 검증 결과**

Box의 M	F	df1	df2	유의확률
2.917	0.419	6	10991.077	0.867

(2) 연구결과 제시 및 해석방법

표 27-42 **거주지역별 외식비지출과 문화비지출의 평균값**

	거주지역	평균	표준편차	사례 수
외식비지출	대도시	4.25	0.89	8
	중도시	2.38	1.19	8
	소도시	2.00	0.76	8
	합계	2.88	1.36	24
문화비지출	대도시	2.38	1.06	8
	중도시	4.13	1.13	8
	소도시	2.13	1.13	8
	합계	2.88	1.39	24

616

표 27-43 **다변량 검증***

효과		값	F	가설 자유도	오차 자유도	유의확률
절편	Pillai 트레이스	0.950	189.274**	2.000	20.000	0.000
	Wilks 람다	0.050	189.274**	2.000	20.000	0.000
	Hotelling 트레이스	18.927	189.274**	2.000	20.000	0.000
	Roy 최대근	18.927	189.274**	2.000	20.000	0.000
거주지역	Pillai 트레이스	0.956	9.624	4.000	42.000	0.000
	Wilks 람다	0.226	9.388**	4.000	40.000	0.000
	Hotelling 트레이스	1.923	9.132	4.000	38.000	0.000
	Roy 최대근	1.257	13.203***	4.000	21.000	0.000

* design: 절편 + 거주지역
** 정확한 통계량
*** 해당 유의수준에서 하한값을 발생하는 통계량은 F에서 상한값

표 27-44 **외식비지출의 집단 간 차이 사후검증**

	사례	집단군	
		1	2
소도시	8	2.00	
중도시	8	2.38	
대도시	8		4.25

표 27-45 **문화비지출의 집단 간 차이 사후검증**

	사례	집단군	
		1	2
소도시	8	2.13	
중도시	8	2.38	
대도시	8		4.13

표 27-46 **아이겐 값과 정준상관관계계수**

함수	아이겐 값	변량(%)	누적(%)	정준상관관계계수
1	1.257	65.4	65.4	0.746
2	0.665	34.6	100.0	0.632

표 27-47 **판별함수의 유의도 검증 결과**

함수의 검증	Wilks 람다	카이제곱	자유도	유의확률
1에서 2	0.266	27.145	4	0.000
2	0.601	10.453	1	0.001

표 27-48 **공변량 행렬**

거주지역		외식비지출	문화비지출
대도시	외식비지출	0.786	0.179
	문화비지출	0.179	1.125
중도시	외식비지출	1.411	-0.482
	문화비지출	-0.482	1.268
소도시	외식비지출	0.571	0.143
	문화비지출	0.143	1.268

표 27-49 **분류결과**

		예측 소속집단		
		대도시	중도시	소도시
원래값 빈도	대도시	6	1	1
	중도시	1	6	1
	소도시	0	1	7

주) 원래의 집단 케이스 중 79.2%가 올바로 분류됨

(3) MANOVA 표를 해석한다

MANOVA 유의도 검증 결과, 〈표 27-43〉에서 보듯이 독립변인 〈거주지역〉이 〈외식비지출〉과 〈문화비지출〉에 영향을 준다는 것을 알았다[Pillai 트레이스 = 0.950, $F_{(2,\ 20)}$ = 189.274, p < 001/Wilks 람다 = 0.050, $F_{(2,20)}$ = 189.274, p < 0.001].

판별분석을 통해 추가 분석한 결과, 〈표 27-46〉과 〈표 27-47〉에서 보듯이 〈외식비지출〉과 〈문화비지출〉 두 변인으로 구성된 두 개의 판별함수의 유의도 검증 결과 두 개 전부 유의미했다. 즉, 독립변인 〈거주지역〉은 두 개의 종속변인 〈외식비지출〉과 〈문화비지출〉에 영향을 주는 것으로 나타났다. 그러나 〈표 27-49〉의 분류결과에서 보듯이 두 판별함수의 분류정확도는 79.2%로 나타나 정확도는 그리 높은 편이 아닌 것으로 보인다.

개별 ANOVA를 통해 추가 분석한 결과, 〈표 27-45〉에서 보듯이 〈거주지역〉과 〈외식비지출〉의 평균값 차이를 비교한 결과, 대도시 거주자의 외식비(평균: 4.25)는 중도시(평균: 2.38)과 소도시(평균: 2.005)에 비해 높은 것으로 나타났다. 반면 중도시와 소도시 거주자 간에 외식비에는 차이가 나타나지 않았다.

〈표 27-46〉에서 보듯이 〈거주지역〉과 〈문화비지출〉의 평균값 차이를 비교한 결과, 중도시 거주자의 문화비지출(평균: 4.13)은 대도시(평균: 2.38)와 소도시(평균: 2.13)에 비해 높은 것으로 나타났다. 반면 대도시와 소도시 거주자 간에 문화비지출에는 차이가 나타나지 않았다.

거주지역별 〈외식비지출〉과 〈문화비지출〉 간의 관계를 살펴보자.

〈표 27-48〉에서 보듯이 대도시의 공변량 값은 '0.179'인데, 대도시에서는 〈회식비지

출〉과 〈문화비지출〉 간의 관계는 정적인 관계를 보이기 때문에 회식비 지출이 많을수록 문화비지출이 많아진다는 것을 알 수 있다. 또는 문화비지출이 많을수록 회식비지출이 많아진다는 것이다. 중도시의 공변량 값은 '-0.482'인데, 중도시에서는 〈회식비지출〉과 〈문화비지출〉 간의 관계는 부적인 관계를 보이기 때문에 회식비 지출이 많을수록 문화비지출이 줄어든다는 것을 알 수 있다. 또는 문화비지출이 많을수록 회식비 지출이 줄어든다는 것이다. 소도시의 공변량 값은 '0.143'으로 소도시에서는 〈회식비지출〉과 〈문화비지출〉 간의 관계가 정적인 관계이기 때문에 회식비 지출이 많을수록 문화비지출도 많아진다는 것을 알 수 있다. 또는 문화비지출이 많을수록 회식비 지출도 많아진다는 것이다. 대도시와 소도시의 〈회식비지출〉과 〈문화비지출〉의 이용행태는 정적인 관계로 유사한 반면 중도시는 부적인 관계로 대도시와 소도시와 다른 이용행태를 보인다.

참고문헌

Bray, J. H., & Maxwell, S. E. (1985), *Multivariate Analysis Of Variance*, Beverly Hills, CA: Sage.
Field, A. (2013), *Discovering Statistics Using IBM SPSS Statistics* (4th ed.), London: Sage.
Pedhazur, E. J. (1997), *Multiple Regression in Behavioral Research* (3rd ed.), Belmont, CA: Wadsworth.
Stevens, J. P. (2002), *Applied Multivariate Statistics for the Social Science* (4th ed.), Mahwah, NJ: Lawrence Earlbaum Associates.
Weinfurt, K. P. (2000), "Multivariate Analysis of Variance", In Grimm. L. G., & Yarnold, P. R. (eds.), *Reading And Understanding Multivariate Statistics* (pp. 245~276). Washington, D.C.: American Psychological Association.

28

LISREL linear structural equation model

이 장에서는 등간척도(또는 비율척도)로 측정한 여러 변인 간의 인과관계를 분석하는 구조 모델(*structural model*)과 실제 측정한 여러 변인과 이 변인으로부터 추정된 가상적 변인 간 관계를 분석하는 측정 모델(*measurement model*)로 이루어진 LISREL(*Linear Structural Equation Model*)을 살펴본다.

1. 정 의

LISREL은 구조 모델과 측정 모델을 분석하기 위한 통계방법이다. 구조 모델이란 변인 간의 인과관계를 분석하는 모델을 말하고, 측정 모델이란 여러 변인과 이 변인으로부터 추정된 가상적 변인 간의 관계를 분석하는 모델을 말한다.

〈표 28-1〉에서 보듯이 연구자는 LISREL을 통해 세 가지 모델, 즉 구조 모델이나 측정 모델만을 분석하거나 구조 모델과 측정 모델이 합쳐진 통합 모델을 분석할 수 있다. 구조 모델은 통로모델(*path model*)과 유사하다고 생각하면 되고, 측정 모델은 인자모델(*factor model*)이라고 생각해도 무방하다.

LISREL은 정교한 통계방법으로서 다른 통계방법이 분석하지 못하는 까다로운 연구문제를 해결할 수 있지만, 이 방법을 제대로 이해하기 위해서는 먼저 다른 통계방법(특히 회귀분석과 통로분석, 인자분석)을 알아야 한다. 독자는 이 장을 읽기 전에 제 15장과 제 16장 회귀분석, 제 20장 통로분석, 제 21장 인자분석을 공부하기 바란다.

표 28-1 **LISREL 모델의 종류와 목적**

LISREL 모델	목 적
구조 모델	변인 간 인과관계를 분석한다
측정 모델	변인의 측정을 분석한다
통합 모델(구조 모델 + 측정 모델)	변인 간 인과관계와 측정을 같이 분석한다

1) 변인의 종류와 측정

LISREL을 이해하기 위해서는 LISREL에서 사용하는 변인의 종류를 알아야 한다. LISREL에서 사용하는 변인은 변인 간의 인과관계와 측정방법에 따라 네 가지로 나누어진다. 변인 간의 인과관계를 어떻게 설정하느냐에 따라 원인인 외부변인(*exogenous variable*)과 결과인 내부변인(*endogenous variable*)으로 구분되며, 측정방법에 따라 설문지 등으로부터 직접 측정한 변인인 현재변인(*manifest variable*)과 현재변인으로부터 추정하는 변인인 잠재변인(*latent variable*)으로 나누어진다. 〈표 28-2〉에서 보듯이 LISREL에서 사용하는 변인은 현재 외부변인(*exogenous manifest variable*)과 현재 내부변인(*endogenous manifest variable*), 잠재 외부변인(*exogenous latent variable*), 잠재 내부변인(*endogenous latent variable*)이다. 그림에 변인을 표시할 때 현재변인은 실제 측정하였다는 의미로 박스 속에 변인 이름(예: Ⓐ)을 쓰며, 잠재변인은 실제 측정한 변인으로부터 추정하는 변인이라는 의미(실제 측정하지 않았다는 의미)에서 동그라미 속에 변인 이름(예: Ⓐ)을 쓴다.

〈표 28-1〉과 〈표 28-2〉에 제시된 내용을 합하여 LISREL에서 사용하는 변인의 종류를 종합적으로 살펴보면 〈표 28-3〉과 같다. 구조방정식만 있는 LISREL 모델은 현재 외부변인과 현재 내부변인을 사용한다. 반면 측정 모델만 있는 LISREL 모델은 현재변인과 잠재변인을 사용한다. 즉, 현재변인과 이 현재변인으로부터 추정되는 잠재 외부변인

표 28-2 **LISREL에서 사용되는 변인의 종류**

인과관계 / 측정방법	외부변인	내부변인	변인 표시
현재변인	현재 외부변인 (원인이고, 실제 측정한 변인)	현재 내부변인 (결과이고, 실제 측정한 변인)	Ⓐ
잠재변인	잠재 외부변인 (원인이고, 실제 측정한 현재변인으로부터 추정한 변인)	잠재 내부변인 (결과이고, 실제 측정한 현재변인으로부터 추정한 변인)	Ⓐ

표 28-3 **LISREL 모델의 종류와 목적, 사용되는 변인의 종류**

LISREL 모델	목적	사용되는 변인의 종류
구조 모델	변인 간의 인과관계 분석	현재 외부변인, 현재 내부변인
측정 모델	변인의 측정을 분석	현재 외부변인, 잠재 외부변인, 잠재 내부변인
통합 모델 (구조 모델 + 측정 모델)	변인의 측정과 인과관계를 같이 분석	현재 외부변인, 현재 내부변인, 잠재 외부변인, 잠재 내부변인

(또는 잠재 내부변인)을 사용한다. 구조 모델과 측정 모델이 합쳐진 LISREL 모델은 현재 외부변인과 현재 내부변인, 잠재 외부변인, 잠재 내부변인을 사용한다.

〈표 28-4〉에서 보듯이 현재 외부변인은 등간척도(또는 비율척도)로 측정해야 하며, 그 수는 한 개 이상 여러 개가 될 수 있다. 현재 외부변인을 명명척도로 측정할 경우에는 가변인으로 바꾸어 사용한다(가변인에 대해 알고 싶은 독자는 제 17·18·19장 가변인 회귀분석을 참조한다). 현재 내부변인 측정은 등간척도(또는 비율척도)로 측정해야 하며, 그 수는 한 개 이상 여러 개다. 명명척도로 측정한 변인은 현재 내부변인으로 사용할 수 없다.

잠재 외부변인과 잠재 내부변인은 실제 측정한 현재변인으로부터 추정한 변인이고, 수는 한 개 이상 여러 개다.

표 28-4 **LISREL의 조건**

1. 현재 외부변인
   1) 수: 한 개 이상 여러 개
   2) 측정: 등간척도(또는 비율척도)(명명척도: 가변인 사용)

2. 현재 내부변인
   1) 수: 한 개 이상 여러 개
   2) 측정: 등간척도(또는 비율척도)

3. 잠재변인
   1) 수: 한 개 이상 여러 개
   2) 측정: 측정 변인으로부터 추정

2) 변인의 기호와 의미

LISREL에서는 변인의 이름과 변인 간의 관계를 그리스 문자로 나타내기 때문에 〈표 28-5〉의 기호와 의미를 알아야 한다.

X는 현재 외부변인을 나타낸다. X는 통합 모델이나 구조 모델만 있는 LISREL 모델에서는 독립변인 역할을 하는 변인이다. 측정 모델만 있는 LISREL 모델에서 X는 잠재 외부변인(ξ)을 추정하는 데 사용되는 변인이다.

Y는 현재 내부변인을 나타낸다. Y는 통합 모델이나 구조 모델만 있는 LISREL 모델에서는 독립변인 또는 종속변인의 역할을 하는 변인이다. 측정 모델만 있는 LISREL 모델에서 Y는 잠재 내부변인(η)을 추정하는 데 사용되는 변인이다.

KSI(크사이)는 잠재 외부변인을 의미하며, 기호는 ξ로 표기된다. ξ는 측정 모델만 있는 LISREL 모델에서는 현재변인 X로부터 추정되는 변인이다. 통합 모델에서는 독립변인으로서 Y, 또는 η(에타)에게 영향을 주는 변인이다.

ETA(에타)는 잠재 내부변인을 의미하며, 기호는 η로 표기된다. η는 측정 모델만 있는 LISREL 모델에서는 현재변인 Y로부터 추정되는 변인이다. 통합 모델에서는 독립변인, 또는 종속변인으로서 다른 Y, 또는 다른 η에게 영향을 주는 변인이다.

LAMBDA-X(람다 엑스)는 기호 λ(x)로 표기된다. λ(x)는 측정 모델에서 현재변인(X)과 잠재 외부변인(ξ)과의 관계를 나타내는 기호이다.

LAMBDA-Y(람다 와이)는 기호 λ(y)로 표기된다. λ(y)는 측정 모델에서 현재변인(Y)과 잠재 내부변인(η)과의 관계를 나타내는 기호이다.

GAMMA(감마)는 기호 γ로 표기된다. γ는 구조 모델만 있는 LISREL 모델에서 현재 외부변인(X)이 현재 내부변인(Y)에 미치는 영향력의 크기(표준 회귀계수)를 나타내는 기호이다. 반면 통합 모델에서 γ는 현재 외부변인(X)이 잠재 내부변인(η)에 미치는 영향력, 잠재 외부변인(ξ)이 현재 내부변인(Y)에게 미치는 영향력, 또는 잠재 외부변인(ξ)이 잠재 내부변인(η)에게 미치는 영향력의 크기를 나타내는 기호이다.

표 28-5 **LISREL에서 사용하는 기호와 의미**

LISREL 프로그램 기호	LISREL 그림 기호	의미
x	X	현재 외부변인(구조 모델), 현재변인(측정 모델)
y	Y	현재 내부변인(구조 모델), 현재변인(측정 모델)
KSI	ξ	잠재 외부변인
ETA	η	잠재 내부변인
LAMBDA-X	λ(X)	현재변인(X)과 잠재 외부변인(ξ)과의 관계
LAMBDA-Y	λ(Y)	현재변인(Y)과 잠재 내부변인(η)과의 관계
GAMMA	γ	현재 외부변인(X)과 현재 내부변인(Y)과의 인과관계
		현재 외부변인(X)과 잠재 내부변인(η)과의 인과관계
		잠재 외부변인(ξ)과 현재 내부변인(Y)과의 인과관계
		잠재 외부변인(ξ)과 잠재 내부변인(η)과의 인과관계
BETA	β	현재 내부변인(Y)과 현재 내부변인(Y)과의 인과관계
		현재 내부변인(Y)과 잠재 내부변인(η)과의 인과관계
		잠재 내부변인(η)과 잠재 내부변인(η)과의 인과관계
DELTA	δ	현재 외부변인(X)의 오차변량
EPSILON	ε	현재 내부변인(Y)의 오차변량
THETA-DELTA	θ-δ	현재 외부변인(X)의 오차변량들 간의 상관관계
THETA-EPSILON	θ-ε	현재 내부변인(Y)의 오차변량들 간의 상관관계
ZETA	ζ	현재 내부변인(Y) 또는 잠재 내부변인(η)의 오차변량
PSI	ψ	제타(ζ)와 제타 간의 상관관계
PHI	φ	현재 외부변인(X) 또는 잠재 외부변인(ξ) 간의 상관관계

BETA(베타)는 기호 β로 표기된다. β는 구조 모델만 있는 LISREL 모델에서 현재 내부변인(Y)이 다른 현재 내부변인(Y)에 미치는 영향력의 크기를 나타내는 기호이다. 반면 통합 모델에서 β는 현재 내부변인(Y)이 다른 현재 내부변인으로부터 추정된 잠재 내부변인(η)에 미치는 영향력, 또는 잠재 내부변인(η)이 다른 잠재 내부변인(η)에게 미치는 영향력의 크기를 나타내는 기호이다.

DELTA(δ: 델타)와 EPSILON(ε: 입실론) 등 변인의 오차변량과 PSI(ψ: 사이) 등 오차변량 간의 상관관계를 나타내는 기호로서 뒤에서 설명한다.

LISREL은 일반적으로 변인 간의 관계를 그림으로 나타내기 때문에 통로분석에서 사용하는 기호를 그대로 사용한다. 실선 화살표(→)는 한 변인이 다른 변인에게 영향을 준다는 것을 나타내며, 점선 화살표(┅▶)는 한 변인이 다른 변인에게 영향을 주지 못한다는 것을 의미한다. 양방향 화살표가 있는 포물선(⤙⤚)은 변인 간의 상관관계는 존재하지만, 인과관계를 분석하지 않는다는 것을 보여주며, 양방향 화살표가 없는 포물선(⌒)은 변인의 상관관계가 분석하려는 모델에 포함되지 않은 다른 변인 때문에 생긴 의사상관관계(*spurious correlation*)이거나 인과관계에 의한 것이 아니기 때문에 분석할 필요가 없다는 것을 나타낸다.

지금까지 LISREL 프로그램과 그림에서 사용되는 기호와 그 의미를 알아보았는데, 이 기호들이 어떻게 사용되는지에 대해서는 개별 LISREL 모델을 구체적으로 살펴볼 때 설명하기로 한다. 구조 모델과 측정 모델, 이 두 가지를 합한 통합 모델이 무엇인지 그림을 통해 살펴보자.

(1) 구조 모델만 있는 LISREL 모델

〈그림 28-1〉은 현재 외부변인(X)과 현재 내부변인(Y)으로 이루어진 구조 모델만 있는 LISREL 모델을 보여준다. 이 모델에서 사용되는 변인은 전부 실제 측정한 현재변인이기 때문에 변인의 이름(〈교육〉, 〈연령〉, 〈수입〉, 〈텔레비전시청시간〉, 〈신문구독시간〉, 〈정치지식〉)은 박스 안에 제시된다. 그림의 왼쪽에 있는 세 변인(〈교육〉, 〈연령〉, 〈수입〉)은 외부변인이고, 현재변인이기 때문에 현재 외부변인이라고 부른다. 그림의 가운데에 있는 두 변인(〈텔레비전시청시간〉, 〈신문구독시간〉)은 세 개의 현재 외부변인(〈교육〉, 〈연령〉, 〈수입〉)의 영향을 받는 내부변인이고, 현재변인이기 때문에 현재 내부변인이라고 부른다. 마지막으로 그림의 오른쪽에 있는 한 변인(〈정치지식〉)은 한 개의 현재 외부변인(〈연령〉)과 두 개의 현재 내부변인(〈텔레비전시청시간〉, 〈신문구독시간〉)의 영향을 받는 내부변인이고, 현재변인이기 때문에 현재 내부변인이라고 부른다.

이 LISREL 모델은 통로모델과 비슷해보이지만 두 가지 점에서 큰 차이가 있다. 첫째, 통로모델과 LISREL 모델은 각 분석단계에서 현재 내부변인의 수에 차이가 있다.

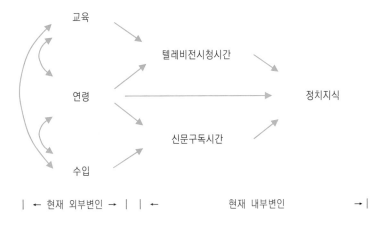

그림 28-1 **현재 외부변인과 현재 내부변인으로 구성된 구조 모델**

| ← 현재 외부변인 → | | | ← 　　　　　　　현재 내부변인　　　　　　　 →|

통로모델에서는 각 분석단계에서 현재 내부변인이 반드시 한 개만 있어야 하지만, LISREL 모델에서는 여러 개의 현재 내부변인이 있어도 된다. 〈그림 28-1〉에서 보듯이 LISREL 모델에서는 첫 번째 분석단계에서 세 개의 현재 외부변인인 〈교육〉, 〈연령〉, 〈수입〉이 두 개의 현재 내부변인인 〈텔레비전시청시간〉과 〈신문구독시간〉에 동시에 영향을 미치고(종속변인이 2개임), 두 번째 분석단계에서 한 개의 현재 외부변인인 〈연령〉과 두 개의 현재 내부변인인 〈텔레비전시청시간〉, 〈신문구독시간〉이 또 다른 한 개의 현재 내부변인인 〈정치지식〉에 영향을 미친다.

　둘째, 통로모델과 LISREL 모델은 변인 간의 인과관계 설정에 차이가 있다. 통로모델에서는 외부변인과 내부변인 간의 인과관계가 전부 설정되어야 하지만, LISREL 모델에서는 외부변인과 내부변인 간의 인과관계가 전부 설정되지 않아도 된다. 〈그림 28-1〉에서 보듯이 이 LISREL 모델에서는 첫 번째 분석단계에서 〈교육〉은 〈텔레비전시청시간〉에만 영향을 주고, 〈수입〉은 〈신문구독시간〉에만 영향을 주지만, 〈연령〉은 〈텔레비전시청시간〉과 〈신문구독시간〉에 영향을 준다. 두 번째 분석단계에서는 〈연령〉과 〈텔레비전시청시간〉, 〈신문구독시간〉만이 〈정치지식〉에 영향을 미친다.

　LISREL은 여러 개의 독립변인과 여러 개의 종속변인 간의 관계를 분석한다는 점에서 정준상관관계분석(*canonical correlation analysis*)과 유사하다고 볼 수 있다. 그러나 정준상관관계분석이 변인 간의 인과관계를 간접적으로 분석하는 반면 LISREL은 직접적으로 분석한다는 점에서 큰 차이가 있다. 이러한 점에서 볼 때, LISREL은 통로분석 방법과 정준상관관계분석을 포괄하는 좀더 보편적인 통계방법이라고 말할 수 있다.

(2) 측정 모델만 있는 LISREL 모델

〈그림 28-2〉는 현재변인과 잠재변인만으로 이루어진 측정 모델만 있는 LISREL 모델의 예를 보여준다. 그림의 왼쪽에 있는 변인(〈적극성〉, 〈판단력〉, 〈이타심〉, 〈겸손〉)은 실제 측정한 현재변인이기 때문에 변인의 이름은 박스 안에 제시된다. 반면 오른쪽에 있는 변인(〈능력〉과 〈성격〉)은 현재변인으로부터 추정한 잠재변인이기 때문에 변인의 이름은 동그라미 안에 제시된다.

이 LISREL 모델은 일반 인자모델과 비슷하게 보이지만 이 LISREL 모델은 탐사적 인자분석(*exploratory factor analysis*)과는 차이가 있다. 탐사적 인자분석은 실제 측정한 여러 개의 변인으로부터 공통인자를 추출하지만, LISREL에서는 연구자가 공통인자인 잠재변인의 수와 그 내용을 미리 결정하고, 이 잠재변인과 이를 실제 측정하는 현재변인 간의 관계를 분석한다. LISREL의 측정 모델은 가설검증 인자분석(*confirmatory factor analysis*)이라고 생각하면 된다.

이 LISREL 모델을 인자모델 방식으로 설명하면, 실제 측정한 두 개의 변인인 〈적극성〉과 〈판단력〉으로부터 한 개의 공통인자인 〈능력〉을 추출하고, 실제 측정한 다른 두 개의 변인인 〈이타심〉과 〈겸손〉으로부터 한 개의 공통인자인 〈성격〉을 추출한다고 말할 수 있다. 반면 이를 LISREL 방식으로 설명하면, 한 개의 잠재변인인 〈능력〉은 두 개의 현재변인인 〈적극성〉과 〈판단력〉으로부터 측정되고, 또 다른 한 개의 잠재변인인 〈성격〉은 두 개의 현재변인인 〈이타심〉과 〈겸손〉으로부터 측정된다. 잠재변인이 현재변인으로부터 측정되기 때문에 측정 모델이라고 부른다.

그림 28-2 **현재변인과 잠재변인만 있는 측정 모델**

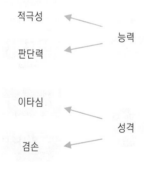

| ← 현재변인 → | | ← 잠재변인 → |

(3) 구조 모델과 측정 모델이 합쳐진 LISREL 모델

〈그림 28-3〉은 구조 모델과 측정 모델이 합쳐진 통합 모델을 보여준다. 그림의 왼쪽에 있는 변인(〈적극성〉과 〈판단력〉)은 현재변인이기 때문에 변인의 이름은 박스 인에 제시

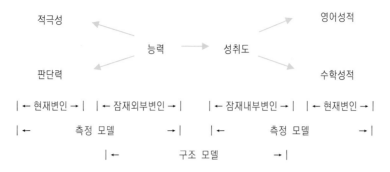

그림 28-3 **구조 모델과 측정 모델이 합쳐진 통합 모델**

되지만, 이 현재변인의 오른쪽 옆에 있는 변인(〈능력〉)은 현재변인으로부터 추정한 잠재변인이기 때문에 이름은 동그라미 안에 제시된다. 그림의 오른쪽에 있는 변인(〈영어성적〉과 〈수학성적〉)은 현재변인이기 때문에 변인의 이름은 박스 안에 제시되지만, 이 현재변인의 왼쪽 옆에 있는 변인(〈성취도〉)은 현재변인으로부터 추정한 잠재변인이기 때문에 이름은 동그라미 안에 제시된다.

〈그림 28-3〉에서 보듯이 그림의 왼쪽과 오른쪽에 있는 모델은 측정 모델이고, 그림의 가운데는 두 개의 측정 모델로부터 나온 잠재변인(〈능력〉과 〈성취도〉) 간의 인과관계가 설정된 구조 모델이다. 〈그림 28-3〉의 통합 모델을 설명하면, 그림의 왼쪽에 있는 측정 모델에서 한 개의 잠재 외부변인인 〈능력〉은 두 개의 현재변인인 〈적극성〉과 〈판단력〉으로부터 측정된다는 것을 보여준다. 또한 그림의 오른쪽에 있는 측정 모델에서 한 개의 잠재 내부변인인 〈성취도〉는 두 개의 현재변인인 〈영어성적〉과 〈수학성적〉으로부터 측정된다는 것을 보여준다. 마지막으로 그림의 가운데에 있는 구조 모델은 한 개의 잠재 외부변인인 〈능력〉과 한 개의 잠재 내부변인인 〈성취도〉 간의 인과관계를 보여준다.

2. 전제

LISREL은 일반 통계방법과는 다른 전제를 한다. LISREL 모델을 제대로 만들고, 해석을 제대로 하기 위해서는 LISREL의 몇 가지 전제를 이해해야 한다.

1) 변인의 측정에는 오차가 항상 존재한다

LISREL을 제외한 다른 통계방법(예를 들어, t-검증 방법과 ANOVA, 회귀분석 방법, 통로분석 방법, 판별분석 방법 등)은 변인의 측정에 오차가 없다고 전제한다. 따라서 LISREL

을 제외한 다른 통계방법에서는 일반적으로 한 개의 변인은 한 개의 문항으로 측정하고, 변인의 측정에는 오류가 없다고 가정한다. 예를 들어 정치에 대한 관심과 투표행위 간의 관계를 연구한다고 할 때, 연구자는 정치에 대한 관심과 투표행위라는 변인을 설문지에서 각각 한 개 또는 몇 개의 항목으로 직접 측정하고, 측정 항목은 해당 변인을 오류 없이 완벽하게 측정한다고 전제한다. 그러나 이러한 전제는 비현실적인 것이다. 예를 들면, 정치에 대한 관심이라는 개념은 한 개 또는 몇 개의 항목으로 완벽하게 측정한다는 것은 불가능하기 때문에 측정에는 오차가 있을 수 있다는 것을 전제로 하는 것이 현실적이다. LISREL에서는 한 변인의 측정을 여러 개의 항목으로 측정하며, 이때에도 항상 오차가 존재한다는 것을 전제한다. LISREL의 측정 모델은 이러한 전제 아래 실제 측정한 현재변인과 이로부터 추정한 잠재변인 간의 관계를 분석한다.

2) 오차변량 간에 상관관계가 존재한다

제 20장 통로분석의 전제에서 살펴봤듯이 통로분석에서는 내부변인의 오차변량 간에 상관관계가 존재하지 않는다고 전제한다. 즉, 통로분석에서는 오차변량 간의 상관관계를 '0'으로 간주한다. 그러나 이러한 전제는 비현실적이다. 이 전제가 왜 비현실적인지 통로모델의 예를 다시 들어 알아보자. 〈그림 28-4〉에서 보듯이 연구자가 두 개의 외부변인인 〈교육〉과 〈연령〉이 한 개의 내부변인인 〈수입〉에게 영향을 주고, 이는 다시 〈텔레비전시청시간〉에 영향을 준다는 통로모델을 연구한다고 가정하자. 이 모델에서는 〈수입〉에 영향을 주는 변인으로 〈교육〉과 〈연령〉을 제시한다. 그러나 실제로 이 두 변인 외에도 수입에 영향을 주는 변인(그림 밑의 괄호 속에 있는 〈성별〉과 〈근무연한〉, 〈업무능력〉 등)은 상당히 많은데, 연구자는 통로모델에서 이러한 변인을 제외했을 뿐이다. 그

그림 28-4 **오차변량 간의 상관관계**

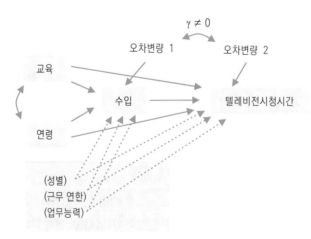

결과 이 통로모델에서 제외된 세 변인의 설명력은 〈수입〉의 전체 변량 중 오차변량으로 계산될 수밖에 없다.

또한 이 통로모델에 포함되지 않은 변인은 〈텔레비전시청시간〉에도 영향을 준다고 볼 수 있다. 그러나 모델에서 제외한 변인의 설명력은 통로모델에 포함되지 않았기 때문에 〈텔레비전시청시간〉의 전체 변량 중 오차변량으로 계산될 수밖에 없다.

이 모델에 포함되지 못한 변인으로 인해 〈수입〉의 오차변량1과 〈텔레비전시청시간〉의 오차변량2는 서로 상관관계를 가질 수밖에 없다. 따라서 내부변인의 오차변량 간의 상관관계가 존재한다고 전제하는 것이 현실적이다. LISREL에서는 오차변량 간의 상관관계가 존재한다($\gamma \neq 0$)는 전제 아래 변인 간의 관계를 분석한다.

3) 분석 단계별 내부변인의 수가 1개 이상 가능하다

통로분석에서는 모델의 각 분석단계에서 내부변인의 수가 반드시 한 개여야 한다. 그러나 많은 연구에서 이 전제는 비합리적이다. LISREL의 구조 모델에서는 각 분석 단계에서 현재 내부변인과 잠재 내부변인의 수가 한 개 이상 되어도 변인 간의 인과관계에 대한 분석이 가능하다.

4) 상호 인과관계를 분석할 수 있다

통로분석에서는 변인 간의 인과관계가 한쪽 방향으로 설정되어야 한다. 즉, 한 변인이 다른 변인에게 미치는 영향력의 방향이 같아야 한다(recursive)고 전제한다. 따라서 통로분석은 변인 간에 영향을 주고받는 상호 인과관계(reciprocal causal relationship)를 분석할 수 없다. 그러나 LISREL에서는 한 변인이 다른 변인에게 영향을 주고, 영향을 받은 변인이 영향을 준 그 변인에게 다시 영향을 미치는 상호 인과관계에 대한 분석이 가능하다.

5) LISREL 계수 구하는 문제

변인 간의 인과관계를 분석할 때 독립변인이 종속변인에게 미치는 영향력의 크기를 보여주는 계수(예를 들면, 변량분석에서 에타나 회귀분석에서 베타 등)를 구하게 되는데, 이때 계수를 구할 수 있느냐는 매우 중요한 문제로서 이를 '계수 구하는 문제'(problem of identification)라고 한다.

LISREL을 제외한 다른 통계방법이 분석하는 모델은 계수를 계산하는 데 필요한 만큼의 정보를 가지고 있기 때문에 계수를 정확하게 구할 수 있다. 이 모델을 적정정보 모델

(*just-identified model*)이라고 부른다. 적정정보 모델이 되기 위해서는 독립변인과 종속변인 간의 인과관계가 전부 설정되어 있어야 한다. 그러나 이 전제는 비현실적일 때가 많다. LISREL은 적정정보 모델은 물론 계수 계산에 필요한 정보보다 많은 정보가 있는 정보과잉 모델(*over-identified model*)과 계수 계산에 필요한 정보보다 적은 정보가 있는 정보부족 모델(*under-identified model*)도 분석할 수 있는데, 변인 간의 계수 구하는 문제를 살펴보자.

(1) 적정정보 모델

적정정보 모델(*just-identified model*)이란 계수 계산에 필요한 만큼의 정보가 있는 모델로서 연구자가 구하고 싶은 계수의 수와 이 계수를 구하는 데 필요한 정보를 제공하는 변인 간의 상관관계계수의 수가 같은 모델을 말한다. 〈그림 28-5〉는 통로모델로서 변인 간의 인과관계가 전부 연결되어 있음을 알 수 있다.

　〈그림 28-5〉의 통로모델에서 구하고 싶은 계수의 수와 변인 간의 상관관계계수의 수가 몇 개인지 알아보자. 구하고 싶은 계수의 수를 살펴보면, 첫 단계 통로모델에서 외부변인(〈교육〉과 〈연령〉)과 첫 번째 내부변인(〈수입〉) 간의 인과관계가 설정되어 있기 때문에 두 개의 계수를 구해야 한다. 둘째 단계 통로모델에서 외부변인(〈교육〉과 〈연령〉), 첫 번째 내부변인(〈수입〉)과 두 번째 내부변인(〈텔레비전시청시간〉) 간의 인과관계가 설정되어 있기 때문에 세 개의 계수를 구해야 한다. 이 통로모델에서 연구자가 구해야 하는 계수는 총 5개이다.

　다음으로 변인 간의 상관관계계수가 몇 개인지 알아보자. 〈표 28-6〉에서 보듯이 변인

그림 28-5 **적정정보 모델**

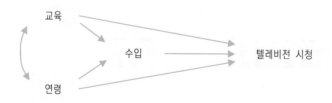

표 28-6 **변인 간의 상관관계계수**

	교육	연령	수입	텔레비전 시청
교육	1.00			
연령	0.24	1.00		
수입	0.48	0.13	1.00	
텔레비전 시청	-0.37	0.33	0.13	1.00

간의 상관관계계수의 수는 총 6개이다. 그러나 외부변인 간의 상관관계계수는 포물선 화살표로 연결되어 있어 분석하지 않기 때문에 실제 상관관계계수의 수는 총 5개가 된다. 바로 이 변인 간의 상관관계계수를 이용하여 계수를 계산한다.

〈그림 28-5〉의 모델에서 구해야 하는 계수의 수가 5개이고, 변인 간의 상관관계계수의 수도 5개로 같기 때문에 적정정보 모델이라고 부른다. 이때에는 각 계수를 정확하게 계산하여 구할 수 있다.

각 계수를 구한 후 이들이 얼마나 정확한가를 알아보기 위해 모델의 적합도(*goodness of fit*)를 검사한다. 모델의 적합도란 〈표 28-6〉의 변인 간 원 상관관계계수(*original correlation coefficient*)와 이 상관관계계수를 이용하여 구한 계수를 갖고 다시 계산한 상관관계계수(*reproduced correlation coefficient*)가 얼마나 일치하는지를 보여주는 값이다. 적정정보 모델에서는 원 상관관계계수와 다시 계산된 상관관계계수가 완벽하게 일치하기 때문에 모델의 적합도는 항상 '1'(100%)이 된다.

(2) 정보과잉 모델

정보과잉 모델(*over-identified model*)이란 계수 계산에 필요한 정보보다 많은 정보가 있는 모델로서 연구자가 구하고 싶은 계수의 수가 이 계수를 구하는 데 필요한 정보를 제공하는 변인 간의 상관관계계수의 수보다 적은 모델을 말한다. 〈그림 28-6〉의 모델에서 보듯이 변인 간의 인과관계 중 일부가 연결되지 않음을 알 수 있다.

〈그림 28-6〉의 모델에서 구하고 싶은 계수의 수와 변인 간의 상관관계계수의 수가 몇 개인지 알아보자. 구하고 싶은 계수의 수를 살펴보면, 첫 단계 모델에서 외부변인(〈교육〉과 〈연령〉)과 첫 번째 내부변인(〈수입〉) 간의 인과관계가 설정되어 있기 때문에 두 개의 계수를 구해야 한다. 둘째 단계 모델에서 외부변인(〈교육〉과 〈연령〉)은 두 번째 내부변인(〈텔레비전시청시간〉)과 인과관계가 설정되어 있지 않은 반면 첫 번째 내부변인(〈수입〉)과 두 번째 내부변인(〈텔레비전시청시간〉) 간의 인과관계는 설정되어 있기 때문에 한 개의 계수를 구해야 한다. 따라서 이 모델에서 연구자가 구하고 싶은 계수는 총 3개이다.

〈표 28-6〉에서 살펴봤듯이 변인 간의 상관관계계수의 수는 총 5개이다. 〈그림 28-6〉

그림 28-6 **정보과잉 모델**

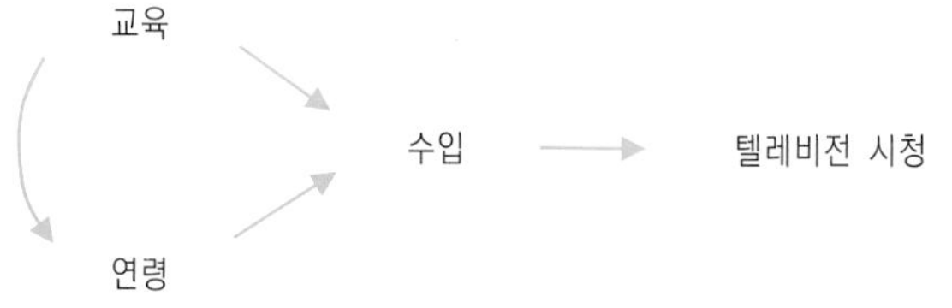

의 모델에서 구하고 싶은 계수의 수가 3개로서 변인 간의 상관관계계수의 수인 5개보다 적기 때문에 정보과잉 모델이라고 부른다. 이 경우 통로분석을 통해 각 계수를 구하는 것은 불가능하고, 반드시 LISREL을 사용해야 한다.

정보과잉 모델에서는 원 상관관계계수와 다시 계산된 상관관계계수가 일치하지 않게 되고, 모델의 적합도는 '1'(100%)보다 작은 값이 된다.

(3) 정보부족 모델

정보부족 모델(*under-identified model*)이란 계수 계산에 필요한 정보보다 적은 정보가 있는 모델로서 연구자가 구하고 싶은 계수의 수가 이 계수를 구하는 데 필요한 정보를 제공하는 변인 간의 상관관계계수의 수보다 많은 모델을 말한다. 〈그림 28-7〉의 모델에서 보듯이 변인 간의 인과관계 통로 중 일부가 상호 인과관계로 연결되어 있음을 알 수 있다.

〈그림 28-7〉의 모델에서 구하고 싶은 계수의 수와 변인 간의 상관관계계수의 수가 몇 개인지 알아보자. 구하고 싶은 계수의 수를 살펴보면, 첫 단계 모델에서 외부변인(〈교육〉과 〈연령〉)과 첫 번째 내부변인(〈수입〉) 간의 인과관계가 설정되어 있기 때문에 두 개의 계수를 구해야 한다. 둘째 단계 모델에서 외부변인(〈교육〉과 〈연령〉)과 두 번째 내부변인(〈텔레비전시청시간〉)과 인과관계가 설정되어 있고, 첫 번째 내부변인(〈수입〉)과 두 번째 내부변인(〈텔레비전시청시간〉) 간에는 상호인과관계가 설정되어 있기 때문에 네 개의 계수를 구해야 한다. 따라서 이 모델에서 연구자가 구해야 하는 계수는 총 6개이다.

변인 간의 상관관계계수의 수는 〈표 28-6〉에서 살펴봤듯이 총 5개이다.

〈그림 28-7〉의 모델에서 구하고 싶은 계수의 수가 6개로서 변인 간의 상관관계계수의 수인 5개보다 많기 때문에 정보부족 모델이라고 부른다. 이 경우 통로분석을 통해 각 계수를 구하는 것은 불가능하고, 반드시 LISREL을 사용해야 한다.

문제는 LISREL을 사용해도 정보부족 모델 자체에서는 계수를 구할 수 없다. 이 문제를 해결하기 위해서는 모델 내 일부 변인과 인과관계가 설정된 새로운 현재 외부변인을 추가함으로써 상관관계계수의 수를 늘려서 적정정보 모델이나 정보과잉 모델로 변환해

그림 28-7 **정보부족 모델**

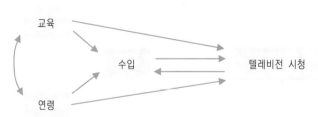

그림 28-8 **수정 모델**

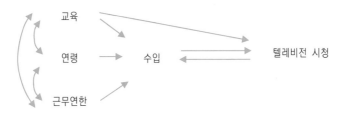

야 한다. 〈그림 28-7〉에 제시된 정보부족 모델에서는 계수를 구할 수 없기 때문에 〈그림 28-8〉과 같이 새로운 현재 외부변인(〈근무연한〉)을 추가하여 상관관계계수의 수를 늘려서 모델을 수정한다. 이 변인은 〈텔레비전시청시간〉과 인과관계가 설정되지 않아 적정 정보 모델이 된다. 상관관계계수의 수와 구해야 하는 계수의 수를 비교해보기 바란다.

(4) 모델의 적합도

각 계수를 구한 후 이들이 얼마나 정확한지를 알아보기 위해 모델의 적합도를 살펴본다. 모델의 적합도란 변인 간의 원 상관관계계수와 이 계수를 이용하여 계산한 계수를 이용하여 다시 계산된 상관관계계수가 얼마나 일치하는지를 보여주는 값이다.

모델의 적합도를 판단하는 방법 중 가장 많이 사용하는 방법은 크게 세 가지이다. ① χ^2(chi-square) 검증과 ②RMSEA(root mean square error of approximation) 값과 90% 신뢰구간(confidence interval) 검증, ③GFI(goodness of fit index) 값 해석.

① χ^2 검증

χ^2을 사용한 모델의 적합도 검증은 아래와 같이 원 상관관계계수(원점수로부터 계산한 변인의 상관관계계수)와 다시 계산된 상관관계계수(베타 값으로부터 계산한 변인의 상관관계계수)가 다르다는 연구가설 검증을 통해 이루어진다.

χ^2 값은 모델이 적합하지 않은(부적합) 정도를 보여준다. 즉, χ^2 값이 클수록 모델의 적합도가 낮고, χ^2 값이 작을수록 모델의 적합도가 높다고 판단한다. χ^2 값이 '0'이면 모델이 완벽하다는 것을 의미한다.

연구결과의 신뢰성이 높기 위해서는 χ^2 값이 작아서 영가설을 받아들여야 한다.

연구가설: 원 상관관계계수 ≠ 다시 계산된 상관관계계수
또는 모델이 적합하지 않다.

영가설: 원 상관관계계수 = 다시 계산된 상관관계계수
또는 모델이 적합하다.

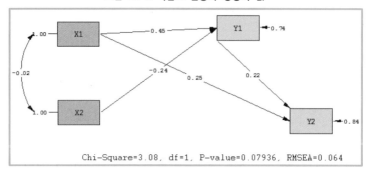

그림 28-9 **적합도 검증과 영향력 값**

Chi-Square=3.08, df=1, P-value=0.07936, RMSEA=0.064

　　LISREL 결과를 보여주는 그림이나 표에 χ^2 값의 유의확률이 '0.05'보다 작다면(예, 0.03, 0.01, 0.001 등) 연구가설을 받아들여 모델이 적합하지 않다고 판단한다. 반면 χ^2 값의 유의확률이 '0.05'보다 크다면(예, 0.06, 0.10, 0.25 등) 영가설을 받아들여 모델이 적합하다고 판단한다.

　　〈그림 28-9〉는 LISREL 구조모델 중 정보과잉 모델(이 모델은 가상의 모델로서, 현재 외부변인인 X2에서 현재 내부변인인 Y2 간의 인과관계가 설정되어 있지 않은 정보과잉 모델이다)을 LISREL 프로그램인 SIMPLIS를 실행하여 얻은 결과이다(SIMPLIS 프로그램 작성과 실행방법, 결과 해석은 뒤에서 자세히 설명한다). 〈그림 28-9〉에서 변인 간의 화살표 안에 있는 값은 베타 값으로, 한 변인이 다른 변인에게 미치는 영향력의 크기를 보여주는 값이다. 〈그림 28-9〉에는 모델의 적합도를 보여주는 값으로 χ^2 값 '3.08'과 유의확률 (P-value) 값 '0.07936'이 제시되어 있다. χ^2 값은 '3.08'이고, 유의확률은 '0.05'보다 큰 '0.07936'이기 때문에 영가설을 수용하여 모델이 적합하다는 결론을 내린다. 그러나 만일 χ^2 값이 크고, 유의확률이 '0.05'보다 작으면(예, 0.03, 0.01, 0.001 등) 연구가설을 수용하여 모델이 적합하지 않다고 판단한다.

② RMSEA 값 검증

RMSEA 값을 사용하여 모델의 적합도를 판단할 수 있다. 이 경우에도 연구가설과 영가설은 χ^2과 동일하다.

> 연구가설: 모델이 적합하지 않다.
> 영가설: 모델이 적합하다.

　　〈그림 28-9〉에 RMSEA 값이 제시된다.

　　RMSEA 값의 적합도 검증을 하려면 유의확률 값을 보고 판단해야 한다. 다음 결과는

SIMPLIS 프로그램을 실행한 후 그림 결과에 추가로 제공되는 새로운 창(새로운 창은 〔파일 이름. OUT〕)에 제시된다. SIMPLIS 프로그램 작성과 실행방법, 결과 해석은 뒤에서 자세히 설명한다. 결과에서 보듯이, RMSEA 값은 '0.645'이고, 이 값의 90% 신뢰구간(90 *percent confidence interval for* RMSEA)은 0.0에서 0.152 사이에 있다는 것이다. 즉 0.0 < RMSEA < 0.152이다. 이 값의 유의확률은 '0.05'보다 큰 '0.264'이기 때문에 영가설을 수용하여 모델이 적합하다는 결론을 내린다. 그러나 만일 RMSEA 값의 유의확률이 '0.05'보다 작으면(예, 0.03, 0.01, 0.001 등) 연구가설을 수용하여 모델이 적합하지 않다고 판단한다.

Root Mean Square Error of Approximation(RMSEA)	0.0645
90 Percent Confidence Interval for RMSEA	(0.0; 0.152)
P-Value for Test of Close Fit(RMSEA < 0.05)	0.264

③ GFI 값 해석

GFI 값을 사용하여 모델의 적합도를 판단할 수 있다. GFI는 '0'에서 '1' 사이의 값을 갖는다. 다음 결과는 SIMPLIS 프로그램을 실행한 후 그림 결과에 추가로 제공되는 새로운 창(새로운 창은 〔파일 이름. OUT〕)에 제시된다. SIMPLIS 프로그램 작성과 실행방법, 결과 해석은 뒤에서 자세히 설명한다. 일반적으로 적합도 값이 '0.9' 이상이면 좋은 모델이라 할 수 있다.

이 결과는 여러 종류의 적합도 값(GFI, AGFI, PGFI)을 보여주는데, 일반적으로 GFI 값을 해석하면 된다. GFI 값이 '0.997'로 '0.9'보다 크기 때문에 모델이 적합하다는 결론을 내린다. 그러나 만일 GFI 값이 '0.9'보다 작으면 모델이 적합하지 않다고 판단한다.

Goodness of Fit Index(GFI)	0.997
Adjusted Goodness of Fit Index(AGFI)	0.969
Parsimony Goodness of Fit Index(PGFI)	0.0997

(5) 수정 값

연구모델의 적합도를 검증한 결과 연구모델이 적합하다면 그 결과를 분석하면 된다. 그러나 연구모델이 적합하지 않다면 연구자는 적합한 연구모델을 만들어야 한다. 적합한 연구모델을 만드는 방법은 크게 두 가지이다. 첫 번째 방법은 연구모델의 기초가 된 이론을 재검토한 후 연구모델을 수정하는 것이다. 또는 다른 이론에 기초해 새로운 모델을 만드는 것이다. 두 번째 방법은 SIMPLIS 프로그램의 도움을 받는 것이다. SIMPLIS 프로그램은 연구모델의 어느 부분을 수정하면 적합도가 좋아진다는 안을 제공하는데, 이를 수정 값(modification index)이라고 한다. SIMPLIS 프로그램은 이론에 근거를 두고 수정 값을 제시하는 것이 아니라 통계적인 측면에서 적합도를 높이는 방법을 제시한다는 점에 유의해야 한다.

수정 값을 반영하여 연구모델을 수정할 때 연구자가 주의해야 할 점은 크게 두 가지이다.

첫째, 연구자는 SIMPLIS 프로그램이 제시하는 수정 값을 무조건 반영할 것이 아니라 이론에 비추어 타당하다는 판단을 할 때 반영하는 것이 바람직하다.

둘째, SIMPLIS 프로그램은 연구모델이 정보과잉 모델인 경우에만 수정 값을 제시한다. 적정정보 모델은 변인들 간의 인과관계가 전부 설정되어 있기 때문에 모델의 적합도는 항상 '1'이다. 즉, 적정정보 모델은 적합도 측면에서 완벽하기 때문에 SIMPLIS 프로그램은 수정 값을 제시하지 않는다. 연구자는 이론에 따라 다른 연구모델을 만들 수는 있지만 적합도를 높이기 위해 연구모델을 수정할 필요는 없다.

그러나 정보과잉 모델일 경우, 연구모델 내 일부 변인 간의 인과관계가 설정되어 있지 않기 때문에(즉, 변인 간의 베타 값을 '0'으로 설정) 적합도는 항상 '1'보다 작다. 적합도가 '1'보다 작아서 연구모델이 적합하지 않다는 판단을 할 경우에는 SIMPLIS 프로그램의 도움을 받아 연구모델을 수정할 수 있다.

SIMPLIS 프로그램은 일부 변인들 간의 인과관계를 설정하지 않은 연구모델과 인과관계를 설정한 수정모델을 비교하여 모델의 적합도를 높일 수 있는 수정 값을 제시한다. 수정 값은 연구모델과 수정모델 간의 χ^2 값 차이라고 보면 된다.

연구모델의 적합도를 높이기 위해 수정 값을 어떻게 사용하는지 그 과정과 방법을 예를 들어 살펴보자.

첫째, 프로그램을 실행하여 결과(베타 값과 적합도)를 분석한다. 〈그림 28-10〉의 연구모델은 현재 외부변인 X1과 현재 내부변인 Y2와 인과관계가 설정되어 있지 않고, 현재 외부변인 X2와 현재 내부변인 Y1과 인과관계가 설정되어 있지 않은 정보과잉 모델이다. SIMPLIS 프로그램 실행 결과, χ^2 값 '31.18'과 유의확률 '0.0000', RMSEA 값 '0.171'로 모델이 적합하지 않다는 것을 알 수 있다.

둘째, 모델이 적합하지 않아 연구모델을 수정하고 싶은 경우, SIMPLIS 프로그램은 수정 값을 보여준다. 〈그림 28-11〉에서 메뉴판의 오른쪽 위 〔Estimate〕의 〔Modification Indices〕를 클릭하면 인과관계가 설정되지 않은 변인 간에 인과관계를 설정했을 경우 감소하는 χ^2 값을 보여준다. 예를 들어, 현재 외부변인 X1과 현재 내부변인 Y2 간에 인과관계를 설정하면 χ^2 값이 '28.91'만큼 감소한다는 것이다. 또한 현재 내부변인 Y2에서 현재 내부변인 Y1 간에 인과관계를 설정하면 χ^2 값이 '30.37'만큼 줄어든다는 것이다.

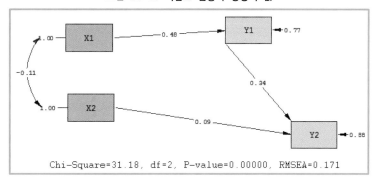

그림 28-10 **적합도 검증과 영향력 값**

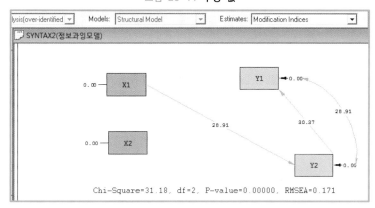

그림 28-11 **수정 값**

SIMPLIS 프로그램이 제공하는 수정 값을 반영하여 인과관계를 설정하지 않은 변인 간에 인과관계를 설정하면 모델의 적합도가 높아질 가능성이 높다. 일반적으로 수정 값이 큰 순서대로 변인 간의 인과관계를 설정하여 프로그램을 실행하면 된다. 그러나 수정 값이 크더라도 이론적으로 타당하지 않으면 무시하고 다음 큰 값을 보고 수정 여부를 판단한다. 〈그림 28-11〉에서 현재 내부변인 Y2에서 현재 내부변인 Y1 간에 인과관계를 설정할 때 χ^2 값이 '30.37'만큼 감소하지만, 연구자는 이 인과관계가 이론적으로 적당하지 않다고 판단하면 무시해도 된다. 다음으로, 현재 외부변인 X1과 현재 내부변인 Y2 간에 인과관계를 설정하면 χ^2 값이 '28.91'만큼 감소하는데, 연구자는 이 인과관계가 이론적으로 타당하다고 판단하면 두 변인 간의 인과관계를 설정하여 SIMPLIS 프로그램을 실행하면 된다.

셋째, 연구자가 이론적으로 타당하다고 생각하는 변인 간에 인과관계를 설정하여 SIMPLIS 프로그램을 실행하여 결과(베타 값과 적합도)를 분석한다. 〈그림 28-12〉의 연구모델은 SIMPLIS 프로그램이 제안한 수정 값을 반영하여 현재 외부변인 X1과 현재 내부변인 Y2과 인과관계를 설정하여 실행한 결과이다.

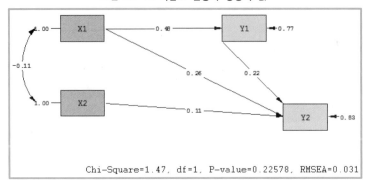

그림 28-12 **적합도 검증과 영향력 값**

Root Mean Square Error of Approximation(RMSEA)   0.0306
90 Percent Confidence Interval for RMSEA   (0.0; 0.128)
P-Value for Test of Close Fit(RMSEA < 0.05)   0.473

SIMPLIS 프로그램 실행 결과, χ^2 값 '1.47'과 유의확률 '0.22578', RMSEA 값 '0.031' (정확하게는 '0.306'), 유의확률 '0.473'으로 모델이 적합하다는 것을 알 수 있다. SIMPLIS 프로그램이 제안한 수정 값을 반영하여 수정한 결과 적합한 연구모델을 만들 수 있었다.

3. LISREL의 기본모델과 그 의미

LISREL 모델은 연구문제에 따라 그 모습이 매우 다양하기 때문에 한마디로 요약하기 어렵다. 이 장에서는 LISREL의 기본 모델을 다섯 가지로 나눠서 살펴본다. 이 기본 모델을 이해하면 어렵지 않게 응용하여 자신의 연구문제에 맞는 모델을 만들 수 있을 것이다. 일반적으로 LISREL 모델은 그림과 방정식으로 제시한다. LISREL 모델의 그림은 변인 간의 관계를 한눈에 쉽게 알아볼 수 있게 도움을 주고, 변인 간의 관계에 대한 방정식은 LISREL 프로그램을 만드는 데 기초가 된다. 다섯 가지 기본 모델의 그림과 방정식을 만드는 방법을 구체적 예를 들어 살펴보자.

1) 종류

〈표 28-7〉에서 보듯, LISREL의 기본 모델은 (1) 구조 모델과 (2) 측정 모델 (3) 구조 모델과 측정 모델이 합쳐진 통합 모델 세 종류가 있다. 통합 모델은 세 종류로 나누어진다. ① 외부변인 간의 측정 모델이 한 개, 구조 모델이 한 개로 이루어진 통합 모델이다. 이 통합 모델은 현재변인과 잠재 외부변인 간의 측정 모델과 잠재 외부변인과 현재

638

표 28-7 **LISREL의 다섯 가지 기본 모델**

모델의 종류	모델의 구성
(1) 구조 모델	현재 외부변인과 현재 내부변인 간의 인과관계 모델
(2) 측정 모델	현재변인과 잠재변인 간의 관계를 분석하는 측정 모델
(3) 통합 모델 　　(구조 모델 + 측정 모델)	① 현재변인과 잠재 외부변인 간의 측정 모델 + 　　잠재 외부변인과 현재 내부변인 간의 구조 모델
	② 현재변인과 잠재 내부변인 간의 측정 모델 + 　　현재 외부변인과 잠재 내부변인 간의 구조 모델
	③ 현재변인과 잠재 외부변인 간의 측정 모델 + 　　현재변인과 잠재 내부변인 간의 측정 모델 + 　　잠재 외부변인과 잠재 내부변인 간의 구조 모델

내부변인 간의 구조 모델로 구성된다. ②내부변인 간의 측정 모델이 한 개, 구조 모델이 한 개로 이루어진 통합 모델이다. 이 통합 모델은 현재변인과 잠재 내부변인 간의 측정 모델과 현재 외부변인과 잠재 내부변인 간의 구조 모델로 구성된다. ③외부변인과 내부변인 간의 측정 모델이 각각 한 개, 구조 모델이 한 개로 이루어진 통합 모델이다. 이 통합 모델은 현재변인과 잠재 외부변인 간의 측정 모델과 현재변인과 잠재 내부변인 간의 측정 모델, 잠재 외부변인과 잠재 내부변인 간의 구조 모델로 구성된다.

2) 구조 모델만 있는 LISREL 모델

이 모델은 현재 외부변인과 현재 내부변인 간의 인과관계를 분석하는 구조 모델이다.

(1) 연구문제
연구자는 ①두 개의 현재 외부변인인 〈교육〉과 〈연령〉이 현재 내부변인인 〈수입〉에 미치는 영향과 ②현재 외부변인인 〈교육〉이 현재 내부변인인 〈텔레비전시청시간〉에게 주는 영향과 〈연령〉이 현재 내부변인인 〈신문구독시간〉에게 주는 영향을 분석하고, ③현재 내부변인인 〈수입〉이 다른 현재 내부변인인 〈텔레비전시청시간〉과 〈신문구독시간〉에 미치는 영향을 분석한다. 〈텔레비전시청시간〉과 〈신문구독시간〉 간의 인과관계는 분석하지 않는다. 이 모델은 정보과잉 모델이다.

(2) 그림
〈그림 28-13〉에서 보듯이 변인이 전부 현재변인이기 때문에 변인의 이름(〈교육〉과 〈연령〉, 〈수입〉, 〈텔레비전시청시간〉, 〈신문구독시간〉)은 박스 안에 제시된다.

변인의 이름과 기호를 살펴보자.

그림의 왼쪽에 있는 두 개의 변인(〈교육〉과 〈연령〉)은 외부변인이고, 현재변인이기 때문에 현재 외부변인의 기호인 X1, X2로 표시한다. 가운데 있는 한 개의 변인(〈수입〉)은 두 개의 현재 외부변인(〈교육〉과 〈연령〉)의 영향을 받는 내부변인이고, 현재변인이기 때문에 현재 내부변인의 기호인 Y1로 표시한다. 오른쪽에 있는 두 개의 변인(〈텔레비전시청시간〉과 〈신문구독시간〉)은 두 개의 현재 외부변인(〈교육〉과 〈연령〉)과 한 개의 현재 내부변인(〈수입〉)의 영향을 받는 내부변인이고, 현재변인이기 때문에 현재 내부변인의 기호인 Y2, Y3으로 표시한다.

변인 간의 관계의 이름과 기호를 살펴보자.

현재 외부변인(〈교육〉과 〈연령〉)과 현재 내부변인(〈수입〉, 〈텔레비전시청시간〉, 〈신문구독시간〉) 간의 인과관계는 $\gamma 11$처럼 γ(GAMMA)와 숫자로 표시하는데, 앞의 숫자는 영향을 받는 변인의 번호를, 뒤의 숫자는 영향을 주는 변인의 번호를 쓴다. 즉, 앞의 숫자 1은 영향을 받는 첫째 현재 내부변인(Y1)을, 뒤의 숫자 1은 영향을 주는 첫째 현재 외부변인(X1)을 나타낸다. 따라서 〈교육〉(X1)과 〈수입〉(Y1)의 인과관계는 $\gamma 11$, 〈교육〉(X1)과 〈텔레비전시청시간〉(Y2) 간의 인과관계는 $\gamma 21$, 〈연령〉(X2)과 〈수입〉(Y1) 간의 인과관계는 $\gamma 12$, 〈연령〉(X2)과 〈신문구독시간〉(Y3) 간의 인과관계는 $\gamma 32$로 표시한다.

현재 내부변인(〈수입〉, 〈텔레비전시청시간〉, 〈신문구독시간〉) 간의 인과관계는 $\beta 21$처럼 β(BETA)와 숫자로 표시되는데, 앞의 숫자는 영향을 받는 변인의 번호를, 뒤의 숫자는 영향을 주는 변인의 번호를 쓴다. 즉, 앞의 숫자 2는 영향을 받는 둘째 현재 내부변인(Y2)을, 뒤의 숫자 1은 영향을 주는 첫째 현재 내부변인(Y1)을 나타낸다. 따라서 〈수입〉(Y1)과 〈텔레비전시청시간〉(Y2) 간의 인과관계는 $\beta 21$, 〈수입〉(Y1)과 〈신문구독시간〉

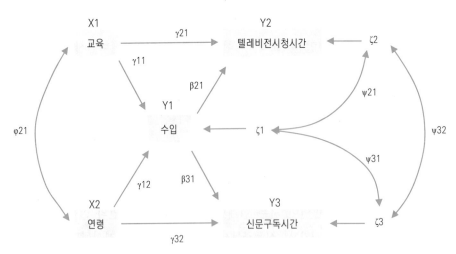

그림 28-13 **현재 외부변인과 현재 내부변인 간의 구조 모델**

(Y3) 간의 인과관계는 β31로 표시한다.

　이　모델은 〈교육〉과 〈신문구독시간〉, 〈연령〉과 〈텔레비전시청시간〉, 〈텔레비전시청시간〉과 〈신문구독시간〉 간의 인과관계가 설정되지 않았다. 따라서 상관관계계수의 수는 9개, 구하려는 LISREL 계수의 수는 6개로서 정보과잉 모델임을 알 수 있다. 외부변인인 〈교육〉(X1)과 〈연령〉(X2) 간의 상관관계는 φ21(PHI)로 표시된다. 내부변인인 〈수입〉(Y1)의 오차변량(ζ1, ZETA)과 〈텔레비전시청시간〉(Y2)의 오차변량(ζ2), 〈신문구독시간〉(Y3)의 오차변량(ζ3) 간의 오차상관관계는 ψ21(PSI), ψ31, ψ32로 표시한다.

3) 방정식

〈그림 28-13〉 구조 모델의 방정식의 일반 형태는 다음과 같다.

$$Y = BY + \Gamma X + \zeta$$

X: X(현재 외부변인)
Y: Y(현재 내부변인)
B: β(현재 내부변인에서 다른 현재 내부변인에 미치는 영향)
Γ: γ(현재 외부변인에서 현재 내부변인에 미치는 영향)
ζ: ζ(내부변인의 오차변량)

　각 변인을 위 방정식에 대입하면 〈표 28-8〉과 같은 방정식을 만들 수 있다.

표 28-8 **변인 간의 방정식**

수입(Y1) = γ11 × 교육(X1) + γ12 × 연령(X2) + ζ1
텔레비전시청시간(Y2) = β21 × 수입(Y1) + γ21 × 교육(X1) + ζ2
신문구독시간(Y3) = β31 × 수입(Y1) + γ32 × 연령(X2) + ζ3

4) 측정 모델만 있는 LISREL 모델

이 모델은 현재변인과 잠재 외부변인 간의 관계를 분석하는 측정 모델, 또는 현재변인과 잠재 내부변인 간의 관계를 분석하는 측정 모델을 말한다.

(1) 연구문제

연구자는 텔레비전을 시청하는 동기로 크게 정보동기와 오락동기 두 가지로 생각하고, 잠재 외부변인인 정보동기는 현재변인인 〈일상생활에 필요한 정보를 얻기 위해서〉(이하 〈생활정보추구〉)와 〈특정 이슈에 대한 다른 사람의 의견을 알기 위해서〉(이하 〈의견정보추구〉) 두 항목으로 측정하고, 다른 잠재 외부변인인 오락동기는 현재변인인 〈즐거움을 얻기 위해서〉(이하 〈즐거움추구〉)와 〈재미있어서〉(이하 〈재미추구〉) 두 항목으로 측정하여 현재변인과 잠재 외부변인과의 관계를 분석한다.

뿐만 아니라 연구자는 텔레비전을 시청한 후 얻는 만족을 크게 정보만족과 오락만족이라는 두 가지로 생각하고, 잠재 내부변인인 정보만족은 현재변인인 〈일상생활에 필요한 정보를 얻었다〉(이하 〈생활정보획득〉)와 〈특정 이슈에 대한 다른 사람의 의견을 알게 되었다〉(이하 〈의견정보획득〉) 두 항목으로 측정하고, 다른 잠재 내부변인인 오락만족은 현재변인인 〈즐거움을 얻었다〉(이하 〈즐거움획득〉)와 〈재미있었다〉(이하 〈재미획득〉) 두 항목으로 측정하여 현재변인과 잠재 내부변인과의 관계를 분석한다. 일반적으로 측정모델에서 잠재변인을 측정할 때에는 여기 예처럼 현재변인의 수가 두 개로는 부족하고, 세 개 이상 있는 것이 바람직하다.

(2) 그림

이 연구는 두 개의 측정 모델을 분석한다. 〈그림 28-14〉는 첫 번째 모델로 네 개의 현재변인과 두 개의 잠재 외부변인으로 이루어진 측정 모델이다. 〈그림 28-15〉는 두 번째 모델로 네 개의 현재변인과 두 개의 잠재 내부변인으로 이루어진 측정 모델이다.

〈그림 28-14〉에서 변인의 이름과 기호를 알아보자.

그림 28-14 **현재변인과 잠재 외부변인의 측정 모델**

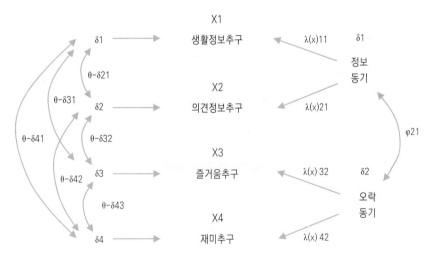

〈그림 28-14〉의 왼쪽에 있는 네 개의 변인은 현재변인으로서 이 중 두 개의 현재변인 (〈생활정보추구〉, 〈의견정보추구〉)은 X1, X2로 표시한다. 다른 두 개의 현재변인(〈즐거움추구〉, 〈재미추구〉)은 X3, X4로 표시한다. 오른쪽에 있는 두 개의 변인은 잠재 외부변인인데, 이 중 한 개의 잠재 외부변인(〈정보동기〉)은 ξ1로 표시하고, 다른 한 개의 잠재 외부변인(〈오락동기〉)은 ξ2로 표시한다.

변인 간의 관계의 이름과 기호를 알아보자.

현재변인(〈생활정보추구〉, 〈의견정보추구〉, 〈즐거움추구〉, 〈재미추구〉)과 잠재 외부변인(〈정보동기〉, 〈오락동기〉) 간의 관계는 λ(x)11처럼 λ와 숫자로 표시되는데, 앞의 숫자는 영향을 받는 변인의 번호를, 뒤의 숫자는 영향을 주는 변인의 번호를 쓴다. 즉, 앞의 숫자 1은 첫째 현재변인(X1)을 나타내고, 뒤의 숫자 1은 첫째 잠재 외부변인(ξ1)을 나타낸다. 따라서 〈생활정보추구〉(X1)와 〈정보동기〉(ξ1) 간의 관계는 λ(x)11, 〈의견정보추구〉(X2)와 〈정보동기〉(ξ1) 간의 관계는 λ(x)21, 〈즐거움추구〉(X3)와 〈오락동기〉(ξ2) 간의 관계는 λ(x)32, 〈재미추구〉(X4)와 〈오락동기〉(ξ2) 간의 관계는 λ(x)42로 표시한다.

현재변인 X1, X2, X3, X4의 오차변량은 δ1(DELTA), δ2, δ3, δ4이고, 오차상관관계는 θ-δ21(THETA-DELTA) 등으로 표시한다. 잠재 외부변인 ξ1과 ξ2 간의 상관관계는 φ21(PHI)로 표시한다.

〈그림 28-15〉에서 변인의 이름과 기호를 살펴보자.

〈그림 28-15〉의 오른쪽에 있는 네 개의 변인은 실제 측정한 현재변인인데, 이 중 두 개의 현재변인(〈생활정보획득〉, 〈의견정보획득〉)은 Y1, Y2로 표시한다. 다른 두 개의

그림 28-15 **현재변인과 잠재 내부변인의 측정 모델**

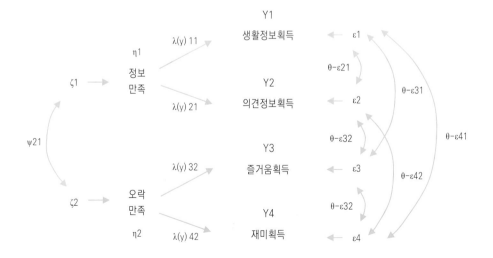

현재변인(〈즐거움획득〉, 〈재미획득〉)은 Y3, Y4로 표시한다. 왼쪽에 있는 두 개의 변인은 잠재 내부변인인데, 이 중 한 개의 잠재 내부변인(〈정보만족〉)은 η1로 표시하고, 다른 한 개의 잠재 내부변인(〈오락만족〉)은 η2로 표시한다.

변인 간의 관계의 이름과 기호를 살펴보자.

현재변인(〈생활정보획득〉, 〈의견정보획득〉, 〈즐거움획득〉, 〈재미획득〉)과 잠재 내부변인(〈정보만족〉, 〈오락만족〉) 간의 관계는 λ(y) 11처럼 λ와 숫자로 표시되는데, 앞의 숫자는 영향을 받는 변인의 번호를, 뒤의 숫자는 영향을 주는 변인의 번호를 쓴다. 즉, 앞의 숫자 1은 첫째 현재변인(Y1)을 나타내고, 뒤의 숫자 1은 첫째 잠재 내부변인(η1)을 나타낸다. 따라서 〈생활정보획득〉(Y1)과 〈정보만족〉(η1) 간의 관계는 λ(y) 11, 〈의견정보획득〉(Y2)과 〈정보만족〉(η1) 간의 관계는 λ(y) 21, 〈즐거움획득〉(Y3)과 〈오락만족〉(η2) 간의 관계는 λ(y) 32, 〈재미획득〉(Y4)과 〈오락동기〉(η2) 간의 관계는 λ(y) 42로 표시한다.

현재변인 Y1, Y2, Y3, Y4의 오차변량은 ε1, ε2, ε3, ε4이고, 오차상관관계는 θ-ε 21(THETA - EPSILON) 등으로 표시한다. 잠재 내부변인의 오차변량은 ζ(ZETA)이고, 오차상관관계는 ψ21(PSI) 등으로 표시한다.

(3) 방정식

〈그림 28-14〉 측정 모델의 방정식의 일반 형태는 다음과 같다.

$$측정\ 방정식\ X:\ X = \Lambda\xi + \delta$$

X: 현재변인
Λ: λ(현재변인과 잠재 외부변인 간의 관계)
ξ: ξ(잠재 외부변인)
δ: δ(현재 외부변인의 오차변량)

각 변인을 위 방정식에 대입하면 〈표 28-9〉와 같은 방정식을 만들 수 있다.

표 28-9 변인 간의 방정식

생활정보추구(X1) = λ(x)11 × 정보동기(ξ1) + δ1
의견정보추구(X2) = λ(x)21 × 정보동기(ξ1) + δ2
즐거움추구(X3) = λ(x)32 × 오락동기(ξ2) + δ3
재미추구(X4) = λ(x)42 × 오락동기(ξ2) + δ4

〈그림 28-15〉 측정 모델의 방정식은 다음과 같다.

$$측정방정식 \ Y: \ Y = \Lambda\eta + \varepsilon$$

Y: 현재변인
Λ: λ(현재변인과 잠재 내부변인 간의 관계)
η: η(잠재 내부변인)
ε: ε(현재 내부변인의 오차변량)

각 변인을 위 방정식에 대입하면 〈표 28-10〉과 같은 방정식을 만들 수 있다.

표 28-10 **변인 간의 방정식**

생활정보획득(Y1) = λ(y)11 × 정보만족(η1) + ε1
의견정보획득(Y2) = λ(y)21 × 정보만족(η1) + ε2
즐거움획득(Y3) = λ(y)32 × 오락만족(η2) + ε3
재미획득(Y4) = λ(y)42 × 오락만족(η2) + ε4

5) 한 개의 측정 모델과 한 개의 구조 모델의 통합 모델

이 통합 모델은 ① 현재변인과 잠재 외부변인의 측정 모델과 ② 잠재 외부변인과 현재 내부변인 간의 구조 모델을 합한 모델이다.

(1) 연구문제
연구자는 텔레비전을 시청하는 동기는 크게 정보동기와 오락동기 두 가지라고 생각하고, 잠재 외부변인인 〈정보동기〉의 경우 현재변인으로 〈생활정보추구〉와 〈의견정보추구〉라는 두 항목으로 측정한다. 다른 잠재 외부변인인 〈오락동기〉의 경우, 현재변인으로 〈즐거움추구〉와 〈재미추구〉라는 두 항목으로 측정하여 현재변인과 잠재 외부변인과의 관계를 분석한다.

또한 연구자는 잠재 외부변인인 〈정보동기〉와 〈오락동기〉가 현재 내부변인인 〈생활정보획득〉과 〈즐거움획득〉에 미치는 영향력을 분석한다.

(2) 그림
위 연구문제는 〈그림 28-16〉과 같다. 〈그림 28-16〉에 제시된 변인의 이름과 기호를 살펴보자.

〈그림 28-16〉의 왼쪽에 있는 네 개의 현재변인과 두 개의 잠재 외부변인의 이름과 기호에 대한 설명은 〈그림 28-14〉에 제시된 측정 모델의 설명과 동일하기 때문에 여기서는 생략한다. 그림의 오른쪽에 있는 두 개의 현재 내부변인은 Y1, Y2로 표시한다.

변인 간의 관계의 이름과 기호를 살펴보자.

그림의 왼쪽에 있는 현재변인과 잠재 외부변인의 관계에 대한 설명은 〈그림 28-14〉에서 제시된 측정 모델의 설명과 같기 때문에 여기서는 생략한다. 이 통합 모델의 구조 모델을 살펴보면 잠재 외부변인(〈정보동기〉와 〈오락동기〉)과 현재 내부변인(〈생활정보획득〉과 〈즐거움획득〉) 간의 관계는 γ로 표시한다. 〈정보동기〉($\xi 1$)가 〈생활정보획득〉(Y1)에 미치는 영향은 $\gamma 11$, 〈오락동기〉($\xi 2$)가 〈즐거움획득〉(Y2)에 미치는 영향은 $\gamma 22$로 표시한다.

현재 내부변인(〈생활정보획득〉과 〈즐거움획득〉) 간의 관계는 β로 표시한다. 〈생활정보획득〉(Y1)과 〈즐거움획득〉(Y2) 간의 관계는 상호인과관계로 설정되었는데, 〈생활정보획득〉(Y1)이 〈즐거움획득〉(Y2)에 미치는 영향력은 $\beta 21$, 〈즐거움획득〉(Y2)이 〈생활정보획득〉(Y1)에 미치는 영향력은 $\beta 12$로 표시한다.

그림 28-16 **한 개의 측정 모델과 한 개의 구조 모델의 통합 모델**

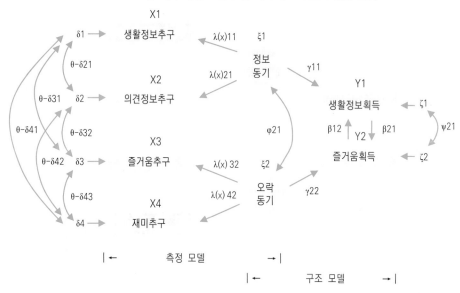

(3) 방정식

측정 모델의 방정식은 〈표 28-9〉의 방정식과 동일하기 때문에 여기서는 설명을 생략한다. 구조 모델 방정식의 일반 형태는 다음과 같다.

구조방정식: Y = ΒY +Γξ+ζ

Y : Y (현재 내부변인)
Β : 베타(현재 내부변인에서 현재 내부변인에 미치는 영향)
Γ : 감마(잠재 외부변인에서 현재 내부변인에 미치는 영향)
ξ : 크사이(잠재 외부변인)
ζ : 제타(내부변인의 변량)

각 변인을 위 방정식에 대입하면 〈표 28-11〉과 같은 방정식을 만들 수 있다.

표 28-11 **변인 간의 방정식**

생활정보획득(Y1) = β12 × 즐거움획득(Y2) + γ11 × 정보동기(ξ1) + ζ1
즐거움획득(Y2) = β21 × 생활정보획득(Y1) + γ22 × 오락동기(ξ2) + ζ2

6) 한 개의 측정 모델과 한 개의 구조 모델의 통합 모델

이 통합 모델은 ① 현재변인과 잠재 내부변인의 측정 모델과 ② 현재 외부변인과 잠재 내부변인 간의 구조 모델이 합쳐진 모델이다.

(1) 연구문제

연구자는 텔레비전을 시청한 후 얻은 만족을 크게 〈정보만족〉과 〈오락만족〉 두 가지로 생각한다. 잠재 내부변인인 〈정보만족〉은 현재변인인 〈생활정보획득〉과 〈의견정보획득〉 두 항목으로 측정한다. 다른 잠재 내부변인인 〈오락만족〉은 다른 현재변인인 〈즐거움획득〉과 〈재미획득〉 두 항목으로 측정해 현재 내부변인과 잠재 내부변인과의 관계를 분석한다.

또한 연구자는 텔레비전을 시청하는 이유를 현재 외부변인인 〈생활정보추구〉와 〈즐거움추구〉가 잠재 내부변인인 〈정보만족〉과 〈오락만족〉에 미치는 영향력을 분석한다.

(2) 그림

이 연구문제는 〈그림 28-17〉과 같다. 〈그림 28-17〉에 제시된 변인의 이름과 기호를 살펴보자. 왼쪽에는 두 개의 현재 외부변인(〈생활정보추구〉와 〈즐거움추구〉)이 있다. 그림의 오른쪽에 있는 네 개의 현재변인과 두 개의 잠재 내부변인 간의 변인 이름과 기호는 〈그림 28-15〉와 동일하기 때문에 여기서는 설명을 생략한다.

변인 간의 관계의 이름과 기호를 살펴보자. 〈그림 28-17〉의 측정 모델에 대한 설명은

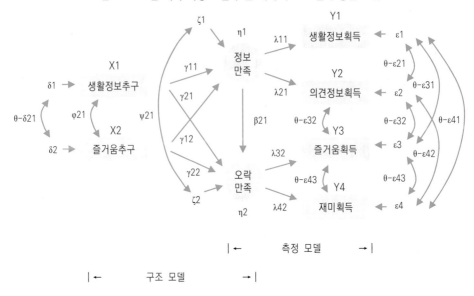

그림 28-17 **한 개의 측정 모델과 한 개의 구조 모델의 통합 모델**

〈그림 28-15〉와 같기 때문에 생략한다.

구조 모델을 살펴보면 현재 외부변인(〈생활정보추구〉와 〈즐거움추구〉)과 잠재 부변인(〈정보만족〉과 〈오락만족〉) 간의 관계는 γ로 표시한다. 〈생활정보추구〉(X1)와 〈정보만족〉(η1) 간의 인과관계는 γ11, 〈생활정보추구〉(X1)와 〈오락만족〉(η2) 간의 인과관계는 γ21, 〈즐거움추구〉(X2)와 〈오락만족〉(η2) 간의 인과관계는 γ22, 〈즐거움추구〉(X2)와 〈정보만족〉(η1) 간의 인과관계는 γ12로 표시한다.

잠재 내부변인(〈정보만족〉과 〈오락만족〉) 간의 관계는 β로 표시한다. 〈정보만족〉(η1)이 〈오락만족〉(η2)에 미치는 영향은 β21로 표시한다.

(3) 방정식

측정 모델의 방정식은 〈표 28-10〉의 측정 모델과 동일하기 때문에 여기서는 설명을 생략한다. 〈그림 28-17〉의 구조 모델 방정식의 일반 형태는 다음과 같다.

$$구조방정식: η = Bη + ΓX + ζ$$

η: 잠재 내부변인
B: β (잠재 내부변인에서 잠재 내부변인에 미치는 영향)
Γ: γ (현재 외부변인에서 잠재 내부변인에 미치는 영향)
X: χ (현재 외부변인)
ζ: 제타(잠재 내부변인의 오차변량)

표 28-12 **변인 간의 방정식**

정보만족($\eta1$) = $\gamma11$ × 생활정보추구($\xi1$) + $\gamma12$ × 즐거움추구($\xi1$) + $\zeta1$

오락만족($\eta2$) = $\beta21$ × 정보만족($\eta1$) + $\gamma21$ × 생활정보추구($\xi1$) + $\gamma22$ × 즐거움추구($\xi1$) + $\zeta2$

각 변인을 위 방정식에 대입하면 〈표 28-12〉와 같은 방정식을 만들 수 있다.

7) 두 개의 측정 모델과 한 개의 구조 모델을 분석하는 통합 모델

이 통합 모델은 ① 현재변인과 잠재 외부변인의 측정 모델과 ② 현재변인과 잠재 내부변인의 측정 모델, ③ 잠재 외부변인과 잠재 내부변인 간의 구조 모델이 합쳐진 모델로서 LISREL 모델 중 가장 복잡한 모델이다.

(1) 연구문제

연구자는 텔레비전을 시청하는 동기를 〈정보동기〉와 〈오락동기〉 두 가지로 생각한다. 잠재 외부변인인 〈정보동기〉는 현재변인인 〈생활정보추구〉와 〈의견정보추구〉 두 항목으로 측정한다. 다른 잠재 외부변인인 〈오락동기〉는 현재변인인 〈즐거움추구〉와 〈재미추구〉 두 항목으로 측정하여 현재변인과 잠재 외부변인과의 관계를 분석한다.

또한 연구자는 텔레비전을 시청한 후 얻는 만족을 크게 〈정보만족〉과 〈오락만족〉의 두 가지로 생각하고, 잠재 내부변인인 〈정보만족〉은 현재변인인 〈생활정보획득〉과 〈의견정보획득〉 두 항목으로 측정하고, 다른 잠재 내부변인인 〈오락만족〉은 〈즐거움획득〉과 〈재미획득〉 두 항목으로 측정하여 현재변인과 잠재 내부변인과의 관계를 분석한다.

뿐만 아니라, 연구자는 잠재 외부변인인 〈정보동기〉와 〈오락동기〉가 잠재 내부변인인 〈정보만족〉과 〈오락만족〉에 미치는 영향력을 분석한다.

(2) 그림

이 연구문제는 〈그림 28-18〉과 같다. 〈그림 28-18〉에 제시된 변인의 이름과 기호를 살펴보자.

왼쪽에 있는 네 개의 현재변인과 두 개의 잠재 외부변인의 이름과 기호는 〈그림 28-14〉의 측정 모델과 동일하기 때문에 여기서는 설명을 생략한다. 오른쪽에 있는 네 개의 현재변인과 두 개의 잠재 내부변인의 이름과 기호는 〈그림 28-15〉의 측정 모델과 같기 때문에 여기서는 설명을 생략한다.

변인 간의 관계의 이름과 기호를 살펴보자.

두 측정 모델에서 제시된 변인 간의 관계에 대한 설명은 〈그림 28-14〉와 〈그림 28-15〉

와 동일하기 때문에 여기서는 설명을 생략한다.

한 개의 구조 모델을 살펴보면 잠재 외부변인(〈정보동기〉와 〈오락동기〉)과 잠재 내부변인(〈정보만족〉과 〈오락만족〉) 간의 관계는 γ로 표시한다. 〈정보동기〉(ξ1) 와 〈정보만족〉(η1) 간의 인과관계는 γ11, 〈정보동기〉(ξ1) 와 〈오락만족〉(η2) 간의 인과관계는 γ21, 〈오락동기〉(ξ2) 와 〈정보만족〉(η1) 간의 관계는 γ12, 〈오락동기〉(ξ2) 와 〈오락만족〉(η2) 간의 관계는 γ22로 표시한다.

잠재 내부변인(〈정보만족〉과 〈오락만족〉) 간의 관계는 β로 표시된다. 〈정보만족〉(η1) 과 〈오락만족〉(η2) 간의 인과관계는 상호인과관계로 설정되었는데, 〈정보만족〉(η1) 이 〈오락만족〉(η2) 에 미치는 영향력은 β21, 〈오락만족〉(η2) 이 〈정보만족〉(η1) 에 미치는 영향력은 β12로 표시된다.

그림 28-18 **두 개의 측정 모델과 한 개의 구조 모델의 통합 모델**

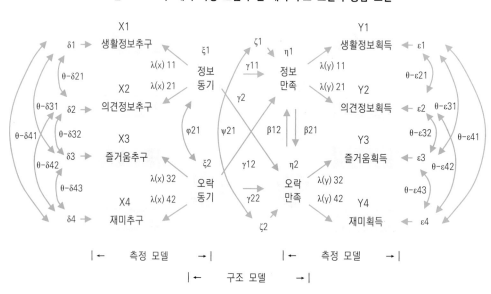

(3) 방정식

두 개의 측정 모델의 방정식은 〈표 28-9〉와 〈표 28-10〉에서 이미 설명했기 때문에 여기서는 생략한다. 구조 모델의 방정식의 일반 형태는 다음과 같다.

$$구조방정식: \eta = B\eta + \Gamma\xi + \zeta$$

η: 에타(잠재 내부변인)
B: 베타(잠재 내부변인에서 잠재 내부변인에 미치는 영향)
Γ: 감마(잠재 외부변인에서 잠재 내부변인에 미치는 영향)
ξ: 크사이(잠재 외부변인)
ζ: 제타(내부변인의 오차)

표 28-13 **변인 간의 방정식**

정보만족(η1) = β12 × 오락만족(η2) + γ11 × 정보동기(ξ1) + γ12 × 오락동기(ξ2) + ζ1

오락만족(η2) = β21 × 정보만족(η1) + γ21 × 정보동기(ξ1) + γ22 × 오락동기(ξ2) + ζ2

각 변인을 위 방정식에 대입하면 〈표 28-13〉과 같은 방정식을 만들 수 있다.

4. SIMPLIS 프로그램

LISREL 실행 프로그램은 LISREL 프로그램과 이를 쉽게 사용하도록 만든 SIMPLIS 프로그램 두 가지가 있다. LISREL 프로그램은 복잡하여 작성하려면 상당한 지식과 노력이 필요하기 때문에 이 책에서는 설명하지 않는다. 이 책에서는 쉽게 사용할 수 있도록 만든 SIMPLIS 프로그램을 설명한다. SIMPLIS 프로그램은 SPSS/PC$^+$ 프로그램과는 달리 명령문을 직접 입력하는데, 어렵지 않으니 쉽게 만들 수 있다.

1) SIMPLIS 프로그램의 예

(1) 데이터를 변인 간의 상관관계계수로 입력할 경우의 예

프로그램 내 〈Correlation matrix:〉라고 쓴 후 그 아래에 변인 간의 상관관계계수 (*correlation matrix*)를 입력한다.

(2) 데이터를 변인의 공변량으로 입력할 경우의 예

프로그램 내 〈Covariance matrix:〉라고 쓴 후 그 아래에 변인 간의 공변량(*covariance matrix*)을 입력한다.

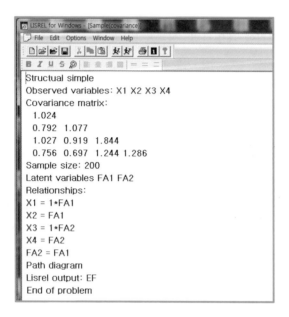

(3) 데이터를 변인별로 직접 입력할 경우의 예

프로그램 내 〈Raw data:〉라고 쓴 후 그 아래에 변인별로 직접 입력(*raw data*)한다.

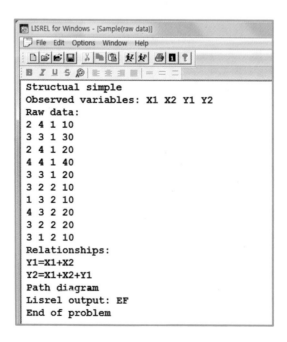

2) SIMPLIS 명령문

SIMPLIS 프로그램은 영어 대문자와 소문자를 구분하지 않기 때문에 사용자가 원하는 대로 입력하면 된다.

(1) Title(제목)
SIMPLIS 프로그램의 첫 줄은 연구자가 원하는 제목을 붙이면 된다. 위 예에서는 〈Structural simple〉이라고 입력했다. 제목이 없어도 프로그램을 실행할 수 있지만, 나중에 어떤 프로그램을 실행했는지, 또는 다른 파일과 구분할 수 있도록 프로그램에 대한 간략한 문장을 입력하는 것이 좋다.

(2) Observed variables(현재변인: 실제 측정한 변인)
〈Observed variables:〉라고 입력한 다음 현재변인(실제 측정한 변인)의 변인 이름을 입력한다. 예에서 보듯이 〈Observed variables: X1 X2 X3 X4〉는 현재변인 네 개(X1, X2, X3, X4)를 입력한 것이다. 변인의 이름은 연구자가 원하는 이름을 정할 수 있는데, 한 변인 이름과 다른 변인 이름 사이에는 반드시 한 칸을 띄워 구분해야 한다.

표 28-14 **SIMPLIS 명령문 체계**

```
Title
Observed variables: 변인 이름을 입력한다
Correlation matrix: (또는 Covariance matrix:)
데이터를 입력한다
Sample size: 사례 수를 입력한다
Latent variables: 변인 이름을 입력한다
Relationships: (또는 Equations:)
(변인 간의 관계를 입력한다)
Path diagram
(Lisrel output: EF) (효과계수를 원하면 입력한다)
End of problem
```

(3) Correlation matrix: (상관관계계수 행렬) 또는 Covariance matrix(공변량 행렬)
〈Correlation matrix:〉 또는 〈Covariance matrix:〉를 입력한 다음, 다음 줄에 분석하고 싶은 변인 간의 상관관계계수, 또는 공변량을 입력한다. 어느 것을 입력해도 상관없다. 〈Correlation Matrix:〉 또는 〈Covariance matrix:〉를 입력하고 다음 줄부터 데이터를 입력한다.

데이터는 〈Observed variables: X1 X2 X3 X4〉에서 제시한 변인 이름의 순서에 따라 입력한다. 개별 값 사이에는 반드시 한 칸을 띄워 입력해야 한다.

(4) Sample size: (사례 수)

⟨Sample size:⟩ 다음에는 사례 수(응답자 수)를 표시한다. ⟨Sample size: 200⟩은 사례 수가 200명이라는 것을 의미한다. ⟨Raw data:⟩로 데이터를 직접 입력할 경우에는 ⟨Sample size:⟩ 명령문을 사용하지 않는다.

(5) Latent variables: (잠재변인)

⟨Latent variables:⟩는 LISREL 모델에 잠재변인이 있을 경우에 사용한다. LISREL 측정 모델이나 통합 모델일 경우에는 잠재변인이 있기 때문에 반드시 이 명령문을 사용한다. ⟨Latent variables: FA1 FA2⟩는 ⟨FA1⟩과 ⟨FA2⟩라는 LISREL 모델에 두 개의 잠재변인이 있음을 말해준다. 잠재변인의 이름은 자유롭게 정할 수 있지만 현재변인의 이름과 달라야 한다.

(6) Relationships: (또는 Equations)

⟨Relationships:⟩ 또는 ⟨Equations:⟩는 변인 간의 관계를 정의하는 명령문이다.

⟨Relationships:⟩(또는 ⟨Equations:⟩)라고 입력한 다음, 다음 줄에 변인 간의 관계를 입력한다. 측정 모델만 있을 경우, ⟨현재변인 이름 = 잠재변인 이름⟩을 입력한다. 측정 모델에서 준거변인을 설정하고자 할 때에는 ⟨준거변인 이름 = 1*잠재변인 이름⟩을 입력한다(준거변인의 의미는 뒤에서 설명한다). 통합 모델일 경우, ⟨잠재(또는 현재)변인 이름 = 잠재(또는 현재)변인 이름⟩을 입력한다.

위 예에서 제시한 변인 간의 관계를 그림으로 나타내면 ⟨그림 28-19⟩와 같다.

왼쪽에는 잠재 외부변인 FA1을 두 개의 현재변인(X1과 X2)으로 측정한 측정 모델이 있고, 오른쪽에는 잠재 내부변인 FA2를 두 개의 현재변인(X3과 X4)으로 측정한 측정 모델이 있고, 가운데에는 잠재 외부변인 FA1과 잠재 내부변인 FA2의 인과관계를 보여주는 구조 모델이 있다.

그림 28-19 **SIMPLIS 프로그램에서 제시된 통합 모델**

(7) Path diagram

⟨Path diagram⟩ 명령문은 변인 간의 결과를 그림으로 제시하라는 명령문이다.

(8) Lisrel Output: EF

〈Lisrel Output：EF〉는 효과계수(*effect coefficient*)와 설명변량, 다양한 적합도 값을 제시하라는 명령문이다.

(9) End of problem

SIMPLIS 프로그램의 가장 마지막 명령문으로 〈End of problem〉을 입력한다. 이 명령문을 입력해야 프로그램이 실행된다.

3) SIMPLIS 프로그램 실행방법

(1) 새 파일 만들기, 저장하기

[실행방법 1-1] 새 파일 만들기]

직접 SIMPLIS 프로그램을 작성할 경우에는 [File]을 클릭한 후 [New]를 클릭한다.

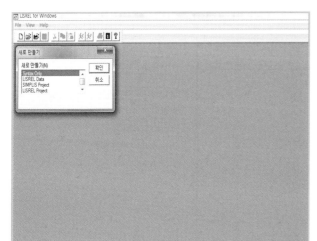

[실행방법 1-2] 새 파일 만들기

[New]를 클릭하면 [새로 만들기] 창이 나타난다. [새로 만들기(N)]에서 [Syntax Only]를 선택하고, 오른쪽 [확인]을 클릭한다.

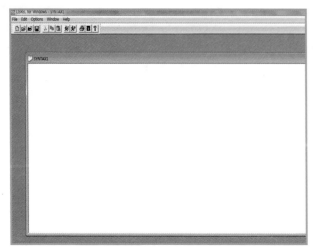

[실행방법 1-3] 새 파일 만들기

새로운 창 [Syntax1]이 나타난다.

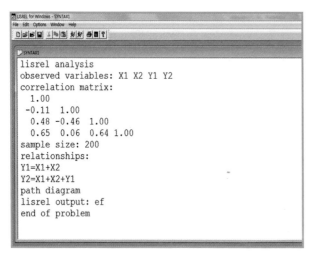

[실행방법 1-4] 새 파일 만들기

[Syntax1] 창에
직접 SIMPLIS 프로그램을 작성한다.

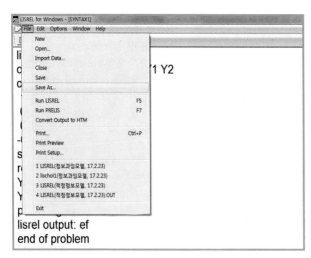

[실행방법 1-5] 새 파일 저장하기

[Syntax1]에
직접 작성한 SIMPLIS 프로그램을
저장하려면
[File]을 클릭한 후
[Save As]를 클릭한다.

[실행방법 1-6] 새 파일 저장하기

저장 위치를 설정하고
오른쪽 아래에 있는 [파일 이름(N)]에
파일 이름을 쓴 후
[파일 형식(T)]은
SIMPLIS Only'(*.spl,*.lis,*.prl)로
설정한다.
오른쪽 아래에 있는
[저장(S)]을 클릭한다.

(2) 기존 파일 불러오기, 저장하기

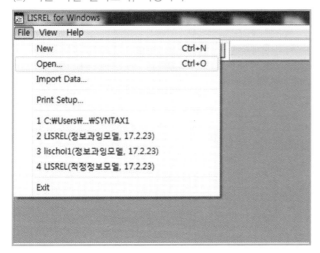

[실행방법 2-1] 기존 파일 불러오기

[File]을 클릭하여 [Open]을 클릭한다.

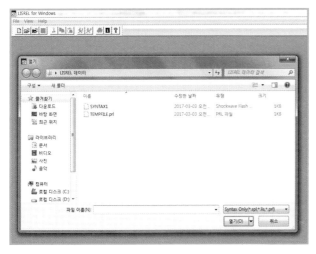

[실행방법 2-2] 기존 파일 불러오기

새로운 창에
기존 SIMPLIS 파일 목록이 나타난다.
원하는 SIMPLIS 파일을 선택한 후,
오른쪽 아래 [열기]를 클릭한다.

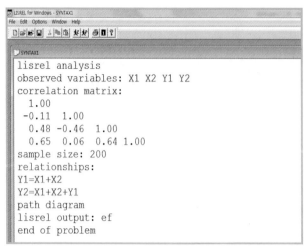

[실행방법 2-3] 기존 파일 불러오기

기존 SIMPLIS 파일을 불러온다.
새 창에 저장된 SIMPLIS 프로그램이
나타난다.

만일 같은 이름으로 저장하고 싶으면
[File]을 클릭한 후 [Save]를 클릭한다.
그러나 다른 이름으로 저장하고 싶으면
[실행방법 1-5] [실행방법 1-6]과 같은
방식으로 저장한다.

(3) 실행하기

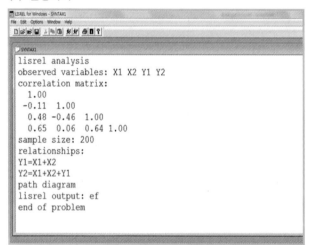

[실행방법 3]

새로 만든(또는 불러온 기존)
SIMPLIS 프로그램을 실행하려면
메뉴판의 ❤ 을 클릭한다.

5. 결과 분석: 변인 간 영향력 값과
오차변량(또는 설명변량) 결과 분석과 논문작성법

1) 현재변인으로만 구성된 구조모델 중 적정정보 모델 분석

(1) SIMPLIS 프로그램 실행

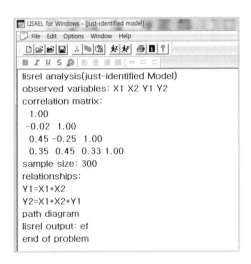

① 모델

현재 외부변인 X1과 현재 외부변인 X2가 현재 내부변인 Y1에게 영향을 미치고, 현재 외부변인 X1과 현재 외부변인 X2, 현재 내부변인 Y1이 현재 내부변인 Y2에게 영향을 준다는 모델이다. 이 모델은 현재변인으로만 이루어진 구조모델 중 적정정보 모델이다.

② SIMPLIS 프로그램 설명

lisrel analysis(just-identified model) (제목)
observed variables: X1 X2 Y1 Y2 (현재변인이 4개라는 명령)
correlation matrix: (입력 데이터는 변인 간의
　　　　　　　　　　상관관계계수라는 명령)
sample size: 300 (표본은 300명이라는 명령)
relationships: (변인 간의 관계를 정의한다는 명령)
Y1 = X1 + X2 (X1과 X2가 Y1에게 영향을 준다는 명령)
Y2 = X1 + X2 + Y1 (X1과 X2, Y1이 Y2에게 영향을 준다는 명령)
path diagram (결과를 그림으로 제시하라는 명령)
lisrel output: ef (효과계수를 표로 제시하라는 명령)
end of problem (프로그램을 끝낸다는 명령)

③ SIMPLIS 프로그램을 실행하기 위해 메뉴판의 ▨을 클릭한다.

(2) 결과 분석 1: 적합도 검증
〈그림 28-20〉에는 χ^2, 유의확률, RMSEA 값이 제시된다. 적정정보 모델의 적합도는 항상 '1'(모델이 적합하다는 의미)이기 때문에 적합도 검증을 하지 않는다. SIMPLIS 결과 그림 아래 있는 χ^2는 '0', 유의확률은 '1' RMSEA 는 '0'으로 의미가 없기 때문에 해석하지 않는다.

그림 28-20 **적합도 검증과 영향력 값**

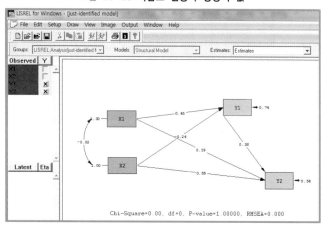

(3) 결과 분석 2: 변인 간 영향력 값의 유의도 검증
변인 간 개별 영향력 값의 유의도 검증을 실시한다. 〈그림 28-21〉에서 보듯이, 메뉴판의 〔Estimates〕의 화살표(▼)를 클릭한 후 〔T values〕를 클릭하면, 변인 간 개별 영향력 값의 t 값이 제시되고 유의도 검증 결과가 나타난다.
　①일반적으로 t 값이 '1.96' 이상이면 유의미하다고 생각하면 된다. 예를 들어 현재 외부변인 X1이 현재 내부변인 Y1에게 미치는 영향력의 t 값은 '8.97'이고 '1.96' 이상이기 때문에 유의미하다고 판단한다.
　②정확한 유의도를 검증한 결과, 개별 영향력 값이 유의미하면 검은색으로 표시되고, 유의미하지 않으면 빨간색으로 표시된다. 예를 들어, 현재 외부변인 X1이 현재 내부변인 Y1에게 미치는 영향력의 t 값은 '8.97'이고 검은색으로 표시되었기 때문에 유의미하다.
　③영향력 값과 오차변량과 관해 그림에서 보듯이, 모든 t 값은 '1.96' 이상이고 검은색으로 유의미한 것으로 나타났다. 다음 단계 분석에서 개별 값의 의미를 해석한다.

그림 28-21 **영향력 값 유의도 검증**

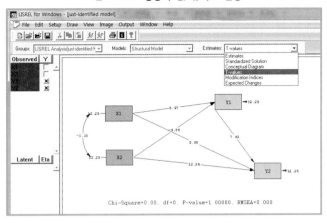

(4) 결과 분석 3: 변인 간 영향력 값과 오차변량(또는 설명변량) 해석

〈그림 28-20〉에 제시된 영향력 값은 회귀분석의 표준화된 회귀계수(베타 값)과 동일하기 때문에 해석도 같은 방식으로 한다. 두 방법 간의 차이는 회귀분석에서 계수를 구할 때 최소제곱방법(*least square method*)을 사용하지만 LISREL에서 계수를 구할 때에는 최대우도방법(*maximum likelyhood method*, 이하 ML)을 사용한다(ML에 대해서는 제24장 로지스틱 회귀분석을 참조한다).

X1과 X2는 Y1에게 영향을 미치는 것으로 나타났다. X1의 경우, X1이 클수록 Y1이 커지는 것으로 보인다(베타 = 0.45). X2의 경우, X2가 클수록 Y1이 작아지는 경향이 있다(베타 = -0.24). SIMPLIS에서는 설명변량 대신 오차변량을 제시하는데 현재 내부변인 Y1의 오차변량은 Y1의 오른쪽 화살표에 제시된다. X1과 X2로 설명한 후의 남은 Y1의 오차변량은 '0.74'(또는 설명변량 '0.26')로서 변인의 설명력이 상당히 있는 것으로 보인다.

X1과 X2, Y1은 Y2에게 영향을 미치는 것으로 나타났다. X1의 경우, X1이 클수록 Y2가 커지는 것으로 보인다(베타 = 0.19). 또한 X1은 Y1을 통해 Y2에게 간접적인 영향을 주는 것으로 나타났다. 즉, X1이 클수록 Y1이 커지고, Y1이 커짐에 따라 Y2가 커지는 경향이 있다(베타 = 0.170). 이 간접 효과계수는 뒤 효과계수 표에 제시되어 있다(Indirect Effect of X on Y 표를 참조한다). 통로분석과 달리 LISREL에서는 간접 효과계수를 계산해 주기 때문에 편리하다.

X2의 경우, X2가 클수록 Y2가 커지는 경향이 있다(베타 = 0.55). 또한 X2는 Y1을 통해 Y2에게 간접적인 영향을 주는 것으로 나타났다. 즉, X2가 클수록 Y1이 작아지고, Y1이 작아짐에 따라 Y2가 커지는 것으로 보인다(베타 = -0.092). 이 간접 효과계수도 뒤에 제시되어 있다(Indirect Effect of X on Y 표를 참조한다).

Y1의 경우, Y1이 클수록 Y2가 커지는 경향이 있다(베타 = 0.38).

X1과 X2, Y1로 설명한 후의 Y2의 오차변량은 '0.56'(또는 설명변량 '0.44')으로서 변인의 설명력이 매우 큰 것으로 보인다.

(5) 결과 분석 4: 효과계수 해석

〈그림 28-20〉에서는 효과계수가 제시되지 않는다. 〈그림 28-20〉과 함께 추가로 제공되는 새로운 창(새로운 창은 〔파일 이름. OUT〕에 저장되어 있다)에서 효과계수를 찾아 해석한다.

효과계수는 직접 효과계수와 간접 효과계수의 합으로 한 변인이 다른 변인에게 미치는 전체 영향력 값이다. 직접 효과계수는 한 변인이 다른 변인에게 직접적으로 미치는 영향력의 값이고, 간접 효과계수는 한 변인이 다른 변인을 통해 특정 변인에게 간접적으로 미치는 영향력의 값이다(효과계수에 대한 자세한 설명은 제 20장 통로분석을 참조한다).

① 현재 외부변인이 현재 내부변인에게 미치는 효과계수

다음에 제시된 개별 변인 간의 관계를 보여주는 세 값 중 위의 값은 현재 외부변인(X)이 현재 내부변인(Y)에게 미치는 효과계수이고, 가운데 괄호 속의 값은 표준오차, 아래 값은 t 값이다. 예를 들어 현재 외부변인 X1이 현재 내부변인 Y1에게 미치는 효과계수는 '0.445'이고 표준오차는 '0.050', t 값은 '8.965'이다.

모든 t 값이 '1.96'보다 크기 때문에 유의미하다. 변인 간의 영향력 값을 살펴보면, 현재 외부변인 X1이 현재 내부변인 Y1에게 미치는 효과계수는 '0.445', 현재 외부변인 X2가 현재 내부변인 Y1에게 미치는 효과계수는 '-0.241'이다. 현재 외부변인 X1이 현재 내부변인 Y2에게 미치는 효과계수는 '0.359', 현재 외부변인 X2가 현재 내부변인 Y2에게 미치는 효과계수는 '0.457'이다.

Total Effects of X on Y

	X1	X2
Y1	0.445	-0.241
	(0.050)	(0.050)
	8.965	-4.855
Y2	0.359	0.457
	(0.047)	(0.047)
	7.606	9.683

② 내부변인이 내부변인에게 미치는 효과계수

t 값이 1.96보다 크기 때문에 유의미하다. 현재 내부변인 Y1이 현재 내부변인 Y2에게 미치는 효과계수는 '0.382'이다.

```
                    Total Effects of Y on Y

                          Y1        Y2
              Y1          --        --

              Y2        0.382       --
                       (0.050)
                        7.606
```

③ 외부변인이 내부변인에게 미치는 간접효과계수

모든 t 값이 1.96보다 크기 때문에 유의미하다. 현재 외부변인 X1이 현재 내부변인 Y1
을 거쳐 현재 내부변인 Y2에게 미치는 간접 효과계수는 '0.170', 현재 외부변인 X2가 현
재 내부변인 Y1을 거쳐 현재 내부변인 Y2에게 미치는 간접 효과계수는 '-0.092'이다.

```
                    Indirect Effects of X on Y

                          X1        X2
              Y1          --        --

              Y2        0.170     -0.092
                       (0.029)    (0.023)
                        5.800     -4.093
```

④ 효과계수 표

앞선 효과계수 결과를 갖고 다음과 같이 효과계수 표를 만들어 개별 변인의 영향력 크기
를 비교한다.

〈표 28-15〉에서 보듯이, X1과 X2가 Y1에게 미치는 전체 영향력의 크기를 비교하면
X1(효과계수 = 0.445)이 X2(효과계수 = -0.241)에 비해 Y1에게 더 큰 영향을 주는 것으로
나타났다.

X1과 X2, Y1이 Y2에게 미치는 전체 영향력의 크기를 비교하면, X2가 Y2에게 가장
큰 영향을 주고(효과계수 = 0.457), 다음으로 Y1이 영향을 준다(효과계수 = 0.382). X1의
영향력은 세 변인 중 가장 적은 것으로 나타났다(효과계수 = 0.359).

표 28-15 **효과계수**

	X1	X2	Y1
Y1	0.445	-0.241	
Y2	0.359	0.457	0.382

(6) 논문작성법

SIMPLIS 프로그램 실행 결과 변인 간 개별적인 영향력 값의 유의도 검증 결과와 오차변량(또는 설명변량), 효과계수를 구했기 때문에 이를 종합하여 아래와 같이 논문을 쓴다.

① 적합도 검증

적정정보 모델의 적합도는 '1'이기 때문에 적합도 검증을 실시하지 않는다.

② 변인 간의 유의도 검증과 영향력 설명

〈그림 28-20〉을 제시한 후 아래와 같이 해석한다.

X1과 X2는 Y1에게 영향을 미치는 것으로 나타났다. X1의 경우, X1이 클수록 Y1이 커지는 것으로 보인다(베타 = 0.45). X2의 경우, X2가 클수록 Y1이 작아지는 경향이 있다(베타 = -0.24).

X1과 X2, Y1은 Y2에게 영향을 미치는 것으로 나타났다. X1의 경우, X1이 클수록 Y2가 커지는 것으로 보인다(베타 = 0.19). 또한 X1은 Y1을 통해 Y2에게 간접적인 영향을 주는 것으로 나타났다. 즉, X1이 클수록 Y1이 커지고, Y1이 커짐에 따라 Y2가 커지는 경향이 있다(베타 = 0.170).

X2의 경우, X2가 클수록 Y2가 커지는 경향이 있다(베타 = 0.55). 또한 X2는 Y1을 통해 Y2에게 간접적인 영향을 주는 것으로 나타났다. 즉, X2가 클수록 Y1이 작아지고, Y1이 작아짐에 따라 Y2가 커지는 것으로 보인다(베타 = -0.092).

Y1의 경우, Y1이 클수록 Y2가 커지는 경향이 있다(베타 = 0.38).

③ 영향력 크기(효과계수) 비교

〈표 28-15〉를 제시한 후 아래와 같이 설명한다.

효과계수 표에서 보듯이, X1과 X2가 Y1에게 미치는 영향력의 크기를 비교하면 X1(효과계수 = 0.445)이 X2(효과계수 = -0.241)에 비해 Y1에게 더 큰 영향을 주는 것으로 나타났다.

X1과 X2, Y1이 Y2에게 미치는 전체 영향력의 크기를 비교하면, X2가 Y2에게 가장 큰 영향을 주고(효과계수 = 0.457), 다음으로 Y1이 영향을 준다(효과계수 = 0.382). X1의 영향력은 세 변인 중 가장 적은 것으로 나타났다(효과계수 = 0.359).

2) 현재변인으로만 구성된 구조모델 중 정보과잉 모델 분석

(1) SIMPLIS 프로그램 실행

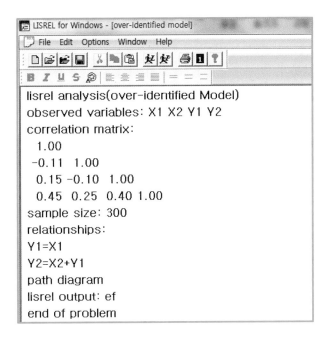

① 모델

현재 외부변인 X1이 현재 내부변인 Y1에게 영향을 미치고, 현재 외부변인 X2와 현재 내부변인 Y1이 현재 내부변인 Y2에게 영향을 준다는 모델이다. 이 모델은 현재변인으로만 이루어진 구조모델 중 정보과잉 모델이다.

② SIMPLIS 프로그램 설명

lisrel analysis(over-identified model) (제목 명령)
observed variables: X1 X2 Y1 Y2 (현재변인이 4개라는 명령)
correlation matrix: (입력 데이터는 변인 간의
　　　　　　　　　　　상관관계계수라는 명령)
sample sixe: 300 (표본은 300명이라는 명령)
relationships: (변인 간의 관계를 정의한다는 명령)
Y1 = X1 (X1이 Y1에게 영향을 준다는 명령)
Y2 = X2 + Y1 (X2와 Y1이 Y2에게 영향을 준다는 명령)
path diagram (결과를 그림으로 제시하라는 명령)
lisrel output: ef (효과계수를 표로 제시하라는 명령)
end of problem (프로그램을 끝낸다는 명령)

③ SIMPLIS 프로그램을 실행하기 위해 메뉴판의 ☞을 클릭한다.

(2) 결과 분석 1: 적합도 검증

정보과잉 모델이기 때문에 반드시 적합도 검증을 실시해야 한다. 〈그림 28-22〉에는 χ^2, 유의확률, RMSEA 값이 제시되고, 추가로 제공되는 새로운 창〔파일 이름.OUT〕에 RMSEA 검증과 GFI 값이 제시된다.

앞에서 살펴보았듯이, 적합도 검증은 세 가지 방법 중의 한 가지를 실행하면 된다. 여기서는 세 가지 살펴본다. 첫째, χ^2 검증이다. 〈그림 28-22〉에 χ^2는 '84.02', 유의확률은 '0.0000'으로 나왔기 때문에 연구모델이 적합하지 않다는 것을 알 수 있다. 둘째, RMSEA 검증으로 값이 '0.370'이고 유의확률이 '0.000'이기 때문에 모델이 적합하지 않다고 판단한다. 셋째, GFI 값도 '0.9'보다 작기 때문에 모델이 적합하지 않다고 본다.

적합도 검증 결과 위 연구모델은 적합하지 않은 것으로 나타났다. 그러나 변인 간 영향력과 오차변량(또는 설명변량), 효과계수를 설명하기 위해 이 모델이 적합한 것으로 가정한다. 굳이 적합하지 않은 연구모델을 사용한 이유는 뒤에서 적합하지 않은 모델을 어떻게 수정하는지를 보여주기 위해서다. 만일 연구모델이 적합하지 않으면 적합한 연

그림 28-22 **적합도 검증과 영향력 값**

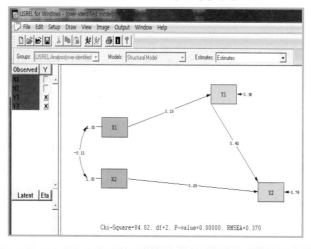

Root Mean Square Error of Approximation(RMSEA)	0.370
90 Percent Confidence Interval for RMSEA	(0.305; 0.439)
P-Value for Test of Close Fit(RMSEA < 0.05)	0.000
Goodness of Fit Index(GFI)	0.890
Adjusted Goodness of Fit Index(AGFI)	0.451
Parsimony Goodness of Fit Index(PGFI)	0.178

구모델이 나올 때까지 수정하는 것이 바람직하다.

(3) 결과 분석 2: 변인 간 영향력 값의 유의도 검증
변인 간 개별 영향력 값의 유의도 검증을 실시한다. 〈그림 28-23〉에서 보듯이, 메뉴판
의 〔Estimates〕의 화살표(▼)를 클릭한 후 〔T values〕를 클릭하면, 변인 간 개별 영향력
값의 t 값이 제시되고 유의도 검증 결과가 나타난다.

① 일반적으로 t 값이 '1.96' 이상이면 유의미하다고 생각하면 된다. 예를 들어 현재
외부변인 X1이 현재 내부변인 Y1에게 미치는 영향력의 t 값은 '2.63'이고 '1.96' 이상이기
때문에 유의미하다고 판단한다.

② 정확한 유의도 검증한 결과, 개별 영향력 값이 유의미하면 검은색으로 표시되고,
유의미하지 않으면 빨간색으로 표시된다. 예를 들어 현재 외부변인 X1이 현재 내부변인
Y1에게 미치는 영향력의 t 값은 '2.63'이고 검은색으로 표시되었기 때문에 유의미하다.

③ 영향력 값과 오차변량에 관해 앞선 그림에서 보듯이, 모든 t 값은 '1.96' 이상이고
검은색으로 유의미한 것으로 나타났다. 다음 단계에서 개별 값의 의미를 해석한다.

그림 28-23 **유의도 검증**

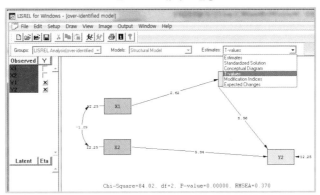

(4) 결과 분석 3: 변인 간 영향력 값과 오차변량(또는 설명변량) 해석
〈그림 28-22〉에 제시된 영향력 값은 회귀분석의 표준화된 회귀계수(베타 값)과 동일하
기 때문에 해석도 같은 방식으로 한다.

X1은 Y1에게 영향을 미치는 것으로 나타났다. X1의 경우, X1이 클수록 Y1이 커지는
것으로 보인다(베타 = 0.15). Y1의 오차변량은 '0.98'(또는 설명변량 '0.02')로서 X1 변인
의 설명력이 매우 작은 것으로 보인다. 다른 변인 선정을 고민할 필요가 있다.

X2와 Y1은 Y2에게 영향을 미치는 것으로 나타났다. X2의 경우, X2가 클수록 Y2가
커지는 것으로 보인다(베타 = 0.29). X1은 Y1을 통해 Y2에게 간접적인 영향을 주는 것

으로 나타났다. 즉, X1이 클수록 Y1이 커지고, Y1이 커짐에 따라 Y2가 커지는 경향이 있다(베타 = 0.064). 이 간접 효과계수는 뒤 효과계수 표에 제시되어 있다(Indirect Effect of X on Y 표를 참조한다). 통로분석과 달리 LISREL에서는 간접 효과계수를 계산해 주기 때문에 편리하다.

Y1의 경우, Y1이 클수록 Y2가 커지는 경향이 있다(베타 = 0.43).

Y2의 오차변량은 '0.76'(또는 설명변량 '0.24')으로서 X2와 Y1 변인의 설명력이 상당히 큰 것으로 보인다.

(5) 결과 분석 4: 효과계수 해석
그림과 함께 제공되는 새로운 창([파일 이름.OUT])에서 효과계수를 찾아 해석한다.

① 현재 외부변인이 현재 내부변인에게 미치는 효과계수
제시된 개별 변인 간의 관계를 보여주는 세 값 중 위의 값은 현재 외부변인(X)이 현재 내부변인(Y)에게 미치는 효과계수이고, 가운데 괄호 속의 값은 표준오차, 아래 값은 t 값이다. 예를 들어 현재 외부변인 X1이 현재 내부변인 Y1에게 미치는 효과계수는 '0.150'이고 표준오차는 '0.057', T값은 '2.628'이다.

모든 t 값이 '1.96'보다 크기 때문에 유의미하다. 변인 간의 영향력 값을 살펴보면, 현재 외부변인 X1이 현재 내부변인 Y1에게 미치는 효과계수는 '0.150', 현재 외부변인 X1이 현재 내부변인 Y2에게 미치는 효과계수는 '0.064'이다. 현재 외부변인 X2가 현재 내부변인 Y2에게 미치는 효과계수는 '0.293'이다.

```
           Total Effects of X on Y

                    X1        X2
            Y1     0.150      --
                  (0.057)
                   2.628

            Y2     0.064     0.293
                  (0.026)   (0.050)
                   2.512     5.838
```

② 현재 내부변인이 현재 내부변인에게 미치는 효과계수
t 값이 1.96보다 크기 때문에 유의미하다. 현재 내부변인 Y1이 현재 내부변인 Y2에게 미치는 효과계수는 '0.429'이다.

```
                    Total Effects of Y on Y

                            Y1          Y2

             Y1             --          --

             Y2           0.429         --
                         (0.050)
                          8.556
```

③ 현재 외부변인이 현재 내부변인에게 미치는 간접 효과계수

t 값이 1.96보다 크기 때문에 유의미하다. 현재 외부변인 X1이 현재 내부변인 Y1을 거쳐 현재 내부변인 Y2에게 미치는 간접 효과계수는 '0.064'이다.

```
                   Indirect Effects of X on Y

                            X1          X2

             Y1             --          --

             Y2           0.064         --
                         (0.026)
                          2.512
```

④ 효과계수 표

앞선 결과를 갖고 다음과 같이 효과계수 표를 만들어 개별 변인의 영향력 크기를 비교한다.

〈표 28-16〉에서 보듯이, X1과 X2, Y1이 Y2에게 미치는 전체 영향력의 크기를 비교하면, Y1이 Y2에게 가장 큰 영향을 주고(효과계수 = 0.429), 다음으로 X2가 영향을 준다(효과계수=0.293). X1의 영향력은 세 변인 중 가장 작은 것으로 나타났다(효과계수 = 0.064).

표 28-16 **효과계수**

	X1	X2	Y1
Y1	0.150		
Y2	0.064	0.293	0.429

(6) 논문작성법

SIMPLIS 프로그램 실행 결과 변인 간 개별적인 영향력 값의 유의도 검증 결과와 오차변량(또는 설명변량), 효과계수를 구했기 때문에 이를 종합하여 결과를 다음과 같이 해석한다.

① 적합도 검증

위에서 분석한 연구 모델은 적합하지 않지만 적합하다고 가정하여 설명한다.

〈그림 28-22〉에서 보듯이, χ^2 검증 결과 χ^2는 '84.02', 유의확률은 '0.000'으로 나왔기 때문에 연구모델이 적합하다는 것을 알 수 있다(실제로는 적합하지 않음). 또한 RMSEA 값이 '0.370'이고 유의확률이 '0.000'으로 나왔기 때문에 모델이 적합하다고 판단한다(실제로는 적합하지 않음). 마지막으로 GFI 값도 '0.890'이기 때문에 모델이 적합하다고 보면 된다(실제로는 적합하지 않음).

② 변인 간의 유의도 검증과 영향력 설명

〈그림 28-22〉에 제시된 그림을 제시한 후 아래와 같이 해석한다.

X1은 Y1에게 영향을 미치는 것으로 나타났다. X1의 경우, X1이 클수록 Y1이 커지는 것으로 보인다(베타 = 0.15).

X1과 X2, Y1은 Y2에게 영향을 미치는 것으로 나타났다. X1은 Y1을 통해 Y2에게 간접적인 영향을 주는 것으로 나타났다. 즉 X1이 클수록 Y1이 커지고, Y1이 커짐에 따라 Y2가 커지는 경향이 있다(베타 = 0.064).

X2의 경우, X2가 클수록 Y2가 커지는 경향이 있다(베타 = 0.29).

Y1의 경우, Y1이 클수록 Y2가 커지는 경향이 있다(베타 = 0.43).

③ 영향력 크기(효과계수) 비교

〈표 28-16〉 효과계수 표를 제시한 후 아래와 같이 설명한다.

X1과 X2, Y1이 Y2에게 미치는 전체 영향력의 크기를 비교하면, Y1이 Y2에게 가장 큰 영향을 주고(효과계수 = 0.429), 다음으로 X2가 영향을 준다(효과계수 = 0.293). X1의 영향력은 세 변인 중 가장 적은 것으로 나타났다(효과계수 = 0.064).

(7) 모델 수정방법

앞서 분석한 연구 모델은 적합하지 않다. 연구 모델이 적합하지 않을 때에는 모델을 수정하여 적합한 모델을 만들어야 한다. 모델 수정할 때 가장 바람직한 방법은 이론에 따라 수정하는 것이다. 그러나 이론에 따라 수정하는 것이 쉽지 않을 때에는 SIMPLIS 프로그램이 제공하는 수정 값을 이용하여 연구모델을 수정할 수 있다.

① SIMPLIS 프로그램의 수정 모델

SIMPLIS 프로그램이 제공하는 수정 값을 보기 위해서는 〈그림 28-24〉에서 보듯이, 메뉴판의 〔Estimates〕의 화살표(▼)를 클릭한 후 〔Modification Indices〕를 클릭한다.

SIMPLIS 프로그램은 검증하는 연구 모델 내 인과관계가 설정되지 않은 변인 간에 인

그림 28-24 **수정 값**

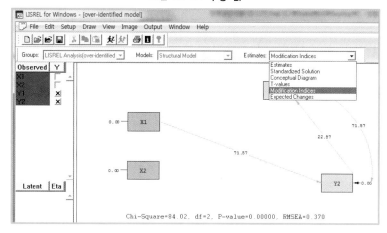

과관계를 설정했을 경우 χ^2 값이 얼마나 감소하는지 보여준다. 〈그림 28-24〉는 X1과 Y2 간의 인과관계를 설정할 경우 χ^2 값이 '71.57'만큼 줄어든다는 것을 보여준다.

② 모델을 수정할 경우 예상되는 변인 간 영향력 값

SIMPLIS 프로그램이 제안한 대로 모델을 수정할 경우, 변인 간의 영향력 값이 얼마인 지 알고 싶으면 〈그림 28-25〉에서 보듯이, 메뉴판의 〔Estimates〕의 화살표(▼)를 클릭 한 후 〔Expected Changes〕를 클릭한다. SIMPLIS 프로그램이 제안한 수정 모델을 실행 하면 X1이 Y2에게 미치는 영향력 값은 '0.43'이 나온다는 것을 알 수 있다.

그림 28-25 **기댓값**

LISREL for Windows - [over-identified model]

File Edit Setup Draw View Image Output Window Help

Groups: LISREL Analysis[over-identified ▼]   Models: Structural Model ▼   Estimates: Expected Changes ▼

Estimates
Standardized Solution
Conceptual Diagram
T-values
Modification Indices
Expected Changes

Observed Y
X1
X2
Y1   ×
Y2   ×

Latent Eta

0.00   X1

0.00   X2

-2.82

-0.86

0.43

Y2 ◄ 0.00

Chi-Square=84.02, df=2, P-value=0.00000, RMSEA=0.370

③ 수정 모델의 적합도 검증

SIMPLIS 프로그램이 제안한 수정 값을 수용할 경우, 연구자는 SIMPLIS 프로그램 〈relationshps:〉에서 〈Y2 = X2 + Y1〉를 〈Y2 = X1 + X2 + Y1〉로 수정하여 입력한 후 실행하여 적합도 검증을 실시한다. 적합도 검증은 앞에서 자세히 설명했기 때문에 여기서는 간단히 결과만 제시한다.

첫째, χ^2 검증이다. 〈그림 28-26〉에 χ^2는 '2.17', 유의확률은 '0.140'으로 나왔기 때문에 수정 모델이 적합하다는 것을 알 수 있다. 둘째, RMSEA 검증으로 값이 '0.063'으로 유의확률이 '0.281'이기 때문에 모델이 적합하다고 판단한다. 셋째, GFI 값도 '0.996'이기 때문에 모델이 적합하다고 본다.

SIMPLIS 프로그램의 제안을 받아들여 수정 모델을 실행한 결과 통계적으로 적합한 모델이 만들어졌다(물론 수정 모델이 이론적으로도 타당성을 갖고 있어야 한다).

그림 28-26 **적합도 검증과 영향력 값**

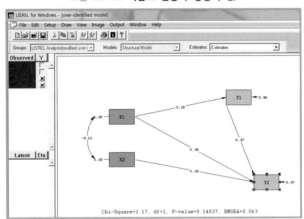

Root Mean Square Error of Approximation(RMSEA)	0.0626
90 Percent Confidence Interval for RMSEA	(0.0; 0.180)
P-Value for Test of Close Fit(RMSEA < 0.05)	0.281
Goodness of Fit Index(GFI)	0.996
Adjusted Goodness of Fit Index(AGFI)	0.964
Parsimony Goodness of Fit Index(PGFI)	0.0996

④ 수정 모델의 변인 간 영향력 값의 유의도 검증

변인 간 개별 영향력 값의 유의도 검증을 실시한다. 〈그림 28-27〉에서 보듯이, 메뉴판의 〔Estimates〕의 화살표(▼)를 클릭한 후 〔T values〕를 클릭하면, 변인 간 개별 영향력 값의 t 값이 제시되고 유의도 검증 결과가 나타난다.

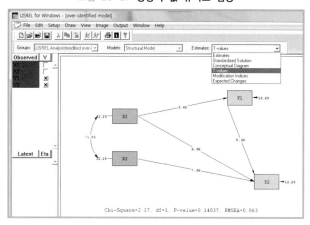
그림 28-27 **영향력 값 유의도 검증**

유의도 검증 결과 해석은 앞의 〔결과 분석 2〕와 대동소이하기 때문에 설명을 생략한다.

⑤ 수정 모델의 변인 간 영향력 값과 오차변량(또는 설명변량) 해석
변인 간 영향력 값과 오차변량(또는 설명변량) 해석은 앞의 〔결과 분석 3〕 내용과 대동소이하기 때문에 설명을 생략한다. 수정 모델에서 추가된 현재 외부변인 X1과 현재 내부변인 Y2와의 관계를 설명하면 된다.

⑥ 효과계수 해석
변인 간 효과계수 해석은 앞의 〔결과 분석 4: 효과계수 해석〕 내용과 대동소이하기 때문에 설명은 생략하고, 효과계수 값만 제시한다.

현재 외부변인(X)이 현재 내부변인(Y)에게 미치는 효과계수

Total Effects of X on Y

	X1	X2
Y1	0.150	--
	(0.057)	
	2.628	
Y2	0.487	0.334
	(0.049)	(0.044)
	9.973	7.592

현재 내부변인(Y)이 현재 내부변인(Y)에게 미치는 효과계수

Total Effects of Y on Y

	Y1	Y2
Y1	--	--
Y2	0.369	--
	(0.044)	
	8.328	

현재 외부변인(X)이 현재 내부변인(Y)에게 미치는 간접 효과계수

Indirect Effects of X on Y

	X1	X2
Y1	--	--
Y2	0.055	--
	(0.022)	
	2.506	

3) 현재변인으로만 구성된 구조모델 중 종속변인이 2개인 모델 분석

(1) SIMPLIS 프로그램 실행

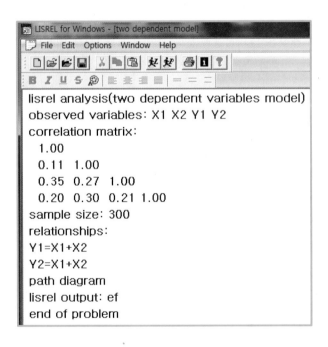

```
lisrel analysis(two dependent variables model)
observed variables: X1 X2 Y1 Y2
correlation matrix:
  1.00
  0.11  1.00
  0.35  0.27  1.00
  0.20  0.30  0.21 1.00
sample size: 300
relationships:
Y1=X1+X2
Y2=X1+X2
path diagram
lisrel output: ef
end of problem
```

① 모델

현재 외부변인 X1과 현재 외부변인 X2가 현재 내부변인 Y1과 현재 내부변인 Y2에게 영향을 준다는 모델이다. 이 모델은 현재변인으로만 이루어진 구조모델 중 종속변인의 수가 2개인 정보과잉 모델이다. 종속변인의 수가 2개 이상이어도 아래 설명한 방식으로 하면 된다. 또한 연구모델이 적합하지 않는 경우 모델을 수정하고 싶으면 앞에서 설명한 방식대로 수정하면 된다.

② SIMPLIS 프로그램 설명

> lisrel analysis(two dependent variables model) (제목 명령)
> observed variables: X1 X2 Y1 Y2 (현재변인이 4개라는 명령)
> correlation matrix: (입력 데이터는 변인 간의
>   상관관계계수라는 명령)
> sample sixe: 300 (표본은 300명이라는 명령)
> relationships: (변인 간의 관계를 정의한다는 명령)
> Y1 = X1 + X2 (X1과 X2가 Y1에게 영향을 준다는 명령)
> Y2 = X1 + X2 (X1과 X2가 Y2에게 영향을 준다는 명령)
> path diagram (결과를 그림으로 제시하라는 명령)
> lisrel output: ef (효과계수를 표로 제시하라는 명령)
> end of problem (프로그램을 끝낸다는 명령)

③ SIMPLIS 프로그램을 실행하기 위해 메뉴판의 ﾈ을 클릭한다.

(2) 결과 분석 1: 적합도 검증

종속변인의 수가 2개인 정보과잉 모델이기 때문에 반드시 적합도 검증을 실시해야 한다.

그림 28-28 **적합도 검증과 영향력 값**

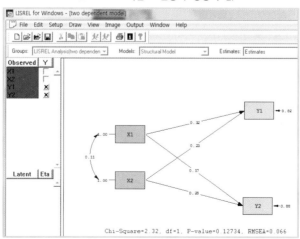

Root Mean Square Error of Approximation(RMSEA)	0.0664
90 Percent Confidence Interval for RMSEA	(0.0; 0.183)
P-Value for Test of Close Fit(RMSEA < 0.05)	0.263
Goodness of Fit Index(GFI)	0.996
Adjusted Goodness of Fit Index(AGFI)	0.962
Parsimony Goodness of Fit Index(PGFI)	0.0996

〈그림 28-28〉에 χ^2, 유의확률, RMSEA 값이 제시되고, 추가로 제공되는 새로운 창〔파일 이름. OUT〕에 RMSEA 검증과 GFI 값이 제시된다. 앞서 살펴보았듯이, 적합도 검증은 세 가지 방법 중의 한 가지를 실행하면 된다. 첫째, χ^2 검증이다. 그림 아래 있는 χ^2는 '2.32', 유의확률은 '0.127'로 나왔기 때문에 연구모델이 적합하다는 것을 알 수 있다. 둘째, RMSEA 검증으로 값이 '0.066'이고 유의확률이 '0.263'이기 때문에 모델이 적합하다고 판단한다. 셋째, GFI 값도 '0.996'이기 때문에 모델이 적합하다고 보면 된다.

(3) 결과 분석 2: 변인 간 영향력 값의 유의도 검증

변인 간 개별 영향력 값의 유의도 검증을 실시한다. 〈그림 28-29〉에서 보듯이, 메뉴판의 〔Estimates〕의 화살표(▼)를 클릭한 후 〔T values〕를 클릭하면, 변인 간 개별 영향력 값의 t 값이 제시되고 유의도 검증 결과가 나타난다.

① 일반적으로 t 값이 '1.96' 이상이면 유의미하다고 생각하면 된다. 예를 들어 현재 외부변인 X1이 현재 내부변인 Y1에게 미치는 영향력의 T값은 '6.15'이고 '1.96'이상이기 때문에 유의미하다고 판단한다.

그림 28-29 **영향력 값 유의도 검증**

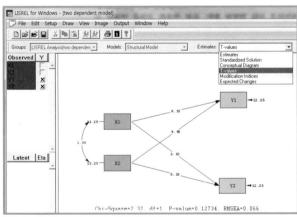

②정확한 유의도 검증한 결과, 개별 영향력 값이 유의미하면 검은색으로 표시되고, 유의미하지 않으면 빨간색으로 표시된다. 예를 들어 현재 외부변인 X1이 현재 내부변인 Y1에게 미치는 영향력의 t 값은 '6.15'이고 검은색으로 표시되었기 때문에 유의미하다.

③영향력 값과 오차변량과 관련해 다음 그림에서 보듯이, 모든 t 값은 '1.96' 이상이고 검은색으로 유의미한 것으로 나타났다. 다음 단계에서 개별 값의 의미를 해석한다.

(4) 결과 분석 3: 변인 간 영향력 값과 오차변량(또는 설명변량) 해석

〈그림 28-28〉에 제시된 영향력 값은 회귀분석의 표준화된 회귀계수(베타 값)과 동일하기 때문에 해석도 같은 방식으로 한다.

X1과 X2는 Y1에게 영향을 미치는 것으로 나타났다. X1의 경우, X1이 클수록 Y1이 커지는 것으로 보인다(베타 = 0.32). X2의 경우, X2가 클수록 Y1이 커지는 것으로 보인다(베타 = 0.23). Y1의 오차변량은 '0.82'(또는 설명변량 '0.18')로서 X1과 X2 변인의 설명력이 어느 정도 있어 보인다.

X1과 X2는 Y2에게 영향을 미치는 것으로 나타났다. X1의 경우, X1이 클수록 Y2가 커지는 것으로 보인다(베타 = 0.17). X2의 경우, X2가 클수록 Y2가 커지는 것으로 보인다(베타 = 0.28). Y2의 오차변량은 '0.88'(또는 설명변량 '0.12')로서 X1과 X2 변인의 설명력이 어느 정도 있어 보인다.

(5) 결과 분석 4: 효과계수 해석

추가로 제공되는 새로운 창(새로운 창은 〔파일 이름. OUT〕에 저장되어 있다)에서 효과계수를 찾는다. 그러나 이 연구 모델에서는 현재 외부변인(X)에서 현재 내부변인(Y)에게 미치는 직접 효과만 있고 간접 효과가 없기 때문에 앞에서 설명한 변인 간 영향력 값이 바로 효과계수가 된다. 따로 효과계수를 분석할 필요가 없다.

(6) 논문작성법

SIMPLIS 프로그램 실행 결과 변인 간 개별적인 영향력 값의 유의도 검증 결과와 오차변량(또는 설명변량)을 구했기 때문에 이를 종합하여 결과를 아래와 같이 해석한다.

① 적합도 검증

χ^2 검증 결과 χ^2는 '2.32', 유의확률은 '0.127'로 나왔기 때문에 연구모델이 적합하다는 것을 알 수 있다. 또한 RMSEA 검증으로 값이 '0.066'이고 유의확률이 '0.263'이기 때문에 모델이 적합하다고 판단한다. 마지막으로 GFI 값도 '0.996'이기 때문에 모델이 적합하다고 본다.

② 유의도 검증과 변인 간의 영향력 설명

〈그림 28-28〉을 제시한 후 다음과 같이 해석한다.

X1은 Y1에게 영향을 미치는 것으로 나타났다. X1의 경우, X1이 클수록 Y1이 커지는 것으로 보인다(베타 = 0.32). X2도 Y1에게 영향을 미치는 것으로 나타났다. X2의 경우, X2가 클수록 Y1이 커지는 것으로 보인다(베타 = 0.23). X1과 X2가 Y1에게 미치는 영향력의 크기를 비교하면 X1이 X2에 비해 Y1에게 좀더 큰 영향을 주는 것으로 나타났다.

X1은 Y2에게 영향을 미치는 것으로 나타났다. X1의 경우, X1이 클수록 Y1이 커지는 것으로 보인다(베타 = 0.17). X2도 Y1에게 영향을 미치는 것으로 나타났다. X2의 경우, X2가 클수록 Y2가 커지는 것으로 보인다(베타 = 0.28). X1과 X2가 Y2에게 미치는 영향력의 크기를 비교하면 X2가 X1에 비해 Y2에게 좀더 큰 영향을 주는 것으로 나타났다.

③ 영향력 크기(효과계수) 비교

효과계수를 계산할 수 없기 때문에 분석할 필요 없다.

4) 현재변인과 잠재변인으로 구성된 측정모델 분석

(1) SIMPLIS 프로그램 실행

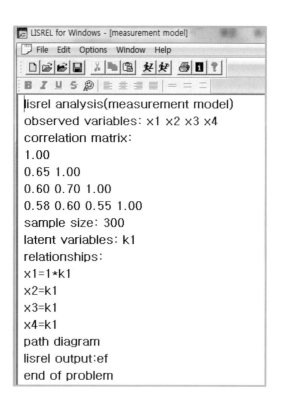

```
lisrel analysis(measurement model)
observed variables: x1 x2 x3 x4
correlation matrix:
1.00
0.65 1.00
0.60 0.70 1.00
0.58 0.60 0.55 1.00
sample size: 300
latent variables: k1
relationships:
x1=1*k1
x2=k1
x3=k1
x4=k1
path diagram
lisrel output:ef
end of problem
```

① 모델

현재 외부변인 X1과 X2, X3, X4를 측정하여 잠재 외부변인 K1를 추정하는 측정모델이다.

② SIMPLIS 프로그램 설명

```
lisrel analysis(measurement model) (제목 명령)
observed variables: X1 X2 X3 X4 (현재변인이 4개라는 명령)
correlation matrix: (입력 데이터는 현재변인 간의
                    상관관계계수라는 명령)
sample size: 300 (표본은 300명이라는 명령)
latent variables: K1 (잠재변인이 K1이라는 명령)
relationships: (변인 간의 관계를 정의한다는 명령)
X1 = 1 * K1 (준거변인으로 현재변인과 잠재변인 간에
              람다 값 '1'을 부여하라는 명령)
X2 = K1 (X2와 잠재변인 간의 람다 값을 계산하라는 명령)
X3 = K1 (X3과 잠재변인 간의 람다 값을 계산하라는 명령)
X4 = K1 (X4와 잠재변인 간의 람다 값을 계산하라는 명령)
path diagram (결과를 그림으로 제시하라는 명령)
lisrel output: ef (적합도 등 다양한 값을 표로 제시하라는 명령)
end of problem (프로그램을 끝낸다는 명령)
```

③ SIMPLIS 프로그램을 실행하기 위해 메뉴판의 🏃을 클릭한다.

(2) 결과 분석 1: 적합도 검증

측정모델에서는 반드시 적합도 검증을 실시해야 한다. 〈그림 28-30〉에 χ^2, 유의확률, RMSEA 값이 제시되고, 추가로 제공되는 새로운 창(〔파일 이름. OUT〕)에 RMSEA 값과

그림 28-30 **준거변인 있는 경우 람다 값**

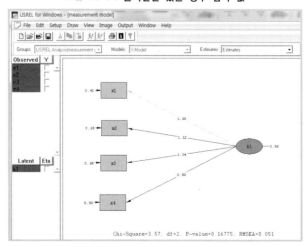

Root Mean Square Error of Approximation(RMSEA)	0.0512
90 Percent Confidence Interval for RMSEA	(0.0; 0.136)
P-Value for Test of Close Fit(RMSEA < 0.05)	0.379
Goodness of Fit Index(GFI)	0.994
Adjusted Goodness of Fit Index(AGFI)	0.969
Parsimony Goodness of Fit Index(PGFI)	0.199

유의도 검증 결과, GFI 값이 제시된다. 앞서 살펴보았듯이, 측정모델의 적합도 검증도 세 가지 방법 중의 한 가지를 실행하면 된다. 첫째, χ^2 검증이다. 그림 아래 있는 χ^2는 '3.57', 유의확률은 '0.168'로 나왔기 때문에 연구모델이 적합하다는 것을 알 수 있다. 둘째, RMSEA 검증으로 값이 '0.051', 유의확률이 '0.379'이기 때문에 모델이 적합하다고 판단한다. 셋째, GFI 값도 '0.994'이기 때문에 모델이 적합하다고 보면 된다.

(3) 결과 분석 2: 람다 값의 유의도 검증

현재변인과 잠재변인 간의 관계를 보여주는 값을 람다(lambda, λ로 표기)라고 부르는데 람다 값의 유의도 검증을 실시한다. 〈그림 28-31〉에서 보듯이, 메뉴판의 〔Estimates〕의 화살표(▼)를 클릭한 후 〔T values〕를 클릭하면, 개별 람다 값의 t 값이 제시되고 유의도 검증 결과가 나타난다.

① 현재변인과 잠재변인 간의 람다 값이 '1'로 정한 경우에는 유의도 검증을 실시하지 않는다. 다음 그림에서 보듯이, 유의도 검증을 실시하지 않기 때문에 X1과 K1 간의 연

그림 28-31 **람다 값 유의도 검증**

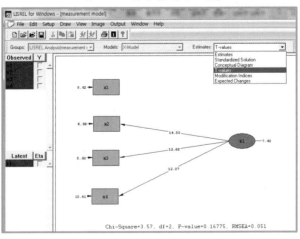

결선이 없다. X1 변인을 준거변인(*reference variable*)이라고 부르는데 그 의미를 뒤에서 자세히 살펴본다.

②일반적으로 t 값이 '1. 96' 이상이면 유의미하다고 생각하면 된다. 예를 들어 현재 외부변인 X2와 잠재변인 K1 간 람다 값의 T값은 '14. 50'이고 '1. 96'이상이기 때문에 유의미하다고 판단한다.

③정확한 유의도 검증한 결과, 람다 값이 유의미하면 검은색으로 표시되고, 유의미하지 않으면 빨간색으로 표시된다. 예를 들어 현재 외부변인 X2와 잠재변인 K1 간 람다 값의 t 값은 '14. 50'이고 검은색으로 표시되었기 때문에 유의미하다.

〈그림 28-31〉에서 보듯이, 모든 t 값은 '1. 96' 이상이고 검은색으로 유의미한 것으로 나타났다. 다음 단계에서 이 값들의 의미를 해석한다.

(4) 결과 분석 3: 람다 값과 오차변량(또는 설명변량) 해석

SIMPLIS 프로그램은 측정모델의 결과를 두 가지 방식으로 제시한다. 첫째는 메뉴판 〔Estimates〕의 〔Estimates〕를 클릭하면 〈그림 28-30〉처럼 람다 값(현재변인과 잠재변인 간의 화살표 안의 값)과 오차변량(현재변인 왼쪽에 있는 화살표 값)을 보여준다. 둘째는 메뉴판 〔Estimates〕의 〔Standardized Solution〕을 클릭하면 〈그림 28-32〉처럼 람다 값(현재변인과 잠재변인 간의 화살표 안의 값)과 오차변량(현재변인 왼쪽 화살표 값)을 보여준다.

두 가지 방식에서 보여주는 람다 값은 다르지만 그 의미는 같고, 오차변량 값은 동일하다. 람다 값은 측정의 타당도(*validity*)로 해석하고, 오차변량은 측정의 신뢰도(*reliability*)로 해석한다. 즉, 람다 값이 큰 현재변인은 작은 값의 현재변인에 비해 측정의 타당도가 높다. 오차변량 값이 작은(또는 설명변량이 큰) 현재변인은 오차변량 값이 큰(또는 설명변량이 작은) 현재변인에 비해 측정의 신뢰도가 높다.

측정모델의 목적은 람다 값을 비교하여 잠재변인을 제대로 측정하는 현재변인을 발견하는 것이기 때문에 방식의 차이가 중요한 것은 아니지만 일반적으로 첫째 방식(준거변인을 정하는)을 사용하여 람다 값을 계산하고, 해석한다.

① 준거변인을 정할 경우

연구자는 현재변인 중 한 개(여기서는 X1)를 임의적으로 선택하여 X1과 잠재변인 K1 간의 람다 값을 '1'로 고정하는데 X1을 준거변인이라고 부른다. 다른 현재변인 X2, X3, X4와 잠재변인 K1 간의 람다 값을 계산한 후 개별 람다 값을 비교하여 어떤 현재변인이 잠재변인 측정에 적절한지(또는 부적절한지) 판단한다. 연구자는 X1을 준거변인 (*reference variable*)으로 선택할 수도 있고, 다른 현재변인(X2, X3, X4) 중 한 개를 선택해도 무방하다. 일반적으로 연구자는 여러 개 현재변인 중 잠재변인 측정에 가장 적합하다고 생각하는 현재변인 한 개를 준거변인으로 선정하여 '1'을 부여한다.

왜 준거변인을 정하는지 그 이유를 알아보자. 잠재변인은 현재변인으로부터 추정하는 가상 변인이어서 잠재변인의 측정 단위를 알 수 없기 때문에 람다 값을 해석하는 것이 불가능하다. 이 문제를 해결하기 위해 현재변인 중 한 개를 임의로 선정하여 이 현재변인과 잠재변인 간의 측정 단위로 '1'을 부여한 후 이 단위를 기준으로 다른 현재변인과 잠재변인 간의 람다 값을 계산하고 비교한다.

〈그림 28-30〉에서 보듯이, 잠재변인 K1과 현재변인 X1(준거변인)과의 람다 값은 '1'이고, 오차변량은 0.41(설명변량은 0.59)이다. 잠재변인 K1과 현재변인 X2와의 람다 값은 '1.12'이고, 오차변량은 0.26(설명변량은 0.74)이다. 잠재변인 K1과 현재변인 X3과의 람다 값은 '1.04'이고, 오차변량은 0.36(설명변량은 0.64)이다. 잠재변인 K1과 현재변인 X4와의 람다 값은 '0.90'이고, 오차변량은 0.50(설명변량은 0.50)으로 나타났다.

람다 값을 비교하여 현재변인의 측정 타당도를 살펴보자. X2가 가장 타당도가 높고, 그 다음으로 X3과 X1이고, X4의 타당도가 가장 낮다.

오차변량(또는 설명변량)을 비교하여 현재변인의 측정 신뢰도를 살펴보자. X2가 가장 신뢰도가 높고, 그 다음으로 X3과 X1이고, X4의 신뢰도가 가장 낮다.

② 준거변인을 정하지 않을 경우

연구자는 준거변인을 정하지 않을 수 있다. 이 경우에는 현재변인과 잠재변인을 표준점수로 바꾼 후 람다 값을 계산하여 해석한다. 람다 값은 표준화된 인자적재 값(*standardized factor loading*), 또는 표준화된 타당도 계수(*standardized validity coefficient*)라고도 부른다.

〈그림 28-32〉에서 보듯이, 잠재변인 K1과 현재변인 X1(준거변인)과의 람다 값은 '0.77'이고, 오차변량은 0.41(설명변량은 0.59)이다. 잠재변인 K1과 현재변인 X2와의 람다 값은 '0.86'이고, 오차변량은 0.26(설명변량은 0.74)이다. 잠재변인 K1과 현재변인 X3과의 람다 값은 '0.80'이고, 오차변량은 0.36(설명변량은 0.64)이다. 잠재변인 K1과 현재변인 X4와의 람다 값은 '0.71'이고, 오차변량은 0.50(설명변량은 0.50)으로 나타났다. 준거변인을 정할 때와 다른 람다 값을 갖지만 오차변량 값은 같다.

람다 값을 비교하여 현재변인의 측정 타당도를 살펴보면, X2가 가장 타당도가 높고, 그 다음으로 X3과 X1이고, X4의 타당도가 가장 낮다. 이 결과는 준거변인을 정했을 때의 해석과 동일하다.

오차변량(또는 설명변량)을 비교하여 현재변인의 측정 신뢰도를 살펴보면, X2가 가장 신뢰도가 높고, 그 다음으로 X3과 X1이고, X4의 신뢰도가 가장 낮다. 이 결과는 준거변인을 정했을 때의 해석과 동일하다.

그림 28-32 **준거변인 없는 경우 람다 값**

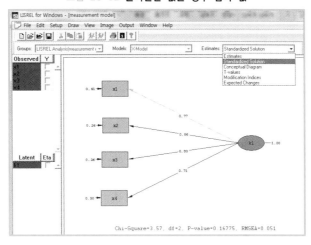

(5) 논문작성법

SIMPLIS 프로그램 실행 결과 현재변인과 잠재변인 간의 람다 값의 유의도 검증 결과,
오차변량(또는 설명변량)을 구했기 때문에 이를 종합하여 결과를 아래와 같이 해석한다.
여기서는 X1을 준거변인으로 정했다고 가정하여 설명한다.

① 적합도 검증

χ^2 검증 결과 χ^2는 '3.57', 유의확률은 '0.168'로 나왔기 때문에 연구모델이 적합하다는
것을 알 수 있다. 또한 RMSEA 검증으로 값이 '0.051', 유의확률이 '0.379'이기 때문에
모델이 적합하다고 판단한다. 마지막으로 GFI 값도 '0.994'이기 때문에 모델이 적합하
다고 본다.

② 유의도 검증과 람다 값 설명

유의도 검증 결과 모든 현재변인이 유의미한 것으로 나타났다. 잠재변인 K1과 현재변인
X1(준거변인)과의 람다 값은 '1'이고, 현재변인 X2와의 람다 값은 '1.12', 현재변인 X3
과의 람다 값은 '1.04', 현재변인 X4와의 람다 값은 '0.90'이다. 4개 현재변인(X1, X2,
X3, X4)은 잠재변인 K1을 측정하는 데 적합한 것으로 보인다. 측정 타당도 측면에서
현재변인을 비교해 보면, X2가 가장 높고, 그 다음으로 X3과 X1이고, X4가 가장 낮다.
현재변인 X1(준거변인)의 오차변량은 0.41(설명변량은 0.59)이고, 현재변인 X2의 오
차변량은 0.26(설명변량은 0.74), 현재변인 X3의 오차변량은 0.36(설명변량은 0.64),
현재변인 X4의 오차변량은 0.50(설명변량은 0.50)으로 나타났다. 측정 신뢰도 측면에
서 현재변인을 비교해 보면, X2가 가장 높고, 그 다음으로 X3과 X1이고, X4가 가장
낮다.

5) 측정모델과 잠재변인으로 구성된 통합모델(saturated model) 분석

(1) SIMPLIS 프로그램 실행

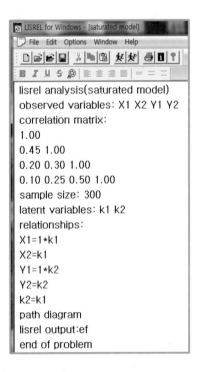

① 모델

현재 외부변인 X1과 현재 외부변인 X2가 현재 내부변인 Y1에게 영향을 미치고, 현재 외부변인 X1과 X2, 현재 내부변인 Y1이 현재 내부변인 Y2에게 영향을 준다는 모델이다. 이 모델은 현재변인으로만 이루어진 구조모델 중 적정정보 모델이다.

② SIMPLIS 프로그램 설명

lisrel analysis(just-identified model) (제목 명령)
observed variables: X1 X2 Y1 Y2 (현재변인이 4개라는 명령)
correlation matrix: (입력 데이터는 변인 간의
                    상관관계수라는 명령)
sample sixe: 300 (표본은 300명이라는 명령)
latent variables: K1 K2 (잠재변인이 K1과 K2라는 명령)
relationships: (변인 간의 관계를 정의한다는 명령)
X1 = 1 * K1 (준거변인으로 현재변인과 잠재변인 간에
            람다 값 '1'을 부여하라는 명령)
X2 = K1 (X2와 잠재변인 간의 람다 값을 계산하라는 명령)
Y1 = 1 * K2 (준거변인으로 현재변인과 잠재변인 간에
            람다 값 '1'을 부여하라는 명령)
Y2 = K2 (X2와 잠재변인 간의 람다 값을 계산하라는 명령)
K2 = K1 (K1이 K2에게 영향을 준다는 명령)
path diagram (결과를 그림으로 제시하라는 명령)
lisrel output: ef (효과계수를 표로 제시하라는 명령)
end of problem (프로그램을 끝낸다는 명령)

③ SIMPLIS 프로그램을 실행하기 위해 메뉴판의 ᵂ을 클릭한다.
통합모델 결과는 다음 그림과 같고 측정모델과 구조모델 순으로 해석한다.

그림 28-33 **적합도와 람다 값, 영향력 값**

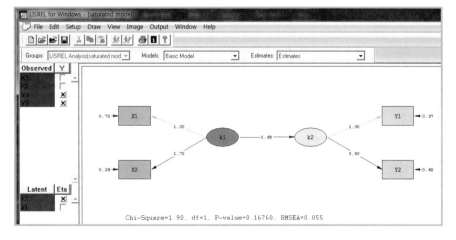

(2) 측정모델 분석

통합모델의 측정모델의 결과 분석방법과 해석방법은 앞서 설명한 측정모델과 똑같기 때문에 여기서는 설명을 생략하고 아래에 분석 순서만 제시한다.

① 결과 분석 1: 적합도 검증

앞 측정모델의 설명 중 [결과 분석 1: 적합도 검증]에 있는 내용과 대동소이하기 때문에 설명을 생략한다. 독자는 측정모델 [결과 분석 1: 적합도 검증]을 참조하기 바란다.

② 결과 분석 2: 유의도 검증과 람다 값 설명

앞 측정모델의 설명 중 [결과 분석 2: 람다 값의 유의도 검증]에 있는 내용과 대동소이하기 때문에 설명을 생략한다. 독자는 측정모델 [결과 분석 2: 람다 값의 유의도 검증]을 참조하기 바란다.

③ 결과 분석 3: 람다 값과 오차변량 해석

앞 측정모델의 설명 중 [결과 분석 3: 람다 값과 오차변량(또는 설명변량) 해석]에 있는 내용과 대동소이하기 때문에 설명을 생략한다. 독자는 측정모델 [결과 분석 3: 람다 값과 오차변량(또는 설명변량) 해석]을 참조하기 바란다.

④ 논문작성법

앞 측정모델의 설명 중 [논문작성법]에 있는 내용과 대동소이하기 때문에 설명을 생략한다. 독자는 측정모델 [논문작성법]을 참조하기 바란다.

(3) 구조모델 분석

통합모델의 잠재변인으로만 구성된 구조모델 분석은 앞에서 설명한 "1) 현재변인으로만 구성된 구조모델 중 적정정보 모델 분석"과 "2) 현재변인으로만 구성된 구조모델 중 정보과잉 모델 분석", "3) 현재변인으로만 구성된 구조모델 중 종속변인의 수가 2개인 모델 분석" 내용과 한 가지만 빼고 대동소이하다. 한 가지 차이는 현재변인으로만 구성된 구조모델 분석은 실제 측정한 변인(현재변인) 간의 인과관계를 분석하는 방법인 반면 잠재변인으로만 구성된 구조모델 분석은 실제 측정한 현재변인으로 추정한 변인(잠재변인) 간의 인과관계를 분석하는 방법이다. 구조모델은 변인의 측정(현재변인, 또는 잠재변인)에 관계없이 결과 분석과 해석 방법은 똑같기 때문에 여기서는 설명을 생략하고 아래에 분석 순서만 제시한다.

① 결과 분석 1: 적합도 검증

잠재변인으로만 구성된 구조모델의 경우, 잠재변인은 실제 측정한 변인이 아니기 때문에 적합도 검증은 실시하지 않는다.

② 결과 분석 2: 변인 간 영향력 값의 유의도 검증

잠재변인으로만 구성된 구조모델 내 변인 간 영향력 값의 유의도 검증 현재변인으로만 구성된 세 가지 구조모델(적정정보 모델, 정보과잉 모델, 종속변인의 수가 2개인 모델)의 설명 중 〔결과 분석 2: 변인 간 영향력 값의 유의도 검증〕에 있는 내용과 대동소이하기 때문에 설명을 생략한다. 독자는 현재변인으로만 구성된 세 가지 구조모델(적정정보 모델, 정보과잉 모델, 종속변인의 수가 2개인 모델) 〔결과 분석 2: 변인 간 영향력 값의 유의도 검증〕을 참조하기 바란다.

③ 결과 분석 3: 변인 간 영향력 값과 오차변량(또는 설명변량) 해석

잠재변인으로만 구성된 구조모델 내 변인 간 영향력 값과 오차변량(또는 설명변량) 해석은 현재변인으로만 구성된 세 가지 구조모델(적정정보 모델, 정보과잉 모델, 종속변인의 수가 2개인 모델)의 설명 중 〔결과 분석 3: 변인 간 영향력 값과 오차변량(또는 설명변량) 해석〕에 있는 내용과 대동소이하기 때문에 설명을 생략한다. 독자는 현재변인으로만 구성된 세 가지 구조모델(적정정보 모델, 정보과잉 모델, 종속변인의 수가 2개인 모델) 〔결과 분석 3: 변인 간 영향력 값과 오차변량(또는 설명변량) 해석〕을 참조하기 바란다.

④ 결과 분석 4: 효과계수 해석

잠재변인으로만 구성된 구조모델의 효과계수 해석은 현재변인으로만 구성된 두 가지 구조모델(적정정보 모델, 정보과잉 모델)의 설명 중 〔결과 분석 4: 효과계수 해석〕에 있는 내용과 대동소이하기 때문에 설명을 생략한다. 독자는 현재변인으로만 구성된 두 가지 구조모델(적정정보 모델, 정보과잉 모델) 〔결과 분석 4: 효과계수 해석〕을 참조하기 바란다.

⑤ 논문작성법

잠재변인으로만 구성된 구조모델의 논문작성은 현재변인으로만 구성된 세 가지 구조모델(적정정보 모델, 정보과잉 모델, 종속변인의 수가 2개인 모델)의 설명 중 〔논문작성법〕에 있는 내용과 대동소이하기 때문에 설명을 생략한다. 독자는 현재변인으로만 구성된 세 가지 구조모델(적정정보 모델, 정보과잉 모델, 종속변인의 수가 2개인 모델) 〔논문작성법〕을 참조하기 바란다.

6. AMOS(*Analysis of MOment Structure*) 실행 방법

1) 연구할 LISREL 모델 세 가지 중 하나를 선택한다

여기서는 LISREL 모델을 실행하는 프로그램인 AMOS(*Analysis of Moment Structure*)를 살펴본다. AMOS는 SIMPLIS(앞에서 설명했듯이 프로그램 명령문을 직접 입력한다)와 달리 분석하고자 하는 모델을 그림으로 그린 후 프로그램을 실행한다.

(1) 구조 모델(*structural model*)
현재 외부변인들과 현재 내부변인들 간(또는 잠재 외부변인들과 잠재 내부변인들 간)의 인과관계를 분석하는 모델이다.

(2) 측정 모델(*measurement model*)
현재변인들(실제 측정한 변인들)과 잠재변인들(추정한 변인들, 인자분석의 공통인자) 간의 관계를 분석하는 모델이다.

(3) 통합모델(*full model*)
구조 모델과 측정 모델을 합한 모델이다. 측정 모델에서 현재변인들로부터 잠재변인들을 추정한 후 이들 잠재변인들 간(잠재 외부변인과 잠재 내부변인 간)의 인과관계를 설정한 모델이다.

2) 통합모델 프로그램

(1) 초기 화면 메뉴판 설명
AMOS의 초기 화면 메뉴판은 〈그림 28-34〉와 같다. 이를 살펴보면 다음과 같다.

그림 28-34 **AMOS 초기 화면 메뉴판**

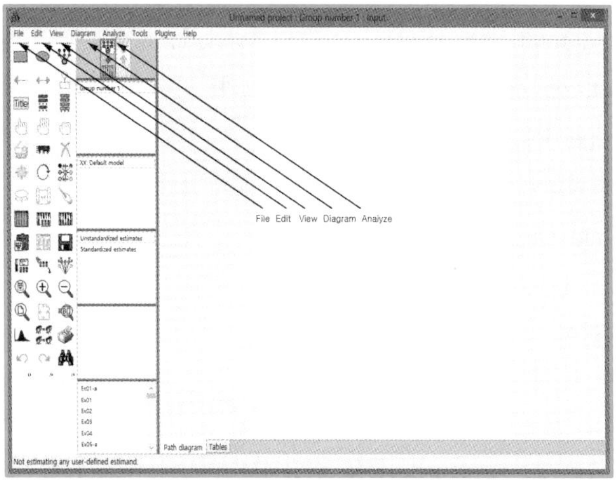

① FILE을 클릭한 후
- NEW: 새로운 파일을 만든다.
- OPEN: 저장한 기존 파일을 불러온다.
- Save As: 파일을 다른 이름으로 저장한다.
- Data Files: 분석할 데이터를 불러온다. 새로운 창에서 〈File Name〉을 클릭한 후 파일이 있는 directory에서 파일을 두 번 클릭하면 데이터를 불러온다.
- Print: 화면에 있는 내용을 프린트한다.

② EDIT를 클릭한 후
모델을 그리고 편집할 때 사용하는 명령으로서 왼쪽 도구상자에 있는 그림과 같은 명령이다.

③ VIEW를 클릭한 후
    Ⓐ Analysis Properties 클릭한 후
      - Estimation을 클릭한 후
        - Discrepancy(불일치) 즉, 실제 값과 예측 값과의 차이, 오차를 계산하는 방법, 회귀분석에서 회귀선을 찾는 방법으로 최소제곱방법을 생각하면 된다)에

서 모델 추정방법으로 〈Maximum Likelihood〉를 선택한다.
- 적합도 지수 표시방법(For the purpose of computing fit measures with incomplete data)으로 〈Fit the saturated and independence models〉를 선택한다.
- Output 클릭한 후
  - Standardized estimates(표준 회귀계수, 즉, 베타 값 계산) 선택한다.
  - Squared multiple correlations(설명변량, 즉, R^2 계산) 선택한다.
  - Indirect, direct, & total effects(간접효과, 직접효과, 효과계수 계산) 선택한다.
ⓑ Object Properties 클릭한 후
  - Text를 클릭하여 측정변인, 잠재변인, 오차변량, 이름을 쓴다.
    - 〈Variable name〉에 변인의 이름을 쓴다.
ⓒ Variables in Dataset
  - 데이터변인이 나타난다.

④ Diagram
LISREL 모델을 그릴 수 있는 명령(왼쪽 도구상자에 있는 내용이다)

⑤ Analyze
LISREL 모델을 실행하는 명령(왼쪽 도구상자에 있는 내용이다)
- Calculate Estimates: 값들 계산

(2) 잠재 외부변인(*ksi*, ξ) 측정 모델을 만든다
잠재 외부변인(*ksi*, ξ) 측정 모델을 만드는 방법을 살펴보자.

① 잠재 외부변인(*ksi*, ξ)과 측정변인(X), 오차변량(*delta*, δ) 그리기
잠재 외부변인(*ksi*, ξ)과 측정변인(X), 오차변량(*delta*, δ) 그리기는 〈그림 28-35〉와 같다.
  ⓐ 왼쪽 도구상자의 아이콘 중 타원형(○)을 마우스 왼쪽으로 클릭한 후, 오른쪽 작업창 원하는 곳에 그린다〔여러 개 만들고 싶을 때에는 타원형에 마우스를 놓고 오른쪽을 클릭한 후 복사(도구상자 중간에 '복사기' 모양의 아이콘)한다〕.
  ⓑ 잠재변인 위에 마우스를 올리면 잠재변수가 빨간색으로 변한다.
  ⓒ 빨간색 상태에서 마우스 왼쪽을 클릭하면 측정변인과 오차변량 그림이 생긴다. 만일 측정변인이 2개 필요하면 마우스 왼쪽을 2번 클릭하고, 3개 필요하면 3번 클릭한다.

그림 28-35 **잠재 외부변인(*ksi*, ξ)과 측정변인(X), 오차변량(*delta*, δ) 그리는 방법**

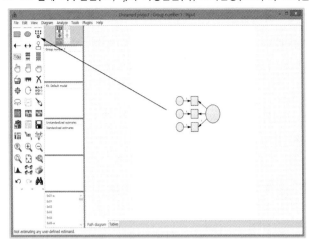

ⓓ 왼쪽 도구상자 중 ↻(위치 회전)을 선택하여 그림의 위치를 조정하고, ⊞(크기 조정)을 선택하여 크기를 조정하고, 기차모양 아이콘(변인 이동)을 사용하여 원하는 모델을 만든다.

② 측정변인(X) 정의(이름 붙이기)

측정변인(X) 정의(이름 붙이기)하는 방법은 〈그림 28-36〉과 같다.

ⓐ 왼쪽 도구상자의 아이콘 중 상자가 겹친 아이콘(*variables in data*)을 마우스 왼쪽으로 클릭하면 해당 파일에 있는 모든 변인 이름이 〈variables in data〉 창에 나타난다.

ⓑ 〈variables in data〉에 있는 변인 중 원하는 변인을 마우스 오른쪽으로 클릭한 후 끌어 당겨서 작업창에 있는 측정변인 □에 붙이면 변인 이름이 입력된다. 다른 변인도 같은 방법으로 하면 된다.

그림 28-36 **잠재 외부변인 정의하는 방법**

③ 잠재 외부변인(*ksi*, ξ) 정의(이름 쓰기)

   Ⓐ 작업창에 있는 타원형(○)에 마우스를 놓고 마우스 오른쪽을 두 번 클릭하면 〈Object Properties〉 창이 뜬다. 이 창의 〈Variable name〉 칸에 잠재 외부변인의 이름을 쓰면 된다. 다른 변인도 같은 방법으로 하면 된다.

④ 오차변량(*delta*, δ) 그리기와 정의(이름 쓰기)

   Ⓐ 왼쪽 도구상자의 아이콘 중 동그라미와 직사각형이 결합한 아이콘을 마우스 왼쪽으로 클릭한다.

   Ⓑ 오른쪽 작업창의 측정변인(□)에 마우스를 놓고 왼쪽을 클릭하면 오차변량 아이콘이 생긴다.

   Ⓒ 오차변량 아이콘에 마우스를 놓고 마우스 왼쪽을 클릭하면 오차변량 아이콘이 오른쪽으로 회전하는데 원하는 위치에 놓으면 된다.

   Ⓓ 오차변량 아이콘에 마우스를 놓고 마우스 오른쪽을 두 번 클릭하면 〈Object Properties〉 창이 뜬다. 이 창의 〈Variable name〉 칸에 오차변량의 이름을 쓰면 된다. 다른 변인도 같은 방법으로 하면 된다.

⑤ 람다 값 하나에 '1' 입력

   Ⓐ 측정 모델의 통로에 마우스를 대고 마우스 오른쪽을 클릭한다.

   Ⓑ object properties를 클릭한다.

   Ⓒ parameter를 선택한다.

   Ⓓ regression weight에 '1'을 쓴다.

(3) 잠재 내부변인(*eta*, η) 측정 모델을 만든다

잠재 내부변인(*eta*, η) 측정 모델 그리기는 잠재 외부변인과 동일하기 때문에 그림은 생략하고, 잠재 외부변인(*ksi*, ξ)과 잠재 내부변인(*eta*, η) 간의 인과관계를 보여주는 구조모델 그림은 〈그림 28-37〉과 같다.

① 잠재 내부변인(*eta*, η)과 측정변인(Y), 오차변량(*epsilon*, ε) 그리기

   Ⓐ 왼쪽 도구상자의 아이콘 중 타원형(○)을 마우스 왼쪽으로 클릭한 후, 오른쪽 작업창 원하는 곳에 그린다〔여러 개 만들고 싶을 때에는 타원형에 마우스를 놓고 오른쪽을 클릭한 후 복사(도구상자 중간에 '복사기' 모양의 아이콘) 한다〕.

   Ⓑ 잠재변인 위에 마우스를 올리면 잠재변수가 빨간색으로 변한다.

   Ⓒ 빨간색 상태에서 마우스 왼쪽을 클릭하면 측정변인과 오차변량 그림이 생긴다. 만

일 측정변인이 2개 필요하면 마우스 왼쪽을 2번 클릭하고, 3개 필요하면 3번 클릭한다.

ⓓ 왼쪽 도구상자 중 ↻(위치 회전)을 선택하여 그림의 위치를 조정하고, ⊹(크기 조정)을 선택하여 크기를 조정하고, 기차모양 아이콘(변인 이동)을 사용하여 원하는 모델을 만든다.

② 측정변인(Y) 정의(이름 붙이기)

ⓐ 왼쪽 도구상자의 아이콘 중 상자가 겹친 아이콘(*variables in data*)을 마우스 왼쪽으로 클릭하면 해당 파일에 있는 모든 변인 이름이 〈variables in data〉 창에 나타난다.

ⓑ 〈variables in data〉에 있는 변인 중 원하는 변인을 마우스 오른쪽으로 클릭한 후 끌어당겨서 작업창에 있는 측정변인 □에 붙이면 변인 이름이 입력된다. 다른 변인도 같은 방법으로 하면 된다.

③ 잠재 내부변인(*eta*, η) 정의(이름 쓰기)

ⓐ 작업창에 있는 타원형(○)에 마우스를 놓고 마우스 오른쪽을 두 번 클릭하면 〈Object Properties〉 창이 뜬다. 이 창의 〈Variable name〉 칸에 잠재 내부변인의 이름을 쓰면 된다. 다른 변인도 같은 방법으로 하면 된다.

④ 오차변량(*epsilon*, ε) 그리기와 정의(이름 쓰기)

ⓐ 왼쪽 도구상자의 아이콘 중 동그라미와 직사각형이 결합한 아이콘을 마우스 왼쪽으로 클릭한다.

ⓑ 오른쪽 작업창의 측정변인(□)에 마우스를 놓고 왼쪽을 클릭하면 오차변량 아이콘이 생긴다.

ⓒ 오차변량 아이콘에 마우스를 놓고 마우스 왼쪽을 클릭하면 오차변량 아이콘이 오른쪽으로 회전하는데 원하는 위치에 놓으면 된다.

ⓓ 오차변량 아이콘에 마우스를 놓고 마우스 오른쪽을 두 번 클릭하면 〈Object Properties〉 창이 뜬다. 이 창의 〈Variable name〉 칸에 오차변량의 이름을 쓰면 된다. 다른 변인도 같은 방법으로 하면 된다.

⑤ 람다 값 하나에 '1' 입력

ⓐ 측정 모델의 통로에 마우스를 대고 마우스 오른쪽을 클릭한다.

ⓑ object properties를 클릭한다.

ⓒ parameter를 선택한다.

ⓓ regression weight에 '1'을 쓴다.

(4) 구조 모델을 만든다: 잠재 외부변인, 잠재 내부변인, 오차변량

구조 모델(인과관계) 그리기는 〈그림 28-37〉과 같다.

그림 28-37 **구조 모델 그리는 방법**

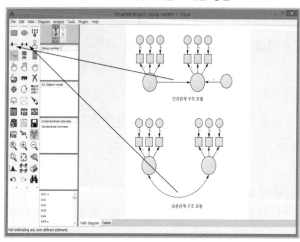

① 왼쪽 도구상자의 아이콘 중 〈←〉를 마우스 왼쪽으로 클릭한다.

② 오른쪽 작업창의 잠재 외부변인들과 잠재 내부변인들 간의 인과관계(Ⓐ→Ⓑ)를 그린다.

③ Ⓐ의 둘레 선에 마우스를 놓으면 Ⓐ의 둘레 선이 빨간색이 되는데 이때 마우스 왼쪽을 끌어당겨 Ⓑ의 둘레 선에 붙이면 Ⓑ가 파란색이 된다. 이때 마우스 왼쪽을 놓으면 된다.

(5) 잠재 외부변인들 간의 상관관계 그리기

① 왼쪽 도구상자의 아이콘 중 〈↔〉를 마우스 왼쪽으로 클릭한다.

② 잠재 외부변인과 잠재 외부변인 간의 상관관계(Ⓐ↔Ⓑ)를 그리려면, Ⓐ의 둘레 선에 마우스를 놓으면 Ⓐ의 둘레 선이 빨간색이 되는데 이때 마우스 왼쪽을 끌어당겨 Ⓑ의 둘레 선에 붙이면 Ⓑ가 파란색이 된다. 이때 마우스 왼쪽을 놓으면 된다.

3) 구조 모델(*structural model*)일 경우

(1) 외부변인(X)과 내부변인(Y) 그리기
① 왼쪽 도구상자의 아이콘 중 □를 마우스 왼쪽으로 클릭한다.
② 오른쪽 작업창 적절한 곳에 □를 그린다〔여러 개 만들고 싶을 때에는 타원형에 마우스를 놓고 오른쪽을 클릭한 후 복사(도구상자 중간에 '복사기' 모양의 아이콘)한다〕.
③ 오른쪽 작업창에 그려진 □ 위에 마우스를 놓고 마우스 왼쪽을 누른 상태에서 원하는 위치로 끌어당기면 된다.

(2) 변인 정의

① 측정변인(X와 Y) 정의(이름 붙이기)
  Ⓐ 왼쪽 도구상자의 아이콘 중 상자가 겹친 아이콘(*variables in data*)을 마우스 왼쪽으로 클릭하면 해당 파일에 있는 모든 변인 이름이 〈variables in data〉 창에 나타난다.
  Ⓑ 〈variables in data〉에 있는 변인 중 원하는 변인을 마우스 오른쪽으로 클릭한 후 끌어당겨서 작업창에 있는 측정변인 □에 붙이면 변인 이름이 입력된다. 다른 변인도 같은 방법으로 하면 된다.

(3) 변인들 간의 인과관계 그리기
① 왼쪽 도구상자의 아이콘 중 〈←〉를 마우스 왼쪽으로 클릭한다.
② 오른쪽 작업창의 잠재 외부변인들과 잠재 내부변인들 간의 인과관계(Ⓐ→Ⓑ)를 그린다.
③ Ⓐ의 둘레 선에 마우스를 놓으면 Ⓐ의 둘레 선이 빨간색이 되는데 이때 마우스 왼쪽을 끌어당겨 Ⓑ의 둘레 선에 붙이면 Ⓑ가 파란색이 된다. 이때 마우스 왼쪽을 놓으면 된다.

(4) 외부변인들 간의 상관관계 그리기
① 왼쪽 도구상자의 아이콘 중 〈↔〉를 마우스 왼쪽으로 클릭한다.
② 현재 외부변인과 현재 외부변인 간의 상관관계(Ⓐ→Ⓑ)를 그리려면, Ⓐ의 둘레 선에 마우스를 놓으면 Ⓐ의 둘레 선이 빨간색이 되는데 이때 마우스 왼쪽을 끌어당겨 Ⓑ의 둘레 선에 붙이면 Ⓑ가 파란색이 된다. 이때 마우스 왼쪽을 놓으면 된다.

4) 데이터 불러오기

데이터 불러오는 방법은 〈그림 28-38〉과 같다.

그림 28-38 데이터 불러오는 방법

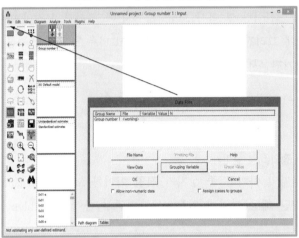

① 메뉴판의 File을 클릭한다.

② Data File을 클릭한다.

③ 화면 중간에 있는 〈File Name〉을 클릭한다.

④ 해당 directory를 선택한다(C: 또는 E, F 등).

⑤ 해당 파일을 두 번 클릭하면 데이터가 화면에 나타난다.

⑥ 화면 밑에 있는 〈OK〉를 클릭한다.

5) 실행: LISREL 모델 실행과 통계 값 선택

(1) 모델 실행

① 메뉴판에서 〈View〉 선택 → Analysis Properties

- ESTIMATION → Discrepancy에서

  - 베타 값 구하는 방법: Maximum Likelihood를 선택

  - 평균과 절편(상수): Estimate means and intercepts 선택

  - 적합도: full model(*saturated model*)과 independence model 선택
    주효과 모델과 상호작용효과 포함된 모델

(2) 통계 결과

① 메뉴판에서 〈View〉 선택 → Analysis Properties

- Output

 - Standardized estimates: 베타 값

 - Squared multiple correlations: R^2

 - indirect, dirext & total effects: 간접효과, 직접효과, 효과계수

 - modification indices: 수정 값

(3) 실 행

① 왼쪽 도구상자에서 실행 아이콘을 선택하거나 analyze → calculate estimate를 눌러서 프로그램을 실행한다.

② 결과를 보려면 view → text output를 하면 결과가 나온다. 각 내용을 보면서 결과를 해석하면 된다.

참고문헌

오택섭 · 최현철 (2004), 《사회과학 데이터 분석법 ③》, 나남.

채구묵 (2014), 《SPSS와 AMOS를 이용한 고급통계학: 로지스틱 회귀분석 · 생존분석 · 경로분석 · 구조방정식 모델 분석》, 양서원.

Arbuckle, J. L. (2010), *Amos 19 User's Guide*, SPSS Inc.

Bollen, K. A. (1989), *Structural Equations with Latent Variables*, NY: Wiley.

Byrne, B. M. (1998), *Structural Equation Modeling With Lisrel, Prelis, and Simplis: Basic Concepts, Applications, and Programming*, Mahwah, NJ: Lawrence Earlbaum Associates.

Hoyle, R. H. (1995), *Structural Equation Modeling: Concepts, Issues, and Applications*, Thousand Oaks, CA: Sage Publications.

Hu, L., & Bentler, M. (1999), "Cutoff Criteria for Fit Indexes in Covariance Structure Analysis: Conventional Criteria Versus New Alternatives", *Structural Equation Modeling*, 6(1), 1~55.

Joreskög, K. G., & Sörbom, D. (1996), *LISREL 8: User's Reference Guide*, Chicago, IL: Scientific Software International.

Kline, R. B. (2010), *Principles and Practice Of Structural Equation Modeling* (3rd ed.), New York, NY: Guilford Press.

Loehlin, J. C. (1992), *Latent Variable Models: An Introduction to Factor, Path, and Structural Analysis* (2nd ed.), Hillsdale, NJ: Lawrence Erlbaum.

Long, J. S. (1983a), *Confirmatory Factor Analysis*, Beverly Hills, CA.: Sage.

_____ (1983b), *Covariance Structure Models: An Introduction to LISREL*, Beverly Hills, CA.: Sage.

Mueller, R. O. (1996), *Basic Principles of Structural Equation Modeling: An Introduction to LISREL and EQS*, Secaucus, NJ: Springer.

Pedhazur, E. J. (1997), *Multiple Regression in Behavioral Research* (3rd ed.), Belmont, CA: Wadsworth.

29

군집분석 cluster analysis

이 장에서는 등간척도(또는 비율척도)로 측정한 두 개 이상 여러 개 분류변인을 이용하여 서로 유사한(또는 상이한) 특징을 가진 대상(분류 대상변인)의 집단을 찾아내는 방법인 군집분석(*cluster analysis*)을 살펴본다.

1. 정 의

군집분석은 〈표 29-1〉에서 보듯이 등간척도(또는 비율척도)로 측정한 두 개 이상 여러 개의 분류변인을 이용하여 명명척도로 측정한 분류 대상(분류 대상변인)의 집단을 찾아내는 방법이다. 즉, 군집분석은 여러 대상을 잘 구별할 수 있는 변인을 이용하여 동질적인(또는 이질적인) 집단을 찾아내는 방법을 말한다. 군집분석은 분류 대상이 몇 개의 집단으로 나누어질지, 또 어느 집단에 속할지 모르는 상황에서 이 대상을 분류할 때 유용하게 사용할 수 있다.

군집분석의 성패는 대상을 분류할 수 있는 적합한 분류변인을 선정하는 것이다. 분류변인의 선정이 잘 되었을 경우 집단을 잘 구분할 수 있지만, 그렇지 못할 경우 집단을 제대로 구분하지 못한다. 예를 들어 소비자의 〈수입〉이나 〈교육〉을 통해 스마트폰의 소비자 집단을 구분한다면 〈수입〉과 〈교육〉은 적절한 분류변인이라 할 수 있다. 그러나

표 29-1 **군집분석의 조건**

1. 분류변인
   1) 수: 두 개 이상 여러 개
   2) 측정: 등간척도(또는 비율척도)

2. 분류 대상변인
   1) 수: 한 개
   2) 측정: 명명척도

소비자의 〈몸무게〉나 〈발크기〉 같은 변인은 소비자 집단을 구분하는 데 적절한 분류변인이라 할 수 없다.

군집분석은 여러 분야에서 유용하게 사용할 수 있다. 예를 들어 광고학 분야에서 소비자의 소비행태에 따라 소비자를 여러 집단으로 분류할 경우, 군집분석은 많은 도움을 줄 수 있다. 또는 정치학 분야에서 국가를 여러 집단으로 분류하고 싶을 경우, 개별 국가의 여러 특성에 따라 유사한(또는 상이한) 국가군(群)을 찾아낼 수 있다.

군집분석을 하기 위한 조건을 알아보자.

1) 변인의 측정

군집분석에서 대상을 분류하기 위해 사용하는 변인은 분류변인이라고 부른다. 분류변인은 등간척도(또는 비율척도)로 측정한다. 분류 대상변인은 명명척도로 측정한다.

2) 변인의 수

분류변인의 수는 두 개 이상 여러 개이고, 분류 대상변인의 수는 한 개다.

군집분석은 분류 대상의 집단을 찾아내는 방법이라는 측면에서 볼 때 ─비록 방법의 밑바탕에 깔린 철학이나 집단을 찾아내는 방식은 다르지만─ 제22장에서 설명한 Q 방법론과 같은 목적을 가진 방법이라 할 수 있다. 군집분석은 분류변인을 이용하여 대상의 집단을 구분하는 방법이라는 측면에서 볼 때 판별분석(discriminant analysis)과 유사한 방법이라고 볼 수 있다. 그러나 판별분석에서 분류 대상의 집단이 정해진 반면 군집분석에서는 분류 대상의 집단이 구분되어 있지 않다는 측면에서 다르다.

2. 연구절차

군집분석의 연구절차는 〈표 29-2〉에서 보듯이 세 단계로 이루어진다.

첫째, 연구문제를 만든다. 변인의 측정과 수에 유의하여 연구문제를 만든다.

둘째, 데이터를 수집하여 입력한 후 SPSS/PC⁺(23.0)의 군집분석을 실행하여 분석에 필요한 결과를 얻는다.

셋째, 결과 분석 1은 집단화 절차표와 수직 고드름 도표를 분석하여 집단의 수를 결정한 후 집단 특성을 살펴본다.

표 29-2 **군집분석의 연구절차**

1. 연구문제 제시
   1) 분류변인의 수는 두 개 이상 여러 개이고, 등간척도(또는 비율척도)로 측정한다
   2) 분류 대상변인의 수는 한 개이고, 명명척도로 측정한다

⬇

2. 데이터 입력과 프로그램 실행
   1) 데이터를 수집하여 입력한다
   2) 군집분석을 실행하여 분석에 필요한 결과를 얻는다

⬇

3. 결과 분석 1: 집단화 절차표와 수직 고드름 도표를 분석하여 집단 특성을 분석한다

3. 연구문제와 가상 데이터

1) 연구문제

(1) 연구문제

군집분석의 연구문제는 〈표 29-1〉에서 제시한 변인의 측정과 수의 조건만 충족하면 무엇이든 가능하다. 이 장에서는 여러 종류의 음료수를 몇 가지 특성에 따라 집단으로 분류하고자 한다. 연구자는 시장에서 판매되는 음료수 12종을 맛과 가격 두 가지 특성에 따라 집단을 분류한다.

(2) 변인의 측정과 수

분류변인은 맛과 가격 두 개를 선정한다. 맛은 5점 척도(1점: 맛이 없다부터 5점: 맛이 있다까지)로 측정한다. 가격은 5점 척도(1점: 싸다부터 5점: 비싸다까지)로 측정한다.

분류 대상변인은 12개의 음료수이다(음료수 이름은 1, 2, 3, 4, 5, 6, 7, 8, 9, 10, 11, 12로 한다).

2) 가상 데이터

이 장에서 분석하는 〈표 29-3〉의 데이터는 필자가 임의적으로 만든 것이어서 표본의 수가 적고(12개) 결과가 꽤 잘 나오게 만들었다(이 데이터를 사용하여 군집분석 프로그램을 실행해보기 바란다). 그러나 실제 연구에서는 표본의 수도 훨씬 많고, 이 장에서 제시하는 것만큼 결과가 잘 나오지 않을 수 있다.

표 29-3 **군집분석의 가상 데이터**

음료수	맛	가격
1	3	3
2	5	4
3	4	3
4	4	3
5	5	4
6	4	3
7	4	5
8	3	2
9	2	4
10	5	3
11	1	4
12	3	1

4. SPSS/PC⁺ 실행방법

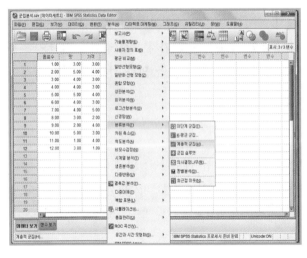

[실행방법 1] 분석방법 선택

메뉴판의 [분석(A)]에서
[분류분석(Y)]을 클릭하고
[계층적 군집분석(H)]을 클릭한다.

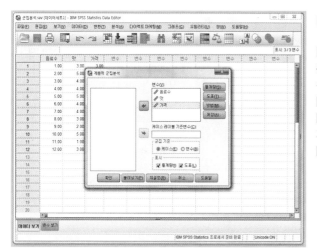

[실행방법 2] 분석변인 선택

[계층적 군집분석] 창이 나타나면
분석에 사용할 변수를 클릭하여
왼쪽에서 오른쪽 [변수(V)]로 옮긴다(➡).
[군집기준]의 [◉ 케이스], [표시]의
[☑ 통계량], [☑ 도표]가
기본으로 설정되었는지 확인한다.
[통계량(S)]을 클릭한다.

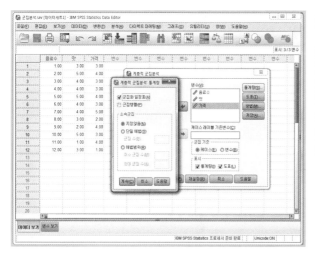

[실행방법 3] 통계량 선택

[계층적 군집분석: 통계량] 창이 나타나면
[☑ 군집화 일정표(A)]와
[소속군집]의 [◉ 지정않음(N)]이
기본으로 설정되어 있는지 확인한다.
[계속]을 클릭한다.
[실행방법 2]의 [계층적 군집분석] 창으로
돌아가면 오른쪽 위의 [도표(T)]를 클릭한다.

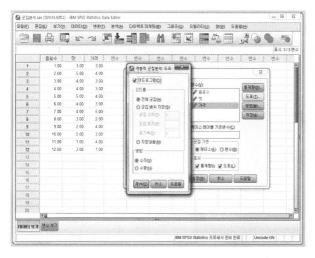

[실행방법 4] 도표 선택

[계층적 군집분석: 도표] 창이 나타나면
[☑ 덴드로그램(D)]을 클릭한다.
[고드름]의 [◉ 전체 군집(A)],
[방향]의 [◉ 수직(V)]은
기본으로 설정되어 있다.
[계속]을 클릭한다.
[실행방법 2]의
[계층적 군집분석] 창으로 돌아가면
오른쪽 위의 [방법(M)]을 클릭한다.

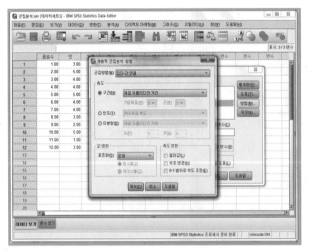

[실행방법 5] 방법 선택과 실행

[계층적 군집분석: 도표] 창이 나타나면
[군집방법(M): 집단-간 연결]이
기본으로 설정되어 있다. [측도]의
[◉ 등간(N): 제곱 유클리디안 거리]가
기본으로 설정되어 있는지 확인한다.
[값 변환]은 [표준화(S): 없음]이
기본으로 설정되어 있다.
아래의 [계속]을 클릭한다.
[실행방법 2]로 돌아가면
아래의 [확인]을 클릭한다.

[분석결과 1] 사례 수

분석 결과가 새로운 창에
*출력결과 1[문서 1]로 나타난다.
[케이스 처리 요약] 표에는
분석에 사용된
전체 사례 수와 퍼센트가 제시된다.

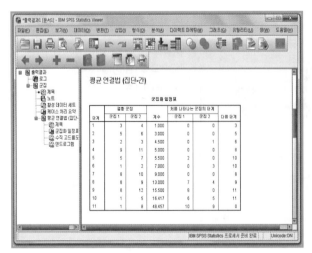

[분석결과 2] 집단화 절차표

[군집화 일정표]에는
각 단계별 집단의 수와
다음 단계의 수가 제시된다.

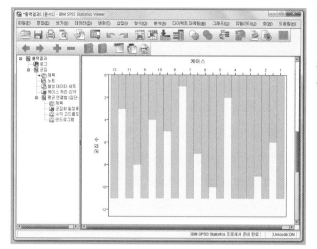

[분석결과 3] 수직 고드름 도표

[수직 고드름 도표]는
분류된 집단의 수와
분류 대상을 보여준다.

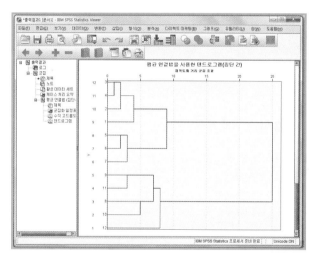

[분석결과 4] 덴드로그램

[실행방법 4]에서 선택한
[덴드로그램]이 제시된다.

5. 군집분석의 기본 논리

1) 거리측정

분류변인을 이용하여 분류 대상을 집단으로 분류할 때 분류 대상의 유사성을 알아보기 위해서 거리를 계산한다. 분류 대상 간 거리가 가까우면 동질적인 집단으로 분류하지만, 거리가 멀면 이질적인 집단으로 분류한다.

분류 대상 간의 거리를 측정하는 여러 가지 방법이 있지만 일반적으로 유클리디안 거리 제곱 방법(*Squared Euclidian Distance*)을 사용한다.

원점수를 이용한 거리 측정 방법을 설명하기 위해 콜라의 예를 들어보자.

〈표 29-4〉는 분류 대상인 펩시콜라와 코카콜라의 칼로리와 가격의 원점수를 보여준다.

분류 대상인 펩시콜라와 코카콜라의 거리를 유클리디안 거리 제곱(*Squared Euclidian Distance*) 방법을 이용하여 측정해보자. 이 방법을 통해 계산한 거리는, 분류변인(〈칼로리〉와 〈가격〉)에서 분류 대상(펩시콜라와 코카콜라) 간 원점수의 차이를 제곱한 값을 구한 다음 이를 합한 값이다. 〈표 29-5〉에서 보듯이 〈칼로리〉에서 코카콜라와 펩시콜라의 원점수 차이는 '13'(157 - 144)이고, 〈가격〉에서 원점수 차이는 '5'(48 - 43)이다. 각 차이를 제곱하여 합한 값이 유클리디안 거리 제곱이다. 코카콜라와 펩시콜라의 유클리디안 거리 제곱은 '194'(169 + 25)라는 것을 알 수 있다.

표 29-4 **칼로리와 가격에서 콜라 간 측정 점수(원점수)**

	칼로리	가격
펩시콜라	144	43
코카콜라	157	48

표 29-5 **유클리디안 거리 제곱(원점수)**

$$\text{유클리디안 거리 제곱} = (157 - 144)^2 + (48 - 43)^2$$
$$= (13)^2 + (5)^2$$
$$= 169 + 25$$
$$= 194$$

원점수를 이용한 유클리디안 거리 제곱 값은 두 가지 단점이 있다.

첫째, 분류변인의 단위에 따라 거리가 크게 달라진다. 예를 들면, 콜라 가격을 100㎖를 기준으로 측정할 때와 200㎖를 기준으로 측정할 때의 거리가 달라진다.

둘째, 측정단위가 다른 두 개 이상의 분류변인을 사용할 때 측정단위가 큰 변인이 거리의 차이를 더 크게 만든다. 예를 들면, 유클리디안 거리 제곱 '194'는 콜라의 가격 차이('25')보다 칼로리의 차이('169') 때문에 나왔다는 것을 알 수 있다.

이 문제점을 보완하기 위해 분류 대상의 거리를 계산할 때, 〈표 29-6〉에서 보듯이 원점수 대신 표준점수를 사용하여 유클리디안 거리 제곱을 계산한다.

펩시콜라와 코카콜라의 거리를 표준점수를 이용하여 유클리디안 거리 제곱을 측정해보자. 이 방법을 통해 계산한 거리는, 분류 대상(펩시콜라와 코카콜라)이 분류변인(〈칼

표 29-6 **칼로리와 가격에서 콜라 간 측정 점수(표준점수)**

	칼로리	가격
펩시콜라	0.38	-0.46
코카콜라	0.81	-0.11

표 29-7 **유클리디안 거리 제곱(표준점수)**

$$표준점수\ 유클리디안\ 거리\ 제곱 = (0.81 - 0.38)^2 + [-0.46 - (-0.11)]^2$$
$$= (0.43)^2 + (0.35)^2$$
$$= 0.1849 + 0.1225$$
$$= 0.3074$$

로리〉와 〈가격〉)에서 표준점수의 차이를 제곱한 값을 구한 다음 이들을 합한 값이다. 〈표 29-7〉에서 보듯이 칼로리 변인에서 펩시콜라와 코카콜라의 표준점수의 차이는 '0.43'(0.81 - 0.38)이고, 가격 변인에서 차이는 '0.35'〔-0.46 - (-0.11)〕이다. 개별 표준점수 차이를 제곱하여 합한 값이 표준점수 유클리디안 거리 제곱합이다. 즉, '0.3074'가 펩시콜라와 코카콜라의 표준점수 거리라는 것을 알 수 있다.

2) 집단 분류방법과 기준

(1) 분류방법

분류 대상 간 거리를 계산한 후 이 값을 기초로 분류 대상을 집단으로 분류한다. 군집분석에서 집단을 분류하는 방법은 여러 가지가 있는데, 일반적으로 사용하는 방법은 상향 단계별 합산 군집분석(*agglomerative hierarchical cluster analysis*)이다. 상향 단계별 합산 군집분석이란 모든 대상을 각각의 독립 집단으로 간주한 후, 단계별로 거리에 따라 개별 집단을 합하여 좀더 큰 집단으로 분류하면서 결국 한 개의 집단으로 분류될 때까지 대상을 분류하는 방법을 말한다. 예를 들어 첫 단계에서 개별 음료수를 각각의 독립 집단으로 간주한다. 6개의 음료수가 대상이면 6개의 집단으로 분류한다. 즉, 분석 첫 단계에서는 대상의 수만큼 집단이 존재한다. 둘째 단계에서 거리에 따라 대상 중 두 개가 한 개 집단으로 분류된다. 셋째 단계에서 세 번째 대상이 두 번째 단계에서 분류한 집단에 속할 경우 세 번째 대상이 두 번째 분류한 집단에 속하게 된다. 그러나 세 번째 대상이 두 번째 분류한 집단에 속하지 않을 경우에는 세 번째와 네 번째 대상이 새로운 집단으로 분류될 것인지가 결정된다. 즉, 각 단계에서 개별 대상이 이미 분류된 기존 집단에 속할 것인지, 아니면 새로운 집단으로 분류될 것인지가 결정된다. 여기에서 주의할 점은 이미 한 개의 집단으로 분류된 대상은 분류된 후에는 항상 그 집단으로 분류된다는 것이다. 음료수의 예를 들면, 첫 번째 단계에서 코카콜라와 펩시콜라가 하나의 집단으로 분류되었다면, 분석을 마칠 때까지 이 두 음료수는 하나의 집단으로 남는다.

(2) 분류기준

각 단계에서 어떤 대상이 어느 집단으로 분류되는지를 결정하는 기준은 여러 가지가 있는데, 모든 방법은 두 대상 간 거리를 기준으로 집단을 분류한다. 군집분석에서 가장 많이 사용하는 방법은 집단 간 평균 연결법(*average linkage between group method*)이지만, 최단 연결법(*single linkage method*)과 최장 연결법(*complete linkage method*)도 자주 사용한다. 이 세 가지를 살펴보자.

① 최단 연결법

최단 연결법은 대상 중 가장 가까운 거리를 기준으로 집단을 분류하는 방법으로 흔히 "가장 가까운 이웃"(*nearest neighbor*)을 찾는 방법이라고 부른다.

② 최장 연결법

최장 연결법은 대상 중 가장 먼 거리를 기준으로 집단을 분류하는 방법으로 흔히 "가장 먼 이웃"(*furthest neighbor*)을 찾는 방법이라고 부른다.

③ 집단 간 평균 연결법

집단 간 평균 연결법은 분류된 두 집단 간의 거리를 한 집단에 속한 대상과 다른 집단에 속한 대상과의 거리를 평균하여 집단을 분류하는 방법이다. 예를 들면, 대상 1과 2가 A라는 집단으로 분류되고, 대상 3, 4, 5가 B라는 집단으로 분류되었다면, 두 집단 간의 거리는 (1, 3)과 (1, 4) (1, 5) (2, 3) (2, 4) (2, 5)의 개별 거리의 평균값이다. 집단 간 평균 연결법은 최단 연결이나 최장 연결법처럼 가장 가까운, 또는 가장 먼 거리를 기준으로 하지 않고, 한 집단에 속한 모든 대상과 다른 집단에 속한 모든 대상 간의 거리를 구하여 계산하기 때문에 최단 연결법이나 최장 연결법보다 더 많이 쓰인다.

6. 결과 분석 1: 집단화 절차표와 수직 고드름 도표 분석

군집분석은 분류한 집단의 수를 결정해주지 않고, 개별 집단의 유의도 검증도 하지 않는다. 연구자는 세심한 주의를 기울여 집단화 질차표(*agglomeration schedule*)와 수식 고드름 도표(*vertical icicle plot*)를 분석하여 대상이 몇 개의 집단으로 분류되었는지를 결정하고 집단의 특성을 설명해야 한다.

1) 집단화 절차표

군집분석의 결과는 집단화 절차표(SPSS/PC⁺ 프로그램에서는 군집화 일정표라고 번역된다)에 요약된다. 〈표 29-8〉은 집단 간 평균 연결법에 따른 각 단계별 집단의 수와 각 집단에 속한 대상을 보여준다. 표의 맨 왼쪽에 있는 열은 〈단계〉를 나타내며, 〈결합 군집〉은 같은 집단에 속하는 대상을 보여준다. 〈계수〉는 분류 대상 간의 거리를 나타낸다. 예를 들면, 제1단계의 3번(군집1) 대상과 4번(군집2) 대상 간의 거리는 '1.000'이다. 〈처음 나타나는 군집의 단계〉는 특정 대상이 몇 번째 단계에서 특정 집단에 속하게 되었는지를 보여준다. 예를 들면, 제7단계의 8번 대상은 아직 특정 집단에 속한 적이 없음(군집1에 0)을 보여준다. 〈다음 단계〉는 각 단계에서 포함될 대상이 이미 특정 집단에 속한 단계를 나타낸다. 예를 들면, 제1단계의 〈다음 단계〉에 나타난 숫자 '3'은 3단계에서 '6'이 '3'과 '4'의 집단에 합쳐진다는 것을 보여준다.

집단화 절차표에서 〈계수〉에 제시된 값은 분류 대상 간의 거리를 나타내기 때문에 이 값이 클수록 분류 대상 간의 거리가 멀다는 것이며, 작을수록 분류 대상 간의 거리가 가깝다는 것을 의미한다. 〈계수〉에 제시된 값은 집단의 수를 결정하는 데 중요한 정보를 제공한다. 인접하는 〈단계〉 간의 〈계수〉에 제시된 값의 차가 급격하게 커지면 군집분석을 멈추고, 이때 발견한 집단을 집단의 수로 결정한다. 예를 들면, 〈표 29-8〉의 제10단계와 제11단계의 차이는 약 '32'(48.457 - 16.417)로 매우 크기 때문에 음료수를 두 개

표 29-8 **집단화 절차표(집단 간 평균 연결법)**

단 계	결합 군집		계 수	처음 나타나는 군집의 단계		다음 단계
	군집1	군집2		군집1	군집2	
1	3	4	1.000	0	0	3
2	5	6	3.000	0	0	5
3	2	3	4.500	0	1	6
4	9	11	5.000	0	0	8
5	5	7	5.500	2	0	10
6	1	2	7.000	0	3	10
7	8	10	9.000	0	0	8
8	8	9	13.000	7	4	9
9	8	12	15.500	8	0	11
10	1	5	16.417	6	5	11
11	1	8	48.457	10	9	0

의 집단으로 분류한다.

2) 수직 고드름 도표

수직 고드름 도표(*vertical icicle plot*)의 행 〈군집의 수〉는 분류된 집단의 수를 보여주고, 숫자는 분류 대상(12개 음료수)을 나타낸다. 음영처리된 막대그래프는 대상 간 같은 집단을 표시한다. 대상이 같은 집단으로 분류되면 대상 사이에 빈 공간 없이 음영처리가 되지만, 같은 집단으로 분류되지 않는다면 분류 대상 사이에 빈 공간이 된다. 수직 고드름 도표는 밑에서부터 위로 살펴본다.

〈그림 29-1〉 수직 고드름 도표에서 보듯이 수직 고드름 도표의 제일 밑에는 집단의 수가 11개이다. 대상이 12개인데 수직 고드름 도표의 제일 밑에서 집단의 수가 12개가 아니고 11개인 이유는 대상인 3과 4가 이미 한 집단으로 묶였기 때문이다. 다음 집단의 수는 10개로 줄어든다. 이는 대상 5와 6이 한 집단으로 묶였기 때문이다. 군집의 수 '2'를 보면, 음료수 1, 2, 3, 4, 5, 6, 7이 한 집단이고, 대상 8, 9, 10, 11, 12가 다른 한 집단임을 알 수 있다.

그림 29-1 **수직 고드름 도표(집단 간 평균 연결법)**

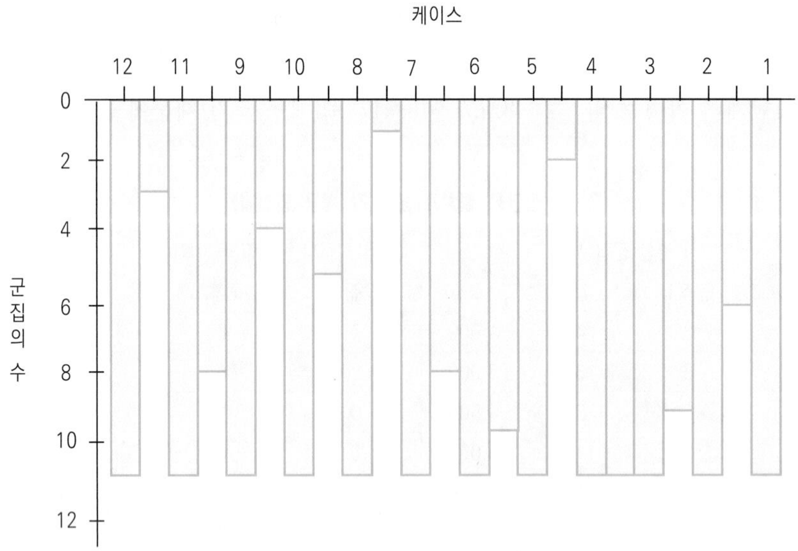

7. 군집분석 논문작성법

1) 연구절차

(1) 군집분석에 적합한 연구문제를 만든다

연구문제	분류변인		분류대상 변인	
	변인	측정	변인	측정
최근 상영된 한국 영화의 오락성과 작품성에 따라 영화가 몇 개의 집단으로 나타나는지 분류해보자.	오락성과 작품성	(1) 재미: 영화의 오락성을 5점으로 측정 (2) 작품성: 영화의 작품성을 5점으로 측정	최근 상영된 한국 영화	(1) 비열한 거리 (6) 마파도 (2) 라디오 스타 (7) 괴물 (3) 왕의 남자 (8) 허브 (4) 타짜 (9) 투사부일체 (5) 싸움의 기술 (10) 가문의 영광

(2) 표본을 선정하여 데이터를 수집한 후 컴퓨터에 입력한다

(3) SPSS/PC⁺ 프로그램 중 군집분석을 실행한다

2) 연구결과 제시 및 해석방법

(1) 집단 수 결정: 집단화 절차표를 제시하고 해석한다

〈표 29-9〉 집단화 절차표에 따르면, 7단계(군집 수: 3개)의 계수 '1.333'과 8단계(군집 수: 2개)의 계수 '3.950'의 차이가 크기 때문에 군집의 수를 3개로 결정한다.

표 29-9 **집단화 절차표(집단 간 평균 연결법)**

단계	군집 수	조합된 군집		계수
		군집1	군집2	
1	9	9	10	.000
2	8	5	9	.000
3	7	1	4	.000
4	6	2	3	.000
5	5	2	7	1.000
6	4	5	6	1.000
7	3	1	2	1.333
8	2	1	5	3.950
9	1	1	8	5.000

(2) 집단 해석: 수직 고드름 도표를 제시하고 해석한다

〈표 29-10〉 수직 고드름 도표는 어느 영화와 어느 영화가 같은 집단에 속한지를 보여 준다. 〈표 29-10〉에서 수직 고드름 도표의 〈군집의 수〉의 세 번째 행에서 보듯이 오락성과 작품성 두 차원에서 살펴볼 때, 6번째(마파도)와 10번째(가문의 영광), 9번째(투사부일체), 5번째(싸움의 기술) 영화가 한 집단을 형성하고, 7번째(괴물)와 3번째(왕의 남자), 2번째(라디오 스타), 4번째(타짜), 1번째(비열한 거리) 영화가 다른 집단을 형성한다. 반면 8번째(허브)는 제 3의 집단에 속한 것으로 나타났다.

표 29-10 **수직 고드름 도표(집단 간 평균 연결법)**

군집수	단계	케이스									
		8 허브	6 마파도	10 가문의 영광	9 투사부일체	5 싸움의 기술	7 괴물	3 왕의 남자	2 비열한 거리	4 타짜	1 라디오 스타
1	9										
2	8										
3	7										
4	6										
5	5										
6	4										
7	3										
8	2										
9	1										

참고문헌

오택섭 · 최현철 (2004), 《사회과학 데이터 분석법 ③》, 나남.

Aldenderfer, M. S., & Blashfield, R. K. (1984), *Cluster Analysis*, Beverly Hills, CA: Sage.
Corter, J. E. (1996), *Tree Models of Similarity and Association*, Thousand Oaks, CA: Sage.
Everitt, B. S., Landau, S., & Morven, L. (2001), *Cluster Analysis* (4th ed.), London: Arnold Publishers.
Kachigan, S. K. (1991), *Multivariate Statistical Analysis: A Conceptual Introduction* (2nd ed.), New York: Radius Press.
Kaufaman, L., & Rousseeuw, P. L. (1990), *Finding Groups in Data: An Introduction to Cluster Analysis*, New York: John Wiley & Sons.

30
다차원척도법 multidimensional scaling

이 장에서는 사람이 특정 대상을 어떻게(유사하게, 또는 다르게) 생각하는지, 또한 그러한 판단의 구조(차원)는 무엇인지 알아내는 다차원척도법(*multidimensional scaling*)을 살펴본다.

1. 정 의

다차원척도법(*multidimensional scaling*, 이하 MDS)은 특정 대상에 대한 사람의 주관적인, 또는 각종 지표 등과 같이 객관적인 근접성(*proximity*)의 정도를 보여주는 데이터를 분석하여 이 데이터 속에 감추어져 있는 구조(차원, 이하 차원)를 발견하는 방법이다.

MDS가 무엇인지 간단한 예를 들어 알아보자. 〈그림 30-1〉은 미국 10개 도시를 지도에서 나타낸 것이다. 이 지도에 표시된 도시 간의 거리를 계산한다고 가정하자. 지도의 1㎝가 250마일이라면, 자로 도시 간의 거리를 잰 후 250마일을 곱하면 실제 거리를 쉽게 계산할 수 있다.

반대의 경우를 생각해보자. 〈표 30-1〉의 도시 간의 거리를 보여주는 데이터가 있고, 이 데이터를 갖고 지도를 만드는데 실제 거리 250마일을 지도의 1㎝라고 가정한다. 이 경우에 지도를 만드는 일이 쉽지 않다.

〈그림 30-2〉는 MDS로 〈표 30-1〉의 데이터를 분석하여 만든 지도이다. MDS는 이처럼 도시 간 거리 데이터를 갖고 지도를 만드는 일과 같이 대상 간의 근접성 데이터를 갖고 대상의 좌표를 추정하는 통계방법이다.

MDS는 사회과학에서 유용하게 사용된다. 주관적 데이터를 이용한 MDS의 예를 들면, 정치학에서는 대통령 선거나 국회의원 선거에서 유권자가 후보자를 어떻게 평가하는지를 알기 위해 후보자 간의 유사성을 살펴보고, 판단 기준을 연구할 수 있다. 광고학과 경영학에서는 사람이 다른 사람이나 조직, 상품과 같은 대상에 대해 느끼는 심리적 거리를 측정하여 그 대상의 포지셔닝 맵을 작성할 수 있다. 포지셔닝 맵을 통해 대상을 좌표 위에 그려봄으로써 대상의 상대적 위치를 파악하고, 평가 기준을 연구할 수 있다.

객관적 데이터를 이용한 MDS의 예를 들어보면, 인류학에서는 신념, 또는 언어 등에 대한 데이터를 갖고 국가나 지역 간의 문화적 차이를 찾는 연구를 할 수 있다. 행정학에서는 다양한 도시의 인구학적, 또는 경제적 데이터를 이용하여 지역 간의 유사성이나 차이를 알아볼 수 있다.

MDS를 사용하기 위한 조건을 알아보자.

그림 30-1 **미국 10개 도시의 위치**

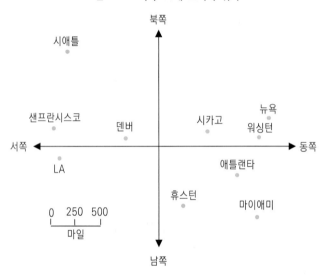

출처: Kruskal, J. B., & Wish, M. (1978), *Multidimensional Scaling*, Beverly Hills, CA: Sage, p. 8.

표 30-1 **미국 10개 도시 간 거리**

도 시	애틀랜타	시카고	덴버	휴스턴	LA	마이애미	뉴욕	샌프란시스코	시애틀	워싱턴
애틀랜타		587	1212	701	1936	604	748	2139	2182	543
시카고	587		920	940	1745	1188	713	1858	1737	597
덴버	1212	920		879	831	1726	1631	949	1021	1494
휴스턴	701	940	879		1347	968	1420	1645	1891	1220
LA	1936	1745	831	1374		2339	2451	347	959	2300
마이애미	604	1188	1726	968	2339		1092	2594	2734	923
뉴욕	748	713	1631	1420	2451	1092		2571	2408	205
샌프란시스코	2139	1858	949	1645	347	2594	2571		678	2442
시애틀	2182	1737	1021	1891	959	2734	2048	678		2329
워싱턴	543	597	1494	1220	2300	923	205	2442	2329	

출처: Kruskal, J. B., & Wish, M. (1978), *Multidimensional Scaling*, Beverly Hills, CA: Sage, p. 8.

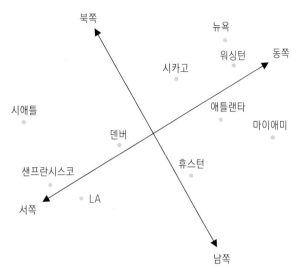

그림 30-2 **MDS를 적용한 후의 지도**

북쪽

뉴욕

워싱턴   동쪽

시카고

애틀랜타

시애틀

마이애미

덴버

샌프란시스코

휴스턴

서쪽   LA

남쪽

출처: Kruskal, J. B., & Wish, M. (1978), *Multidimensional Scaling*,
Beverly Hills, CA: Sage, p. 9.

1) 변인의 측정

〈표 30-2〉에서 보듯이 MDS가 분석하는 분류 대상변인에 대한 평가(객관적이거나 주관적인)는 서열척도, 등간척도(또는 비율척도)로 측정한다.

2) 변인의 수

MDS가 분석하는 분류대상 변인의 수가 최소한 여덟 개 이상이 바람직하다. 분류 대상변인의 수가 왜 최소한 여덟 개 이상 되어야 하는지 그 이유는 뒤에서 알아본다.

표 30-2 **다차원척도법의 조건**

분류대상 변인
1) 수: 8개 이상 여러 개
2) 측정: 서열척도, 등간척도, 비율척도

3) MDS와 군집분석 비교

MDS와 제 29장의 군집분석(*cluster analysis*)은 특정 대상을 집단으로 유형화한다는 점에서 유사하지만, 대상을 평가하는 기준의 존재 여부에 따라 차이가 난다. 군집분석은 대상을 판단하는 평가 기준인 분류변인을 제시하고, 이 분류변인에 따라 대상 간의 거리를 갖고 대상을 집단으로 분류하는 방법이다(군집분석은 제 29장을 참조한다). 반면 MDS는 특정 평가 기준 없이(분류변인 없이) 대상 간의 유사성의 평가를 이용하여 사람이 대상을 평가할 때 사용하는 기준을 발견하는 방법이다.

2. 연구절차

MDS의 연구절차는 〈표 30-3〉에서 보듯이 네 단계로 이루어진다.

첫째, 연구문제를 만든다. 변인의 측정과 수에 유의하여 연구문제를 만든다.

둘째, 데이터를 수집하여 입력한 후 SPSS/PC$^+$(23.0)의 MDS를 실행하여 분석에 필요한 결과를 얻는다.

셋째, 결과 분석의 첫 번째 단계로, 스트레스 값 분석을 통해 차원을 밝힌다.

넷째, 결과 분석의 두 번째 단계로, 차원의 의미를 좌표로 제시하고 해석한다.

표 30-3 **MDS의 연구절차**

1. 연구문제 제시
   1) 대상 변인의 수는 8개 이상 여러 개이고, 등간척도(또는 비율척도)로 측정한다

⬇

2. 데이터 입력과 프로그램 실행
   1) 근접성 데이터를 수집하여 입력한다
   2) MDS를 실행하여 분석에 필요한 결과를 얻는다

⬇

3. 결과 분석 1: 스트레스 값 분석을 통해 차원 발견

⬇

4. 결과 분석 2: 차원의 의미를 좌표로 제시하고 해석한다

3. 연구문제와 가상 데이터

1) 연구문제

(1) 연구문제

MDS의 연구문제는 〈표 30-2〉에서 제시한 변인의 측정과 수의 조건만 충족하면 무엇이든 가능하다. 이 장에서는 한국 사람이 한국과 주변 네 개 국가(미국, 일본, 중국, 러시아)를 어떤 차원에서 어떻게 인식하는지 연구한다.

(2) 변인의 측정과 수

분류대상 변인은 5개 국가(한국, 미국, 일본, 중국, 러시아)로 정하고, 국가 간의 유사성은 5점 척도(1점: 매우 유사하다부터 5점: 매우 다르다까지)로 측정한다.

2) 가상 데이터

이 장에서 분석하는 〈표 30-4〉의 데이터는 필자가 임의적으로 만든 것이어서 표본의 수가 적고(10명, 이 표에 제시된 값은 응답자 한 명의 값이기 때문에 응답자가 10명일 경우 이 표가 10번 반복된다) 결과가 꽤 잘 나오게 만들었다(이 데이터를 사용하여 MDS 프로그램을 실행해보기 바란다). 그러나 실제 연구에서는 표본의 수도 훨씬 많고, 이 장에서 제시하는 것만큼 결과가 잘 나오지 않을 수 있다.

표 30-4 **MDS의 가상 데이터(반복 MDS)**

미국	한국	일본	중국	러시아
0				
1	0			
2	3	0		
5	5	5	0	
3	4	4	1	0

4. SPSS/PC⁺ 실행방법

1) 고전 MDS

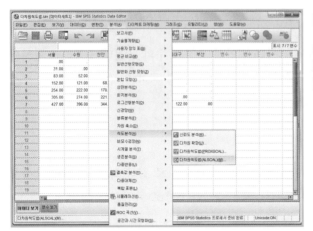

[실행방법 1] 분석방법 선택

메뉴판의 [분석(A)]에서
[척도(A)]를 클릭한 후에
[다차원척도법(ALSCAL)(M)]을 클릭한다.

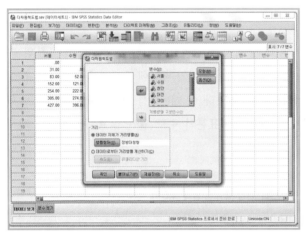

[실행방법 2] 분석변인 선택

[다차원척도법] 창이 나타나면,
분석에 사용할 변수를 클릭하여
오른쪽 [변수(V)]로 옮긴다(➡).
[거리]의 [◉ 데이터 자체가 거리 행렬(A)]이
기본으로 설정되어 있는지 확인한다.
[행렬모양(S)]을 클릭한다.

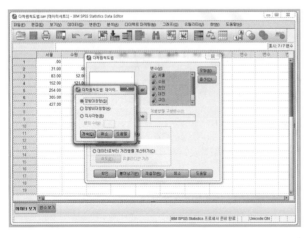

[실행방법 3] 데이터 형태 선택

[다차원척도법: 데이터의 형태] 창이
나타나면 [◉ 정방대칭형(S)]이
기본으로 설정되어 있는지 확인한다.
[계속]을 클릭한다.
[실행방법 2]의 [다차원척도법] 창으로
돌아가면
오른쪽 위의 [모형(M)]을 클릭한다.

[다차원척도법: 모형] 창이 나타나면
[측정수준]은 [◉ 비율(R)]를 클릭한다.
[조건부]의 [◉ 행렬(M)]과 [차원]의
[최소값(N): 2], [최대값(X): 2]이
기본으로 설정되어 있는지 확인한다.
[척도화 모형]의 [◉ 유클리디안 거리(E)]가
기본으로 설정되어 있는지 확인한다.
[계속]을 클릭한다.
[실행방법 2]의
[다차원척도법] 창으로 돌아가면
오른쪽 위 [옵션(O)]을 클릭한다.

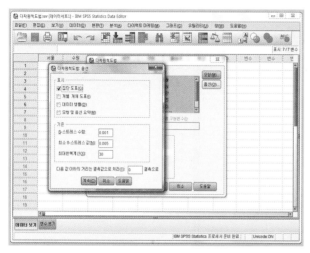

[다차원척도법: 옵션] 창이 나타나면
[표시]에서 [☑ 집단도표(G)]를 클릭한다.
[기준]의 [S-스트레스 수렴기준(S): 0.001],
[최소 S-스트레스 값(N): 0.005],
[최대반복계산수(A): 30]는
기본으로 설정되어 있다.
[다음 값 이하의 거리는 결측값으로 처리(T):
0 결측으로]는 기본으로 설정되어 있다.
아래의 [계속]을 클릭한다.
[실행방법 2]로 돌아가면
아래 [확인]을 클릭한다.

분석 결과가 새로운 창에
*출력결과 1[문서 1]로 나타난다.
스트레스 값 등이 제시된다.

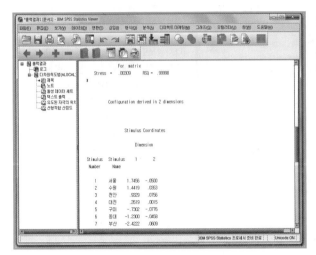

[분석결과 2] 차원 제시

분석 결과 2차원 구조가 나타났으며,
각 변인들의 2차원에서의 위치가 제시된다.

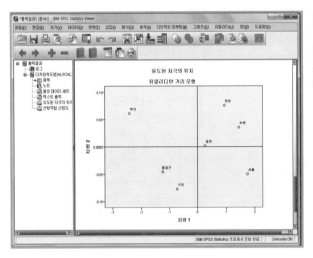

[분석결과 3] 유도된 자극의 위치

[유도된 자극의 위치: 유클리디안 거리
모형] 그림에는 2차원에서의 각 변인의
위치가 보인다.

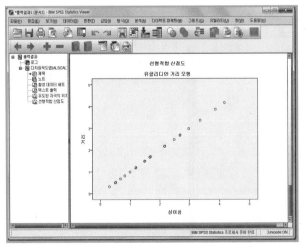

[분석결과 4] 선형 적합도 산점도

[선형 적합도 산점도: 유클리디안의
거리모형] 그림에는
연구대상들 간의 근접성 데이터와
도표 위의 연구대상 간의
관계를 보여준다.

2) 반복 MDS 실행방법

실행방법 1   〈표 30-10〉의 데이터를 입력하고 분석에서 MDS를 선택한다

⬇

실행방법 2   변인을 선정한다(이 경우 자동차 회사명)

⬇

실행방법 3   〈데이터 자체가 거리 행렬〉을 선택한 후 행렬모양을 클릭한다

⬇

실행방법 4   정방대칭형을 선택한 후 계속을 클릭한다

⬇

실행방법 5   모형을 클릭한 후 ① 측정수준(비율척도)과 ② 조건(행렬), ③ 차원(최소값 1과 최대값 3), ④ 척도화 모형(유클리디안 거리)을 선택한 후 계속을 클릭한다

⬇

실행방법 6   옵션을 클릭한다. ① 출력(집단도표)과 필요하면 ② 최대 반복계산 수를 정한 후 계속을 클릭하면 결과를 얻을 수 있다

3) 가중 MDS 실행방법

실행방법 1   〈표 30-12〉의 데이터를 입력하고 분석에서 MDS를 선택한다

⬇

실행방법 2   〈데이터로부터 거리 행렬 계산하기〉를 선택한 후 측도를 클릭한다

⬇

실행방법 3   측도에서 간격을 선택하여 유클리디안 거리를 선택하고, 값 변화를 선택하여 Z점수를 선택한 후, 계속을 클릭한다

⬇

실행방법 4   변인을 선정한다(이 경우 자동차 회사명)

⬇

실행방법 5   개별행렬 구분변수를 선정한다(이 경우 요인)

⬇

실행방법 6   모형을 클릭한 후 ① 측정수준(비율척도)과 ② 조건(조건 없음), ③ 차원(최소값 1과 최대값 3), ④ 척도화 모형(개인차 유클리디안 거리)을 선택한 후 계속을 클릭한다

⬇

실행방법 7   옵션을 클릭한다. ① 출력(집단도표)과 필요하면 ② 최대 반복계산 수를 정한 후 계속을 클릭하면 결과를 얻을 수 있다

5. MDS의 기본 논리

1) 분류 대상과 근접성

MDS는 분류 대상 간의 근접성에 기초하여 차원을 분석한다. 근접성이란 분류 대상이 얼마나 유사한지를 보여주는 값으로 각종 지표 등 객관적 데이터가 될 수도 있고, 사람이 심리적으로 느끼는 주관적인 데이터가 될 수도 있다. 예를 들면, 〈표 30-5〉에서 보듯이 객관적인 데이터는 지역이나 국가의 인구, 크기, 소득, 거리 등 객관적인 지표이다. 주관적인 데이터는 특정 사람이나 조직, 지역, 국가, 상품에 대해 사람이 가진 심리적인 유사성(또는 차별성)의 정도이다.

표 30-5 **객관적/주관적 근접성 데이터의 예**

객관적 데이터	주관적 데이터
인구, 국가나 지역의 크기, 국가나 지역별 소득, 국가나 지역 간 거리, 국가나 지역 간의 수출입 현황 등 객관적인 데이터	사람이나 조직, 지역, 국가, 상품에 대해 사람이 느끼는 심리적 거리로서 주관적인 데이터

2) 종류

MDS 분석을 하기 위해서는 먼저 분류 대상 간의 근접성 데이터를 얻어야 한다. 근접성 데이터를 얻는 가장 손쉬운 방법은 사람이 대상에 대해 가지는 심리적 거리(psychological distance)를 질문하는 것이다. 분류 대상에 대한 심리적 거리를 구할 때 일반적으로 응답자가 대상을 유사하게(또는 다르게) 인식하는지를 질문한다.

MDS에서 분류 대상 간의 근접성을 등간척도나 비율척도로 측정할 경우에는 계량적 MDS(metric MDS), 서열척도로 측정할 경우에는 비계량적 MDS(nonmetric MDS)라 부른다. 일반적으로 등간척도나 비율척도를 사용하여 분류 대상 간의 유사성 정도를 측정할 경우 평균값을 사용하면 되지만, 서열척도를 사용하여 유사성 정도를 측정할 경우에는 평균값을 구한 후 평균값의 크기에 따라 서열을 부여한다.

근접성 데이터의 종류에 따라 MDS는 고전 MDS(classical MDS)과 반복 MDS(replicated MDS), 가중 MDS(weighed MDS) 세 종류로 나누어진다.

(1) 고전 MDS

고전 MDS(classical MDS)는 근접성 데이터의 행렬이 하나인 경우 사용하는 방법이다. 이 행렬은 2차원 정방행렬(square matrix)이라고 부른다. 정방행렬이란 열과 행의 수가 같은 행렬을 말한다(행렬의 기본을 알고 싶은 독자는 제 27장 MANOVA를 참조하기 바란다). 고전 MDS의 주관적인 근접성 데이터의 예는 〈표 30-6〉과 같이 국가에 대한 유사성 인식의 행렬이고, 객관적인 근접성 데이터의 예는 〈표 30-7〉과 같이 도시 간의 거리 행렬이다.

표 30-6 **고전 MDS의 국가 간 유사성 데이터**

	프랑스	독일	미국	중국	러시아	일본	한국	영국
프랑스	0							
독일	4	0						
미국	3	4	0					
중국	1	5	2	0				
러시아	2	2	3	2	0			
일본	5	3	5	4	2	0		
한국	2	1	4	5	1	2	0	
영국	1	3	1	4	5	4	4	0

표 30-7 **고전 MDS의 도시 간 거리 데이터**

	서울	수원	천안	대전	구미	동대구	부산
서울	0						
수원	31	0					
천안	83	52	0				
대전	152	121	68	0			
구미	254	222	170	101	0		
동대구	305	274	221	153	51	0	
부산	427	396	344	275	173	122	0

(2) 반복 MDS

반복 MDS(*replicated MDS*)는 근접성 데이터의 행렬이 하나 이상인 경우에 사용하는 방법으로 고전 MDS를 확장한 방법이다. 반복 MDS의 주관적인 근접성 데이터의 예는 〈표 30-8〉처럼 현대와 기아, 쉐보레, 쌍용, 르노삼성 다섯 개 자동차 회사에 대한 사람의 유사성 인식 정도를 조사한 행렬이다.

분류 대상의 유사성 비교 문항을 만들 때 주의해야 할 점은 분류 대상 간의 비교 문항을 다 나열해야 한다는 것이다. 분류 대상이 n개일 때 가능한 비교 문항의 수는 〈표 30-9〉에서 보듯이 분류 대상의 수와 분류 대상의 수에서 1을 뺀 수를 곱한 후 2로 나누어 구한다.

분류 대상의 수가 5개 자동차 회사라면, 비교 문항의 수는 '10'〔(5×4)/2〕이 된다. 분류 대상의 수가 10개라면 비교 문항의 수는 '45'〔(10 × 9) /2〕가 된다. 분류 대상이 많으면 비교할 항목이 많아져 응답자가 대답하기 불편하기 때문에 가급적 분류 대상을 6개 이내로 하는 것이 바람직하다.

반복 MDS에서 데이터를 입력하는 방법을 알아보자.

응답자가 두 명이라면 반복 MDS 데이터는 〈표 30-10〉과 같다. 1줄부터 5줄까지는 첫 번째 응답자의 평가 점수이고, 6줄부터 10줄까지는 두 번째 응답자의 평가 점수이다.

표 30-8 **자동차 회사 간의 유사성 비교 문항**

	매우 유사하다	전혀 다르다
1. 현대 — 기아	+ — 1 — + — 2 — + — 3 — + — 4 — + — 5 — +	
2. 현대 — 쉐보레	+ — 1 — + — 2 — + — 3 — + — 4 — + — 5 — +	
3. 현대 — 쌍용	+ — 1 — + — 2 — + — 3 — + — 4 — + — 5 — +	
4. 현대 — 르노삼성	+ — 1 — + — 2 — + — 3 — + — 4 — + — 5 — +	
5. 기아 — 쉐보레	+ — 1 — + — 2 — + — 3 — + — 4 — + — 5 — +	
6. 기아 — 쌍용	+ — 1 — + — 2 — + — 3 — + — 4 — + — 5 — +	
7. 기아 — 르노삼성	+ — 1 — + — 2 — + — 3 — + — 4 — + — 5 — +	
8. 쉐보레 — 쌍용	+ — 1 — + — 2 — + — 3 — + — 4 — + — 5 — +	
9. 쉐보레 — 르노삼성	+ — 1 — + — 2 — + — 3 — + — 4 — + — 5 — +	
10. 쌍용 — 르노삼성	+ — 1 — + — 2 — + — 3 — + — 4 — + — 5 — +	

표 30-9 **반복 MDS에서 비교 문항의 수**

비교 문항의 수 = n(n - 1)/2

표 30-10 **반복 MDS 데이터의 예**

		현대	기아	쉐보레	쌍용	르노삼성
1	현대	0				
2	기아	5	0			
3	쉐보레	3	2	0		
4	쌍용	3	3	3	0	
5	르노삼성	1	1	5	4	0
6	현대	0				
7	기아	3	0			
8	쉐보레	4	1	0		
9	쌍용	2	4	2	0	
10	르노삼성	3	3	4	5	0

(3) 가중 MDS

가중 MDS(*weighted MDS*)는 근접성 데이터의 행렬이 여러 개로 비유사성이고, 비선형적으로 서로 다를 경우 사용하는 방법이다. 이 행렬은 2차원 직사각형 행렬(*rectangular matrix*)이라고 부른다. 직사각형 행렬이란 열과 행의 수가 다른 행렬을 말한다. 반복 MDS는 개별 측정의 차이만을 설명하지만, 가중 MDS는 모든 사람에게 공통되는 공간이 있지만, 각 개인은 각 공간의 차원에서 고유한 가중값을 갖는다는 가정 아래 전체 차원과 개인별 가중값을 고려한다. 이 방법은 개인별(또는 세부 집단별) 차이를 평가할 수 있는 방법으로 INDISCAL이라고 부른다.

가중 MDS의 데이터는 〈표 30-11〉처럼 현대와 기아, 쉐보레, 쌍용, 르노삼성 등 다섯 개 자동차 회사의 자동차에 대한 만족도 정도를 네 분야에서 조사한 행렬이다.

가중 MDS에서 데이터를 입력하는 방법을 살펴보자. 응답자가 두 명이라면 만족도 문항에 대한 근접성 데이터는 〈표 30-12〉와 같다. 1줄부터 4줄까지는 첫 번째 응답자의 평가 점수이고, 5줄부터 8줄까지는 두 번째 응답자의 평가 점수이다.

표 30-11 **자동차 회사에 대한 만족도 문항**

	매우 불만	매우 만족
1. 엔진 성능		
1) 현대	+ ― 1 ― + ― 2 ― + ― 3 ― + ― 4 ― + ― 5 ― +	
2) 기아	+ ― 1 ― + ― 2 ― + ― 3 ― + ― 4 ― + ― 5 ― +	
3) 쉐보레	+ ― 1 ― + ― 2 ― + ― 3 ― + ― 4 ― + ― 5 ― +	
4) 쌍용	+ ― 1 ― + ― 2 ― + ― 3 ― + ― 4 ― + ― 5 ― +	
5) 르노삼성	+ ― 1 ― + ― 2 ― + ― 3 ― + ― 4 ― + ― 5 ― +	
2. 가격		
3. 고장		
4. 애프터서비스		

표 30-12 **가중 MDS 데이터**

	요인	현대	기아	쉐보레	쌍용	르노삼성
1	1	2	4	1	3	2
2	2	3	5	2	5	2
3	3	2	3	2	1	4
4	4	5	2	3	2	5
5	1	3	2	3	4	1
6	2	4	5	2	3	4
7	3	1	3	4	4	2
8	4	2	4	1	3	5

3) 차원의 발견과 분석

세 종류의 MDS 중 하나를 선택하여 실행하면 MDS는 스트레스(*stress*) 값을 분석하여 차원을 찾아내고, 이 차원에 따라 좌표 위에 분류 대상을 표시한다.

스트레스 값을 분석하여 근접성 데이터에 감추어진 차원(*dimension*)을 발견하는데, 2차원은 물론 3차원, 4차원, n차원까지 찾을 수 있다. 그러나 차원이 많아질수록 좌표 위에 분류 대상을 나타내기 어렵고, 해석도 힘들어진다는 사실을 염두에 두어야 한다.

좌표는 기본적으로 두 가지를 보여준다. 첫째, 분류 대상의 상대적 위치를 보여준다. 좌표에 표시된 점은 각 분류 대상을 나타내는데, 분류 대상 간의 거리가 멀수록 멀리 떨어져 나타나고, 거리가 가까울수록 가깝게 표시된다. 둘째, 좌표는 근접성 데이터 속에 감추어진 차원을 보여주는데, 연구자는 이 차원의 의미를 신중히 해석해야 한다.

(1) 스트레스 값 발견: 반복 과정

MDS는 스트레스 값을 찾기 위해서 반복 과정(*iteration*)을 거친다. 이 반복 과정에 대한 이해를 돕기 위해 비유를 들어 설명하자.

한 사람이 어두운 밤에 낙하산을 타고 산에 내렸고, 아무런 도움 없이 이 산의 가장 낮은 지점을 찾는 것이 목적이라고 가정하자. 깜깜한 밤에 낙하산으로 내린 사람은 발끝으로 자기 주위의 낮은 지점을 찾아갈 것이다. 이 사람이 〈그림 30-3〉처럼 낮은 지점이 하나인 산에 내렸다면, 여러 번의 시행착오를 거쳐 가장 낮은 지점을 찾을 가능성이 클 것이다. 그러나 이 사람이 〈그림 30-4〉처럼 굴곡이 있는 산에 내렸다면, 여러 번의 시행착오를 거쳐도 가장 낮은 지점을 찾는 것이 앞의 경우보다 더 어려울 것이다. 이 사람이 점 P에 내렸다면 가장 낮은 지점인 R보다는 자신의 근처에 있는 낮은 지점인 Q 지점을 찾을 확률이 높을 것이다. 〈그림 30-4〉에서 보듯이 가장 낮은 지점인 R을 전체최소(*global minimum*)라고 부르고, Q처럼 자신의 주변에 있는 낮은 지점을 부분최소(*local*

그림 30-3	그림 30-4

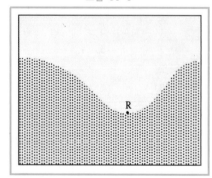 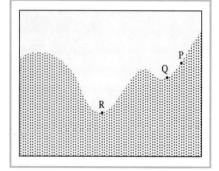

minimum)이라고 부른다. MDS의 목적은 전체최소를 찾는 것이 목적이기 때문에 여러 번 반복 과정(*iteration*)을 거쳐 전체최소가 되는 스트레스 값을 구한다. 그러나 때로는 전체최소를 찾지 못할 수도 있다는 점을 염두에 둬야 한다.

반복 과정과 관련되어 유의할 점은 비수렴 현상(*lack of convergence*)이다. 비수렴 현상이란 전체최소를 찾아서 분석을 마치는 것이 아니라 컴퓨터가 정한 반복 횟수를 넘어서 어쩔 수 없이 분석을 마치는 것을 말한다. 컴퓨터에서 반복 횟수를 증가시켜서 비수렴 현상을 피할 수 있다.

(2) 스트레스 값과 차원 발견

스트레스 값은 근접성 데이터에 감추어진 차원을 찾는 데 결정적 역할을 한다. 스트레스 값은 분류 대상 간의 실제 근접성 거리와 좌표 위의 분류 대상 간의 거리 간의 차이를 통해 구하는데 이를 좀더 자세히 살펴보자. MDS의 종류에 따라 스트레스 값의 계산 공식은 약간 다르지만, 일반적으로 스트레스 값은 분류 대상 간의 실제 거리와 좌표 위의 각 분류 대상 간의 거리와의 차이(오차)를 제곱한 값의 합을 좌표 위의 분류 대상 간의 거리의 제곱의 합으로 나눈 후, 이를 제곱근한 값이다.

스트레스 값은 비적합성(*badness-of-fit*)의 정도를 보여주는데 '0'부터 '1' 사이의 값을 갖는다. 스트레스 값 '0'은 실제 데이터와 좌표 위의 대상 간의 거리가 완벽하게 일치한다는 것이고, '1'은 완벽하게 일치하지 않는다는 것이다. 즉, 스트레스 값이 커질수록 실제 데이터와 좌표 위에 위치한 분류 대상 간의 거리가 잘 맞지 않는다는 것을 의미한다. 스트레스 값을 해석하는 객관적 기준이 있는 것은 아니지만, 일반적으로 〈표 30-13〉과 같이 해석하면 된다.

스트레스 값을 이용해서 차원을 찾는 방법은 차원별 스트레스 값을 구한 후 한 차원의 스트레스 값이 다른 차원의 스트레스 값에 비해 크게 감소하면(즉, 차원 간 스트레스 값의 차이가 커지면) 스트레스 값이 급격하게 감소하기 전의 차원을 정답으로 간주한다. 예를 들면, 세 번째 차원의 스트레스 값과 두 번째 차원의 스트레스 값의 차이가 크

표 30-13 **스트레스 값의 해석**

스트레스 값	해석
0	완벽함
0.025	매우 좋음
0.05	좋은 편임
0.1	보통임
0.2	나쁨
0.2 이상	매우 나쁨

다면, 차원의 수는 두 개라고 판단한다.

　스트레스 값이 적을 때 유의해야 할 점은 좌표에서 분류 대상들이 겹쳐서 나타나는 감퇴현상(*degeneracy*)이다. 감퇴현상은 좌표 위의 분류 대상들이 겹쳐서 분류 대상의 전체 개수보다 적어지는 현상을 의미한다. 일반적으로 감퇴현상이 나타날 때에는 스트레스 값이 '0'이거나 '0'에 근접하게 된다. 따라서 스트레스 값이 '0'이거나 '0'에 근접할 때에는 감퇴현상이 있는지를 확인해야 한다.

(3) 스트레스 값과 분류 대상의 수

스트레스 값은 몇 가지 요인에 의해 영향을 받는다.

　첫째, 스트레스 값은 분류 대상의 수와 차원의 수에 영향을 받는다. 만일 분류 대상의 수와 차원의 수가 비슷하면 스트레스 값을 신뢰할 수 없다. 예를 들면, 일반적으로 스트레스 값이 '0.02'면 적합도가 매우 좋은 편이지만, 분류 대상의 수가 7개이고 3차원이 존재하는 경우, 기존 연구의 약 50%에서는 스트레스 값이 '0.02'(또는 좀더 작은 값)를 보이지만, 그리 좋은 적합도 값이 아니다. 극단적 예를 들어보면, 분류 대상의 수가 8개이고 4차원이 존재하는 연구의 경우, 기존 연구의 약 50%에서는 스트레스 값은 '0'을 보이지만, 결코 좋은 적합도 값이라고 말할 수 없다.

　따라서 분류 대상의 수가 충분히 많을 필요가 있다. 분류 대상의 수가 얼마나 돼야 충분한지에 결정하기 쉽지 않다. 일부 학자는 분류 대상의 수는 발견하는 차원 수의 4배 이상 되어야 한다고 주장하는데, 일반적으로 분류 대상의 수가 8개 이상이면 안전하다고 한다.

(4) 분석할 때 유의할 사항

MDS는 일반적으로 스트레스 값을 통해 차원을 찾는다. 그러나 차원을 분석할 때에는 세 가지 점을 염두에 두면 더 나은 결과를 얻을 수 있다.

① 해석 가능성

스트레스 값의 차이가 크지 않을 해석하기 쉬운 차원을 선택하는 것이 바람직하다. 예를 들면, 2차원보다 3차원 분석이 해석하기 쉽다면 3차원을 찾는다.

② 용이성

일반적으로 2차원이 3차원, 3차원이 4차원보다 해석하기 쉽기 때문에 가능하면 적은 수의 차원으로 해석하는 것이 편리할 때가 많다.

③ 안정성

분류 대상의 근접성 데이터로부터 특정 차원을 발견했다면, 유사한 데이터에서도 이러한 차원이 발견되어야 한다.

6. 결과 분석 1: 스트레스 값과 차원 발견

〈표 30-14〉는 국가 간 근접성 데이터의 차원이 3개일 때, 2개일 때, 1개일 때의 결과를 보여준다. 스트레스 값을 분석하여 차원을 찾는다.

〈표 30-14〉에 제시된 차원별 스트레스 값을 정리하면 〈표 30-15〉와 같다. 차원의 수가 한 개에서 두 개로 증가할 때 스트레스 값은 크게 감소하였지만(0.25961에서 0.00229로), 차원의 수가 두 개에서 세 개로 증가할 때에 스트레스 값은 거의 증가하지 않았기 때문에(0.00229에서 0.00190로) 차원의 수는 두 개라고 판단한다.

이를 그림으로 나타내면 〈그림 30-5〉와 같다. 그래프를 통해 차원을 결정하는 방법은 스트레스 값이 대폭적으로 줄어들면서, 더 이상 크게 줄어들지 않는 지점(이를 팔꿈치-elbow-라고 한다)에서 차원을 결정하면 된다. 〈그림 30-5〉의 경우, 1차원에서 2차원으로 스트레스 값이 급격하게 감소하지만 2차원에서 3차원으로는 스트레스 값이 그리 크게 변화하지 않는다. 따라서 차원의 수는 두 개라고 판단한다.

표 30-14 **차원 결과**

(차원의 수가 3개 일 때)
Iteration history for the 3 dimensional solution (in squared distances)

Averaged (rms) over matrices
Stress = 0.00190 RSQ = 0.99996

Stimulus Number	Stimulus Name	Dimension		
		1	2	3
1	미국	1.1534	0.2750	-0.6655
2	한국	1.2146	1.0582	0.5364
3	일본	1.1162	-1.3705	0.1933
4	중국	-2.1708	-0.0483	0.5414
5	러시아	-1.3134	0.0856	-0.6055

표 30-14 계 속

(차원의 수가 2개 일 때)

Iteration history for the 2 dimensional solution (in squared distances)

Averaged (rms) over matrices
Stress = .00229 RSQ = .99996

Stimulus Number	Stimulus Name	Dimension	
		1	2
1	미국	1.1092	0.2042
2	한국	0.9541	0.9996
3	일본	0.8791	-1.1840
4	중국	-1.8767	0.0013
5	러시아	-1.0749	-0.0211

(차원의 수가 1개 일 때)

Iteration history for the 1 dimensional solution (in squared distances)

Averaged (rms) over matrices
Stress = 0.25961 RSQ = .82439

Stimulus Number	Stimulus Name	Dimension
		1
1	미국	0.6886
2	한국	0.8104
3	중국	0.8092
4	일본	-1.6787
5	러시아	-0.6296

표 30-15 각 차원의 스트레스 값

차원 수	스트레스 값	R^2
1	0.25961	0.82439
2	0.00229	0.99996
3	0.00190	0.99996

그림 30-5 **각 차원의 스트레스 값 그래프**

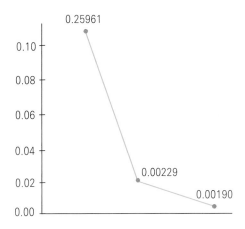

7. 결과 분석 2: 차원의 해석

〈그림 30-6〉은 두 개의 차원에서 다섯 국가(한국, 미국, 일본, 중국, 러시아)의 상대적인 위치를 보여준다. 첫 번째 차원(차원1)에서 한국과 미국, 일본은 비슷한 위치에 놓여 있고, 중국과 러시아는 차이를 보이고 있다. 첫 번째 차원에서 미국과 중국 두 국가가 가장 많이 차이가 나는 것으로 나타났다.

그림 30-6 **분류 대상의 위치**

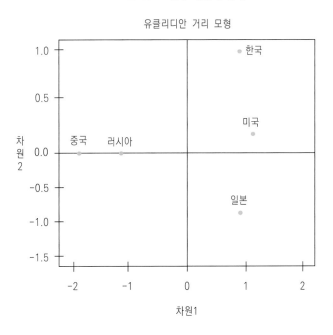

두 번째 차원(차원2)에서 한국과 미국은 비슷한 위치에 놓여 있고, 중국과 러시아도 같은 위치에 놓여 있다. 두 번째 차원에서 한국과 일본이 가장 큰 차이를 보인다.

이 결과로 볼 때, 첫 번째 차원은 국가 간 경제체제의 차이를 반영하는 것으로 보이고, 두 번째 차원은 국가 간 갈등을 반영하는 것으로 보인다. 경제체제 측면에서 볼 때, 한국과 미국, 일본이 자본주의 체제로 유사하고, 중국은 사회주의 체제로 큰 차이를 보인다. 갈등 측면에서 볼 때, 한국은 다른 국가에 비해 일본과 갈등 정도가 크다.

8. 다차원척도법 논문작성법

1) 연구절차

(1) MDS에 적합한 연구문제를 만든다

연구문제	비교 대상		
	변인	측정	
국내 중앙 일간지들의 유사성을 비교해보자. (방법은 반복 MDS 사용)	국내 중앙 일간지	(1) 동아일보 (2) 중앙일보 (3) 조선일보	(4) 한겨레 (5) 경향신문

(2) 표본을 선정하여 데이터를 수집한 후 컴퓨터에 입력한다

반복 MDS 설문지

비교 대상 중앙 일간지	유사성 정도	
	매우 유사하다	전혀 다르다
1) 동아일보 — 조선일보	+ — 1 — + — 2 — + — 3 — + — 4 — + — 5 — +
2) 동아일보 — 중앙일보	+ — 1 — + — 2 — + — 3 — + — 4 — + — 5 — +
3) 동아일보 — 한겨레	+ — 1 — + — 2 — + — 3 — + — 4 — + — 5 — +
4) 동아일보 — 경향신문	+ — 1 — + — 2 — + — 3 — + — 4 — + — 5 — +
5) 조선일보 — 중앙일보	+ — 1 — + — 2 — + — 3 — + — 4 — + — 5 — +
6) 조선일보 — 한겨레	+ — 1 — + — 2 — + — 3 — + — 4 — + — 5 — +
7) 조선일보 — 경향신문	+ — 1 — + — 2 — + — 3 — + — 4 — + — 5 — +
8) 중앙일보 — 한겨레	+ — 1 — + — 2 — + — 3 — + — 4 — + — 5 — +
9) 중앙일보 — 경향신문	+ — 1 — + — 2 — + — 3 — + — 4 — + — 5 — +
10) 한겨레 — 경향신문	+ — 1 — + — 2 — + — 3 — + — 4 — + — 5 — +

(3) SPSS/PC⁺ 프로그램 중 MDS를 실행한다

2) 연구결과 제시 및 해석방법

(1) 스트레스 값을 통해 차원을 발견하고 해석한다

〈표 30-16〉에서 보듯이 차원의 수가 한 개일 때 스트레스 값은 0.27231, R^2은 0.79964이고, 차원의 수가 두 개일 때 스트레스 값은 0.00308이고, R^2은 0.99995로 나타났다. 반면 차원의 수가 세 개일 때 스트레스 값은 0.00404, R^2은 0.99994로 나타났다. 차원의 수가 한 개에서 두 개로 증가할 때 스트레스 값은 크게 감소하였지만, 차원의 수가 두 개에서 세 개로 증가할 때에는 스트레스 값이 약간 증가하였기 때문에 다섯 개 신문사를 구분하는 차원의 수는 두 개가 적합하다.

표 30-16 **각 차원의 스트레스 값**

차원 수	스트레스 값	R^2
1	0.27231	0.79964
2	0.00308	0.99995
3	0.00404	0.99994

(2) 차원을 좌표에 제시하고 해석한다

〈그림 30-7〉은 두 개의 차원에서 다섯 개 신문사의 상대적인 위치를 보여준다. 첫 번째 차원(차원1)에서 조선일보와 동아일보, 중앙일보는 같은 비슷한 위치에 놓여 있고, 한겨레와 경향신문은 약간 차이가 있지만 다른 신문사에 비해 비슷한 위치에 놓여 있음

그림 30-7 **분류 대상의 위치**

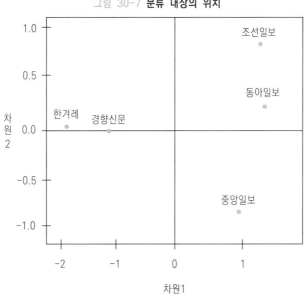

을 알 수 있다. 첫 번째 차원에서 동아일보와 한겨레 두 신문사가 가장 큰 차이가 나는 것으로 나타났다.

두 번째 차원(차원2)에서 동아일보와 한겨레, 경향신문은 비슷한 위치에 놓여 있고, 조선일보와 동아일보/한겨레/경향신문과 차이가 나타났고, 중앙일보와 동아일보/한겨레/경향신문도 차이가 나타났다. 두 번째 차원에서 중앙일보와 조선일보는 가장 큰 차이를 보여준다.

이 결과로 볼 때, 첫 번째 차원은 신문의 정치적 입장을 반영하는 것으로 보이고, 두 번째 차원은 신문의 경제적 입장을 반영하는 것으로 볼 수 있다. 즉, 정치적 입장에서 볼 때, 동아일보와 조선일보, 중앙일보는 비슷한 입장을 나타내고, 한겨레와 경향신문이 유사한 입장을 보인다. 반면 경제적인 입장에서 볼 때, 동아일보와 한겨레, 경향신문은 유사한 입장을 견지하지만, 조선일보, 중앙일보는 다른 입장을 보인다.

참고문헌

오택섭 · 최현철 (2004), 《사회과학 데이터 분석법 ③》, 나남.
장익진 (1998), 《다차원 척도 분석법: SPSS-PC 운용법》, 서울, 연암사.

Borg, I., & Groenen, P. (1997), *Modern Multidimensional Scaling: Theory and Applications*. New York: Springer.
Cox, T. F., & Cox, M. A. (2000), *Multidimensional Scaling* (2nd ed.), London: Chapman & Hall.
Kachigan, S. K. (1991), *Multivariate Statistical Analysis: A Conceptual Introduction* (2nd ed.), New York: Radius Press.
Kruscal, J. B., & Wish, M. (1978), *Multidimensional Scaling*, Beverly Hills, CA: Sage.
Stalans, L. J. (2000), "Multidimensional Scaling", In Grimm. L. G., & Yarnold, P. R. (eds.), *Reading and Understanding Multivariate Statistics* (pp. 137~168). Washington, D.C.: American Psychological Association.
Young, F. W. (1987), *Multidimensional Scaling: History, Theory and Applications*, Hillsdale, NJ: Lawrence Erlbaum.

31

신뢰도분석 reliability analysis

이 장에서는 특정 현상을 측정하는 여러 변인이 얼마나 믿을 만한지를 분석하는 신뢰도 분석 (*reliability analysis*) 을 살펴본다.

1. 정의

통계를 사용하는 연구에서 변인의 측정은 매우 중요하다. 변인을 제대로 측정하지 못한 다면, 다른 조건이 충족되었다 해도 그 연구는 가치가 없다. 변인의 측정이 제대로 되 었는지를 알기 위해서 측정의 타당도 (*validity*) 와 신뢰도 (*reliability*) 를 분석해야 하는데, 이 장에서는 측정의 신뢰도를 분석하는 방법을 살펴본다 (측정의 타당도와 신뢰도 개념에 대해 알고 싶은 독자는 제 6장 설문지 작성법을 참조하기 바란다).

변인의 신뢰도분석 (*reliability analysis*) 이란, 〈표 31-1〉에서 보듯이 등간척도 (또는 비 율척도) 로 측정한 여러 변인으로 특정 현상 (대상) 을 측정할 때 일관성 있는 결과가 나오 는지를 분석하는 방법이다. 예를 들면, 연구자가 여러 변인을 통해 개인의 능력이나 성 격을 조사하는 경우, 개인의 능력이나 성격을 측정하기 위해 사용한 여러 변인이 얼마 나 믿을 만한가, 즉, 일관성 있는 결과를 얻을 수 있는지를 분석할 때 사용하는 통계 방 법이 신뢰도분석이다.

신뢰도분석을 사용하기 위한 조건을 알아보자.

표 31-1 **신뢰도분석의 조건**

변인

1. 수: 두 개 이상 여러 개
2. 측정: 등간척도 (또는 비율척도)

1) 변인의 측정

〈표 31-1〉에서 보듯이 신뢰도분석에서 사용하는 변인은 등간척도(또는 비율척도)로 측정해야 한다.

2) 변인의 수

〈표 31-1〉에서 보듯이 신뢰도분석에서 분석하는 변인의 수는 두 개 이상 여러 개다.

2. 연구절차

신뢰도분석의 연구절차는 〈표 31-2〉에 제시된 것처럼 다섯 단계로 이루어진다.

첫째, 연구문제를 만든다. 신뢰도분석을 할 변인을 선정한다.

둘째, 데이터를 수집하여 입력한 SPSS/PC⁺(23.0)의 신뢰도분석을 실행하여 분석에 필요한 결과를 얻는다.

셋째, 결과 분석의 첫 번째 단계로, 상관관계계수를 분석한다.

넷째, 결과 분석의 두 번째 단계로, 전체 점수와 개별 항목 간의 관계를 분석하여 신뢰도가 높은 변인과 낮은 변인을 판단한다.

다섯째, 결과 분석의 세 번째 단계로, 신뢰도 계수인 크론박 알파(*Cronbach's Alpha*)를 분석한다.

표 31-2 **신뢰도분석의 연구절차**

1. 연구문제 제시
   1) 신뢰도 분석할 변인 선정

   ⬇

2. 데이터 입력과 프로그램 실행
   1) 데이터를 수집하여 입력한다
   2) 신뢰도분석을 실행하여 분석에 필요한 결과를 얻는다

   ⬇

3. 결과 분석 1: 상관관계계수 분석

   ⬇

4. 결과 분석 2: 전체 점수와 개별 점수 관계 분석

   ⬇

5. 결과 분석 3: 신뢰도 계수인 크론박 알파 분석

3. 연구문제와 가상 데이터

1) 연구문제

(1) 연구문제
휴대폰 사용의 중독성을 측정하는 항목의 신뢰도를 분석한다.

(2) 변인의 측정과 수
개인의 휴대폰 사용 중독성을 측정하기 위해 다음과 같이 5개의 변인을 선정하고, 각 변인을 '전혀 그렇지 않다'부터 '아주 그렇다'까지 5점 척도로 측정한다.

휴대폰 사용 중독성 측정 변인 5가지

① 휴대폰불안(휴대폰이 옆에 없으면 불안하다)
② 전화불안(전화가 오지 않으면 불안하다)
③ 전화수시확인(전화가 왔는지 휴대폰을 수시로 확인한다)
④ 무조건통화(다른 사람과 대화하는 중이라도 휴대폰 전화가 오면 무조건 받아 통화한다)
⑤ 휴대폰크기(휴대폰의 크기는 작을수록 좋다)

2) 가상 데이터

이 장에서 분석하는 〈표 31-3〉의 데이터는 필자가 임의적으로 만든 것이어서 표본의 수가 적고(25명) 결과가 꽤 잘 나오게 만들었다(이 데이터를 사용하여 신뢰도분석 프로그램을 실행해보기 바란다). 그러나 실제 연구에서는 표본의 수도 훨씬 많고, 이 장에서 제시하는 것만큼 결과가 잘 나오지 않을 수 있다.

표 31-3 **신뢰도분석의 가상 데이터**

응답자	휴대폰 불안	전화 불안	전화 수시 확인	무조건 통화	휴대폰 크기	응답자	휴대폰 불안	전화 불안	전화 수시 확인	무조건 통화	휴대폰 크기
1	5	4	4	4	4	14	3	3	4	3	3
2	4	4	5	4	4	15	2	2	3	2	4
3	3	2	3	2	1	16	3	4	4	4	2
4	4	4	4	4	3	17	4	4	4	4	2
5	2	1	1	1	3	18	2	3	3	2	1
6	1	2	1	2	2	19	2	2	2	2	1
7	3	3	2	3	3	20	3	3	4	3	4
8	2	2	2	2	4	21	2	2	3	2	4
9	1	1	1	1	4	22	4	3	4	4	2
10	2	3	3	3	3	23	4	4	5	5	4
11	5	5	5	5	2	24	3	3	3	3	3
12	3	4	4	3	2	25	4	5	5	4	3
13	4	4	4	4	2						

4. SPSS/PC$^+$ 실행방법

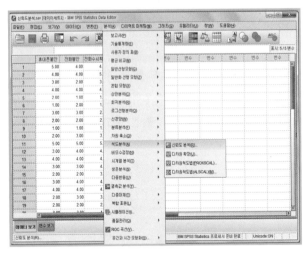

[실행방법 1] 분석방법 선택

메뉴판의 [분석(A)]을 선택하여
[척도(A)]를 클릭하고
[신뢰도분석(R)]을 클릭한다.

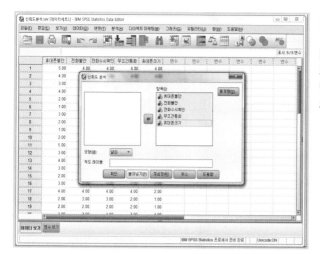

[실행방법 2] 분석변인 선택

[신뢰도 분석] 창이 나타나면, 왼쪽 칸에서
오른쪽 [항목(I)] 칸으로 분석하고자 하는
변인을 클릭하여 이동시킨다(➡).
오른쪽의 [통계량]을 클릭한다.

[실행방법 3] 통계량 선택과 실행

[신뢰도분석: 통계량]의 창이 나타나면
[다음에 대한 기술통계량]의 [☑ 항목(I)],
[☑ 척도(S)], [☑ 항목제거시 척도(A)]를
클릭한다.
[항목간]의 [☑ 상관관계(R)]를 선택한다.
[요약값]의 [☑ 평균(M)], [☑ 분산(V)],
[☑ 상관계수(R)]를 클릭한다.
[분산분석표]의 [● 지정않음(N)]은
기본으로 설정되어 있다.
아래의 [계속]을 클릭한다.
[실행방법 2]의 그림으로 다시 돌아가면
[확인]을 클릭한다.

[분석결과 1] 사례 수

분석 결과가 새로운 창에
*출력결과 1[문서 1]로 나타난다.
[케이스 처리 요약] 표에는
분석 사례에 대한 처리 결과가 제시된다.

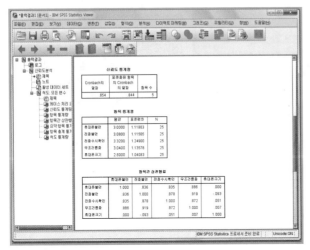

[분석결과 2] 신뢰도 통계량,
항목 통계량, 항목 간 상관행렬

[신뢰도 통계량] 표에는
Cronbach 알파 값이 제시된다.
[항목 통계량] 표에는 변인들의
평균, 표준편차, 사례 수가 제시된다.
[항목 간 상관행렬] 표에는 변인들 간의
상관관계가 제시된다.

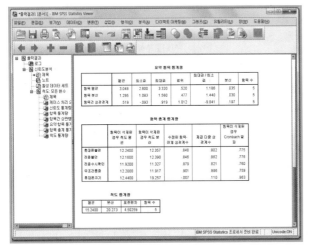

[분석결과 3] 요약 항목 통계량,
항목 총계 통계량, 척도 통계량

[요약 항목 통계량]이 제시된다.
[항목 총계 통계량] 표에서는 각 항목이
삭제된 경우의 Cronbach 알파 값이
제시된다.
[척도 통계량] 표에는
전체 8개 항목에 대한
통계량이 제시된다.

5. 결과 분석 1: 상관관계계수 분석

〈표 31-4〉는 측정 항목 간의 상관관계계수를 보여준다. 항목 간 상관관계계수는 그 크기가 클수록 항목 간의 신뢰성이 높지만, 크기가 작을수록 항목 간 신뢰성이 낮다고 해석한다. 〈표 31-4〉에서 보듯이 〈휴대폰크기〉 항목을 제외한 다른 항목 간의 상관관계계수는 상당히 높은 반면 〈휴대폰크기〉 항목과 다른 항목 간의 상관관계계수는 매우 낮은 것으로 나타났다. 이 결과는 〈휴대폰크기〉 항목이 휴대폰 사용 중독성을 측정하는 데 그리 적절한 항목이 아니라는 것을 보여준다.

표 31-4 **항목 간 상관관계계수**

	휴대폰불안	전화불안	전화수시확인	무조건통화	휴대폰크기
휴대폰불안	1.000				
전화불안	0.836	1.000			
전화수시확인	0.835	0.878	1.000		
무조건통화	0.886	0.919	0.872	1.000	
휴대폰크기	0.000	−0.093	0.051	0.007	1.000

6. 결과 분석 2: 전체 점수와 개별 변인 점수 간의 관계 분석

〈표 31-7〉은 각 항목 값과 전체 값과의 관계를 보여준다.

첫째 열에 있는 〈항목이 삭제된 경우 척도 평균〉(*Scale Mean if Item Deleted*)에서는 해당 개별 항목을 제외했을 경우, 나머지 항목 전체 평균값이 얼마인지를 보여준다. 예를 들어, 〈휴대폰불안〉의 값 '12.2400'은 〈표 31-6〉의 항목 전체 평균값 '15.2400'에서 〈표 31-5〉의 〈휴대폰불안〉의 평균값 '3.0000'을 뺀 값이다. 다른 예를 들면, 〈전화불안〉 항목의 값 '12.1600'은 〈표 31-6〉의 항목 전체 평균값 '15.2400'에서 〈표 31-5〉의 〈전화불안〉 평균값 '3.0800'을 뺀 값이다.

〈항목이 삭제된 경우 척도 평균〉에 제시된 값이 전체 평균값과 비슷해지면 질수록 해당 항목을 제외하는 것이 바람직하다. 다른 항목에 비해 〈휴대폰크기〉 항목을 제외하면 평균값이 '12.4400'으로 전체 평균값 '15.2400'(〈표 31-6〉)에 근접하기 때문에 〈휴대폰크기〉를 제외하는 것이 바람직하다는 것을 알 수 있다.

둘째 열에 있는 〈항목이 삭제된 경우 척도 변량〉(*Scale Variance if Item Deleted*)에서는 해당 개별 항목을 제외했을 경우, 나머지 항목 전체 변량이 얼마인지를 보여준다.

표 31-5 **항목별 기술통계**

항목	평균값	표준편차	사례 수
휴대폰불안	3.0000	1.11803	25
전화불안	3.0800	1.11505	25
전화수시확인	3.3200	1.24900	25
무조건통화	3.0400	1.13578	25
휴대폰크기	2.8000	1.04083	25

표 31-6 **항목 전체 기술통계**

평균	변량	표준편차	항목 수
15.2400	20.237	4.50259	5

표 31-7 **각 항목 값과 전체 값과의 관계**

	항목이 삭제된 경우 척도 평균	항목이 삭제된 경우 척도 변량	수정된 항목-전체 상관계수	제곱 다중 상관계수	항목이 삭제된 경우 크론박 알파
휴대폰불안	12.2400	12.357	.848	.802	.775
전화불안	12.1600	12.390	.846	.882	.776
전화수시확인	11.9200	11.327	.879	.821	.760
무조건통화	12.2000	11.917	.901	.896	.759
휴대폰크기	12.4400	19.257	-.007	.110	.963

〈항목이 삭제된 경우 척도 변량〉에 제시된 값이 전체 변량과 비슷해지면 질수록 해당 항목을 제외하는 것이 바람직하다. 다른 항목에 비해 〈휴대폰크기〉 항목을 제외하면 변량이 '19.257'로 전체 변량 '20.237'(〈표 31-6〉)에 근접하기 때문에 〈휴대폰크기〉를 제외하는 것이 바람직하다는 것을 알 수 있다.

셋째 열에 있는 〈수정된 항목-전체 상관계수〉(*Corrected Item-Total Correlation*)에서는 한 해당 항목 값과 나머지 항목을 합한 값과의 상관관계계수를 보여준다. 예를 들어 〈전화수시확인〉과 나머지 항목을 합한 값과의 상관관계계수는 '0.879'로 나타났고, 〈휴대폰크기〉와 나머지 항목을 합한 값과의 상관관계계수는 '-0.007'에 불과하다.

〈수정된 항목-전체 상관계수〉에 제시된 값이 작아질수록 해당 항목을 제외하는 것이 바람직하다. 다른 항목에 비해 〈휴대폰크기〉 항목과 나머지 항목을 합한 값과의 상관관계계수는 '-0.007'로서 〈휴대폰크기〉를 제외하는 것이 바람직하다는 것을 알 수 있다.

넷째 열에 있는 〈제곱 다중 상관계수〉(*Squared Multiple Correlation*)에서는 해당 항목과 나머지 항목 간의 관계를 살펴보는 다른 방법으로 해당 항목을 종속변인으로, 나머지 항목을 독립변인으로 간주하여 계산한 설명변량을 보여준다. 예를 들면, 〈무조건통화〉 항목은 설명변량이 '0.896'(89.6%)으로 나타났고, 〈휴대폰크기〉 항목은 설명변량이 '0.110'(11.0%)에 불과함을 알 수 있다.

〈제곱 다중 상관계수〉에 제시된 값이 작아질수록 해당 항목을 제외하는 것이 바람직하다. 다른 항목에 비해 〈휴대폰크기〉 항목의 설명변량은 '0.110'에 불과하기 때문에 〈휴대폰크기〉를 제외하는 것이 바람직하다는 것을 알 수 있다.

다섯째 열에 있는 〈항목이 삭제된 경우 Cronbach 알파〉(*Alpha if Item Deleted*)에서는 해당 항목이 제외되었을 때의 크론박 알파를 보여준다. 크론박 알파의 의미에 대해서는 뒤에서 살펴본다.

〈항목이 삭제된 경우 Cronbach 알파〉에 제시된 값이 커질수록 해당 항목을 제외하는 것이 바람직하다. 다른 항목에 비해 〈휴대폰크기〉 항목의 크론박 알파는 '0.963'으로 증가하기 때문에 〈휴대폰크기〉를 제외하는 것이 바람직하다는 것을 알 수 있다.

7. 결과 분석 3: 신뢰도 계수 분석

측정 항목의 신뢰도를 측정하는 데 사용하는 가장 일반적인 방법이 크론박 알파이다. 크론박 알파는 특정 조사의 내적 일관성(*internal consistency*)을 보여주는 값으로, 〈표 31-8〉에서 보듯이 특정 조사에서 사용한 측정 항목 간의 평균 상관관계계수와 항목 수를 이용하여 계산한다.

표 31-8 **크론박 알파 공식**

$$\alpha = \frac{k \times r}{1 + (K - 1) \times r}$$

k = 측정 항목의 수
r = 측정 항목 간의 평균 상관관계계수

크론박 알파는 상관관계계수로 '0'부터 '1' 사이의 값을 갖는다. 특정 조사에서 사용한 측정 항목은 같은 현상을 측정하기 때문에 측정 항목 간에 계산한 알파계수는 정적인 상관관계가 있다고 가정한다. 따라서 크론박 알파가 마이너스로 나올 때에는 신뢰도 모델을 위반한 것으로 해석한다.

크론박 알파의 의미는 두 가지로 해석할 수 있다. 첫째, 크론박 알파는 여러 측정 항목을 통해 실제로 실시한 조사와 다른 측정 항목으로 이루어지는 유사한 조사와의 상관관계를 보여주는 값으로 해석할 수 있다. 앞의 예를 들면, 이 조사에서 사용한 5개의 항목은 수없이 많은 항목으로 이루어진 모집단 중에서 선정한 표본에 불과하기 때문에 다른 구조에서는 다른 5개의 항목이 사용될 수 있다. 크론박 알파는 특정 조사에서 사용한 항목과 다른 조사에서 사용될 가능성이 있는 유사한 항목 간의 상관관계계수를 말한다. 둘째, 크론박 알파는 특정 조사에서 얻은 점수와 다른 유사한 조사에서 얻을 수 있는 점수와의 상관관계계수를 제곱한 설명변량 값으로 해석할 수 있다.

〈표 31-9〉에서 보듯이 원점수를 이용해서 계산한 크론박 알파는 '0.854'이고, 표준점수를 이용해서 계산한 값은 '0.844'로 나타났다. 이 값은 개인의 휴대폰 사용의 중독성 측정에 사용한 5개의 항목이 꽤 신뢰할 만하다는 것을 보여준다.

평균 크론박 알파와 함께 〈표 31-7〉의 〈항목이 삭제된 경우 Cronbach 알파〉에서 제시된 값을 해석하여 어느 항목이 제외되는 것이 바람직한지 분석한다. 〈휴대폰크기〉 항목을 제외했을 때의 크론박 알파는 〈표 31-9〉에 제시된 평균 크론박 알파인 '0.854'에서 '0.963'으로 증가한다. 그러나 다른 항목을 제외했을 때의 개별 크론박 알파는 크게 변화하지 않는다. 〈휴대폰크기〉 항목은 측정 항목에서 제외하는 것이 바람직하다는 결론을 내린다.

표 31-9 **크론박 알파계수**

크론박의 알파	Cronbach's Alpha Based on Standardized Items	항목 수
0.854	0.844	5

8. 신뢰도분석 논문작성법

1) 연구절차

(1) 신뢰도분석을 하기 위한 변인을 선택한다

연구문제	변인	측정 (서열척도/등간척도/비율척도)
일상생활의 활동능력을 측정하는 항목(변인)들의 신뢰도를 분석한다	(1) 음식 만들기 (5) 목욕하기 (2) 집안 청소하기 (6) 장보기 (3) 화장실 청소하기 (7) 설거지하기 (4) 빨래하기 (8) 영화관람하기	각 변인을 '잘하지 못한다'부터 '잘한다'까지 5점 척도로 측정

(2) 표본을 선정하여 데이터를 수집한 후 컴퓨터에 입력한다

(3) SPSS/PC⁺ 프로그램 중 신뢰도분석을 실행한다

2) 연구결과 제시 및 해석방법

신뢰도분석 결과는 논문의 연구결과에서 제시하는 것이 아니라 연구방법에서 제시한다.

(1) 상관관계계수를 살펴본다
변인 간의 상관관계계수는 논문의 본문에서 제시하지 않고 각주나 부록에 제시한다.
　〈표 31-10〉에서 보듯이 〈영화관람하기〉를 제외한 나머지 일곱 개 항목들 간의 상관관계계수는 매우 높은 반면 〈영화관람하기〉는 다른 항목과의 상관관계계수가 매우 낮다는 것을 알 수 있다. 이 결과는 〈영화관람하기〉 항목은 일상생활 활동 능력을 측정하는 항목으로 불필요하다는 것을 보여준다. 좀더 구체적인 결과는 〈표 31-11〉에 제시된 크론박 알파를 통해 살펴본다.

표 31-10 **항목 간 상관관계계수**

	음식만들기	집안청소	화장실이용	빨래	목욕	장보기	설거지	영화관람
음식만들기	1.000							
집안청소	0.798	1.000						
화장실이용	0.859	0.799	1.000					
빨래	0.920	0.887	0.843	1.000				
목욕	0.879	0.625	0.765	0.791	1.000			
장보기	0.736	0.655	0.779	0.758	0.761	1.000		
설거지	0.765	0.668	0.773	0.824	0.789	0.783	1.000	
영화관람	0.001	0.042	-0.155	-0.003	-0.176	-0.127	-0.253	1.000

(2) 크론박 알파를 제시한 후 해석한다

〈표 31-11〉에서 보듯이 일상생활의 활동능력을 측정하는 여덟 개 항목들의 크론박 알파는 '0.894'로 나타나 전체적으로 볼 때 이 여덟 개 항목들은 신뢰할 만하다고 볼 수 있다. 그러나 다른 항목을 제외했을 때에 개별 크론박 알파는 오히려 평균값보다 약간 감소한 반면 〈영화관람하기〉를 제외했을 경우 크론박 알파는 '0.962'로 평균값보다 크게 증가하는 것을 알 수 있다. 일상생활 활동성을 측정하는 여덟 개 항목 중 〈영화관람하기〉 항목을 제외한 일곱 개 항목을 사용하는 것이 바람직하다.

표 31-11 **크론박 알파**

항목	항목이 삭제된 경우 크론박 알파	크론박 알파(평균)
음식만들기	0.856	
집안청소	0.868	
화장실이용	0.866	
빨래	0.854	
목욕	0.870	0.894
장보기	0.870	
설거지	0.871	
영화관람	0.962	

오택섭 · 최현철 (2004), 《사회과학 데이터 분석법 ③》, 나남.

Carmines, E. G., & Zeller, R. A. (1979), *Reliability and Validity Assessment*, Newbury Park, CA: Sage.
Litwin, M. S. (2002), *How to Assess and Interpret Survey Psychometrics*, Thousand Oaks, CA: Sage.
Meeker, W. Q., & Escobar, L. A. (1998), *Statistical Methods for Reliability Data*, New York: John Wiley & Sons.
Pedhazur, E. J., & Schmelkin, L. P. (1991), *Measurement, Design, and Analysis*, Hillsdale, NJ: Lawrence Erlbaum.
Reinard, J. C. (2006), *Communication Research Statistics*, Thousand Oaks, CA: Sage.
Shrout, P. E., & Fleiss, J. L. (1979), "Intraclass Correlations: Uses in Assessing Rater Reliability", *Psychological Bulletin*, 86, 420~428.

32

생존분석 survival analysis

생명표 방법

이 장에서는 우리가 살아가면서 겪는 특정 사건(발병과 사망, 입사와 퇴사, 결혼과 이혼, 특정 프로그램의 시청과 중단 등)이 특정 시점에서 발생할 가능성이 어느 정도인지를 분석하기 위해 생명표(*life table*) 방법을 사용하는 생존분석(*survival analysis*)을 살펴본다.

1. 정의

우리는 일생에서 크고 작은 여러 사건들을 경험하면서 살아간다. 학교에 입학하여 졸업하고, 결혼하고 때로는 이혼하기도 하고, 회사에 취업하고 때에 따라서는 회사를 옮기기도 한다. 특정 질병에 걸려서 고생하다가 회복하기도 하지만 불행하게도 죽기도 한다. 또한 특정 프로그램을 처음부터 끝까지 시청하기도 하지만, 재미가 없거나 다른 이유로 채널을 바꾸기도 한다. 우리는 일상생활에서 여러 사건들을 겪으면서 특정 사건이 우리에게 발생할 가능성이 얼마나 되는지 궁금해 한다. 예를 들어 사람들은 부부의 결혼생활이 지속될 가능성은 얼마인지, 또는 이혼할 가능성은 얼마나 되는지 알고 싶어 한다. 경영자는 자신이 운영하는 회사의 직원들이 입사하여 얼마나 오래 근무하는지, 또는 회사를 퇴직할 가능성은 얼마인지에 대해 궁금해 한다. 의사(또는 환자)는 사람이 특정 질병에 걸렸을 경우 완치될 가능성이 얼마인지, 사망할 가능성이 얼마인지를 알고 싶어 한다. 방송사 종사자라면 시청자가 특정 프로그램을 얼마나 오래 시청하는지, 또는 시청을 중단할 가능성은 얼마인지를 알고 싶어 한다.

특정 시점에 특정 사건이 발생할 가능성이 얼마인지에 대한 대답은 그리 쉽지 않다. 왜냐하면 특정 시점에 특정 사건이 모든 사람에게 항상 일어나는 것이 아니기 때문이다. 즉, 특정 시점에서 모든 사람이 이혼하거나 직장을 그만두는 것이 아니며, 또한 결혼이나 직장에 근무하는 시점이 동일한 것이 아니기 때문에 특정 사건이 특정 시점에 발생활 가능성을 예측한다는 것은 어렵다. 특정 시점에 특정 사건이 발생할 가능성 또는 발생하지 않을 가능성이 얼마인지를 분석하기 위해 만들어진 통계방법이 이 장에서 다루는 생존분석(*Survival Analysis*)이다.

생존분석 중 생명표(*life table*) 방법은 시간의 흐름에 따라 특정 시점에 특정 사건이 발생할 가능성을 보여주는 생명표를 가지고 생존 가능성을 분석한다. 생명표의 기본적인 아이디어는 관찰 시작 시점 이후 관찰 기간을 작은 단위로 나누어 각 구간 동안 발생하는 사건의 확률을 계산한다. 각 구간 동안 추정된 확률은 다른 구간 동안 발생하는 사건의 전체 확률을 추정하는 데 사용된다.

연구자가 폐암에 걸린 사람의 생존확률을 알고 싶어 한다고 가정하자. 이때 폐암에 걸려 사망한 사람만을 분석하여 평균 생존시간을 안다는 것은 별로 도움이 되지 않는다. 그 이유는 폐암에 걸렸지만 계속 생존해 있는 사람의 생존시간에 대한 정보가 누락됐기 때문이다. 예를 들면, 폐암 발병 후 첫 번째 달에 사망한 사람이 10명이라고 가정할 때 이 10명에 대한 정보만 갖고 평균 생존시간을 계산하는 것은 잘못된 것이다. 이 경우에는 폐암으로 사망한 사람뿐 아니라 폐암에 걸렸지만 계속 생존한 사람에 대한 정보를 같이 분석해야 생존확률을 정확하게 계산할 수 있다.

조사 시점에 사망한(또는 사건이 발생한) 사람의 경우에는 생존기간을 정확하게 알 수 있는데, 생존분석에는 이 사람을 사건이 종료된 사례(*uncensored case*)라고 한다. 반면 조사 시점에 사망하지 않은 사람(또는 사건이 발생하지 않은) 중 중도에 탈락하여 결과를 정확하게 알 수 없는 사람이 존재할 수 있는데, 이 사람을 중도절단 사례(*censored case*)라고 한다. 중도절단된 사람이 얼마나 더 생존할지에 대한 정확한 정보를 알 수 없지만 이들의 생존시간은 최소한 조사한 시기만큼은 될 것이라는 것은 알 수 있다.

중도절단이 발생하는 이유는 여러 가지가 있는데 그중 대표적인 이유를 살펴보면 다음과 같다. 첫째, 조사 시점에 응답자가 생존해 있는 것은 알지만 이사(또는 연락이 닿지 않아)를 하여 추적이 불가능할 때(*loss to follow up*) 중도절단 사례가 발생한다. 둘째, 조사 시점에 응답자가 생존해 있지만, 여러 가지 이유로 중간에 응답을 거부하여(예를 들어 폐암환자가 치료를 거부하여) 중단될 때(*drop out*) 중도절단 사례가 발생한다. 셋째, 환자가 본 연구와 관계가 없는 사유로 사망한 경우(*death from unrelated cause*)에도 중도절단 사례가 발생한다. 넷째, 환자가 사망하기 전에 연구가 종료된 경우(*termination of the study*)에도 중도절단 사례가 발생한다.

생명표 방법을 사용한 생존분석을 하기 위해서는 〈표 32-1〉에 보듯이, 최소한 네 가지 조건을 충족해야 한다.

첫째, 연구할 특정 사건(결혼과 이혼, 입사와 퇴사, 질병의 회복과 사망, 특정 프로그램의 지속 시청과 채널 변경 등)을 선정한다.

표 32-1 **생존분석의 조건**

1. 연구할 특정사건(결혼과 이혼, 입사와 퇴사, 질병의 회복과 사망,
   특정 프로그램의 지속 시청과 채널 변경 등)을 선정한다.

2. 시간변인(사건의 발생 시간)
   1) 측정: 사건을 관찰하는 시간 간격을 특정 시간 단위로 나눈 후
      특정 사건이 발생한 시간을 입력한다.
   2) 수: 한 개

3. 종속변인(사건 발생여부)
   1) 측정: 각 시간 간격에서 특정 사건 발생여부를 나타내는데, 종료된 사례는 '0'으로,
      중도절단 사례는 '1'로 입력
   2) 수: 한 개

4. 독립변인
   1) 측정: 명명척도
   2) 수: 한 개

둘째, 특정 사건의 시작 시점(결혼 시작, 회사에서 근무 시작, 질병의 치료 시작, 특정 프로그램의 시청 시작 등)을 잡고 관찰하는 시간 간격을 특정 시간 단위로 나눈다. 결혼이나 입사와 같이 특정 사건이 오랜 동안 지속되는 속성을 가지면 관찰 시간 간격을 1년 단위(또는 5년 단위 등)로 크게 잡고, 질병과 같이 짧게 지속되는 특성을 가지면 관찰 시간 간격을 1달 단위(또는 3달 단위 등)로 작게 잡는다. 특정 프로그램의 시청과 같이 더 짧은 특성을 가지면 관찰 시간 간격을 5분 단위(또는 10분 단위 등) 아주 작게 잡는 것이 바람직하다. 사건을 관찰하는 시간 간격을 특정 시간 단위로 나눈 후 특정 사건이 발생한 시간을 입력한다.

셋째, 각 시간 간격에서 특정인의 사건 발생의 여부를 판단한다. 특정 사건이 특정 시점에서 특정인에게 발생했는지를 관찰할 때, 특정인에게 사건이 발생하여 종료된 사례와 중도절단 사례로 구분한다. 예를 들어 결혼과 이혼의 경우, 결혼 후 1년 이상 2년 미만 시기에 A라는 사람이 이혼했다면 그 사람은 종료된 사례이고, 같은 시기에 B라는 사람은 이혼하지 않은 것은 알지만 여러 가지 이유로 조사가 불가능한 사람은 중도절단 사례가 된다. 특정 프로그램 시청과 종료의 경우, 프로그램을 시청한 후 5분 이상 10분 미만 시간 A라는 사람이 시청을 중단하고 채널을 바꿨다면 그 사람은 종료된 사례이고, 같은 시간에 B라는 사람은 계속 시청한다는 것은 알지만 여러 가지 이유로 조사가 불가능한 사람은 중도절단 사례가 된다. 특정 질병의 회복과 사망의 경우, 질병 발생 후 1개월 이상 2개월 미만 시기에 A라는 사람이 사망했다면 그 사람은 종료된 사례이고, 같은 시기에 B라는 사람은 생존해 있다는 것은 알지만 여러 가지 이유로 조사가 불가능한 사

람은 중도절단 사례가 된다.

넷째, 사건 발생의 원인을 알고 싶다면 명명척도로 측정한 독립변인을 추가하여 종속변인과의 인과관계를 분석할 수 있다.

연구자는 이 네 가지 조건을 고려하여 데이터를 수집하여 입력한 후 생명표를 사용한 생존분석을 실행하여 특정 사건이 특정 시점에 발생할 가능성 또는 발생하지 않을 가능성을 분석한다. 생명표를 사용한 생존분석에서 표본의 수는 50명이 넘어야 하며 응답자의 생존 경험은 일정하다(즉, 변하지 않는다)고 전제한다. 예를 들면 오늘 폐암에 걸린 환자는 과거 폐암에 걸린 환자와 같은 방식으로 행동한다는 것을 전제한다.

1) 변인의 측정과 종류

생명표를 사용한 생존분석에서 시간변인은 특정 사건의 발생 시간으로서 등간척도(또는 비율척도)로 측정한다. 종속변인은 사건 발생의 여부로서 명명척도로 측정하는데 유목의 수는 두 개(사건 종료 사례와 중도절단 사례)다. 사건이 종료된 사례는 '0', 중도절단 사례는 '1'로 입력한다. 독립변인은 명명척도로 측정한다.

2) 변인의 수

생존분석에서 시간변인의 수와 독립변인, 종속변인의 수는 한 개여야 한다.

2. 연구절차

생존분석 연구절차는 〈표 32-2〉에 제시된 것처럼 다섯 단계로 이루어진다.

첫째, 연구문제(또는 연구가설)을 만든다. 변인의 측정과 수에 유의하여 연구문제(또는 연구가설)을 만든 후 유의도 수준($p < 0.05$ 또는 $p < 0.01$)을 정한다.

둘째, 데이터를 수집하여 입력한 후 SPSS/PC$^+$(23.0)의 생존분석을 실행하여 분석에 필요한 결과를 얻는다.

셋째, 결과 분석의 첫 번째 단계로, 생존분석표를 통해 생존확률을 분석한다.

넷째, 결과 분석의 두 번째 단계로, 만일 독립변인을 추가한다면 연구가설의 유의도 검증을 한 후 집단 간 생존표를 통해 생존확률을 분석한다.

다섯째, 결과 분석의 세 번째 단계로, 만일 독립변인을 추가하고 연구가설이 유의미할 경우 집단 간의 차이를 사후 분석하여 어느 집단과 어느 집단이 차이가 나는지를 검

표 32-2 **생존분석의 연구절차**

1. 연구문제(또는 연구가설) 제시
   1) 시간변인의 수는 한 개이고, 등간척도(또는 비율척도)로 측정한다. 사건 발생변인
      (종속변인)의 수는 한 개이고, 명명척도(유목의 수는 두 개)로 측정한다
      독립변인의 수는 한 개이고, 명명척도로 측정한다
   2) 유의도 수준을 정한다(p < 0.05 또는 p < 0.01)

⬇

2. 데이터 입력과 프로그램 실행
   1) 데이터를 수집하여 입력한다
   2) 생존분석을 실행하여 분석에 필요한 결과를 얻는다

⬇

3. 결과 분석 1: 생존표 분석

⬇

4. 결과 분석 2: 유의도 검증(독립변인이 추가될 경우)

⬇

5. 결과 분석 3: 집단 간 차이 사후검증

증한다. 연구가설이 유의미하지 않을 경우에는 집단 간 차이를 사후검증하지 않는다.

3. 연구문제(연구가설)와 가상 데이터

1) 연구문제(연구가설)

연구자가 폐암환자가 특정 시점에 생존할 가능성, 즉 생존확률을 분석하고 싶어 한다고
가정하자. 연구문제는 〈사건 발생 시간에 따라 폐암환자의 생존확률이 얼마인지를 알아
보자〉이다. 또한 독립변인인 거주지역에 따라 폐암환자의 생존확률에 차이가 나타나는
지를 분석하고 싶어 한다고 가정하자. 연구가설은 〈거주지역은 폐암환자의 생존확률에
영향을 미칠 것이다〉이다.

2) 변인의 측정과 수

(1) 시간변인(사건의 발생 시간)
폐암환자의 사건 발생 시간(사망시간)은 한 개이고, 사건 발생 시간을 관찰하기 위해 시
간 간격을 1개월로 잡고 9점으로 측정한다〔⑩ 1개월 미만/ ⑴ 1개월 이상 2개월 미만/ ⑵

2개월 이상 3개월 미만/⑶ 3개월 이상 4개월 미만/⑷ 4개월 이상 5개월 미만/⑸ 5개월 이상 6개월 미만/⑹ 6개월 이상 7개월 미만/⑺ 7개월 이상 8개월 미만/⑻ 8개월 이상]. 실제 사건 발생 시간(사망시간, 0점에서 8점 사이)을 입력한다.

(2) 종속변인(사건의 발생 여부)

폐암환자의 사건 발생 여부(사망 여부)는 종속변인으로 한 개이고, 특정 사건 발생 여부를 나타내는 데 종료된 사례는 '0', 중도절단 사례는 '1'로 입력한다.

(3) 독립변인

독립변인을 추가하여 사건 발생여부(사망여부)와의 인과관계를 분석한다. 독립변인은 〈거주지역〉한 개이고 ① 대도시, ② 중소도시, ③ 농촌 세 유목으로 측정한다.

(4) 유의도 수준

유의도 수준을 $p < 0.05 (\alpha < 0.05)$로 정한다. 유의확률이 0.05보다 작으면 연구가설을 받아들이고, 0.05보다 크면 영가설을 받아들인다.

2) 가상 데이터

이 장에서 분석하는 〈표 32-3〉의 데이터는 필자가 임의적으로 만든 것이어서 표본의 수(30명)가 적고, 결과가 꽤 잘 나오게 만들었다. 그러나 독자가 실제 연구하는 데이터는 표본의 수도 훨씬 많고, 결과는 이 장에서 제시하는 것만큼 깔끔하게 나오지 않을 수 있다.

표 32-3 **생존분석의 가상 데이터**

응답자	사건 발생 시간	사건 발생 여부	거주지역
1	0	1	2
2	1	0	3
3	0	0	3
4	2	0	2
5	5	1	1
6	7	1	1
7	0	0	3
8	6	1	1
9	1	1	2
10	7	1	1
11	4	0	2
12	2	0	1
13	0	0	3
14	0	0	3
15	2	0	2
16	4	0	2
17	7	1	1
18	8	1	1
19	2	0	2
20	1	0	3
21	8	0	1
22	8	0	1
23	7	1	1
24	4	0	3
25	2	0	1
26	2	0	2
27	5	0	3
28	3	1	2
29	2	0	2
30	1	1	2

4. SPSS/PC⁺ 실행방법

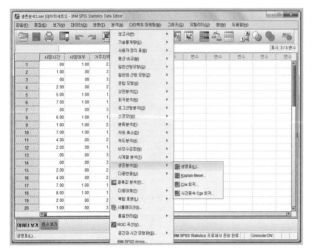

[실행방법 1] 분석방법 선택

메뉴판의 [분석(A)]에서 [생존분석(S)]을
클릭하고 [생명표(L)]를 클릭한다.

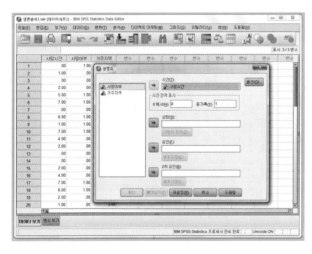

[실행방법 2] 분석변인 선택 1

[생명표] 창이 나타나면
시간변인인 〈사망시간〉을 클릭하여
[시간(T)]으로 옮긴다(➡).
[시간 간격 표시]에는
마지막 관찰시간(8)을
[0에서 (H) 8]에 8을 입력한다.
[증가폭(Y)]에는 시간 간격 1을 입력한다.

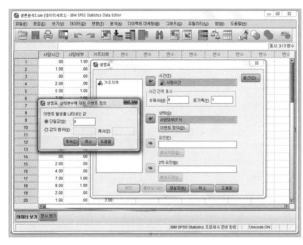

[실행방법 3] 분석변인 선택 2

종속변인인 〈사망여부〉를 [상태(S)]로 옮긴
후(➡), [이벤트 정의(D)]를 클릭한다.
[생명표: 상태변수에 대한 이벤트 정의]
창이 나타나면
[이벤트 발생을 나타내는 값]의
[⦿ 단일값(S)]에 0을 입력한다.
[계속]을 클릭한다.

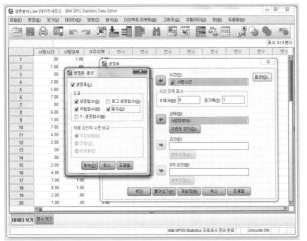

[실행방법 4] 도표 선택

[옵션]을 클릭하면
[생명표: 옵션] 창이 나타난다.
[☑ 생명표(L)]는 기본으로
설정되어 있다.
[도표]의 [☑ 생존함수(S)],
[☑ 위험함수(H)], [☑ 밀도(D)]를
클릭한다.
[계속]을 클릭한다.
[실행방법 2]로 돌아가면
아래쪽의 [확인]을 클릭한다.

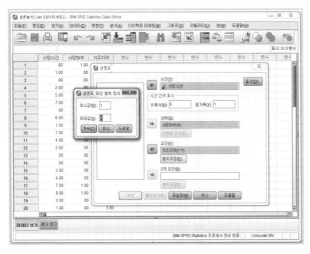

[실행방법 5] 분석변인 선택-
독립변인이 있을 경우

[독립변인(거주지역)]을 [요인(F)]으로
옮긴다(➡).
[범위 지정(E)]을 클릭한다.
[생명표: 요인 범위 정의] 창이 나타나면
[최소값(N)]에 1,
[최대값(X)]에 3을 입력한다.
[계속]을 클릭한다.

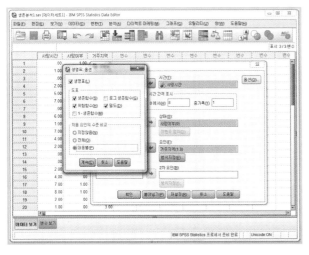

[실행방법 6] 도표와
집단 간 차이 사후검증

[옵션]을 클릭하면 [생명표: 옵션] 창이
나타난다. [☑ 생명표(L)]는
기본으로 설정되어 있다.
[도표]의 [☑ 생존함수(S)],
[☑ 위험함수(H)], [☑ 밀도(D)]를
클릭한다. [처음 요인의 수준비교]는
[◉ 지정않음(N)]이
기본으로 설정되어 있다.
독립변인의 사후검증을 할 경우
[◉ 대응별(P)]을 선택한다]
[계속]을 클릭한다. [실행방법2]로
돌아가면 아래쪽의 [확인]을 클릭한다.

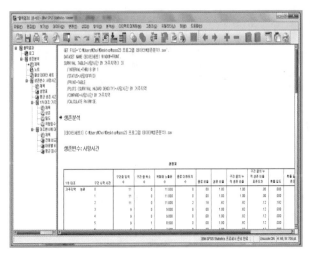

[분석결과 1] 생명표

* 분석 결과는
독립변인이 있는 경우를 제시함.

분석 결과가 새로운 창
*출력결과 1[문서 1]로 나타난다.
[생명표]가 제시된다.

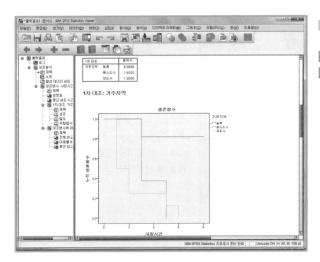

[분석결과 2] 평균 생존시간과 생존함수

[평균생존시간] 표와
[생존함수] 도표가 제시된다.

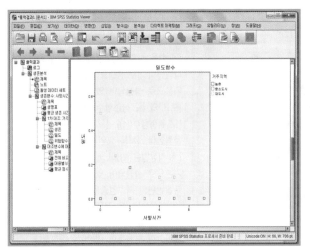

[분석결과 3] 밀도함수

[밀도함수] 도표가 제시된다.

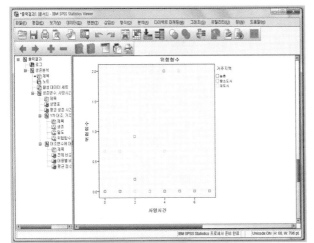

[분석결과 4] 위험함수

[위험함수] 도표가 제시된다.

[분석결과 5] 집단 간 차이 사후검증

[전체비교] 표와
[대응별비교] 표가 제시된다.

5. 결과 분석 1: 생존표(*life table*) 해석

1) 생존표 작성과 해석

생명표를 사용한 생존분석의 첫 단계는 〈표 32-4〉와 같은 생존표를 만드는 것이다. 생존표에는 ① 〈구간 시작 시점〉(*interval start time*), ② 〈구간 입력 수〉(*number entering this interval*), ③ 〈구간 중 취소 수〉(*number withdrawn during this interval*), ④ 〈위험에 노출된 수〉(*number exposed to risk*), ⑤ 〈종료사건 수〉(*number of terminal events*), ⑥ 〈종료비율〉(*proportion of terminal events*), ⑦ 〈생존비율〉(*proportion surviving*), ⑧ 〈구

표 32-4 **생존표**

구간 시작 시점	구간 입력 수	구간 중 취소 수	위험에 노출된 수	종료 사건 수	종료 비율	생존 비율	구간 끝의 누적 생존비율	확률 밀도	위험률
0	30	1	29.50	4	0.14	0.86	0.86	0.136	0.15
1	25	2	24.00	2	0.08	0.92	0.79	0.072	0.09
2	21	0	21.00	7	0.33	0.67	0.53	0.264	0.40
3	14	1	13.50	0	0.00	1.00	0.53	0.000	0.00
4	13	0	13.00	1	0.23	0.77	0.41	0.122	0.26
5	10	1	9.50	1	0.11	0.89	0.36	0.043	0.11
6	8	1	7.50	0	0.00	1.00	0.36	0.000	0.00
7	7	4	5.00	0	0.00	1.00	0.36	0.000	0.00
8	3	1	2.50	2	0.80	0.20	0.07	0.000	0.00

 중앙값은 4.23

간 끝의 누적 생존비율〉(*cumulative proportion surviving at end*), ⑨ 〈확률밀도〉(*probability density*), ⑩ 〈위험률〉(*hazard rate*)이 제시된다. 각 값이 무엇을 의미하는지 알아보자.

(1) 구간 시작시간(*interval start time*)

첫 번째 열(*column*) 〈구간 시작시간〉에 제시된 값은 연구자가 정한 구간의 시작값을 보여준다. 연구자는 사건 발생의 관찰 시간 간격을 자유롭게 결정하는데 관찰하는 사건이 자주 발생하면 일주일 단위 또는 한 달 단위 등 관찰 구간을 작게 한다. 예를 들어 연구자가 폐암과 같은 질병의 생존율을 분석하기 위해서는 관찰 구간을 1달 또는 2달 등으로 정할 수 있다. 텔레비전의 특정 프로그램이나 광고 시청의 생존율(다른 채널로 변경하거나 다른 이유로 시청하지 않는 행위)을 분석하기 위해서는 관찰 구간을 5분(또는 5초) 단위로 정할 수 있다. 반면 관찰하는 사건이 드물게 발생하면 6개월 단위, 년 단위 등 관찰 구간을 크게 한다. 예를 들어, 연구자가 직업 이직률이나 이혼율 등 상대적으로 지속되는 시간이 긴 사건을 분석한다면 관찰 구간을 1년 또는 2년 등으로 정할 수 있다. 〈표 32-4〉에서 보듯이, 연구자는 폐암환자의 사건 발생 시간을 0, 1, 2, 3, 4, 5, 6, 7, 8로 정한다. '0'은 '1개월 미만', '1'은 '1개월 이상 2개월 미만', '2'는 '2개월 이상 3개월 미만', '3'은 '3개월 이상 4개월 미만', '4'는 '4개월 이상 5개월 미만', '5'는 '5개월 이상 6개월 미만', '6'은 '6개월 이상 7개월 미만', '7'은 '7개월 이상 8개월 미만', '8'은 '8개월 이상' 생존을 의미한다.

(2) 구간 입력 수(*number entering this interval*)

두 번째 열 〈구간 입력 수〉에 제시된 값은 연구자의 관찰이 시작되는 특정 구간의 시작 시점에 관찰 대상이 되는 전체 사례 수를 보여준다.

첫 번째 행(구간 시작 시간 '0')의 '30'은 관찰이 이루어지는 '1개월 미만' 구간의 시작 시점에 연구자의 관찰 대상인 전체 폐암환자의 수가 30명이라는 것을 의미한다.

두 번째 행(구간 시작 시간 '1')의 '25'는 '1개월 이상 2개월 미만' 구간의 시작 시점에서 관찰 대상인 생존한 폐암환자의 수가 25명이라는 것을 의미한다. 25명은 첫 번째 구간 시작 시간('0') 30명에서 〈종료사건의 수〉(사망한 사람) 4명과 〈구간 중 취소 수〉(중도절단 사례) 1명을 뺀 값이다.

세 번째 행(구간 시작 시간 '2')의 '21'은 '2개월 이상 3개월 미만' 구간의 시작 시점에서 관찰 대상인 생존한 폐암환자의 수가 21명이라는 것을 의미한다. 21명은 두 번째 구간 시작 시간('1') 25명에서 〈종료사건의 수〉(사망한 사람) 2명과 〈구간 중 취소 수〉(중도절단 사례) 2명을 뺀 값이다. 네 번째 행, 다섯 번째 행, 여섯 번째 행, 일곱 번째 행, 여덟 번째 행도 같은 방식으로 해석하면 된다.

마지막 아홉 번째 행(구간 시작 시간 '8')의 '3'은 '8개월 이상' 구간의 시작 시점에서 관찰 대상인 생존한 폐암환자의 수가 3명이라는 것을 의미한다. 3명은 여덟 번째 행(구간 시작 시간 '7') 7명에서 〈구간 중 취소 수〉(중도절단 사례) 4명을 뺀 값이다.

(3) 구간 중 취소 수(*number withdrawn during this interval*)

세 번째 열 〈구간 중 취소 수〉에 제시된 값은 관찰 시점에 중도절단 사례 수를 보여준다.

첫 번째 행(구간 시작 시간 '0')의 '1'은 '1개월 미만'에 중도절단 사례 수가 1명이라는 것을 의미한다.

두 번째 행(구간 시작 시간 '1')의 '2'는 '1개월 이상 2개월 미만'에 중도절단 사례 수가 2명, 세 번째 행(구간 시작 시간 '2')에는 0명, 네 번째 행(구간 시작 시간 '3')에는 1명, 다섯 번째 행(구간 시작 시간 '4')에는 0명, 여섯 번째 행(구간 시작 시간 '5')과 일곱 번째 행(구간 시작 시간 '6')에는 1명, 여덟 번째 행(구간 시작 시간 '7')는 4명, 아홉 번째 행(구간 시작 시간 '8')에는 1명이라는 것을 의미한다.

(4) 위험에 노출된 수(*number exposed to risk*)

네 번째 열 〈위험에 노출된 수〉에 제시된 값은 연구자의 특정 구간의 시작 시점에 사건이 발생할 위험에 처한 전체 사례의 수를 보여준다.

〈위험에 노출된 수〉에 제시된 사례 수는 〈표 32-5〉에서 보듯이, 두 번째 열의 〈구간 입력 수〉에서 세 번째 열의 〈구간 중 취소 수〉(중도절단 사례 수)를 2로 나눈 값을 빼서

표 32-5 **위험에 노출된 수 계산 공식**

위험에 노출된 수 = 구간 입력 수 - [구간 중 취소 수 × 50%(즉, 1/2)]

계산한다.

〈위험에 노출된 수〉에 제시된 사례 수 계산하는 방법을 폐암환자의 예를 들어 살펴보자. 〈위험에 노출된 수〉에 제시된 사례 수를 계산할 때에는 중도절단 사례를 고려해야한다. 생명표를 사용한 생존분석에서는 〈위험에 노출된 수〉의 계산을 단순하게 만들기위해 중도절단 사례의 생존확률을 50%로 간주한다. 따라서 〈위험에 노출된 수〉에 제시된 사례 수는 〈구간 입력 수〉에 제시된 사례 수에서 중도절단 사례 수의 50%(1/2)를곱한 값을 뺀 후 구한다.

첫 번째 행(구간 시작 시간 '0')의 '29.5'는 '1개월 미만' 위험에 노출된 사례 수가 29.5명이라는 것을 의미한다. 29.5명은 전체 폐암환자 30명에서 〈구간 중 취소 수〉에 제시된 중도절단 사례 1명의 50%(1/2)인 0.5명을 뺀 값이다.

두 번째 행(구간 시작 시간 '1')의 '24.0'은 '1개월 이상 2개월 미만' 위험에 노출된 수가24.0명이라는 것을 의미한다. 24.0명은 폐암환자 25명에서 〈구간 중 취소 수〉에 제시된 중도절단 사례 2명의 50%(1/2)인 1.0명을 뺀 값이다.

세 번째 행(구간 시작 시간 '2')의 '21.0'은 '2개월 이상 3개월 미만' 위험에 노출된 수가21.0명이라는 것을 의미한다. 21.0명은 〈구간 입력 수〉에 제시된 값 21명과 같은데, 그이유는 21명 중 〈구간 중 취소 수〉에 제시된 중도절단 사례가 없기 때문이다. 네 번째행과 다섯 번째 행, 여섯 번째 행, 일곱 번째 행, 여덟 번째 행에 제시된 값도 같은 방식으로 해석하면 된다.

마지막 아홉 번째 행(구간 시작 시간 '8')의 '2.5'는 '8개월 이상' 위험에 노출된 수가2.5명이라는 것을 의미한다. 2.5명은 폐암환자 3명 중 〈구간 중 취소 수〉에 제시된 중도절단 사례 1명의 50%(1/2)인 0.5명을 뺀 값이다.

(5) 종료 사건의 수(*number of terminal events*)

다섯 번째 열 〈종료 사건의 수〉에 제시된 값은 특정 구간에서 사건이 종료된 사례의 수를 보여준다.

첫 번째 행의 '4'는 '1개월 미만'에 사건이 종료된 사례 수(사망한 사람)가 4명이라는것을 의미한다. 두 번째 행의 '2'는 '1개월 이상 2개월 미만'에 종료된 사례 수(사망한 사람)가 2명, 세 번째 행의 '7'은 '3개월 이상 4개월 미만'에 사건이 종료된 사례 수가 7명이라는 것을 의미한다. 다섯 번째 행과 여섯 번째 행, 일곱 번째 행, 여덟 번째 행, 아홉 번째 행도 같은 방식으로 해석하면 된다.

(6) 종료비율(*proportion of terminal events*): **구간 내 사람당 사건 발생 확률**

여섯 번째 열 〈종료비율〉에 제시된 값은 특정 구간에서 종료된 사건의 비율을 의미한다. 〈표 32-6〉에서 보듯이, 종료비율은 특정 구간에서 〈종료 사건의 수〉에 제시된 사례 수를 〈위험에 노출된 수〉에 제시된 사례 수로 나누어 계산한다. 즉, 종료비율은 특정 구간 내 사람당 사건 발생 확률을 의미한다.

표 32-6 **종료비율 계산 공식**

$$종료비율 = \frac{종료\ 사건의\ 수}{위험에\ 노출된\ 수}$$

첫 번째 행(구간 시작 시간 '0')의 '0.14'는 '1개월 미만' 구간의 종료비율이 '0.14'(14%)라는 것이다. 즉, '0개월에서 1개월 미만' 구간에 폐암환자가 사망할 가능성은 14%라는 것이다. 이 값은 '1개월 미만'의 시작 시점에서 〈종료 사건의 수〉에 제시된 사례 수(사망한 사람) 4명을 〈위험에 노출된 수〉에 제시된 사례 수 29.5명으로 나눈 값이다.

두 번째 행(구간 시작 시간 '1')의 '0.08'은 '1개월 이상 2개월 미만' 구간의 종료비율이 '0.08'(8%)이라는 것이다. 즉, '1개월 이상 2개월 미만' 구간에서 폐암환자가 사망할 가능성은 8%라는 것을 의미한다. 이 값은 '1개월 이상 2개월 미만'의 구간에서 〈종료 사건의 수〉에 제시된 사례 수(사망한 사람) 2명을 〈위험에 노출된 수〉에 제시된 사례 수 24.0명으로 나눈 값이다.

세 번째 행(구간 시작 시간 '2')의 '0.33'은 '2개월 이상 3개월 미만' 구간의 종료비율이 '0.33'(33%)이라는 것이다. 즉, '2개월 이상 3개월 미만' 구간에서 폐암환자가 사망할 가능성은 33%라는 것을 의미한다. 이 값은 '2개월 이상 3개월 미만'의 구간에서 〈종료 사건의 수〉에 제시된 사례 수(사망한 사람) 7명을 〈위험에 노출된 수〉에 제시된 사례 수 21.0명으로 나눈 값이다. 네 번째 행과 다섯 번째 행, 여섯 번째 행, 일곱 번째 행, 여덟 번째 행에 제시된 값도 같은 방식으로 계산하여 해석하면 된다.

마지막 아홉 번째 행의 '0.80'은 '8개월 이상' 구간의 종료비율이 '0.80'(80%)이라는 것이다. 즉, '8개월 이상' 구간에서 폐암환자가 사망할 가능성은 80%라는 것을 의미한다. 이 값은 '8개월 이상'의 구간에서 〈종료 사건의 수〉에 제시된 사례 수(사망한 사람) 2명을 〈위험에 노출된 수〉에 제시된 사례 수 2.5명으로 나눈 값이다.

〈종료 사건의 수〉와 〈종료비율〉은 일치하지 않다는 사실을 주목할 필요가 있다. 즉, 〈종료 사건의 수〉에 제시된 사례 수(사망한 사람)가 많다고 해서 〈종료비율〉(사망확률)이 항상 높은 것은 아니다. 예를 들어 〈종료 사건의 수〉에 제시된 사례 수(사망한 사람)를 보면, 구간 시작 시간 '2'에서는 7명으로 제일 많고, 구간 시작 시간 '8'에서는 2명에 불과하다. 그러나 〈종료비율〉은 구간 시작 시간 '8'에서는 80%로 제일 높고, 구간 시작 시간 '2'에서는 33% 정도이다.

〈종료 사건의 수〉와 〈종료비율〉 간에 차이가 나타나는 이유는 특정 구간의 〈종료 사건의 수〉(사망하는 사람)가 적더라도 시간이 흘러 종료되는 사건이 지속적으로 증가함에 따라 〈위험에 노출된 수〉가 크게 감소하기 때문이다.

(7) 생존비율(*proportion surviving*): 구간 내 사람당 사건 발생하지 않을 확률

일곱 번째 열 〈생존비율〉에 제시된 값은 특정 구간에서 사건의 생존비율(사건이 발생하지 않을 확률)을 의미한다. 〈표 32-7〉에서 보듯이, 생존비율은 〈위험에 노출된 수〉에 제시된 사례 수에서 〈종료 사건 수〉에 제시된 사례 수를 뺀 값을 〈위험노출 수〉에 제시된 사례 수로 나눈 값이다. 생존비율은 종료비율과 반대되는 개념으로서 '1'(100%)에서 종료비율을 빼면 쉽게 구할 수 있다.

표 32-7 **생존비율 계산 공식**

$$생존비율 = \frac{위험에\ 노출된\ 수 - 종료\ 사건의\ 수}{위험에\ 노출된\ 수}$$

$$생존비율 = 1 - 종료비율$$

첫 번째 행(구간 시작 시간 '0')의 '0.86'은 '1개월 미만'의 구간에서 생존비율이 '0.86' (86%)이라는 것이다. 즉, 폐암환자가 '1개월 미만'에 생존할 가능성은 86%라는 것을 의미한다. 이 값은 '1개월 미만'의 구간에서 〈위험에 노출된 수〉에 제시된 사례 수 29.5 명에서 〈종료 사건의 수〉에 제시된 사례 수 4명을 뺀 25.5명을 〈위험에 노출된 수〉에 제시된 사례 수 29.5명으로 나눈 값이다. 또는 1에서 〈종료비율〉 '0.14'를 빼도 된다.

두 번째 행(구간 시작 시간 '1')의 '0.92'는 '1개월 이상 2개월 미만'의 구간에서 생존비율이 '0.92'(92%)라는 것이다. 즉, 폐암환자가 '1개월 이상 2개월 미만'에 생존할 가능성은 92%라는 것을 의미한다. 이 값은 '1개월 이상 2개월 미만'의 구간에서 〈위험에 노출된 수〉에 제시된 사례 수 24.0명에서 〈종료 사건의 수〉에 제시된 사례 수 2명을 뺀 22.0 명을 〈위험에 노출된 수〉에 제시된 사례 수 24.0명으로 나눈 값이다. 또는 1에서 〈종료비율〉 '0.08'을 빼도 된다.

세 번째 행(구간 시작 시간 '2')의 '0.67'은 '2개월 이상 3개월 미만'의 구간에서 생존비율이 '0.67'(67%)이라는 것이다. 즉, 폐암환자가 '2개월 이상 3개월 미만'에 생존할 가능성은 67%라는 것을 의미한다. 이 값은 '2개월 이상 3개월 미만'의 구간에서 〈위험에 노출

된 수〉에 제시된 사례 수 21.0명에서 〈종료 사건의 수〉에 제시된 사례 수 7명을 뺀 14.0명을 〈위험에 노출된 수〉에 제시된 사례 수 21.0명으로 나눈 값이다. 또는 1에서 〈종료비율〉 '0.33'을 빼도 된다. 네 번째 행과 다섯 번째 행, 여섯 번째 행, 일곱 번째 행, 여덟 번째 행에 제시된 값도 같은 방식으로 계산하여 해석하면 된다.

마지막 아홉 번째 행(구간 시작 시간 '8')의 '0.20'는 '8개월 이상'의 구간에서 생존비율이 '0.20'(20%)이라는 것이다. 즉, 폐암환자가 '8개월 이상'에 생존할 가능성은 20%라는 것을 의미한다. 이 값은 '8개월 이상'의 시작 시점에서 〈위험에 노출된 수〉에 제시된 사례 수 2.5명에서 〈종료 사건의 수〉에 제시된 사례 수 2명을 뺀 0.5명을 〈위험에 노출된 수〉에 제시된 사례 수 2.5명으로 나눈 값이다. 또는 1에서 〈종료비율〉 '0.80'을 빼도 된다.

(8) 구간 끝의 누적 생존비율(*cumulative proportion surviving at end*)

여덟 번째 열 〈구간 끝의 누적 생존비율〉에 제시된 값은 특정 구간의 마지막 시점에서의 생존비율을 의미한다. 즉, 특정 구간에서의 생존비율이라고 해석하면 된다. 이 값은 특정 구간의 〈생존비율〉에 제시된 값과 그 이전 구간의 〈구간 끝의 누적 생존비율〉에 제시된 값을 곱하여 계산한다.

첫 번째 행(구간 시작 시간 '0')의 '0.86'은 '1개월 미만'의 마지막 시점에서 폐암환자의 누적 생존비율이 '0.86'(86%)라는 것을 의미한다. 이 값은 '1개월 미만'의 생존비율 '0.86'과 이전 구간의 누적 생존비율 '1.00'(처음이기 때문에 '1' 또는 100%이다)을 곱한 값이다.

두 번째 행(구간 시작 시간 '1')의 '0.79'는 '1개월 이상 2개월 미만'의 마지막 시점에서 폐암환자의 누적 생존비율이 '0.79'(79%)라는 것을 의미한다. 이 값은 '1개월 이상 2개월 미만'의 생존비율 '0.92'와 이전 구간인 '1개월 미만'의 누적 생존비율 '0.86'을 곱한 값이다.

세 번째 행(구간 시작 시간 '2')의 '0.53'은 '2개월 이상 3개월 미만'의 마지막 시점에서 폐암환자의 누적 생존비율이 '0.53'(53%)이라는 것을 의미한다. 이 값은 '2개월 이상 3개월 미만'의 생존비율 '0.67'과 이전 구간인 '1개월 이상 2개월 미만'의 누적 생존비율 '0.79'를 곱한 값이다. 네 번째 행과 다섯 번째 행, 여섯 번째 행, 일곱 번째 행, 여덟 번째 행에 제시된 값도 같은 방식으로 계산하여 해석하면 된다.

마지막 아홉 번째 행의 '0.07'은 '8개월 이상'에서 누적 생존비율이 '0.07'(7%)이라는 것을 의미한다. 이 값은 '8개월 이상'의 생존비율 '0.20'과 이전 구간인 '7개월 이상 8개월 미만'의 누적 생존비율 '0.36'을 곱한 값이다.

(9) 확률밀도(*probability density*): 구간 내 측정단위당 사건 발생 확률

아홉 번째 열 〈확률밀도〉에 제시된 값은 특정 구간에서 구간 내 측정단위당 사건이 발생할(사망) 확률을 보여준다. 이 값은 〈표 32-8〉에서 보듯이, 이전 〈구간 끝의 누적 생존비율〉에서 현재 〈구간 끝의 누적 생존비율〉을 뺀 후 구간 측정단위로 나누어 계산한다. 이전 〈구간 끝의 누적 생존비율〉에서 현재 〈구간 끝의 누적 생존비율〉을 뺀 값은 현재 구간의 사망 비율이고, 이를 구간의 측정단위로 나누었기 때문에 확률밀도는 현재 구간 내 측정단위당 사건이 발생할(사망) 확률이 된다.

표 32-8 확률밀도 계산 공식

$$\text{확률밀도} = \frac{\text{이전 구간 끝의 누적 생존비율} - \text{현재 구간 끝의 누적 생존비율}}{\text{구간 단위}}$$

〈확률밀도〉에 제시된 값은 구간의 측정단위가 '1'이기 때문에 '1'로 나누어 계산했다. 구간 단위는 연구자가 임의로 정하면 되는데, 1개월이나 1년(또는 1시간) 단위로 조사한다면 '1'이 되고, 6개월(또는 년) 단위로 조사한다면 '6', 12개월(또는 년) 단위로 조사한다면 '12'가 된다. 만일 연구자가 구간 단위를 '6'(6개월 또는 6년)이나 '12'(12개월 또는 12년)로 잡았다면 '6'이나 '12'로 나누면 된다.

첫 번째 행(구간 시작 시간 '0')의 '0.136'은 '1개월 미만'의 확률밀도가 '0.136'(13.6%)이라는 것이다. 즉, '1개월 미만' 구간 1개월 내 폐암환자들의 사망 가능성이 13.6%라는 의미이다. 이 값은 처음 시작할 때의 누적 생존비율 '1'(100%)에서 '1개월 미만'의 누적 생존비율 '0.86'(86%)을 뺀 후 특정 단위 '1'로 나누어 계산한다('1'에서 '0.86'을 뺀 값 '0.14'과 〈표 32-4〉에 제시된 '0.136' 간의 '0.004' 차이는 반올림 때문에 발생한 것으로 무시해도 된다).

두 번째 행(구간 시작 시간 '1')의 '0.072'은 '1개월 이상 2개월 미만'의 확률밀도가 '0.072'(7.2%)라는 것이다. 즉, '1개월 이상 2개월 미만' 구간 1개월 내 폐암환자들의 사망 가능성이 7.2%라는 의미이다. 이 값은 '1개월 미만'의 누적 생존비율 '0.86'(86%)에서 '1개월 이상 2개월 미만'의 누적 생존비율 '0.79'를 뺀 후 구간 측정단위 '1'로 나누어 계산한다('0.86'에서 '0.79'을 뺀 값 '0.07'과 〈표 32-4〉에 제시된 '0.072' 간의 '0.002' 차이는 반올림 때문에 발생한 것으로 무시해도 된다).

세 번째 행(구간 시작 시간 '2')의 '0.264'은 '2개월 이상 3개월 미만'의 확률밀도가 '0.264'(26.4%)라는 것이다. 즉, '2개월 이상 3개월 미만' 구간 1개월 내 폐암환자들의 사망 가능성이 26.4%라는 의미이다. 이 값은 '1개월 이상 2개월 미만'의 누적 생존비율 '0.79'(79%)에서 '2개월 이상 3개월 미만'의 누적 생존비율 '0.53'을 뺀 후 측정 구간 단위 '1'로 나누어 계산한다('0.79'에서 '0.53'을 뺀 값 '0.26'과 〈표 32-4〉에 제시된 '0.264' 간의 '0.004' 차이는 반올림 때문에 발생한 것으로 무시해도 된다). 네 번째 행과 다섯 번째 행, 여섯 번째 행, 일곱 번째 행, 여덟 번째 행, 아홉 번째 행에 제시된 값도 같은 방식으로 계산하여 해석하면 된다.

〈종료비율〉과 〈확률밀도〉는 일치하지 않다는 사실을 주목할 필요가 있다. 즉, 〈종료비율〉이 높다고 해서 〈확률밀도〉가 항상 높은 것은 아니다. 예를 들어 구간 시작 시간 '4'에서의 〈종료비율〉은 23%지만, 같은 구간에서의 〈확률밀도〉는 12.2%로 상대적으로 낮다. 〈종료비율〉과 〈확률밀도〉 간에 차이가 나타나는 이유는, 〈종료비율〉은 구간 내 사람당 사건이 발생할 확률이기 때문에 "특정 구간에서 한 사람에게 사건이 발생할(사망) 가능성"을 의미하고, 〈확률밀도〉는 구간 내 측정단위당 사건이 발생할 확률이기 때문에 "특정 구간에서 측정단위당 사건이 발생할(사망) 가능성을 의미하기 때문이다.

(10) 위험률(*hazard rate*): 구간 내 측정단위당/사람당 사건 발생 확률

열 번째 열 〈위험률〉에 제시된 값은 특정 구간 시작 시점에서 측정단위당 한 사람에게 사건이 발생할 확률을 보여준다. 이 값은 〈표 32-9〉에서 보듯이, 특정 구간에서 〈종료 사건의 수〉를 〈위험에 노출된 수〉에서 〈구간 중 취소 수〉의 50%(1/2)와 〈종료 사건의 수〉의 50%(1/2)를 더한 값을 뺀 값으로 나눈 후 측정단위로 나누어 계산한다.

표 32-9 **위험률 계산 공식**

$$\text{위험률} = \frac{\text{종료 사건의 수}}{\text{위험에 노출된 수} - (\text{구간 중 취소 수} * 50\% + \text{종료 사건의 수} * 50\%)} \div \text{측정단위}$$

〈표 32-9〉의 공식과 〈표 32-6〉의 공식을 비교해 보자. 〈표 32-6〉의 〈종료비율〉은 구간 내 사람당 사건의 발생 확률이기 때문에 〈종료 사건의 수〉에 제시된 사례 수를 〈위험에 노출된 수〉에 제시된 사례 수로 나누어 계산했다. 반면 〈위험률〉은 구간의 시작 시점에 사람당 사건의 발생 확률이기 때문에 〈종료 사건의 수〉에 제시된 사례 수를 〈위험에 노출된 수〉에 제시된 사례 수로 나누지 않는다. 그 이유는 특정 구간의 시작 시점에는 사람들이 생존해 있기 때문에 이를 고려하기 때문이다. 앞에서 언급했듯이 생명표를 사용한 생존분석에서는 〈구간 중 취소 수〉(중도절단 사례)의 생존비율을 계산하기 위해 50%를 곱한다. 〈표 32-9〉에서 〈구간 중 취소 수〉에 50%(1/2)를 곱하는 것은 중도절단 사례의 생존 사례 수를 계산하기 위해서이다. 또한 〈종료 사건의 수〉에 50%(1/2)를 곱하는 것도 특정 구간 시작 시점에서 (구간 끝에는 사망했지만) 아직 사건을 경험하지 않은(생존한) 사례 수를 계산하기 위해서이다.

〈종료비율〉과 〈위험률〉 공식에서 차이가 나는 점은, 〈종료비율〉은 특정 구간의 종료 시점에서 사건의 발생(사망) 비율을 계산하는 반면 〈위험률〉은 특정 구간의 시작 시점에서 사건 발생(사망) 비율을 계산한다. 따라서 중도절단 사례의 50%(1/2)와 시작 시점에서 아직 사건이 발생하기 전의 사례의 50%(1/2)를 계산하여 더한 후 (아직 생존해 있기 때문에) 〈위험에 처한 수〉에서 빼주어 계산한다. 〈위험률〉의 분모가 〈종료비율〉의 분모보다 작기 때문에 〈위험률〉에 제시된 값은 〈종료비율〉에 제시된 값보다 커지는 경향이 있다. 또한 〈위험률〉은 구간 내 측정단위당 사건 발생(사망) 비율을 계산하기 때문에 구간 내 측정 단위 '1'로 나누어 계산한다. 즉, 1구간 측정 단위가 '1'이기 때문에 '1'로 나누어 계산했다. 구간 단위가 '1' 아닌 경우는 앞에서 설명하였기 때문에 여기서는 생략한다.

첫 번째 행(구간 시작 시간 '0')의 '0.15'는 '1개월 미만'의 위험률이 '0.15'(15%)라는 것이다. 즉, '0개월 이상 1개월 미만' 구간의 시작 시점에서 1개월 내 폐암환자가 사망할 가능성은 15%라는 것을 의미한다. 이 값은 〈종료 사건의 수〉 '4'를 〈위험에 노출된 수〉 '29.5'에서 〈구간 중 취소 수〉 '1'의 50%(1/2)인 '0.5'와 〈종료 사건의 수〉 '4'의 50%(1/2)인 '2'를 더하여 뺀 값 '27'로 나눈 후(0.15) 이 값을 측정단위 '1'로 나누어 계산한다.

두 번째 행(구간 시작 시간 '1')의 '0.09'는 '1개월 이상 2개월 미만'의 위험률이 '0.09'(9%)라는 것이다. 즉, '1개월 이상 2개월 미만' 구간의 시작 시점에서 1개월 내 폐암환자가 사망할 가능성은 9%라는 것을 의미한다. 이 값은 〈종료 사건의 수〉 '2'를 〈위험에 노출된 수〉 '24'에서 〈구간 중 취소 수〉 '2'의 50%(1/2)인 '1'과 〈종료 사건의 수〉 '2'의 50%(1/2)인 '1'을 더하여 '22'로 나눈 후(0.09) 이 값을 측정단위 '1'로 나누어 계산한다.

세 번째 행(구간 시작 시간 '2')의 '0.40'은 '2개월 이상 3개월 미만'의 위험률이 '0.40'(40%)이라는 것이다. 즉, '2개월 이상 3개월 미만' 구간의 시작 시점에서 1개월 내 폐암환자가 사망할 가능성은 40%라는 것을 의미한다. 이 값은 〈종료 사건의 수〉 '7'을 〈위험에 노출된 수〉 '21'에서 〈구간 중 취소 수〉 '0'의 50%(1/2)인 '0'과 〈종료 사건의 수〉 '7'의 50%(1/2)인 '3.5'를 더하여 뺀 값 '17.5'로 나눈 후(0.40) 이 값을 측정단위 '1'로 나누어 계산한다. 네 번째 행과 다섯 번째 행, 여섯 번째 행, 일곱 번째 행, 여덟 번째 행, 아홉 번째 행에 제시된 값도 같은 방식으로 계산하여 해석하면 된다.

2) 중앙값 해석

중앙값은 생존 구간 중앙값을 의미한다. 이 값은 누적 생존비율이 0.5(50%) 되는 값을 말한다. 즉, 이 값은 전체 사례 수의 절반이 사건을 경험할 가능성이 있는 시점을 알려준다. 중앙값은 4.23인데 이 값은 폐암에 걸린 전체 사례 수의 절반가량이 4.23개월에 사망한다는 것을 의미한다.

3) 도표 해석

(1) 누적생존함수

〈그림 32-1〉은 〈표 32-4〉 생존표의 〈누적생존비율〉(구간별 누적생존확률)인 〈누적생존함수〉를 도표로 보여준다. 도표의 x축은 생존시간을 나타내고, y축은 누적생존확률을 나타낸다. 〈그림 32-1〉에서 보듯이, 관찰 시작 시점에서 누적생존비율은 100%지만 시간이 흘러감에 따라 계단 모양으로 감소함을 알 수 있다. y 축의 누적생존확률이 0.5(50%) 되는 지점은 중앙값을 나타내는데 y 축 0.5에 해당하는 x 축의 값을 보면 약 4.23개월인데, 이는 폐암에 걸린 환자의 50%가 4.23개월에 사망한다는 것을 의미한다. y 축의 누적생존확률이 0.4(40%) 되는 지점의 x 축 값은 약 5개월임을 알 수 있다. 이는 폐암에 걸린 지 5개월 정도 된 환자의 누적생존확률은 약 40% 정도 된다는 것을 보여준다.

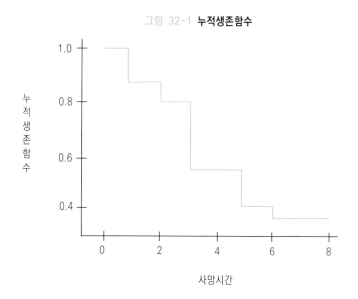

그림 32-1 **누적생존함수**

(2) 밀도함수

〈그림 32-2〉는 〈표 32-4〉 생존표의 〈확률밀도〉〔구간 내 측정단위당 사건이 발생할(사망) 확률〕인 〈밀도함수〉를 도표로 보여준다. 확률밀도는 사망확률이 어느 정도 조밀한 가를 보여준다. 도표의 x 축은 생존시간을 나타내고 y 축은 밀도를 나타낸다. 〈그림 32-2〉에서 보듯이, 측정단위당 사망확률이 0.00에서 0.15 사이에 대부분이 분포되어 있어 사망시간에 따라 비교적 일정하다는 것을 알 수 있다.

그림 32-2 **밀도함수**

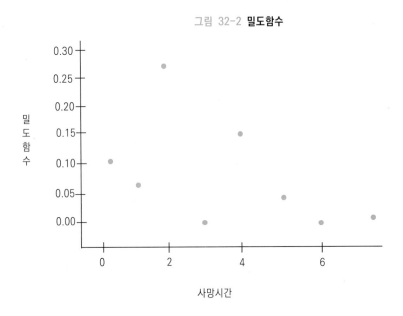

(3) 위험함수

〈그림 32-3〉은 〈표 32-4〉 생존표의 〈위험률〉(특정 구간 시작 시점에서 측정단위당 한 사람에게 사건이 발생할 확률)인 〈위험함수〉를 도표로 보여준다. 도표의 x 축은 생존시간을 나타내고, y 축은 위험확률을 나타낸다. 〈그림 32-3〉에서 보듯이, 관찰 시간 2개월 때 위험확률이 0.40으로 가장 높게 나왔고, 4개월 때의 위험확률이 0.26으로 두 번째로 높게 나왔다. 그러나 6개월 지나서는 0에 가깝다. 즉, 관찰 기간 6개월이 지나서는 사건(사망)이 발생하지 않았다는 것을 알 수 있다.

그림 32-3 **위험함수**

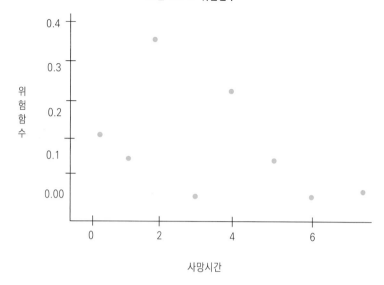

6. 결과 분석 2: 유의도 검증(독립변인이 추가될 경우)

독립변인(거주지역)이 추가될 경우, 지금까지 알아본 전체 집단의 생명표와 이제부터 살펴볼 집단별 생명표 작성과 해석방법은 기본적으로 동일하다. 생명표의 각 항목은 앞에서 자세히 설명했기 때문에 생략하고 여기서는 중요한 세 가지(누적생존비율, 확률밀도, 위험률)를 중심으로 살펴본다.

1) 생명표 해석

(1) 구간 끝의 누적 생존비율(cumulative proportion surviving at end)

〈구간 끝의 누적 생존비율〉에 제시된 값은 특정 구간의 마지막 시점에서의 생존비율을 의미한다. 〈표 32-10〉에서 보듯이, 농촌의 경우 첫 번째 행(구간 시작 시간 '0')의 '1.00' 은 '1개월 미만'의 마지막 시점에서 폐암환자의 누적 생존비율이 '1.00'(100%)이라는 것이다.

두 번째 행(구간 시작 시간 '1')의 '1.00'은 '1개월 이상 2개월 미만'의 마지막 시점에서 폐암환자의 누적 생존비율이 '1.00'(100%)라는 것이다.

세 번째 행(구간 시작 시간 '2')의 '0.82'은 '2개월 이상 3개월 미만'의 마지막 시점에서 폐암환자의 누적 생존비율이 '0.82'(82%)라는 것이다. 네 번째 행과 다섯 번째 행, 여섯 번째 행, 일곱 번째 행, 여덟 번째, 아홉 번째 행에 제시된 값도 같은 방식으로 해석하면 된다.

이 결과로 볼 때 농촌에 거주하는 폐암환자들의 누적 생존비율은 측정 구간 초기(0,
1, 2개월)에는 대부분의 환자들이 생존할 정도로 매우 높으며, 중기(3, 4, 5개월)와 후
기(6, 7개월)에도 상당히 높지만 8개월부터 급락한다.

중소도시의 경우 첫 번째 행(구간 시작 시간 '0')의 '1.00'은 '1개월 미만'의 마지막 시점
에서 폐암환자의 누적 생존비율이 '1.00'(100%)이라는 것이다.

두 번째 행(구간 시작 시간 '1')의 '1.00'은 '1개월 이상 2개월 미만'의 마지막 시점에서
폐암환자의 누적 생존비율이 '1.00'(100%)라는 것이다.

세 번째 행(구간 시작 시간 '2')의 '0.38'은 '2개월 이상 3개월 미만'의 마지막 시점에서
폐암환자의 누적 생존비율이 '0.38'(38%)라는 것이다. 네 번째 행과 다섯 번째 행에 제
시된 값도 같은 방식으로 해석하면 된다.

이 결과로 볼 때, 중소도시에 거주하는 폐암환자들의 누적 생존비율은 측정 구간 초
기(0, 1개월)에는 매우 높지만, 2개월과 3개월에는 대부분의 환자가 사망할 정도로 생

표 32-10 **집단별 생명표**

1차 구간 통제 시작 시간	구간 입력 수	구간 중 취소 수	위험에 노출된 수	종료 사건 수	종료 비율	생존 비율	구간 끝의 누적 생존비율	확률 밀도	위험률
농촌 0	11	0	11.0	0	0.00	1.00	1.00	0.000	0.00
1	11	0	11.0	0	0.00	1.00	1.00	0.000	0.00
2	11	0	11.0	2	0.18	0.82	0.82	0.182	0.20
3	9	0	9.0	0	0.00	1.00	0.82	0.000	0.00
4	9	0	9.0	0	0.00	1.00	0.82	0.000	0.00
5	9	1	8.5	0	0.00	1.00	0.82	0.000	0.00
6	8	1	7.5	0	0.00	1.00	0.82	0.000	0.00
7	7	4	5.0	0	0.00	1.00	0.82	0.000	0.00
8	3	1	2.5	2	0.80	0.20	0.16	0.000	0.00
중소도시 0	11	1	10.5	0	0.00	1.00	1.00	0.000	0.00
1	10	2	9.0	0	0.00	1.00	1.00	0.000	0.00
2	8	0	8.0	5	0.63	0.38	0.38	0.171	0.91
3	3	1	2.5	0	0.00	1.00	0.38	0.000	0.00
4	2	0	2.0	2	1.00	0.00	0.00	0.171	2.00
대도시 0	8	0	8.0	4	0.50	0.50	0.50	0.177	0.67
1	4	0	4.0	2	0.50	0.50	0.25	0.153	0.67
2	2	0	2.0	0	0.00	1.00	0.25	0.000	0.00
3	2	0	2.0	0	0.00	1.00	0.25	0.000	0.00
4	2	0	2.0	1	0.50	0.50	0.13	0.117	0.67
5	1	0	1.0	1	1.00	0.00	0.00	0.117	2.00

존비율이 매우 낮다.

대도시의 경우, 첫 번째 행(구간 시작 시간 '0')의 '0.50'은 '1개월 미만'의 마지막 시점에서 폐암환자의 누적 생존비율이 '0.50'(51%)이라는 것이다.

두 번째 행(구간 시작 시간 '1')의 '0.25'은 '1개월 이상 2개월 미만'의 마지막 시점에서 폐암환자의 누적 생존비율이 '0.25'(25%)라는 것이다.

세 번째 행(구간 시작 시간 '2')의 '0.25'은 '2개월 이상 3개월 미만'의 마지막 시점에서 폐암환자의 누적 생존비율이 '0.25'(25%)라는 것이다. 네 번째 행과 다섯 번째 행, 여섯 번째 행에 제시된 값도 같은 방식으로 해석하면 된다.

이 결과로 볼 때, 대도시에 거주하는 폐암환자들의 누적 생존비율은 측정 구간 초기(0, 1, 2개월)에는 상당히 낮고, 중기(3, 4개월)에는 모든 환자가 사망할 정도로 생존비율이 낮아진다.

(2) 확률밀도(*probability density*): 구간 내 측정단위당 사건 발생 확률

〈확률밀도〉에 제시된 값은 특정 구간에서 구간 내 측정단위당 사건이 발생할(사망) 확률을 보여준다.

〈표 32-10〉에서 보듯이, 농촌의 경우 첫 번째 행(구간 시작 시간 '0')의 '0.00'은 '1개월 미만' 구간의 확률밀도가 '0.00'(0%)이라는 것이다. 즉, '0에서 1개월 미만' 구간 1개월 내 폐암환자의 사망 가능성은 0%라는 의미이다.

두 번째 행(구간 시작 시간 '1')의 '0.00'은 '1개월 이상 2개월 미만' 구간의 확률밀도가 '0.00'(0%)이라는 것이다. 즉, '1개월 이상 2개월 미만' 구간 1개월 내 폐암환자의 사망 가능성은 0%라는 의미이다.

세 번째 행(구간 시작 시간 '2')의 '0.182'는 '2개월 이상 3개월 미만' 구간의 확률밀도가 '0.182'(18.2%)이라는 것이다. 즉, '2개월 이상 3개월 미만' 구간 1개월 내 폐암환자의 사망 가능성은 18%라는 의미이다. 네 번째 행과 다섯 번째 행, 여섯 번째 행, 일곱 번째 행, 여덟 번째, 아홉 번째 행에 제시된 값도 같은 방식으로 해석하면 된다.

이 결과로 볼 때, 농촌에 거주하는 폐암환자들의 확률밀도는 측정 구간 초기(0, 1, 2개월)에는 매우 낮으며, 중기(3, 4, 5, 6, 7, 8개월)에는 0%이다.

중소도시의 경우 첫 번째 행(구간 시작 시간 '0')의 '0.000'은 '1개월 미만' 구간의 확률밀도가 '0.000'(0%)라는 것이다. 즉, '0에서 1개월 미만' 구간 1개월 내 폐암환자의 사망 가능성은 0%라는 의미이다.

두 번째 행(구간 시작 시간 '1')의 '0.000'은 '1개월 이상 2개월 미만' 구간의 확률밀도가 '0.000'(0%)이라는 것이다. 즉, '1개월 이상 2개월 미만' 구간 1개월 내 폐암환자의 사망 가능성은 0%라는 것을 의미한다.

세 번째 행(구간 시작 시간 '2')의 '0.625'는 '2개월 이상 3개월 미만' 구간의 확률밀도가 '0.625'(62.5%)라는 것이다. 즉, '2개월 이상 3개월 미만' 구간 1개월 내 폐암환자의 사망 가능성은 62.5%라는 의미이다. 네 번째 행과 다섯 번째 행에 제시된 값도 같은 방식으로 해석하면 된다.

이 결과로 볼 때, 중소도시에 거주하는 폐암환자들의 확률밀도는 측정 구간 초기(0, 1개월)에는 낮다가, 2개월과 4개월에 급증한다.

대도시의 경우, 첫 번째 행(구간 시작 시간 '0')의 '0.50'는 '1개월 미만' 구간의 확률밀도가 '0.50'(50%)라는 것이다. 즉, '0에서 1개월 미만' 구간 1개월 내 폐암환자의 사망 가능성은 50%라는 것을 의미한다.

두 번째 행(구간 시작 시간 '1')의 '0.25'는 '1개월 이상 2개월 미만' 구간의 확률밀도가 '0.25'(25%)이라는 것이다. 즉, '1개월 이상 2개월 미만' 구간 1개월 내 폐암환자의 사망 가능성은 25%라는 의미이다. 세 번째 행과 네 번째 행, 다섯 번째, 여섯 번째 행에 제시된 값도 같은 방식으로 계산하여 해석하면 된다.

이 결과로 볼 때, 대도시에 거주하는 폐암환자들의 확률밀도는 측정 구간 초기(0, 1개월)부터 대부분이 사망할 정도로 매우 높다는 것을 알 수 있다.

(3) 위험률(*hazard rate*): 구간 내 측정단위당/사람당 사건 발생 확률

열 번째 열 〈위험률〉에 제시된 값은 특정 구간 시점에서 측정단위당 한 사람에게 사건이 발생할 확률을 보여준다.

〈표 32-10〉에서 보듯이, 농촌의 경우 첫 번째 행(구간 시작 시간 '0')의 '0.00'은 '1개월 미만'의 위험률이 '0.00'(0%)이라는 것이다. 즉, '0에서 1개월 미만' 구간의 시작 시점에서 1개월 내 폐암환자가 사망할 가능성은 0%라는 의미이다.

두 번째 행(구간 시작 시간 '1')의 '0.00'은 '1개월 이상 2개월 미만'의 위험률이 '0.00'(0%)이라는 것이다. 즉, '1개월 이상 2개월 미만' 구간의 시작 시점에서 1개월 내 폐암환자가 사망할 가능성은 0%라는 의미이다.

세 번째 행(구간 시작 시간 '2')의 '0.20'은 '2개월 이상 3개월 미만'의 위험률이 '0.20'(20%)이라는 것이다. 즉, '2개월 이상 3개월 미만' 구간의 시작 시점에서 1개월 내 폐암환자가 사망할 가능성은 20%라는 의미이다. 네 번째 행과 다섯 번째 행, 여섯 번째 행, 일곱 번째 행, 여덟 번째, 아홉 번째 행에 제시된 값도 같은 방식으로 해석하면 된다.

이 결과로 볼 때 농촌에 거주하는 폐암환자들의 위험률은 측정 구간 초기(0, 1개월)에는 매우 낮으며, 2개월에 높아진다. 3개월부터 위험률은 0%이다.

중소도시의 경우 첫 번째 행(구간 시작 시간 '0')의 '0.00'은 '1개월 미만'의 위험률이

'0.00'(0%)이라는 것이다. 즉, '0에서 1개월 미만' 구간의 시작 시점에서 1개월 내 폐암환자가 사망할 가능성은 0%라는 의미이다.

두 번째 행(구간 시작 시간 '1')의 '0.00'은 '1개월 이상 2개월 미만'의 위험률이 '0.00'(0%)라는 것이다. 즉, '1개월 이상 2개월 미만' 구간의 시작 시점에서 1개월 내 폐암환자가 사망할 가능성은 0%라는 의미이다.

세 번째 행(구간 시작 시간 '2')의 '0.91'은 '2개월 이상 3개월 미만'의 위험률이 '0.91'(91%)이라는 것이다. 즉, '2개월 이상 3개월 미만' 구간의 시작 시점에서 1개월 내 폐암환자가 사망할 가능성은 91%라는 의미이다. 네 번째 행과 다섯 번째 행에 제시된 값도 같은 방식으로 해석하면 된다.

이 결과로 볼 때, 중소도시에 거주하는 폐암환자들의 위험률은 측정 구간 초기(0, 1개월)에는 매우 낮지만, 2개월과 4개월에 전원이 사망할 정도로 위험률이 높다는 것을 알 수 있다.

대도시의 경우, 첫 번째 행(구간 시작 시간 '0')의 '0.67'은 '1개월 미만'의 위험률이 '0.67'(67%)이라는 것이다. 즉, '0에서 1개월 미만' 구간의 시작 시점에서 1개월 내 폐암환자가 사망할 가능성은 67%라는 의미이다.

두 번째 행(구간 시작 시간 '1')의 '0.67'은 '1개월 이상 2개월 미만'의 위험률이 '0.67'(0%)이라는 것이다. 즉, '1개월 이상 2개월 미만' 구간의 시작 시점에서 1개월 내 폐암환자가 사망할 가능성은 67%라는 의미이다.

세 번째 행(구간 시작 시간 '2')의 '0.00'은 '2개월 이상 3개월 미만'의 위험률이 '0.00'(0%)이라는 것이다. 즉, '2개월 이상 3개월 미만' 구간의 시작 시점에서 1개월 내 폐암환자가 사망할 가능성은 0%라는 의미이다. 네 번째 행과 다섯 번째 행, 여섯 번째 행에 제시된 값도 같은 방식으로 해석하면 된다.

이 결과로 볼 때, 대도시에 거주하는 폐암환자들의 위험률은 측정 구간 초기(0, 1개월)에 매우 높고, 중기(4, 5개월)에는 다시 높아지는 경향이 나타난다.

2) 중앙값 해석

중앙값은 〈표 32-11〉에 제시되는데, 이 값은 전체 사례 수의 절반이 사건을 경험할 가능성이 있는 시점을 알려준다. 〈표 32-11〉에서 보듯이, 농촌의 중앙값은 8.000로 폐암에 걸린 전체 사례 수의 절반가량이 8개월에 사망한다는 것을 의미한다. 중소도시의 중앙값은 2.800로 폐암에 걸린 전체 사례 수의 절반가량이 2.8개월에 사망한다는 것을 의미한다. 대도시의 중앙값은 1.000으로 폐암에 걸린 전체 사례 수의 절반가량이 1.0개월에 사망한다는 것을 의미한다.

표 32-11 **생존시간**

	1차 통제	중앙값
거주지역	농촌	8.000
	중소도시	2.800
	대도시	1.000

3) 도표 해석

(1) 누적생존함수

〈그림 32-4〉는 〈표 32-10〉 생존표의 〈누적생존비율〉(구간별 누적생존확률)인 〈누적생존함수〉를 도표로 보여준다. 도표의 x 축은 생존시간을 나타내고, y 축은 누적생존확률을 나타낸다.

〈그림 32-4〉에서 보듯이 대도시의 경우 관찰 시작 시점에서는 누적생존비율은 100%지만 시간이 흘러감에 따라 계단 모양으로 감소함을 알 수 있다. y 축의 누적생존확률이 0.5(50%) 되는 지점은 중앙값을 나타내는데 y 축 0.5에 해당하는 x 축의 값을 보면 약 1개월인데, 이는 폐암환자의 50%가 1개월에 사망한다는 것을 의미한다. y 축의 누적생존확률이 0.1(10%) 되는 지점의 x 축 값은 약 5개월임을 알 수 있다. 이는 폐암에 걸린 지 5개월 정도인 환자의 누적생존확률은 약 10% 정도 된다는 것을 보여준다.

중소도시의 경우 관찰 시작 시점에서 누적생존비율은 100%지만 시간이 흘러감에 따

그림 32-4 **거주지역별 누적생존함수**

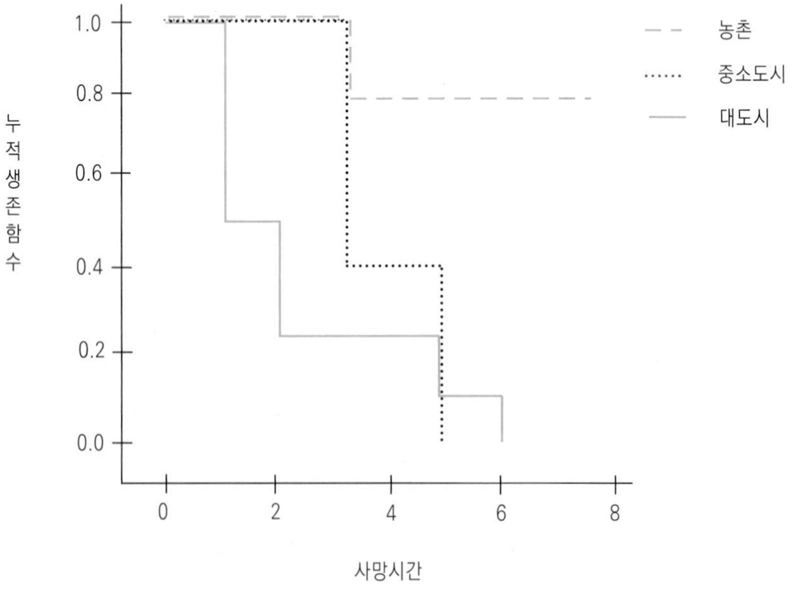

라 계단 모양으로 감소함을 알 수 있다. y 축의 누적생존확률이 0.5(50%) 되는 지점은 중앙값을 나타내는데 y 축 0.5에 해당하는 x 축의 값을 보면 약 3개월인데, 이는 폐암 환자의 50%가 1개월에 사망한다는 것을 의미한다. y 축의 누적생존확률이 0.1 (10%) 되는 지점의 x 축 값은 약 5개월임을 알 수 있다. 이는 폐암에 걸린 지 5개월 정도인 환자의 누적생존확률은 약 10%정도 된다는 것을 보여준다.

농촌의 경우 관찰 시작 시점에서 누적생존비율은 100%지만 시간이 흘러감에 따라 계단 모양으로 감소함을 알 수 있다. y 축의 누적생존확률이 0.5(50%) 되는 지점은 중앙값을 나타내는데 y 축 0.5에 해당하는 x 축의 값을 보면 약 8개월인데, 이는 폐암환자의 50%가 8개월에 사망한다는 것을 의미한다.

(2) 밀도함수

〈그림 32-5〉는 〈표 32-10〉 생존표의 〈확률밀도〉〔구간 내 측정 단위당 사건이 발생할(사망) 확률〕인 〈밀도함수〉를 도표로 보여준다. 확률밀도는 사망확률이 어느 정도 조밀한가를 보여준다. 도표의 x 축은 생존시간을 나타내고 y 축은 밀도를 나타낸다.

〈그림 32-5〉에서 보듯이 대도시의 경우 사망밀도는 구간 초기에 사망할 정도로 매우 높다는 것을 알 수 있다. 중소도시의 경우 사망밀도는 초기에는 낮지만 2개월과 4개월 사이에 급증한다는 것을 알 수 있다. 농촌의 경우 사망밀도는 초기에도 사망 가능성이 매우 낮은데, 중기 이후에는 사망 가능성이 거의 없을 정도로 낮다는 것을 알 수 있다.

그림 32-5 **거주지역별 밀도함수**

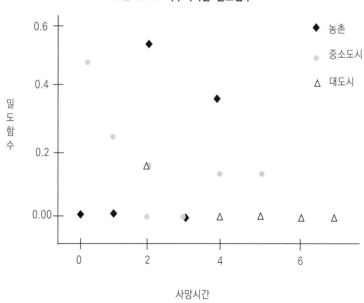

(3) 위험함수

〈그림 32-6〉은 〈표 32-10〉 생존표의 〈위험률〉(특정 구간 시작 시점에서 측정 단위당 한 사람에게 사건이 발생할 확률)인 〈위험함수〉를 도표로 보여준다. 도표의 x 축은 생존시간을 나타내고 y 축은 위험확률을 나타낸다.

〈그림 32-6〉에서 보듯이 대도시의 경우 위험률은 초기 구간에 매우 높은데 중기 이후에는 급증하는 경향이 보인다. 중소도시의 경우 위험률은 초기에는 매우 낮지만 2개월 이후 매우 높다는 것을 알 수 있다. 농촌의 경우 위험률은 초기에는 매우 낮으며 2개월에 잠깐 높아지다가 그 이후에는 위험률은 0에 가까울 정도로 낮다.

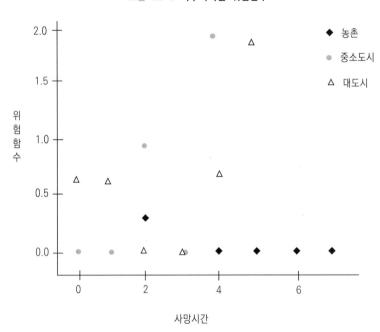

그림 32-6 **거주지역별 위험함수**

4) 유의도 검증

거주지역과 생존확률 간의 유의도 검증 결과는 〈표 32-12〉에 제시되어 있다. Wilcoxon χ^2 값은 '16.541'이고, 자유도는 '2', 유의확률은 0.05보다 작기 때문에 연구가설을 받아들인다. 즉, 거주지역은 생존확률에 영향을 준다는 것을 알 수 있다.

표 32-12 **전체 비교**

Wilcoxon χ^2	자유도	유의확률
16.541	2	0.000

7. 결과 분석 3: 집단 간 차이 사후검증

Wilcoxon χ^2 검증을 통해 독립변인과 종속변인 간의 인과관계가 있다는 것을 알 수 있지만 구체적으로 어느 집단과 어느 집단 간에 차이가 존재하는지에 대해서는 알 수 없다. 따라서 거주지역 간 차이를 사후검증해야 한다. 〈표 32-13〉에서 보듯이 농촌에 거주하는 폐암환자의 생존확률은 중소도시와 대도시에 거주하는 폐암환자보다 높고, 중소도시는 대도시보다 크다는 것을 알 수 있다. 즉, 농촌에 거주하는 폐암환자의 생존확률이 제일 높고, 중소도시에 거주하는 폐암환자는 두 번째이고, 대도시에 거주하는 폐암환자의 생존확률이 제일 낮은 것으로 나타났다.

표 32-13 **집단별 비교**

(I)거주지역	(J)거주지역	Wilcoxon χ^2	자유도	유의확률
1(농촌)	2(중소도시)	6.892	1	0.009
	3(대도시)	12.301	1	0.000
2(중소도시)	1(농촌)	6.892	1	0.009
	3(대도시)	6.064	1	0.014
3(대도시)	1(농촌)	12.301	1	0.001
	2(중소도시)	6.046	1	0.014

8. 생명표를 사용한 생존분석 논문작성법

1) 연구절차

(1) 생명표를 사용한 생존분석에 적합한 연구가설을 만든다

연구가설	독립변인(명명척도)		종속변인(등간/비율척도)	
	변인	측정	변인	
흡연이 폐암환자의 생존확률에 영향을 미친다	흡연 여부	(1) 담배 안 피움 (2) 간접흡연 (3) 담배 피움	폐암 생존 여부	0: 사망 1: 중도절단

(2) 유의도 수준을 정한다: p < 0.05(95%) 또는 p < 0.01(99%) 중 하나를 결정한다

(3) 표본을 선정하여 데이터를 수집한 후 컴퓨터에 입력한다

2) 연구결과 제시 및 해석방법

(1) 생명표 해석
생명표 해석은 표에 제시된 모든 값을 해석하는 대신 가장 중요한 세 가지(누적생존비율, 확률밀도, 위험률)를 중심으로 살펴본다.

① 구간 끝의 누적 생존비율(cumulative proportion surviving at end)
〈구간 끝의 누적 생존비율〉에 제시된 값은 특정 구간의 마지막 시점에서의 생존비율을 의미한다. 〈표 32-14〉에서 보듯이, 담배를 안 피우는 경우 첫 번째 행(구간 시작 시간 '0')의 '1.00'은 '1개월 미만'의 마지막 시점에서 폐암환자의 누적 생존비율이 '1.00'(100%)이라는 것이다.

두 번째 행(구간 시작 시간 '1')의 '1.00'은 '1개월 이상 2개월 미만'의 마지막 시점에서

표 32-14 **집단별 생명표**

1차 구간 대조 시작 시간	구간 입력 수	구간 중 취소 수	위험에 노출된 수	종료 사건 수	종료 비율	생존 비율	구간 끝의 누적 생존비율	확률 밀도	위험률
담배 안 피움 0	9	0	9.0	0	0.00	1.00	1.00	0.000	0.00
1	9	0	9.0	0	0.00	1.00	1.00	0.000	0.00
2	9	0	9.0	2	0.22	0.78	0.78	0.222	0.25
3	7	0	7.0	0	0.00	1.00	0.78	0.000	0.00
4	7	0	7.0	0	0.00	1.00	0.78	0.000	0.00
5	7	1	6.5	0	0.00	1.00	0.78	0.000	0.00
6	6	1	5.5	0	0.00	1.00	0.78	0.000	0.00
7	5	3	3.5	0	0.00	1.00	0.78	0.000	0.00
8	2	1	1.5	1	0.67	0.33	0.26	0.000	0.00
간접흡연 0	10	1	9.5	0	0.00	1.00	1.00	0.000	0.00
1	9	2	8.0	0	0.67	1.00	1.00	0.000	0.00
2	7	0	7.0	4	0.57	0.43	0.43	0.187	0.80
3	3	1	2.5	0	0.00	1.00	0.43	0.000	0.0
4	2	0	2.0	2	1.00	0.00	0.00	0.187	2.00
담배 피움 0	8	0	8.0	4	0.50	0.50	0.50	0.177	0.67
1	4	0	4.0	2	0.50	0.50	0.25	0.153	0.67
2	2	0	2.0	0	0.00	1.00	0.25	0.000	0.00
3	2	0	2.0	0	0.00	1.00	0.25	0.000	0.00
4	2	0	2.0	1	0.50	0.50	0.13	0.117	0.67
5	1	0	1.0	1	1.00	0.00	0.00	0.117	2.00

폐암환자의 누적 생존비율이 '1.00'(100%)라는 것이다.

세 번째 행(구간 시작 시간 '2')의 '0.78'은 '2개월 이상 3개월 미만'의 마지막 시점에서 폐암환자의 누적 생존비율이 '0.78'(78%)라는 것이다. 네 번째 행과 다섯 번째 행, 여섯 번째 행, 일곱 번째 행, 여덟 번째, 아홉 번째 행에 제시된 값도 같은 방식으로 해석하면 된다.

이 결과로 볼 때, 담배를 안 피우는 폐암환자들의 누적 생존비율은 측정 구간 초기(0, 1, 2개월)에는 대부분의 환자들이 생존할 정도로 매우 높으며, 중기(3, 4, 5개월)와 후기(6, 7개월)에도 상당히 높지만 8개월부터 급락한다.

간접흡연의 경우, 첫 번째 행(구간 시작 시간 '0')의 '1.00'은 '1개월 미만'의 마지막 시점에서 폐암환자의 누적 생존비율이 '1.00'(100%)이라는 것이다.

두 번째 행(구간 시작 시간 '1')의 '1.00'은 '1개월 이상 2개월 미만'의 마지막 시점에서 폐암환자의 누적 생존비율이 '1.00'(100%)라는 것이다.

세 번째 행(구간 시작 시간 '2')의 '0.43'은 '2개월 이상 3개월 미만'의 마지막 시점에서 폐암환자의 누적 생존비율이 '0.43'(43%)라는 것이다. 네 번째 행과 다섯 번째 행에 제시된 값도 같은 방식으로 해석하면 된다.

이 결과로 볼 때, 간접흡연을 하는 폐암환자들의 누적 생존비율은 측정 구간 초기(0, 1개월)에는 매우 높지만, 2개월과 3개월에는 대부분의 환자가 사망할 정도로 생존비율이 매우 낮다.

담배를 피우는 경우, 첫 번째 행(구간 시작 시간 '0')의 '0.50'은 '1개월 미만'의 마지막 시점에서 폐암환자의 누적 생존비율이 '0.50'(51%)이라는 것이다.

두 번째 행(구간 시작 시간 '1')의 '0.25'은 '1개월 이상 2개월 미만'의 마지막 시점에서 폐암환자의 누적 생존비율이 '0.25'(25%)라는 것이다.

세 번째 행(구간 시작 시간 '2')의 '0.25'은 '2개월 이상 3개월 미만'의 마지막 시점에서 폐암환자의 누적 생존비율이 '0.25'(25%)라는 것이다. 네 번째 행과 다섯 번째 행, 여섯 번째 행에 제시된 값도 같은 방식으로 해석하면 된다.

이 결과로 볼 때, 담배를 피우는 폐암환자들의 누적 생존비율은 측정 구간 초기(0, 1, 2개월)에는 상당히 낮고, 중기(3, 4개월)에는 모든 환자가 사망할 정도로 생존비율이 낮아진다.

〈표 32-14〉 생존표의 〈누적생존비율〉(구간별 누적생존확률)인 〈누적생존함수〉를 도표로 보여주고 해석할 수 있다. 집단별 〈누적생존함수〉 도표를 해석하는 방법은 〈그림 32-4〉에서 살펴보았기 때문에 여기서는 설명을 생략한다.

② 확률밀도(*probability density*): 구간 내 측정단위당 사건 발생 확률

〈확률밀도〉에 제시된 값은 특정 구간에서 구간 내 측정단위당 사건이 발생할(사망) 확률을 보여준다.

〈표 32-14〉에서 보듯이, 담배를 안 피우는 경우 첫 번째 행(구간 시작 시간 '0')의 '0.00'은 '1개월 미만' 구간의 확률밀도가 '0.00'(0%)이라는 것이다. 즉, '0에서 1개월 미만' 구간 1개월 내 폐암환자의 사망 가능성은 0%라는 의미이다.

두 번째 행(구간 시작 시간 '1')의 '0.00'은 '1개월 이상 2개월 미만' 구간의 확률밀도가 '0.00'(0%)이라는 것이다. 즉, '1개월 이상 2개월 미만' 구간 1개월 내 폐암환자의 사망 가능성은 0%라는 의미이다.

세 번째 행(구간 시작 시간 '2')의 '0.222'는 '2개월 이상 3개월 미만' 구간의 확률밀도가 '0.222'(22.2%)이라는 것이다. 즉, '2개월 이상 3개월 미만' 구간 1개월 내 폐암환자의 사망 가능성은 22.2%라는 의미이다. 네 번째 행과 다섯 번째 행, 여섯 번째 행, 일곱 번째 행, 여덟 번째, 아홉 번째 행에 제시된 값도 같은 방식으로 해석하면 된다.

이 결과로 볼 때, 담배를 피우는 폐암환자들의 확률밀도는 측정 구간 초기(0, 1, 2개월)에는 매우 낮으며, 중기(3, 4, 5, 6, 7, 8개월)에는 0%이다.

간접흡연의 경우, 첫 번째 행(구간 시작 시간 '0')의 '0.000'은 '1개월 미만' 구간의 확률밀도가 '0.000'(0%)라는 것이다. 즉, '0에서 1개월 미만' 구간 1개월 내 폐암환자의 사망 가능성은 0%라는 의미이다.

두 번째 행(구간 시작 시간 '1')의 '0.000'은 '1개월 이상 2개월 미만' 구간의 확률밀도가 '0.000'(0%)이라는 것이다. 즉, '1개월 이상 2개월 미만' 구간 1개월 내 폐암환자의 사망 가능성은 0%라는 것을 의미한다.

세 번째 행(구간 시작 시간 '2')의 '0.571'는 '2개월 이상 3개월 미만' 구간의 확률밀도가 '0.571'(57.1%)라는 것이다. 즉, '2개월 이상 3개월 미만' 구간 1개월 내 폐암환자의 사망 가능성은 57.1%라는 의미이다. 네 번째 행과 다섯 번째 행에 제시된 값도 같은 방식으로 해석하면 된다.

이 결과로 볼 때, 간접흡연을 하는 폐암환자들의 확률밀도는 측정 구간 초기(0, 1개월)에는 낮다가, 2개월과 4개월에 급증한다.

담배를 피우는 경우, 첫 번째 행(구간 시작 시간 '0')의 '0.50'는 '1개월 미만' 구간의 확률밀도가 '0.50'(50%)라는 것이다. 즉, '0에서 1개월 미만' 구간 1개월 내 폐암환자의 사망 가능성은 50%라는 것을 의미한다.

두 번째 행(구간 시작 시간 '1')의 '0.25'는 '1개월 이상 2개월 미만' 구간의 확률밀도가 '0.25'(25%)이라는 것이다. 즉, '1개월 이상 2개월 미만' 구간 1개월 내 폐암환자의 사망 가능성은 25%라는 의미이다. 세 번째 행과 네 번째 행, 다섯 번째, 여섯 번째 행에 제

시된 값도 같은 방식으로 계산하여 해석하면 된다.

이 결과로 볼 때, 담배를 피우는 폐암환자들의 확률밀도는 측정 구간 초기(0, 1개월)부터 대부분이 사망할 정도로 매우 높다는 것을 알 수 있다.

〈표 32-14〉의 생존표의 〈확률밀도〉[구간 내 측정단위당 사건이 발생할(사망) 확률]인 〈밀도함수〉를 도표로 보여주고 해석할 수 있다. 집단별 〈확률밀도〉 도표를 해석하는 방법은 〈그림 32-5〉에서 살펴보았기 때문에 여기서는 설명을 생략한다.

③ 위험률(*hazard rate*): 구간 내 측정단위당/사람당 사건 발생 확률

열 번째 열의 〈위험률〉에 제시된 값은 특정 구간 시점에서 측정단위당 한 사람에게 사건이 발생할 확률을 보여준다.

〈표 32-14〉에서 보듯이, 담배를 피우지 않는 경우 첫 번째 행(구간 시작 시간 '0')의 '0.00'은 '1개월 미만'의 위험률이 '0.00'(0%)이라는 것이다. 즉, '0에서 1개월 미만' 구간의 시작 시점에서 1개월 내 폐암환자가 사망할 가능성은 0%라는 의미이다.

두 번째 행(구간 시작 시간 '1')의 '0.00'은 '1개월 이상 2개월 미만'의 위험률이 '0.00'(0%)이라는 것이다. 즉, '1개월 이상 2개월 미만' 구간의 시작 시점에서 1개월 내 폐암환자가 사망할 가능성은 0%라는 의미이다.

세 번째 행(구간 시작 시간 '2')의 '0.25'은 '2개월 이상 3개월 미만'의 위험률이 '0.25'(25%)이라는 것이다. 즉, '2개월 이상 3개월 미만' 구간의 시작 시점에서 1개월 내 폐암환자가 사망할 가능성은 25%라는 의미이다. 네 번째 행과 다섯 번째 행, 여섯 번째 행, 일곱 번째 행, 여덟 번째, 아홉 번째 행에 제시된 값도 같은 방식으로 해석하면 된다.

이 결과로 볼 때, 농촌에 거주하는 폐암환자들의 위험률은 측정 구간 초기(0, 1개월)에는 매우 낮으며, 2개월에 높아진다. 3개월부터 위험률은 0%이다.

간접흡연의 경우, 첫 번째 행(구간 시작 시간 '0')의 '0.00'은 '1개월 미만'의 위험률이 '0.00'(0%)이라는 것이다. 즉, '0에서 1개월 미만' 구간의 시작 시점에서 1개월 내 폐암환자가 사망할 가능성은 0%라는 의미이다.

두 번째 행(구간 시작 시간 '1')의 '0.00'은 '1개월 이상 2개월 미만'의 위험률이 '0.00'(0%)라는 것이다. 즉, '1개월 이상 2개월 미만' 구간의 시작 시점에서 1개월 내 폐암환자가 사망할 가능성은 0%라는 의미이다.

세 번째 행(구간 시작 시간 '2')의 '0.80'은 '2개월 이상 3개월 미만'의 위험률이 '0.80'(80%)이라는 것이다. 즉, '2개월 이상 3개월 미만' 구간의 시작 시점에서 1개월 내 폐암환자가 사망할 가능성은 80%라는 의미이다. 네 번째 행과 다섯 번째 행에 제시된 값도 같은 방식으로 해석하면 된다.

이 결과로 볼 때, 간접흡연을 하는 폐암환자들의 위험률은 측정 구간 초기(0, 1개월)

에는 매우 낮지만, 2개월과 4개월에 전원이 사망할 정도로 위험률이 높다는 것을 알 수 있다.

담배를 피우는 경우, 첫 번째 행(구간 시작 시간 '0')의 '0.67'은 '1개월 미만'의 위험률이 '0.67'(67%)이라는 것이다. 즉, '0에서 1개월 미만' 구간의 시작 시점에서 1개월 내 폐암환자가 사망할 가능성은 67%라는 의미이다.

두 번째 행(구간 시작 시간 '1')의 '0.67'은 '1개월 이상 2개월 미만'의 위험률이 '0.67'(0%)이라는 것이다. 즉, '1개월 이상 2개월 미만' 구간의 시작 시점에서 1개월 내 폐암환자가 사망할 가능성은 67%라는 의미이다.

세 번째 행(구간 시작 시간 '2')의 '0.00'은 '2개월 이상 3개월 미만'의 위험률이 '0.00'(0%)이라는 것이다. 즉, '2개월 이상 3개월 미만' 구간의 시작 시점에서 1개월 내 폐암환자가 사망할 가능성은 0%라는 의미이다. 네 번째 행과 다섯 번째 행, 여섯 번째 행에 제시된 값도 같은 방식으로 해석하면 된다.

이 결과로 볼 때, 담배를 피우는 폐암환자들의 위험률은 측정 구간 초기(0, 1개월)에 매우 높고, 중기(4, 5개월)에는 다시 높아지는 경향이 나타난다.

〈표 32-14〉의 생존표의 〈위험률〉(특정 구간 시작 시점에서 측정단위당 한 사람에게 사건이 발생할 확률)인 〈위험함수〉를 도표로 보여주고 해석할 수 있다. 집단별 〈위험률〉 도표를 해석하는 방법은 〈그림 32-6〉에서 살펴보았기 때문에 여기서는 설명을 생략한다.

(2) 중앙값 해석

중앙값은 〈표 32-15〉에 제시되는데, 이 값은 전체 사례 수의 절반이 사건을 경험할 가능성이 있는 시점을 알려준다. 〈표 32-15〉에서 보듯이, 담배를 피우지 않는 사람 중앙값은 8.000로 폐암에 걸린 전체 사례 수의 절반가량이 8개월에 사망한다는 것을 의미한다. 간접흡연을 하는 사람의 중앙값은 2.875로 폐암에 걸린 전체 사례 수의 절반가량이 2.875개월에 사망한다는 것을 의미한다. 담배를 피우는 사람의 중앙값은 1.000으로 폐암에 걸린 전체 사례 수의 절반가량이 1.0개월에 사망한다는 것을 의미한다.

표 32-15 **생존시간**

1차 통제		중앙값
거주지역	농촌	8.000
	중소도시	2.800
	대도시	1.000

(3) 유의도 검증

흡연 여부와 생존확률 간 유의도 검증 결과는 〈표 32-16〉에 제시되어 있다. Wilcoxon χ^2 값은 '14.057'이고, 자유도는 '2', 유의확률은 0.05보다 작기 때문에 연구가설을 받아들인다. 즉, 흡연 여부는 폐암환자의 생존확률에 영향을 준다는 것을 알 수 있다.

표 32-16 **전체 비교**

Wilcoxon χ^2	자유도	유의확률
14.057	2	0.001

(4) 집단 간 차이 사후검증

Wilcoxon χ^2 검증을 통해 독립변인과 종속변인 간의 인과관계가 있다는 것을 알 수 있지만, 구체적으로 어느 집단과 어느 집단 간에 차이가 존재하는지에 대해서는 알 수 없다. 따라서 흡연집단 간 차이를 사후검증해야 한다. 〈표 32-17〉에서 보듯이 담배를 피우지 않는 폐암환자의 생존확률은 간접흡연/담배를 피우는 폐암환자보다 높고, 간접흡연 폐암환자의 생존확률은 담배를 피우는 폐암환자보다 높다는 것을 알 수 있다. 즉, 담배를 피우지 않는 폐암환자의 생존확률이 제일 높고, 간접흡연을 하는 폐암환자는 두 번째, 담배를 피우는 폐암환자의 생존확률이 제일 낮은 것으로 나타났다.

표 32-17 **집단별 비교**

(I)거주지역	(J)거주지역	Wilcoxon χ^2	자유도	유의확률
1(담배 안 피움)	2(간접흡연)	4.526	1	0.033
	3(담배 피움)	10.330	1	0.001
2(간접흡연)	1(담배 안 피움)	4.526	1	0.033
	3(담배 피움)	5.931	1	0.015
3(담배 피움)	1(담배 안 피움)	10.330	1	0.001
	2(간접흡연)	5.931	1	0.015

참고문헌

송경일·안재욱 (1999), 《SPSS for Windows를 이용한 생존분석》, SPSS 아카데미.
채구묵 (2014), 《SPSS와 AMOS를 이용한 고급통계학: 로지스틱 회귀분석·생존분석·경로분석·구조방정식 모델 분석》, 양서원.
허명회 (2013), 《SPSS Statistics 일반화선형모형과 생존분석》, 데이터솔루션.

Collette, D. (1984), *Modeling Survival Data in Medical Research*, New York: John Wiley & Sons.

Cox, D. R., & Oakes, D. (1984), *Analysis of Survival Data*, London: Chapman and Hall.

Hosmer, D., & Lemeshow. S. (1999), *Applied Survival Analysis: Regression Modeling of Time to Event data*, New York: John Wiley & Sons.

Hougaard, P. (2000). *Analysis of Multivariate Survival Data*, New York: Springer-Verlag.

Klein, J. P., & Moeschberger M. L. (1997), *Survival Analysis: Techniques Forcensored and Truncated Data*, New York: Springer-Verlag.

Lee, E. T. (1992), *Statistical Methods for Survival Data Analysis* (2nd ed.), New York: John Wiley & Sons.

Miller, R, G. (1981), *Survival Analysis*, New York: John Wiley & Sons.

Therneau, T. M., & Grambsch, P. M. (2000). *Modeling Survival Data: Expending Cox Model*, New York: Spinger-Verlag.

33

생존분석 survival analysis

Kaplan-Meier 방법

이 장에서는 특정 사건이 특정 시점에서 발생할 가능성이 어느 정도인지를 알아보는 Kaplan-Meier의 생존분석(*survival analysis*)을 살펴본다.

1. 정 의

이 장에서는 제 32장에서 살펴본 생명분석표 방법의 단점을 보완한 Kaplan-Meier의 생존분석을 알아본다. 따라서 Kaplan-Meier 방법을 공부하기 전에 반드시 제 32장의 생명분석표 방법을 사용한 생존분석을 알아야 한다. 제 32장에서 설명한 생명분석표 방법을 사용한 생존분석에 익숙하지 않은 독자는 먼저 공부한 후에 이 장을 읽기 바란다.

생명분석표 방법을 사용한 생존분석은 크게 두 가지 점에서 불편하다.

첫째, 생명분석표를 사용한 생존분석에서는 연구자가 관찰 구간(일주일 또는 한 달 등)을 정한 후 관찰을 통해 특정 구간의 종료비율(또는 생존비율 등)을 계산한다. 문제는 연구자가 정하는 관찰 구간이 임의적이라는 것이다. Kaplan-Meier 생존분석은 이러한 단점을 보완하여 사건이 관찰된 시점마다 종료비율(또는 생존비율)을 계산한다. Kaplan-Meier는 관찰 구간을 정하여 그 구간 내 발생한 사건 발생 여부를 통해 생명분석표를 만드는 대신 사건이 발생한 시점을 기록하여 생명분석표를 만든다. 특히 이 방법은 중도절단 사례에 대한 취급이 간단해서 널리 사용되고 있다.

둘째, 생명분석표를 사용한 생존분석은 표본 수가 50명 이상일 때 사용하는 방법으로 표본 수가 적을 때에는 사용하기에 불편하다. Kaplan-Meier 생존분석은 표본 수가 50 미만일 때 사용할 수 있는 유용한 방법이다.

생존분석을 사용하기 위한 조건을 알아보자. 〈표 33-1〉에 보듯이, 최소한 세 가지 조건을 충족해야 한다.

표 33-1 **생존분석의 조건**

1. 연구할 특정 사건(결혼과 이혼, 입사와 퇴사, 질병의 회복과 사망,
   특정 프로그램의 지속 시청과 채널 변경 등)을 선정한다.

2. 시간변인(사건의 발생 시간)
   1) 측정: 특정 사건이 발생한 시간을 입력한다.
   2) 수: 한 개

3. 종속변인(사건의 발생 여부)
   1) 측정: 특정 시간 특정 사건의 발생 여부를 나타내는데, 종료된 사례는 '0',
      중도절단 사례는 '1'로 입력
   2) 수: 한 개

4. 독립변인
   1) 측정: 명명척도
   2) 수: 한 개

첫째, 연구할 특정 사건(결혼과 이혼, 입사와 퇴사, 질병의 회복과 사망, 특정 프로그램의 지속 시청과 채널 변경 등)을 선정한다.

둘째, 각 시간에서 특정인의 사건의 발생 여부를 판단한다. 생존분석표를 사용한 생존분석과 마찬가지로 특정 사건이 특정 시점에서 특정인에게 발생했는지를 관찰할 때, 특정인에게 사건이 발생하여 종료된 사례와 중도절단 사례로 구분한다.

셋째, 사건 발생의 원인을 알고 싶다면 명명척도로 측정한 독립변인을 추가하여 분석할 수 있다.

연구자는 이 세 가지 조건을 고려하여 데이터를 수집하여 입력한 후 생존분석을 실행하여 생존분석표를 구한 후 특정 사건이 특정 시점에 발생할 가능성 또는 발생하지 않을 가능성을 분석한다. 생명분석표를 사용한 생존분석에서는 응답자의 생존 경험은 일정하다(즉, 변하지 않는다)고 전제한다. 예를 들면 오늘 폐암에 걸린 환자는 과거 폐암에 걸린 환자와 같은 방식으로 행동한다는 것을 전제한다.

1) 변인의 측정과 종류

Kaplan-Meier 생존분석에서 시간변인은 특정 사건의 발생 시간으로서 등간척도(또는 비율척도)로 측정한다. 종속변인은 사건의 발생 여부로서 명명척도로 측정하는데 유목의 수는 두 개(사건 종료 사례와 중도절단 사례)다. 사건이 종료된 사례는 '0', 중도절단 사례는 '1'로 코딩한다. 독립변인은 명명척도로 측정한다.

2) 변인의 수

Kaplan-Meier 생존분석에서 시간변인의 수와 독립변인, 종속변인의 수는 한 개여야 한다.

2. 연구절차

Kaplan-Meier 생존분석 연구절차는 〈표 33-2〉와 같이 다섯 단계로 이루어진다.

첫째, 연구문제(또는 연구가설)을 만든다. 변인의 측정과 수에 유의하여 연구문제(또는 연구가설)을 만든 후 유의도 수준($p < 0.05$ 또는 $p < 0.01$)을 정한다.

둘째, 데이터를 수집하여 입력한 후 SPSS/PC$^+$(23.0)의 생존분석(*Kaplan-Meier*)을 실행하여 분석에 필요한 결과를 얻는다.

셋째, 결과 분석의 첫 번째 단계로, 생존분석표를 통해 생존확률을 분석한다.

넷째, 결과 분석의 두 번째 단계로, 만일 독립변인을 추가한다면 연구가설의 유의도 검증을 한 후 집단 간 생존분석표를 통해 생존확률을 분석한다.

다섯째, 결과 분석의 세 번째 단계로, 만일 독립변인을 추가하고 연구가설이 유의미할 경우 집단 간 차이를 사후 분석하여 어느 집단과 어느 집단이 차이가 나는지를 검증한다. 연구가설이 유의미하지 않을 경우에는 집단 간 차이를 사후검증하지 않는다.

표 33-2 **생존분석의 연구절차**

1. 연구문제(또는 연구가설) 제시
   1) 시간변인의 수는 한 개이고, 등간척도(또는 비율척도)로 측정한다. 사건 발생변인
      (종속변인)의 수는 한 개이고, 명명척도(유목의 수는 두 개)로 측정한다.
      독립변인의 수는 한 개이고, 명명척도로 측정한다.
   2) 유의도 수준을 정한다($p < 0.05$ 또는 $p < 0.01$).

2. 데이터 입력과 프로그램 실행
   1) 데이터를 수집하여 입력한다.
   2) 생존분석(*Kaplan-Meier*)을 실행하여 분석에 필요한 결과를 얻는다.

3. 결과 분석 1: 생존분석표 분석

4. 결과 분석 2: 유의도 검증(독립변인이 추가될 경우)

5. 결과 분석 3: 집단 간 차이 사후검증

3. 연구문제(연구가설)와 가상 데이터

1) 연구문제(연구가설)

Kaplan-Meier의 생존분석과 생명분석표를 사용한 생존분석을 비교하기 위해 이 장의 연구가설은 제 32장의 연구가설과 동일하게 만들었다. 연구문제는 〈시기에 따라 폐암환자의 생존확률이 얼마인지, 차이가 나타나는 지를 알아본다〉이다. 또한 거주지역에 따라 폐암환자의 생존확률에 차이가 나타나는지를 분석하는 연구가설은 〈거주지역이 폐암환자의 생존확률에 영향을 미칠 것이다〉이다.

2) 변인의 측정과 수

(1) 사건 발생 시간
연구자는 폐암환자의 실제 사건이 발생한 시간(사망시간)을 입력한다.

(2) 종속변인(사건의 발생 여부)
연구자는 폐암환자의 사건의 발생 여부(사망 여부)를 입력한다. 사건의 발생 여부는 종속변인으로 특정 사건의 발생 여부를 나타내는데 종료된 사례는 '0', 중도절단 사례는 '1'로 입력한다.

(3) 독립변인
연구자는 독립변인을 추가하여 사건의 발생 여부(사망 여부)와의 인과관계를 분석한다. 독립변인은 〈거주지역〉 한 개이고 ① 대도시, ② 중소도시, ③ 농촌 세 유목으로 측정한다.

(4) 유의도 수준
유의도 수준을 $p < 0.05\,(\alpha < 0.05)$로 정한다. 유의확률이 0.05보다 작으면 연구가설을 받아들이고, 0.05보다 크면 영가설을 받아들인다.

2) 가상 데이터

이 장에서 분석하는 〈표 33-3〉의 데이터는 〈표 32-3〉의 데이터와 동일하다.

표 33-3 **생존분석의 가상 데이터**

응답자	사건 발생 시간	사건 발생 여부	거주지역
1	0	1	2
2	1	0	3
3	0	0	3
4	2	0	2
5	5	1	1
6	7	1	1
7	0	0	3
8	6	1	1
9	1	1	2
10	7	1	1
11	4	0	2
12	2	0	1
13	0	0	3
14	0	0	3
15	2	0	2
16	4	0	2
17	7	1	1
18	8	1	1
19	2	0	2
20	1	0	3
21	8	0	1
22	8	0	1
23	7	1	1
24	4	0	3
25	2	0	1
26	2	0	2
27	5	0	3
28	3	1	2
29	2	0	2
30	1	1	2

4. SPSS/PC⁺ 실행방법

[실행방법 1] 분석방법 선택

메뉴판의 [분석(A)]에서 [생존분석(S)]을
클릭하고 [Kaplan-Meier]를 클릭한다.

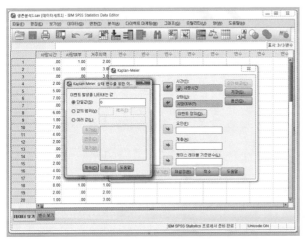

[실행방법 2] 분석변인 선택 1

[Kaplan-Meier:상태 변수를 위한 이…]
창이 나타나면
시간변인인 〈사망시간〉을 클릭하여
[시간(T)]로 옮긴다(➡).
종속변인인 〈사망여부〉를 [상태(U)]로
옮긴 후(➡), [이벤트 정의(D)]를 클릭한다.
[Kaplan-Meier: 상태변수에 위한 이…]
창이 나타나면
[이벤트 발생을 나타내는 값]의
[◉ 단일값(S)]에 0을 입력한다.
[계속]을 클릭한다.

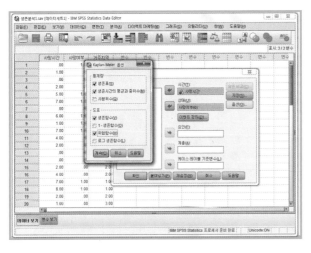

[실행방법 3] 통계량과 도표 선택

[옵션(O)]을 클릭하면
[Kaplan-Meier: 옵션] 창이 나타난다.
[통계량]의 [☑ 생존표(S)]와
[☑ 생존시간의 평균과 중위수(M)]는
기본으로 설정되어 있다.
[도표]의 [☑ 생존함수(S)],
[☑ 위험함수(H)]를 클릭한다.
[계속]을 클릭한다.
[실행방법 2]로 돌아가면
아래쪽의 [확인]을 클릭한다.

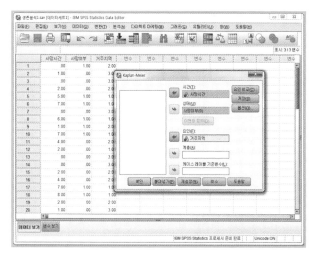

[실행방법 4] 분석변인 선택
–독립변인이 있을 경우

독립변인(거주지역)을 [요인(F)]으로
옮긴다(➡).
[계속]을 클릭한다.
[옵션]은 독립변인이 없을 경우와
동일하다([실행방법 4])

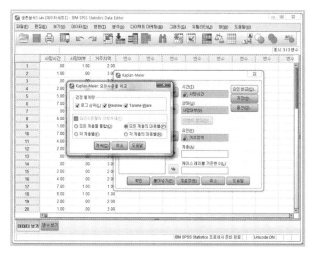

[실행방법 5] 집단 간 차이 사후검증

[요인비교(C)]를 클릭하면
[Kaplan-Meier: 요인수준을 비교] 창이
나타난다. [검정통계량]의
[☑ 생로그 순위(L)],
[☑ Breslow], [☑ Tarone-Ware]를
클릭한다.
독립변인의 사후검증을 할 경우
[요인수준들의 선형추세(T)]의
[⦿ 모든 계층의 대응별(P)]을
선택하고 [계속]을 클릭한다.
[실행방법 2]로 돌아가면
아래쪽의 [확인]을 클릭한다.

[분석결과 1] 사례 수

* 분석 결과는
독립변인이 있는 경우를 제시함.

분석 결과가 새로운 창
*출력결과 1[문서 1]로 나타난다.
[케이스처리요약] 표가 제시된다.

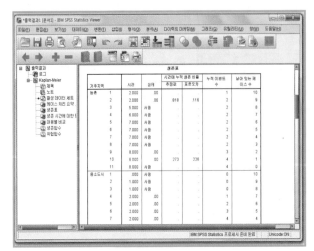

[분석결과 2] 생존표

[생존표]가 제시된다.

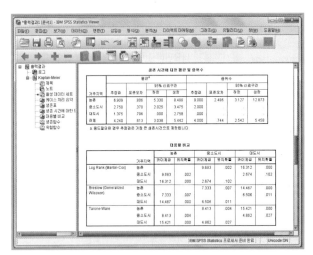

[분석결과 3] 평균 생존시간과
집단 간 차이 사후검증

[생존 시간에 대한 평균 및 중위수] 표와
[대응별 비교] 표가 제시된다.

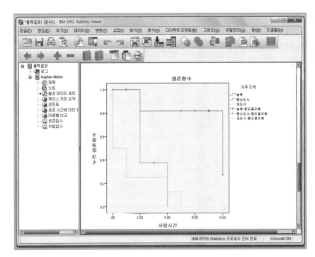

[분석결과 4] 생존함수

[생존함수] 도표가 제시된다.

5. 결과 분석 1: Kaplan-Meier 생존분석표 해석

1) 생존분석표 작성과 해석

Kaplan-Meier 생존분석의 첫 단계로 〈표 33-4〉와 같은 생존분석표를 만든다. 생존분석표에는 ① 〈시간〉(*time*), ② 〈상태〉(*status*), ③ 〈시간에 누적 생존비율〉(*cumulative survival*), ④ 〈누적 사건 수〉(*cumulative events*), ⑤ 〈남아 있는 케이스 수〉(*number remaining*)가 제시된다.

표 33-4 **Kaplna-Meier의 생존분석표**

시간	상태	시간에 누적 생존비율		누적 사건 수	남아 있는 케이스 수
		추정값	표준 오차		
0	사망			1	29
0	사망			2	28
0	사망			3	27
0	사망	0.867	0.062	4	26
0	중도절단			4	25
1	사망			5	24
1	사망	0.797	0.074	6	23
1	중도절단			6	22
1	중도절단			6	21
2	사망			7	20
2	사망			8	19
2	사망			9	18
2	사망			10	17
2	사망			11	16
2	사망			12	15
2	사망	0.532	0.096	13	14
3	중도절단			13	13
4	사망			14	12
4	사망			15	11
4	사망	0.409	0.096	16	10
5	사망	0.368	0.095	17	9
5	중도절단			17	8
6	중도절단			17	7
7	중도절단			17	6
7	중도절단			17	5
7	중도절단			17	4
7	중도절단			17	3
8	사망			18	2
8	사망	0.123	0.105	19	1
8	중도절단			19	0

(1) 시간(time)

〈시간〉은 첫 번째 열(column)에 제시되는데, 이 값은 사건의 발생 시점을 보여준다. 프로그램을 실행하면 연구자가 입력한 데이터의 순서에 관계없이 시간 순서에 따라 재배열한다. 〈표 33-4〉에서 보듯이, 연구자는 폐암환자의 실제 사건 발생 시간을 입력한다. '0'은 '1개월 미만', '1'은 '1개월', '2'는 '2개월', '3'은 '3개월', '4'는 '4개월', '5'는 '5개월', '6'은 '6개월', '7'은 '7개월', '8'은 '8개월' 생존을 의미한다.

(2) 상태(status)

〈상태〉는 두 번째 열에 제시되는데, 관찰 결과가 종결된 사건(사망)인지 중도절단 사례인지를 보여준다. 〈표 33-4〉의 경우, 중도절단 사례는 중도절단, 종결된 사건은 사망으로 표시된다.

(3) 시간에 누적 생존비율(cumulative survival proportion)

〈시간에 누적 생존비율〉은 세 번째 열에 제시되는데, 이 값은 특정 시점의 누적 생존비율을 보여준다. 특정 시점의 누적 생존비율은 그 시점의 생존비율과 그 이전 시점의 누적 생존비율을 곱하여 계산한다.

　〈표 33-4〉에서 보듯이, 네 번째 행(구간 '0')의 '0. 867'은 '1개월 미만'에서 폐암환자의 누적 생존비율이 '0.867'(86.7%)라는 것을 의미한다. 일곱 번째 행(구간 '1')의 '0.797'은 '1개월'에서 폐암환자의 누적 생존비율이 '0.797'(79.7%)이라는 것을 의미한다. 열여섯 번째 행(구간 '2')의 '0.532'와 스무 번째 행(구간 '4'), 스물한 번째 행(구간 '5'), 스물아홉 번째 행(구간 '8')도 같은 방식으로 해석한다.

　구간의 누적 생존비율 계산 방식은 〈표 33-5〉와 같은데, 이를 계산하는 방식은 다음과 같다.

① 특정 시점의 생존비율을 계산한다

특정 시점의 생존비율은 〈표 33-5〉에서 보듯이, 특정 시점의 남아 있는 케이스 수를 그 시점의 전체 사례 수로 나누어 계산한다.

　특정 시점의 남아 있는 케이스 수는 그 시점의 전체 사례 중 사건(사망)이 발생한 사람 1명을 제외한 수이다. 예를 들어 1개월에서 남아 있는 케이스 수 29명은 그 시점의

표 33-5 **생존비율 계산 공식**

$$\text{생존비율} = \frac{\text{남아 있는 케이스 수}}{\text{전체 사례 수(남아 있는 케이스 수 + 1)}}$$

전체 사례 30명 중 사건(사망)이 발생한 사례 1명을 뺀 값이다. 2개월에서 남아 있는 케이스 수 28명은 그 시점의 전체 사례 29명 중 사건(사망)이 발생한 사례 1명을 뺀 값이다. 3개월에서 남아 있는 케이스 수 27명은 그 시점의 전체 사례 28명 중 사건(사망)이 발생한 사례 1명을 뺀 값이다. 다른 시점의 남아 있는 케이스 수도 같은 방식으로 계산하면 된다. 특정 시점의 전체 사례 수는 남아 있는 케이스 수에 1을 더한 값이다. '1'을 더하라는 것은 특정 시점에 남아 있는 케이스 수에 발생사건(사망) 사례 1명을 더하여 그 시점의 전체 사례 수를 구하라는 의미이다.

〈표 33-7〉에서 보듯이, 1개월에서 생존비율('0.967')은 남아 있는 케이스 수 29명을 남아 있는 케이스 수를 그 시점의 전체 사례 수 30명으로 나누어 계산한다. 2개월에서 생존비율('0.966')은 남아 있는 케이스 수 28명을 그 시점의 전체 사례 수 29명으로 나누어 계산한다. 3개월에서 생존비율('0.964')은 남아 있는 케이스 수 27명을 그 시점의 전체 사례 수 28명으로 나누어 계산한다. 4개월에서 생존비율('0.963')은 남아 있는 케이스 수 26명을 그 시점의 전체 사례 수 27명으로 나누어 계산한다. 5개월에서처럼 중도절단 사례가 있는 경우에는 생존비율을 계산하지 않는데, 그 이유는 중도절단 사례가 있는 경우에 생존비율은 변하지 않기 때문이다. 중도절단 사례가 있는 경우에 생존비율을 계산하지는 않지만, 중도절단 사례가 없는 다음 시점의 전체 사례 수에는 영향을 준다. 따라서 6개월에서의 생존비율('0.96')은 남아 있는 케이스 수 24명을 그 시점의 전체 사례 수 25명으로 나누어 계산한다. 전체 사례 수가 25명인 이유는 5개월에서 1명이 중도절단되어 6개월의 전체 사례 수에서 제외되었기 때문이다.

② 누적 생존비율을 계산한다
특정 시점의 누적 생존비율은 〈표 33-6〉에서 보듯이, 그 시점의 생존비율과 그 시점의 이전 시점의 누적 생존비율을 곱하여 계산한다.

표 33-6 **누적 생존비율 계산 공식**

누적 생존비율 = 특정 시점 생존비율 × 이전 시점 누적 생존비율

시점 1의 누적 생존비율('0.967')은 '1개월'의 생존비율 '0.967'과 이전 구간의 누적 생존비율 '1.00'(처음이기 때문에 '1' 또는 100%이다)을 곱한 값이다. 시점 2의 누적 생존비율('0.934')은 그 시점의 생존비율('0.966')과 시점 1의 누적 생존비율('0.967')을 곱한 값이다. 시점 3의 누적 생존비율('0.900')은 그 시점의 생존비율('0.964')과 시점 2의 누적 생존비율('0.934')을 곱한 값이다. 시점 4의 누적 생존비율('0.867')은 그 시점의 생존비율('0.963')과 시점 3의 누적 생존비율('0.900')을 곱한 값이다. 중도절단이 있는 시점 5

표 33-7 **누적 생존비율 계산 예**

시간	상태	남아 있는 케이스 수	생존비율 (남아 있는 케이스 수/ 시점의 전체 사례 수)	누적 생존비율 (시점 생존비율 × 이전 시점 누적 생존비율)
1	사망	29	0.967(29명/30명)	0.967
2	사망	28	0.966(28명/29명)	0.934(0.966 × 0.967)
3	사망	27	0.964(27명/28명)	0.900(0.964 × 0.934)
4	사망	26	0.963(26명/27명)	0.867(0.963 × 0.900)
5	중도절단	25	계산 안함(26명)	계산 안함
6	사망	24	0.960(24명/25명)	0.832(0.960 × 0.867)
7	사망	23	0.958(23명/24명)	0.797(0.958 × 0.832)

에서는 누적 생존비율을 계산하지 않는다. 시점 6의 누적 생존비율('0.832')은 그 시점의 생존비율('0.960')과 시점 4의 누적 생존비율('0.867')을 곱한 값이다. 시점 7의 누적 생존비율('0.797')은 그 시점의 생존비율('0.958')과 시점 6의 누적 생존비율('0.832')을 곱한 값이다. 〈표 33-5〉에서는 제시하지 않았지만, 다른 시점의 누적 생존비율은 같은 방식으로 계산하여 구하면 된다.

(4) 누적 사건 수(*cumulative events*)

〈누적 사건 수〉는 네 번째 열에 제시되는데, 이 값은 특정 시점에서 사건(사망)이 발생한 보여준다. 〈표 33-4〉의 경우 〈누적 사건 수〉에 제시된 수는 중도절단된 사례를 제외한 수가 된다. 시점 '0'에서 첫 번째 사람은 사망했기 때문에 누적 사건의 수는 '1'이 되고, 두 번째 사람도 사망했기 때문에 누적 사건의 수는 '2'가 되고, 세 번째 사람도 사망했기 때문에 누적 사건의 수는 '3'이 되고, 네 번째 사람도 사망했기 때문에 누적 사건의 수는 '4'이 된다. 그러나 다섯 번째 사람은 중도절단 사례이기 때문에 누적 사건 수에서 제외되어 누적 사건 수는 '4'가 된다.

(5) 남아 있는 케이스 수(*number remaining*)

〈남아 있는 케이스 수〉는 다섯 번째 열에 제시되는데, 이 값은 각 시점에서 사건이 종료되고 남은 사례 수를 보여준다. 〈남아 있는 케이스 수〉에 제시된 수는 '1' 단위씩 감소한다(29, 28, 27, 26…). 이 값은 〈전체 사례 수〉에서 〈누적 사건 수〉에 제시된 사례 수를 빼면 된다. 예를 들어 시점 1의 경우 전체 사례 수 30명에서 〈누적 사건 수〉에 제시된 1명을 빼면 〈남아 있는 케이스 수〉에 제시된 29명이 된다. 시점 2의 경우 전체 사례 수 30명에서 〈누적 사건 수〉에 제시된 2명을 빼면 〈남아 있는 케이스 수〉에 제시된 28명이 된다. 시점 3의 경우 전체 사례 수 30명에서 〈누적 사건 수〉에 제시된 3을 빼면 〈남아 있는 케이스 수〉에 제시된 27명이 된다. 시점 4의 경우 전체 사례 수 30명에서

〈누적 사건 수〉에 제시된 4명을 빼면 〈남아 있는 케이스 수〉에 제시된 26명이 된다. 시점 5와 같이 중도절단 사례가 있는 경우 〈누적 사건 수〉에 제시된 수는 변하지 않지만, 전체 사례 수에서는 빼어 〈남아 있는 케이스 수〉를 계산한다. 따라서 시점 5의 경우 전체 사례 수 30명에서 5명을 빼면 〈남아 있는 케이스 수〉에 제시된 25명이 된다. 다른 시점의 전체 사례 수도 이런 방식으로 계산하면 된다.

2) 생명분석표와 Kaplan-Meier 생존분석표 비교

생명분석표를 사용한 생존분석과 Kaplan-Meier 생존분석의 누적 생존비율을 비교해 보면, Kaplan-Meier 생존분석에서 계산한 누적 생존비율이 생명분석표를 사용한 생존분석에서 계산한 값보다 조금 높게 나오는 것을 알 수 있다(특히 구간 '8'의 경우 각각 '0.123', '0.07'로 나온다). 이렇게 차이가 나는 이유는 생명분석표를 사용한 생존분석에서는 생존비율 계산에 중도절단 사례를 포함시키는 반면 Kaplan-Meier 생존분석에서는 생존비율 계산에 중도절단 사례를 포함시키지 않기 때문이다.

3) 평균값과 중앙값 해석

생존 시점의 평균값과 중앙값은 〈표 33-8〉에 제시되어 있다. 평균값 '4.240'은 폐암에 걸린 사람의 평균 생존 시간이 '4.240'개월이라는 것을 의미한다. 중앙값 '4.000'은 폐암에 걸린 전체 사례 수의 절반이 사망을 경험할 가능성이 있는 시점은 '4.0'개월이라는 것을 의미한다.

표 33-8 **생존 시간 평균값과 중앙값**

평균값		중앙값	
추정값	표준오차	추정값	표준오차
4.240	0.613	4.000	0.744

6. 결과 분석 2: 유의도 검증

앞에서 살펴본 전체 집단의 생명표와 여기서 살펴볼 집단별 생명표 작성과 해석방법은 기본적으로 동일하다. 각 항목은 앞에서 자세히 설명했기 때문에 생략하고 여기서는 집단별 누적 생존비율만 살펴본다.

1) 집단별 생명표

(1) 누적 생존비율(*cumulative survival proportion*)

〈시간에 누적 생존비율〉은 네 번째 열에 제시되는데, 이 값은 특정 시점의 누적 생존비율을 보여준다. 특정 시점의 누적 생존비율은 그 시점의 생존비율과 그 이전 시점의 누적 생존비율을 곱하여 계산한다.

〈표 33-9〉에서 보듯이 농촌의 경우, 두 번째 행(시간 '2')의 '0.818'은 '2개월'에서 폐암환자의 누적 생존비율이 '0.818'(81.8%)라는 것을 의미한다. 열 번째 행(시간 '8')의 '0.273'은 '8개월'에서 폐암환자의 누적 생존비율이 '0.273'(27.3%)이라는 것을 의미한다. 이 결과로 볼 때, 농촌에 거주하는 폐암환자들의 누적 생존비율은 측정 초기(0, 1, 2개월)에는 대부분의 환자들이 생존할 정도로 매우 높지만 8개월부터 급락한다.

〈표 33-9〉에서 보듯이 중소도시의 경우, 여덟 번째 행(시간 '2')의 '0.375'는 '2개월'에서 폐암환자의 누적 생존비율이 '0.375'(37.5%)라는 것을 의미한다. 열한 번째 행(시간 '4')의 '0.000'은 '4개월'에서 폐암환자의 누적 생존비율이 '0.000'(0.0%)이라는 것을 의미한다. 이 결과로 볼 때, 중소도시에 거주하는 폐암환자들의 누적 생존비율은 측정 초기(0, 1개월)에는 매우 높지만, 2개월과 3개월에는 대부분의 환자가 사망할 정도로 생존비율이 매우 낮다.

〈표 33-9〉에서 보듯이 대도시의 경우, 네 번째 행(시간 '0')의 '0.500'는 '0개월'에서 폐암환자의 누적 생존비율이 '0.500'(50.0%)라는 것을 의미한다. 여섯 번째 행(시간 '1')의 '0.250'은 '1개월'에서 폐암환자의 누적 생존비율이 '0.250'(25.0%)이라는 것을 의미한다. 이 결과로 볼 때 담배를 피우는 폐암환자들의 누적 생존비율은 측정 초기(0, 1, 2개월)에는 상당히 낮고, 중기(3, 4개월)에는 모든 환자가 사망할 정도로 생존비율이 낮아진다.

2) 도표 해석: 생존함수

〈표 33-9〉 생명표의 〈누적생존비율〉(구간별 누적생존확률)인 〈누적생존함수〉를 도표로 보여주고 해석할 수 있다. 집단별 〈누적생존함수〉 도표를 해석하는 방법은 제32장 생존분석: 생명표 방법의 〈그림 32-4〉에서 살펴보았기 때문에 여기서는 설명을 생략한다.

표 33-9 Kaplan-Meier의 집단별 생명표

거주지역	시간	상태	시간에 누적 생존비율		누적 사건 수	남아 있는 케이스 수
			추정값	표준오차		
농촌 1	2	사망			1	10
2	3	사망	0.818	0.116	2	9
3	5	중도절단			2	8
4	6	중도절단			2	7
5	7	중도절단			2	6
6	7	중도절단			2	5
7	7	중도절단			2	4
8	7	중도절단			2	3
9	8	사망			3	2
10	8	사망	0.273	0.226	4	1
11	8	중도절단			4	0
중소도시 1	0	중도절단			0	10
2	1	중도절단			0	9
3	1	중도절단			0	8
4	2	사망			1	7
5	2	사망			2	6
6	2	사망			3	5
7	2	사망			4	4
8	2	사망	0.375	0.171	5	3
9	3	중도절단			5	2
10	4	사망			6	1
11	4	사망	0.000	0,000	7	0
대도시 1	0	사망			1	7
2	0	사망			2	6
3	0	사망			3	5
4	0	사망	0.500	0.177	4	4
5	1	사망			5	3
6	1	사망	0.250	0.153	6	2
7	4	사망	0.125	0.117	7	1
8	5	사망	0.000	0.000	8	0

3) 중앙값 해석

〈표 32-10〉에서 보듯이, 농촌의 평균값은 '6.909'로 폐암에 걸린 사람의 평균 생존 시간이 '6.909'개월이라는 의미이다. 중앙값은 '8.000'으로 폐암에 걸린 전체 사례 수의 절반가량이 8개월에 사망한다는 것을 의미한다. 중소도시의 평균값은 '2.750'으로 폐암에 걸린 사람의 평균 생존 시간이 '2.750'개월이라는 의미이다. 중앙값은 '2.000'으로 폐암

에 걸린 전체 사례 수의 절반가량이 2.0개월에 사망한다는 것을 의미한다. 대도시의 평균값은 '1.375'로서 폐암에 걸린 사람의 평균 생존 시간이 '1.375'개월이라는 의미이다. 중앙값은 '0.000'으로 폐암에 걸린 전체 사례 수의 절반가량이 1개월 미만에 사망한다는 것을 의미한다.

표 32-10 **평균 생존시간**

1차 통제		평균값	중앙값
거주지역	농촌	6.909	8.000
	중소도시	2.750	2.000
	대도시	1.375	0.000

7. 결과 분석 3: 집단 간 차이 사후검증

어느 집단과 어느 집단 간에 차이를 알기 위해 거주지역 간 차이를 사후검증한다. 〈표 33-9〉에서 보듯이 집단 간 차이 사후검증 방법은 크게 세 가지 방법(Low-Rank 방법, Breslow 방법, Tarone-Ware 방법)이 있다. 각 방법마다 장단점이 있어 일률적으로 어느 방법이 더 낫다고 말하기는 쉽지 않지만 일반적으로 Breslow 방법을 사용하면 된다.

〈표 33-11〉에서 보듯이 농촌에 거주하는 폐암환자의 생존확률은 중소도시와 대도시에 거주하는 폐암환자보다 높고, 중소도시는 대도시보다 크다는 것을 알 수 있다. 즉, 농촌에 거주하는 폐암환자의 생존확률이 제일 높고, 중소도시에 거주하는 폐암환자는 두 번째, 대도시에 거주하는 폐암환자의 생존확률이 제일 낮은 것으로 나타났다.

표 32-11 **대응별 비교**

거주지역	농촌		중소도시		대도시	
	카이제곱 검증	유의확률	카이제곱 검증	유의확률	카이제곱 검증	유의확률
Log Rank(Mantel-Cox) 농촌			9.683	0.002	16.312	0.000
중소도시	9.683	0.002			2.674	0.102
대도시	16.312	0.000	2.674	0.102		
(Breslow) 농촌			7.333	0.007	14.467	0.000
Generalized) 중소도시	7.333	0.007			6.506	0.011
(Wilcoxon) 대도시	14.467	0.000	6.506	0.011		
(Tarone-Ware) 농촌			8.413	0.004	15.421	0.000
중소도시	8.413	0.004			4.862	0.027
대도시	15.421	0.000	4.862	0.027		

8. Kaplan-Meier 생존분석 논문작성법

1) 연구절차

(1) Kaplan-Meier 생존분석에 적합한 연구가설을 만든다

연구가설	독립변인(명명척도)		종속변인(등간/비율척도)	
	변인	측정	변인	
흡연이 폐암환자의 생존확률에 영향을 미친다	흡연 여부	(1) 담배 안 피움 (2) 간접흡연 (3) 담배 피움	폐암 생존 여부	0: 사망 1: 중도절단

(2) 유의도 수준을 정한다: $p < 0.05$(95%) 또는 $p < 0.01$(99%) 중 하나를 결정한다

(3) 표본을 선정하여 데이터를 수집한 후 컴퓨터에 입력한다

(4) SPSS/PC[+] 프로그램 중 생명표를 사용한 생존분석을 실행한다

2) 연구결과 제시 및 해석방법

(1) 생명표 해석

생명표 분석은 표에 제시된 모든 값들 해석하는 대신 가장 중요한 누적생존비율(*cumulative survival proportion*)을 살펴본다.

〈시간에 누적 생존비율〉은 네 번째 열에 제시되는데, 이 값은 특정 시점의 누적 생존비율을 보여준다. 특정 시점의 누적 생존비율은 그 시점의 생존비율과 그 이전 시점의 누적 생존비율을 곱하여 계산한다.

〈표 33-12〉에서 보듯이, 담배를 안 피우는 경우, 두 번째 행(시간 '2')의 '0.788'은 '2개월'에서 폐암환자의 누적 생존비율이 '0.778'(77.8%)라는 것을 의미한다. 여덟 번째 행(시간 '8')의 '0.389'는 '8개월'에서 폐암환자의 누적 생존비율이 '0.389'(38.9%)이라는 것을 의미한다. 이 결과로 볼 때, 담배를 안 피우는 폐암환자들의 누적 생존비율은 측정 초기(0, 1, 2개월)에는 대부분의 환자들이 생존할 정도로 매우 높으며, 8개월부터 급락한다.

〈표 33-12〉에서 보듯이, 간접흡연의 경우, 일곱 번째 행(시간 '2')의 '0.429'는 '2개월'에서 폐암환자의 누적 생존비율이 '0.429'(42.9%)라는 것을 의미한다. 열 번째 행(시간 '4')의 '0.000'은 '4개월'에서 폐암환자의 누적 생존비율이 '0.000'(0.0%)이라는 것을 의

표 33-12 Kaplan-Meier의 집단별 생명표

거주지역	시간	상태	시간에 누적 생존비율		누적 사건 수	남아 있는 케이스 수
			추정값	표준오차		
담배 안 피움1	2	사망			1	8
2	2	사망	0.778	0.139	2	7
3	5	중도절단			2	6
4	6	중도절단			2	5
5	7	중도절단			2	4
6	7	중도절단			2	3
7	7	중도절단			2	2
8	8	사망	0.389	0.284	3	1
9	8	중도절단			3	0
간접흡연1	0	중도절단			0	9
2	1	중도절단			0	8
3	1	중도절단			0	7
4	2	사망			1	6
5	2	사망			2	5
6	2	사망			3	4
7	2	사망	0.429	0.187	4	3
8	3	중도절단			5	2
9	4	사망			5	1
10	4	사망	0.000	0.000	6	0
담배 피움1	0	사망			1	7
2	0	사망			2	6
3	0	사망			3	5
4	0	사망	0.500	0.177	4	4
5	1	사망			5	3
6	1	사망	0.250	0.1543	6	2
7	4	사망	0.125	0.117	7	1
8	5	사망	0.000	0.000	8	0

표 32-13 평균 생존시간

1차 통제		평균값	중앙값
흡연	담배 안 피움	6.667	8.000
	간접흡연	2.857	2.000
	담배 피움	1.375	0.000

미한다. 이 결과로 볼 때, 간접흡연을 하는 폐암환자들의 누적 생존비율은 측정 초기 (0, 1개월)에는 매우 높지만, 2개월과 3개월에는 대부분의 환자가 사망할 정도로 생존 비율이 매우 낮다.

〈표 33-12〉에서 보듯이, 담배를 피우는 경우, 네 번째 행(시간 '0')의 '0.500'는 '0개월'에서 폐암환자의 누적 생존비율이 '0.500'(50.0%)라는 것을 의미한다. 여섯 번째 행 (시간 '1')의 '0.250'은 '1개월'에서 폐암환자의 누적 생존비율이 '0.250'(25.0%)이라는 것을 의미한다. 이 결과로 볼 때, 담배를 피우는 폐암환자들의 누적 생존비율은 측정 초기(0, 1, 2개월)에는 상당히 낮고, 중기(3, 4개월)에는 모든 환자가 사망할 정도로 생존비율이 낮아진다.

(2) 도표 해석: 생존함수

〈표 33-12〉의 생명표의 〈누적생존비율〉(구간별 누적생존확률)인 〈누적생존함수〉를 도표로 보여주고 해석할 수 있다. 집단별 〈누적생존함수〉 도표를 해석하는 방법은 제32장 생존분석: 생명표 방법의 〈그림 32-4〉에서 살펴보았기 때문에 여기서는 설명을 생략한다.

(3) 중앙값 해석

〈표 32-13〉에서 보듯이, 담배를 안 피우는 폐암환자의 평균 생존 시간이 '6.667'개월이다. 중앙값은 '8.000'로 담배를 안 피우는 폐암환자 전체 사례 수의 절반가량이 8개월에 사망한다는 것을 의미한다. 간접흡연을 하는 폐암환자의 평균 생존시간이 '2.857'개월이다. 중앙값은 '2.000'으로 간접흡연을 하는 폐암환자 전체 사례 수의 절반가량이 2.0개월에 사망한다는 것을 의미한다. 담배를 피우는 폐암환자의 평균 생존시간이 '1.375'개월이라는 의미이다. 중앙값은 '0.000'으로 담배를 피우는 폐암환자 전체 사례 수의 절반가량이 1개월 미만에 사망한다는 것을 의미한다.

(4) 집단 간 차이 사후검증

어느 집단과 어느 집단 간에 차이를 알기 위해 흡연집단 간 차이를 사후검증한다(여기서는 Breslow 방법을 사용한다). 〈표 33-14〉에서 보듯이 담배를 안 피우는 폐암환자의 생존확률은 간접흡연과 담배를 피우는 폐암환자보다 높고, 간접흡연을 하는 폐암환자의 생존확률은 담배를 피우는 폐암환자보다 높다는 것을 알 수 있다. 즉, 담배를 피우지 않는 폐암환자의 생존확률이 제일 높고, 간접흡연을 하는 폐암환자는 두 번째이고, 담배를 피우는 폐암환자의 생존확률이 제일 낮은 것으로 나타났다.

표 32-14 **집단별 비교**

거주지역		담배 안 피움		간접흡연		담배 피움	
		카이제곱 검증	유의확률	카이제곱 검증	유의확률	카이제곱 검증	유의확률
Log Rank(Mantel-Cox)	담배 안 피움			6.674	0.010	13.117	0.000
	간접흡연	6.674	0.010			2.608	0.106
	담배 피움	13.117	0.000	2.608	0.106		
Breslow(Generalized Wilcoxon)	담배 안 피움			4.687	0.030	11.590	0.001
	간접흡연	4.687	0.030			6.252	0.012
	담배 피움	11.590	0.001	6.252	0.012		
Tarone-Ware	담배 안 피움			5.595	0.018	12.395	0.000
	간접흡연	5.59512.	0.018			4.700	0.030
	담배 피움	395	0.000	4.700	0.030		

참고문헌

송경일 · 안재욱 (1999), 《SPSS for Windows를 이용한 생존분석》, SPSS 아카데미.
채구묵 (2014), 《SPSS와 AMOS를 이용한 고급통계학: 로지스틱 회귀분석 · 생존분석 · 경로분석 · 구조방정식 모델 분석》, 양서원.
허명회 (2013), 《SPSS Statistics 일반화선형모형과 생존분석》, 데이터솔루션.

Collette, D. (1984), *Modeling Survival Data in Medical Research*, New York: John Wiley & Sons.
Cox, D. R., & Oakes, D. (1984), *Analysis of Survival Data*, London: Chapman and Hall.
Hosmer, D., & Lemeshow. S. (1999), *Applied Survival Analysis: Regression Modeling of Time to Event data*, New York: John Wiley & Sons.
Hougaard, P. (2000). *Analysis of Multivariate Survival Data*, New York: Springer-Verlag.
Klein, J. P., & Moeschberger M. L. (1997), *Survival Analysis: Techniques Forcensored and Truncated Data*, New York: Springer-Verlag.
Lee, E. T. (1992), *Statistical Methods for Survival Data Analysis* (2nd ed.), New York: John Wiley & Sons.
Miller, R, G. (1981), *Survival Analysis*, New York: John Wiley & Sons.
Therneau, T. M., & Grambsch, P. M. (2000). *Modeling Survival Data: Expending Cox Model*, New York: Spinger-Verlag.

Cox 회귀분석 Cox Regression Analysis

이 장에서는 명명척도와(나) 등간척도(또는 비율척도)로 측정한 한 개 이상 여러 개의 독립변인과 특정 시점에 특정 사건이 발생확률인 종속변인 간의 인과관계를 분석하는 Cox 회귀분석(*Cox Regression Analysis*)을 살펴본다.

1. 정 의

Cox 회귀분석(*Cox Regression Analysis*)은 Cox가 만든 생존분석 방법으로 Cox 비례위험 모델(*Cox Proportional Hazard Model*)이라고도 부른다. Cox 회귀분석은 〈표 34-1〉에서 보듯이, 명명척도와(나) 등간척도(또는 비율척도)로 측정한 한 개 이상 여러 개의 독립변인과 특정 시점에 특정 사건이 발생확률인 종속변인 간의 인과관계를 분석하는 통계방법이다. Cox 회귀분석은 명명척도와(나) 등간척도(또는 비율척도)로 측정한 독립변인과 명명척도로 측정한 종속변인 간의 관계를 분석하는 방법이라는 점에서 유의도 검증의 기본 논리는 제 24장에서 설명한 로지스틱 회귀분석(*Logistic Regression*)과 같다고 봐도 무방하다. 따라서 독자는 이 장에서 설명하는 Cox 회귀분석을 공부하기 전에 반드시 제 24장의 로지스틱 회귀분석(특히 이분형 로지스틱 회귀분석)을 알아야 한다. 로지스틱 회귀분석을 모르는 독자는 먼저 로지스틱 회귀분석을 공부한 후 이 장을 읽기 바란다.

앞서 제 32장에서 생명표를 사용한 생존분석, 제 33장에서 Kaplan-Meier의 생존분석을 살펴보았다. 이 두 방법은 생존확률을 알아보는 유용한 방법이긴 하지만 생존확률에 영향을 주는 요인(즉, 독립변인)을 분석하는 데 불편하다. 첫째, 독립변인의 수가 2개 이상 여러 개일 경우에는 이 두 방법을 사용할 수 없다. 둘째, 독립변인이 명명척도로 측정되어야 이 두 방법을 사용할 수 있기 때문에 등간척도(또는 비율척도)로 측정한 독립변인을 사용할 수 없다. 이 두 방법에서 연령이나 수입과 같이 등간척도(또는 비율척도)로 측정한 변인을 독립변인으로 사용하려면 명명척도로 바꾸어(즉, 집단으로 나누어)

표 34-1 **생존분석의 조건**

1. 연구할 특정 사건(결혼과 이혼, 입사와 퇴사, 질병의 회복과 사망, 특정 프로그램의
   지속 시청과 채널 변경 등)을 선정한다

2. 종속변인
   1) 종속변인 1(사건의 발생 시간)
      (1) 측정: 특정 사건이 발생한 시간을 입력한다
      (2) 수: 한 개

   2) 종속변인2(사건의 발생 여부)
      (1) 측정: 특정 시간 특정 사건의 발생 여부를 나타내는데, 종료된 사례는 '0'으로,
          중도절단 사례는 '1'로 입력
      (2) 수: 한 개

3. 독립변인
   1) 측정: 명명척도와(나) 등간척도(또는 비율척도)
   2) 수: 한 개 이상 여러 개
   3) 명칭: 공변인(*covariate*)이라고 부른다

분석해야 한다. 등간척도(또는 비율척도)로 측정한 변인을 집단으로 나누어 분석할 경우 정교한 분석이 이루어지지 않을 가능성이 있을 뿐 아니라 표본이 커져 불편하다. Cox 회귀분석은 이런 단점을 보완하여 명명척도와(나) 등간척도(또는 비율척도)로 측정한 한 개 이상 여러 개의 독립변인과 종속변인인 특정 시점에 특정 사건이 발생확률 간의 인과관계를 분석할 수 있다.

Cox 회귀분석을 사용하기 위한 조건을 알아보자. 〈표 34-1〉에 보듯이, 최소한 세 가지 조건을 충족해야 한다.

첫째, 연구할 특정 사건(결혼과 이혼, 입사와 퇴사, 질병의 회복과 사망, 특정 프로그램의 지속 시청과 채널 변경 등)을 선정한다.

둘째, 각 시간에서 특정인의 사건 발생 여부를 판단하기 때문에 종속변인의 수가 두 개다. 종속변인 1은 사건의 발생 시간, 종속변인 2는 사건의 발생 여부이다. 생명표를 사용한 생존분석이나 Kaplan-Meier의 생존분석과 마찬가지로 특정 사건이 특정 시점에서 특정인에게 발생했는지를 관찰할 때, 특정인에게 사건이 발생하여 종료된 사례와 중도절단 사례로 구분한다.

셋째, 명명척도와(나) 등간척도(또는 비율척도)로 측정한 한 개 이상 여러 개 독립변인과 종속변인인 특정 시점에 특정 사건이 발생확률 간의 인과관계를 분석한다.

연구자는 세 가지 조건을 고려하여 데이터를 수집하여 입력한 후 Cox 회귀분석을 실행하여 특정 사건이 특정 시점에 발생확률 또는 발생하지 않을 확률을 분석한다. Cox

회귀분석에서도 응답자의 생존 경험은 일정하다(즉, 변하지 않는다)고 전제한다. 또한 독립변인은 시간에 따라 변하지 않는다고 전제한다. 예를 들어 폐암환자의 거주지역은 조사기간 내에 바뀔 수도 있지만 변하지 않는다고 가정한다.

1) 변인의 측정

Cox 회귀분석에서 종속변인 1은 특정 사건의 발생 시간으로서 등간척도(또는 비율척도)로 측정한다. 종속변인 2는 사건의 발생 여부로서 명명척도로 측정하는데 유목의 수는 두 개(사건 종료 사례와 중도절단 사례)다. 사건이 종료된 사례는 '0', 중도절단 사례는 '1'로 입력한다. 독립변인은 명명척도와(나) 등간척도(또는 비율척도)로 측정한다.

2) 변인의 수

Cox 회귀분석에서 독립변인의 수는 한 개 이상 여러 개이고, 종속변인의 수는 두 개다.

3) Cox 회귀분석과 로지스틱 회귀분석 비교

Cox 회귀분석은 명명척도와(나) 등간척도(또는 비율척도)로 측정한 독립변인과 명명척도로 측정한 종속변인 간의 인과관계를 분석한다는 점에서 유의도 검증의 기본 논리 (-2LL과 Wald 검증)와 최종 목적(OR 해석)은 로지스틱 회귀분석과 유사하다. 즉, 두 방법은 한 개 이상 여러 개의 독립변인을 통해 종속변인인 특정 사건이 발생할 확률(즉, 특정 집단에 속할 확률)을 분석하는 통계방법이라고 생각해도 무방하다.

그러나 Cox 회귀분석과 로지스틱 회귀분석은 두 가지 점에서 차이가 있다. 첫째, Cox 회귀분석에서 종속변인의 수는 두 개(시간과 발생 여부)인 반면 로지스틱 회귀분석에서 종속변인의 수는 한 개(발생 여부)다. 둘째, Cox 회귀분석은 사건이 종료된 사례와 중도절단 사례를 같이 분석하는 반면 로지스틱 회귀분석에서는 사건이 종료된 사례만 분석한다.

2. 연구절차

Cox 회귀분석 연구절차는 〈표 34-2〉에 제시된 것처럼 다섯 단계로 이루어진다.

첫째, 연구가설을 만든다. 변인의 측정과 수에 유의하여 연구가설을 만든 후 유의도 수준(p < 0.05 또는 p < 0.01)을 정한다.

둘째, 데이터를 수집하여 입력한 후 SPSS/PC⁺(23.0)의 Cox 회귀분석을 실행하여 분석에 필요한 결과를 얻는다.

셋째, 결과 분석의 첫 번째 단계로, 모델의 유의도를 검증한다.

넷째, 결과 분석의 두 번째 단계로, 개별 독립변인의 유의도를 검증한다.

다섯째, 결과 분석의 세 번째 단계로, 개별 독립변인의 승산비(OR)〔Exp(B)〕를 해석한다.

표 34-2 **Cox 회귀분석의 연구절차**

1. 연구문제(또는 연구가설) 제시
    1) 종속변인 1인 사건 발생시 간의 수는 한 개이고, 등간척도(또는 비율척도)로
       측정한다. 종속변인 2인 사건 발생변인의 수는 한 개이고, 명명척도(유목의 수는
       두 개)로 측정한다. 독립변인의 수는 한 개 이상 여러 개이고, 명명척도와(나)
       등간척도(또는 비율척도)로 측정한다.
    2) 유의도 수준을 정한다(p < 0,05 또는 p < 0.01).

⬇

2. 데이터 입력과 프로그램 실행
    1) 데이터를 수집하여 입력한다.
    2) Cox 회귀분석을 실행하여 분석에 필요한 결과를 얻는다.

⬇

3. 결과 분석 1: 모델 유의도 검증

⬇

4. 결과 분석 2: 개별 회귀계수 유의도 검증

⬇

5. 결과 분석 3: 개별 독립변인의 승산비(OR)[Exp(B)] 해석

3. 연구가설과 가상 데이터

1) 연구가설

독립변인인 〈연령〉, 〈거주지역〉과 종속변인인 특정 시점의 폐암환자의 생존확률 간의 인과관계를 검증한다고 가정하자. 연구가설은 〈연령과 거주지역이 폐암환자의 생존확률에 영향을 미친다〉이다.

2) 변인의 측정과 수

(1) 종속변인

종속변인 1인 폐암환자의 사건 발생 시간(사망시간)은 한 개이고, 등간척도(또는 비율척도)로 측정한다. 종속변인 2인 폐암환자의 사건 발생 여부(사망 여부)는 한 개이고, 명명척도로 측정한다. 사건의 발생 여부는 특정 사건의 발생 여부를 나타내는데 종료된 사례는 '0', 중도절단 사례는 '1'로 측정한다.

(2) 독립변인

독립변인은 공변인(*covariate*)이라고 부르며 〈연령〉과 〈거주지역〉두 개다. 〈연령〉은 5점 척도로 측정한다(① 10대, ② 20대, ③ 30대, ④ 40대, ⑤ 50대 이상). 〈거주지역〉은 ① 대도시, ② 중소도시, ③ 농촌 세 유목으로 측정한다.

(3) 유의도 수준

유의도 수준을 $p < 0.05$ ($\alpha < 0.05$)로 정한다. 유의확률이 0.05보다 작으면 연구가설을 받아들이고, 0.05보다 크면 영가설을 받아들인다.

2) 가상 데이터

이 장에서 분석하는 〈표 34-3〉의 데이터는 필자가 임의적으로 만든 것이어서 표본의 수 (30명)가 적고, 결과가 꽤 잘 나오게 만들었다(〈연령〉을 제외한 나머지 데이터는 〈표 32-3〉, 〈표 33-3〉과 동일하다). 그러나 독자가 실제 연구하는 데이터는 표본의 수도 훨씬 많고, 결과는 이 장에서 제시하는 것만큼 깔끔하게 나오지 않을 수 있다.

표 34-3 **Cox 회귀분석의 가상 데이터**

응답자	사건 발생 시간	사건 발생 여부	거주지역	연령
1	0	1	2	5
2	1	0	3	5
3	0	0	3	1
4	2	0	2	4
5	5	1	1	2
6	7	1	1	1
7	0	0	3	3
8	6	1	1	1
9	1	1	2	5
10	7	1	1	2
11	4	0	2	2
12	2	0	1	4
13	0	0	3	5
14	0	0	3	3
15	2	0	2	5
16	4	0	2	4
17	7	1	1	1
18	8	1	1	3
19	2	0	2	5
20	1	0	3	4
21	8	0	1	5
22	8	0	1	2
23	7	1	1	1
24	4	0	3	2
25	2	0	1	5
26	2	0	2	3
27	5	0	3	2
28	3	1	2	5
29	2	0	2	5
30	1	1	2	3

4. SPSS/PC⁺ 실행방법

[실행방법 1] 분석방법 선택

메뉴판의 [분석(A)]에서 [생존분석(S)]을
클릭하고 [Cox 회귀 …]를 클릭한다.

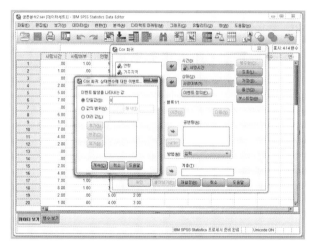

[실행방법 2] 분석변인 선택 1

[Cox회귀] 창이 나타나면, 시간변인인
〈사망시간〉을 클릭하여 [시간(I)]으로
옮긴다(➡).
종속변인인 〈사망여부〉를 [상태(U)]로 옮긴
후(➡), [이벤트 정의(D)]를 클릭한다.
[Cox: 상태변수에 위한 이벤트 …] 창이
나타나면 [이벤트 발생을 나타내는 값]의
[◉ 단일값(S)]에 0을 입력한다.
[계속]을 클릭한다.

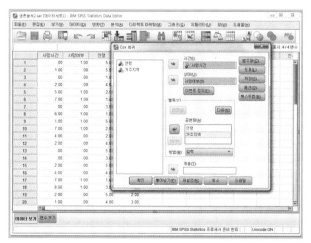

[실행방법 3] 분석변인 선택 2

독립변인인 연령과 거주지역을
[공변량(A)]으로 옮긴다(➡).

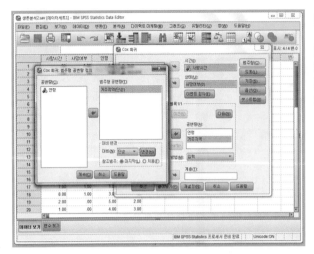

[실행방법 4] 범주형 선택

[Cox 회귀: 범주형 공변량 정의] 창이
나타나면 명명변인인 〈거주지역〉을
[공변량(C)]으로부터
[범주형 공변량(T)]으로 옮긴다(➡).
[대비 변경]이 반전되면
[대비(N)]는 [표시자]로 기본설정이 된다.
▼를 클릭해 [단순]으로 바꾸고
반드시 [변경(H)]을 클릭한다.
[계속]을 클릭한다.

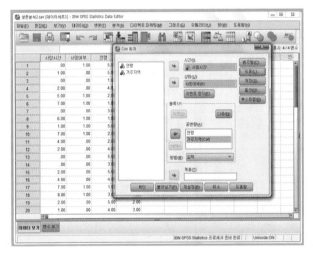

[실행방법 5] 실행

[공변량(A)]의 거주지역이
거주지역(Cat)으로 변경되어 있다.
아래쪽의 [확인]을 클릭한다.

[분석결과 1] 사례 수

* 분석 결과는
독립변인이 있는 경우를 제시함.

분석 결과가 새로운 창
*출력결과 1[문서 1]로 나타난다.
[케이스처리요약] 표가 제시된다.

[분석결과 2] 유의도 검증

[범주형 변수 코딩] 표와
[모형계수의 총괄결정] 표가 제시된다.

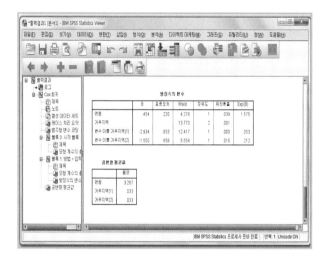

[분석결과 3] 유의도 검증

[방정식의 변수] 표와
[공변량 평균값] 표가 제시된다.

5. 결과 분석 1: 모델의 유의도 검증

1) 측정 정보와 빈도

〈표 34-4〉는 명명척도로 측정한 독립변인(*categorical variable*, SPSS/PC⁺에서는 '범주형 변인'으로 번역함)의 측정 정보와 빈도를 보여준다. 농촌은 '1'로 측정했고 사례 수는 11 명, 중소도시는 '2'로 측정했고 사례 수는 11명이다. 대도시는 '3'으로 측정했고 사례 수 는 8명이다. 〈표 34-4〉의 오른쪽을 보면 거주지역의 가변인 코딩(*dummy coding*)을 보 여준다(가변인 코딩을 알고 싶은 독자는 제17장 가변인 회귀분석 ①을 참조). 대도시는 농

촌과 중소도시에서 '0'이기 때문에 대도시(3)가 준거집단임을 알 수 있다. 연구자는 준거집단을 바꿀 수 있다. 준거집단을 만드는 방법은 앞서 SPSS/PC⁺ 실행방법에서 살펴보았지만 다시 한 번 설명하면 다음과 같다.

① 명명척도로 측정된 독립변인의 경우 집단 간 비교를 위해서 준거집단(*reference group*)을 정해야 한다. 준거집단을 대도시(3)로 만들고 싶다면 〈분석〉에서 〈Cox 회귀분석〉을 선택하고 화면 왼쪽에 있는 변인 중 명명척도로 측정한 변인을 선택하여 화살표를 사용하여 〈공변량〉으로 옮긴다.
② 화면의 오른쪽 위에 있는 〈범주형〉을 클릭한 후 왼쪽 〈공변량〉에 있는 변인을 선택하여 화살표를 사용하여 오른쪽 〈범주형 공변량〉을 옮긴다.
③ 아래 〈대비변경〉에서 〈표시자〉를 클릭하여 〈단순〉을 바꾼 후 〈마지막〉을 선택하고 〈변경〉을 클릭한 후 〈계속〉을 클릭하면 된다.
④ 만일 준거집단을 농촌(1)으로 변경하고 싶다면 ③ 〈대비변경〉에서 〈마지막〉 대신 〈처음〉을 선택하고 〈변경〉을 클릭한 후 〈계속〉을 클릭하면 된다.

표 34-4 **독립변인 측정**

1차 통제		빈도	농촌(1)	중소도시(2)
거주지역	1 = 농촌	11	1	0
	2 = 중소도시	11	0	1
	3 = 대도시	8	0	0

2) -2로그 우도(-2*log-likelihood*, -2LL)와 유의도 검증

Cox 회귀분석에서 실시하는 모델의 유의도 검증은 로지스틱 회귀분석에서 실시하는 모델의 유의도 검증과 같다. Cox 회귀분석에서도 로지스틱 회귀분석과 마찬가지로 ① 상수만 포함된 모델의 -2LL과 ② 상수와 독립변인이 함께 포함된 모델의 -2LL을 계산하여 ③ 그 차이를 비교하여 모델의 유의도를 검증한다. 모델 유의도 검증 방법은 제 24장 로지스틱 회귀분석에서 설명했기 때문에 여기서는 생략하고 결과 해석만 살펴본다.

(1) 상수만 포함된 모델의 -2LL

〈표 34-5〉는 상수만 있는 모델의 -2LL을 보여주는데 값은 '107.098'이다.

표 34-5 **상수만 포함된 모델의 -2LL**

-2LL
107.098

(2) 상수와 독립변인이 포함된 모델의 -2LL

〈표 34-6〉은 상수와 독립변인이 포함된 모델의 -2LL을 보여주는데 값은 '86.045'이다. 즉, 상수에 독립변인 〈연령〉과 〈거주지역〉 두 개가 추가된 모델의 -2LL은 '86.045'이다. 상수만 있는 모델의 -2LL('107.098')과 상수와 독립변인이 포함된 모델의 -2LL('86. 045')을 비교해 보면 차이가 '21.053'(카이제곱에 제시됨)으로 -2LL이 많이 줄었다는 것을 알 수 있다. 이 차이가 통계적으로 유의미한지를 알기 위해 카이제곱 검증을 한다.

(3) 두 모델의 차이 비교와 유의도 검증

두 모델의 -2LL 차이 값은 '21.053'이고, 자유도는 '3'〔상수 '1'과 독립변인 '3'(연령과 농촌, 중소도시 3개)이 추가된 모델의 '4'에서 상수만 있는 모델의 '1'을 뺀 값〕이고, 유의확률은 0.05보다 작기 때문에 〈연령〉과 〈거주지역〉이 폐암환자의 〈사망확률〉에 영향을 미친다는 연구가설을 받아들인다. 모델의 유의도 검증은 독립변인 전체와 종속변인 간에 인과관계가 있는 지만을 판단하기 때문에 개별 독립변인이 유의미한지를 알기 위해서는 개별 독립변인의 유의도 검증을 실시해야 한다.

표 34-6 **유의도 검증 결과**

-2LL	이전 단계와의 상대적 변화		
	카이제곱	자유도	유의확률
86.045	21.053	3	0.000

6. 결과 분석 2: 개별 회귀계수의 유의도 검증

Cox 회귀분석은 로지스틱 회귀분석과 마찬가지로 Wald를 통해 개별 독립변인의 회귀계수의 유의도를 검증한다. 개별 회귀계수의 유의도 검증 방법은 제 24장 로지스틱 회귀분석에서 설명했기 때문에 여기서는 생략하고 결과 해석만 살펴본다.

〈표 34-7〉에 제시된 Wald는 회귀계수(B)를 표준오차(*standard error*)로 나눈 값으로

표 34-7 **개별 회귀계수의 유의도 검증과 OR**

	B	표준오차	Wald	자유도	유의확률	Exp(B)
거주지역			13.770	2	0.001	
농촌(1)	-2.934	0.833	12.417	1	0.000	0.053
중소도시(2)	-1.550	0.658	5.554	1	0.018	0.212
연령	0.454	0.220	4.278	1	0.039	1.575

SPSS/PC$^+$ 프로그램에서는 Wald를 제곱한 값(Wald^2)을 제시한다. 예를 들어 연령의 Wald '4.278'은 B값 '0.454'를 표준오차 '0.220'으로 나눈 값 '2.0636'을 제곱한 값이다 (이 값과 표에 제시된 값의 차이는 반올림 차이 때문에 발생한 것으로 무시해도 된다).

〈표 34-7〉은 개별 독립변인의 유의도 검증 결과를 보여준다. 〈연령〉의 Wald는 '4.278'이고, 자유도는 '1', 유의확률은 0.05보다 작은 0.039로서 독립변인 〈연령〉이 폐암환자의 생존확률에 영향을 미치는 것으로 나타났다.

독립변인이 명명척도로 측정되고 세 집단 이상인 〈거주지역〉의 경우에는 해석에 주의해야 한다. 농촌(1)에 제시된 Wald는 '12.417'이고, 자유도는 '1', 유의확률은 0.05보다 작은 0.000이다. 이 결과는 농촌(1)에 거주하는 폐암환자와 준거집단인 대도시(3)에 거주하는 환자 간에는 생존확률에 차이가 있다는 것을 보여준다. 중소도시(2)에 제시된 Wald는 '5.554'이고, 자유도는 '1', 유의확률은 0.05보다 작은 0.018이다. 이 결과는 중소도시(2)에 거주하는 폐암환자와 준거집단인 대도시(3)에 거주하는 환자 간에는 생존확률에 차이가 있다는 것을 보여준다.

준거집단을 대도시(3)로 잡을 경우 SPSS/PC$^+$ 프로그램은 ① 농촌과 대도시, ② 중소도시와 대도시 간의 비교 결과는 보여주지만 중소도시와 농촌 간의 비교 결과는 제시하지 않는다. 만일 연구자가 중소도시와 농촌 간의 차이를 비교하고 싶다면 불편하지만 준거집단을 농촌(1)으로 바꾸어 Cox 회귀분석을 다시 실행해야 한다(준거집단을 바꾸는 방법은 앞에서 설명했으니 참고 바란다).

7. 결과 분석 3: 승산비[Exp(B)]

Cox 회귀분석의 최종 목적은 연구가설이 유의미할 경우 개별 독립변인이 종속변인에게 미치는 영향력을 승산비(*odds ratio*, 이하 OR)를 통해 해석하는 것이다. OR은 〈표 34-7〉의 오른쪽 끝에 제시되어 있다. OR 계산과 의미는 제24장 로지스틱 회귀분석에서 설명했기 때문에 여기서는 생략하고 결과만 결과 해석만 살펴본다.

〈표 34-7〉의 오른쪽 끝에 각 독립변인의 OR이 Exp(B)에 제시되어 있다. 명명척도로

측정했을 때와 등간척도(또는 비율척도)로 측정했을 때 OR의 해석은 다르다. 등간척도 (또는 비율척도)로 측정한 〈연령〉의 OR은 '1.575'로 나타났다. OR '1.575'의 의미는 폐 암환자 중 연령에서 특정 점수를 가진 사람이 한 점(1점) 차이가 나는 사람에 비해 1.575배만큼 사망 가능성이 크다는 것이다. 반면 2점 차이가 난다면 두 점수 간의 사망 가능성은 1.575배가 아니라 1.575의 제곱이 된다. 예를 들면 〈연령〉이 5점인 사람(50대 이상)은 4점인 사람(40대)에 비해 1.575배 만큼 사망 가능성이 크다. 즉, 50대 이상인 폐암환자는 40대 폐암환자보다 사망확률이 1.575배 높다. 반면 〈연령〉이 5점인 사람 (50대 이상)은 3점인 사람(30대)에 비해 2.48배(1.575 × 1.575배) 만큼 사망 가능성이 크 다. 즉, 50대 이상인 폐암환자는 30대 폐암환자보다 사망확률이 2.48배 높다.

명명척도로 측정한 〈거주지역〉의 경우에도 해석에 주의해야 한다. 농촌(1)에 제시된 OR은 '0.053'으로서 농촌(1)에 거주하는 폐암환자는 준거집단인 대도시(3)에 거주하는 환자에 비해 사망확률이 0.053배이다. 즉, 농촌에 거주하는 폐암환자는 대도시에 거주하 는 폐암환자에 비해 사망확률이 매우 낮다. 중소도시(2)에 제시된 OR은 '0.212'로서 중 소도시(2)에 거주하는 폐암환자는 준거집단인 대도시(3)에 거주하는 환자에 비해 사망확 률이 0.212배이다. 즉, 중소도시에 거주하는 폐암환자는 대도시에 거주하는 폐암환자에 비해 사망확률이 상당히 낮다.

8. Cox 회귀분석의 승산비[Exp(B)] 계산 방법

1) Cox 회귀분석의 승산비 공식

Cox 회귀분석의 OR 계산 공식은 〈표 34-8〉과 같다. 계산 방법에 관심이 없는 독자는 이 부분을 건너뛰어도 무방하다.

Cox 회귀분석에서 다루는 생존분석 데이터는 우리가 흔히 접하는 데이터와는 다른 특징을 가진다. 첫째, 생존분석 데이터는 정상분포가 아니다. 생존분석 데이터는 일반 적으로 관찰 초기에 사건이 많이 발생하고, 후기로 갈수록 사건 발생이 적어지는 특징 이 있다. 둘째, 생존분석 데이터에는 여러 가지 이유로 정보를 알 수 없는 중도절단 사 례가 존재한다. 셋째, 생존분석 데이터의 종속변인은 두 개(사건 발생 시간과 사건 발생 여부)이고, 사건 발생여부는 명명척도로 측정한 변인이다. 이런 특징 때문에 독립변인 과 종속변인(사건 발생 시간과 사건 발생 여부) 간의 인과관계를 분석할 때 일반적인 회 귀분석을 사용할 수 없고, 데이터를 로그로 변환하여 Cox 회귀분석을 사용하여 분석에 필요한 상수와 비표준 회귀계수를 구한 후 최종적으로 OR을 계산하여 해석한다.

〈표 34-8〉은 Cox 회귀분석에서 OR을 구하는 방법을 보여준다. 먼저 공식에서 사용하는 기호에 대해 알아보자. hi(t)는 i번째 사례가 t 시점에서 직면하는 위험확률을 말한다. ho(t)는 독립변인의 영향을 받지 않고 오로지 t 시점에서의 위험확률을 말하는데 이를 기저선 위험확률(*baseline hazard rate*)이라고 부른다. $e^{(b_1X_1 + b_2X_2 + \cdots + b_nX_n)}$는 독립변인의 OR을 의미한다.

(공식 1)에서 보듯이, i번째 사례의 t 시점에서 직면하는 위험확률[hi(t)]은 기저선 위험확률[ho(t)]과 독립변인을 곱한 값이다. (공식 2)에서 보듯이, 기저선 위험확률[ho(t)]을 왼쪽으로 옮겨 i번째 사례의 t 시점에서 직면하는 위험확률[hi(t)]을 나누는데 이 값을 위험률(*hazard rate*)이라고 부른다. 위험률은 왼쪽에 남아 있는 OR이 된다. OR은 위험률, 즉 i번째 사례의 위험확률이 기저선 위험확률에 비하여 얼마나 큰가를 보여준다. (공식 3)에서 보듯이, 양쪽에 자연 로그를 취하면 오른쪽은 다변인 회귀방정식($b_1X_1 + b_2X_2 + b_3X_3 + \cdots + b_nX_n$)과 동일하게 된다. 이 공식을 사용하면 계산하면 비표준 회귀계수를 구할 수 있고, e에 비표준 회귀계수를 제곱하면 OR을 계산할 수 있다(다른 통계방법과 마찬가지로 프로그램이 회귀계수와 OR을 계산해 주기 때문에 걱정할 필요 없다).

표 34-8 **Cox 회귀방정식의 위험함수**

1. (공식 1)

$$hi(t) = ho(t) * e^{(b_1X_1 + b_2X_2 + b_3X_3 + \cdots + b_nX_n)}$$

2. (공식 2)

$$\frac{hi(t)}{ho(t)} = e^{(b_1X_1 + b_2X_2 + b_3X_3 + \cdots + b_nX_n)}$$

3. (공식 3)

$$\ln\left(\frac{hi(t)}{ho(t)}\right) = e^{(b_1X_1 + b_2X_2 + b_3X_3 + \cdots + b_nX_n)}$$

- hi(t): i사례가 관찰 시간 t 시점에서 직면하는 위험확률(사망확률)
- ho(t): 독립변인의 영향을 받지 않고
       관찰 시간 t 시점에서 직면하는 위험확률(사망확률)
- e: 자연로그(*natural logarithm*, 2.718)
- ln: 자연로그
- b: 비표준 회귀계수
- X: 독립변인

2) e와 회귀계수(B)를 사용한 OR 계산 방법

⟨표 34-8⟩에 제시된 공식에 따라 계산을 하면 ⟨표 34-7⟩에 제시된 비표준 회귀계수(B)를 구할 수 있고, 이 값을 e에 제곱하면 쉽게 OR〔Exp(B)에 제시되어 있다〕을 계산할 수 있다. 농촌(1)의 B '-2.934'를 $e^{-2.934}$로 계산하면 OR은 '0.053'이 된다. 중소도시(2)의 B '-1.550'을 $e^{-1.550}$로 계산하면 OR은 '0.212'가 된다. 연령의 B '0.454'를 $e^{0.454}$로 계산하면 OR은 '1.575'가 된다.

9. Cox 회귀모델 논문작성법

1) 연구절차

(1) Cox 회귀분석에 적합한 연구가설을 만든다

연구가설	독립변인		종속변인	
	변인	측정	변인	
성별과 흡연량이 폐암환자의 사망확률에 영향을 미친다	성별	(1) 남성, (2) 여성	사건 발생 시간	실제 사망시간
	흡연량	응답자가 하루 평균 피우는 담배의 갑 수	사건 발생 여부	(0) 사망, (1) 중도절단

(2) 유의도 수준을 정한다: p < 0.05(95%) 또는 p < 0.01(99%) 중 하나를 결정한다

(3) 표본을 선정하여 데이터를 수집한 후 컴퓨터에 입력한다

(4) SPSS/PC⁺ 프로그램 중 Cox 회귀분석을 실행한다

2) 연구결과 제시 및 해석방법

(1) 모델의 유의도 검증 결과를 해석한

⟨표 34-9⟩에서 보듯이 전체적으로 볼 때 ⟨성별⟩과 ⟨흡연량⟩은 ⟨사망확률⟩에 영향을 주는 것으로 나타났다($\chi^2 = 8.742$, df = 2, p < 0.05). 개별 변인의 유의도 검증 결과 ⟨표 34-10⟩에서 보듯이 성별(여성이 준거집단)과 흡연량은 폐암환자의 사망확률에 영향을 주는 것으로 나타났다. 성별의 승산비(OR)은 '2.868'로 나타나 남성 폐암환자는 여성 폐암환자에 비해 2.868배 만큼 사망확률이 높다.

표 34-9 유의도 검증 결과

-2LL	카이제곱	자유도	유의확률
98.356	8.742	2	0.013

표 34-10 개별 회귀계수의 유의도 검증과 OR

	B	표준오차	Wald	자유도	유의확률	Exp(B)
성별(남성)	1.054	0.511	4.250	1	0.039	2.868
흡연량	0.352	0.175	4.045	1	0.044	1.422

흡연량의 OR은 '1.422'로 나타나 흡연량이 바로 아래 한 점(1점) 차이 나는 사람에 비해 1.422배만큼 사망확률이 높은 것으로 보인다. 예를 들면, 하루 담배 2갑을 피우는 폐암환자는 1갑을 피우는 폐암환자에 비해 1.422배만큼 사망확률이 높고, 하루 담배 3갑을 피우는 폐암환자는 1갑을 피우는 폐암환자보다 2.02배(1.422 × 1.422)만큼 사망확률이 높다.

참고문헌

송경일 · 안재욱 (1999), 《SPSS for Windows를 이용한 생존분석》, SPSS 아카데미.
채구묵 (2014), 《SPSS와 AMOS를 이용한 고급통계학: 로지스틱 회귀분석 · 생존분석 · 경로분석 · 구조방정식 모델 분석》, 양서원.
허명회 (2013), 《SPSS Statistics 일반화선형모형과 생존분석》, 데이터솔루션.

Collette, D. (1984), *Modeling Survival Data in Medical Research*, New York: John Wiley & Sons.
Cox, D. R., & Oakes, D. (1984), *Analysis of Survival Data*, London: Chapman and Hall.
Hosmer, D., & Lemeshow. S. (1999), *Applied Survival Analysis: Regression Modeling of Time to Event data*, New York: John Wiley & Sons.
Hougaard, P. (2000). *Analysis of Multivariate Survival Data*, New York: Springer-Verlag.
Klein, J. P., & Moeschberger M. L. (1997), *Survival Analysis: Techniques Forcensored and Truncated Data*, New York: Springer-Verlag.
Lee, E. T. (1992), *Statistical Methods for Survival Data Analysis* (2nd ed.), New York: John Wiley & Sons.
Miller, R. G. (1981), *Survival Analysis*, New York: John Wiley & Sons.
Therneau, T. M., & Grambsch, P. M. (2000). *Modeling Survival Data: Expending Cox Model*, New York: Spinger-Verlag.

부 록

부록 A 정상분포곡선 아래에서의 면적 비율

Col. 1	Col. 2	Col. 3	Col. 4	Col. 5	Col. 6	Col. 7	Col. 8
$+Z_1$	$P(0 \leq Z \leq Z_1)$	$P(\lvert Z \rvert \geq Z_1)$	y	y as a % of y at μ	$P(Z \leq +Z_1)$	$P(Z \leq -Z_1)$	$-Z_1$
0.00	.0000	1.0000	.3989	100.00	.5000	.5000	0.00
+0.01	.0040	.9920	.3989	99.99	.5040	.4960	-0.01
+0.02	.0080	.9840	.3989	99.98	.5080	.4920	-0.02
+0.03	.0120	.9761	.3988	99.95	.5120	.4880	-0.03
+0.04	.0160	.9681	.3986	99.92	.5160	.4840	-0.04
+0.05	.0199	.9601	.3984	99.87	.5199	.4801	-0.05
+0.06	.0239	.9522	.3982	99.82	.5239	.4761	-0.06
+0.07	.0279	.9442	.3980	99.76	.5279	.4721	-0.07
+0.08	.0319	.9382	.3977	99.68	.5319	.4681	-0.08
+0.09	.0359	.9283	.3973	99.60	.5359	.4641	-0.09
+0.10	.0398	.9203	.3970	99.50	.5398	.4602	-0.10
+0.11	.0438	.9124	.3965	99.40	.5438	.4562	-0.11
+0.12	.0478	.9045	.3961	99.28	.5478	4522	-0.12
+0.13	.0517	.8966	.3956	99.16	.5517	.4483	-0.13
+0.14	.0557	.9997	.3951	99.02	.5557	.4443	-0.14
+0.15	.0596	.8808	.3945	98.88	.5596	.4404	-0.15
+0.16	.0636	.8729	.3939	98.73	.5636	.4364	-0.16
+0.17	.0675	.8650	.3932	98.57	.5675	.4325	-0.17
+0.18	.0714	.8572	.3925	98.39	.5714	.4286	-0.18
+0.19	.0753	.8493	.3918	98.21	.5753	.4247	-0.19
+0.20	.0793	.8415	.3910	98.02	.5793	.4207	-0.20
+0.21	.0832	.8337	.3902	97.82	.5832	.4168	-0.21
+0.22	.0871	.8259	.3894	97.61	.5871	.4129	-0.22
+0.23	.0910	.8181	.3885	97.39	.5910	.4090	-0.23
+0.24	.0948	.8103	.3876	97.16	.5948	.4052	-0.24
+0.25	.0987	.8026	.3867	96.92	.5987	.4013	-0.25
+0.26	.1026	.7949	.3857	96.68	.6026	.3974	-0.26
+0.27	.1064	.7872	.3847	96.42	.6064	.3936	-0.27
+0.28	.1103	.7795	.3836	96.16	.6103	.3897	-0.28
+0.29	.1141	.7718	.3825	95.88	.6141	.3859	-0.29
+0.30	.1179	.7642	.3814	95.60	.6179	.3821	-0.30
+0.31	.1217	.7566	.3802	95.31	.6217	.3783	-0.31
+0.32	.1255	.7490	.3790	95.01	.6255	.3745	-0.32
+0.33	.1293	.7414	.3778	94.70	.6293	.3707	-0.33
+0.34	.1331	.7339	.3765	94.38	.6331	.3669	-0.34
+0.35	.1368	.7263	.3752	94.06	.6368	.3632	-0.35

출처: Paul J. Blommers & Robert A. Forsyth (1960), *Elementary Statistical Methods: In Psychology and Education* (2nd ed.), Houghton Mifflin Company.

Col. 1	Col. 2	Col. 3	Col. 4	Col. 5	Col. 6	Col. 7	Col. 8
$+Z_1$	$P\,(0 \leq Z \leq Z_1)$	$P\,(\lvert Z \rvert \geq Z_1)$	y	y as a % of y at μ	$P\,(Z \leq +Z_1)$	$P\,(Z \leq -Z_1)$	$-Z_1$
+0.36	.1406	.7188	.3739	93.73	.6406	.3594	−0.36
+0.37	.1443	.7114	.3725	93.38	.6443	.3557	−0.37
+0.38	.1480	.7040	.3712	93.03	.6480	.3520	−0.38
+0.39	.1517	.6965	.3697	92.68	.6517	.3483	−0.39
+0.40	.1554	.6892	.3683	92.31	.6554	.3446	−0.40
+0.41	.1591	.6818	.3668	91.94	.6591	.3409	−0.41
+0.42	.1628	.6745	.3653	91.56	.6628	.3372	−0.42
+0.43	.1164	.6672	.3637	91.17	.6664	.3336	−0.43
+0.44	.1700	.6599	.3621	90.77	.6700	.3300	−0.44
+0.45	.1736	.6527	.3605	90.37	.6736	.3264	−0.45
+0.46	.1772	.6455	.3589	89.96	.6772	.3228	−0.46
+0.47	.1808	.3684	.3572	89.54	.6808	.3192	−0.47
+0.48	.1844	.6312	.3555	89.12	.6844	.3156	−0.48
+0.49	.1879	.6241	.3538	88.69	.6879	.3121	−0.49
+0.50	.1915	.6171	.3521	88.25	.6915	.3085	−0.50
+0.51	.1950	.6101	.3503	87.81	.6950	.3050	−0.51
+0.52	.1985	.6031	.3485	87.35	.6985	.3015	−0.52
+0.53	.2019	.5961	.3467	86.90	.7019	.2981	−0.53
+0.54	.2054	.5892	.3448	86.43	.7054	.2946	−0.54
+0.55	.2088	.5823	.3429	85.96	.7088	.2912	−0.55
+0.56	.2123	.5755	.3410	85.49	.7123	.2877	−0.56
+0.57	.2157	.5687	.3391	85.01	.7157	.2843	−0.57
+0.58	.2190	.5619	.3372	84.52	.7190	.2810	−0.58
+0.59	.2224	.5552	.3352	84.03	.7224	.2776	−0.59
+0.60	.2257	.5485	.3332	83.53	.7257	.2743	−0.60
+0.61	.2291	.5419	.3312	83.02	.7291	.2709	−0.61
+0.62	.2324	.5353	.3292	82.51	.7324	.2676	−0.62
+0.63	.2357	.5287	.3271	82.00	.7357	.2643	−0.63
+0.64	.2389	.5222	.3251	81.48	.7389	.2611	−0.64
+0.65	.2422	.5157	.3230	80.96	.7422	.2578	−0.65
+0.66	.2454	.5093	.3209	80.43	.7454	.2546	−0.66
+0.67	.2486	.5029	.3187	79.90	.7486	.2514	−0.67
+0.68	.2517	.4965	.3166	79.36	.7517	.2483	−0.68
+0.69	.2549	.4902	.3144	78.82	.7549	.2451	−0.69
+0.70	.2580	.4839	.3123	78.27	.7580	.2420	−0.70

Col. 1	Col. 2	Col. 3	Col. 4	Col. 5	Col. 6	Col. 7	Col. 8
$+Z_1$	$P(0 \leq Z \leq Z_1)$	$P(\lvert Z \rvert \geq Z_1)$	y	y as a % of y at μ	$P(Z \leq +Z_1)$	$P(Z \leq -Z_1)$	$-Z_1$
+0.71	.2611	.4777	.3101	77.72	.7611	.2389	−0.71
+0.72	.2642	.4715	.3079	77.17	.7642	.2358	−0.72
+0.73	.2673	.4654	.3056	76.61	.7673	.2327	−0.73
+0.74	.2704	.4593	.3034	76.05	.7704	.2296	−0.74
+0.75	.2734	.4533	.3011	75.48	.7734	.2266	−0.75
+0.76	.2764	.4473	.2989	74.92	.7764	.2236	−0.76
+0.77	.2794	.4413	.2966	74.35	.7794	.2206	−0.77
+0.78	.2823	.4354	.2943	73.77	.7823	.2177	−0.78
+0.79	.2852	.4296	.2920	73.19	.7852	.2148	−0.79
+0.80	.2881	.4237	.2897	72.61	.7881	.2119	−0.80
+0.81	.2910	.4179	.2874	72.03	.7910	.2090	−0.81
+0.82	.2939	.4122	.2850	71.45	.7939	.2061	−0.82
+0.83	.2967	.4065	.2827	70.86	.7967	.2033	−0.83
+0.84	.2995	.4009	.2803	70.27	.7995	.2005	−0.84
+0.85	.3023	.3953	.2780	69.68	.8023	.1977	−0.85
+0.86	.3051	.3898	.2756	69.09	.8051	.1949	−0.86
+0.87	.3078	.3843	.2732	68.49	.8078	.1922	−0.87
+0.88	.3106	.3789	.2709	67.90	.8106	.1894	−0.88
+0.89	.3133	.3735	.2685	67.30	.8133	.1867	−0.89
+0.90	.3159	.3681	.2661	66.70	.8159	.1841	−0.90
+0.91	.3186	.3628	.2637	66.10	.8186	.1814	−0.91
+0.92	.3212	.3576	.2613	65.49	.8212	.1788	−0.92
+0.93	.3238	.3524	.2589	64.89	.8238	.1762	−0.93
+0.94	.3264	.3472	.2565	64.29	.8264	.1736	−0.94
+0.95	.3289	.3421	.2541	63.68	.8289	.1711	−0.95
+0.96	.3315	.3371	.2516	63.08	.8315	.1685	−0.96
+0.97	.3340	.3320	.2492	62.47	.8340	.1660	−0.97
+0.98	.3365	.3271	.2468	61.87	.8365	.1635	−0.98
+0.99	.3389	.3222	.2444	61.26	.8389	.1611	−0.99
+1.00	.3413	.3173	.2420	60.65	.8413	.1587	−1.00
+1.01	.3438	.3125	.2396	60.05	.8438	.1562	−1.01
+1.02	.3461	.3077	.2371	59.44	.8461	.1539	−1.02
+1.03	.3485	.3030	.2347	58.83	.8485	.1515	−1.03
+1.04	.3508	.2983	.2323	58.23	.8508	.1492	−1.04
+1.05	.3531	.2937	.2299	57.62	.8531	.1469	−1.05

Col. 1	Col. 2	Col. 3	Col. 4	Col. 5	Col. 6	Col. 7	Col. 8
$+Z_1$	$P(0 \leq Z \leq Z_1)$	$P(|Z| \geq Z_1)$	y	y as a % of y at μ	$P(Z \leq +Z_1)$	$P(Z \leq -Z_1)$	$-Z_1$
+1.06	.3554	.2891	.2275	57.02	.8554	.1446	−1.06
+1.07	.3577	.2846	.2251	56.41	.8577	.1423	−1.07
+1.08	.3599	.2801	.2227	55.81	.8599	.1401	−1.08
+1.09	.3621	.2757	.2203	55.21	.8621	.1379	−1.09
+1.10	.3643	.2713	.2179	54.61	.8643	.1357	−1.10
+1.11	.3665	.2670	.2155	54.01	.8665	.1335	−1.11
+1.12	.3686	.2627	.2131	53.41	.8686	.1314	−1.12
+1.13	.3708	.2585	.2107	52.81	.8708	.1292	−1.13
+1.14	.3729	.2543	.2083	52.22	.8729	.1271	−1.14
+1.15	.3749	.2501	.2059	51.62	.8749	.1251	−1.15
+1.16	.3770	.2460	.2036	51.03	.8770	.1230	−1.16
+1.17	.3790	.2420	.2012	50.44	.8790	.1210	−1.17
+1.18	.3810	.2380	.1989	49.85	.8810	.1190	−1.18
+1.19	.3830	.2340	.1965	49.26	.8830	.1170	−1.19
+1.20	.3849	.2301	.1942	48.68	.8849	.1151	−1.20
+1.21	.3869	.2263	.1919	48.09	.8869	.1131	−1.21
+1.22	.3888	.2225	.1895	47.51	.8888	.1112	−1.22
+1.23	.3907	.2187	.1872	46.93	.8907	.1093	−1.23
+1.24	.3925	.2150	.1849	46.36	.8925	.1075	−1.24
+1.25	.3944	.2113	.1826	45.78	.8944	.1056	−1.25
+1.26	.3962	.2077	.1804	45.21	.8962	.1038	−1.26
+1.27	.3980	.2041	.1781	44.64	.8980	.1020	−1.27
+1.28	.3997	.2005	.1758	44.08	.8997	.1003	−1.28
+1.29	.4015	.1971	.1736	43.52	.9015	.0985	−1.29
+1.30	.4032	.1936	.1714	42.96	.9032	.0968	−1.30
+1.31	.4049	.1902	.1691	42.40	.9049	.0951	−1.31
+1.32	.4066	.1868	.1669	41.84	.9066	.0934	−1.32
+1.33	.4082	.1835	.1647	41.29	.9082	.0918	−1.33
+1.34	.4099	.1802	.1626	40.75	.9099	.0901	−1.34
+1.35	.4115	.1770	.1604	40.20	.9115	.0885	−1.35
+1.36	.4131	.1738	.1582	39.66	.9131	.0869	−1.36
+1.37	.4147	.1707	.1561	39.12	.9147	.0853	−1.37
+1.38	.4162	.1676	.1539	38.59	.9162	.0838	−1.38
+1.39	.4177	.1645	.1518	38.06	.9177	.0823	−1.39
+1.40	.4192	.1615	.1497	37.53	.9192	.0808	−1.40

Col. 1	Col. 2	Col. 3	Col. 4	Col. 5	Col. 6	Col. 7	Col. 8
$+Z_1$	$P\,(0 \leq Z \leq Z_1)$	$P\,(\mid Z \mid \geq Z_1)$	y	y as a % of y at μ	$P\,(Z \leq +Z_1)$	$P\,(Z \leq -Z_1)$	$-Z_1$
+1.41	.4207	.1585	.1476	37.01	.9207	.0793	−1.41
+1.42	.4222	.1556	.1456	36.49	.9222	.0778	−1.42
+1.43	.4236	.1527	.1435	35.97	.9236	.0764	−1.43
+1.44	.4251	.1499	.1415	35.46	.9251	.0749	−1.44
+1.45	.4265	.1471	.1394	34.95	.9265	.0735	−1.45
+1.46	.4279	.1443	.1374	34.45	.9279	.0721	−1.46
+1.47	.4292	.1416	.1354	33.94	.9292	.0708	−1.47
+1.48	.4306	.1389	.1334	33.45	.9306	.0694	−1.48
+1.49	.4319	.1362	.1315	32.95	.9319	.0681	−1.49
+1.50	.4332	.1336	.1295	32.47	.9332	.0668	−1.50
+1.51	.4345	.1310	.1276	31.98	.9345	.0655	−1.51
+1.52	.4357	.1285	.1257	31.50	.9357	.0643	−1.52
+1.53	.4370	.1260	.1238	31.02	.9370	.0630	−1.53
+1.54	.4382	.1236	.1219	30.55	.9382	.0618	−1.54
+1.55	.4394	.1211	.1200	30.08	.9394	.0606	−1.55
+1.56	.4406	.1188	.1182	29.62	.9406	.0594	−1.56
+1.57	.4418	.1164	.1163	29.16	.9418	.0582	−1.57
+1.58	.4429	.1141	.1145	28.70	.9429	.0571	−1.58
+1.59	.4441	.1118	.1127	28.25	.9441	.0559	−1.59
+1.60	.4452	.1096	.1109	27.80	.9452	.0548	−1.60
+1.61	.4463	.1074	.1092	27.36	.9463	.0537	−1.61
+1.62	.4474	.1052	.1074	26.92	.9474	.0526	−1.62
+1.63	.4484	.1031	.1057	26.49	.9484	.0516	−1.63
+1.64	.4495	.1010	.1040	26.06	.9495	.0505	−1.64
+1.65	.4505	.0990	.1023	25.63	.9505	.0495	−1.65
+1.66	.4515	.0969	.1006	25.21	.9515	.0485	−1.66
+1.67	.4525	.0949	.0989	24.80	.9525	.0475	−1.67
+1.68	.4535	.0930	.0973	24.39	.9535	.0465	−1.68
+1.69	.4545	.0910	.0957	23.98	.9545	.0455	−1.69
+1.70	.4554	.0891	.0940	23.57	.9554	.0446	−1.70
+1.71	.4564	.0873	.0925	23.18	.9564	.0436	−1.71
+1.72	.4573	.0854	.0909	22.78	.9573	.0427	−1.72
+1.73	.4582	.0836	.0893	22.39	.9582	.0418	−1.73
+1.74	.4591	.0819	.0878	22.01	.9591	.0409	−1.74
+1.75	.4599	.0801	.0863	21.63	.9599	.0401	−1.75

Col. 1	Col. 2	Col. 3	Col. 4	Col. 5	Col. 6	Col. 7	Col. 8
$+Z_1$	$P(0 \leq Z \leq Z_1)$	$P(|Z| \geq Z_1)$	y	y as a % of y at μ	$P(Z \leq +Z_1)$	$P(Z \leq -Z_1)$	$-Z_1$
+1.76	.4608	.0784	.0848	21.25	.9608	.0392	−1.76
+1.77	.4616	.0767	.0833	20.88	.9616	.0384	−1.77
+1.78	.4625	.0751	.0818	20.51	.9625	.0375	−1.78
+1.79	.4633	.0735	.0804	20.15	.9633	.0367	−1.79
+1.80	.4641	.0719	.0790	19.79	.9641	.0359	−1.80
+1.81	.4649	.0703	.0775	19.44	.9649	.0351	−1.81
+1.82	.4656	.0688	.0761	19.09	.9656	.0344	−1.82
+1.83	.4664	.0673	.0748	18.74	.9664	.0336	−1.83
+1.84	.4671	.0658	.0734	18.40	.9671	.0329	−1.84
+1.85	.4678	.0643	.0721	18.06	.9678	.0322	−1.85
+1.86	.4686	.0629	.0707	17.73	.9686	.0314	−1.86
+1.87	.4693	.0615	.0694	17.40	.9693	.0307	−1.87
+1.88	.4699	.0601	.0681	17.08	.9699	.0301	−1.88
+1.89	.4706	.0588	.0669	16.76	.9706	.0294	−1.89
+1.90	.4713	.0574	.0656	16.45	.9713	.0287	
+1.91	.4719	.0561	.0644	16.14	.9719	.0281	−1.91
+1.92	.4726	.0549	.0632	15.83	.9726	.0274	−1.92
+1.93	.4732	.0536	.0620	15.53	.9732	.0268	−1.93
+1.94	.4738	.0524	.0608	15.23	.9738	.0262	−1.94
+1.95	.4744	.0512	.0596	14.94	.9744	.0256	−1.95
+1.96	.4750	.0500	.0584	14.65	.9750	.0250	−1.96
+1.97	.4756	.0488	.0573	14.36	.9756	.0244	−1.97
+1.98	.4761	.0477	.0562	14.08	.9761	.0239	−1.98
+1.99	.4767	.0466	.0551	13.81	.9767	.0233	−1.99
+2.00	.4772	.0455	.0540	13.53	.9772	.0228	
+2.01	.4778	.0444	.0529	13.26	.9778	.0222	−2.01
+2.02	.4783	.0434	.0519	13.00	.9783	.0217	−2.02
+2.03	.4788	.0424	.0508	12.74	.9788	.0212	−2.03
+2.04	.4793	.0414	.0498	12.48	.9793	.0207	−2.04
+2.05	.4798	.0404	.0488	12.23	.9798	.0202	−2.05
+2.06	.4803	.0394	.0478	11.98	.9803	.0197	−2.06
+2.07	.4808	.0385	.0468	11.74	.9808	.0192	−2.07
+2.08	.4812	.0375	.0459	11.50	.9812	.0188	−2.08
+2.09	.4817	.0366	.0449	11.26	.9817	.0183	−2.09
+2.10	.4821	.0357	.0440	11.03	.9821	.0179	−2.10

Col. 1	Col. 2	Col. 3	Col. 4	Col. 5	Col. 6	Col. 7	Col. 8
$+Z_1$	$P(0 \leq Z \leq Z_1)$	$P(\|Z\| \geq Z_1)$	y	y as a % of y at μ	$P(Z \leq +Z_1)$	$P(Z \leq -Z_1)$	$-Z_1$
+2.11	.4826	.0349	.0431	10.80	.9826	.0174	−2.11
+2.12	.4830	.0340	.0422	10.57	.9830	.0170	−2.12
+2.13	.4834	.0332	.0413	10.35	.9834	.0166	−2.13
+2.14	.4838	.0324	.0404	10.13	.9838	.0162	−2.14
+2.15	.4842	.0316	.0396	09.91	.9842	.0158	−2.15
+2.16	.4846	.0308	.0387	03.70	.9846	.0154	−2.16
+2.17	.4850	.0300	.0379	09.49	.9850	.0150	−2.17
+2.18	.4854	.0293	.0371	09.29	.9854	.0146	−2.18
+2.19	.4857	.0285	.0363	09.09	.9857	.0143	−2.19
+2.20	.4861	.0278	.0355	08.89	.9861	.0139	
+2.21	.4864	.0271	.0347	08.70	.9864	.0136	−2.21
+2.22	.4868	.0264	.0339	08.51	.9868	.0132	−2.22
+2.23	.4871	.0257	.0332	08.32	.9871	.0129	−2.23
+2.24	.4875	.0251	.0325	08.14	.9875	.0125	−2.24
+2.25	.4878	.0244	.0317	07.96	.9878	.0122	−2.25
+2.26	.4881	.0238	.0310	07.78	.9881	.0119	−2.26
+2.27	.4884	.0232	.0303	07.60	.9884	.0116	−2.27
+2.28	.4887	.0226	.0297	07.43	.9887	.0113	−2.28
+2.29	.4890	.0220	.0290	07.27	.9890	.0110	−2.29
+2.30	.4893	.0214	.0283	07.10	.9893	.0107	−2.30
+2.31	.4896	.0209	.0277	06.94	.9896	.0104	−2.31
+2.32	.4898	.0203	.0270	06.78	.9898	.0102	−2.32
+2.33	.4901	.0198	.0264	06.62	.9901	.0099	−2.33
+2.34	.4904	.0193	.0258	06.47	.9904	.0096	−2.34
+2.35	.4906	.0188	.0252	06.32	.9906	.0094	−2.35
+2.36	.4909	.0183	.0246	06.17	.9909	.0091	−2.36
+2.37	.4911	.0178	.0241	06.03	.9911	.0089	−2.37
+2.38	.4913	.0173	.0235	05.89	.9913	.0087	−2.38
+2.39	.4916	.0168	.0229	05.75	.9916	.0084	−2.39
+2.40	.4918	.0164	.0224	05.61	.9918	.0082	−2.40
+2.41	.4920	.0160	.0219	05.48	.9920	.0080	−2.41
+2.42	.4922	.0155	.0213	05.35	.9922	.0078	−2.42
+2.43	.4925	.0151	.0208	05.22	.9925	.0075	−2.43
+2.44	.4927	.0147	.0203	05.10	.9927	.0073	−2.44
+2.45	.4929	.0143	.0198	04.97	.9929	.0071	−2.45

Col. 1	Col. 2	Col. 3	Col. 4	Col. 5	Col. 6	Col. 7	Col. 8
$+Z_1$	$P(0 \leq Z \leq Z_1)$	$P(|Z| \geq Z_1)$	y	y as a % of y at μ	$P(Z \leq +Z_1)$	$P(Z \leq -Z_1)$	$-Z_1$
+2.46	.4931	.0139	.0194	04.85	.9931	.0069	−2.46
+2.47	.4932	.0135	.0189	04.73	.9932	.0068	−2.47
+2.48	.4934	.0131	.0184	04.62	.9934	.0066	−2.48
+2.49	.4936	.0128	.0180	04.50	.9936	.0064	−2.49
+2.50	.4938	.0124	.0175	04.39	.9938	.0062	−2.50
+2.51	.4940	.0121	.0171	04.29	.9940	.0060	−2.51
+2.52	.4941	.0117	.0167	04.18	.9941	.0059	−2.52
+2.53	.4943	.0114	.0163	04.07	.9943	.0057	−2.53
+2.54	.4945	.0111	.0158	03.97	.9945	.0055	−2.54
+2.55	.4946	.0108	.0154	03.87	.9946	.0054	−2.55
+2.56	.4948	.0105	.0151	03.77	.9948	.0052	−2.56
+2.57	.4949	.0102	.0174	03.68	.9949	.0051	−2.57
+2.58	.4951	.0099	.0143	03.59	.9951	.0049	−2.58
+2.59	.4952	.0096	.0139	03.49	.9952	.0048	−2.59
+2.60	.4953	.0093	.0136	03.40	.9953	.0047	−2.60
+2.61	.4955	.0091	.0132	03.32	.9955	.0045	−2.61
+2.62	.4956	.0088	.0129	03.23	.9956	.0044	−2.62
+2.63	.4957	.0085	.0126	03.15	.9957	.0043	−2.63
+2.64	.4959	.0083	.0122	03.07	.9959	.0041	−2.64
+2.65	.4960	.0080	.0119	02.29	.9960	.0040	−2.65
+2.66	.4961	.0078	.0116	02.91	.9961	.0039	−2.66
+2.67	.4962	.0076	.0113	02.83	.9962	.0038	−2.67
+2.68	.4963	.0074	.0110	02.76	.963	.0037	−2.68
+2.69	.4964	.0071	.0107	02.68	.9964	.0036	−2.69
+2.70	.4965	.0069	.0104	02.61	.9965	.0035	−2.70
+2.71	.4966	.0067	.0101	02.54	.9966	.0034	−2.71
+2.72	.4967	.0065	.0099	02.47	.9967	.0033	−2.72
+2.73	.4968	.0063	.0096	02.41	.9968	.0032	−2.73
+2.74	.4969	.0061	.0093	02.34	.9969	.0031	−2.74
+2.75	.4970	.0060	.0091	02.28	.9970	.0030	−2.75
+2.76	.4971	.0058	.0088	02.22	.9971	.0029	−2.76
+2.77	.4972	.0056	.0086	02.16	.9972	.0028	−2.77
+2.78	.4973	.0054	.0084	02.10	.9973	.0027	−2.78
+2.79	.4974	.0053	.0081	02.04	.9974	.0026	−2.79
+2.80	.4974	.0051	.0079	01.98	.9974	.0026	−2.80

Col. 1	Col. 2	Col. 3	Col. 4	Col. 5	Col. 6	Col. 7	Col. 8
$+Z_1$	$P(0 \leq Z \leq Z_1)$	$P(|Z| \geq Z_1)$	y	y as a % of y at μ	$P(Z \leq +Z_1)$	$P(Z \leq -Z_1)$	$-Z_1$
+2.81	.4975	.0050	.0077	01.93	.9975	.0025	−2.81
+2.82	.4976	.0048	.0075	01.88	.9976	.0024	−2.82
+2.83	.4977	.0047	.0073	01.82	.9977	.0023	−2.83
+2.84	.4977	.0045	.0071	01.77	.9977	.0023	−2.84
+2.85	.4978	.0044	.0069	01.72	.9978	.0022	−2.85
+2.86	.4979	.0042	.0067	01.67	.9979	.0021	−2.86
+2.87	.4979	.0041	.0065	01.63	.9979	.0021	−2.87
+2.88	.4980	.0040	.0063	01.58	.9980	.0020	−2.88
+2.89	.4981	.0039	.0061	01.54	.9981	.0019	−2.89
+2.90	.4981	.0037	.0060	01.49	.9981	.0019	−2.90
+2.91	.4982	.0036	.0058	01.45	.9982	.0018	−2.91
+2.92	.4982	.0035	.0056	01.41	.9982	.0018	−2.92
+2.93	.4983	.0034	.0055	01.37	.9983	.0017	−2.93
+2.94	.4984	.0033	.0053	01.33	.9984	.0016	−2.94
+2.95	.4984	.0032	.0051	01.29	.9984	.0016	−2.95
+2.96	.4985	.0031	.0050	01.25	.9985	.0015	−2.96
+2.97	.4985	.0030	.0048	01.21	.9985	.0015	−2.97
+2.98	.4986	.0029	.0047	01.18	.9986	.0014	−2.98
+2.99	.4986	.0028	.0046	01.14	.9986	.0014	−2.99
+3.00	.4987	.0027	.0044	01.11	.9987	.0013	−3.00
+3.01	.4987	.0026	.0043	01.08	.9987	.0013	−3.01
+3.02	.4987	.0025	.0042	01.05	.9987	.0013	−3.02
+3.03	.4988	.0024	.0040	01.01	.9988	.0012	−3.03
+3.04	.4988	.0024	.0039	00.98	.9988	.0012	−3.04
+3.05	.4989	.0023	.0038	00.95	.9989	.0011	−3.05
+3.06	.4989	.0022	.0037	00.93	.9989	.0011	−3.06
+3.07	.4989	.0021	.0036	00.90	.9989	.0011	−3.07
+3.08	.4990	.0021	.0035	00.87	.9990	.0010	−3.08
+3.09	.4990	.0020	.0034	00.84	.9990	.0010	−3.09
+3.10	.4990	.0019	.0033	00.82	.9990	.0010	−3.10
+3.11	.4991	.0019	.0032	00.79	.9991	.0009	−3.11
+3.12	.4991	.0018	.0031	00.77	.9991	.0009	−3.12
+3.13	.4991	.0017	.0030	00.75	.9991	.0009	−3.13
+3.14	.4992	.0017	.0029	00.72	.9992	.0008	−3.14
+3.15	.4992	.0016	.0028	00.70	.9992	.0008	−3.15

Col. 1	Col. 2	Col. 3	Col. 4	Col. 5	Col. 6	Col. 7	Col. 8
$+Z_1$	$P(0 \leq Z \leq Z_1)$	$P(|Z| \geq Z_1)$	y	y as a % of y at μ	$P(Z \leq +Z_1)$	$P(Z \leq -Z_1)$	$-Z_1$
+3.16	.4992	.0016	.0027	00.68	.9992	.0008	−3.16
+3.17	.4992	.0015	.0026	00.66	.9992	.0008	−3.17
+3.18	.4993	.0015	.0025	00.64	.9993	.0007	−3.18
+3.19	.4993	.0014	.0025	00.62	.9993	.0007	−3.19
+3.20	.4993	.0014	.0024	00.60	.9993	.0007	−3.20
+3.21	.4993	.0013	.0023	00.58	.9993	.0007	−3.21
+3.22	.4994	.0013	.0022	00.56	.9994	.0006	−3.22
+3.23	.4994	.0012	.0022	00.54	.9994	.0006	−3.23
+3.24	.4994	.0012	.0021	00.53	.9994	.0006	−3.24
+3.25	.4994	.0012	.0020	00.51	.9994	.0006	−3.25
+3.26	.4994	.0011	.0020	00.49	.9994	.0006	−3.26
+3.27	.4995	.0011	.0019	00.48	.9995	.0005	−3.27
+3.28	.4995	.0010	.0018	00.46	.9995	.0005	−3.28
+3.29	.4995	.0010	.0018	00.45	.9995	.0005	−3.29
+3.30	.4995	.0010	.0017	00.43	.9995	.0005	−3.30
+3.35	.4996	.0008	.0015	00.37	.9996	.0004	−3.35
+3.40	.4997	.0007	.0012	00.31	.9997	.0003	−3.40
+3.45	.4997	.0006	.0010	00.26	.9997	.0003	−3.45
+3.50	.4998	.0005	.0009	00.22	.9998	.0002	−3.50
+3.55	.4998	.0004	.0007	00.18	.9998	.0002	−3.55
+3.60	.4998	.0003	.0006	00.15	.9998	.0002	−3.60
+3.65	.4999	.0003	.0005	00.13	.9999	.0001	−3.65
+3.70	.4999	.0002	.0004	00.11	.9999	.0001	−3.70
+3.75	.4999	.0002	.0004	00.09	.9999	.0001	−3.75
+3.80	.4999	.0001	.0003	00.07	.9999	.0001	
+3.85	.4999	.0001	.0002	00.06	.9999	.0001	−3.85
+3.90	.49995	.0001	.0002	00.05	.99995	.0001	−3.90
+3.95	.49996	.0001	.0002	00.04	.99996	.00004	−3.95
+4.00	.49997	.0001	.0001	00.03	.99997	.00003	−4.00

df	P = .30	.20	.10	.05	.02	.01	.001
1	1.074	1.642	2.706	3.841	5.412	6.635	10.827
2	2.408	3.219	4.605	5.991	7.824	9.210	13.815
3	3.665	4.642	6.251	7.815	9.837	11.345	16.268
4	4.878	5.989	7.779	9.488	11.668	13.277	18.465
5	6.064	7.289	9.236	11.070	13.388	15.086	20.517
6	7.231	8.558	10.645	12.592	15.033	16.812	22.457
7	8.383	9.803	12.017	14.067	16.622	18.475	24.322
8	9.524	11.030	13.362	15.507	18.168	20.090	26.125
9	10.656	12.242	14.684	16.919	19.679	21.666	27.877
10	11.781	13.442	15.987	18.307	21.161	23.209	29.588
11	12.899	14.631	17.275	19.675	22.618	24.725	31.264
12	14.011	15.812	18.549	21.026	24.054	26.217	32.909
13	15.119	16.985	19.812	22.362	25.472	27.688	34.528
14	16.222	18.151	21.064	23.685	26.873	29.141	36.123
15	17.322	19.311	22.307	24.996	28.259	30.578	37.697
16	18.418	20.465	23.542	26.296	29.633	32.000	39.252
17	19.511	21.615	24.769	27.587	30.995	33.409	40.790
18	20.601	22.760	25.989	28.869	32.346	34.805	42.312
19	21.689	23.900	27.204	30.144	33.687	36.191	43.820
20	22.775	25.038	28.412	31.410	35.020	37.566	45.315
21	23.858	26.171	29.615	32.671	36.343	38.932	46.797
22	24.939	27.301	30.813	33.924	37.659	40.289	48.268
23	26.018	28.429	32.007	35.172	38.968	41.638	49.728
24	27.096	29.553	33.196	36.415	40.270	42.980	51.179
25	28.172	30.675	34.382	37.652	41.566	44.314	52.620
26	29.246	31.795	35.563	38.885	42.856	45.642	54.052
27	30.319	23.912	36.741	40.113	44.140	46.963	55.476
28	31.391	34.027	37.916	41.337	45.419	48.278	56.893
29	32.461	35.139	39.087	42.557	46.693	49.588	58.302
30	33.530	36.250	40.256	43.773	47.962	50.892	59.703

부록 C t 분포

df	일방적 검증에서의 유의수준					
	.10	.05	.025	.01	.005	.0005
	양방적 검증에서의 유의수준					
	.20	.10	.05	.02	.01	.001
1	3.078	6.314	12.706	31.821	63.657	636.619
2	1.886	2.920	4.303	6.965	9.925	31.598
3	1.638	2.353	3.182	4.541	5.841	12.941
4	1.533	2.132	2.776	3.747	4.604	8.610
5	1.476	2.015	2.571	3.365	4.032	6.859
6	1.440	1.943	2.447	3.143	3.707	5.959
7	1.415	1.895	2.365	2.998	3.499	5.405
8	1.397	1.860	2.306	2.896	3.355	5.041
9	1.383	1.833	2.262	2.821	3.250	4.781
10	1.372	1.812	2.228	2.764	3.169	4.587
11	1.363	1.796	2.201	2.718	3.106	4.437
12	1.356	1.782	2.179	2.681	3.055	4.318
13	1.350	1.771	2.160	2.650	3.012	4.221
14	1.345	1.761	2.145	2.624	2.977	4.140
15	1.341	1.753	2.131	2.602	2.947	4.073
16	1.337	1.746	2.120	2.583	2.921	4.015
17	1.333	1.740	2.110	2.567	2.898	3.965
18	1.330	1.734	2.101	2.552	2.878	3.922
19	1.328	1.729	2.093	2.539	2.861	3.883
20	1.325	1.725	2.086	2.528	2.845	3.850
21	1.323	1.721	2.080	2.518	2.831	3.819
22	1.321	1.717	2.074	2.508	2.819	3.792
23	1.319	1.714	2.069	2.500	2.807	3.767
24	1.318	1.711	2.064	2.492	2.797	3.745
25	1.316	1.708	2.060	2.485	2.787	3.725
26	1.315	1.706	2.056	2.479	2.779	3.707
27	1.314	1.703	2.052	2.473	2.771	3.690
28	1.313	1.701	2.048	2.467	2.763	3.674
29	1.311	1.699	2.045	2.462	2.756	3.659
30	1.310	1.697	2.042	2.457	2.750	3.646
40	1.303	1.684	2.021	2.423	2.704	3.551
60	1.296	1.671	2.000	2.390	2.660	3.460
120	1.289	1.658	1.980	2.358	2.617	3.373
∞	1.282	1.645	1.960	2.326	2.576	3.291

부록 D *F* 분포 : .05 수준에서의 *F* 값

n_2	n_1									
	1	2	3	4	5	6	8	12	24	∞
1	161.4	199.5	215.7	224.6	230.2	234.0	238.9	243.9	249.0	254.3
2	18.51	19.00	19.16	19.15	19.30	19.33	19.37	19.41	19.45	19.50
3	10.73	9.55	9.28	9.12	9.01	8.94	8.84	8.74	8.64	8.53
4	7.71	6.94	6.59	6.39	6.26	6.16	6.04	5.91	5.77	5.63
5	6.61	5.79	5.41	5.19	5.05	4.95	4.82	4.68	4.53	4.36
6	5.99	5.14	4.76	4.53	4.39	4.28	4.15	4.00	3.84	3.67
7	5.59	4.74	4.35	4.12	3.97	3.87	3.73	3.57	3.41	3.23
8	5.32	4.46	4.07	3.84	3.69	3.58	3.44	3.28	3.12	2.93
9	5.12	4.26	3.86	3.63	3.48	3.37	3.23	3.07	2.90	2.71
10	4.96	4.10	3.71	3.48	3.33	3.22	3.07	2.91	2.74	2.54
11	4.84	3.98	3.59	3.36	3.20	3.09	2.95	2.79	2.61	2.40
12	4.75	3.88	3.49	3.26	3.11	3.00	2.85	2.69	2.50	2.30
13	4.67	3.80	3.41	3.18	3.02	2.92	2.77	2.60	2.42	2.21
14	4.60	3.74	3.34	3.11	2.96	2.85	2.70	2.53	2.35	2.13
15	4.54	3.68	3.29	3.06	2.90	2.79	2.64	2.48	2.29	2.07
16	4.49	3.63	3.24	3.01	2.85	2.74	2.59	2.42	2.24	2.01
17	4.45	3.59	3.20	2.96	2.81	2.70	2.55	2.38	2.19	1.96
18	4.41	3.55	3.16	2.93	2.77	2.66	2.51	2.34	2.15	1.92
19	4.38	3.52	3.13	2.90	2.74	2.63	2.48	2.31	2.11	1.88
20	4.35	3.49	3.10	2.87	2.71	2.60	2.45	2.28	2.08	1.84
21	4.32	3.47	3.07	2.84	2.68	2.57	2.42	2.25	2.05	1.81
22	4.30	3.44	3.05	2.82	2.66	2.55	2.40	2.23	2.03	1.78
23	4.28	3.42	3.03	2.80	2.64	2.53	2.38	2.20	2.00	1.76
24	4.26	3.40	3.01	2.78	2.62	2.51	2.36	2.18	1.98	1.73
25	4.24	3.38	2.99	2.76	2.60	2.49	2.34	2.16	1.96	1.71
26	4.22	3.37	2.98	2.74	2.59	2.47	2.32	2.15	1.95	1.69
27	4.21	3.35	2.96	2.73	2.57	2.46	2.30	2.13	1.93	1.67
28	4.20	3.34	2.95	2.71	2.56	2.44	2.29	2.12	1.91	1.65
29	4.18	3.33	2.93	2.70	2.54	2.43	2.28	2.10	1.90	1.64
30	4.17	3.32	2.92	2.69	2.53	2.42	2.27	2.09	1.89	1.62
40	4.08	3.23	2.84	2.61	2.45	2.34	2.18	2.00	1.79	1.51
60	4.00	3.15	2.76	2.52	2.37	2.25	2.10	1.92	1.70	1.39
120	3.92	3.07	2.68	2.45	2.29	2.17	2.02	1.83	1.61	1.25
∞	3.84	2.99	2.60	2.37	2.21	2.09	1.94	1.75	1.52	1.00

n_2	n_1									
	1	2	3	4	5	6	8	12	24	∞
1	4052	4999	5403	5625	5764	5859	5981	6106	6234	6366
2	98.49	99.01	99.17	99.25	99.30	99.33	99.36	99.42	99.46	99.50
3	34.12	30.81	29.46	28.71	28.24	27.91	27.49	27.05	26.60	26.12
4	21.20	18.00	16.69	15.98	15.52	15.21	14.80	14.37	13.93	13.46
5	16.26	13.27	12.06	11.39	10.97	10.67	10.27	9.89	9.47	9.02
6	13.74	10.92	9.78	9.15	8.75	8.47	8.10	7.72	7.31	6.88
7	12.25	9.55	8.45	7.85	7.46	7.19	6.84	6.47	6.07	5.65
8	11.26	8.65	7.59	7.01	6.63	6.37	6.03	5.67	5.28	4.86
9	10.56	8.02	6.99	6.42	6.06	5.80	5.47	5.11	4.73	4.31
10	10.04	7.56	6.55	5.99	5.64	5.39	5.06	4.71	4.33	3.91
11	9.65	7.20	6.22	5.67	5.32	5.07	4.74	4.40	4.02	3.60
12	9.33	6.93	5.95	5.41	5.06	4.82	4.50	4.16	3.78	3.36
13	9.07	6.70	5.74	5.20	4.86	4.62	4.30	3.96	3.59	3.16
14	8.86	6.51	5.56	5.03	4.69	4.46	4.14	3.80	3.43	3.00
15	8.68	6.36	5.42	4.89	4.56	4.32	4.00	3.67	3.29	2.87
16	8.53	6.23	5.29	4.77	4.44	4.20	3.89	3.55	3.18	2.75
17	8.40	6.11	5.18	4.67	4.34	4.10	3.79	3.45	3.08	2.65
18	8.28	6.01	5.09	4.58	4.25	4.01	3.71	3.37	3.00	2.57
19	8.18	5.93	5.01	4.50	4.17	3.94	3.63	3.30	2.92	2.49
20	8.10	5.85	4.94	4.43	4.10	3.87	3.56	3.23	2.86	2.42
21	8.02	5.78	4.87	4.37	4.04	3.81	3.51	3.17	2.80	2.36
22	7.94	5.72	4.82	4.31	3.99	3.76	3.45	3.12	2.75	2.31
23	7.88	5.66	4.76	4.26	3.94	3.71	3.41	3.07	2.70	2.26
24	7.82	5.61	4.72	4.22	3.90	3.67	3.36	3.03	2.66	2.21
25	7.77	5.57	4.68	4.18	3.86	3.63	3.32	2.99	2.62	2.17
26	7.72	5.53	4.64	4.14	3.82	3.59	3.29	2.96	2.58	2.13
27	7.68	5.49	4.60	4.11	3.78	3.56	3.26	2.93	2.55	2.10
28	7.64	5.45	4.57	4.07	3.75	3.53	3.23	2.90	2.52	2.06
29	7.60	5.42	4.54	4.04	3.73	3.50	3.20	2.87	2.49	2.03
30	7.56	5.39	4.51	4.02	3.70	3.47	3.17	2.84	2.47	2.01
40	7.31	5.18	4.31	3.83	3.51	3.29	2.99	2.66	2.29	1.80
60	7.08	4.98	4.13	3.65	3.34	3.12	2.82	2.50	2.12	1.60
120	6.85	4.79	3.95	3.48	3.17	2.96	2.66	2.34	1.95	1.38
∞	6.64	4.60	3.78	3.32	3.02	2.80	2.51	2.18	1.79	1.00

찾아보기

국 문

ㄱ

ㄴ ~ ㄹ

영문

pattern matrix 415

Pearson 501

personal interview 48

Pillai-Bartlett trace 593, 605

pilot study 47

polychotomous logistic
  regression analysis 483

predictive validity 36

pre-test 47

probability density 764, 771

probability sampling method 39, 40

proportion of terminal events 761

proportion surviving 762

purposive sampling method 44

Q methodology 421

quasi-normal distribution curve 429

quota sampling method 44

random assignment 203

random factor 197

random sampling method 40

range 90

ratio scale 34, 35

reference group 301

reference variable 681

regression approach 205

regression coefficient 249

reliability 36, 37

reliability analysis 735

repeated measures ANOVA 523

residual variance 180

RMSEA 634

row vector 595

sampling error 39, 45

semantic differential scale 58

simple regression analysis 237

SIMPLIS 651

skewness 85

spurious correlation 355

square matrix 596

standard deviation 90, 91

standard error 95

standardized distribution curve 101, 105

standardized regression coefficient 249

status 794

stratified sampling method 40, 42

structure matrix 415

structural model 624, 639

sum of Square 90, 91

survey 46

systematic sampling 40, 41

telephone survey 50

time 794

total cross-products(CPT) 599

total sum of square and
  cross-products matrix 599

total variance 180

t-test 134

Type II error(β error) 108, 109

Type I error(α error) 108, 109

uncensored case 748

under-identified model 630, 632

unexplained variance 180

unforced sorting 428, 431

unstandardized regression coefficient 249

validity 36

variable 32

variance 90, 91

vector 595

Wald 504

within variable 523

within-groups variance 180

Z-score 101, 104, 448

χ^2 analysis 115